Grundkenntnisse Anlagenmechaniker SHK

Nach Lernfeldern 1–4

von

Joachim Albers/Rainer Dommel/Henry Montaldo-Ventsam/
Peter Pusch/Eugen Übelacker/Josef Wagner

HANDWERK UND TECHNIK – HAMBURG

Die technischen und grafischen Zeichnungen wurden nach Vorlagen ausgeführt durch Grafische Produktionen Neumann, 97222 Rimpar.
Umschlaggestaltung: Harro Wolter, Foto & Grafik-Design, Hamburg
Die Normblattangaben werden wiedergegeben mit Erlaubnis des DIN Deutsches Institut für Normung e.V. Maßgebend für das Anwenden der Norm ist deren Fassung mit dem neuesten Ausgabedatum, die bei der Beuth GmbH, Burggrafenstraße 6, 10787 Berlin, erhältlich ist.

ISBN 978-3-582-**03135**-8

Verlag Handwerk und Technik GmbH.,
Lademannbogen 135, 22339 Hamburg; Postfach 63 05 00, 22331 Hamburg – 2009
E-Mail: info@handwerk-technik.de – Internet: www.handwerk-technik.de
Layout, Satz und Lithos: tiff.any GmbH, 10999 Berlin

Dieses Buch wendet sich an **Anlagenmechaniker und Anlagenmechanikerinnen SHK** im ersten Ausbildungsjahr und beinhaltet daher die **Lernfelder 1 bis 4**.

Sehr großer Wert wurde auf eine **fachgerechte Visualisierung** in Form von Fotos, mehrfarbigen dreidimensionalen Abbildungen, Schaltplänen und methodisch durchdachter Textgestaltung gelegt.

Das Anliegen von Autoren und Verlag ist es, Schülern und Lehrern ein **Unterrichts- und Nachschlagewerk** zu bieten, das als **Leitmedium für einen Lernfeldunterricht** dient. Es bleibt jedoch genügend Freiraum für eine dem jeweiligen Unterricht und damit dem regionalen Umfeld angemessene Auswahl der Lernsituationen.

Inhalte, die Bestandteil aller Lernfelder sind, wurden in einem Lernfeld übergreifenden Teil des Buches zusammengefasst. Bei Bedarf können diese Inhalte nachgeschlagen oder in eine fachsystematische Unterrichtssequenz einbezogen werden.

Das **Farb-Leitsystem** ermöglicht eine rasche Orientierung innerhalb des Buches. Zahlreiche Querverweise teilen mit, wo im Buch weitere Informationen zu den dargestellten Themen zu finden sind.

I

Im Teil I lernen die Auszubildenden die geschichtliche Entwicklung ihres Berufes bis hin zu seiner heutigen Struktur, das duale Ausbildungssystem, die Arbeitssicherheit und den Unfallschutz sowie Methoden der Arbeitsorganisation und der Präsentationstechniken kennen.

II

Teil II ist nach Lernfeldern gegliedert:

Lernfelder 1 und 2a:
Fertigen von Bauelementen und Bearbeiten von Anlagenteilen

Lernfeld 2b:
Bearbeiten von Kundenaufträgen

Lernfeld 3:
Herstellen von einfachen Baugruppen

Lernfeld 4:
Warten technischer Systeme

III

Teil III liefert die Lernfeld übergreifenden Inhalte und gliedert sich in:
- Werkstofftechnik
- Technische Kommunikation
- Technische Berechnungen

Das **technische Englisch** wird im Buch in mehrfacher Hinsicht umgesetzt:
- Gängige oder wichtige Fachbegriffe sind im deutschen Text in blauer Schrift integriert.
- An geeigneten Stellen sind Fachinhalte und Übungen in englischer Sprache dargestellt.

In Kundenaufträgen eingebundene Lernsituationen wurden, wo sinnvoll, am Ende der einzelnen Lernfelder angefügt. Die vorgeschlagenen Lernsituationen können je nach Unterrichtssituation direkt den Unterricht strukturieren, sie können Anregungen geben, eigene Lernsituationen zu entwickeln oder sie können auch dazu dienen, das erlernte Wissen zur Lösung des gestellten Kundenauftrags anzuwenden.

Für die Bereitstellung von Manuskriptteilen und Abbildungen sei vielmals gedankt den Autoren von „Metallhandwerkliche Grundkenntnisse" HT 3200:
Christof Braun, Manfred Einloft, Reiner Haffer, Hans Meier, Rainer Möller, Gunter Offterdinger, Siegfried Pietrass, Klaus-Dieter Schumacher, Jochen Timm, Erich Zeh.
Für Anregungen und kritische Hinweise sei bereits im Voraus herzlich gedankt.

Autoren und Verlag, 2009

Bildquellen

Autoren und Verlag danken den genannten Firmen, Institutionen und Personen für die Überlassung von Vorlagen bzw. Abdruckgenehmigungen folgender Abbildungen:
AIR LIQIUDE Deutschland GmbH, Düsseldorf, S. 142.4, S. 143.1 und 2, S. 144.1 – Joachim Albers, Fintel, S. 209.2, S. 210.1, S. 216.1, S. 218.1, S. 219.2, S. 226.1, 3a und 3b, S. 227.1 und 2, S. 237 oben rechts – aquatherm GmbH, Attendorn, S. 145.3, S. 155.2, S. 256.3b, S. 275.1, S. 278.1 und 2 – Arnz FLOTT GmbH, Remscheid, S. 43.2, S. 101.8 – Andreas Bartsch, Köln, S. 275.3 – BESSEY Tool GmbH & Co. KG, Bietigheim-Bissingen, S. 54.2 – Bildarchiv der Zentrale für Gussverwendung, Düsseldorf, S. 249.4 und 5 – BIS Walraven GmbH, Bayreuth, S. 96.3 und 4, S. 97.1, 2 und 4, S. 257.1b – Robert Bosch GmbH, Werkbild Bosch, Leinfelden-Echterdingen, S. 37.5, S. 38.1, S. 42.1, 2 und 3, S. 44.1, S. 101.1, 2 und 9 – Christof Braun, Dortmund, S. 249.1 und 2 – Buderus Heiztechnik GmbH, Wetzlar, S. 25.1 unten – Comfort-Sinusverteiler GmbH, Wettringen, S. 324.2 – Deutsches Kupferinstitut Berufsverband e.V., Düsseldorf, S. 66.1, S. 67.4, S. 68.3, 4 und 5, S. 69.1, 2, 3 und 4, S. 77.8, S. 132.1 und 3, S. 136.6, S. 154.1, S. 246.1 – Rainer Dommel, Freiburg, S. 1.4, S. 21.1, S. 22.1, S. 235.1, S. 236.1 rechts – dpa-infografik GmbH, Hamburg, S. 1.3 – engelbert-strauss GmbH & Co., Biebergemünd, S. 16.1 – EuroCeramic GmbH, Viersen, S. 57.4 – Fachverlag Kohl, Frankfurt/Main, S. 41.2a und 3 – Georg Fischer GmbH, Albershausen, S. 47 oben rechts, S. 136.3, S. 145.4, S. 146.2, 3 und 4, S. 147.1a bis 1f, S. 155.1, S. 157.2, S. 187.c – Fonds der Chemischen Industrie, Frankfurt, S. 209.3 – FRIATEC AG, Mannheim, S. 133.2, S. 147.3, S. 187.e – GEA Happel, Klimatechnik GmbH, Herne, S. 2.3 – Geberit Vertriebs GmbH, Pfullendorf, S. 145.2a, S. 157.5, S. 187.d, S. 267.3 – Gebr. Ostendorf Kunststoffe GmbH & Co. KG, Vechta, S. 259.1, S. 278.3 und 4 – GEFAS Gesellschaft für Arbeitssicherheit GmbH, A-St. Pölten, S. 12 Tabelle ganz unten, rechtes Bild – Alfons W. Gentner Verlag, Stuttgart, S. 2.2, S. 35.1, S. 37.6, S. 186.1, S. 268.1 – GISBAU – Gefahrstoffinformationssystem der BG Bauwirtschaft, Frankfurt/Main, S. 16.3 – Globus Infografik, Hamburg, S. 9.1 – Glunz AG, c/o GHP GmbH, Horn-Bad Meinberg, S. 88.4 – Reiner Haffer, Dautphetal, S. 104.1 und 2 – Heinzmann Foto Meisterstudio für Industrie + Werbefotos, Esslingen, S. 73.1 und 2 – Hilti Deutschland GmbH, Kaufering, S. 85.1, 2 und 3, S. 90.4, Seite 95 Tabelle Zeile 5, S. 97.5, S. 99.3 – IBP Installationsbedarf (Deutschland) GmbH, Gießen, S. 34.6, S. 104.3, S. 135.2, S. 137.1 – 7 – IdealStandard GmbH, Bonn, S. 287.1 – Franz Kaldewei GmbH & Co. KG, Ahlen, S. 256.3d – Wilhelm Kaufmann, Norderstedt, S. 158.2, S. 226.2, S. 332 unten links – Kessel GmbH, Lenting, S. 2.8, S. 194.3 – Hermann Klaeger GmbH, Kernen, S. 38.2, S. 101.5 – KM Europa Metal AG, Osnabrück, S. 2.1, S. 133.1, S. 136.5, S. 209.4 – Carmen Kurth, Stuttgart, S. 11.2 – D. F. Liedelt GmbH, Norderstedt, S. 150.1 – Linde AG, Pullach, S. 140.2 – LOROWERK K.H. Vahlbrauk GmbH & Co. KG, Bad Gandersheim, S. 269.5, S. 271.3 und 4 – LYTEC + TOOL Div. der TOOL (Deutschland) GmbH, Dietzenbach, S. 70.1 – Metabowerke GmbH, Nürtingen, S. 12 Tabelle Bild 1 und 2, S. 13 Tabelle oben linkes Bild, S. 34.2, S. 50.1, S. 101.10 – Henry Montaldo-Ventsam, Hamburg, S. 61.5a und 5b, S. 154.2 und 3 – MSO Unternehmensgruppe fischer, Waldachtal, S. 89.4, S. 90.1, 2, 3, 5, 7 und 8, S. 91.1, 2, 3, 4, 5 und 6, S. 92.1, 2, 3, 4, 5, 6 und 7, S. 95 Tabelle Zeilen 1, 2, 3, 4, 6, 8, 9, 10, 11, 12, 13, 14, 16, 17, 18, 19, 20 und 21, S. 96.2, S. 98.3, S. 99.2 und unten rechts a – f, S. 100 rechts, S. 162.6, S. 173.3, S. 176.1, 2 und 3, S. 188.3, S. 267.1 – Orbitalum Tools GmbH, Singen, S. 57.5 – Peddinghaus Anlagen & Maschinen GmbH, Gevelsberg, S. 56.1 – Perkeo-Werk GmbH + Co., Schwieberdingen, S. 136.4 – Polymelt Rolf Hansen GmbH, Peiting, S. 146.1a bis 1d, S. 187.b – Peter Pusch, Hamburg, S. 34.3, S. 45.3, S. 53 oben links, S. 60.4 und 5, S. 61.5a und 5b, S. 74.1, S. 75.4, S. 77.3 und 5, S. 94.1, S. 98.1, 2 und 5, S. 100 links, S. 130.4, 5 und 6, S. 131.2, 3, 4 und 5, S. 133.4, S. 144.2, S. 154.2 und 3, S. 157.4, S. 185.1, S. 205.1, S. 208.1 rechts, 2, 4 rechts und 5, S. 241.1, S. 244.1 links und rechts, S. 249.3, S. 250.4, S. 251.1, S. 252.2, S. 253.2, S. 255.1, S. 256.1 und 2, S. 257.3, S. 262.2 und 3, S. 263.1, S. 264.6, S. 266.1, 2 und 3, S. 267.2, Tabelle alle Bilder, S. 269.2, 6, 7, 10, 11, 12, 13 und 15, S. 272.1, 2, 5 und 6, S. 324.1 – QVF ENGINEERING GMBH, Mainz, S. 157.3 – RAHSOL DREMOTEC Richard Abr. Herder KG, Solingen, S. 169.1 – Rainbow Containers GmbH, Bliedersdorf, S. 324.3 – REHAU AG + Co., Erlangen, S. 67.1, S. 151.2, S. 152.2, 3 und 4, S. 279.3 – REMS-WERK Christian Föll und Söhne GmbH, Waiblingen, S. 34.1 und 4, S. 37.4, S. 38.3, S. 47.1, S. 51.4 und 6, S. 53 oben rechts, S. 57.2 und 3, S. 67.2, S. 68.1, S. 101.6 und 7, S. 103.C und D, S. 105.3, S. 144.3, S. 150.2 und 3, S. 269.1 – Rexon Europe GmbH, Hilden, S. 43 Tabelle oben und mitte – RHEINZINK GmbH & Co. KG, Datteln, S. 272.4 – Albert ROLLER GmbH & Co. KG, Waiblingen, S. 37.3, S. 43.1, S. 48.2, 3 und 4, S. 49.1, 2 und 3, S. 51.1, 2, 3 und 5, S. 101.4, S. 233.1 – Rothenberger Werkzeuge AG, Kelkheim, S. 67.3, S. 68.2, S. 103.A und B – August Rüggeberg GmbH & Co. KG PFERD-Werkzeuge, Marienheide, S. 34.5, S. 50.2 – SAINT-GOBAIN HES GmbH, Köln, S. 57.1, S. 272.3 – SCHECHTL Maschinenbau GmbH, Edling, S. 72.3 – Joh. Schlenker-Maier GmbH & Co., Schwenningen, S. 230 links, Mitte und rechts – Hans Scholz GmbH & Co. KG, Abteilung enerpool, Braunschweig, S. 2.6 – W. Schreiber GmbH, Rotenburg, S. 109.1, S. 110.2, S. 111.2 – SCHRÖDER-FASTI Technologie GmbH, Wermelskirchen, S. 56.3, S. 101.11 – Siemens AG, München, S. 222.1, S. 223.3 – Simplex Armaturen & Systeme GmbH, Argenbühl – Eisenharz, S. 149.3, S. 261.5 – SOLA-Messwerkzeuge GmbH, A-Götzis, S. 78.3, S. 104.4 – Suva Unternehmenskommunikation, CH-Luzern, S. 203.2 – Technolit GmbH, Großenlüder, S. 141.1 – THERMCONCEPT Dr. Fischer GmbH & Co. KG, Bremen, S. 155.3, S. 269.9 – Jochen Timm, Hamburg, S. 49.4, S. 56.2 – TOX-Dübel-Technik GmbH & Co. KG, Krauchenwies-Ablach, S. 89.1, 2 und 3, S. 90.6, S. 96.1 – Joh. Vaillant GmbH & Co., Remscheid, S. 2.5, S. 125.1, S. 202.1 – Viega GmbH & Co. KG, Attendorfn, S. 150.4, S. 151.1, S. 194.2, S. 195.1 und 2, S. 196.3 bis 8 und 1 bis 4, S. 197.5 bis 7, S. 271.2 – Viessmann Werke GmbH & Co. KG, Allendorf, S. 2.4 und 7 – Josef Wagner, Salzweg, S. 87.1, 2, 3, 4 und 5, S. 88.1 und 2, S. 97.3, S. 98.4, S. 99.1, S. 131.6, S. 133.3, S. 160.4 rechts, S. 161.1 rechts, 2 rechts, 3 und 5 rechts, S. 162.1 rechts und 4a, S. 163.1 und 2a bis d, S. 166.3, S. 167.1, 2 und 3, S. 168.1, 2, 3, 4 und 5, S. 169.2 und 3, S. 187.1, S. 189.1a, b und c, S. 248.3, S. 256.3c, S. 257.1a, c und d, S. 258.1, S. 260.1 und 3, S. 261.2 – MAX WEISHAUPT GmbH, Schwendi, S. 248.1, S. 302.6 – Wieland-Werke AG, Ulm, S. 85.4, S. 253.1, S. 269.8, S. 273.1, S. 274.3 – WIRSBO Rohrproduktion und Vertriebs-GmbH, Heusenstamm, S. 234.1 – Witt Gasetechnik GmbH & Co. KG, Witten, S. 142.1 und 2 – wolk Gruppe AG, Wuppertal, S. 13 Tabelle oben, rechtes Bild, Tabelle unten – Adolf Würth GmbH & Co. KG, Künzelsau-Gaisbach, S. 151.3, S. 152.1, S. 176.4 und 5, S. 177.3, S. 178.1 und 2 – Xella Trockenbau-Systeme GmbH, Duisburg, S. 88.3, S. 189.1d

I Einführung in den Beruf

II Lernfeldbezogene Inhalte

Lernfelder 1 und 2a: Fertigen von Bauelementen und Bearbeiten von Anlagenteilen

Lernfeld 3: Herstellen von einfachen Baugruppen

Lernfeld 4: Warten technischer Systeme

III Lernfeld übergreifende Inhalte

1 Geschichtliche Entwicklung des SHK-Handwerks

Hoch entwickelte Techniken zur **Wasserversorgung**, zur **Wasserentsorgung** und zur **Beheizung** gab es schon in der Antike. So waren z. B. in allen wohlhabenden römischen Privathäusern und in jeder Therme (antike öffentliche Badeanlage) Latrinen mit Wasserspülung (Bild 1) und Hypokaustenheizungen (Warmluftheizungen zur Erwärmung der Fußböden und Wände) (Bild 2) selbstverständlich. Trinkwasser wurde über größere Entfernungen mit Hilfe von Aquädukten (Bild 3), Kanälen und Rohrleitungen aus Ton (Bild 4) oder Holz in die Städte geleitet und das Abwasser über Rohrleitungen und Kanäle entsorgt (Bild 5).

Die Geschichte der Heizungs- und Lüftungstechnik begann vor ca. 3200 Jahren mit einer Warmluftheizung in Anatolien. Nachdem sie in Vergessenheit geraten war, entdeckten die Römer sie wieder und entwickelten die Hypokaustenheizungen. Im 13. Jahrhundert wurden die ersten Steinofen-Luftheizungen in Schlossanlagen (z. B. Schloss Rochlitz in Sachsen) eingerichtet. Später wurden dann im 19. Jahrhundert die ersten gemauerten Öfen gebaut und mit Einführung der Luftbefeuchtung durch beheizte Wasserbäder begann um 1900 die **Klimatechnik**.

Chronologie:

- Um 2500 v. Chr. erste Kanalisationen in Städten der Harappa-Kultur am Indus.
- Um 1800 v. Chr. erstes privates Badezimmer im Palast von Mari in Mesopotamien.
- Um 1500 v. Chr. erste Latrinen im Palast von Knossos auf Kreta.
- Um 1200 v. Chr. erste Warmluftheizung im Palast des Königs Arzawa in Anatolien.
- Um 700 v. Chr. erstes Aquädukt und Kanäle zur Wasserversorgung des assyrischen Königs Sanherib.
- Um 522 v. Chr. 1 km lange Wasserleitung durch den Berg Kastro bei Samos.
- 305 v. Chr. erste Wasserleitung Roms, die 16 km lange Appia.
- Um 100 v. Chr. erste Hypokaustenheizung in Rom.
- Um 1300 n. Chr. erste Steinofenluftheizungen.
- Um 1800 n. Chr. erste gemauerte Öfen.
- Um 1900 n. Chr. Beginn der Klimatechnik.

1 Römische Latrine mit Wasserspülung

2 Römische Hypokaustenheizung

3 Aquädukt zur Versorgung mit Wasser

4 Rohrleitung aus Ton in einer antiken Ruinenstadt in der Türkei

5 Größter Abwasserkanal „Cloaca Maxima" aus der Antike in Rom

Einführung in den Beruf

2 Der Anlagenmechaniker SHK heute

Um wirtschaftlich erfolgreich zu sein, muss der Anlagenmechaniker SHK (plant mechanic for sanitation, heating and air conditioning systems)[1] vielen Ansprüchen gerecht werden. Sein Alltag wird bestimmt durch Zeitdruck und hohe Anforderungen an die Qualität seiner Arbeit. Er muss sich dem immer schneller werdenden technologischen Fortschritt anpassen und dem Kunden ein zuverlässiger Partner sein. Die geforderten beruflichen Qualifikationen sind umfangreich und anspruchsvoll.

2.1 Tätigkeiten im SHK-Handwerk

Das Aufgabengebiet (field of activity) eines SHK-Handwerkers ist sehr vielfältig und er ist an vielen unterschiedlichen Einsatzorten (z. B. auf Neubaustellen, in Wohnungen, Bürogebäuden, Werkstätten und Betrieben) tätig. Üblicherweise arbeitet er in den vier Handlungsfeldern: Wärmetechnik, Lufttechnik, Erneuerbare Energien/Umwelttechnik und Wassertechnik. Im Rahmen der beruflichen Erstausbildung beziehen sich diese Handlungsfelder hauptsächlich auf die versorgungstechnische Ausrüstung von 1 und 2-Familienhäusern.

Tätigkeiten im SHK-Handwerk

- **Wassertechnik**
  - Einbau von Abwasserentsorgungsanlagen
  - Einbau von Trinkwasserversorgungsanlagen (1)
  - Einbau von Regenwassernutzungsanlagen (8)
  - Einbau von Dachentwässerungsanlagen
  - Einbau von sanitären Anlagen (z. B. Bäder, Küchen, Schwimmbäder (7)
  - Inspektion, Wartung, Verbesserung und Instandsetzung
  - Inbetriebnahmen
  - Demontagen
- **Erneuerbare Energie/Umwelttechnik**
  - Einbau von Blockheizkraftwerken (6)
  - Einbau Hackschnitzel-, Holzpellets- und Stückholzkesselanlagen
  - Einbau von Wärmepumpenanlagen
  - Einbau von Regenwassernutzungsanlagen (8)
  - Einbau von Solaranlagen (5)
  - Kundenberatung und Betreuung
  - Inspektion, Wartung, Verbesserung und Instandsetzung
  - Inbetriebnahmen
  - Demontagen
- **Wärmetechnik**
  - Einbau von Gasheizungsanlagen
  - Einbau von Ölheizungsanlagen
  - Einbau von Blockheizkraftwerken (6)
  - Einbau von Trinkwarmwasseranlagen
  - Kundenberatung und Betreuung
  - Inspektion, Wartung, Verbesserung und Instandsetzung (2)
  - Inbetriebnahmen
  - Demontagen
- **Lufttechnik**
  - Einbau von Entlüftungsanlagen
  - Einbau von Klima- und Teilklimaanlagen (3)
  - Einbau von Warmluftanlagen
  - Einbau von kontrollierten Wohnraumlüftungsanlagen (4)
  - Kundenberatung und Betreuung
  - Inspektion, Wartung, Verbesserung und Instandsetzung
  - Inbetriebnahmen
  - Demontagen

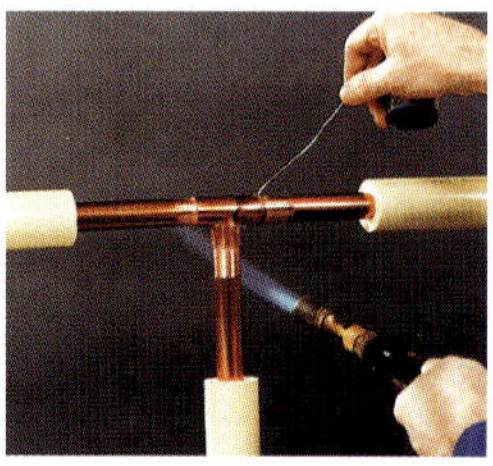

z. B. Montage von Trinkwarmwasser-Leitungen (1)

z. B. Wartung von Heizungsanlagen (2)

z. B. Montage von Lüftungsgeräten (3)

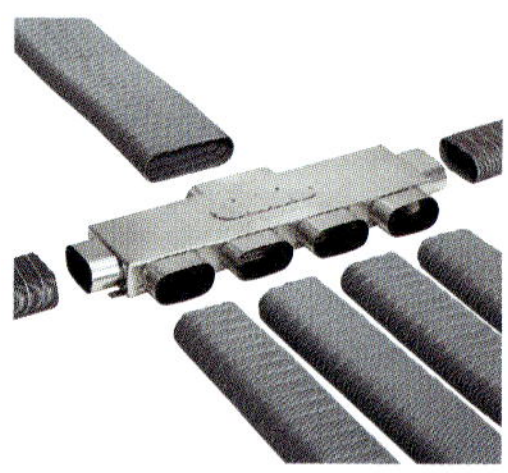

z. B. Montage von kontrollierten Wohnraumlüftungen (4)

z. B. Montage von Solarkollektoren (5)

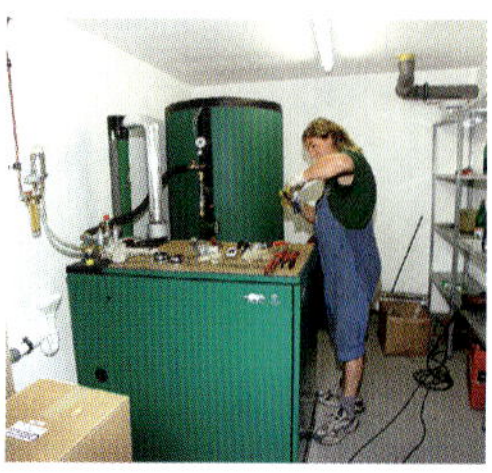

z. B. Montage von Blockheizkraftwerken (6)

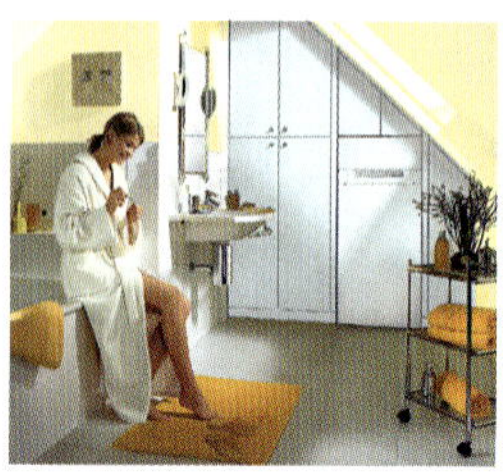

z. B. Montage von Sanitärobjekten (7)

z. B. Einbau von Regenwassernutzungsanlagen (8)

[1] In englischsprachigen Ländern z. B. plumber, gas and water fitter

2.2 Berufliche Qualifikationen[1)]

Anlagenmechaniker/-innen für Sanitär-, Heizungs- und Klimatechnik

- planen und steuern Arbeitsabläufe, kontrollieren und beurteilen Arbeitsergebnisse und wenden Qualitätsmanagementsysteme an
- montieren und demontieren Rohrleitungen, Kanäle (ducts) und Komponenten von Ver- und Entsorgungsanlagen, transportieren und sichern sie
- installieren und prüfen elektrische Baugruppen und Komponenten
- installieren Regel-, Steuer- Sicherheits- und Überwachungseinrichtungen stellen sie auf die Sollwerte ein und prüfen sie
- prüfen die Funktionen von versorgungstechnischen Anlagen und Systemen (supply plants and systems), stellen sie ein, optimieren und warten sie
- nehmen versorgungstechnische Anlagen und Systeme in Betrieb
- übergeben versorgungstechnische Anlagen und Systeme an die Kunden (customer) und weisen diese in die Bedienung der Anlagen ein
- führen die Inspektion, Wartung (maintenance) und Instandsetzung (repair work) versorgungstechnischer Anlagen und Systeme durch
- beraten und betreuen Kunden in Bezug auf Produkte und Dienstleistungen des Betriebes unter Beachtung ökologischer und ökonomischer Aspekte

arbeiten auch mit englischsprachigen Unterlagen und wenden auch englische Fachausdrücke (technical terms) an.

2.3 Gesetze, Verordnungen und Regelwerke im SHK-Handwerk

Die Gesetze (rules) und Regelwerke (codes of practice) im SHK-Handwerk sollen sicherstellen, dass bei Installationsarbeiten z. B.:

- nach den allgemeinen anerkannten Regeln der Technik gearbeitet wird
- der Umweltschutz berücksichtigt wird
- energieeinsparende Maßnahmen bedacht werden
- die fertig gestellten Anlagen kein Sicherheitsrisiko darstellen

Da die Gesetze, Verordnungen (decrees) und Regelwerke sehr zahlreich sind, kann an dieser Stelle nur eine kleine Auswahl gegeben werden:

- Energieeinsparverordnung (EnEV)
- Bundesimmissionsschutzverordnung (1. BimSchV.)
- Feuerwehrgesetze für den abwehrenden Brandschutz
- Landesbauordnungen
- Landes-Feuerungsverordnung
- TRbF (Technische Regeln für brennbare Flüssigkeiten)
- TRF (Technische Regeln Flüssiggas)
- TRG (Technische Regeln Druckgase)
- TRD (Technische Regeln für Dampfkessel)
- DVGW-TRGI (Deutscher Verein des Gas- und Wasserfaches-Technische Regeln für Gasinstallationen) (Bild 1)
- DIN- Normen für z. B. Heizung, Abwasser, Solar (Bild 2)
- Verordnung über Heizkostenabrechnung
- Vergabe- und Vertragsordnung für Bauleistungen (VOB)

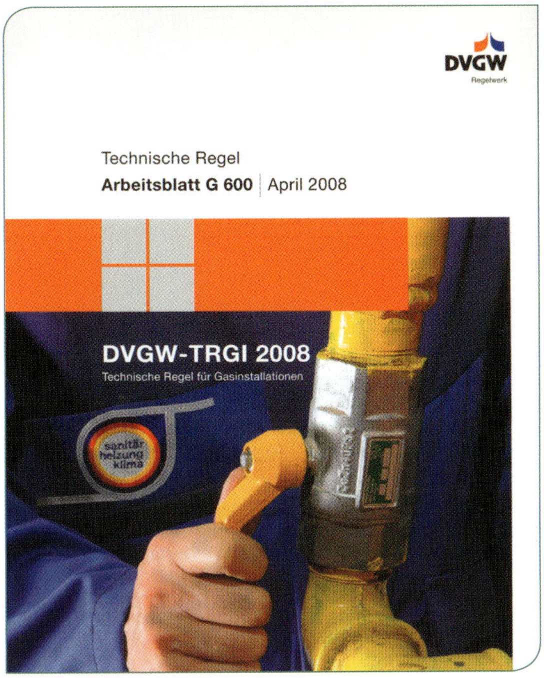

1 DVGW-TRGI

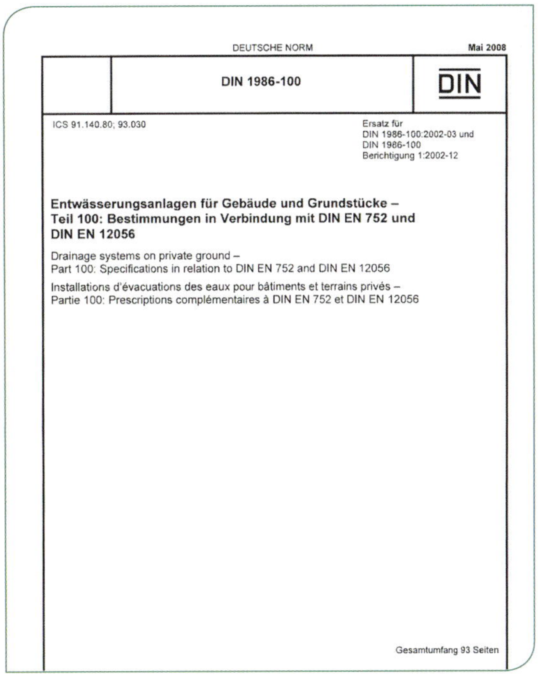

DEUTSCHE NORM — Mai 2008

DIN 1986-100 — DIN

ICS 91.140.80; 93.030

Ersatz für
DIN 1986-100:2002-03 und
DIN 1986-100
Berichtigung 1:2002-12

Entwässerungsanlagen für Gebäude und Grundstücke –
Teil 100: Bestimmungen in Verbindung mit DIN EN 752 und DIN EN 12056

Drainage systems on private ground –
Part 100: Specifications in relation to DIN EN 752 and DIN EN 12056

Installations d'évacuations des eaux pour bâtiments et terrains privés –
Partie 100: Prescriptions complémentaires à DIN EN 752 et DIN EN 12056

Gesamtumfang 93 Seiten

2 DIN 1986-100

1) aus BiBB – Bundesinstitut für Berufsbildung

3 Duales System und Prüfungen

3.1 Duale Ausbildung

Unter dualer Ausbildung (dual education) versteht man die parallele Ausbildung in Ausbildungsbetrieb (training centre) und Berufsschule (vocational school). Die Ausbildung ist nach der Handwerksordnung (HwO) und dem Berufsbildungsgesetz (BBiG) bundesweit geregelt. In der Regel dauert die normale Ausbildungszeit (period of training) 3½ Jahre. Bei besonders guten Leistungen und einem Notendurchschnitt von z. B. besser als 2,5, kann mit Zustimmung des Ausbildungsbetriebes die Ausbildungszeit verkürzt werden (z. B. ½ Jahr).Um eine Ausbildung beginnen zu können, ist es notwendig, dass ein Ausbildungsvertrag mit einem Betrieb abgeschlossen wird. Der Betrieb ist vertraglich für die gesamte Ausbildung verantwortlich. Die Aufteilung zwischen der Zeit, die der Auszubildende im Betrieb und der Zeit, die er in der Berufsschule verbringt, schwankt stark von Bundesland zu Bundesland. Häufig beträgt das Verhältnis ⅔ zu ⅓ (Bild 1).

Die **fachpraktischen Ausbildungsziele** werden den Auszubildenden (trainees; apprentices) überwiegend in den **Betrieben** vermittelt, den **theoretischen Teil** übernimmt die **Berufsschule**. Da durch die zunehmende Spezialisierung der Betriebe nicht jeder Betrieb in der Lage ist, alle notwendigen fachpraktischen Ausbildungsziele (training goals) zu vermitteln, wird die betriebliche Ausbildung durch **überbetriebliche Lehrgänge** in eigenen Werkstätten der **Handwerkskammern** und **Innungen** ergänzt.

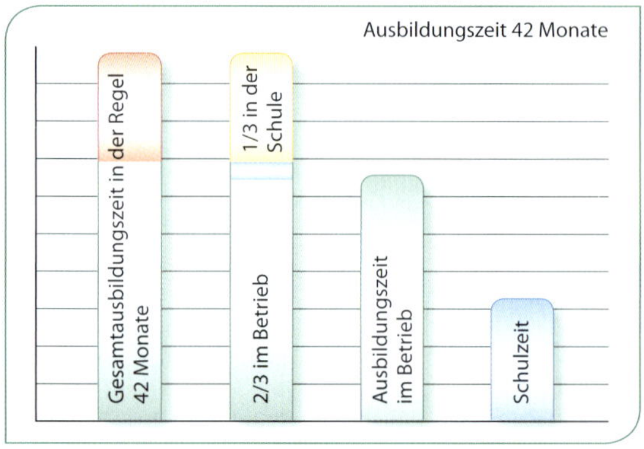

1 Zeitliche Anteile der Ausbildung in Betrieb und Berufsschule

Grundlage für die Ausbildung im Betrieb ist eine bundesweit geltende **Ausbildungsverordnung** (Bild 2), die von den Bundesministerien für Wirtschaft und Arbeit sowie Bildung und Forschung und den Tarifpartnern erarbeitet und vom Bundesministerium für Wirtschaft in Kraft gesetzt wird. Innerhalb der Bundesländer sind die Handwerkskammern (und in deren Auftrag ggf. die Innungen) zuständig. Sie kontrollieren die Umsetzung der Ausbildungsverordnungen und organisieren die Prüfungen.

Grundlage für die **Ausbildung in der Schule** sind die jeweiligen **Lehrpläne** (curriculum) der **Bundesländer**, die auf bundeseinheitlichen Rahmenlehrplänen basieren. Die Schulaufsichtsbehörden der Bundesländer kontrollieren die Einhaltung der Lehrpläne.

2 Ausbildungsordnungen der dualen Berufsausbildung in Deutschland

3.2 Schulische Ausbildung

Durch das im Jahr 2005 novellierte Berufsbildungsgesetz ist es grundsätzlich auch möglich, die Ausbildung in schulischer Form durchzuführen und mit einer Prüfung bei der zuständigen Handwerkskammer abzuschließen. Die fachpraktische Ausbildung muss durch Lernortkooperationen gewährleistet werden.
Teile der Ausbildung können auch im Ausland absolviert werden.

3.3 Prüfungen

Um als Geselle arbeiten zu können, muss der Auszubildende eine Zwischenprüfung (intermediate examination) ablegen und eine Abschlussprüfung (final examination) bestehen. Um zur Abschluss- bzw. Gesellenprüfung zugelassen zu werden, müssen schriftliche Ausbildungsnachweise und die Teilnahme an einer Zwischenprüfung nachgewiesen werden.

3.3.1 Zwischenprüfung

Die Zwischenprüfung wird vor Ende des zweiten Ausbildungsjahres durchgeführt. Sie umfasst eine Arbeitsaufgabe, die einem Kundenauftrag (customer order) entspricht und ein Fachgespräch über den Auftrag. Die Arbeitsaufgabe sollte nicht länger als 7 h 45 min dauern, das Fachgespräch max. 15 min (Bild 1).

Prüfungsstruktur und Bestehensregelung

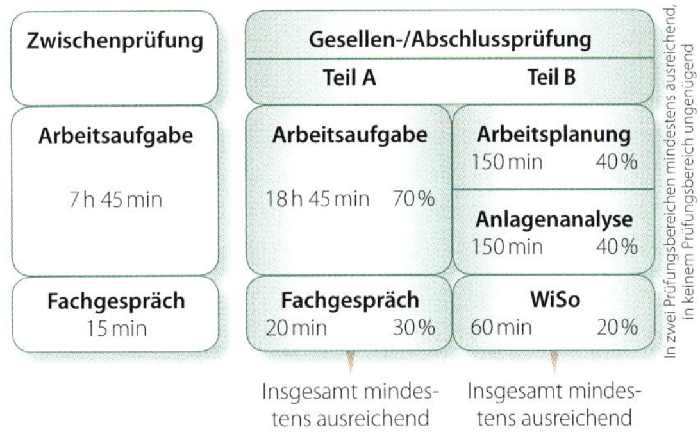

1 Prüfungsstruktur und Bestehensregelung

3.3.2 Abschlussprüfung/ Gesellenprüfung

Die Abschlussprüfung besteht aus den Teilen **A** und **B** (Bild 3). In Teil **A** der Prüfung wird in 18 h 45 min eine Arbeitsaufgabe (workitem), die einem Kundenauftrag entspricht, bearbeitet und dokumentiert. Das dazu gehörige Fachgespräch dauert max. 20 min. Der schriftliche Teil der Prüfung, der Teil **B**, besteht aus den Bereichen Arbeitsplanung, Anlagenanalyse sowie Wirtschafts- und Sozialkunde (WiSo). Für die Prüfungsbereiche Arbeitsplanung und Anlagenanalyse sind jeweils max. 150 min vorgesehen, für WiSo max. 60 min.
Teil **B** der Prüfung kann in einzelnen Fächern (subjects) durch eine mündliche Prüfung (oral examination) ergänzt werden, wenn diese für das Bestehen der Prüfung den Ausschlag geben kann. Laut Berufsbildungsgesetz, können nicht bestandene Prüfungen zweimal wiederholt werden.

ÜBUNGEN

1. Wann wurden die ersten Techniken zur Wasserver- und Wasserentsorgung und zur Beheizung entwickelt?
2. Warum muss der Anlagenmechaniker SHK vielen Ansprüchen gerecht werden?
3. Nennen Sie mind. 5 Einsatzorte, an denen ein SHK-Handwerker tätig ist.
4. In welchen Handlungsfeldern arbeitet der SHK-Handwerker üblicherweise?
5. Was sollen die Gesetze und Regelwerke im SHK-Handwerk sicherstellen?
6. Nennen Sie mind. 5 wichtige Gesetzesverordnungen oder Regelwerke im SHK-Handwerk.
7. Erklären Sie das Prinzip der dualen Ausbildung.
8. Welche Ordnung und welches Gesetz regeln die Ausbildung im Handwerk?
9. Wie lange dauert die normale Ausbildungszeit?
10. Bei welchem Notendurchschnitt kann mit Zustimmung des Ausbildungsbetriebes die Ausbildungszeit verkürzt werden?
11. Wer ist vertraglich für die gesamte Ausbildung verantwortlich?
12. Warum wird die betriebliche Ausbildung durch überbetriebliche Lehrgänge in eigenen Werkstätten der Handwerkskammern und Innungen ergänzt?
13. Was ist die rechtliche Grundlage für die Ausbildung im Betrieb?
14. Was ist die rechtliche Grundlage für die Ausbildung in der Schule?
15. a) Wann wird die Zwischenprüfung durchgeführt? und
    b) Was ist ihr Inhalt?
16. a) Aus welchen Teilen besteht die Abschlussprüfung? und
    b) Was ist deren Inhalt?

4 Englisch im Beruf

Durch die sich immer weiter vergrößernde EU (European Union), die Freigabe des Arbeitsmarktes und die damit zusammenhängende Globalisierung wird der Handwerker (craftsman) jetzt und in Zukunft auf der Baustelle und im Betrieb mit ganz unterschiedlichen Nationalitäten zusammentreffen. Um sich leichter verständigen zu können und um z. B. Installationsanweisungen, Reparaturangaben usw. verstehen zu können, werden Grundkenntnisse (basic knowledge) der englischen Sprache und englischer Fachbegriffe immer bedeutsamer. Da in der Schule nur wenig Zeit zur Verfügung steht, die englischen Sprachkenntnisse zu fördern und zu verbessern, muss jeder Handwerker auch durch Eigeninitiative versuchen, seine Englischkenntnisse zu verbessern.

4.1 Ausbildungsprofil in englischer und deutscher Sprache[1)]

Das Ausbildungsprofil dient zur Förderung der internationalen Mobilität sowie zur Information der an der Berufsbildung Beteiligten. Das Ausbildungsprofil erscheint in deutscher, englischer und französischer Sprache und soll dem Auszubildenden von der zuständigen Stelle zusammen mit dem Gesellen- bzw. Facharbeiterbrief ausgehändigt werden.

Ausbildungsprofil

1. Berufsbezeichnung

Anlagenmechaniker/in für Sanitär-, Heizungs- und Klimatechnik

2. Ausbildungsdauer

3½ Jahre

Die Ausbildung findet an den Lernorten Betrieb und Berufsschule statt.

3. Arbeitsgebiet:

Anlagenmechaniker/-innen für Sanitär-, Heizungs- und Klimatechnik arbeiten in der Montage und Instandhaltung von komplexen Anlagen und Systemen in der Versorgungstechnik.

Anlagenmechaniker/-innen für Sanitär-, Heizungs- und Klimatechnik sind im Handwerk und in der Industrie an unterschiedlichen Einsatzorten tätig, vornehmlich auf Baustellen, in Wohn- und Betriebsgebäuden sowie in Werkstätten. Ein weiterer Schwerpunkt ist der Dienstleistungsbereich beim Kunden. Sie führen ihre Arbeit unter Beachtung der einschlägigen Vorschriften und Sicherheitsbestimmungen selbständig nach Unterlagen und Anweisungen aus. Dabei arbeiten sie häufig im Team. Sie stimmen ihre Arbeit mit vor- und nachgelagerten Gewerken ab.

4. Berufliche Qualifikationen

Anlagenmechaniker/-innen für Sanitär-, Heizungs- und Klimatechnik

- planen und steuern Arbeitsabläufe, kontrollieren und beurteilen Arbeitsergebnisse und wenden Qualitätsmanagementsysteme an,
- montieren und demontieren Rohrleitungen, Kanäle und Komponenten von Ver- und Entsorgungsanlagen, transportieren und sichern sie
- installieren und prüfen elektrische Baugruppen und Komponenten,
- installieren Regel-, Steuer- Sicherheits- und Überwachungseinrichtungen stellen sie auf die Sollwerte ein und prüfen sie,
- prüfen die Funktionen von versorgungstechnischen Anlagen und Systemen , stellen sie ein, optimieren und warten sie
- nehmen versorgungstechnische Anlagen und Systeme in Betrieb,
- übergeben versorgungstechnische Anlagen und Systeme an die Kunden und weisen diese in die Bedienung der Anlagen ein,
- führen die Inspektion, Wartung und Instandsetzung versorgungstechnischer Anlagen und Systeme durch
- beraten und betreuen Kunden in Bezug auf Produkte und Dienstleistungen des Betriebes unter Beachtung ökologischer und ökonomischer Aspekte
- arbeiten auch mit englischsprachigen Unterlagen und wenden auch englische Fachausdrücke an.

Training profile

1. Designation of occupation

Plant mechanic for sanitation, heating and air conditioning systems (m/f)

2. Duration of traineeship

3½ years

The venues for training are the company and part time vocational school (Berufsschule).

3. Field of activity

Plant mechanics for sanitation, heating and air conditioning systems assemble and maintain complex supply technology plants and systems.

Plant mechanics for sanitation, heating and air conditioning systems work in small-scale or industrial enterprises in different areas of operation, predominantly on construction sites, in residential and commercial buildings, and in workshops. Another important area is the customer service sector. They carry out their tasks independently, observing the relevant specifications and safety regulations, in accordance with documentation and other instructions. They frequently work as part of a team, and coordinate their work with the trades operating before and after them in the process chain.

[1)] aus BiBB Seite 14, 15

4. Occupational skills

Plant mechanics for sanitation, heating and air conditioning systems

- plan and control working procedures, check and evaluate work results and apply quality management systems,
- assemble and dismantle conduits, ducts and disposal and supply facility components, and transport and secure them,
- install and check electrical subassemblies and components,
- install regulating, controlling, safety and monitoring devices, set them to the nominal values and check them,
- check the functions of supply technology plants ands and regulate, optimise and maintain them,
- commission supply technology plants and systems,
- hand over supply technology plants and systems to customers, and provide an introduction to using the plants,
- carry out inspection, maintenance and repair work for supply technology plants and systems,
- provide advice and support for customers with regard to company products and services, taking environmental and economic aspects into account,
- ***also work with English language documentation and use English technical terms.***

ÜBUNGEN

1) a) Ordnen Sie den Zahlen der Abbildung 1 die deutschen Fachbegriffe zu und

b) ordnen Sie anschließend die englischen Fachbegriffe den deutschen Fachbegriffen mit Hilfe z. B. Ihrer Fachbücher, Tabellenbücher, Wörterbücher oder des Internets zu.

Deutsch:
Solarkollektor, Außenluftansaugung, Schornstein, Fortluftleitung, Dach, Zuluftleitung, Lüftungsgerät, Abluftleitung, Heizkörper, Heizungsvorlauf, Heizungsrücklauf, Dachrinne, Regenfallrohr, Gasleitung, Gaszähler, Trinkkaltwasserverteilungsleitung, Heizungsrücklauf, Heizungsvorlauf, Heizkessel, Ölbrenner, Speicher, Wärmetauscher, Öltank, Ölvorlaufleitung, Ölrücklaufleitung, Solarkreisvorlauf, Solarkreisrücklauf, Gasherd, Mischbatterie, Spüle, Abluftgitter (Öffnung), Spiegel, Waschbecken, Trinkwarmwasserleitung, Trinkkaltwasserleitung, Badewanne, Fußbodenheizung, Tür, Fenster, Haube, Abwasserleitung, Siphon, Bodenablauf, Warmluftaustritt, Abwasserkanal, Zisterne, Filter

Englisch:
Gutter, rainwater pipe, roof, chimney, window, mirror, radiator, washbasin, mixer (blender), gasmeter, solar collector, oil (fuel) tank, oil burner, oilfired boiler, heat exchanger, storage tank, hot-water flow pipe, filter, hot-water return pipe, cold-water flow pipe , gas pipe , trap, floor drain, waste pipe, bath, sink, gas cooker, door, warm-air outlet, exhaust-air duct, storage cistern, fresh-air duct, duct cover (hood), exhaust-air inlet, oil flow pipe, oil return pipe, floor heating, solar flow pipe, solar return pipe, venting appliance, sewer

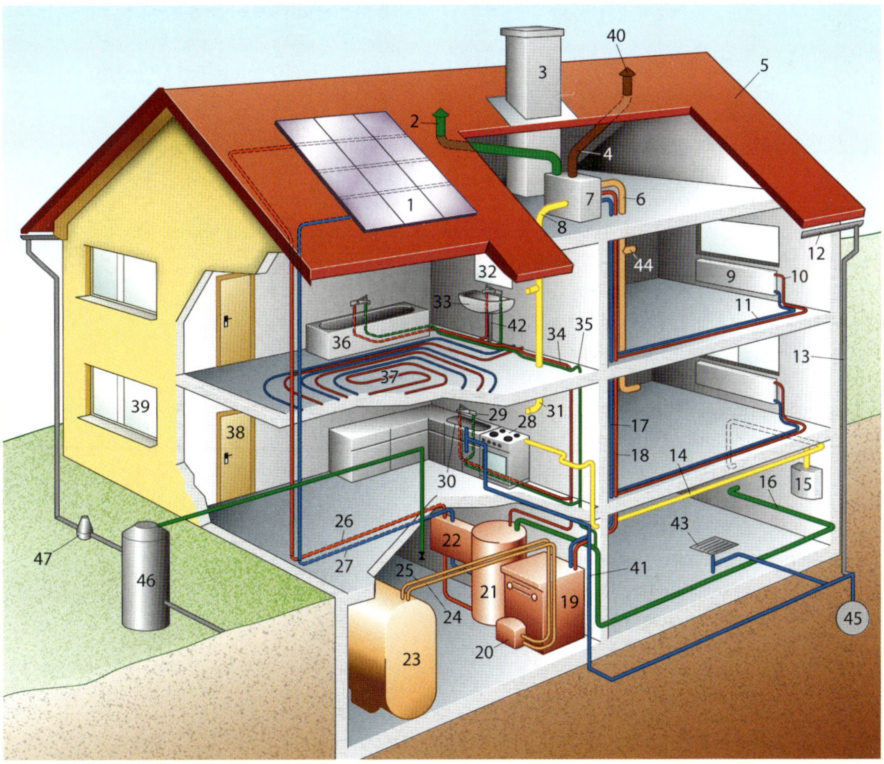

1 Sanitär-, Heizungs- und Klimatechnik im Einfamilienhaus

ÜBUNGEN

(2) Übernehmen Sie das folgende Schwedenrätsel in Ihr Heft und lösen sie es, indem Sie die deutschen Bezeichnungen für die folgenden englischen Begriffe eintragen.

Waagerecht:
2 solar collector, 3 sewer, 5 chimney, 6 floor drain, 7 gas meter, 8 gutter, 9 storage cistern, 10 oil tank, 11 gas cooker, 12 mirror

Senkrecht:
1 waste pipe, 4 oil-fired burner, 6 bath, 13 sink, 15 exhaust air, 16 duct cover, 17 roof

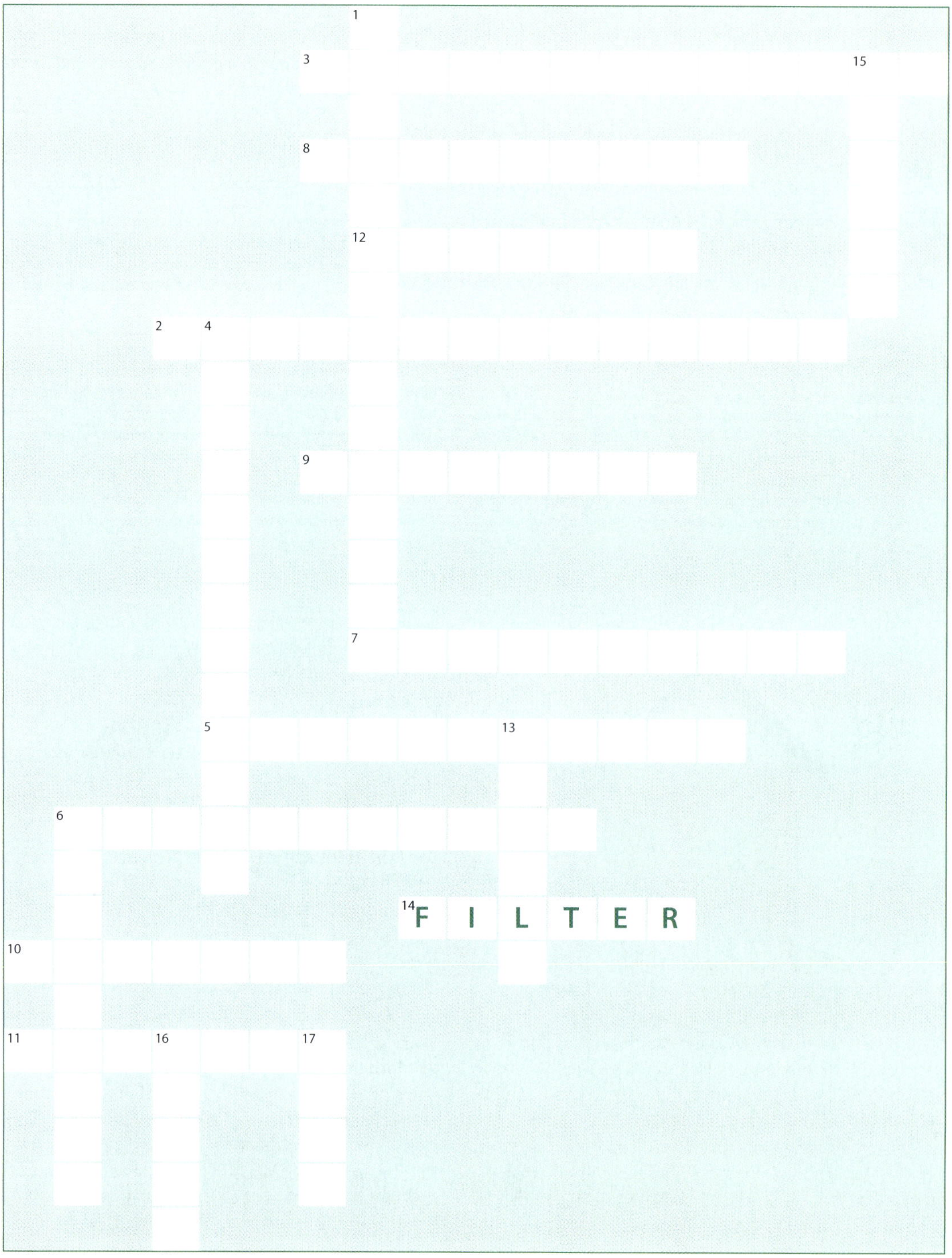

5 Arbeitssicherheit und Unfallschutz

5.1 Gefahren im Beruf

In Deutschland ereigneten sich im Jahr 2005 ca. 800 000 meldpflichtige **Arbeitsunfälle** (industrial accidents) in der gewerblichen Wirtschaft. Die Zahl der schweren Unfälle mit bleibenden gesundheitlichen Beeinträchtigungen, die zu Unfallrenten führten, betrug ca. 17 500. Fast 600 Arbeitsunfälle endeten in diesem Zeitraum tödlich.

Die Zahl der Arbeitsunfälle ist zwar in den letzten Jahren kontinuierlich gesunken, besonders erfreulich ist dabei der Rückgang der schweren und tödlichen (fatal) Arbeitsunfälle (Bild 1). Für die Betroffenen sind die physischen, psychischen und finanziellen Belastungen allerdings dadurch nicht geringer geworden.

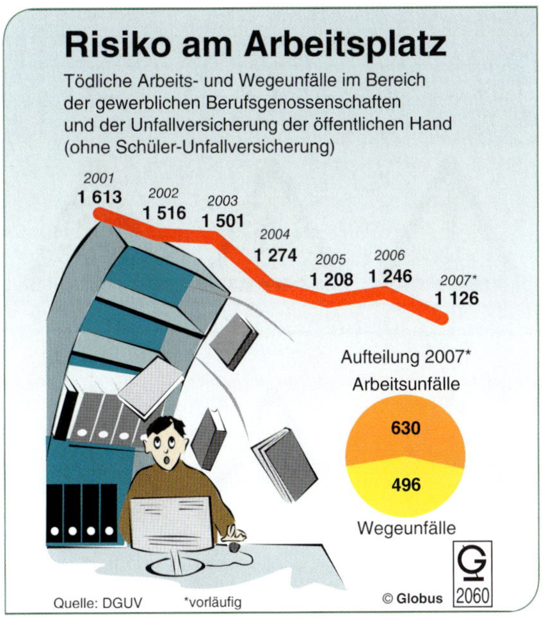

1 Tödliche Arbeits- und Wegeunfälle in der gewerblichen Wirtschaft

Aber nicht nur Arbeitsunfälle verursachen gesundheitliche Schäden (damages to one's health). Länger anhaltende Belastungen am Arbeitsplatz z. B. durch Staub, Dämpfe, Lärm, Aufenthalt in unbeheizten Rohbauten während der kalten Jahreszeit sowie Heben und Tragen schwerer Lasten können Erkrankungen auslösen, die als **Berufskrankheiten** (occupational diseases) anerkannt werden können (Bild 2).

Nach einer Information des IKK[1]-Bundesverbandes treten bei Heizungs- und Sanitärinstallateuren (heute Anlagenmechaniker shk) insbesondere Muskel- und Skeletterkrankungen sowie Verletzungen überdurchschnittlich häufig auf. Im Zeitraum 1997 bis 2004 machten diese Krankheitsarten mehr als die Hälfte aller Krankheitstage der bei der IKK pflichtversicherten Heizungs- und Sanitärinstallateure aus.

Ca. 12 % aller Krankheitstage dieser Versicherten (assured) im Jahre 2004 wurden durch einen Arbeitsunfall verursacht. Damit sich der rückläufige Trend der Arbeitsunfälle und Berufskrankheiten weiter fortsetzt, müssen sich alle Beschäftigten der Gefahren ihres Berufes bewusst sein, die entsprechenden Sicherheitsvorschriften (safety regulations) beachten und die notwendigen Sicherheitsmaßnahmen (safety measures) ergreifen.

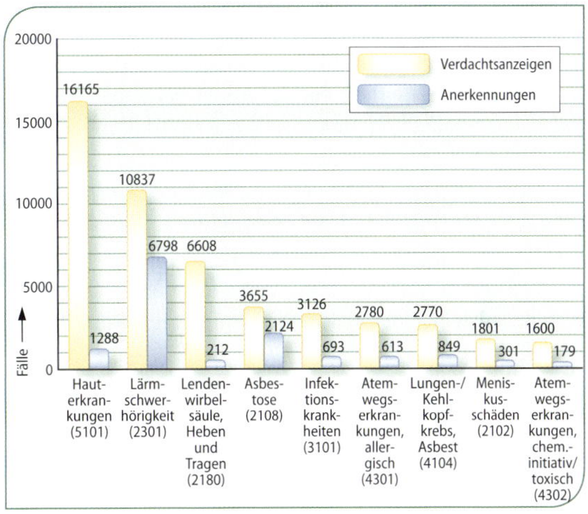

2 Berufskrankheiten

5.2 Sicherheitsvorschriften

5.2.1 Gesetze und Verordnungen

Wegen der großen Bedeutung der Arbeitssicherheit sind Maßnahmen zur Vermeidung von Gefährdungen am Arbeitsplatz (workplace) in zahlreichen Gesetzen und Verordnungen festgelegt, von denen hier nur eine kleine Auswahl angesprochen wird.

Das **Arbeitsschutzgesetz (ArbSchG)** zum Beispiel verpflichtet den Arbeitgeber, die Gesundheitsgefahren (health hazards) am Arbeitsplatz zu beurteilen, erforderliche Maßnahmen für die Sicherheit und den Gesundheitsschutz (health protection) der Beschäftigten zu treffen und menschengerechte Arbeitsbedingungen zu schaffen. Im **Arbeitszeitgesetz (ArbZG)** sind die höchstzulässige tägliche Arbeitszeit sowie die erforderlichen Pausen geregelt. Durch das **Jugendarbeitsschutzgesetz (JarbSchG)** sollen Beschäftigte unter 18 Jahren vor Überbeanspruchung, Überforderung und Gefahren am Arbeitsplatz geschützt werden. Die **Baustellenverordnung** dient der Verbesserung von Sicherheit (safety) und Gesundheitsschutz der Beschäftigten auf Baustellen (building sites). Da Arbeiten auf der Baustelle von Beschäftigten verschiedener Firmen häufig gleichzeitig aus-

[1] Innungskrankenkasse

geführt werden, sind die Unfall- und Gesundheitsrisiken dort hoch und besondere Schutzmaßnahmen und deren Koordinierung dringend erforderlich. Nach § 3 Baustellenverordnung ist deshalb für Baustellen, auf denen Beschäftigte (employees) mehrerer Arbeitgeber tätig sind, ein Koordinator zu bestellen. Das kann z. B. bei kleinen Bauten der Bauherr selbst oder ein Architekt sein.

5.2.2 Berufsgenossenschaftliche Vorschriften, Regeln und Informationen

Die **Berufsgenossenschaftlichen Vorschriften (BGV)** für Sicherheit und Gesundheit bei der Arbeit benennen Schutzziele sowie branchen- oder verfahrensspezifische Forderungen an die Sicherheit und den Gesundheitsschutz. Berufsgenossenschaftliche Vorschriften sind **Unfallverhütungsvorschriften** (accident prevention regulations), welche die einzelnen Berufsgenossenschaften für ihren Bereich erlassen und deren Einhaltung überwachen. Sie sind rechtsverbindlich, d. h. jeder Beschäftigte muss diese Vorschriften einhalten.

Die **Berufsgenossenschaftlichen Regeln (BGR)** für Sicherheit und Gesundheit bei der Arbeit konkretisieren und erläutern die Schutzziele verschiedener Arbeitsschutzvorschriften (health and safety regulations), beschreiben den Stand des Arbeitsschutzes und dienen der praktischen Umsetzung von Forderungen aus den berufsgenossenschaftlichen Vorschriften (Unfallverhütungsvorschriften).

Berufsgenossenschaftlichen Informationen (BGI) – Merkblätter, Unterweisungsblätter – enthalten Hinweise und Empfehlungen, welche die praktische Anwendung von staatlichen und berufsgenossenschaftlichen Vorschriften erleichtern sollen. Sie behandeln wichtige Problembereiche des Arbeits- und Gesundheitsschutzes z. B. beim Umgang mit Gefahrstoffen (hazardous materials) und geben Hinweise z. B. zu sicherem Arbeiten mit bzw. an Maschinen.

5.3 Sicherheitsmaßnahmen

5.3.1 Sicherheitskennzeichen (Verbots-, Gebots-, Warn-, Rettungs- und Brandschutzzeichen)

Nach der Berufsgenossenschaftlichen Vorschrift BGV A8 ist am Arbeitsplatz durch Sicherheitskennzeichen (safety signs) auf Gefahren, erforderliches sicherheitsrelevantes Verhalten und vorhandene Sicherheitseinrichtungen hinzuweisen.

Die Sicherheitszeichen müssen deutlich erkennbar angebracht werden und aus Werkstoffen bestehen, die gegen die Umgebungseinflüsse am Anbringungsort resistent sind. Die Sicherheitszeichen werden in folgende Gruppen eingeteilt:

a) **Verbotszeichen** (prohibition sign) untersagen ein Verhalten (behaviour), durch das eine Gefahr (danger) entstehen kann.

P01 Rauchen verboten | P02 Feuer, offenes Licht und Rauchen verboten | P04 Mit Wasser löschen verboten

P05 Kein Trinkwasser | Zutritt für Unbefugte verboten | P09 Nicht berühren, Gehäuse unter Spannung

b) **Warnzeichen** (warning sign) warnen vor einem Risiko oder einer Gefahr.

W00 Warnung vor einer Gefahrstelle | W01 Warnung vor feuergefährlichen Stoffen | W02 Warnung vor explosionsgefährlichen Stoffen

W03 Warnung vor giftigen Stoffen | W18 Warnung vor gesundheitsschädlichen oder reizenden Stoffen | W08 Warnung vor gefährlicher elektrischer Spannung

c) **Gebotszeichen** (mandatory signs) schreiben ein bestimmtes Verhalten vor.

M01 Augenschutz beachten | M02 Schutzhelm benutzen | M03 Gehörschutz benutzen

M05 Fußschutz benutzen | M06 Handschutz benutzen | M07 Schutzkleidung benutzen

d) **Rettungszeichen** (rescue signs) kennzeichnen den Rettungsweg oder Notausgang (emergency exit), den Weg zu einer Erste-Hilfe-Einrichtung oder diese Einrichtung selbst.

E13 Rettungsweg

E07 Notruftelefon

E03 Erste Hilfe

E04 Krankentrage

E08 Arzt

E14 Notausgang

e) **Brandschutzzeichen** (fire protection signs) kennzeichnen die Standorte von Feuermelde- und Feuerlöscheinrichtungen.

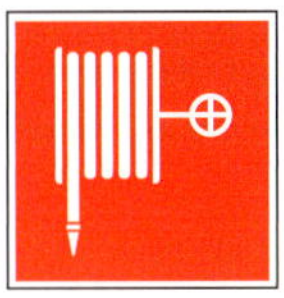
F03 Löschschlauch

F04 Leiter

F05 Feuerlöscher

F06 Brandmelde-telefon

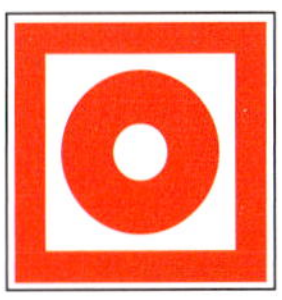
F08 Brandmelder (manuell)

F07 Mittel und Geräte zur Brandbekämpfung

5.3.2 Persönliche Schutzausrüstung (PSA)

Lassen sich Unfall- und Gesundheitsgefahren durch technische oder organisatorische Maßnahmen nicht beseitigen, muss der Unternehmer geeignete persönliche Schutzausrüstungen (safety equipment) zur Verfügung stellen und diese in ordnungsgemäßem Zustand halten. Der Arbeitnehmer ist verpflichtet, diese zu benutzen.

Die prozentuale Verteilung der Arbeitsunfälle (industrial accidents) nach verletzten Körperteilen zeigt, wie dringend notwendig eine persönliche (personal) Schutzausrüstung ist (Bild 1).

Sie soll vor den Gefahren schützen, welche zwangsläufig mit der Ausübung der beruflichen Tätigkeiten verbunden sind. Je nach Art der Gefährdung sind das z. B. Schutzkleidung, Schutzbrille bzw. Schutzschirm, Schutzhandschuhe, Sicherheitsschuhe, Atem- oder Gehörschutz (Bild 2).

MERKE

Die persönlichen Schutzausrüstungen schützen nur, wenn sie auch benutzt werden.

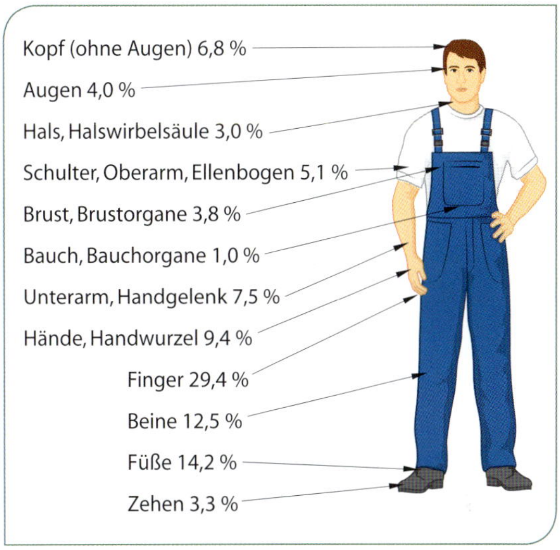

1 Prozentuale Verteilung der Arbeitsunfälle nach verletzten Körperteilen

2 Persönliche Schutzausrüstung

Persönliche Schutzausrüstung – Übersicht

Gefährdete Körperteile	Schutzausrüstung	Anwendung/Einsatz
Körper, Arme, Beine	• Schutzkleidung/Arbeitskleidung • Besondere Schutzkleidung wie z. B. Schweißerschutzanzug, Schweißerschürzen	Bei allen beruflichen Tätigkeiten. Bei besonderen Gefährdungen wie z. B. beim Brennschneiden und Schweißen.
Kopf	• Haarnetz bei langen Haaren • Schutzhelm 	Bei Arbeiten an Maschinen mit rotierenden Werkzeugen (rotating instruments) wie z. B. beim Bohren. Bei Gefährdungen durch herabfallende, umfallende, pendelnde oder wegfliegende Gegenstände, z. B. auf Baustellen, bei Arbeiten unter Gerüsten, Leitern, Hebevorrichtungen (Kränen), mit Bolzensetzwerkzeugen, beim Schleifen und Trennen mit dem Winkelschleifer.
Hände	• Hautschutzmittel, z. B. Schutzcremes, Salben, Pasten • Textil-, Kunststoff-, Gummi- und Lederhandschuhe 	Bei Arbeiten mit Stoffen, welche die Haut reizen bzw. austrocknen, z. B. Kühlschmiermittel, Reinigungsmittel (cleaning agents). Bei Arbeiten mit Säuren, Laugen, Lösemitteln, Klebstoffen, scharfkantigen oder rauen Werkstücken. Bei thermischen Gefährdungen durch heiße und kalte Materialien, Strahlungswärme, offene Flammen, z. B. beim Schweißen (welding), Warmbiegen.
Füße, Zehen	• Sicherheitsschuhe 	Bei Gefährdungen durch Einklemmen, umfallende oder herabfallende Gegenstände, Treten auf spitze oder schneidende Gegenstände, in heiße oder ätzende Flüssigkeiten. Für das Arbeiten auf Baustellen sind Sicherheitsschuhe (safety boots) mit einer Stahlkappe zum Schutz gegen Zehenverletzungen und einer durchtrittssicheren Sohle z. B. zum Schutz gegen das Eindringen hervorstehender Nägel zu verwenden
Augen, Gesicht	• Gestellbrillen mit Seitenschutz und bruchsicherem Glas (hell und dunkel) • Handschutzschild  	Bei Gefährdungen durch wegfliegende Teilchen und Staub wie z. B. bei Schleif- und Trennarbeiten sowie Arbeiten mit der Handbohrmaschine (hand drill) in Augenhöhe und über Kopf, Flüssigkeitsspritzer oder Dämpfe chemischer Substanzen, z. B. beim Kleben, Schweißfunken, Schweißspritzer, ultraviolette oder infrarote Strahlung, z. B. beim Löten, Gas- und Lichtbogenschweißen.

Gefährdete Körperteile	Schutzausrüstung	Anwendung/Einsatz
Gehör	• Gehörschutzstöpsel • Kapselgehörschützer  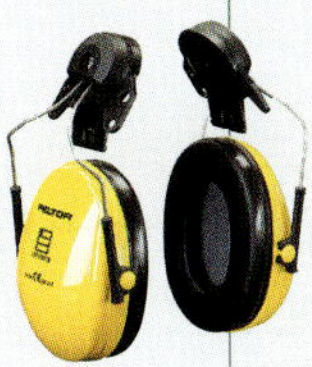	Gemäß BGR 194 „Einsatz von Gehörschützern" besteht ab 85 dB(A) eine Gehörgefährdung. Deshalb soll ab diesem Wert Gehörschutz (ear protection) benutzt werden. Gehörschutz ist somit erforderlich z. B. bei Arbeiten mit Bolzensetzgeräten, Winkelschleifern, Schlagbohrmaschinen (percussion drills), Bohrhämmern, Presslufthämmern (pneumatic hammers).
Atemwege	• Mundschutz (face mask), Atemschutzmasken mit entsprechendem Filter 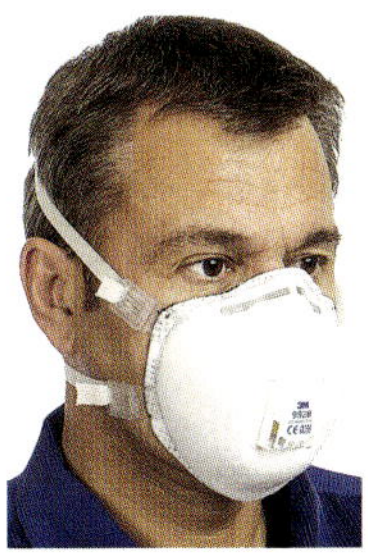	Bei Entstehung bzw. Freisetzung von • gesundheitsschädigenden Staubkonzentrationen wie z. B. beim Bohren, Fräsen, Schleifen und Sägen, beim Verlegen von Dämmmaterial oder bei der Kesselreinigung • gesundheitsschädigenden (noxious) chemischen Dämpfen und Gasen wie z. B. beim Kleben, Löten und Schweißen

5.3.3 Werkzeuge und Maschinen

In den meisten Fällen werden Unfälle nicht durch Fehler der Werkzeuge und Maschinen, sondern durch das Fehlverhalten (misdemeanour) ihrer Benutzer verursacht. Es ist deshalb wichtig, den richtigen Umgang mit Werkzeugen und Maschinen zu lernen, um sich wirksam vor Gefahren zu schützen. Grundsätzlich dürfen nur Maschinen und Werkzeuge benutzt werden, die sich in einwandfreiem (faultless) Zustand befinden.

Durch nachfolgend genannte Maßnahmen (measures) können Unfälle mit Maschinen und Werkzeugen vermieden werden:

- Maschinen und Werkzeuge sind vor Benutzung auf sichtbare (visible) Schäden zu prüfen. Elektrische Bauteile sind besonders sorgfältig zu überprüfen.
- Maschinen dürfen nur von fachkundigen Personen benutzt werden.
- Bei Arbeiten mit Maschinen ist auf die richtige Arbeitskleidung und die notwendige Sicherheitsausrüstung zu achten (siehe 5.3.2).
- Die Schutzvorrichtungen oder Abdeckungen der bewegten (moving) Teile dürfen nicht abgenommen oder deren Wirksamkeit gemindert werden.
- Das Ein-, Aus- und Umspannen sowie das Prüfen und Messen des Werkstücks darf nur bei Stillstand (standstill) der Maschine erfolgen.
- Die Montage bzw. Demontage des Werkzeugs darf nur bei ausgeschalteter (powered off) Maschine und gezogenem Netzstecker erfolgen.
- Handgeführte Maschinen dürfen nur nach Stillstand der rotierenden (rotating)Teile abgelegt werden.
- Reparatur- und Wartungsarbeiten dürfen nur an ausgeschalteten und gegen Wiedereinschalten gesicherten Maschinen ausgeführt werden.
- Elektrisch betriebene Maschinen sind bei Störungen (faults) sofort abzuschalten (Stecker ziehen).
- Reparaturen an elektrischen Teilen dürfen nur von einer Elektrofachkraft ausgeführt werden

MERKE

Provisorische Instandsetzungen durch den Laien sind lebensgefährlich.

- In feuchtigkeitsgefährdenden Bereichen sind elektrisch angetriebene Maschinen mit ausreichender Feuchtigkeitsschutzart (IP-Schutzart) zu verwenden.

5.3.4 Arbeitsplatzgestaltung

Genauso wichtig wie der richtige Umgang (handling) mit Maschinen und Werkzeugen ist ein aufgeräumter Arbeitsplatz. Herumliegende Werkzeuge, Maschinen und Arbeitsmaterialien können Stürze verursachen, die schwere Verletzungen, z. B. bei einem Sturz in eine laufende Säge, zur Folge haben können. Außerdem geht durch die ständige Suche nach dem benötigten Material oder Werkzeugen wertvolle Arbeitszeit verloren.

Ein ordentlich aufgeräumter Arbeitsplatz spart Zeit, vermindert das Risiko, dass Werkzeuge und Maschinen beschädigt werden und verringert Unfallgefahren.

MERKE

Ordnung am Arbeitsplatz erhöht die Wirtschaftlichkeit und die Sicherheit.

5.3.5 Leitern

Bei den Ursachen für Leiterunfälle spielt das Versagen von Leiterbauteilen eine untergeordnete Rolle. Die Hauptunfallgefahr geht vielmehr von der unsachgemäßen bzw. fehlerhaften Benutzung einer Leiter (ladder) aus. Häufige Unfallursachen sind das Ab- bzw. Wegrutschen des Leiterfußes oder Leiterkopfes, Um- oder Wegkippen der Leiter, Verlust des Gleichgewichtes durch z. B. seitliches Herauslehnen, Abrutschen von den Leitersprossen, Mitnahme von sperrigem Material sowie Verwendung einer ungeeigneten Leiter.

Unfälle mit Leitern können vermieden werden, wenn man folgende Punkte bei deren Benutzung beachtet (Bild 1):

- Leitern vor Benutzung auf Verschleiß (wearout), Verformung, fehlende Bauteile prüfen.
- Schadhafte Leitern, z. B. fehlende oder angebrochene Sprossen (staves), geflickte Holmen oder Wangen nicht benutzen, einer weiteren Benutzung sofort zuverlässig entziehen und nur durch eine Fachfirma (Hersteller oder autorisierte Firma) instandsetzen lassen.
- Leitern auf einem tragfähigen, ebenen Untergrund aufstellen, Leiterfüße gegen Einsinken und Wegrutschen sichern.
- Anlegeleitern (Bild 2a) nur an sichere Stützpunkte und im richtigen Winkel (angel) anlehnen. Dieser beträgt bei Sprossenanlageleitern 65 bis 75° und bei Stufenanlageleitern 60 bis 70°.
- Anlegeleitern, die zum Übersteigen auf ein Gebäudeteil benutzt werden, müssen mindestens 1 m über die Austrittsstelle hinausragen, wenn keine andere gleichwertige Haltemöglichkeit vorhanden ist.
- Anlageleitern gegen Abrutschen (slipping off) z. B. durch Stahlspitzen oder Gummifüße, gegen Umfallen oder Umkanten z. B. durch Anbinden des Leiterkopfes sowie gegen übermäßiges Durchbiegen oder Schwanken z. B. durch Absteifen sichern.
- Stehleitern, auch Staffeleien genannt (Bild 2b) nur benutzen, wenn an den Schenkeln Spreizsicherungen wie z. B. Ketten, Gurte, Gelenke fest angebracht sind.
- Stehleitern nicht zusammengeklappt (folded up) als Anlegeleiter verwenden, da die Holme an den Scharnierbefestigungen überbeansprucht werden.
- Stehleitern nicht zum Übersteigen auf hoch gelegene Arbeitsplätze benutzen.

1 Piktogramme als Betriebsanleitung (Aufkleber an Leitern)

Leitern dürfen als Arbeitsplatz nicht verwendet werden, wenn

- bei einer Standplatzhöhe > 2 m die Arbeitsdauer (working hours) mehr als 2 Stunden beträgt
- das Gewicht des mitzuführenden Werkzeugs und Materials 10 kg überschreitet
- mitgeführte Gegenstände größer als 1 m² sind
- Stoffe oder Geräte wie z. B. Säuren, Winkelschleifer, benutzt werden, von denen für den Beschäftigten zusätzlich Gefahren ausgehen
- Geräte benutzt werden, die mit beiden Händen bedient werden müssen
- Arbeiten ausgeführt werden, die einen großen Kraftaufwand erfordern wie z. B. Arbeiten mit Drehmomentschlüsseln bei Verschraubungsarbeiten

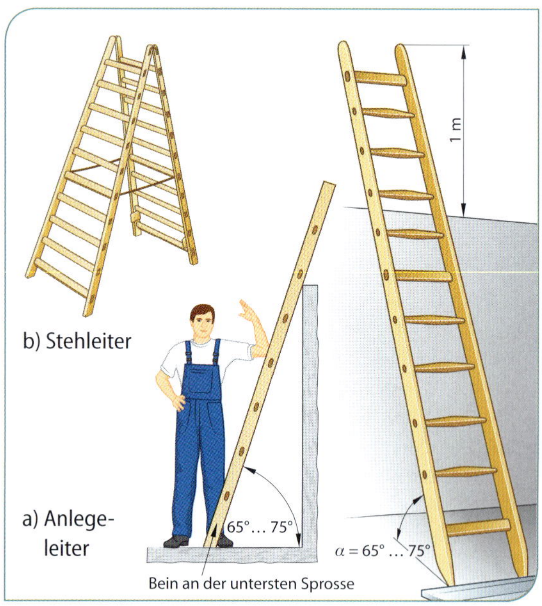

2 Leitern

5.3.6 Gerüste

Bei Arbeiten von längerer Dauer auf einer über die Reichweite eines Beschäftigten hinausgehenden Höhe sind stets Gerüste (scaffolding) zu verwenden.

Gerüste müssen einen ausreichend tragfähigen Boden besitzen, kippsicher aufgestellt und gegen seitliches Verschieben ausreichend verstrebt sein. Befindet sich der Gerüstboden mehr als 2 m über dem Fußboden (floor), ist ein dreiteiliger Seitenschutz, bestehend aus Geländerholm, Zwischenholm und Bordbrett, anzubringen (Bild 1). Durch den Zwischenholm können Personen auch in gebückter Haltung nicht abstürzen. Das Bordbrett verhindert, dass z. B. Werkzeuge und Materialien hinabfallen und Personen, die sich darunter aufhalten, verletzen.

Für kleinere Arbeiten, bei denen z. B. größere Kräfte durch Verwendung von handbetätigten Maschinen bzw. Werkzeugen aufgewendet werden müssen, empfiehlt sich der Einsatz von **Kleingerüsten** (Bild 2).

Kleingerüste lassen sich aus zwei Stehleitern und einem Boden (Bohle) oder aus einer zweiteiligen Leiter, einem Boden und Verstrebungen einfach und schnell montieren.

Bei Stehleitern darf der Boden nicht höher als auf der drittletzten Stufe liegen und die maximale Stützweite darf nicht mehr als 3,25 m betragen. Die Bohlen (planks) müssen mindestens 28 cm breit und 4 cm dick sein.

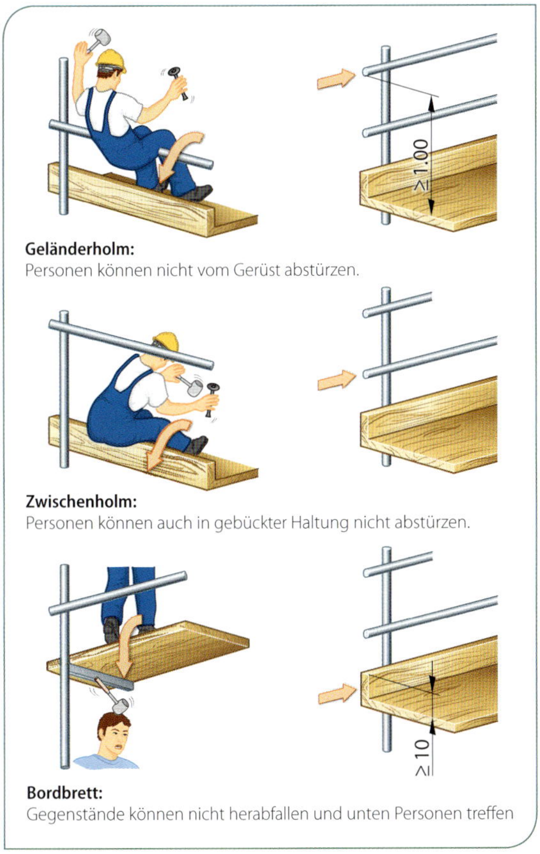

1 Gerüst

2 Kleingerüst aus zweiteiliger Leiter

5.3.7 Absturzsicherungen

Absturzsicherungen (Bild 3) bestehen aus Geländerholm, Zwischenholm und Bordbrett und sind erforderlich

- an frei liegenden Treppenläufen, Treppenabsätzen und Wandöffnungen bei mehr als 1 m Absturzhöhe
- bei Arbeiten an und auf Dächern, wenn die Absturzhöhe mehr als 3 m beträgt
- an allen übrigen Arbeitsplätzen und Verkehrswegen bei mehr als 2 m Absturzhöhe
- an Öffnungen in Böden, Decken und Dachflächen sowie Vertiefungen im Arbeits- und Verkehrsbereich, sofern sie nicht durch begehbare und unverschiebbar angebrachte Abdeckungen versehen sind

3 Absturzsicherung

Bei Arbeiten auf Dächern (roofs) können als Sicherheitsmaßnahmen gegen das Abstürzen von Beschäftigten und gegen das Herabfallen von Materialien und Werkzeugen **Auffangeinrichtungen** wie z. B. **Fanggerüste** oder **Fangnetze** verwendet werden. Ist eine Auffangeinrichtung aus arbeitstechnischen Gründen (reasons) nicht möglich wie z. B. bei Arbeiten an der Absturzkante oder wenn der Aufwand an Material, Zeit und Geld dafür wesentlich höher ist als der für die durchzuführende Arbeit, müssen sich die Beschäftigten durch **Anseilen (Auffanggurt)** gegen Abstürzen (falls) sichern (Bild 1).

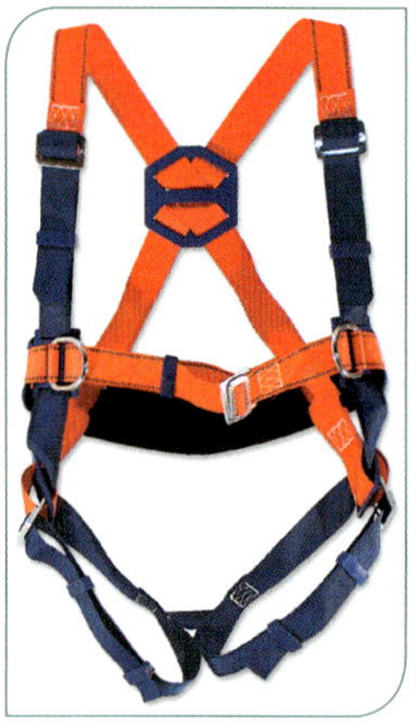

1 Sichern gegen Absturz durch Anlegen eines Auffanggurts

Dächer ohne tragfähige Dachhaut wie z. B. Welldächer aus Faserzement sowie Lichtkuppeln sind nur über entsprechende Laufstege (walkways) zu begehen. Bei Absturzhöhen ins Gebäudeinnere ab 5 m sind Auffangnetze anzubringen.

5.3.8 Gefahrstoffe

Stoffe, die z. B. giftig, ätzend, leicht entzündlich, brandfördernd, explosionsgefährlich, gesundheitsschädlich oder umweltgefährlich sind, werden als Gefahrstoffe (hazardous material) bezeichnet und müssen gekennzeichnet werden. Die Kennzeichnung muss folgende Angaben enthalten:

- Stoffbezeichnung
- Gefahrsymbol (Bild 2), Gefahrbezeichnungen
- Gefahrhinweise
- Sicherheitsratschläge
- Hersteller, Einführer, Lieferant

Werden Inhalte von einem Originalbehälter für den innerbetrieblichen Verbrauch in kleinere Behältnisse (container) umgefüllt, müssen diese wie die Originale gekennzeichnet werden. Es dürfen allerdings keine Behälter verwendet werden, die üblicherweise Lebensmittel (food) oder Getränke (beverages) enthalten wie z. B. Getränkeflaschen.

Vor Verwendung eines Gefahrstoffes ist es unbedingt erforderlich, sich anhand der Betriebsanweisung (Bild 3), Produktinformation, Sicherheitsdatenblatt über die Gefahren und Schutzmaßnahmen (protective measures) zu informieren. Stehen diese Informationsmittel nicht zur Verfügung, kann der Chef bzw. Meister, der Sicherheitsbeauftragte oder ein im Umgang mit Gefahrstoffen erfahrener Firmenangehöriger weiterhelfen. Während der Ausführung von Arbeiten mit Gefahrstoffen darf nicht gegessen, getrunken oder geraucht werden.

2 Gefahrensymbole

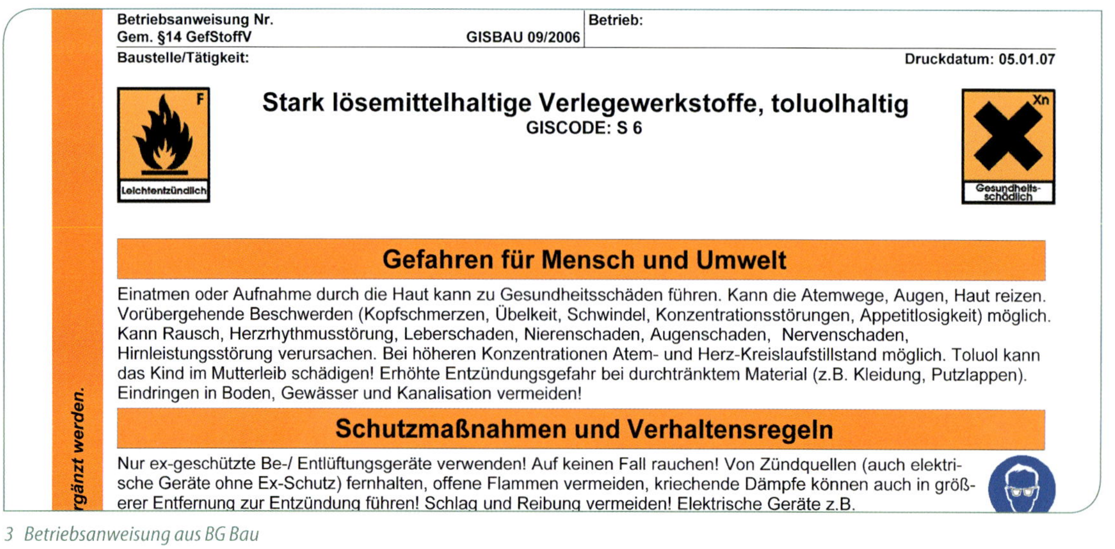

Betriebsanweisung Nr.
Gem. §14 GefStoffV | GISBAU 09/2006 | Betrieb:

Baustelle/Tätigkeit: | Druckdatum: 05.01.07

F – Leichtentzündlich

Stark lösemittelhaltige Verlegewerkstoffe, toluolhaltig
GISCODE: S 6

Xn – Gesundheitsschädlich

Gefahren für Mensch und Umwelt

Einatmen oder Aufnahme durch die Haut kann zu Gesundheitsschäden führen. Kann die Atemwege, Augen, Haut reizen. Vorübergehende Beschwerden (Kopfschmerzen, Übelkeit, Schwindel, Konzentrationsstörungen, Appetitlosigkeit) möglich. Kann Rausch, Herzrhythmusstörung, Leberschaden, Nierenschaden, Augenschaden, Nervenschaden, Hirnleistungsstörung verursachen. Bei höheren Konzentrationen Atem- und Herz-Kreislaufstillstand möglich. Toluol kann das Kind im Mutterleib schädigen! Erhöhte Entzündungsgefahr bei durchtränktem Material (z.B. Kleidung, Putzlappen). Eindringen in Boden, Gewässer und Kanalisation vermeiden!

Schutzmaßnahmen und Verhaltensregeln

Nur ex-geschützte Be-/ Entlüftungsgeräte verwenden! Auf keinen Fall rauchen! Von Zündquellen (auch elektrische Geräte ohne Ex-Schutz) fernhalten, offene Flammen vermeiden, kriechende Dämpfe können auch in größerer Entfernung zur Entzündung führen! Schlag und Reibung vermeiden! Elektrische Geräte z.B.

rgänzt werden.

3 Betriebsanweisung aus BG Bau

1) Neue europaweite Kennzeichnung verpflichtend ab 1.12.2010 für Einzelstoffe, ab 1.06.2015 für Gemische

Hautkontakt kann durch Tragen von Schutzausrüstung wie z. B. Schutzhandschuhe (gauntlets), Schutzbrille (safety goggles) und Auftragen von Schutzsalben vermieden werden (vgl. Kap. 5.3.2).
Nach der Arbeit und vor Pausen ist die Haut gründlich zu reinigen. Am Arbeitsende ist es zweckmäßig, nach der Reinigung ein Hautpflegemittel (skin care) aufzutragen.

5.3.9 Arbeitsplatzgrenzwerte (AGW)

Ein wichtiges Instrument zum Schutz der Beschäftigten vor Gesundheitsschäden stellen die Arbeitsplatzgrenzwerte (Bild 1) (limit value at the workplace) (AGW) dar. Sie geben an, bei welcher Konzentration eines Stoffes in der Luft am Arbeitsplatz eine akute oder chronische Schädigung der Gesundheit der Beschäftigten nicht zu erwarten ist. Arbeitsplatzgrenzwerte sind Mittelwerte (mean values), bei deren Festlegung von einer Arbeitszeit von 8 Stunden an 5 Tagen pro Woche ausgegangen wird. Für Stoffe, die bei einer Abweichung vom Mittelwert nach oben Gesundheitsschäden verursachen können, sind Kurzzeitwerte festgelegt. Sie beschränken die Konzentrationsschwankungen nach oben, sowie ihre Dauer und Häufigkeit.
Die Arbeitsplatzgrenzwerte werden in mg/m³ und ml/m³ (ppm) angegeben.
In Deutschland wurden die Arbeitsplatzgrenzwerte mit der Neufassung der Gefahrstoffverordnung (GefStoffV) eingeführt. Sie ersetzen die Maximalen (maximum) Arbeitsplatzkonzentrationswerte (MAK-Werte) und die Technischen Richtkonzentrationswerte (TRK-Werte).

Stoffbezeichnung	Arbeitsplatzgrenzwert	
	ml/m³ (ppm)	mg/m³
Aceton	500	1200
Butanon	200	600
Cyclohexanon	20	80
Fluor	0,1	0,16
Kohlenstoffdioxid	5000	9100
Kohlenstoffmonoxid	30	35
Methanol	200	270
Salpetersäure	2	5,2
Tetrahydrofuran	50	150

1 Arbeitsplatzgrenzwerte-Auswahl

5.3.10 Arbeiten in engen Räumen

Bei Arbeiten in engen (narrow) Räumen (Räume ohne natürlichen Luftabzug mit einem Volumen unter 100 m³ oder einer Länge, einer Breite oder einer Höhe von weniger als 2 m) wie z. B. in Behältern, Schächten und fensterlosen Bauwerken, sind folgende Vorkehrungen zu treffen:

- Vor Arbeitsbeginn prüfen, ob eine Gefährdung durch Gase und/oder elektrischen Strom (electric current) besteht
- Räume gasfrei machen
- Verantwortlichen Aufsichtsführenden (proctor) benennen, Sicherheitsmaßnahmen festlegen und diese während der Arbeit durch den Aufsichtsführenden überwachen
- Zuverlässigen Sicherheitsposten aufstellen, der mit den Beschäftigten in Kontakt steht (Sichtverbindung, Sprechverbindung, Signalleine)
- Für genügend große Zugangs- bzw. Einstiegöffnungen sorgen, um bei Gefahr den engen Raum schnell verlassen und Verunglückte retten zu können
- Geeignete Ausrüstung zur Rettung bereithalten und Fluchtwege (escape route) freihalten
- Räume ausreichend be- und entlüften
- Umgebungsluft unabhängige Atemschutzgeräte benutzen, falls ein Be- und Entlüften nicht möglich ist

Bei der Durchführung von Gasschweiß-, Brennschneid- und Hartlötarbeiten in engen Räumen

- müssen Gas- und Sauerstoffflaschen außerhalb aufgestellt werden
- müssen Brenner und Schläuche bei längeren Arbeitsunterbrechungen aus diesen Räumen entfernt werden
- ist schwer entflammbare (flame-resistant) Schutzkleidung zu tragen

Besteht in einem metallischen Behälter eine erhöhte elektrische Gefährdung, dürfen elektrische Betriebsmittel nur mit der **Schutzkleinspannung** (protective extra low voltage) (bis max. 50 Volt Wechselspannung bzw. max.120 V Gleichspannung) und/oder **Schutztrennung** (galvanische Trennung vom Netz) betrieben werden. Sicherheitstransformatoren müssen außerhalb des Behälters aufgestellt werden. Elektrische Geräte und Handleuchten für Kleinspannung müssen Spezialsteckvorrichtungen besitzen, die nicht in Steckdosen (socket) höherer Spannung passen.

Bei Elektro- und Schutzgasschweißarbeiten in solchen Behältern

- ist eine für derartige Arbeiten geeignete und besonders gekennzeichnete Schweißstromquelle (Symbol S) zu benutzen, die außerhalb des Behälters aufzustellen ist
- ist schwer entflammbare Schutzkleidung zu tragen
- sind isolierende (insulating) Zwischenlagen wie z. B. Gummimatten zu benutzen

5.3.11 Brandschutz auf der Baustelle

Bei Schweiß-, Löt- oder anderen Arbeiten mit offener Flamme (flame), bei Trenn- und Schleifarbeiten mit Funkenbildung und bei Arbeiten mit leicht entzündlichen Stoffen ist die Entstehung bzw. Ausbreitung eines Brandes durch folgende Maßnahmen zu verhindern:

- Löschgeräte wie z. B. Handfeuerlöscher, Eimer (bucket) mit Wasser und Löschdecken neben der Arbeitsstelle bereit stellen
- Bewegliche brennbare Gegenstände bei Boden- und Wanddurchbrüchen auch aus den Nachbarräumen entfernen

- Brennbare (inflammable) Gegenstände, die nicht entfernt werden können, beispielsweise mit Glasfasermatten abdecken
- Öffnungen, Fugen, Ritzen, Rohrdurchführungen in gefährdeten Bereichen z. B. mit Steinwolle abdichten
- Brandwache mit Feuerlöscher (fire extinguisher) aufstellen, wenn in der Nähe brennbarer Gegenstände geschweißt wird, auch wenn diese abgedeckt werden
- Arbeiten mit erforderlicher Vorsicht ausführen und mindestens zwei Stunden vor Arbeitsschluss beenden, damit während der restlichen Arbeitszeit die Baustelle beaufsichtigt bleibt
- Nach Abschluss der Arbeiten Arbeitsplatz und Umgebung nach Brandnestern absuchen und auf Übertemperaturen abtasten
- Alarmmöglichkeiten zur Feuerwehr (fire brigade) klären bzw. nötigenfalls schaffen; im Schadensfall Feuerwehr unverzüglich alarmieren

Lassen sich die erforderlichen Brandschutzmaßnahmen (fire prevention measures) nicht durchführen, sind Arbeitsverfahren zu wählen, von denen keine Brandgefahr ausgeht wie z. B. Pressen und Verschrauben statt Löten und Schweißen, Sägen statt Brennschneiden.

5.3.12 Transport von Gasflaschen und Rohren mit Kraftfahrzeugen

- Grundsätzlich sind bei Transport von Gütern mit Kraftfahrzeugen die entsprechenden Bestimmungen der Straßenverkehrordnung zu beachten.
- Bei Transport von Gasflaschen sind die Kleinmengengrenzen der Gefahrgutverordnung – Straße und Eisenbahn (GGVSE) zu berücksichtigen.
- Gasflaschen (gas cylinder) und Rohre (pipes) sind beim Transport auf bzw. in Fahrzeugen gegen Verrutschen, Abrollen, Umfallen und Herabfallen zu sichern wie z. B. durch spannbare Gurte (girths), die an genügend stabilen Fahrzeugteilen befestigt werden oder durch fest an der Wagenwand angebrachte Gestelle mit lösbaren Bügeln oder Ketten (Bild 1).
- Gasflaschen dürfen nur mit geschlossenen Ventilen und aufgeschraubten Schutzkappen transportiert werden.
- Gasflaschen, bei denen kein Ventilschutz angebracht ist und bei denen auch keine Schutzkappe (protection cap) aufgeschraubt werden kann, sind in Flaschenkoffern oder -kästen zu befördern.

1 *Flaschensicherung durch Gestell mit lösbarem Bügel und Ketten*

- Fahrzeuge mit gefüllten Gasflaschen dürfen nicht unbeaufsichtigt abgestellt werden.
- In geschlossenen Kraftfahrzeugen wie Werkstattwagen und Kundendienstfahrzeugen dürfen Gasflaschen nur transportiert werden, wenn diese Fahrzeuge mindestens zwei Lüftungsöffnungen mit jeweils 100 cm² Mindestquerschnitt besitzen.
- In Ausnahmefällen dürfen Gasflaschen bei kurzen Transportwegen auch in Firmenkombis und Kofferräumen von Personenkraftwagen transportiert werden, wenn geöffnete Fenster oder ein geöffneter Kofferraumdeckel zur Lüftung verwendet und die Fahrzeuge unverzüglich nach der Fahrt entladen werden.
- Zur Gasentnahme sind die Gasflaschen aus dem Fahrzeug zu entfernen. Nur in besonders dafür eingerichteten Werkstattwagen dürfen Gasflaschen im Fahrzeug (vehicle) verbleiben.

5.4 Erste-Hilfe-Maßnahmen

Trotz aller Sicherheitsmaßnahmen lassen sich Arbeitsunfälle nicht verhindern, wie die entsprechenden Statistiken belegen. Bei jeder Verletzung kommt es darauf an, dass sie schnell und fachgerecht versorgt wird. Bei schweren Unfällen können rechtzeitig und richtig durchgeführte Erste-Hilfe-Maßnahmen (first aid) das Leben des Verletzten retten.
Die optimale Versorgung erfordert ein koordiniertes Handeln der an der Rettung beteiligten Personen und Institutionen. Die einzelnen Schritte der Hilfe müssen wie Glieder einer Kette **(Rettungskette)** ineinander greifen (Bild 2).

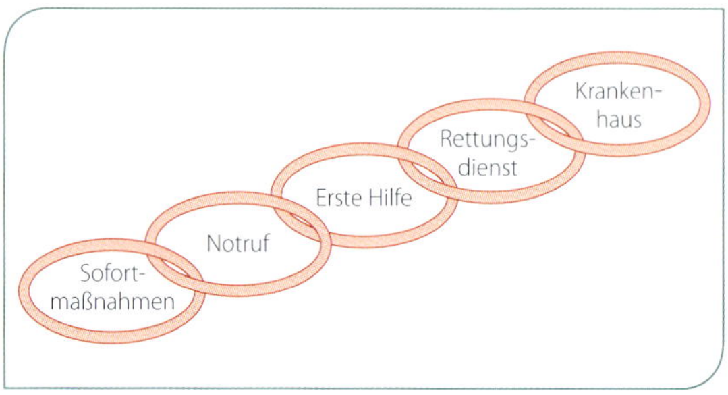

2 *Rettungskette*

Jede Kette ist aber nur so stark wie ihr schwächstes Glied. Eine Ausbildung und wiederholte Fortbildung in Erster Hilfe trägt zur Stärkung der ersten drei Glieder bei.
In jedem Betrieb und auf jeder Baustelle muss bis maximal 20 Beschäftigten mindestens ein Ersthelfer vorhanden sein; bei mehr als 20 Beschäftigten müssen zehn Prozent davon als Ersthelfer ausgebildet sein.
Ersthelfer müssen den Beschäftigten bekannt sein und die Beschäftigten müssen über den Aufenthaltsort der Ersthelfer informiert sein. Erste-Hilfe-Material wie z. B. Verbandskasten (first aid box) ist im Betrieb oder auf der Baustelle an leicht zugänglicher Stelle bereitzuhalten. Grüne Tafeln der Berufsgenossenschaften mit Anleitungen zur Ersten Hilfe bei Unfällen (Bild 1, Seite 19) müssen im Betrieb ausgehängt

sein. Organisation und Koordination der Ersten Hilfe kann durch Anbringen dieser Tafeln (plate) in Firmenfahrzeugen und Montageschränken bzw. -kisten unterstützt werden, zumal dort Ersthelfer/Betriebssanitäter, Ärzte für Erste Hilfe, Rettungsdienste und Krankenhäuser (hospitals) sowie deren Rufnummern eingetragen werden.
Jede Erste-Hilfe-Leistung ist mit den erforderlichen Daten wie z. B. Name des Verletzten, Unfallort, Art der Verletzungen zu dokumentieren und der Berufsgenossenschaft (employer's liability insurance association) zu melden.

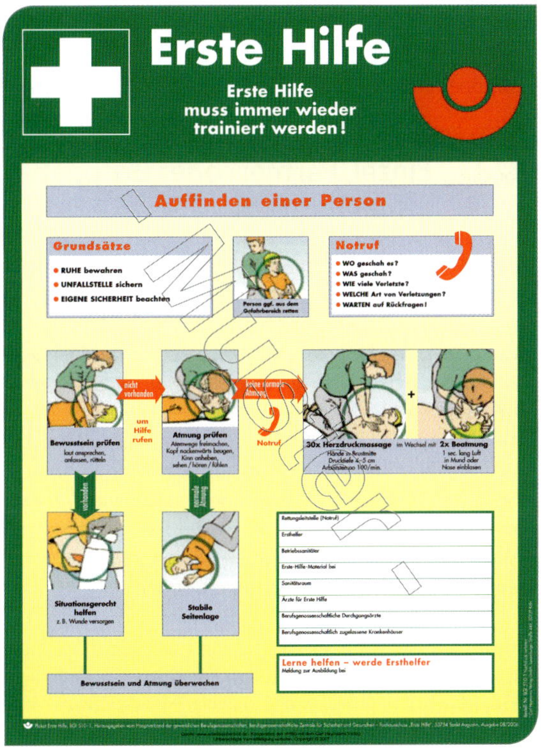

1 Anleitung für Erste Hilfe

ÜBUNGEN

1) Welche Berufskrankheiten treten bei Anlagenmechanikern SHK überdurchschnittlich häufig auf?

2) Nennen Sie zwei Gesetze und eine Verordnung, in denen Sicherheitsvorschriften festgelegt sind.

3) Was sind
   a) Berufsgenossenschaftliche Vorschriften
   b) Berufsgenossenschaftliche Regeln
   c) Berufsgenossenschaftliche Informationen?

4) Geben Sie für folgende Tätigkeiten mindestens je zwei geeignete Schutzausrüstungen an:
   a) Schweißen b) Kleben
   c) Trennarbeiten mit Winkelschleifer

5) Informieren Sie sich im Internet über Berufsgenossenschaftliche Vorschriften zum Thema Augenschutz und leiten Sie daraus Maßnahmen an Ihrem Arbeitsplatz ab.

6) Der richtige Umgang mit Maschinen und Werkzeugen schützt vor Unfällen. Zählen Sie fünf Unfallverhütungsmaßnahmen beim Umgang mit Maschinen und Werkzeugen auf.

7) Welche Vorteile hat ein aufgeräumter Arbeitsplatz?

8) Nennen Sie fünf Maßnahmen, um Unfälle mit Leitern zu vermeiden.

9) Geben Sie vier Tätigkeiten an, die nicht auf einer Leiter ausgeführt werden dürfen.

10) Erläutern Sie mindestens vier wesentliche Anforderungen, die Gerüste erfüllen müssen.

11) Beschreiben Sie Sicherheitsmaßnahmen bei Arbeiten auf Dächern.

12) Welche Stoffe werden als Gefahrstoffe eingeordnet?

13) Was müssen Sie beachten, wenn Sie flüssige Inhalte aus Originalbehältern für den innerbetrieblichen Verbrauch in kleinere Behältnisse umfüllen?

14) Nennen Sie drei Schutzmaßnahmen im Umgang mit Gefahrstoffen.

15) Erklären Sie den Begriff Arbeitsplatzgrenzwert.

16) Schildern Sie drei Vorkehrungen, die Sie bei Arbeiten in engen Räumen treffen müssen.

17) Sie müssen in einem älteren Gebäude Lötarbeiten durchführen. Schildern Sie vier Maßnahmen, die Sie ergreifen, um die Entstehung bzw. Ausbreitung eines Brandes zu verhindern.

18) Unter welchen Bedingungen dürfen Gasflaschen in geschlossenen Kastenwagen transportiert werden?

19) Unter welchen Voraussetzungen ist eine optimale Versorgung eines auf der Baustelle Verunglückten möglich?

6 Arbeitsorganisation, Arbeitsmethoden und Präsentationstechniken

Der Auszubildende (trainee; apprentice) im SHK-Handwerk muss im Betrieb und in der Schule Arbeitsaufträge
- organisieren
- planen
- durchführen
- und auswerten

Hierzu ist die passenden Methode (method) auszuwählen und die Ergebnisse sind zu präsentieren. Im Betrieb erfolgt die Planung (planning) eines Auftrags meist durch den Meister, in der Schule plant der Auszubildende selbstständig. Dazu muss er nicht nur fachlich gut qualifiziert sein, sondern auch mit Kollegen oder Mitschülern zusammenarbeiten, Informationen (information) verarbeiten, kreativ und effizient[1] sein.

6.1 Arbeitsorganisation

Arbeitsaufträge in Betrieben des SHK-Handwerks ergeben sich in der Regel aus Kundenaufträgen. In der Schule werden Kundenaufträge theoretisch bearbeitet, aber meist nicht praktisch durchgeführt.
Um ein möglichst gutes wirtschaftliches Ergebnis (result) im Betrieb zu erzielen oder den Auftrag in der Schule effizient durchzuführen, ist es notwendig, den Arbeitsauftrag gründlich vorzubereiten, ihn zu organisieren. Dazu ist es z. B. notwendig
- Einen Zeitplan (timetable) zu erstellen (z. B. Fertigstellung in 4 Wochen)
- Die Mitarbeiter oder die Schüler einzuteilen (z. B. Montagegruppe Albers/Dommel, Gruppenarbeit mit jeweils vier Schülern)
- Die inhaltliche Planung durchzuführen (z. B. Erneuerung eines Trinkwasserverteilers)
- Das Material (material) und die Werkzeuge (tools) bereitzustellen (z. B. Verbundrohre, Werkzeugkiste, Arbeitsblätter)
- Einen Arbeitsplan (work schedule) aufzustellen (z. B. in welcher Reihenfolge die Arbeiten zu erledigen sind)
- Absprachen zu treffen und Prioritäten zu setzen (z. B. mit anderen Gewerken; was zuerst zu erledigen ist)

6.2 Arbeitsmethoden[2]

Um eine neue Aufgabe (einen neuen Auftrag) (task; order) kompetent selbstständig, mit Partner oder in einer Gruppe bearbeiten zu können und um zügig zu Problemlösungen und Lösungsansätzen zu kommen, ist es nützlich, verschiedene Methoden zu kennen wie z. B.
- Schülerreferat
- Brainstorming
- Methode 635
- Metaplanmethode
- Mind Map
- Lernzirkel
- Gruppenpuzzle

6.2.1 Einzel, Partner- oder Gruppenarbeit

Grundsätzlich können Arbeitsaufträge in Einzel- oder Gruppenarbeit (group work) ausgeführt werden. Bei der Partnerarbeit arbeiten zwei Personen (Partner) in einer Gruppe (group) zusammen. Größere Aufträge und komplexe Fragestellungen lassen sich leichter in Gruppenarbeit als in Einzelarbeit durchführen. Vorzüge sind z. B.
- Gewinnung vielfältiger Gesichtspunkte (points of views)
- Arbeitsteilige Bearbeitung von Aufgaben
- Förderung der Bereitschaft (willingness, readiness) zur Zusammenzuarbeit
- Das soziale Verhalten (behaviour) wird gestärkt
- Ermöglicht aktive, selbstständige Mitarbeit

Die Vorzüge der Gruppenarbeit stellen sich allerdings nicht automatisch ein, deshalb sollten einige Grundregeln beachtet werden
- Der Inhalt des Arbeitsauftrages muss eindeutig sein
- Ein Zeitrahmen (time frame) muss abgesteckt werden
- Ein oder zwei Gruppensprecher müssen bestimmt werden
- Jedes Gruppenmitglied übernimmt einen Teilauftrag
- Feste Kommunikationsregeln wie z. B. das Recht (right), dass jeder seine Meinung sagen kann und dass Kritik (criticism) jederzeit zugelassen und geäußert werden darf, sind zu vereinbaren
- Arbeitsergebnisse werden schriftlich (written) festgehalten
- Präsentation der Arbeitsergebnisse durch ein Mitglied (member) oder mehrere Mitglieder der Gruppe

6.2.2 Schülerreferat

Ein Referat (presentation) ist ein Vortrag über ein bestimmtes Thema. Es handelt sich in der Regel nicht um neue Ideen, sondern um schon bekannte Tatsachen. Die Vortragsdauer sollte 10...20 Minuten nicht überschreiten.
Das Referat soll möglichst frei, mit Blickkontakt zum Publikum vorgetragen werden. Gedanken (thoughts) sollen ge-

[1] effizient = leistungsfähig
[2] Methode = Art und Weise eines Vorgehens

ordnet, abwechselungsreich und verständlich ohne Dialekt (dialect) vorgetragen werden. Durch z.B. Folien, Tafelanschrieb oder Laptop mit Beamer kann ein Vortrag interessanter gestaltet werden. Zwischenfragen sollten zugelassen werden, da es ein Zeichen dafür ist, dass das Publikum interessiert zuhört. Um dem Publikum das Zuhören zu erleichtern, können Thesenpapiere oder Handreichungen (handouts) mit den wichtigsten Erkenntnissen und Aussagen und einer Literaturliste ausgegeben werden.

6.2.3 Brainstorming

Das Brainstorming ist die bekannteste und am häufigsten eingesetzte Methode, um Kreativität (creativity) anzuregen und innerhalb einer relativ kurzen Zeit (10 ... 15 Minuten) viele Ideen zur Lösung eines relativ exakt formulierten Problems (problem) zu finden. Eine Sitzung (session) dauert üblicherweise 20 ... 60 Minuten und die optimale Gruppengröße sollte 4 ... 10 Teilnehmer nicht überschreiten. Das Verfahren (procedure) wurde schon in den 30er Jahren von dem amerikanischen Werbefachmann Alex F. Osborn entwickelt.

Es wird in zwei Phasen unterteilt:
- Sammlung (collection) von Begriffen und Ideen zur Lösung eines Problems (Bild 1)
- Beurteilung und Analyse der gefundenen Begriffe und Ideen

Um die Effizienz einer Sitzung nicht zu gefährden, sollten einige Regeln eingehalten werden
- Jeder sollte möglichst viele Begriffe (terms) sammeln, Quantität geht vor Qualität

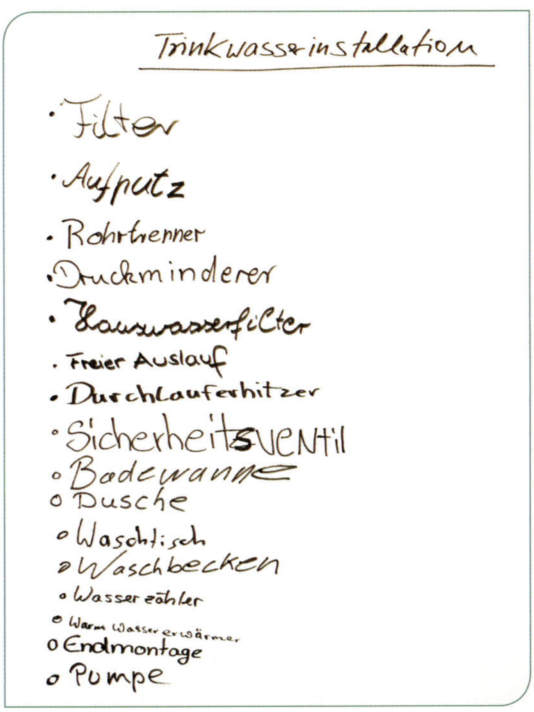

1 Sammlung von Begriffen

- Die eigenen oder fremde Begriffe sollten nicht gewertet oder kritisiert werden
- Jeder Gedanke darf geäußert werden, auch außergewöhnliche Einfälle
- Gedanken anderer dürfen aufgegriffen und weiterentwickelt werden
- Begriffe und Ideen sollten stichwortartig auf Karten (cards) festgehalten werden, um sie z.B. an einer Pinnwand zu befestigen
- Begriffe und Ideen werden geordnet
- Alle Ideen werden auf ihre Durchführbarkeit hin bewertet und analysiert

Die Effizienz der Methode kann durch einen geübten Moderator (Gesprächsleiter) deutlich gebessert werden und als ein sehr nützliches Hilfsmittel (resources) haben sich sog. Moderatorenkoffer (Bild 2) erwiesen.

2 Moderatorenkoffer

6.2.4 Methode 635

Diese Methode, auch Brainwriting genannt, baut auf der Idee des Brainstormings auf. Der Name dieser Methode beruht auf dem folgenden Prinzip:

- 6 Teilnehmer
- drei Ideen
- fünf mal weiterentwickelt

Jeder Teilnehmer erhält ein Blatt mit drei Spalten und 6 Zeilen und trägt in die erste Zeile seine drei Ideen ein. Dann reichen alle Teilnehmer das Blatt (sheet) gleichzeitig dem Nachbarn im Uhrzeigersinn weiter. Dieser liest die drei Ideen, übernimmt sie oder entwickelt sie weiter oder trägt drei neue Ideen ein. Das Blatt wird solange weitergereicht bis je-

Ideen/Vorschläge für das Entsorgungskonzept einer Badsanierung

Teilnehmer	1	2	3
1	Trennung der Altmaterialien	Verkauf der Buntmetalle	Planung der Abbrucharbeiten
2	Verkauf der Buntmetalle z. B. für karitative Zwecke	Trennung in Kupfer, Messing und Blei	Terminabsprachen
3	Bereitstellung der Sammelbehälter durch Fremdfirma	Transport des Bauschutts mit dem Firmenwagen	Entsorgungsstellen für Problemstoffe herausfinden
4	Planung der Tätigkeiten, die vor den Abbrucharbeiten erfolgen müssen	Schutzvorkehrungen gegen Staubanfall und problematische Baustoffe vorsehen	Lärmschutzmaßnahmen planen
5			
6			

der Teilnehmer jedes Blatt bearbeitet hat. Auf diese Weise können 6 Teilnehmer $6 \times 3 \times 6 = 108$ Lösungsvorschläge erarbeiten.

Während der Durchführung sollten die Teilnehmer (participants) nicht miteinander sprechen. Die Zahl der Teilnehmer oder die üblicherweise vorgegebene Zeit von 5 Minuten bis zur Weitergabe des Blattes kann variiert werden. Zur Auswertung sollten die Vorschläge (proposals) diskutiert und auf ihre Brauchbarkeit hin untersucht werden.

6.2.5 Metaplanmethode (Kartenabfrage)

1 Metaplan Trinkwasserinstallation

Die Metaplanmethode ist ein Visualisierungsverfahren, mit dem man zu einem bestimmten Unterrichtsthema das Wissen einer Klasse sichtbar (visible) machen kann. Dazu erhalten alle Schüler (pupils) eine bestimmte Anzahl von Karten und schreiben ihre Antworten (answers), die häufig in Einzel- oder Kleingruppenarbeit vorbereitet werden, gut lesbar auf die Karten. Anschließend werden die Karten eingesammelt, vorgelesen und nach Oberbegriffen (generic names) geordnet (geclustert) und an eine Pinnwand (Bild 1) gesteckt. Dies dient dann als Grundlage für eine Diskussion und die weitere Vorgehensweise. Vorteile (advantages) dieser Methode sind, dass die Karten leicht nach Oberbegriffen strukturiert und umgehängt werden können oder Doppelnennungen abgehängt werden können. Bei der Vorbereitung (preparation) dieser Methode sollte darauf geachtet werden, dass genügend Karten und Filzschreiber und eine oder mehrere Pinnwände vorhanden sind. Für Einzelstunden eignet sich diese Methode häufig nicht, da für die Anordnung und die Auswertung ein relativ hoher Zeitaufwand erforderlich ist.

6.2.6 Mind Map

Eine Mind Map ist eine grafische Methode, mit der Ideen entwickelt werden können und mit der sich die Ergebnisse leicht strukturieren lassen (Bild 1, Seite 23).

Ausgehend von einem zentralen Thema oder Problem (problem) können Teilaspekte zugeordnet werden, indem Äste (branches) und Zweige eingerichtet werden. Auf diesen werden alle Ideen oder Gedanken in Form von Schlüsselwörtern (keywords) notiert. Je nach Bedarf werden weitere Äste oder Zweige hinzugefügt. Es können auch unterschiedliche Farben, Bilder und Symbole verwendet werden. Vorteil einer Mind Map ist es, dass sie jederzeit ergänzt werden kann. Es gibt inzwischen viele Computerprogramme (auch Freewareprogramme) mit denen Mind Maps dargestellt werden können.

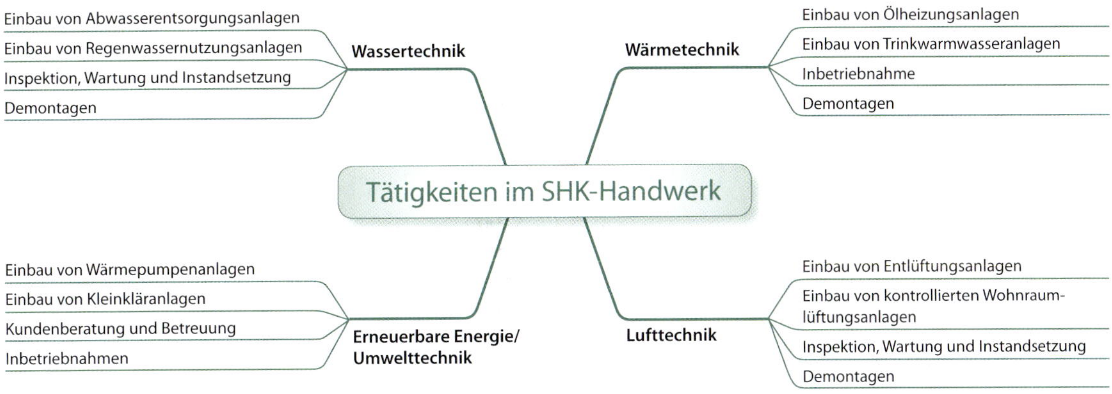

1 Mind Map

6.2.7 Lernzirkel/Stationenlernen

Die Grundidee eines Lernzirkels (des Stationenlernens) ist es, ein Unterrichtsthema in einzelne Einheiten aufzuteilen, die dann von den Schülern an verschiedenen (different) Stationen selbstständig bearbeitet werden (Bild 2).

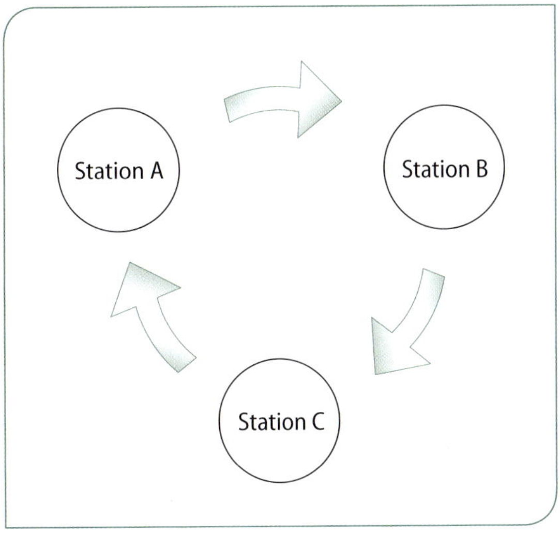

2 Stationen lernen

Dazu werden zu jeder Einheit ausgearbeitete Materialien bereitgestellt, die die unterschiedlichen Lernvoraussetzungen der Schüler im Hinblick auf z. B. Interessen, Leistungsvermögen sowie Lerntypus (Hören, Sehen, Lesen und Aktivität) am besten berücksichtigen. Es kann zwischen Wahl- und Pflichtstationen unterschieden werden. Falls die Stationen aufeinander aufbauen, muss eine bestimmte Reihenfolge eingehalten werden. Die Bearbeitung der Stationen findet häufig in Kleingruppen statt, sie können aber auch in Einzel- oder Partnerarbeit bearbeitet werden. Als Ergebnissicherung wird die Arbeit an jeder Station auf z. B. Laufzetteln dokumentiert.
Lernstationen können ganz unterschiedlichen Zielen (targets) dienen und eignen sich besonders:

- zur Vertiefung von bereits behandelten Themen
- zur Wiederholung von Themen
- zum selbstständigen Erarbeiten von Präsentationen und
- zur Informationsbeschaffung aus Katalogen (catalogues) und anderen Medien

Das Stationenlernen beinhaltet einen hohen Planungsaufwand für den Lehrer (teacher). Eine besonders zeitökonomische Aufbereitung eines Lernzirkels wäre es z. B., das Kapitel (chapter) eines Schulbuches (z. B. Grundlagen der Elektrotechnik) zum Inhalt des Lernzirkels zu machen. Wichtig ist es, klare Organisationsregeln und die Gesamtdauer der Bearbeitung festzulegen.

6.2.8 Gruppenpuzzle

Das Gruppenpuzzle wurde von Sozialpsychologen und Lehrerbildnern entwickelt, hieß ursprünglich Jigsaw-Methode (Laubsäge-Technik) und ist eine Form der Gruppenarbeit. Laubsäge-Technik heißt diese Methode deshalb, weil ein größeres Thema (topic), z. B. **Warten technischer Systeme**, in mehrere Teile zerschnitten wird und an mehrere Gruppen verteilt wird. Diese bearbeiten die Teile und setzen sie dann wieder zusammen. Das **grundlegende** Prinzip eines jeden Gruppenpuzzles ist die Bearbeitung der Teilaufgaben in **Stammgruppen** und in themengleichen **Expertengruppen**. Das Thema (z. B. Warten technischer Systeme) wird z. B. in 5 Teile aufgeteilt und die Klasse ebenfalls in 5 Gruppen. Jeder Schüler bearbeitet jetzt eines der 5 Teile. Nach der Bearbeitung treffen sich alle Schüler, die das Gleiche bearbeitet haben, in jeweils einer Expertengruppe (experts) und diskutieren alle Inhalte (contents), die sie nicht verstanden haben. Dann dokumentieren sie die Ergebnisse der Expertenarbeit und erarbeiten z. B. verschiedene Präsentationsformen. Wenn die Expertengruppe ihre Arbeit abgeschlossen hat, kehren die Schüler wieder in die Stammgruppen zurück und vermitteln diesen ihr Wissen (knowledge).
Eine Klasse mit 25 Schülern kann z. B. nach folgendem Schema eingeteilt werden (Bild 1, Seite 24):

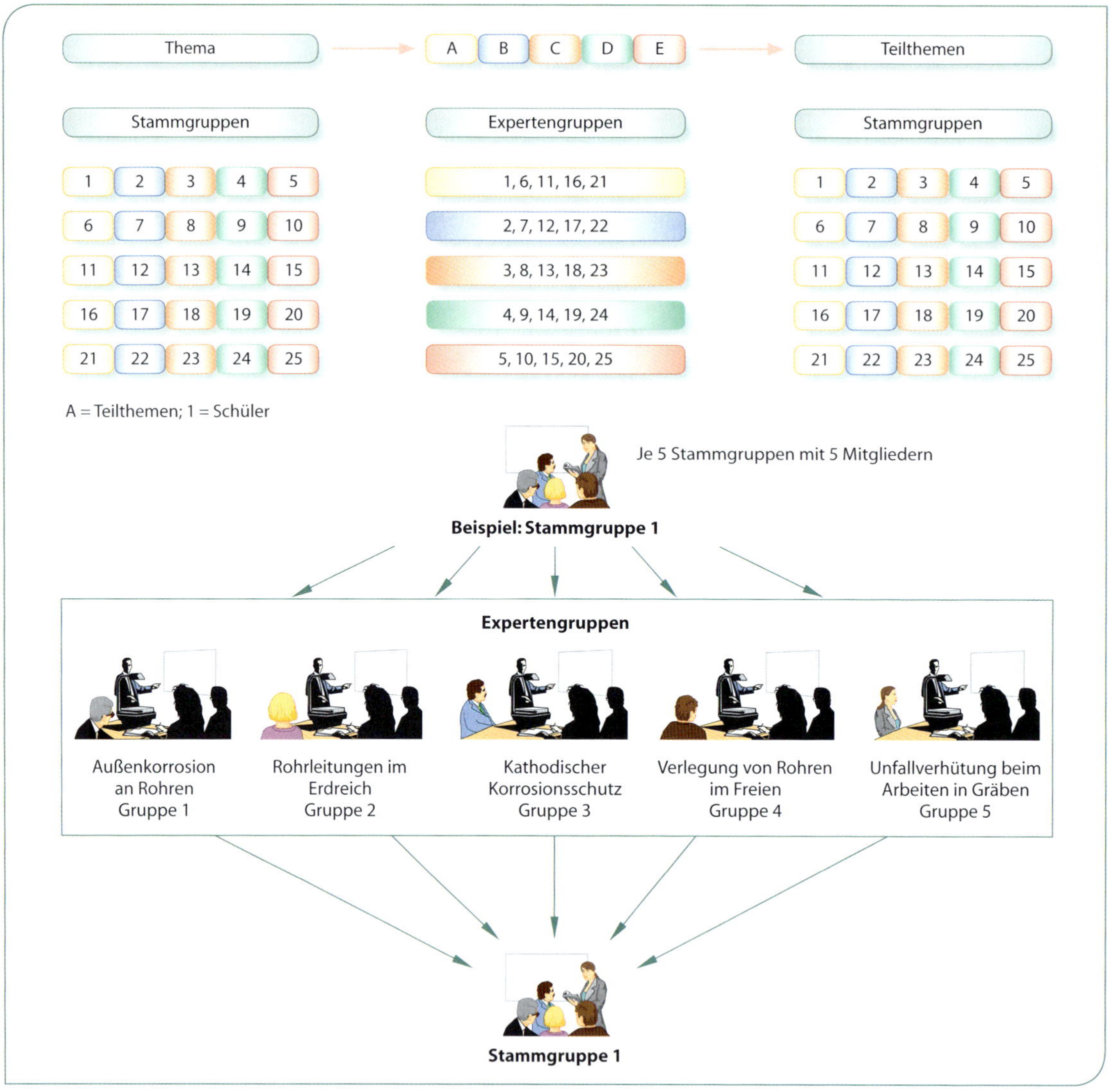

1 Gruppenpuzzle – Einteilung der Gruppen

6.3 Präsentationen

Ob in der Schule oder im Betrieb, sehr häufig müssen Ideen, Produkte oder Arbeitsergebnisse präsentiert werden. Das kann eine Einweisung (briefing) nach der Fertigstellung eines Kundenauftrages (z. B. einer Badinstallation) sein, die Vorstellung eines neuen Produktes (product) für eine Kundenberatung oder das Präsentieren der Arbeitsergebnisse in der Klasse (class) nach der Bearbeitung eines bestimmten Kapitels in einem Schulbuch (z. B. Korrosion). Daneben gibt es weitere Präsentationsformen wie z. B.:

- Präsentation der eigenen Person
- Ausstellungen (exhibitions) und Messen
- Informationsveranstaltungen
- Referate und
- Dokumentationen

Das Ziel einer Präsentation (presentation) ist immer das Vermitteln von Informationen und Inhalten. Zu unterscheiden ist zwischen sachlichen Zielen (z. B. Informationen geben, Problembewusstsein wecken) und persönlichen Zielen (z. B.

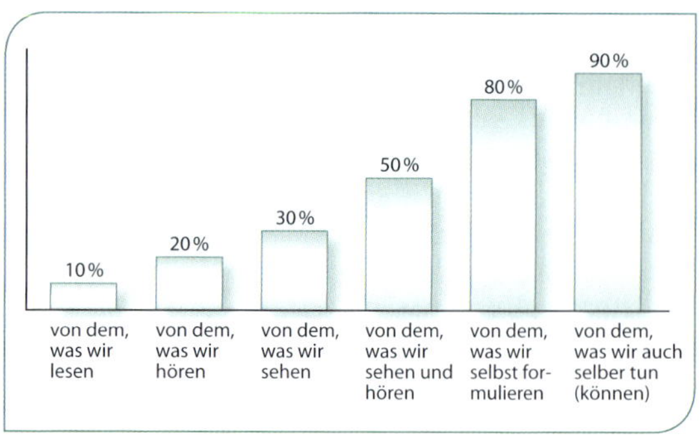

2 Behaltensrate nach Sinnesorganen

Akzeptanz erzielen, sich profilieren). Wie schwierig es ist, aufmerksam und konzentriert einer Präsentation über einen längeren Zeitraum zu folgen, wissen die meisten aus eigener Erfahrung (experience). Es ist deshalb wichtig, die zu vermittelnden Inhalte interessant, anschaulich und leicht verständlich zu präsentieren. Dabei ist zu beachten, dass der persönliche Eindruck des Präsentierenden wichtig ist, denn der erste Eindruck von einem Menschen ist häufig prägend für die Zukunft (sh. Lernfeld 2b, Kundenorientierung). Damit die Präsentation auch teilnehmerorientiert verläuft, sollte man sich ein Bild von seiner Zielgruppe (Mitschüler, Kunden oder Kollegen) machen. Durch die Auswahl (selection) geeigneter Präsentationsmedien und die Art und Weise des Vortrags kann die Behaltens- und Lernrate der Zielgruppe beträchtlich erhöht werden. Untersuchungen haben ergeben, dass Menschen Informationen ganz unterschiedlich aufnehmen und lernen (Bild 2, Seite 24). Es ist deshalb wichtig, möglichst viele Sinnesorgane (sense organs) anzusprechen und Informationen in Bilder und Diagramme umzusetzen, die leichter behalten werden als nur Worte oder Zahlen (Bild 1).

Geht es so?

1995	2000	2005
400	**800**	**1500**

So ist es schon besser.

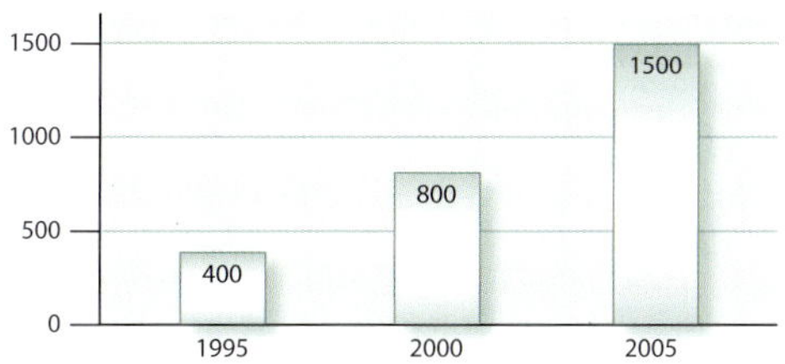

So kann man sich Wachstum vorstellen.

400	**800**	**1500**
1995	2000	2005

1 Verkaufszahlen Ölbrenner

6.3.1 Grafische Darstellungen

Grafische Darstellungen sind in Bilder umgesetzte Informationen in optisch ansprechender Weise. So lassen sich Zahlen und Größenverhältnisse viel anschaulicher mittels **Diagramm** (chart, graph) und Beziehungen, Hierarchien oder Abläufe mittels **Organigramm** (organization chart) oder **Flussdiagramm** (flow chart) darstellen. Die wichtigsten Diagrammtypen sind:

Säulendiagramm/Balkendiagramm

In Säulendiagrammen (bar charts) werden hauptsächlich Größenverhältnisse (z. B. Verkaufszahlen) durch die unterschiedlichen Höhen der Säulen dargestellt (Bild 2).

Die Säulen sollten an der Basis gleich breit und der Abstand zwischen den Säulen nicht zu groß sein, damit die Vergleichbarkeit nicht eingeschränkt wird. Werden die Säulen nicht nebeneinander auf der X-Achse angeordnet, sondern auf der Y-Achse, werden Säulendiagramme als **Balkendiagramme** bezeichnet.

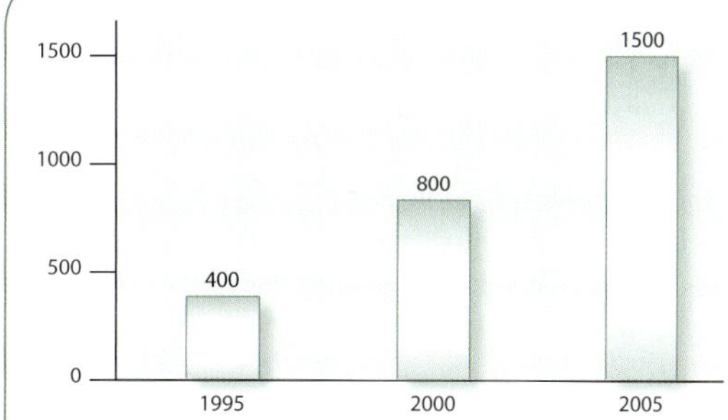

2 Verkaufszahlen Ölbrenner

Kreisdiagramm/Tortendiagramm

Mit Kreisdiagrammen (pie charts) können die Anteile einzelner Werte am Gesamtwert sehr gut dargestellt werden (Bild 3). Der gesamte Kreis entspricht dabei einem 100 %-Anteil. Zur besseren Unterscheidung können die einzelnen Sektoren z. B. farbig angelegt werden.

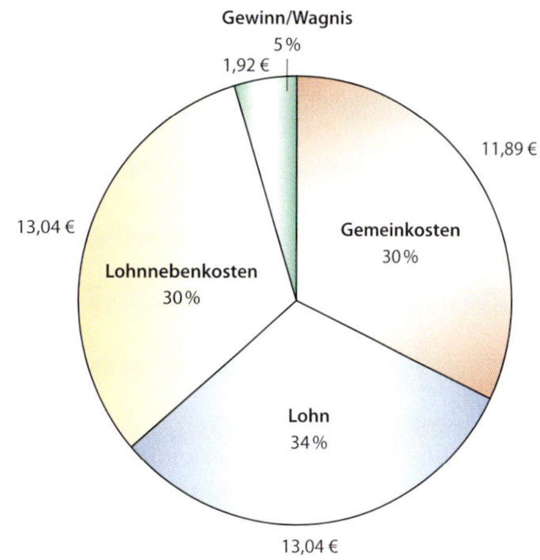

3 Kosten einer Handwerkerstunde

Kurvendiagramm/Flächendiagramm

Kurvendiagramme (line graphs) eignen sich insbesondere, um den Zusammenhang zweier Größen darzustellen. Dabei ist es wichtig, jede Achse eindeutig zu bezeichnen. Eine Linie ergibt sich aus der Verbindung verschiedener Einzelpunkte (Bild 1, Seite 26). Wird die Fläche unter der Linie besonders gekennzeichnet, z. B. farbig, wird das Kurvendiagramm auch **Flächendiagramm** genannt.

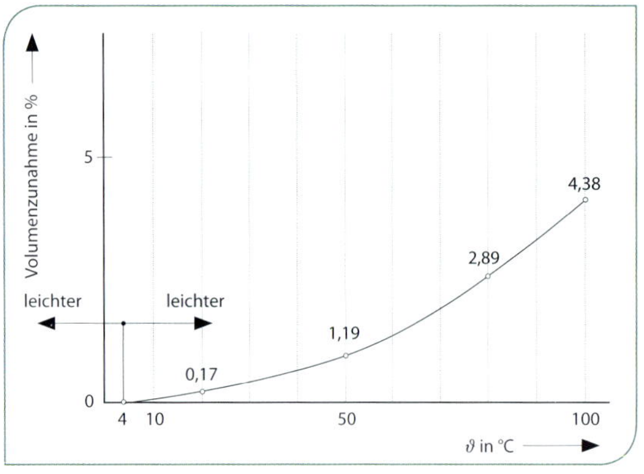

1 Anomalie des Wassers

Organigramm/Flussdiagramm

Organigramme und Flussdiagramme stellen keine Zahlenwerte dar, auch nicht die Verhältnisse der Werte untereinander, sondern Strukturen (Bild 2) und Abläufe (Bild 3). Organigramme/Flussdiagramme werden z. B. mittels einzelner Rechtecke und Parallelogramme dargestellt, die beschriftet werden. Die Beziehungen der Rechtecke und Parallelogramme untereinander werden mit Pfeilen gekennzeichnet. Besonders bei komplizierten Zusammenhängen sind Organigramme und Flussdiagramme der reinen Textdarstellung überlegen. Mehrere Seiten Text können oft durch ein Diagramm ersetzt werden.

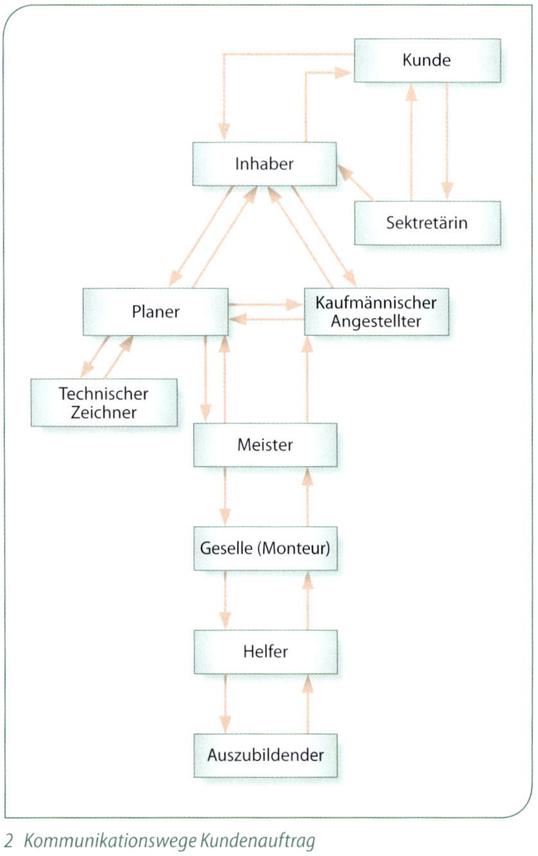

2 Kommunikationswege Kundenauftrag

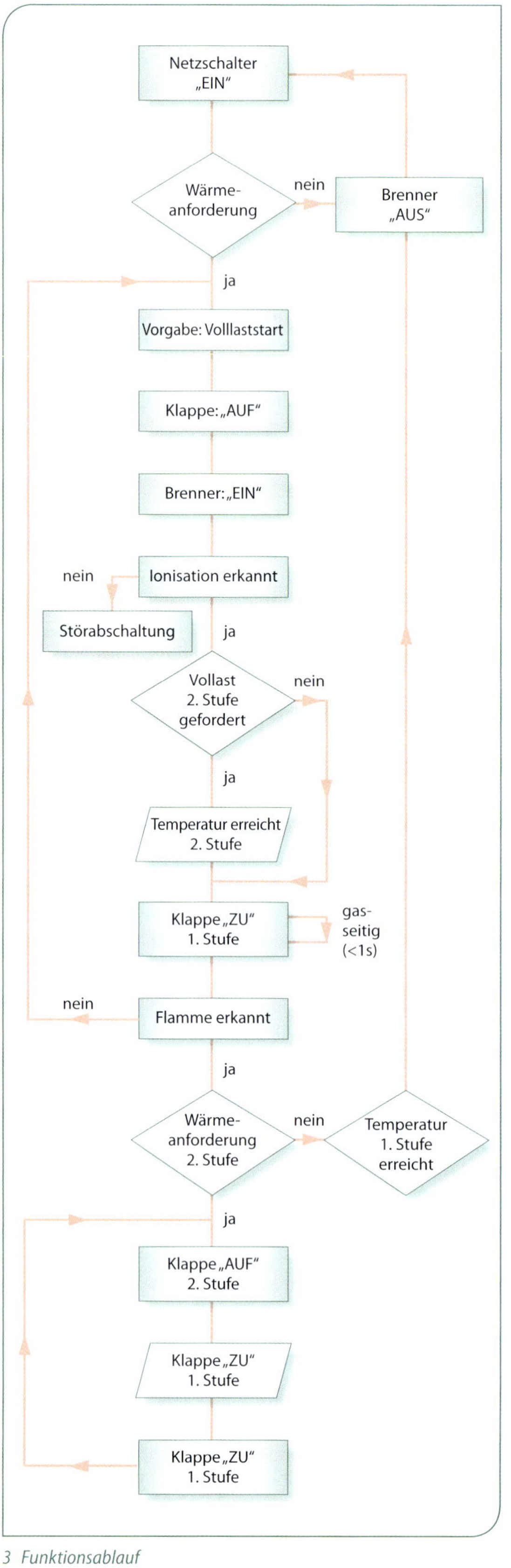

3 Funktionsablauf

6.3.2 Medien

Die richtige Auswahl und der gekonnte Umgang mit den unterschiedlichen Präsentationsmedien tragen zu einer erfolgreichen Präsentation bei. Alle Informationen müssen nachvollziehbar und dem Thema angemessen sein. Auswahlkriterien für geeignete Präsentationsmedien sind z. B.:

- Art der Visualisierung (z. B. handschriftlich, Computergrafik oder Bilder)
- Welche Medien sind vorhanden (z. B. Wandtafel, Flipchart oder Tageslichtprojektor)
- Womit arbeitet man am liebsten (z. B. Beamer)
- Welche Zeit steht zur Verfügung
- Kann das Medium vorbereitet werden oder erfolgt die Bearbeitung spontan? (z. B. Transparentfolie)

6.3.2.1 Wandtafel und Whiteboard

Die Wandtafel (blackboard) ist das **klassische** Medium, das jedem aus der Schulzeit bekannt ist. Sie hat den Vorteil, dass eine relativ große Fläche an zentraler Stelle dauerhaft zur Verfügung steht und jederzeit genutzt werden kann. Informationen können situationsbedingt festgehalten, solange wie nötig aufbewahrt und nach Bedarf auch wieder entfernt werden. Ein großer **Nachteil** der Tafel ist, dass Sie während der Arbeit an der Tafel dem Publikum den Rücken zukehren müssen. Außerdem ist die Tafel nicht transportierbar und der Tafelanschrieb nur durch Abfotografieren konservierbar. Ein moderneres Modell der klassischen Tafel ist das **Whiteboard** (whiteboard). Es ist eine Kunststofftafel, entweder auf einem Gestell angebracht (Bild 1) oder an der Wand befestigt. Auf diese Kunststofftafeln wird mit speziellen Filzschreibern geschrieben und nicht mit Kreide. Sie erzeugen keinen Staub und der Anschrieb lässt sich dank einer besonderen Kunststoffbeschichtung leicht mit einem trockenen Schwamm (sponge) entfernen. Sie lassen sich deshalb auch gut in Räumen verwenden, in denen kein Staub erzeugt werden darf (z. B. Computerräume).

1 Whiteboard

6.3.2.2 Flipchart

Ein Flipchart ist nichts anderes als ein großdimensionierter Notizblock mit z. B. der Blattgröße DIN A0, der auf einem Gestell angebracht ist (Bild 2). Die Blätter können vorbereitet sein, aber auch während der Präsentation beschrieben werden. Zum Schreiben werden große Filzschreiber (felt-tip pens) genutzt und die Ergebnisse können jederzeit wieder hervorgeholt und genutzt werden. Vollbeschriebene Blätter werden entweder abgerissen oder nach hinten umgeschlagen.

2 Flipchart

6.3.2.3 Tageslichtprojektor

Auch der Tageslichtprojektor (overhead projector) ist wie die Wandtafeln inzwischen ein klassisches Medium und gehört zur Standardausstattung von z. B. Schulen. Der Tageslichtprojektor (Bild 3) vergrößert die auf transparente Folien (overhead transparencies) geschriebenen Texte oder Zeichnungen und projiziert sie mit Hilfe von optischen Linsen auf eine gut sichtbare Fläche. Die Folien können mit wasserfesten (waterproof) und wasserlöslichen (water soluble) Stiften beschrieben werden. Vorbereitete Folien sollten mit wasserfesten Stiften beschrieben werden, damit nicht aus Versehen Teile der Texte oder Zeichnungen (drawings) gelöscht werden. Für die Entwurfsphase eignen sich wasserlösliche Stifte. Falls Folien kopiert werden, muss darauf geachtet werden, dass die Folien hitzebeständig (heat-resistant) sind.

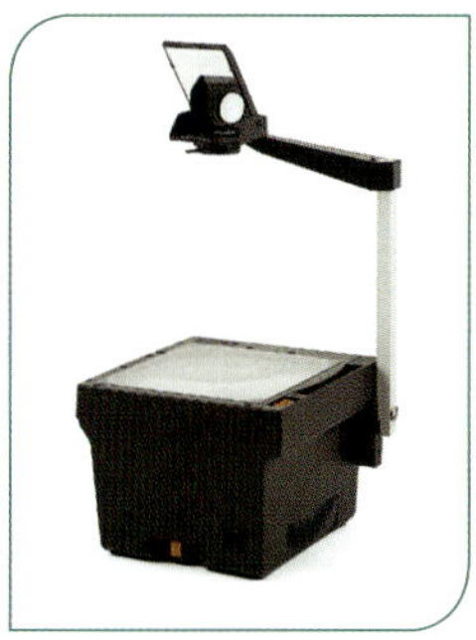

3 Tageslichtprojektor

6.3.2.4 Beamer und Laptop

Beamer und Laptop (Bild 1, S. 28) lassen sich leicht transportieren und eignen sich besonders für mit Hilfe von entsprechender Software (z. B. PowerPoint) vorab erstellter Informationen. Man muss sich mit der Bedienung von Beamer und Laptop vertraut machen und einen Probedurchlauf durchführen, denn nichts ist peinlicher, als wenn die Präsentation wegen fehlerhafter (flawy) Bedienung scheitert. Die ganze

Präsentation sollte nicht mit Beamer und Laptop gestaltet werden, die Beschränkung auf das Wesentliche ist wichtig und die Ausführungen sollten durch z. B. Folien ergänzt werden. Die Zuhörer (listeners) sollten direkt angesprochen werden. Dann steht das gesprochene Wort im Vordergrund, die Fachkompetenz ist wichtig und nicht so sehr die Beherrschung (control) der Software. Wenn Beamer und Laptop während des Vortrags nicht gebraucht werden, schaltet man sie aus.

1 Beamer und Laptop

6.3.2.5 DVDs, CDs, Videoclips

DVDs, CDs und Videoclips gibt es aus allen Wissensbereichen und dienen der Unterstützung (support) einer Präsentation. Sie sollten auf keinen Fall alleiniger Inhalt einer Präsentation sein (vgl. Kap. 6.3.2.4).

6.4 Informationsquellen

Vor noch nicht allzu langer Zeit wurden notwendige oder fehlende Informationen für z. B. die Erstellung eines Referates hauptsächlich aus Fachbüchern, Zeitschriften und Katalogen entnommen. Heutzutage ist die Beschaffung von Informationen über das **Internet** viel einfacher geworden.

6.4.1 Internet

Das Internet ist ein weltweit öffentlich zugängliches Netzwerk (network) miteinander verbundener Rechnernetzwerke, mit dem Ziel, einzelne Computer miteinander zu verbinden und Daten (z. B. E-Mails und Dokumente) auszutauschen. Der Datenaustausch erfolgt mittels eines standardisierten Internetprotokolls (IP). Das Internet wird fälschlicherweise häufig auf das World Wide Web (WWW) reduziert.

6.4.2 World Wide Web

Im Gegensatz zum Internet besteht das World Wide Web **nicht** aus miteinander verbundenen Rechnernetzwerken, sondern aus einer großen Anzahl von miteinander verbundenen **Hypertexten**. Hypertexte sind über Hyperlinks verbundene **Netze** von Texten, Textteilen, Bildern und Dateneinheiten, in denen sich die Benutzer (Internetsurfer) frei bewegen können. **Hyperlinks** sind Stellen auf einem Computerbildschirm, die, wenn sie mit der Maus angeklickt werden, weitere Informationen aufrufen. Das WWW wurde ursprünglich entwickelt, um den Austausch wissenschaftlicher Arbeiten zu erleichtern und basiert auf drei Kernstandards:

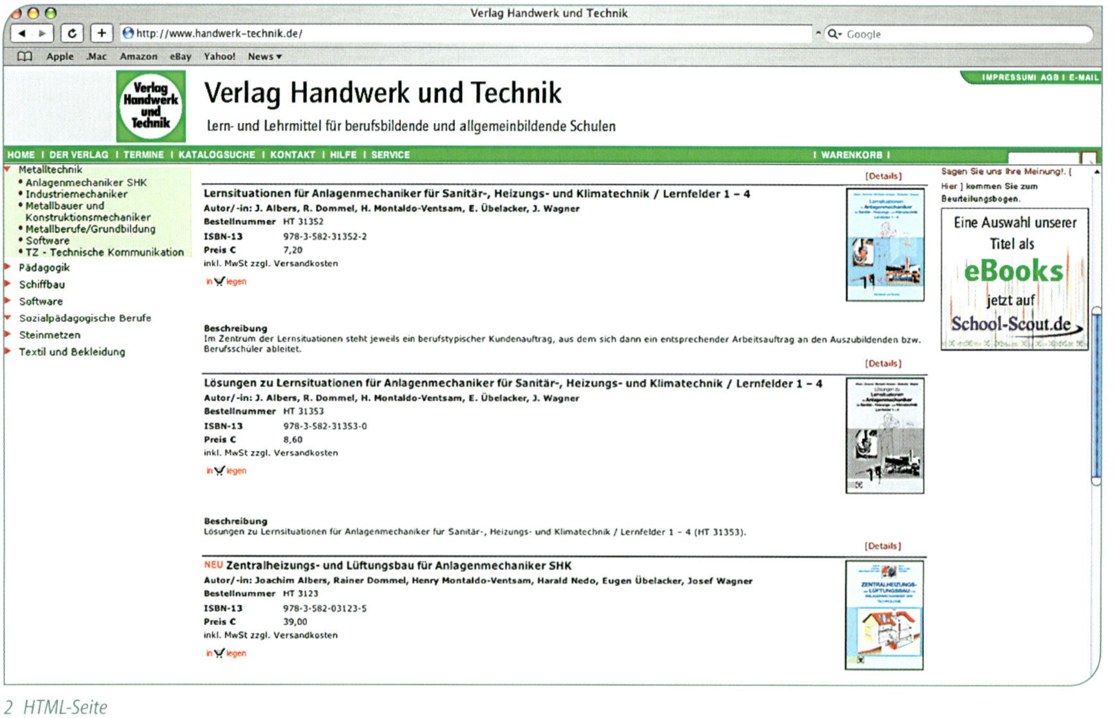

2 HTML-Seite

- Der Dokumentenbeschreibungssprache HTML
- Dem Protokoll **HTTP**, mit dem Informationen vom Server angefordert werden können und
- Der Adressierungsart **URL**, mit der eine Webseite eindeutig bezeichnet wird.

Um einen Hypertext lesen zu können, benötigt man einen **Webbrowser**, der die entsprechende Seite auf dem Bildschirm darstellt (Bild 2, Seite 28).

6.4.3 Suchmaschinen

Suchmaschinen (search engines) sind Programme, die im Internet (z. B. dem World Wide Web) gespeicherte Dokumente auffinden, die dann mittels eines Browsers auf einem Computerbildschirm dargestellt und gelesen werden können. Häufig genutzte Suchmaschinen sind z. B. Google, Yahoo, AltaVista (Bild 1) und Lycos.
Um an die gesuchten Informationen zu kommen, muss entweder eine konkrete Internetadresse (z. B. www.handwerk-technik.de) oder einen Schlüsselbegriff in die Suchmaschine eingeben werden. Der oder die Schlüsselbegriffe sollten immer sehr eng gefasst sein, um nicht den Überblick über die sonst zu erwartende Flut von Informationen zu verlieren. Es gibt spezielle Suchtechniken, um die Suche einzugrenzen, z. B.:

- Eingabe von Schlüsselbegriffen mit jeweils einem Pluszeichen (+) ohne Leertaste (z. B. +Bohrer+Metall). Man erhält nun nur Informationen zum Thema Bohrer (drill), die gleichzeitig auch das Stichwort Metall enthalten oder ausschließen (Bohrer+Metall, Bohrer ohne Metall und Bohrer oder Metall). Dies wird auch **And-, Or-, Not-Abfrage** genannt.
- Gänsefüßchensuche, mit der bestimmte Wortfolgen gesucht werden können (z. B. **„Korrosion und Schäden"**, Bild 2) oder
  Die Sternchensuche, bei der ein Begriff eingeben wird und ein Sternchen (*) ohne Leertaste (spacebar) dahinter gesetzt wird. Jetzt erhält man Wortzusammensetzungen mit z. B. **Lüftung***.

1 Suchmaschine AltaVista

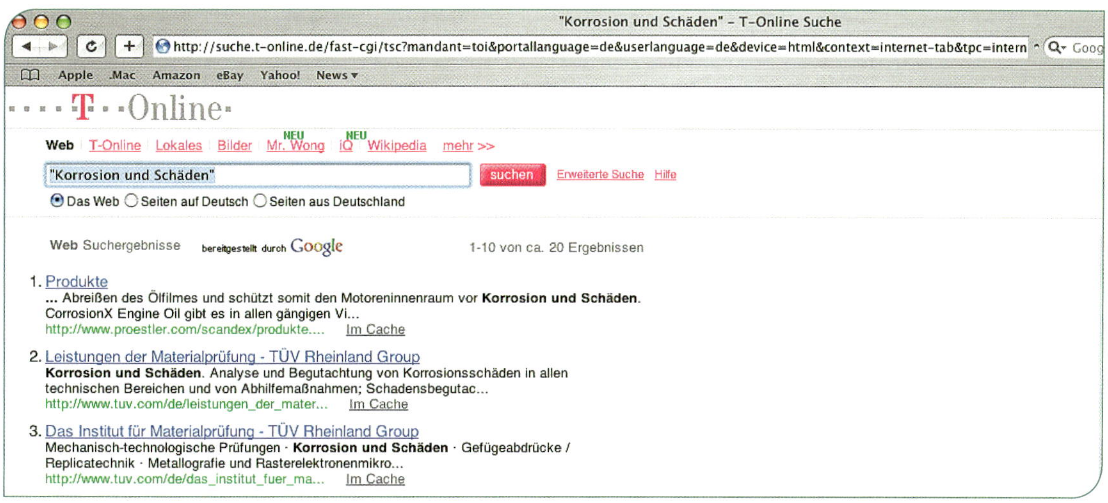

2 Korrosion und Schäden

Alle Suchmaschinen bieten ein Menü mit einer erweiterten Suche an (Bild 1).

Kostengünstige und leicht zugängliche Informationsquellen sind **Online-Lexika**, die leicht mit einer Suchmaschine gefunden werden können. Es handelt sich hierbei um Nachschlagewerke, die über Links mit vielen weiteren Informationsquellen verbunden sind. Als Beispiel soll das **Wikipedia**-Lexikon (www.wikipedia.de) genannt werden (Bild 2), das vom Benutzer weiter entwickelt und verbessert werden kann, indem er eigene Beiträge liefert oder vorhandene Artikel (articles) redigiert (bearbeitet). Änderungen werden allerdings erst nach einer redaktionellen Überprüfung übernommen.

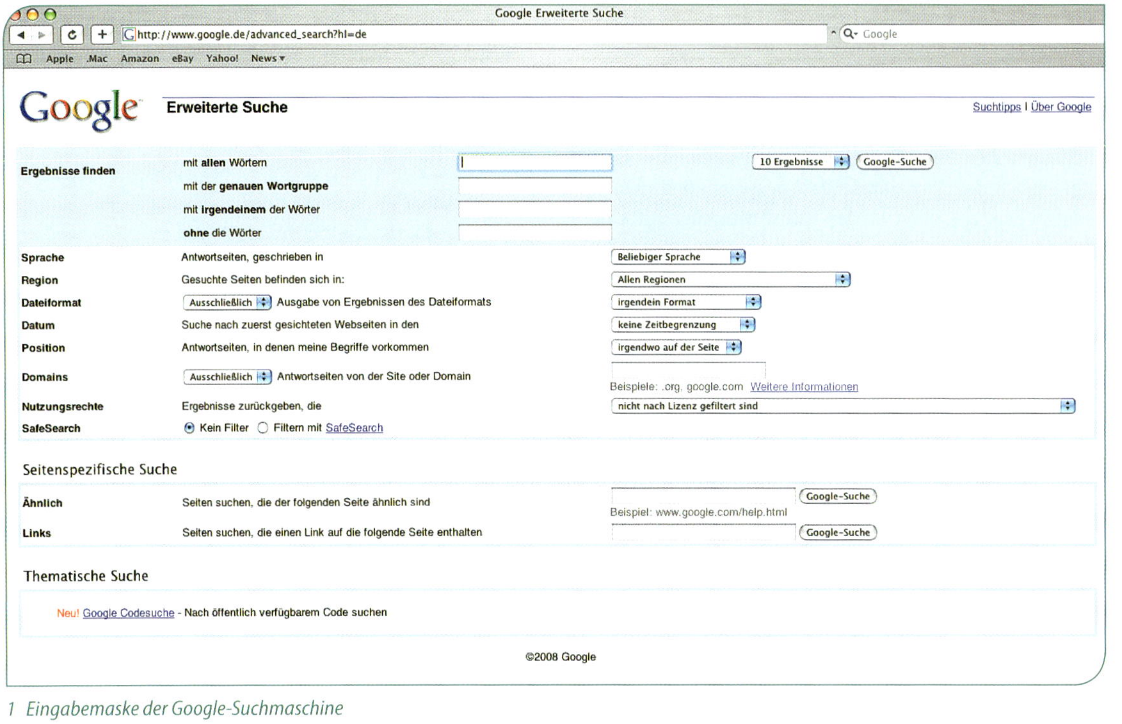

1 Eingabemaske der Google-Suchmaschine

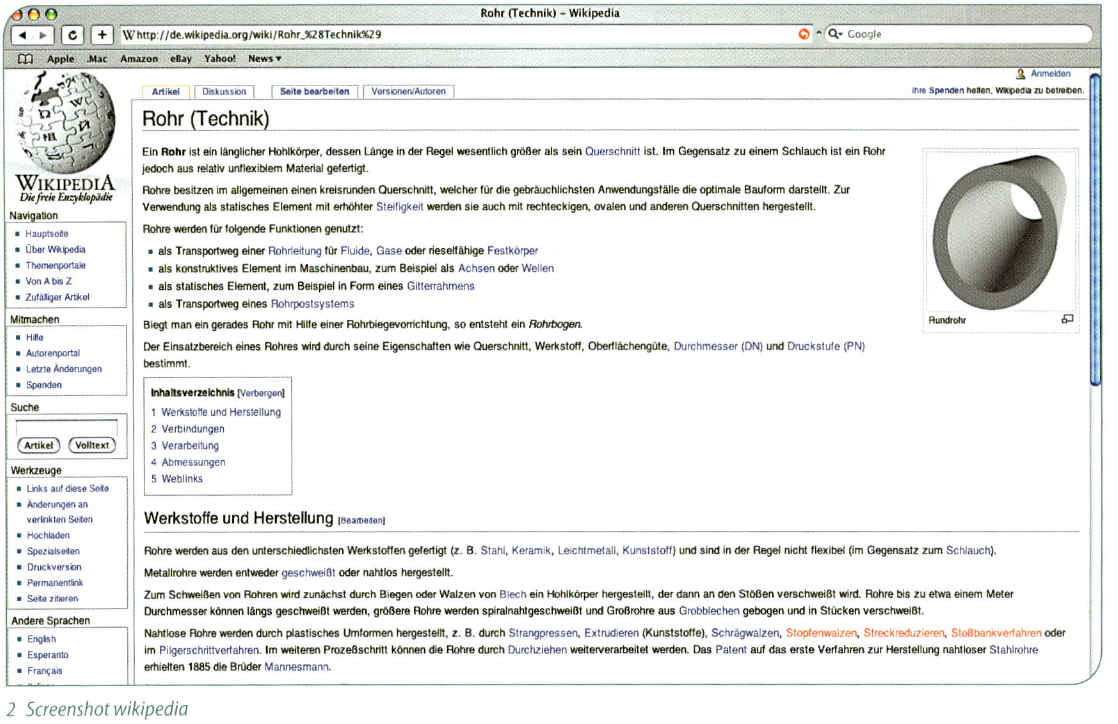

2 Screenshot wikipedia

ÜBUNGEN

1. Nennen Sie fünf Möglichkeiten einen Auftrag gründlich vorzubereiten.
2. Warum lassen sich größere Aufträge leichter in Gruppenarbeit durchführen?
3. Welche Grundregeln sollen bei einer Gruppenarbeit beachtet werden?
4. Wozu ist das Brainstorming gut geeignet?
5. Wie kann die Effizienz einer Brainstormingsitzung erhöht werden?
6. Entwickeln Sie Ideen und Vorschläge für eine Betriebsfeier mit der Methode 635.
7. Beschreiben Sie den Aufbau einer Mind Map.
8. Entwickeln Sie eine Mind Map zum Thema Grundlagen der Elektrotechnik.
9. Was ist die Grundidee eine Lernzirkels?
10. Was ist das grundlegende Prinzip eines Gruppenpuzzles?
11. Nennen Sie unterschiedliche Präsentationsformen.
12. Was sollte immer das Ziel einer Präsentation sein?
13. Warum ist es wichtig, bei einer Präsentation möglichst viele Sinnesorgane anzusprechen?
14. Stellen Sie mittels eines Organigramms die Hierarchie in Ihrem Betrieb dar.
15. Wodurch unterscheidet sich das Internet vom World Wide Web?
16. Welche Suchmaschinen kennen und nutzen Sie?
17. Recherchieren Sie im WWW mit einer And-, Or-, Not-Abfrage nach den beiden Begriffen Zusammensetzung und Stundenverrechnungssatz.
18. Was sind die Vorzüge eines Online-Lexikons?

7 Health and safety at work

Safety signs are designed to help people and to prevent personal injuries and illnesses in workshops, on building sites or at other workplaces. There are prohibition signs, warning signs, mandatory signs, rescue signs and fire protection signs.

7.1 Some English safety signs

 Stretcher point	 Medical point	 First aid	 Emergency exit	 Caution	 Poison
 Strictly no ad-mittance	 No smoking	 Protective footwear must be worn	 Ear, eye and head protection must be worn	 Fire extinguisher	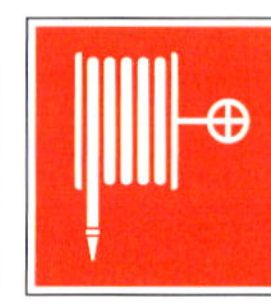 Fire hose reel

Exercises

1) Translate the text of chapter ***7 Health and safety at work.*** Use your reference book, the internet or a dictionary. Before you look up a word try to guess the word first, then check it.

2) Have a look at pages 10 and 11. Match the English terms for the safety signs with the appropriate German expressions and write the results into your vocabulary book.

3) Which of the above signs can you find in your company?

7.2 Percentage of work accidents

Exercise

1) Which English expression goes with which German expression? Use arrows to indicate. Use your reference book, the internet or a dictionary. Before you look up a word try to guess the word first, then check it.

legs
shoulder, upper arm, elbow
eyes
feet
chest, chest organs
hands
finger
neck, cervical vertebrae
head (without eyes)
toes
forearm, wrist
abdomen, abdominal organs

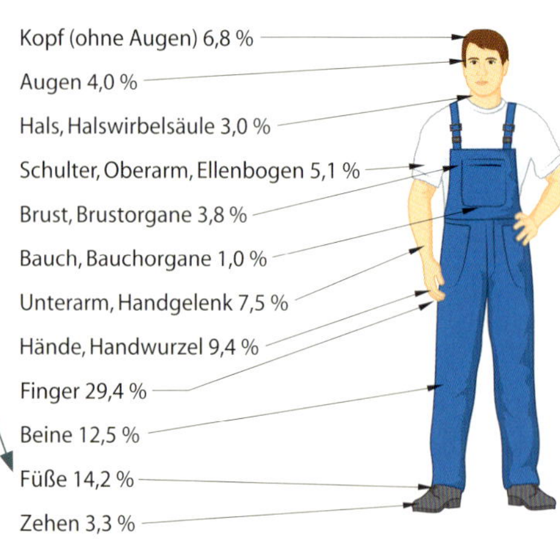

Lernfelder 1 und 2a: Fertigen von Bauelementen und Bearbeiten von Anlagenteilen

1 Grundlagen und Verfahren des zerteilenden und spanenden Trennens

1.1 Der Keil als Grundform der Werkzeugschneide

Schon vor Jahrtausenden haben die Menschen beim Gebrauch von Werkzeugen (tools) erkannt, dass man mit harten, keilförmigen Gegenständen leicht in andere Teile oder Körper eindringen konnte und man benutzte den sogenannten „Faustkeil", um Holz, Gestein, Tierteile usw. zu spalten bzw. zu zerteilen oder abzuschälen bzw. auszuhöhlen.

Bei den im SHK-Bereich üblichen Trennverfahren besitzen die Trennwerkzeuge (separating tools) alle eine keilförmige Werkzeugschneide (Bild 1).

Es besteht bei diesen zerteilenden und spanenden Trennverfahren (dividing and cutting methods) ein Zusammenhang zwischen folgenden Größen:

- Keilwinkel β
- Kraftaufwand
- Stabilität des Keils und seiner Schneide
- Werkstoff des Werkstücks
- Werkstoff des Werkzeuges

Dieser Zusammenhang wird mit Hilfe eines zerteilenden Flachmeißels (flat chisel) in Bild 2 dargestellt.

Keilwinkel und Kraftaufwand

Mit dem Hammer wird in den beiden Flachmeißeln eine gleich große, senkrecht nach unten wirkende Zerteilkraft F erzeugt. In der Darstellung wird diese auf der Wirkungslinie zur Meißelspitze hin verschoben und in zwei rechtwinklig zu den Keilflächen verlaufende Druck- bzw. Trennkräfte zerlegt (Bild 2).

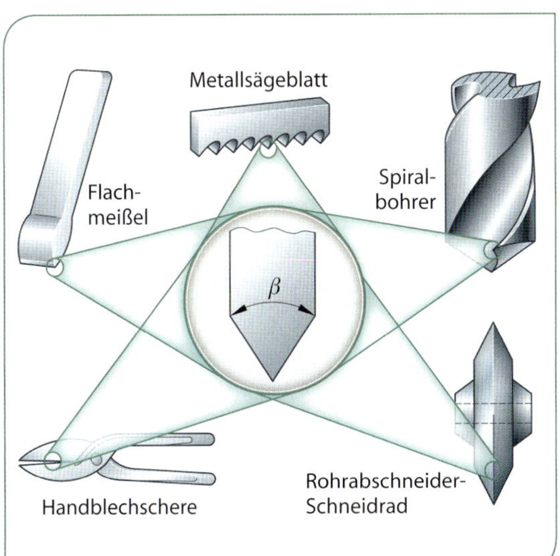

1 Die Keilform als Werkzeugschneide

Mit einem Kräftemaßstab (z. B. 1 cm = 10 N) kann man die Größe dieser Trennkräfte (separating forces) leicht ermitteln. Wie man aus Bild 2 erkennen kann, erhält man mit einem kleinen Keilwinkel (wedge angle) große Trennkräfte, mit einem großen Keilwinkel kleinere Trennkräfte. Dies bedeutet aber auch, dass man bei gleichem Werkstoff mit einem kleinen Keilwinkel einen geringeren Kraftaufwand (expenditure of forces) für den Trennvorgang benötigt.

MERKE

Je kleiner der Keilwinkel, desto geringer ist der Kraftaufwand beim Trennen.

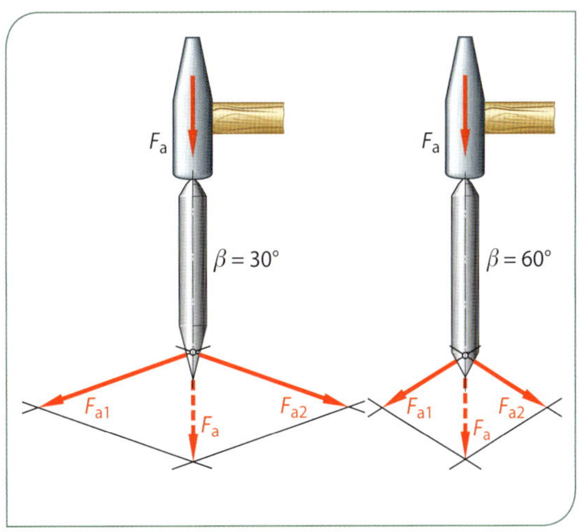

2 Kräftezerlegung an keilförmigen Werkzeugschneiden und Kräfteverhältnis (Trennkräfte) bei unterschiedlichen Keilwinkeln

Keilwinkel und Schneidenstabilität

Die an der Meißelschneide wirkenden Trennkräfte erzeugen im Werkstück gleich große Gegenkräfte.

Diese Gegenkräfte beanspruchen den Schneidkeil, der hierdurch abgenutzt bzw. stumpf wird oder bei großem Kraftaufwand sogar brechen kann.

Aus der praktischen Erfahrung – beispielsweise beim Herstellen eines Innenwanddurchbruchs mit dem Flachmeißel – lässt sich leicht erkennen, dass Schneiden (cutting edges) mit einem großen Keilwinkel eine höhere Stabilität (stability) besitzen als Werkzeugschneiden mit einem kleinen Keilwinkel.

MERKE

Je größer der Keilwinkel, desto größer ist die Schneidenstabilität.

Da ein kleiner Keilwinkel einen geringen Kraftaufwand erfordert und ein großer Keilwinkel eine höhere Schneidenstabilität gewährleistet, muss bei der Wahl des Keilwinkels immer ein Kompromiss zwischen diesen beiden wichtigen technologischen Zusammenhängen gefunden werden. Denn aus ökonomischen Gründen soll ein Trennwerkzeug möglichst lange seine Form behalten und funktionsfähig bleiben, ohne dass es nachgeschliffen bzw. ausgewechselt werden muss.

Die Zeit zwischen zwei Anschliffen wird als **Standzeit** (edge life) bezeichnet. Obwohl hohe Standzeiten in vielen Fällen wirtschaftlich vorteilhaft sind, kann es manchmal kostengünstiger sein, wenn die Standzeit kürzer, dafür aber die Bearbeitungs- bzw. Zerspanungsgeschwindigkeit (operating speed) mit dem Trennwerkzeug höher ist, da sich hierdurch der Arbeitsvorgang wesentlich verkürzt. In solchen Fällen spielen die Kosten für die ausführende Fachkraft eine größere Rolle als die Werkzeugkosten.

MERKE

Der Keilwinkel sollte so klein wie möglich und die Schneidenstabilität so groß wie nötig sein.

Darüber hinaus wird die Größe des Keilwinkels erheblich von den verschiedenen Eigenschaften des zu trennenden Werkstoffs wie z. B. Festigkeit und Härte (tenacity and hardness) bestimmt. Härtere und/oder festere Werkstoffe wie z. B. Stahl oder Beton setzen dem eindringenden Werkzeugkeil einen höheren Widerstand (resistance) entgegen als weichere Werkstoffe wie Aluminium, Kupfer oder Mauerwerk. Hieraus ergibt sich, dass weiche Werkstoffe mit einem kleineren Keilwinkel getrennt werden können und zum Trennen von härteren Werkstoffen ein größerer Keilwinkel benötigt wird. Erfahrungswerte für die Größe des Keilwinkels bei verschiedenen Werkstoffen können aus Bild 1 entnommen werden.

Werkstoff	Keilwinkel β
weiche Al-Legierungen, Aluminium	35° bis 40°
Cu-Sn-Legierungen, Kupfer	50° bis 60°
Grauguss, Stahlguss, Baustahl	65° bis 70°
Hartbronze, Hartmessing, Hartguss, hochfester Stahl	75° bis 85°

1 Werkstoffe und zugeordnete Keilwinkelgröße

1.2 Spanende Trennverfahren

1.2.1 Sägen

1.2.2 Bohren

1.2.3 Senken

1.2.4 Gewindeschneiden

1.2.5 Trennschleifen

1.2.6 Entgraten

1.2.1 Sägen

Im SHK-Bereich werden sowohl in der Werkstatt als auch auf der Baustelle die verschiedensten Halbzeuge und Bauteile mit der Säge (saw) bearbeitet. Oft handelt es sich hierbei um ein Absägen von z.B. Profilstäben, Gewindestäben oder vor allem von Rohren (Bild 1). Darüber hinaus können mit der Säge auch Einkerbungen, Nuten, Ausklinkungen oder Ausschnitte hergestellt werden.
Bei diesen sehr unterschiedlichen Einsatzbereichen werden häufig handgeführte Sägen, aber auch stationäre Sägemaschinen eingesetzt.

1 Ablängen eines Rohres mit der Handbügelsäge

1.2.1.1 Sägeblatt

Der wichtigste Teil einer Säge ist das Sägeblatt (saw blade). Auf ihm sind hintereinander viele kleine Schneidkeile angeordnet. Jeder einzelne Keil wirkt wie ein kleiner Meißel, der beim Arbeitshub – meist der Vorwärtshub – kleine Späne (chips) abhebt (Bild 2a). Während des Zerspanungsvorgangs nehmen die Zahnlücken die abgetrennten Späne auf und transportieren sie aus dem Sägespalt.

Werkzeugwinkel und Zahnform

Bei allen Trennverfahren – so auch beim Sägen – wird der Zerspanungsvorgang von folgenden drei Werkzeugwinkeln (Bild 2b) wesentlich beeinflusst:

- Spanwinkel γ (gamma)
- Keilwinkel ß (beta)
- Freiwinkel α (alpha)

MERKE

Die Summe aus Freiwinkel, Keilwinkel und Spanwinkel beträgt immer 90°. $\alpha + \beta + \gamma = 90°$

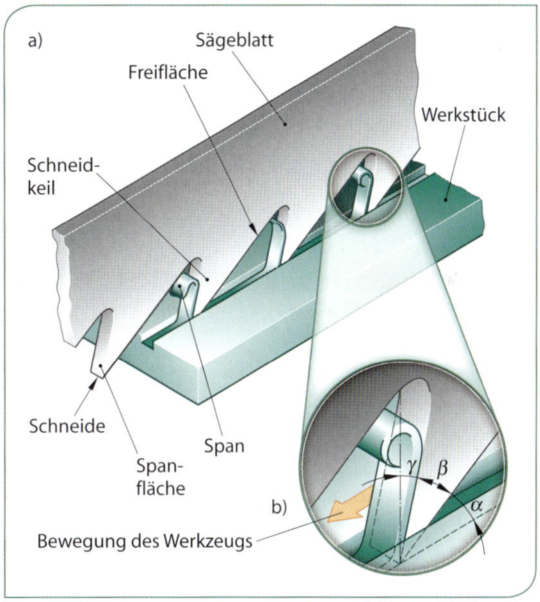

2 Sägeblatt und Hauptwinkel an der Werkzeugschneide

Für eine gute Schneidenstabilität sorgt bei den Sägeblättern ein größtmöglicher **Keilwinkel** (wedge angle) von ca. 50°. Damit die Späne leicht aus dem Sägespalt heraustransportiert werden können, muss ein ausreichend großer Spanraum vorhanden sein (Bild 3). Sägeblätter haben deshalb einen relativ großen **Freiwinkel** (clearence angle), der bei Handsägeblättern ca. 38° und bei Maschinensägeblättern ca. 30° beträgt.
Fasst man den Keilwinkel und den Freiwinkel zusammen, so ergibt sich bei Handsägeblättern ein **Spanwinkel** (rake angle) von ca. 2° und bei Maschinensägeblättern ein Spanwinkel von ca. 10°.

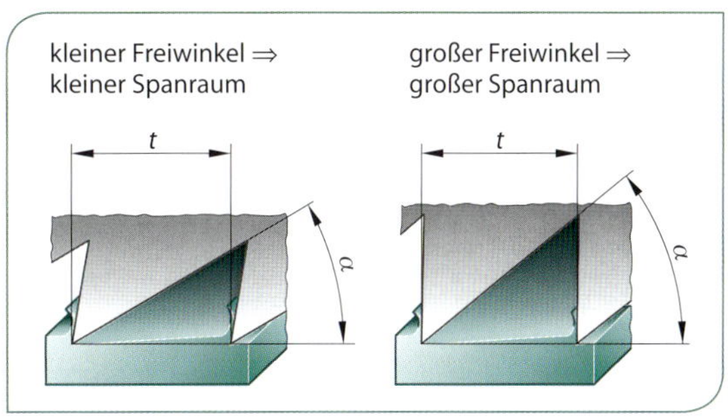

3 Freiwinkel und Spanraum

Zahnteilung

Neben der oben beschriebenen Schneidengeometrie werden die Sägeblätter mit Hilfe der Zahnteilung (spacing) an den jeweiligen zu bearbeiteten Werkstoff und an die unterschiedlichen Einsatzsituationen angepasst.
Als **Zahnteilung *t*** bezeichnet man den Abstand von einer Keilspitze zur anderen (Bild 4). Dieser Abstand lässt sich mit Hilfe der Zähnezahl je Längeneinheit ermitteln. Die Zahn-

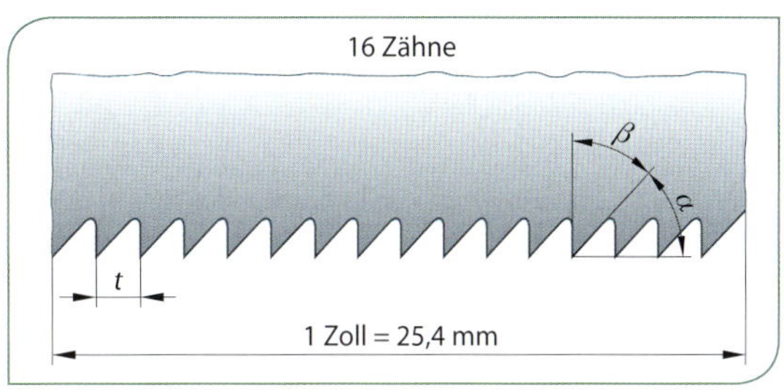

4 Zähnezahl und Zahnteilung

teilung wird immer in mm angegeben; dagegen wird die Zähnezahl auf 1 inch (1 Zoll) = 25,4 mm Sägeblattlänge bezogen.

MERKE

Die Zähnezahl gibt an, wie viele Zähne sich auf einer Sägeblattlänge von 1 inch = 25,4 mm befinden.

Zähnezahl	Zahnteilung	Werkstoff
14 bis 16	grob	weich z. B. Kupfer, Aluminium, Kunststoff
22 bis 24	mittel	mittel z. B. Baustahl, Messing
25 bis 32	fein	hart z. B. Hartguss

1 Zahnteilung und Werkstoff

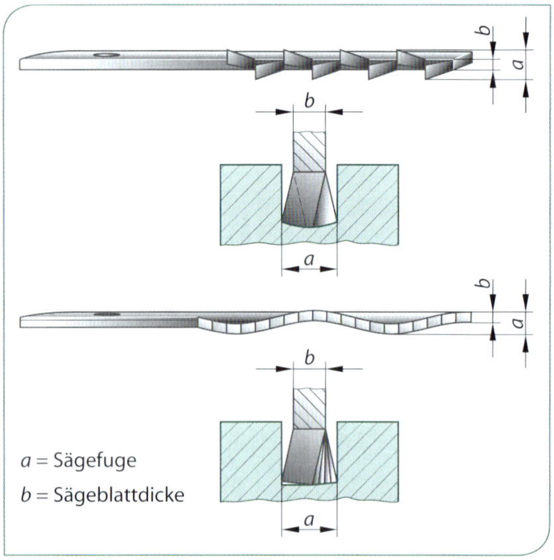

2 Freischnitt bei Sägeblättern

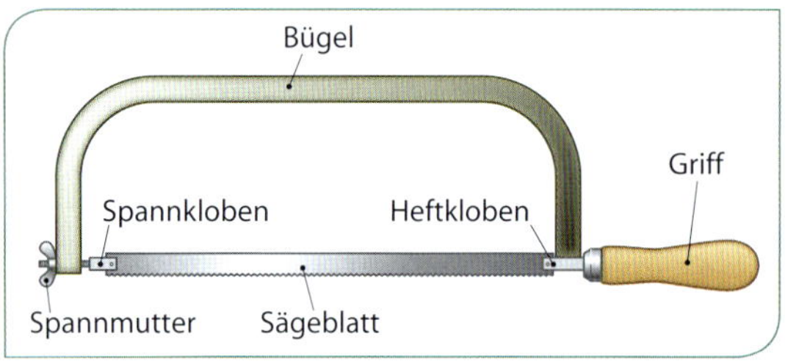

3 Bügelsäge mit Einzelbezeichnungen

Sind wenige Zähne wie z. B. 16 auf einer Länge von 1 inch angeordnet, so handelt es sich um eine grobe Zahnteilung (rough spacing) und der Abstand *t* ist relativ groß (25,4 mm : 16 = 1,58 mm) Dieses grobe Sägeblatt ist für weiche Werkstoffe wie z. B. Kupfer sowie für dickwandige Teile und lange Schnittfugen geeignet. Feine Sägeblätter mit 25 bis 32 Zähne pro inch haben eine kleinere Zahnteilung und werden zum Trennen von harten Werkstoffen und dünnwandigen Werkstücken wie z. B. Rohre oder Bleche verwendet (Bild 1). Durch Schränken der Sägezähne oder Wellen des Sägeblattes entsteht eine Sägefuge (saw notch), die breiter ist als das Sägeblatt (Bild 2).
Der hierdurch erzeugte **Freischnitt** verringert die seitliche Reibung zwischen Sägeblatt und Sägefuge und verhindert das Festklemmen des Sägeblattes.

1.2.1.2 Handgeführte Sägen

Wenn der Einsatz von stationären Sägemaschinen nicht möglich ist oder es sich wirtschaftlich nicht lohnt, eine elektrisch betriebene Säge (electric saw) einzusetzen, werden handgeführte Sägen (hand held saws) zum Trennen verwendet.

Handsägearten

Um die sehr unterschiedlichen Montage- und Reparaturarbeiten im SHK-Bereich durchführen zu können, werden außer Handbügelsägen noch andere Handsägen benutzt. Darüber hinaus ist zu beachten, dass neben Stahl und Kupfer auch zunehmend Kunststoffe und Baustoffplatten getrennt bzw. gesägt werden müssen (Bild 6, Seite 37). Eine Auswahl der verschiedenen Handsägearten und deren Einsatzbereiche werden im Folgenden dargestellt.

Bügelsäge

Die „klassische" Bügelsäge (hacksaw) (Bild 3) besteht aus einem Bügel, einem Spannkloben mit Flügelmutter zum Festspannen des Sägeblatts und einem Heftkloben mit Griff.

Puksäge

Wie im Bild 4 dargestellt, handelt es sich um eine kleine Handsäge mit einem ca. 150 mm langen, genormten und auswechselbaren Sägeblatt. Bei der einfachsten Art bestehen der Sägebügel **und** der Handgriff aus einem ca. 5 mm dicken Stahldraht.

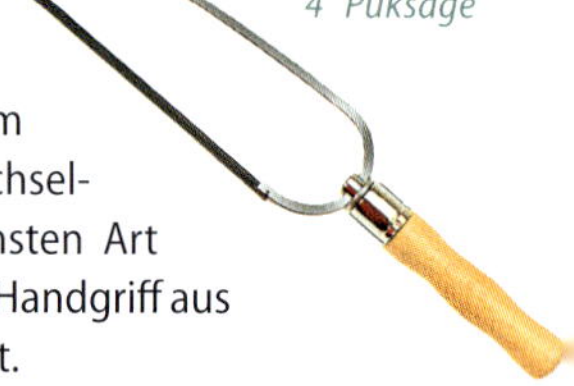

4 Puksäge

An schwer zugänglichen Stellen werden Puksägen (junior hacksaws) mit oder ohne verstellbarem Holz- bzw. Kunststoffgriff verwendet. Eine weitere Ausführung besitzt einen stabileren Bügel und einen festen Kunststoffgriff. Nur bei dieser Art wird das Sägeblatt mit einer Spannmutter gespannt. Bei den beiden anderen Puksägen erfolgt die Sägeblattspannung nur durch die Rückfederung des Bügels. Verwendet werden Puksägen häufig zum Trennen von z. B. Kupferrohren in bestehenden Anlagen.

Kleinsäge und Universal-Stichsäge (Bild 5 und Bild 1, Seite 37)

Bei der Kleinsäge handelt es sich um eine spezielle Halterung eines Sägeblattes. Hiermit können Rohrleitungen z. B.

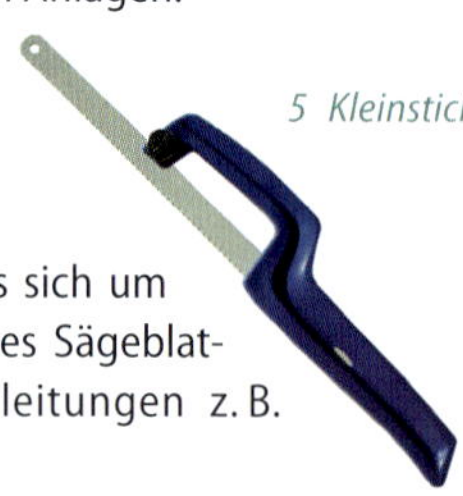

5 Kleinstichsäge

in Wandschlitzen oder an sehr engen, unzugänglichen Stellen getrennt werden. Mit Universalstichsägen (Bild 1) (sabre saw) kann man Rohre an Wand und Decken bündig absägen und verschiedene Öffnungen in z. B. Baustoffplatten herstellen.

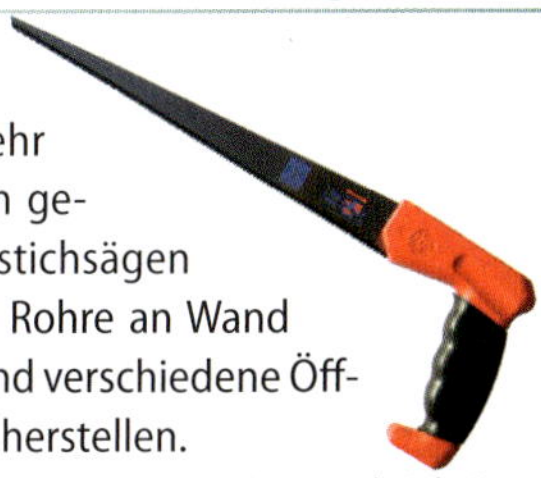

1 Universalstichsäge

Gehrungssäge

Mit dieser Säge werden im SHK-Bereich vor allem Kunststoffrohre wie z. B. PE-Rohre für Abwasserleitungen getrennt (Bild 2). Die Gehrungssäge (mitre-box saw) besitzt einen stabilen Anschlagwinkel (shifting square) und meist eine spezielle Spannvorrichtung, sodass man auch bei größeren Rohrdurchmessern sowohl winkelgerechte als auch maßgerechte Gehrungsschnitte (mitre cuts) herstellen kann.

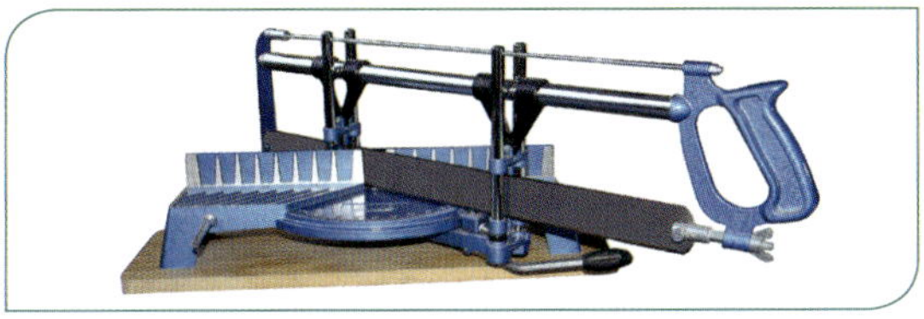

2 Gehrungssäge

1.2.1.3 Elektrisch betriebene Handsägen

Wenn es die Einsatzbedingungen ermöglichen, werden heute, vor allem aus ökonomischen Gründen, meistens elektrisch betriebene Handsägen (electric driven saws) verwendet. Da das Sägeblatt bei diesen Sägen mit Hilfe eines Elektromotors angetrieben wird, ist auch der Kraftaufwand für den Monteur wesentlich geringer.

Wegen ihrer universellen Anwendungsmöglichkeiten wird die **Elektro-Rohrsäge** (electric tube saw) (auch Tiger- oder Säbelsäge genannt) vor allem auf den Baustellen sehr häufig verwendet (Bild 4).

Zusätzlich zu dem hin- und hergehenden Sägehub wird bei einigen Herstellern dieser Säge das Sägeblatt beim Vorwärtshub leicht angehoben, sodass ein „Orbitalhub" entsteht (Bild 3). Durch diesen Orbitalhub wird sowohl ein gleichmäßigerer Sägevorschub als auch ein wesentlich besserer Späneauswurf erreicht. Dies ist vor allem bei hohen Belastungen wie z. B. beim Sägen von dickwandigen Stahlrohren sehr vorteilhaft, da die Standzeit des Sägeblattes hierdurch verlängert wird. Mit Hilfe einer speziellen, prismatischen Spannvorrichtung wird bei dieser Elektrohandsäge auch ein rechtwinkliger Sägeschnitt gewährleistet (Bild 4).

Die **Stichsäge** (keyhole saw) (Bild 5) wird im SHK-Handwerk sowohl zum Trennen von Baustoffplatten und Küchenarbeitsplatten als auch von Blechen aus unterschiedlichen Werkstoffen und Blechdicken verwendet. Hierbei eignet sich diese Elektrohandsäge besonders zum Herstellen von Aussparungen (notches) und Ausschnitten (Bild 6), aber auch zum Schneiden verschiedener Außenkonturen (external contours).

Da mit der Stichsäge und mit der Elektro-Rohrsäge sehr unterschiedliche Materialien getrennt werden können und für beide Elektrohandsägen ein großes Sortiment (assortment)

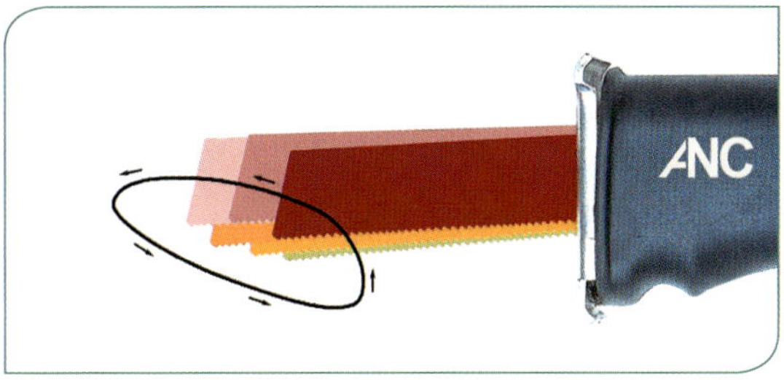

3 Orbitalhub

4 Elektrische Rohrsäge

5 Stichsäge

6 Anwendungsbeispiel für Sägearbeiten im SHK-Bereich

1 Lochsäge (Sägekranz)

von Sägeblättern vorhanden ist, sollten die jeweils verwendeten Sägeblätter sorgfältig ausgewählt und die Herstellerangaben hierzu genau beachtet werden.

Bei der **Lochsäge** (circular band saw) (Bild 1) ist das Sägeblatt nicht linear sondern kreisförmig. Es handelt sich hierbei um einen Sägenaufsatz, der mit Hilfe eines Mitnehmers in die Handbohrmaschine oder in einen Bohrschrauber eingespannt wird. Da die Sägenaufsätze mit unterschiedlichen Durchmessern angeboten werden, kann man mit der Lochsäge verschiedene kreisrunde Aussparungen herstellen. So können größere Öffnungen ohne großen Kraftaufwand und mit ausreichender Maßhaltigkeit beispielsweise in Gips- bzw. Baustoffplatten zur Verkleidung der Vorwandinstallation oder ins Mauerwerk zur Herstellung einer Unterputz-Steckdose gesägt werden.

1.2.1.4 Stationäre Sägen

Die beiden wichtigsten stationären Sägemaschinen (stationary saws) im SHK-Bereich sind die Hubsägemaschine (Bild 2) und die Kreissägemaschine (Bild 3). Bei der **Hubsägemaschine** (stroke sawing machine) handelt es sich um eine robuste, auf dem Werkstattboden befestigte Sägemaschine, mit der man sowohl kleinere als auch größere Querschnitte wie z. B. ein SML-Rohr für Abwasserleitungen problemlos ablängen kann.

2 Hubsäge

Die Schnittbewegung (cutting motion) des Werkzeugs ist geradlinig und nur beim Arbeitshub (working stroke) werden Späne abgenommen. Nach jedem Arbeitshub wird die Bewegung kurz abgebremst und es erfolgt anschließend in der Gegenrichtung ein Leerhub (return stroke). Der Vorschub (foreward feed) erfolgt mechanisch und wird in Abhängigkeit des Werkstoffs zu Beginn des Trennvorgangs eingestellt. Neben einer Spannvorrichtung (clamping device) besitzt die Säge eine kurze Auflage, doch für lange Werkstücke wie z. B. Rohrstangen von 6 m sollte man eine höhenverstellbare Materialstütze verwenden, um ein rechtwinkliges Trennen zu gewährleisten.

3 Kreissägemaschine

Mit der **Kreissägemaschine** (circular sawing machine) können sowohl in der Werkstatt als auch auf der Baustelle die verschiedenen Halbzeuge bzw. Werkstücke in sehr kurzer Zeit abgelängt werden. Das schnell laufende Sägeblatt führt eine kreisförmige Schnittbewegung durch. Um eine optimale Arbeitshöhe zu erreichen, steht diese Säge in der Werkstatt meist auf der Werkbank (workbench) oder auf einem speziellen Untergestell (stand). Auf der Baustelle kann man die Kreissäge beispielsweise auf eine zusammenklappbare Werkbank stellen. Eine Spannvorrichtung sorgt auch bei dieser Säge für einen rechtwinkligen Sägeschnitt, doch bei längeren Teilen sollte auch hier eine zusätzliche Materialstütze verwendet werden. Der Vorschub erfolgt manuell durch ein Herunterschwenken des Bedienungshebels (operating lever), sodass der Bediener dieser Maschine die Schnittleistung und damit die Größe der Gratbildung während des Sägevorgangs bestimmen kann.

1.2.1.5 Praktische Hinweise und Unfallverhütungsmaßnahmen

- Sägeblätter mit der richtigen Zahnteilung auswählen
- Das Sägeblatt muss stramm eingespannt sein, damit es nicht federt.
- Das Werkstück fest einspannen. Bei Handsägen soll die Schnittstelle möglichst nahe am Schraubstock sein.
- Beim Trennen von Rohren können Spannbacken mit prismatischen oder runden Aussparungen ein sicheres Spannen gewährleisten.
- Beim Handsägen erleichtert eine leichte Einkerbung mit der Feile das Ansägen und verhindert Oberflächenbeschädigungen durch Abrutschen.
- Die Sägezähne müssen in Schnittrichtung zeigen.
- Nur in Schnittrichtung sollte ein leichter Druck auf die Säge ausgeübt werden.
- Am Ende der Sägearbeit bzw. beim Durchsägen des Werkstücks sollte der Schnittdruck verringert werden, da hierbei leicht Verletzungen entstehen.
- Die Sägespäne sind nicht mit den Fingern, sondern mit einem Handfeger zu beseitigen.
- Nicht in die laufende Maschine greifen.
- Schutzbrille tragen.
- Nach dem Sägen ist der scharfe Grat (burr) an den Trennstellen z. B. mit einer Feile zu entfernen (vgl. Teil I Kap. 5 Arbeitsicherheit)

1.2.2 Bohren

Bohren (drilling) ist ein spanendes Trennverfahren mit kreisförmiger Schnittbewegung, mit dessen Hilfe kreisförmige Löcher bzw. Bohrungen (bore holes) hergestellt werden. Hierbei unterscheidet man das Bohren von Durchgangslöchern (clearances holes) und von Sacklöchern (blind holes/pocket holes), das Vorbohren, das Aufbohren sowie das Kernbohren. In allen Fällen ist es für die Auswahl des Bohrers und/oder der Bohrmaschine wichtig, ob man in Metalle oder in Mauerwerk bzw. Beton bohren muss (Bilder 1 und 2).

1 Bohren in Beton bzw. Mauerwerk

2 Bohren in Metall

Verfahren	Beschreibung	Werkzeug	Bild
Bohren (drilling)	Bohren ins Volle. Herstellung von Durchgangs- und Sacklöchern.	Spiralbohrer ohne und mit Hartmetalleinsatz.	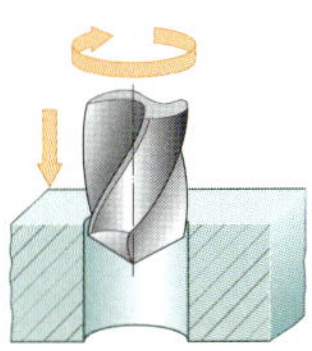
Vorbohren (pilot-drilling)	Herstellen von Bohrungen, die anschließend aufgebohrt werden.	Spiralbohrer mit kleinerem Durchmesser als die Hauptbohrung.	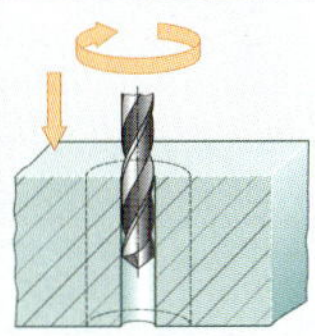
Aufbohren (bore)	Vergrößern von vorgebohrten oder vorgegossenen Löchern.	Spiralbohrer ohne und mit Hartmetalleinsatz.	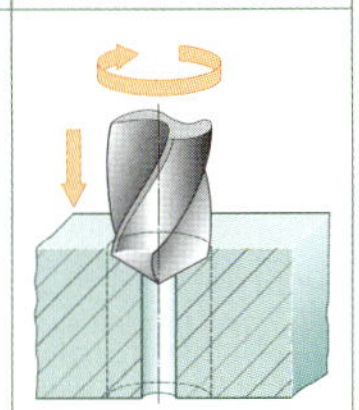
Kernbohren (core drilling)	Bohrungen in Mauerwerk bzw. Beton mit großen Durchmessern.	Kernbohrer mit Hartmetall- oder Diamantbohrkronen.	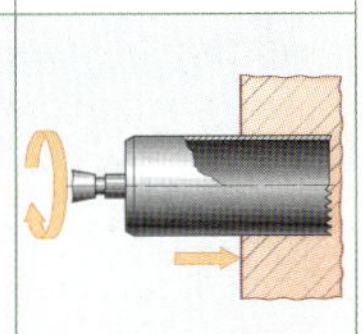

3 Bohrverfahren

1.2.2.1 Bohrvorgang

Der Bohrer führt beim Bohren eine kreisförmige Schnittbewegung (cutting motion) und gleichzeitig eine geradlinige axiale Vorschubbewegung (feed motion) aus (Bild 4). Hierdurch entsteht eine wendelförmige Wirkbewegung, die eine fortlaufende, schichtartige Spanabnahme gewährleistet (Bild 5). Vor dem Bohren sollte der Bohrungsmittelpunkt angerissen und gekörnt werden, damit sich der Bohrer beim Anbohren schneller zentrieren kann und nicht verläuft. Die Wärme, die beim Bohrvorgang entsteht, muss durch den Bohrer, das Werkstück, die Späne, die Umgebungsluft und das eventuell verwendete Kühlmittel abgeführt werden.

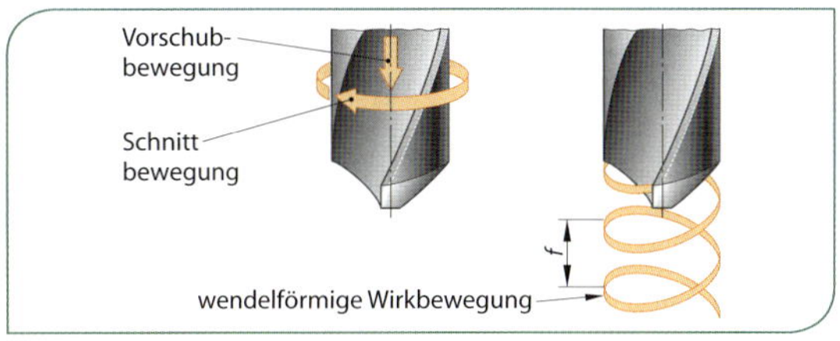

4 Arbeitsbewegungen beim Bohren

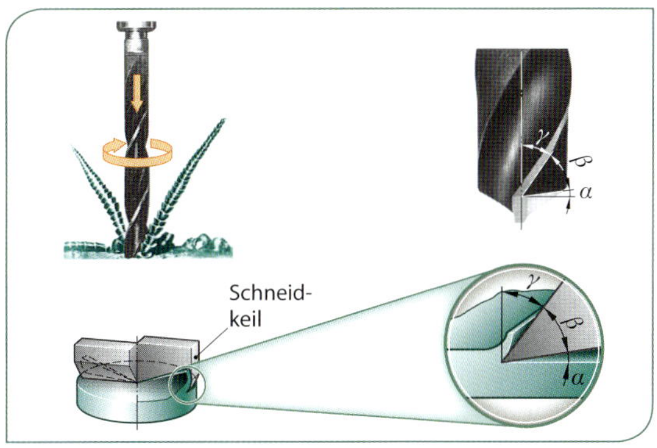

5 Spanbildung beim Bohren

1.2.2.2 Aufbau des Spiralbohrers

Der am häufigsten verwendete Bohrer ist der Spiralbohrer (twist drill) (Bild 3, Seite 40). Er besitzt zwei wendelförmige **Spannuten (7)** (drill flutes), in denen einerseits die Späne aus dem Bohrloch geführt werden und andererseits das Kühlmittel zu den Schneiden fließen kann. Der Durchmesser der Bohrung wird durch den Bohrerdurchmesser bestimmt. Mit Hilfe der beiden wendelförmigen **Führungsfasen (1)** (twist drill heels) wird der Bohrer seitlich im Bohrloch geführt. Diese Führungsfasen müssen möglichst schmal sein, damit die Reibfläche und somit die Reibung an der Bohrlochwandung nicht zu groß wird. Die Fasenkante bildet die **Nebenschneide (5)** (minor cutting edge) des Bohrers. Beim Bohren glätten die beiden Nebenschneiden die zylinderförmige Fläche des Bohrloches. Durch den Anschliff des Spiralbohrers entstehen die **Hauptschneiden (4)** (major cutting edges). An diesen beiden Schneiden erfolgt die eigentliche Spanabnahme beim Bohren und sie sorgen für die Zentrierung des Bohrers. Das Hinterschleifen der **Freiflächen (2)** (flanks) sorgt für ein gutes Eindringen des Bohrers in den Werkstoff.

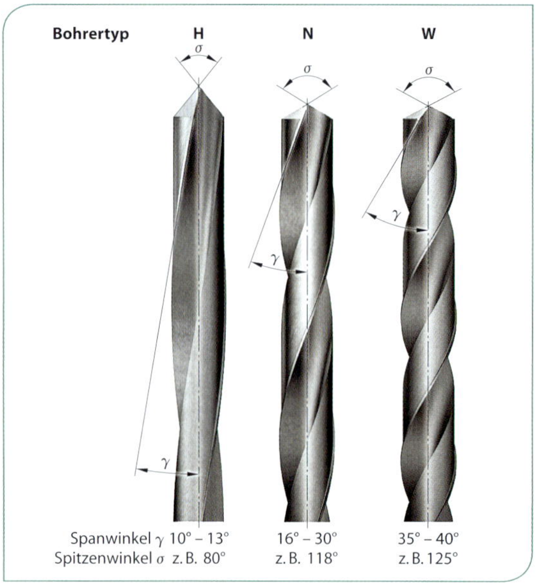

1 Spiralbohrertypen

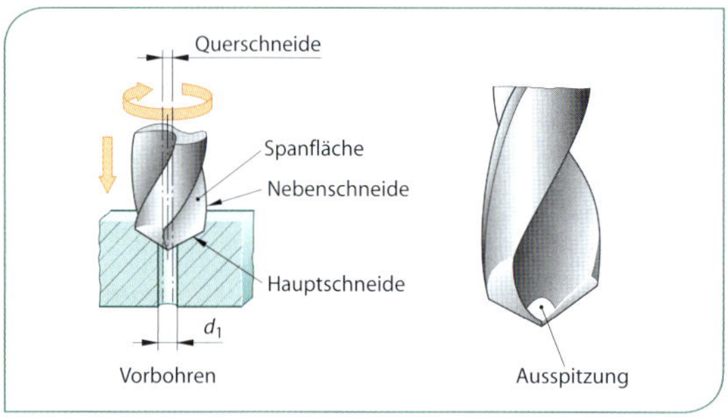

2 Vorbohren und Ausspitzen

Winkel am Bohrer

Wie aus Bild 3 c zu erkennen ist, entsteht durch das oben erwähnte Hinterschleifen der Hauptschneide der **Freiwinkel** α (clearance angle). Er beträgt ca. 7°. Der **Spanwinkel** γ (rake angle) befindet sich zwischen der Mittelachse des Bohrers und der Nebenschneide. Er wird durch die Steigung der Wendelnut festgelegt.

Der **Keilwinkel** β (wedge angle) lässt sich über die Winkelsumme am Keil berechnen: $\beta = 90° - \alpha - \gamma$

Bohrertypen

Da Werkstoffe mit unterschiedlicher Festigkeit und Härte gebohrt werden, müssen hierfür auch unterschiedliche Spiralbohrertypen (types of twist drills) verwendet werden (Bild 1). Die Bohrertypen unterscheiden sich in der Steigung der Spannut bzw. in der Größe des Spanwinkels. Bei festgelegtem Freiwinkel von 7° und verschiedenen Spanwinkeln ergeben sich für die einzelnen Bohrertypen folgende Keilwinkel:

Bohrertyp H mit einem Spanwinkel von 11°
$\beta = 90° - \alpha - \gamma$
$\beta = 90° - 7° - 11° = 72°$

Verwendung: harte Werkstoffe wie z. B. Stein, Beton und Mamor.

Bohrertyp N mit einem Spanwinkel von 18°
$\beta = 90° - \alpha - \gamma$
$\beta = 90° - 7 - 18 = 65°$
Verwendung: Werkstoffe mit mittlerer Härte wie z.B. Stahl, Stahlguss und Gusseisen.

Bohrertyp W mit einem Spanwinkel von 30°
$\beta = 90\,° - \alpha - \gamma$
$\beta = 90° - 7° - 30° = 57°$
Verwendung: Weiche und zähe Werkstoffe wie z. B: Aluminium, Aluminiumlegierungen, Kupfer und Kupferlegierungen.

MERKE

Defekte Bohrer können zu ungenauen Bohrungen führen und sind deshalb auszutauschen.

Vorschubkraft und Querschneide

Die Vorschubkraft (feed force) wird bei den Tisch- und Säulenbohrmaschinen mit Hilfe eines Hebels und bei handgeführten Bohrmaschinen durch Druck auf die Bohrmaschine jeweils manuell aufgebracht. Wie man aus Bild 3 erkennen kann, entsteht durch das Anschleifen der Bohrerspitze eine **Querschneide (6)** (chisel edge). Während des Bohrvorgangs hat diese Querschneide keine schneidende sondern „nur" eine schabende Wirkung, d. h., sie drückt und quetscht den Werkstoff. Der Bohrer dringt an dieser Stelle schlecht in den Werkstoff ein und benötigt hierbei einen großen Teil der zum Bohren erforderlichen Vorschubkraft. Ab einem Bohrungsdurchmesser von ca. 10 mm wird deshalb vorgebohrt oder die Querschneide wird durch gezieltes Wegschleifen ausgespitzt (Bild 2). Wie groß der Durchmesser der Vorbohrung sein muss, ist dem Tabellenbuch zu entnehmen.

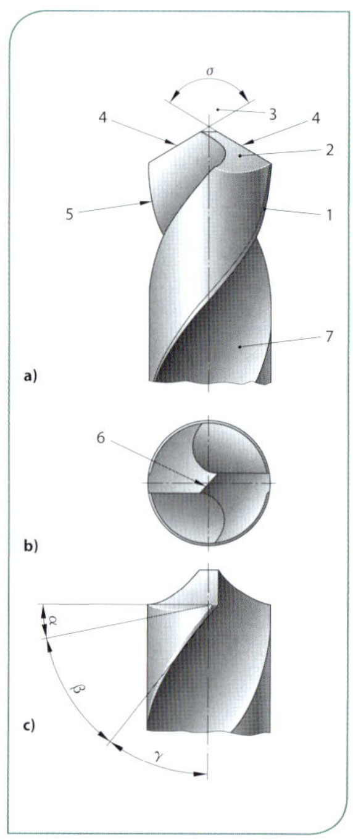

3 Winkel, Schneiden und Flächen am Spiralbohrer

Werkstoff des Bohrers

Neben den im Handel noch erhältlichen einfachen Spiralbohrern aus Werkzeugstahl (tool steel) wie z. B. Chrom-Vanadiumstahl werden in den Fachbetrieben ausschließlich Bohrer aus **Hochleistungs-Schnellarbeitsstahl** (HSS; engl. High Speed Steel) verwendet. Es handelt sich hierbei um einen legierten Stahl mit z. B. hohen Molybdän und Kobaltanteilen. Diese Legierungsbestandteile erhöhen u.a. die Warmhärte, sodass der Bohrer auch bei höheren Temperaturen (bis ca. 600 °C) seine Schneidfähigkeit beibehält und große Standzeiten (endurances) erreicht werden. Der HSS-Spiralbohrer wird für Metalle **ohne** und für Mauerwerk bzw. Beton **mit** einer Hartmetallschneide verwendet. Bohrer mit **Hartmetallschneide** werden als **HM-Bohrer** (sintered carbide drill) bezeichnet. Darüber hinaus werden heute Bohrer mit einer Beschichtung (coating) z. B. aus Titannitrid eingesetzt, deren Härte und Verschleißfestigkeit um ein Vielfaches höher ist, als die von HSS-Bohrern (Bild 1).

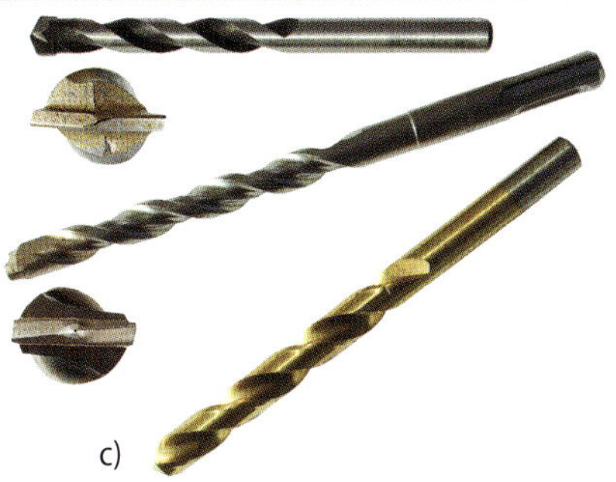

1 Bohrer
a) mit Hartmetallschneide zum Bohren von Stein und Fliesen, für Schlagbohrmaschine
b) mit Hartmetallschneide zum Bohren von Beton, für Bohrhammer
c) HSS mit Titanbeschichtung zum Bohren von Stahl, für Ständerbohrmaschine

1.2.2.3 Bohren von Feinblechen, Holz, Kunststoff und Keramik

Zum Bohren von Blechen werden
- **Spiralbohrer mit Zentrumsanschliff** (Bild 2a) und
- **Schälbohrer** verwendet. (Bild 2b)

Wie aus Bild 2a zu erkennen ist, handelt es sich hier um einen Spiralbohrer, dessen Spitze in besonderer Weise angeschliffen ist. Durch diesen Anschliff wird die Querschneide verkleinert, die Hauptschneide vergrößert und die Spitze des Bohrers deutlich hervorgehoben. Hierdurch dringt der Bohrer bei gleicher Vorschubkraft langsamer in den Werkstoff ein, der Bohrer verläuft nicht so schnell und die Gratbildung ist deutlich geringer. Der Schälbohrer dringt, bedingt durch seine konische Form und Schneidengeometrie, langsam in das vorgebohrte Blech ein und erzeugt somit einen sehr geringen Grat.

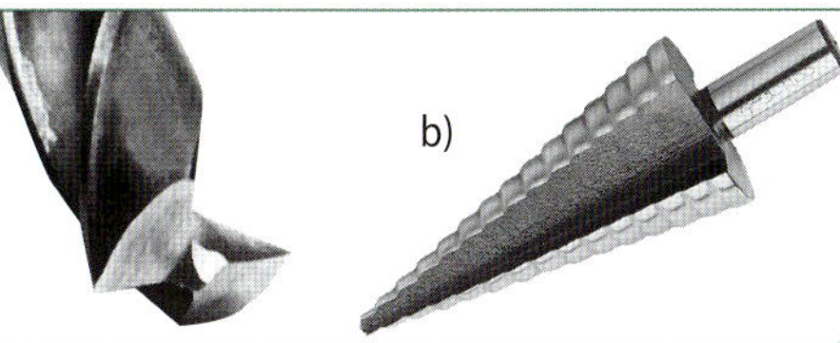

2 Blechbohrer

Zum Bohren von Holz- und Kunststoffplatten werden Bohrer mit einem gegenüber Blechbohrern andersartigen Zentrumsanschliff verwendet (Bild 3). Durch diesen Anschliff erhalten sie in der Mitte eine schmale Spitze zur Zentrierung und die beiden äußeren Schneidenecken werden hervorgehoben. Diese beteiligen sich nach dem Eindringen der Zentrumsspitze sofort am Zerspannungsvorgang und der Rand des Lochs wird als erstes geschnitten. Die Fasern z. B. des Holzes werden hierdurch außen sauber abgeschnitten, am Bohrloch entsteht ein relativ glatter Rand und es bildet sich nur ein geringer Grat.
Zum Bohren besonders harter und spröder Fliesenkeramik wie z. B. Feinsteinzeug werden Glasbohrer (Bild 4) verwendet.

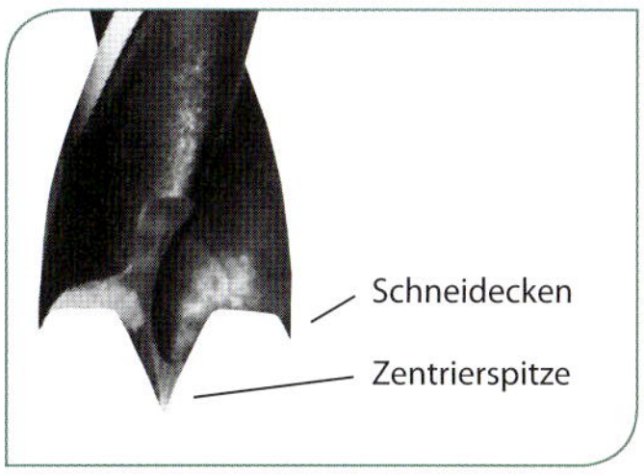

3 Spitze eines Holz- und Kunststoffbohrers

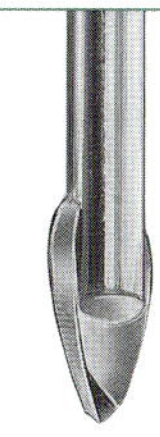

4 Glasbohrer

1.2.2.4 Bohrmaschinen

Bohrmaschinen werden in handgeführte Bohrmaschinen und stationäre Bohrmaschinen unterteilt. Im SHK-Bereich werden folgende handgeführte Bohrmaschinen eingesetzt:
- Standardbohrmaschine
- Schlagbohrmaschine
- Bohrhammer und Meißelhammer
- Kernbohrmaschine

Standardbohrmaschine (standard hand drill/ portable drilling machine)

Bei der Standardbohrmaschine führt der Bohrer ausschließlich eine drehende Bewegung aus. Da die Lagerung der Antriebswelle genauer ausgeführt ist als die einer Schlagbohrmaschine verfügt diese Bohrmaschine über eine hohe Rundlaufgenauigkeit. Mit einer Umschalteinrichtung für Links-/Rechtslauf kann diese Maschine auch auf Linklauf eingestellt werden und ist somit bei niedriger Drehzahl bedingt auch als Schrauber einsetzbar.

Schlagbohrmaschine

Die Schlagbohrmaschine (impact drilling machine) (Bild 1, Seite 42) besitzt ein Rastenschlagwerk, mit dessen Hilfe zusätzlich zu der drehenden Bewegung bei eingeschaltetem Schlagwerk eine axiale, schlagende Bewegung ausgeführt wird. Da Schlagbohrmaschinen im Gegensatz zu Bohrhämmern eine geringe Einzelschlagstärke besitzen, benötigen sie eine hohe Schlagfrequenz (impact frequency), die durch höhere Drehzahlen erreicht wird. Zusätzlich ist ein **höherer Kraftaufwand** für die Vorschubbewegung beim Bohren erforderlich. Bei Schlagbetrieb ist der Bediener deshalb neben starken Vibrationen auch noch unangenehmen Geräuschen ausgesetzt. Zum Bohren in Beton oder Hartgestein sind

1 Schlagbohrmaschine

Schlagbohrmaschinen ungeeignet und sollten hierfür nicht verwendet werden.
Bei nicht eingeschaltetem Schlagbetrieb können ähnliche Bohrarbeiten wie mit der Standardbohrmaschine durchgeführt werden. Eine Umstellung auf Links/Rechtslauf (left/right handed rotation) ist ebenso vorhanden, sodass Schlagbohrmaschinen aushilfsweise auch als Schrauber eingesetzt werden können.
Obwohl Schlagbohrmaschinen eine geringe Schlagleistung besitzen und einen hohen Kraftaufwand benötigen, werden sie im Baustellenbereich häufig eingesetzt.
Der wechselnde Arbeitseinsatz mit/ohne Schlagbetrieb und die verschiedenen Materialien, in die auf der Baustelle gebohrt werden müssen, erfordern den Einsatz einer solchen universell einsetzbaren Bohrmaschine.

Bohrhammer

Der Bohrhammer (percussion/hammer drill) hat im Gegensatz zur Schlagbohrmaschine ein separates pneumatisches Schlagwerk (Bild 2).
Während sich bei der Schlagbohrmaschine der Bohrer zusammen mit dem Spannfutter axial bewegt, bewegt sich beim Bohrhammer nur der Bohrer entlang der Drehachse in einer 1 … 2 cm langen Nut im Schaft des Bohrers (vgl. Bild 3, Seite 43).
Durch die Besonderheit dieses Schlagwerks wird eine gleich bleibende Schlagstärke erzeugt und die Schlagleistung bzw. der Arbeitsfortschritt ist **nicht vom Kraftaufwand** des Bedieners abhängig. Ebenso sind die auf ihn einwirkenden Vibrationen hierdurch auch geringer und der Geräuschpegel

2 Bohrhammer

ist niedriger, da die Drehzahl kleiner ist. Bohrhämmer werden immer dann eingesetzt, wenn überwiegend in Beton oder Hartgestein gebohrt werden muss.
Einige Bohrhämmer sind umstellbar auf reinen Meißelbetrieb und/oder können auch ohne Schlag bohren.

PRAXISHINWEIS

Muss in Fliesen gebohrt werden, sollte der Anbohrpunkt entweder ganz leicht angekörnt und/oder mit einem Kreppband abgeklebt werden, damit der Bohrer nicht abrutscht und die Oberfläche der Fliesen nicht beschädigt wird.

Schlaghämmer

Schlaghämmer oder Meißelhämmer haben keinen Drehbetrieb und sind deshalb nur zum Abmeißeln von Fliesen, zur Herstellung von Wanddurchbrüchen u. a. m. geeignet.

Akkubohrmaschinen (cordless drills)

Vor allem für Standard-Bohrmaschinen aber auch für Schlagbohrmaschinen oder Bohrhämmer werden „Akku"-Ausführungen angeboten (Bild 3). Der Vorteil liegt bei dem netzunabhängigen und kabellosen Betrieb dieser Geräte.

3 Akkubohrmaschine

Kernbohrmaschine

Für Bohrungen mit großen Durchmessern ab ca. 30 mm verwendet man in Beton, Mauerwerk oder Kunst- und Natursteine meist Kernbohrmaschinen (core drilling machines) (Bild 1, Seite 43). Der Antrieb erfolgt bis ca. 200 mm Bohrerdurchmesser über eine Bohrmaschine mit geringer Drehzahl und hoher Leistung. Der Bohrer hat die Form eines kurzen, an einem Ende verschlossenen Stahlzylinders, weshalb dieses Verfahren auch Hohlbohren genannt wird. Das andere Ende des Bohrers hat die Form einer Krone, deren hervorstehende Segmente meist aus Industrie-Diamanten, manchmal auch aus Hartmetall bestehen. Mit dieser Krone wird der Bohrvorgang durchgeführt. Hierbei wird **nicht** das gesamte Gesteinsmaterial in der Bohrung zerstört, sondern nur kreisförmig herausgetrennt und nach dem Bohren als **Kern** (core) aus dem Bohrer entfernt. Da die Bohrkronen (bore-crowns)

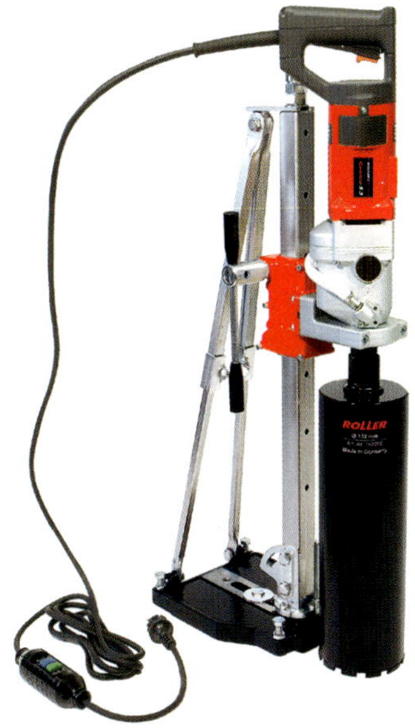

1 Kernbohrmaschine mit Bohrkrone

– wie diese Bohrer auch genannt werden – auf der Bohreraufnahmeseite geschlossen sind, ergibt sich die maximale Bohrtiefe (drilling depth) aus der Länge des Bohrers (Bild 1). Die Kernbohrmaschine kann sowohl ohne oder bei größeren Bohrungsdurchmessern mit einer ständerförmigen Haltevorrichtung verwendet werden.
Zur Kontrolle der Rechtwinkligkeit ist meist eine Libelle (Richtwaage) (bubble level) eingebaut. (vgl. Kap. Prüfen) Darüber hinaus kann mit Kernbohrmaschinen je nach zu bohrendem Material trocken oder mit Hilfe einer Wasserzuführung nass gebohrt werden.

PRAXISHINWEIS

Da mit den Diamant-Bohrkronen auch Bohrungen in bewerten Beton (Stahlbeton) hergestellt werden können, sollte vor Beginn der Bohrarbeiten Kontakt zu dem verantwortlichen Tragwerksplaner (Statiker) aufgenommen werden, damit verhindert wird, dass statisch erforderliche tragende Bewehrungen durchtrennt werden.

Stationäre Bohrmaschinen

Neben den genannten handgeführten Bohrmaschinen werden in der Werkstatt auch **stationäre Bohrmaschinen** (stationary drilling machines) wie z. B. die Tischbohrmaschine (bench drill) verwendet (Bild 2). Um eine optimale Arbeitshöhe zu erreichen, steht diese Bohrmaschine meist auf der Werkbank oder auf einem Untergestell. Die Vorschubkraft wird zwar auch manuell durch ein Herunterschwenken des Bedienungshebels erzeugt, doch ist sie durch die Hebelwirkung (lever action) meist größer und auch gleichmäßiger als beim Freihandbohren.

2 Stationäre Bohrmaschine

Bohreraufnahme

Bohrer haben entweder einen zylindrischen oder einen kegeligen Schaft. Da letztere fast ausschließlich für größere Bohrungen (> 12 mm) in Metalle verwendet werden, soll hierauf nicht weiter eingegangen werden. In der Tabelle (Bild 1) sind die üblichen Bohreraufnahmen dargestellt.

Bezeichnung	Anwendung	Vor- und Nachteile
Zahnkranzbohrfutter (key type drill chuck) 	Standardbohrmaschine und Schlagbohrmaschine	Sehr fester Sitz des Bohrers durch dreifache Übersetzung. Da der Bohrer mit einem speziellen Bohrfutterschlüssel (chuck key) fest gespannt und gelöst werden muss, dauert der Bohrerwechsel im Vergleich zum Schnellspannbohrfutter sehr lange.
Schnellspannbohrfutter (quick-catch chuck) 	Standardbohrmaschine Schlagbohrmaschine	Da kein zusätzlicher Schlüssel zum Spannen bzw. Lösen benötigt und nur die Handkraft eingesetzt wird, ist ein schneller Bohrerwechsel möglich. Der Bohrersitz bzw. die Spannkraft ist gut.
Bohreraufnahme für Bohrer mit Längsnut wie z. B. SDS-System (longitudinal slot-drill chuck) 	Bohrhammer Schlag- oder Meißelhammer Kombihammer (Bohr/Meißelhammer)	Sehr schneller Bohrerwechsel, da die Werkzeugaufnahme nur kurz zurückgeschoben und der Bohrer entnommen bzw. eingesetzt wird. Sehr fester Sitz des Bohrers. Nur Bohrer mit Längsnuten können verwendet werden.

3 Bohreraufnahmen

PRAXISHINWEIS

Da die Bohrerspitze nach dem Bohren heiß sein kann, sollte der Bohrer nicht mit bloßen Händen angefasst werden.

1.2.2.5 UVV beim Bohren

- In bestimmten Arbeitssituationen (vgl. Seite 12) sollte der Arbeiter persönliche Schutzausrüstung tragen.
- Muss eine Nasskernbohrung durchgeführt werden, ist eine zusätzliche Schutzkleidung notwendig.
- Bei stationären Bohrmaschinen dürfen beim Bohren keine Handschuhe getragen werden.
- Da in der Nähe von bewegten Teilen gearbeitet wird, ist eng anliegende Kleidung zu tragen und lange Haare sind durch Mütze oder Haarnetz zu schützen.
- Das Werkstück und das Werkzeug sind sicher einzuspannen.
- Vor dem Bohren in Wände, Decken und Fußböden ist mit einem Wandscanner zu prüfen, ob sich im Bohrbereich Rohr- und/oder Elektro- bzw. andere Leitungen, UP-Objekte u. a. m. befinden (Bild 1).

1 Prüfen mit dem Wandscanner

- Beim Bohren mit einer elektrischen, handgeführten Bohrmaschine ist darauf zu achten, dass die Kabelführung sowohl für den Bediener als auch für die anderen Mitarbeiter nicht zu einer Gefährdung wird.
- Bohrspäne nicht mit der Hand, sondern z. B. mit einem Besen, Pinsel oder Spanhaken entfernen.
- Beim Umgang und vor allem beim Bohren von Feinblechen sind unbedingt Handschuhe zu tragen. Besonders bei kleineren Blechen ist es besser das Werkstück mit einem Spannkloben, einer Schraubzwinge oder einer Gripzange festzuhalten.
- Weitere allgemeine UVV vgl. Kap.5

1.2.2.6 Berechnungen zum Bohren

Die Schnittgeschwindigkeit (cutting speed) beim Bohren hängt

- vom Werkstoff in den gebohrt wird und
- vom Werkstoff des Bohrers ab.

Da die Schnittgeschwindigkeit nicht eingestellt werden kann, ist es erforderlich die notwendige Drehzahl pro Minute (revolutions per minute: r. p. m.) einzustellen.

Schnittgeschwindigkeit und Umdrehungsfrequenz (Drehzahl)

Die Geschwindigkeit am Bohrerumfang bezeichnet man als Schnittgeschwindigkeit eines Bohrers. Wie für die „allgemeine" Geschwindigkeit gilt auch für die Schnittgeschwindigkeit v_c

Schnittgeschwindigkeit = Weg /Zeit

$$v_c = \frac{s}{t}$$

Der zurückgelegte Weg s entspricht dem Umfang des Bohrers und beträgt:

s = Bohrerdurchmesser · π

$s = d \cdot \pi$

Bei einer Anzahl N von z. B. 10 Umdrehungen beträgt der Weg s

$s = d \cdot \pi \cdot N$

$s = d \cdot \pi \cdot 10$

Hieraus ergibt sich für die Schnittgeschwindigkeit v_c

$$v_c = \frac{s}{t}$$

$$v_c = \frac{d \cdot \pi \cdot N}{t}$$

Für die Umdrehungsfrequenz (Drehzahl) gilt:

Umdrehungsfrequenz = Anzahl der Umdrehungen/Zeit

$$n = \frac{N}{t}$$

Für die Schnittgeschwindigkeit ergibt sich:

$$\boxed{v_c = d \cdot \pi \cdot n}$$

v_c in m/min
d in mm
n in 1/min oder min^{-1}

Zur Berechnung der an der Bohrmaschine einzustellenden Drehzahl muss die Formel umgestellt und die Einheiten müssen berücksichtigt werden.

Beispiel: Zur Herstellung einer Konsole sollen mit einem HSS-Spiralbohrer in einem unlegierten Flachstahl (Zugfestigkeit $R_m = 500\ \text{N/mm}^2$) zwei Bohrungen mit einem Durchmesser von 10 mm gebohrt werden. Welche Drehzahl muss an der Bohrmaschine eingestellt werden?

Geg.: $d = 10$ mm; bei o. g. Werkstoff des Werkstücks und des Werkzeugs aus Tabellenbuch $v_c = 30$ m/min

Ges.: $n = ?$ 1/min

$v_c = d \cdot \pi \cdot n$

$$n = \frac{v_c}{d \cdot \pi}$$

$$n = \frac{30\ \text{m} \cdot 1000\ \text{mm}}{\text{min} \cdot 10\ \text{mm} \cdot 1\ \text{m} \cdot \pi}$$

$$n = \frac{954{,}9\ \text{mm}}{\text{min}} = \frac{955\ \text{mm}}{\text{min}}$$

<u>Eingestellt: 1000 1/min</u>

Die einzustellende Drehzahl beim Bohren lässt sich auch mit Hilfe eines Nomogramms bzw. Drehzahlfrequenzdiagramms hinreichend genau und wesentlich schneller ermitteln (Bild 1, Seite 45).

Zur Lösung der Beispielaufgabe sind folgende Lösungsschritte erforderlich:

- Schnittgeschwindigkeit 30 m/min auf der senkrechten Achse suchen und eine waagerechte Linie ziehen bzw. Lineal anlegen
- Durchmesser 10 mm suchen und senkrecht nach oben gehen bis die waagerechte Linie geschnitten wird
- Mit Hilfe des Schnittpunkts kann die Drehfrequenz bestimmt werden (Hinweis: Bei einem Ergebnis, das zwischen zwei vorhandenen Drehzahlen liegt, ist die nächst kleinere Drehzahl zu wählen)

Lösung: Drehzahl zwischen 1200 und 1000 1/min
Gewählt: 1000 1/min

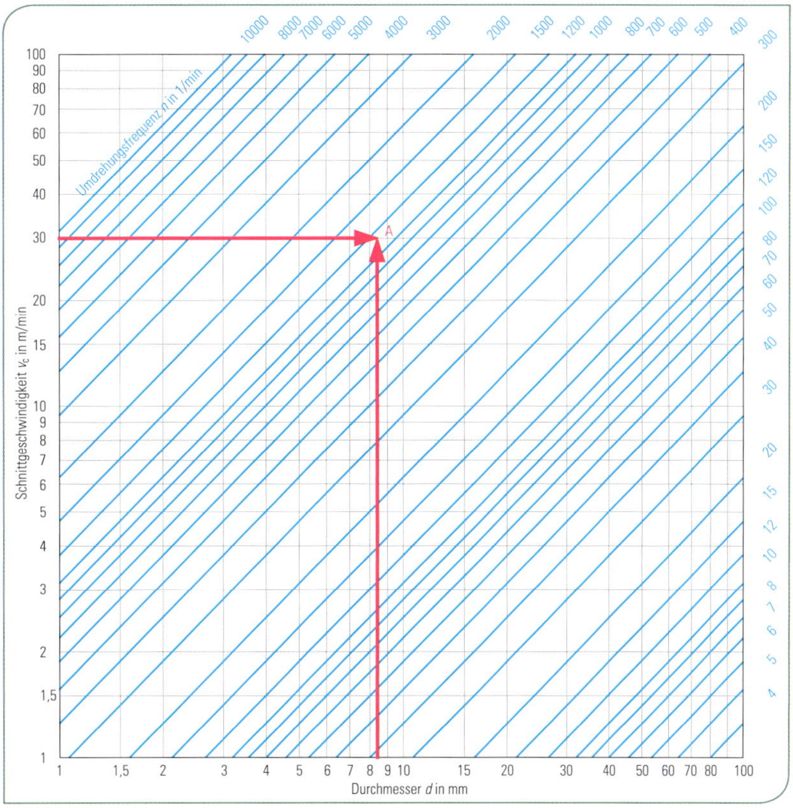

1 Nomogramm

1.2.3 Senken

Senker (counter sinks/counter bores) werden entweder zum Entgraten scharfer Kanten an Bohrungen und/oder zum Versenken von Schraubenköpfen verwendet. Man unterscheidet Kegelsenker (Bild 2) und Flachsenker. Auf letztere soll hier nicht weiter eingegangen werden.

Die Werkzeugbewegungen sind beim Senken (counter sinking) die gleichen wie beim Bohren. Allerdings soll die Schnittgeschwindigkeit beim Senken nur ca. halb so groß sein, damit eine glatte Oberfläche an der kegeligen Einsenkung entsteht. Im Vergleich zum Spiralbohrer haben Entgratungssenker mehrere Schneiden (ungerade Zahl) und die Freifläche ist größer. Hierdurch wird das Werkzeug besser geführt, ein Rattern verhindert und die Oberfläche zusätzlich geglättet. Zum Entgraten (burring) verwendet man Kegelsenker mit einem Spitzenwinkel von 60°. Sowohl für dünne Bleche als auch für lang spanende Werkstoffe wie z. B. Kunststoffe oder Aluminiumlegierungen verwendet man Querlochsenker (Bild 3), da sie einen absolut ratterfreien Schnitt haben.

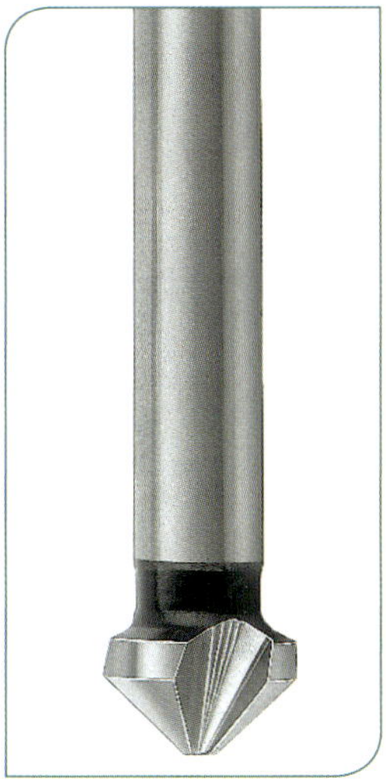

2 Kegelsenker

3 Querlochsenker

ÜBUNGEN

1. In einen gleichschenkligen Winkelstahl EN 10056 aus unlegiertem Stahl (Zugfestigkeit R_m = 450 N/mm²) sollen vier 8 mm große Löcher mit einem Spiralbohrer aus HSS – Stahl gebohrt werden.
   a) Berechnen Sie die notwendige Drehzahl *n*.
   b) Ermitteln Sie die notwendige Drehzahl *n* mit Hilfe des Nomogramms.

2. Zur Herstellung eines Blindflansches aus nichtrostendem Stahl müssen 8 Bohrungen mit einem Durchmesser von 17 mm mit einem HSS-Spiralbohrer gebohrt werden.
   a) Berechnen Sie die notwendige Drehzahl *n*.
   b) Ermitteln Sie die notwendige Drehzahl *n* mit Hilfe des Nomogramms.

Lernfelder 1 und 2a

1.2.4 Das Gewindeschneiden

Gewinde (threads) werden in der Serien- und Massenfertigung maschinell bzw. vollautomatisch hergestellt. In der Einzelfertigung und auf der Baustelle werden Gewinde mit handgeführten Maschinen oder von Hand geschnitten. Stationäre Gewindeschneidmaschinen werden meist in der Werkstatt zur Vorfertigung von Rohrleitungsteilen verwendet.

1.2.4.1 Gewindearten

Die Gewindearten können eingeteilt werden nach:

- der Lage (Bild 1)
- der Verwendung (Bild 2)
- der Gangrichtung (Bild 3)
- dem Gewindeprofil (Bild 4)

Lage

Innengewinde (internal thread) — Außengewinde (external thread)

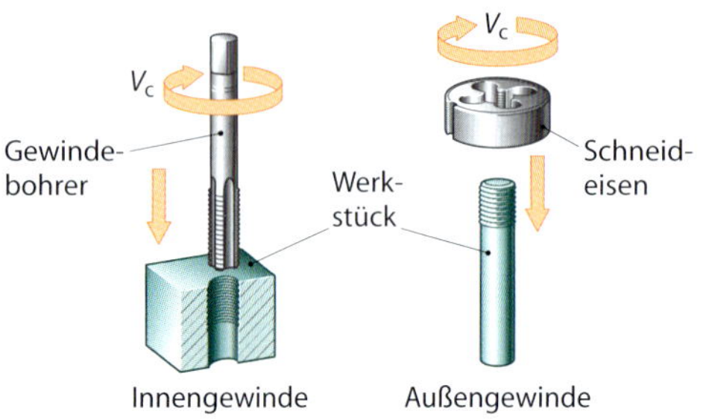

Innen- oder Muttergewinde nennt man ein Gewinde, das sich an der Innenwand einer Bohrung befindet. Als Außen- oder Bolzengewinde bezeichnet man das Gewinde, das in die Mantelfläche eines Zylinders geschnitten wird.

1 Innen- und Außengewinde

Verwendung

Bewegungsgewinde (motion thread) — Befestigungsgewinde (fastening thread)

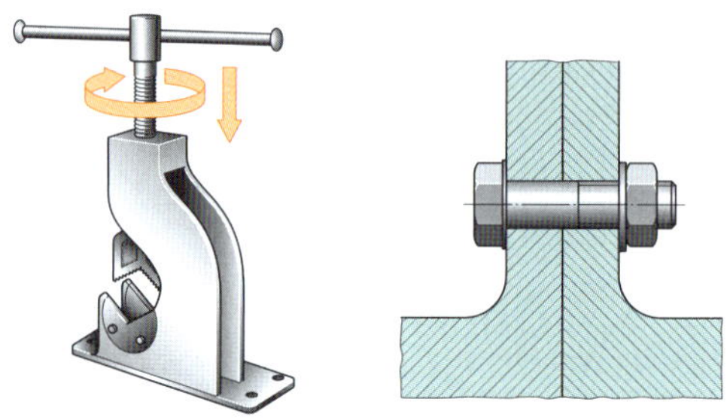

Mit Hilfe eines Bewegungsgewindes wird eine drehende Bewegung in eine geradlinige Bewegung umgewandelt, z.B. Schraubstock oder Ventilspindel.
Das Befestigungsgewinde z.B. an der Schraube und in der Mutter hat die Aufgabe die beiden Bauteile fest miteinander zu verspannen.

2 Bewegungs- und Befestigungsgewinde

Gangrichtung

Rechtsgewinde (right hand thread) — Linksgewinde (left hand thread)

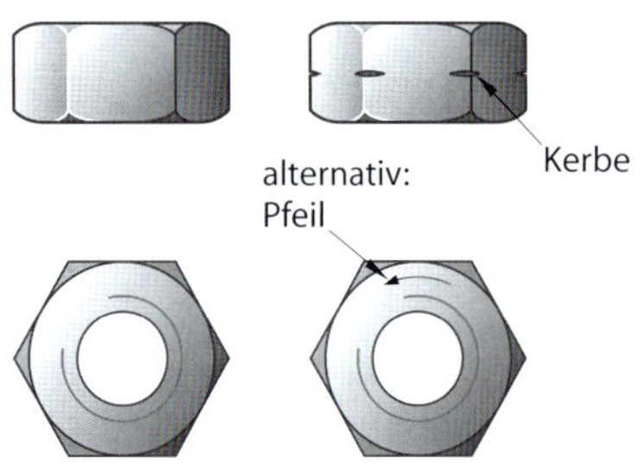

Rechtsgängige Gewinde werden wesentlich häufiger verwendet als linksgängige. Beim Einschrauben werden sie im Uhrzeigersinn – also rechts herum gedreht. Linksgängige Gewinde werden durch Linksdrehung eingeschraubt. Eine linksgängige Mutter hat entweder eine Einkerbung am Umfang oder ein großes L auf einer Auflagenseite. Normgerecht bezeichnet wird dieses Gewinde durch Anhängen der Buchstaben LH (Left Hand)

3 Rechts- und Linksgewinde

Gewindeprofil

Metrisches ISO-Gewinde (metric ISO thread) — Whitworth-Gewinde (whithworth thread)

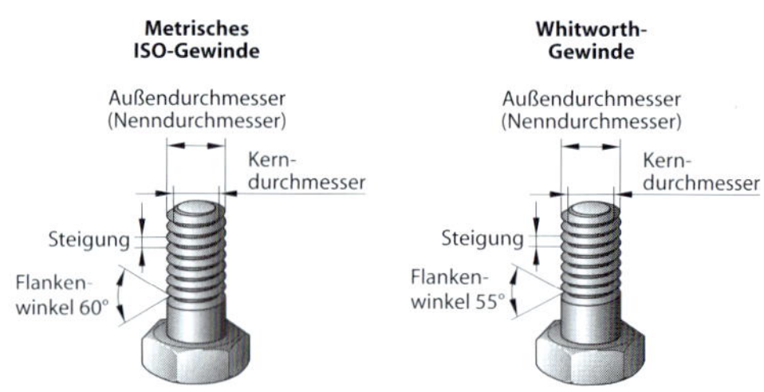

Das metrische ISO-Gewinde hat einen Flankenwinkel von 60°. Bezeichnet wird dieses Gewinde mit dem Kurzzeichen M und dem Nenndurchmesser in mm, z. B. Gewindestab **M 8**.
Das Whitworth-Gewinde hat einen Flankenwinkel von 55° und die Gewindemaße werden in inch (Zoll) angegeben.

4 Metrisches- und Whitworthgewinde

Zusätzlich zu den vorher beschriebenen Gewindearten gibt es das **Whitworth- Rohrgewinde** (whithworth pipe thread). Dieses Gewinde hat im SHK-Bereich die größte Bedeutung.

Rohrgewinde

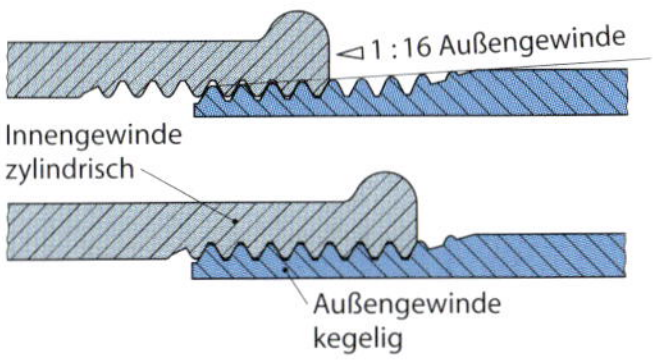

Durch das kegelige Außengewinde z. B. R 3/4 – und das zylindrische Innengewinde Rp 3/4 entsteht bei der Montage eine metallische Pressung, die eine Dichtheit herstellt.
vgl. auch Kap. 1.2.4.3.2

Befestigungsgewinde

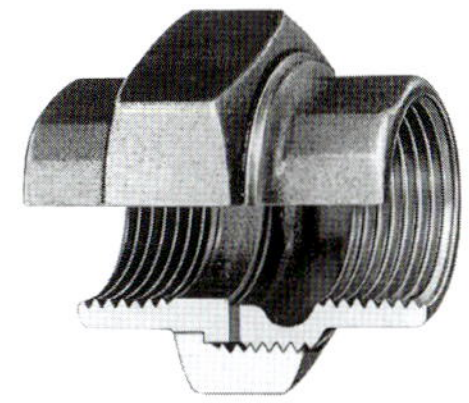

Bei diesem Rohrgewinde z. B. G 3/4 sind das Außengewinde und das Innengewinde zylindrisch. Sie bilden eine **nicht** im Gewinde dichtende Verbindung.

1.2.4.2 Schneiden von Innengewinde

Innengewinde (female threads) werden mit Hilfe von Gewindebohrern (screw taps/tap drills) in Bohrungen geschnitten. Der Gewindebohrer sieht aus wie eine gehärtete Schraube, die konisch angeschliffen ist und ein Vierkant zum Aufsetzen des Windeisens (tap wrench) besitzt. Ebenso wie beim Bohren führt der Gewindebohrer beim Schneiden eines Innengewindes eine kreisförmige Schnittbewegung und gleichzeitig eine axiale Vorschubbewegung aus. Der Vorschub bei einer Umdrehung entspricht hierbei der Gewindesteigung (thread pitch).

Arbeitsschritte beim Gewindebohren

Innengewinde werden in folgenden Arbeitsschritten hergestellt:

- Bohren des Kernlochs
- Ansenken und
- Gewindebohren

Nach dem Ankörnen (marking) wird mit Hilfe eines Spiralbohrers die Kernlochbohrung (core hole) gebohrt. Den Durchmesser des jeweiligen Kernlochs entnimmt man aus Gewindetabellen eines Tabellenbuchs.

1 Handgewindebohrersatz

Die Kernlochbohrung ist anschließend auf beiden Seiten mit einem 90°-Kegelsenker bis auf den Außendurchmesser des Gewindes anzusenken. Hierdurch werden Gewindebohrer beim Ansetzen besser geführt und die äußeren Gewindegänge werden nicht herausgedrückt. Beim Gewindebohren von Hand (manual thread cutting) werden meist Gewindebohrersätze verwendet. Sie bestehen aus drei verschiedenen Gewindebohrern: Dem Vorschneider (ein Ring), dem Mittelschneider (zwei Ringe) und dem Fertigschneider (drei Ringe oder keiner) (Bild 1). Die Zerspanarbeit und die Spanabfuhr werden somit auf drei Gewindebohrer aufgeteilt.

1.2.4.3 Schneiden von Außengewinde

Das Herstellen eines Außengewindes (male thread) bezeichnet man als Gewindeschneiden (threading). Bei handgefertigtem Außengewinde wird das vollständige Gewinde fast immer in einem Arbeitsgang hergestellt. Hierbei wird eine fortlaufende Rille außen in ein Rohr oder in einen zylindrischen Bolzen bzw. Rundstahl (bolt/rod) geschnitten. Das Werkzeug führt eine kreisförmige Schnittbewegung und gleichzeitig eine axiale Vorschubbewegung aus. Der Vorschub bei einer Umdrehung entspricht ebenso wie beim Gewindebohren der Gewindesteigung.

2 Schneideisen mit Schneideisenhalter

1.2.4.3.1 Metrisches Außengewinde

Außengewinde wie z. B. das metrische ISO-Gewinde nach DIN 13 lassen sich von Hand bis ca. M16 mit einem Schneideisen herstellen. Für jede Gewindegröße (thread size) gibt es ein eigenes Schneideisen (die), das in einem Schneideisenhalter (die holder) befestigt wird (Bild 2).

Da die ersten beiden Gewindegänge des Schneideisens kegelförmig ausgeführt sind, wird durch sie der größte Teil der Spanabnahme übernommen. Die anderen Gewindegänge im zylindrischen Teil führen das Werkzeug und glätten das Gewinde.

Arbeitshinweise:

- Außendurchmesser des Bolzens bzw. des Rundstahles messen
- 45°-Fase bis zum Kerndurchmesser anbringen
- Schneideisen mit entsprechender Gewindegröße in Schneideisenhalter fest einspannen
- Schneideisen unter leichtem Druck und im rechten Winkel ansetzen
- Schneidöl benutzen
- Schneideisenhalter mehrmals zurückdrehen, damit die Späne leichter abbrechen und das Schneidöl nachfließen kann.
- Spanreste nach Beendigung der Schneidarbeit entfernen
- Mit Hilfe einer entsprechenden Mutter prüfen, ob das Gewinde fachgerecht geschnitten ist

1.2.4.3.2 Whitworth-Rohrgewinde

Mit Hilfe des Whitworth-Rohrgewindes lassen sich Rohre aus unlegiertem Stahl mit Eignung zum Schweißen und Gewindeschneiden nach DIN EN 10255 dauerhaft dicht verbinden. Bei dieser besonderen Gewindeverbindung ist das **Außengewinde am Rohr** kegelig und das **Innengewinde** im Fitting bzw. in der Armatur **zylindrisch** (Bild 1). Das Whitworth-Rohrgewinde kann hergestellt werden:

- von Hand
- mit handgeführten Maschinen und
- mit Gewindeschneidmaschinen

Von Hand wird das kegelige Außengewinde meist mit einer Handgewindeschneidkluppe (hand held die) geschnitten. Es handelt sich hierbei um einen Ratschenhebel (ratchet die stock), in den die unterschiedlichen Gewindeschneidköpfe mit den verschiedenen Gewindegrößen (different sized drop die heads) z. B. von R ¾ bis R 1¼ eingesetzt werden können (Bilder 2 und 4). Man verwendet für das Schneiden des kegeligen Rohr-Außengewindes den Schneidkopf ohne Automatik und den oft in Maschinen eingesetzten automatisch öffnenden Schneidkopf (Bilder 2 und 3, Seite 49).

Nachteilig ist beim Gewindeschneiden mit Schneidköpfen ohne Automatik, dass sich die Schneidbacken nicht öffnen lassen und deshalb der Schneidkopf nach Beendigung des Schneidvorganges über das geschnittene Gewinde zurückgedreht werden muss. Aus diesem Grund werden bei der **handgeführten Maschine** (Bild 3) und bei der in Bild 1, Seite 49 dargestellten **Gewindeschneidmaschine** (threading machine) auch meist die automatisch öffnenden Schnellwechsel-Schneidköpfe (quick change die heads) verwendet. Hierdurch wird eine Zeitersparnis pro Gewindeschneidvorgang von 40 % bis 50 % erreicht. Darüber hinaus wird mit diesem Schneidkopf automatisch immer die für die jeweilige Gewindegröße erforderliche Normgewindelänge (standard thread length) geschnitten, da der Schneidvorgang „selbsttätig" beendet wird. Beide Schneidköpfe haben auf der einen Seite eine präzise Rohrführung, wodurch eine gute Zentrierung (centring) des Rohres gewährleistet wird. Dadurch verringert sich die Gefahr, dass das Gewinde „schief" aufgeschnitten wird. Gleichzeitig sorgen große „Spänefenster" für eine gute Spanabfuhr (Seite 49 Bilder 2 und 3). Die beiden Schneidkopfarten passen sowohl in die Hand- und Elektrogewindeschneidkluppe (electric die) als auch in die Gewindeschneidmaschine (Bild 1, Seite 49).

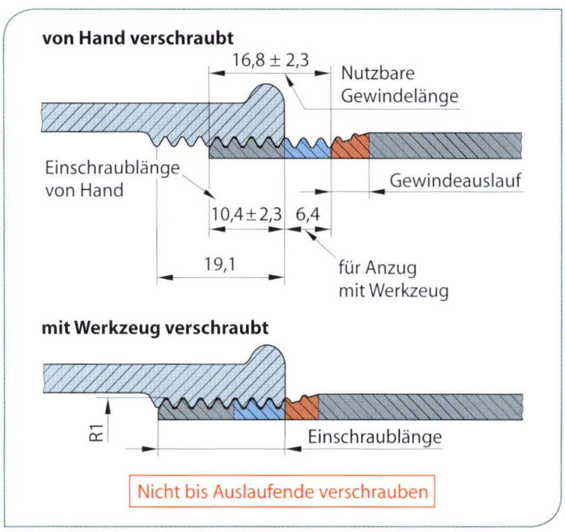

1 *Zylindrisch-kegelige Gewinderohrverbindung nach DIN 2999 mit metallischer Pressdichtung, Maße für R1*

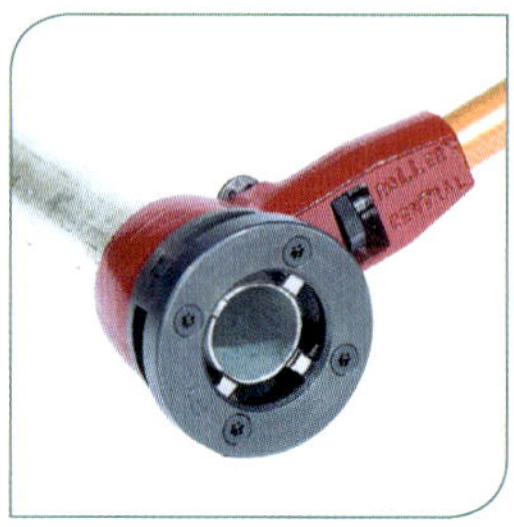

2 *Handkluppe mit Ratschenhebel*

3 *handgeführte Gewindeschneidemaschine*

4 *Metallkoffer mit Gewindeschneidköpfen*

1 Gewindeschneidemaschine

2 Schneidkopf ohne Automatik

3 automatisch öffnender Schneidkopf

PRAXISHINWEIS

Beim Schneiden eines Whitworth-Rohrgewindes ist zu prüfen, ob die vorgegebene nutzbare Gewindelänge (vgl. Lernfeld 3, Kap. 2.2.2.6) eingehalten wurde. Die zum Kühlen (cooling) und Schmieren (lubricate) verwendeten Gewindeschneidmittel können auf Mineralölbasis oder mineralölfrei hergestellt sein. Für Gewinderohre in der Trinkwasserinstallation (drinking water installation) dürfen hierfür allerdings nur zugelassene Gewindeschneidmittel (threading agent) verwendet werden. Diese müssen dem DVGW-Arbeitsblatt W 521 entsprechen. Es regelt die Anforderungen und Prüfungen von Gewindeschneidmitteln für die Trinkwasser-Installation und schreibt u. a. folgende Eigenschaften vor:

- Wasserlöslichkeit
- Gesundheitliche Unbedenklichkeit
- Mineralölfrei
- Keine Korrosivität gegenüber Rohrleitungen und Schneidwerkzeugen und
- rote Einfärbung

Die Schneidmittelbehälter müssen an einer gut sichtbaren Stelle dauerhaft mit dem DVGW-Prüfzeichen und mit einer Registernummer gekennzeichnet sein.

1.2.4.4 Sammlung und Entsorgung von umweltbelastenden Abfällen

Umweltbelastende Stoffe (polluting substances) wie Kühlschmierstoffe (coolants), Schneidöle (cutting oils) und die mit ihnen behafteten Späne müssen besonders gelagert (Bild 4), gesammelt und entsorgt werden. Brennbare Stoffe sind gesondert zu lagern und die **Vorschriften des Brandschutzes** (fire protection rules) sind zu beachten. Hierbei muss verhindert werden, dass diese Stoffe bzw. Abfälle ins Freie, in den Boden und auch nicht in die Kanalisation gelangen.

Wie aus Bild 4 zu entnehmen ist, werden bei einer vorschriftsmäßigen Aufbewahrung eventuell auslaufende Flüssigkeiten in einer Auffangwanne (safe keeping tray) gesammelt bzw. aufgefangen. Die einzelnen Stoffe dürfen nur in **unterschiedlichen Behältern** (containers) gelagert werden. Da es beispielsweise bei einer Mischung von Kühlschmierstoffen zu gefährlichen chemischen Reaktionen kommen kann, dürfen diese Stoffe nicht miteinander vermischt werden. Auch ölhaltige Putzlappen (oily cleaning rags) oder ölverschmierte Papiertücher werden in öldichten Behältern getrennt gesammelt.

4 Aufbewahrung und Sammlung

Da überalterte Öle (waste oils) und Kühlschmierstoffe Hauterkrankungen (skin-diseases) und juckende Ekzeme verursachen können, wenn sie mit der Haut in Berührung kommen, sind bei der Sammlung (collection) und Entsorgung (disposal) dieser Stoffe die vorgeschriebenen Schutzmaßnahmen (protective measures) wie z. B. das Tragen von Handschuhen und/oder Schutzbrille einzuhalten (vgl. Seite 12).

Die schädigende Wirkung von chemischen Substanzen kann auch über Nahrungsmittel transportiert werden. Deshalb sind in Werkstätten, in denen mit diesen Stoffen gearbeitet wird, der Verzehr von Lebensmitteln und die Einnahme von Getränken verboten. Im Abfallbeseitungsgesetz (AbfG) (waste disposal law) werden die besonders überwachungsbedürfigen Stoffe genannt und hier ist geregelt, wie diese entsorgt werden müssen. Folgende Abfälle gelten als Sonderabfall (special waste) und müssen an Spezialbetriebe abgegeben werden:

- schmierstoffverunreinigte Putzlappen, Papiertücher und Pinsel
- überalterte Kühlschmierstoffe aus mineralischen Ölen
- Öle und ölverunreinigte Teile wie z. B. Filter aus Heizungsanlagen
- Kühlschmierstoffbehaftete Späne
- Überalterte Kühlschmierstoffe aus synthetischen Ölen

1.2.5 Trennschleifen

1 Winkelschleifer

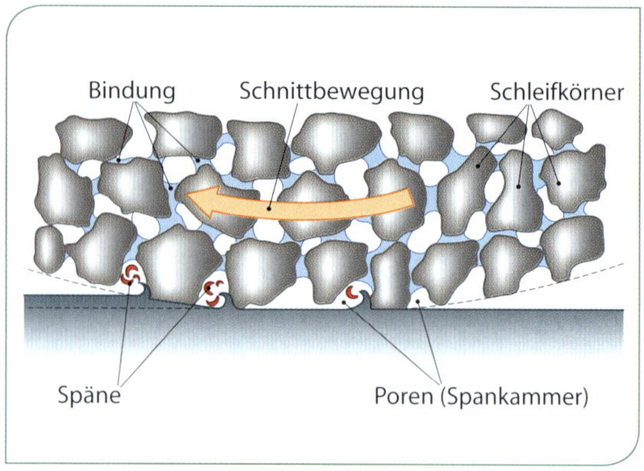

3 Spanabnahme

Trennschleifen

Guss-, Stahl- und Edelstahlrohre lassen sich durch Trennschleifen (abrasive cutting) spanend trennen. Mit Winkelschleifmaschinen (right angle grinders) (Bild 1) oder Trennschleifmaschinen (abrasive cutting-off machines) (Bild 2) lassen sich vor allem dickwandige Rohre wirtschaftlich trennen.

Trennschleifscheiben sind selbst tragende Schleifkörper. Sie bestehen aus dem Schleifmittel (den Schleifkörnern = abrasive grains) und dem Bindemittel (bonding agent/material). Die Zerspanungsarbeit wird durch die vielen harten und scharfkantigen Körner verrichtet, die mit hoher Geschwindigkeit kleine Späne aus dem Grundwerkstoff herausreißen (Bild 3). Stumpf gewordene Körner brechen aufgrund der zunehmenden Schnittkraft aus der Bindung (bond) heraus und neue scharfe Körner kommen zum Einsatz. Die Schleifscheibe (grinding disc) „schärft" sich dadurch selbst. Für die verschiedenen Rohrwerkstoffe sind entsprechende Trennschleifscheiben (cutting-off wheels) zu verwenden, die auf den jeweiligen Werkstoff abgestimmt sind.

Bezeichnung einer Trennschleifscheibe für Stahl nach DIN ISO 525: 41 A24 R BF 80

2 Trennschleifen mit Diamantschleifenscheibe

41: Art und Form der Scheibe (gerade Trennschleifscheibe)
A: Schleifkornbezeichnung (A: Korund, C: Siliciumcarbid, Z: Zirkonkorund, BN: Bohrnitrid, D: Diamant)
24: Körnungsnummer (grobe Korngröße)
R: Härtegrad der Scheibe von A = äußerst weich bis Z = äußerst hart (R = hart)
BF: Bindung der Körner in der Schleifscheibe (Kunstharzbindung, faserstoffverstärkt)
80: maximal zulässige Arbeitshöchstgeschwindigkeit in $\frac{m}{s}$ (rote Farbkennzeichnung; Bild 5)

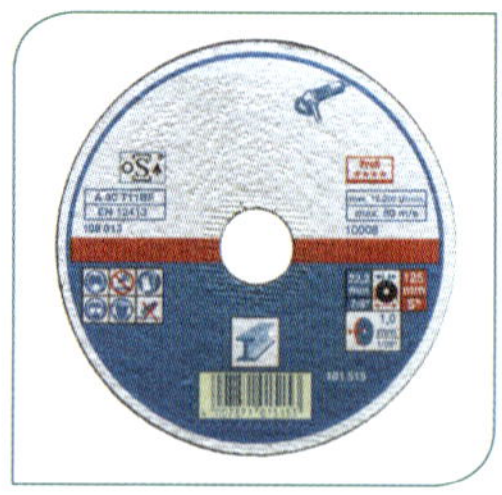

4 Trennschleifscheibe

Trennschleifscheiben müssen nach EN 12413 geprüft sein und dürfen nur mit der zulässigen Drehfrequenz (rotational frequency) betrieben werden. Bei Edelstahlrohren müssen die Schleifscheiben aus Korrosionsschutzgründen eisen- und schwefelfrei sein. Um Fremdrostbildung (extraneous rust formation) auszuschließen, sollten die Schleifscheiben nicht für andere, unlegierte Stahlsorten verwendet werden. Überhitzungen (overheatings) und Oxidationen (oxidations) an den Trennstellen (gelb-braune bzw. blaue Anlauffarben) durch zu starkes Andrücken der Trennschleifscheibe führen ebenfalls zu Korrosion und müssen vermieden werden. Oxidierte Trennstellen (separation points) sind nachzuarbeiten.

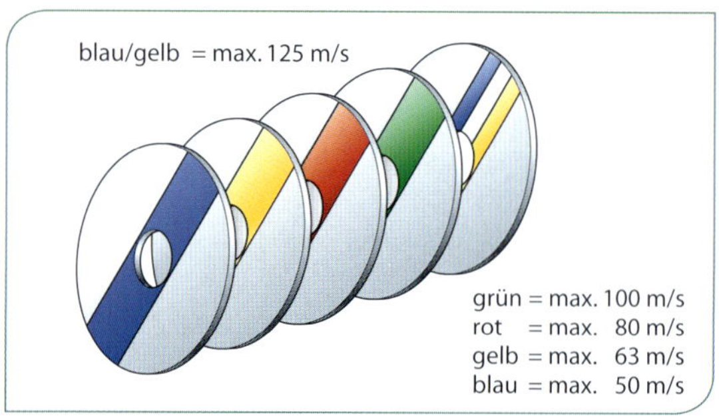

5 Farbkennzeichnung für Schleifscheiben mit erhöhter Umfangsgeschwindigkeit nach EN 12413

Aufgrund der hohen Drehfrequenzen bzw. Umfangsgeschwindigkeiten der Trennscheiben sind die Sicherheitsvorschriften (safety rules) streng einzuhalten.

- Nur fehlerfreie und gekennzeichnete Trennschleifscheiben verwenden.
- Nur einwandfreie und zugelassene Trennschleifmaschinen mit Schutzhaube verwenden. Elektrowerkzeuge mit Überlastungsschutz, Antiblockiersystem und elektronischer Auslaufbremse bieten zusätzliche Sicherheit.
- Rohre fest und sicher einspannen.
- Trennschleifmaschinen beidhändig führen, Trennscheibe nicht verkanten, Trennschnitt vorsichtig ansetzen.
- Schleifschutzbrille, Arbeitshandschuhe und Gehörschutz tragen.

1.2.6 Entgraten, Anfasen und Schälen von Rohren

Bei Trennvorgängen entsteht an der Trennstelle ein Grat (burr), der aus unterschiedlichen Gründen entfernt werden muss:

- Verletzungsrisiko
- Beschädigung von Bauteilen z. B. Dichtung
- Wirbelbildung bei Flüssigkeiten in Rohren
- Druckverluste durch Querschnittsverengung

Beim Trennen von Rohren entsteht je nach Trennverfahren und Arbeitsweise ein unterschiedlich großer Innen- und Außengrat, die beide mit verschiedenen Werkzeugen entfernt werden können.

Als Werkzeug zum Entgraten (burring tool) wird z. B. für Kupfer- und Kunststoffrohre mit einem Durchmesser bis ca. 35 mm der in Bild 1 dargestellte kostengünstige **Innen- und Außenentgrater** sehr häufig eingesetzt. Zwar wird er meist als Handentgrater (handheld deburrer) verwendet, doch kann man ihn auch mit Hilfe eines Mitnehmers in den elektrischen Schrauber oder in die Handbohrmaschine einsetzen und mit einer geringen Drehzahl (<300 1/min) maschinell entgraten (Bild 2).

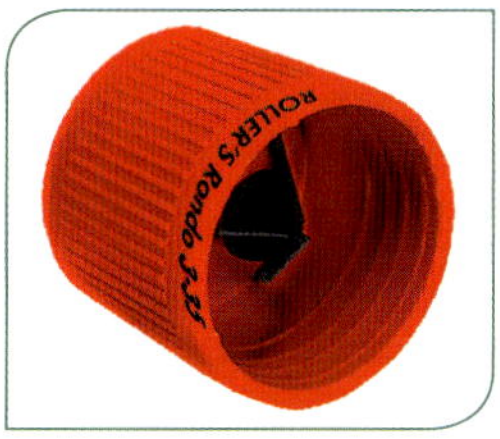

1 Handentgrater

2 Entgrater mit elektrischem Antrieb

Mit dem **Universal-Entgrater** (universal deburrer) (Bild 3) können Rohre, Bohrungen und gerade Kanten aus verschiedenen Werkstoffen wie z. B. Kupfer, Stahl, Aluminium, Kunststoff u. a. m. mühelos entgratet werden. Die im Handgriff des Entgraters drehend gelagerte Entgraterklinge passt sich der zu entgratenden Werkstückkante an und kann bei Abnutzung (wear down) schnell und einfach gewechselt werden.

Innenrohr-Entgrater (Bild 4) werden vor allem zum Entgraten von Stahlrohren verwendet. Sie können mit Hilfe einer Ratschenkluppe, z. B. wenn nur einige Rohre zu entgraten sind, als Handentgrater eingesetzt werden. Darüber hinaus ist ein maschineller Antrieb durch eine elektrische Gewindeschneidkluppe mit spezieller Werkzeugaufnahme möglich.

Kunststoffrohre benötigen häufig eine Fase (chamfer), damit man z. B. die Rohre leichter zusammen stecken und/oder die jeweilige Verbindung fachgerecht hergestellt werden kann. Unter einer Fase versteht man eine abgeschrägte Fläche (von einem Winkel zwischen 15° bis 45°) an der rechtwinkligen Kante der Trennstelle. Zur Herstellung dieser Fase kann man ein Rohrtrenn- und Rohranfasgerät (pipe cutting and chamfering tool/gear) verwenden (Bild 5). Die Rohre werden hiermit in einem Arbeitsgang rechtwinklig getrennt und mit einer Fase von z. B. 15° angefast. Einsetzbar ist dieses handgeführte Trenn- und Anfasgerät für Rohrdurchmesser von ca. 40 bis 110 mm.

Muss die oxidierte Kunststoffoberfläche vor dem Fügen abgeschabt werden, so gibt es hierfür spezielle Schälwerkzeuge (scraping tools), mit denen die Rohroberfläche abgeschält werden kann (Bild 6).

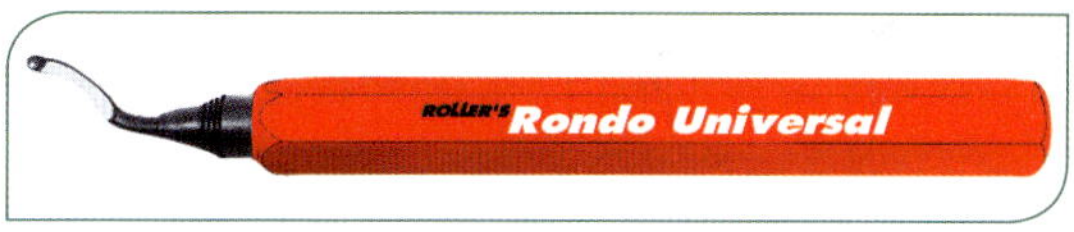

3 Universalentgrater

4 Innenrohrentgrater

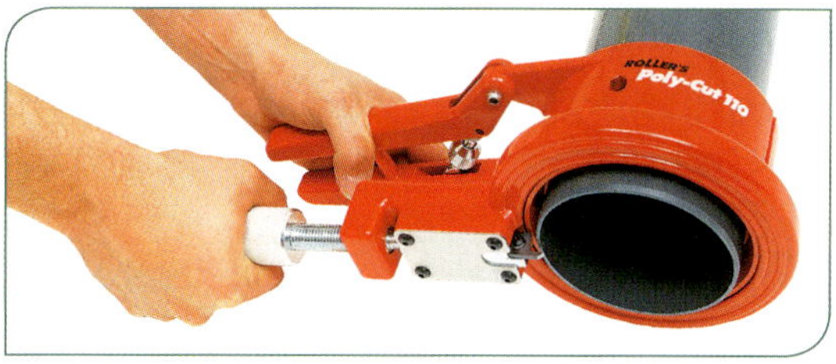

5 Rohrtrenn- und Anfassgerät

6 Abschälwerkzeug

ÜBUNGEN

1) Beschreiben Sie den Zusammenhang zwischen der Größe des Keilwinkels und dem Kraftaufwand.

2) Welche Abhängigkeit besteht zwischen der Schneidenstabilität und dem Keilwinkel?

3) Was versteht man unter der Standzeit bei Werkzeugen?

4) Stellen Sie den Zusammenhang zwischen dem zu trennenden Werkstoff und der zu wählenden Größe des Keilwinkels dar. Geben Sie je ein Beispiel an.

5) Skizzieren Sie eine keilförmige Werkzeugschneide und zeichnen Sie die drei Hauptwinkel ein.

Sägen

6) Warum sollten Sägeblätter einen großen Freiwinkel besitzen?

7) Beschreiben Sie den Zusammenhang zwischen Zähnezahl, Zahnteilung und dem zutrennenden Werkstoff.

8) Wie wird der Freischnitt beim Sägen erreicht und welche Wirkung erzeugt er?

9) Welche zwei Vorteile besitzt die Gehrungssäge gegenüber den anderen Handsägen?

10) Welche Besonderheit besitzt die Lochsäge?

11) Vergleichen Sie die Arbeitsweise einer Hubsäge mit der einer Kreissäge.

12) Warum sollte beim Handsägen die Schnittstelle möglichst nahe am Schraubstock sein?

13) Nennen Sie drei Unfallverhütungsmaßnahmen beim Sägen.

Bohren und Senken

14) Nennen Sie die beiden Bewegungen, die der Bohrer beim Trennvorgang gleichzeitig ausführt.

15) Man unterscheidet die Bohrertypen H, N, W. Nennen Sie für jeden Bohrertyp zwei Werkstoffe, die damit gebohrt werden können.

16) Weshalb wird bei Bohrungen ab ca. 10 mm vorgebohrt?

17) Es gibt HSS- Bohrer ohne und HSS- Bohrer mit HM-Schneide. Wofür stehen die beiden Abkürzungen und nennen Sie je ein Anwendungsbeispiel.

18) Nennen sie zwei Bohrer zum Bohren von Feinblechen und beschreiben Sie deren Besonderheiten.

19) Erläutern Sie den Unterschied zwischen einer Schlagbohrmaschine und einem Bohrhammer.

20) Spiralbohrer können in unterschiedliche Bohreraufnahmen eingespannt werden. Nennen Sie drei Arten für Bohrer mit zylindrischem Schaft.

21) Was versteht man unter einer Kernbohrung?

22) Woraufhin soll die Bohrstelle vor dem Bohren in Wände, Decken und Fußböden untersucht werden?

23) Nennen Sie vier Maßnahmen, die Unfälle beim Bohren verhindern sollen.

24) Wovon hängt die Schnittgeschwindigkeit beim Bohren ab?

25) Wie kann man die einzustellende Drehzahl beim Bohren ermitteln?

26) Warum werden Bohrungen gesenkt?

27) Vergleichen Sie die Schnittgeschwindigkeiten beim Bohren und Senken.

Gewindeschneiden

28) Welche Arten der Gewindeeinteilung gibt es?

29) Geben Sie die Arbeitsschnitte zur Herstellung eines Innengewindes an.

30) Geben Sie die Arbeitsschnitte zur Herstellung eines metrischen Außengewindes an.

31) Welche Besonderheit besitzt das Außengewinde beim Whitworth-Rohrgewinde.

32) Nennen Sie die drei Arten des Whitworth- Rohrgewindes.

33) Ermitteln Sie die nutzbare Gewindelänge eines Whitworth-Rohrgewindes mit der Größe R 1.

34) Welche Eigenschaften muss das Gewindeschneidmittel für Rohre in der Trinkwasserinstallation besitzen?

35) Wie müssen Schneidstoffbehälter gekennzeichnet sein?

36) Nennen Sie drei umweltbelastende Stoffe.

37) Was muss bei der Lagerung, Sammlung und Entsorgung von umweltbelastenden Stoffen verhindert werden?

38) Nennen Sie drei Schutzmaßnahmen beim Umgang mit überalterten Ölen und Kühlschmierstoffen.

39) Nennen Sie vier Abfälle, die als Sonderabfall gelten und die an Spezialfirmen abgegeben werden müssen.

Entgraten, Anfasen und Schälen von Rohren

40) Nennen Sie vier Gründe, warum der an den Trennstellen entstandene Grat entfernt werden muss.

41) Nennen Sie drei Werkzeuge zum Entgraten von Rohren.

42) Was versteht man unter einer Fase an Rohren?

1.3 Zerteilende Trennverfahren

Wird ein Blech mit der Handschere auf die richtige Größe geschnitten oder ein Rohr mit dem Rohrabschneider abgelängt (getrennt), so bilden sich bei beiden Trennvorgängen keine Späne. Deshalb werden diese Trennverfahren auch als spanlose Trennverfahren bezeichnet (Bild 1 und 2).

MERKE

Beim Zerteilen wird der Werkstoff ohne Spanbildung getrennt.

1 Scherschneiden

2 Rohrabschneiden

1.3.1 Scherschneiden

Scheren (shears) haben zwei keilförmige Schneiden (cutting edges), die sich während des Schneidvorgangs aneinander vorbei bewegen (Bild 3).

Die verschiedenen Scheren unterscheiden sich einerseits in Größe und Form, andererseits wird unterschieden, ob die Scherkraft (shearing force) maschinell oder von Hand aufgebracht wird.

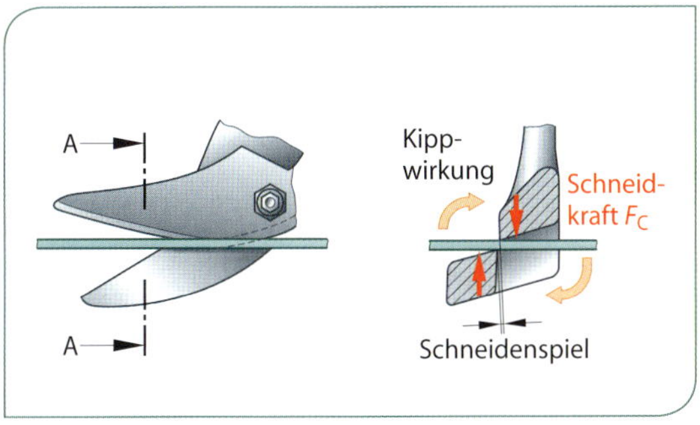

3 Schneidkraft und Kippwirkung an der Blechschere

Scherschneidvorgang

Betrachtet man die in Bild 4 abgebildete Scherfläche (shear plane), so kann man drei verschiedene Zonen erkennen. Sie entsprechen den drei Abschnitten des Schervorgangs (shearing process).

Stauchen (upsetting): Das Blech wird durch den Druck der beiden Schermesser (shearing-blades) an der Ober- und Unterseite zusammengedrückt und eingekerbt.

Schneiden (cutting): Die Schneiden dringen weiter in den Werkstoff ein und ein Teil des Werkstoffs wird geschnitten und es entsteht eine glatte Scherfläche.

Trennen (separating): Bei weiterem Eindringen der Schneidkeile (wedges) bilden sich Risse in der Scherzone und die Werkstoffteilchen werden gegeneinander verschoben. Der Werkstoff gleitet an den Freiflächen der Schneidkeile vorbei, bis die Schnittstelle auseinanderbricht.

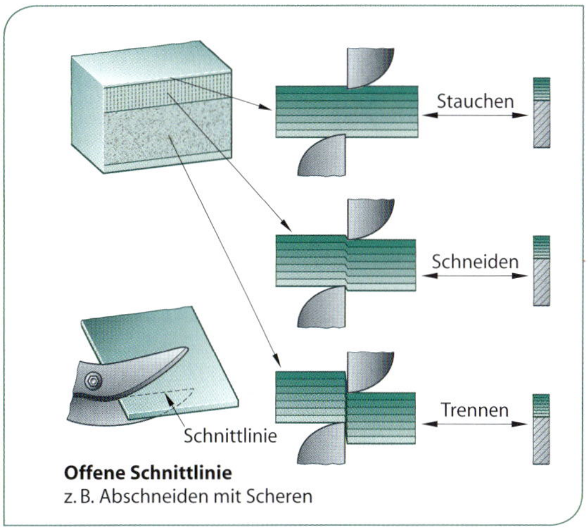

4 Scherfläche und Scherschneidvorgang

Schervorgang und Werkstoff

Der Schervorgang und damit die Beschaffenheit der Schnittfläche sind abhängig von den Eigenschaften des zu zerteilenden Werkstoffs. Folgende Zusammenhänge bestehen zwischen Werkstoffeigenschaft (material property) und Scherbarkeit:

- Weiche Werkstoffe können gut mit der Schere geschnitten werden. Stauchen und Schneiden haben einen großen Anteil am Schervorgang. Die Scherkräfte sind gering und es bildet sich eine glatte Schnittfläche.
- Harte und spröde Werkstoffe können schlecht mit der Schere geschnitten werden. Der Anteil von Stauchen und Schneiden ist klein und der Werkstoff bricht an der Schnittstelle. Die Scherkräfte sind größer und es bildet sich eine raue Schnittfläche.

Schneidenspiel und Kippwirkung

Damit die Schneiden sich beim aneinander vorbei Bewegen nicht beschädigen, sollte zwischen den beiden Schneidkeilen ein geringer Abstand (space) von ca. 2 … 5 % der Blechdicke sein. Diesen Abstand nennt man Schneidenspiel (Bild 1, Seite 53 und Bild 1). Ist das Schneidenspiel (cutting edge clearance) zu groß, entsteht am Werkstück ein großer Grat und die Schnittfläche wird uneben und rissig (Bild 1a). Bei dünnen Blechen besteht die Gefahr, dass sie in das Schneidenspiel hinein gezogen werden (Bild 1b). Darüber hinaus erzeugen die beiden Scherkräfte Fc1 und Fc2 durch das Schneidenspiel eine Dreh- bzw. Kippwirkung. Diese Kippwirkung (twisting or tilting effect) ist umso größer, je größer das Schneidenspiel ist (Bild 1c). Bei Handscheren kann es mit Hilfe einer Stellschraube (adjusting screw) leicht eingestellt werden (Bild 3).

MERKE

Das Schneidenspiel einer Schere sollte so klein wie möglich sein.

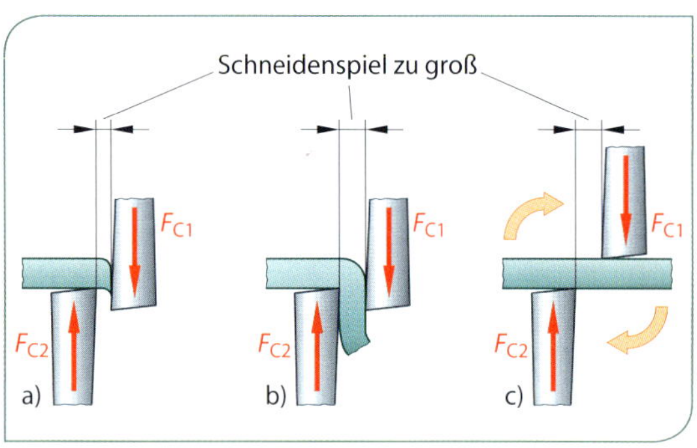

1 Auswirkungen eines zu großen Schneidenspiels

1.3.1.1 Scherschneiden von Hand

Zum Scherschneiden von Blechen, Blechrohren und Dachrinnen werden sowohl in der Werkstatt, aber vor allem auf der Baustelle häufig Handscheren verwendet (Bild 2). Man unterscheidet folgende handbetätigte Scheren:

- Handblechschere (snips)
- Handhebelschere (hand lever shears)
- Rollenblechschere (rotary shears)
- Tafelschere (gate shears/squaring shears)

2 Scheren an einer Lüftungsleitung mit der Handblechschere

Die Handblechschere

Die Handblechschere besteht aus zwei Schneiden, die sich beim Trennen aneinander vorbei bewegen. Die beiden Schneiden bewegen sich um einen Drehpunkt und dringen beim Scheren allmählich in den Werkstoff ein. Die benötigte Scherkraft wird – verstärkt durch die Hebelübersetzung (lever transmission) – durch die Handkraft (hand power) des Menschen aufgebracht. Je nach Werkstoff können z. B. Stahl-Feinbleche bis zu einer Dicke von ca. 1,2 mm mit Handblechscheren geschnitten werden.

Das Schneidenspiel (Bild 1) ist bei der Handblechschere so gering, dass praktisch kein Spiel vorhanden ist. Damit sich die beiden Schneiden aber dennoch nicht auf ihrer gesamten Länge berühren und aneinander reiben, sind die Handschereschneiden vorgespannt und hohl geschliffen (Bild 3a).

Hierdurch kommt es beim Scheren nur zu einer punktuellen Berührung an der jeweiligen Schnittstelle und die Reibung ist gering (Bild 3b).

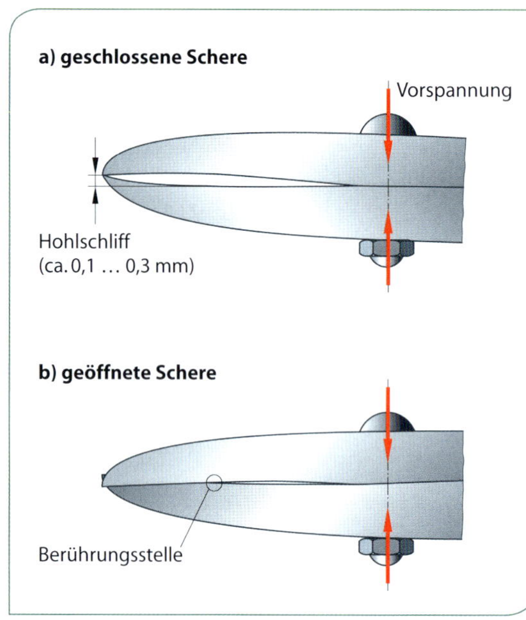

3 Vorspannung und Hohlschliff bei Handblechscheren

Bei den Handscheren gibt es linke und rechte Lochscheren. Ob es sich um eine rechte oder linke Lochschere handelt, hängt von der Lage der unteren Schneide ab. Ist z. B. die untere Schneide in Schnittrichtung gesehen rechts, handelt es sich um eine rechte Lochschere (Bild 1, Seite 55). Bei der Auswahl von linken und rechten Scheren muss man beachten, dass der Anriss beim Scheren **immer sichtbar** ist und das Abfallstück **unter** der oberen Schneide liegt.

Die wichtigsten Handblechscheren, deren Anwendungen und Besonderheiten sind in Bild 3, Seite 55 dargestellt.

Hebelwirkung an der Handblechschere

Die langen Handgriffe (operating handles) der Handblechschere und die kurzen Schneiden verringern die aufzubringende Handkraft.

Wird das Blech beim Schneiden immer so dicht wie möglich an den Drehpunkt (fulcrum) geschoben, verringert sich diese Kraft um ein Weiteres (Bild 2).

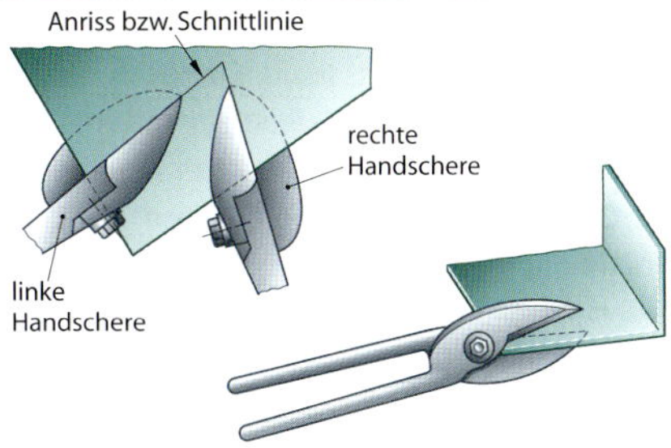

Handschere	links	rechts
Zuschnitt	links der Schere	rechts der Schere
untere Schneide	in Blickrichtung links	in Blickrichtung rechts
Vorteile	• Anriss wird nicht verdeckt • Zuschnitt bleibt eben	

1 Linke und rechte Handschere

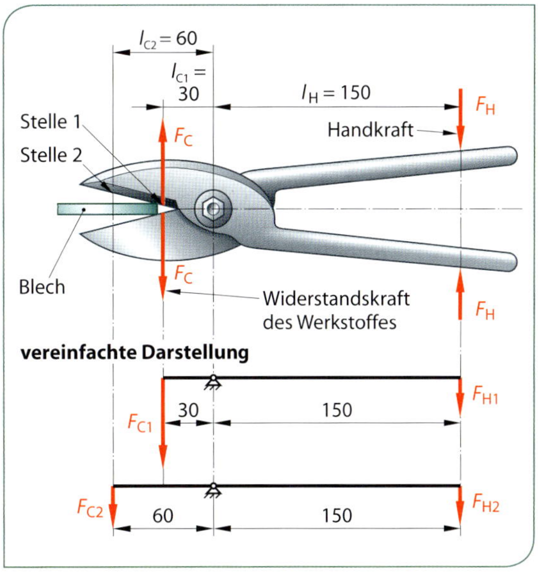

2 Hebelwirkung an der Schere

Fertigungsvefahren z. B.	Abschneiden	Ausklinken	Beschneiden	Einschneiden	Kreisschneiden	Lochschneiden
Zeichnerische Darstellung	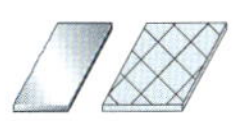	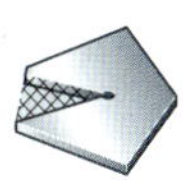	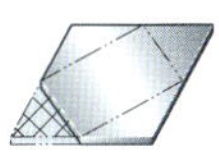		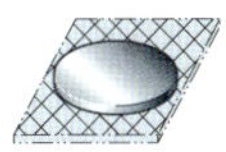	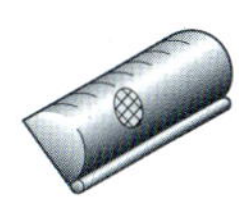
Bedeutung	meist ein langer, gerader Schnitt	zwei aufeinander zulaufende Schnitte	ein oder mehrere Schnitte	ein oder mehrere Schnitte, kein Abfall	Schneiden einer Außenkreisform	Schneiden einer Innenkreisform
Bevorzugte Scherenart	 **Durchlaufschere**	 **Ideale Schere**	 **Gerade Schere**			 **Lochschere**
Besonderheiten	• Beide Schnittteile sind verwendbar, ohne dass größere Richtarbeiten durchgeführt werden müssen. • Handhaltung der Schere über Blech – **keine Verletzungsgefahr.**	• Schere mit kurzen Schneiden, daher ist weniger nachzuschieben. • Bei längerem Schnitt werden die Bleche gleichermaßen nach unten und oben verschoben. • Hand gerät zwischen die Bleche – **Verletzungsgefahr.**	• Schere mit langen Schneiden. • Sie ist universell einsetzbar. • Abfallstreifen erfährt unter Umständen eine größere Biegung. • Handhaltung der Schere über Blech – **keine Verletzungsgefahr.**			• Schere mit kurzen, schmalen Schneidbacken, daher für kleine Radien bzw. Löcher vorteilhaft einsetzbar. • Abfallblech läuft über festen Schneidbacken nach oben ab. Es verbiegt sich stark. • Handhaltung der Schere über Blech – **keine Verletzungsgefahr.**

3 Handblechscheren und deren Einsatzmöglichkeiten

Handhebelschere

Hebelscheren sind meist auf einem Untergestell (stand) stationär in der Werkstatt aufgestellt. Leichte Bauarten können auch auf die Baustelle (building site) mitgenommen und z.B. die Rollenschere (Bild 2) in einen Schraubstock (vice) eingespannt werden. Handhebelscheren haben ein feststehendes, gerades Untermesser (lower blade) und ein bewegliches, leicht gekrümmtes Obermesser (upper blade) (Bild 1). Obwohl die beiden Schermesser relativ kurz sind, werden mit diesen Scheren ohne großen Kraftaufwand häufig lange gerade Schnitte (straight cuts) durchgeführt, da das Blech während des Trennens nachgeschoben und in mehreren Scherschritten getrennt wird. Das Kippen bzw. Verkanten des Blechs wird durch einen auf die Blechstärke einstellbaren Niederhalter (adjustable stop) verhindert. Wird nicht mit der Hebelschere gearbeitet, muss der Betätigungshebel entweder wie in Bild 1 mit einer Haltefeder oder durch einen Sicherungshebel (safety catch) gegen unbeabsichtigtes Herunterfallen gesichert werden.

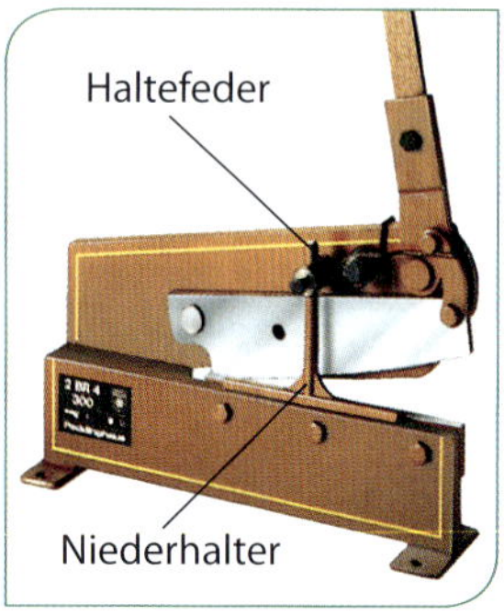

1 Einfache Hebelschere

Rollenblechschere

Die wichtigsten Teile der Rollenblechschere sind die beiden kreisförmigen Schermesser (circular shearing-blades), die auch als Rollenmesser bezeichnet werden (Bild 2). Durch die Form dieser Messer entsteht beim Schneiden nur eine kurze, fast punktförmige Schnittstelle. Hierdurch können mit der Rollenblechschere sowohl gerade Längsschnitte (longitudinal cuts) als auch verschiedene Kurvenschnitte (curved cuts) ausgeführt werden. Darüber hinaus bewirkt die Kreisform der Messer im Gegensatz zu der Hebelschere einen kontinuierlichen Schervorgang (continuous shearing process). Da das obere und das untere Rollenmesser gegeneinander laufen und das obere Messer eine Rändelung (reeding) besitzt, wird das Blech ohne zusätzliches Nachschieben gleichmäßig in die Schere hineingezogen. Der Betätigungshebel (operating lever) kann während des Trennens mit Hilfe einer Rastscheibe (locking disc) umgesetzt und in eine ergonomisch günstige Position gebracht werden. Die leicht zu transportierende Rollenblechschere wird meist in einen Schraubstock eingespannt und ist deshalb sowohl in der Werkstatt als auch besonders auf der Baustelle einsetzbar.

2 Rollenblechschere

Folgende Blechdicken können mit dieser Blechschere bearbeitet werden:

- nichtrostendes Stahlblech bis 1,2 mm
- Stahl- und Aluminiumbleche bis ca. 1,6 mm

Tafelblechschere

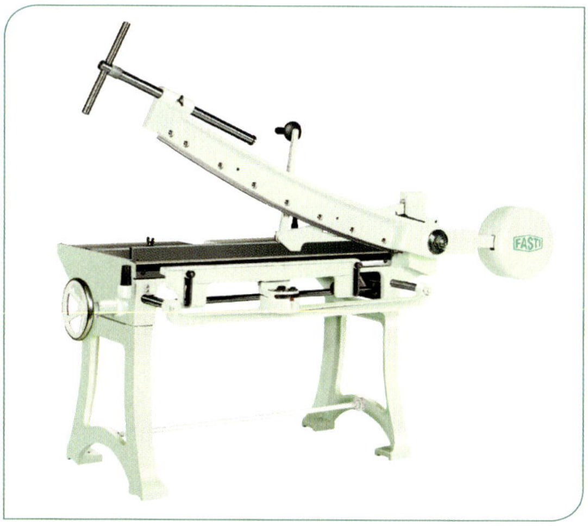

3 Tafelblechschere

Die Tafelblechschere hat ähnlich wie die Hebelschere ein feststehendes unteres und ein bewegliches oberes Schermesser (Bild 3). Da die beiden Schermesser ca. 1,2 m lang sind, eignet sich diese Schere besonders für lange, gerade Schnitte und man kann eine übliche Blechtafel (metal sheet) mit einer Größe von 2 m x 1 m mit einem Schnitt quer durchtrennen. Das Obermesser ist leicht gekrümmt, sodass sich in jeder Schnittsituation der optimale Öffnungswinkel (operture angle) einstellt und der Kraftaufwand über die gesamte Schnittlänge gleich bleibt. Mit Hilfe eines Gegengewichts (counterweight) wird verhindert, dass der Messerbalken (blade carrying rail) bei geöffneter Schere unbeabsichtigt herunter fällt und es beim Einschieben des Bleches zu Verletzungen kommt. Gleichzeitig erleichtert das Gegengewicht das Hochheben (lifting) des schweren Obermessers bei geschlossener Schere. Beim Scheren wird die Blechtafel mit dem Niederhalter fest eingeklemmt und das Obermesser schlagartig herunter gezogen. Deshalb wird die Tafelschere auch als Schlagschere (guillotine shears) bezeichnet.

PRAXISHINWEIS

Scharfkantige Bleche nur mit Handschuhen tragen. Den entstandenen Grat nach dem Scheren sofort z.B. mit der Feile entfernen.

1.3.2 Rohrabschneiden

1.3.2.1 Rohrabschneider

Rohrabschneider (pipe cutter) sind einschneidige Keilschneidwerkzeuge. Das Rundmesser (Schneidrad) (revolving blade/cutting wheel) zerteilt den Rohrwerkstoff durch das Einschneiden der keilförmigen Schneide bei drehender Bewegung um die Rohrachse (tubular axle) und stetiges Nachstellen der Schneidkraft (Bild 2). Nach erfolgter Trennung hat sich vor allem bei Metallrohren im Inneren des Rohrs ein Schneidgrat gebildet, der eine Querschnittsverengung (reduction of area) bewirkt und bei strömenden Medien Druckverluste verursacht. Dieser Schneidgrat muss mit einem Entgrater oder mehrschneidigen Rohrfräser (tube burr) entfernt werden.

Rohrabschneider eignen sich für kleine und große Rohrnennweiten. Das Trennen vor allem von Rohren mit großer Nennweite, z. B. gusseisernes Hausabflussrohr (SML) (Bild 1), ist im Vergleich zum Handsägen kraftsparender. Für die verschiedenen Rohrwerkstoffe sind die Rohrabschneider mit speziellen Schneidrädern ausgestattet (Bild 2). Diese sind aufgrund der unterschiedlichen Keilwinkel nur für den jeweiligen Werkstoff geeignet.

Im Bild 1 hat der Rohrabschneider ein Schneidrad und zwei Führungsräder (guiding wheels). Am oberen Ende des Hebels kann das Schneidrad entsprechend enger gestellt werden. Da der lange Hebel ein rundum Schneiden nicht zulässt, muss das gusseiserene Rohr nach Bedarf gedreht werden.

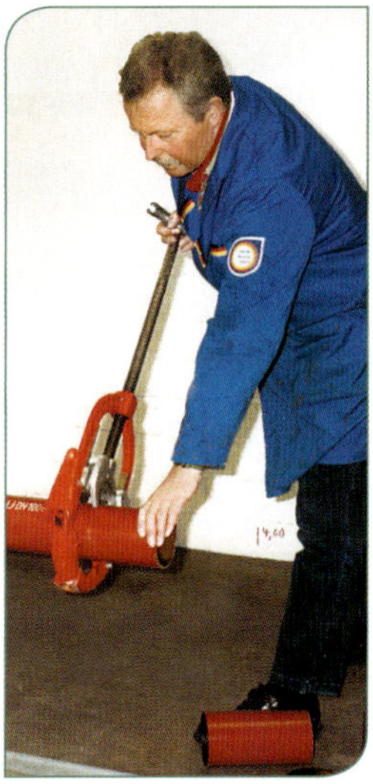

1 Ablängen mit einem Rohrabschneider mit Führungsrahmen

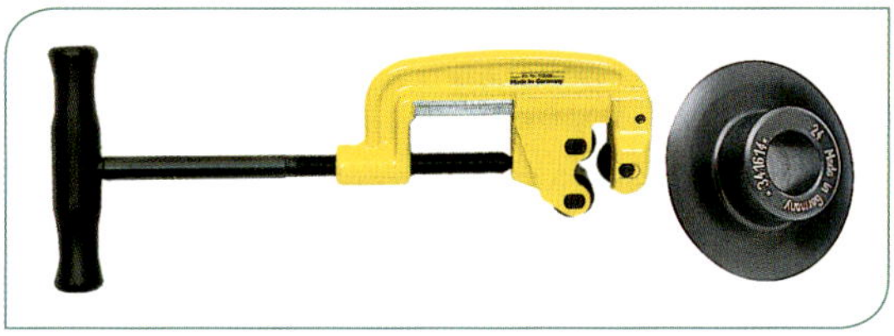

2 Rohrabschneider und Schneidrad

1.3.2.2 Rohrschere

Rohrscheren (pipe shears) eignen sich für das saubere und schnelle Trennen von Kunststoffrohren (plastic pipes) mit kleinen und mittleren Außendurchmessern (z. B. bis 63 mm). Mit Hilfe einer Hebel- und Ratschenmechanik (lever and ratchet mechanism) wird eine gehärtete Stahlklinge (steel-blade) schrittweise durch die Rohrwand (tube wall) getrieben. Es entsteht ein rechtwinkliger, fast gratfreier Schnitt (Bild 3).

3 Rohrschere

1.3.2.3 Schneidring

Der Schneidring (cutting ring) (Bild 4) ermöglicht das schnelle und einfache Trennen von Steinzeugrohren (stoneware pipes) bis DN 150. Der Schneidring wird über das Rohr in die gewünschte Position geschoben und durch Hammerschläge (hammer strokes) auf den Spannkeil (clamping wedge) wird ein glatter Schnitt erzielt. Mit einem Schleifstein (grindstone) oder einer Steinzeugscherbe wird die Kante entgratet.

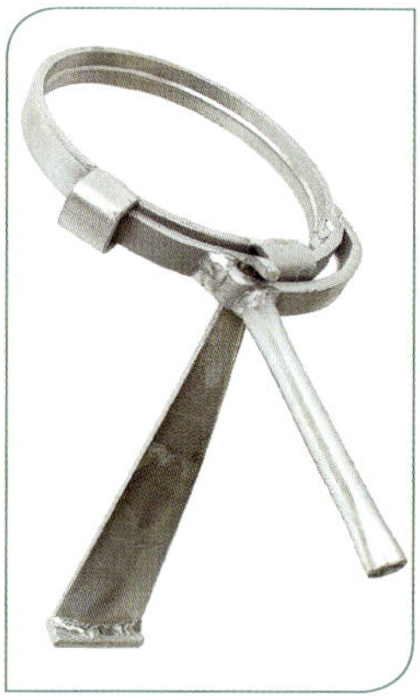

4 Schneidring

1.3.2.4 Schneidkette

Eine weitere Möglichkeit ist das Trennen mit einer Schneidkette (cutting chain) (Bild 5), die in jedem Kettenglied (chain link) ein kleines Schneidrad hat. Sie wird stramm um das zu kürzende Rohr gelegt und in die vorgesehene Öse (eyelet) eingehängt.

Die Schneidkette richtet sich selbst aus. Ist sie zu lose, kann sie mit einer Spannschraube (straining screw) fester gespannt werden. Der Schnitt wird mit einem kurzen Druck auf den Hebelarm ausgeführt. Der Druck verteilt sich gleichmäßig über den gesamten Umfang und gewährleistet eine rechtwinklige Schnittfläche. Steinzeugrohre und Stahlrohre werden mit der Schneidkette getrennt.

5 Schneidkette

ÜBUNGEN

Übungen zum Scheren

1. Beschreiben Sie den Schervorgang.
2. Warum darf beim Handschneiden das Schneidenspiel zwischen den beiden Schermessern nicht so groß sein?
3. Nennen Sie 4 unterschiedliche Handblechscheren.
4. Beschreiben Sie den Schervorgang mit der Handblechschere.
5. Warum werden Handblechscheren vorgespannt und hohl geschliffen?
6. Beschreiben Sie den Unterschied zwischen linker und rechter der Lochschere.
7. Nennen Sie 3 wesentliche Unterschiede zwischen einer Handblechschere und einer Rollenblechschere.
8. Erläutern Sie die Aufgabe des Niederhalters an der Handhebelschere.
9. Wodurch wird bei der Handhebelschere der Betätigungshebel gegen unbeabsichtigtes Herunterfallen gesichert?
10. Nennen Sie 2 Vorteile der Rollenblechschere gegenüber der Handhebelschere.
11. Beschreiben Sie den Aufbau einer Tafelblechschere.
12. Welche Vorteile hat die leichte Krümmung des Obermessers der Tafelblechschere.
13. Nennen Sie die beiden Aufgaben des Gegengewichts an der Tafelblechschere.
14. Nennen Sie 3 Unfallschutzmaßnahmen, die beim Scheren beachtet werden müssen.

Übungen zum Schneiden

1. Beschreiben Sie den Zerteilvorgang beim Ablängen eines Rohres mit dem Rohrabschneider.
2. Worauf ist nach erfolgter Trennung des Rohres mit dem Rohrabschneider zu achten?
3. Wodurch unterscheidet sich ein Rohrabschneider für große Rohrdurchmesser von denen für kleinere?
4. Beschreiben Sie den Zerteilvorgang beim Ablängen eines Steinzeugrohres mit dem Schneidring.
5. Wodurch unterscheidet sich das Schneidrad einer Schneidkette von dem eines Rohrabschneiders?
6. Wie wird beim Schneiden eines Steinzeugrohres mit der Schneidkette immer eine rechtwinklige Schnittfläche sicher gestellt?

2 Umformen

2.1 Grundlage des Umformens

In der SHK-Technik werden durch Umformen (forming) verschiedene Bauteile für versorgungstechnische Baugruppen oder Anlagen hergestellt.
Hierfür werden vorgeformte Erzeugnisse – sog. Halbzeuge – wie Rohre, Bleche oder Profile aus Stahl, Kupfer oder thermoplastischen Kunststoffen verwendet.
Bei den verschiedenen Umformverfahren (forming methods) wird durch äußere Zug-, Druck- oder Biegekräfte die Ausgangsform des Halbzeugs bleibend verändert, die Masse und der Zusammenhalt bzw. die Unversehrtheit des Werkstoffs bleiben jedoch erhalten (Bild 1).
Voraussetzung hierfür ist die plastische Verformbarkeit (ductility) des Werkstoffes und die Beachtung der Beanspruchungsgrenzen (vgl. Kap. Werkstofftechnik).
Die Einteilung der Umformverfahren richtet sich nach der Art der Werkstoffbeanspruchung im Verformungsbereich. Man unterscheidet zwischen Zug-, Druck-, Zugdruck-, Biege- und Torsionsumformen (Bild 2a … e). Das Umformen von Rohren, Blechen und Profilen in der Hausinstallation erfolgt hauptsächlich durch Biegearbeiten (bending works). Diese werden von Hand, z. T. mit einfachen Vorrichtungen (devices), mit handgeführten Biegegeräten (hand held benders) oder mit Biegemaschinen (bending machines) ausgeführt.

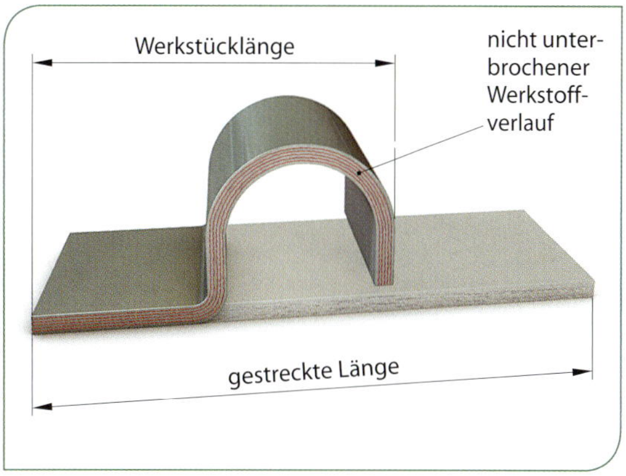

1 Umformung eines Flachstahls

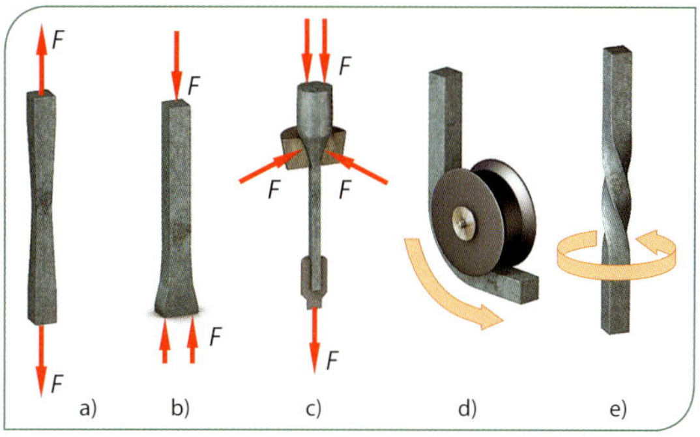

2 Einteilung der Umformverfahren

2.1.1 Verformungswiderstand

Um Rohre, Bleche oder Profile aus Stahl, Kupfer oder thermoplastischem Kunststoff zu biegen, müssen äußere Kräfte den Verformungswiderstand (deformation resistance) des Werkstoffs überwinden.
Dieser Widerstand (resistance) ist von folgenden Faktoren abhängig:

- von der Festigkeit des Werkstoffs
- von der Größe des Querschnitts
- von der Temperatur des Werkstücks
- von der Lage des Querschnitts zur Verformungsrichtung
- vom Biegeradius

Die Übersicht (Bild 1) auf der nächsten Seite verdeutlicht **exemplarisch** den Einfluss der genannten Faktoren auf den Verformungswiderstand (Formänderungswiderstand).

Die zur Überwindung des Verformungswiderstands erforderlichen Umformkräfte dürfen in keinem Fall dazu führen, dass die Beanspruchungsgrenze (Zugfestigkeit) des Werkstoffs überschritten wird. Anderenfalls würde das Werkstück während der plastischen Verformung oder anschließend, wenn es im Einsatz belastet wird, zu Bruch gehen. Wird z. B. beim Kanten eines 3 mm starken Stahlblechs die Zugfestigkeit in der gestreckten Zone durch einen zu engen Biegeradius überschritten, kann es zu einer Rissbildung oder zum Bruch kommen (Bild 3).

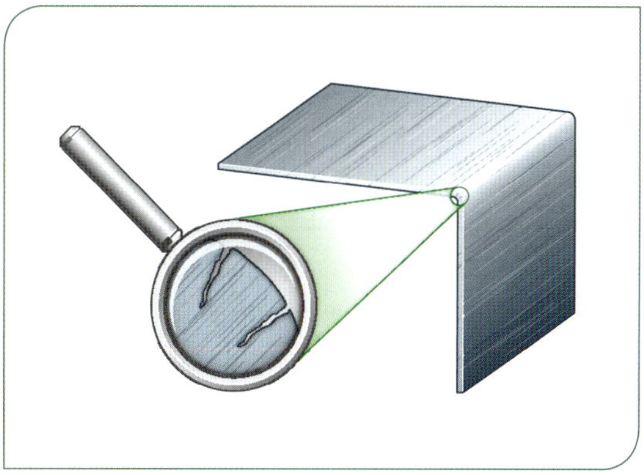

3 Rissbildung beim Kanten

	Verformungswiderstand groß	Verformungswiderstand klein
Werkstoff	Werkstoffe mit hoher Zugfestigkeit z. B. Stahl E 380 mit 690 … 830 N/mm²	Werkstoffe mit geringer Zugfestigkeit z. B. Kupfer (weich) R 220 mit 220 … 270 N/mm²
Verformungsquerschnitt	großer Werkstücksquerschnitt bei gleichem Werkstoff, z. B. Flachstahl 80 mm x 20 mm. A = 1 600 mm² 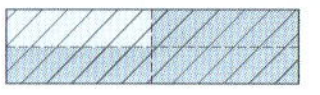	kleiner Werkstücksquerschnitt bei gleichem Werkstoff, z. B. Flachstahl 40 mm x 10 mm. A = 400 mm² 
Temperatur des Werkstückes	z. B. Stahlwerkstoff bei Raumtemperatur 20 °C	z. B. Stahlwerkstoff bei 1000 °C, hell gelbrot glühend
Lage des Querschnitts	waagerechte Biegeachse 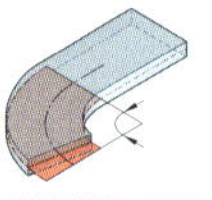	senkrechte Biegeachse 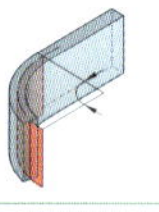
Biegeradius	kleiner Biegeradius 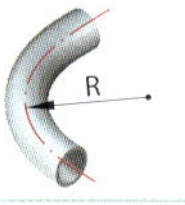	großer Biegeradius 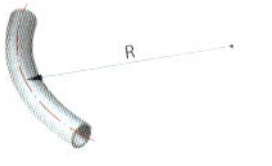

1 Einfluss verschiedener Faktoren auf den Verformungswiderstand

2.1.2 Werkstoffveränderungen bei Thermoplasten

Bei jeder Biegearbeit verändert sich das Werkstoffgefüge des Werkstückes durch die plastische Verformung. Da jedoch Metalle und thermoplastische Kunststoffe einen völlig unterschiedlichen Werkstoffaufbau (material structure) haben, sind auch die Werkstoffveränderungen (material changings) beim Umformen nicht vergleichbar.
Die in der Sanitär- oder Heizungstechnik verwendeten Rohre aus Kunststoff wie z. B. PVC oder PE gehören alle zur Gruppe der Thermoplaste. Ihre fadenförmigen Makromoleküle (Molekülketten) werden durch Bindekräfte (bonding forces) zusammengehalten, die sich bei Erwärmung (heating) stark verringern (Bild 2). Dadurch werden die Thermoplaste „weichelastisch", d. h., ihre Molekülketten lassen sich mit geringen Kräften gegeneinander verschieben und die Kunststoffrohre somit leicht verformen. Jeder thermoplastische Kunststoff hat einen bestimmten Temperaturbereich (Erweichungstemperaturbereich), bei dem er weichelastisch wird (Bild 3). Die in diesem Temperaturbereich erwärmten und verformten Kunststoffrohre müssen in ihrem neuen Zustand abgekühlt (cooled-down) werden, damit die Verformung bestehen bleibt. Hierbei werden die umgebildeten Molekülketten in ihren neuen Positionen sozusagen „eingefroren". Erwärmt man verformte thermoplastische Rohre jedoch wieder auf den Erweichungstemperaturbereich, nehmen sie wieder ihre alte Form an. Diesen Rückbildungsvorgang (setback process) bezeichnet man als **Memory-** bzw. **Formgedächtniseffekt**. Werden Thermoplaste bei höheren Temperaturen im plastischen Bereich verformt, findet diese Rückbildung nicht statt.

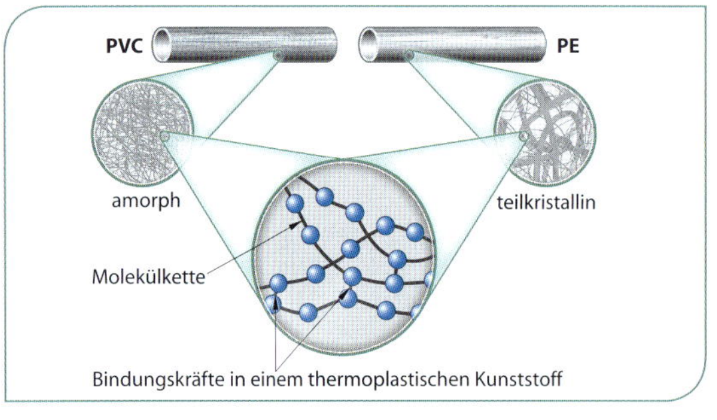

2 Schematische Struktur der Molekülketten bei PVC und PE

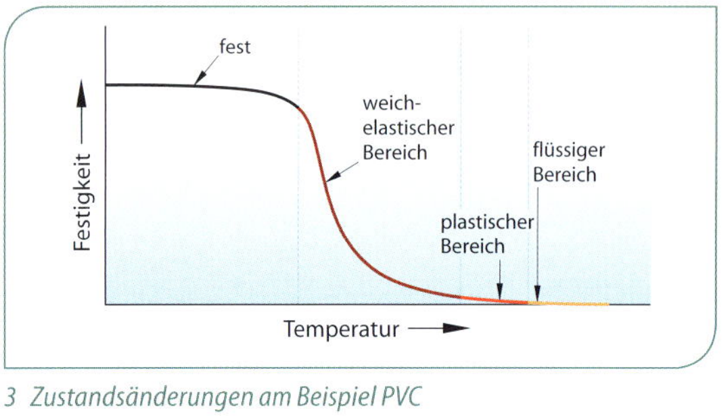

3 Zustandsänderungen am Beispiel PVC

2.1.3 Werkstoffveränderungen bei Metallen

Bei den Metallen finden im Grundsatz bei allen Umformverfahren ähnliche Werkstoffveränderungen statt. Durch Umformkräfte (forming forces) verursachte äußerliche Veränderungen sind am Werkstück zu erkennen (siehe Bild 4/5).
Beim Biegen von Blechen, Profilen oder Rohren wird der Werkstoff in der äußeren Biegezone gestreckt (stretched) und in der inneren Biegezone gestaucht (upsetted).

4 Ausbauchung bei einem gebogenen Winkelstahl

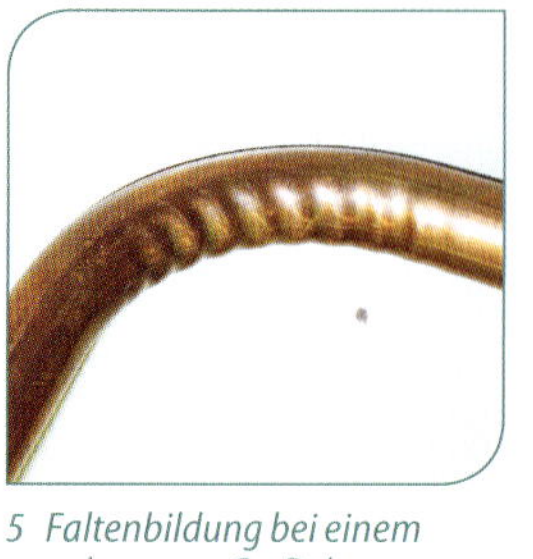

5 Faltenbildung bei einem gebogenen Cu-Rohr

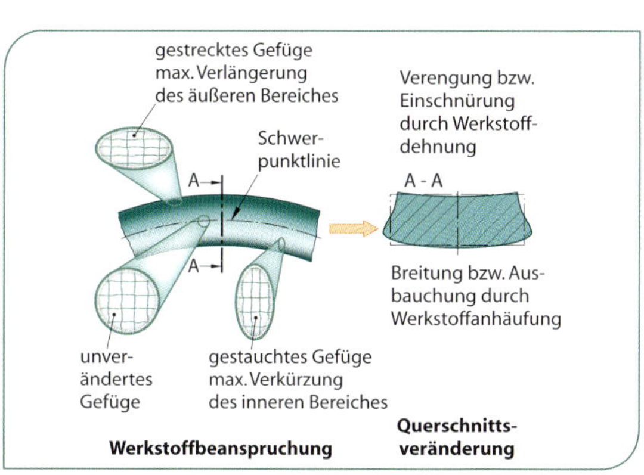

1 Strecken und Stauchen beim Biegen

Der Querschnitt nimmt in dem gestreckten Bereich ab und im gestauchten Bereich zu.

In der sog. neutralen Zone (neutralen Faser) bleibt der Werkstoff unverändert (Bild 1).

Die durch Stauchung oder Streckung des Werkstoffes verursachten Querschnittsveränderungen (cross section changings) beim Biegen werden größer bei:

- zunehmendem Biegequerschnitt
- kleiner werdendem Biegeradius (bending radius)
- zunehmendem Biegewinkel (bending angle)

Bei vorgegebenen Werkstückquerschnitten (z. B. Stahlrohre oder Stahlprofile) und Biegewinkeln (z. B. 180°-Bogen) lassen sich Querschnittsveränderungen wie in Bild 2 durch das Biegen mit großen Biegeradien minimieren. Dadurch wird der Werkstoff im Verformungsbereich nur geringfügig gestreckt und gestaucht.

Beim Biegen mit Biegegeräten oder -maschinen, bei denen die passgenauen Biegesegmente und Haltevorrichtugen dem Werkstück die erforderliche Führung und Stützung bieten, werden unerwünschte Formabweichungen verhindert (Bild 3).

2 Werkstoffveränderung beim gebogenem Rohr

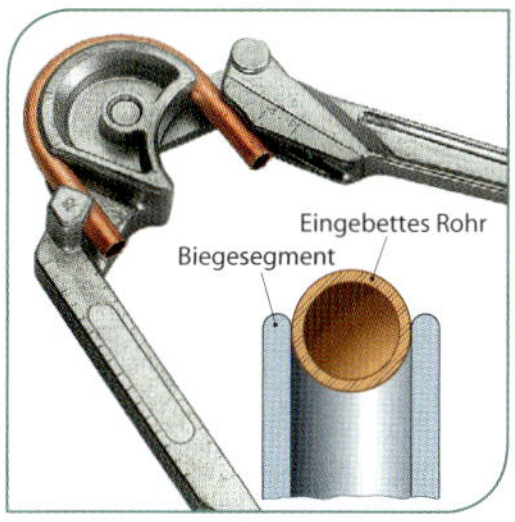

3 Handbiegezange mit gebogenem Kupferrohr

2.1.4 Rückfederung

Jeder Werkstoff zeigt bei Belastung durch äußere Kräfte eine elastische Formänderung. Wird durch die Zunahme der Belastung die Streckgrenze bzw. Dehngrenze eines Werkstoffes mit plastischem Verformungsvermögen überschritten, kommt es zu einer bleibenden Formänderung (vergl. Kap. Werkstoffkunde).

Daraus folgt, dass jede plastische Verformung eines Werkstoffs von einer elastischen Verformung begleitet wird, d. h., es kommt im Verformungsbereich eines Werkstücks immer zu einer Rückfederung (spring-back). Diese ist abhängig von der Streckgrenze bzw. Dehngrenze des Werkstoffs. Der Vorgang lässt sich z. B. beim Biegen von Blechstreifen aus Stahl oder Kupfer beobachten (Bild 4).

Um beim Kanten von Blechen oder Biegen von Rohren den gewünschten Biegewinkel zu erhalten, muss deshalb das Blech bzw. das Rohr etwas „überbogen" werden. Dafür gibt es in den Fach- oder Tabellenbüchern entsprechende Angaben, die auf Erfahrungswerten (experimental values) beruhen.

Beim Kanten von Blechen wird z. B. der abgekantete Blechstreifen um 1 % bis 3 % des erwünschten Biegewinkels überbogen.

In der Praxis wird jedoch beim Kanten oder Biegen einzelner Bleche bzw. Rohre der erwünschte Biegewinkel durch das Nachmessen und Nachrichten eingehalten.

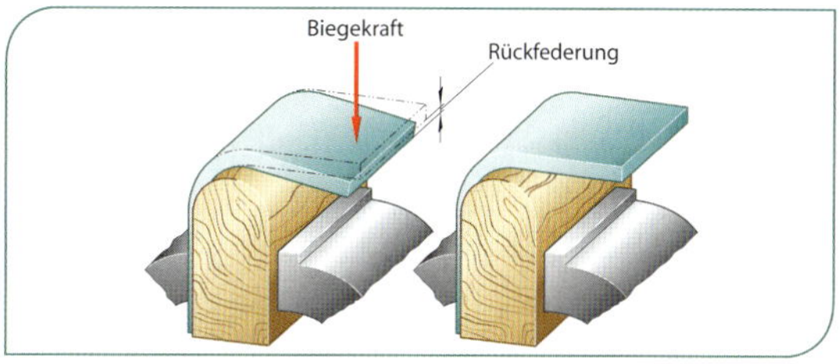

4 Rückfederung beim Biegen

2.1.5 Kaltumformen

Werden metallische Werkstoffe bei Raumtemperatur plastisch verformt, nennt man dies Kaltumformen (cold forming) oder Kaltverformung. Hierbei erhöhen sich die Streckgrenze, die Zugfestigkeit und die Härte des Metalls, während die Dehnbarkeit bzw. Bruchdehnung abnimmt. Diese Veränderung bezeichnet man als Kaltverfestigung (strain-hardening). Bei einer zunehmenden **Kaltverfestigung** nimmt das plastische Verformungsvermögen des Werkstoffs immer weiter ab, bis zum Schluss die Spannungen im Gefüge so groß sind, dass Risse (cracks) entstehen, die bei weiterer Beanspruchung zum Bruch (rupture) des Werkstückes führen.

Die Kaltverfestigung wird beim Umformen vielfach absichtlich herbeigeführt; so z. B. beim Kaltwalzen (cold roll forming) oder Kaltziehen (cold draw forming) von Drähten, Blechen, Profilen oder Rohren. Dabei werden nicht nur die Festigkeitswerte gezielt erhöht, sondern auch Oberflächenunebenheiten (surface asperity) beseitigt (die Oberfläche wird „geglättet") und das Aussehen verbessert. Beispiele hierfür sind im SHK-Bereich die kaltgezogenen Kupferrohre oder die „zugblanken" Präzisionsstahlrohre aus unlegiertem oder hochlegiertem Stahl (Bild 5a und 5b).

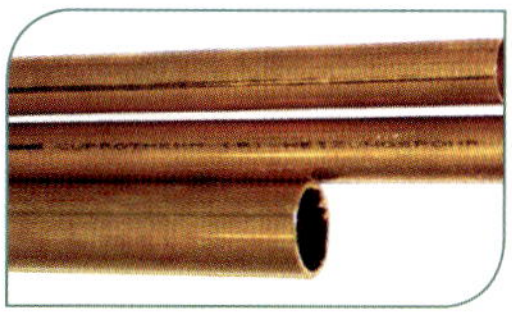

5a Kupferrohr

5b Präzisionsstahlrohr

Lernfelder 1 und 2a

Auch beim Kaltbiegen von Stahl- oder Kupferblechen und Stahl- oder Kupferrohren findet eine Kaltverfestigung im Bereich der Biegekante bzw. des Rohrbogens statt. Um das Werkstück an der Verformungsstelle nicht zu beschädigen, müssen die entsprechenden Mindestbiegeradien beachtet werden (Tab. Bild 1, Seite 64).

Eine Kaltverfestigung lässt sich durch Glühen wieder beseitigen. Dieser Vorgang wird Rekristallisationsglühen (recrystallization annealing) genannt. Hierbei wird das Werkstück auf eine bestimmte Temperatur erwärmt und anschließend langsam wieder abgekühlt.

Bei den kalt gezogenen Kupferrohren in Stangenform geschieht dies bei einer Temperatur von ca. 350 °C ... 400 °C. In der Praxis wird hierfür oft der Begriff „Weichglühen" (soft annealing) verwendet[1]. Dies bedeutet, dass die bei der Herstellung kaltverfestigten Kupferfittings (Winkel, Bögen, T-Stücke) beim Hartlöten auch weichgeglüht werden, da sie über 450 °C erwärmt werden. Deshalb ist bei Trinkwasserinstallationen das Hartlöten von Kupferrohren und -fittings bis zur Abmessung 28×1,5 nicht zugelassen (vergl. Kap. 2.2.2.1 in Lernfeld 3).

MERKE

Halbzeuge oder Werkstücke, die ihre Kaltverfestigung behalten sollen, dürfen nicht über die Rekristallisationstemperatur erwärmt und dadurch „weichgeglüht" werden!

2.1.6 Warmumformen

Wird ein Werkstück vor der Umformung auf eine Temperatur oberhalb der Rekristallisationstemperatur erwärmt und bei dieser Temperatur verformt, nennt man dies Warmumformen oder Warmverformung (hot forming).

Durch die Erwärmung werden die Nachteile (disadvantages) der Kaltverfestigung vermieden und der erforderliche Kraftaufwand (expenditure of force) beim Umformen wesentlich reduziert.

Das Warmbiegen von (vor allem) dickwandigen Stahlrohren und Stahlprofilen ist – wie beim Schmieden (forging) – in Abhängigkeit des Kohlenstoffgehalts in einem Temperaturbereich zwischen ca. 800 °C bis 1200 °C möglich (Bild 1).

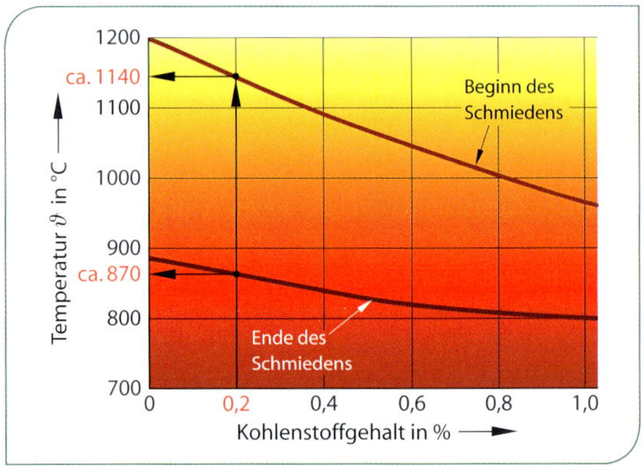

1 Temperaturbereich für das Warmumformen von unlegiertem Stahl

ÜBUNGEN

1) Nennen Sie Beispiele für Umformarbeiten in der Sanitär-, Heizungs- und Klimatechnik.
2) Welche werkstoffbezogenen Faktoren beeinflussen den Verformungswiderstand beim Biegen eines Rohres?
3) Welchen Einfluss hat beim Rohrbiegen der Biegeradius auf den Verformungswiderstand?
4) Weshalb darf bei Umformarbeiten die Beanspruchungsgrenze des Werkstoffs nicht überschritten werden?
5) Wie wirkt sich bei thermoplastischen Kunststoffen eine Erwärmung auf den Zusammenhalt der Molekülketten aus?
6) Weshalb müssen über ihre Erweichungstemperatur erwärmte und verformte Kunststoffrohre anschließend zügig abgekühlt werden?
7) Beschreiben Sie die Werkstoffveränderungen in der Biegezone eines 90° Rohrbogens.
8) Wie können beim 90°-Rohrbiegen die Werkstoffveränderungen in der Biegezone minimiert werden?
9) Worauf ist die Rückfederung beim Biegen eines Rohres oder Kanten eines Blechs zurückzuführen?
10) Wie wird in der Praxis die Rückfederung beim Biegen eines Rohres oder Kanten eines Blechs berücksichtigt?
11) Welche Werkstoffeigenschaften werden bei Metallen durch eine Kaltverformung verändert?
12) Welche Auswirkung hat eine Kaltverfestigung auf die Zugfestigkeit und Härte eines Metalls?
13) Welche Auswirkung hat eine Kaltverfestigung auf das plastische Verformungsvermögen eines Metalls?
14) Weshalb werden Halbzeuge wie Drähte, Rohre oder Bleche kalt gezogen bzw. kalt gewalzt?
15) Warum müssen beim Kaltbiegen von Rohren und Blechen aus Stahl oder Kupfer die Mindestbiegeradien eingehalten werden?
16) Wie wirkt sich das „Weichglühen" auf kalt verformte Stangenrohre und Lötfittings aus Kupfer aus?
17) Welche Vorteile hat das Warmumformen von Werkstücken aus z. B. Stahl oder Kupfer?
18) Bei welchen Umformarbeiten wird das Warmumformen bevorzugt?

[1] Der bei Kupferrohren verwendete Begriff „Weichglühen" darf nicht mit dem Weichglühen bei Stahlwerkstoffen verwechselt werden, bei dem durch Veränderungen der Eisen-Kohlenstoff-Strukturen die Härte gemindert und die Bruchdehnung erhöht wird.

2.2 Umformen von Rohren

2.2.1 Biegen von Rohren

Richtungsänderungen im Rohrleitungsverlauf (turns in the pipe run) können entweder mit Hilfe entsprechender Formteile wie Bögen oder Winkel (als Löt-, Press-, Steck-, Gewinde- oder Klebefitting) oder durch Biegen der Rohre erfolgen.

Durch das Rohrbiegen (pipe/tube bending) können Arbeitszeit und Materialkosten eingespart werden. Bei langen Leitungen mit mehr als zwei Richtungsänderungen treten jedoch Handhabungsprobleme auf, sodass hier die Verwendung von Formteilen (fittings) sinnvoller ist. Das Rohrbiegen kann z. B. erfolgen :

- durch Warm- oder Kaltbiegen
- durch Freihandbiegen (mit oder ohne Biegefeder)
- mit Biegevorrichtungen
- mit Handbiegegeräten oder Rohrbiegezangen
- mit transportablen Biegemaschinen

Vor dem Biegen sind die Vorgaben des entsprechenden Installationsbereichs zu beachten (z. B. Installationsvorschriften für die Trinkwasser- oder Gasinstallation).

2.2.1.1 Biegelänge und gestreckte Länge

Da beim Biegen das Rohr im äußeren Bereich des Bogens gestreckt und im inneren Bereich gestaucht wird, wird die Biegelänge an der **neutralen Achse** ermittelt, bei der keine **Längenänderung** entsteht. Bei Rohren liegt die neutrale Achse in der Rohrmitte.

MERKE

Die Bogenlänge der neutralen Achse in der Rohrmitte entspricht der gestreckten Länge des Rohrbogens (Bild 1).

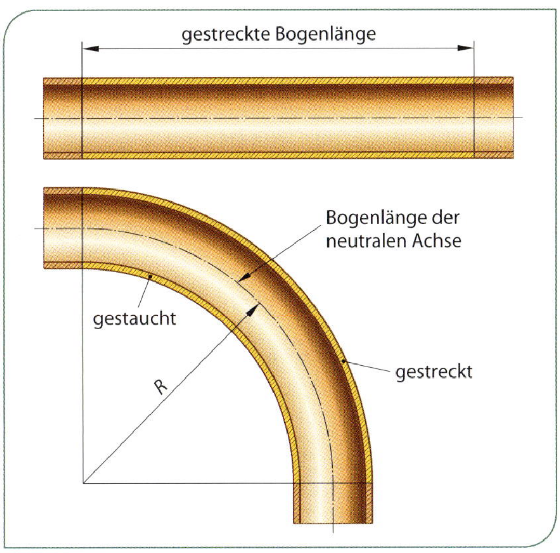

1 Zusammenhang zwischen neutraler Achse und gestreckter Länge

Beim Biegen eines 90°-Bogens wird mithilfe des **Biegeradius *R*** die Biegelänge $l_{B90°}$ errechnet sowie das Stichmaß und die Biegelänge auf dem geraden Rohr (Maßschenkel) z. B. mit Specksteinkreide angezeichnet. Damit wird die Lage des Bogens am Rohr festgelegt (Bild 2).

Das **Stichmaß** ist die erwünschte Länge vom Rohranfang beim Maßschenkel bis zur Mitte des abgebogenen Rohrschenkels

Die **Biegelänge** eines **90°-Bogens** (Viertelkreis) ist ¼ der Umfangslänge eines **Vollkreises** mit **360°**:

$$l_{B360°} = d \cdot \pi = 2 \cdot R \cdot \pi$$

$$l_{B90°} = \frac{d \cdot \pi}{4} = \frac{2 \cdot R \cdot \pi}{4}$$

$$l_{B90°} = \frac{R \cdot \pi}{2}$$

$$l_{B90°} = R \cdot 1{,}57$$

$l_{B360°}$: Biegelänge eines 360°-Bogens in mm
$l_{B90°}$: Biegelänge eines 90°-Bogens in mm
d: Biegedurchmesser ($2 \cdot R$) in mm
R: Biegeradius in mm

In der Praxis wird jedoch oft mit der **ungenaueren Faustformel:** $l_{B90°} = R \cdot 1{,}5$ gerechnet.

Nur bei kleineren Rohrdurchmessern und Biegeradien sind die auf diese Weise ermittelten Biegelängen hinreichend genau.

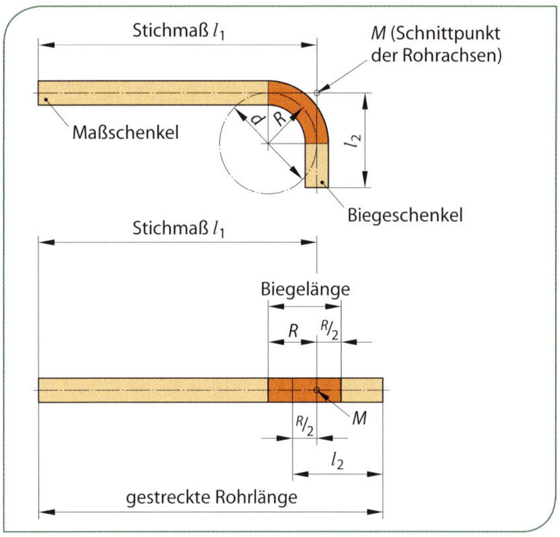

2 Anzeichnen eines 90°-Bogens

Biegeradien können entweder genauen Herstellertabellen oder Richtwerten für Mindestbiegeradien entnommen werden (Bild 1, Seite 64).

Nachdem das Stichmaß auf dem Rohr markiert wurde, wird die Biegelänge nach der **⅓-⅔-Methode** angezeichnet. Wurde die Biegelänge z. B. mithilfe der Faustformel $l_B = R \cdot 1{,}5$ errechnet, dann entspricht der Biegeradius ⅔ der Biegelänge und der halbe Biegeradius ⅓ der Biegelänge (Bild 2).

Die **Anwärmlänge** sollte auf beiden Seiten ca. 10 mm über die Biegelänge hinausgehen.

BEISPIELRECHNUNG

Ein Kupferrohr EN 1057 18 × 1 soll mit einem Radius von 70 mm um 90° gebogen werden.

Berechnen Sie die Biegelänge l_{B90}
a) mithilfe der genauen Formel und
b) mithilfe der Faustformel

geg.: $R = 70\,\text{mm}$
ges.: l_{B90} in mm

Lösung:

a) $l_{B90°} = \frac{R \cdot \pi}{2}$

$l_{B90°} = \frac{70\,\text{mm} \cdot \pi}{2}$

$l_{B90°} = 110\,\text{mm}$

b) $l_{B90°} = R \cdot 1{,}5$

$l_{B90°} = 70\,\text{mm} \cdot 1{,}5$

$l_{B90°} = 105\,\text{mm}$

Rohrart	Mindestbiegeradius R in mm	Biegeverfahren
unlegierte Stahlrohre	$R \geq 3 \cdot d_a$	kalt gebogen mit geeignetem Biegegerät, warm gebogen mit Sandfüllung
Präzisionsstahlrohre	$R \geq 3{,}5 \cdot d_a$	kalt gebogen mit geeignetem Biegegerät
Kupferrohre (R 220) weich	$R \geq 6 \ldots 8 \cdot d_a$	freihand kalt gebogen
Kupferrohre (R 250) halbhart	$R \geq 4 \ldots 5 \cdot d_a$	kalt gebogen mit geeignetem Biegegerät
PE-X-Rohre PB-Rohre	$R \geq 5 \cdot d_a$	kalt gebogen mit geeignetem Biegegerät, ab $d_a = 40\,\text{mm}$ warm, biegen mit Heißluftgerät
PE-Rohre PP-Rohre	$R \geq 8 \cdot d_a$	kalt gebogen mit geeignetem Biegegerät, ab $d_a = 40\,\text{mm}$ warm, biegen mit Heißluftgerät

1 Richtwerte für Mindestbiegeradien

Bei der Berechnung der **gestreckten Rohrlänge** muss beim Stichmaß l_1 und bei der Biegeschenkellänge l_2 jeweils der Biegeradius R **abgezogen** werden, da dieser Bereich bereits in der ermittelten Biegelänge enthalten ist. Die gestreckte Rohrlänge ist somit:

$$l = (l_1 - R) + (l_2 - R) + l_{B90°}$$

$$l = (l_1 + l_2 - 2 \cdot R + \frac{R \cdot \pi}{2}$$

l: gestreckte Rohrlänge in mm
l_1: Stichmaß in mm
l_2: Biegeschenkellänge in mm
R: Biegeradius in mm

Bei **180°-Bögen** ist die Biegelänge

$$l_{B180°} = R \cdot \pi$$

$l_{B180°}$: Biegelänge eines 180°-Bogens in mm
R: Biegeradius in mm

und bei Richtungsänderungen mit Bögen mit **beliebigem Biegewinkel** wird die Biegelänge mit der Formel

$$l_B = \frac{d \cdot \pi \cdot \alpha}{360°}$$

$$l_B = \frac{2 \cdot R \cdot \pi \cdot \alpha}{360°}$$

l_B: Biegelänge eines Bogens in mm mit beliebigem Biegewinkel
d: Biegedurchmesser ($2 \cdot R$) in mm
R: Biegeradius in mm
α: Biegewinkel in °

ermittelt.

Auch hier wird ausgehend vom Stichmaß die ermittelte Biegelänge unter Berücksichtigung der entsprechenden Teilstrecken auf dem geraden Rohr angezeichnet (Bild 2).

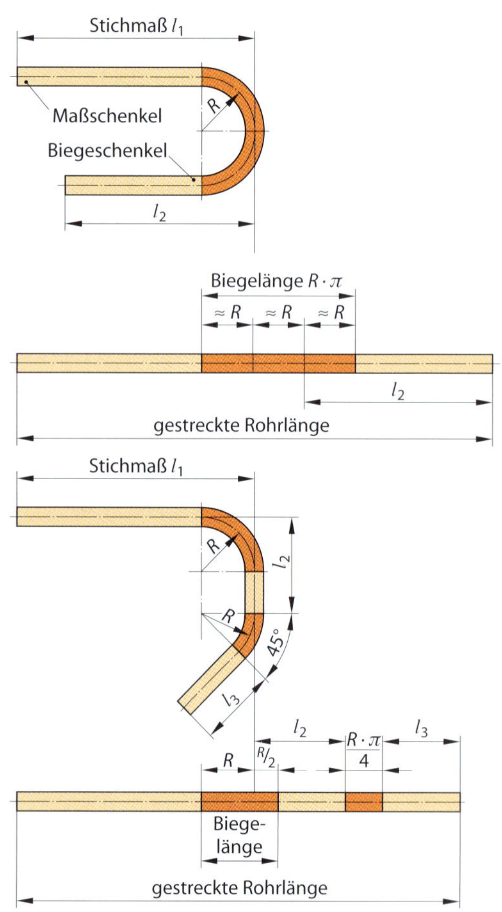

2 Rohre mit Richtungsänderungen

BEISPIELRECHNUNG

Ermitteln Sie für das halbharte Kupferrohr EN 1057 22 × 1,0 die gestreckte Rohrlänge in mm.

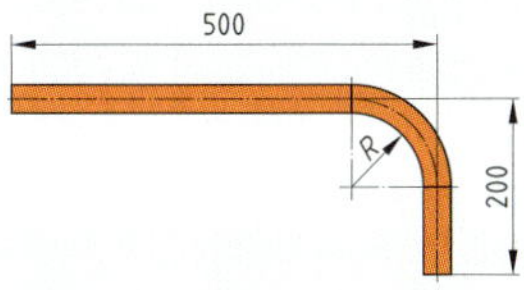

geg.: R = 77 mm (Tab. Bild 1);
$l_1 = 500$ mm; $l_2 = 200$ mm
ges.: l in mm

Lösung:

$l = l_1 + l_2 - 2 \cdot R + \frac{R \cdot \pi}{2}$

$l = 500\text{ mm} + 200\text{ mm} - 2 \cdot 77\text{ mm} + \frac{77\text{ mm} \cdot \pi}{2}$

$l = 700\text{ mm} - 154\text{ mm} + 121\text{ mm}$

$\underline{\underline{l = 667\text{ mm}}}$

Die gestreckte Rohrlänge beim Rohrteil mit dem **180°-Bogen** erhält man mit der Formel:

$l = (l_1 - R) + (l_2 - R) + l_{B\,180°}$

$\boxed{l = (l_1 + l_2 - 2 \cdot R + R \cdot \pi}$

l: gestreckte Rohrlänge in mm
l_1: Stichmaß in mm
l_2: Biegeschenkellänge in mm
R: Biegeradius in mm

Die gestreckte Länge einer Rohrstrecke mit mehreren Richtungsänderungen setzt sich aus den geraden Rohrstrecken und den Biegelängen der Bögen zusammen (Bild 1).

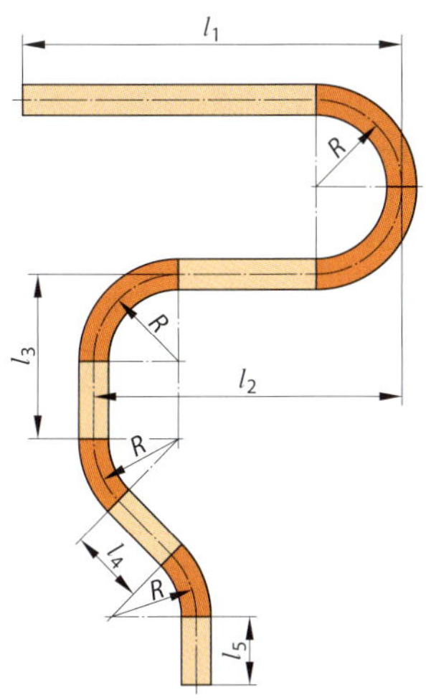

1 Rohrstrecke mit drei 90°-Bögen und zwei 45°-Bögen

Hierbei lassen sich die Biegelängen der 30°-, 45°-, 90°- oder 180°-Bögen zur Vereinfachung zu Vollkreisen mit 360° zusammenfassen.

BEISPIELRECHNUNG

Ermitteln Sie für das in Bild 1 dargestellte nahtlose Stahlrohr EN 10220 – 33,7 × 2,6 die gestreckte Länge bei folgenden Vorgaben:
$l_1 = 950$ mm; $l_2 = 700$ mm; $l_3 = 360$ mm;
$l_4 = 250$ mm; $l_5 = 140$ mm.

geg.: $d_a = 33{,}7$ mm;
$l_1 = 950$ mm; $l_2 = 700$ mm; $l_3 = 360$ mm;
$l_4 = 250$ mm; $l_5 = 140$ mm.
ges.: l in mm

Lösung:

$l = l_1 + l_2 + l_3 + l_4 + l_5 - 4 \cdot R + 2 \cdot R \cdot \pi$

$R = 3 \cdot d_a$ (vgl. Seite 64, Tab. Bild 1)

$R = 3 \cdot 33{,}7\text{ mm}$

$R = 101\text{ mm}$

$l = 950\text{ mm} + 700\text{ mm} + 360\text{ mm} + 250\text{ mm} + 140\text{ mm} - 4 \cdot 101\text{ mm} + 2 \cdot 101\text{ mm} \cdot \pi$

$l = 2400\text{ mm} - 404\text{ mm} + 634{,}6\text{ mm}$

$\underline{\underline{l \approx 2631\text{ mm}}}$

Bei einer Rohrstrecke mit z. B. drei 90°-Bögen und zwei 45°-Bögen beträgt die Summe aller Biegewinkel
$3 \cdot 90° + 2 \cdot 45° = 4 \cdot 90° = 360°$.

Die **gestreckte Länge aller Bögen** ergibt sich somit aus der Formel für die Biegelänge eines Vollkreises mit 360°:
$l_{B\,360°} = d \cdot \pi = 2 \cdot R \cdot \pi$

Die **gestreckte Länge der Rohrstrecke mit insgesamt vier 90°-Bögen** beträgt somit:
$l = (l_1 - R) + (l_2 - 2 \cdot R) + (l_3 - R) + l_4 + l_5 + l_{B\,360°}$
$l = l_1 + l_2 + l_3 + l_4 + l_5 - 4 \cdot R + 2 \cdot R \cdot \pi$

2.2.1.2 Biegen von Stahlrohren

Nahtlose und geschweißte unlegierte Stahlrohre werden üblicherweise mit einem Mindestbiegeradius (minimum bend radius) von $R = 3 \cdot d_a$ gebogen.
Bei größeren Nennweiten erhöhen sich die Mindestbiegeradien auf $R = 4 \ldots 5 \cdot d_a$. Diese **Richtwerte** (reference values) gelten sowohl für das Kaltbiegen mit Biegevorrichtungen, Handbiegegeräten und Biegemaschinen, als auch für das Warmbiegen von Hand.
Für die folgenden Stahlrohrarten sind bestimmte Vorgaben zu beachten:

- Rohre aus unlegiertem Stahl mit Eignung zum Schweißen und Gewindeschneiden nach EN 10255 (bisher mittelschwere und schwere **Gewinderohre** nach DIN 2440 und 2441) werden mit Mindestbiegeradien nach Tabelle 1 kalt mit Biegewerkzeug oder von Hand warm gebogen.

d_a	17,2	21,3	26,9	33,7	42,4	48,3	60,3
Biegeradius	50	65	85	100	150	170	220

Tabelle 1 Mindestbiegeradien für Rohre aus unlegiertem Stahl

MERKE

Verzinkte Stahlrohre (galvanised steel tubes) dürfen **nicht** gebogen werden, da Beschädigungen der Zinkschicht nicht vermieden und im Rohrinneren nicht ausgebessert werden können.

- Unlegierte oder legierte Präzisionsstahlrohre (steel tubes for precision applications) werden mit Biegewerkzeug und einem Mindestbiegeradius von $R = 3{,}5 \cdot d_a$ kalt gebogen.
- Da die kalt gewalzten (cold rolled) oder kalt gezogenen (cold drawn) Präzisionsstahlrohre nur ein geringes Verformungsvermögen besitzen (siehe Kap. 2.1.2.5), können zur Gewährleistung der Biegefähigkeit nur Rohre im Lieferzustand **+LC**, **+A** oder **+N** verwendet werden.
- Korrosionsbeständige Präzisionsstahlrohre (Edelstahlrohre) dürfen nicht warm gebogen werden, da die Korrosionsbeständigkeit (corrosion resistance) durch die Gefügeveränderungen (structural transformations) bei der Erwärmung verloren geht.

2.2.1.3 Biegen von Kupferrohren

Für das Kupferrohr in Ringen (weich, R 220) (coiled copper tube) und die Kupferrohre in Stangen (halbhart, R 250 und hart R 290) (lined copper tube) müssen folgende Vorgaben des **DKI** (Deutsches Kupferinstitut) beachtet werden:

- Kupferrohre in Ringen mit oder ohne Kunststoffstegmantel können freihändig mit einem großen Biegeradius von mindestens $R = 6 \cdot d_a$ kalt gebogen werden.
- Wird beim **Freihandbiegen** (hand bending) das Kupferrohr ohne Hilfsmittel gebogen, muss eine sorgfältige Rohrführung unzulässige Einschnürungen (flattenings), Faltenbildungen (ripplings) und Einknickungen (collapses) ausschließen.
  Durch die Verwendung von Innen- oder Außenbiegefedern (internal or external bending springs), die entweder in oder über das weiche Kupferrohr geschoben werden, erhält das Kupferrohr die erforderliche Innen- oder Außenstützung (Bild 1).

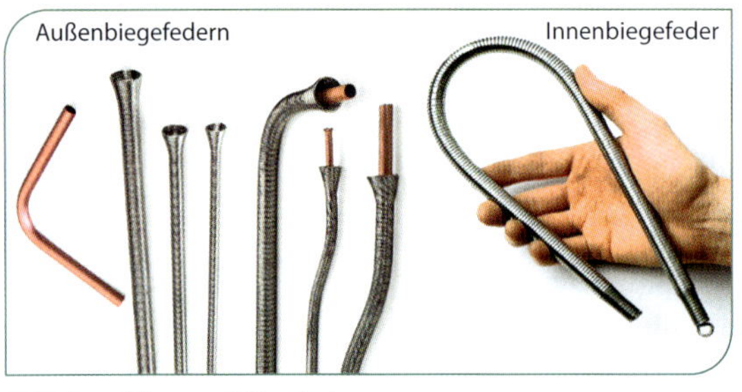

1 Freihandbiegen mit Biegefedern

- Bei kleineren Biegeradien müssen Ringrohre mit mindestens $R = 3 \cdot d_a$ und geeignetem Biegewerkzeug kalt gebogen werden.
- Halbharte und harte (semi-hard and hard) Stangenrohre dürfen **kalt** nur mit Biegewerkzeug und mit Biegeradien nach Tabelle 1 gebogen werden.

Rohr-Außendurchmesser d	Radius der neutralen Achse (Maße in mm)	
	Hart R 290	Halbhart R 250
8	35	35
10	40	40
12	45	45
15	55	55
18	70	70
22	–	77
28	–	114

Tabelle 1 Biegeradien für Kupfer-Stangenrohre

- Harte Kupferrohre dürfen erst ab der Abmessung 35 × 1,5 weichgeglüht und anschließend mit mindestens $R = 3 \cdot d_a$ und Biegewerkzeug gebogen werden. Als Biegewerkzeuge werden Rohrbiegezangen, Handbiegegeräte und Biegemaschinen verwendet (siehe 2.2.1.5).

MERKE

Beim Biegen **kunststoffummantelter** Rohre (plastic coated tubes) muss aufgrund des größeren Außendurchmessers beim Biegewerkzeug bzw. bei der Biegemaschine das nächst größere Biegesegment als beim nichtummantelten Rohr verwendet wird.

2.2.1.4 Biegen von Kunststoffrohren

Thermoplastische Kunststoffrohre lassen sich ohne großen Kraftaufwand kalt oder warm biegen. Sind jedoch Richtungsänderungen mit sehr kleinen Biegeradien erwünscht, werden ausschließlich Schweiß- oder Klebewinkel bzw. Bögen verwendet.
Die Biegefähigkeit (der zulässige Verformungsgrad) hängt von der Kunststoffart und der Werkstofftemperatur ab (vergl. Kap. 2.1.2.2). PE-X-Rohre können z. B. schon bei Raumtemperatur, PVC-U- und PVC-C-Rohre erst ab ca. 100 °C gebogen werden. Die Herstellerangaben zu Mindestbiegeradien und Umformungstemperaturen müssen aus Gewährleistungsgründen eingehalten werden (Tab. 2).

Außendurchmesser d_a in mm	Kaltbiegung R in mm	Warmbiegung R in mm
10	45	20
12	60	25
15	75	34
16	80	36
18	90	40
20	100	45
22	110	48
25	125	51
28	140	62

Tabelle 2 Mindestbiegeradien für PE-X-Rohre

Beim Freihandbiegen von **PE-X-** und **PB-Rohren** sind Biegeradien $R > 5 \cdot d_a$ und bei **PE-** und **PP-Rohren** sind Biegeradien $R > 8 \cdot d_a$ üblich.

Bei Rohraußendurchmessern $d_a > 40$ mm oder bei kleineren Biegeradien werden diese Rohre mit Hilfe von Heißluftgeräten (hot air fan) auf Erweichungstemperatur gebracht und mit einer Biegehilfe (Biegeschiene) gebogen (Bild 1). Nach dem Biegen müssen sie bis zum vollständigen Abkühlen in der Biegeform gehalten werden. Anderenfalls zieht sich das Rohr durch den **Memoryeffekt** in seine Ausgangsposition zurück (vgl. Kap.2.1.2.2).

PVC-U- und **PVC-C-Rohre** werden mit Sandfüllung (silver sand filling) oder Biegefedern und einem Heißluftgerät warm gebogen. Hierbei muss unbedingt eine Überhitzung des Werkstoffs (Braunfärbung) vermieden werden. Bei einigen Herstellern ist das Warmbiegen von PVC-Rohren nur bei Richtungsänderungen bis 45 °C erlaubt.

Bei Sandfüllung ist auf eine sorgfältige Reinigung nach der Biegearbeit zu achten.

Mehrschichtverbundrohre (composite pipes) lassen sich von Hand oder mit hierfür geeigneten Biegegeräten ebenfalls kalt biegen. Beim Freihandbiegen sind Mindestbiegeradien $R > 5 \cdot d_a$ üblich. Beim Biegen mit Biegegeräten sind kleinere Biegeradien möglich.

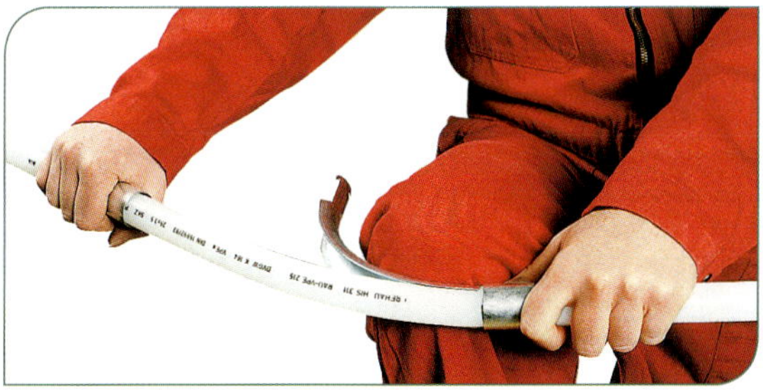

1 Kaltbiegen von Kunststoffrohr

2.2.1.5 Rohrbiegen mit Biegewerkzeug

Biegewerkzeuge (bending tools) erleichtern das maßgenaue Biegen von Rohrleitungen. Ihre Verwendung ist beim **Kaltbiegen** von Metallrohren in vielen Fällen sogar vorgeschrieben (vgl. Kap. 2.2.1.2 und 2.2.1.3)

In der Hausinstallation werden überwiegend Rohrbiegezangen, Rohrbiegegeräte und mobile Rohrbiegemaschinen eingesetzt. Bei diesen Biegewerkzeugen werden die Rohre entweder durch Pressbiegen oder durch Ziehbiegen verformt.

2 Ratschenbiegezange

Beim **Pressbiegen** (press bending) wird das Rohr mit einem Biegesegment bzw. einer Biegebacke gegen zwei Gegenhalter gedrückt und dabei bogenförmig verformt.

Für die verschiedenen Rohrdurchmesser gibt es austauschbare Biegesegmente. Die Druckkraft zum Biegen wird z. B. durch einen handbetriebenen Ratschenvorschub (Bild 2) oder hydraulischen Kolbenantrieb (Bild 2, Seite 68) aufgebracht.

Beim **Ziehbiegen** (draw bending) wird das Rohr mit Hilfe eines am Biegehebel befestigten Gleitschuhs (back guide) von Hand um ein halbkreisförmiges Biegesegment (fixed roller) gezogen und plastisch verformt (Bild 3 und 4).

Bei elektrischen Handrohrbiegern dagegen dreht sich das Biegesegment (die Biegescheibe) und zieht das Rohr am fest stehenden Gleitstück herum (Bild 1, Seite 68).

Beim Ziehbiegen sollte zur Unterstützung des Biegevorgangs ein **Biegespray** verwendet werden.

Rohrbiegezangen (hand held tube benders) sind einfache, befestigungsfreie Handbiegewerkzeuge, die ohne Schraubstock oder Spannelemente für dünnwandige Rohre eingesetzt werden können. Es gibt sie als Einhand- oder Zweihandrohrbiegezange (Bilder 2 und 3).

3 Zweihandbiegezange

4 Handrohrbiegegerät

Die Einhandrohrbiegezange arbeitet nach dem Pressbiege-Prinzip, während die Zweihandrohrbiegezange nach dem Ziehbiege-Prinzip arbeitet.

Rohrbiegegeräte (tube bending kit) werden im Schraubstock an der Werkbank (workbench) oder auf der Baustelle (building site) am Werktisch befestigt (Bild 4).

Mit den austauschbaren Biegesegmenten können verschiedene Rohrarten durch Ziehbiegen wirtschaftlich umgeformt werden.

1 Elektrische Handbiegemaschine

2 Hydraulische Handbiegemaschine

Mobile Rohrbiegemaschinen (movable tube bending machines) sind elektrisch oder hydraulisch betriebene Biegewerkzeuge mit auswechselbaren Biegesegmenten, die für Biegearbeiten mit größeren Kraftaufwand eingesetzt werden (Bilder 1 und 2).

Die **elektrischen Handrohrbieger** (hand held electric tube benders) eignen sich durch den zuschaltbaren automatischen Betrieb für häufige, gleichartige Biegungen von Rohren mit Festeinstellungen von 45°, 90°, 135° und 180° Biegewinkel. Sie sind leichter und beweglicher als die **hydraulischen Rohrbiegemaschinen** (hydraulic tube benders), die auf dem Boden stehend hauptsächlich zum Biegen dickwandiger Stahlrohre (thicker walled steel tubes) bis DN 50 verwendet werden.

Mit Rohrbiegezangen, Rohrbiegegeräten und elektrischen Handbiegemaschinen können Stahl-, Kupfer-, Aluminium-, Messing- oder Mehrschichtverbundrohre mit Außendurchmessern von $d_a = 6$ mm bis $d_a = 40$ mm gebogen werden. Für die verschiedenen Rohrarten und Durchmesser müssen die passenden Biegesegmente eingesetzt und Vorgaben der Werkzeughersteller beachtet werden.

2.2.2 Aufmuffen und Aushalsen von Rohren

2.2.2.1 Aufmuffen von Rohren

3 Aufgeweitetes Rohrende

Beim handwerklichen Aufmuffen (sleeve forming) wird das Rohrende eines Rohres mit einer **Muffenzange** (Expanderzange) bis zu einem festgelegten Durchmesser aufgeweitet (Bild 3). Der gesamte Rohrumfang wird an dieser Stelle im kalten Zustand gestreckt. In die so entstandene Muffe (capillary sleeve) kann nun ein anderes Rohrende mit dem gleichen Ursprungsdurchmesser eingesteckt und eine Lötverbindung (soldered joint) hergestellt werden (Bild 4).

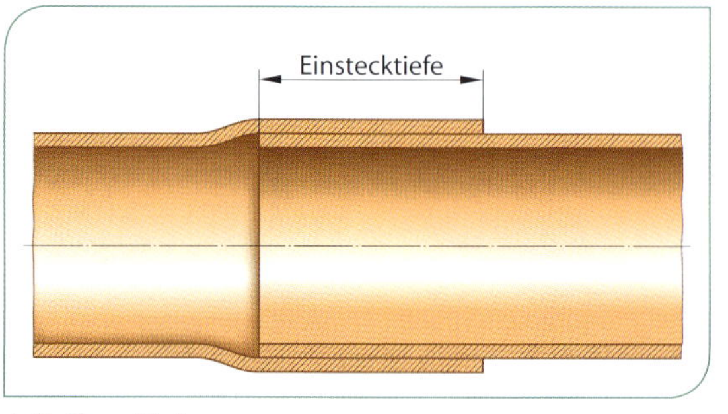

4 Muffenverbindung

Für Rohre aus Kupfer, Aluminium oder Weichstahl mit Außendurchmessern von $d_a = 8$ mm … 42 mm gibt es entsprechende auswechselbare **Aufweitköpfe** (Expanderköpfe – Bild 5). Diese Muffenverbindung wird verwendet, wenn die Rohre ohne **Lötfitting** zusammengelötet werden sollen. Die Länge dieser Muffe ist vom Außendurchmesser der zu verbindenden Rohre und vom Lötverfahren abhängig.

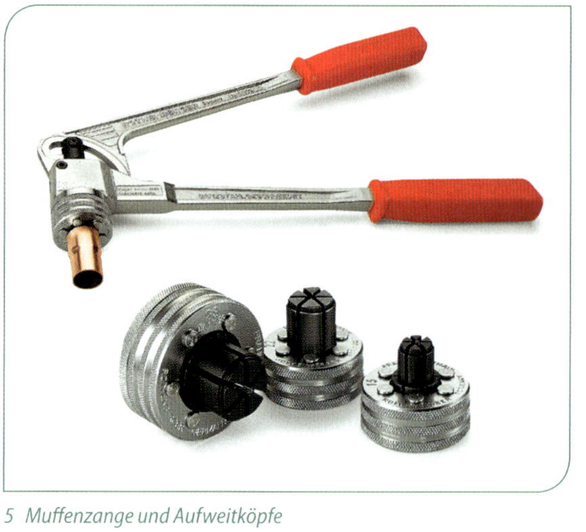

5 Muffenzange und Aufweitköpfe

MERKE

Da handwerklich hergestellte Muffen für Lötverbindungen nicht in allen Installationsbereichen zulässig sind, müssen die einschlägigen Vorschriften streng eingehalten werden (siehe Seite 138).

2.2.2.2 Aushalsen von Rohren

Die Herstellung eines rechtwinkeligen Rohrabzweigs (branch) kann entweder über genormte Formteile (z. B. T-Fittings) oder durch eine von Hand hergestellte Aushalsung (collar) erfolgen (Bild 1). Bei den von Hand hergestellten Aushalsungen muss das Abgangsrohr mindestens eine Nennweite kleiner sein als das Durchgangsrohr.

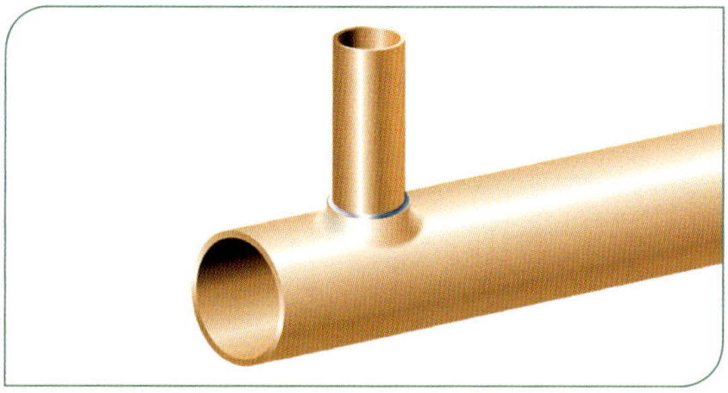

1 *Von Hand hergestellte Aushalsung*

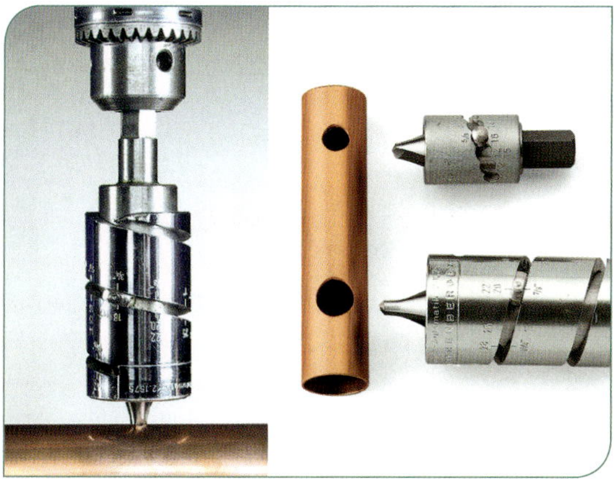

2 *Schälbohrer mit spezieller Anbohrspitze*

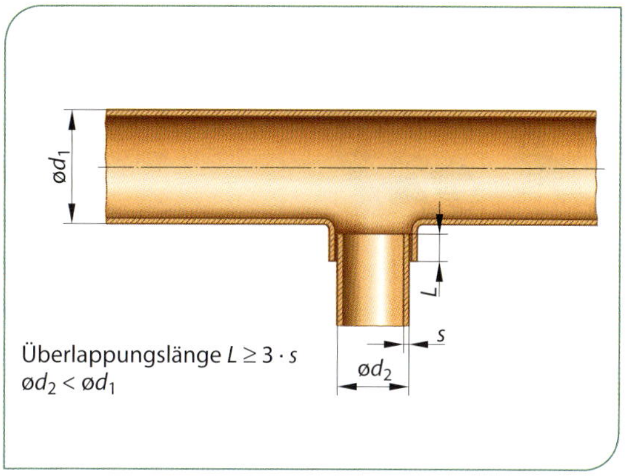

5 *Überlappung an einem Abzweig*

Für Abzweige aus Kupfer-, Aluminium- oder Weichstahlrohr mit Außendurchmessern von d_a = 10 mm ... 42 mm gibt es hierfür spezielle Hand- oder Elektrowerkzeuge.

Für die Aushalsung muss zunächst beim Durchgangsrohr mit einem Schälbohrer eine passende Bohrung angebracht werden (Bild 2). In diese Bohrung wird der sog. „Aushalser" hineingesteckt und mit der „Glocke" des Werkzeugaufsatzes fixiert (Bild 3).

Anschließend wird mit einer Ratsche (ratchet) der Aushalser hochgezogen und die Bohrung ausgehalst (collar forming) (Bild 4). Die Höhe der Aushalsung ergibt sich aus der Werkzeuggeometrie und ist dem jeweiligen Durchmesser des Abgangsrohres angepasst (Bild 5).

Bei der Herstellung der Abzweigung mit einem Elektrowerkzeug wird die Aushalsung mit Hilfe eines speziellen Aushalskopfes mit Zentrierbohrer (centre drill) und ausfahrbaren Aushalsstiften zum Formen des Kragens hergestellt (Bild 1, Seite 70).

MERKE

Von Hand hergestellte Aushalsungen sind nur bei bestimmten Installationen zugelassen (siehe Seite 138.

3 *Einführung und Fixierung des Aushalswerkzeuges*

4 *Fertigstellung der Aushalsung mit der Ratsche*

a) Das Bohrloch wird mit dem Zentrierbohrer gebohrt. *b) Die Aushalsstifte werden ausgefahren.* *c) Der Aushalskopf formt den Abzweig.*

1 Aushalsung mit einem Elektrowerkzeug

ÜBUNGEN

1) Nennen Sie sechs unterschiedliche Möglichkeiten für das Biegen von Rohren.

2) Wie und in welchen Bereichen wird der Rohrwerkstoff bei der Herstellung eines 90° Rohrbogens verformt?

3) Wie wird die gestreckte Länge eines Rohrbogens ermittelt?

4) Wofür wird das Stichmaß benötigt?

5) Weshalb wird in der Formel für die Berechnung der gestreckten Länge eines Rohres mit einem 90°-Bogen der Biegeradius zweimal abgezogen?

6) Das unlegierte Stahlrohr EN 10220 – 60,3 × 2,9 soll nach Zeichnung durch Warmbiegen mit Sandfüllung hergestellt werden. Ermitteln Sie:
a) den Mindestbiegeradius in mm.
b) die gestreckte Länge des Stahlrohres in mm.

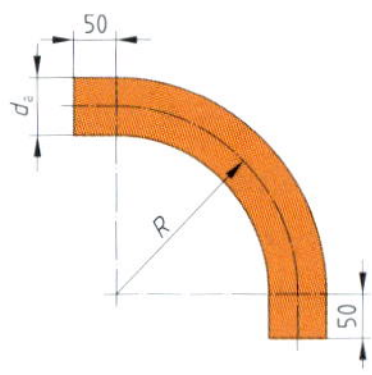

7) Das halbharte Kupferrohr EN 1057 – 22 × 1 soll mit einer Biegezange kalt gebogen werden. Ermitteln Sie die Ausgangslänge des Kupferrohres in mm.

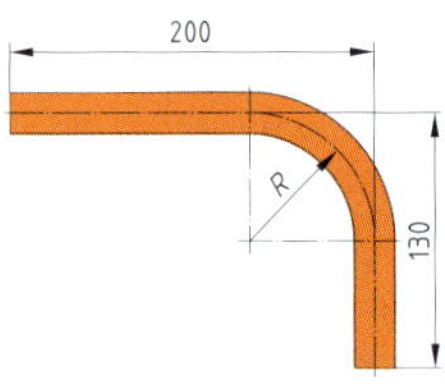

8) Ein weiches Kupferrohr EN 1057 – 15 × 1 soll freihändig mit dem Mindestbiegeradius nach Tab. 1, Seite 64 kalt gebogen werden.
a) Bestimmen Sie den Mindestbiegeradius in mm.
b) Berechnen Sie die gestreckte Länge des Kupferrohres in m.

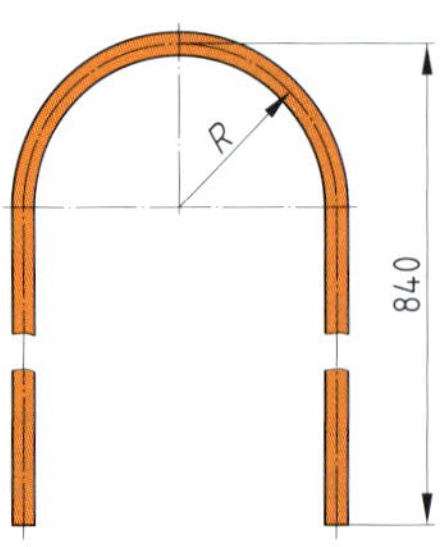

9) Das Überlaufrohr aus unlegiertem Stahl EN 10220 – 88,9 × 3,2 soll aus einem Stück an der Biegemaschine geformt werden.
a) Bestimmen Sie den Mindestbiegeradius in mm.
b) Wie groß muss die Ausgangslänge des Stahlrohres mindestens sein?

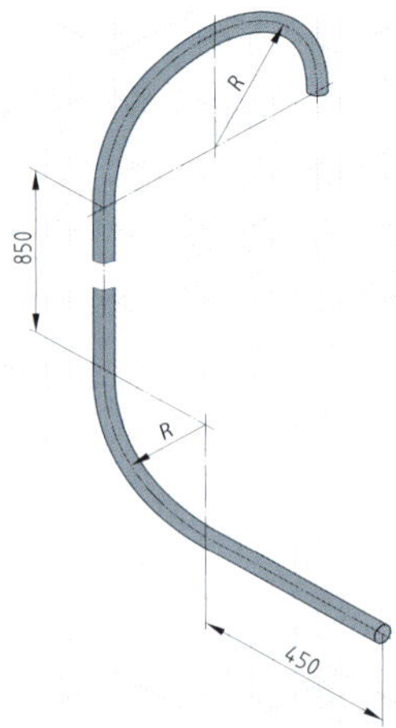

10) Der Dehnungsbogen soll aus halbhartem Kupferrohr EN 1057 – 28 × 1,5 hergestellt werden. Ermitteln Sie unter Berücksichtigung des Mindestbiegeradius
a) den Mittenabstand *M* der Biegeschenkel.
b) die gestreckte Länge für den Zuschnitt.

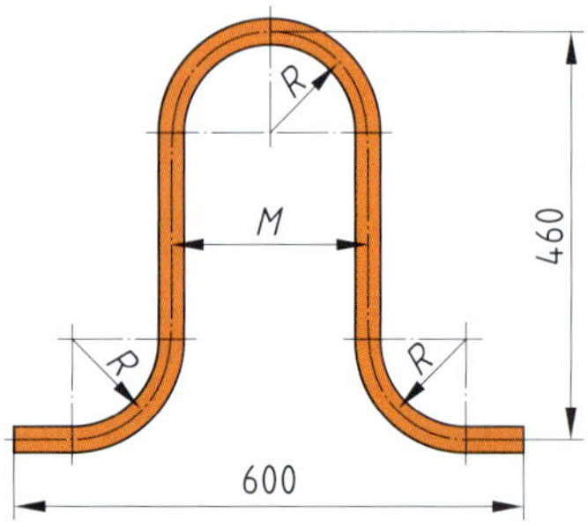

ÜBUNGEN

(11) Wie groß ist die gestreckte Länge des Teilstücks einer Heizölleitung aus Präzisionsstahlrohr EN 10305 – 8 × 1,5?

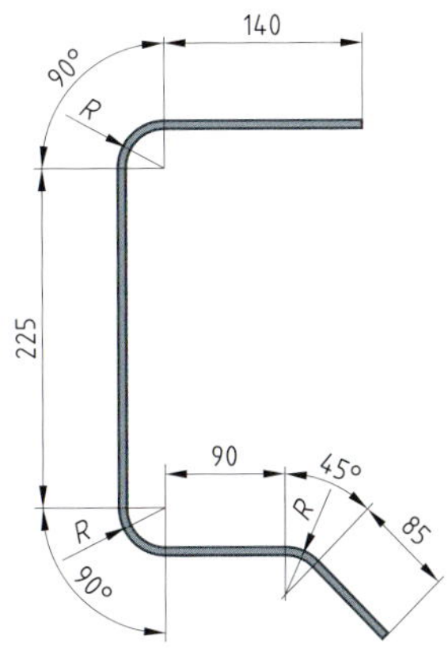

(12) Weshalb dürfen verzinkte Stahlrohre nicht gebogen werden?

(13) Weshalb dürfen korrosionsbeständige Stahlrohre nicht warm gebogen werden?

(14) Worauf ist beim Freihandbiegen von Kupferrohren in Ringen (R 220) zu achten?

(15) Worauf ist beim Biegen kunststoffummantelter Rohre mit einem Biegewerkzeug zu achten?

(16) Weshalb müssen thermoplastische Kunststoffrohre nach dem Warmbiegen bis zur vollständigen Abkühlung in der gebogenen Position gehalten werden?

(17) Nennen Sie zwei Möglichkeiten zum Biegen von PVC-Rohren.

(18) Nennen Sie die wesentlichen Unterschiede zwischen dem Pressbiegen und dem Ziehbiegen.

(19) Nennen Sie vier unterschiedliche Rohrbiegewerkzeuge bzw. -maschinen.

(20) Beschreiben Sie den Vorgang des Aufmuffens mit einer Muffenzange.

(21) Beschreiben Sie das Aushalsen eines Rohres mit einem Aushalswerkzeug.

2.3 Umformen von Profilen und Blechen

2.3.1 Biegen von Stahlprofilen

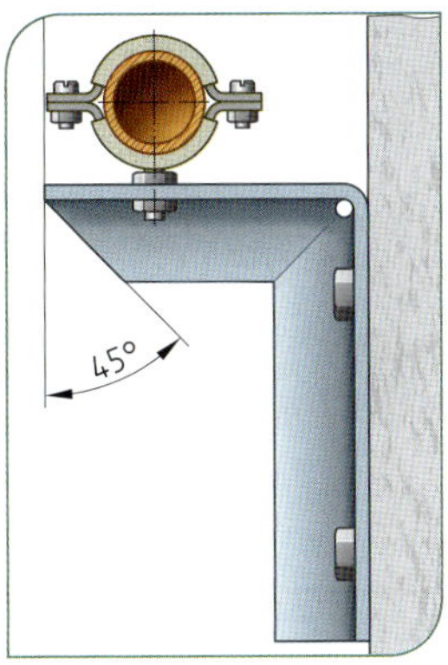

1 Konsole für eine Rohrhalterung aus Winkelstahl

Wenn man z. B. eine Konsole (console) aus Winkelstahl (Bild 1) oder einen Rahmen (frame) aus U-Stahl herstellt, dann muss an der Biegestelle ein bestimmter Werkstoffabschnitt herausgetrennt werden. Dieser Vorgang wird auch **ausklinken** (to notch) genannt.

Die Größe des auszuklinkenden Abschnitts richtet sich nach der Art der Biegearbeit. Bei unseren Beispielen soll der Winkelstahl bzw. der U-Stahl an festgelegten Stellen um 90° gebogen werden. In diesem Bereich wird deshalb vorher ein dreieckiger Abschnitt herausgetrennt (Bild 2).

Damit sich der Werkstoff des verbleibenden Stahlprofils an der Spitze der Aussparung (Gehrung mitre) beim Biegen nicht staucht und einreißt, muss an der Stelle eine Fase (chamfer) oder ein Radius den erforderlichen Freiraum schaffen („freisparen") (Bild 3).

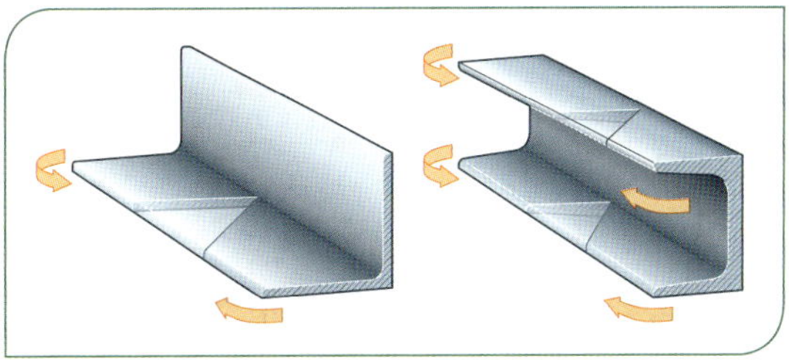

2 Herauszutrennende Abschnitte

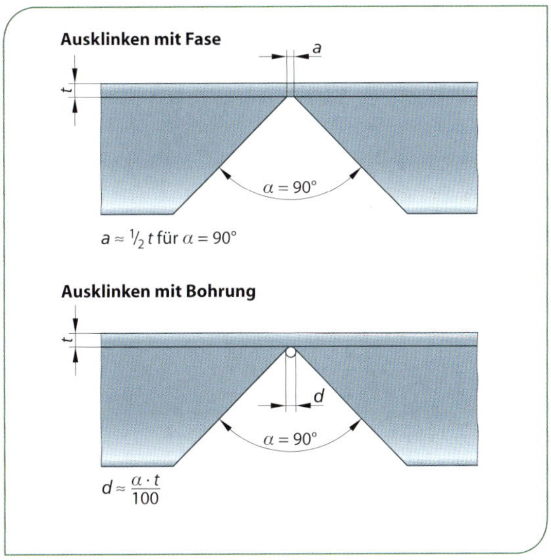

3 Aussparung mit Fase oder Bohrung

Die Fase entsteht durch Feilen nach dem Herausbrechen des eingeschnittenen Abschnittes, der Radius entsteht durch eine Bohrung, die vor dem Heraustrennen an der Spitze der Aussparung gebohrt wird. Die Abmessungen für Fase bzw. Bohrung lassen sich mit Hilfe der angegebenen Formeln ermitteln.

BEISPIELRECHNUNG

Bei einem gleichschenkligen Winkelstahl $60 \times 60 \times 6$ ist die Schenkeldicke $t = 6$ mm.

Für eine 90°-Biegung muss die Fase
$a = 0{,}5 \cdot 6\,\text{mm} = 3\,\text{mm}$

und der Bohrungsdurchmesser
$d = 90 \cdot 6\,\text{mm} \cdot 0{,}01 = 5{,}4\,\text{mm}$ sein.

2.3.2 Kanten von Blechen

Beim Kanten (edging) werden Feinbleche längs einer geraden Linie mit **kleinem** Biegeradius um 90° oder mehr gebogen. Da bei kleinen Biegeradien der Werkstoff im Umformbereich durch die Streckung und Stauchung besonders beansprucht wird, müssen Mindestbiegeradien (minimum bend radii) unbedingt eingehalten und, wenn möglich, die Walzrichtung des Blechs beachtet werden (vgl. Kap. 2.1.2.1, Seite 59).

Die Mindestbiegeradien z. B. für Stahlbleche sind nach DIN 6935 festgelegt (Tabelle 1).

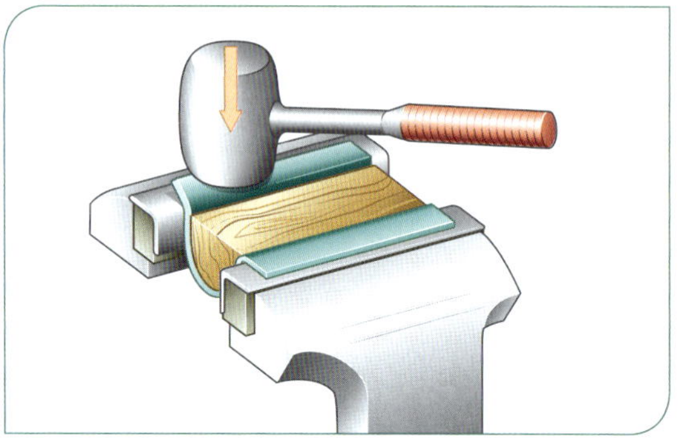

1 Kanten eines gerundeten Kupferblechs

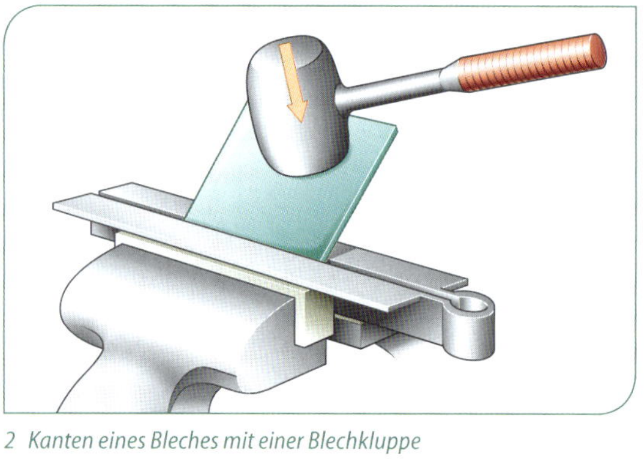

2 Kanten eines Bleches mit einer Blechkluppe

Mindestzugfestigkeit R_m in N/mm²	Kleinster Biegeradius[1] R in mm für Blechdickenbereich t in mm			
	0...1,0	1,1...1,5	1,6...2,5	2,6...3,0
bis 390	1	1,6	2,5	3
391 bis 490	1,2	2	3	4
491 bis 640	1,6	2,5	4	5

[1] Die Werte gelten für Biegearbeiten quer zur Walzrichtung und für Biegewinkel $\alpha > 120°$ ist der Wert der nächsthöheren Blechdicke zu wählen.

Tabelle 1 Mindestbiegeradien für das Kaltbiegen von Stahlblechen

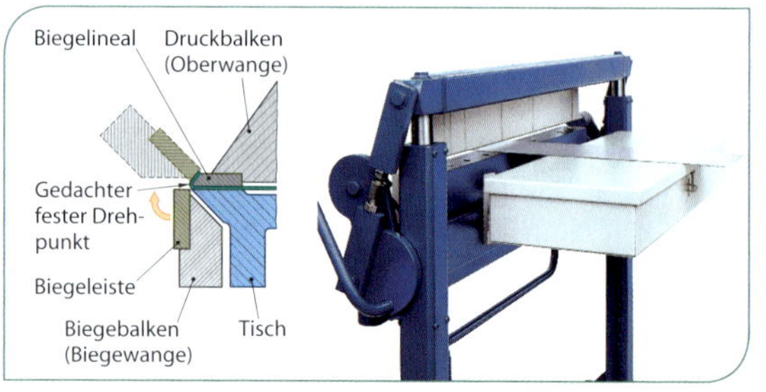

3 Kanten mit einer manuellen Schwenkbiegemaschine

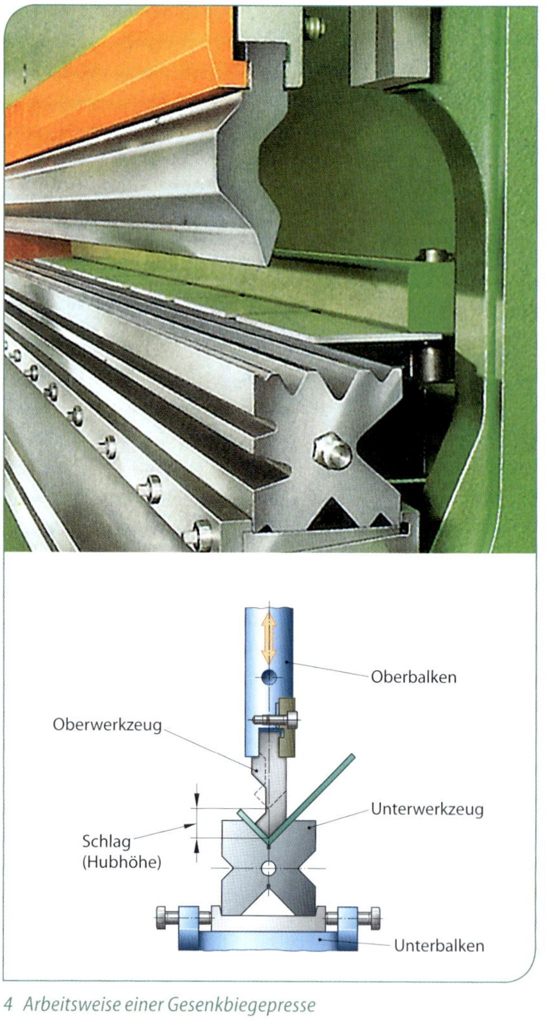

4 Arbeitsweise einer Gesenkbiegepresse

Das Kanten bzw. Biegen kleiner Blechzuschnitte (blank sheet metal) erfolgt von Hand mit einem Holz- oder Kunststoffhammer (mallet or plastic hammer) im Schraubstock (Bild 1, Seite 72). Das Kanten mit einem Bankhammer aus Stahl würde bei dünnen oder empfindlichen Blechen (z. B. Kupferblech) unerwünschte Werkstoffbeschädigungen hinterlassen. Als Biegehilfe können auch Blechkluppen oder Biegeschienen verwendet werden (Bild 2, Seite 72).

Das maschinelle Kanten bzw. Biegen von Blechen erfolgt entweder durch Schwenkbiegen oder Gesenkbiegen.

Beim **Schwenkbiegen** wird das Blech zwischen Ober- und Unterwange der Schwenkbiegemaschine (swivel bending machine) eingespannt und das freie Ende durch die schwenkbare Biegewange verformt (Bild 3, Seite 72). Der Biegeradius wird durch das Profil der auswechselbaren Biegeschiene (exchangeable bending rail) festgelegt. Die Schwenkbewegung kann manuell oder elektromotorisch erfolgen.

Beim **Gesenkbiegen** (Abkantpressen) drückt der im Oberbalken der Gesenkbiegepresse (bending press) angebrachte Biegestempel das Blech in das im Unterbalken befindliche Biegegesenk (Matrize: counter shape). Beide sind auswechselbar und ermöglichen dadurch unterschiedliche Umformarbeiten (Bild 4, Seite 72). Mit elektrisch betriebenen Gesenkbiegepressen lassen sich Mehrfachkantungen wirtschaftlich herstellen.

2.3.3 Runden von Blechen

Beim Runden von Hand (hand rounding) werden kleinere Blechzuschnitte mit großem Rundungsradius gebogen. Das Blech wird mit einem Holz- oder Kunststoffhammer hierbei über eine entsprechende Unterlage (z. B. Rohr, Rundstahl oder Sperrhaken) verformt (Bild 1).

An Rundungsmaschinen (rounding machines) können aus rechteckigen Blechtafeln zylindrische Blechkonstruktionen (cylindrical steel sheet works) mit **großen** Durchmessern (large diameters) wie z. B. Lüftungsrohre oder Speicherummantelungen hergestellt werden.

Bei einer 3-Walzen Rundmaschine wird das Blech durch zwei Walzen (rollers) transportiert und durch eine verstellbare Biegewalze (bending roller) gerundet (Bild 2). Das Blech muss mehrmals durch die Walzen geführt werden, bis es seine erwünschte Rundung erlangt.

Kleine Rundmaschinen arbeiten mit Handantrieb (hand driven), größere mit Elektroantrieb (electric driven).

Für das Runden von konischen Blechkonstruktionen sind zusätzliche Einrichtungen und entsprechende Erfahrungen erforderlich.

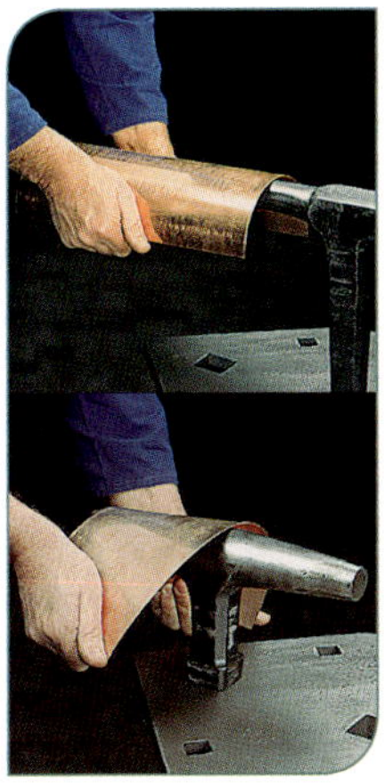
1 Runden am Sperrhaken

2 Rundmaschine (Anfertigen eines Rinnenteils aus Cu-Blech)

ÜBUNGEN

1. Beschreiben Sie den Vorgang des „Ausklinkens" am Beispiel eines Winkelstahls, der um 90°gebogen werden soll.
2. Weshalb müssen beim Kanten von Stahlblechen die Mindestbiegeradien unbedingt eingehalten werden?
3. Weshalb wird beim Kanten von Kupferblech ein Holz- oder Kunststoffhammer verwendet?
4. Beschreiben Sie die wesentlichen Merkmale des Schwenkbiegens und des Gesenkbiegens.
5. Wodurch unterscheiden sich das Runden und das Kanten von Blechen?

3 Prüftechnik

3.1 Grundlagen der Prüftechnik

3.1.1 Zweck des Prüfens

Der Anlagenmechaniker SHK muss im Rahmen seiner beruflichen Tätigkeiten Kenntnisse über unterschiedliche Formen des Prüfens haben und anwenden.
Die Verlegung von Leitungen, Montage von Sanitärausstattungsgegenständen, Installation von Geräten oder der Einbau von Armaturen erfolgt nach bestimmten Vorgaben. Diese werden in Form von technischen Zeichnungen, Normen oder anderen Vorschriften vorgegeben. Der Istzustand (actual condition) muss dem Sollzustand (nominal condition) entsprechen.

3.1.2 Was ist Prüfen?

Prüfen (testing) ist eine Kontrolltätigkeit (check), bei der festgestellt wird, ob der Prüfgegenstand (test object) die vorgegebenen Anforderungen erfüllt. Bei diesem Vergleich wird festgestellt, ob der Istzustand mit dem Sollzustand innerhalb der zulässigen Toleranzen übereinstimmt (Bild 1).
Prüfen kann subjektiv durch Sinneswahrnehmung (z. B. Anschauen) (Bild 2) oder objektiv mit geeigneten Prüfmitteln erfolgen. Subjektives Prüfen (subjective testing) führt meist nur zu einer ungefähren Angabe z. B. „gerade" oder „schief". Objektives Prüfen (objective testing) erfolgt mit Prüfmitteln (testing instruments) wie z. B. mit Messgeräten und Lehren.
Beim Messen wird z. B. mit der Hilfe eines Stahlmaßstabs die Länge des Werkstücks festgestellt. Das Ergebnis ist das Maß mit Zahlenwert und Einheit (Bild 3).
Beim Lehren wird der zu prüfende Gegenstand (Werkstück) mit einer Lehre (master gauge) verglichen, die eine Form (Flachwinkel) oder ein Maß (z. B. Befestigungs- und Anschlussschablone für Durchflusswassererwärmer) darstellt (Bild 4 bzw. 1 nächste Seite).

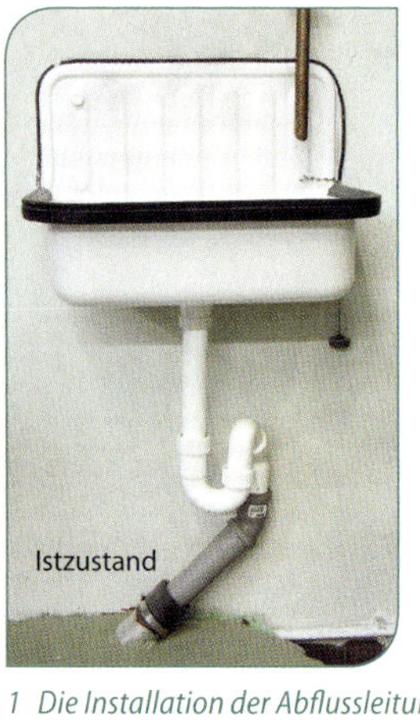

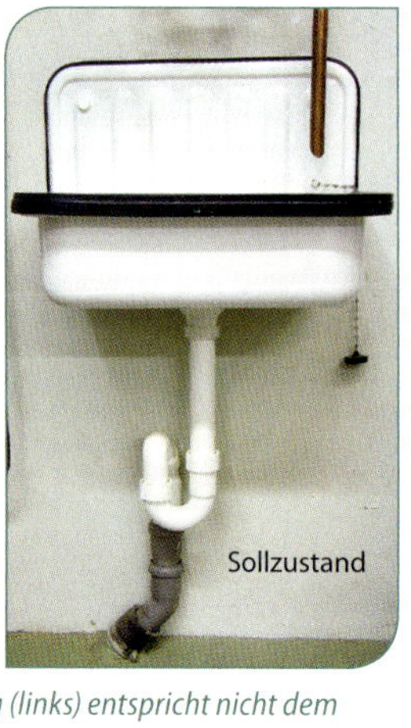

1 Die Installation der Abflussleitung (links) entspricht nicht dem geforderten Sollzustand (rechts)

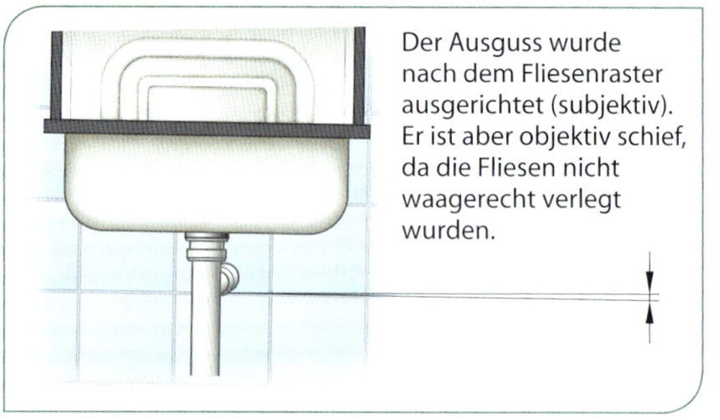

2 Unterschiedliche Ergebnisse durch subjektives und objektives Prüfen

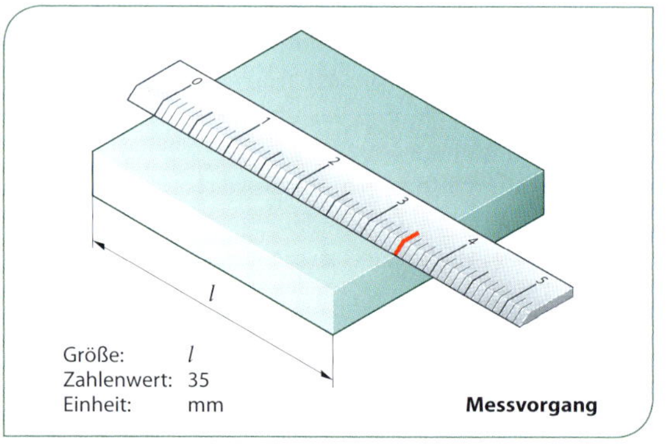

3 Messvorgang

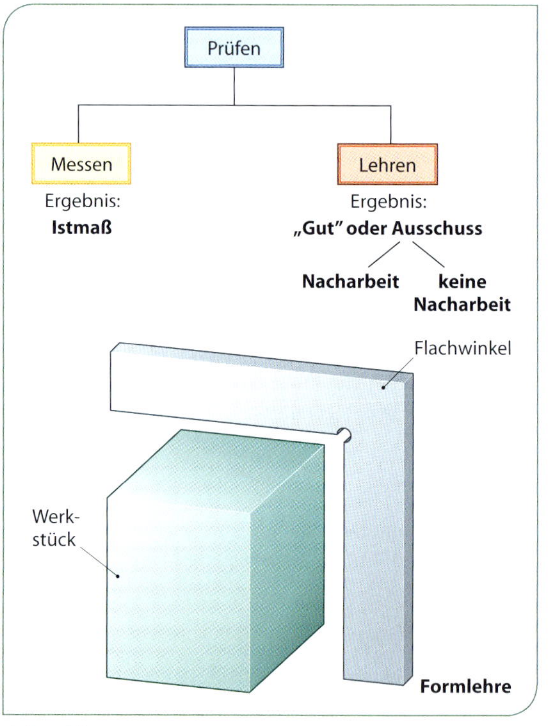

4 Formlehre

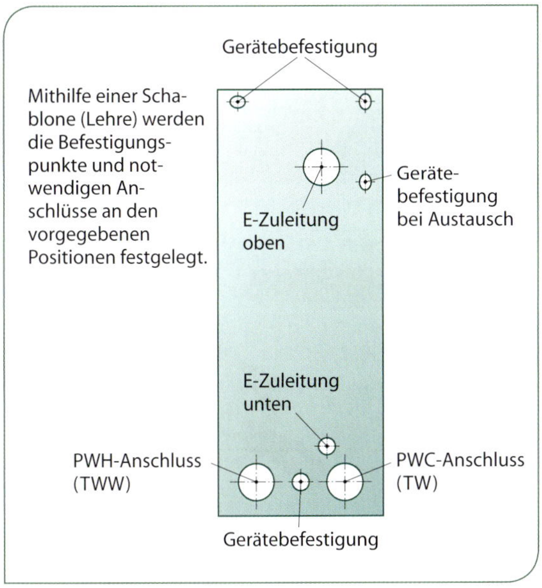

1 Maßlehre (-schablone) für Elektro-Durchflusswassererwärmer

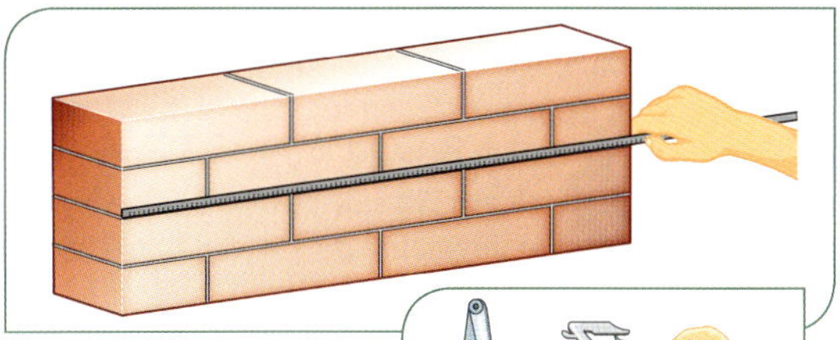

2 Prüfen durch direktes Ablesen am Prüfmittel

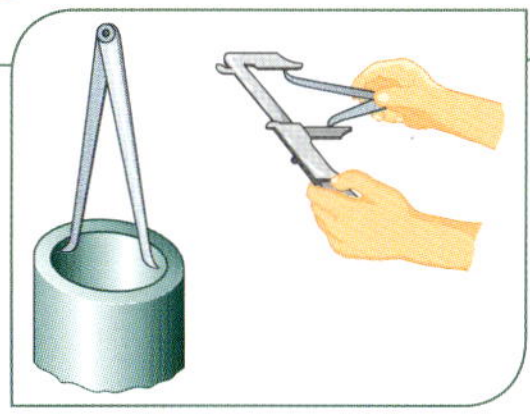

3 Indirektes Ablesen des Messergebnisses

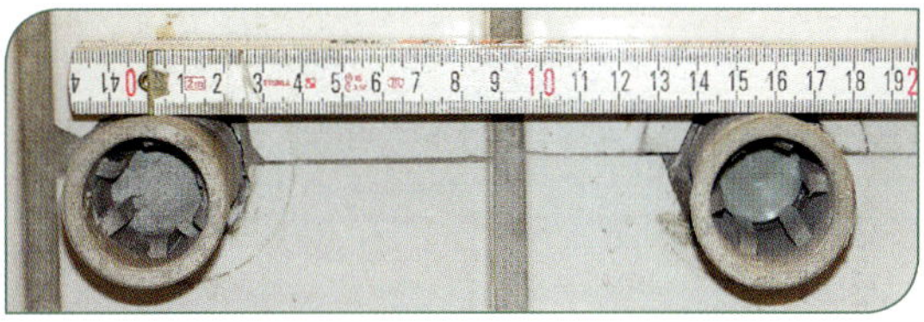

4 Prüfen des Achsabstands (geforderter Genauigkeitsgrad m)

Das Prüfen von Längen (lengths), Lagen (positions) (senkrecht (vertical), waagerecht (horizontal), Gefälle (incline)) und Winkeln (angles) ist neben dem Prüfen von Druck (pressure), Temperatur (temperature) und elektrischen Größen (Spannung (voltage), Stromstärke (amperage), Widerstand (resistance)) die am häufigsten ausgeführte Prüftätigkeit des Anlagenmechanikers SHK.

Geprüft wird das Längenmaß durch direktes Ablesen an einem geeigneten Prüfmittel (Bild 2).

Bei sachgerechter Handhabung bleibt der Wert (value) in den geforderten Ablesetoleranzen.

Oft wird beim Prüfen aber auch ein Hilfsmittel zwischengeschaltet, wenn z.B. an unzugänglichen Stellen nicht direkt abgelesen werden kann. Danach kann dann mit Hilfe eines geeigneten Prüfmittels direkt abgelesen werden (Bild 3).

Übertragungsfehler (transcription error) außerhalb der zugelassenen Toleranz (allowance) sind dabei allerdings häufiger zu erwarten.

3.1.3 Prüftoleranzen

Die Größe der Toleranz hängt von den Genauigkeitsanforderungen an die fertige Arbeit ab. Die wiederum bestimmt die Art des einzusetzenden Prüfmittels.

Wird z.B. mit einem Bandmaß (measuring tape) die Länge einer Regenwasserfallleitung (rainwater downpipe) von der Regenrinne (gutter) des Dachs bis zum Anschluss an das im Erdboden befindliche Standrohr (standpipe) geprüft (z.B. 3 m), ist der sehr grobe Genauigkeitsgrad „v“ zulässig. Beim Prüfen des Achsabstandes (centre distance) für die Anschlüsse einer Zweigriffarmatur (Bild 4) ist hingegen der mittlere Genauigkeitsgrad (accuracy level) „m“ einzuhalten (s. Tabelle, Bild 6).

3.1.4 Prüffehler

Die häufigsten Prüffehler entstehen durch unsachgemäße Handhabung des Prüfmittels, Ablesefehler oder defekte Prüfmittel.

Unsachgemäße Handhabung kann z.B. das Verkanten (cant) des zu prüfenden Werkstückes oder nicht paralleles Anlegen des Prüfmittels sein (Bild 5).

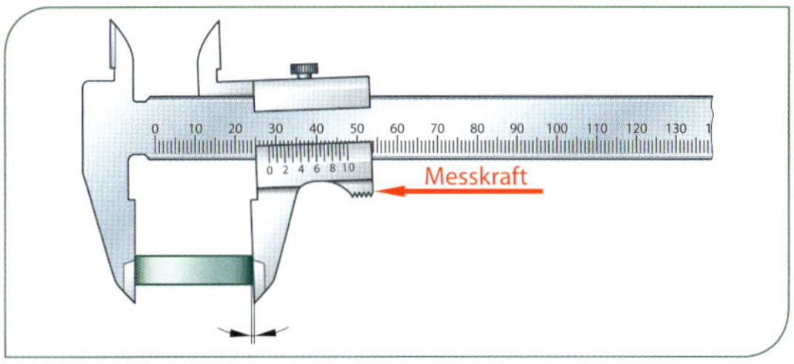

5 Ablesefehler druch Kippen

Genauigkeitsgrad	Nennbereich in mm						
	0,5 bis 3	> 3 bis 6	> 6 bis 30	> 30 bis 120	> 120 bis 1000	>1000 bis 2000	> 2000 bis 4000
	Abmaße für Längenmaße in mm						
f (fein)	± 0,05	± 0,05	± 0,1	± 0,15	± 0,03	± 0,5	± 0,8
m (mittel)	± 0,1	± 0,1	± 0,2	± 0,3	**± 0,8**	± 1,2	± 2
c (grob)	± 0,2	± 0,3	± 0,5	± 0,8	± 2	± 3	± 4
v (sehr grob)	–	± 0,5	± 1	± 1,5	± 3	± 6	**± 8**

6 Allgemeintoleranzen

Ablesefehler entstehen häufig durch die Parallaxe (parallax), d. h., wenn der Blick beim Ablesen der Messwerte schräg auf die Skale (scale) gerichtet ist, können fehlerhafte Werte ermittelt werden. Je kleiner das Maß ***t***, desto geringer ist die Gefahr, dass der Messfehler **ΔX** eintritt (Bild 1). Bei dünnen Stahlbandmaßen oder angeschrägten Skalen entsteht dieser Fehler (error) nicht (Bild 2).

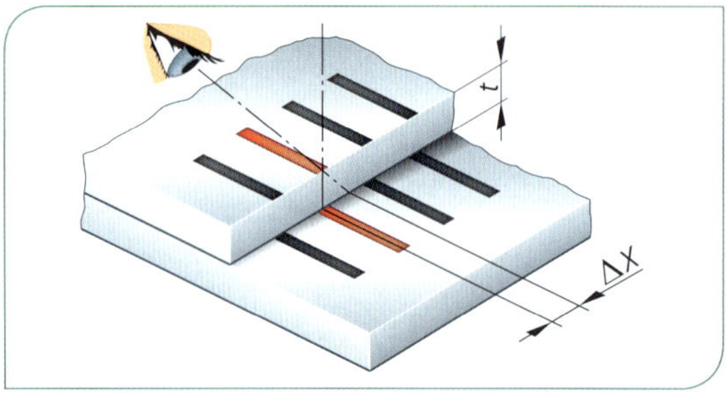

1 *Ablesefehler durch Parallaxe*

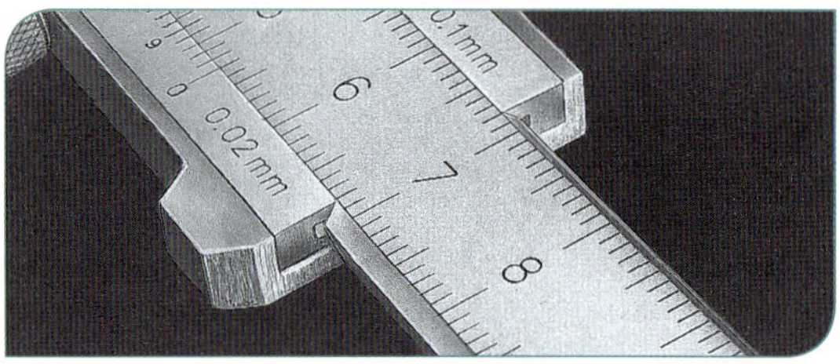

2 *Messschieber mit parallaxefreier Ablesung*

3.2 Prüfen von Längen

3.2.1 Nicht anzeigende Längenmessmittel

Nicht anzeigende Messmittel sind **Maßverkörperungen** (material measure). Sie haben nur eine Skale. Wird mit einem geeigneten Längenmessmittel ein Wert abgelesen, kann er nur im Gedächtnis, durch eine Markierung oder Aufschreiben festgehalten werden.

Übliche Längenmessmittel sind Stahlmaßstab (graduated steel ruler) bis 500 mm (Bild 3), Gliedermaßstab (folding rule) bis 2 m und Rollbandmaß bis 25 m (Bild 4).

Die Messgenauigkeit (metering precision) dieser Messmittel beträgt +/- 1,0 mm oder +/- 0,5 mm.

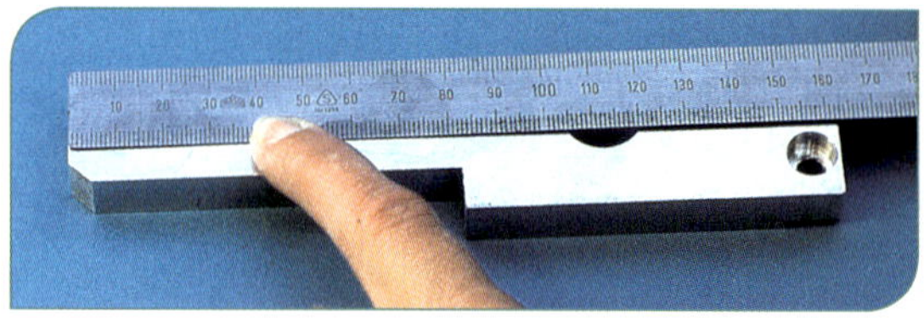

3 *Stahlmaßstab, nicht anzeigendes Messmittel*

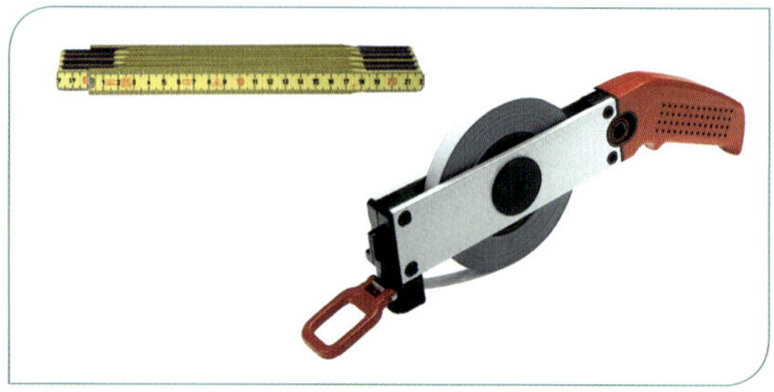

4 *Gliedermaßstab, Rollbandmaß, nicht anzeigende Messmittel*

3.2.2 Anzeigende Längenmessmittel

Anzeigende Messmittel (indicating measuring devices) wie z. B. der im SHK-Handwerk eher selten angewandte Messschieber (calliper), haben dagegen zwei Skalen. Die Skale auf dem beweglichen Messschenkel (Nonius (vernier)) ist gegen die Hauptskale (main scale) auf der Schiene verschiebbar (Bild 6).

Der Messwert wird direkt angezeigt und kann bei nicht Verstellung des beweglichen Messschenkels auch später noch abgelesen werden.

Die Messgenauigkeit beträgt beim 10-ner Nonius +/- 0,1 mm (Bild 5).

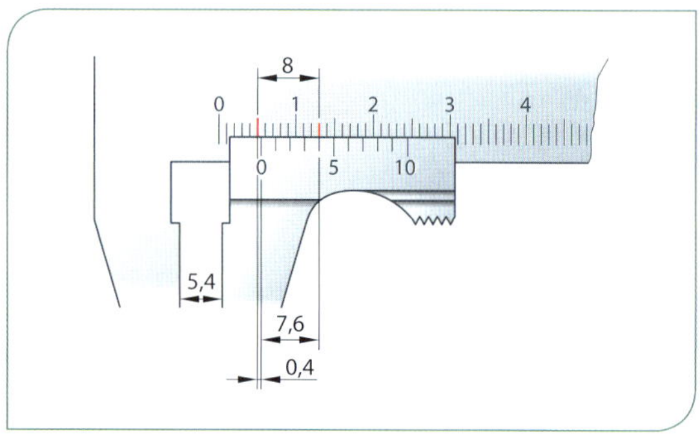

5 *Funktionen des 1/10 mm-Nonius*

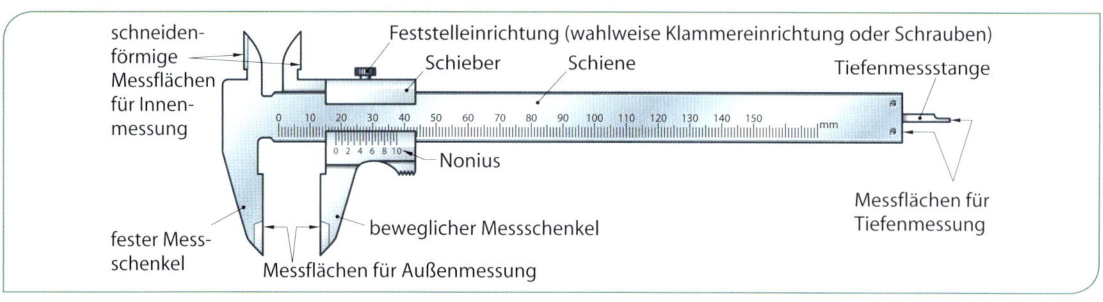

6 *Messschieber, anzeigendes Längenmessmittel*

Das **elektronische Ultraschallmessgerät** (anzeigendes Messgerät) erfasst einfach und zeitsparend Distanzen (distances) mit einer Toleranz von 0,5 %.

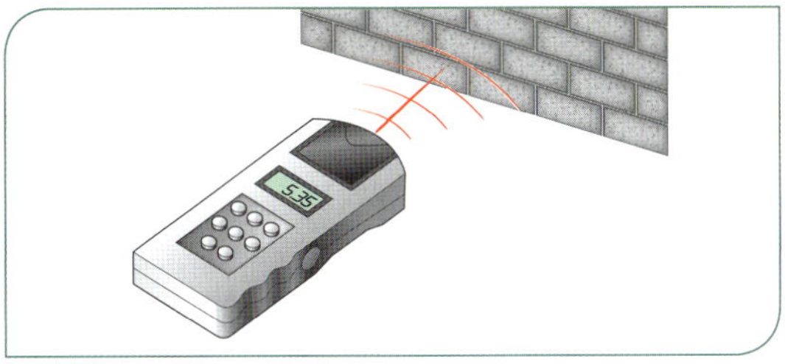

1 *Ultraschall-Entfernungsmessung*

Vor allem geeignet für die Erfassung von Längen zwischen zwei festen Messpunkten (z. B. Türzarge), aber auch von größeren Entfernungen (bis zu 20 m). Schnelle Bestimmung von Raummaßen (Fläche und Volumen) für Materialmengenschätzungen und Baudurchführungen.

3.3 Prüfen von Winkeln

Der Anlagenmechaniker SHK prüft häufig Installationen auf **Rechtwinkligkeit** (perpendicularity). Dafür werden 90°-Flach- oder Anschlagwinkel (L-blade, back square) eingesetzt. Für manche Arbeiten kommen zusätzlich auch noch der 45°- und 135°-Winkel zum Einsatz.

Dies sind Lehren, mit denen nur der jeweilige Winkel geprüft werden kann (Bild 2 bis 4).

Der Vorteil eines Anschlagwinkels liegt darin, das bei fachgerechter Handhabung der jeweilige Winkel (z. B. 90°/45°) immer zu der entsprechenden Anlageseite gewährleistet ist.

Die Winkligkeit (angularity) der beiden Ebenen wird mit Hilfe der Lichtspaltmethode geprüft. Hierbei wird die zu prüfende Fläche mit dem aufgelegten Schenkel (blade) des Flach- oder Anschlagwinkels gegen das Licht gehalten und durch Hindurchschauen die Gleichmäßigkeit (constancy) des Lichtspaltes über die gesamte Fläche (surface) geprüft.

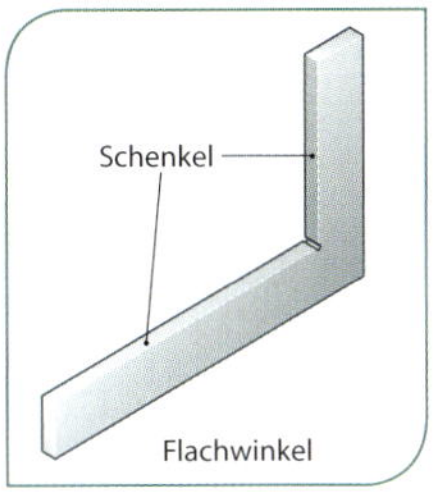

2 *Flachwinkel*

3 *90°-Anschlagwinkel*

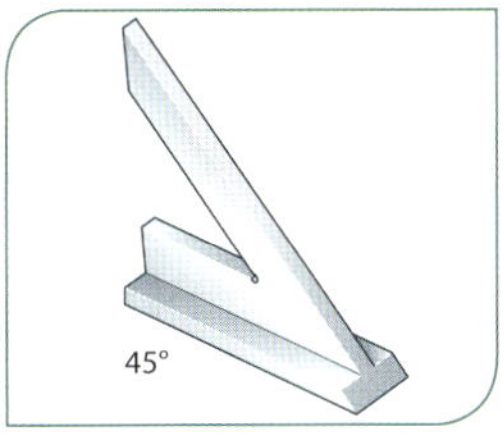

4 *45°-Anschlagwinkel*

So kann auch die Ebenheit (evenness) von Flächen geprüft werden. Soll die Genauigkeit (accuracy) noch erhöht werden, wird der Schenkel nach vorn gekippt, sodass nur noch die Kante aufliegt.

Sonderformen (spezial forms) wie z. B. der Flanschenwinkel prüfen die Rechtwinkligkeit der Flanschenfläche zum Rohr (Bild 5).

Zum Prüfen anderer Winkel werden Winkelschmiegen als Hilfsmittel und/oder Winkelmessgeräte (angle gauges) verwendet (Bilder 6 und 7).

5 *Flanschenwinkel im Einsatz*

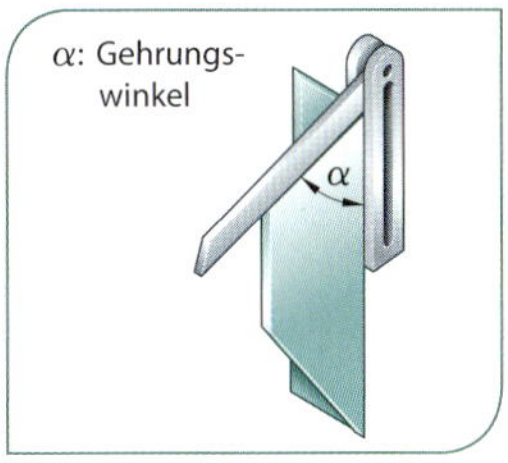

6 *Winkelschmiege ohne Skale*

7 *Winkelmessgerät mit Skale*

3.4 Prüfen von Formen

Beim Kalibrieren (calibrating) von weichen oder halbharten Kupferrohren wird die kreisrunde Form geprüft. Die Besonderheit dieser Prüfung ist das gleichzeitige kreisrunde Formen des Rohres.

Hier wird nach dem Ablängen (shortening) und Entgraten (burring) mit Hilfe eines **Kalibrierdorns** und **-rings** (Lehre) der unrunde Querschnitt (cross section) wieder auf seinen ursprünglichen gleichmäßigen Durchmesser (diameter) gebracht.

Der Kalibrierdorn bzw. -ring ist also nicht nur ein Prüfmittel, sondern auch ein Formwerkzeug (moulding tool) (Bild 8).

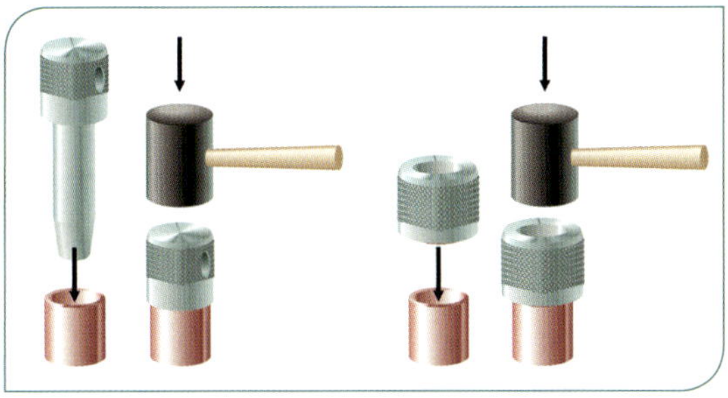

8 *Kalibrierdorn in das Rohrende treiben* — *Kalibrierring auf das Rohrende treiben*

Lernfelder 1 und 2a

3.5 Prüfen von Richtungen und Lagen

3.5.1 Allgemeines

Das Prüfen von Richtungen (directions) geschieht mit Richtungsprüfmitteln. Die Installationen können **waagerecht** (horizontal), **senkrecht** (vertikal) oder mit einem **Gefälle** I (Inklination) erfolgen. Gefälle werden auch als Neigung oder Steigung bezeichnet.

Das Prüfen von Lagen ist die Übertragung (transfer) von Höhenpunkten (geodetic points) über größere Entfernungen (z. B. von Wand zu Wand).

3.5.2 Richt- und Schlauchwaagen

Bei Installationsarbeiten kommen folgende Richtungsprüfgeräte zum Einsatz:

- Die **Richt- oder Wasserwaage** (spirit level), um Sanitärausstattungsgegenstände, Armaturen und Heizungs- bzw. Wasserleitungen waagerecht oder senkrecht zu installieren (Bild 1).

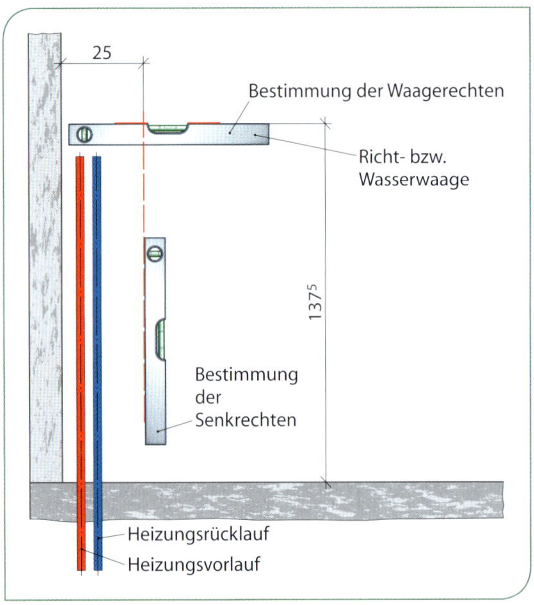

1 Messen der Waage- und Senkrechten

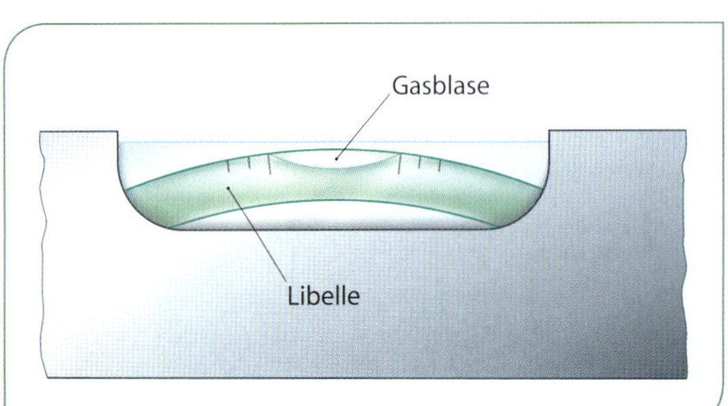

2 Libelle

Sie besitzt zwei leicht gekrümmte Glasröhrchen (Libelle (bubble level)) für horizontales und vertikales Ablesen. Diese sind nicht vollständig mit Flüssigkeit gefüllt. Die vorhandenen Gasblasen wandern immer an den höchsten Punkt, da sie gegenüber der Flüssigkeit eine niedrigere Dichte (density) besitzen. Befindet sich die Blase zwischen den beiden mittleren Strichen, ist das Bauteil (component) richtig ausgerichtet (Bild 2).

- Die **Gefällewasserwaage**, um Abwasserleitungen (sewer pipes) mit dem richtigen Gefälle zu verlegen. Diese ist in der Regel 1 m (100 cm) lang, da sich dann das Gefälle in Prozent (von Hundert) leicht ablesen lässt. Am Ende befindet sich ein Verstellstift mit Millimetereinteilung zur Gefälleeinstellung (Bild 3).

3 Gefällewasserwaage 1 m lang

BEISPIELRECHNUNGEN

Im Bild 3 wird das Gefälle einer Abwasserleitung geprüft. Es soll 2 % betragen. Um wie viele Millimeter muss der Verstellstift hinaus geschoben werden?

Gegeben: $I = 2\,\%; l = 100\,\text{cm}$

Gesucht: $h = ?$

Lösung: $h = I \cdot l$

$$h = \frac{2\,\%}{100\,\%} \cdot 100\,\text{cm}$$

$$\underline{\underline{h = 2\,\text{cm}}}$$

Beim Verhältnisgefälle wird immer angegeben, auf welche Länge (z. B. 50 cm) sich die Höhe um 1 (z. B. 1 cm) verändert.

$I = 1{:}50$ entspricht z. B. 2 cm/100 cm

d. h., auf einer Länge von 100 *cm* verändert sich die Höhe um 2 cm.

- Die **Schlauchwasserwaage**, um Höhenpunkte bzw. Lagen über größere Entfernungen (distances) zu übertragen. Sie besteht aus einem vollständig mit Wasser gefüllten Schlauch (flexible tube), mit zwei an den Enden angebrachten offenen transparenten Röhrchen zum Ablesen des Wasserstandes (Bild 1, Seite 79).

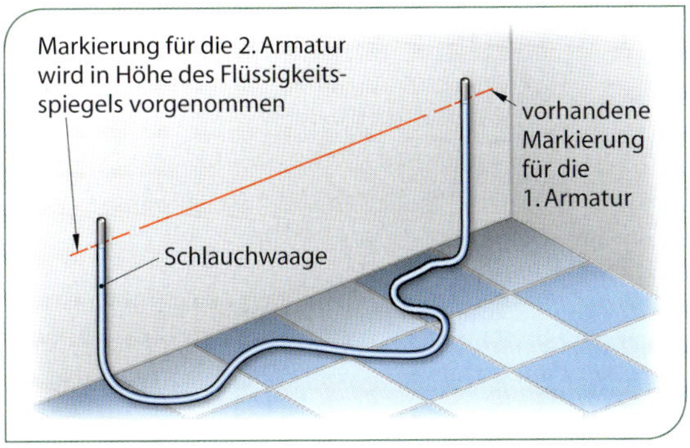

1 Schlauchwasserwaage

Es wird das Prinzip der kommunizierenden Gefäße genutzt. Da auf allen Flüssigkeitsspiegeln der gleiche Luftdruck (air pressure) lastet, sind sie immer auf der gleichen Höhe (Bild 2).

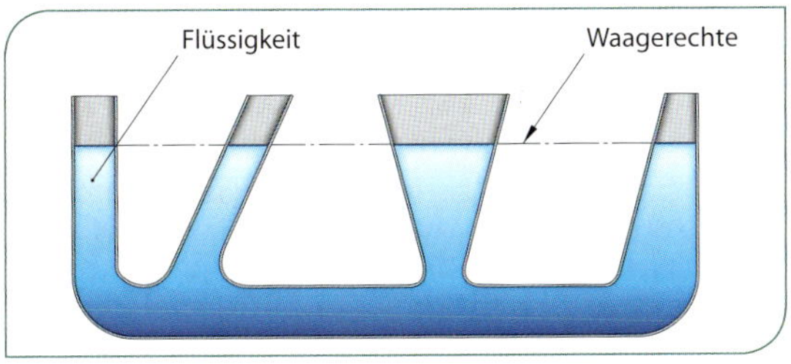

2 Die Flüssigkeitsspiegel liegen auf einer gemeinsamen Waagerechten

3.5.3 Weitere Richtungsprüfgeräte

Das **Lot** (plumb bob) ist eine dünne Schnur mit einem kegeligen Gewicht, das aufgrund der Erdanziehungskraft mit seiner Spitze senkrecht zum Erdmittelpunkt (geocentre) zeigt. Mit ihm werden größere senkrechte Längen gerichtet wie z. B. die Rohrschellen (pipe clips) einer Regenfallleitung (Bild 3).

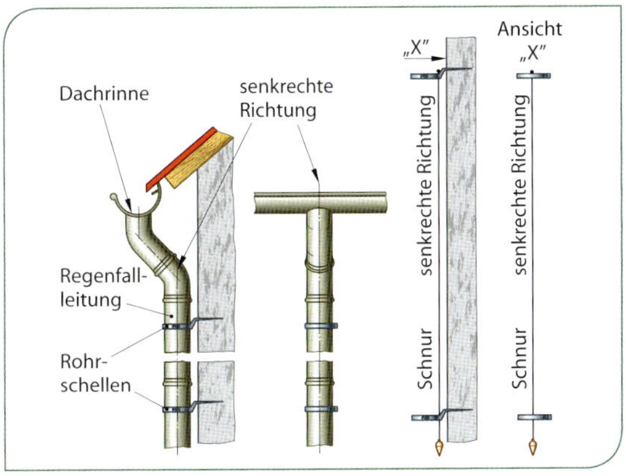

3 Einsatz eines Lotes an der Regenfallleitung

Der **Laser** wird drehbar auf einem Gestell (rack, stand) im Raum aufgestellt oder mit einer Aufnahmehülse an der Wand befestigt. Er ist selbst nivellierend, d.h., die vertikale und horizontale Laserlinie stellt sich selbst ohne flimmern genau ein (Genauigkeit bis zu 0,06°).

Ein Laser projiziert bei der Aufstellung im Raum eine horizontale Laserlinie im Kreis von 360° an die Wände oder bei der Befestigung (fixing) an der Wand eine vertikale und horizontale Linie an dieser ausgewählten Wand (wall) (Bild 4).

4 Laser im Einsatz

3.6 Prüfen von Druck, Temperatur und elektrischen Größen

Der Anlagenmechaniker SHK muss im Rahmen bestimmter beruflicher Tätigkeiten Drücke, Temperaturen und elektrische Größen prüfen.

- Bei der Inbetriebnahme (starting up) einer Heizungsanlage (heating system) muss z. B. der **Anlagendruck** mit Hilfe eines **Manometers** geprüft werden (Bild 6).
- Das Prüfen der **Raumtemperatur** (room temperature) mit einem **Temperaturmessgerät** ist für die Einstellung (adjustment) des erforderlichen Heizungskomforts von Bedeutung (Bild 5).
- **Elektrische Größen** (Spannung, Widerstand, Stromstärke) muss er mit dem **Vielfachmessgerät** (multimeter) prüfen können.
  Sollte z. B. eine Umwälzpumpe (circulation pump) nicht in Betrieb gehen, kann nach einer erfolglosen Sichtkontrolle (visual check) der vorhandene Fehler durch Messung eingegrenzt werden (vergl. Lernfeld 4, Kap. 3.9).

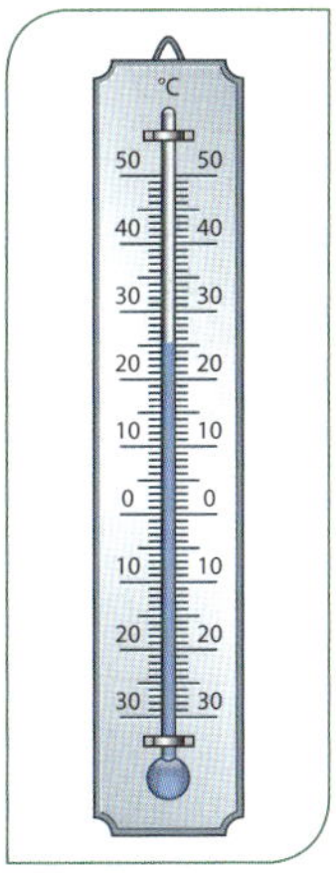

5 Temperaturmessgerät

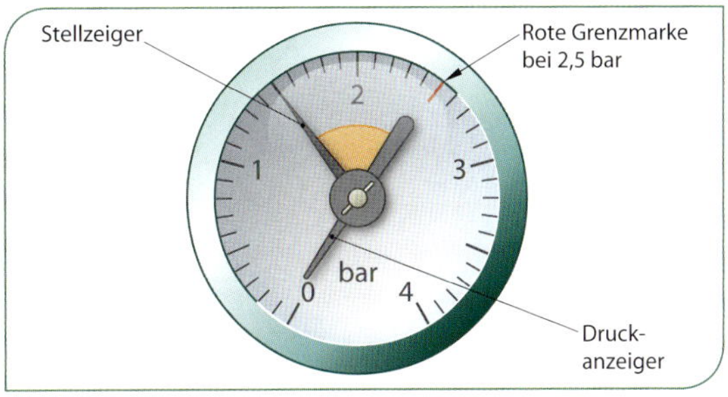

6 Manometer

ÜBUNGEN

1. Beschreiben Sie in kurzen Sätzen, was unter dem Begriff „Prüfen“ zu verstehen ist und welchem Zweck es dient.
2. Nennen Sie fünf unterschiedlichen Prüfarbeiten, die vom Anlagenmechaniker SHK hauptsächlich durchgeführt werden.
3. Ordnen Sie jeder dieser fünf Prüfarbeiten ein geeignetes Prüfmittel zu (mit engl. Bezeichnungen).
4. Beschreiben Sie den Unterschied zwischen Messen und Lehren anhand eines geeigneten Beispiels.
5. Im Keller einer Wohnanlage müssen 3 Fallleitungen an die Sammelleitung angeschlossen werden. Die Länge der Sammelleitungsabschnitte zwischen den Fallleitungen beträgt jeweils 3,80 m. Da die Fallleitungen bereits installiert wurden, ist eine Maßabweichung der Anschlüsse von maximal 3 mm zulässig.
   Welcher Genauigkeitsgrad der Allgemeintoleranz muss eingehalten werden?
6. Nennen Sie zwei häufig auftretende Prüffehler und beschreiben Sie deren Vermeidung.
7. Erklären Sie den Unterschied zwischen dem Prüfen mit einem anzeigenden und einem nicht anzeigenden Längenmessmittel?
8. Worin besteht der Vorteil beim Prüfen mit dem Anschlagwinkel im Vergleich zu einem Flachwinkel?
9. Was ist die Lichtspaltmethode (Beschreibung dieser Prüftechnik)?
10. Nach welchem Prinzip funktioniert die Schlauchwasserwaage (Beschreibung dieser Prüftechnik) und für welchen Zweck wird sie eingesetzt?
11. Warum ist die Gefällewasserwaage 1 m lang?
12. Die Länge einer Abwassergrundleitung beträgt 12,80 m. Zwischen der Hauseinführung in der Kellerwand und dem Anschluss an den öffentlichen Straßenkanal besteht eine Höhendifferenz von 32 cm.
    Mit welchem Prozentgefälle muss die Abwassergrundleitung verlegt werden?
13. Nennen Sie je ein Prüfmittel für folgende Arbeiten:
    - Installation der Rohrschellen einer 12 m langen senkrecht verlaufenden Abwasserfallleitung.
    - Anbringung der Waschtischbefestigungen für 12 Waschtische einer Reihenwaschtischanlage.
    - Auffüllen einer Heizungsanlage bis zum vorgeschriebenen Anlagendruck von 2,5 bar.
    - Prüfen einer elektrischen Anlage auf verdeckte Installationsfehler.

4 Montagevorbereitung

4.1 Planung der Montage

Vor Ausführung des Arbeitsauftrags muss der Anlagenmechaniker SHK die erforderlichen Tätigkeiten (activities) erfassen und die einzelnen Arbeitsschritte (stages) unter Beachtung der entsprechenden Sicherheitsvorschriften in einer sinnvollen Reihenfolge planen sowie notwendige Materialien, Werkzeuge und Maschinen nach wirtschaftlichen, sicherheits- und umweltschutztechnischen Gesichtspunkten auswählen. Darüber hinaus muss er Art und Zeitpunkt notwendiger Kontrollen (inspections) planen und die entsprechenden Prüfwerkzeuge auswählen. Außerdem sollte er bereits in der Planungsphase mögliche Bewertungskriterien berücksichtigen.

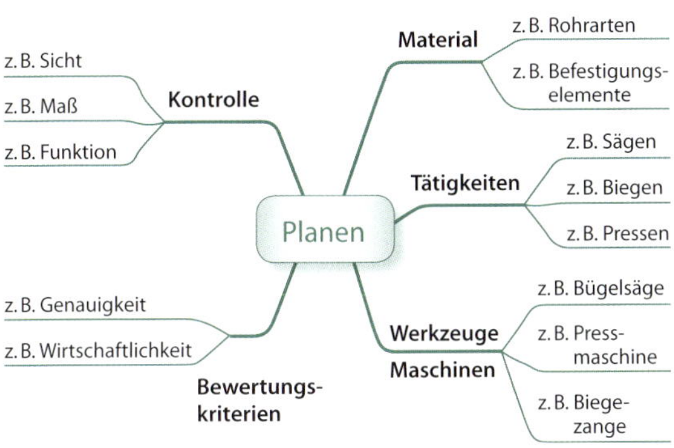

4.2 Vorfertigung von Rohrleitungen

Bei Installationsarbeiten für z. B. Reihen- und Fertighäuser werden gleiche Rohrleitungsteile in hohen Stückzahlen (number of pieces) häufig im Betrieb vorgefertigt.

Dort sind die Bedingungen besser, um z. B. Rohre abzulängen, zu biegen und miteinander zu verbinden. Bei diesen Arbeiten lassen sich die Rohrleitungsteile in der Werkstatt (workshop) oft besser ausrichten und fixieren.

Die wichtigsten **Vorteile** der Vorfertigung (prefabrication) liegen in der Nutzung

- **der günstigen räumlichen Gegebenheiten:** witterungsunabhängig, weniger Belästigung durch Staub (dust) und Lärm (noise), keine Behinderung durch andere Gewerke, bessere Lichtverhältnisse
- **des vorhandenen Maschinenparks:** Mit **einer** Maschine können gleichzeitig Rohrleitungsteile für mehrere Baustellen hergestellt werden. Der Wartungs- und Pflegeaufwand ist geringer, da Werkzeuge und Maschinen keinem Baustellenschmutz ausgesetzt sind.
- **der guten Kommunikationswege:** Auftretende Probleme bei der Fertigung bzw. Auftragsabwicklung können sofort mit dem Planungsbüro besprochen werden.

4.2.1 Die z-Maß-Methode

Ausgangslänge zur Berechnung der Längen der Rohrleitungsstücke mit Hilfe der z-Maß-Methode ist stets das zugehörige **Mitte-Mitte-Maß** M (Bild 1). Es bezeichnet den Abstand (distance) von Mitte Rohr bis Mitte Rohr und/oder von Mitte Fitting (pipe fitting) bis Mitte Fitting. Da es in der Installationstechnik vorgeschrieben ist, Rohrleitungen (pipes) von Mitte bis Mitte zu bemaßen, lässt sich dieses Maß unmittelbar der Zeichnung entnehmen.

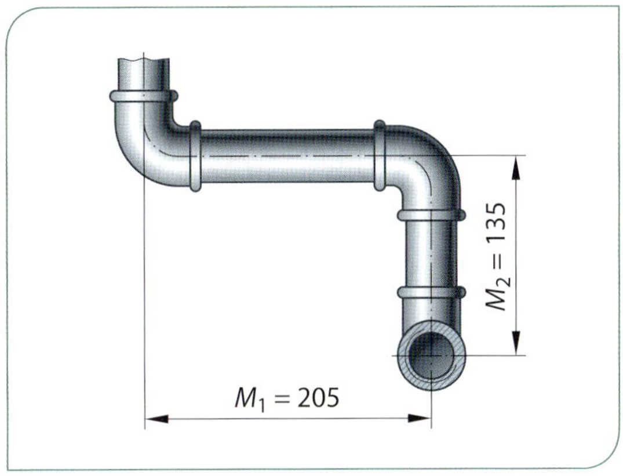

1 Messen „Mitte-Mitte"

Um die geraden Rohleitungsstücke bestimmen zu können, benötigt man zusätzlich die einzelnen z-Maße der einzubauenden Fittings (Bild 2) bzw. die verschiedenen Baulängen z. B. von Armaturen (mountings, fittings) oder der Heizungspumpe.

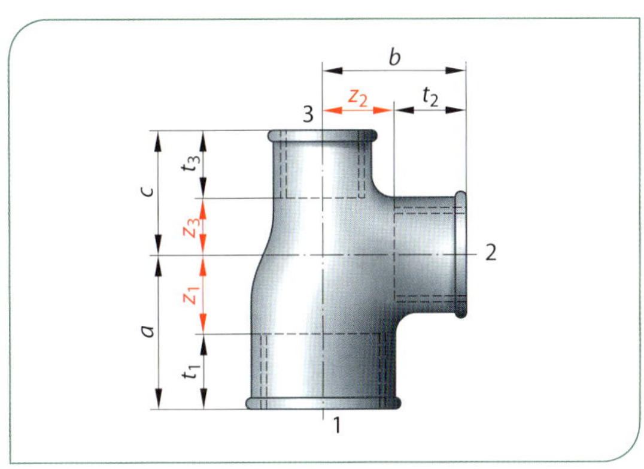

2 z-Maße eines zweimal reduzierten T-Stücks

Die einzelnen **z-Maße** können aus Tabellenbüchern (table books) und Herstellerunterlagen (product specifications, work documents) entnommen werden (Bilder 1 und 2, Seite 82).

DIN EN 10242 enthält z. B. die z-Maße von Tempergussfittings oder DIN EN 1254 die von Kupferlötfittings.

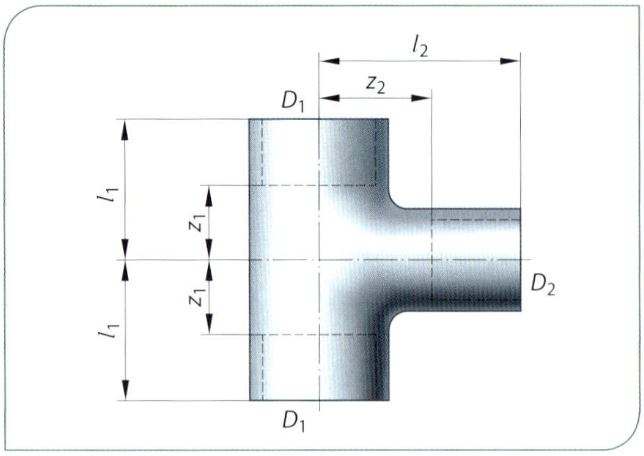

1 z-Maße eines Kupfer T-Stücks mit reduziertem Abgang

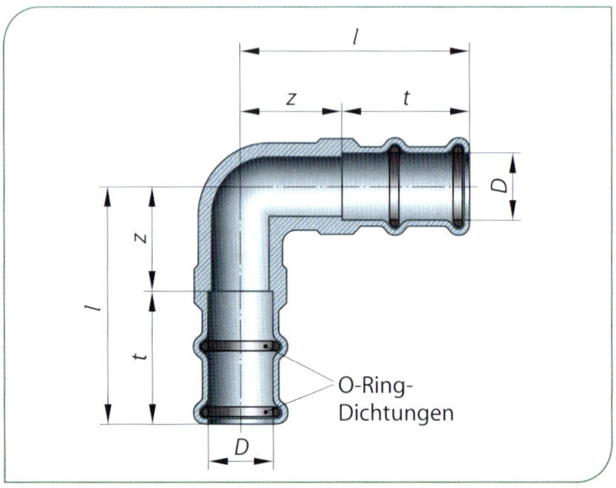

2 z-Maß eines Pressfitting-Bogens 90°

4.2.2 Rohrlängenberechnung mit Hilfe der z-Maß-Methode

Das Maß für den Zuschnitt (blank) der benötigten Rohrlänge erhält man, indem das z-Maß bzw. die beiden z-Maße vom Mitte-Mitte-Maß subtrahiert werden (Bild 3).

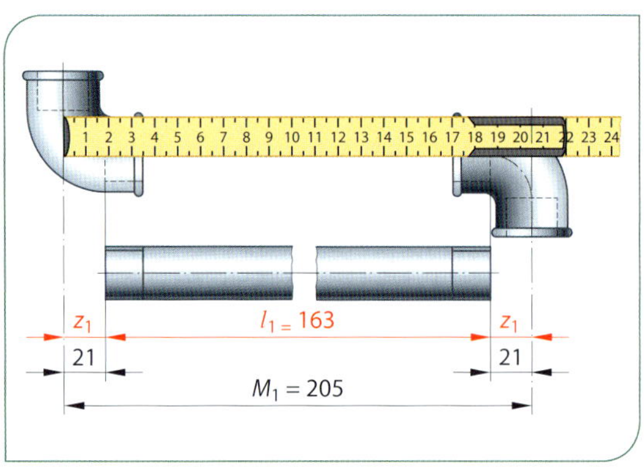

3 Mitte-Mitte-Maß

$l = M - z \cdot n$

l: Zuschnittlänge in mm
M: Mitte-Mitte-Maß in mm
z: z-Maß in mm (meist aus Tabellen)
n: Anzahl der Fittings

BEISPIELRECHNUNGEN

Berechnen Sie die Zuschnittlängen l_1, l_2 und l_3.

Geg.: $M_1 = 205$ mm; $M_2 = 180$ mm, $M_3 = 190$ mm
Aus Tab. Bild 1 Seite 83
$z = 21$ mm (Winkel 90° DN 25 und T-Stück DN 25)
$z_1 = 18$ mm (T-Stück Abzweig reduziert DN 20)

Ges.: l_1, l_2, l_3 in mm

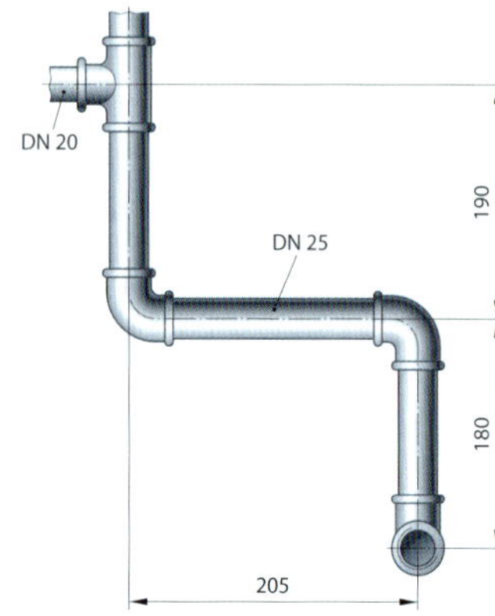

Lösung:

$l_1 = M_1 - 2 \cdot z$
$l_1 = 205\,\text{mm} - 2 \cdot 21\,\text{mm}$
$\underline{\underline{l_1 = 163\,\text{mm}}}$

$l_2 = M_2 - 2 \cdot z$
$l_2 = 180\,\text{mm} - 2 \cdot 21\,\text{mm}$
$\underline{\underline{l_2 = 138\,\text{mm}}}$

$l_3 = M_3 - (z + z_1)$
$l_3 = 190\,\text{mm} - (21\,\text{mm} + 18\,\text{mm})$
$\underline{\underline{l_3 = 151\,\text{mm}}}$

Die normgerechte Bezeichnung der abgebildeten Gewindefittings aus Temperguss lautet:

1. Egaler Winkel (Winkel mit gleichen Abgängen) mit Innengewinde der Größe 1, Ausführung schwarz, Design-Symbol A:
   Winkel EN 10242 – A1 – 1 – Fe – A
2. Reduziertes T-Stück mit Durchgang der Größe 1 und Abzweig der Größe ³⁄₄, Ausführung schwarz, Design-Symbol A:
   T EN 10242 – A1 – 1 - 3/4 – Fe – A

Mit Hilfe der z-Maß-Methode lassen sich die erforderlichen Zuschnittlängen auch für folgende Fügetechniken und Rohrarten bestimmen:

- Kupferrohre mit Löt- oder Pressverbindungen
- Präzisionsstahlrohre mit Pressverbindungen
- Kunststoffrohre mit Schweiß-, Kleb- oder Steckverbindungen
- Mehrschichtverbundrohre mit Press- oder Schweißverbindungen

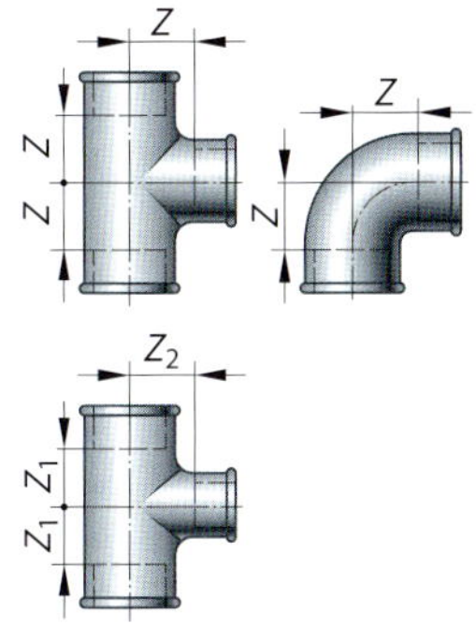

Gewindegröße	$\frac{1}{2}$	$\frac{3}{4}$	1	$1\frac{1}{4}$
DN	15	20	25	32
z in mm	15	18	21	26

Gewindegröße	$1 \times \frac{1}{2}$	$1 \times \frac{3}{4}$
DN	25×15	25×20
z_1	15	18
z_2	21	21

1 Winkel und T-Stück mit Innengewinde

Längenberechnung bei geschweißten Rohrteilen

Die Längen geschweißter (welded) Rohrleitungsabschnitte werden mit einer ähnlichen Methode berechnet wie auf Seite 82 beschrieben. Ausgangswert ist auch hier das der Zeichnung (drawing) zu entnehmende Mitte-Mitte-Maß von z. B. 250 mm. Zur Ermittlung der Zuschnittslängen werden von diesem Maß die beiden ***r*-Maße** der Einschweißbögen (bends for welding) subtrahiert.

Für die Schweißnähte (welds) muss je nach Rohrwandstärke, Nahtform und Schweißverfahren (welding process) der **Schweißspalt** berücksichtigt werden (in der nachfolgenden Beispielaufgabe wird zusätzlich je 3 mm abgezogen).

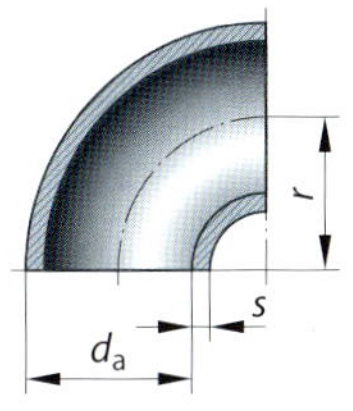

DN	$d_a \times s$	R
32	$42{,}4 \times 2{,}6$	48
40	$48{,}3 \times 2{,}6$	57
50	$60{,}3 \times 2{,}9$	76

Bauart 3D

2 Rohrbogen zum Einschweißen DIN 2605-1, Bauart 3

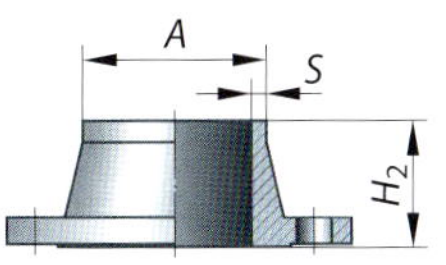

DN	A	S	H_2
32	42,2	2,6	35
40	48,3	2,6	38
50	60,3	2,9	38

3 Vorschweißflansch nach EN 1092-1/11 B1/PN6 (bisher: Form C nach DIN 2631)

BEISPIELRECHNUNGEN

Berechnen Sie die beiden Zuschnittlängen l_1 und l_2 des Rohrleitungsabschnittes aus nahtlosem Stahlrohr EN 10220 – 60,3 × 2,9.

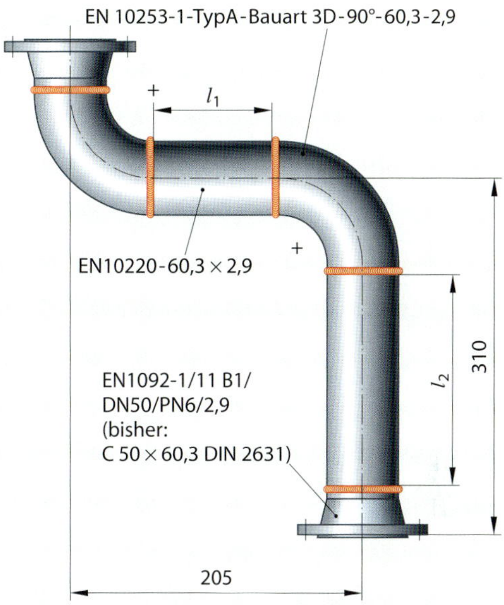

geg.: $M_1 = 250$ mm; $M_2 = 310$ mm
Aus Tabelle (Bilder 2 und 3):
$R = 76$ mm (Rohrbogen EN 10253-1 – Typ A – Bauart 3D – 90° – 60,3 – 2,9);
$H_2 = 38$ mm
(Vorschweißflansch nach EN 1092-1/11B1/DN50/PN6/2,9; bisher: C 50 × 60,3 DIN 2631);
je Schweißnaht 3 mm

ges.: l_1, l_2 in mm

Lösung:

$l_1 = M_1 - (2 \cdot R + 2 \cdot 3\text{ mm})$
$l_1 = 250\text{ mm} - (2 \cdot 76\text{ mm} + 2 \cdot 3\text{ mm})$
$l_1 = 250\text{ mm} - 158\text{ mm}$
$\underline{\underline{l_1 = 92\text{ mm}}}$

$l_2 = M_2 - (R + H_2 + 2 \cdot 3\text{ mm})$
$l_2 = 310\text{ mm} - (76\text{ mm} + 38\text{ mm} + 2 \cdot 3\text{ mm})$
$l_2 = 310\text{ mm} - 120\text{ mm}$
$\underline{\underline{l_2 = 190\text{ mm}}}$

ÜBUNGEN

Benutzen Sie zum Lösen der folgenden Übungen Ihr **Tabellenbuch**.

1) Ermitteln Sie für den waagerechten Rohrabzweig aus Gewinderohr EN 10255 – 42,4 × 3,2 die Zuschnittslängen l_1, l_2 und l_3.
Es werden Temperguss-Gewindefittings nach EN 10242 verwendet.

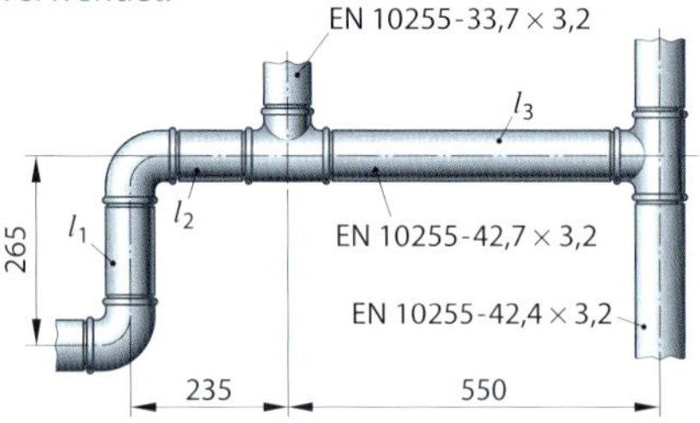

2) Für den TW-Verteiler aus Gewinderohr EN 10255 – 60,3 × 3,6 sind die Zuschnittslängen l_1, l_2 und l_3 zu ermitteln.
Es werden Temperguss-Gewindefittings nach EN 10242 verwendet.

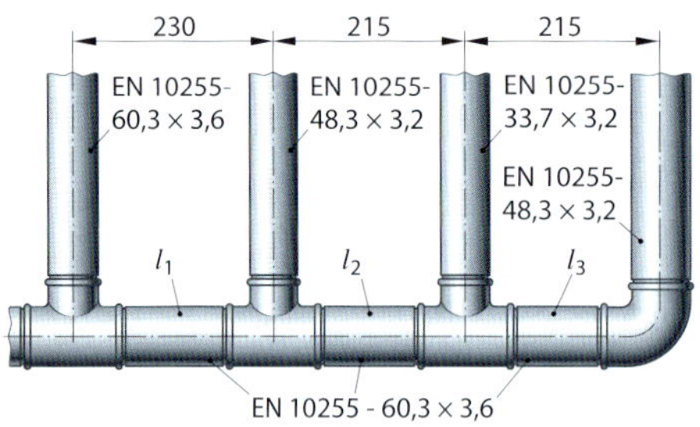

3) Für die Entlüftungsleitung aus Kupferrohr EN 1057 – 22 × 1,0 sind die Zuschnittslängen l_1, l_2 und l_3 zu ermitteln.
Es werden Kapillarlötfittings aus Kupfer nach EN 1254-1 verwendet.

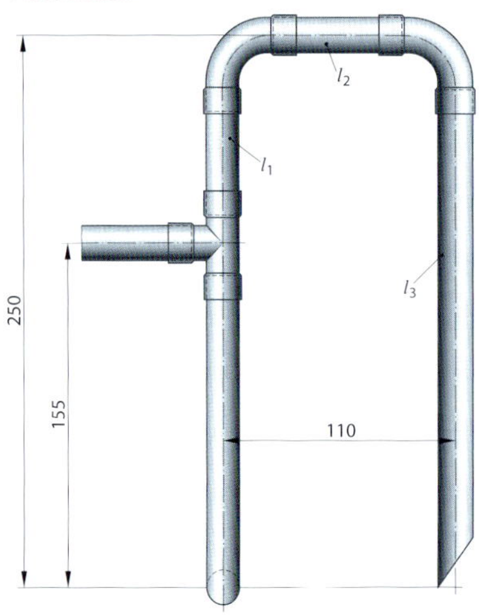

4) Berechnen Sie für den Rohrzug mit Flansch die Längen der Rohrstücke Pos. 1 … 4, wenn für die Schweißnähte jeweils ein Luftspalt von 3 mm Abstand genommen wird.

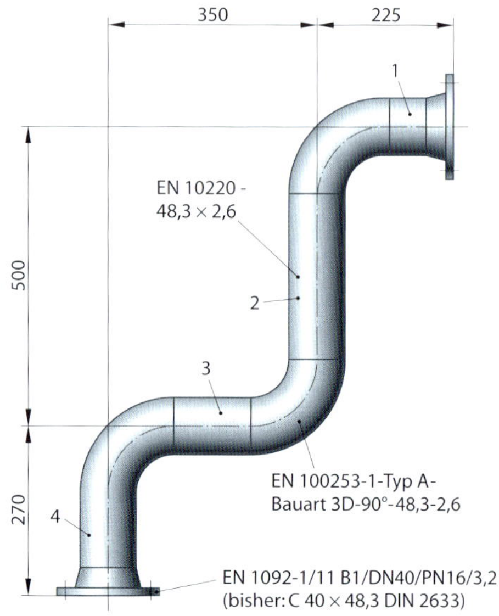

5) Für den Rohrabzweig aus rostfreiem Präzisionsstahlrohr EN ISO 117 – 22 × 1,2 müssen die Zuschnittslängen l_1 und l_2 ermittelt werden.
Alle Maße für die verwendeten Pressfittings aus Pressmessing entsprechend Herstellerangaben bzw. Tabellenbuch.

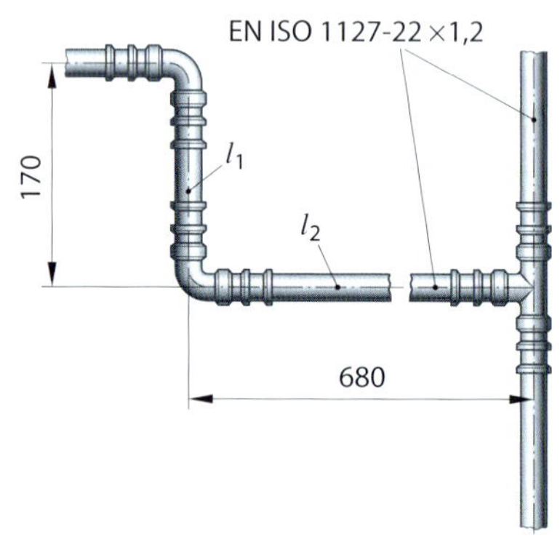

4.3 Befestigung von SHK Anlagenteilen und Einrichtungen

4.3.1 Wand-, Decken- und Bodenbefestigung von Rohrleitungen

Rohrleitungen werden in Gebäuden an Wänden, Decken und Fußböden befestigt (Bild 1).
Die Befestigung (fastenings) waagrecht verlaufender Rohre kann als Aufhängung (Bild 2) oder Unterstützung (Bild 3) ausgeführt werden.
Eine weitere Möglichkeit ist, die Rohre im Fußbodenaufbau zu verlegen und zu befestigen (Bild 4).

1 Rohrbefestigung einer Steigleitung an der Wand

2 Rohrbefestigung als Aufhängung

3 Rohrbefestigung als Unterstützung

4 Rohrbefestigung auf dem Fußboden

Grundsätzlich müssen die Rohrleitungen so befestigt werden, dass sie

- einen ausreichenden Abstand zu Wänden, Decken und anderen Leitungen haben, um eine spätere Dämmung und die Montage von Bauteilen zu ermöglichen sowie eventuell anfallende Nacharbeiten zu erleichtern (Tabelle Bild 5).
- durch die Befestigung nicht beschädigt werden.
- möglichst wenig Wärme und Schall übertragen und die Brandschutzvorschriften erfüllen.

Abstand in mm	vom tatsächlichen Außenmantel einer Rohrleitung
30 ... 50	zu Wänden
50 ... 80	zu anderen Rohren (Außenmantel)
60 ... 120	zu Decken (Mindestdurchgangshöhe 1,90 m)

5 Rohrleitungsabstände

MERKE

Rohre dürfen weder an anderen Leitungen befestigt noch als Halterung für andere Gegenstände benutzt werden.

Der **Abstand** (distance) **zwischen zwei Befestigungsstellen** einer Rohrleitung (Stützweite) hängt hauptsächlich von der Nennweite und dem Werkstoff des Rohres ab.
Je höher die Festigkeit des Rohrwerkstoffs und je größer die Nennweite des Rohres ist, desto größer können die Abstände zwischen zwei Befestigungen sein.
Die erforderlichen Befestigungsabstände sind für die verschiedenen Rohrarten sehr unterschiedlich und sollten den Herstellerunterlagen entnommen werden. Richtwerte (standards) für Befestigungsabstände wasserführender Rohrleitungen unterschiedlicher Werkstoffe enthält die Tabelle Bild 1, Seite 86.

Art und Ausführung der Befestigungen sind abhängig von:

- der Anzahl der Rohre
- dem Rohrwerkstoff (pipe material) und dem Rohrdurchmesser
- der Art und Temperatur des Durchflussmediums

Lernfelder 1 und 2a

Nennweite DN	Stahl	nicht rostender Stahl, Kupfer, Präzisionsstahlrohr	Kupferrohr mit Wärmedämmung	Mehrschichtverbundrohr	PVC-C		PVC-U		PE-HD		PE-X	PB		PP	
					20°C	60°C	20°C	40°C	20°C	40°C		20°C	60°C	20°C	60°C
	Abstand in m bei waagerechter Leitungsführung														
10	2,25	1,25	1,00	–	0,85	0,70	–	–	–	–	–	–	–	0,50	0,45
12	–	1,25	1,10	1,50	0,85	0,70	0,80	0,50	0,70	0,60	1,20	0,50	0,25	0,65	0,55
15	2,75	1,50	1,30	1,50	0,95	0,80	0,90	0,60	0,75	0,65	1,20	0,60	0,30	0,75	0,65
20	3,00	2,00	1,30	1,50	1,05	0,90	0,95	0,65	0,80	0,75	1,20	0,70	0,35	0,90	0,80
25	3,50	2,25	1,50	2,00	1,15	1,05	1,05	0,70	0,90	0,85	1,20	0,80	0,40	1,05	0,95
32	3,75	2,75	1,60	2,00	1,35	1,15	1,20	0,90	1,00	0,95	1,50	1,00	0,50	1,25	1,10
40	4,25	3,00	1,70	2,00	1,60	1,25	1,40	1,10	1,15	1,05	1,50	1,20	0,60	1,45	1,25
50	4,75	3,50	2,00	–	1,70	1,35	1,50	1,20	1,30	1,20	1,50	1,40	0,75	1,70	1,45

1 Richtwerte für Befestigungsabstände nach DIN 1988 (Auswahl)

- dem Baustoff (construction material), der Dimensionierung und der Ausführung der Decken und Wände
- der Nutzungsart der Räume

4.3.2 Befestigungsuntergründe

Die Art und Beschaffenheit des als Befestigungsuntergrund (fastening background) dienenden Baustoffs bestimmen die Wahl des Dübelsystems. Grundsätzlich unterscheidet man zwischen Beton, Mauerwerk und Plattenbaustoffen.

4.3.2.1 Beton

Beton (concrete) besteht aus Zement, Gesteinskörnungen wie z. B. Kies und aus Wasser. Je nach Festigkeitsklasse des verwendeten Zements, Beschaffenheit der Gesteinskörnung und des Zugabewassers sowie des Mischungsverhältnisses von Zement, Gesteinskörnung und Wasser ergeben sich unterschiedliche Betoneigenschaften.

Betonarten

Nach der Trockenrohdichte unterscheidet man **Leichtbeton, Normalbeton und Schwerbeton** (Bild 2). In Leichtbeton ist als Zusatz z. B. Blähton, Bims oder Styropor enthalten. Für Normalbeton wird eine Gesteinskörnung aus Sand, Kies oder Splitt verwendet. Bei Schwerbeton kommen Zusätze wie z. B. Stahlsand oder Stahlschrott zum Einsatz.

Nach der Bewehrung unterteilt man Beton in **Stahlbeton** (mit Betonstahl) und **unbewehrten Beton**.

Nach dem Ort der Herstellung unterscheidet man **Baustellenbeton** und **Transportbeton**. Aus Wirtschaftlichkeitsgründen und Aspekten der Qualitätssicherung wird heute überwiegend Transportbeton eingesetzt.

Betonart	Trockenrohdichte in kg/m³	Gesteinskörnungen
Leichtbeton	≥ 800 und ≤ 2000	Blähton, Blähschiefer, Natur-, Hüttenbims, Ziegelsplitt
Normalbeton	> 2000 und ≤ 2600	Sand, Kies, Splitt, Hochofenschlacke
Schwerbeton	> 2600	Schwerspat, Eisenerz, Eisengranulat

2 Betonarten nach Rohdichte

4.3.2.2 Mauerwerk

Ein Mauerwerk (brickwork) (Bild 3) ist ein Bauteil, das vorwiegend aus künstlichen, in seltenen Fällen auch aus natürlichen Steinen hergestellt wird. Die Steine (bricks) werden im Verband in einem ca. 10 bis 12 mm dicken Mörtelbett verlegt, wodurch die Unebenheiten der Steine ausgeglichen werden und eine vollflächige Druckübertragung gewährleistet wird. Maß- und formgenaue Steine können auch verklebt werden.

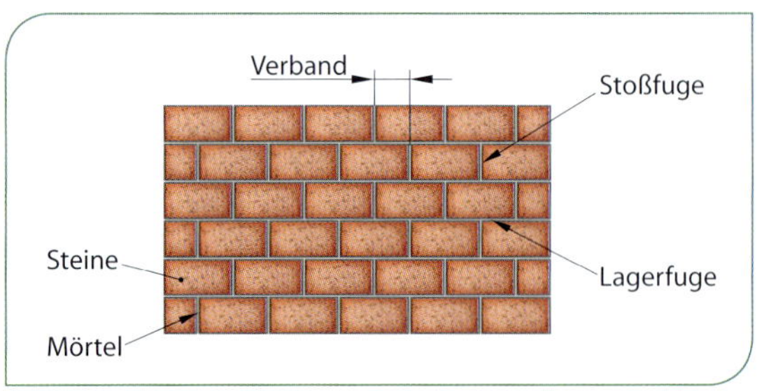

3 Mauerwerk

1 Vollziegel

2 Lochziegel

3 Kalksandsteine

4 Mauerstein aus Normalbeton

5 Porenbetonstein

4.3.2.2.1 Natursteine

Natursteine (natural stones) haben uneinheitliche Gefüge und Festigkeiten. Deshalb gibt es für den Einsatz von Dübeln in Mauern mit natürlichen Steinen keine bauaufsichtlichen Zulassungen. Besonders harte Natursteine wie z. B. Granit erhalten durch Polieren eine sehr glatte Oberfläche und werden häufig z. B. für Fliesen verwendet.

4.3.2.2.2 Künstliche Steine

Künstliche Steine (artificial stones) sind in der Festigkeit, dem Gefüge, den Abmessungen und der Farbe wesentlich gleichmäßiger als Natursteine. Nach der Herstellung unterscheidet man gebrannte und ungebrannte Steine.
Gebrannte Mauersteine sind z. B. Mauerziegel und Schamottesteine. Zu den ungebrannten Mauersteinen gehören z. B. Kalksandsteine, Mauersteine aus Normalbeton und Leichtbeton sowie Porenbetonsteine. Nach dem Gefüge und dem Lochflächenanteil unterteilt man die künstlichen Mauersteine in Vollsteine mit dichtem Gefüge, Vollsteine mit porigem Gefüge, Lochsteine mit dichtem Gefüge und Lochsteine mit porigem Gefüge.

Mauerziegel

Mauerziegel (building bricks) werden aus Ton (Verwitterungsprodukt zahlreicher Gesteine, z. B. Granit) oder Lehm (Mischung aus Ton und Sand) geformt und anschließend bei Temperaturen zwischen 800 °C und 1200 °C gebrannt. Durch Zugabe von Poren bildenden Stoffen wie z.B. Sägemehl oder Polystyrolkörner zum Ziegelrohstoff wird die Wärmedämmfähigkeit wesentlich verbessert. Mauerziegel werden als Vollziegel und Lochziegel hergestellt.

Vollziegel (solid bricks) (Bild 1) sind Mauersteine ohne Hohlräume oder mit einem Lochflächenanteil bezogen auf die Lagerfläche von höchstens 15 %. **Lochziegel** (cellular, perforated bricks) (Bild 2) dagegen weisen einen Lochflächenanteil von mehr als 15 % auf. **Leichtziegel (Porenziegel)** besitzen eine sehr gute Wärmedämmfähigkeit, weshalb sie als **Hochlochblockziegel** häufig für Außenwände verwendet werden. **Klinker** (hard-burnt briks, clinker) sind besonders druckfeste Ziegel mit hoher Frostbeständigkeit. Daher werden sie als Vormauersteine z. B. für Fassaden verwendet.

Kalksandsteine

Kalksandsteine (sand-lime bricks) (Bild 3) werden aus Kalk und Sand durch Pressen und Dampfhärten hergestellt. Sie sind widerstandsfähig gegen mechanische Beanspruchungen, eignen sich durch hohe Druckfestigkeit für hoch

1 Gipsplatten

2 Gipsplatten für Feuchträume

3 Faserverstärkte Gipsplatte

4 Spanplatte

belastbares Mauerwerk, weisen eine hohe Maß- und Formgenauigkeit auf und besitzen scharfkantige und planebene Oberflächen. Im Kantenbereich sind sie jedoch bruchgefährdet. Bei **Kalksandvollsteinen** darf der Querschnitt durch Lochungen und Grifföffnungen bis max. 15 % gemindert sein. **Kalksandlochsteine** gibt es mit unterschiedlichen Lochflächenanteilen.

Mauersteine aus Beton

Mauersteine aus Normalbeton (Bild 4, Seite 87) werden aus Zement, Wasser und Zuschlagstoffen wie z. B. Kies, Splitt, Schotter meist als Hohlblöcke hergestellt. Sie sind frostbeständig, besitzen ein hohes Gewicht und eine hohe Druckfestigkeit und Härte. Eingesetzt werden Mauersteine aus Normalbeton z. B. für Kellergeschosse.

Mauersteine aus Leichbeton werden aus Zement, Wasser und Zuschlägen mit porigem Gefüge wie z. B. Naturbims, Blähton, Ziegelsplitt, als Vollsteine und Hohlblocksteine hergestellt. Durch das porige Gefüge wird die Rohdichte vermindert und die Wärmedämmfähigkeit dieser Steine erhöht. Aufgrund der rauen Oberfläche haftet der Putz wesentlich besser als bei Mauersteinen aus Normalbeton.

Porenbetonsteine (cellular, aerated concrete stones) (Bild 5, Seite 87) werden aus Zement, Kalk, Sand, Wasser und Poren bildenden Zusätzen als Block- und Plansteine hergestellt. Aufgrund der geringen Rohdichte haben Porenbetonsteine eine gute Wärmedämmfähigkeit, sind aber nicht frostbeständig und besitzen nur eine mäßige Festigkeit. Porenbetonsteine sind z. B. durch Sägen leicht zu bearbeiten und werden deshalb für Vor- und Ausmauerungen von Sanitäreinrichtungen häufig eingesetzt.

4.3.2.3 Plattenbaustoffe

Plattenbaustoffe (slab (panel) materials) sind dünnwandige Baustoffe mit meist geringer Festigkeit wie z. B. Gipsplatten (Rigipsplatten), faserverstärkte Gipsplatten (Fermacell) oder Spanplatten.

Gipsplatten (gypsum plaster-boards) (Bild 1) sind aus Gips (gypsum) bestehende Platten, deren Flächen und Längskanten mit einem festhaftenden Spezialkarton ummantelt sind. Sie werden z. B. für Wand- und Deckenverkleidungen auf Unterkonstruktionen und Trennwände verwendet. Bei Gipsplatten für Feuchträume wie z. B. Bäder ist der Gipskern gegen Feuchtigkeit spezialimprägniert (Bild 2). Bei Feuerschutz-Gipsplatten ist der Gipskern zusätzlich verfestigt und zur Verbesserung des Gefügezusammenhalts mit Glasfasern versehen.

Faserverstärkte Gipsplatten (gypsum fibre-boards) (Bild 3) bestehen aus einem Gemisch aus Gips und Papierfasern, die in Recyclingverfahren gewonnen werden. Diese beiden Stoffe werden unter hohem Druck zu Platten gepresst, getrocknet, mit einem Wasser abweisenden Mittel imprägniert und auf die benötigten Formate zugeschnitten. Faserverstärkte Gipsplatten sind Bau-, Feuerschutz- und Feuchtraumplatten zugleich. Es gibt sie in den unterschiedlichsten Größen und Formaten. Sie werden z. B. bei nicht tragenden Trennwänden mit Stahl- oder Holz-Unterkonstruktion und bei tragenden Trennwänden mit einer Holz-Unterkonstruktion eingesetzt. Auch tragende und nicht tragende Wohnungstrennwände und Brandwände können mit faserverstärkten Gipsplatten errichtet werden.

Spanplatten (chip boards) (Bild 4) werden hergestellt, indem man Holzspäne verschiedener Größe mit Kunstharzklebstoff unter Zuführung von Wärme presst. Spanplatten werden im Innenausbau für Fußböden, Decken, Wände und Verkleidungen verwendet.

4.3.3 Befestigungselemente

4.3.3.1 Dübel und Anker

Mit Dübeln (wall plugs, dowels, anchors) und Ankern (anchors) werden Rohrleitungen und Sanitäreinrichtungsgegenstände form-, kraft- oder stoffschlüssig mit dem Baukörper (Wände, Decken, Fußboden) verbunden. Um im Anwendungsfall die richtige Wahl des Dübels bzw. Ankers zu treffen und eine dauerhaft sichere Befestigung zu erzielen, ist es erforderlich, sich mit der vorhandenen Vielfalt von Systemen vertraut zu machen.

Wirkungsweise von Dübeln und Ankern

Der Dübel bzw. Anker überträgt die auftretenden Kräfte in den Befestigungsuntergrund (Baukörper). Man unterscheidet dabei drei verschiedene Wirkprinzipien:

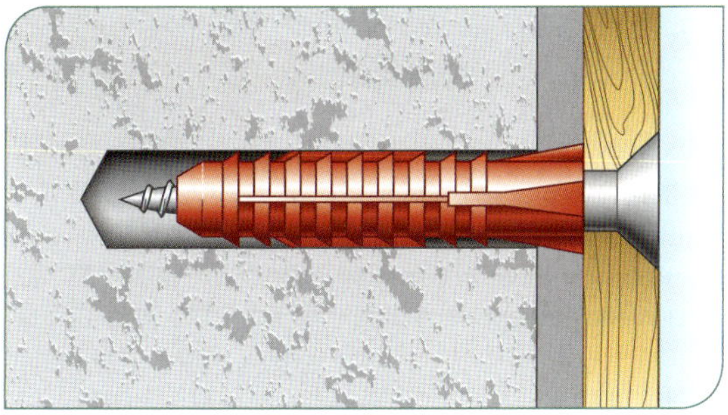

1 Kraftschluss

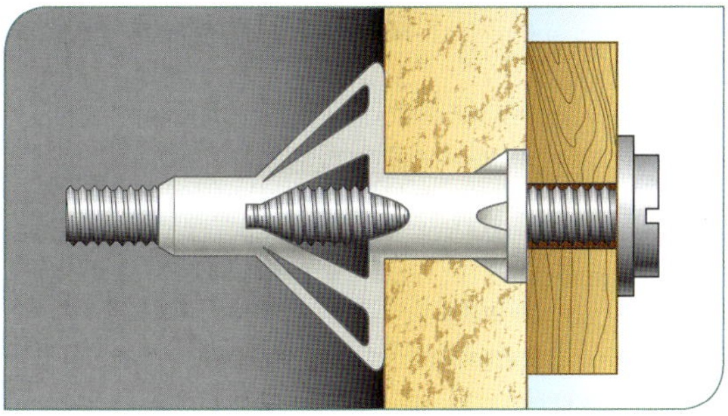

2 Formschluss

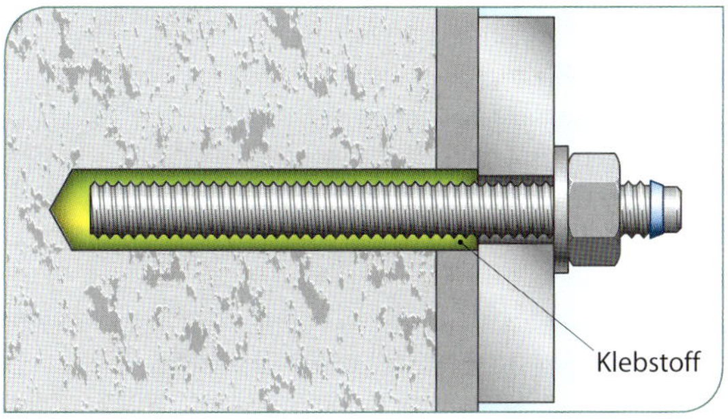

3 Stoffschluss

Beim **Kraftschluss** (non-positive locking) wird der gespreizte Dübel bzw. Anker an die Bohrlochwand gepresst und durch Reibungskräfte gehalten (Bild 1).

Beim **Formschluss** (positive locking) hält der Dübel bzw. Anker durch Veränderung seiner Form und eventuell durch Verformung des Befestigungsuntergrunds bzw. des Dübellochs (Bild 2).

Beim **Stoffschluss** (resin anchoring, firmly bonded locking) verbindet sich der Dübel bzw. Anker stofflich z. B. mittels Mörtel oder Kleber mit dem Befestigungsuntergrund (Bild 3).

Dübelarten

Bei den Dübelarten (types of wall plug (dowel)) unterscheidet man hinsichtlich des Werkstoffes Kunststoff- und Metalldübel. Nach der Kraftübertragung in den Befestigungsuntergrund unterscheidet man Spreiz-, Hohlraum und Allzweck- bzw. Universaldübel.

Spreizdübel (expansion plugs (anchors)) werden beim Eindrehen der Schraube entlang des längsgeschlitzten Spreizteils auseinander gedrückt und gegen die Bohrlochwand gepresst. Ihre Wirkungsweise beruht auf Kraftschluss. Spreizdübel eignen sich optimal für Beton, Vollziegel, Kalksand-Vollsteine und Vollsteine aus Leichtbeton.

Hohlraumdübel (cavity plugs (anchors)) erzeugen in einem Hohlraum durch Verformung einen sogenannten Formschluss. Der Dübel vergrößert im Hohlraum seinen Querschnitt und verhindert dadurch das Herausziehen aus dem Bohrloch. Hohlraumdübel sind bevorzugt anzuwenden bei Hohl- bzw. Lochsteinen wie z. B. Hochlochziegel, Kalksandlochsteinen, Leichbetonhohlblocksteinen sowie bei Bauplatten wie z. B. Gipskartonplatten und Spanplatten.

Allzweck- bzw. Universaldübel (general purpose plugs (dowels)) übertragen die Kräfte in Abhängigkeit vom Baustoff durch Kraft- oder Formschluss.

4.3.3.1.1 Kunststoffdübel

Kunststoffdübel (plastic plugs (dowels)) bestehen aus Polyamid (Nylon) und werden als Spreiz-, Hohlraum- und Universaldübel angeboten. Der ausgeprägte Dübelrand (Kragen am Hülsenende) bei manchen Ausführungen verhindert ein Tieferrutschen des Dübels in das Bohrloch.

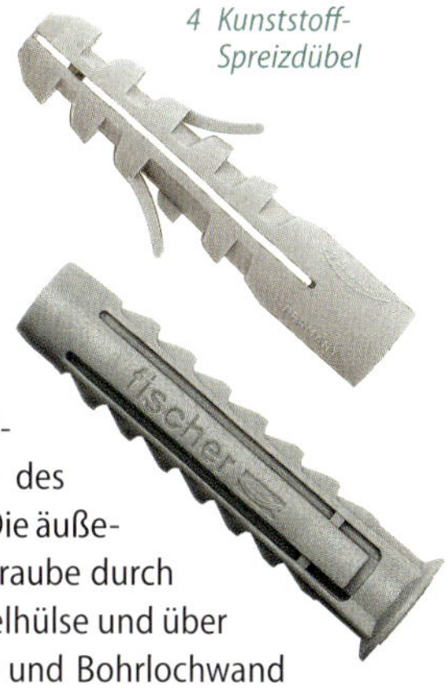

4 Kunststoff-Spreizdübel

Kunststoff-Spreizdübel (Bild 4) eignen sich für Beton, Natursteine, Vollziegel, Kalksand-Vollsteine, Vollsteine aus Leichtbeton, manche Ausführungen können aber auch bei Loch- und Hohlsteinen eingesetzt werden. Die Schraube schneidet beim Eindrehen ein Gewinde in die Dübelhülse und drückt den Spreizteil des Dübels gegen die Bohrlochwand. Die äußeren Zugkräfte werden von der Schraube durch Form- und Kraftschluss in die Dübelhülse und über Kraftschluss zwischen Dübelhülse und Bohrlochwand in den Befestigungsuntergrund übertragen. Der Spreizteil

Lernfelder 1 und 2a

dieser Kunststoffdübel ist geschlitzt und besitzt Sperrzungen, die ein Mitdrehen des Dübels im Bohrloch bei der Montage und Demontage verhindern. Der spreizdruckfreie Dübelhals verhindert, dass Fliesen und Putz beschädigt werden.

Kunststoff-Spreizdübel können mit allen gängigen Holz-, Spanplatten- und Abstandsschrauben kombiniert werden.

Kunststoff-Nageldübel (plastic long-shaft plugs (dowels)) (Bild 1) werden beim Einschlagen der Nagelschraube gespreizt und gegen die Bohrlochwand gepresst. Eine integrierte Einschlagsperre verhindert das vorzeitige Aufspreizen (Verklemmen) des Dübels. Die Werkzeugaufnahme im Schraubenkopf ermöglicht das Lösen und Justieren der Nagelschraube. Kunststoff-Nageldübel werden häufig eingesetzt, wenn Rohre am Fußboden mit Lochbändern befestigt werden. In Lochsteinen muss die vordere Spreizzonenhälfte des Dübels mindestens einen Steinsteg erfassen.

1 Kunststoff-Nageldübel

Kunststoff-Gasbetondübel (plastic aerated concrete plugs (dowels)) (Bild 2) sind Spezialdübel für Porenbeton (Gasbeton). Ihre wendelförmigen Außenrippen schneiden sich formschlüssig in den Baustoff. Bei Verwendung von Sicherheitsschrauben mit verstärktem Kern werden die Spreizkräfte erhöht und damit die Tragfähigkeit des Dübels verbessert. In Verbindung mit der Sicherheitsschraube ist der Dübel bauaufsichtlich zugelassen. Zur Befestigung in Feuchträumen sind Sicherheitsschrauben aus nicht rostendem Stahl vorgeschrieben.

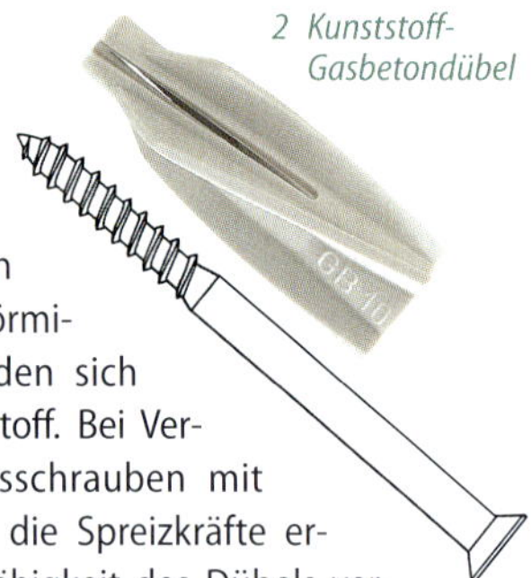

2 Kunststoff-Gasbetondübel

Kunststoffdübel für Gipsplatten (plastic gypsum board plugs (dowels)) (Bild 3) eignen sich für einfache und doppelt beplankte sowie rückseitig isolierte Wände aus Gipsplatten. Sie werden mit einem Setzwerkzeug in die Gipsplatte eingedreht. Das scharfe, selbstschneidende Gewinde ermöglicht eine sichere formschlüssige Befestigung.

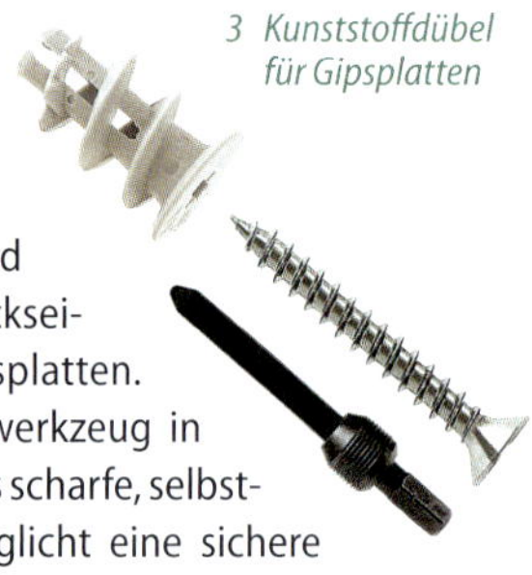

3 Kunststoffdübel für Gipsplatten

Kunststoff-Hohlraumdübel (Bild 4) werden für Plattenbaustoffe, Hohl- und Lochsteine verwendet. Durch das Eindrehen der Schraube wird die Dübelspitze herangezogen. Die Dübelschenkel falten sich im Hohlraum oder an der Plattenrückwand auf und verhindern dadurch das Herausziehen des Dübels aus dem Bohrloch; der Dübel verankert sich formschlüssig. In Vollbaustoffen spreizt der Dübel durch das Eindrehen der Schraube und hält durch den Anpressdruck an der Bohrlochwand. Der abgebildete Kunststoff-Hohlraumdübeltyp muss zusammengedrückt (zusammengefaltet) in das Bohrloch eingebracht werden.

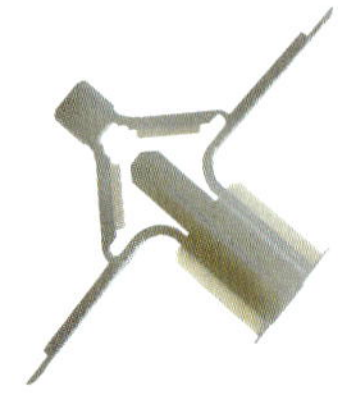

4 Kunststoff-Hohlraumdübel

Allzweck- bzw. Universaldübel aus Kunststoff (Bild 5) übertragen die Kräfte in Abhängigkeit vom Befestigungsuntergrund durch Kraft- und/oder Formschluss. In Beton und Vollsteinen verspreizen sie sich, in Hohl- bzw. Lochsteinen oder hinter Plattenbaustoffen verknoten sie beim Eindrehen der Schraube (Bild 6). Allzweck- bzw. Universaldübel können deshalb für Beton, Mauerwerk aus Voll- und Loch- bzw. Hohlsteinen sowie Bauplatten verwendet werden.

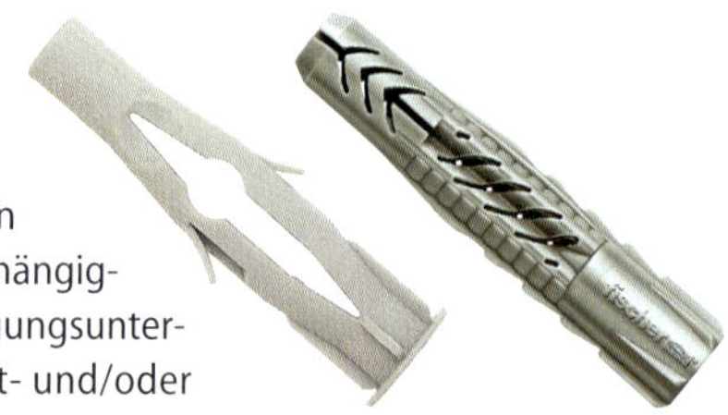

5 Kunststoffallzweck- bzw. -universaldübel

6 Verknotung bei Plattenbaustoff

4.3.3.1.2 Metalldübel

Spreiz- und Hohlraumdübel aus Metall bestehen entweder aus verzinktem Stahl, aus nicht rostendem Stahl oder aus Speziallegierungen. Nach der bisherigen TRGI wird für Gasleitungen (gas pipes), deren Rohrverbindungen im Brandfall nicht längskraftschlüssig sind, d. h. am Fitting auseinander gleiten können, wie z. B. hartgelötete Kupferrohre oder Klemmringverbindungen an Stahlrohrleitungen, eine Rohrbefestigung aus nicht brennbarem Material und mit Metalldübeln gefordert.

Nach TRGI 2008 können dafür auch Kunststoffdübel verwendet werden, wenn gewährleistet wird, dass die Gasleitung bis zu einer Temperatur von 650 °C an der Decke gehalten wird. In Feuchträumen und im Freien dürfen nur Metalldübel aus nichtrostendem Stahl eingesetzt werden. Metalldübel aus Speziallegierungen werden bei besonders aggressiven Umgebungen, z. B. in chlorhaltiger Atmosphäre verwendet.

Metallspreizdübel (metal expansion plugs (anchors)) (Bild 7) sind tragfähiger und sicherer als solche aus Kunststoff, da sie wesentlich höhere Spreizkräfte auf die Bohrlochwand übertragen können. Während die äußere Verzahnung eine hohe Tragfähigkeit gewährleistet, sorgt die rippenförmige Innengeometrie für eine sichere Schraubenführung.

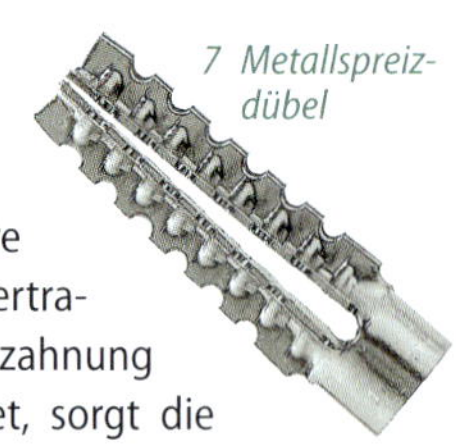

7 Metallspreizdübel

Messing-Spreizdübel (brass expansion plugs (anchors)) (Bild 8) eignen sich für geringe Verankerungstiefen sowie ge-

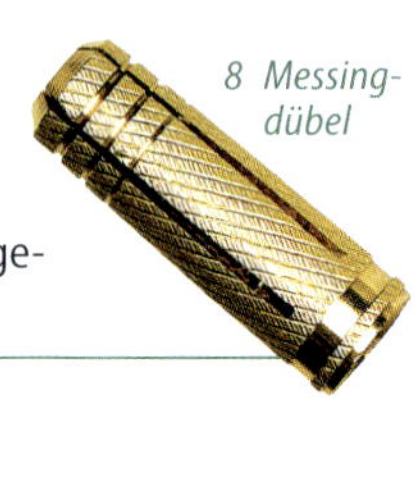

8 Messingdübel

Lernfelder 1 und 2a

ringe Rand- und Achsabstände. Sie werden für Plattenbaustoffe, Beton, Natursteine mit dichtem Gefüge, Vollziegel und Kalksand-Vollsteine verwendet.

Metall-Porenbetondübel (metal aerated concrete plugs (anchors)) (Bild 1) schneiden sich formschlüssig in den Porenbeton (Gasbeton) ein. Sie werden zur Befestigung von leichten Rohrarten und Anlagenteilen verwendet. Die spreizdruckfreie Verankerung ermöglicht kleine Randabstände.

1 Metall-Porenbetondübel

Metalldübel für Gipsplatten (metal gypsum board plugs (anchors)) (Bild 2) werden bei Gipsplatten, faserverstärkten Gipsplatten und Holzbauplatten eingesetzt. Sie besitzen ein selbstschneidendes Gewinde, sodass ein Vorbohren nicht erforderlich ist.

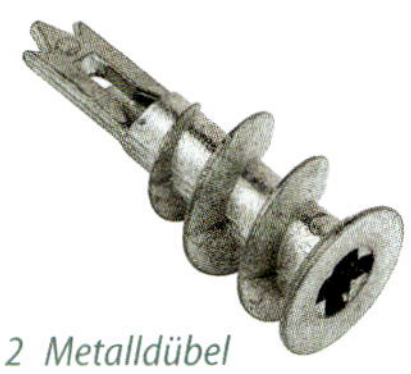

2 Metalldübel für Gipsplatten

Hohlraum-Metalldübel (metal cavity plugs (anchors)) (Bild 3) bestehen aus einer Blechhülse, die in mehrere Spreizarme unterteilt ist. In der kompakten Dübelspitze befindet sich ein metrisches Gewinde zur Aufnahme der Befestigungsschraube. Beim Eindrehen der Schraube legen sich die Spreizarme hinter der Platte um und stützen sich großflächig ab. Der große Anpressradius erhöht die Tragfähigkeit und Sicherheit. Die ausgeprägten Krallen verhindern ein Mitdrehen während der Montage und dienen somit als Verdrehsicherung. Hohlraum-Metalldübel eignen sich z. B. für Gipsplatten, faserverstärkte Gipsplatten, Span- und Sperrholzplatten sowie für Hohldecken.

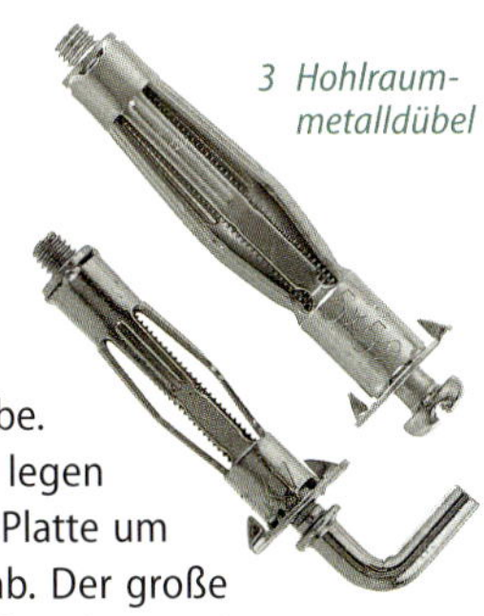

3 Hohlraummetalldübel

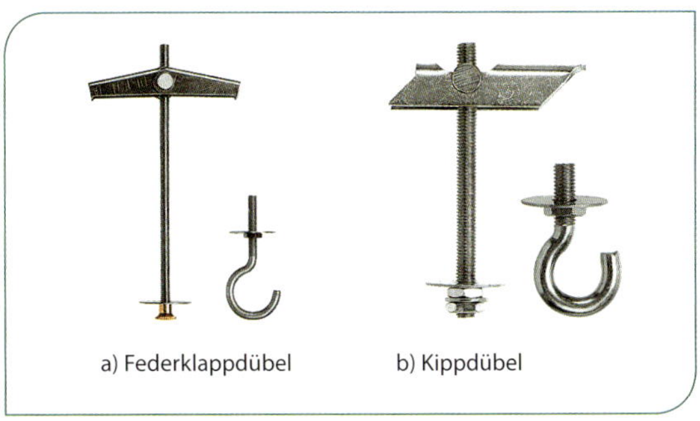

4 Kippdübel und Federklappdübel

Metall-Kippdübel (metal gravity toggle fixings) (Bild 4 a) besitzen einen Kippbalken, der in Hohlräumen verriegelt. **Metall-Federklappdübel** (metal spring toggle fixings) (Bild 4 b) spreizen durch die Federkraft selbständig in jeder Lage auf. Beide Dübeltypen werden als Komplett-Elemente, d. h. mit Schraube oder Haken angeboten. Federklappdübel benötigen konstruktionsbedingt geringere Hohlraumtiefen als Kippdübel.

4.3.3.1.3 Ankerarten

Dübel aus galvanisch verzinktem oder korrosionbeständigem Stahl für die Befestigung schwererer Lasten (loads) werden üblicherweise als Anker bezeichnet.

Injektionsanker (grout anchors) **(Injektionssysteme)** (Bild 5) bestehen aus einem Verankerungselement (anchor element) wie z. B. einer Gewindestange oder einem Innengewindeanker sowie dem Injektionsmörtel (intrusion mortar), der bei Beton und Vollsteinen vor dem Setzen des Verankerungselements in das Bohrloch eingebracht wird (vgl. Lernfeld 3, Kap. 2.5.3). Der Injektionsmörtel füllt den Hohlraum zwischen Verankerungselement und Bohrlochwand, härtet zeit- und temperaturabhängig aus und verklebt das Verankerungselement mit der Bohrlochwand. Die Kraftübertragung erfolgt durch Stoffschluss.

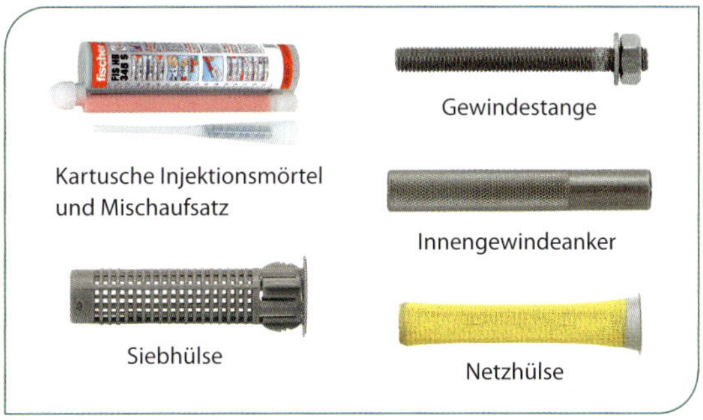

5 Injektionsanker (Injektionssysteme)

Bei Hohl- bzw. Lochsteinen ist vor dem Einbringen des Injektionsmörtels eine Sieb- oder Netzhülse (sieve- or net sleeve) in das Bohrloch einzuführen, um die Mörtelmenge zu begrenzen (vgl. Lernfeld 3, Kap. 2.5.2). Der eingepresste Injektionsmörtel bildet in den Kammern einen Formschluss mit den Stegen (Bild 6).

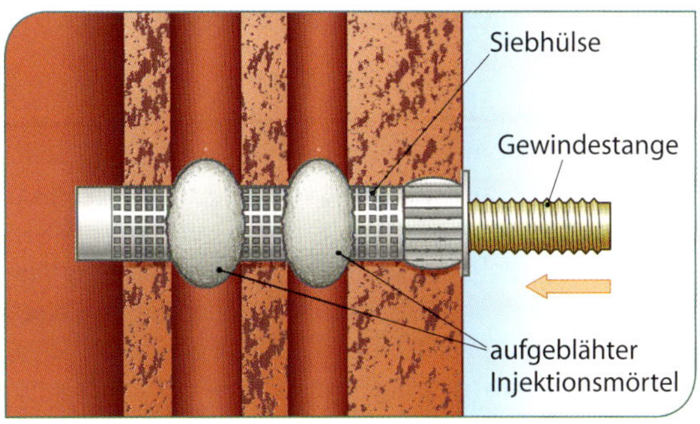

6 Injektionsanker in Lochbaustoffen

Da bei Befestigungen mit Injektionsankern keine Spreizkräfte auftreten, sind geringe Achs- und Randabstände möglich (vgl. Lernfeld 3, Kap. 2.5.3).

Injektionsanker sind geeignet für Beton, Porenbeton (Gasbeton), Vollsteine (z. B. Vollziegel, Vollklinker, Kalksandvollsteine) sowie Hohl- und Lochsteine (z. B. Hochlochziegel, Kalksandlochsteine, Hohlblocksteine aus Leichtbeton).

Reaktionsanker (resin anchors) **(Verbundanker)** (Bild 1) bestehen aus einem Verankerungselement wie z. B. einer Gewindestange und einer Glaspatrone (resin capsule), die den Verbundmörtel (Verbundharz und Härter) enthält. Beim Setzvorgang wird die Patrone zerstört und der Verbundmörtel verklebt das Verankerungselement mit der Bohrlochwand und dichtet das Bohrloch ab. Eine Belastung der Verankerung darf allerdings erst nach Einhaltung der vorgeschriebenen Aushärtezeit (curing time) erfolgen. Da Anker dieser Art ohne Spreizung bzw. Vorspannung funktionieren, ermöglichen sie geringe Achs- und Randabstände. Reaktionsanker sind einsetzbar in Beton und in Natursteinen mit dichtem Gefüge.

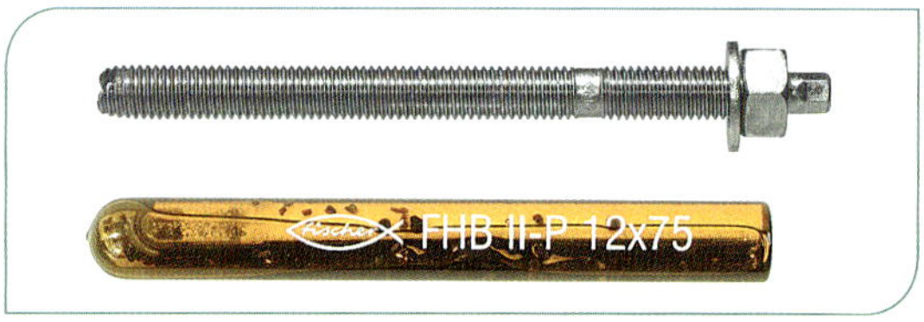

1 Reaktionsanker

Deckennägel (ceiling nails) (Bild 2) sind geeignet für Beton, Natursteine mit dichtem Gefüge, Vollziegel und Kalksand-Vollsteine. Häufig werden sie zur Befestigung von Schienen und Lochbändern an Betondecken eingesetzt. Beim Einsetzen des Deckennagels in das Bohrloch sind Schläge auf den Spreizkeil (Stift) zu vermeiden ❶. Beim Eintreiben des Spreizkeils ❷ wird der Deckennagel gespreizt und verspannt sich gegen die Bohrlochwand. Vorteile des Deckennagels sind, dass durch die Schlagmontage die Montagezeit (assembling time) reduziert wird und kein spezielles Setzwerkzeug (setting tool) erforderlich ist.

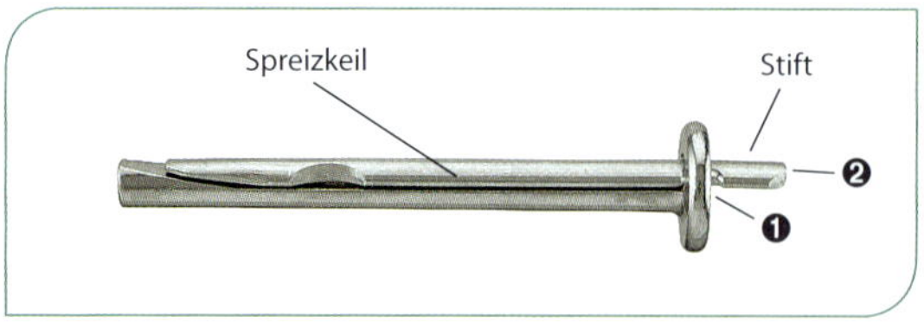

2 Deckennagel

Spreizanker (expansion anchors) wie z. B. **Ankerbolzen** (Bild 3), **Schwerlastanker** (Bild 4) u. a., werden durch Anziehen der Sechskantmutter mit einem Drehmomentschlüssel (torque wrench) mit vorgeschriebenen Drehmoment verankert. Dabei wird der Konusbolzen in die Spreizhülse gezogen. Diese wird dadurch gespreizt und gegen die Bohrlochwand gepresst. Übersteigen die auf den Anker wirkenden Kräfte die vorhandene Vorspannkraft oder erweitert sich das Bohrloch durch Rissbildung, wird der Konusbolzen weiter in die Spreizhülse hineingezogen und dadurch die Haltekraft des Ankers aufrechterhalten. Dieser Vorgang wird als Nachspreizen bezeichnet. Spreizanker sind einsetzbar in Beton und in Natursteinen mit dichtem Gefüge.

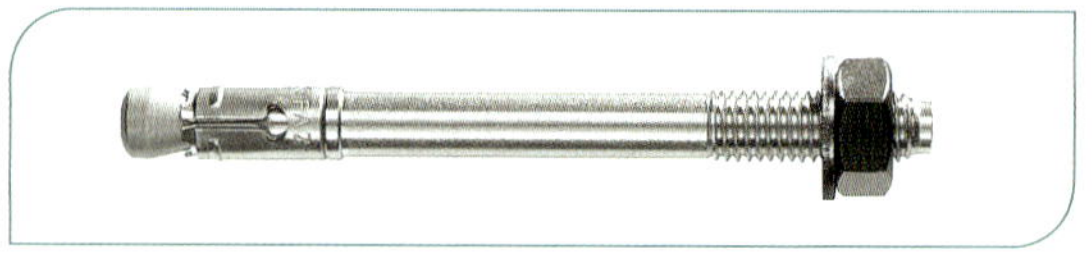

3 Ankerbolzen

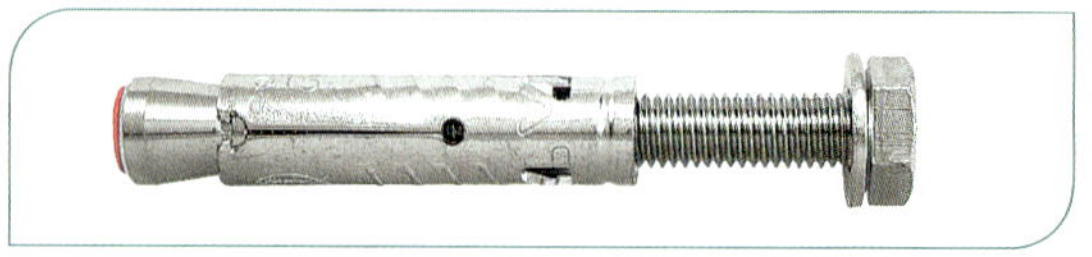

4 Schwerlastanker

Einschlaganker (hammerset anchors) (Bild 5) sind Innengewindeanker, die in Beton und Natursteinen mit dichtem Gefüge einsetzbar sind. Beim Eintreiben des Spreizkonus mit einem speziellen Setzwerkzeug wird die Ankerhülse aufgespreizt und gegen die Bohrlochwand gepresst. Die Spreizwirkung beschränkt sich auf den Bereich des Konus. Einschlaganker können nicht nachspreizen und übertragen die äußeren Zugkräfte durch Kraftschluss auf den Befestigungsuntergrund. Der vorgeschriebene Bohrlochdurchmesser und die erforderliche Bohrlochtiefe müssen exakt eingehalten werden.

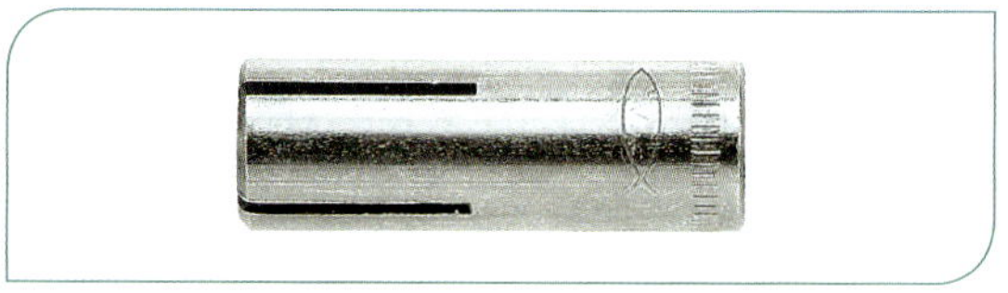

5 Einschlaganker

Bei **Hinterschnittankern** (undercut anchors) wie z. B. **Zyklon-Ankern** (Bild 6), wird eine Verkeilung (Formschluss) des Ankers mit dem Befestigungsuntergrund erzeugt. Dazu wird das Bohrloch mit einem Spezialbohrer an seinem Grund aufgeweitet (vgl. Lernfeld 3, Kap. 2.5.3).

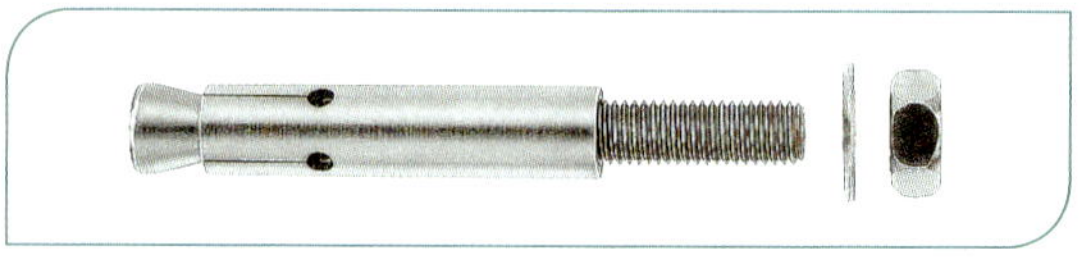

6 Zyklonanker

Beim Setzen des Ankers wird die Ankerhülse über den Konus geschlagen, sodass sie das hinterschnittene Bohrloch formschlüssig ausfüllt (Bild 7). Mit Hinterschnittankern können große Lasten mit sehr geringen Rand- und Achsabständen befestigt werden, da die äußeren Kräfte durch Formschluss in der Aufweitung am Ende des Bohrlochs übertragen werden. Hinterschnittanker sind für Beton, Natursteine mit dichtem Gefüge, Vollziegel und Kalksand-Vollsteine geeignet.

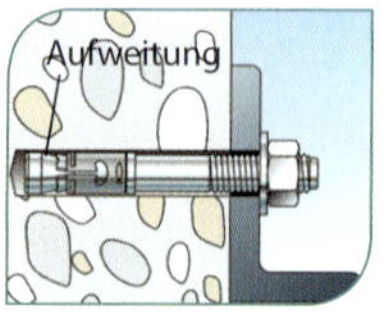

7 Formschluss durch hinterschnittenes Bohrloch

4.3.3.1.4 Auswahl der Dübel und Anker

Die Auswahl der Dübel und Anker hängt von verschiedenen Faktoren ab. Die Übersicht unten auf dieser Seite zeigt die wesentlichen Aspekte.

Befestigungsuntergrund

Die Auswahl eines geeigneten Dübels oder Ankers wird im Wesentlichen durch den Befestigungsuntergrund und dessen Tragfähigkeit bestimmt. Bei Verankerungen im Beton ist fast immer davon auszugehen, dass Risse (fissures) vorhanden sind, da z. B. äußere Belastungen, Spannungen durch Temperaturunterschiede oder Verformungen die geringe Zugfestigkeit des Betons schnell überschreiten können. Risse im Verankerungsbereich beeinflussen die Tragfähigkeit (load-carrying capacity) der Dübel bzw. Anker. Die Auswahl geeigneter Dübel und Anker für ein Mauerwerk muss in Abhängigkeit vom Material, Gefüge, Festigkeit und Lochflächenanteil der verwendeten Steine erfolgen.
Die Verankerung der Dübel und Anker sollte möglichst in den Steinen erfolgen, da deren Festigkeit insbesondere in Altbauten meist höher ist als die des Mörtels. Da die Steine in den Stoßfugen (vertical joints) häufig nicht vermörtelt werden, darf in diesen im Allgemeinen nicht mit Dübeln und Ankern befestigt werden. Plattenbaustoffe wie z. B. Gipsplatten erfordern Verankerungen, die stark in den Baustoff eingreifen oder sich großflächig hinter der Platte anlegen können.

Beanspruchung

Dübelbefestigungen können durch **Zug** (tension load) (in Achsrichtung wirkende Kräfte), durch **Querzug** (shear load) (vertikal wirkende Kräfte) oder durch **Schrägzug** (combined tension and shear load) (Kombination aus Zug und Querzug) beansprucht werden (Bild 2). Liegt das Montagebauteil nicht vollflächig an der Wand an wie z. B. bei Abstandsmontage von Rohrleitungen wegen der angebrachten Wärmedämmung oder besteht ein zu großes Spiel zwischen Dübel und dem Durchgangsloch des Montagebauteils, tritt eine Biegebeanspruchung (flexural load, bending stress) auf, die eine deutliche Verminderung der Traglast der Befestigung zur Folge hat. Deshalb sollten beim zuletzt erwähnten Fall die maximal zulässigen Durchgangslochdurchmesser im Montagebauteil (Bild 3) eingehalten werden.

PRAXISHINWEIS

Der verwendete Baustoff kann beim Bohren des Dübellochs und durch Analyse des Bohrmehls bestimmt werden. Lässt sich beim Bohren ohne Schlag leicht Material abtragen, ist von einem weichen Baustoff auszugehen. Rutscht der Bohrer plötzlich ins Leere und trifft dann wieder auf Widerstand, handelt es sich um einen Hohl- oder Lochstein. Ist das Bohrmehl rot, hat man es mit einer Ziegelwand zu tun. Weißes Bohrmehl deutet auf Kalksandstein hin, graues Bohrmehl lässt auf Beton schließen.

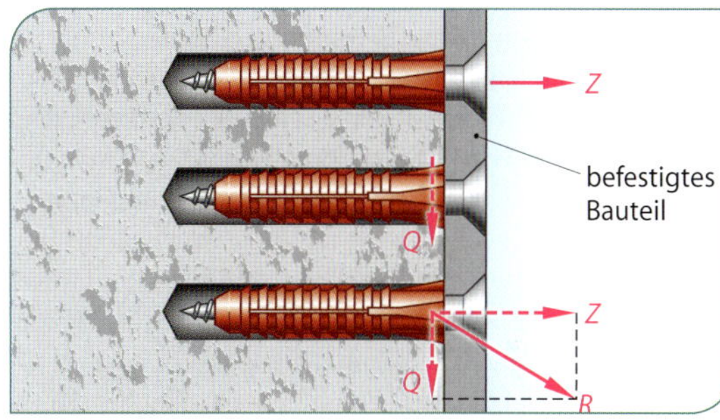

2 Dübelbeanspruchung

Dübeldurchmesser im Bereich des Montagebauteils											
6	8	10	12	14	16	18	20	22	24	27	30
7	9	12	14	16	18	20	22	24	26	30	33
Max. zulässiger Durchmesser des Durchgangslochs im Montagebauteil											

3 Durchgangslöcher im Montageteil

Aspekte bei der Dübel- und Ankerauswahl					
Befestigungs-untergrund	Beanspruchung	Umgebungs-bedingungen	Sicherheit	Wirtschaft-lichkeit	Montage
• Beton • Mauerwerk • Leichtbau	• Zug • Querzug • Schrägzug • Biegung	• Temperatur • Feuchtigkeit • Korrosion	• Brandschutz • Funktions-sicherheit	• Produktpreis • Montage-aufwand	• Montageort (z. B. Wand, Decke, Fußboden) • Einzel- oder Mehrfachbefestigung • Montageart (z. B. Vorsteckmontage, Durchsteckmontage, Abstandsmontage) • Abmessungen, Maßvorgaben (z. B. Bohrlochtiefe, Bohrlochdurchmesser, Bohrlochabstände)

Umgebungsbedingungen
Während bei Metalldübeln bzw. -ankern keine Einschränkungen hinsichtlich der **Temperatur** (temperature) gelten, dürfen Kunststoffdübel und Verbundanker meist nur bei Temperaturen zwischen −40 °C und +50 °C eingesetzt werden. **Feuchtigkeit** (humidity, moisture) im Befestigungsgrund kann zu einer deutlichen Verringerung der Traglast führen. In feuchten Innenräumen und im Außenbereich tritt eine erhöhte Beanspruchung durch **Korrosion** (corrosion) auf. In solchen Anwendungsfällen sind Dübel- bzw. Anker aus korrosionsbeständigen Werkstoffen zu verwenden.

Sicherheit
Besteht bei Versagen einer Befestigung eine Gefahr für die Gesundheit und das Leben von Personen oder kann daraus ein gravierender wirtschaftlicher Schaden entstehen, sind **Zulassungen** (registration, licence) für die Dübel- bzw. Ankerart, deren Bemessung und die Ausführung der Montage erforderlich wie z. B. Allgemeine bauaufsichtliche Zulassung oder brandgeprüfte Dübel. Brandgeprüfte Dübel und Anker werden durch Angabe ihrer Feuerwiderstandsdauer, z. B. F 90[1], gekennzeichnet. Für deutlich von der Zulassung abweichende Anwendungsbedingungen ist gegebenenfalls eine Zustimmung im Einzelfall auf der Grundlage eines Sachverständigengutachtens erforderlich.
Befestigungen, von denen bei Versagen keine Gefährdung von Personen und kein wesentlicher wirtschaftlicher Schaden ausgeht, gelten als nicht sicherheitsrelevant und können nach Herstellerempfehlungen und handwerklichen Regeln ausgeführt werden.

Wirtschaftlichkeit
Bei der Auswahl der Dübel und Anker sind wirtschaftliche Gesichtspunkte (economic points of view) mit zu beachten. Dabei sind aber nicht nur die Preise der Produkte zu vergleichen, vielmehr sind auch alle vor- und nachgelagerten Arbeiten zu berücksichtigen.
Die Dübel- bzw. Ankermontagekosten werden beeinflusst durch

- Preis der Dübel bzw. Anker
- Verfügbarkeit bzw. Lieferzeit der Dübel und Anker
- Anschaffungskosten und Abnutzung von Bohrmaschine und Bohrwerkzeug
- Bohrzeit
- Wartezeit bis zur Belastbarkeit
- Lagerhaltung, z. B. Injektionsmörtel
- Rüstzeiten, z. B. Bedarf an Gerüsten, Leitern

Montage
Einfluss auf die Dübel- bzw. Ankerwahl hat dabei neben dem Montageort (mounting site) wie z. B. Wand, Decke oder Fußboden auch die Montageart (type of installation) wie z. B. Vorsteck-, Durchsteck- und Abstandsmontage. In Abhängigkeit von der Montageart sind Dübel und Anker (Durchmesser und Länge) auf das Montagebauteil (Bauteildicke, Länge des Durchgangsloches) abzustimmen.
Neben dem Befestigungsuntergrund hängt die Wahl der Dübel und Anker auch noch von den Rand- und Achsabständen (edge distance and centre distance) ab. Verankerungssysteme mit geringen Spreizkräften wie z. B. Injektionsanker, Reaktionsanker und Hinterschnittanker eignen sich für geringe Rand- und Achsabstände (vgl. Montage der Dübel- und Verankerungssysteme, S. 172).
Eine Übersicht von in verschiedenen Befestigungsuntergründen einsetzbaren bzw. empfohlenen Dübeln und Ankern zeigt die Tabelle (Bild 1, Seite 95).

4.3.3.1.5 Auswahl der Schrauben für Dübel und Anker

Für Dübel ohne Innengewinde sind Holzschrauben (wood screws) (Bild 1a), Spanplattenschrauben (chip board screws) (Bild 1b) oder Stockschrauben (universal spacing screws) (Bild 1c) verwendbar (vgl. Lernfeld 3, Kap. 2.3.1) Manche Dübel erlauben bei einer Abmessung den Einsatz unterschiedlicher Schraubendurchmesser (screw diameter). Zum Beispiel sind bei Kunststoff-Spreizdübeln für den Dübeldurchmesser 8 mm die Schraubendurchmesser 4,5 mm, 5 mm und 6 mm möglich. Allerdings wird der höchste Haltewert eines Dübels nur mit dem größtmöglichen Schraubendurchmesser erreicht. Bei Verwendung kleinerer Schraubendurchmesser sind die Haltewerte und damit die möglichen Traglasten entsprechend geringer.

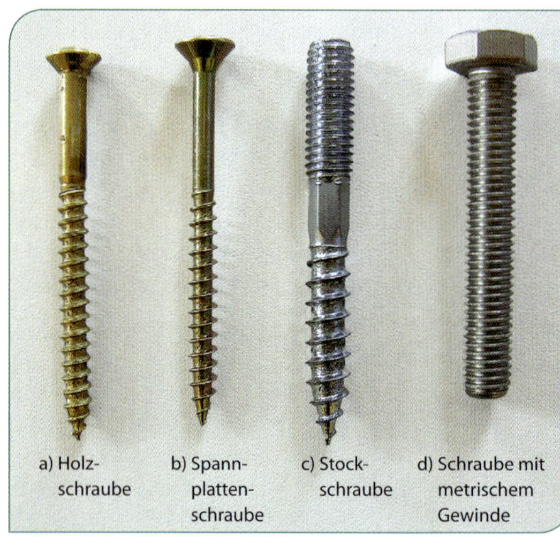

1 Schrauben

Vielfach ist auch die Gewindeform (thread shape) der Schraube von Bedeutung. So haben Spanplattenschrauben einen dünneren Schraubenkern als z. B. Holzschrauben und Stockschrauben bei gleichem Durchmesser. Dies wiederum kann Auswirkungen auf die Spreizkraft haben, mit der die Dübel gegen die Bohrlochwand gedrückt werden. Bei Dübeln und Ankern mit Innengewinde wie z. B. Messingdübeln, müssen Schrauben mit metrischem Gewinde (screws with metric thread) (Bild 1d) verwendet werden. Viele Dübel erfordern eine Mindestlänge der Schraube, damit sie ihre

[1] F 90: Das Bauteil muss im Brandfall dem Feuer mindestens 90 Minuten lang stand halten

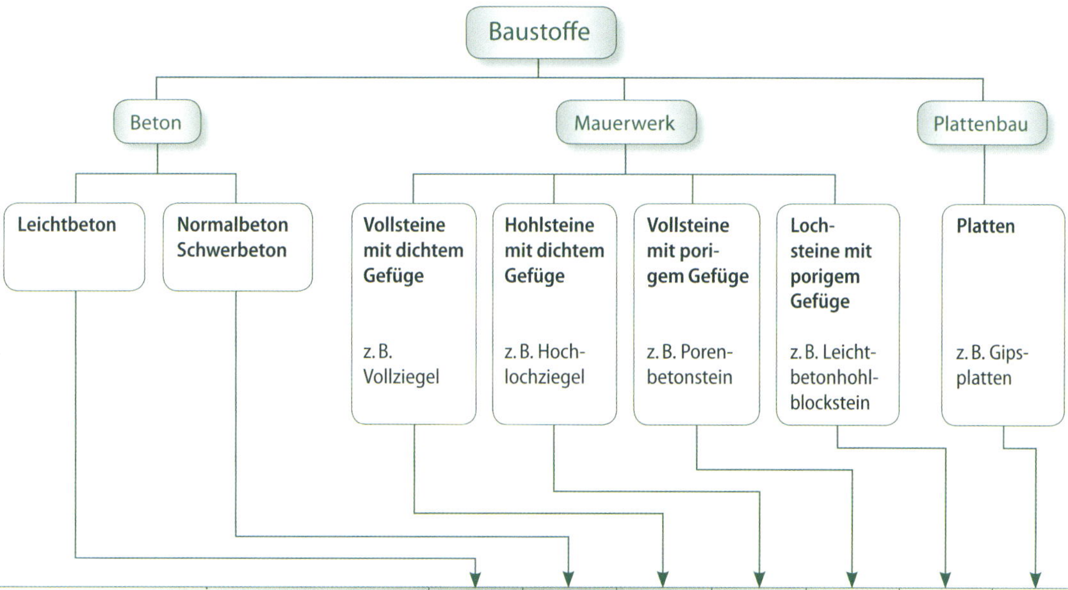

		Leichtbeton	Normalbeton Schwerbeton	Vollsteine mit dichtem Gefüge	Hohlsteine mit dichtem Gefüge	Vollsteine mit porigem Gefüge	Lochsteine mit porigem Gefüge	Platten
Kunststoffdübel								
Spreizdübel		●	●	●	○	●	○	
Nageldübel		●	●	●	○	●	○	
Gasbetondübel						●		
Dübel für Gipsplatten								●
Hohlraumdübel				○	●	○	●	●
Universaldübel		●	●	●	●	●	●	●
Metalldübel								
Spreizdübel		●	●	●	●	●	●	
Messingdübel		●	●	●				
Porenbetondübel						●		
Dübel für Gipsplatten								●
Hohlraumdübel								●
Kippdübel								●
Federklappdübel	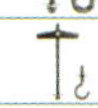							●
Anker								
Injektionsanker	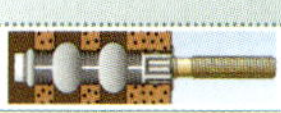	●	●	●	●	●	●	
Verbundanker			●					
Deckennagel			●	●				
Spreizanker	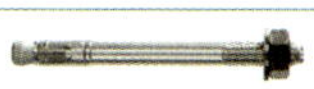		●					
Einschlaganker			●					
Hinterschnittanker			●	●				

● geeignet ○ bedingt geeignet

1 Dübel und Anker bei verschiedenen Befestigungsuntergründen

Funktion wie z.B. Verknoten in Hohl- und Lochbausteinen erfüllen können. Die Mindestschraubenlänge kann wie folgt bestimmt werden:

Mindest-Schraubenlänge = Schraubendurchmesser *A* + Länge des Dübels *B* + Dicke des Montagebauteils *C* (Bild 1)

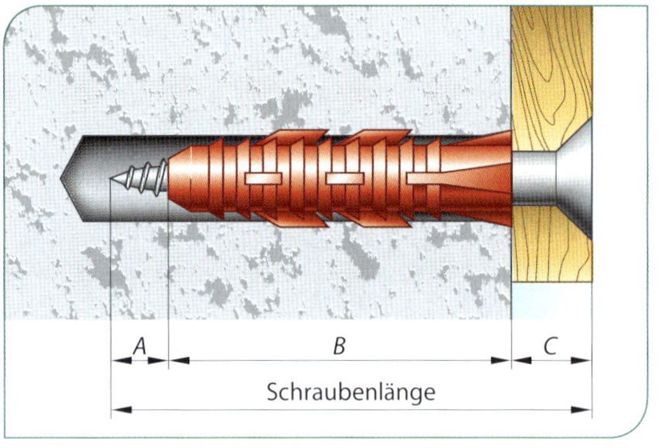

1 Schraubenlänge

4.3.3.2 Schellen und Schelleneinlagen

Für die Befestigung von Rohrleitungen werden Schellen (clamps) verwendet. Heute kommen fast ausschließlich Stahlschellen mit Schallschutz-Dämmeinlage zum Einsatz, um den direkten Kontakt von Rohrleitung und Schelle zu vermeiden. Ansonsten würde der Schall ungehindert von den Rohrleitungen an die Wände und Decken übertragen und sich von dort weiter ausbreiten. Mit Hilfe der Dämmeinlagen (insulating material) werden Rohrleitungen schalltechnisch vom Baukörper entkoppelt. Die Schalldämmeinlage verhindert außerdem Kontaktkorrosion (vgl. Kap. 2.2.2.1 auf S. 208) zwischen Rohrschelle und Rohrleitung, Oberflächenbeschädigungen am Rohr durch die Rohrschelle und die Übertragung von elektrischen Strömen. Des weiteren reduziert sie die Wärmeübertragung zwischen Rohrleitung und Baukörper.

Die **einteiligen Gelenkrohrschellen** (one-piece articulated pipe clamps) mit Schalldämmeinlage (Bild 2) sind zum Einlegen des Rohres aufklappbar und ermöglichen durch den Schnellverschluss (quick-seal coupling) eine einfache und schnelle Einhandmontage. Das Rohr kann durch Einrasten der Spannschraube fixiert und anschließend ausgerichtet werden. Der Schnellverschluss schützt nach dem Einklicken vor einem unkontrollierten Öffnen der Rohrschelle und ermöglicht ein zeit- und kraftsparendes Einlegen der Rohre bei Überkopfmontage. Die kompakte Bauweise der Rohrschelle, ohne große Überstände im Gelenk- und Verschlussbereich, ermöglicht außerdem ein einfaches und sauberes Dämmen der Rohre. Die Spann- bzw. Verschlussschraube ist gegen Verlust gesichert.
Neben der beschriebenen Ausführung gibt es auch einteilige Gelenkrohrschellen, die ohne Werkzeug durch Drücken auf die Verschlussschraube (screw plug; locking bolt) ge-

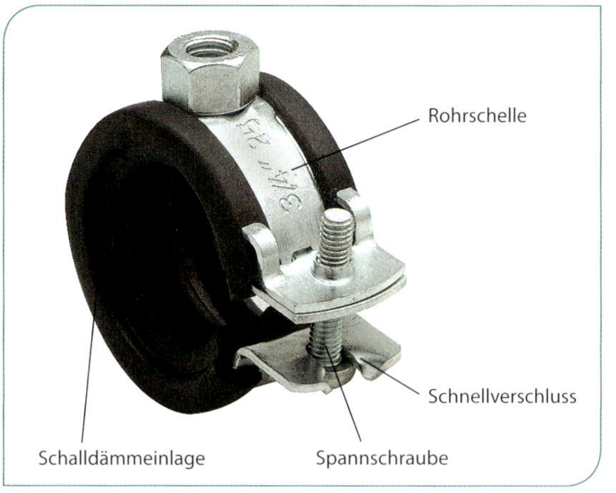

2 Einteilige Gelenkrohrschelle

schlossen werden können (Bild 3). Ein Metallplättchen im Kunststoffteil des Verschlusses sichert die Schelle im Brandfall.

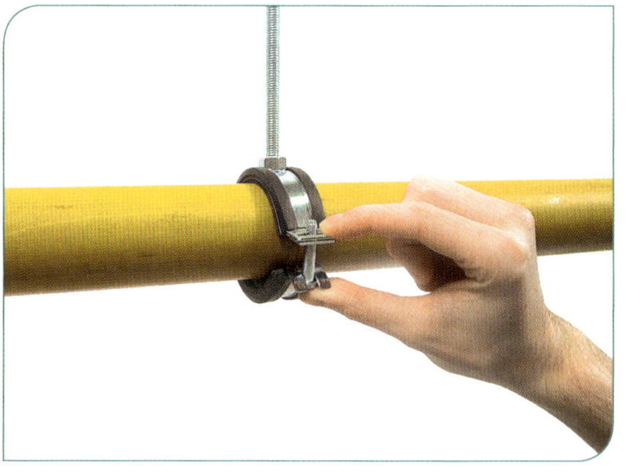

3 Rohrschelle mit Druckverschluss

Einteilige Gelenkrohrschellen mit spezieller Gummieinlage zur Befestigung von Kunststoffrohren (Bild 4) ermöglichen in Verbindung mit einer Distanzhülse (distance bush, spacer sleeve, spacer tube) ein Gleiten des Rohres in der Schelle. Durch Entfernen der Distanzhülse kann die Rohrschelle von Gleitfunktion (sliding function) auf Klemmfunktion (friction function) umgestellt werden.

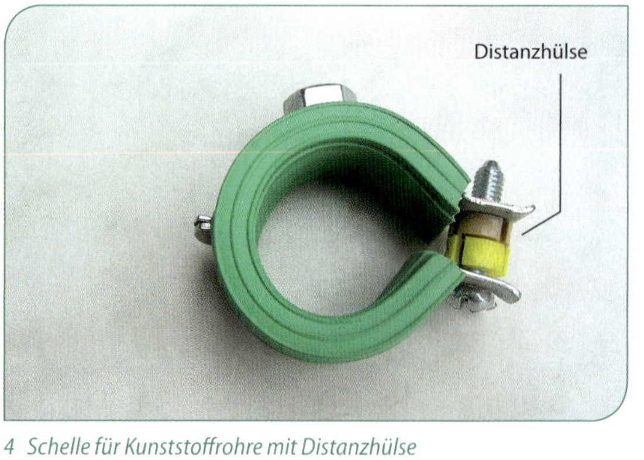

4 Schelle für Kunststoffrohre mit Distanzhülse

Kunststoffschellen (plastic clamps) mit spezieller Schallschutzeinlage (Bild 1) können sowohl für Kunststoffrohre als auch für metallische Rohre eingesetzt werden. Durch Wegkippen des Abstandshalters ist bei dieser Schelle ebenfalls ein Umstellen von Gleit- auf Klemmfunktion möglich. Neben der üblichen Montage an Wand und Decke mittels Stockschrauben bzw. Gewindestangen kann diese Rohrschelle auch direkt auf die passende Montageschiene geschoben werden.

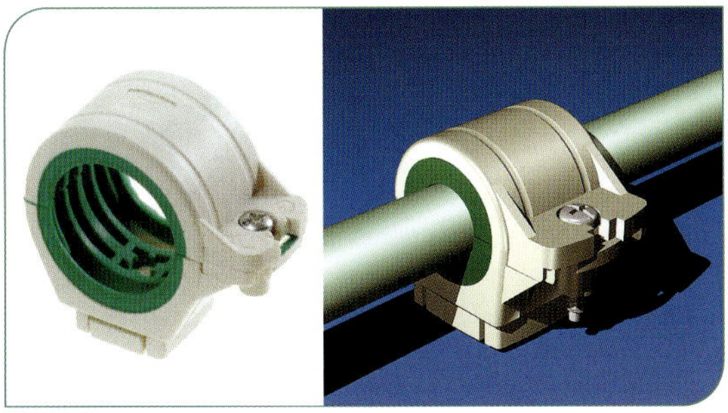

1 *Kunststoffschelle*

Außerdem werden Rohrschellen aus Kunststoff angeboten, die keine Verschlussschrauben aufweisen (Bild 2). Durch leichtes Drücken der beiden Schellenhälften wird das Rohr umschlossen und die Schelle rastet ein. Diese Schelle kann

- mit einem Einschlagdübel verankert
- durch Einbringen einer Gewindemutter auf metrischen Gewinden befestigt oder
- mit Hilfe eines Adapters an einer speziellen Montageschiene montiert werden.

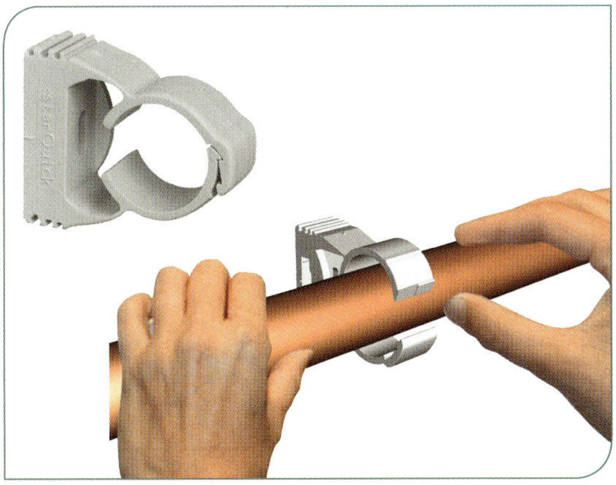

2 *Rohrschelle ohne Verschlussschrauben*

Die **zweiteiligen Rohrschellen** (two-piece pipe clamps) mit Schalldämmeinlage und zwei Verschlussschrauben (Bild 3) sind ebenfalls mit einem Schnellverschluss und den damit verbundenen Vorteilen (vgl. einteilige Rohrschellen) sowie einer Anschlussmutter (connection nut) mit einem Kombigewinde (combined thread, double thread) wie z. B. M8/M10 erhältlich. Daneben gibt es auch Ausführungen mit M8-, M10-Innengewinde und R 1/2-Außengewinde. Dreht man die Hülse ab, kann das Außengewinde genutzt werden. Dadurch ist diese Schelle vielseitig verwendbar.

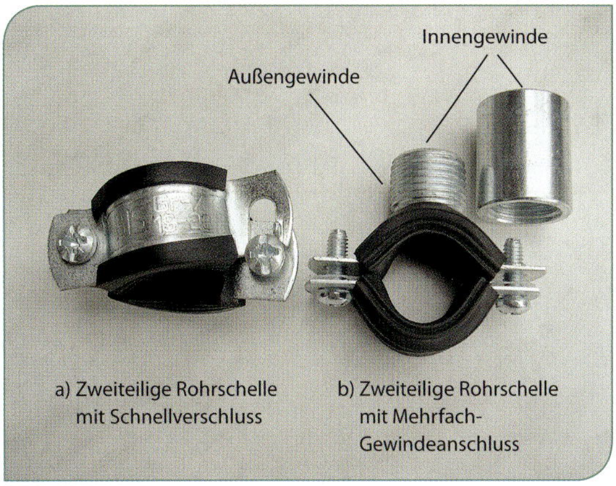

3 *Zweiteilige Rohrschellen*

Massivrohrschellen (Bild 4) kommen zur Befestigung von schweren Rohren zum Einsatz. In Verbindung mit einem Rohrdoppelnippel (pipe double nipple) und einer entsprechenden Grundplatte kann eine Befestigung direkt an der Wand oder Decke oder an einer Schiene erfolgen. Durch Entfernen der Verschlussschrauben können Rohrschellen dieser Art zusätzlich oder alternativ links und rechts mit Gewindestäben befestigt werden.

4 *Massivrohrschelle*

4.3.3.3 Montageschienen, Konsolen, Zubehör

Montageschienen (mounting bars) (Bild 5) werden eingesetzt, wenn mehrere Rohrleitungen nebeneinander verlegt werden müssen. Sie werden mit Befestigungsschrauben wie z. B. Innensechskantschrauben und den entsprechenden Dübeln am Baukörper, z. B. Wand oder Decke, befestigt. Da hierbei nicht so viele Dübellöcher gebohrt werden müssen, ermöglichen Montageschienen eine zeit- und kostenspa-

5 *Montageschienen*

Lernfelder 1 und 2a

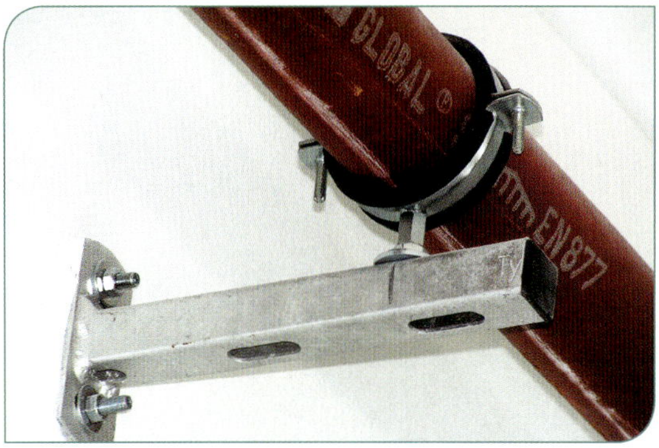

1 *Auslegerkonsole mit Abdeckkappe*

2 *Tragkonstruktion aus Winkelkonsole und Montageschienen*

rende Montage der Rohre. Vorteilhaft ist ferner, dass die Rohre in den Schienen leicht auf den erforderlichen Seitenabstand eingestellt werden können. Montageschienen gibt es mit unterschiedlichen Profilen und Lochbildern.

Auslegerkonsolen (suspension consoles) (Bild 1) und **Winkelkonsolen** (angular consoles) (Bild 2) dienen vorwiegend zur Befestigung schwerer, waagerecht verlaufender Rohre an Wänden. Sie sind aber auch für Rohrbefestigungen an Decken und im Bodenbereich einsetzbar. In Verbindung mit Montageschienen geben die Winkelkonsolen einer Tragkonstruktion eine hohe Stabilität und Sicherheit.

Abdeckkappen (cover caps) (Bild 1) an den Enden von Montageschienen und Auslegerkonsolen verhindern Verletzungen und verbessern ihr optisches Erscheinungsbild.

Hammerkopfschrauben (hammer-head bolts) (Bild 3a) dienen als Verbindungselement zwischen Montageschiene/Konsole und Rohrschelle. Sie bestehen aus einer Gewindeplatte, in die Gewindestifte bzw. Gewindestangen eingedreht werden, einer Unterlegscheibe und einer Sechskantmutter. Die Hammerkopfschrauben werden seitlich in die Montageschienen oder Konsolen eingeschoben und nach Ausrichtung mit Unterlegscheibe und Mutter festgezogen. Im Handel werden auch vormontierte Ausführungen angeboten (Bild 3b), die an beliebiger Stelle in die Schiene oder

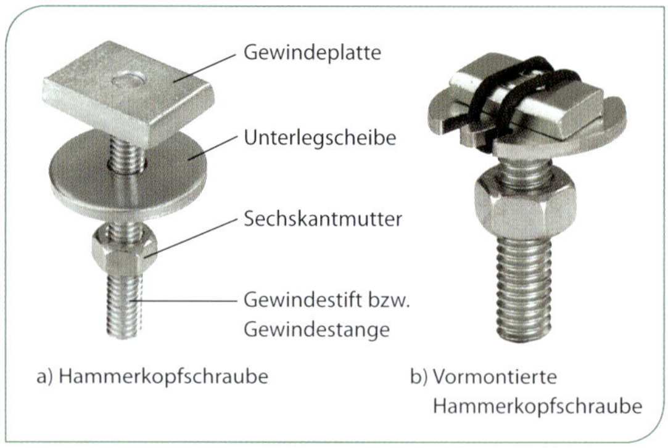

3 *Hammerkopfschrauben*

Konsole eingesetzt werden können. Dreht man diese Hammerkopfschrauben nach dem Einsetzen um 90° können sie beliebig verschoben und ausgerichtet werden, ohne dass sie herausfallen.

Stockschrauben (universal spacing screws) dienen z. B. als Verbindungselement zwischen Dübel und Rohrschelle (Bild 4). Sie werden mit und ohne Sechskantschlüsselfläche angeboten. Erstere werden mit einem Gabelschlüssel, letztere mit einem speziellen Handeindrehwerkzeug in den Dübel eingedreht. Ausführungen mit Torx-Werkzeugaufnahme (vgl. Lernfeld 3, Kap. 2.3.1) ermöglichen das Ein- und Ausdrehen der Schrauben auch mittels Bohrmaschine oder Akkuschrauber, wodurch eine enorme Verringerung der Montagezeit erreicht werden kann.

Bei Verwendung von Ankern mit Innengewinde, z. B. Einschlaganker, oder bei Einsatz von **Grundplatten** (mounting plates) werden zur Befestigung der Rohrschellen **Gewindestangen** (threaded rods) (Bild 5) verwendet.

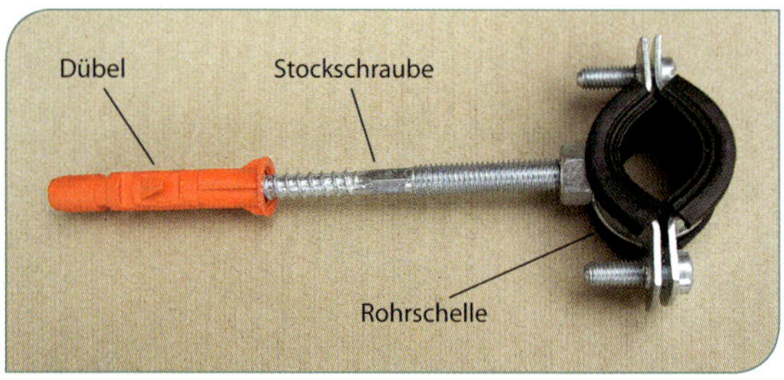

4 *Rohrschelle mit Stockschraube und Dübel*

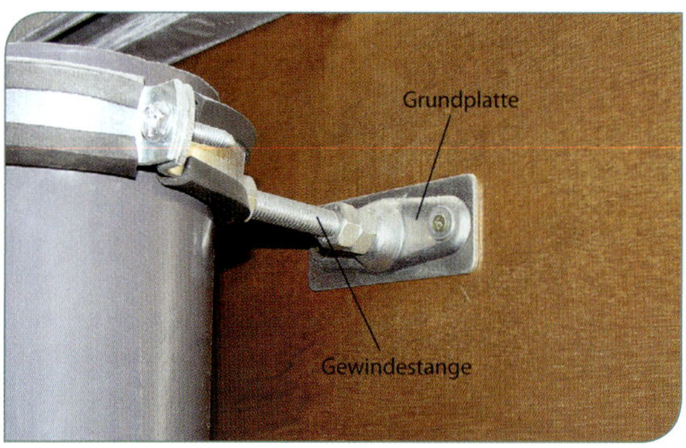

5 *Befestigung der Rohrschelle mit Grundplatte und Gewindestange*

1 Befestigung von Rohren am Fußboden mit Lochband

2 Einschlagnagel

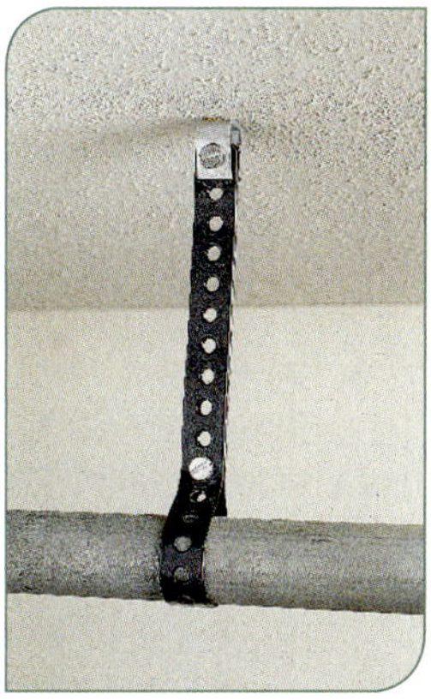

3 Aufhängung mit Lochband

Mit **Lochbändern** (perforated metal stripes) werden häufig wärmegedämmte Rohre auf dem Rohfußboden befestigt (Bild 1). Die Verankerung im Beton kann mit Nageldübeln oder **Einschlagnägeln** (Bild 2) erfolgen. Letztere können mit einem Setzeisen ohne vorausgegangene Bohrarbeiten direkt in den Betonfußboden eingeschlagen werden. (vgl. Lernfeld 3, Kap 2.5.4) **Lochbänder** kommen neben Gewindestangen auch bei Rohraufhängungen zum Einsatz (Bild 3).

ÜBUNGEN

1) Wie müssen Rohrleitungen grundsätzlich befestigt werden?

2) Wovon hängt der Abstand zwischen zwei Befestigungsstellen ab?

3) Wie groß sollte der Befestigungsabstand bei folgenden Rohren sein:
   a) Stahlrohr DN 20?
   b) Kupferrohr DN 15?
   c) Mehrschichtverbundrohr DN 25?
   d) PE-X-Rohr DN 15 ?

3) Welche Betonarten unterscheidet man nach der Rohdichte?

4) Nach der Herstellung unterscheidet man gebrannte und ungebrannte Mauersteine. Nennen Sie für beide Steinarten jeweils zwei Beispiele.

5) Wodurch wird bei Mauerziegeln die Wärmedämmfähigkeit verbessert?

6) In welchen Ausführungen werden Mauerziegel angeboten?

7) Nennen Sie Vor- und Nachteile von Kalksandsteinen.

8) Wofür werden Mauersteine aus Normalbeton hauptsächlich eingesetzt?

9) Nennen Sie zwei Beispiele für Plattenbaustoffe.

10) Dübel und Anker übertragen die auftretenden äußeren Kräfte durch Kraft-, Form- oder Stoffschluss in den Befestigungsuntergrund (Baukörper). Erläutern Sie diese drei Wirkprinzipien bei Dübeln und Ankern.

11) Beschreiben Sie die Wirkungsweise a) der Spreizdübel b) der Hohlraumdübel.

12) Für welche Baustoffe eignen sich a) Spreizdübel und b) Hohlraumdübel?

13) Wofür werden Kunststoff-Nageldübel vorwiegend verwendet?

14) Erläutern Sie die Vorteile der Allzweck- bzw. Universaldübel aus Kunststoff.

15) Welche Vorteile haben Metallspreizdübel im Vergleich mit Kunststoffspreizdübeln?

16) Wofür eignen sich Messing-Spreizdübel besonders?

17) Benennen Sie die abgebildeten Dübel und Anker und geben Sie jeweils zwei Befestigungsuntergründe an, für die sie bevorzugt eingesetzt werden.

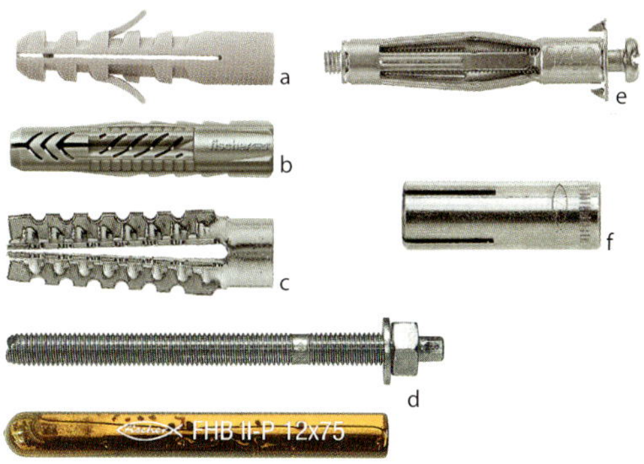

Lernfelder 1 und 2a

ÜBUNGEN

18) a) Erstellen Sie eine Tabelle nach folgendem Muster.

Stoffschluss	Formschluss	Kraftschluss

b) Ordnen Sie die genannten Dübel und Anker den entsprechenden Wirkprinzipien zu:
Spreizdübel, Gasbetondübel, Gipskartondübel, Porenbetondübel, Hohlraumdübel, Kippdübel, Federklappdübel, Injektionsanker, Deckennägel, Reaktionsanker, Einschlaganker, Hinterschnittanker

19) a) Nennen Sie die Einzelteile eines Injektionsankers.

b) Erläutern Sie die Aufgaben des Injektionsmörtels.

20) Warum ermöglichen Injektions- und Reaktionsanker geringe Achs- und Randabstände.

21) Welche Vorteile haben Deckennägel?

22) Erläutern Sie mindestens Faktoren, die bei der Auswahl der Dübel bzw. Anker zu berücksichtigen sind.

23) Bezeichnen Sie die vier abgebildeten Schrauben.

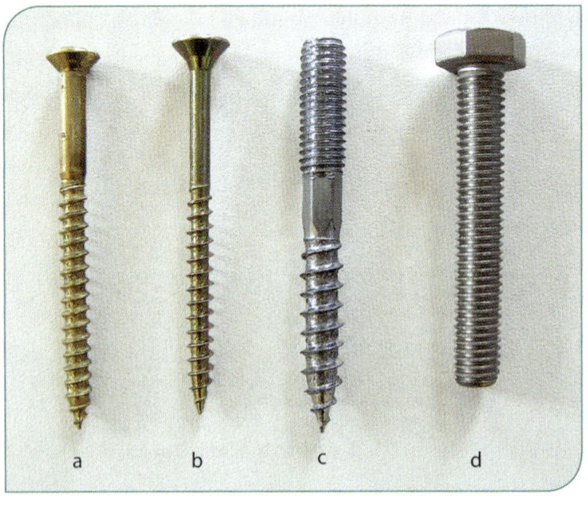

24) Welche Schrauben sind für Dübel ohne Innengewinde verwendbar?

25) Erläutern Sie die Bedeutung a) des Schraubendurchmessers b) der Gewindeform der Schraube bei Befestigungen mit Dübeln.

26) Viele Dübel erfordern eine Mindestlänge der Schraube, damit sie ihre Funktion erfüllen können. Geben Sie für diese Anwendungsfälle eine Formel zur Bestimmung der Mindest-Schraubenlänge an.

27) Nennen Sie vier Aufgaben der Dämmeinlage einer Rohrschelle.

28) Erläutern Sie vier Vorteile der einteiligen Gelenkrohrschellen.

29) Bezeichnen Sie die Teile a – d der abgebildeten einteiligen Gelenkrohrschelle.

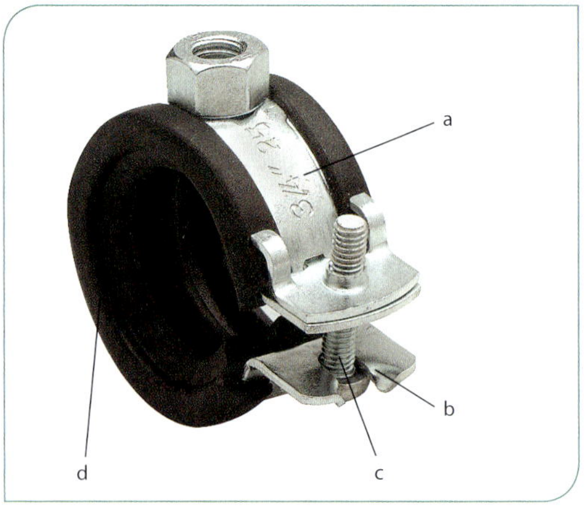

30) Wie kann die einteilige Gelenkrohrschelle zur Befestigung von Kunststoffrohren von Gleit- auf Klemmfunktion umgestellt werden?

31) Nennen Sie drei Ausführungen von zweiteiligen Rohrschellen.

32) Im Handel werden Rohrschellen aus Kunststoff angeboten, die keine Verschlussschrauben aufweisen. Nennen Sie mindestens zwei Vorteile.

33) Wofür werden Massivrohrschellen eingesetzt.

34) Nennen Sie zwei Vorteile von Befestigungen mit Montageschienen.

35) In welchen Fällen werden bei der Befestigung von Rohren Auslegerkonsolen und Winkelkonsolen verwendet?

36) Welche zwei Aufgaben erfüllen Abdeckkappen an den Enden von Montageschienen und Auslegerkonsolen.

37) Wozu dienen Hammerkopfschrauben?

38) Nennen Sie die Einzelteile einer Hammerkopfschraube.

39) Eine Rohrleitung soll an einer gemauerten Wand befestigt werden. Nennen Sie die drei grundlegenden Befestigungselemente.

40) Welchen Vorteil haben Stockschrauben mit Torx – Werkzeugaufnahme?

41) Eine Rohrschelle soll an einer Grundplatte befestigt werden. Welches weitere Befestigungselement ist erforderlich?

42) Nennen Sie zwei Anwendungsbeispiele der Lochbänder.

5 Manufacturing of components

5.1 Common hand and machine tools for drilling, sawing and cutting

A. Below are a few common tools you may work with on building sites or in workshops.

1

2

7

8

3
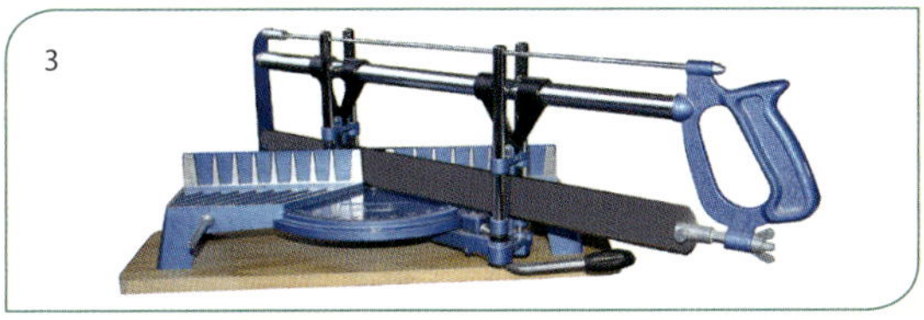

9

10

4

5

11
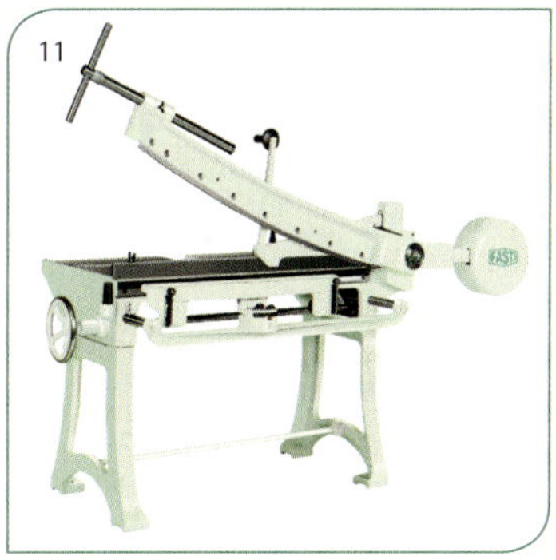

6

12

Here are the names of the tools in alphabetical order.
Circular sawing machine • gate shears • impact drilling machine • keyhole saw • mitre-box saw • percussion/hammer drill • pipe cutter • power hacksaw • right angle grinder • snips • stationary drilling machine/pillar drill • threading machine

EXERCISES

1) Match the English names of the tools above with the correct numbers of the pictures.

2) Find the appropriate German translations and write the results into your vocabulary book. Use your reference book, the internet or a dictionary. Before you look up a word try to guess the word first, then check it.

3) Which of the above tools do you have in your company and what are they used for?

Lernfelder 1 und 2a

B. Working with texts

Machine Tools

Machine Tools are **stationary** power-driven machines used to shape or form **solid** materials, especially **metals**. The shaping is accomplished by removing material from a work piece or by pressing it into the desired **shape**. Machine tools form the basis of modern industry and are used either directly or indirectly in the manufacture of machine and tool parts.

Machine tools may be classified under three main categories: conventional **chip-making** machine tools, **presses**, and unconventional machine tools. Conventional chip-making tools shape the work piece by cutting away the unwanted portion in the form of chips. Presses employ a number of different shaping processes, including **shearing**, pressing, or **drawing** (elongating). Unconventional machine tools employ light, electrical, chemical, and sonic energy; superheated gases; and high-energy particle beams to shape the exotic materials and alloys that have been developed to meet the needs of modern technology.

EXERCISES

1) There are stationary power-driven machine tools and portable power-driven tools. What are the advantages of portable power-driven tools?

2) Match the following words that you find in the text above with their definitions.

Here is an example:
Stationary is (means) the *opposite of portable.*
Stationary, solid, metals, shape, chip-making, presses, shearing, drawing
Definitions:
To cut metal sheets with shears; use a number of different shaping processes; to stretch something so that it becomes longer; the appearance of the outside of an object; to remove small pieces of material; hard substances such as iron or steel; *opposite of portable*; a substance that is very hard or firm.

3) Classify the tools on page 101 under chip-making tools and presses.

4) Find as many words as possible in the horizontal lines of the following word puzzle.

	A	B	C	D	E	F	G	H	I	J	K	L	M	N	O	P	Q	R
1	o	v	b	s	d	d	i	n	d	i	r	e	c	t	l	y	y	k
2	c	k	m	s	t	a	t	i	o	n	a	r	y	k	i	o	n	j
3	g	g	v	n	n	w	r	e	m	o	v	i	n	g	l	t	h	g
4	s	d	m	a	c	h	i	n	e	p	e	j	y	m	k	e	t	t
5	n	d	s	m	a	c	h	i	n	e	w	e	z	b	r	e	n	v
6	q	q	p	l	n	j	m	a	n	u	f	a	c	t	u	r	e	c
7	j	o	c	m	m	q	f	p	j	t	d	i	r	e	c	t	l	y
8	r	f	i	v	q	m	m	o	d	e	r	n	d	y	p	x	s	z
9	b	h	c	m	a	c	h	i	n	e	s	d	l	f	b	r	v	r
10	z	d	g	v	p	l	f	w	m	a	t	e	r	i	a	l	i	r
11	d	x	p	o	w	e	r	-	d	r	i	v	e	n	n	p	q	h
12	l	d	s	g	i	d	p	m	a	c	h	i	n	e	j	a	x	j
13	v	j	d	a	c	c	o	m	p	l	i	s	h	e	d	b	l	y
14	k	h	q	j	l	c	q	h	a	s	x	s	h	a	p	i	n	g
15	i	l	r	d	t	n	e	s	p	e	c	i	a	l	l	y	o	d
16	i	t	l	f	p	h	o	m	a	t	e	r	i	a	l	s	f	b
17	i	n	d	u	s	t	r	y	l	d	e	s	i	r	e	d	r	i
18	r	n	a	z	p	r	e	s	s	i	n	g	e	i	t	h	e	r

Lernfelder 1 und 2a

5.2 Pipe bending equipment

You can use different designs of pipe benders to bend copper, low carbon or stainless steel pipes. The types used for smaller pipe sizes are: the one hand pipe bender, the double-handed pipe bender and the electric pipe bender.

Larger steel pipes are bent either by using a hydraulic pipe bender, or by packing the pipe with dry silver sand and applying heat to the section being bent. The mentioned pipe benders are portable tools that can be taken on jobs. Pipe benders for various pipe sizes have different sized rollers or formers and back guides to prevent the pipe from collapsing.

A

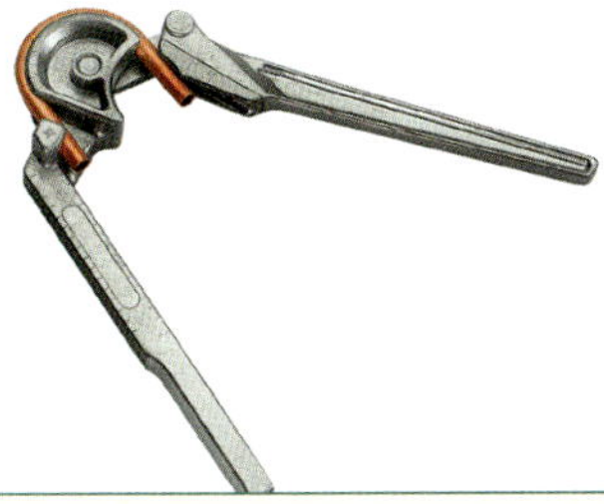

B

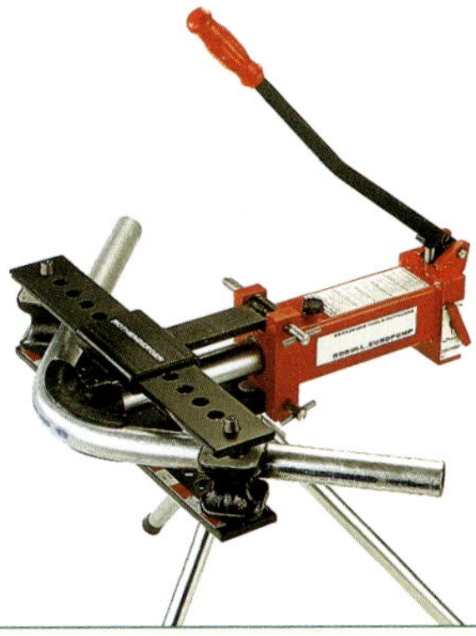

C

D

EXERCISES

Use your reference book, the internet or a dictionary. Before you look up a word try to guess the word first, then check it.

1) Translate the names of the different pipe benders mentioned in the passage above and then match them with the corresponding pictures **A**, **B**, **C** or **D**.

2) Complete the listed statements with the following sentence parts.
A) Hand held pipe benders are …
B) The electric pipe bender …
C) Hydraulic and electric pipe benders allow …
D) Bending tools have fixed or exchangeable rollers and back guides …
E) The hydraulic pipe bender is …

a) … plumbers to bend different sized pipes easily.
b) … a heavier piece of equipment.
c) … is a power tool for copper and steel pipes.
d) … handy tools that plumbers usually carry with them.
e)) … to support the pipe during the bending process.

3) Translate the completed statements of exercise 2 into German.

4) Answer the following questions about pipe bending equipments:
a) Which pipes can be bent with hand held pipe benders?
b) Why do pipe benders have rollers or formers and back guides?
c) Why are portable bending tools advantageous?
d) Which bending equipment is used for large sized tubes?

5.3 Measuring and testing

Standardized measuring and testing systems are necessary for handicraft and industrial manufactoring.
We use measuring tools or instruments to measure something by comparing it to a known basic unit. Length, mass, time, current and temperature are important international basic units (SI – units).
To measure the length or diameter of a pipe, the height of a room, the size of a bolt,
or to test the angle of a workpiece or the shape of a rounding you have to use different measuring tools or gauges.

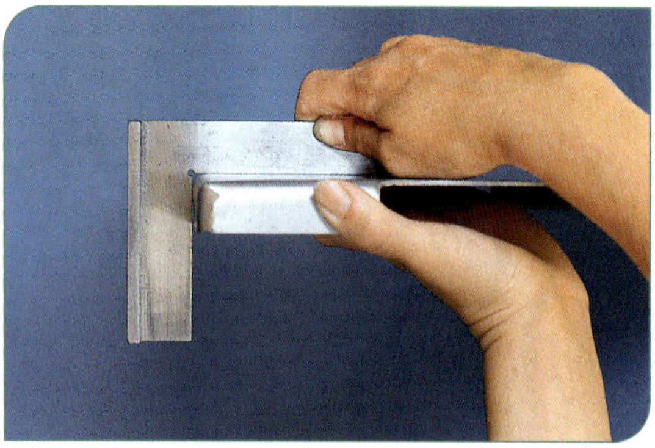

1 Checking the right with a square

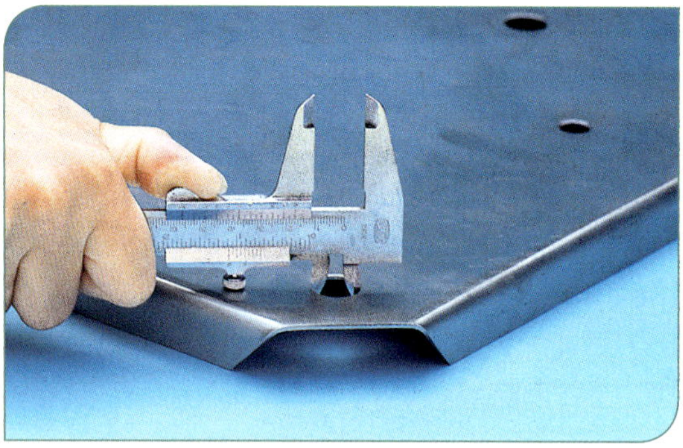

2 Measuring with a vernier calliper

3 Calibrating a copper pipe

4 Aligning a waste water pipe

EXERCISES

Use your reference book, the internet or a dictionary. Before you look up a word try to guess the word first, then check it.

1. Translate the names of the measuring tools and gauges into German:
vernier callipers, back square, folding rule, 45-degree square, steel ruler, spirit level, radius gauge, calibrating mandrel or ring, goniometer, inside and outside callipers.

2. Complete the listed statements with the following sentence parts.
A) A short length can be measured with …
B) To check a right angle you can …
C) You can measure long distances …
D) You use a spirit level …
E) Before you solder soft copper pipes you have to check …
F) A radius gauge is used to …

a) … the pipe ends with the calibrating mandrel and ring.
b) … check the roundings of a bended metal sheet.
c) … a folding rule, a steel ruler or a vernier calliper.
d) … use a try square or a back square
e) … with a 50m tape measure.
f) … to align a waste water pipe

3. Translate the completed statements of exercise 2 into German.

4. Translate the passage about measuring and testing tools into German.

5.4 Tools

At work you need different tools to form or shape tubes, metal sheets and other semi-finished products. Tools are also needed to install, assemble or dismantle sanitation, heating or air conditioning components and objects.
We distinguish between hand tools, measuring tools, manual power tools und machine tools.

Hand tools and measuring tools are guided and operated by hand without external energy sources whereas manual power tools and machine tools usually use electricity for the drive. Another important difference is the fact that you can move hand-held tools easily from place to place – they are portable tools. Machine tools are non-portable tools because they are fixed to the floor or mounted on stands or workbenches in a workshop.

Hand Tools

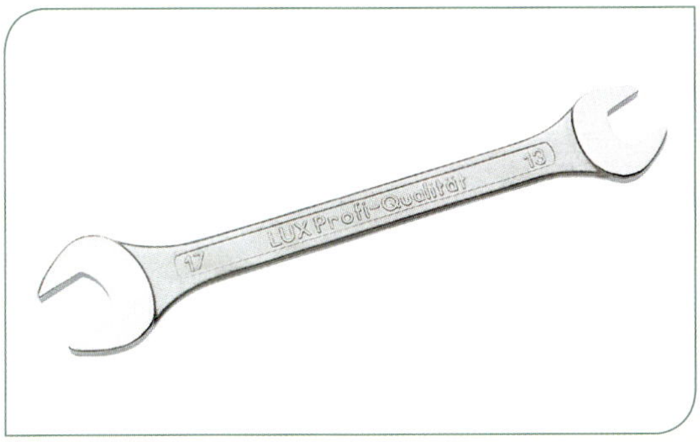

1 Open ended spanner

Manual Power Tools

3 Electric die (thread cutter)

Measuring Tools

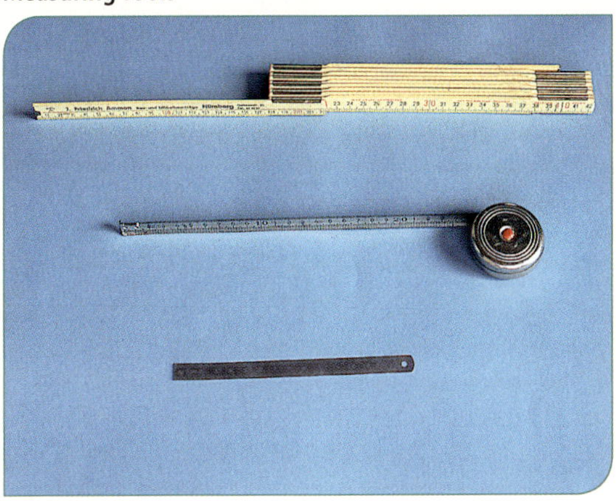

2 Folding rule, roll tape measure, standard steel rule

Machine Tools

4 Bending machine

EXERCISES

Use your reference book, the internet or a dictionary. Before you look up a word try to guess the word first, then check it.

1) Make a list of the following tools and translate the names into German:
ring spanner, back square, waterpump pliers, column drilling machine, vernier callipers, ratchet, hacksaw, bench grinder, screwdriver, electric hand drill, spirit/ bubble level, universal pliers, angle gauge, electric compressing pliers, flat file, stroke sawing machine, adjustable spanner, plumb-line, threading machine, electric tube bender.

2) Assign the tools from exercise 1 to a table with the four tool groups.

3) Complete the table from exercise 2 with other tools you use.

4) Explain the difference between portable and non-portable tools.

5) Translate the passage about tools into German.

6 Lernsituationen – Projektaufgaben

6.1 Fertigen von Bauelementen mit handgeführten Werkzeugen

■ Kundenauftrag
Die Firma WALDOMACK erhält den Auftrag, in einem Zweifamilienhaus im Rahmen einer Modernisierung und Erweiterung wegen der Vermietung eines Teils des Hauses die Trinkwasserverteilung zu erweitern. Die bestehende Trinkwasserleitung DN32 soll durch zwei zusätzliche absperrbare Steigleitungen ergänzt werden. Der neue Trinkwasserverteiler soll mit Hilfe von zwei Konsolen befestigt werden (Bild 1).
■ Ihr Ausbilder erläutert Ihnen mit Hilfe einer Skizze das Aussehen der fertiggestellten Konsole und erteilt Ihnen den Auftrag, diese beiden Konsolen aus gleichschenkeligem Winkelstahl herzustellen. Die erforderlichen Schweißarbeiten an den Konsolen werden im Anschluss an Ihre Arbeit von einem Gesellen durchgeführt.

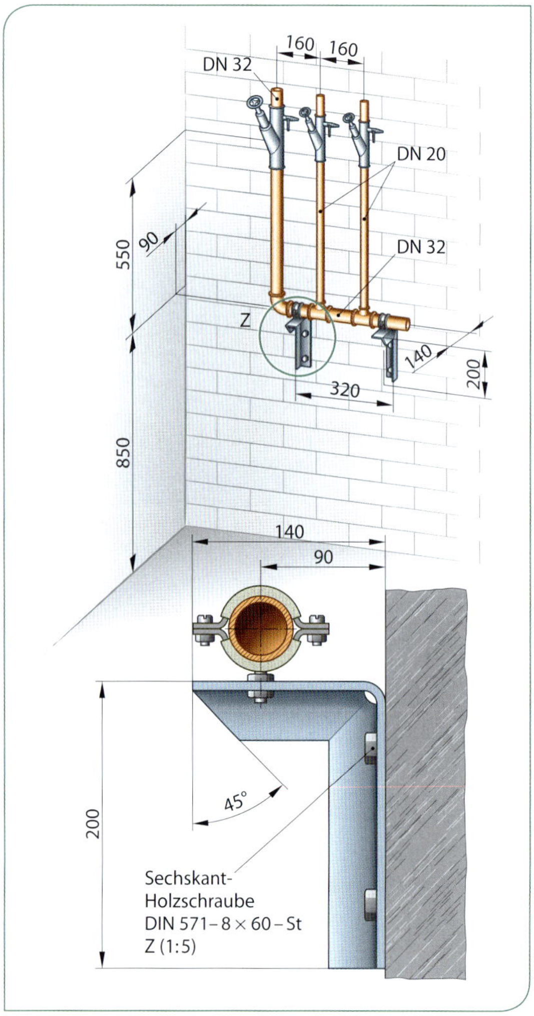

1 Konsole für Trinkwasserverteiler

Bevor Sie mit der eigentlichen Fertigung beginnen können, müssen Sie verschiedene **Informationen** einholen, **Planungen** durchführen bzw. Ihre Arbeitsschritte überlegen und **Entscheidungen** treffen, wie Sie bei der Erledigung Ihres Auftrages vorgehen wollen.

2 Überlegungen zum Arbeitsauftrag

Fühlen Sie sich auch so wie Ihr Kollege in Bild 2 und gehen Ihnen ähnliche Gedanken durch den Kopf, nachdem Sie den Arbeitsauftrag noch einmal gelesen haben?
Der Arbeitsablauf muss zunächst gedanklich durchgeführt werden und die einzelnen Arbeitsschritte sollten in eine fachlich begründete sinnvolle Reihenfolge gebracht werden. Hierbei kann das nebenstehend gezeigte **„Prinzip der vollständigen Handlung"** eine wichtige Hilfe sein (Bild 3).

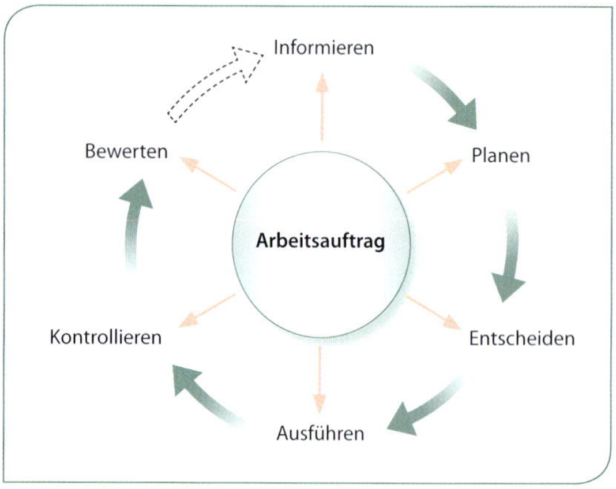

3 Prinzip der vollständigen Handlung

ÜBUNGEN

1. Wie lautet Ihr Auftrag?
2. Nennen Sie Informationsquellen, die Ihnen bei der Erledigung Ihres Auftrags behilflich sein können.
3. Entnehmen Sie der isometrischen Montageskizze und der vergrößerten Einzelheit Z von Seite 106 folgende Maße der Konsole:
   a) Länge des Befestigungsschenkels
   b) Länge des Auflageschenkels
   c) Abstandsmaß für die Bohrung zur Befestigung der Rohrschelle
   d) Winkel der Abschrägung des Auflageschenkels
4. Mit welchen Befestigungselementen sollen die beiden Konsolen an der Wand befestigt werden?
5. In welcher Anordnung zueinander sollen die beiden Konsolen an der Wand befestigt werden?
6. Welche handwerklichen Arbeiten sind bei der Durchführung des Arbeitsauftrages von Ihnen auszuführen?
7. Beschreiben Sie alle Arbeitsschritte zur Herstellung der beiden Konsolen in fachlich und wirtschaftlich sinnvoller Reihenfolge und geben Sie die hierfür notwendigen handgeführten Werkzeuge, Prüf- und Hilfsmittel an.

6.2 Bearbeiten von Anlagenteilen mit Maschinen

■ Kundenauftrag

Firma H. WALDOMACK soll in einem Zweifamilienhaus die Gasanlage für zwei Gas-Kombi-Wasserheizer erstellen, die örtlich getrennt aufgestellt und betrieben werden. Hierfür sollen im Keller, ausgehend von der Hauseinführungskombination, die Verteilungsleitung mit der lösbaren Verbindung, dem Gasdruckregler, zwei Einrohr-Gaszählern mit den Anschlussfittings für die Verbrauchsleitung verlegt werden.

Der Meister ist mit Ihnen im Keller des Zweifamilienhauses und zeigt Ihnen, an welcher Stelle die beiden Gaszähler angebracht werden sollen.

Den geplanten Rohrverlauf zeichnet er mit Kreide an die Kellerwände und gemeinsam erstellen Sie eine isometrische Montageskizze mit den Hauptmaßen (Bild 1).

■ Der Meister beauftragt Sie nun mit der Fertigung der benötigten Rohrabschnitte aus Gewindrohr und der Bereitstellung der passenden Rohrbefestigung.

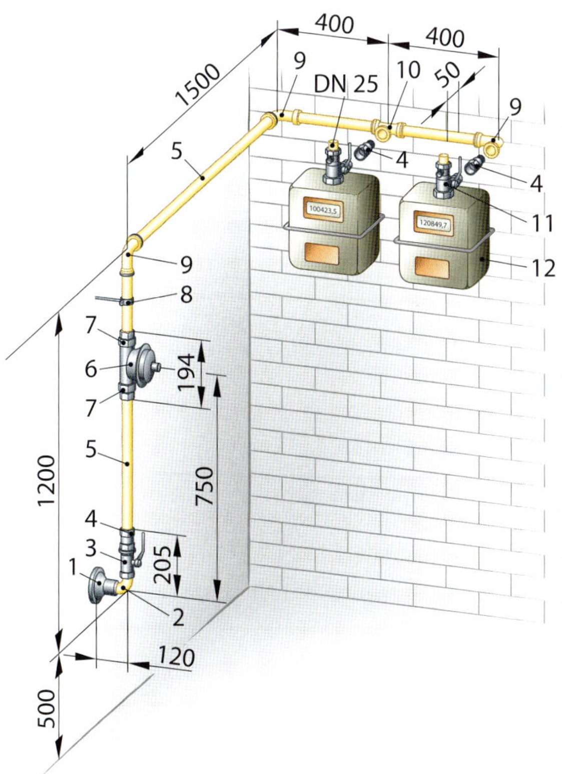

1 Abdeckmanschette aus PVC
2 Gekapselte Hauseinführungskombination
3 Hauptabsperreinrichtung HAE evtl. mit integriertem Isolierstück
4 Gas-Strömungswächter
5 Gewinderohr DN 25 EN 10255 (bisher DIN 2440)
6 Hausdruckregler
7 Anschlussverschraubung I-A
8 Rohrschelle
9 langer Bogen 90° G1 EN 10242
10 T-Stück B1 EN 10242
11 Gas-Eck-Kugelhahn mit Einrohrzähler HTB
12 Gaszähler G4

1 Isometrische Darstellung des Arbeitsauftrags

Lernfelder 1 und 2a

Bevor Sie Ihren Arbeitsauftrag **ausführen** können, müssen Sie
a) die wesentlichen Tätigkeiten im Rahmen Ihres Auftrages erfassen und sich über mögliche DIN- oder EN-Normen, Vorschriften der Gas-Versorgungsunternehmen (GVU), branchenspezifische Richtlinien, und Bearbeitungsmethoden oder Herstellervorgaben **informieren**
b) Ihre Vorgehensweise unter Beachtung der Sicherheitsvorschriften, der fachlichen Reihenfolge und des wirtschaftlichen Material-, Werkzeug- und Maschineneinsatzes **planen** und **Entscheidungen treffen**
c) sich über Art und Zeitpunkt der notwendigen **Kontrollen** im Klaren sein
d) sich vom Meister die **Bewertungskriterien** darlegen lassen

Bearbeiten Sie hierzu die nachfolgenden Fragen mit Hilfe Ihres Fachbuchs, Ihres Tabellenbuchs und mit Hilfe von Herstellerunterlagen wie z. B. Katalogen oder Internetseiten.

ÜBUNGEN

1. Betrachten Sie die Darstellung Bild 1 und beschreiben Sie Ihren Arbeitsauftrag mit Angaben über die Anzahl der benötigten Rohrabschnitte und Rohrbefestigungen.
2. Zählen Sie alle wesentlichen Tätigkeiten auf, die Sie zur Erledigung Ihres Arbeitsauftrages durchführen müssen.
3. Listen Sie alle benötigten Rohrbefestigungselemente auf.
4. Beschreiben Sie alle Arbeitsschritte zur Herstellung der Rohrabschnitte in fachlich und wirtschaftlich sinnvoller Reihenfolge und geben Sie die hierfür notwendigen handgeführten Werkzeuge, Bearbeitungsmaschinen, Prüf- und Hilfsmittel an.

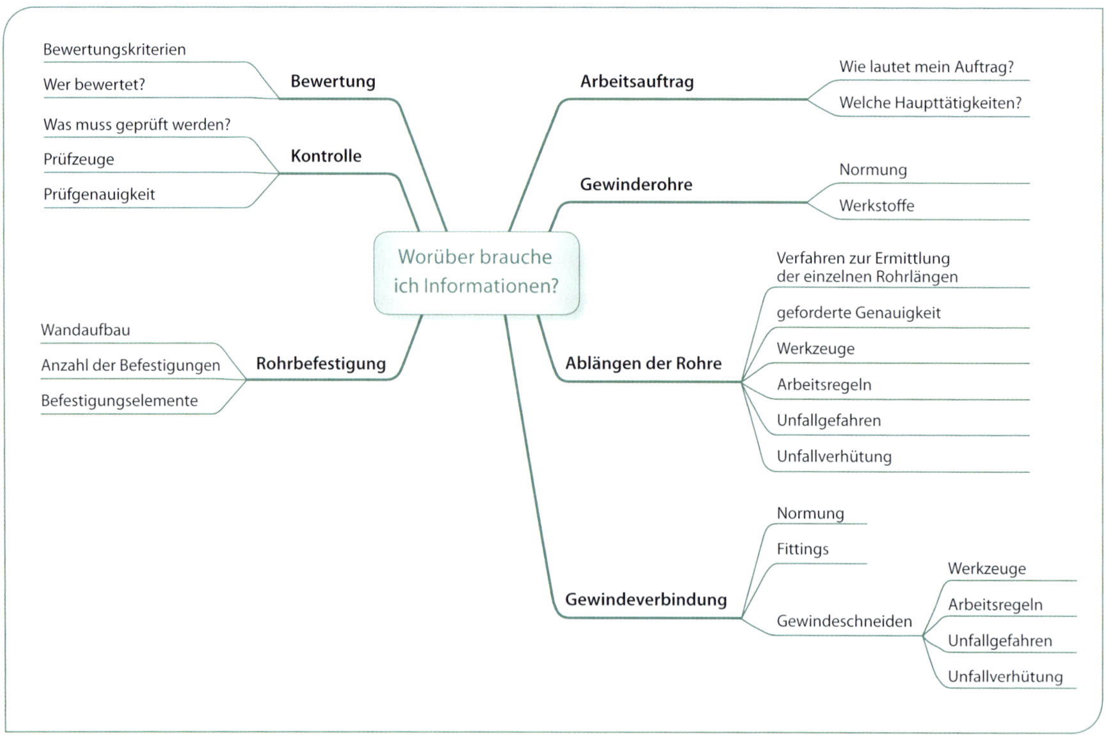

1 Planungshilfe

Lernfeld 2b:
Bearbeiten von Kundenaufträgen

1 Aufbau und Organisation eines SHK-Betriebs

Größere Betriebe (operations; services) des SHK-Handwerks (Bild 1) haben eine technische und eine kaufmännische Abteilung und sind häufig wie in Bild 2 dargestellt organisiert. Kleinere Betriebe werden meist von einem Handwerksmeister (master craftsman) geleitet, der gleichzeitig auch der Betriebsinhaber ist und neben dem technischen auch den kaufmännischen Bereich leitet. Alle notwendigen Entscheidungen werden von ihm eigenverantwortlich getroffen.

1 *Größerer Handwerksbetrieb*

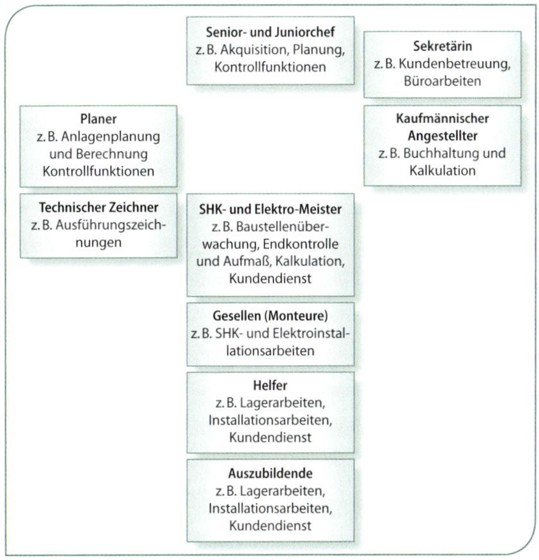

2 *Organisationsstruktur*

2 Kundenorientierung

„Handwerk hat goldenen Boden." – Dieser aus vergangenen Zeiten überlieferte Satz wird auch heute noch gerne zitiert, um dem vor der Ausbildung stehenden Jugendlichen zu verdeutlichen, dass eine handwerkliche Ausbildung (apprenticeship) ein solides Fundament für den beruflichen Werdegang bedeutet.

Dieser Grundsatz hat seit der Gründung der Zünfte im Mittelalter sicherlich über Jahrhunderte seine Gültigkeit gehabt. Die Dreiteilung der betrieblichen Organisation in

- Meister (master), der seinen Beruf „meisterhaft" beherrscht
- des Gehilfen oder sachkundigen Gesellen (journey man) und
- des Lehrlings (apprentice)

garantierte im Allgemeinen einen reibungslosen innerbetrieblichen Ablauf sowie die ordentliche Abwicklung eines Auftrags und damit ein geordnetes Einkommen.

In den letzten Jahren ist das Handwerk durch den massiven Einsatz innovativer Technologien und betriebswirtschaftliche Anpassungen einem großen Wandel unterworfen. Einheimische Handwerksbetriebe (handicrafts) mit ihren vergleichsweise hohen Personalkosten stehen zunehmend im Wettbewerb mit Firmen aus den europäischen Nachbarländern. Erschwerend kommt hinzu, dass vom Markt angebotene montagefreundliche „Do-it-yourself-Systeme" den Kunden in die Lage versetzen, bestimmte Bauleistungen bis hin zu kompletten Gewerken in Eigentätigkeit zu erbringen (Bild 3). Daraus ergibt sich für den Handwerksbetrieb

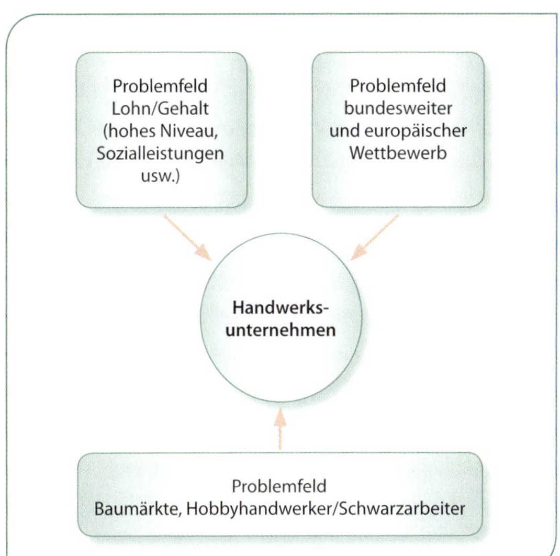

3 *Betriebsabhängigkeiten*

Erfolg beim Kunden durch

- Kompetenz
- Seriösität
- Verlässlichkeit/Pünktlichkeit
- Flexibilität
- Genauigkeit/Exaktheit
- umfassenden Service

1 Selbstdarstellung eines Betriebs

2 Äußeres Erscheinungsbild der Firma

zwangsläufig die Notwendigkeit, flexibler als bisher und mit unkonventionellen Methoden um den Kunden zu werben. **Erfolg** hat auf lange Sicht nur der Handwerksbetrieb, der sich mit folgenden Mitteln **offensiv um seine Kundschaft** (clientele) **bemüht** (Bild 1):

- Der Kunde (customer) muss das Gefühl haben, dass ihm ein kompetenter und seriöser Geschäftspartner gegenüber sitzt.
- Der Meister – häufig in der Person des Betriebsinhabers – muss dem Kunden das Gefühl vermitteln, dass dieser die volle ungeteilte Aufmerksamkeit erhält.
- Nach Auftragserteilung muss die Abwicklung des Auftrags (order) möglichst genau nach dem vereinbarten Zeitplan ablaufen. In gleicher Weise muss sich auch die Abrechnung an den vereinbarten Kostenrahmen halten. Auftretende Abweichungen sind plausibel zu begründen.
- Änderungswünsche des Kunden sollten – wenn möglich – berücksichtigt werden.
- Alle mit dem Kunden befassten Mitarbeiter (employees) treten als Team auf und schenken dem Kunden die gleiche Aufmerksamkeit wie der Betriebsinhaber (owner).
- Eine umfassende Übergabe (handing over) und Einweisung (briefing) durch eine kompetente Fachkraft – wenn möglich durch den Firmenchef – muss eine Selbstverständlichkeit sein.
- Dem Kunden ist ein umfassender Service mit einer möglichst 24-stündigen Erreichbarkeit anzubieten.
- Es sollte überlegt werden, einen „Alles-aus-einer-Hand-Service" anzubieten. Dies kann aus der Sicht des Kunden deutliche Vorteile bieten und den Zuschlag für den Auftrag bedeuten.

Diese Formen der Darstellung (representation) des Betriebes und des Verhaltens der in ihm beschäftigten Menschen sollen näher erläutert werden:

Sauberkeit

Ein positiver Eindruck auf den Kunden lässt sich vermitteln durch (vgl. Bild 2)

- saubere und architektonisch ansprechende Gebäude
- aufgeräumte und gut ausgerüstete Werkstätten (workshops), Lagerräume und Büros
- einen gepflegten Außenbereich (outdoor area) (Blumen, Pflanzen)
- saubere, technisch gut gewartete sowie im Innenraum geordnete Fahrzeuge
- gepflegt aussehende Mitarbeiter
- saubere, einheitliche Firmenkleidung mit Namensschild
- ein ansprechendes Firmenlogo (company logo), das auf allen nützlichen Werbeträgern wie Gebäuden, Fahrzeugen, Bekleidung, Briefköpfen etc. gut lesbar abgebildet sein sollte (Bild 2, Seite 111)

Umgang mit dem Kunden

Dieser Bereich ist wohl der sensibelste in der gesamten Auftragsabwicklung. Der erste Eindruck (impression) entscheidet oft über eine Auftragsvergabe und evtl. langfristige Zusammenarbeit. Deshalb muss der Repräsentant der Firma mit Feingefühl (tactfulness) auf die unterschiedlichsten Kunden und deren Wünsche eingehen. Im Laufe seines Arbeitslebens wird ihm das ganze Spektrum der unterschiedlichen Charaktere vom Harmonie suchenden und sympatischen über den besserwisserischen, arroganten Kunden bis hin zum Choleriker begegnen. Hier muss er oft seine in vielen Kundengesprächen erworbenen Fähigkeiten immer wieder erneut unter Beweis stellen, indem er Konflikt behaftete Gespräche auf eine sachliche Ebene zurückführt.

MERKE

Höflichkeit und Zuvorkommenheit sind die besten Voraussetzungen, um Kunden zu halten und neue zu gewinnen. Fachlich fundierte Kenntnisse und ein überzeugendes Auftreten sind die Grundlage des Erfolgs beim Kunden.

Verlässlichkeit und Flexibilität

Mit der Auftragserteilung ist normalerweise auch der Zeitrahmen bekannt, in dem der Auftrag abgewickelt werden soll. Auch oder gerade in diesem Stadium muss dem Kunden das Gefühl vermittelt werden, dass es dem Unternehmer ein wichtiges Anliegen ist, die Vereinbarungen (agreements) einzuhalten. Selbst dann, wenn der Kunde geringfügige Änderungen wünscht, sollte man flexibel auf die Kundenwünsche reagieren und konstruktiv an deren Realisierung mitwirken.

Wie man Kunden verliert	Wie man Kunden gewinnt
• das weiß ich nicht	• ich will mich gerne erkundigen
• das haben wir nicht	• das kann ich für Sie beschaffen
• wir haben gleich Feierabend	• auch wenn wir gleich schließen, will ich das gerne für Sie erledigen
• dafür kann ich nichts	• ich will mich erkundigen, wie es zu diesem Fehler kommen konnte
• dafür bin ich nicht zuständig	• ich werde Sie an einen Kollegen weitervermitteln
• rufen Sie später wieder an, ich habe gerade ein Kundengespräch	• darf ich in Kürze zurückrufen?
• wenn Sie alles besser wissen …	• aus Ihrer Sicht haben Sie sicher Recht, aber bedenken Sie bitte …
• schauen Sie selbst, da hinten finden Sie alles	• darf ich Ihnen das Produkt einmal vorstellen?

1 Notwendige Verhaltensänderungen im Gespräch mit Kunden

Service-Leistungen

Betriebe, die ausschließlich Neuanlagen (newly built installations) installieren, erleben gerade in konjunkturschwachen Zeiten (Rezession) einen Einbruch ihrer Auftragseingänge. Weniger anfällig reagieren Unternehmen, die das gesamte Spektrum an Dienstleistungen (services) wie z. B. Altbausanierungen, den Reparatur- und Wartungsbereich usw. anbieten (Bild 2).

SANITÄR
HEIZUNG
KLIMA
ELEKTRO
Leben mit Wasser, Wärme, Licht
SCHREIBER
haustechnik

2 Vielfalt an Gewerken

Umsatzsteigernd kann sich der „Alles-aus-einer-Hand"-Service auswirken. Für den Kunden ist es oft wesentlich einfacher, wenn er es mit nur einer Firma zu tun hat. Der Vorteil (advantage) für die Firma liegt darin, dass sie Termine besser koordinieren und den Auftrag damit schneller abwickeln kann. Um dieses Ziel zu erreichen, kann die Firma entweder mit hierfür geeigneten anderen Firmen Partnerschaften eingehen oder aber innerhalb der eigenen Firma Fremdgewerke eingliedern. Ein Beispiel eines solchen Firmenzusammenschlusses in großem Stil ist z. B. die Hamburger Facility Management AG (HFM), die im Jahre 1998 gegründet wurde. Hierbei handelt es sich um eine Service- und Managementgesellschaft mit anfänglich 130 Hamburger Handwerksbetrieben aus elf Gewerken (crafts; trades) und rund 20 000 Mitarbeitern. Die weiterhin unternehmerisch eigenständig arbeitenden Mitgliedsfirmen kaufen sich mit Anteilscheinen in die AG ein und profitieren so von einer schlagkräftigen, zentral gebündelten Vermarktung ihrer Leistungen.

Das Hamburger Facility Management bietet alle Dienstleistungen rund um das Gebäude von der Architektenplanung über den Bau, den Betrieb und Instandhaltung von Gebäuden (buildings) und ganzen Liegenschaften (Bild 3).

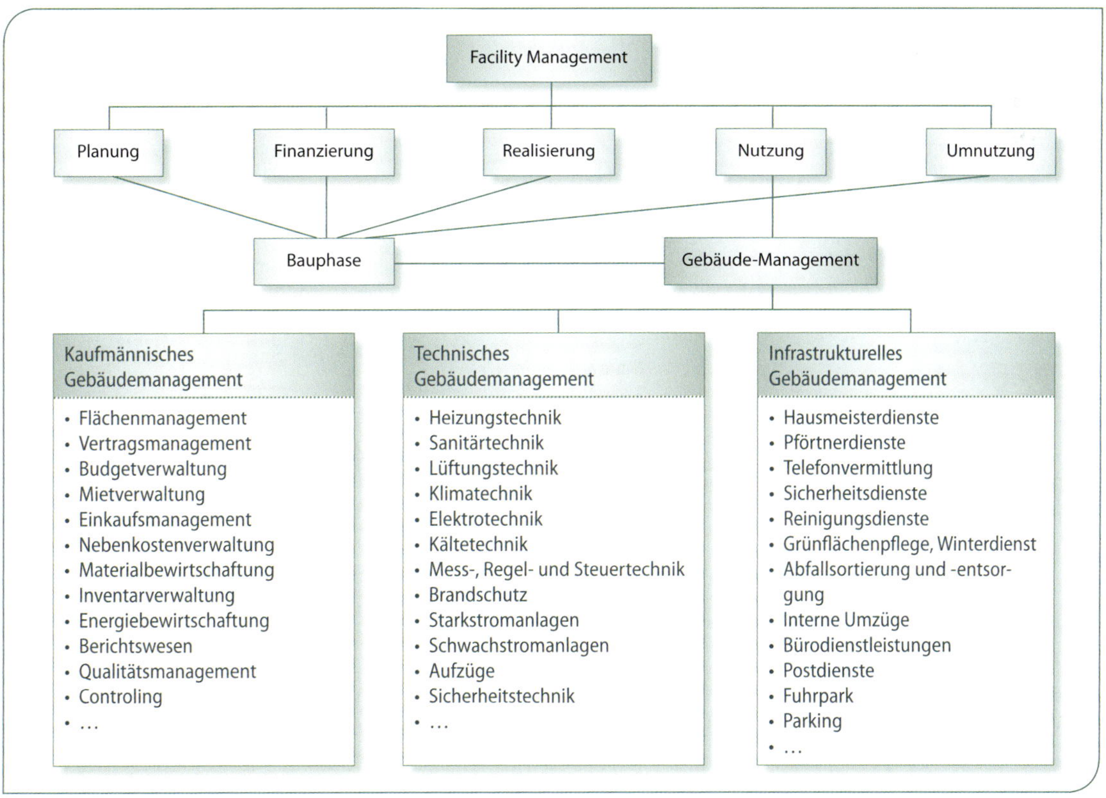

3 Gebäudemanagement durch das Hamburger Facility Management

ÜBUNGEN

1) Nennen Sie zwei Gründe, weshalb das heimisch Handwerk in jüngster Zeit verstärkt Probleme hat, Aufträge zu erhalten.

2) Nennen Sie drei betriebliche Maßnahmen einer offensiven Kundenwerbung.

3) Nennen Sie drei Möglichkeiten, wie von betrieblicher Seite ein positiver Eindruck auf den Kunden geweckt werden kann.

4) Nennen Sie je zwei Eigenschaften und Verhaltensweisen, die die Grundlage des Erfolgs beim Kunden bilden.

5) Nennen Sie vier Vorgehensweisen, die im Gespräch mit dem Kunden erfolgreich sein können.

6) Nennen Sie zwei betriebliche Maßnahmen, die sich wettbewerbsfördernd auf den Betrieb auswirken können.

3 Qualitätsmanagement

3.1 Der Begriff „Qualität"

Qualität (quality) wird im Sinne von DIN EN ISO 9000 als die *„Gesamtheit von Merkmalen einer Einheit bezüglich ihrer Eignung"* bezeichnet, *„um festgelegte und vorausgesetzte Erfordernisse zu erfüllen"*.
Wichtig an diesem Qualitätsbegriff ist, dass die Qualität z. B. eines Produktes (product) oder einer Dienstleistung stets im Hinblick auf die Eignung für das jeweilige Einsatzgebiet gesehen werden muss. Eine Heizungsanlage, die nach allen Regeln der Handwerkskunst tadellos installiert wurde, ist dennoch von minderer Qualität, wenn sie für das bestehende Gebäude (building) falsch dimensioniert wurde und damit ihren Zweck nicht oder nur unzureichend erfüllt.
Nach dem Ende des ersten Weltkriegs forderte die britische Besatzungsmacht aus Wettbewerbsgründen, nationale Produkte z. B. mit dem Aufdruck (imprint) „Made in Germany" deutlich zu kennzeichnen. Die eigentlich damit beabsichtigte Stärkung der eigenen britischen Industrie frei nach dem Motto „Der Kriegsverlierer kann keine hochwertigen Güter produzieren", schlug bald ins Gegenteil um. Der Aufdruck „Made in Germany" wurde zu einem Markenzeichen (trademark; brand) und Qualitätssiegel.

MERKE

Qualität zu produzieren bedeutet für einen Betrieb die **stetige** Herausforderung, seine Produkte auf Kundenakzeptanz zu überprüfen.

3.2 Qualitätsmanagementsysteme

Qualitätsmanagementsysteme (quality management systems) sind grundsätzlich dafür geschaffen worden, die Kundenzufriedenheit zu erhöhen und damit die Wettbewerbsfähigkeit (competitiveness) des Betriebs zu steigern.
Viele Betriebsinhaber haben erkannt, dass eine große Außenwirkung (effect to the outside) beim Kunden auf Dauer nur dann erzielt werden kann, wenn die betrieblichen Abläufe nach den Methoden (methods) eines modernen Qualitätsmanagementsystems (QMS) organisiert sind (Bild 1, Seite 113).

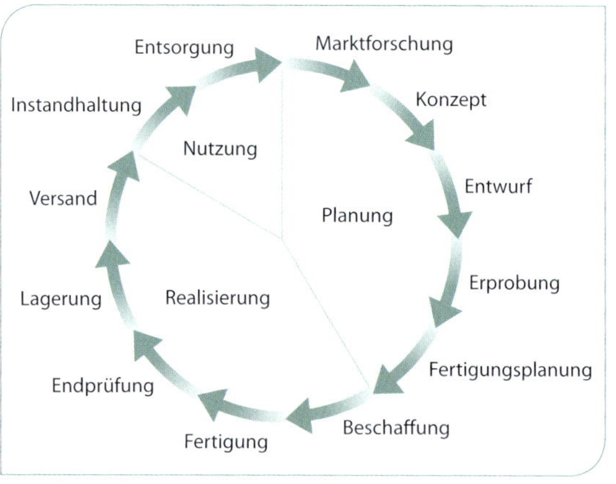

1 Qualitätskreis

- DIN EN ISO 9000 : 2000-12 beschreibt Grundlagen und Begriffe von Qualitätsmanagementsystemen.
- In DIN EN ISO 9001 : 2000-12 sind deren Anforderungen formuliert.
- DIN EN ISO 9004 : 2000-12 ist ein Leitfaden zur Leistungsverbesserung.
- DIN EN ISO 19011 : 2002 stellt eine Anleitung für das Auditieren (Prüfen) von Qualitäts- und Umweltmanagementsystemen bereit. So kann z. B. nach erfolgter Überprüfung eines Betriebs nach umweltpolitischen Gesichtspunkten das Öko-Audit (vgl. Kap. 3.4) vergeben werden.

Bild 2, Seite 113 zeigt das Modell eines prozessorientierten Qualitätsmanagementsystems nach DIN EN ISO 9000.

- Erfordernisse und Erwartungen (expectations) der Kunden
- Festlegen (setting) der Qualitätspolitik und der Qualitätsziele (des Betriebs)
- Festlegen der erforderlichen Prozesse und Verantwortlichkeiten (responsibilities), um die formulierten Ziele zu erreichen

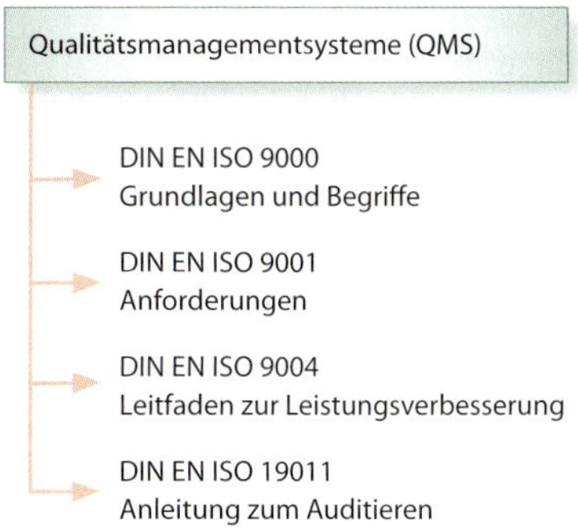

1 Normen des QMS

- Festlegen und Bereitstellen der erforderlichen Mittel (means, funds)
- Einführung von Bewertungsmethoden, die die Wirksamkeit und Wirtschaftlichkeit der einzelnen Planungs- und Produktionsstufen bis hin zum Verkauf (selling) messen
- Anwenden dieser Messungen
- Festlegen von Mitteln zur Verhinderung (prevention) von Fehlern und zur Beseitigung ihrer Ursachen
- Einführen (introduction) und Anwenden eines Prozesses zur ständigen Verbesserung (improvement) des Qualitätsmanagementsystems

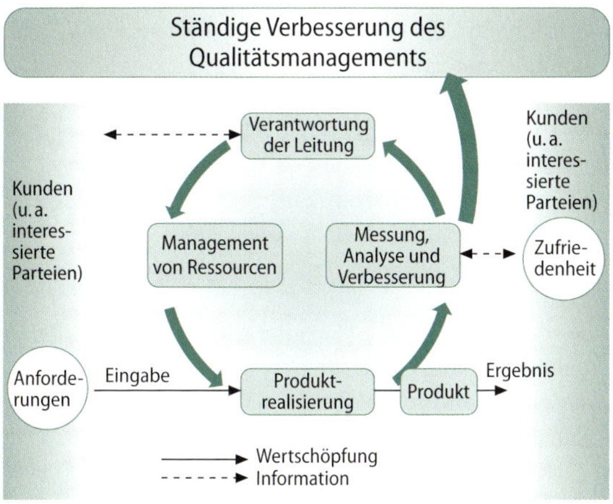

2 Modell eines prozessorientierten QMS

Beispiele für die Erfordernisse und Erwartungen von Kunden bezüglich der Produkte einer Firma sind:

- Übereinstimmung (Konformität), d. h., dass z. B. alle Produkte einer Baureihe (series) so miteinander übereinstimmen, dass sie untereinander jederzeit austauschbar sind
- Zuverlässigkeit (reliability)
- Lieferung/Verfügbarkeit
- Preis und Lebenszykluskosten
- Produktsicherheit, gute Hersteller garantieren z. B. eine 10-jährige Verfügbarkeit von Ersatzteilen
- Produkthaftung (product liability)
- Auswirkungen auf die Umwelt (environment)

3.3 Audits

Die Bewertung von Qualitätsmanagementsystemen geschieht durch sogenannte Audits[1] (audits). Hierbei wird ermittelt, ob und inwieweit die Qualitätsmanagement-Anforderungen erfüllt sind.

MERKE

Auditfestlegungen werden verwendet, um die Wirksamkeit des Qualitätsmanagementsystems zu bewerten und Verbesserungsmöglichkeiten zu erkennen.

Erstparteien-Audits werden von der Firma selbst oder ihrem Auftraggeber für interne Zwecke durchgeführt.
Zweitparteien-Audits werden von Kunden der Firma oder anderen Personen im Auftrag des Kunden (customer) durchgeführt.
Drittparteien-Audits werden von außenstehenden unabhängigen und zugelassenen (akkreditierten) Organisationen durchgeführt. Diese bieten die
Zertifizierung[2] der Erfüllung von Anforderungen an, wie sie z. B. in DIN EN ISO 9001 formuliert sind. Ein Zertifikat gilt für die Dauer (duration) von drei Jahren und schließt eine jährliche Routine-Überwachung ein.
Produkt-Zertifizierungen aus dem **SHK-Bereich** sind z. B. das **CE-Zeichen** oder das **DVGW**- und **DIN-DVGW-Zeichen** (Bild 3).

3 DVGW-Produktzertifizierungen

Auch **Fachunternehmen** können zertifiziert werden. Diese z. B. vom **DVGW** oder **ZDH**[3]**-Zert** zertifizierten Betriebe dokumentieren (document) gegenüber dem Kunden Kompetenz und fachliche Eignung (Bild 1, Seite 114).

3.4 Öko-Audit

Die EG-Öko-Audit-Verordnung wurde 1993 von der Europäischen Kommission als Verordnung *„über die **freiwillige** (voluntary) Beteiligung gewerblicher Unternehmen an einem Gemeinschaftssystem für das Umweltmanagement und die*

[1] audire (lat.): hören, hier im Sinne von prüfen
[2] Zertifikat: (amtliche) Bescheinigung
[3] ZDH: Zentralverband des deutschen Handwerks

1 Betriebszertifizierung

Umweltbetriebsprüfung" verabschiedet. Seit April 1995 ist sie für alle Mitgliedstaaten der EU bindend. Über ein zu erarbeitendes betriebliches Umwelt-Managementsystem sind die selbst gesteckten Umweltziele zu formulieren und zu erreichen. Die Audits können von internen oder externen Umweltprüfern (Auditoren) durchgeführt werden. In einer für die Öffentlichkeit zugänglichen Umwelterklärung (statement on the environment) werden alle wichtigen Erkenntnisse hinsichtlich Schadstoffemissionen, Rohstoff-, Energie- und Wasserverbrauch dokumentiert und die diesbezüglichen Prozesse optimiert.

Sind die Anforderungen erfüllt, prüft ein externer unabhängiger Umweltgutachter die Richtigkeit (correctness) und Vollständigkeit und das Unternehmen erhält ein Umwelt-Zertifikat (Bild 2).

2 Emblem des EG-Öko-Audits

Die Vorteile für das Unternehmen können sein:

1. Zukunftssicherung durch
- umweltgerechte (environmentally beneficial) Produkte, die den Anforderungen und Erwartungen der Kunden entsprechen
- systematische und innovative Verbesserungen hinsichtlich der Umweltauswirkungen von Produkten, Prozessen und Dienstleistungen
- eine Steigerung der Kommunikation (communication) mit der Öffentlichkeit (Kunden, Behörden und Nachbarn)
- Produktivitätssteigerung und Kostensenkung (reduction in costs) durch systematisch praktizierten Umweltschutz (environmental protection) (z. B. Verringerung des Krankenstands, verbessertes Betriebsklima)

2. Nachweis des Umweltmanagements gegenüber Kunden und öffentlichen Auftraggebern durch
- die Dokumentation eines Umweltmanagementsystems
- die Teilnahme am EG-Öko-Audit-Verfahren und/oder die Zertifizierung (certification) nach DIN EN ISO 14001

3. Verminderung von Umweltschäden und damit verbundene Image-Einbußen durch
- Beseitigung von Problemen und Schwachstellen (weak points) in der betrieblichen Organisation
- konsequente Berücksichtigung aller Umweltaspekte in der Planung, Steuerung und Überwachung aller Geschäftsprozesse (work flows)
- Förderung der Motivation und des Umweltbewusstseins aller Firmenmitarbeiter (employees, staff)
- vorbeugende Suche nach möglichen Problemen und Gefährdungen (threats)
- ein geeignetes Notfall-Management, um den Schaden so gering wie möglich zu halten

4. Verminderung von Haftungs- und strafrechtlichen Risiken durch
- eine systematische und lückenlose Dokumentation aller umweltbedeutsamen Auswirkungen (effects) des Unternehmens
- eindeutige und nachweisbare Zuordnungen (classification) haftungsrelevanter und genehmigungspflichtiger Verantwortlichkeiten.

3.5 Ökobilanz

Der Begriff „Ökobilanz" (ecological balance sheet) wird in Fachkreisen heute hauptsächlich in zweierlei Richtung verwendet:

Die **produktbezogene Ökobilanz** (Life Cycle Assessment (LCA)) zieht eine Bilanz von der Rohstoffgewinnung über die Produktion und Nutzung bis hin zur Entsorgung (disposal), d. h., über den gesamten „Lebensweg" eines Produktes.

Eine **betriebliche Ökobilanz** hingegen ist eine standort-

oder firmenbezogene Betrachtung und ist sozusagen das ökologische Gegenstück einer kaufmännischen Betriebsbilanz (operating statement) eines Unternehmens.
Bei einer Produktökobilanz handelt es sich also im Wesentlichen um den **Herstellungsprozess eines Produkts** mit seinem Bedarf an Energien, Vorprodukten, Roh-, Hilfs- und Betriebsstoffen mit den dabei entstehenden Emissionen (emissions) und Abfällen.
Im Gegensatz dazu beschäftigt sich die betriebliche Ökobilanz mit dem gesamten Produktionsstandort bzw. dem ganzen Unternehmen mit seinen Produktionsabläufen. Dabei werden z. B. für ein Geschäftsjahr alle in das Unternehmen einfließenden Rohstoffe (raw materials), Vorprodukte, Energien etc. sowie alle durch die Produktion entstehenden und an die Umwelt abgegebenen Energien, Schadstoffe, Abfälle (rubbish) usw. erfasst.
Während die Bilanzierung eines sogenannten „c" nach den Gesichtspunkten einer Produktökobilanz vielleicht noch einigermaßen überschaubar ist, wird eine solche Untersuchung bei einer betrieblichen Ökobilanz noch aufwendiger. Weitere Schwierigkeiten (difficulties) können auftreten, wenn in dem betrachteten Stoffflusssystem Schleifen z. B. durch Recyclingprozesse auftreten, bei denen Werkstoffe nach der Nutzung wieder dem Herstellungsprozess zugeführt werden.
Zwei Beispiele aus dem Bereich der Versorgungstechnik machen deutlich, wie schwierig eine objektive Bilanzierung der Stoffströme nach den vorgenannten Kriterien sein kann:

1. Der Kunde erfährt von allen beteiligten Interessengruppen (z. B. Handwerksunternehmen, Produzenten, Versorgungsunternehmen, Gesetzgeber usw.), dass der Einsatz eines Brennwertkessels (gas condensing boiler) effizienter und damit umweltverträglicher ist als z. B. das Betreiben eines Niedertemperaturkessels (low-temperature boiler). Dieser ist jedoch häufig aus Stahl gefertigt, während die Wärmetauscher von Brennwertkesseln zum Teil aus einer Aluminium-Silicium-Legierung bestehen. Nach der Ökobilanz müssten hier also auch der Herstellungs- und Verarbeitungsprozess des Aluminiums und der Materialabtrag während der Verbrennung des Brennstoffs in der Brennkammer (combustion chamber) sowie der Anfall von sauren Abwässern berücksichtigt werden.
2. Der Einsatz von Solarzellen (solar cells) (Fotovoltaik) verspricht ein Einsparpotential an fossiler (urzeitlich, nicht regenerierbar) Primärenergie. Für den Zeitraum von 20 Jahren vergütet die Bundesregierung die hiervon in das öffentliche Stromnetz (electricity mains) eingespeiste elektrische Energie mit derzeit max. 0,462 € pro kWh für Solaranlagen auf Dächern mit einer Leistung bis 30 kW. Ein geringer Wirkungsgrad der Zellen bei gleichzeitig kostenintensiver Fertigung sowie die Verwendung seltener Grundstoffe, deren Förderung (promotion) unter Umständen in eine schützenswerte Fauna und Flora eingreift, lassen jedoch einen massiven Einsatz nach ökologischen Gesichtspunkten derzeit fragwürdig erscheinen.

3.6 Konsequenzen für den Handwerksbetrieb

Für einen selbstständigen Handwerker, der sein Unternehmen im Rahmen der vom Gesetzgeber festgelegten ökologischen Rahmenbedingungen betreibt, oder der sich darüber hinaus mit ökologischen Fragestellungen zwecks Zertifizierung beschäftigt, können folgende Checklisten hilfreich sein:

1. Checkliste: Energieflüsse
Beispiel: Verbrauch (consumption) an Wasser, Elektrizität, Öl, Gas usw.

2. Checkliste: Werk- und Hilfsstoffe als Gefahrenstoffe
Beispiel: Verwendung und Lagerung von Klebern, Gasen, Kältemitteln (refrigerant), Schmierstoffen, Reinigern, Lösemitteln usw.

3. Checkliste: Abfall- und Reststoffe
Beispiel: Zwischenlagerung und Entsorgung von Ölfiltern, kontaminierten Luftfiltern aus Lüftungs- und Klimaanlagen (air conditioners, air-conditioning systems) von Krankenhäusern u. ä., asbesthaltigen Abbruch-Baustoffen, Dämmmaterialien usw.

Die drei Checklisten könnten z. B. nach folgenden Kriterien „abgearbeitet" werden:

- Gesetzliche Bestimmungen
- Erfassung und Bilanzierung/Messungen
- Handhabung und Gebrauch/Lagerung
- Umweltauswirkungen
- Verminderung/Vermeidung
- Sicherheitsmaßnahmen
- Informationssammlung/Dokumentation

ÜBUNGEN

1. Was ist beim Qualitätsbegriff besonders zu beachten?
2. Erläutern Sie drei Anforderungen, die ein prozessorientiertes Qualitätsmanagement an den Betrieb stellt.
3. Wofür sind Qualitätsmanagementsysteme geschaffen worden?
4. Was sind Audits?
5. Nennen Sie zwei Beispiele für Produkt-Zertifizierungen des SHK-Handwerks.
6. Wie lange ist eine Audit-Zertifizierung gültig?
7. Beschreiben Sie den Begriff „Öko-Audit".
8. Nennen Sie drei Vorteile, die ein Betrieb durch die Öko-Auditierung erlangen kann.
9. Erläutern Sie die Begriffe „produktbezogene Ökobilanz" und „betriebliche Ökobilanz".
10. Nennen Sie konkrete Beispiele zur „Checkliste Energieströme", die zu betrieblichen Einsparungen im Hinblick auf die genannten Energieverbräuche führen können.

Lernfeld 2b

ÜBUNGEN

11) Nennen Sie konkrete Beispiele für die vorschriftsmäßige Verwendung und Lagerung von Materialien der „Checkliste Werk- und Hilfsstoffe als Gefahrenstoffe".

12) Nennen Sie konkrete Beispiele für die vorschriftsmäßige Lagerung und Entsorgung von Materialien der „Checkliste Abfall- und Reststoffe".

4 Kundenaufträge

4.1 Leistungen eines SHK-Betriebs

Die Leistungen (services), die ein Betrieb des SHK-Handwerks erbringen kann, sind sehr vielfältig und umfassen

- Kundenberatung und Betreuung
- die Planung von Neuanlagen
- die Installation von Neuanlagen
- Inbetriebnahmen
- Inspektion, Wartung, Instandsetzung und Verbesserung von Altanlagen
- Demontagen und Entsorgung

4.2 Kundenberatung

Hat ein Kunde keine genauen Vorstellungen (clear pictures) davon, wie z. B. der Austausch seines Heizkessels möglichst kostengünstig und umweltschonend durchzuführen ist, dann wendet er sich an einen Fachbetrieb (stockist) und lässt sich beraten. Die erste Kontaktaufnahme erfolgt dabei meist telefonisch. Danach geht der Kunde entweder in den Betrieb oder der Betrieb (hier meist der Handwerksmeister, der gleichzeitig oft auch Betriebsinhaber ist) kommt zum Kunden. Damit das Beratungsgespräch (consultation) auch in einen **Kundenauftrag** (order) mündet, muss sich der Betrieb an den Wünschen, Problemen und Bedürfnissen (needs) des Kunden orientieren (vgl. Kap. 2, S. 110 und Bild 1 unten). Denn zufriedene Kunden sind die beste Werbung für einen Betrieb. Durch sein Erscheinungsbild (appearance, look) und durch den Umgang mit dem Kunden prägt der Betrieb sowohl sein eigenes als auch das Image des gesamten SHK-Handwerks.

4.3 Kundenkartei

Für eine optimale Kundenorientierung ist es nützlich, die Kundenwünsche (customer wishes) zu erfassen und in einer aktuellen, gutgeführten Kundenkartei (customer file) zu hinterlegen. Sie dient als Wissensspeicher und mit ihr kann der Kunde gezielter angesprochen und z. B. auf Angebote oder Serviceleistungen, z. B. mittels einer E-Mail-Aktion, hingewiesen werden. Je mehr über den Kunden bekannt ist, desto leichter finden die Mitarbeiter eines Betriebes Anknüpfungspunkte, um mit einem Kunden ins Gespräch zu kommen. Die Kundenkartei sollte folgende Informationen enthalten

- Name des Kunden
- Adresse, Telefon- Fax- und Handynummer, E-Mail-Adresse
- Beruf, Geburtsdatum, Familienstand, Anzahl der Kinder und Hobbys
- Angebote an diesen Kunden
- Umsätze mit diesem Kunden
- Reklamationen (complaints) mit Angaben über die Lösung des Problems
- Stammkunde (regular customer) oder Neukunde
- gewerblicher Kunde oder Privatkunde
- letzte Kontakte

4.4 Angebotserstellung

Wenn eine Kundenberatung mit der Beauftragung eines Angebots endet, dann sollten einige **grundsätzliche** Regeln (rules) beachtet werden

- der Betrieb (der Handwerksmeister) bedankt sich für den Auftrag

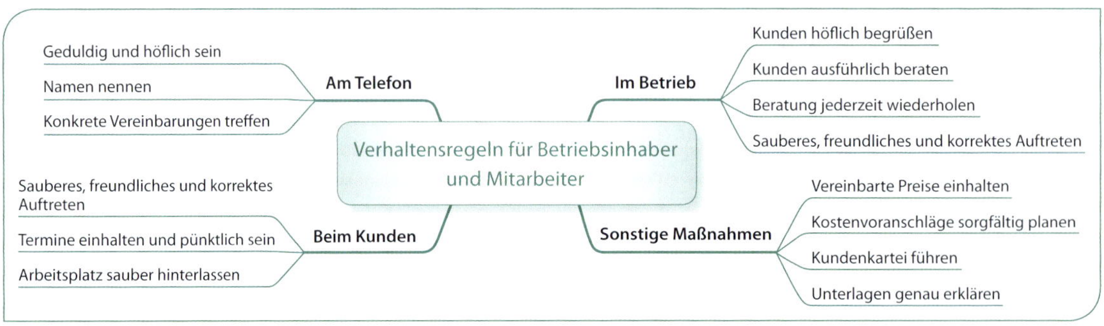

1 Verhaltensregeln im Umgang mit Kunden

- das Angebot sollte klar verständlich, eindeutig und vollständig sein
- der Kunde darf nicht durch zu viele technische Details überfordert werden (es gilt, weniger ist mehr)
- das Angebot sollte aus folgenden Elementen (elements) bestehen: einem Begleitschreiben mit möglichem Beginn der Arbeiten und der Zusage, dass der Angebotspreis bis zu einem bestimmten Datum garantiert wird (Bild 1), dem eigentlichen Angebot mit Preisen (Bild 1, Seite 118)
- das Briefpapier (notepaper) für ein Angebot muss die vom Gesetz vorgegebenen Angaben wie z. B. Namen der Firma mit Anschrift, Geschäftsführer, Fibu-Information und Bankverbindung enthalten
- das Erscheinungsbild (look) von Anschreiben und Angebot sollten einheitlich sein
- nachfragen, ob der Kunde das Angebot erhalten hat und ob noch Fragen bestehen

Rainerbau GmbH & Co KG
Sanitär-, Heizungs- und Klimatechnik
Mutterstraße 5
99999 Freystadt

Telefon: 0123456/7078
Telefax: 0123456/70781
info@rainerbau.de

Rainerbau GmbH & Co KG – Mutterstr. 5 – 99999 Freystadt

Waldomak GmbH
Muensterstraße 9

D-79111 Freiburg im Brsg.

Datum: 13.03.2008
Kundennummer: 1007

Angebot Waschtischanlage

Sehr geehrte Damen und Herren,

wir bedanken uns für Ihre Anfrage. Nachfolgend erhalten Sie das Angebot für die Waschtischanlage und das Zubehör, wie mit Ihnen am 12.02.2008 besprochen.

Wir könnten mit der Installation der Waschtischanlage am 07.05.2008 beginnen und garantieren den Endbetrag bis zum 22.06.2008 als Festpreis.

Sollten Sie noch weitere Fragen haben, stehen wir Ihnen gerne zur Verfügung.

Wir hoffen auf Ihre Zustimmung und freuen uns schon jetzt auf eine gute Zusammenarbeit.

Mit freundlichen Grüßen

Rainerbau GmbH & Co KG

Rainer Lemmod

Geschäftsführung	**Konto**	**Fibu-Nr.**
R. Lemmod	Commerzbank (BLZ 40080007) Nr. 456789	DE 05055000

1 Begleitschreiben zum Angebot

Rainerbau GmbH & Co KG – Mutterstr. 5 – 99999 Freystadt

Waldomak GmbH
Herr Hans Kaiser
Muensterstraße 9

D-79111 Freiburg im Brsg.

Rainerbau GmbH & Co KG
Sanitär-, Heizungs- und Klimatechnik

Mutterstraße 5
99999 Freystadt

Telefon: 0123456/7078
Telefax: 0123456/70781
info@rainerbau.de

Datum: 13.03.2008
Kundennummer: 1007

Angebot Waschtischanlage

Sehr geehrte Damen und Herren,

nachfolgend erhalten Sie das Angebot für die Waschtischanlage und das Zubehör.

		Menge	Einzelpreis	Gesamt
01	**Waschtischanlage**			
01.001	Einhebelarmatur	1,00 St	215,00 €	215,00 €
01.002	Doppelwaschtisch, 1300/545 mm, weiß	1,00 St	712,65 €	712,65 €
01.003	Montageelement für Waschtisch, Universal	1,00 St	98,79 €	98,79 €
01.004	Röhrensifon, DN 32 (R1¹/4)	1,00 St	8,93 €	8,93 €
01.005	Ablaufgarnitur	1,00 St	39,00 €	39,00 €
01.006	Montage	5 h	45,65 €	228,25 €
Summe von Titel 01				**1302,62 €**
Nettobetrag				**1302,62 €**
Nachlass 2 %				26,05 €
Zwischensumme				1276,57 €
Mehrwertsteuer 19,00 %				242,55 €
Endbetrag				**1519,12 €**

Mit freundlichen Grüßen
Rainerbau GmbH & Co KG

Rainer Lemmod

Geschäftsführung
R. Lemmod

Konto
Commerzbank
(BLZ 40080007)
Nr. 456789

Fibu-Nr.
DE 05055000

1 Angebot

ÜBUNGEN

1) Nennen Sie sechs Arbeiten die von einem SHK-Betriebe durchführt werden können.
2) Woran muss sich ein Betrieb orientieren, damit ein Beratungsgespräch auch in einem Kundenauftrag mündet?
3) Wodurch wird das Image eines Betriebs geprägt?
4) Was ist eine Kundenkartei?
5) Wozu dient eine Kundenkartei?
6) Welche Informationen sollte eine Kundenkartei enthalten?
7) Nennen Sie fünf Regeln, die bei der Angebotserstellung beachtet werden sollen.
8) Erstellen Sie ein Begleitschreiben für das Angebot der Installation eines Heizkessels.
9) Erstellen Sie ein Angebot über den Austausch eines Urinals mit Montage (Montagezeit 2,5 h).

4.5 Kostenrechnung und Zuschlagskalkulation

Um heute erfolgreich einen Betrieb zu führen, muss der Unternehmer unbedingt den Überblick über die **Kostensituation** seines Betriebs behalten. Er muss seine **Selbstkosten** (primary costs) kennen und kalkulieren können, um ein angemessenes Angebot für z. B. die Installation einer Ölheizungsanlage abgeben zu können. Die genaue **Kostenrechnung** (cost accounting), die Bestandteil des betrieblichen Rechnungswesens ist (Bild 1), gehört zu den wichtigsten Voraussetzungen einer wirtschaftlichen Betriebsführung. Das Überleben eines Unternehmens hängt entscheidend davon ab, ob die erzielten Preise auch die Kosten decken und darüber hinaus noch einen Gewinn abwerfen.

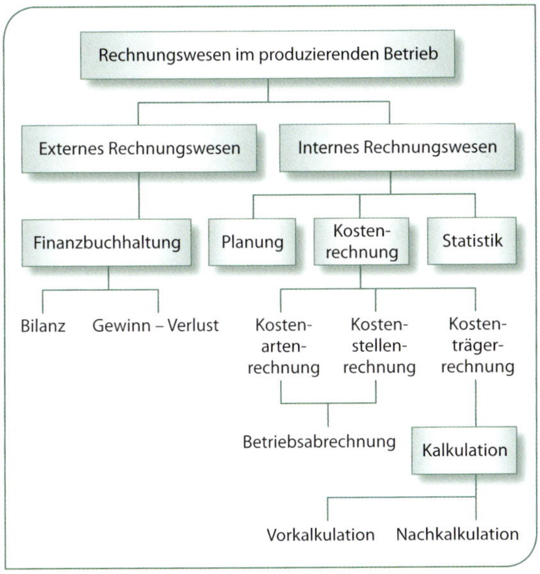

1 Rechnungswesen in produzierenden Betrieben

Ohne **Buchhaltung** (accounting) ist eine genaue Kostenrechnung nicht möglich. Die Buchhaltung liefert die Zahlen für die Kostenrechnung. Kosten sind diejenigen Aufwendungen des Betriebs, die z. B. zur Ausführung eines Auftrags (Installation einer Ölheizungsanlage) angefallen sind.

MERKE

Der Modus (die Art und Weise) der Kostenrechnung unterliegt keinerlei gesetzlichen Bestimmungen und kann dem jeweiligen Unternehmen angepasst werden. Die Kostenrechnung muss jedoch den Regeln einer steuerlichen Überprüfung gerecht werden.

4.5.1 Kostenartenrechnung

Die Kostenartenrechnung beschäftigt sich mit der Frage, **welche Kosten** angefallen sind. Die Aufgabe der Kostenartenrechnung ist es, die in einem Betrieb entstehenden Kosten **zu erfassen** und anzugeben, wie sie **weiter zu verrechnen** sind. Die Kostenartenrechnung ist deshalb die **Grundlage** (basis) der gesamten Kostenrechnung und liefert außerdem erste Anhaltspunkte für eine Kostenkontrolle. Die Kostenentstehung ist der **Hauptgliederungspunkt** für die Kostenarten. Im Wesentlichen lassen sich unterscheiden:

- **Materialkosten** (material costs) (z. B. Hilfs- und Betriebsstoffe, Fremdbauteile)
- **Personalkosten** (personnel expenses) (z. B. Löhne, Gehälter, Sozialabgaben, Stellenanzeigen)
- **Betriebsmittelkosten** (z. B. Abschreibungen, Zinsen)
- **Dienstleistungskosten** (z. B. Transport-, Werbe-, Versicherungskosten, Internetgebühren, Beratungskosten)
- **Kosten für öffentliche Abgaben** (z. B. Beiträge, Gebühren, Grund- und Kfz-Steuer)
- **Kalkulatorische Kosten** (z. B. kalkulatorische Abschreibungen, Unternehmerlohn, kalkulatorische Zinsen, kalkulatorische Wagnisse)

Die Kostenrechnung erfolgt auf **drei** verschiedenen Ebenen (levels), die sich untereinander ergänzen:

- Kostenartenrechnung
- Kostenstellenrechnung
- Kostenträgerrechnung

Kalkulatorische Kosten sind Kosten, die zunächst **nicht tatsächlich** anfallen, sondern auf eine vergleichbare Situation oder ein zukünftiges Ereignis hin kalkuliert werden. Ein weiteres Kriterium für die Einteilung von Kosten ist die **Art der Verrechnung** (settlement).

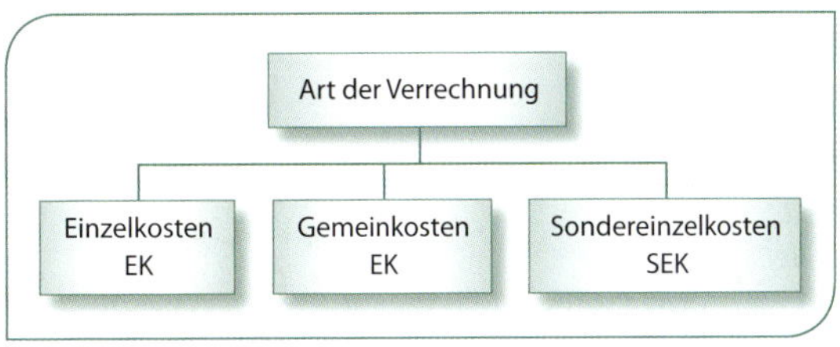

4.5.1.1 Einzelkosten

Einzelkosten sind Kosten, die **unmittelbar** für einen Auftrag (contract) (z. B. die Installation eines Brennwertkessels) angefallen sind und direkt auf den Kostenträger (Auftrag) verrechnet werden können (z. B. die Fertigungslöhne und das Fertigungsmaterial).

4.5.1.2 Gemeinkosten

Gemeinkosten (overheads) sind Kosten, die sich **nicht direkt** auf einen Kostenträger (Auftrag) verrechnen lassen, weil sie für mehrere oder alle Kostenträger **gemeinsam** anfallen (z. B. Gehälter leitender Angestellter, Gehälter (salary) des kaufmännischen Personals, ferner Hilfsstoffe wie Schrauben und Nägel oder Betriebsstoffe wie Benzin und Schmierstoffe).

4.5.1.3 Sondereinzelkosten

Neben den typischen Einzelkosten (itemized costs) (Fertigungsmaterial und Fertigungslöhne) fallen manchmal auch **Sondereinzelkosten** für bestimmte Aufträge an (z. B. Modellkosten, Sonderwerkzeuge, Versicherungen, Verpackungs- und Versuchskosten). Sondereinzelkosten lassen sich direkt verrechnen.

	Materialeinzelkosten	…
+	Materialgemeinkosten (in %)	…
=	Materialkosten	Σ
	Fertigungseinzelkosten	…
+	Fertigungsgemeinkosten (in %)	…
=	Fertigungskosten	Σ
	Herstellkosten	Σ
+	Verwaltungsgemeinkosten (in %)	…
+	Vertriebsgemeinkosten (in %)	…
=	Selbstkosten	Σ

1 Zusammenhänge der einzelnen Kosten

4.5.2 Kostenstellenrechnung

Die Kostenstellenrechnung beschäftigt sich mit der Frage, in **welchen Betriebsteilen** (departments) die Kosten anfallen. Ihre Aufgabe ist es, die **Gemeinkosten** (vgl. Kap. 4.5.1.2), die nicht ohne weiteres nur einem Auftrag (Kostenträgern) direkt zugeordnet werden können, **anteilig und verursachungsgerecht** auf die Stellen in einem Betrieb zu verteilen, bei denen sie angefallen sind. Die Kostenstellen eines **größeren Betriebes** der SHK-Branche werden üblicherweise aufgeteilt in:

- Fertigungskostenstelle
- Materialkostenstelle
- Verwaltungskostenstelle
- Vertriebskostenstelle

Kleinere Handwerksbetriebe kommen meist mit Fertigungs- und Materialkostenstellen aus. Die Kostenstellenrechnung kann **kontenmäßig** (d. h. jede Kostenstelle wird wie ein Konto (account) geführt) oder **tabellarisch** (in statistisch aufbereiteter Form) durchgeführt werden.

4.5.2.1 Verteilung der Gemeinkosten

Die Verteilung der Gemeinkosten ist eines der Hauptprobleme der Kostenstellenrechnung, da die Gemeinkosten nur indirekt verteilt werden können und zu diesem Zweck **Schlüssel** (schemes) festzulegen sind, die möglichst kostenverursachungsgerecht sind.
Grundsätzlich kann zwischen **Mengenschlüsseln** und **Wertschlüsseln** unterschieden werden (Bild 2).

Kostenart	Verteilungsgrundlage
• Heizkosten	• beheizte Raumfläche (in m^2)
• Stromverbrauch	• installierte Geräte
• freiwillige soziale Leistungen	• Verhältnis Lohn-/Gehaltssumme in €
• Internet-Anschlüsse	• Anzahl der Computer

2 Beispiel zur Verteilung der Gemeinkosten

4.5.2.2 Ermittlung von Kalkulationszuschlagssätzen

Nachdem alle Gemeinkosten auf die Kostenstellen verrechnet worden sind, müssen **Kalkulationszuschlagssätze** (calculation extra charges) je Kostenstelle ermittelt werden, um die verrechneten Gemeinkosten den jeweiligen Kostenträgern (z. B. einzelne Aufträge) zurechnen zu können.
Grundsätzlich werden Kalkulationszuschlagssätze folgendermaßen berechnet:

$$\text{Kalkulationszuschlagsatz} = \frac{\text{Gemeinkostensumme}}{\text{Bezugsgröße}}$$

Bezugsgröße für die Verrechnung der Materialgemeinkosten sind in der Regel die **Materialeinzelkosten**:

$$\text{Zuschlagssatz Material-gemeinkosten} = \frac{\text{Materialgemeinkosten} \times 100\,\%}{\text{Materialeinzelkosten}}$$

$$\text{z. B.: } \frac{1.500\,€ \times 100\,\%}{13.500\,€} = 11{,}1\,\%$$

Bezugsgröße für die Verrechnung der Fertigungsgemeinkosten sind in der Regel die **Fertigungslöhne**:

$$\text{Zuschlagssatz Fertigungs-gemeinkosten} = \frac{\text{Fertigungsgemeinkosten} \times 100\,\%}{\text{Fertigungslöhne}}$$

$$\text{z. B.: } \frac{3.000\,€ \times 100\,\%}{5.500\,€} = 54{,}5\,\%$$

Für die Verrechnung der Verwaltungs- und Vertriebsgemeinkosten werden üblicherweise die **Herstellkosten** (production costs) als **Bezugsgröße** zugrunde gelegt:

$$\text{Zuschlagssatz Verwaltungs-gemeinkosten} = \frac{\text{Verwaltungsgemeinkosten} \times 100\,\%}{\text{Herstellkosten}}$$

$$\text{Zuschlagssatz Vertriebs-gemeinkosten} = \frac{\text{Vertriebsgemeinkosten} \times 100\,\%}{\text{Herstellkosten}}$$

[1] HLS: Heizung, Lüftung, Sanitär

Die Herstellkosten errechnen sich wie folgt:

	Materialeinzelkosten
+	Materialgemeinkosten
=	Materialkosten
+	Fertigungslöhne
+	Fertigungsgemeinkosten
+	Sondereinzelkosten der Fertigung
=	Fertigungskosten
=	Herstellkosten

4.5.3 Kostenträgerrechnung

Die Kostenträgerrechnung ist die letzte Stufe (step) der Kostenrechnung. Hier werden die in den **Kostenarten** und **Kostenstellen** anfallenden Kosten verrechnet und dem jeweils verursachenden **Kostenträger zugeordnet**.
Unter Kostenträger versteht man die **Leistung**, die Kosten verursacht hat und somit die Kosten trägt. Dies können einzelne Produkte (products) oder ein ganzer Auftrag eines Kunden sein (z. B. die Lieferung (delivery) und Montage (installation) einer Zentralheizungsanlage).
Die Hauptaufgabe der Kostenträgerrechnung ist die **Preiskalkulation** (calculation), die die Ermittlung der **Selbstkosten**, die Ermittlung von **Angebotspreisen** (offer prices) und die Ermittlung von **Preisuntergrenzen** beinhaltet. Die Kostenträgerrechnung lässt sich in die Kostenträgerstückrechnung und die Kostenträgerzeitrechnung aufteilen (Bild 1).

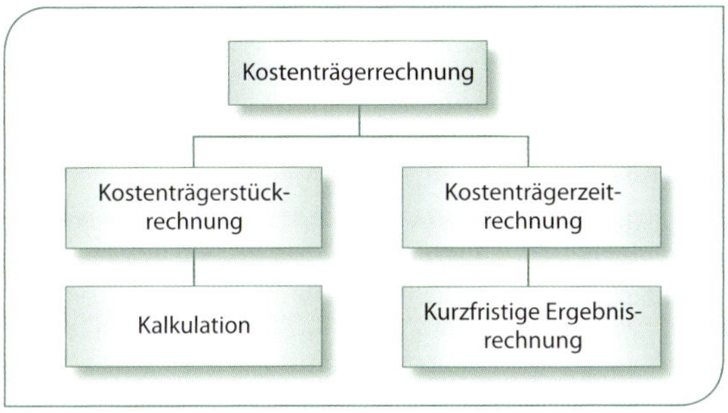

1 Teilgebiete der Kostenträgerrechnung

Die einzelnen Kalkulationsarten werden je nach dem **Zeitpunkt** (time), zu dem sie durchgeführt werden, unterschieden (Bild 2).

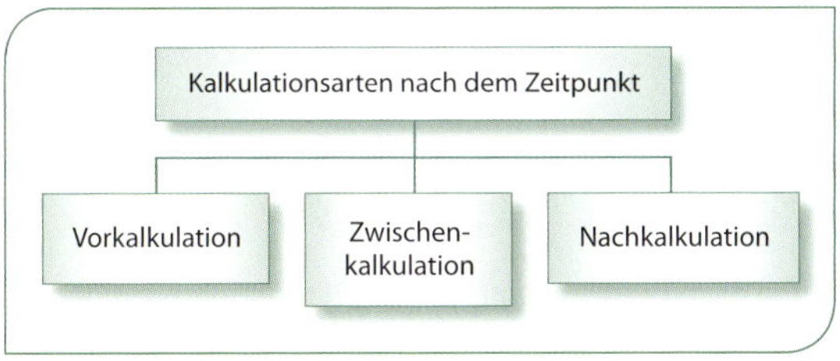

2 Kalkulationsarten

4.5.3.1 Vorkalkulation

Die Vorkalkulation (preliminary costing) wird vor der Auftragserteilung mithilfe von **geschätzten Werten** oder **Erfahrungswerten** (figures based on experience) durchgeführt. Sie dient vor allem der Bestimmung des **Angebotspreises** (non-binding offer) und ist die Grundlage für Preisverhandlungen.

4.5.3.2 Zwischenkalkulation

Für Aufträge, deren Fertigstellung einen **längeren** Zeitraum in Anspruch nimmt, werden aus Gründen der **Kostenkontrolle** zwischendurch die Istkosten (actual costs) für bereits **fertiggestellte** Anlagenteile ermittelt.

4.5.3.3 Nachkalkulation

Die Nachkalkulation (post calculation) wird durchgeführt, um zu ermitteln, ob die angefallenen **Istkosten** von der Vorkalkulation **abweichen** und welche **Gewinne** (profits) erzielt worden sind. Außerdem stellt die Nachkalkulation Daten zur Verfügung, die für künftige Vorkalkulationen genutzt werden können.

4.5.3.4 Zuschlagskalkulation

Die rechnerische Umsetzung einer Kalkulation nennt man Kalkulationsform oder Kalkulationsverfahren. In der SHK-Branche wird vor allem die differenzierte **Zuschlagskalkulation** (cost accounting) angewendet. Bei der Zuschlagskalkulation werden den einzelnen Kostenträgern (Aufträgen) die Gemeinkosten meist über **prozentuale Zuschläge** und die Einzelkosten **direkt** angerechnet. Nach dem folgenden **Kalkulationsschema** werden häufig die Angebotspreise ermittelt:

	Materialeinzelkosten
+	Materialgemeinkosten
=	Materialkosten
+	Fertigungslöhne
+	Fertigungsgemeinkosten
+	Sondereinzelkosten der Fertigung
=	Fertigungskosten
=	**Herstellkosten**
+	Verwaltungsgemeinkosten
+	Sondereinzelkosten des Vertriebs
=	**Selbstkosten**
+	Gewinnzuschlag
=	**Barverkaufspreis**
+	Skonti, Provisionen
=	**Zielverkaufspreis**
+	Rabatte
=	**Nettoangebotspreis**
+	Mehrwertsteuer
=	**Bruttoangebotspreis**

4.5.3.4.1 Materialkosten

Unter **Materialeinzelkosten** sind all die Kosten zu verstehen, die direkt einer installierten Anlage zuzuordnen sind (z. B. Geräte, Armaturen, Rohre, Formstücke, Verbindungs- und Befestigungsmaterialien). **Materialgemeinkosten** (indirect material costs) entstehen z. B. durch die Materialbestellung, den Materialeinkauf, die Lagerhaltung und durch die Instandhaltung, die Versicherungen, Abschreibungen und Energiekosten im Zusammenhang mit Lagergebäuden. Die **Preise** der Materialien können dem Internet oder Katalogen und Preislisten (price lists) von Großhändlern entnommen werden.

Das **insgesamt** benötigte Material wird dem Leistungsverzeichnis (bill of quantities) entnommen (Bild 1).

Position	Menge ME	Bezeichnung	Einzelpreis in €	Gesamt in €
Titel 3 Rohrleitungen mit Zubehör				
03.04	30,00 lfm	Kupfer-Qualitätsrohr geschützt gegen Lochkorrosion mit DVGW-Prüfzeichen Nennweite: 18 mm Abgerechnet nach tatsächlichem Verbrauch	9,00	270,00
03.05.	20,00 lfm	Kupfer-Qualitätsrohr geschützt gegen Lochkorrosion mit DVGW-Prüfzeichen Nennweite: 28 mm Abgerechnet nach tatsächlichem Verbrauch	12,50	250,00
03.06.	30,00 lfm	Isolierschlauch aus Gittergewebe zur thermischen Dämmung in reißfester Folie Artikelbezeichnung: VS 13–18	3,25	97,50
03.07.	12,00 lfm	Wärmedämmung nach DIN und Vorschrift mit Alumatten und Isogenopak-Folie Nennweite Rohr: Ø 18 mm Dämmstärke: 20 mm	5,46	65,52
03.08.	20,00 lfm	Wärmedämmung nach DIN und Vorschrift mit Alumatten und Isogenopak-Folie Nennweite Rohr: Ø 28 mm Dämmstärke: 30 mm	6,71	134,20
03.08.	1,00	Pauschal Heizungs-Zubehör bestehend aus: Kleinteilen, Form- und Verbindungsteilen, Dichtungs- und Befestigungsmaterial etc.	290,00	290,00

1 Auszug aus einem Leistungsverzeichnis (LV)

4.5.3.4.2 Fertigungskosten

Die Fertigungskosten einer installierten Anlage setzen sich aus den **Fertigungslöhnen** und den **Fertigungsgemeinkosten** (indirect factory production costs) zusammen; in besonderen Fällen kommen noch die Sondereinzelkosten der Fertigung hinzu (vgl. Kap. 4.5.1.3). Aus der insgesamt für die Montage einer Anlage benötigten **Zeit** und den **Stundenlöhnen** (hourly wages) für Monteure, Helfer und Auszubildende ergeben sich die **Fertigungslöhne**. Aus Kalkulationsunterlagen können Richtzeiten für bestimmte Bauteile entnommen werden (Bild 2). Durch Überstundenzuschläge, Auslösungen und Fahrgeld können sich die Fertigungslöhne noch erhöhen. Die **Fertigungsgemeinkosten** ergeben sich z. B. aus vermögenswirksamen Leistungen, Urlaubs- und Weihnachtsgeld, Leistungszulagen, Lohnfortzahlung im Krankheitsfall und Arbeitgeberanteilen bei den Sozialversicherungen (Kranken-, Pflege-, Renten- und Arbeitslosenversicherung).

Arbeitszeit in Minuten (für einen Vollgesellen)		
kW Zeit	… 25 200 … 300	… 50 300 … 500
Kombitherme Zeit	… 24 kW 200 … 300	

2 Auszug aus Kalkulationsunterlagen für Heizungsarbeiten

4.5.3.4.3 Vertriebsgemeinkosten

Zu den Vertriebsgemeinkosten (sales overhead expenses) zählen insbesondere die **Gehälter** der im Vertrieb beschäftigten Mitarbeiter, Verpackungsmaterialien, Fahrzeug- und Werbekosten.

Lernfeld 2b

4.5.3.4.4 Verwaltungsgemeinkosten

Die Verwaltungsgemeinkosten (administrative overhead expenses) entstehen z. B. durch die Buchhaltung, die Angebotserstellung, Steuern, Versicherungen und Fahrzeugkosten.

4.5.3.4.5 Ermittlung der produktiven Arbeitsstunden

Ermittlung der tatsächlichen Arbeitstage	**2002**
Werk- und Feiertage	261 Tage
– Feiertage und Ausfalltage	12 Tage
– Urlaubstage	30 Tage
– Krankheitstage	14 Tage
Tatsächliche Arbeitstage (Anwesenheitstage)	205 Tage
Ermittlung der produktiven Arbeitsstunden	
Anwesenheitsstunden (205 Tage • 7,4 Std.)	1517 Std.
– Unproduktive Stunden (0,5 Std. pro Arbeitstag)	101 Std.
Produktive Arbeitsstunden pro Monteur und Jahr	1416 Std.

BEISPIELRECHNUNGEN

Berechnen Sie den Bruttoangebotspreis für eine kleine Heizungsanlage mithilfe der nachfolgenden Angaben:

Materialeinzelkosten: 1.850,00 €;
30 % Materialgemeinkostenzuschlag auf Materialeinzelkosten;
Fertigungslöhne: 500,00 €;
170 % Fertigungsgemeinkostenzuschlag auf Fertigungslöhne;
40 % Verwaltungs- und Vertriebsgemeinkostenzuschlag auf Herstellkosten;
4 % Gewinnzuschlag auf Selbstkosten;
3 % Skonto auf Barverkaufspreis und
19 % Mehrwertsteuer.

Lösung:

	Materialeinzelkosten	1.850,00 €
+	Materialgemeinkosten	555,00 €
=	Materialkosten	2.405,00 €
+	Fertigungslöhne	500,00 €
+	Fertigungsgemeinkosten	850,00 €
=	Fertigungskosten	1.350,00 €
=	**Herstellkosten**	3.755,00 €
+	Verwaltungsgemeinkosten	
+	Vertriebsgemeinkosten	1.502,00 €
=	**Selbstkosten**	5.257,00 €
+	Gewinnzuschlag	210,28 €
=	**Barverkaufspreis**	5.467,28 €
+	Skonti, Provisionen	164,02 €
=	**Nettoangebotspreis**	5.631,30 €
+	Mehrwertsteuer	1.069,95 €
=	**Bruttoangebotspreis**	6.701,25 €

4.5.3.4.6 Berechnung einer Handwerkerstunde

Da viele Kunden nicht wissen, wie sich die Stundenverrechnungssätze (hourly wages) im Handwerk zusammensetzen, sollten alle Mitarbeiter eines Handwerksbetriebes darüber Bescheid wissen und den Kunden gegebenenfalls aufklären können. Nachfolgend eine Berechnung (calculation) der Handwerkskammer Freiburg.

Was kostet eine Handwerkerstunde?

Beispiel:

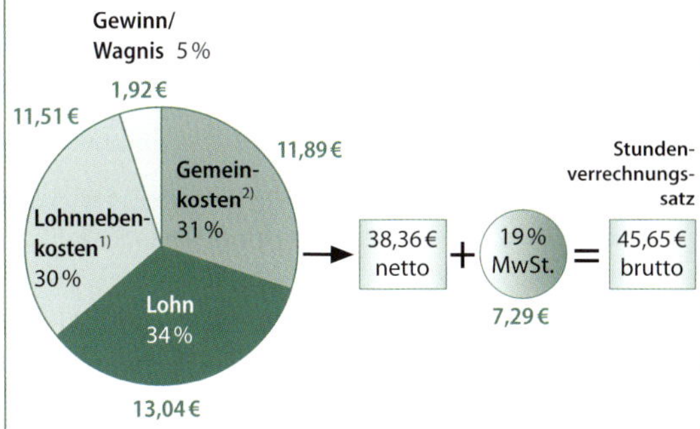

1) **Lohnnebenkosten** (betrieblich, tariflich, gesetzlich und bezahlte direkt verrechnete Stunden), u. a.:
- Arbeitgeberbeiträge zur Sozialversicherung
- Weihnachtsgeld
- bezahlte Urlaubs-, Krankheits-, Feiertage

2) **Gemeinkosten** u. a.:
- Miete/Raumkosten
- Steuern, Versicherungen
- Kfz-Kosten
- Zinsen
- Abschreibungen

1 Stundenverrechnungssatz HWK Freiburg

Wie aus dem obigen Beispiel zu ersehen ist, setzt sich der Stundenverrechnungssatz aus den drei Hauptposten
- Lohn (wages)
- Lohnnebenkosten (additional labour costs) und
- Gemeinkosten zusammen (vgl. Kap. 4.5.1.2, S. 119)

und nur ein kleiner Anteil ist Gewinn. In diesem Beispiel **1,92 €** von 45,65 €.

ÜBUNGEN

1. Für eine Reparatur benötigt ein Heizungsmonteur 3,5 h bei einem Stundenlohn von 14,85 €. Die Materialkosten betragen 375,50 €. Berechnen Sie die Gesamtkosten der Reparatur einschließlich Mehrwertsteuer in Höhe von 19 %.

2. Für eine Installation wurden 3,5 m Stahlrohr nach DIN EN 10255 zu 8,50 €/m und 7 m Kupferrohr mit DVGW-Prüfzeichen zu 12,85 €/m benötigt. Die Arbeitszeit betrug 5 h zu einem Stundenlohn von 13,65 €. Hinzu kommen 8 % Rohrverschnitt sowie Dichtungs- und Befestigungsmaterial. Berechnen Sie die Gesamtkosten einschließlich 19 % Mehrwertsteuer.

ÜBUNGEN

3) Ein Handwerksbetrieb hatte im letzten Jahr 975.000,00 € Materialkosten. Die Materialgemeinkosten betrugen 325.000,00 €. Ermitteln Sie den Materialgemeinkostenzuschlag in %.

4) Wie hoch muss der Fertigungsgemeinkostenzuschlag in % sein, wenn ein Handwerksbetrieb Lohnkosten in Höhe von 83.300,00 € und Fertigungsgemeinkosten in Höhe von 180.000 € im letzten Jahr hatte?

5) Ermitteln Sie mit Hilfe eines Kalenders, eines gültigen Tarifvertrags und Erfahrungswerten aus dem Handwerk (vgl. auch Kap. 4.5.3.4.5) die produktiven Arbeitsstunden für das vergangene Jahr.

6) Wie hoch sind die Herstellkosten einer Heizungsreparatur, wenn das Material 563,50 € kostet, die Materialgemeinkosten 30 % betragen und die Arbeitszeit 4,5 h bei einem Stundenlohn von 15,00 € beträgt. Auf die Lohnkosten muss noch ein Fertigungsgemeinkostenzuschlag von 170 % aufgeschlagen werden.

7) Ein Arbeiter benötigt für eine Reparatur 7 ¾ h bei einem Stundenlohn von 14,85 €. Ein anderer Arbeiter benötigt für die gleiche Reparatur nur 6 ¼ h bei einem Stundenlohn von 13,65 €.

a) Wie viel erhält jeder Arbeiter für die Arbeit ausbezahlt?
b) Um wie viel Prozent unterscheiden sich die Löhne der Arbeiter?
c) Für die Gemeinkosten muss ein Aufschlag von 95 % erhoben werden. Ermitteln Sie die Kosten einschließlich Mehrwertsteuer.

8) Für einen Kunden ist ein Angebot für den Austausch eines Gasheizkessels einschließlich der damit verbundenen Installationsarbeiten an den Gas-, Abgas- und Heizwasserleitungen zu erstellen. Die nachstehende Preisliste enthält die benötigten Materialien und deren Listenpreise. Für das Material erhält der Unternehmer einen Rabatt von 25 %. Der Gasheizkessel wird zum Listenpreis angeboten; die übrigen Materialien werden mit dem angegebenen Gemeinkostensatz angeboten.

Pos.	Menge	Bezeichnung	Listeneinzelpreis in €
01	1	Gasheizkessel, 18kW Nennleistung	1.800,00
02	1	Abgasrohr und Bogen DN 150	155,00
03	3,5 m	Stahlrohr EN 10255	8,50
04	1	Form- und Verbindungsstücke, Dichtmaterial und Kleinteile – pauschal	137,00

Als Lohnkosten werden für die Montage 24 Monteurstunden veranschlagt.
Material: Auf das Material wird ein Gemeinkostenzuschlag von 30 % und ein Gewinn von 3 % erhoben.
Lohn: Der Bruttostundenlohn eines Monteurs beträgt 15,25 €/h.
Der Lohngemeinkostenzuschlag beträgt 170 %.
Die Lohnnebenkosten betragen 4,25 €/h.
Es wird ein Gewinnzuschlag von 4 % erhoben (außer auf die Lohnnebenkosten).

Wie hoch ist der Angebotspreis einschließlich 19 % Mehrwertsteuer?

9) Für ein Einfamilienhaus mit 4 Personen soll eine Standardsolaranlage mit bivalentem Speicher für die Trinkwassererwärmung installiert werden. Die Kollektoren werden über der Dachhaut montiert (Bild 1, S. 125). Die erforderlichen Materialien wurden nach Herstellerangaben ermittelt und die Arbeitszeit wurde nach Gruppenminuten geschätzt. Für die Ausarbeitung eines Angebots stehen folgende Daten zur Verfügung:

Material:

Pos.	Menge	Bezeichnung	Listeneinzelpreis in €
01	2	Kollektor einschließlich Dachmontagesatz	1.300,00
02	1	Solarspeicher mit Wärmeübertragern und Dämmung	950,00
03	1	Solarkreislauf einschließlich Rohre, Armaturen und Pumpen	505,00
04	1	Nachheizung vom Speicher zum Kessel mit Rohr und Pumpe	273,00
05	1	Trinkwasseranschluss, komplett mit Rohren	320,00
06	1	Regelung	208,00
07	1	Blitzschutz und Erdung	88,00
08	23 m	Kupferrohr mit DVGW-Prüfzeichen	5,00
09	1	Pauschale (netto) für Kleinteile, Form- und Verbindungsteile, Dichtungs- und Befestigungsmaterial	231,00

Arbeitszeit: (bezogen auf Gruppenminuten)

Anlieferung, Anfahrt und Baustelleneinrichtung	240 min
Montage Solaranlage	3000 min

ÜBUNGEN

Regelung, Blitzschutz und Erdung	320 min
Inbetriebnahme und Einweisung	180 min
Die Montagegruppe besteht aus:	
1 Monteur mit einem Lohn von	15,00 €/h
1 Azubi mit einem Lohn von	7,00 €/h
Materialeinkauf:	
Rabatt auf Material	30 %
Verrechnungssätze:	
Materialzuschlag	25 %
Gewinnzuschlag auf Material	4 %
Lohnzuschlagsatz	155 %
Gewinnzuschlag auf Lohn	5 %

a) Welche Materialkosten werden verrechnet?
b) Welche Lohnkosten werden verrechnet?
c) Wie hoch ist der kalkulierte Gewinn?
d) Wie hoch ist der Angebotspreis einschließlich 19 % Mehrwertsteuer?

10) Aus welchen drei Hauptposten setzt sich der Stundenverrechnungssatz einer Handwerkerstunde zusammen?

11) Wie hoch ist der Prozentsatz des Stundenlohns eines Mitarbeiters?

1 Kollektormontage

4.6 Auftragsabwicklung

Hat ein Kunde ein Angebot angenommen und einen Auftrag erteilt, muss der Betrieb die benötigten Materialien (die er der Materialliste des Angebots entnimmt) beschaffen. Was nicht im Lager (depot) ist, muss bestellt werden. Dann muss ein Terminplan (time schedule) erstellt und mit dem Kunden und evtl. anderen auf der Baustelle tätigen Gewerken abgesprochen werden. Der Verlauf der Arbeiten wird in Tätigkeitsberichten (Stundenzettel) dokumentiert und dem Kunden oder dem Bauleiter zur Unterschrift vorgelegt. Die Stundenzettel sind Grundlage der Abschlussrechnung (final account). Die Baustelle sollte immer sauber hinterlassen werden. Pünktlichkeit, Zuverlässigkeit und fachgerechte Ausführung der Arbeiten sollten eine Selbstverständlichkeit sein, um auch weiterhin mit Aufträgen des Kunden oder einer Weiterempfehlung rechnen zu können.

Nach Beendigung der Arbeiten wird die Anlage in Betrieb genommen und überprüft. Dazu wird ein Inbetriebnahme (commissioning certificate) – und Einweisungsprotokoll erstellt. Dann erfolgt die Übergabe (handing over) an den Kunden. Dieser wird in den Gebrauch der Anlage eingewiesen und ihm werden die Bedienungsanleitungen, einschließlich aller Zeichnungen, Wartungsvorschriften, Datenblätter der Bauteile und Geräte und Sicherheitsvorschriften etc. übergeben. Wenn der Kunde das Inbetriebnahme- und Einweisungsprotokoll unterschrieben hat, gehen die Anlage und damit auch die Verantwortung (responsibility) an ihn über und er ist zur Zahlung verpflichtet.

ÜBUNGEN

1) Was ist zu tun, wenn ein Kunde z. B. einen Auftrag über den Einbau einer Waschtischanlage erteilt hat?

2) Welche Unterlagen sind dem Kunden nach der Einweisung zu übergeben?

3) Wann gehen eine installierte Anlage und damit auch die Verantwortung für die Anlage an den Kunden über?

5 Vergabe- und Vertragsordnung für Bauleistungen (VOB)

Für jede Bauleistung (z. B. den Einbau einer Zentralheizungs- und Lüftungsanlage) müssen Verträge (contracts) abgeschlossen werden, um z. B. bei Streitigkeiten über die Ausführung und/oder die Abrechnung die Rechtssicherheit (legal security) zu erhöhen. Zu den wichtigsten Gesetzen, Verordnungen und vorformulierten Vertragsbedingungen (terms of a contract), die Bestandteil eines Vertrags sein sollten, gehören:

- das Bürgerliche Gesetzbuch **(BGB)**
- die Allgemeinen Geschäftsbedingungen **(AGB)**
- die Verdingungsordnung für Leistungen **(VOL)**
- die Vergabe- und Vertragsordnung für Bauleistungen **(VOB)**

Im Folgenden sollen die Grundzüge der VOB aufgezeigt werden.

Die Vergabe- und Vertragsordnung für Bauleistungen wurde geschaffen, um das BGB zu ergänzen, da dieses keine bauspezifischen Inhalte hat. Das BGB ist ein allgemein gültiges Gesetz, die VOB ist weder Gesetz (law) noch Rechtsverordnung (statutory instrument) und ihre Geltung ist auch nicht gewohnheitsrechtlich anerkannt. Wird die VOB als Vertragsgrundlage gewählt, treten die gesetzlichen Bestimmungen des BGB überall dort zurück, wo in der VOB abweichende Regeln (regulations) enthalten sind. Es empfiehlt sich auch für private Auftraggeber (contractor) und Auftragnehmer (consignee, successful bidder), die VOB als Grundlage ihrer Verträge zu wählen. Öffentlich-rechtliche Auftraggeber sind durch Verwaltungsvorschriften dazu verpflichtet, insbesondere den Teil A der VOB ihren Verträgen zugrunde zu legen.

Der Inhalt der VOB befasst sich mit der Abwicklung (handling, processing) und Durchführung (realization) von Bauleistungen und den vertraglichen Verpflichtungen (Verdingungen) der am Bau beteiligten Firmen. Der Deutsche Normenausschuss hat die Bestimmungen und Bedingungen der VOB als DIN-Normen übernommen. Die VOB gliedert sich in drei Teile:

- **Teil A** (DIN 1960) Allgemeine Bestimmungen über die Vergabe von Bauleistungen
- **Teil B** (DIN 1961) Allgemeine Vertragsbedingungen für die Ausführung von Bauleistungen
- **Teil C** (DIN 18299 und folgende) **A**llgemeine **T**echnische **V**ertragsbedingungen für Bauleistungen (ATV); Allgemeine Regelungen für Bauarbeiten jeder Art

auch wesentliche Begriffsbestimmungen. Um einen Auftrag zu erteilen, wird im Allgemeinen vom Bauherrn oder Auftraggeber ein **Leistungsverzeichnis** (bill of quantities) für die einzelnen Gewerke erstellt. In diesem werden alle Teilleistungen detailliert aufgeführt. Dann erfolgt eine **Ausschreibung**, das ist die Aufforderung an eine ausführende Firma, ein Angebot abzugeben. Es wird unterschieden zwischen einer:

- **öffentlichen Ausschreibung** (unterliegt in der Zahl der Angebote keiner Einschränkung)
- **beschränkten Ausschreibung** (nur eine ausgewählte Zahl von Bietern wird ausgesucht)
- **freihändigen Vergabe** (ein Auftragnehmer wird direkt mit dem Bauvorhaben beauftragt)

Als Grundlage (basis) für das Angebot eines Unternehmers dient ein Leistungsverzeichnis. Es wird heute meist aus standardisierten Textbausteinen (pieces of autotext) mittels eines Computers erstellt. Die eingegangenen Angebote werden zu einem festgesetzten Termin, dem Submissionstermin (submission date), geöffnet. Danach werden sie auf Richtigkeit, Vollständigkeit und Preisniveau überprüft und der Zuschlag (der Auftrag) wird erteilt (Bild 1).

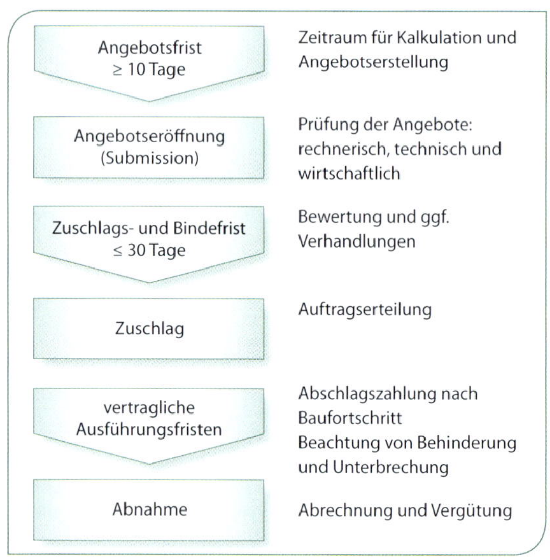

1 Ablaufschema einer Auftragsvergabe

5.1 Allgemeine Bestimmungen über die Vergabe von Bauleistungen (VOB/A)

VOB **Teil A** umfasst die Ausschreibung (tender), das Angebot (offer) und den Vertragsabschluss (conclusion of an agreement) eines Bauvorhabens. Darüber hinaus enthält er aber

5.2 Allgemeine Vertragsbedingungen für die Ausführung von Bauleistungen (VOB/B)

In der VOB **Teil B** werden die rechtlichen Beziehungen von Vertragspartnern und deren Pflichten (duties) und Rechte (rights) behandelt, die nach Abschluss eines Vertrags bis zu dessen endgültiger Abwicklung zu beachten sind. Zu den Allgemeinen Vertragsbedingungen für die Ausführung von Bauleistungen gehören u. a.:

- **Vergütung** (payment) nach den vertraglichen Einheitspreisen und den tatsächlich erbrachten Leistungen
- **Ausführungsfristen** (time limits): Die Ausführung ist innerhalb der Vertragsfristen zu beginnen und zu beenden, sonst kann der Auftrag entzogen werden
- **Kündigung** (termination) durch den Auftraggeber, wenn z. B. der Auftragnehmer seine Zahlungen einstellt oder in Konkurs geht
- **Abnahme** (final inspection): Eine Abnahme beendet die Leistung; die Abnahme kann wegen gravierender Mängel verweigert werden
- **Sicherheitsleistung** (security): Sicherheit kann z. B. durch Hinterlegung von Geld oder durch Bürgschaft (surety, guarantee) eines zugelassenen Kreditinstituts geleistet werden.
- **Gewährleistung** (guarantee): Ist keine Verjährung (limitation) vereinbart, so beträgt sie für Bauwerke nach VOB vier Jahre (nach BGB 5 Jahre), für die vom Feuer berührten Teile von Feuerungsanlagen zwei Jahre. Die Gewährleistungsfrist (Bild 1) beginnt mit der Schlussabnahme (Abnahme aller Leistungen

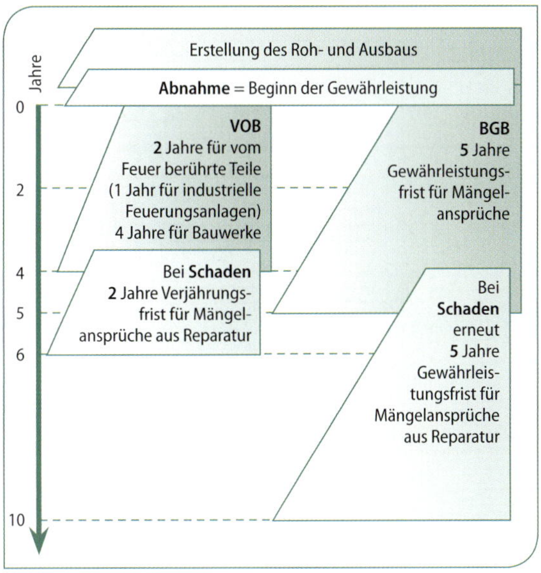

1 Gewährleistungsfristen nach VOB und BGB

5.3 Allgemeine Technische Vertragsbedingungen für Bauleistungen (ATV, VOB/C)

In der VOB **Teil C** sind Ausführungsnormen für alle am Bau beteiligten Gewerke enthalten und es wird grundsätzlich dargelegt, wie Bauleistungen technisch sachgerecht (proper), vertragsgerecht (as stipulated in the agreement) und mängelfrei (faultless) auszuführen sind. Die Allgemeinen Regelungen für Bauarbeiten jeder Art (**DIN 18299**) gelten für alle Gewerke. Der Teil C der VOB umfasst mit etwa 80 % den weitaus größten Teil des Gesamtwerks.

Jede in diesem Teil enthaltene Norm ist nach dem gleichen Schema aufgebaut:

0. Hinweise für das Aufstellen von Leistungsbeschreibungen
1. Geltungsbereich (scope)
2. Stoffe, Bauteile
3. Ausführung
4. Nebenleistungen (secondary obligations), besondere Leistungen (Bild 2)
5. Abrechnung (settlement of accounts)

Für den Anlagenmechaniker SHK sind folgende Normen von besonderer Bedeutung:

DIN 18339 Klempnerarbeiten
DIN 18379 Raumlufttechnische Anlagen
DIN 18380 Heizungsanlagen und zentrale Wassererwärmungsanlagen
DIN 18381 Gas-, Wasser- und Entwässerungsanlagen innerhalb von Gebäuden
DIN 18421 Dämmarbeiten an technischen Anlagen

Nebenleistungen sind z. B.:
• Notwendige Mess- und Absteckarbeiten • Schutz- und Sicherheitsmaßnahmen nach den Unfallverhütungsvorschriften • Liefern der Betriebsstoffe • Befördern aller Bau- und Anlagenteile auf der Baustelle • Beseitigung aller selbst verursachten Verunreinigungen, Entsorgung der Abfälle • Entsorgung von Abfällen des Auftraggebers, wenn < 1 m³ und nicht Schadstoff belastet
Besondere Leistungen sind z. B.:
• Sicherungsmaßnahmen zur Unfallverhütung • Besondere Schutzmaßnahmen gegen Witterungsschäden

2 Nebenleistungen und besondere Leistungen

ÜBUNGEN

1) Nennen Sie mind. 2 Gründe, warum für Bauleistungen Verträge abgeschlossen werden müssen.
2) Welche wichtigen Gesetze, Verordnungen und Vertragsbedingungen sollten Bestandteil eines Vertrags sein?
3) Warum wurde die Vergabe- und Vertragsordnung für Bauleistungen geschaffen?
4) In welche 3 Teile gliedert sich die VOB?
5) Was dient als Grundlage für das Angebot eines Unternehmers?
6) Welche Normen sind für den Anlagenmechaniker SHK von besonderer Bedeutung?

6 Form and style of an English business letter

6.1 Form of an English business letter

Business letters are more formal than personal letters and they consist of **seven** principal parts.

1. The **heading**, the name and address of your company (without your personal name) usually goes in the top right hand corner, but may also go in the left hand corner.
2. **Date**, either on the left or the right.
3. **Name** and **address** of the company or person you are writing to.
4. **Salutations** that are used to address
   a) someone whose name you do not know:
      - Dear Sir
      - Dear Madam
      - Dear Sir or Madam (all BrE)
      - To whom it may concern (AmE)

   b) someone you know:
      - Dear Mr Waldomak (BrE)
      - Dear Mr. Waldomak (AmE)
5. **Closings** to end formal letters:
   - Sincerely
   - Sincerely Yours
   - Yours Truly (all AmE)
   - Yours sincerely if you have addressed the person by name
   - Yours faithfully if you have used *Dear Sir or Madam*, etc. (all BrE)
6. **Signature**
7. **Typed name**

6.2 Styles of an English business letter

There are three accepted letter styles (picture 1, 2).

a) modified block style

b) block style

c) semiblock style

1 letter styles

Rainerbau GmbH & Co KG
Sanitär-, Heizungs-
und Klimatechnik

Mutterstraße 5
99999 Freystadt
Germany

Telephone: 049123456 / 7078
Fax: 049123456 / 70781
info@rainerbau.de

Our ref: 1007
13 March 2008

Waldomak Ltd
F.O.A Mr Emperor
17 St James Street
Brighton CB2 5FJ
England

Yours sincerely

For Rainerbau GmbH & Co KG

Encl.

2 example letter block style

Exercises

1) Translate the first sentence of chapter 6.1 (**Form of an English business letter**) and find the German equivalents for the words in **bold** letters. Use the internet or a dictionary. Before you look up a word try to guess the word first, then check it.

2) Put the mixed-up letter into the right order.
   a) We rely on your approval and look forward to a close cooperation to our mutual advantage.
   b) We have pleasure in enclosing our offer for the washbasin unit and accessories as agreed upon on the 12 February 2008.
   c) We can start installation on 7 May 2008 and guarantee you the final amount until 22 June 2008.
   d) Re: Your enquiry dated 10 February 2008
   e) We thank you for your enquiry dated 10 February 2008.
   f) Dear Mr Emperor
   g) Yours sincerely
   h) We should be pleased to send you further information you may need.

3) Translate the letter into German. Use the internet or a dictionary. Before you look up a word try to guess the word first, then check it.

Lernfeld 3:
Herstellen einfacher Baugruppen

1 Beispiele einfacher Baugruppen

1.1 Untergliederung von SHK-Anlagen

Der Anlagenmechaniker montiert, demontiert, inspiziert, wartet oder repariert Einrichtungen und Baugruppen von Heizungsanlagen, Trinkwasseranlagen, Entwässerungsanlagen oder Lüftungsanlagen.
Dazu benötigt er Kenntnisse über die Einbindung der Anlage im Gebäude, den Aufbau der Anlage und die Arbeitsweise der Anlage und ihrer Komponenten. In der Technik werden solche Anlagen als **Systeme** bezeichnet.
Die wesentlichen Merkmale eines Systems sind beispielhaft in Bild 2 dargestellt.

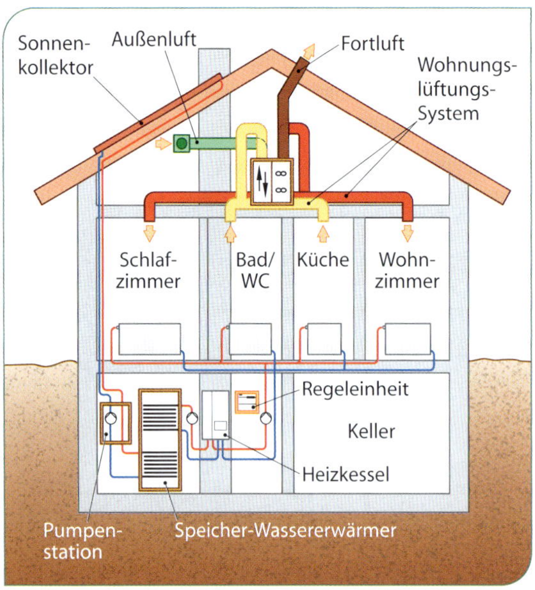

1 Systemtechnik im Niedrigenergiehaus

System TWW-Solaranlage, Heizungsanlage oder Lüfungsanlage		
Umgebung (surrounding) Ausbreitung und Einbindung der Anlage im Gebäude	**Funktion** (functioning) Arbeitsweise der Anlage und ihrer Komponenten	**Struktur** (structure) Konstruktiver Aufbau der Anlage und ihrer Komponenten

2 Merkmale eines Systems

Um eine Anlage besser zu verstehen, ist es hilfreich sie in Teilbereiche aufzuteilen und die Komponenten zu untergliedern. Damit verfeinert sich die Struktur des ganzen Systems. Bild 3 zeigt die Untergliederung eines Systems in **Betrachtungsebenen** (consideration levels).

System (system)	TWW – Solaranlage		
Einrichtungen (appliances)	Sonnenkollektor	Rohrsystem mit Pumpenstation (Bild 1)	TWW – Speicher
Baugruppen (subassemblies)	Kollektorrahmen mit Dachbefestigung	Pumpenstation (Bild 4)	Behälter mit Rohrwendel-Wärmetauscher
Bauelemente (elements, components)	Aluminiumprofile, Befestigungslaschen, Befestigungsschrauben usw.	Umwälzpumpe, Absperrhähne, Vor- und Rücklaufthermometer usw. (Bild 5)	Behälter, Revisionsdeckel, Dichtungen, Rohrverschraubungen usw.

3 Betrachtungsebenen eines Systems

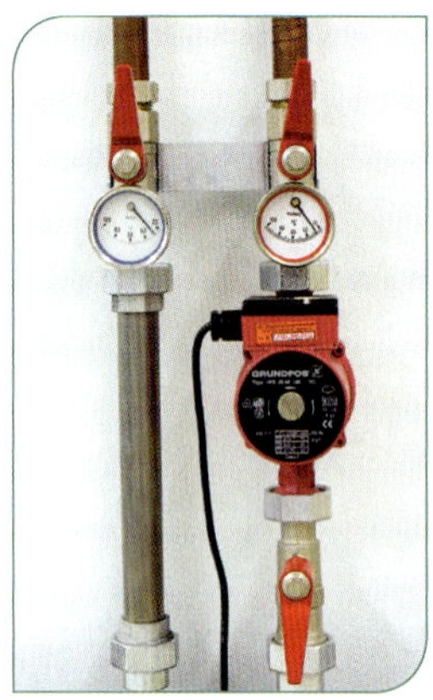

4 Pumpenstation

5 Bauelemente der Pumpstation

Eine Baugruppe ist ein Teil einer Einrichtung und besteht aus mehreren Bauelementen. Gelegentlich bildet ein Bauelement aus einer Baugruppe für sich betrachtet eine eigene Baugruppe. So sind z. B. die Absperrhähne oder die Umwälzpumpe aus der Baugruppe „Pumpenstation" (Bild 4) ihrerseits aus mehreren Bauelementen zusammengesetzt (Bilder 5 und 6).

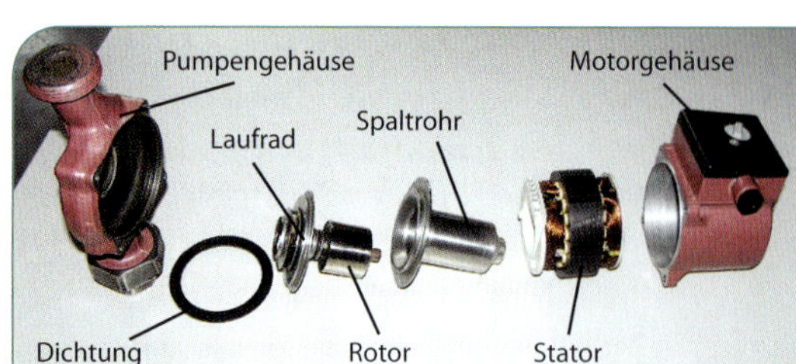

6 Bauelemente einer Umwälzpumpe

Die Tabelle Bild 1 zeigt die Betrachtungsebenen an Beispielen von Sanitärausstattungsgegenständen (sanitary equipment parts) einer Entwässerungsanlage (draining plant).

System	Entwässerungsanlage		
Einrichtungen	Waschtisch (Bild 2)	Spülklosett	Badewanne
Baugruppen	Rohrgeruchsverschluss (Bild 3)	Spülkasten	Ab- und Überlaufgarnitur
Bauelemente	• Verstellrohr • U-Rohr-Bogen • Wandanschluss bogen • Überwurfverschraubungen • Dichtungen (Bild 4)	• Wasserbehälter • Füllventil • Spültaste • Schwimmerhebel • Schwimmerventil • Dichtungen	• Ablaufventil • Umschaltvorrichtung (öffnen und schließen des Ventils) • Überlaufventil • Überlaufrohr

1 Betrachtungsebenen von Sanitärausstattungsgegenständen

2 Waschtisch

3 Rohrgeruchsverschluss

4 Bauelemente eines Rohrgeruchsverschlusses

2 Füge- und Montagetechniken

Mit dem Begriff Fügen (joining) bezeichnet man das Verbinden von mindestens zwei Bauteilen (parts). Als Montage (assembly) bezeichnet man das planmäßige Verbinden von Bauteilen bzw. Bauelementen zu Baugruppen (subassemblies) wie z. B. die Pumpenstation (Bild 5) und deren Zusammenbau zu größeren Systemen wie z. B. Solaranlagen zur zentralen Trinkwassererwärmung.

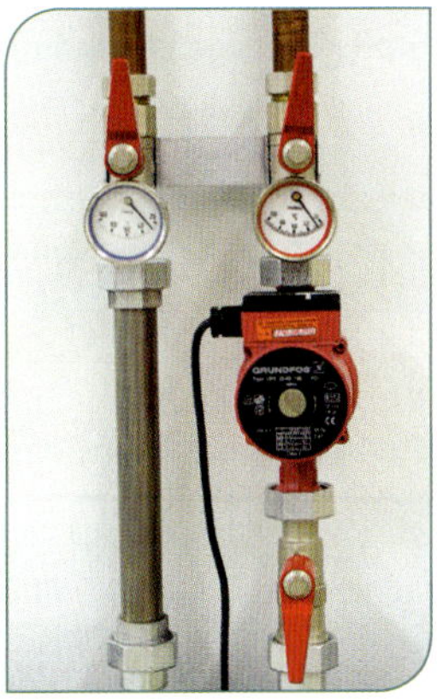

5 Pumpenstation

Montieren erfolgt somit immer unter Anwendung von Fügetechniken. Zusätzlich zum Fügen werden beim Montieren weitere Tätigkeiten ausgeführt wie z. B. Messen, Positionieren, Einstellen, Funktionen prüfen etc.

2.1 Verbindungsarten

2.1.1 Lösbare und unlösbare Verbindungen

Lösbare Verbindungen (detachable joinings) (Bild 6) müssen ohne Zerstörung oder Beschädigung der Verbindungselemente oder der verbundenen Bauteile gelöst und wieder zusammengefügt werden können.

6 Anschlussverschraubung eines Heizkörpers

Lösbare Verbindungen sind erforderlich, um Teile einer Anlage oder Baugruppe bei Wartungs- bzw. Instandsetzungsarbeiten (maintenance and repair works) austauschen zu können wie z. B. Brennerdüse, Zirkulationspumpe der zentralen Trinkwasseerwärmungsanlage (**PWH**[1]**-Anlage**), Geruchverschluss, oder um neue Teile hinzufügen zu können.
Lösbare Verbindungen sind z. B. Schraubenvebindungen, Rohrverschraubungen, Flanschverbindungen, Rohrkupplungen und Steckmuffenverbindungen.
Unlösbare Verbindungen (non-detachable joinings) (Bild 1) können nur durch Beschädigung bzw. Zerstörung des Verbindungselements, der Fügestelle oder der verbundenen Bauteile gelöst werden.

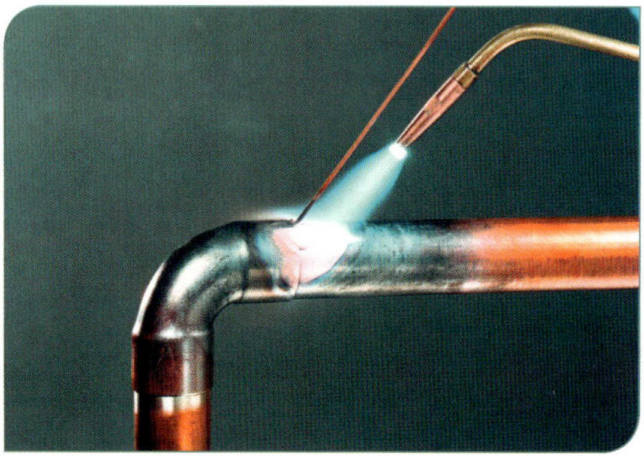

1 Hartlötverbindung

Unlösbar werden Teile verbunden, wenn eine spätere Demontage (dismantling, disassembly) nicht erforderlich ist wie z. B. bei den Rohren einer Heizungsanlage.
Unlösbare Verbindungen sind z. B. Schweißverbindungen, Lötverbindungen, Klebeverbindungen, Pressverbindungen Schiebehülsenverbindungen und Whitworth-Rohrgewindeverbindungen.

2.1.2 Formschlüssige, stoffschlüssige und kraftschlüssige Verbindungen

Betrachtet man die Kraftübertragung von einem Bauteil auf ein anderes an der Fügestelle, lassen sich drei Arten von Verbindungen unterscheiden:

Formschlüssige Verbindungen

Bei formschlüssigen Verbindungen (positive lockings) erfolgt die Kraftübertragung durch ein zusätzliches Verbindungselement (connecting element) wie z. B. Stift, Hohlraumdübel (Bild 2) oder durch die ineinander passenden bzw. greifenden geometrischen Formen (geometrical forms) der Teile wie z. B. Steckfittingverbindung (Bild 3), Zahnräder (Bild 4).

2 Formschluss zwischen Wand und Hohlraumdübel

3 Formschluss zwischen Muffe und Steckfitting

4 Formschluss zwischen den Zähnen einer Zahnradpumpe (Ölpumpe)

Stoffschlüssige Verbindungen

Bei stoffschlüssigen Verbindungen (material joints) haftet ein Zusatzwerkstoff (additive) an den Fügeflächen der Bauteile oder verbindet sich mit deren Grundwerkstoffen. Bei manchen stoffschlüssigen Verbindungen findet beides statt. Die Kraftübertragung erfolgt durch Bindungskräfte zwischen dem Grundwerkstoff und dem Zusatzwerkstoff (vgl. Kap. 2.2.2.1, 2.2.2.2 u. 2.2.2.3).
Stoffschlüssige Verbindungen entstehen z. B. beim Kunststoffschweißen (Bild 5), Weichlöten von Kupfer (Bild 1, Seite 133) und Kleben von PVC (Bild 2, Seite 133).

5 Heizelement-Stumpfschweißen

[1] PWH = potable water hot

1 Weichlöten

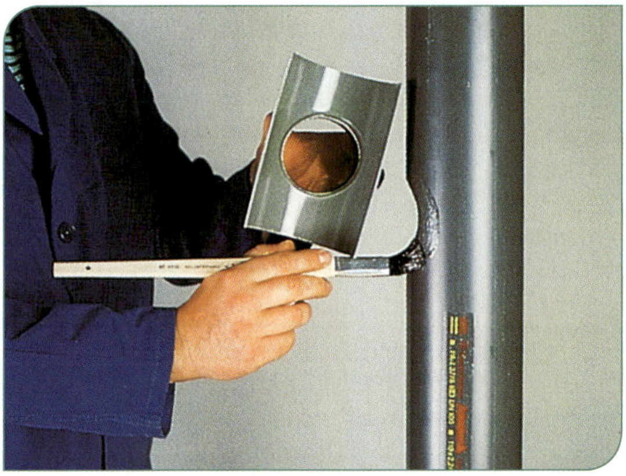

2 Kleben

Kraftschlüssige Verbindungen

Bei kraftschlüssigen Verbindungen (frictional connections; force lockings) erfolgt die Kraftübertragung durch Reibungskräfte (frictional forces) an den Berührungsflächen, die durch das Aufeinanderpressen der Bauteile z. B. mit Hilfe von Sechskantschraube und Mutter zustande kommt (Bild 3). Kraftschlüssige Verbindungen sind Gewinde-, Schrauben-, Klemm- und Pressverbindungen (Bild 4).

3 Schraubenverbindungen

4 Pressverbindung

2.2 Rohrverbindungen

2.2.1 Anforderungen an Rohrverbindungen

Mit Hilfe von lösbaren oder unlösbaren Rohrverbindungen (detachable and non-detachable pipe joints) werden sowohl Rohre untereinander als auch Rohre mit Rohrformteilen, Armaturen, Pumpen, Sanitärobjekten und Geräten gefügt.

MERKE

Grundsätzlich müssen alle Rohrverbindungen auch unter wechselnden Betriebsbedingungen wie z. B. Temperatur- und Druckschwankungen dauerhaft dicht (permanent leakproof) sein.

Unlösbare, einwandfrei durchgeführte Löt-, Schweiß- oder Klebeverbindungen erfüllen diese Forderung in besonderem Maße. Für die in der SHK-Technik verwendeten Stahl-, Kupfer-, Kunststoff- und Mehrschichtverbundrohre sind verschiedene Rohrverbindungen üblich bzw. zugelassen (Bild 1, S. 134). Die Auswahl einer Rohrverbindung hängt von den betrieblichen Anforderungen (operational requirements) sowie von den Verlegesituationen (piping conditions) und Vorschriften ab.

2.2.2 Unlösbare Rohrverbindungen

Rohre werden unlösbar verbunden, wenn im Rohrverlauf und bei den Rohranschlüssen **keine lösbaren Trennstellen** erforderlich sind.

Man unterscheidet **stoffschlüssige** (Löt-, Schweiß-, Klebeverbindungen) und **kraftschlüssige unlösbare** Rohrverbindungen (Press-, Gewindeverbindungen). Gewindeverbindungen lassen sich zwar lösen, dennoch gelten sie als unlösbar **(s. Kap. 2.2.2.6)**.

	Lötverbindung	Schweißverbindung	Kleberverbindung	Gewindeverbindung	Pressfitting/Presshülse	Schiebehülsenverbindung	konische oder flach dichtende Verschrbg.	metallisch dichtende Klemmringverschrbg.	weich dichtende Klemmringverschrbg.	Rohrkupplung	Flanschverbindung	Steckverbindung
Gewinderohre		x		x			x		x	x	x	
Präzisionsstahlrohre	x	x			x		x	x		x	x	x
nicht rost. Edelstahlr.		x			x		x	x		x	x	x
Kupferrohre	x	x			x		x	x	x	x	x	x
PE-X-Rohre					x	x			x			x
PE-, PB-, PP-Rohre		x							x	x*	x	x
PVC-C- Rohre			x				x		x	x	x	x
Verbundrohre		(x)			x	x			x	x*		x
(x) nur Grundrohr; x*: mit Stützhülse												

1 Zuordnung von Rohren und geeigneten Verbindungstechniken

2.2.2.1 Lötverbindungen

Lötverbindungen (soldered joints) sind bei Kupferrohrinstallationen immer noch aktuell, obwohl zunehmend auf Pressverbindungen übergegangen wird. Grundsätzlich lassen sich auch Rohre aus Kupfer-Zink-Legierungen (Messing), Stahl- oder Aluminiumrohre durch Löten stoffschlüssig miteinander verbinden.

Beim Löten können **gleiche** oder **verschiedene metallische** Werkstoffe durch ein Lot (solder) verbunden werden, dessen Schmelztemperatur (melting temperature) unterhalb der des Rohr- bzw. Fittingwerkstoffes liegt. Die Rohre oder Rohrformteile bleiben dabei in festem Zustand, während das flüssige Lot in einen Lötspalt eindringt oder eine Lötfuge ausfüllt.

Zwischen dem Lot und der Oberfläche des Werkstücks bildet sich durch Diffusion eine dünne **Legierungsschicht** (alloy junction), die eine höhere Festigkeit besitzt als das reine Lot (Bild 2).

Die Legierungsbildung verläuft aber nur dann optimal, wenn die richtige **Arbeitstemperatur** eingehalten wurde und das Lot die metallisch blanken Fügestellen **vollständig benetzt.**

Bei einem Abstand zwischen den Fügeflächen < 0,5 mm spricht man von **Kapillarlötung** (capillary joints) (Bild 3), bei einem Abstand > 0,5 mm von **Fugenlötung** (gap joints). Kapillarlötungen haben eine höhere Festigkeit als Fugenlötungen.

Weich- und Hartlöten

Je nach Arbeitstemperatur unterscheidet man:

- **Weichlöten** (soft soldering) mit Arbeitstemperaturen **≤ 450°C**
- **Hartlöten** (hard soldering) mit Arbeitstemperaturen **> 450°C**

Hartlötverbindungen sind temperaturbeständiger als Weichlötverbindungen. Beide Lötverfahren sind bei Kupferrohrinstallationen üblich und zum Teil auch vorgeschrieben (vgl. Anm. 2, 3 und 4, Tab. Bild 1, S. 135). Die für das Kupferrohrlöten in der Gas-, Flüssiggas- sowie Trinkwasserinstallation geltenden Vorschriften, vorgegebenen Lote, Flussmittel und Lötfittings sind in den **DVGW- Arbeitsblättern** GW 2, GW 6, GW 7 und GW 8 aufgeführt. Die darin enthaltenen Festlegungen sind als **anerkannte Regeln der Technik für das Löten von Kupferrohren** anzusehen und gelten deshalb auch für Heizungs-, Heizöl-, oder Kältemittelinstallationen. Allerdings müssen für die einzelnen Installationsbereiche die jeweils geltenden besonderen Festlegungen beachtet werden.

Die Auswahl der Weich- und Hartlote (soft solders and hard solders) berücksichtigt die zu erwartende Beanspruchung an der Lötstelle und weitere Aspekte wie z. B. die hygienische und geschmackliche Unbedenklichkeit für Trinkwasserleitungen.

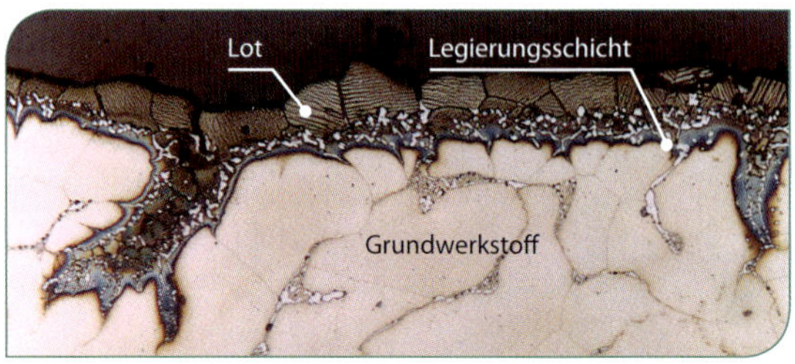

2 Diffusionszonen einer Lötnaht

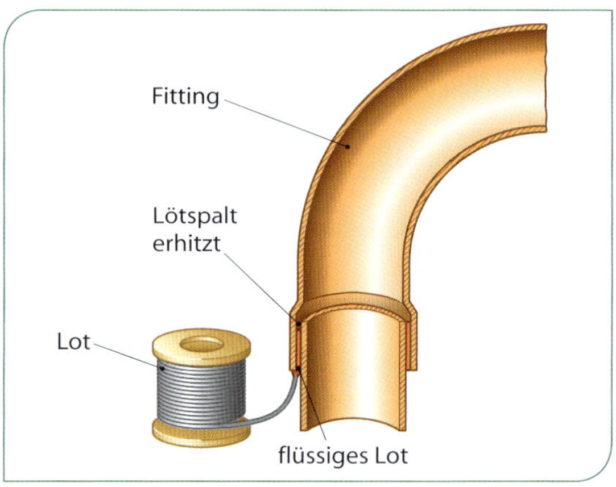

3 Kapillarwirkung

Art des Lotes	Lotwerkstoff	Schmelzbereich in °C	Flussmittel	Wirkbereich in °C	Trinkwasser	Trinkwarmwasser	Warmwasserheizung	Gas[4] (Gasfamilien S, N und L)	Flüssiggas[4] [5] (Gasfamilie FS)	Heizöl[4] [5]	Kältemittel
Weichlote nach DIN EN 29453	S-Sn97Ag3	221...230	3.1.1 3.1.2 2.1.2	150...400	x	x	x[3]	–	–	–	x[6]
	S-Sn97Cu3	230...250	3.1.1 3.1.2 2.1.2	150...400	x	x	x[3]	–	–	–	x[6]
Hartlote nach DIN EN 1044 (DIN 8513)	CP 203[1] (L-CuP6)	710...890	FH10	550...800	x[2]	x[2]	x	x	x	x	x
	CP 105[1] (L-Ag2P)	645...825	FH10	550...800	x[2]	x[2]	x	x	x	x	x
	AG 106 (L-Ag34Sn)	630...730	FH10	550...800	x[2]	x[2]	x	x	x	x	x
	AG 104 (L-Ag45Sn)	640...680	FH10	550...800	x[2]	x[2]	x	x	x	x	x
	AG 203 (L-Ag44)	675...735	FH10	550...800	x[2]	x[2]	x	x	x	–	x

[1] Wenn beide Fügeteile (Rohre, Fittings) aus Kupfer sind, kann bei den Loten CP 105 (L-Ag2P) und CP 203 (L-CuP6) aufgrund der desoxidierenden Wirkung des Phosphors auf ein Flussmittel verzichtet werden. Sollte sich während des Lötens die Flamme beim Schmelzen dieser Lote grün färben (Phosphor verbrennt), muss der Brennerabstand sofort vergößert werden. Beim Löten von Messing- oder Rotgussfittings muss immer ein Flussmittel verwendet werden, um das Ausdampfen des Zinks zu verhindern und damit Korrosionsschäden zu vermeiden.
[2] Zur Minderung der Korrosionsgefahr ist bei Trinkwasserinstallationen bis zur Abmessung 28 x 1,5 Weichlöten vorgeschrieben. Erst ab 35 x 1,5 darf hartgelötet werden.
[3] Warmwasserheizungs-Installationen bis 105° C.
Fußbodenheizungsrohre aus Kupfer, die im Estrich verlegt werden, dürfen nur hartgelötet werden.
[4] Hartlöten vorgeschrieben nach DVGW-TRGI 2008, TRF 1996/97; TRbF 50 (Technische Regeln brennbarer Flüssigkeiten) und DIN 4755-2
[5] Hartlötverbindungen für Kupferleitungen dürfen nach TRR 100 und TRbF 50 nus bis DN32 ausgeführt werden. Bei Kupferleitungen zur Versorgung von Ölfeuerungen nur bis DN25. Größere Nennweiten müssen geschweißt werden.
[6] Nach DIN 8975-6 ist bei Kältemitteldruckleitungen mit Temperaturen < –10°C sowie bei Nennweiten > DN 50 hartzulöten.

1 Lote und Flussmittel für die Kupferrohrinstallation

Die im Arbeitsblatt GW 2 zugelassenen **Weichlote** nach DIN EN 29453 sind Legierungen aus Zinn (Sn) und Silber (Ag) oder Kupfer (Cu). Die zugelassenen **Hartlote** nach DIN EN 1044 sind Legierungen aus Silber, Kupfer und Phosphor (P) oder Legierungen aus Kupfer, Silber, Zink (Zn) und Zinn. Lote werden in Form von Drähten (wires), Stäben (rods) und Lötpasten (solder pastes) geliefert (Bild 2).

Die für verschiedene Installationsbereiche zu verwendenden Weich- bzw. Hartlote zeigt Tab. Bild 1.

Die unterschiedlich zusammengesetzten **Flussmittel** (flux) für das Weich- bzw. Hartlöten von Kupferrohren haben einen bestimmten Wirktemperaturbereich (effective temperature range), in dem sie vorhandene Oxidschichten (oxide film) auflösen und Neubildungen während des Lötens verhindern (Tab. 1 und 2, S. 136). Dieser Temperaturbereich muss auf die jeweilige Arbeitstemperatur des Lotes abgestimmt sein. Zum Weichlöten können auch gebrauchsfertige Flussmittel-Lot-Gemische (**Lötpasten**) verwendet werden. Sie werden wie ein Flussmittel aufgetragen, müssen jedoch zum Ausfüllen des Lötspalts durch ein Massivlot ergänzt werden. Das hinzugefügte Lot muss hierbei die gleiche Zusammensetzung haben wie das Lötpulver der Paste. Die beiden Bestandteile der Lötpaste müssen den jeweiligen Anforderungen an Lot und Flussmittel genügen (DVGW-Arbeitsblätter GW7 und GW2).

Es empfiehlt sich, nur solche Lote und Flussmittel zu verwenden, die zusätzlich zur DIN-Angabe auch das **DVGW-Prüfzeichen** mit Register-Nr. und das **RAL-Gütezeichen** der Gütegemeinschaft Kupferrohr e. V. führen (vgl. Kap. 1.6.4.6.4). Um die Schmelztemperaturbereiche der Lote und die Wirktemperaturbereiche der Flussmittel einzuhalten, ist eine sorgfältige Wärmeführung mit geeigneten Wärmequellen erforderlich.

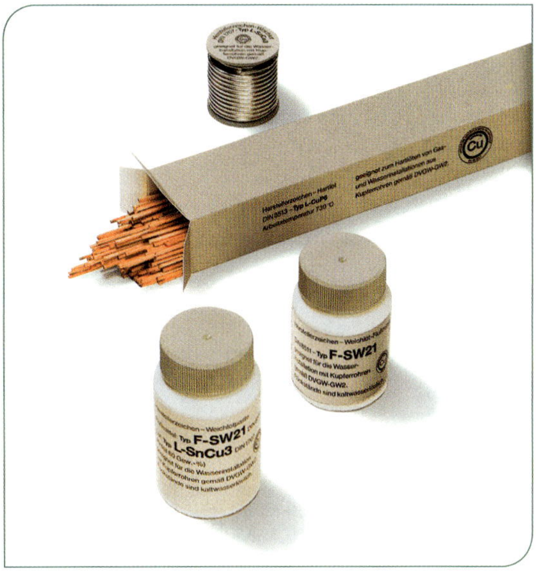

2 Weichlot, Hartlot, Lötpaste und Flussmittel

Lötgeräte zum Weichlöten

- **Propangas-Luft-Brenner** (Ansaugbrenner) (L.P.G[1] blowpipe/ blow torch) mit oder ohne Selbstzündautomatik oder
- **Elektrisches Widerstandslötgerät** (soldering tweezers) mit dem Rohrdurchmesser angepassten Zangenbacken (Bild 3).

  Die elektrischen Heizwiderstände der Lötzange bringen die Lötstelle auf Arbeitstemperatur. Da es keine offene Flamme gibt, wird die Brandgefahr verringert. Die Verwendung solcher Geräte ist besonders bei Altbaurenovierungen oder Erweiterungsarbeiten und bei Reparaturen in brandgefährdeten Räumen zu empfehlen.

Lötgeräte zum Hartlöten

- **Propangas-Luft-Brenner** sowie
- **Acetylen-Sauerstoff-** oder **Propan-Sauerstoff-Brenner** (oxy-acetylene/L.P.G torch) (Bild 4) mit Mehrlochdüse zur besseren Wärmeverteilung. Mit einer „weichen" Flammeneinstellung (geringer Brenngasüberschuss) wird die Überhitzungsgefahr an der Lötstelle verringert.

Da beim **Flammlöten** (open flame soldering) die Fügestelle durch eine Flamme direkt erwärmt wird, ist die **Wärmeführung** (heat guidance) bei der Hart- und Weichlötung unterschiedlich.

Beim **Weichlöten** wird nach Erreichen der erforderlichen Arbeitstemperatur die Flamme von der Lötstelle abgewendet und das Weichlot angesetzt (Bild 5).

neue Bezeichnung nach DIN EN 29454-1	alte Bezeichnung nach DIN 8511	Wirktemperaturbereich in °C
Typ 3.1.1	F-SW21	150...400
Typ 3.1.2	F-SW22	150...400
Typ 2.1.2	F-SW25	150...400

1 Flussmittel für Weichlote

neue Bezeichnung nach DIN EN 29454-1	alte Bezeichnung nach DIN 8511	Wirktemperaturbereich in °C
FH 10	F-SH1	550... 800
FH 20	F-SH2	700...1000
FH 21		750...1000
FH 30	F-SH3	> 1000
FH 40	F-SH4	600...1000

2 Flussmittel für Hartlote

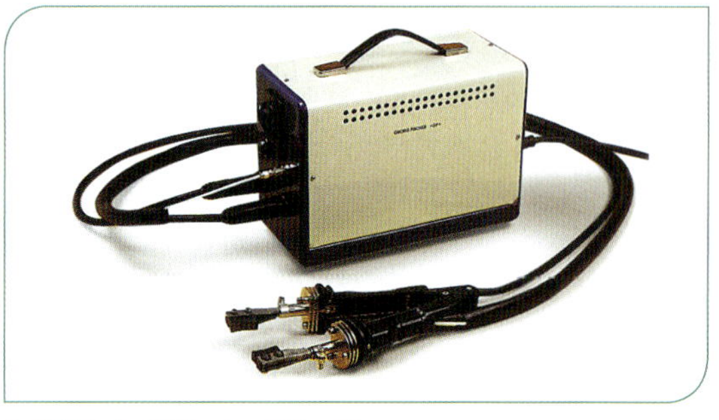

3 Elektrisches Widerstandslötgerät

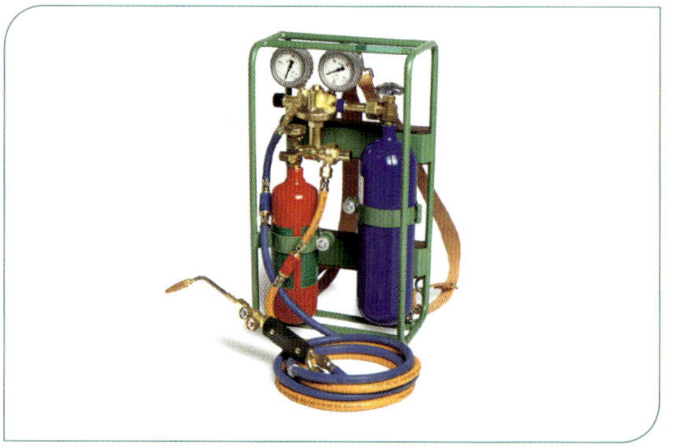

4 Propan-Sauerstoff-Brenner

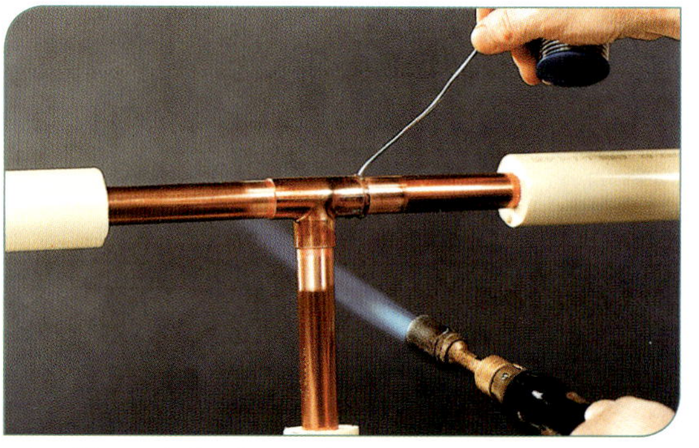

5 Weichlotzugabe bei abgewendeter Flamme

Durch die an der Lötstelle gespeicherte Wärme schmilzt das Lot und fließt in den Kapillarspalt. Bei waagerechten Lötnähten bildet sich bei richtiger Lotzugabe im unteren Scheitelpunkt des Muffenendes bzw. Fittingrandes ein Löttropfen. Bei senkrechten Lötnähten dagegen erscheint an diesen Übergangsstellen ein geschlossener Lötring.

Bei der Verwendung von **Lötpasten** erkennt man den Lötring nicht, weil die Fügestelle rundum glänzt. Daher ist nicht erkennbar, ob der Lötspalt ganz mit Lot gefüllt ist. Beim **Hartlöten** wird, nachdem man mit einem Abstand von ca. 2-facher Flammenkegellänge die Lötstelle auf Arbeitstemperatur erwärmt hat, das Lot an die Fügestelle geführt und im Abstand 5-facher Flammenkegellänge in der Streuflamme abgeschmolzen, bis der Ringspalt gefüllt ist (Bild 6). Bei richtiger Durchführung bildet sich dort eine **Hohlkehle** (groove).

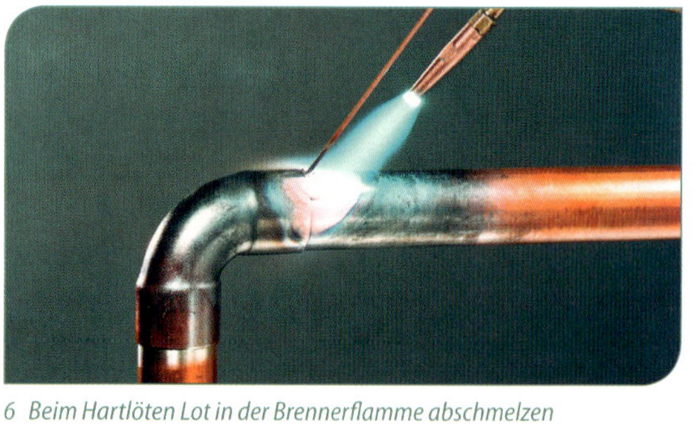

6 Beim Hartlöten Lot in der Brennerflamme abschmelzen

[1] L.P.G. = Liquid Propane Gas

1 Rohrtrennen mit dem Rohrabschneider

2 Entgraten

3 Kalibrieren mit Kalibrierring und -dorn

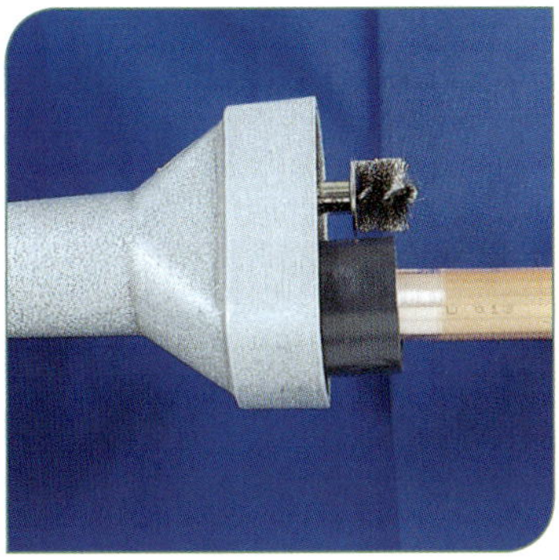

4 Rundbürste und Ringbürste

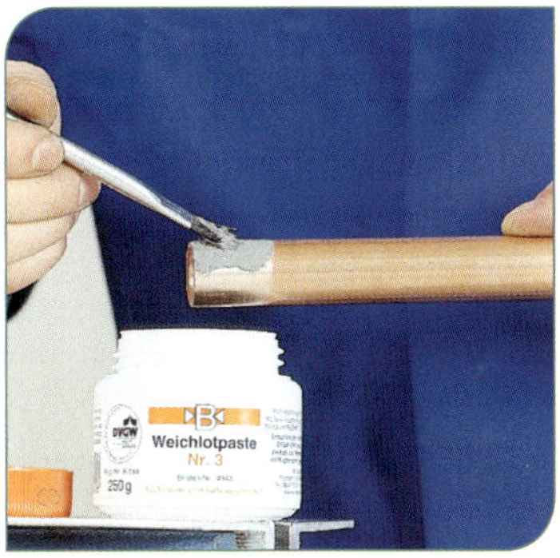

5 Lötpaste auftragen

6 Löten

Zu hohe oder zu niedrige Arbeitstemperaturen führen zu schlechten Arbeitsergebnissen:

- Unterhalb der erforderlichen Arbeitstemperatur löst das Flussmittel die Oxidschicht unzureichend auf, das Lot ist nicht dünnflüssig genug und fließt nicht richtig in den Lötspalt. Die Benetzung der Oberfläche und die Legierungsbildung mit dem Grundwerkstoff sind unzureichend,
- Oberhalb der maximalen Arbeitstemperatur verbrennen Lot und Flussmittel.

In beiden Fällen ist die Festigkeit und Dichtheit der Lötverbindung nicht gewährleistet.

Mit der **Vorbereitung** der Fügestelle wird die **Qualität** der Lötnaht beeinflusst:

- Die Rohre müssen rechtwinklig (rectangular) zur Rohrachse getrennt (Bild 1) und die Rohrenden innen und außen sorgfältig entgratet (burred) werden (Bild 2).
- Die Rohrenden verformter Rohre oder weicher Ringrohre müssen zur Einhaltung der Maßtoleranzen für den Kapillarlötspalt mit Kalibrierdorn und Kalibrierring (calibration mandrel/calibration ring) kalibriert werden (Bild 3).
- Die Lötflächen der Lötfittings und Rohrenden müssen metallisch blank (metallic bright) sein. Hierfür eignen sich Ring- und Rundbürsten (Bild 4), Reinigungsvlies oder Schmirgelleinen (coated abrasives) mit feiner Körnung (240 oder feiner), jedoch **keine Stahlwolle** (steel wool). Der Abrieb und etwaige Vlies- oder Schmirgelreste sind sorgfältig zu entfernen.
- Die zugelassene Lötpaste ist dünn auf die metallisch blanken Außenlötflächen der Rohre bzw. Lötfittings aufzutragen (Bild 5). Damit beim Zusammenstecken das Eindringen von Lötpaste in das Rohrinnere vermieden wird, dürfen Fittingöffnungen und Rohrinnenwände nicht mit Lötpaste eingestrichen werden. Gebrauchsfertige Flussmittel sind wie Lötpasten aufzutragen. Wasserlösliche Flussmittel (water soluble fluxes) sind nach dem Löten mit einem feuchten Lappen oder durch Spülen zu entfernen. Nicht ausreagierte Hartlötflussmittel lassen sich mit einer Messingdrahtbürste (brass wire brush) entfernen.

Eine Kapillarlötverbindung durch Hart- oder Weichlöten kann entweder mit Hilfe von Lötfittings nach DIN EN 1254-1 aus Kupfer (Bild 7) bzw. Rotguss oder durch handwerklich gefertigte Muffen, einstufige Reduzierungen oder T- und Schrägabzweige hergestellt werden.

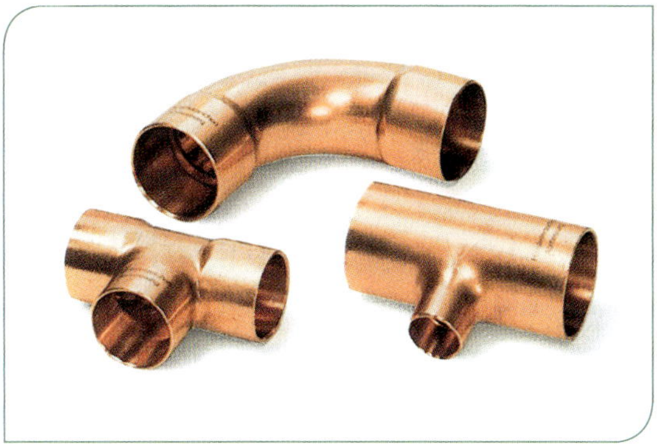

7 Kupferfittings

Die **Anwendungsbeschränkungen** für die einzelnen Installationsbereiche sind strikt einzuhalten (Tab. Bild 1).

Installationsbereich	handwerklich hergestellte Muffenverbindungen und einstufige Reduzierungen		handwerklich hergestellte T- und Schrägabgänge	
	Weichlöten	Hartlöten	Weichlöten	Hartlöten
Trinkwasser kalt und warm	eingeschränkt zugelassen[1]	eingeschränkt zugelassen[1]	nicht zugelassen	eingeschränkt zugelassen[2]
Heizung	zugelassen	zugelassen	nicht zugel.	zugelassen
Gas	nicht zugelassen	nur Muffenverb. zugelassen	nicht zugelassen	nicht zugelassen

[1] Aufmuffen oder Aushalsen ist im Abmessungsbereich ≤ 28x1,5 nicht zulässig.
[2] Bis zur Abmessung ≤ 42x1,5 sind Hartlötverbindungen nicht zugelassen

1 Anwendung von handwerklich hergestellten Kupferrohrverbindungen

In der Flüssiggas- und Heizölinstallation sind alle Hartlötverbindungen von Kupferrohren mit **Kapillarlötfittings** (capillary solder fittings) nach DIN EN 1254-1 auszuführen. Abgestimmte Maßtoleranzen zwischen genormten Lötfittings und Kupferrohren nach DIN EN 1057 gewährleisten – abhängig von den Anschlussdurchmessern – Mindestspaltbreiten von 0,01…0,015 mm und Höchstspaltenbreiten von 0,1…0,2 mm. Kapillarlötfittings sind für Außendurchmesser ≤ 108 mm erhältlich und eigenen sich für Weich- und Hartlötungen. Kupferrohre mit größeren Abmessungen oder Wanddicken ≥ 1,5 mm werden geschweißt.
Kapillarlötfittings nach DIN EN 1254-5 mit **kurzen Einstecktiefen** dürfen **nur** zum Hartlöten verwendet werden, da sie die Mindesteinstecktiefen für Weichlötverbindungen (Tab. Bild 2) nicht einhalten.
Für Lötverbindungen mit **handwerklich gefertigten Muffen, einstufigen Reduzierungen** oder **Abzweigen** gelten folgende Vorschriften:

- **Muffenverbindungen** (sleeve joints) sind nur für Rohre gleichen Durchmessers und ohne Richtungsänderung erlaubt. Das Rohrende darf nur mit geeignetem Werkzeug aufgeweitet werden (s. Bilder 3 und 5, S. 68). Die Muffe muss zentrisch, rund und achsparallel sein. Die Mindest- und Maximalspaltbreiten der Lötfittings sind einzuhalten. Die zum Überlappen der Lötflächen erforderlichen Einstecktiefen (insert depths) müssen beim Weichlöten den Tabellenwerten von Bild 2 entsprechen. Beim Hartlöten beträgt die Mindesteinstecktiefe L das 3-fache der Wanddicke s, mindestens aber 5 mm. Empfohlen werden Einstecktiefen von 7 mm für Muffenverbindungen bis einschließlich DN 40 und 10 mm für Nennweiten bis DN 100 (Bild 3).

Rohr-Außendurchmesser in mm	Einstecktiefe in mm
6	5,8
8	6,8
10	7,8
12	8,6
15	10,6
18	12,6
22	15,6
28	18,4
35,0[1]	23,0
42,0[1]	27,0
54,0[1]	32,0
64,0[1]	32,5
76,1[1]	33,5
88,9[1]	37,5
108,0[1]	47,5

[1] Das Weich- oder Hartlöten von Rohren und Fittings mit diesen Durchmessern erfordert besondere Vorsichtsmaßnahmen hinsichtlich der Arbeitstechniken

2 Mindesteinstecktiefen für Weichlötverbindungen (Auswahl)

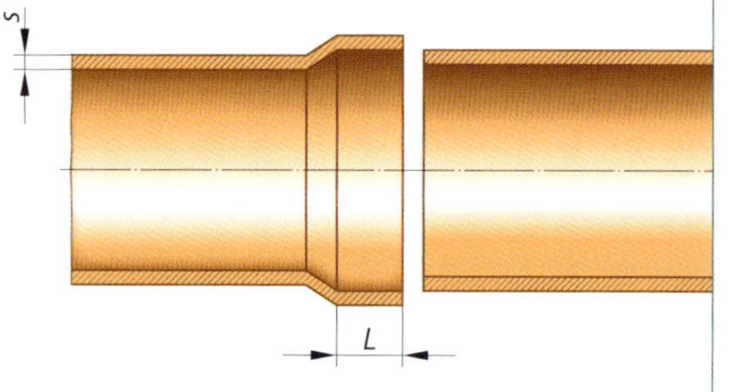

Einstecktiefe $L = 3 \cdot s$, mind. 5 mm
Empfehlung: bis DN 40 → $L = 7$ mm
bis DN 100 → $L = 10$ mm

3 Einstecktiefe bei Hartlöt-Muffenverbindungen

- **Einstufige Reduzierungen** (single stage reducing joints) (Bild 1, Seite 137) sind mit geeigneten Werkzeugen unter Beachtung der vorgenannten Spaltbreiten und Einstecktiefen herzustellen.
- Handwerklich gefertigte **T-** und **Schrägabgänge** (Tee- and sloped branches) sind grundsätzlich hartzulöten. Der Durchmesser des abzweigenden Rohres muss mindestens eine Nennweite kleiner sein als der Durchmesser des Durchgangsrohres. Die erforderliche **Überlappung** (overlap) an der Fügestelle muss durch fachgerechtes **Aushalsen** des Durchgangsrohres hergestellt werden. Die Überlappungslänge ***L*** muss mindestens das **3-fache** der Wanddicke **s** des abzweigenden Rohres betragen (Bild 2, Seite 139). Bei der Herstellung von Aushalsungen (sleeve branch) müssen geeignete Handwerkzeuge oder Abzweiggeräte verwendet werden.

Lernfeld 3

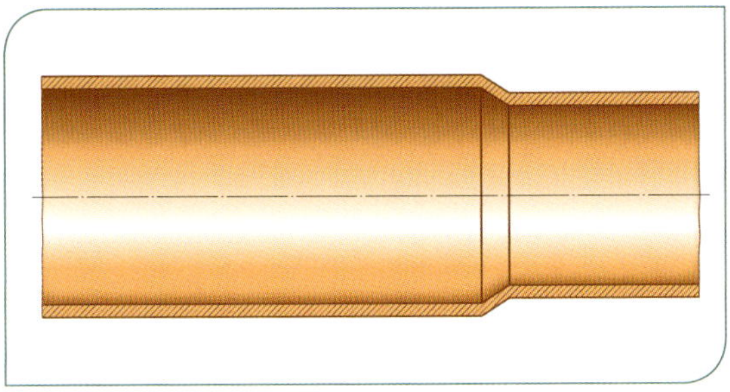

1 *Reduziertes Rohrende*

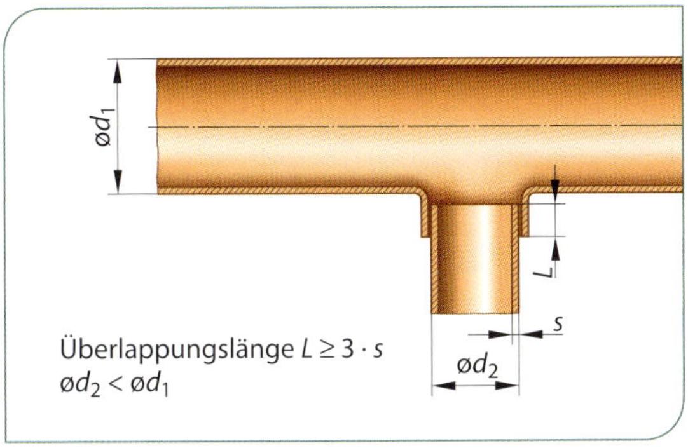

2 *Überlappung an einem Abzweig*

2.2.2.2 Schweißen von Rohren

Rohre und Rohrformteile wie Bögen, Abzweige und Reduzierungen aus gleichartigen Werkstoffen lassen sich durch Schweißen (welding) unlösbar und **dauerhaft dicht** verbinden. Einwandfreie Rohrschweißverbindungen erreichen die gleiche Festigkeit, Temperaturbeständigkeit und Lebensdauer wie das Rohr selbst. Voraussetzung für diese **hohe Betriebssicherheit** ist, dass die Schweißarbeiten von sachkundigen Personen unter Verwendung geeigneter Arbeitsmittel und Zusatzwerkstoffe ausgeführt werden.

Für abnahmepflichtige Anlagen wie z.B. Gasleitungsanlagen sind in den Bauvorschriften und Richtlinien zur Herstellung und Verlegung besondere Grundsätze für Schweißarbeiten aufgeführt. Hierdurch wird sichergestellt, dass die Schweißnähte (welds) den hohen mechanischen, thermischen und chemischen Anforderungen genügen. Vom Hersteller sind nur solche Schweißverfahren (welding processes) anzuwenden, die nachweislich beherrscht werden, und es dürfen nur Schweißer (welder) mit **gültiger Rohrschweißerprüfung nach DIN EN 287** für die entsprechenden Schweißarbeiten eingesetzt werden.

Die in der SHK-Technik verwendeten Stahl-, Kupfer- und Kunststoffrohre lassen sich durch verschiedene Schweißverfahren stoffschlüssig verbinden (Bild 3).

Die Wahl des geeigneten Schweißverfahrens ist von den Eigenschaften des Rohrwerkstoffes, den Schweißbedingungen, den Baustellenverhältnissen und Wirtschaftlichkeitsfragen abhängig. Die gängigen unlegierten Rohrstähle sind in ihren Gebrauchseigenschaften den unlegierten Stahlbaustählen nach DIN EN 10025-2 ähnlich und somit im Schweißverhalten vergleichbar.

Rohr	Werkstoff	Schweißverfahren
nahtlose oder geschweißte Stahlrohre; Gewinderohre; Präzisionsstahlrohre	unlegierter Stahl	Gasschmelzschweißen; Lichtbogenhandschweißen; MAG-Schweißen
	nicht rostender Stahl	Lichtbogenhandschweißen; MIG-, WIG-Schweißen
Kupferrohr	sauerstofffreies Kupfer	Gasschmelzschweißen; MIG-, WIG-Schweißen
PE-HD-Rohr	Polyethylen hoher Dichte	Heizwendelschweißen (Elektromuffenschweißen); Heizelement-Muffenschweißen; Heizelement-Stumpfschweißen
PP-Rohr	Polypropylen	
PB-Rohr	Polybuten	

3 *Schweißverfahren für Rohre in der Hausinstallation, Heizungs- und Klimatechnik*

2.2.2.2.1 Gasschmelzschweißen von Rohren

Heftschweißen

Damit sich zu verbindende Rohrteile während des Schweißens in ihrer Lage zueinander nicht verändern, wird an einigen Stellen durch eine kurze Heftschweißung (tack welding) ein vorläufiger Stoffschluss hergestellt.

Vor dem „Heften" (tack) und eigentlichen Verbindungschweißen der Rohre müssen die Verbindungsstellen metallisch sauber und trocken sein. Die Rohrenden müssen dann unter Beachtung des erforderlichen Wurzelspaltes (root gap) genau ausgerichtet und gegen seitliches oder winkliges Versetzen gesichert werden. Rohre mit Nennweiten bis DN 32 erhalten 3, größere Rohre 4 oder mehr gleichmäßig am Umfang verteilte Heftnähte (Bild 4). Die Länge der Heftnähte soll ca. das 3-fache der Rohrwanddicke betragen. Heftnähte müssen beim Schweißen der Hauptnaht vollkommen aufgeschmolzen werden, da sonst Bindefehler entstehen können. Mit speziellen Spannvorrichtungen (gripping devices) ist es möglich, auf Heftschweißungen ganz zu verzichten.

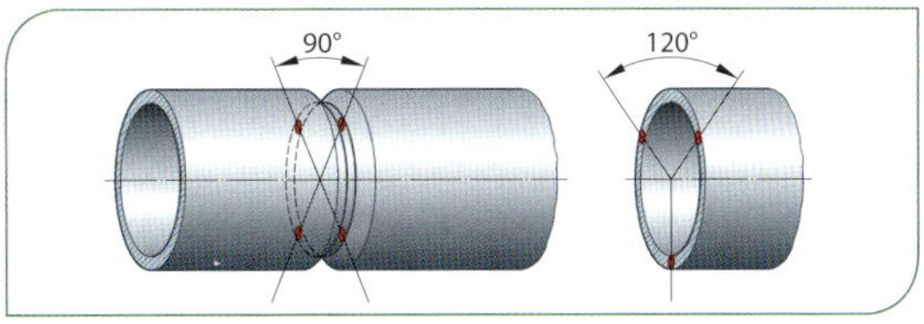

4 *Heftschweißungen am Umfang*

Schweißen von Rohrrundnähten

Im Heizungsbau ist das **Gasschmelzschweißen** (gas welding) nach wie vor die „klassische" Methode zur Herstellung von Rohrverbindungen im Nennweitenbereich bis DN 150 bei unlegierten Stählen. Da Rohre im erwähnten Nennweitenbereich von innen nicht zugänglich sind, muss die Naht eine gleichmäßige Wurzelausbildung aufweisen ohne Nahtrückfall oder Tropfen (Bild 1, Seite 140).

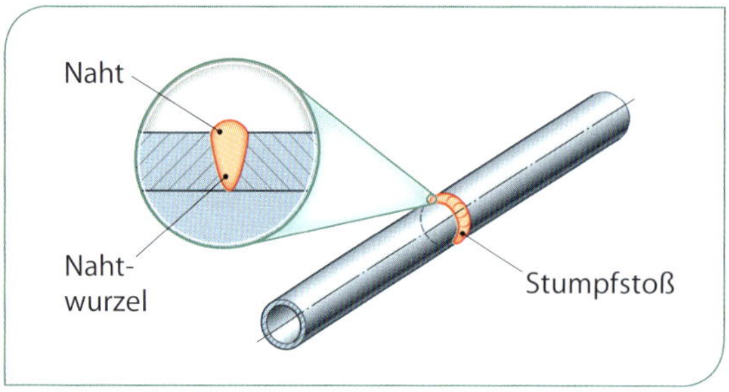

1 Rohrschweißung

Schweißgase und Gasflaschen

Beim Gasschmelzschweißen (Autogenschweißen/oxy-acetylene welding) wird die erforderliche Schmelzwärme (fusion heat) durch eine Flamme erzeugt, die durch Verbrennung eines Brenngases mit Sauerstoff (oxygen) entsteht. Als Brenngas (combustible gas) wird meist **Acetylen** (acetylene) (C_2H_2) wegen der hohen Zündgeschwindigkeit, Flammentemperatur und Flammenleistung verwendet. Dabei ist zu beachten, dass aufgrund der Vorschriften und des Standes der Sicherheitstechnik der Vordruck (vor dem Druckregler, also Flaschendruck) auf max. 25 bar und der Hinterdruck (nach dem Druckregler, also Arbeitsdruck) auf max. 1,50 bar begrenzt ist. Bei höheren Drücken und Temperaturen (> 300°C) zerfällt es explosionsartig in seine Bestandteile (Zerfallsreaktion). Um dennoch größere Mengen Acetylen in Stahlflaschen (steel cylinders) unter höherem Druck gefahrlos speichern zu können, sind die Flaschen mit einer hochporösen, mit flüssigem Aceton (acetone) getränkten Füllmasse versehen (Bild 2). Das flüssige Aceton kann Acetylen in größeren Mengen aufnehmen.

2 Acetylenflasche mit hochporöser Füllmasse

Acetylen wird von Fachfirmen in 10-, 20-, 40- oder 50-Liter-Stahlflaschen mit Flaschendrücken (cylinder pressures) bis 19 bar gefüllt und in Einzelflaschen geliefert. Der zum Schweißen benötigte Sauerstoff wird ebenfalls in Stahlflaschen mit Fassungsvermögen von 10, 20, 40 oder 50 Litern und Fülldrücken von 150, 200 oder auf Kundenwunsch 300 bar geliefert.

Das **nutzbare Gasvolumen** V_n der Sauerstoffflasche lässt sich mit Hilfe folgender Faustformel rechnerisch ermitteln:

$$V_n = \frac{V_{Fl} \cdot P_e}{P_{amb}}$$

V_n : nutzbares Gasvolumen in l
V_{Fl} : Flaschenvolumen in l
P_e : Fülldruck in bar
$P_{amb} \approx 1$ bar: Umgebungsdruck

Beispiel:

Welches nutzbare Gasvolumen enthält eine Sauerstoffflasche mit einem Flaschenvolumen von 50 l, einem Fülldruck von 200 bar und einem Umgebungsdruck von 1 bar?

Lösung:

$$V_n = \frac{V_{Fl} \cdot P_e}{P_{amb}}$$

$$V_n = \frac{50\,\text{l} \cdot 200\,\text{bar}}{1\,\text{bar}}$$

$$\underline{V_n = 10\,000\,\text{l}}$$

Gasart	Flaschenvolumen V_n in l (Auswahl)	Fülldruck P_e in bar (Auswahl)	Kennfarbe nach DIN EN 1089-3	Schlauchfarbe	Ventilanschluss nach DIN 477
Acetylen	10 20 40 50	19 19 19 19	N kastanienbraun	rot	Bügelanschluss
Propan	10 50	8,5 8,5	rot	orange	W 21.80 x 1/14 LH[1]
Sauerstoff	10/20 10/20/50 11/33/50	150 200 300	N blau oder grau	blau	G3/4[2]

[1] W: Withworth-Anschlussgewinde; 21,80: Nenndurchmesser in mm; 1/14: Steigung in inch (Zoll); LH: left hand (Linksgewinde)
[2] Rohrgewinde der Nenngröße 3/4 für nicht im Gewinde dichtende Verbindungen nach DIN ISO 228

3 Daten von Gasflaschen

Um Verwechslungen zu vermeiden, haben Brenngas- und Sauerstoffflaschen genormte Kennfarben und Ventilanschlüsse (Tab. Bild 3). Hierbei gilt grundsätzlich folgende Regel:

MERKE

Gewindeanschlüsse bei **nicht brennbaren** Gasen haben **Rechtsgewinde** (right-handed thread).
Gewindeanschlüsse bei **brennbaren** Gasen haben **Linksgewinde** (left-handed thread).
Im Handel befindliche Sauerstoff- und Acetylenflaschen werden von den Fachbetrieben in regelmäßigen Abständen einer Prüfung unterzogen.

Gefahren beim Umgang mit Acetylen und Sauerstoff:

- Bei Acetylenanlagen bzw. Flaschen dürfen Leitungen, Leitungs- oder Schlauchverbindungen, Armaturen und Dichtungen (hose joints, fittings and gaskets) weder aus Kupfer noch aus Kupferlegierungen mit mehr als 70 % Kupferanteil bestehen. Bei der Verwendung dieser Werkstoffe bildet das Acetylen sprengstoffartige Eigenschaften (explosive properties)und explodiert bei Einwirkung von Hitze oder mechanischer Energie. Wegen Explosionsgefahr in geschlossenen Räumen ist auf unkontrolliertes Ausströmen von Acetylen zu achten. Schon der geringe Anteil von 2,0 % Acetylen in der Raumluft ergibt ein explosionsfähiges Gemisch (explosive mixture).
- Bei Sauerstoffanlagen bzw. -flaschen sind Leitungen, Leitungs- und Schlauchverbindungen, Armaturen und Dichtungen öl- und fettfrei (oil- and fat-free) zu halten. Sauerstoff in Verbindung mit Öl oder Fett setzt die Explosionsgrenze herab.
- Wegen erhöhter Brandgefahr (fire hazard) dürfen weder Räume, Behälter oder Rohre noch Arbeitskleidung mit Sauerstoff belüftet oder ausgeblasen werden.
- Grundsätzlich ist beim Umgang mit unter Druck stehenden Gasflaschen größte Sorgfalt erforderlich. Dauerhafte oder stoßartige äußere Belastungen sind auszuschließen.

Flaschendruckminderer, Sicherheitsvorlagen und Gasschläuche

Die Sauerstoff- und Acetylenflaschen sind über Druckminderer, Sicherheitsvorlage und Schläuche mit dem Schweißbrenner verbunden.

Druckminderer (pressure regulatur) sollen den hohen Flaschendruck (Vordruck) der Gase auf den erforderlichen Arbeitsdruck (Hinterdruck) reduzieren und während des Schweißvorgangs konstant halten. Acetylen-Flaschendruckminderer müssen den Hinterdruck zum Schlauch hin auf ≤ 1,5 bar begrenzen. Die Druckreduzierung erfolgt bei Acetylenflaschen und bei Sauerstoffflaschen einstufig. Flaschendruckminderer für Einzelflaschenanlagen sind nach DIN EN ISO 2503 genormt. Sie sind mit einem **Inhaltsmanometer** und einem Arbeitsmanometer versehen. Das Inhaltsmanometer (cylinder contents gauge) zeigt bei geöffnetem Flaschenventil den jeweiligen **Flaschendruck**, das **Arbeitsmanometer** (outlet contents gauge) zeigt den über die Stellschraube eingestellten **Arbeitsdruck** an (Bilder 1a/b).

Die Arbeitsdrücke (working pressures) beim Schweißen liegen für Sauerstoff bei 2,5 bar und bei Acetylen bei 0,25...0,5 bar je nach Schweißeinsatz (s. Tab. Bild 3, Seite 142).

MERKE

Es dürfen nur einwandfreie, für die Gasart geeignete und Bauart zugelassene Druckminderer verwendet werden.

Nach der Druckminderung sind **Sicherheitseinrichtungen** (safety devices) nach TRAC[1] (Bild 1, S. 142) zur Sicherung von Acetylenanlagen vorgeschrieben (Einbaumöglichkeiten Bild 2, S. 142).

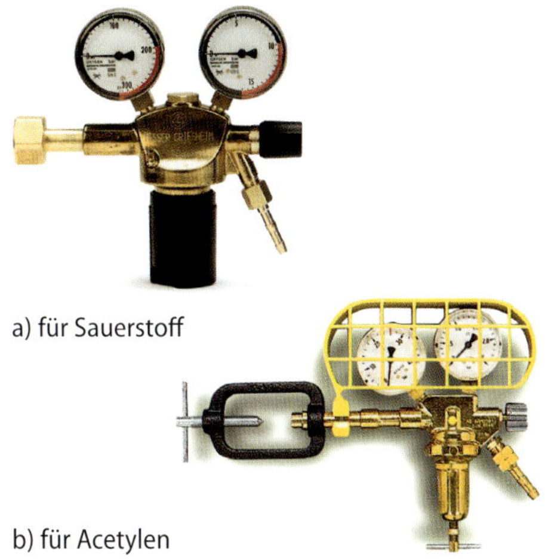

1 Einstufige Druckminderer

Sicherungsautomaten (flashback arrestor) dienen als **Gebrauchsstellenvorlage** an Einzelflaschen. Sie bestehen aus:

- einem **Schmutzfilter** (dirt filter), um das Eindringen von Verunreinigungen in den Sicherungsautomaten zu verhindern,
- einem **Gasrücktrittsventil** (back pressure valve), um Gasgemischbildung auf der Zuströmseite und schleichenden oder schlagartigen Gasrücktritt zu verhindern,
- einer **Flammensperre** (flame trap), die einlaufende Flammenrückschläge aufhält und löscht und
- einer **temperaturgesteuerten Nachströmsperre**, die bei Überschreiten einer Höchsttemperatur den weiteren Gasdurchfluss unterbricht.

Einige Sicherungsautomaten haben zusätzlich eine **druckgesteuerte Nachströmsperre** (pressure controlled flow catch), die beim Auftreten einer Druckdifferenz, z. B. durch Gasrücktritt oder Flammenrückschlag, die weitere Gaszufuhr unterbricht sowie ein **Explosionsdruck-Entlastungsventil** (blast relief valve), um bei schlagartigem Druckanstieg einen sofortigen Druckabbau sicherzustellen.

PRAXISHINWEIS

Druckgesteuerte Gebrauchsstellenvorlagen, bei denen die Nachströmsperre durch einen Störfall ausgelöst wurde, können nach Behebung der Störung mit Hilfe des Warnhebels wieder entriegelt werden (Bild 1, S. 142).

Einzelflaschensicherungen (hose check valves) sind vor oder an Verbrauchsgeräten angebracht (Bild 2, S. 142). Sie enthalten einen Schmutzfilter, ein Gasrücktrittsventil und eine Flammensperre.

Gebrauchsstellenvorlagen und Einzelflaschensicherungen sind **jährlich** zu überprüfen. Sicherheitseinrichtungen dürfen nur vom Hersteller geöffnet und instand gesetzt werden.

[1] TRAC: Technische Regeln für Acetylen- und Calciumcarbidanlagen

Lernfeld 3

Gebrauchsstellenvorlage	Einzelflaschensicherung
am Druckminderer	am Druckminderer
	im Brenngasschlauch
	am Schweiß- bzw. Schneidgerät

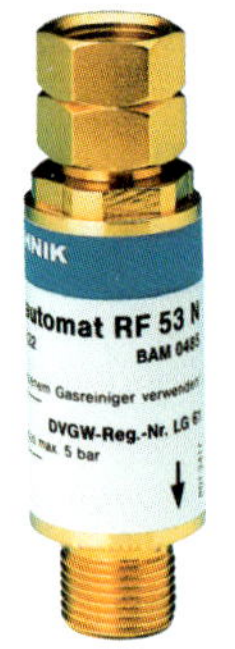

1 Sicherheitseinrichtungen für Acetylen

Sicherungseinrichtung am Druckminderer

Farbkennzeichnung seit 1. Juli 2006 nach DIN EN 1089-3

Acetylen
oben: kastanienbraun
unten: kastanienbraun (schwarz, gelb)

Sauerstoff
oben: weiß
unten: blau (grau)

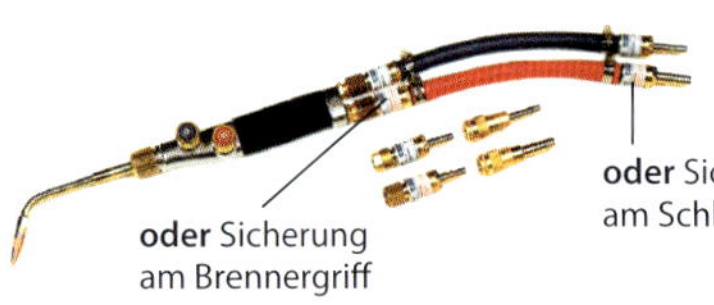

2 Farbkennzeichnung von Gasflaschen und Einbaumöglichkeiten von Einzelflaschen-Sicherungseinrichtungen

Von den Gasflaschen werden Brenngas und Sauerstoff über **Gasschläuche** (gas hoses) zum Schweißbrenner geführt. Um Verwechslungen auszuschließen, sind die Schläuche nach DIN EN 559 unterschiedlich eingefärbt und haben Schlauchtüllen mit unterschiedlichem Anschlussgewinde (vgl. Tab. Bild 3).

	Sauerstoff	Acetylen	Proban
Kennfarbe nach DIN EN 559	blau	rot	orange
Schlauchanschluss nach DIN EN 560	G 1/4	G 3/8 LH (Linksgewinde)	G 3/8 LH (Linksgewinde)

3 Schweißeinsätze (Auswahl)

Schweißbrenner

Schweißbrenner (welding torch/blowpipe) sind als Wechselbrenner konstruiert. Das Griffstück kann mit verschiedenen Brennereinsätzen (welding nozzels) versehen werden (Bild 4).

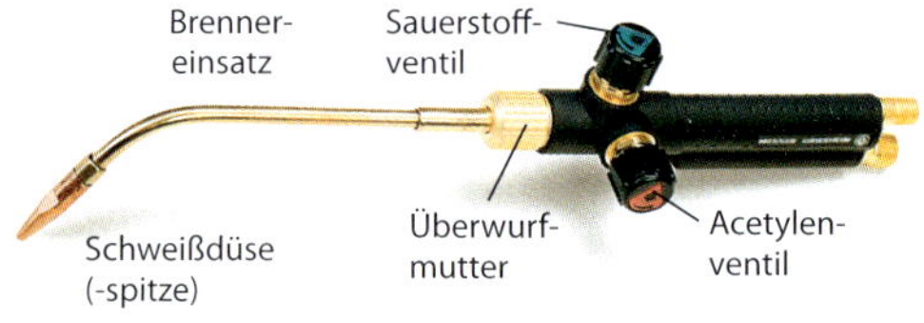

4 Injektorbrenner (Saugbrenner)

Hierdurch ist es möglich, für verschiedene Blechdicken die erforderliche Schweißwärme zu erbringen (vgl. Tab. Bild 5).

Schweißeinsatzgröße	Stahlblechdicke *s* in mm
0	0,2 ... 0,5
1	0,5 ... 1
2	1 ... 2
3	2 ... 4
4	4 ... 6
5	6 ... 9

5 Brennereinsätze (Auswahl)

Für Rohre mit Wanddicken ab 4 mm ist zusätzlich ein Schweißeinsatz mit dem Nennbereich 3...5 im Handel erhältlich. Griffstück und Brennereinsatz sind durch eine Überwurfmutter (spigot nut) verbunden (Bild 4). Diese Gewindeverbindung muss fest angezogen werden, um sicherzustellen, dass kein Gas austritt und die Injektorwirkung (injector action) einwandfrei ist (Bild 6).

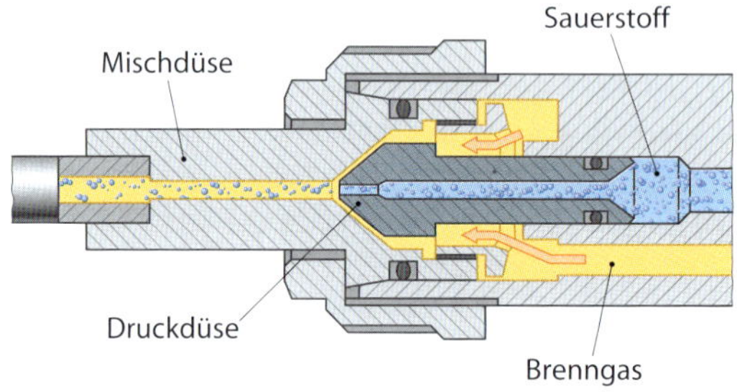

Im Injektor saugt der mit hoher Geschwindigkeit aus der Druckdüse austretende Sauerstoff das über eine Ringdüse zugeführte Brenngas an und reißt es mit. In der Mischdüse bilden beide Gase ein zündfähiges Gasgemisch, das an der Schweißdüse gezündet wird.

6 Schnittdarstellung eines Injektorbrenners

Mit dem Brenngas- bzw. Sauerstoffventil am Griffstück des Schweißbrenners lassen sich die ausströmenden Gasmengen einstellen. Vor dem Zünden muss **erst** das **Sauerstoffventil** (oxygen valve) und dann das **Acetylenventil** (acetylene valve) geöffnet werden. Das **Abstellen** der Flamme erfolgt in **umgekehrter Reihenfolge**: zuerst das Acetylenventil, dann das Sauerstoffventil zudrehen.

Flammeneinstellung

Die richtige Einstellung des Acetylen-Sauerstoff-Verhältnisses ist für den Schweißvorgang von großer Bedeutung. Je nach Mischungsverhältnis unterscheidet man:

- die neutrale Flamme (neutral flame),
- die Flamme mit Acetylenüberschuss (carburating flame),
- die Flamme mit Sauerstoffüberschuss (oxidising flame).

Bei der **neutralen Flamme** beträgt das Mischungsverhältnis zwischen Acetylen und Sauerstoff 1:1. Dies ist die normale Einstellung für Schweißarbeiten bei Stahl und Kupfer. Für die vollständige Verbrennung (complete combustion) des Acetylens wäre jedoch die 2,5-fache Sauerstoffmenge erforderlich. Die Verbrennung des Acetylen-Sauerstoff-Gasgemisches erfolgt deshalb in 2 Stufen. In der ersten Stufe kann das Acetylen infolge Sauerstoffmangels nicht vollkommen verbrennen. Es bilden sich Kohlenmonoxid und Wasserstoff. In der sich anschließenden zweiten Verbrennungsstufe verbrennen diese beiden Gase mit dem Sauerstoff aus der Umgebungsluft vollkommen zu Kohlendioxid und Wasserdampf. Bei der neutralen Flammeneinstellung bildet sich an der Schweißdüse ein scharf umrissener heller Flammenkegel (flame cone), umgeben von der farblosen **Schweißzone** der Flamme. Im letzten Drittel dieser Zone wird die höchste Flammentemperatur von ca. 3200 °C erreicht (Bild 1).

Dieser Bereich bildet den Übergang zur Streuflamme und hat eine **reduzierende** Wirkung (reducing effect). Eine chemische Reaktion der Schmelze mit dem Sauerstoff aus der Umgebungsluft findet wegen der einsetzenden zweiten Verbrennungsstufe nicht statt. Die schädliche Oxidbildung, die zu einer Minderung der Schweißnahtgüte führt, wird verhindert. Beim Schweißen soll der Abstand zwischen der Spitze des Flammenkegels und dem Schweißbad ca. 2…5 mm betragen (Bild 1).

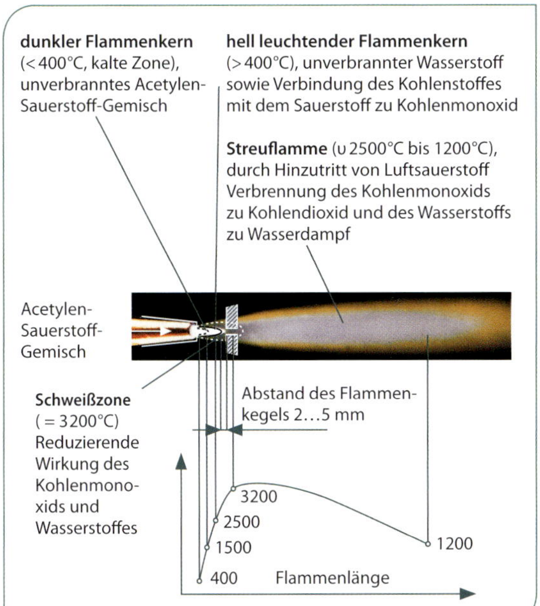

1 Flammenbereiche und Temperaturen der neutralen Flamme

Bei einer Einstellung mit **Acetylenüberschuss** (acetylene excess) ist die Schweißzone zusätzlich mit unverbranntem Kohlenstoff aus der ersten Verbrennungsstufe angereichert. Der Flammenkegel ist länger und am Rand unschärfer (Bild 2a). Beim Schweißen von Stahl wird der freie Kohlenstoff vom Schmelzbad aufgenommen. Diesen Vorgang nennt man **Aufkohlung**. Die Schweißnaht wird dadurch härter und spröder.

Die Einstellung mit **Sauerstoffüberschuss** (oxygen excess) erzeugt eine oxidierende Flamme. Der Flammenkegel ist kurz und leuchtet bläulich (Bild 2b).

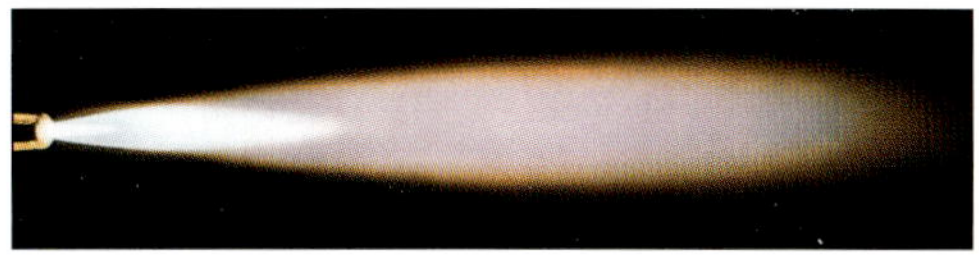

a) mit Brenngasüberschuss

b) mit Sauerstoffüberschuss

2 Schweißflammen

Durch den Sauerstoffüberschuss bilden sich in der Schmelze unerwünschte Metalloxide und beim Stahl wird vorhandener Kohlenstoff verbrannt. Beides führt zu einer Minderung der Schweißnahtgüte.

Brennerführung (Schweißrichtung)

Die Qualität einer Schweißverbindung hängt nicht nur von der richtigen Flammeneinstellung und Geschicklichkeit des Schweißers ab, sondern auch von der richtigen Arbeitstechnik. Man unterscheidet hierbei zwischen dem

- Nachlinksschweißen (NL-Schweißen) und dem
- Nachrechtsschweißen (NR-Schweißen) (Bild 1, S. 144).

Das **Nachlinksschweißen** (leftward welding) wird bei Rohren bis 3 mm Wanddicke angewendet. Hierbei wird der Schweißstab der leicht pendelnden Brennerspitze (reciprocating nozzle) vorausgeführt. Der Flammenkern ist – von der Schweißraupe wegzeigend – auf die Schweißfuge (welding groove) gerichtet, der Schweißdraht wird tupfend in die Schweißzone gehalten. Dadurch wirkt die Flammenwärme nicht vollständig auf das Schmelzbad, was die Gefahr des Durchbrennens verringert. Bei zu starker Wirkung des Ausströmdruckes an der Schweißdüse auf das Schmelzbad kann das flüssige Schweißgut auf die noch nicht aufgeschmolzene Unterseite der Schweißfuge „vorlaufen" und Wurzelbindefehler verursachen.

Das **Nachrechtsschweißen** (rightward welding) wird bei Rohren mit Wanddicken über 3 mm angewendet. Die Schweißflamme geht dem Schweißstab ohne Pendelbewegung voraus. Der Schweißstab folgt der Flamme mit kreisen-

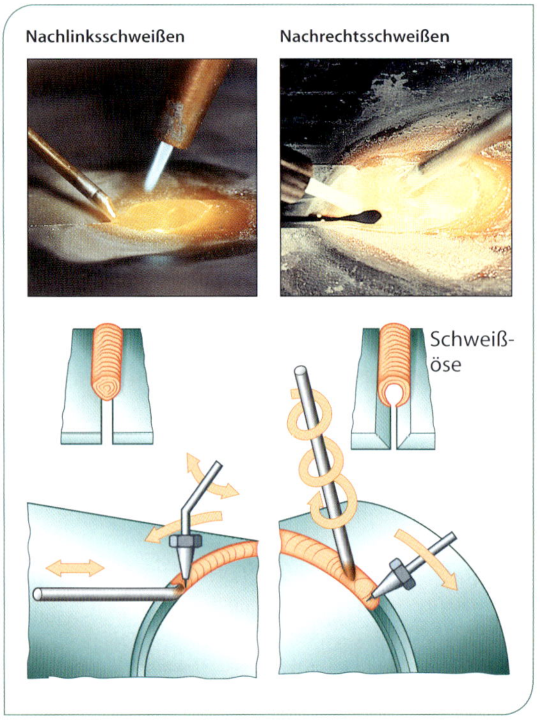

1 Schweißrichtungen

den Bewegungen (circular motions). Der Flammenkern ist auf das Schmelzbad und das abschmelzende Ende des Schweißstabs gerichtet. Die Nahtflanken und die Nahtwurzel werden dadurch gut durchgeschweißt. Das Schmelzbad kann nicht „vorlaufen" und die fertige Schweißnaht kühlt nicht so schnell ab.

Schweißstäbe

Schweißstäbe (filler rods, welding rods) für das Gasschmelzschweißen unlegierter oder legierter Stahlrohre (unalloyed and alloyed steel pipes) gibt es in verschiedenen Güteklassen (Schweißstabklassen OI…OVI nach DIN EN 12536) und Durchmessern nach DIN EN ISO 544 von Ø 0,6 mm … Ø 8 mm. Die Stäbe haben eine Regellänge von 500 mm bzw. 1 m und sind zum Schutz vor Korrosion verkupfert. Für die im Heizungsbau üblichen unlegierten nahtlosen oder geschweißten Stahlrohre eignen sich Schweißstäbe der Klasse OI…OIV (Bild 2).

2 Schweißstäbe für das Gasschmelzschweißen

2.2.2.2.2 Heizelementschweißen

Beim Heizelementschweißen (fusion welded joints) werden PE-, PP- oder PB Kunststoffrohre **ohne Zusatzwerkstoff** gefügt und die Erwärmung erfolgt durch den **direkten Kontakt** mit der Wärmequelle. Da Kunststoffe schlechte Wärmeleiter (bad heat conductors) sind, ist bei diesem Verfahren besonders auf die Zersetzungsgefahr durch Überhitzen zu achten.

Der Schweißvorgang läuft in zwei aufeinander folgenden Stufen ab: Zunächst wird der Rohrwerkstoff an der Fügestelle erwärmt und anschließend mit einem bestimmten Fügedruck verbunden. Man unterscheidet drei Verfahren:

- Heizelement-Stumpfschweißen
- Heizelement-Muffenschweißen
- Heizwendelschweißen

Um einwandfreie Schweißergebnisse zu erzielen, müssen bei allen Schweißverfahren die für die verschiedenen Kunststoffrohre unterschiedlichen Schweißparameter (welding parameters) wie z. B. Schmelztemperatur, Anwärm- und Fügedruck sowie Anwärm-, Umstell- und Abkühlzeiten beachtet werden. Wie beim Metallschweißen oder Löten müssen auch beim Kunststoffschweißen die Fügeflächen frei von Schmutz, Fett und Oxiden sein. Hierfür sind geeignete (empfohlene) Reinigungslösungen zu verwenden. Zum Abschaben der oxidierten Kunststoffoberflächen gibt es spezielle Schälwerkzeuge (rough-turning tool) (Bild 3). Nicht sorgfältig vorbereitete Schweißfugen führen zu Bindefehlern in der Schweißnaht und zur Minderung der Festigkeit

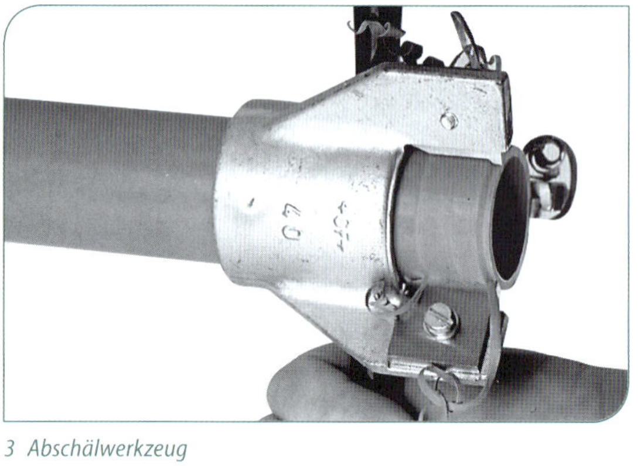

3 Abschälwerkzeug

Heizelement-Stumpfschweißen

Beim Heizelement-Stumpfschweißen (heated tool welding) – auch **Spiegelschweißen** genannt – werden die gereinigten und entgrateten planparallelen Stoßflächen der Rohrenden gleichzeitig und gegenüberliegend an einer Heizplatte (Heizscheibe) unter Druck erwärmt und plastifiziert (Bild 2a, S. 145). Hierbei bilden sich am Umfang der Rohrenden **Wulste**, deren Höhe vom Rohrwerkstoff und von der Temperatur und dem Fügedruck abhängt. Zu hohe Einstellwerte führen zwangsläufig zu unerwünscht hoher Wulstbildung. Nach Ablauf der vorgegebenen Anwärmzeit werden die beiden Rohrenden abgenommen und so lange zusammengedrückt gehalten, bis die Schweißnaht erstarrt und abgekühlt ist (Bild 1, S. 145).

Heizelement-Schweißmaschinen sind mit geeigneten Halte- und Anpress-Vorrichtungen (fixing and pressing devices) ausgestattet, die einen kontrollierten und reproduzierbaren Schweißvorgang gewährleisten (Bild 2b). Die benötigten Einstellwerte sind nach Herstellerangaben zu wählen.
Die Anforderungen an Maschinen und Geräte zum Schweißen von thermoplastischen Kunststoffen sind in der DVS-Richtlinie 2208 Teil 1 aufgeführt.

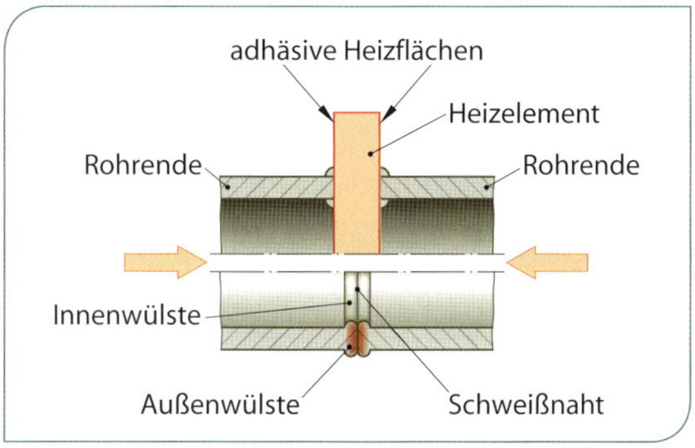

1 Heizelement-Stumpfschweißen

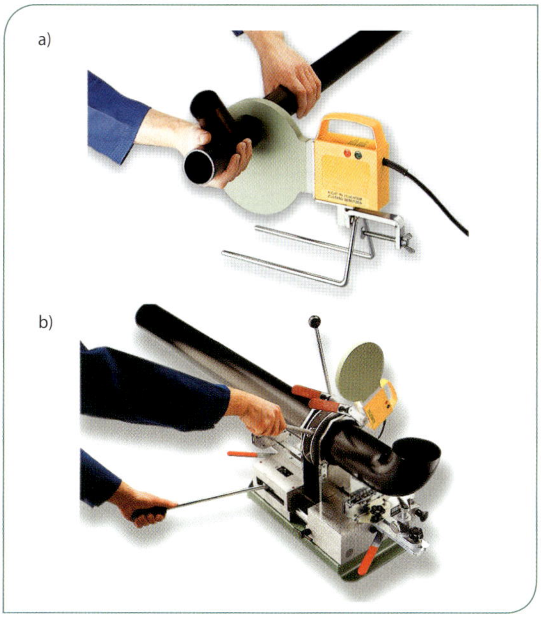

2 Heizelement-Stumpfschweißen a) von Hand b) mit Schweißmaschine

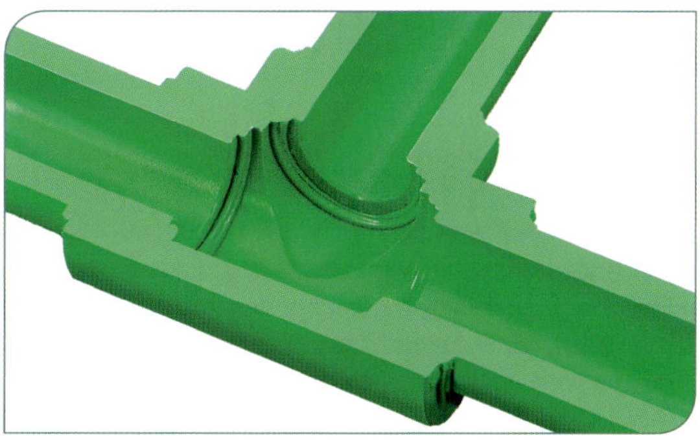

3 Heizelement-Muffenschweißung

Heizelement-Muffenschweißen
Beim Heizelement-Muffenschweißen werden die Rohrenden überlappend mit der Muffe des Schweißfittings ohne Zusatzwerkstoff verschweißt (Bild 3).

Die sich dabei ergebenden Fügeflächen (äußere Mantelfläche des Rohres und innere Muffenoberfläche) sind um ein Vielfaches größer als beim Heizelementstumpfschweißen. Hierdurch erhält die Schweißverbindung eine höhere Festigkeit. Rohrende und Muffe sind maßlich so aufeinander abgestimmt, dass der benötigte Fügedruck ausschließlich durch die mit der Erwärmung einher gehenden Werkstoffausdehnung aufgebracht wird. Dazu müssen die Rohrenden nach Herstellerangaben angefast und/oder auf einer bestimmten Länge und einem bestimmten Durchmesser mit geeignetem Werkzeug abgeschält werden (Bild 4).
Vor der Erwärmung sind gegebenenfalls die Stellung des gereinigten Schweißfittings (z. B. T-Stück) zum Rohrstück und die Einstecktiefe zu markieren (Bild 4), ferner ist die Oberflächentemperatur (surface temperature) des Heizelements zu kontrollieren.

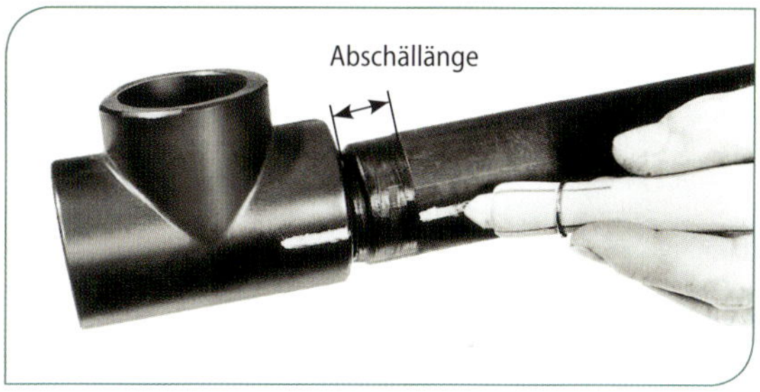

4 Markierung der Rohrteile

Nach dem Einschieben des Rohrendes in die Heizmuffe und des Fittings auf den Heizstutzen (Bild 5), ist die vom Rohrdurchmesser abhängige **Anwärmzeit** (warm-up time) einzuhalten. Danach müssen beide Rohrteile langsam vom Heizelement abgezogen und sofort zusammengefügt werden; anderenfalls kühlen die plastifizierten Fügeflächen zu stark ab und es kommt zu einer fehlerhaften Schweißverbindung.

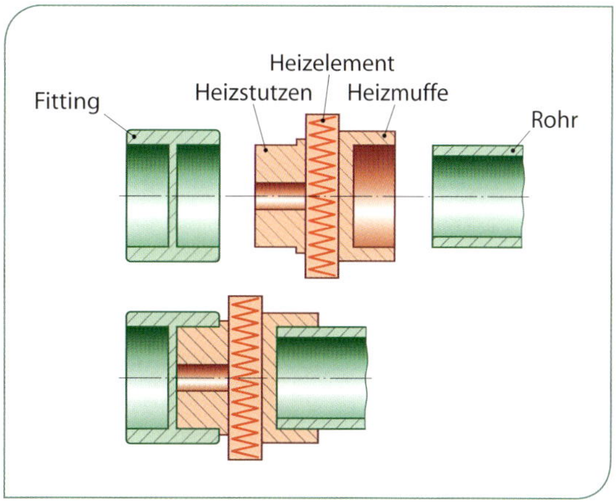

5 Heizstutzen und Heizmuffe

Beide Vorgänge sollen ohne Verdrehen der Rohrteile erfolgen. Während der gesamten **Abkühlzeit** müssen die Rohrteile in der Fügeposition fixiert bleiben. Erst nach Ablauf der Abkühlzeit (cool down time) dürfen die Rohrteile belastet werden.

Das Heizelement-Muffenschweißen kann sowohl von Hand als auch teilmechanisiert mit einer Schweißmaschine erfolgen – was vor allem bei größeren Rohrdurchmessern empfohlen wird. Die Bilder 1a…1d veranschaulichen einige Arbeitsschritte in groben Zügen.

1a Rohr ablängen und entgraten

1b Abgeschältes Rohrende

1c Aufschieben auf Heizmuffe und -dorn

1d Fügen der Rohrteile

Heizwendelschweißen

Hauptanwendungsgebiet für das Heizwendelschweißen (electrofusion welding) sind Verbindungen von Kunststoffrohrleitungen aus PE-HD und PB in der Gas-, Wasser- und Abwasserinstallation. Aufgrund der gerätetechnischen Entwicklung hat dieses Verfahren einen hohen **Automatisierungsgrad** erreicht. Rohr- und werkstoffspezifische Daten werden über Magnetkarten bzw. Strichcodes eingelesen oder über codierte Anschlüsse am Heizwendelfitting (electrofusion coupler) durch die Stromkabel auf das Schweißgerät übertragen (Bild 2) und lösen den vom Gerätehersteller vorprogrammierten Schweißablauf aus. Sowohl die Schweißdateneinstellung als auch der Schweißvorgang mit Schweißüberwachung und Dokumentation werden von der Gerätesteuerung geleitet. Für den Anwender ist dieses Verfahren eine deutliche Erleichterung, jedoch mit entsprechenden Anschaffungskosten verbunden.

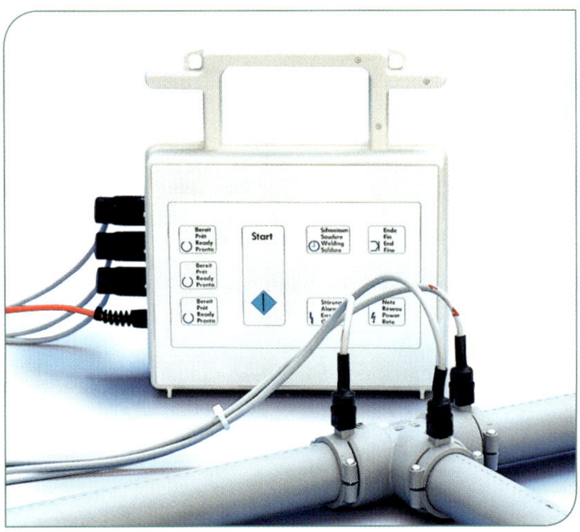

2 Erkennung durch codierte Kabelanschlüsse

Die zur Plastifizierung der Fügestelle in der Muffe und an den Rohrenden erforderliche Wärme liefern die im Schweißfitting eingebetteten Heizdrähte (heating wires). Diese werden bei Stromzufuhr auf 220…280 °C erhitzt, sodass die Fügeflächen aufschmelzen. Der benötigte Fügedruck wird – ähnlich wie beim Heizelement-Muffenschweißen – durch die Wärmeausdehnung (thermal expansion) des erhitzten Kunststoffs erreicht. Zwischen den Rohrenden und dem Heizwendelfitting darf es deshalb während des Schweißens zu keinen axialen Ausweichbewegungen kommen. Dies wird entweder durch eine spezielle Haltevorrichtung (Bild 3) oder durch eine am Heizwendelfitting befindliche schellenartige Rohrfixierung erreicht (Bild 4).

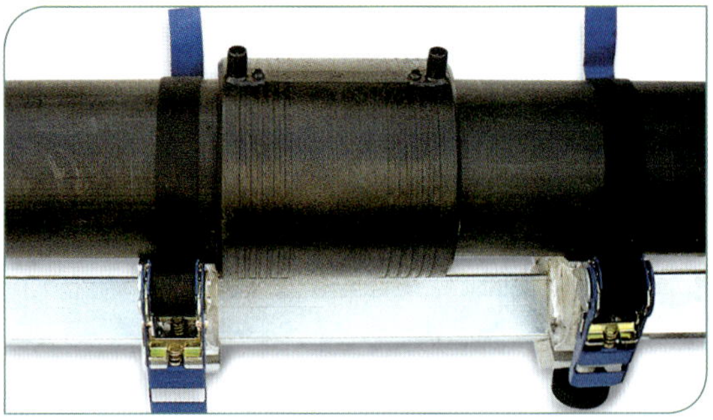

3 Halterung

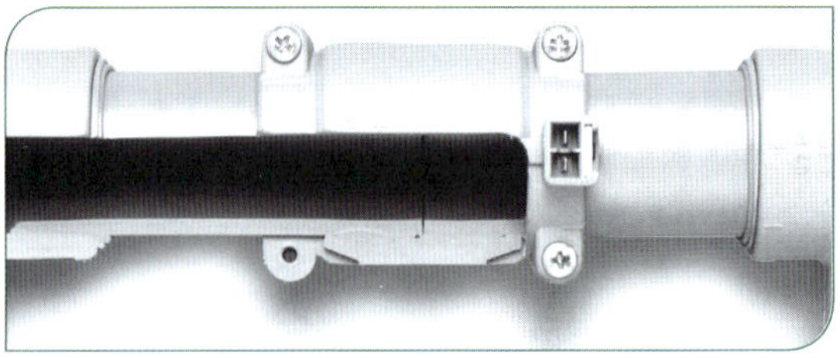

4 Rohrfixierung

Die **Heizwendelfittings** mit den integrierten Anschlussbuchsen sollten erst unmittelbar vor dem Schweißen aus ihrer Verpackung genommen und die inneren Fügeflächen dabei **nicht** berührt werden; sie müssen vollkommen fett- und staubfrei bleiben. Die Rohrenden müssen ebenfalls staub- und fettfrei gemacht und teilweise mit speziellem Rohrschälwerkzeug am Umfang abgeschält werden. Die Herstellerangaben sind unbedingt einzuhalten, damit Erwärmung und Fügedruck ausreichen (Bilder 1a…1f, Seite 147).

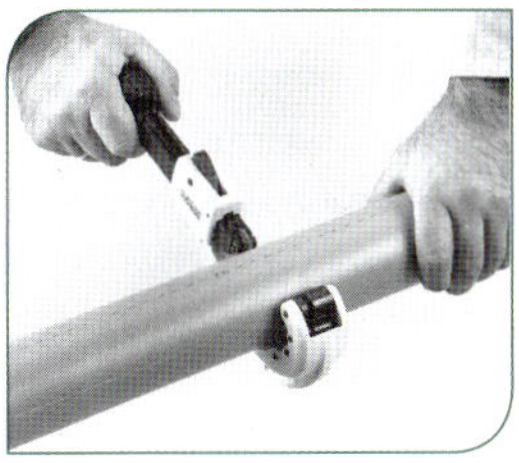

1a Rohr mit Rohrschneider rechtwinklig ablängen, Rohrende nicht anfasen

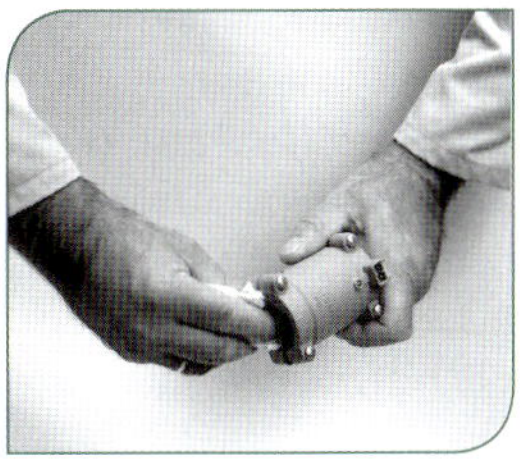

1b Rohrende und Formteilmuffe reinigen

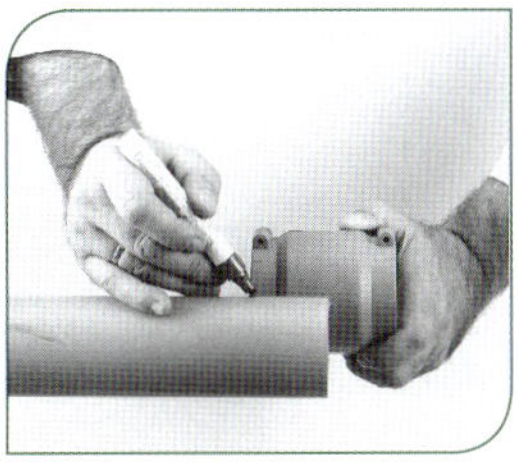

1c Einstecktiefe der Rohre in die Formteilmuffe anzeichnen (kein Fettstift)

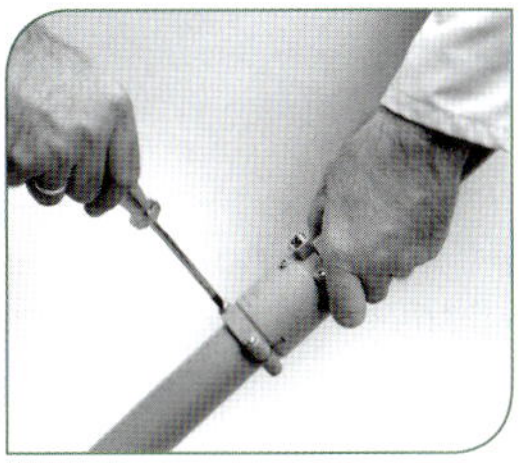

1d Einstecken und Fixieren

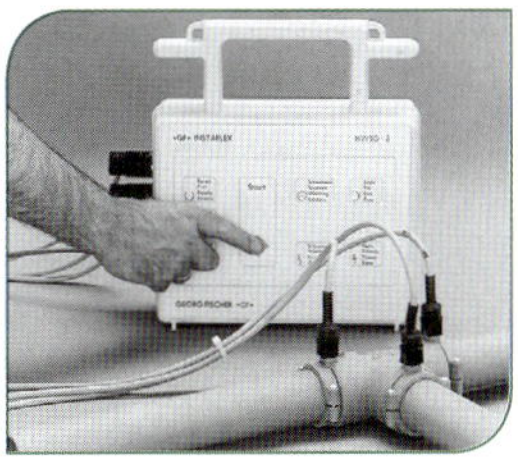

1e Einstecktiefe der Rohre in die Formteilmuffe anzeichnen (kein Fettstift)

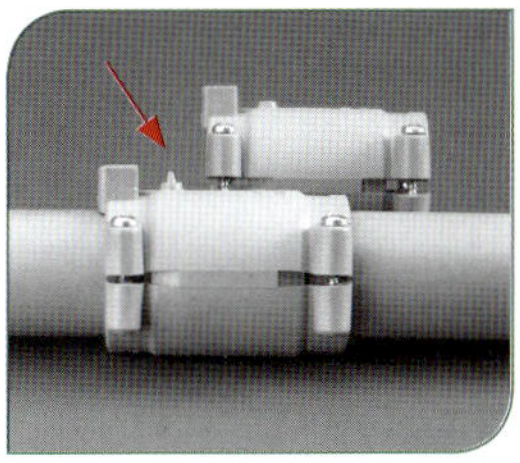

1f Einstecken und Fixieren

2.2.2.3 Klebeverbindungen

In der Hausinstallation werden Klebeverbindungen (solvent welded joints) hauptsächlich für PVC-U und PVC-C-Rohre verwendet.

Der **Stoffschluss** zwischen den Fügeteilen (Rohr und Fitting) erfolgt mit Hilfe eines **Klebstoffs** (solvent cement). Die Innen- und Außendurchmesser der Fügeteile müssen aufeinander abgestimmt sein. Handelsübliche PVC-Klebfittings sind nach DIN 8063-1 bis DIN 8063-12 genormt.

Die Haltbarkeit der Klebeverbindung hängt von der einwandfreien Haftung des Klebstoffs an den Fügeflächen (Adhäsion[1]) und der Eigenfestigkeit des Klebstoffs (Kohäsion[2]) ab (Bild 2).

Für die Güte der Klebeverbindung sind deshalb eine sorgfältige Vorbereitung der Fügeflächen und die Auswahl des geeigneten Klebstoffs entscheidend.

PVC-Rohre und -Fittings werden mit schwach oder stark lösenden Klebstoffen[3] verklebt:

- **Schwach lösende Klebstoffe** werden für kalibrierte Rohrverbindungen (Passungen ohne Spiel) verwendet.
- **Stark lösende Klebstoffe** werden für Rohrverbindungen mit geringen Passungsgenauigkeiten (0,2 mm Übermaß bis 0,6 mm Spiel verwendet).

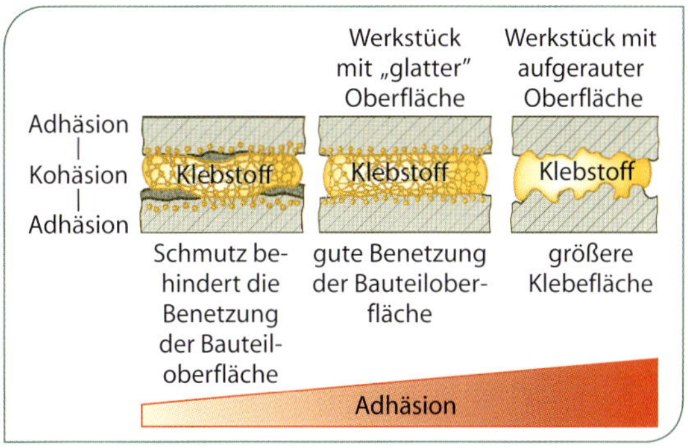

2 Klebeverbindungen

Die Klebstoffe müssen DIN 16970 – bei Trinkwasserinstallationen zusätzlich DVGW-Arbeitsblatt W 320 – entsprechen und werden von den Herstellern gebrauchsfertig geliefert. Vor Gebrauch sind sie gut umzurühren. Nachträgliches Verdünnen, Verdicken oder Einfärben von Klebstoffen ist nicht zulässig.

Bei der **Herstellung von Klebeverbindungen** (siehe auch Bild 3) ist folgendes zu beachten:

- Das Anfasen des Rohrendes verhindert beim Zusammenschieben von Rohr und Formstück, dass die Klebstoffschicht weggedrückt wird.
- Das Anzeichnen der Position des Formstücks sowie der Einstecklänge beim zu verklebenden Rohr macht ein nachträgliches Korrigieren überflüssig und verhindert dadurch eine Qualitätsminderung der Klebung.
- Vor dem Verwenden des Klebers diesen auf Gebrauchsfähigkeit überprüfen; er muss noch eine flüssige Konsistenz haben und darf nicht unter +5°C verarbeitet werden.
- Vor dem Auftragen des Klebers das Rohrende und die Klebefläche des Fittings mit Reiniger gründlich säubern.
- Nach dem Abtrocknen der gereinigten Flächen die Formstückmuffe normal und das Rohrende dicker unter kräftigem Pinseldruck mit Klebstoff bestreichen

a) Klebefläche und Lage der Abzweigöffnung markieren

b) Loch in das Rohr schneiden

c) Lochrand entgraten, Klebefläche und Sattelstück reinigen

d) Klebfläche mit Klebstoff einstreichen, nach dem Anpressen Klebstoffwulst mit Reinigungsvlies abwischen

3 Herstellen einer Klebeverbindung

[1] **Adhäsion:** molekulare Bindungskräfte zwischen Klebstoff und Werkstückoberfläche

[2] **Kohäsion:** molekulare Bindungskräfte im Klebstoff

[3] **Lösemittelklebstoffe:** In Lösemittel gelöster Klebstoff, der durch Verdunstung des Lösemittels abbindet und aushärtet – auch Nasskleber genannt.

- Rohr und Fitting ohne Verdrehen sofort zusammenschieben und ausrichten. Überschüssigen Klebstoff mit Vliespapier abwischen.
- Pinsel mit trockenem Vliespapier reinigen und Klebstoffdose nach Gebrauch sofort wieder verschließen.

Trocknungszeiten:
Die Trocknungszeit (hardening time) der Klebung bis zur Belastung mit dem Prüf- oder Betriebsdruck ist im Wesentlichen von der Trocknungstemperatur abhängig. Die aus der Trocknungszeit resultierende Wartezeit ist Bild 1 zu entnehmen.

Prüfdruck	Wartezeit
bei PN 10: 15 bar bei PN 16: 21 bar	15 Std. 24 Std.

1 Wartezeit für eine Klebeverbindung

Schutzmaßnahmen:
Klebstoff und Reiniger enthalten leicht flüchtige, brennbare Lösemittel (solvents), die überdies schwerer als Luft sind. Daher sind Arbeitsplätze innerhalb von Gebäuden gut zu durchlüften bzw. in Bodennähe abzusaugen.
Außerdem sind offenes Feuer und die Benutzung von elektrischen Heizgeräten unbedingt zu vermeiden!

Vorteile von Klebeverbindungen:
- Die Fügeteile werden keinen hohen Temperaturen ausgesetzt.
- Die Verbindungsherstellung ist kostengünstig, da keine Spezialwerkzeuge benötigt werden.
- Es ist keine Fremdenergie erforderlich.

Nachteile von Klebeverbindungen:
- Die Klebung ist nicht hitzebeständig.
- Lange Aushärt- (Warte-) zeiten.
- Abnahme der Festigung durch Alterung.

ÜBUNGEN

1. Nennen Sie je eine lösbare und unlösbare Verbindungsart für Gewinde-, Kupfer- und PE-X-Rohre.
2. Nennen Sie vier metallische Rohre, die sich durch Hart- und Weichlöten unlösbar verbinden lassen.
3. Beschreiben Sie, wie beim Löten der Stoffschluss zwischen Lot und Rohrwerkstoff erfolgt.
4. Wodurch unterscheiden sich Kapillar- und Fugenlötung?
5. In welchen Fällen kann bei einer Lötverbindung zwischen Kupferrohr und Kupferfitting auf ein Flussmittel verzichtet werden?
6. Bei welchen Rohrinstallationen ist – sofern gelötet werden soll – das Weichlöten bis zur Abmessung 28 x 1,5 vorgeschrieben?
7. Nennen Sie je eine Vorschrift, die bei Lötverbindungen von Heizöl- bzw. Flüssiggasleitungen aus Kupfer beachtet werden muss.
8. Nennen Sie je zwei geeignete Lötgeräte für das Weich- bzw. Hartlöten.
9. Beschreiben Sie die unterschiedliche Wärmeführung beim Weich- bzw. Hartlöten von Kupferrohren.
10. Beschreiben Sie, wie sich beim Löten eine zu hohe bzw. zu niedrige Arbeitstemperatur auf die Güte der Lötnaht auswirkt.
11. Zählen Sie die Anwendungsbeschränkungen für handwerklich hergestellte Kupferrohrverbindungen in der Heizungs-, Flüssiggas- und Heizölinstallation auf.
12. Nennen Sie je zwei Vorschriften, die bei der handwerklichen Herstellung von Muffen bzw. T-Abzweigen für Lötverbindungen von Kupferrohren beachtet werden müssen.
13. Nennen Sie je zwei geeignete Verfahren zum Schweißen von unlegierten Stahl- und PE-HD-Rohren.
14. Welche Aufgabe haben Heftschweißungen bei Rohren?
15. Erläutern Sie drei Arbeitsregeln für das Heftschweißen bei Rohren.
16. Weshalb enthalten Acetylen-Gasflaschen eine poröse Füllmasse?
17. Geben Sie die genormten Kennfarben und Ventilanschlüsse für Acetylen- und Sauerstoffflaschen an.
18. Erläutern Sie die vier Vorschriften zur Gefahrenabwendung beim Umgang mit Acetylen und Sauerstoff.
19. Erklären Sie die Aufgabe eines Flaschendruckminderers.
20. Wozu dienen die Manometer beim Flaschendruckminderer?
21. Wozu dienen Gebrauchsstellenvorlagen und Einzelflaschensicherungen und an welchen Stellen werden sie angebracht?
22. Erklären Sie die reduzierende Wirkung der neutralen Flammeneinstellung beim Schweißen von Stahlrohren.
23. Erläutern Sie die unerwünschten Auswirkungen der Flammeneinstellungen mit Acetylen- bzw. Sauerstoffüberschuss beim Schweißen von Stahlrohren.
24. Beschreiben Sie das Nachlinks- und Nachrechtsschweißen.
25. Welche Heizelementschweißverfahren gibt es?

ÜBUNGEN

(26) Beschreiben Sie die prinzipiellen Vorgänge beim Heizelementschweißen

(27) Wie verändert sich der freie Rohrquerschnitt an der Fügestelle beim Heizelementstumpfschweißen und welche Folgen hat diese Veränderung auf das Strömungsverhalten des durchfließenden Mediums?

(28) Wie müssen beim Heizelementschweißen die Fügeflächen für das Schweißen vorbereitet werden?

(29) Beschreiben Sie die Arbeitsschritte beim Heizelement-Muffenschweißen.

(30) Wovon hängt die Haltbarkeit einer Klebeverbindung ab?

(31) Wie sind die Fügeflächen bei einer Klebeverbindung vorzubereiten?

(32) Welche Klebstoffe werden für Klebeverbindungen bei PVC-Rohren und -Fittings verwendet?

(33) Beschreiben Sie die wesentlichen Arbeitsschritte zur Herstellung einer PVC-Rohr Klebeverbindung.

(34) Wovon ist die Wartezeit bei einer PVC-Klebeverbindung abhängig?

2.2.2.4 Pressverbindungen

Seit den 1990er Jahren hat sich die unter der Bezeichnung „Pressfitting-Verbindung" (pressfitting joints) bekannte unlösbare Rohrverbindung zunehmend in der Gas-, Wasser-, Solar- und Heizungsinstallationstechnik durchgesetzt. Je nach Installationsbereich werden dünnwandige, unlegierte oder korrosionsbeständige Präzisionsstahlrohre, Kupferrohre, Mehrschichtverbundrohre oder PE-X-Rohre unter Verwendung besonderer Pressformteile und evtl. Stützhülsen (liners) kraftschlüssig, verdrehfest und zugsicher gefügt (vgl. Tab. Bild 1).

Das **Pressformteil** (**Pressfitting** oder **Presshülse**) wird bei dieser **radialen Presstechnik** mit Hilfe eines besonderen Presswerkzeuges (pressing tool) am Umfang zur Rohrmitte hin verpresst und durch einen Dichtring (sealing ring) abgedichtet (Bild 2 und Bild 1, S. 150).

Eine andere Art der Presstechnik wird bei der **Schiebehülsen-** oder **Druckhülsenverbindung** angewandt (vgl. Kap. 2.2.2.5).

Bei der Verbindung von Metallrohren mit aufgestecktem Pressfitting ist der Dichtring (O-Ring) in einer umlaufenden Sicke (wraparound bead) eingelegt (Bild 3).

Beim Verpressen kommt es zu einer definierten Kaltverformung (cold forming) im Verpressungsbereich des Fittings und des Rohres (Bild 2). Dagegen werden beim Verpressen der Mehrschichtverbund- und PE-X-Rohre nur der Rohrwerkstoff und die Presshülse verformt – nicht aber der mit 1…3 Dichtringen versehene Anschlussnippel (Stützhülse) des Einsteckfittings (Bild 1, Seite 150).

Die durch das Verpressen entstehende geometrische Form an der Fügestelle zwischen Rohr und Pressformteil wird **Presskontur** genannt. Für die unterschiedlichen Pressverbindungen sind die spezifischen Presskonturen vom Hersteller festgelegt (Bild 2, Seite 150).

Sie können nur mit hierfür geeigneten Pressmaschinen und -zangen zuverlässig hergestellt werden. Für die verschiedenen Rohrdurchmesser müssen jeweils entsprechende

Rohrart	Pressformteil(e)	Werkstoff
unlegiertes Präzisionsstahlrohr	Aufsteck-Pressfitting	unlegierter Stahl
korrosionsbeständiges Präzisionsstahlrohr (Edelstahlrohr)	Aufsteck-Pressfitting	legierter Stahl, Rotguss, Rotguss verzinnt, Kupfer verzinnt
Kupferrohr	Aufsteck-Pressfitting	Kupfer; Rotguss
Mehrschichtverbundrohr	Einsteckfitting mit/ohne Presshülse	Rotguss; Messing, legierter Stahl
PE-X-Rohr	Einsteckfitting mit Presshülse	Rotguss; Messing (z.T. vernickelt), legierter Stahl
Für die Gas- und Wasserinstallation dürfen nur Rohre und Pressfittings mit DVGW-Zulassung verwendet werden.		

1 Pressformteile für verschiedene Rohrarten

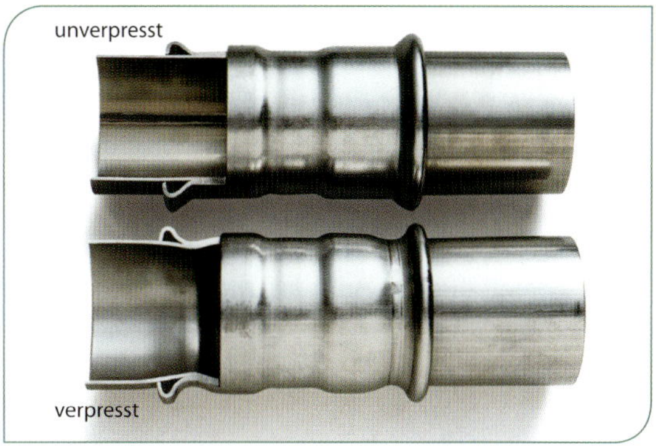

2 Pressfittingverbindung

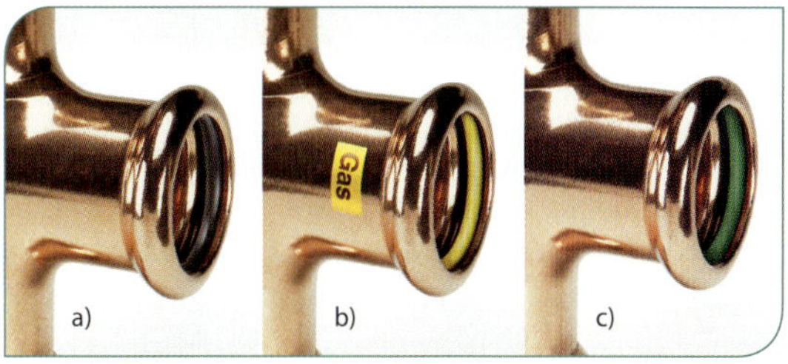

*3 Pressfittings für
a) Sanitär-/Heizungsintallation, b) Gasinstallation,
c) Solarinstallation*

1 Presshülsenverbindung

2 Presskonturen

Presszangen (pressing pliers) zur Verfügung stehen. Mit systemgebundenen[1]) Pressmaschinen und -zangen können deshalb nur Pressverbindungen des jeweiligen Herstellers hergestellt werden. Bei den universellen Presswerkzeugen hingegen sind durch Austausch der Presszangen (Pressbacken: pressing jaws) Pressverbindungen verschiedener Hersteller möglich. Hier sollten jedoch mögliche Gewährleistungseinschränkungen der Pressfittinghersteller beachtet werden. Handbetriebene Presswerkzeuge eignen sich nur für kleine Rohrdurchmesser und „weiche" Presswerkstoffe (z. B. PE-X).

Üblicher und anwendungsfreundlicher sind elektrisch betriebene **Pressmaschinen**, bei denen die erforderliche Presskraft zum Verpressen der Stahl-, Kupfer- oder Rotgussfittings von DN10 bis DN 50 über einen hydraulischen oder mechanischen Zangenantrieb aufgebracht wird (Bild 1).

Pressmaschinen sind z. T. auch mit einer Press- und Überwachungsautomatik, einem um 360° drehbaren Presskopf sowie einer in die Pressbacken integrierten Kodierung zur Erkennung der Nennweiten ausgestattet. Neben stromnetzgebundene Pressmaschinen gibt es auch handliche akkubetriebene Geräte (cordless pressing power tools), die die Bewegungsfreiheit erhöhen (Bild 3).

Bei größeren Rohrnennweiten (maximal DN 100) werden die Edelstahl- bzw. Kupferfittings mit **Pressschlingen** oder **Pressketten** (pressing chains) verpresst. Sie bestehen aus mehreren zusammenhängenden beweglichen Pressgliedern, die durch ihre geometrische Form eine bessere Anpassung an den Pressfittingdurchmesser und damit eine gleichmäßige radiale Kraftübertragung ermöglichen (Bild 1, S. 151).

Um eine einwandfreie Pressfittingverbindung zu gewährleisten, müssen vorbereitende Arbeitsschritte wie Rohrentgratung, Dichtringüberprüfung und Einhaltung der Einstecktiefe sorgfältig ausgeführt werden.

3 Akku-Pressmaschine und Presszange

Eine zusätzliche Sicherheit bieten Pressfittings mit SC-Kontur (SC: safety connection). Sollten bei der Verlegung Verbindungsstellen unverpresst bleiben, so werden diese beim Befüllen der Anlage durch eine beabsichtigte Undichtheit erkennbar gemacht. Bei der Sichtkontrolle kann die Leckstelle (leak) leicht entdeckt und der Fehler schnell behoben werden (Bild 4).

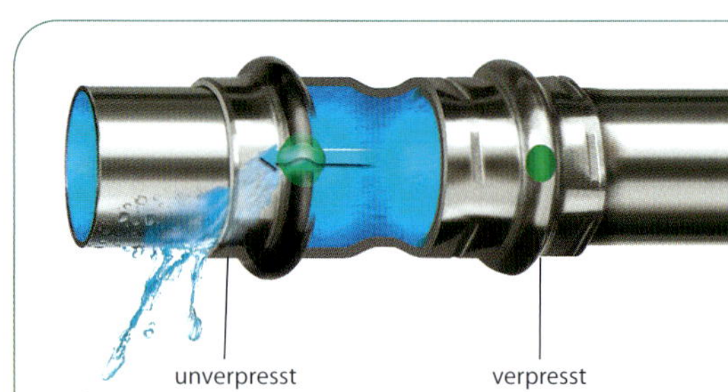

4 Pressfitting mit SC-Kontur

Die **Vorteile der Pressformteilverbindungen** sind:

- Keine Werkstoffveränderungen durch Wärmeeinbringung wie beim Löten und Schweißen.
- Gefahrlose Installation in brandgefährdeten Räumen.
- Keine Zusatzwerkstoffe (z. B. Lot, Schweißdraht), Hilfsstoffe (z. B. Schneidöl, Dichtmittel, Flussmittel) oder Betriebsstoffe (z. B. Acetylen, Sauerstoff, Schutzgas) erforderlich.
- Kurze Vorbereitungs- und Fügezeiten, keine Nachbearbeitung.

[1]) Systemgebunden: Der Hersteller bietet alles „aus einer Hand" an: Rohr, Pressfitting, Presswerkzeug und Zubehörteile.

1 Pressen mit Presskette

Andererseits gibt es auch Anwendungseinschränkungen (verboten z. B. bei erdverlegten Gasleitungen) sowie die Notwendigkeit, sich für einen Systemanbieter zu entscheiden, da die Press- und Zubehörteile nicht kompatibel und die Pressgeräte nur teilweise untereinander austauschbar sind.

2.2.2.5 Schiebehülsenverbindungen

Schiebehülsen- oder **Druckhülsenverbindungen** (sliding/clamping socket joints) werden für PE-X- oder Mehrschichtverbundrohre bis DN 32 in der Trinkwasserinstallation (Kalt- und Warmwasser), bei Fußbodenheizungen sowie Heizkörperanbindungssystemen verwendet.
Bei entsprechender Eignung (DVGW-Zulassung nach Arbeitsblatt W532 und W534) dürfen sie sowohl bei der Rohrverlegung unter Putz als auch im Estrich eingesetzt werden. Die kraft- und formschlüssige Verbindung des Rohrendes erfolgt durch das Einspannen (Klemmen) der Rohrwand zwischen Hülse und Einschiebestutzen des Fittings (Bild 2).

2 Schiebehülsenverbindung

Hierzu muss zunächst die Hülse weit genug auf das Rohr geschoben und das Rohrende mit einem Spezialwerkzeug (Expander) aufgeweitet werden (Bild 3a).
Das aufgeweitete Rohrende wird dann auf den Fittingstutzen (fitting nipple) bis zum Anschlag aufgesteckt und die Schiebehülse durch die axiale Presstechnik des Presswerkzeuges bis zum Anschlag (limit stop) aufgeschoben (Bilder 3b und 3c).

a) Rohr weiten

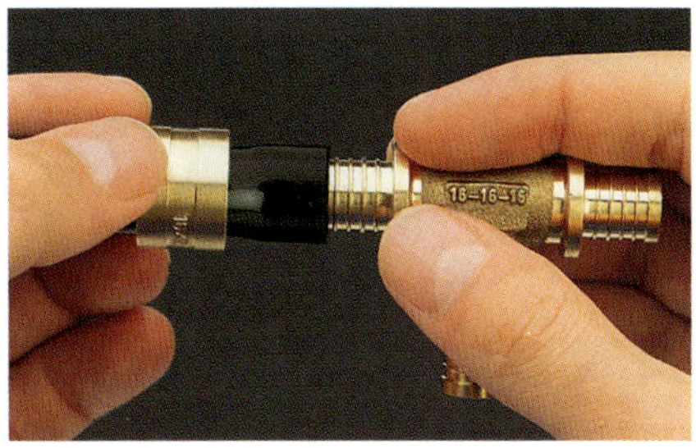
b) Fitting einstecken

c) Hülse über das Rohr schieben

3 Herstellen einer Schiebehülsenverbindung

Die Fittings, Schiebehülsen und Werkzeuge sind systemgebunden. Bei den Schiebehülsen ist je nach Hersteller darauf zu achten, ob die Hülsen für verschiedene Installationsbereiche (z. B. Trinkwasser und Fußbodenheizung) verwendet werden können oder ob die Komponenten jeweils nur für einen Installationsbereich zugelassen sind. In solchen Fällen sind die Hülsen und Fittings entsprechend gekennzeichnet oder unterschiedlich dimensioniert (Bild 1, Seite 152).
Die Presswerkzeuge (Schiebezangen) können entweder durch Handkraft (manual force), mechanisch-hydraulisch (hydromechanical), elektrohydraulisch (electrohydraulic) oder elektromechanisch (electromechanic) betrieben werden (Bilder 2, 3 und 4, Seite 152).
Schiebehülsenverbindungen für PE-X-Rohre lassen sich durch Erwärmung (ca. 130 °C) mit einem Heißluftgerät (hot air fan) wieder lösen. Der gesäuberte Fitting kann wiederverwendet werden, nicht aber die Schiebehülse und das erweichte, aufgeweitete Rohrende. Zur Herstellung einer neuen Verbindung muss eine neue Schiebehülse verwendet und das Rohrende großzügig abgetrennt werden.

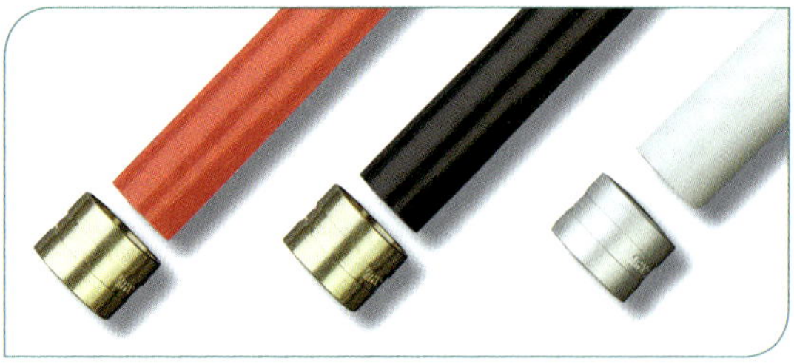

1 Schiebehülsenverbindung für unterschiedliche Anwendungsbereiche

2 Manuelles Werkzeug

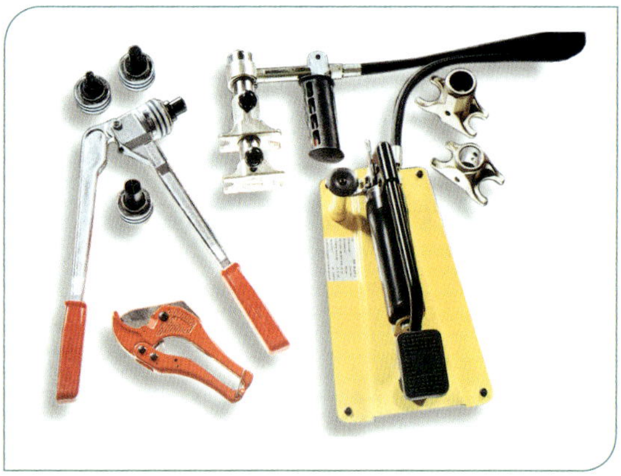

3 Mechanisch-hydraulisches Werkzeug

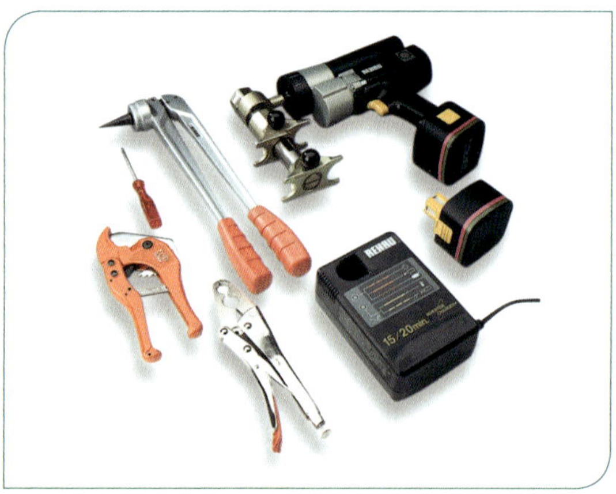

4 Akku-hydraulisches Werkzeug

2.2.2.6 Gewinderohrverbindungen

Dauerhaft flüssigkeits- und gasdichte Verbindungen (liquid- and gasproof joints) zwischen unlegierten Stahlrohren mit Eignung zum Gewindeschneiden nach DIN EN 10255 (bisher mittelschwere oder schwere Gewinderohre) und Fittings, Armaturen oder sonstigen Rohrleitungsteilen werden durch ein besonderes Rohrgewinde ermöglicht (vgl. Tab. Bild 5).
Gewinderohrverbindungen nach DIN EN 10226-1 gelten als **unlösbar** (non-detachable), wenn sich das installierte Rohr mit beidseitigem Rechtsgewinde nicht mehr aus den beiden Anschlussgewinden herausdrehen lässt und deshalb eine Lösung (disconnection) nur durch eine Rohrtrennung möglich ist.
Durch die Gewindepaarung eines kegeligen Außengewindes (tapered male thread) am Rohr mit einem zylindrischen Innengewinde (parallel female thread) am Fitting bzw. in der Armatur kommt es im letzten Abschnitt der nutzbaren Gewindelänge durch Kraftverschraubung mit Werkzeug zu einer hohen metallischen Pressung (metallic pressing) zwischen den Gewindeflanken (thread flanks) (Bild 1, nächste Seite).
Die erwünschte Pressdichtung ist verständlicherweise nur dann möglich, wenn das Außengewinde sorgfältig und maßhaltig hergestellt wird.

Rohre	Rohrgewinde für im Gewinde dichtende Verbindungen DIN EN 10226-1		Gewindefittings aus[3]
Rohre aus unlegiertem Stahl mit Eignung zum Schweißen und Gewindeschneiden nach DIN EN 10255 („Gewinderohre")	Kegeliges 1) Außengewinde (Rechtsgewinde[2]) Kurzzeichen **R** mit Gewindeangabe z. B. R 1½	Zylindrisches Innengewinde (Rechtsgewinde[2]) Kurzzeichen **Rp** mit Gewindeangabe, z. B. Rp 1½	**Temperguss** nach DIN EN 10242 **Stahl** nach DIN EN 10241 **Rotguss** Werkstoff nach DIN EN 1254-4 und DVGW W 534 Abmessungen nach DIN EN 10242

[1] Kegel 1:16. Bei einer Gewindelänge von 16 mm verändert sich der Gewindedurchmesser um 1 mm

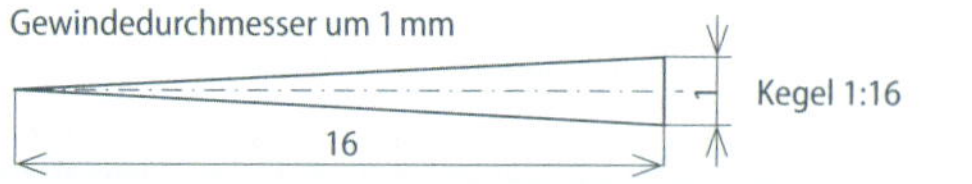

[2] Bei Linksgewinde muss das Kurzzeichen LH (left hand) angefügt werden.
[3] In der Gasinstallation sind nur Stahl- und Tempergussfittings zugelassen. Bei Tempergussfittings nur das Design-Symbol A (weißer bzw. schwarzer Temperguss W 400-05 bzw. B350-10).

5 Rohrgewinde

In der Praxis sind jedoch geringe Maßabweichungen sowie Flächenunebenheiten im Gewinde unvermeidbar, sodass mit Hilfe geeigneter Dichtmittel diese Unregelmäßigkeiten ausgeglichen werden können. Es dürfen nur **nicht aushärtende Dichtmittel** (non-hardening sealing agents) nach DIN 30660 bzw. DIN EN 751 verwendet werden. Die für Gas- und Trinkwasserinstallation tauglichen Dichtmittel sind mit dem DVGW-Prüfzeichen versehen.
Übliche Dichtmittel sind:

- Hanf (hemp) in Verbindung mit einer Dichtpaste (joining/ sealing paste)
- Gewindedichtband aus Kunststoffvlies (sealing fleece), das mit einem Dichtmittel präpariert wurde

Lernfeld 3

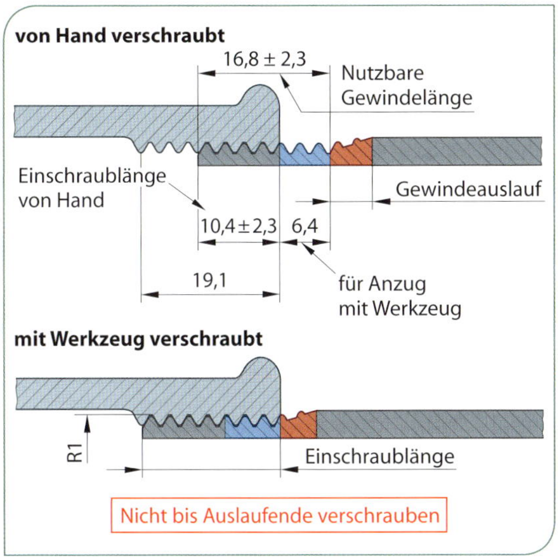

1 Zylindrisch-kegelige Gewinderohrverbindung nach DIN EN 10226-1 mit metallischer Pressdichtung, Maße für R1

- PTFE-Band (Teflonband: PTFE tape)
- Dichtpasten oder elastischer Flüssigkunststoff (elastic sealant)

Gewindedichtmittel sind nach Herstellerangaben auf das gesäuberte Gewinde aufzutragen. Da sie nur geringe Unregelmäßigkeiten ausgleichen sollen, dürfen sie nur dünn aufgetragen werden. Anderenfalls können durch Überdehnung (Verformung) der Verbindungsteile die Pressdichtung aufgehoben werden oder sogar Risse im Werkstoff entstehen (Bild 2).

2 Überdehnter Gewindefitting

Das Schneiden des kegeligen Außengewindes am Rohr erfolgt mit:

- Hand-Gewindeschneidkluppen (hand dies) und schnell auswechselbaren Schneidköpfen (drop die heads) für die verschiedenen Rohrnennweiten (different pipe sizes)
- Elektroschneidkluppen (electric dies), ebenfalls mit Schnellwechselschneidköpfen (quick change die heads)
- Gewindeschneidmaschinen (pipe threading machines)mit Universal-Automatik-Schneidkopf für mehrere Rohrnennweiten (vergl. Kap.II, 1.2.4.3.2)

Die zum Kühlen und Schmieren verwendeten Gewindeschneidmittel (coolants and lubricants) müssen ungiftig und wasserlöslich sein (non-toxic and water-soluble). Für Gewinderohre in der Trinkwasserinstallation müssen sie gesundheitlich unbedenklich (safe), nicht korrodierend (non-corrosive), vollkommen wasserlöslich, rot eingefärbt und DVGW-geprüft sein.

Bei der Gewindeherstellung ist die vorgegebene nutzbare Gewindelänge (length of thread) (vgl. Tab. Bild 3) einzuhalten. Beim Zusammenschrauben darf die Einschraublänge nicht überschritten werden, da es sonst zu einer Überdehnung (overstretching) des Außengewindes kommt. Nach dem Zusammenschrauben muss der Gewindeauslauf sichtbar sein (thread runout). Bei Gewindefittings, deren Anschlüsse die gleichen Nennweiten haben, wird die Nennweite (nominal width) nur einmal angegeben. Liegen verschiedene Anschlussnennweiten vor, werden sie entgegen dem Uhrzeigersinn (anti-clockwise) angegeben (Bild 4).

Nennweite DN Gewindegröße R	10 ⅜	15 ½	20 ¼	25 1	32 1¼	40 1½	50 2
nutzbare Gewindelänge (± 2,3 mm) in mm	10,1	13,2	14,5	16,8	19,1	19,1	23,4
Handanzugslänge (± 2,3 mm) in mm	6,4	8,2	9,5	10,4	12,7	12,7	15,9
Anzug mit Werkzeug in mm	3,7	5,0	5,0	6,4	6,4	6,4	7,5
Anzug mit Werkzeug (Umdrehungen) ca.	2¾	2¾	2¾	2¾	2¾	2¾	2¼
Gangzahl auf 25,4 mm Gewindelänge	19	14	14	11	11	11	11

3 Maße von Rohrgewinden nach DIN EN 10226-1

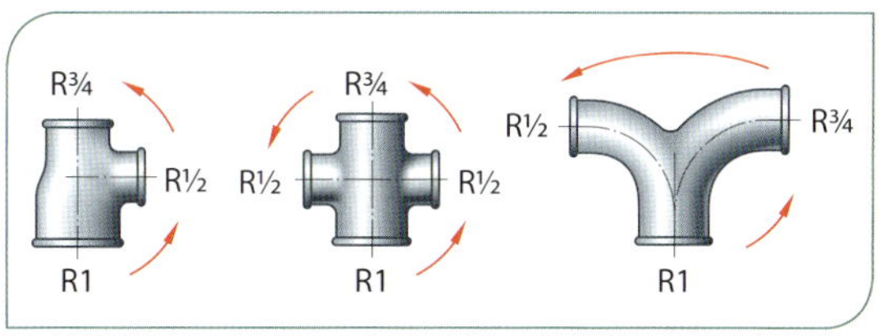

4 Reihenfolge der Gewindebezeichnungen bei Fittings mit mehreren Abgängen

2.2.2.7 Steckfittingverbindungen

Steckfitting-Verbindungen (push fit joints) sind zeitsparend und für Kupfer-, Edelstahl-, Mehrschicht-Verbundrohre sowie für PE-X- und PB-Rohre in den gängigen Nennweiten von DN 10...DN 25 lieferbar. Die Steckfittingverbindungen sind je nach Hersteller **unlösbar** (Bilder 1 und 3, S. 154) oder nur mit speziellem Kleinwerkzeug **lösbar und wieder verwendbar**, aber gegen ungewollte Demontage (unintentional disassembly) gesichert (Bild 2, S. 154). Die Steckfittings aus Rotguss oder Kunststoff haben trotz äußerlicher Unterschiede den gleichen prinzipiellen Aufbau: Die Dichtheit (tightness) in der Steckmuffe wird durch ein oder zwei Dichtringe, die Formschlüssigkeit durch einen Krall- oder einen Sprengring (grab ring) aus Edelstahl gewährleistet (Bild 1, S. 154).

Wird das Rohrende nach sorgfältigem Entgraten (careful burring) bis zum Anschlag in die Steckmuffe hineingesteckt, lässt es sich in dieser zugfesten Verbindung ohne Übertragung von Torsionsspannungen noch drehen (turnable without torsional stress).

Verwendet wird die Steckfittingverbindung in der TW- und TWW-Installation (nur mit DVGW Zulassung), bei Regenwasseranlagen und bei Warmwasser Heizungen.

1 Unlösbare Steckfittingverbindung

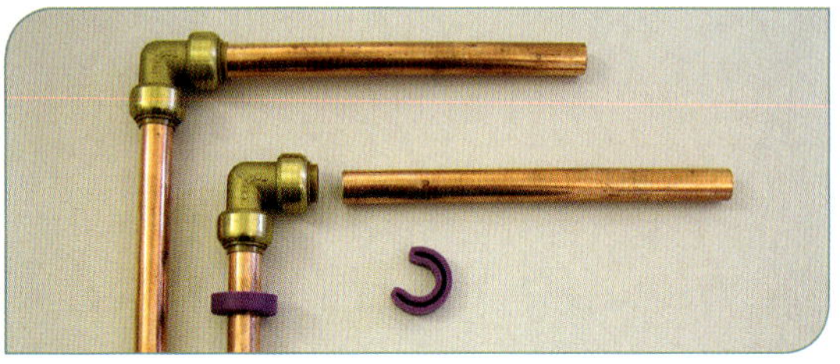

2 Lösbare Steckfittingverbindung

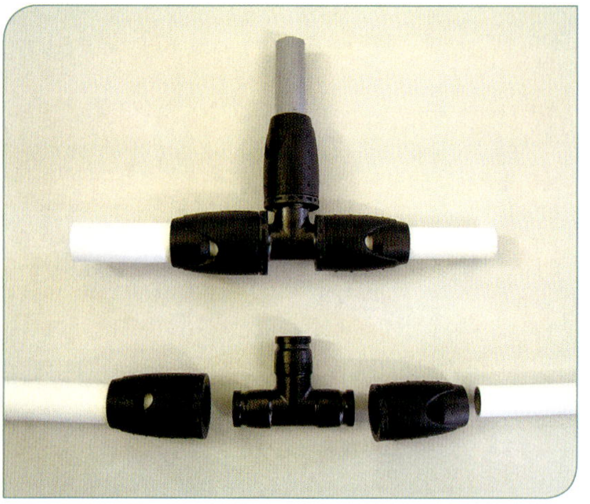

3 Unlösbare Steckfittingverbindung

ÜBUNGEN

1. Welche Installationsrohre lassen sich durch Rohrpressverbindungen unlösbar fügen?
2. In welchen SHK-Installationsbereichen sind Pressverbindungen zugelassen?
3. Erklären Sie, weshalb nicht alle Pressfittings mit der gleichen Presszange gepresst werden können.
4. Geben Sie drei Arbeitsschritte an, die zu Herstellung einer einwandfreien Pressfittingverbindung erforderlich sind.
5. Nennen Sie drei Vorteile von Pressfittingverbindungen.
6. Erläutern Sie die wesentlichen Unterschiede zwischen einer Pressfitting- und einer Schiebehülsenverbindung.
7. Nennen Sie drei unterschiedliche Presswerkzeuge.
8. Welche Sicherheit bieten Pressfittings mit einer SC-Kontur?
9. Nennen Sie die Merkmale der Whitworth-Rohrgewinde R und Rp nach DIN EN 10226-1.
10. Beschreiben Sie, wie bei einer Gewinderohrverbindung die erwünschte Dichtheit der Verbindung zustande kommt.
11. Welche Eigenschaften müssen Dichtmittel für Gewindeverbindungen haben?
12. Mit welchen Werkzeugen lässt sich das kegelige Außengewinde am Rohr schneiden?
13. In welche Bereiche ist die Einschraublänge bei einer Whitworth-Gewindeverbindung aufgeteilt?
14. Weshalb dürfen Gewindedichtmittel nur dünn auf das kegelige Rohraußengewinde aufgetragen werden?
15. Welche grundsätzliche Unterscheidung gibt es bei den Steckfittingverbindungen?
16. Welche Rohrbewegung ist nach der Verbindung mit dem Steckfitting noch möglich?

2.2.3 Lösbare Rohrverbindungen

In Rohrleitungssystemen werden lösbare Verbindungen (detachable joinings) benötigt, z. B. wenn:

- wegen Erweiterungs- oder Verkleinerungsarbeiten einzelne Rohrteile, Armaturen oder sonstige Anlagenteile jederzeit problemlos hinzugefügt oder abgebaut werden sollen
- bei Reinigungs-, Wartungs- oder Inspektionsarbeiten einzelne Rohrteile, Armaturen oder Anlagenteile vorübergehend ausgebaut werden sollen
- bei Modernisierungs- oder Reparaturarbeiten Einzelteile des Rohrsystems oder der Anlage ausgetauscht werden sollen
- unlösbare Rohrverbindungen konstruktions- oder werkstoffbedingt nicht möglich oder unvorteilhaft sind

MERKE

Lösbare Rohrverbindungen müssen ohne Zerstörung oder Qualitätsminderung (without destruction or quality reduction) der einzelnen Verbindungselemente gelöst und wieder zusammengefügt werden können.

Grundsätzlich sollten lösbare Rohrverbindungen an leicht zugänglichen Stellen platziert werden. Bei einer Leitungsverlegung unter Putz (cast) oder in engen Schächten (narrow shafts) müssen eventuell Wartungsöffnungen (maintenance accesses) vorgesehen werden.

2.2.3.1 Rohrverschraubungen

Eine Rohrverschraubung (union connector) besteht im Wesentlichen aus drei Teilen: Den beiden **Verschraubungskörpern** mit der Rohranschlussseite und einer Befestigungsseite mit einem nicht im Gewinde dichtenden Außengewinde sowie der **Überwurfmutter** (sleeve/union nut), mit der die lösbare Verbindung zwischen den beiden Verschraubungskörpern hergestellt wird. Die Abdichtung erfolgt entweder durch metallische Pressung (metallic pressing) zwischen den konisch oder kugelförmig ausgeformten Dichtflächen (conical or spherical sealing surface) der Verschraubungskörper oder über eine Dichtung (washer), die zwischen den flachen, kreisringförmigen Dichtflächen der Verschraubungskörper eingesetzt wird (Bild 1).

1 Verschraubungen für Gewinderohre

2 Rohrverschraubung mit Heizelement-Schweißanschluss für PE- und PP-Rohre

Für die Dichtheit der Verbindung sind drei Faktoren entscheidend:

- Die geometrische Unversehrtheit der Dichtflächen.
- Die Verwendung der richtigen, wirkfähigen Dichtung.
- Das richtige Anziehen der Überwurfmutter.

Die beiden Verschraubungskörper werden mit einer der Rohrart entsprechenden Fügetechnik – z. B. Löt-, Schweiß- oder Presshülsenverbindung – unlösbar mit den Rohrenden verbunden (Bild 2). Dadurch können nicht nur gleichartige Rohre lösbar miteinander verbunden werden, sondern es kann auch der Übergang von einem Rohrwerkstoff zum anderen Rohr- oder Armaturenwerkstoff erfolgen (**Übergangsverschraubung:** transition joints; Bild 3).

Geeignete Rohrverschraubungen für die Gas-, Flüssiggas- und Trinkwasserinstallation (Kalt- und Warmwasser) sind nach DVGW-Richtlinien (DVGW-guidelines) geprüft und zugelassen.

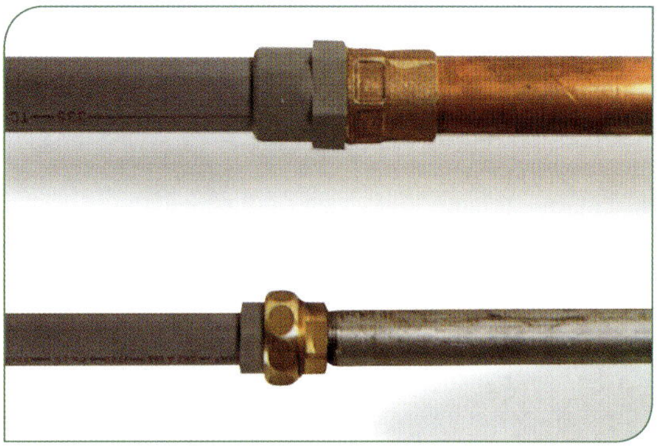

3 Übergangsverschraubung

2.2.3.2 Klemmringverschraubungen

Klemmringverschraubungen eignen sich für die in der Installationstechnik üblichen Gewinderohre, Präzisionsstahlrohre, Kupferrohre, Verbund- und Kunststoffrohre.

Es gibt metallisch dichtende und weich dichtende Klemmringverschraubungen (metallic/soft sealing compression joints). Bei den **metallisch dichtenden** Klemmringverschraubungen wird der konische oder zylindrische Klemmring (compression olive/ring) beim Anziehen der Überwurfmutter auf den Rohrumfang und gegen den Verschraubungskörper gedrückt und gestaucht. Hierbei wird nicht nur das Rohr längs-

kraftschlüssig fixiert (longitudinal force-locked), sondern auch die Abdichtung durch metallische Pressung an den Berührungsflächen erzielt. Bei dünnwandigen, harten Präzisionsstahl- und Kupferrohren kommt es in diesem Bereich zu einer leichten Einschnürung (slight contraction) des Rohrs durch plastische Verformung. Der Klemmring lässt sich dann nicht mehr vom Rohr ziehen (Bild 1).
Für weiche Rohrwerkstoffe wie z. B. Kupfer R220, PE, PP, PB sind zur Sicherstellung der metallischen Pressung sowie zur Vermeidung von Rohreinschnürungen **Stützhülsen** (support inserts/liners) erforderlich.
Entscheidend bei den metallisch dichtenden Klemmringverschraubungen ist, dass die durch das Anziehen der Mutter erzeugte Drehbewegung in eine reine axiale Bewegung umgesetzt wird und dadurch kein Drehmoment (torque) auf das Rohr übertragen wird, d. h., das Rohrende darf sich nicht mitdrehen (Torsion). Einige Hersteller verwenden deshalb zwei Klemmringe (Bild 1).
Metallisch dichtende Klemmringverschraubungen dürfen bei entsprechender DVGW-Zulassung (DVGW-authorisation) auch bei Unterputzinstallationen von Gasleitungen (aus Kupfer- und Präzisionsstahlrohren) und bei Trinkwasserleitungen (aus Kupfer- und Edelstahlrohren) verwendet werden.

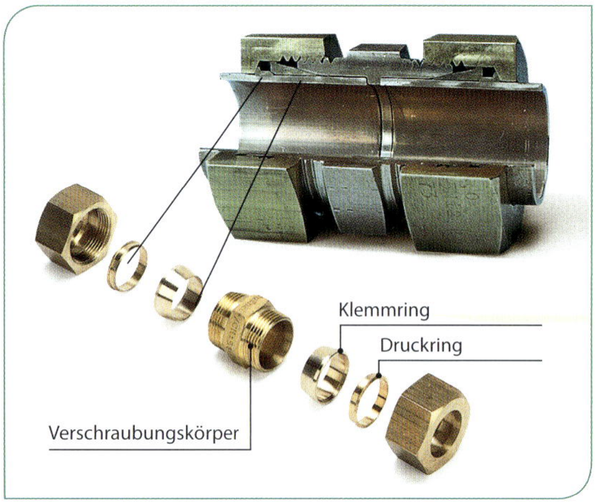

1 Metallisch dichtende Klemmringverschraubung

Bei den **weich dichtenden** Klemmringverschraubungen erfolgt beim Anziehen der Überwurfmutter eine Aufgabenteilung: Der (meist) geschlitzte Klemmring (split grip ring) sichert das Rohr gegen Herausziehen und die elastische Dichtung (flexible seal) wird über einen Druckring (backing washer) auf den Rohrumfang und gegen den Verschraubungskörper gedrückt und dichtet ab (Bild 2).
Beim Zusammenbau solcher Verschraubungen ist deshalb besonders auf die richtige Reihenfolge (right order) der Klemm-, Druck-, Distanz- und Dichtringe zu achten. Auch bei den weich dichtenden Klemmringverschraubungen werden teilweise Stützhülsen zur Vermeidung von Rohreinschnürungen verwendet.
Die in der Gasinstallation zugelassenen weich dichtenden Klemmringverschraubungen nach DIN 3387 sollen **nicht** als fortlaufende Verbindung eingesetzt werden und müssen bei

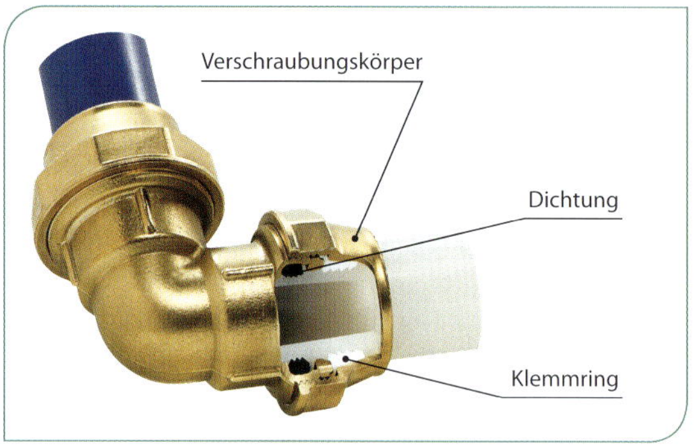

2 Weich dichtende Klemmringverschraubung

Gasinnenleitungen **h**och**t**emperatur**b**eständig (HTB) sein (high temperature stability).
Mit Klemmringverschraubungen können sowohl Verbindungen gleicher Werkstoffe als auch **Übergangsverbindungen** hergestellt werden (z. B. Stahlrohr – Kunststoffrohr). Sie werden nicht nur als lösbare Verbindung zwischen Rohren, sondern auch als Anschlussverschraubung (linking joints) für Heizkörper, Verteiler und Armaturen verwendet. Bei der Auswahl, dem Zusammenbau und beim Anziehen der Klemmringverschraubungen sind die Herstellerangaben zu beachten (z. B. Zulassung für Installationsbereiche, Rohrart, Anzugsdrehmoment, mit/ohne Stützhülsen).
Im Gegensatz zu den konischen oder flach dichtenden Verschraubungen entfällt bei den Klemmringverbindern die Notwendigkeit, vorab Komponenten der Verschraubung unlösbar mit den Rohrenden zu verbinden (z. B. durch Löten, Kleben oder Pressen). Das spart Zeit und man benötigt keine zusätzliche Ausrüstung (Werkzeuge, Hilfsmittel, Zusatzwerkstoffe). Universell gestaltete Verschraubungskörper der Klemmverbinder sind unter Verwendung entsprechender Klemm-, Dicht- und Stützelemente für verschiedene Rohrwerkstoffe einsetzbar.

2.2.3.3 Schneidringverschraubungen

Schneidring- bzw. **Keilringverschraubungen** (compression joints) haben einen ähnlichen Aufbau wie metallisch dichtende Klemmringverschraubungen: Sie bestehen aus einem Verschraubungsstutzen mit zwei Innenkonussen zur Aufnahme der Rohrenden und der Schneid- bzw. Keilringe sowie zwei Überwurfmuttern zum Anziehen der Verschraubungen. Im Gegensatz zu den Klemmringen schneidet sich

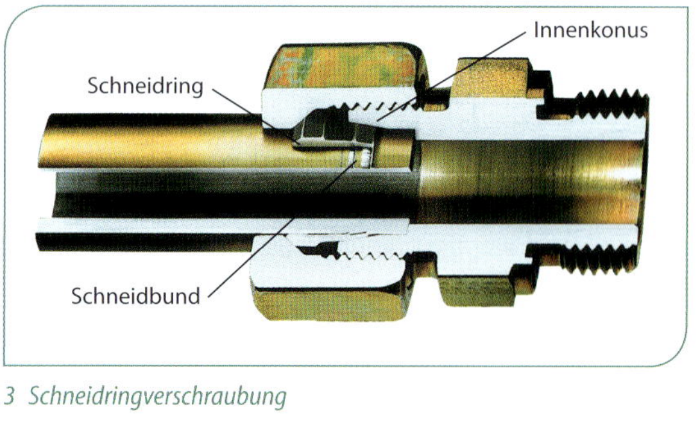

3 Schneidringverschraubung

der mit einer oder zwei **Schneidkanten** (cutting edges) versehene Schneid- bzw. Keilring beim Anziehen der Überwurfmutter in die Oberfläche des festsitzenden Rohrendes ein. Aufgrund der speziellen Schneidringgeometrie ist das Einschneiden nur bis zu einer festgelegten Grenze möglich. Nach dem Einschneiden bildet sich ein sichtbarer aufgeworfener Bund (collar) an der Spitze des Schneidrings (Bild 3, Seite 156).

Mit dem nun festsitzenden Schneidring und der Überwurfmutter kann das Rohr lösbar verbunden werden. Die Dichtfunktion erfolgt durch metallische Pressung des konischen Rings im Verschraubungsstutzen, die Haltefunktion (Längskraftschlüssigkeit) durch die form- und kraftschlüssige Verbindung zwischen Ring und Rohrende.

Bei Schneidringverschraubungen mit Kunststoffdichtring übernimmt der Schneidring nur die Haltefunktion und der Dichtring die Dichtfunktion (Bild 1).

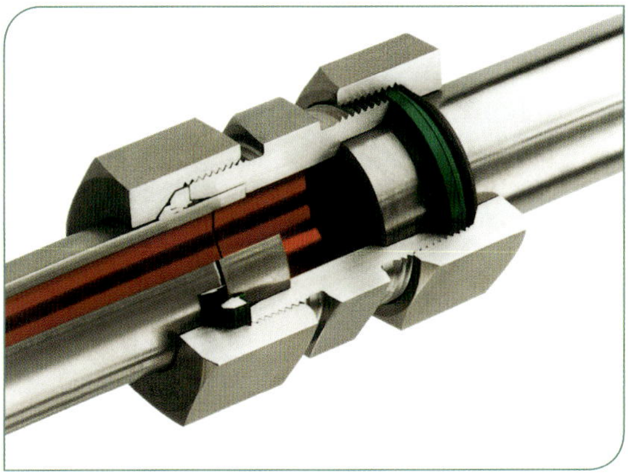

1 Schneidringverschraubung mit Dichtung

Schneidringverschraubungen sind nach DIN 2353, DIN 3861 sowie ISO 8434-1 genormt. Für unlegierte und legierte Präzisionsstahlrohre bestehen die Verschraubungskörper aus Stahl bzw. aus nichtrostendem Stahl, für hartes Kupferrohr (R 290) aus Messing.

Verwendung finden Schneidringverschraubungen hauptsächlich in der Heizölinstallation und Flüssiggasinstallation. Vor der Montage müssen die Rohre rechtwinkelig abgelängt und entgratet (cut square and burred) sowie die Überwurfmutter und der konische Schneidring richtig herum auf das Rohrende aufgeschoben werden. Mit dem bis zum Anschlag in den Verschraubungsstutzen eingefügten Rohrende wird die Verschraubung dann nach Herstellerangaben festgezogen (Überwurfmutter zunächst von Hand, dann mit Werkzeug z. B. 1 ½ Umdrehungen anziehen).

2.2.3.4 Spannverbindungen

Die Spannverbindung (clamping joint) ist eine Rohrverbindung, deren Dichtungswirkung dadurch erzielt wird, dass ein Formteil über die zu verbindenden Rohrenden gespannt wird. Diese Formteile können **Rohrkupplungen** (pipe couplings) (Bild 2 und 3) oder **Rohrmanschetten** (clamping sleeves) (Bild 4 und 5) sein. Sie haben ein weiches Dichtungsele-

2 Rohrkupplung für Stahlrohre

3 Rohrkupplung für Glasrohre

4 Rohrmanschetten für gusseiserne Rohre

5 Rohrmanschette für PE- Rohr

Lernfeld 3

ment und sind für Rohre, Bögen (bows) oder Abzweige (branches) mit **glatten Rohrenden** geeignet.
Es gibt sie mit und ohne mittigen Anschlag (center stop). Im letzteren Fall lässt sich das Dichtungselement vollständig auf eines der zu verbindenden Teile schieben. Das Rohr oder der Abzweig/Bogen wird eingesetzt, das Dichtungselement bis zur Hälfte über die beiden stumpf aneinander liegenden Teile geschoben und die Dichtwirkung durch Verspannen des Elements mit Hilfe eines Werkzeugs (Innensechskantschlüssel, Schraubendreher o.ä.) erreicht. Damit können metallische Rohre, Kunststoff- sowie Steinzeug- oder Glasrohre auch mit geringen Abwinklungen (inclinings) (z.B. ≤ 5°) oder Seitenversatz (misalignment) (z.B. 1...3 mm) schnell, einfach und ohne Spezialwerkzeug verbunden werden (Bilder 2...5, Seite 157).
Bei den nicht zugfesten Rohrkupplungen müssen die Rohrbefestigungen ein Herausrutschen bzw. -ziehen der Rohre verhindern. Nicht zugfeste Rohrkupplungen werden auch als **Reparaturschellen** (repair clamps) zur vorübergehenden Abdichtung (temporary packing) verwendet. Bei den zugfesten Rohrkupplungen sorgen zwei (bzw. vier) in das Kupplungsgehäuse integrierte verzahnte Ringe (Verankerungsringe, Gripringe: grip rings) für den Längskraftschluss. Beim Anziehen der Rohrkupplungsschrauben verkrallen sich diese Verzahnungen am Rohrumfang in das Rohr. Bei Zugbelastung verändert schon die kleinste Axialbewegung den Neigungswinkel der verzahnten Ringe und verstärkt somit den Verankerungseffekt (gripping effect) (Bild 1).

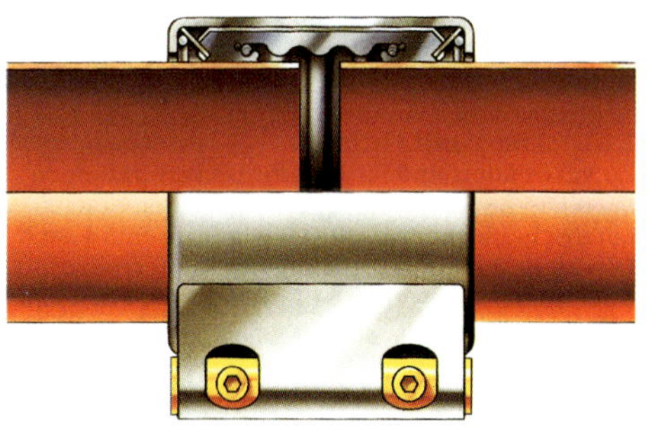

1 Dicht- und Verankerungswirkung bei Rohrkupplungen

Die Abdichtung an den beiden Rohrenden erfolgt durch eine profilierte Dichtmanschette (profiled package) aus Gummi.
Bei Kunststoffrohren werden Stützhülsen aus Stahl eingesetzt, um eine Verformung durch die Spannkräfte zu vermeiden. Rohrkupplungen gibt es für verschiedene Betriebsdrücke und -temperaturen. In der Trinkwasser- und Gasinstallation dürfen sie verwendet werden, wenn sie DVGW-geprüft sind.

2.2.3.5 Flanschverbindungen

Anstelle von Rohrverschraubungen können lösbare Verbindungen zwischen Rohren, Armaturen, Behältern, Kesseln und Wärmetauschern auch durch Flanschverbindungen (flange joints) hergestellt werden. Zu einer Flanschverbindung gehören zwei Flansche, eine Flanschdichtung (gasket), mind. 4 Schrauben und 4 Muttern und evtl. Unterlegscheiben. Ferner müssen Flansche ihrerseits erst mit den vorbereiteten Rohrenden unlösbar verbunden werden bzw. bei **Losflanschen** (slip-on flanges) muss das Rohrende mit einem Bördel oder Bund (square edge or flange sleeve) als Anschlag versehen werden. Aufgrund des höheren Material- und Fertigungsaufwandes sind Flanschverbindungen häufiger bei mittleren (> DN 50) und großen Nennweiten anzutreffen, eben dort, wo Rohrverschraubungen unwirtschaftlich oder nicht mehr verfügbar sind. Grundsätzlich sind jedoch Flanschverbindungen ab der Nennweite DN 10 möglich. Hinsichtlich ihrer Verbindung mit dem Rohrende unterscheidet man z.B. folgende in Bild 2 abgebildete Flansche.

a) Vorschweißflansch

b) Gewindeflansch

c) Lötflansch

d) Losflansch mit Klebebund

2 Flanscharten (DIN EN 1092)

Die stets durch **vier teilbaren** Schraubenlöcher sind symmetrisch zum Achsenkreuz (intersection of axes) angeordnet. Flansche werden überwiegend aus Stahl sowie aus Stahlguss, Rotguss und Kunststoff (PVC-C, PE) hergestellt. Teilweise werden Kunststoffflansche zur Erhöhung der Verformungsfestigkeit mit Stahlflanscheinsätzen versehen (siehe Bild 2d). Die benötigten Flach-, Rund- oder profilierten Flanschdichtungen sind genormt und müssen verformbar sein, um Unebenheiten der Dichtflächen auszugleichen. Sie müssen außerdem dem Anpressdruck der Flansche sowie dem Innendruck standhalten und alterungs- und temperaturbeständig (non-ageing and temperature resistant) sein. Bei Trinkwasserinstallationen müssen die Flanschdichtungen trinkwassertauglich sein (KTW-Zulassung; vgl. Kap. III 1.6.4.7.1).
Vor dem Zusammenschrauben einer Flanschverbindung müssen folgende Punkte beachtet werden:

- Die Flansche müssen planparallel (plane-parallel) ausgerichtet und mit sauberen Dichtflächen versehen sein.
- Die Rohrachsen müssen fluchten (be aligned) und die Rohrleitungen müssen spannungsfrei (stressfree) verlegt worden sein.

- Die Flanschdichtungen müssen unbeschädigt (undamaged) (keine Risse, Knicke, Quetschungen) und für die Betriebsbedingungen (Medium, Druck, Temperatur) geeignet sein.
- Die Dichtungen müssen konzentrisch (concentric) eingesetzt werden und dürfen weder innen noch außen überstehen.
- Es dürfen nur geeignete Schrauben und Muttern (Länge, Festigkeitsklasse) verwendet werden.

Das Anziehen der Flanschschrauben soll gleichmäßig überkreuz (crosswise) und, wenn erforderlich, mit dem Drehmomentenschlüssel (torque wrench) erfolgen.

2.2.3.6 Steckmuffenverbindung

Die Steckmuffenverbindung (push fit joints) ist eine Rohrverbindung, deren Dichtungswirkung dadurch erzielt wird, dass die Dichtungslippe (sealing lip) des Dichtungsrings in der Rohrmuffe (pipe bell) (Bild 1) beim Zusammenstecken von Rohrspitzende und Rohrmuffe leicht nach unten gedrückt wird. Dadurch entsteht ein Anpressdruck (Bild 2).
Das Rohrspitzende ist angefast und die Dichtung mit einem Gleitmittel (sliding unguent) vor dem Zusammenbau leicht eingestrichen. Dadurch sind die Einschubkräfte verhältnismäßig gering und erleichtern somit den Einbau.

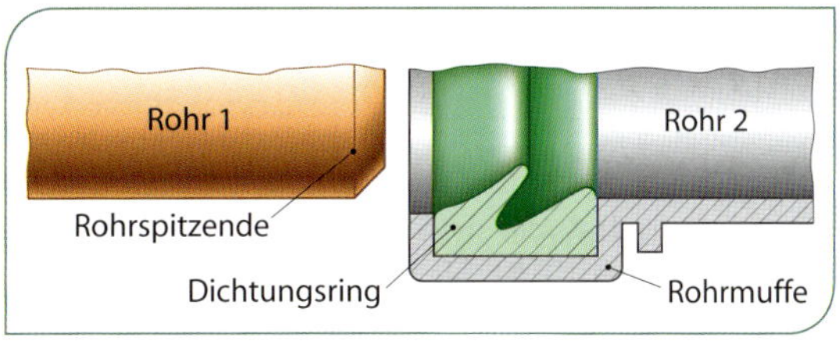

1 Lippendichtung im belastungsfreien Zustand

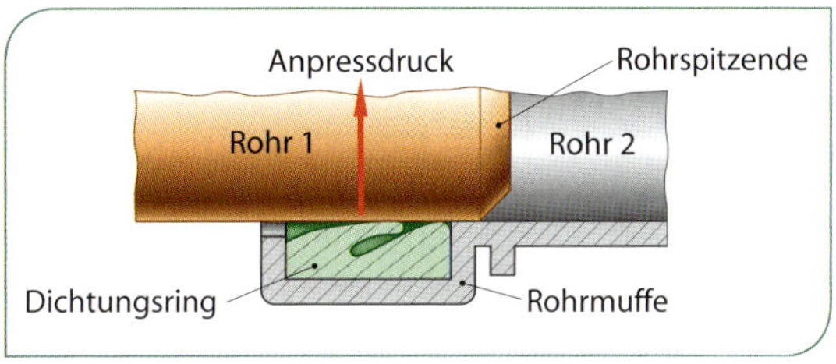

2 Lippendichtung im statischen Belastungszustand

ÜBUNGEN

1) Erläutern Sie anhand von zwei Praxisbeispielen, weshalb lösbare Rohrverbindungen benötigt werden.
2) Welche Bedingungen müssen lösbare Rohrverbindungen erfüllen?
3) Nennen Sie vier unterschiedliche lösbare Rohrverbindungen.
4) Beschreiben Sie den Aufbau einer Rohrverschraubung.
5) Welche Faktoren sind für die Dichtheit einer Rohrverschraubung entscheidend?
6) Welchen Vorteil bieten Übergangsverschraubungen?
7) Beschreiben Sie die Unterschiede in Aufbau und Wirkungsweise zwischen metallisch und weich dichtenden Klemmringverschraubungen.
8) Weshalb müssen bei einigen Rohren Stützhülsen bei der Klemmringverschraubung verwendet werden?
9) Weshalb dürfen die Klemm- und Druckringe der metallisch bzw. weich dichtenden Klemmringverschraubungen nicht wahllos verwendet werden?
10) Welche Vorteile bieten Klemmringverschraubungen im Vergleich zu Rohrverschraubungen?
11) Wodurch unterscheiden sich metallisch dichtende Klemmringverschraubungen von Schneid- bzw. Keilringverschraubungen?
12) Nennen Sie je zwei Anwendungen für Schneidringverschraubungen sowie metallisch bzw. weich dichtende Klemmringverschraubungen.
13) Beschreiben Sie Aufbau und Wirkungsweise einer zugfesten Rohrkupplung.
14) Weshalb müssen bei Rohrverbindungen mit nicht zugfesten Rohrkupplungen Festpunkte vorgesehen werden?
15) Beschreiben Sie die Spannverbindung eines gusseisernen Rohres (SML) mit einem Rohrabzweig.
16) Welchen Vorteil haben Dichtelemente einer Spannverbindung ohne mittigen Anschlag?
17) Wie wird bei zugfesten Rohrkupplungsverbindungen ein Herausrutschen bzw. -ziehen der Rohre verhindert?
18) Zählen Sie die Einzelteile einer kompletten Flanschverbindung auf.
19) Nennen Sie je vier unterschiedliche Flanscharten.
20) Weshalb werden Flanschverbindungen vornehmlich bei Rohrnennweiten > DN 50 verwendet?
21) Nennen Sie drei Anforderungen, die an Flanschdichtungen gestellt werden.
22) Beschreiben Sie vier Voraussetzungen für eine fachgerechte Flanschverbindung.
23) Welche montagetechnischen Aspekte sprechen für die Verwendung von Losflanschen anstelle von Vorschweißflanschen?
24) Wodurch wird bei der Steckmuffenverbindung die Dichtungswirkung erzielt?

2.3 Schraubenverbindungen

2.3.1 Schraubenarten

Schrauben (screws) sind die am häufigsten verwendeten Verbindungselemente in der Füge- bzw. Montagetechnik. Die meisten Schrauben sind genormt und unterscheiden sich durch folgende Merkmale:

- Schrauben **mit Kopf** (screws with head) wie z. B. Sechskant-, Vierkant, Zylinderschraube mit Innensechskant bzw. Schlitz, Senk- und Linsensenkschraube mit Schlitz, Kreuzschlitz der Form H (Phillips), Kreuzschlitz der Form Z (Pozidriv) und Torx für die Werkzeugaufnahme (Bild 1)
- Schrauben **ohne Kopf** (screws without head) wie z. B. Stiftschrauben und Gewindestifte (Bild 2)
- **Gewindearten** wie z. B. metrisches Gewinde (metric thread), Holzschraubengewinde, Blechschraubengewinde und
- **Abmessungen** (dimensions) wie z. B. Gewinde-Nenndurchmesser, Gewindelänge, Schaftdurchmesser und Schaftlänge
- **Werkstoff** und **Festigkeit** (vergl. Kap. 2.3.3)

Aus der Vielzahl der Schrauben ist die für den Anwendungsfall passende Schraube auszuwählen. Der folgende Überblick beinhaltet die wichtigsten Schraubenarten.

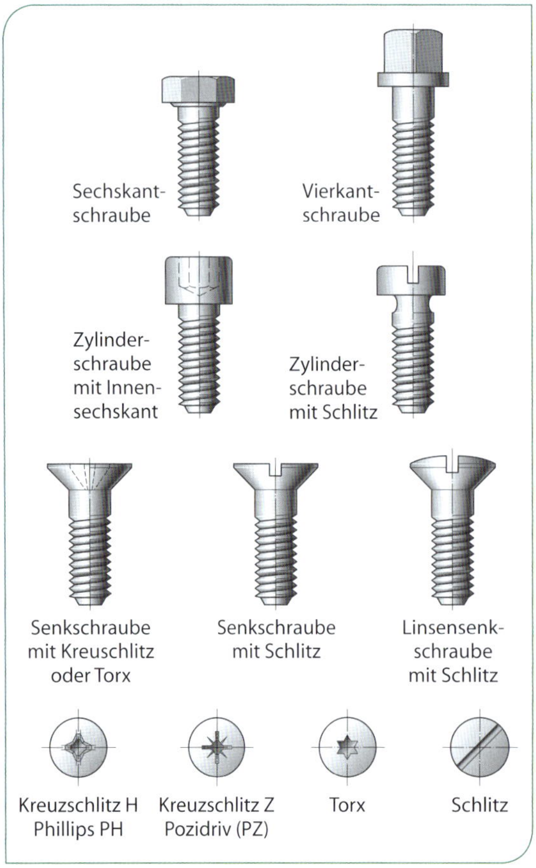

1 Kopfformen von Schrauben

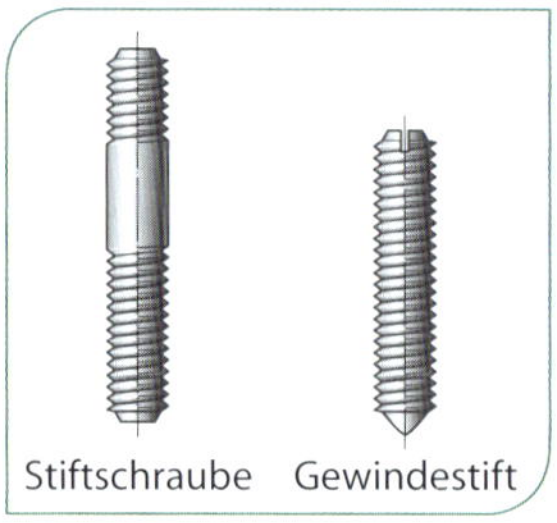

2 Schraubenformen ohne Kopf

Sechskantschrauben

Sechskantschrauben (hexagon head bolt) bestehen aus Schraubenkopf und Schraubenschaft (Bild 3) und können aufgrund ihrer Kopfform mit Schrauben- oder Steckschlüsseln angezogen werden. Bei einigen Ausführungen verläuft das Gewinde bis zum Kopf. Mit Sechskantschrauben können Bauteile mit anderen Werkstücken, in denen sich ein Innengewinde (internal thread, female thread) befindet, verschraubt werden (Bild 4). Weisen die zu verbindenden Bauteile eine Durchgangsbohrung (through hole) auf, kann die Sechskantschraube mit einer Mutter verschraubt werden (Bild 1, Seite 161). Durch das Anziehen der Mutter werden die zu verbindenden Teile zusammengepresst.

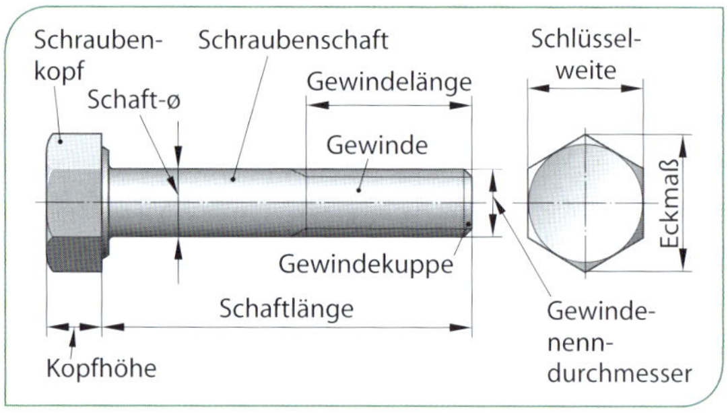

3 Bezeichnungen an einer Sechskantschraube

Beispiel für eine Schraubenbezeichnung:

Sechskantschraube ISO 4014 – M12 × 65 – 8.8

M12: Metrisches Regelgewinde
Gewinde-Nenndurchmesser 12 mm

65: Schaftlänge in mm

8.8: Festigkeitsklasse (vgl. Kap. 2.3.3)

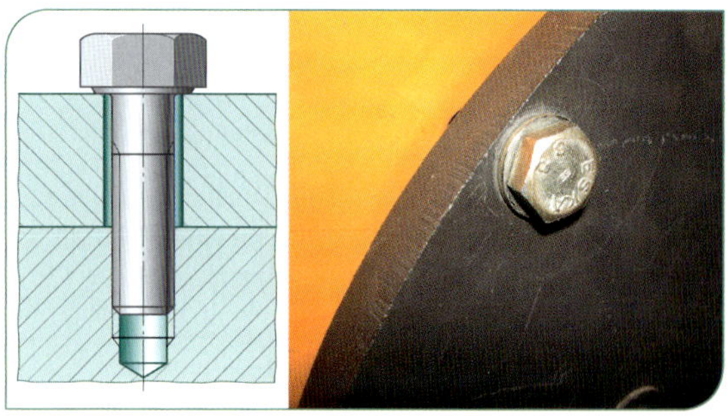

4 Sechskantschraube als Einziehschraube zur Befestigung der Kesseltür

Je nach Anwendungsfall ist eine Scheibe (washer) und/oder eine Schraubensicherung (screw o. nut locking device) gegen unbeabsichtigtes Lösen zu verwenden (vgl. S. 164).

1 *Sechskantschraube als Durchsteckschraube (Flanschenschraube) zum Anschluss von Heizkesselvor- und -rücklauf*

Zylinderschrauben mit Innensechskant

Bei Zylinderschrauben mit Innensechskant (hexagonal socket-head bolts) (Bild 2) kann der Schraubenkopf im Werkstück versenkt werden, weil die Formflächen für die Werkzeugaufnahme als Innensechskant ausgeführt sind. Diese Schrauben werden verwendet, wenn

- aus Sicherheitsgründen der Schraubenkopf nicht aus dem Bauteil herausragen darf
- der Schraubenkopf versenkt werden muss, um die Funktion der Bauteile zu gewährleisten
- für den Schraubenkopf zu wenig Platz ist, weil z. B. die Schraubenabstände zu gering sind

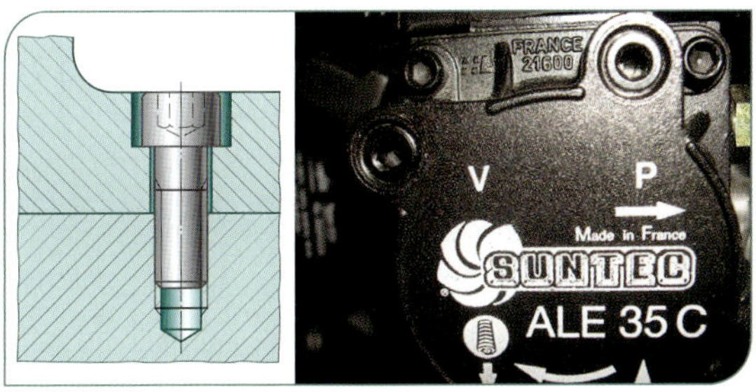

2 *Zylinderschraube mit Innensechskant zur Befestigung des Deckels der Ölbrennerpumpe*

Zylinder-, Senk- und Linsensenkschrauben mit Schlitz und Kreuzschlitz

Zylinder-, Senkschrauben (countersunk screws) und Linsensenkschrauben (pan-head countersunk screws) mit Schlitz und Kreuzschlitz gibt es nur mit kleineren Gewindeabmessungen (Bild 3). Ausführungen mit Schlitz (slot) werden mit Schlitzschraubendreher angezogen, weshalb nur relativ geringe Klemmkräfte erzielt werden können. Schrauben mit Kreuzschlitz (cross recess) können aufgrund der größeren Werkzeugaufnahmefläche und der präziseren Werkzeugführung fester angezogen werden.

Größere Drehmomente können mit Torx-Schraubenköpfen übertragen werden.

Neuartige Schraubenköpfe erschweren Unbefugten das Öffnen bzw. Entfernen von Bauteilen, weil dazu besondere Werkzeuge erforderlich sind (Bild 4).

3 *Zylinderschraube mit Schlitz als Spann- bzw. Verschlussschraube für Schellen*

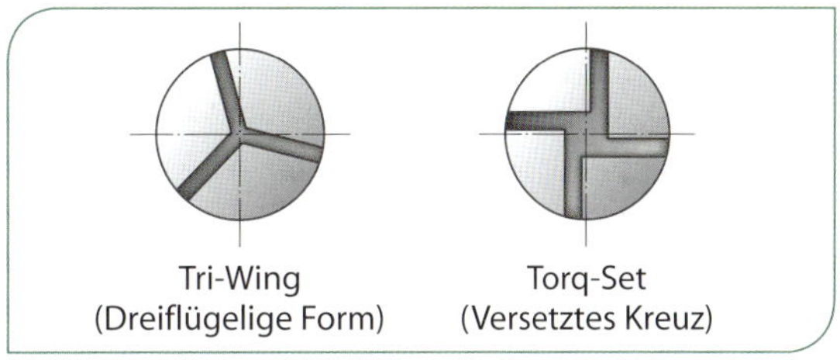

4 *Sicherheits-Schraubenköpfe*

Stiftschrauben

Stiftschrauben (stud bolts, locking screws) (Bild 5) haben keinen Kopf und weisen an beiden Enden unterschiedlich lange Gewindezapfen auf. Der kurze Gewindezapfen wird in das Werkstück geschraubt und evtl. gesichert. Das Lösen und Festziehen der Verbindung erfolgt durch die Mutter. Dadurch wird das Gewinde im Bauteil geschont. Stiftschrauben werden verwendet, wenn eine Verbindung häufig gelöst werden muss.

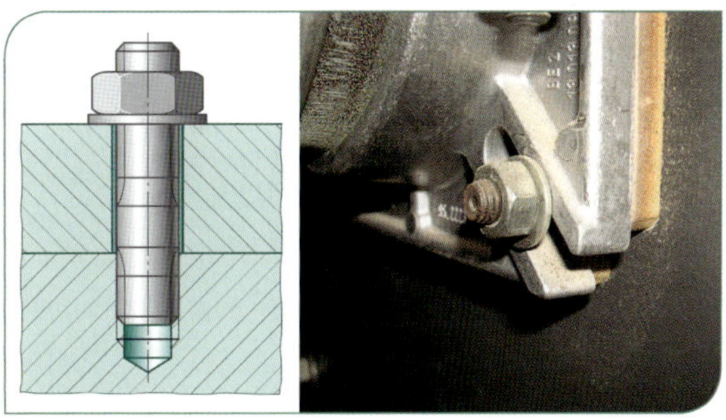

5 *Stiftschraube zur Befestigung des Schiebeflansches an der Kesseltür*

Gewindestifte

Gewindestifte (threaded studs) (Bild 1, Seite 162) haben ebenfalls keinen Kopf und sind über ihre ganze Länge mit einem Gewinde versehen. Zur Werkzeugaufnahme dient ein Schlitz oder ein Innensechskant. Gewindestifte werden zur Positionierung von Bauteilen und zur Sicherung gegen Verdrehen eingesetzt.

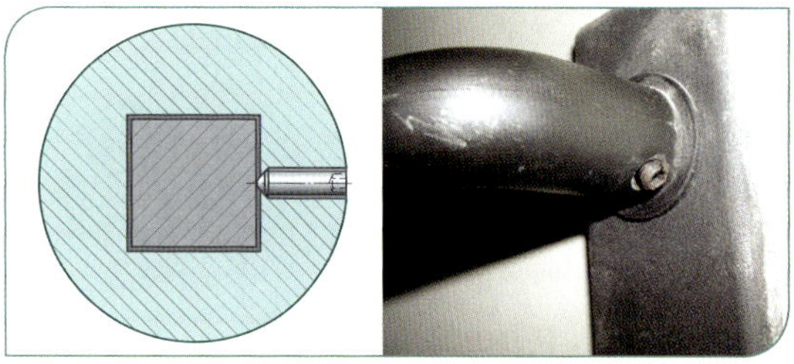

1 *Gewindestift zur Positionierung des Türgriffes der feuerhemmenden Tür zum Öllagerraum*

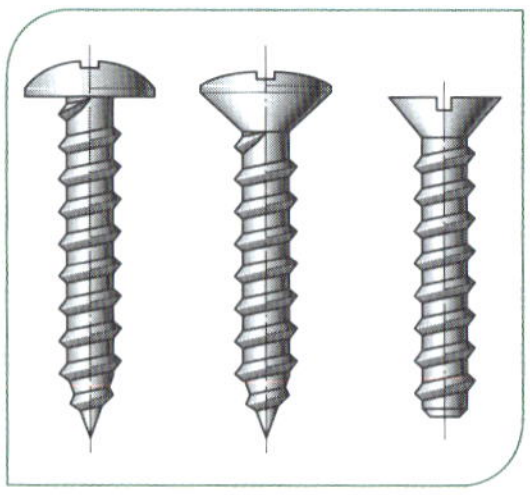

2 *Blechschrauben*

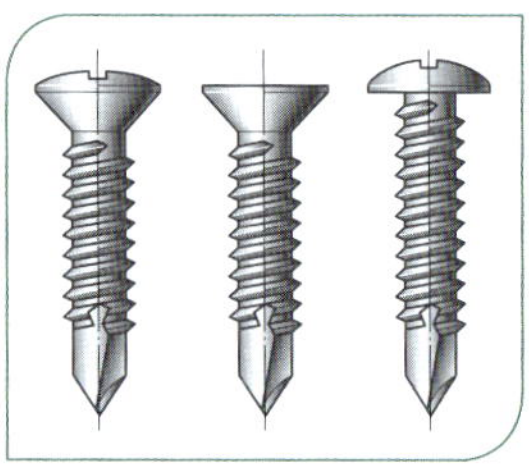

3 *Bohrschrauben*

Schrauben für die Blechmontage

Für die Blechmontage (sheet metal mounting) gibt es eine Vielzahl von Schrauben. Sie unterscheiden sich durch ihre Gewindeform, Gewindesteigung, Schraubenkopfform, Werkzeugaufnahme und ihren Werkstoff.

Blechschrauben (Bild 2) (sheet metal screw) formen ihr Muttergewinde selbst. Die Bohrung im Blech muss dem Kerndurchmesser der Schraube entsprechen. Bei Blechschrauben ohne Vorbohransatz muss vorgebohrt werden.

Bohrschrauben (drilling screw) mit Blechschraubengewinde weisen einen Vorbohransatz auf (Bild 3), sodass mit diesen Schrauben gleichzeitig vorgebohrt und geschraubt wird.

Die Steigung (gradient, incline) des Gewindes einer Blechschraube ist in Abhängigkeit von der Blechdicke zu wählen (Bild 4a/b).

MERKE

Je dünner das Blech ist, umso kleiner muss die Steigung des Gewindes sein.

4a *Blechschraube zur Befestigung von Blechteilen der kontrollierten Wohnraumlüftung*

Falls die Blechdicke zu gering ist (≤ 1 mm) können Blechschrauben nicht mehr verwendet werden, da ein sicherer Halt nicht gewährleistet ist.

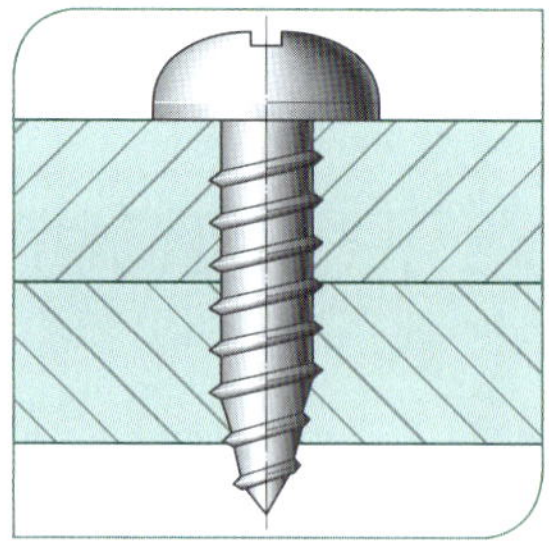

4b *Schnittdarstellung der Befestigung*

Holzschrauben

Holzschrauben (wood screws) haben ein scharfkantiges Gewinde mit großer Steigung.

Nach der Kopfform unterscheidet man Senk-, Halbrund-, Linsensenk- und Sechskant-Holzschrauben (Bild 5).

Neben dem Einsatz bei Befestigungsuntergründen aus Holzwerkstoffen werden Holzschrauben im SHK-Bereich vor allem bei Dübelbefestigungen verwendet (vergl. Bild 1, S. 94).

Bei Verwendung von dickeren Schrauben (ab ca. 3 mm) sollte bei Befestigungsuntergründen aus Holz vorgebohrt werden, um ein Spalten des Werkstoffs zu vermeiden.

Der Durchmesser einer Vorbohrung in Holz muss dem Kerndurchmesser der Holzschraube angepasst sein.

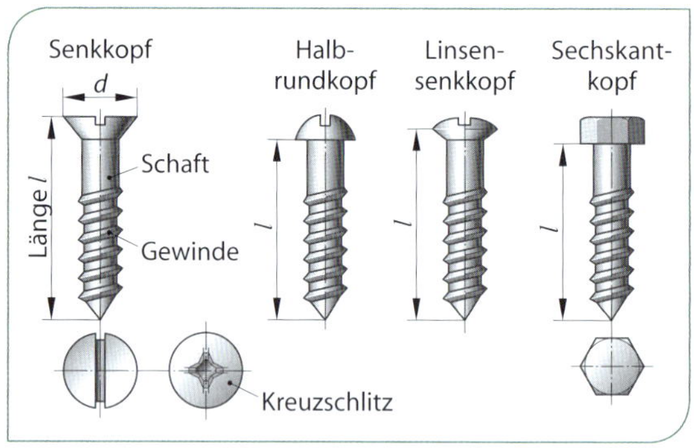

5 *Holzschrauben*

Spanplattenschrauben

Spanplattenschrauben (chipboard screws), häufig als „Spaxschrauben" bezeichnet, besitzen ebenfalls ein scharfes, selbstschneidendes Gewinde, haben aber einen dünneren Schraubenkern als Holzschrauben, sodass ein Vorbohren bei Befestigungsuntergründen aus Holz nicht erforderlich ist.

Daneben können solche Schrauben nach Herstellerangaben auch für Dübelbefestigungen in unterschiedlichen Baustoffen verwendet werden (Bild 1, Seite 95).

Stockschrauben

Stockschrauben (dowel screws) weisen an einem Ende ein Holzgewinde und am anderen Ende ein metrisches Gewinde auf (Bild 6).

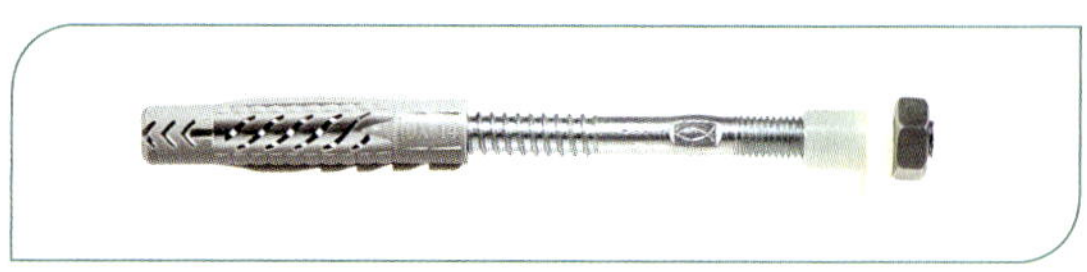

6 *Stockschraube*

Sie dienen z. B. zur Befestigung von Sanitäreinrichtungsgegenständen wie Waschtisch oder Klosettbecken an der Wand (Bild 1).

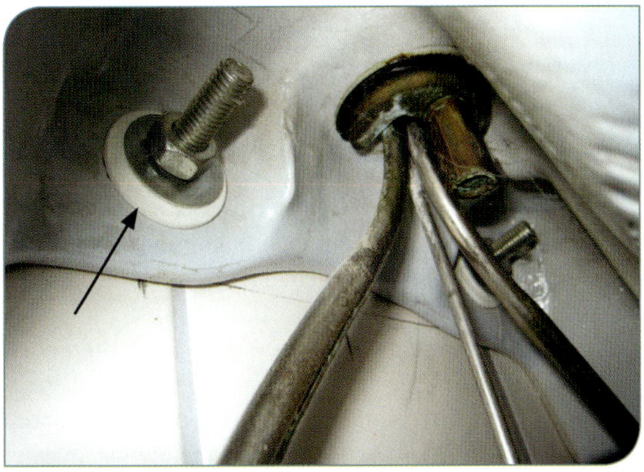

1 Waschtischbefestigung

2.3.2 Muttern, Scheiben und Schraubensicherungen

Muttern (nuts) werden entsprechend dem Verwendungszweck in verschiedenen Formen angeboten. Im SHK-Bereich werden folgenden Formen eingesetzt:

Sechskantmuttern

Sechskantmuttern (hexagonal nuts) (Bild 2a) werden z. B. bei Durchgangsbohrungen in Verbindung mit Sechskantschrauben sowie zum Lösen und Festziehen von Stiftschraubenverbindungen verwendet.

Hutmuttern

Hutmuttern (cup nuts) (Bild 2b) sind einseitig geschlossen und schützen das Schrauben- bzw. Gewindeende vor mechanischer Beschädigung, Verschmutzung und Korrosion. Außerdem wird durch das verdeckte Gewindeende das Verletzungsrisiko verringert.

Flügelmuttern

Flügelmuttern (wing nuts) (Bild 2c) besitzen zwei seitliche Flügel, mit denen sie von Hand angezogen und gelöst werden können. Sie werden eingesetzt, wenn die Verbindung häufig ohne Werkzeug gelöst werden soll.

Rändelmuttern

Zum Anziehen bzw. Lösen einer Rändelmutter (knurled o. milled nuts) (Bild 2d) ist ebenfalls kein Werkzeug erforderlich. Dies ist auch nicht beabsichtigt, da sie hauptsächlich zum Einstellen verwendet wird. Um mit den Fingern nicht abzurutschen, sind diese Muttern gerändelt.

Scheiben (Unterlegscheiben)

Scheiben (washers) (Bild 1, Seite 164) werden eingesetzt, wenn die Oberfläche des Montagebauteils beim Anziehen der Schraube nicht beschädigt werden soll. Dies ist beson-

a Umwälzpumpe mit Flanschanschluss (Sechskantmutter)

b Antriebsmotor Luftklappe bei Ölzerstäubungsbrenner (Hutmutter)

c Verschlussdeckel Reinigungsöffnung am Abgasrohr (Flügelmutter)

d Luftmengeneinstellung beim Ölgebläsebrenner (Rändelmutter)

2 Mutterarten – Anwendungsbeispiele

ders bei weichen Werkstoffen von Bedeutung. Außerdem vergrößern Scheiben die Auflagefläche der Mutter bzw. des Schraubenkopfs, sodass sich die Schraubenkraft auf eine größere Fläche verteilt und der Anpressdruck verringert wird. Darüber hinaus gleichen Scheiben Unebenheiten der Bauteiloberfläche aus.
Die zur Verfügung stehenden Scheiben unterscheiden sich im Werkstoff, in der Durchmesserkombination d_1 und d_2 sowie in der Dicke s.

MERKE

Der Durchmesser der Scheibe ist stets größer als das Eckmaß des Schraubenkopfes bzw. der Mutter.

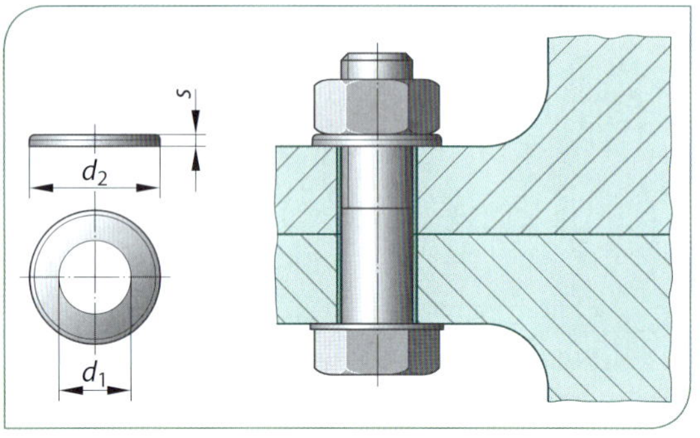

1 Scheiben

Schraubensicherungen

Schraubenverbindungen (bolt connections) lockern sich durch:

- Setzvorgänge (Verringerung der Oberflächenrauheiten an den Berührungsflächen z. B. zwischen Schraubenkopf bzw. Mutter und Bauteilen)
- Kriechvorgänge (plastische Verformung der verspannten Teile bei Überschreiten der Elastizitätsgrenze, vergl. Kap.III, 1.2.1.9)

Schraubenverbindungen drehen sich selbständig los, wenn durch dauerhafte Erschütterungen oder Vibrationen Gleitbewegungen in den Gewindegängen der Schraubverbindung stattfinden.
Setzt sich dieser Vorgang durch weitere Erschütterungen fort, können Schraubenverbindungen auseinanderfallen.
Mit Schraubensicherungen (screw locking devices) kann das Lockern, Losdrehen (Lösen) und Auseinanderfallen einer Schraubenverbindung verhindert werden.
Nach dem Anwendungszweck unterteilt man Schraubensicherungen in Setz-, Losdreh- und Verliersicherungen. Bezüglich der Wirkung unterscheidet man zwischen kraft-, form- und stoffschlüssigen Sicherungen.

Einteilung der Schraubensicherungen

Setzsicherungen (Seite 165, Bild a)	Losdrehsicherungen (Seite 165, Bild b)	Verliersicherungen (Seite 165, Bild c)
Setzsicherungen (lock washers) gleichen die Wirkungen von Setz- und Kriechvorgängen aus. Dadurch wird eine unzulässige Verringerung der Vorspannkräfte und damit ein Lockern der Schraubenverbindung verhindert. Das selbständige Losdrehen der Schraubenverbindung durch Erschütterungen oder Vibrationen können Setzsicherungen in der Regel nicht verhindern. Setzsicherungen sind z.B. • Spannscheiben (curved lock washers) • Federringe (spring lock washers) • Federscheiben (wave lock washers) • Zahnscheiben (tooth lock washers) • Fächerscheiben (serrated lock washers). Die genannten Setzsicherungen sind **kraftschlüssige Sicherungen**. Hiervon sind die Spannscheiben am wirksamsten.	Losdrehsicherungen verhindern ein selbsttätiges Losdrehen (Lösen) der Schraubenverbindung. Wirksame Losdrehsicherungen sind z.B. Sperrzahnschrauben (self-locking screws with serrated bearing surface), Sperrzahnmuttern (self-locking nurs with serrated bearing) und Klebstoffe (adhesives). Bei **stoffschlüssigen Klebstoffsicherungen** wird ein Losdrehen (Lösen) der Schraubenverbindung durch Verkleben (glueing) der Gewinde verhindert. Der Klebstoff wird entweder vor dem Einschrauben auf das Schraubengewinde aufgetragen oder es werden Schrauben mit vorbeschichtetem (mikroverkapseltem) Gewinde verwendet. Sperrzahnschrauben und Sperrzahnmuttern weisen an der Auflagefläche eine Sperrverzahnung auf und wirken **kraft- und formschlüssig**. Die Sperrzähne dringen beim Anziehen geringfügig in die Werkstückoberfläche ein und verhindern dadurch ein Losdrehen.	Verliersicherungen verhindern das Auseinanderfallen der Schraubenverbindung. Als Verliersicherungen werden z. B. Kronenmuttern mit Splint, Sicherungsbleche und selbstsichernde Muttern eingesetzt. **Formschlüssige Sicherungen** wie z. B. Kronenmuttern mit Splint (castle nut with splint pin) oder Sicherungsbleche mit Lappen (tab washer) lassen ein teilweises Lockern und beschränktes Losdrehen zu, verhindern aber ein vollständiges Auseinanderfallen der Verbindung. Die Verbindung kann erst demontiert werden, nachdem die Sicherung entfernt ist. Selbstsichernde Muttern wirken durch einen Kunststoffeinsatz, der sich beim Anziehen verformt, **kraft- und formschlüssig**. Die entstehenden Reibungskräfte (frictional forces) verhindern zumindest das Auseinanderfallen der Verbindung. Selbstsichernde Muttern dürfen nur einmal verwendet werden. Ihr Einsatz ist temperaturbegrenzt, da bei Temperaturen über 120 °C der Kunststoffeinsatz seine sichernde Wirkung verliert.

Setzsicherungen	Losdrehsicherungen	Verliersicherungen
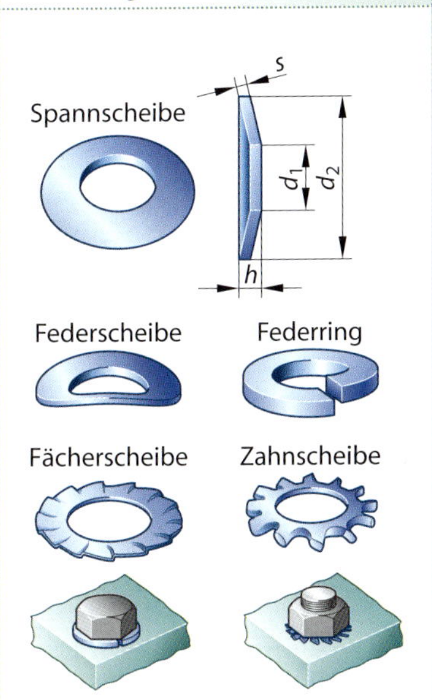	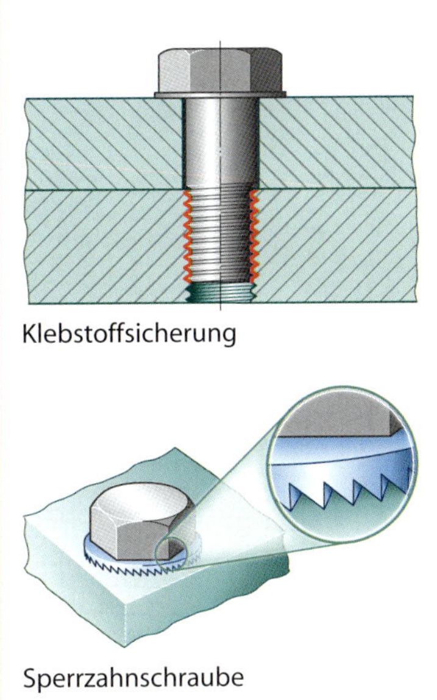	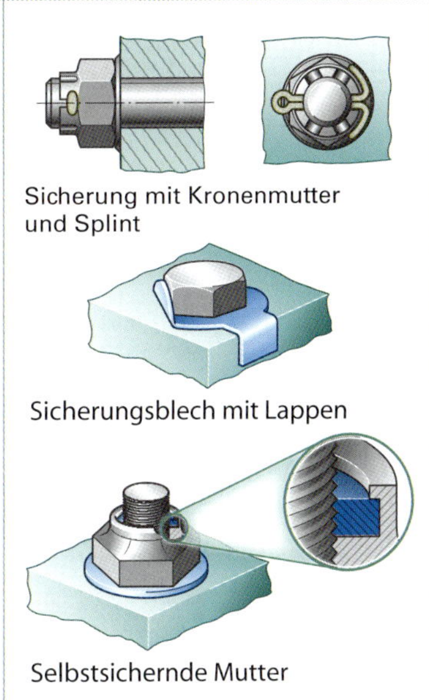
a) Kraftschlüssige Sicherungen gegen Lockern – Setzsicherungen	*b) Stoffschlüssig bzw. kraft- und formschlüssig wirkende Losdrehsicherungen*	*c) Formschlüssig bzw. kraft- und formschlüssig wirkende Verliersicherungen*

2.3.3 Festigkeit der Schrauben und Muttern

Schrauben und Muttern ab Gewindenenndurchmesser M5 werden in genormte Festigkeitsklassen (property classes) eingeteilt (Bild 1). Diese geben Auskunft über ihre Festigkeitswerte.

Festigkeitsklassen von Schrauben DIN EN ISO 898-1: 1999-11											
	Festigkeitsklasse	3.6	4.6	4.8	5.6	5.8	6.8	8.8	9.8	10.9	12.9
	Zugfestigkeit in N/mm²	300	400		500		600	800	900	1000	1200
	Streckgrenze in N/mm²	180	240	320	300	400	480	–	–	–	–

Festigkeitsklassen von Muttern und zugehörige Schrauben aus Stahl DIN EN 20 898-2: 1994-02									
Mutterhöhe		$m \geq 0{,}8 \cdot d$							
Festigkeitsklasse		4	5		6	8	9	10	12
Prüfspannung in N/mm²		510	520…630		600…720	800…920	900…950	1040…1060	1140…1200
Gewindebereich		> M16	≤ M39				≤ M16	≤ M39	≤ M16
Zugehörige Schraube	Festigkeitsklasse	3,6 4,6 4,8	3,6 4,6 4,8	5,6 5,8	6,8	8,8	9,8	10,9	12,9
	Gewindebereich	> M16	≤ M16	≤ M39	≤ M39		≤ M16	≤ M39	

1 Festigkeitsklassen der Schrauben und Muttern

Die Kennzahl der Festigkeitsklasse wird bei Schrauben am Schraubenkopf, an der Schlüssel- oder Zylinderfläche angegeben; bei Muttern erfolgt die Kennzeichnung auf der Auflagefläche (Bild 1).

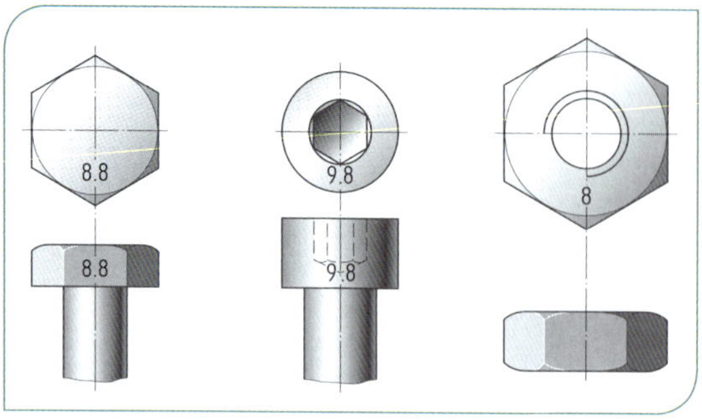

1 Festigkeitskennzahlen auf Schrauben und Muttern

Die Festigkeitsklasse der Schrauben wird durch zwei Ziffern angegeben, die durch einen Punkt getrennt sind.
Mit der ersten Ziffer wird die Mindestzugfestigkeit R_m (Zugbeanspruchung, ab der das Material reißt) ermittelt. Sie ergibt sich durch Multiplikation dieser Ziffer mit dem Faktor 100.
Mit der zweiten Ziffer wird die Streckgrenze R_e (Zugbeanspruchung, ab der eine bleibende Verformung eintritt) ermittelt. Sie wird bestimmt, indem man die erste und zweite Ziffer und den Faktor 10 miteinander multipliziert. Beispiel:

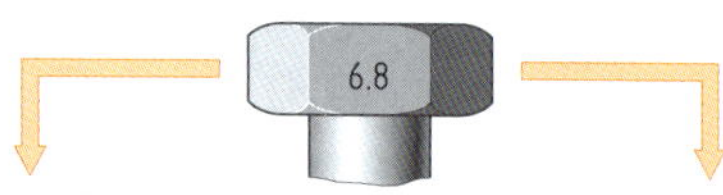

Mindestzugfestigkeit R_m:
$= 6 \cdot 100\ \text{N/mm}^2$
$= 600\ \text{N/mm}^2$

Streckgrenze R_e:
$= 6 \cdot 8 \cdot 10\ \text{N/mm}^2$
$= 480\ \text{N/mm}^2$

Die Festigkeitsklasse der Mutter besteht aus einer Ziffer. Sie entspricht der 1. Ziffer der Festigkeitsklasse der dazu passenden Schraube.
Bei Schraubenverbindungen müssen Muttern die gleiche oder eine größere Festigkeitsklasse besitzen als die Schrauben.

Beispiel:
Bei einer Schraube der Festigkeitsklasse 6.8 ist deshalb eine Mutter mit einer Festigkeitsklasse von 6 oder höher zu wählen.

2.3.4 Kräfte- und Drehmomentberechnungen

Zum Anziehen einer Schraube oder Mutter mit einem geeigneten Werkzeug (tool) wie z. B. einem Ringschlüssel (ring spanner), ist ein Drehmoment (torque, turning moment) notwendig. Die Größe dieses Drehmoments hängt von der Muskelkraft F und von der Hebellänge l ab. (Bild 2)

$$M_A = F \cdot l$$

M_A: Anziehdrehmoment in Nm
F: Muskelkraft in N
l: Hebellänge in m

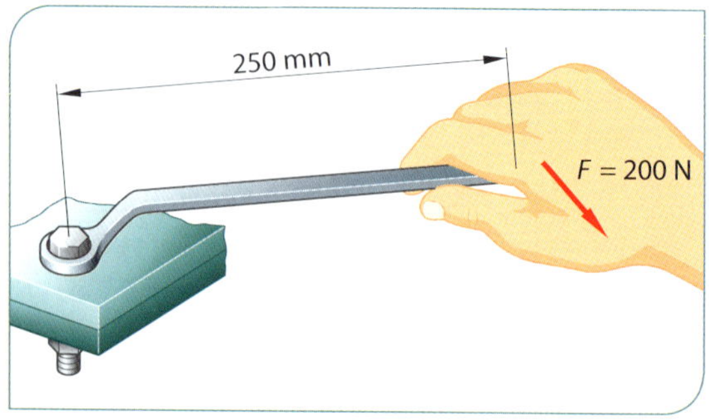

2 Drehmoment beim Festziehen einer Schraube

BEISPIELRECHNUNGEN

Ein Anlagenmechaniker SHK zieht mit einem Ringschlüssel eine Sechskantschraube fest. Bestimmen Sie das Anziehdrehmoment, mit welchem die Schraube angezogen wird, wenn sein Kraftaufwand dabei $F = 200\ \text{N}$ und die Hebellänge $l = 250\ \text{mm}$ betragen

geg.: $F = 200\ \text{N}; l = 250\ \text{mm}$
ges.: M_A

Lösung: $M_A = F \cdot l$
$M_A = 200\ \text{N} \cdot 0{,}250\ \text{m}$
$\underline{\underline{M_A = 50\ \text{Nm}}}$

2.4 Montagewerkzeuge

Die Werkzeuge für die Montage der Schraubenverbindungen (Bild 3) bilden mit dem Schraubenkopf oder der Mutter eine formschlüssige Verbindung. Das Werkzeug muss deshalb die passende Form und Größe haben. Nur so können Beschädi-

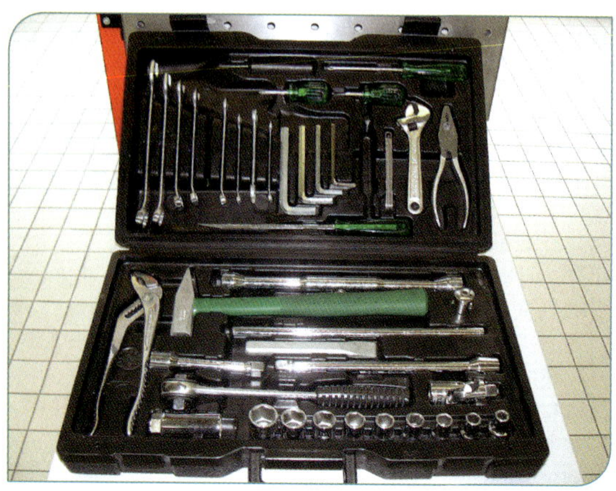

3 Werkzeugkoffer mit Montagewerkzeugen

gungen des Schraubenkopfes und des Werkzeuges sowie Unfälle (accidents) durch Abrutschen (side-slipping) des Werkzeugs verhindert werden.

Zum Befestigen und Lösen von Schrauben mit Schlitz-, Kreuzschlitz- und Torx-Schraubenköpfen werden **Schraubendreher** (screw drivers) (Bild 1) verwendet.

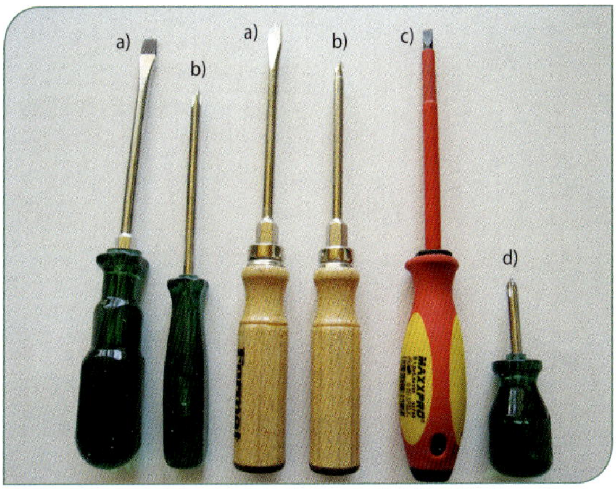

1 Schraubendreher: a) Schlitz- und b) Kreuzschlitzschraubendreher mit Kunststoff- oder Holzgriff, c) schutzisolierter Schraubendreher, d) Schraubendreher in kurzer Ausführung

Für die maschinelle Montage bzw. Demontage stehen entsprechende **Schraubendrehereinsätze** (screw driver bits), Bits (Bild 2), zur Verfügung.

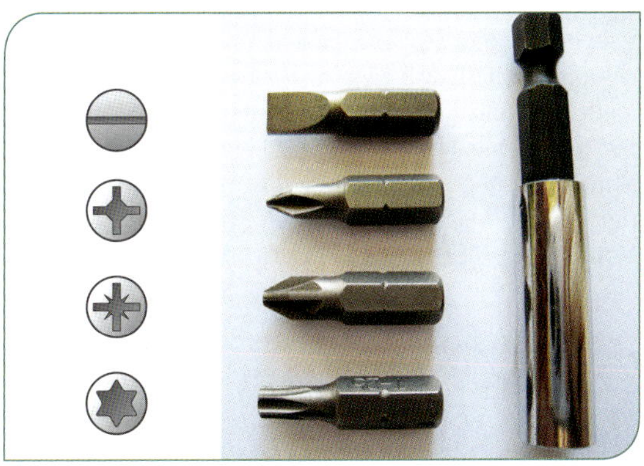

2 Schraubendrehereinsätze (Bits)

Die Klingenspitze des Schraubendrehers bzw. Schraubendrehereinsatzes muss in Größe und Form der Aussparung im Schraubenkopf entsprechen. Schraubenköpfe mit Kreuzschlitzen (recessed head screws) und Torx haben gegenüber solchen mit Schlitz den Vorteil, dass der Schraubendreher bzw. Schraubendrehereinsatz von selbst zentriert wird und größere Drehmomente übertragen werden können. Schraubendreher bzw. Schraubendrehereinsätze mit magnetischen (magnetic) Klingenspitzen erleichtern besonders an schwer zugänglichen Stellen die Montagearbeiten.

Schutzisolierte (protective coated) Schraubendreher verringern bei Arbeiten an elektrischen Anlagen die Gefahr eines Stromschlags (electric shock). Sie müssen bei Elektroarbeiten verwendet werden.

MERKE

- Schraubendreher sind kein Stemmwerkzeug (chisel) und dürfen deshalb nicht zum Stemmen verwendet werden.
- Zangen (pliers) sollten nicht zur Erhöhung des Drehmoments eingesetzt werden.
- Ein umsichtiger und fachgerechter Umgang mit Schraubendrehern schützt vor Stichverletzungen.

Sechskantschrauben können mit Schraubenschlüsseln (spanners) (Bild 3), Rollgabelschlüsseln (adjustable spanners) (Bild 1, nächste Seite) und Steckschlüsseln (socket wrenches) (Bild 3, nächste Seite) angezogen bzw. gelöst werden.

Schraubenschlüssel werden in verschiedenen Ausführungsformen angeboten. Maul- und Ringschlüssel haben meist zwei unterschiedliche Schlüsselweiten (openings of the spanner) (SW), d. h., ein Werkzeug kann für zwei Schlüsselweiten eingesetzt werden. Ein Ringmaulschlüssel (combination spanner) hingegen hat jeweils nur eine Schlüsselweite.

Die Schlüsselweite ist auf der jeweiligen Seite des Schraubenschlüssels angegeben. Maulschlüssel haben zwei parallel angeordnete Schlüsselflächen und ihre Öffnung ist um 15° zur Achse versetzt. Mit Maulschlüsseln (open-jawed spanners) können sowohl Sechs- als auch Vierkantschrauben und -muttern montiert bzw. demontiert werden. Ringschlüssel weisen ein ringförmiges Sechskant-, Zwölfkant- oder Vielzahninnenprofil auf. Doppelringschlüssel (double-ended ring spanner) werden in gerader und gekröpfter Ausführung angeboten.

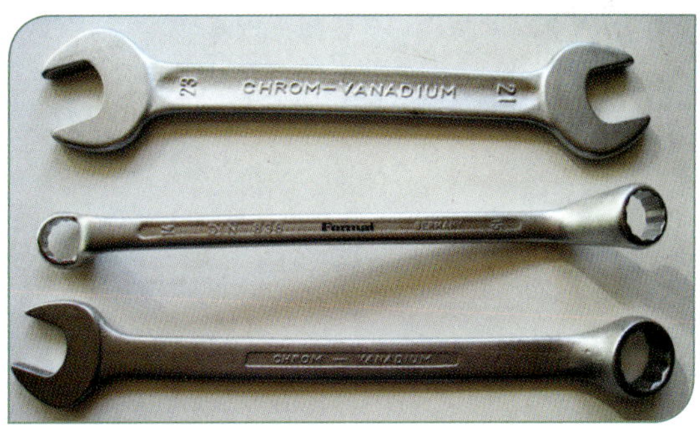

3 Doppelmaul-, Doppelring-, Ringmaulschlüssel

MERKE

- Schraubenschlüssel sollen nur mit der passenden Schlüsselweite benutzt werden, um ein Abrutschen des Schlüssels bzw. eine Verformung des Schraubenkopfs oder der Mutter zu vermeiden.
- Eine Verlängerung des Hebelarms (lever arm), z. B. durch aufgesteckte Rohre kann zu einer Überlastung der Schraubenverbindung und zu einer Verformung oder zum Bruch des Schraubenkopfs führen. Bei minderwertigem Werkzeug kann auch der Schraubenschlüssel beschädigt werden.

Rollgabelschlüssel (Bild 1) sind Schraubenschlüssel mit verstellbarer Schlüsselweite. Die Verstellung der Schlüsselweite erfolgt bei den heute verwendeten Rollgabelschlüsseln in der Regel über einen Schneckenantrieb (worm drive) mit dessen Hilfe eine Spannbacke bewegt wird.

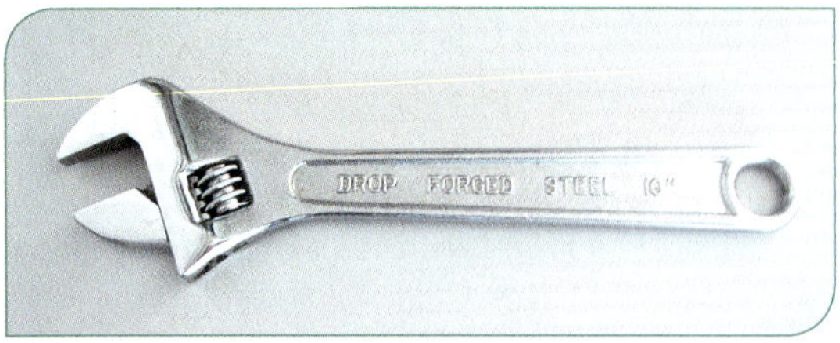

1 Rollgabelschlüssel / Verstellbarer Einmaulschlüssel

MERKE

- Um ein Abrutschen oder Verformen des Schraubenkopfs bzw. der Mutter zu vermeiden, sollte die Schlüsselweite so eng wie möglich eingestellt werden.
- Um erhöhten Verschleiß bzw. Beschädigung (damage) des Rollgabelschlüssels zu verhindern, sollte die bewegliche Spannbacke stets in Richtung (direction) der Drehbewegung zeigen (Bild 2).

2 Drehrichtung des Rollgabelschlüssels

Steckschlüssel (Bild 3) weisen an einem Ende ein Innensechskantprofil und am anderen Ende zur Aufnahme der verschiedenen Antriebs- und Verbindungsteile wie z. B. Ratsche (ratchet), Kurbel (crank), Griff mit Gleitstück (sliding Tee-bar), Verlängerung (extension) Kardangelenk (universal joint), ein Innenvierkantprofil auf. Die verschiedenen Verbindungsteile ermöglichen eine vielseitige Verwendung auch an schwer zugänglichen Stellen.

Stufenschlüssel (radiator spud wrench) (Bild 4) mit Antriebsvierkant, passend für entsprechende Ratschen, werden zur Montage bzw. Demontage von Heizkörperventilen, Rücklaufverschraubungen, kurzen Hahnverlängerungen und der Verschraubungen von Gasarmaturen eingesetzt.

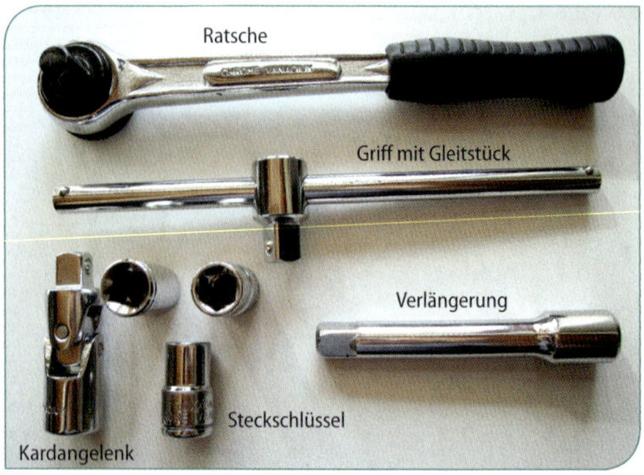

3 Steckschlüsselgarnitur: Ratsche, Griff mit Gleitstück, Verlängerung, Kardangelenk, Steckschlüssel

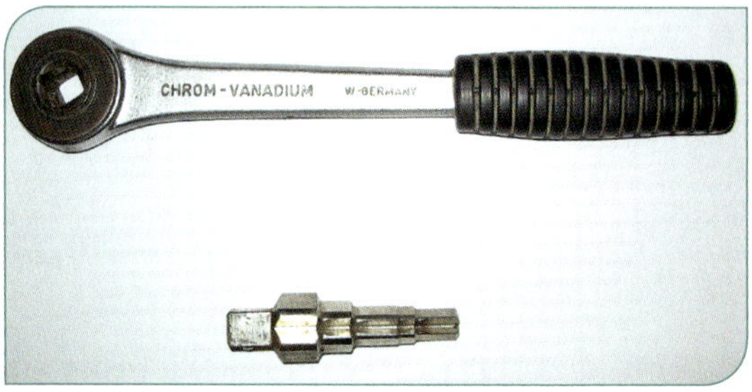

4 Stufenschlüssel passend für entsprechende Ratsche

Sanitärkreuzschlüssel (four-way wrench) (Bild 5) sind Spezialschlüssel mit vier verschiedenen Außensechskantprofilen zum Ein- und Ausbauen von Hahnverlängerungen sowie meist zwei Innengewinden zum Eindrehen von Stockschrauben bzw. Gewindestangen für die Befestigung von Sanitäreinrichtungsgegenständen wie z. B. Waschtische. Ausführungen mit Innenvierkantprofilen werden auch für die Montage bzw. Demontage von Gewindestopfen verwendet.

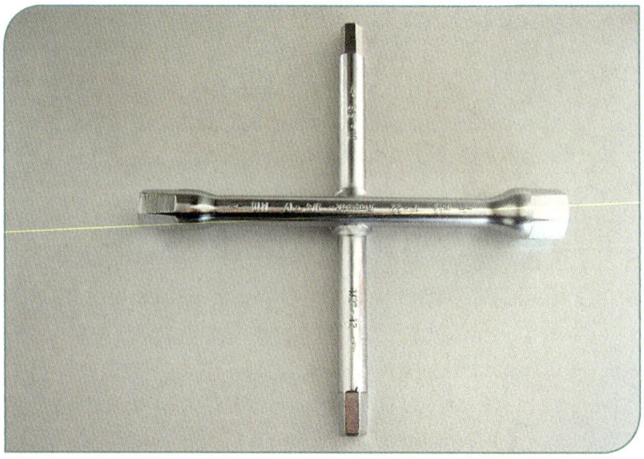

5 Sanitärkreuzschlüssel

Müssen Schraubenverbindungen mit einem vorgegebenen Drehmoment angezogen werden (vergl. 2.3.4), ist ein **Drehmomentschlüssel** (torque wrench) (Bild 1, Seite 169) erforderlich. Das gewünschte Drehmoment kann am Drehmomentschlüssel eingestellt und abgelesen werden.

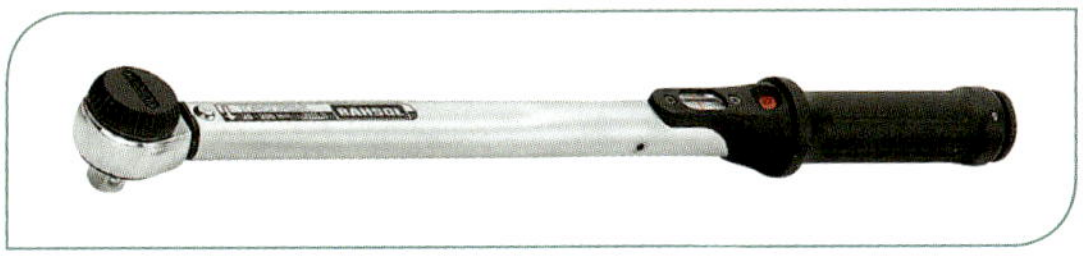

1 Drehmomentenschlüssel

Mit netz- und akkubetriebenen **Schraubern** und **Bohrschraubern** (electric and cordless/rechargeable screwdrivers and drills) (Bild 2) können Schrauben wirtschaftlich montiert bzw. demontiert werden. Einfache Schrauber haben anstelle der Spannvorrichtung eine spezielle Aufnahme für die Schraubendrehereinsätze. Im Gegensatz zu den einfachen Schraubern kann mit Bohrschraubern auch gebohrt werden. Bohrschrauber erreichen zwar nicht die Leistung einer Bohr- oder gar Schlagbohrmaschine (impact drilling machine) (vgl. S.41f), sie sind aber erheblich leichter und handlicher. Je nach Einsatz können verschiedene Drehzahlstufen eingestellt werden. Akkuschrauber bzw. Akkubohrschrauber kommen vor allem dann zum Einsatz, wenn kein Netzstrom vorhanden ist.

Ihre Belastungsfähigkeit und die Einsatzdauer hängen von der Kapazität des Akkus (accumulator, storage battery) ab. Geräte, die regelmäßig zum Einsatz kommen und starker Belastung ausgesetzt sind, sollten mindestens mit einem 12-Volt-Akku ausgestattet sein. Hochwertige Geräte verfügen meist über zwei Akkus, so dass einer genutzt und der andere geladen werden kann.

Schrauber mit Tiefenanschlag (bit stop) ermöglichen eine exakte Einschraubtiefe. Bei richtiger Positionierung des Tiefenanschlags wird erreicht, dass sich z.B. Senkschrauben genau bündig zur Werkstückoberfläche einschrauben lassen.

Schrauber mit Drehmomentbegrenzung sind erforderlich, wenn der Schraubenkopf auf hartem Untergrund aufliegt und sich nicht in das Werkstück einarbeiten soll.

2 Akku-Bohrschrauber

Rohrzangen (gas or pipe wrenches) (Bild 1a–b, Seite 170) werden im SHK-Bereich bei Gewinderohrverbindungen zum Verschrauben der Gewinderohre mit den Formstücken (Fittings), z.B. Bögen, Winkeln, Muffen und Armaturen, z.B. Ventilen, Schiebern, Hähnen sowie bei Verschraubungen, z.B. Rohrverschraubungen oder Übergangsverschraubungen eingesetzt.

Rohrzangen sind rutschfest (non-skid) durch gegen die Drehrichtung zeigende Verzahnung. Sie müssen deshalb am Werkstück entsprechend angesetzt werden (Bild 3).

Nach Einstellung der Maulweite mit Hilfe der Rändelschraube am unteren Zangenarm drückt man zum Drehen der Überwurfmutter auf den oberen Zangenarm. Zur Änderung der Drehrichtung muss die Rohrzange umgesetzt werden.

3 Ansetzen der Rohrzange

Nach der Maulstellung unterscheidet man

- Eckrohrzangen 45° (= Maul um 45° abgewinkelt)
- Rohrzangen 90° (= Maul um 90° abgewinkelt)

Nach der Maul- bzw. Backenform unterscheidet man Rohrzangen mit

- geraden Greifbacken (gerades Maul) für Bauteile mit parallelen Flächen wie z.B. Verschraubungen größerer Nennweiten
- S-förmigen Greifbacken (S-förmiges Maul) für runde Bauteile wie z.B. Rohre und Gewindefittings
- einer geraden und einer gewölbte Greifbacke für den Einsatz bei geraden und runden Bauteilen

Wasserpumpenzangen (slip-joint or water pump pliers) (Bild 1c, Seite 170) weisen ein verstellbares Gleitgelenk auf, wodurch sich verschieden große Maulweiten einstellen lassen. Ihre Greifflächen sind verzahnt oder glatt. Letztere können bei Bedarf mit einem Kunststoffschutz versehen werden. Wasserpumpenzangen werden hauptsächlich zum Festziehen bzw. Lösen von Verschraubungen und Fittings kleinerer Nennweiten verwendet.

Kombizangen (engineers/universal pliers) (Bild 1d, Seite 170) erfüllen die Funktion einer Zange und eines Seitenschneiders (side cutting pliers). Sie können zum Festhalten von flachen Bauteilen und kleinen Schrauben bzw. Muttern sowie zum Trennen von Drähten eingesetzt werden. Für Elektroarbeiten müssen besonders isolierte Zangen verwendet werden (VDE zugelassen).

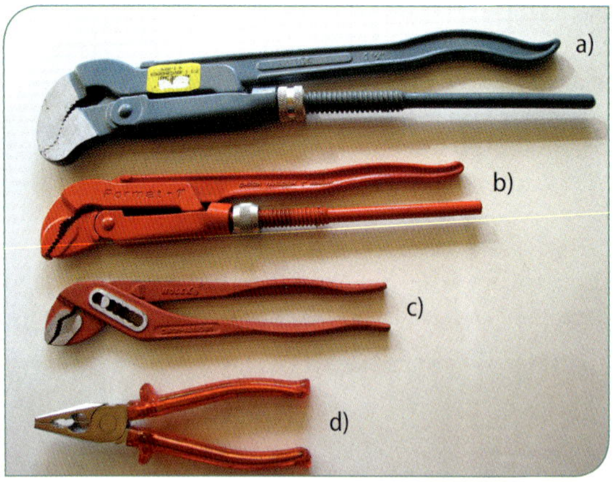

1 Zangen
a) Eckohrzange 45 ° mit s-förmigen Backen, b) Eckrohrzange 45 ° mit geraden Backen, c) Wasserpumpenzange, d) Kombizange

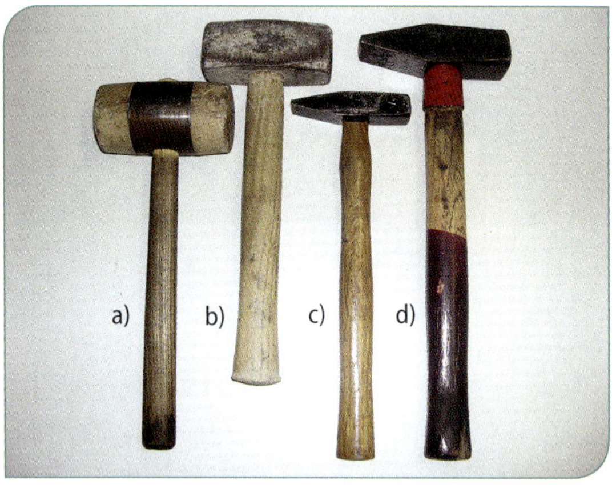

2 Hämmer
a) Holzhammer, b) Fäustel, c) Schlosserhammer ohne Schutzhülse, d) Schlosserhammer mit Schutzhülse

Hämmer (hammers) werden im SHK-Handwerk z. B. bei der Dübelmontage, bei Stemmarbeiten, zum Ausrichten, Lockern von Bauteilen und bei der Blechbearbeitung verwendet. Neben den speziellen Hammerarten für die Blechbearbeitung, auf die hier nicht eingegangen wird, kommen hauptsächlich Schlosser- und Kunststoff- bzw. Holzhämmer sowie Fäustel zum Einsatz.

Schlosserhämmer (locksmith´s hammers) (Bild 2c–d) haben meist einen Holzstiel (wooden handle). Bei manchen Ausführungen schützt diesen eine gehärtete Stielhülse gegen Beschädigung durch Fehlschläge. Der stählerne Hammerkopf hat eine quadratische Bahn und eine keilförmig zusammenlaufende abgerundete Finne. Bei Verwendung eines Schlosserhammers ist darauf zu achten, dass die zu bearbeitenden Bauteile durch den Stahlkopf nicht beschädigt werden. Um Unfälle zu vermeiden, muss der Kopf gegen Lösen gesichert und gratfrei, der Stiel muss glatt und darf nicht gespalten sein. Durch rechtzeitigen Austausch beschädigter Stiele und Einschlagen von besonders geformten Sicherheitskeilen (safety wedges), die sich im Holz verkrallen, wird ein Lösen des Kopfes verhindert.

Kunststoff- und Holzhämmer (plastic/wooden hammers) (Bild 2a) werden bei weichen Metallen sowie bei oberflächenbeschichteten, z. B. verzinkten Bauteilen verwendet. Kunststoffhämmer besitzen einen schlagfesten zylinderförmigen Kunststoffkopf, der wie der Holzhammerkopf in der Mitte meist von einem Metallmantel umhüllt ist. Bei Holzhämmern verringert sich allerdings der Durchmesser zu den Schlagflächen hin geringfügig.

Fäustel (club hammer) (Bild 2b) haben einen quadratischen Stahlkopf (zwei quadratische Bahnen) und werden immer dann eingesetzt, wenn eine höhere Schlagwirkung erforderlich ist wie z. B. bei Stemmarbeiten.

Meißel (chisels) werden z. B. für Abbruch- und Ausbesserungsarbeiten verwendet. Sie bestehen aus Stahl, weisen eine gehärtete (hardened) keilförmige Schneide (cutting edge) sowie einen ungehärteten (unhardened) Kopf auf und werden in verschiedenen Größen und Ausführungen angeboten. Üblicherweise werden Flach- und Spitzmeißel verwendet (Bild 3).

Da der Kopf des Meißels weicher ist als der Kopf des Hammers, bildet sich mit der Zeit ein Grat (Bart). Durch Tragen einer Schutzbrille (safety goggles) und Abschleifen des Grates (burr) können gefährliche Augenverletzungen durch abspringende Splitter verhindert werden. Der Kunststoffhandgriff mit Teller schützt die Hand vor Verletzungen.

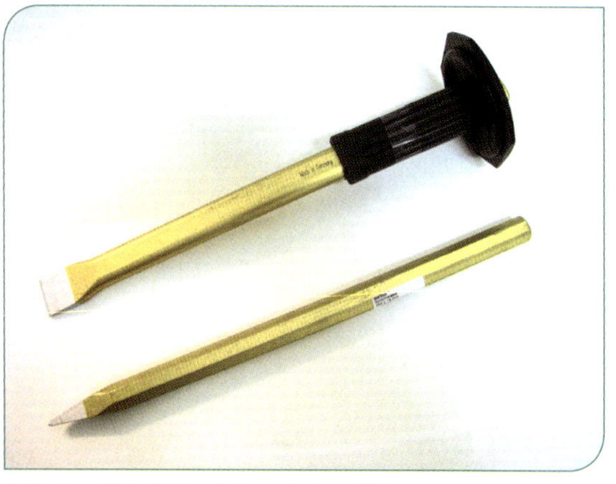

3 Flachmeißel mit Handschutz, Spitzmeißel

Lernfeld 3

ÜBUNGEN

1) Nennen Sie vier Unterscheidungsmerkmale von Schrauben.

2) Bezeichnen Sie die nummerierten Teile einer Schraube.

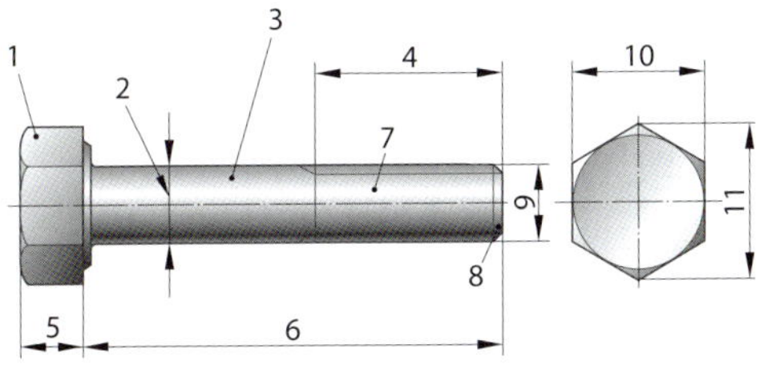

3) Erklären Sie die Schraubenbezeichnung ISO 4014 – M10×45 – 6.8.

4) Welchen Vorteil haben Zylinderschrauben mit Innensechskant gegenüber Sechskantschrauben?

5) Nennen Sie drei Anwendungsbeispiele für Zylinderschrauben mit Innensechskant.

6) Welchen Nachteil haben Zylinderschrauben mit Schlitz?

7) Welchen Vorteil haben Torx-Schraubenköpfe?

8) Erläutern Sie die Unterschiede zwischen Stiftschrauben und Gewindestiften.

9) Nennen Sie drei Anwendungsbeispiele für Stiftschrauben.

10) Welchen Vorteil weisen Bohrschrauben auf.

11) Wofür werden a) Holzschrauben b) Spanplattenschrauben im SHK-Bereich hauptsächlich verwendet?

12) Wodurch unterscheiden sich Holz- und Spanplattenschrauben?

13) Wozu dienen Stockschrauben?

14) Welche Gewindearten weisen die beiden Enden einer Stockschraube auf?

15) Zählen Sie vier Mutternarten auf und geben Sie jeweils mindestens einen Verwendungszweck an.

16) Erläutern Sie den Einsatz von Scheiben (Unterlegscheiben).

17) Welche Aufgaben haben Schraubensicherungen?

18) Nennen Sie jeweils zwei Beispiele für a) Setzsicherungen b) Losdrehsicherungen c) Verliersicherung.

19) Wie wirken Klebstoffsicherungen?

20) Nennen Sie jeweils zwei Beispiele für a) kraftschlüssige b) formschlüssige Schraubensicherungen.

21) Erklären Sie die Festigkeitsklasse 8.8 einer Schraube.

22) Erklären Sie die Festigkeitsklasse 5 einer Mutter.

23) Eine Schraube der Festigkeitsklasse 10.9 soll mit einer Mutter verschraubt werden. Geben Sie die erforderliche Festigkeitsklasse der Mutter an.

24) Für eine Flanschverbindung werden Schrauben der Festigkeitsklasse 5.6. verwendet. Welche Mindestzugfestigkeit in N/mm^2 müssen die Muttern besitzen?

25) An einem Drehmomentenschlüssel wirkt die Kraft $F = 120\,N$. Bestimmen Sie das Anziehdrehmoment, wenn die wirksame Hebellänge $s = 0{,}4$ m beträgt.

26) Ein Anlagenmechaniker zieht mit einem Schraubenschlüssel eine Sechskantschraube an. Welche Kraft muss er bei einer wirksamen Hebellänge von 140 mm aufwenden, um ein Anziehdrehmoment von 52 Nm zu erreichen.

27) Welchen Vorteil haben Schraubenköpfe mit Kreuzschlitzen und Torxprofil gegenüber Schraubenköpfen mit Schlitz?

28) Nennen Sie drei Maßnahmen zur Verhütung von Unfällen beim Umgang mit Schraubendrehern.

29) Beschreiben Sie die unterschiedlichen Ausführungsformen von Schraubenschlüsseln.

30) Nenne Sie zwei Unfallverhütungsmaßnahmen bei Arbeiten mit Schraubenschlüsseln.

31) Erläutern Sie die fachgerechte Handhabung eines Rollgabelschlüssels.

32) Nennen Sie zwei Maßnahmen, um erhöhten Verschleiß bzw. Beschädigung des Rollgabelschlüssels zu vermeiden.

33) Geben Sie jeweils zwei Anwendungsbeispiele für a) Stufenschlüssel b) Sanitärkreuzschlüssel an.

34) Welchen Vorteil haben Akkubohrschrauber gegenüber Akkuschraubern?

35) Welche Vorteile haben a) Elektroschrauber mit Tiefenanschlag b) Elektroschrauber mit Drehmomentbegrenzung c) Akkuschrauber.

36) Nennen Sie drei Verwendungsbeispiele für Rohrzangen.

37) Wie müssen Rohrzangen fachgerecht am Werkstück angesetzt werden?

38) Welche Rohrzangen unterscheidet man a) nach der Maulstellung b) nach der Maul- bzw. Backenform?

39) Bei welchen Mängeln dürfen Hämmer nicht verwendet werden?

40) Nennen Sie jeweils eine Maßnahme, um beim Meißeln a) Verletzungen der Augen b) Verletzungen der Hand zu vermeiden.

2.5 Montage der Dübel- und Verankerungssysteme

2.5.1 Montagearten

Grundsätzlich unterscheidet man bei der Montage zwischen Vorsteck-, Durchsteck- und Abstandsmontage.

Bei der **Vorsteckmontage** (pre-positioned fixing) (Bild 1) müssen vor dem Bohren der Dübellöcher die Löcher des Montagebauteils exakt auf den Befestigungsuntergrund übertragen werden. Der Dübel schließt meist bündig mit der Oberfläche des Befestigungsuntergrunds (Baustoffoberfläche) ab. Der Bohrlochdurchmesser ist dabei größer als der Lochdurchmesser des Montagegegenstands. Dadurch kann der Dübel beim Anziehen der Schrauben nicht nach außen gezogen werden und das Montagebauteil wird durch die Schraube fixiert.

Bei der **Durchsteckmontage** (through fixing) (Bild 2) wird das Dübelloch durch das Loch des Montagebauteils gebohrt und der Dübel anschließend in das Bohrloch gesteckt. Dübelloch und Loch des Montagebauteils haben den gleichen Durchmesser. Bei Montagegegenständen mit zwei und mehr Befestigungspunkten kann durch diese Methode eine hohe Passgenauigkeit der Dübellöcher erzielt werden.

Die **Abstandsmontage** (stand-off fixing) (Bild 3) findet z. B. bei Rohrleitungen Anwendung, die aufgrund der dazwischen liegenden Wärmedämmung und des erforderlichen Arbeitsraumes in einem bestimmten Abstand vor der Verankerungsfläche fixiert werden müssen. Verwendet wird diese Montageart auch, wenn z. B. Bauteile auf unebenen Untergründen verlegt werden müssen.

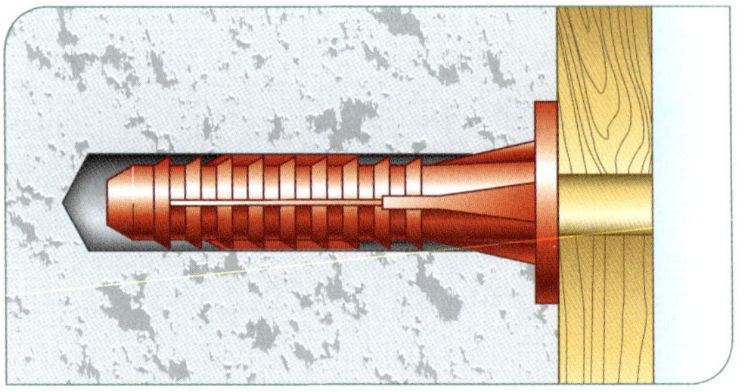

1 Vorsteckmontage

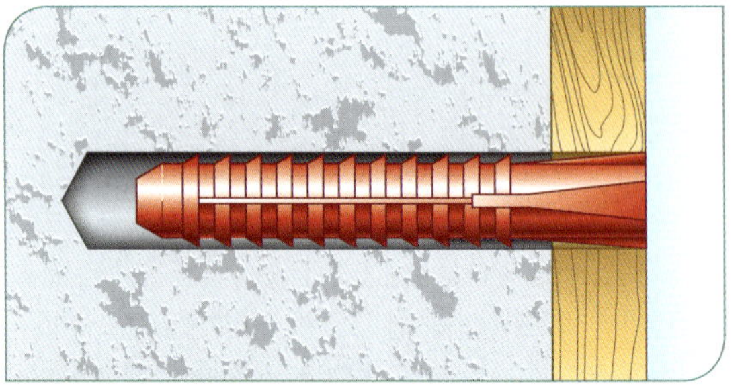

2 Durchsteckmontage

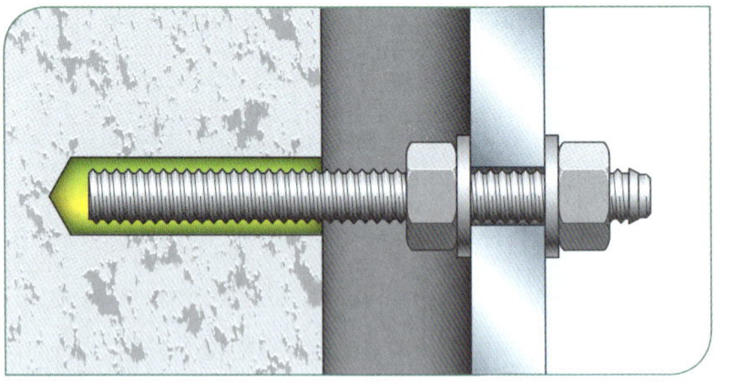

3 Abstandsmontage

PRAXISHINWEIS

Bei Bauteilen mit Mehrfachbefestigungen führen grobe Ungenauigkeiten beim Ansetzen des Bohrers auf den Befestigungsuntergrund zu Montageproblemen. Deshalb sollte in diesen Fällen die Durchsteckmontage bevorzugt werden (Bild 2).

2.5.2 Bohrlochherstellung

- Grundsätzlich sind das für den Befestigungsuntergrund geeignete Bohrwerkzeug und Bohrverfahren zu verwenden (vgl. LF1, Kap. 1.2.2).
- Bei Lochstein- und Vollbaustoffen mit geringer Festigkeit (z.B. Porenbeton) darf nur **Bohren ohne Schlag** (drilling without impact) zum Einsatz kommen, damit das Bohrloch nicht zu groß wird bzw. die Stege in Lochsteinen nicht ausbrechen.
- Bei Vollbaustoffen mit höherer Festigkeit (z. B. Vollsteinen) ist das **Schlagbohren** (impact drilling) anzuwenden. Zur Erstellung von Bohrlöchern in Beton und Granit sollte allerdings das **Hammerbohren** (hammer drilling) eingesetzt werden, da hierbei die Schlagenergie bzw. Schlagstärke viel höher ist und der Arbeitsfortschritt nicht vom Kraftaufwand des Bedieners abhängt.
- Das Bohrloch ist stets rechtwinklig zur Oberfläche des Befestigungsuntergrundes zu bohren.
- Beim Bohren in Stahlbeton darf die Bewehrung weder beschädigt noch durchtrennt werden, um die Tragfähigkeit nicht zu verringern. Die Lage der Bewehrung kann mit Hilfe eines Bewehrungssuchgeräts ermittelt werden.
- Vor dem Bohren in Fliesen (tiles) sollte der Anbohrpunkt entweder angekörnt (be centrepunched) und/oder mit einem Kreppband (crepe tape) abgeklebt werden, damit der Bohrer nicht abrutscht und die Oberfläche der Fliesen nicht beschädigt wird.
- Nach dem Bohren ist das Bohrloch z. B. durch Ausblasen (blowing out) oder Aussaugen (sucking out) zu reinigen.

MERKE

Nicht entferntes Bohrmehl (bore dust) beeinträchtigt die Haftung des Dübels bzw. Ankers im Bohrloch.

Lernfeld 3

- Bei Fehlbohrungen (Bohrungen, die an der falschen Stelle positioniert wurden oder wegen vorhandener Bewehrungsstäbe nicht die notwendige Tiefe aufweisen) sind in einem angemessenen bzw. in der Zulassung angegebenen Abstand neue Bohrungen anzubringen.
- Die Bohrlochtiefe (drill hole depth) muss mindestens gleich der Verankerungstiefe bzw. Dübellänge sein (Bild 1). Zum Beispiel soll bei den meisten Spreizdübeln die Schraube aus der Dübelspitze austreten, um den Dübel maximal zu spreizen.

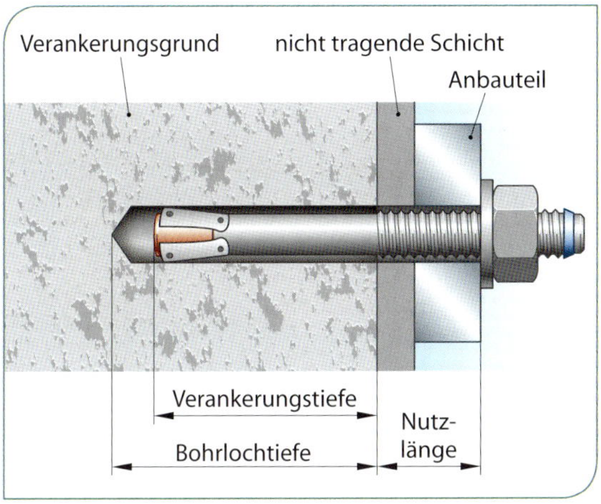

1 Montierter Ankerbolzen

- Der Bohrlochdurchmesser muss auf den Dübel bzw. Anker abgestimmt sein.
- Rand- und Achsabstand müssen eingehalten werden, um Rissbildung oder ein Herausbrechen des Baustoffs zu vermeiden. Bei Kunststoffdübeln sollen ein Randabstand (edge spacing) von 2x Verankerungstiefe (Dübellänge) und ein Achsabstand (centre distance) von 4x Verankerungstiefe eingehalten werden. Der Randabstand kann auf 1x Verankerungstiefe verringert werden, wenn die Spreizrichtung des Dübels parallel zur Wandkante verläuft (Bild 2). Verankerungssysteme mit geringen Spreizkräften erfordern geringere Rand- und Achsabstände (vgl. Auswahl der Dübel und Anker).

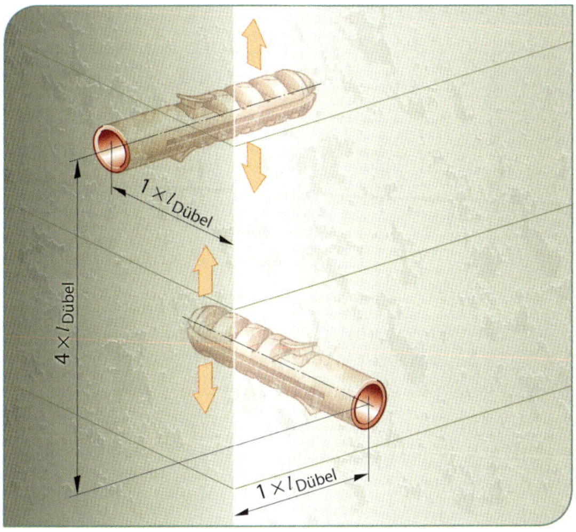

2 Spreizdübel an Wandkanten

2.5.3 Setzen der Dübel und Anker

Ein Dübel bzw. Anker kann nur dann seine Aufgabe erfüllen, wenn er fachgerecht montiert (mounted) ist. Bei der Montage von Dübeln und Ankern sind grundsätzlich die Vorschriften des Zulassungsbescheids zu beachten. Diese Vorschriften sind den Herstellerangaben auf der Verpackung oder den Unterlagen zu entnehmen. Liegt für einen Dübel bzw. Anker keine Zulassung vor, ist die Montageanleitung oder die Produktinformation des Herstellers zu befolgen.

Falsch gesetzte sowie ausgebaute Dübel und Anker dürfen nicht wieder verwendet werden. Eben so wenig dürfen einzelne Teile ausgetauscht werden, da die Funktionstauglichkeit (functionality) dadurch verloren geht.

Das Setzen gewöhnlicher **Dübel wie z. B. Kunststoffspreizdübel, Universaldübel, Metallspreizdübel** erfordert meist folgende Arbeitsschritte (Bild 3):

- Dübelloch (dowel hole) bohren
- Bohrloch reinigen (z. B. mit Bürste oder Blasebalg)
- Dübel bündig einschlagen
- Bauteil ansetzen und Schraube eindrehen bzw. Stockschraube eindrehen und Bauteil ansetzen
- Mutter aufschrauben und anziehen

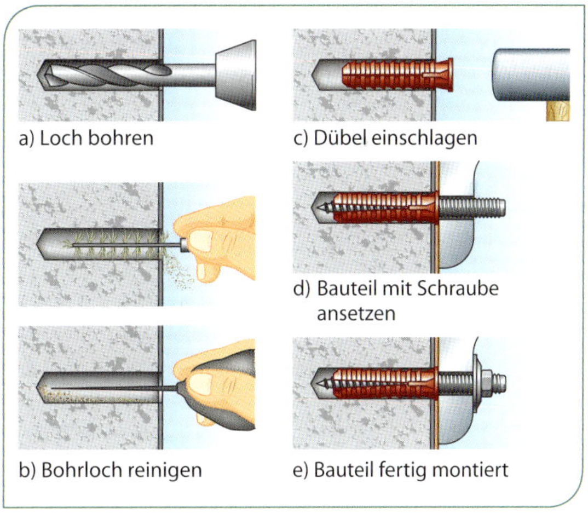

3 Erstellung einer Dübelbefestigung

Porenbetondübel (aerated-concrete dowels) aus Metall und Kunststoff dürfen nicht in den Befestigungsuntergrund geschlagen, sondern müssen eingedreht werden. Dazu können spezielle Setzwerkzeuge verwendet werden. Zur Befestigung von Bauteilen können bei Porenbetondübeln aus Kunststoff, Holzschrauben oder Schrauben mit metrischem Gewinde eingesetzt werden. Bei Porenbetondübeln aus Metall müssen metrische Schrauben verwendet werden.

Bei **Metalldübeln für Gipsplatten** (gypsum plaster-board dowels) ist kein Vorbohren erforderlich. (Bild 1, linke Reihe, Seite 174) Die Dübelspitze wird zunächst in den Befesti-

Lernfeld 3

gungsuntergrund gedrückt und der Dübel anschließend durch den Kreuzschlitz im Dübelkopf wie eine Schraube mit einem Schraubendreher oder einem Akku- bzw. Elektroschrauber (cordless or electric drill-driver) bündig eingedreht. **Kunststoffdübel für Gipsplatten** werden ab 15 mm Plattenstärke mit einem speziellen Setzwerkzeug eingedreht (Bild 1, rechte Bildreihe). Für die Befestigung der Bauteile kommen Spanplattenschrauben zum Einsatz.

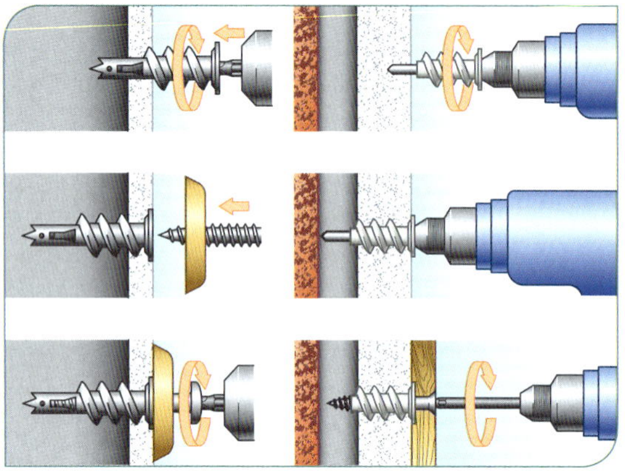

1 Setzen eines Metalldübels für Gipsplatten (linke Bildreihe) und eines Kunststoffdübels für Gipsplatten (rechte Bildreihe)

Metallkippdübel (metal gravity toggle fixings) und **Metallfederklappdübel** (metal spring toggle fixings) (Bild 2) sind so weit in das Bohrloch einzuführen, bis der Balken im Hohlraum kippt bzw. die Federklappe dort aufspreizt. Voraussetzung dafür ist, dass im Hohlraum (hollow space) genügend Platz dafür vorhanden ist und der Dübel lang genug ist. Deshalb sind bei Verwendung dieser Dübelarten neben den Platten- auch die Hohlraumtiefen zu beachten und die Dübelabmessungen danach auszurichten.

Kunststoffhohlraumdübel (plastic cavity plugs) (Bild 3) werden zusammengedrückt in das Bohrloch eingeführt und anschließend mit einem Hammer bündig nachgeklopft. Beim Anziehen der Schraube ist darauf zu achten, dass das Gewinde nicht überdreht wird (Bruchgefahr). Die Schraube sollte deshalb nur mit Hand angezogen werden. Die maximale Tragfähigkeit kann nur erreicht werden, wenn der größtmögliche Schraubendurchmesser (screw diameter) verwendet wird und die Schraube die Dübelspitze um mindestens 1 x Schraubendurchmesser überragt.

Metallhohlraumdübel spreizen sich ähnlich wie Kunststoffhohlraumdübel (vergl. Bild 3) durch Eindrehen der Schraube. Sie können aber auch mit einer Montagezange (circlip pliers) vollständig verspreizt werden (Bild 4). Nach der Spreizung kann die zum Dübel gehörende Schraube z. B. durch eine Gewindestange ausgetauscht werden.

Bei **Injektionsankern (Injektionssystemen)** wird der Injektionsmörtel in der Regel mit einem Presskolben (plunger) aus der Kartusche (cartridge) in das Bohrloch gepresst. Die erforderliche Füllmenge hängt von den Bohrlochabmessungen sowie den Abmessungen der Verankerungselemente bzw. der Sieb- oder Netzhülsen ab und kann Herstellertabellen entnommen werden.

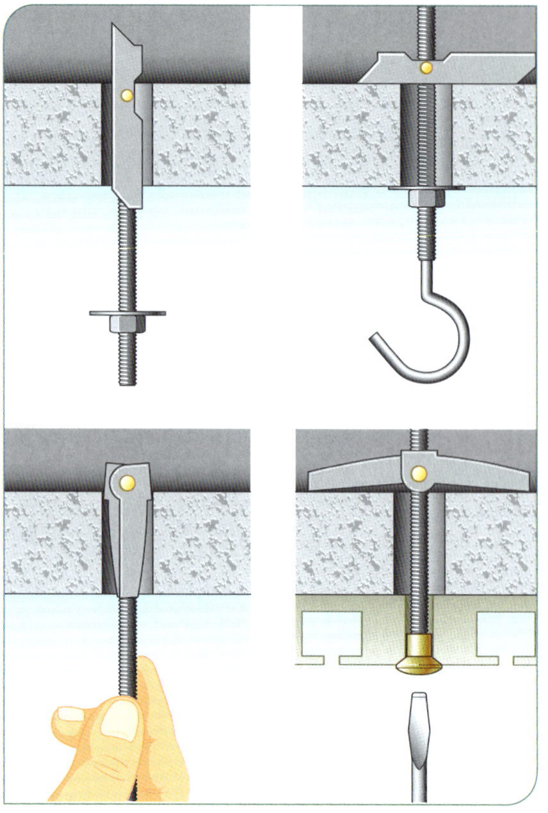

2 Setzanweisung für Metallkippdübel (oben) und Metallfederklappdübel (unten)

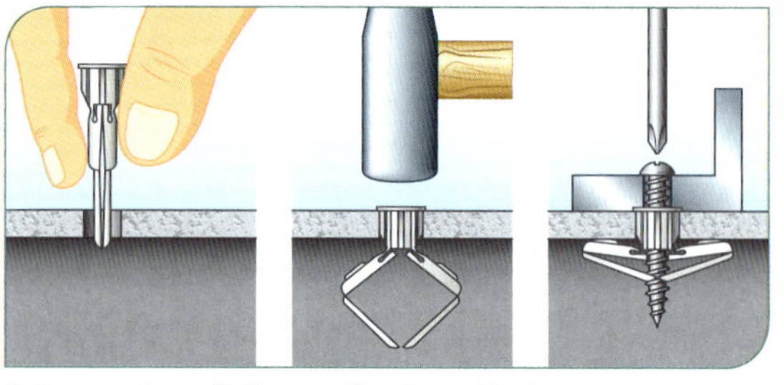

3 Setzanweisung für Kunststoffhohlraumdübel

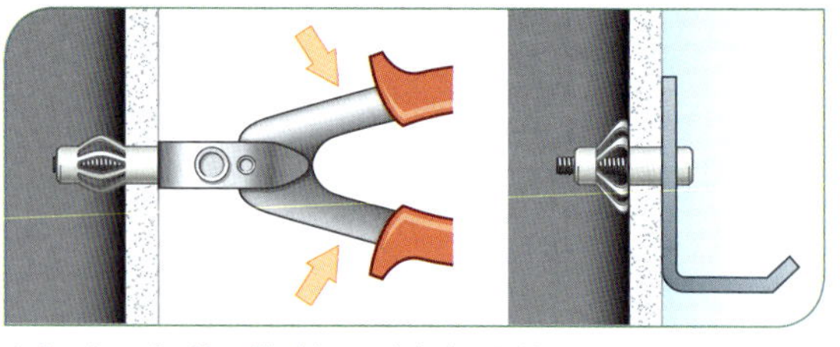

4 Spreizen des Metallhohlraumdübels mit Montagezange

Die Vorgehensweise hängt von der Beschaffenheit des Untergrunds ab. Bei Beton und Vollsteinen sind folgende Arbeitsschritte erforderlich.

- Bohrloch für die gewünschte Setztiefe bohren und gründlich reinigen.
- Bohrloch vorschriftsmäßig mit Injektionsmörtel füllen.
- Verankerungselement innerhalb der vorgeschriebenen

Lernfeld 3

Verarbeitungszeit von Hand unter leichter Drehbewegung (rotation) in das gefüllte Bohrloch eindrücken.
- Bauteil (z.B. Waschtisch) nach Ablauf der vorgeschriebenen Aushärtezeit des Injektionsmörtels mit Drehmomentenschlüssel montieren.

MERKE

Vor dem Verarbeiten des Injektionsmörtels ist die Montageanleitung (installation instructions) zu lesen. Die vom Hersteller vorgeschriebenen Verarbeitungs- und Aushärtungszeiten sowie Verarbeitungstemperaturen sind stets einzuhalten.

Bei Hohl- und Lochsteinen als Untergrund (Bild 1) wird vor dem Einbringen des Injektionsmörtels eine Netz- bzw. Siebhülse (net case) bündig mit der Oberfläche des Befestigungsuntergrunds eingesetzt. Die Gewindestange wird bis zum Hülsengrund bzw. der Innengewindeanker oberflächenbündig in die vollständig mit Injektionsmörtel gefüllte Hülse gedrückt. Dabei wird der Injektionsmörtel durch die Maschen der Hülse in die Kammern der Steine gepresst. Ansonsten entspricht die Vorgehensweise der bei Beton und Vollsteinen.

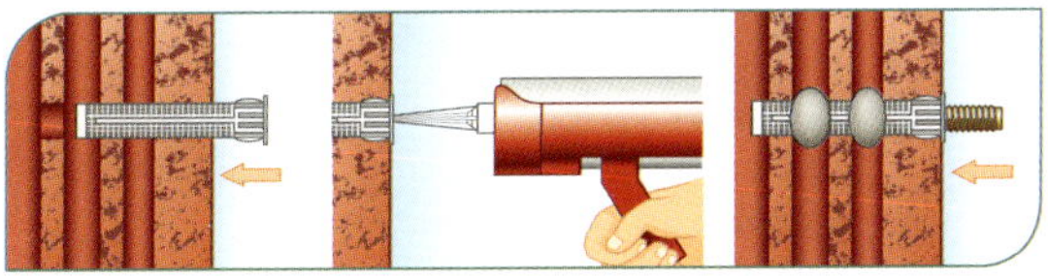

1 Setzanweisung für Injektionssystem bei Hohl- und Lochsteinen

Bei Porenbeton als Untergrund (Bild 2) wird das Bohrloch mit einem speziellen Konusbohrer (cone drill) konisch erweitert, sodass der eingebrachte Injektionsmörtel durch Formschluss verankert. Die weiteren Arbeitsschritte entsprechen denen bei Beton und Vollsteinen. Durch den Einsatz einer Zentriertülle wird das Verankerungselement fixiert und eine Überkopfmontage ermöglicht bzw. erleichtert.

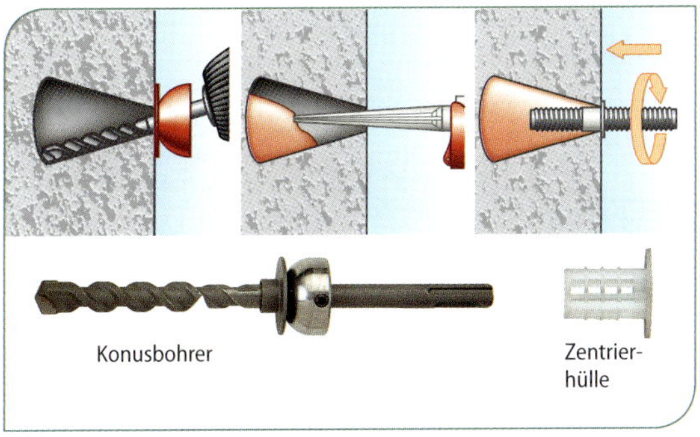

2 Setzanweisung für Injektionssystem bei Porenbeton

Bei **Verbund- bzw. Reaktionsankern** (Bild 3) wird eine Glaspatrone (vergl. S.92), die in Abhängigkeit von den Abmessungen des Bohrlochs und des Verankerungselements auszuwählen ist, in das gereinigte Bohrloch eingeschoben (Bild 3a). Anschließend wird das Verankerungselement (Gewindestange, Innengewindehülse) je nach Patronenart entweder mit einer Schlagbohrmaschine oder einem Bohrhammer drehend/schlagend bis zur notwendigen Setztiefe (Setztiefenmarkierung) eingetrieben oder mit einem Hammer bis zu dieser Tiefe eingeschlagen (Bild 3b). Dabei wird die Patrone zerstört und der Verbundmörtel füllt den Ringspalt zwischen Verankerungselement und Bohrlochwand. Die Verbundmörtelmenge ist so dosiert, dass bei Erreichen der notwendigen Setztiefe überschüssiger Verbundmörtel an der Oberfläche austritt (Setzkontrolle, Bild 3c). Nach Einhaltung der vorgeschriebenen Aushärtungszeit (cure time) kann das Bauteil montiert werden (Bild 3d).

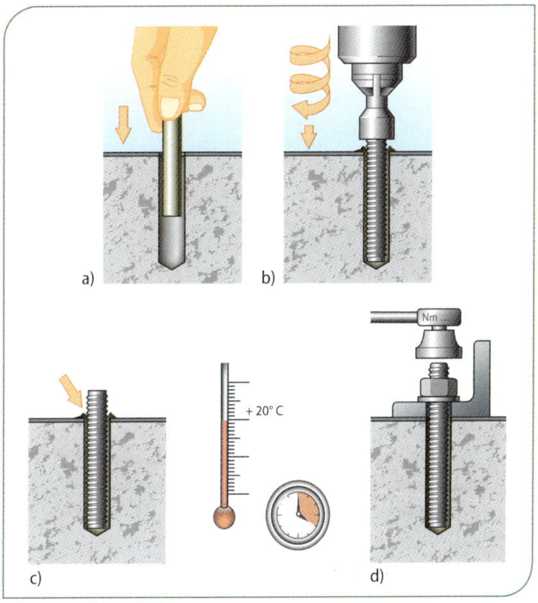

3 Setzanweisung für Reaktionsanker/Verbundanker

Spreizanker (vergl. Seite 92) werden mit leichten Hammerschlägen in das gereinigte Bohrloch eingeführt und durch Anziehen der Schraube oder Mutter mit Hilfe eines Drehmomentenschlüssels mit vorgeschriebenem Drehmoment (torque) verankert (Bild 4).

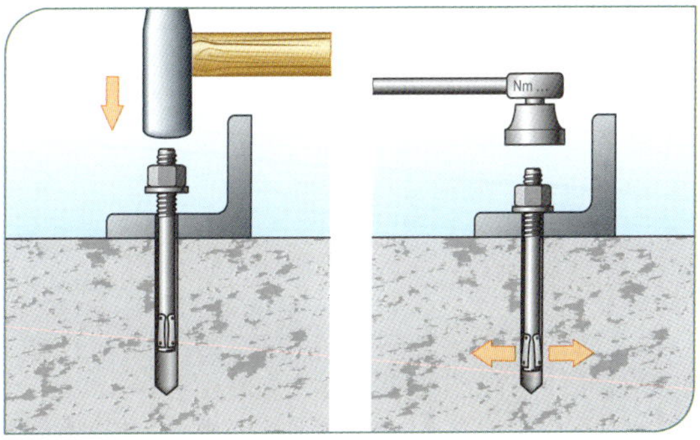

4 Setzanweisung für Spreizanker

Einschlaganker (Bild 1) erreichen ihre maximale Spreizkraft (expansion force) nur dann, wenn der vorgeschriebene Bohrlochdurchmesser genau eingehalten wird. Deshalb sind für die Bohrlochherstellung Bohrer zu verwenden, welche die vorgeschriebenen Fertigungstoleranzen (work tolerance) einhalten. Außerdem muss die Bohrlochtiefe genau eingehalten werden, damit die Ankerhülse bündig mit der Oberfläche des Befestigungsuntergrunds ist. Der Einschlaganker wird zunächst mit einem Hammer in das gründlich gereinigte Bohrloch eingeschlagen. Anschließend wird der Spreizkonus (expanding cone) mit einem passenden Setzwerkzeug und leichten Hammerschlägen eingetrieben und dadurch die Ankerhülse aufgespreizt und gegen die Bohrlochwand gedrückt. Der Einschlaganker ist dann richtig gesetzt, wenn der Bund des Setzwerkzeugs auf der Ankerhülse aufsitzt. Das Bauteil kann ohne Wartezeit montiert werden.

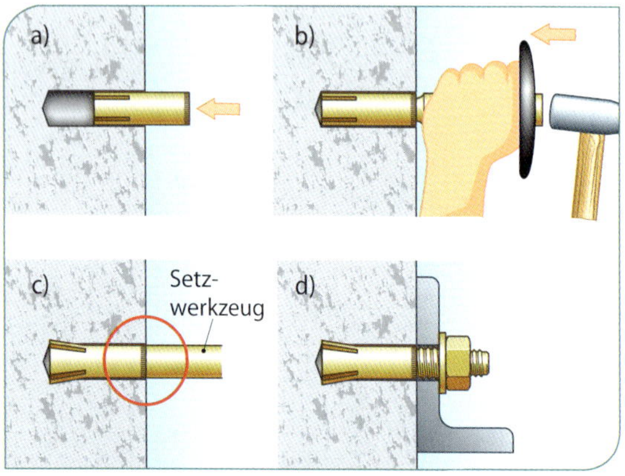

1 *Setzanweisung für Einschlaganker*

Bei **Hinterschnittankern** (Bild 2) wird mit einem Spezialbohrer das zylindrische Bohrloch an seinem Grund konisch aufgeweitet. Beim Setzen des Ankers wird die Ankerhülse mit einem Hammer und Setzwerkzeug über den Konus geschlagen. Die Hülse wird dadurch aufgeweitet und füllt das hinterschnittene Bohrloch (undercut hole) formschlüssig aus.

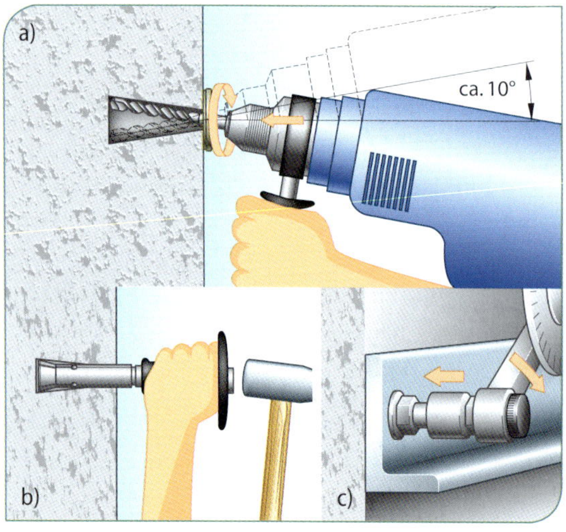

2 *Setzanweisung für Hinterschnittanker*

Das Bauteil ist dann richtig befestigt, wenn die Mutter bzw. Schraube mittels eines Drehmomentenschlüssels mit dem vorgeschriebenen Drehmoment angezogen wird.

2.5.4 Montage der Einschlagnägel und Setzbolzen

Einschlagnägel (Bild 3) zur Befestigung von Schellen und Lochbändern werden mit einem Setzeisen (setting tool) ohne Vorbohren in den Beton geschlagen. Dadurch vereinfacht und verkürzt sich die Montage. Setzeisen besitzen eine spezielle Klemmbacke, die den Einschlagnagel bei der Montage festhält und dadurch verhindert, dass er aus dem Setzeisen fällt.

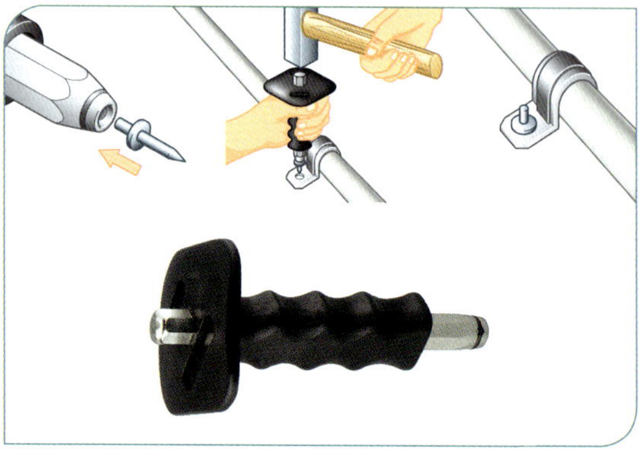

3 *Setzanweisung für Einschlagnägel*

Setzbolzen (power actuated fasteners) (Bild 4) werden mit Hilfe eines Bolzensetzgeräts (Bild 5) und einer Schubladung ohne weitere Vorarbeiten wie z. B. Bohren direkt in den Befestigungsuntergrund eingetrieben.

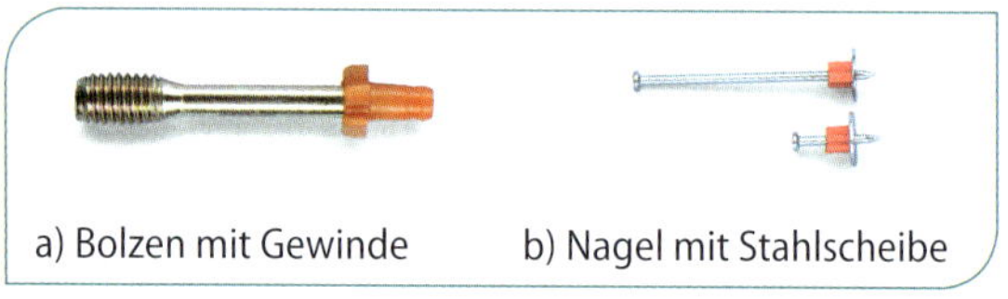

4 *Setzbolzen*

5 *Bolzensetzgerät*

Diese zeitsparende Montageart kommt dann in Frage, wenn eine große Anzahl von Befestigungen erforderlich ist. Allerdings ist ihr Einsatz nicht bei allen Befestigungsuntergründen zulässig. Geeignet sind z. B. Beton und Mauerwerk aus Vollziegeln und Kalksandvollsteinen. In Mauersteine wie z. B. Lochziegel, Hohlblocksteine und Leichtbaustoffe dürfen keine Bolzen und Nägel mit Bolzensetzwerkzeugen (bolt set tools) eingetrieben werden. Darüber hinaus müssen bestimmte Mindestabmessungen (minimum dimensions) berücksichtigt werden (Tabelle Bild 1).

	Befestigungsuntergrund	
	Beton, Stahlbeton	Vollsteinmauerwerk
Mindestbauteildicke in mm	100	100
Mindestverankerungstiefe in mm	25 (25...40)	25 (25...40)
Mindestachsabstände der Setzbolzen in mm	10facher Bolzenschaftdurchmesser	10facher Bolzenschaftdurchmesser
Mindestrandabstände in mm	50	50

1 Mindestabmessungen von Befestigungen mit Setzbolzen

Bolzensetzwerkzeuge müssen alle zwei Jahre (gemäß Prüfzeichen) oder bei Funktionsmängeln dem Hersteller oder einer Fachfirma zur Prüfung vorgelegt werden. Es darf nur die Schubladung (ammunition) verwendet werden, die auf dem Typenschild (name plate) oder in der Betriebsanleitung (operation manual) angegeben und mit dem Stärkegrad der Ladung gekennzeichnet ist. Der Stärkegrad der Ladung ist nach dem Verwendungszweck auszuwählen.

Personen, die Bolzensetzwerkzeuge verwenden, müssen:

- über 18 Jahre alt sein (Ausnahme: Jugendliche über 16 Jahre unter Aufsicht eines Fachkundigen, wenn diese Arbeiten zur Erreichung des Ausbildungsziels erforderlich sind).
- mit der Handhabung und dem Einsatz des Gerätes vertraut sein.
- die bei Arbeiten mit dem Gerät auftretenden Gefahren kennen.
- Schutzhelm, Schutzbrille und Gehörschutz tragen.

2.5.5 Ausführungsmängel / Schäden

Herausziehen des Dübels bzw. Ankers (Bild 2) durch Versagen des Kraft-, Form- oder Stoffschlusses aufgrund zu hoher Belastung (high stress) oder infolge von Montagefehlern (assembling faults) wie z. B.

- falsche Wahl der Verankerung (Typ, Dimensionierung)
- zu geringe Verankerungstiefe
- falsches Bohrverfahren (z. B. Hammerbohren bei Lochziegeln)
- Abweichung vom vorgeschriebenen Bohrlochdurchmesser
- ungenügende Bohrlochreinigung
- ungenügende Verspreizung (z. B. bei Einschlagankern, wenn der Konus nicht vorschriftsmäßig in die Hülse geschlagen wird)
- Abweichung vom vorgeschriebenen Montagedrehmoment
- Nichteinhaltung der vorgeschrieben Aushärtungszeit bei Injektions- und Reaktionsankern
- unzureichende Füllung und Luftblasenbildung beim Einbringen des Injektionsmörtels
- falsches Setzen des Verankerungselements (z. B. bei Reaktionsankern, wenn die Gewindestange eingeschlagen statt schlagend/drehend eingetrieben wird).

Formschlüssig wirkende Hinterschnittanker werden herausgezogen, wenn der Hinterschnitt und damit die Spreizung des Hülsenendes zu gering ist.

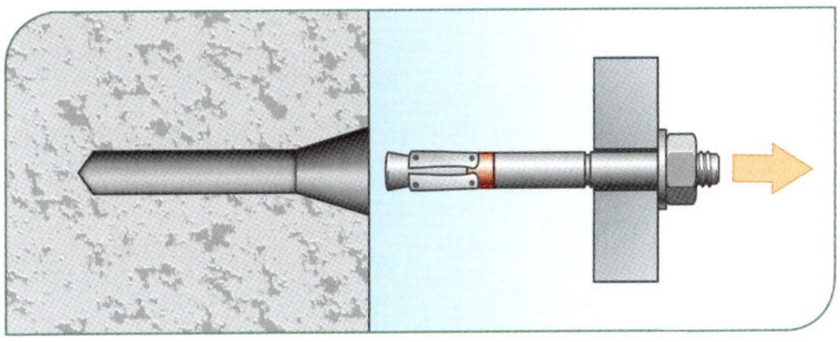

2 Herausziehen des Verankerungselements

Ausbruch des Befestigungsuntergrunds (Bild 3) entsteht bei zu geringer Verankerungstiefe (anchorage depth), wenn die durch Kraft-, Stoff- oder Formschluss vom Verankerungselement auf den Befestigungsuntergrund übertragenen Kräfte größer sind als die Zugfestigkeit des Befestigungsuntergrundes.

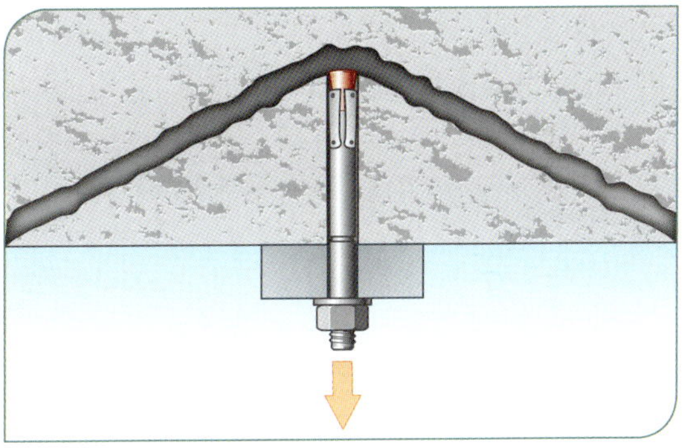

3 Ausbruch des Befestigungselements

Spaltung des Befestigungsuntergrunds (Bild 1, Seite 178) wird verursacht durch

- zu geringe Bauteilabmessungen (building component dimensions)
- zu geringe Achs- und Randabstände der Dübel bzw. Anker
- zu große Spreizkräfte des Verankerungselements

Bruch des Dübels bzw. Ankers (Bild 2, Seite 178) kann durch zu geringe Festigkeit (too low stability) bzw. unzureichende Dimensionierung vor allem bei großen Verankerungstiefen und Verankerungen in hochfesten Baustoffen auftreten.

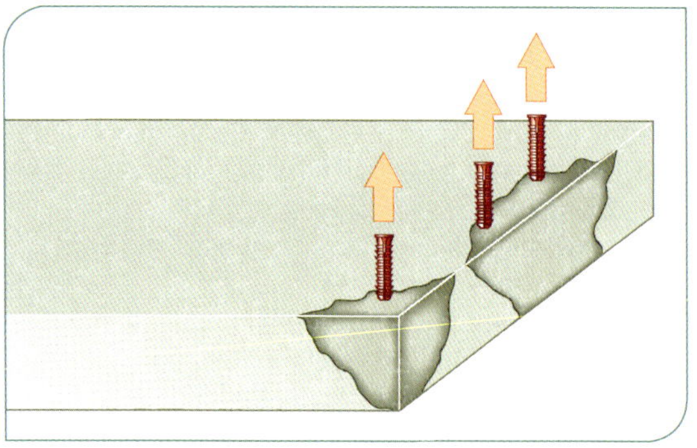

1 Spaltung des Befestigungselements

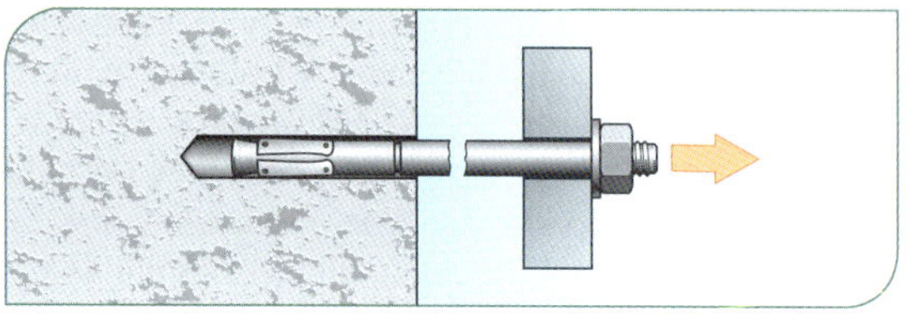

2 Bruch des Verankerungselements

ÜBUNGEN

1. Nennen und erläutern Sie drei grundsätzliche Montagearten für Dübel- bzw. Verankerungssysteme.
2. Wonach richtet sich die Wahl des Bohrwerkzeugs und des Bohrverfahrens?
3. Begründen Sie, weshalb bei Lochsteinen nur Bohren ohne Schlag zum Einsatz kommen darf.
4. Nennen Sie jeweils ein Anwendungsbeispiel für a) das Schlagbohren b) das Hammerbohren.
5. Nennen Sie zwei Vorteile des Hammerbohrens.
6. Was ist beim Bohren in Stahlbeton zu beachten?
7. Welche Vorkehrungen sind beim Bohren in Fliesen zu treffen?
8. Warum sollte nach dem Bohren das Bohrloch gereinigt werden?
9. Warum muss die Bohrlochtiefe meist größer sein als die Dübellänge.
10. Welche Rand- und Achsabstände sind bei Kunststoffdübeln üblich?
11. Welche drei Vorschriften sind bei der Dübelmontage zu beachten?
12. Schildern Sie die Vorgehensweise beim Setzen eines Kunststoffspreizdübels.
13. Wie müssen Porenbetondübel in den Befestigungsuntergrund eingebracht werden.
14. Erläutern Sie die fachgerechte Vorgehensweise beim Setzen von a) Metallkippdübeln b) Kunststoffhohlraumdübeln c) Metallhohlraumdübeln
15. Schildern Sie die erforderlichen Arbeitsschritte bei der Injektionsbefestigung einer Gewindestange bzw. eines Innengewindeankers a) in Beton und Vollsteinen b) in Hohl- und Lochsteinen c) in Porenbeton.
16. Wovon hängt die Aushärtungszeit des Injektionsmörtels ab?
17. Beschreiben Sie die fachgerechte Vorgehensweise beim Setzen eines Reaktionsankers.
18. Wie müssen Spreizanker ordnungsgemäß im Befestigungsuntergrund verankert werden?
19. Warum müssen der Bohrlochdurchmesser und die Bohrlochtiefe bei Einschlagankern genau eingehalten werden?
20. Schildern Sie die fachgerechte Vorgehensweise beim Setzen a) eines Einschlagankers b) eines Hinterschnittankers.
21. Nennen Sie zwei Vorteile, die sich durch die Verwendung von Einschlagnägeln zur Befestigung von Lochbändern in Beton ergeben.
22. Nennen Sie drei Befestigungsuntergründe, in die Bolzen und Nägel mit Bolzensetzwerkzeugen eingetrieben werden dürfen.
23. Nennen Sie drei Bedingungen, die Benutzer erfüllen müssen, um Bolzensetzwerkzeuge einsetzen zu können.
24. Erläutern Sie fünf Montagefehler, die ein Herausziehen des Dübels bzw. Ankers zur Folge haben können.
25. Nennen Sie drei mögliche Ursachen für die Spaltung eines Befestigungsuntergrunds bei Belastung durch eine Dübelbefestigung.

Lernfeld 3

3 Grundlagen der Steuerungstechnik

3.1 Einleitung

Steuerungs- und Regelungsabläufe in ver- und entsorgungstechnischen Anlagen von Wohnhäusern werden zunehmend komplexer. So können heute auch in Einfamilienhäusern auf Wunsch des Kunden vielfältige Funktionen gebäudetechnischer Anlagen wie z. B. Beleuchtung (lighting), Alarmanlage (alarm system), Jalousien (blinds), Heizungs- und Sanitäranlage usw. zentral geschaltet werden. Marktstudien belegen, dass der Anteil dieser Anlagenkomponenten im Verhältnis zu den übrigen haustechnischen Anlagen wie z. B. Rohrleitungssysteme, Warmwasser- und Wärmeerzeuger usw. stetig zugenommen hat. Kenntnisse über deren Aufgaben und Funktionsabläufe werden daher für den Anlagenmechaniker SHK zunehmend wichtiger.

3.2 Unterschied zwischen Steuern und Regeln

Am Beispiel eines von Hand zu bedienenden Einhebelmischers und einer Thermostat-Mischbatterie für eine Dusche sollen die Begriffe **„Steuern"** (open loop control) und **„Regeln"** (closed loop control) voneinander abgegrenzt und mit den Definitionen aus DIN 19226 erläutert werden.
Einhebelmischer (single-lever mixer) werden häufig als Auslaufarmaturen für Waschtische oder für Duschen verwendet. Sie haben im Vergleich zu Thermostatbatterien (thermostatic mixer) einen entscheidenden Nachteil:
Einhebelmischer müssen **mit der Hand durch Betätigen des Hebels** auf eine gewünschte Warmwassertemperatur eingestellt werden. Jede Veränderung im Wassernetz wie z. B. Öffnen weiterer Zapfstellen (tapping points) oder das allmähliche Abkühlen des Speicherwassers bewirkt auch eine Veränderung der Wassertemperatur am Auslauf des Mischers (mixer). In diesem Fall kann nur der Mensch über den Sensor[1] (sensor) „Hautoberfläche" die Veränderung wahrnehmen und durch Nachjustieren mit dem Hebel die Temperatur des auslaufenden Wassers korrigieren (Bild 1).
Im Gegensatz dazu kann der Nutzer den Temperaturwahlgriff (Bild 2) an der Thermostatbatterie auf seine gewünschte Duschwassertemperatur einstellen. Diese von ihm eingestellte Temperatur (temperature) wird nun unabhängig von der anschließend am Auslaufventil (tap) einzustellenden Wassermenge von der internen Regeleinrichtung (control system) (Dehnstoff-Regelelement o. ä.) eingehalten.
Druck- oder/und Temperaturunterschiede (mehrere Entnahmestellen usw.) in der Warm- und Kaltwasserleitung können anders als bei einem Einhebelmischer keine bleibende Temperaturänderung des Mischwassers (mixed water) bei der Thermostatbatterie bewirken.

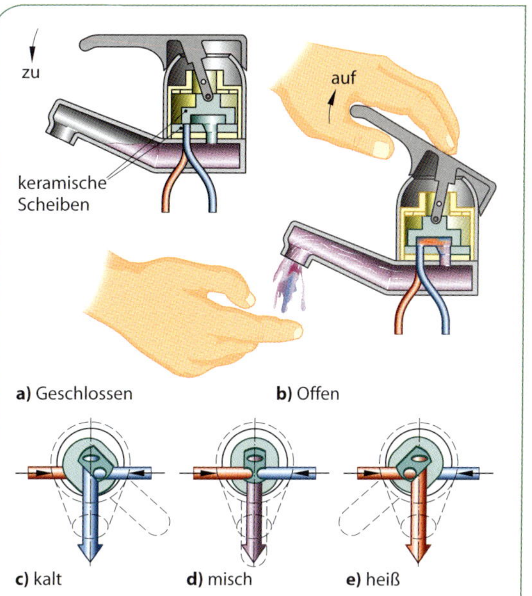

Wasserdurchfluss und Mischtemperatur können stufenlos mit einer Hand reguliert werden. Die untere Scheibe mit den Zu- und Ablauföffnungen für Kalt-, Warm- und Mischwasser liegt fest, die obere mit der Mischkammer ist dagegen verschiebbar.

1 Einhebelmischer

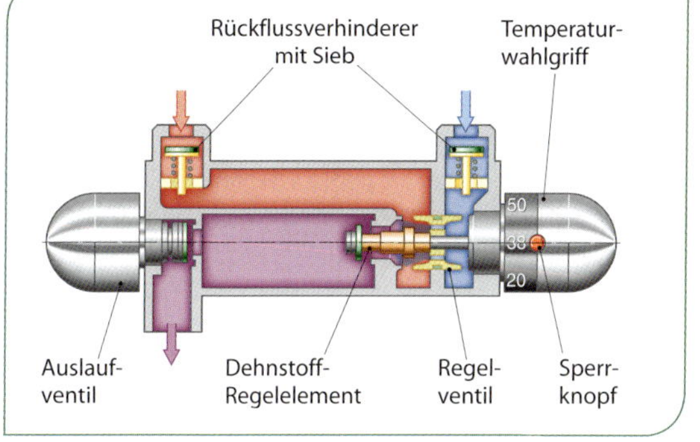

2 Aufputz- Thermostat mit Dehnstoffregelelement)

Die Zuordnung der Begriffe „Steuern" und „Regeln" ergeben sich aus den Definitionen nach DIN 19226:

MERKE

Steuern ist ein Vorgang in einem System, bei dem Eingangsgrößen aufgrund der Gesetzmäßigkeiten des Systems die Ausgangsgrößen beeinflussen.

[1] Sensor: Messgrößenaufnehmer, der z. B. eine physikalische Größe in ein elektrisches Signal umwandelt

Übertragen auf die Arbeitsweise des Einhebelmischers bedeutet das:
Die **Eingangsgröße** (input variable) **„Stellung des Hebels"** beeinflusst aufgrund der Gesetzmäßigkeiten z. B. „Wassertemperatur/-druck im Leitungsnetz" die **Ausgangsgröße** (output variable) **„Mischwassertemperatur"**.

MERKE

Kennzeichen einer Steuerung ist der **offene** Wirkungsablauf (open sequence of action).

Dieser Zusammenhang kann anhand eines einfachen Wirkungsplanes mittels eines Blockschaltbildes (block diagram) dargestellt werden (Bild 1):
Hierbei stellen **Blöcke** die Einrichtungen bzw. Bauteile dar und die Pfeile geben deren Verknüpfung und die Richtung des Signalflusses (information flow) an. Diese Abfolge wird auch **Steuerkette** genannt.

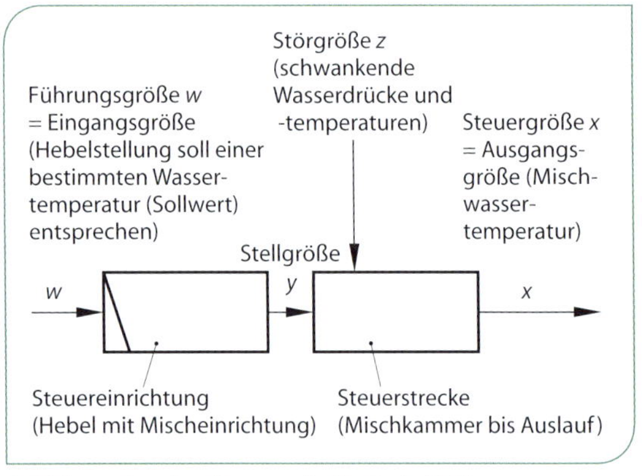

1 Wirkungsplan einer Steuerung im Blockschaltbild am Beispiel eines Einhebelmischers

MERKE

Regeln ist ein Vorgang, bei dem fortlaufend die Regelgröße *x* erfasst und mit der Führungsgröße *w* (Eingangsgröße) verglichen und an diese angepasst wird.

Übertragen auf die Arbeitsweise der Thermostatbatterie bedeutet das:
Der Sollwert der Führungsgröße *w*, die gewünschte Mischwassertemperatur, wird am Temperaturwahlgriff eingestellt. Das Dehnstoff-Regelelement vergleicht ständig diesen Sollwert mit dem Istwert der Regelgröße „Mischwassertemperatur". Der Regler kann bei einer Störung der Regelstrecke durch z. B. schwankenden Wasserdruck (Störgröße *z*), über einen Stellhub die Abweichung zwischen Soll- und Istwert ausgleichen. So wird die Mischwassertemperatur (Regelgröße *x*) konstant gehalten (Bild 2).
Diese Abfolge wird auch **Regelkreis** (control loop) genannt, bei dem die Eingangsgröße die Ausgangsgröße beeinflusst und diese wiederum auf die Eingangsgröße zurückwirkt.

MERKE

Kennzeichen einer Regelung ist der **geschlossene** Wirkungsablauf (closed sequence of action)!

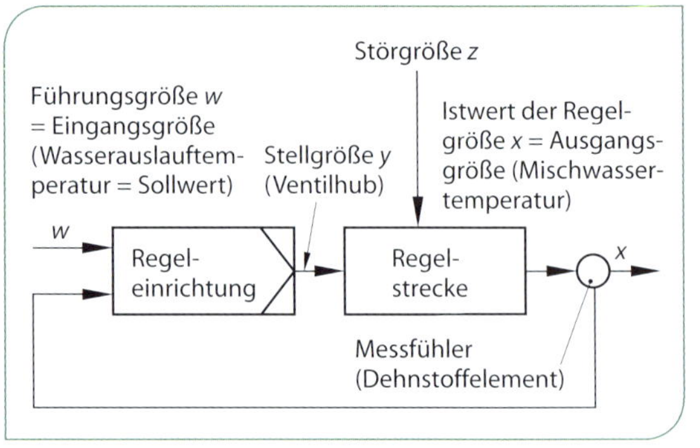

2 Wirkungsplan einer Regelung (vereinfacht) am Beispiel einer Thermostatbatterie

Begriffe	Symbol	Beispiel	Werte
Regelstrecke (controlled system)		hier: Wasserkammern ab Ventil bis Dehnstoffelement	
Führungsgröße (reference variable)	*w*	Eingestellte Mischwassertemperatur des Wassers (am Temperaturwahlgriff)	Sollwert (desired value)
Regelgröße (controlled variable)	*x*	Die tatsächliche vorliegende Mischwassertemperatur	Istwert (actual value)
Stellgröße (manipulated variable)	*y*	hier: Stellhub des Dehnstoff-Regelelementes für das Ventil	
Störgröße (disturbance variable)	*z*	hier: z. B. schwankender Wasserdruck, Entladung des PWH-Speichers	

3 Begriffe der Regelungstechnik

3.3 EVA-Prinzip

Steuer- und Regeleinrichtungen enthalten eine
- Eingabe (input), hier können z. B. Messfühler (Sensoren) Werte übergeben oder die Eingabe erfolgt von Hand
- Verarbeitung (processing), hier werden in Steuerungs- und Regeleinrichtungen die eingegebenen Signale infolge logischer Verdrahtung von elektromechanischen Kontakten oder mittels elektronischer Logikbausteine oder auch mechanischer Verknüpfung verarbeitet
- Ausgabe (output), hier werden über Ausgabebefehle aktive Bauteile (Aktoren[1]) angesteuert, die diese Befehle ausführen.

[1] Aktor: Wandler, der z. B. elektrische Signale in mechanische Bewegung oder andere physikalische Größen umwandelt.

Lernfeld 3

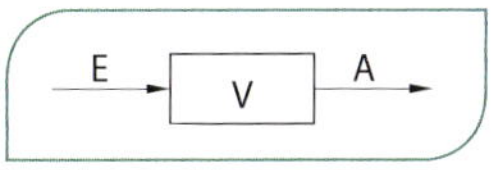

Aufgrund der Ablaufstruktur wird dieses Schema auch das **E-V-A**-Prinzip genannt.

Übertragen auf das Beispiel der Thermostatbatterie besteht die

- **E**ingabe aus dem Temperaturwahlgriff,
- **V**erarbeitung aus dem Dehnstoff- Regelelement,
- **A**usgabe aus dem Regelventil (control valve).

3.4 Steuerungs- und Regelungsvorgänge einer Toilettenspülung

Je nachdem, welche Funktion der hier vorgestellten Toilettenspülung (toilet flush) betrachtet wird (Bild 1), kann es sich um Steuern oder Regeln handeln. Betrachtet man die Funktion **Spülen der Toilette**, ergibt sich die Frage: Wird der Spülvorgang unter Einbeziehung von Sauberkeitskriterien (criteria of cleanness) überwacht? Die Antwort ist klar: Nein, es gibt kein Überwachungsorgan (control), das dieses überprüft. Der Mensch mit den Sensoren „Augen" und dem Aktor „Hand" entscheidet, ob ein zweites Mal gespült wird oder nicht. **Aus dieser Sicht ist der Prozess „Spülen" eine Steuerung** (Betrachtung des ganzen Systems Spülen = roter Rahmen, Bild 2).

Wenn man nur den Spülkasten (grüner Rahmen, Bild 2) betrachtet, erhält man ein anderes Ergebnis: Die Füllarmatur besteht im Wesentlichen aus dem Füllventil (charging (float) valve) und dem Schwimmer (float). Beide Bauteile sorgen im Verbund dafür, dass ein gewünschter, eingestellter Wasserstand für die Spülung bereitsteht. Der **Sollwert** der Regelgröße „Wasserstand" wird durch Einstellen der **Schwimmerposition** (floater position) auf einen gewünschten Wert festgelegt. Die **Regelstrecke** beginnt am **Füllventil** und erstreckt sich über den **Spülkasten** (cistern) bis hin zum Schwimmer (Sensor). Eine Störgröße wie das Entleeren des Spülkastens (cistern) wird von der Regelung ausgeglichen.

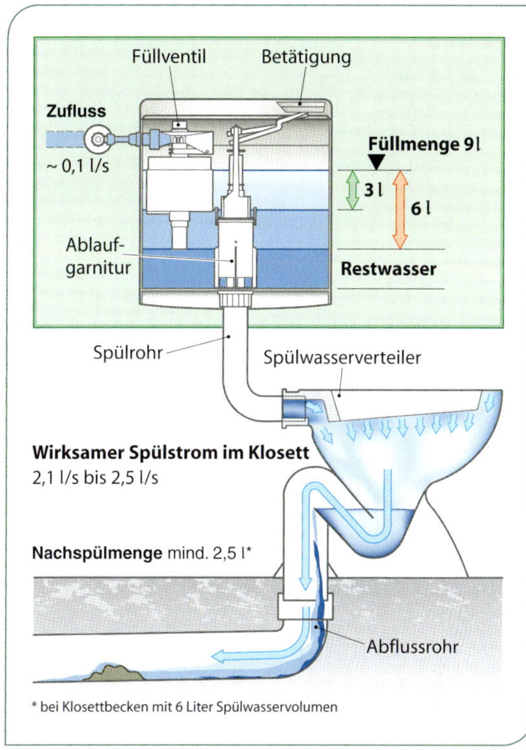

1 WC-Spülung

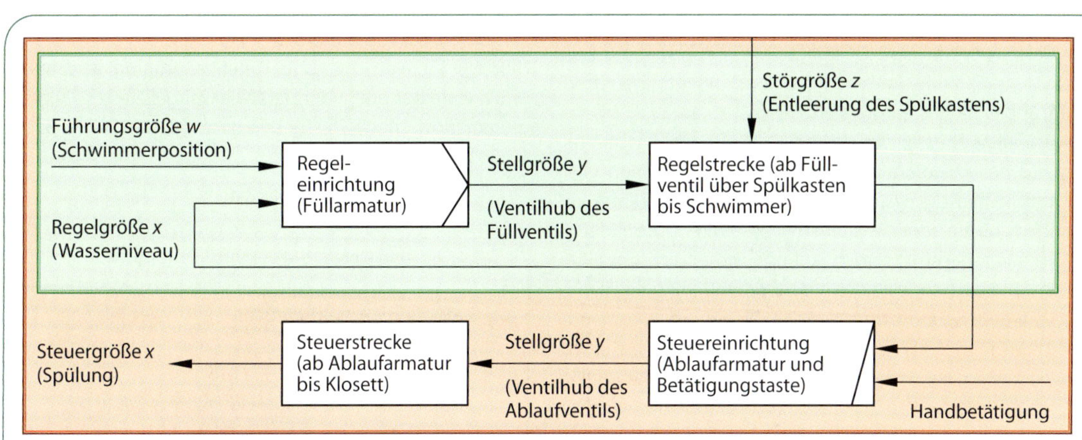

2 Wirkungsplan einer WC- Spülung als Blockschaltbild

ÜBUNGEN

1) Erläutern Sie die Begriffe „Steuern" und „Regeln".

2) Zeichnen Sie die vereinfachten Wirkungspläne von einer Steuerung und einer Regelung und versehen Sie diese mit den entsprechenden steuerungs- und regeltechnischen Begriffen (Kurzbezeichnungen).

3) Zeichnen Sie den Wirkungsplan einer Urinalspülung mit einem Hand betätigten Druckspüler und machen Sie eine Aussage darüber, ob es sich hierbei um eine Steuerung oder Regelung handelt. Begründen Sie Ihre Aussage.

4) Zeichnen Sie den Wirkungsplan einer durch ein Infrarotsignal auslösenden Waschtischarmatur und machen Sie eine Aussage darüber, ob es sich hierbei um eine Steuerung oder Regelung handelt. Begründen Sie Ihre Aussage.

5) Zeichnen Sie den Wirkungsplan einer temperaturabhängig arbeitenden Zirkulationspumpe und machen Sie eine Aussage darüber, ob es sich hierbei um eine Steuerung oder Regelung handelt. Begründen Sie Ihre Aussage.

6) Was bedeutet das E-V-A-Prinzip?

4 Funktionsprüfung von Teilen einer Baugruppe

4.1 Einleitung

Die Prüfung aller Bauteile (components) eines installierten Systems auf ihre Funktion (functionality) ist ein wesentlicher Bestandteil eines Kundenauftrags. Sie wird **nach Fertigstellung** (completion) von Auftragsabschnitten oder aller Arbeiten und **vor der Übergabe** (handing over) an den Kunden durchgeführt. Um ein einwandfreies Funktionieren der gesamten Anlage beurteilen zu können, müssen alle Anlagenteile **systematisch geprüft** werden.

4.2 Beispiel einer Funktionsprüfung

Am Beispiel der in Kap. 3.4 aufgeführten WC-Spülung soll die Systematik stellvertretend für andere Einrichtungen bzw. Baugruppen dargestellt werden:

Der Spülkasten besteht im Wesentlichen aus der Füllarmatur und aus der Ablaufarmatur (waste), die es zu prüfen gilt. Wichtig ist hier die systematische Abfolge der Prüfung, je nachdem, ob ein bereits installiertes WC (water closet, toilet) auf Funktion geprüft werden soll oder ob es sich um eine Neuinstallation handelt. Bei einer bestehenden Anlage kann die Funktionsprüfung (functional test) der Ablaufarmatur vor der Prüfung der Füllarmatur erfolgen, während bei einer Neuinstallation der umgekehrte Weg beschritten wird. Nach erfolgter Installation werden folgende Arbeitsschritte durchgeführt:

- Es ist zunächst der Wasserweg zu öffnen. Anschließend beginnt die Prüfung (checking) der Füll- oder Einlaufarmatur
- Über das geöffnete Eckventil (angle valve) strömt das Wasser in den Kasten (Bild 1). Ein maßvoller Füllstrom von ca. 0,1 l/s, der am Füllventil (A) eingestellt werden kann, minimiert dabei auftretende Fließgeräusche (flow noises).
- Eine erste Rundumsicht im Bereich der nun Wasser führenden Teile stellt sicher, dass mögliche Undichtigkeiten (leaks) frühzeitig erkannt werden.
- Anschließend wird die Füllhöhe des Wassers im Kasten beobachtet und wenn nötig durch das Heben oder Absenken des Schwimmerbechers mittels einer Einstellschraube (adjusting screw) korrigiert
- Weiterhin wird durch Betätigen z. B. der Sechs-Liter-Taste der Spülstrom (rinse flow) im Becken und im Anschluss daran das Abdichten (sealing) der Ablaufarmatur (siehe Bild 1, S. 183) beobachtet
- Mit geringer zeitlicher Verzögerung setzt die Befüllung erneut ein. Wieder wird die Dichtheit (leak tightness) aller Wasser führenden Bauteile überprüft
- Der gleiche Vorgang wiederholt sich mit der Drei-Liter-Taste, sofern vorhanden.

Hilfreich für eine derartige Funktionsprüfung ist z. B. ein selbst erstelltes oder vom Hersteller mitgeliefertes Flussdiagramm (flow-chart), wie für den geschilderten Fall im Bild 1, S. 184 dargestellt.

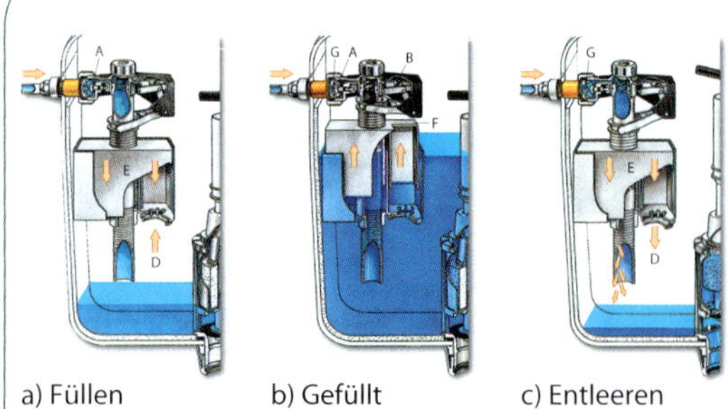

1 Positionen der Füllarmatur beim Befüllen eines Spülkastens

Lernfeld 3

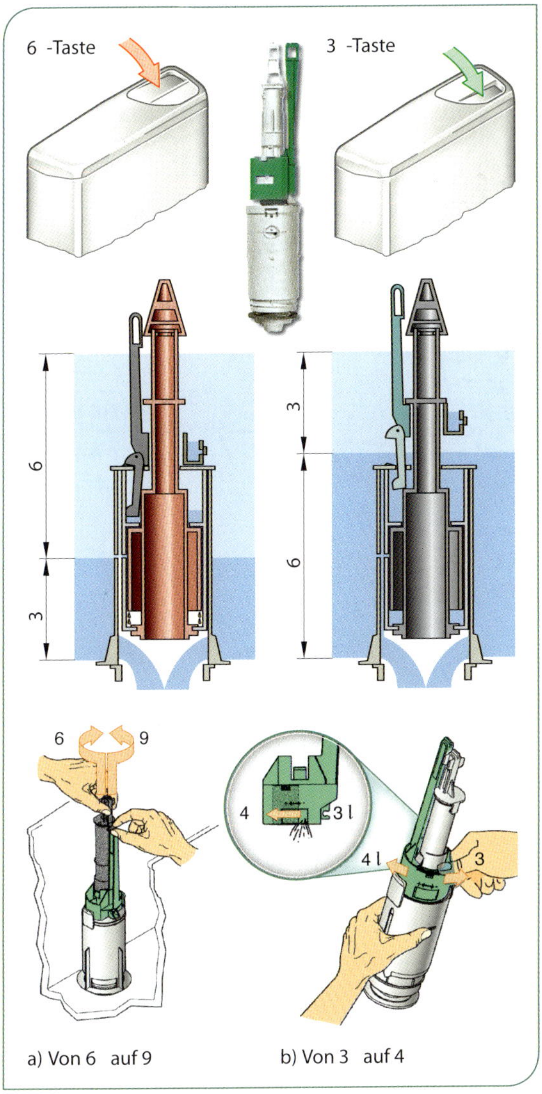

1 Umstellen von Spülmengen an der 2-Mengen-Ablaufarmatur

Nicht fehlen sollten Einzelteil- und Gesamtzeichnungen (single part and general drawings) (siehe z. B. Bild 1 Seite 182 und Bild 1) sowie die z. B. sehr aussagekräftigen Explosionszeichnungen (exploded assembly drawings) von Funktionsteilen und die Funktionsbeschreibungen.

Funktionsprüfungen sollten protokolliert werden, weil damit

- der Zeitpunkt (time) der letzten Überprüfung
- die mit der Überprüfung befasste Person und damit
- die Verantwortlichkeit (responsibility) bei eventuellen Schadensfällen (claims)
- sowie mögliche Gewährleistungen (warranties) bekannt sind.

ÜBUNGEN

1) Nennen Sie den Zeitpunkt der Funktionsprüfung innerhalb einer Auftragsabwicklung.

2) Nennen Sie den Grund für eine Funktionsprüfung.

3) Nennen Sie Arbeitsmittel, die für eine Funktionsprüfung hilfreich sein können.

4) Warum sollten Funktionsprüfungen protokolliert werden?

5) Erstellen Sie für die Funktionsprüfung einer infrarot gesteuerten Urinalspülarmatur ein Flussdiagramm.

Lernfeld 3

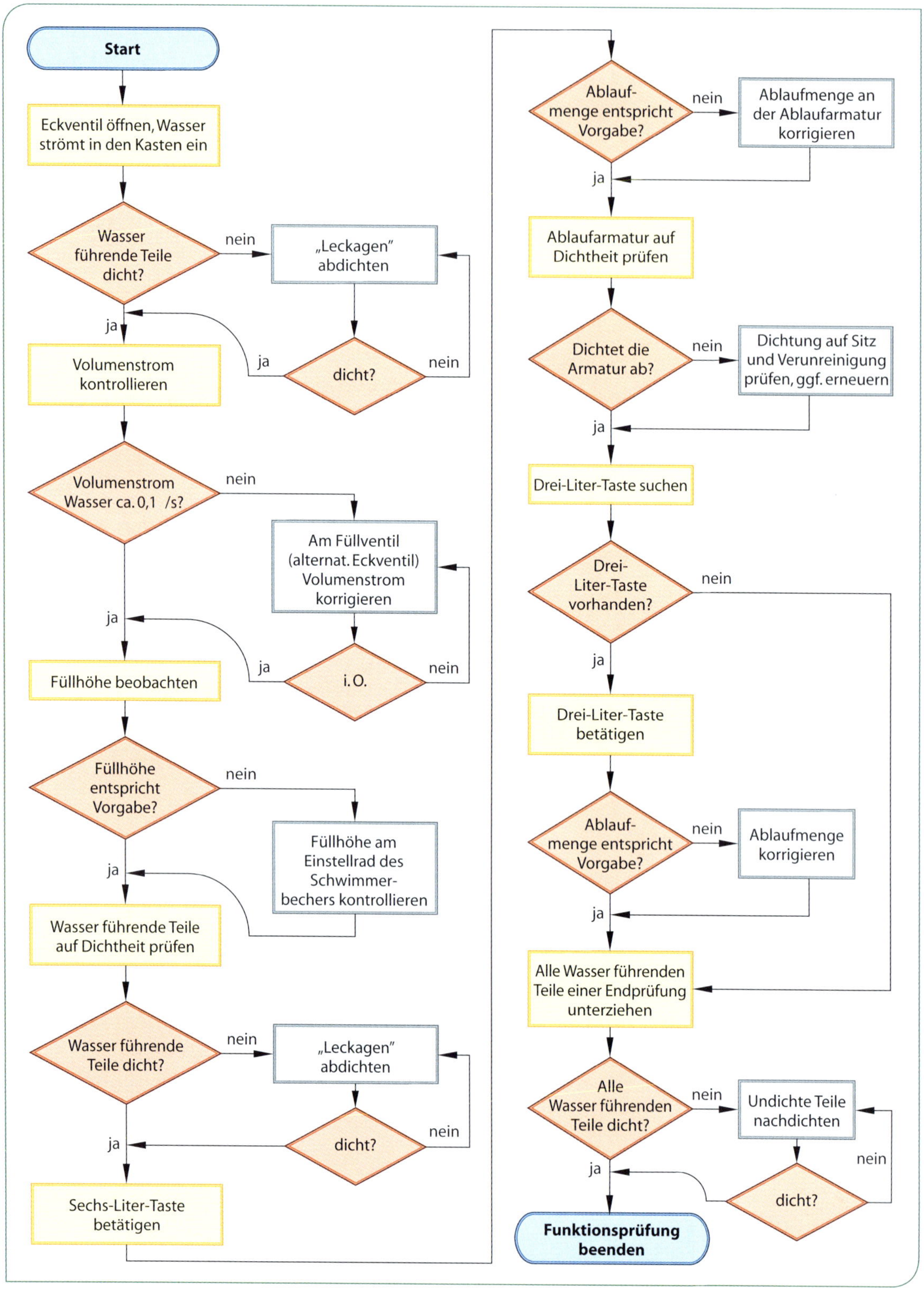

1 Flussdiagramm der Funktionsprüfung an einem WC-Spülkasten

5 Mounting and connecting

5.1 Assembly parts

A centrifugal pump is the main part of the pumping set in a domestic central heating or solar heating system. The pump is delivered as a complete unit and fitted to the main flow pipework of the heating system.
The location of the pump should be such that it gives a positive pressure within the heating circuit and be easily accessible for maintenance. Other assembly parts are for example the service ball valves, the anti-gravity valve, the thermometers, the union connectors and the flat packings.
The main flow pipe should at least have the same nominal diameter as the corresponding suction and delivery connections of the pump. All parts should be mounted without strain and with sufficient room for service or dismounting works.

Exercises

1) Name the marked parts shown in the picture.

2) Translate the text into German.
Use your reference book, the internet or a dictionary. Before you look up a word try to guess the word first,then check it.

3) Complete the listed statements with the following sentence parts:

1. The central heating pump should ...
2. The anti-gravity valve will ...
3. The central heating pump is ...
4. The thermometers indicate the temperatures of ...
5. You first have to close the service valves ...
6. Make sure that every union connector ...

a) ... driven by an electric motor.
b) ... before you loosen the union connectors of the pump.
c) ... is provided with a new and suitable flat packing.
d) ...only open with a sufficient flow pressure.
e) ... be mounted without strain.
f) ... the heating water in the flow and back-flow pipes.

4) Translate the completed statements of exercise 3 into German.

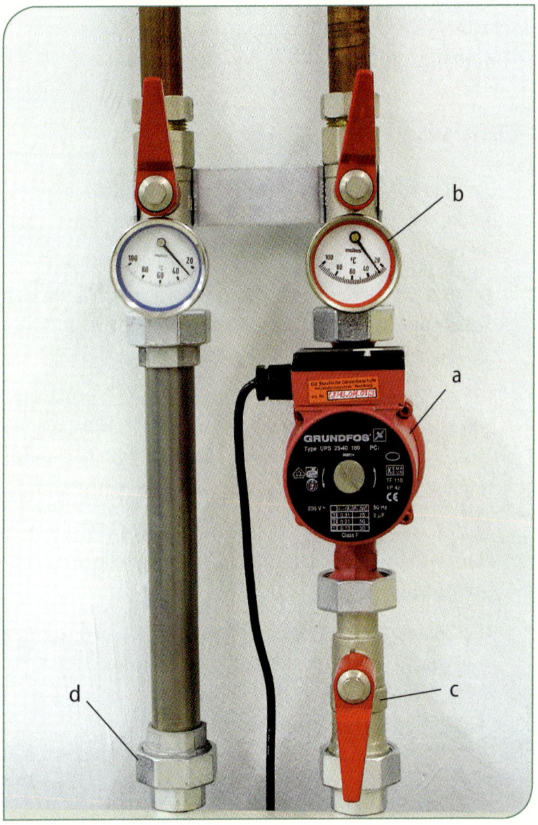

1 Pumping set

Lernfeld 3

5.2 Detachable and permanent joints

Joining or connecting processes consist basically in uniting two or more parts in order to set up subassemblies and multicomponent constructions.
The selection of an appropriate joining process depends upon whether the joint has to be **detachable** or **non-detachable** (permanent).
Detachable joints are produced with parts such as screws, bolts and nuts, pins, clamps or couplings.
Parts which are permanently joined can only be separated by destroying the joining component (e.g. the pressfitting) or the joint (e.g. the bonding seam).
There are different methods to join steel, copper and plastic pipes among one another or with other appliances, such as valves, pumps, expansion vessels, storage tanks etc. (picture 1).

1 Different pipe joints

Exercises

Use your reference book, the internet or a dictionary. Before you look up a word try to guess the word first,then check it.

1. Arrange the mentioned pipe joints in a list with the two classifications : detachable and non-detachable (permanent) joints.

Soft soldered joints, flanged joints, clamping sleeve joints, fusion welded joints, pipe couplings, push fit joints, solvent welded joints, screwed pipe joints, threaded joints, transition joints, gas welded joints, hard soldered joints, pressfitting joints.

2. Complete the listed statements with the following sentence parts :

A) A soldered copper pipe joint is one in which solders with …
B) There are several types of screwed pipe joints …
C) Gas welding is one method to join ….
D) Threads are cut into medium gauge steel pipes …
E) Fusion welded joints can be achieved by the use of a …
F) Pressfitting connections are made by pushing the pipe into the pressfitting, …

a) … by using hand dies or powered threading machines.
b) … then pressing the assembly with the matching jaws of the pressing tool.
c) … specially heated tool which melts the pipe and the fitting.
d) … a lower melting temperature than copper are used to join the pipes.
e) … designed for use on hot and cold water supply systems.
d) … low carbon steel pipes.

3. Translate the completed statements of exercise 2 into German.

4. Explain the difference between detachable and non-detachable pipe joints.

5.3 Plastic pipe joints

Plastic pipes can be joined by compression fittings, push fit joints, fusion welded joints or solvent welded joints. The method chosen will depend on the type of plastic pipe and its use.
There are several designes of compression fittings, made of malleable cast iron, brass, bronze or plastic. These incorporate a sealing rubber ring and a compression ring which prevents the pipe from pulling out. Some compression fittings used for PE, PB or PP have a liner, which is inserted into the pipe to prevent the wall collapsing when the union nut is tightened.
Push fit joints for PVC pipes have bodies made of the same material and incorporate rubber lip seals, which allow a limited expansion or contraction of the pipe. Fusion and solvent welded joints are permanent joints, in which the pastic is partial melted by heat or dissolved by a solvent cement.
PE, PP and PB pipes can be joined by different fusion welding methods.
The joint can be achieved by the use of a specially heated plate or muff which melts the pipe and the fitting, or by electrofusion sleeve couplings. The latter are heated by an electric charge applied to the embedded copper wire windings. Butt welding is the easiest fusion welding method. It takes up little space and the prefabricated plastic pipes need no other components in order to be welded.

Lernfeld 3

PVC pipes and fittings are joined by means of a solvent cement. In this chemical process (called solvent welding, or more simply cementing) a liquid solvent cement applied to the pipe and fitting will temporarily dissolve the surfaces. After connecting pipe and fitting the joint will set in about 10 minutes, but will require at least 12 … 24 hours to become fully hardened.

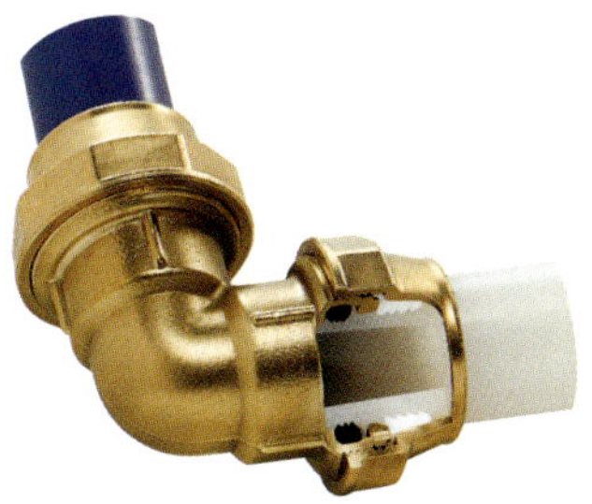

a)

b)

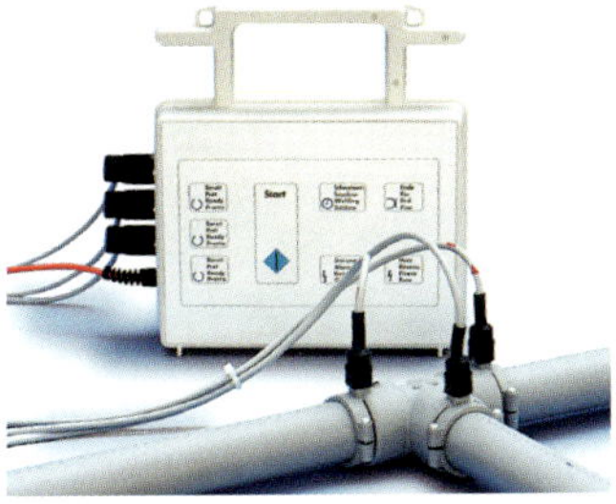

c)

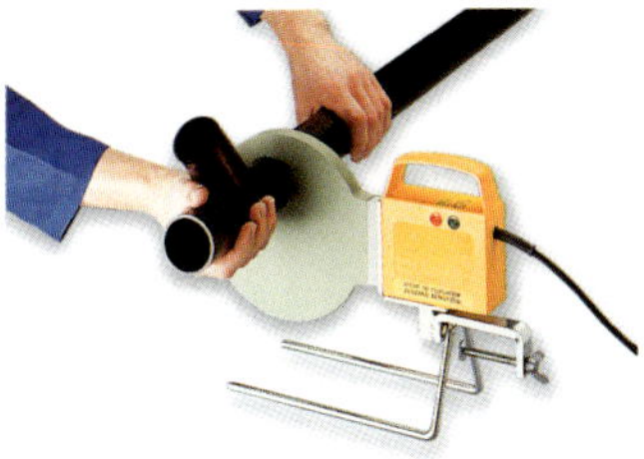

d)

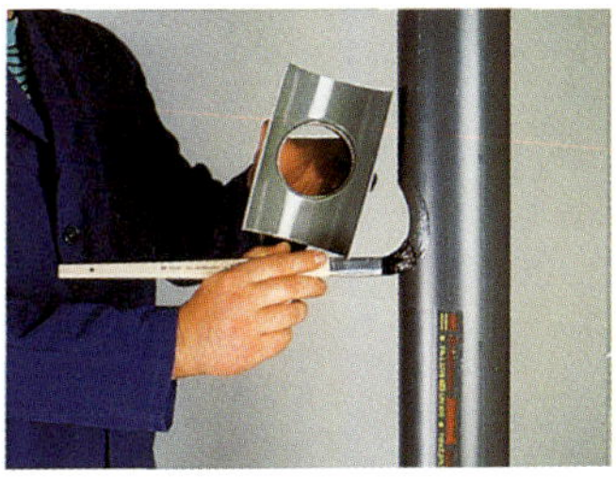

e)

Exercises

Use your reference book, the internet or a dictionary. Before you look up a word try to guess the word first, then check it.

1. Translate the names of the different plastic pipe joints mentioned in the passage above into German.
2. Arrange the mentioned pipe joints in a list with the two classifications: detachable and non-detachable (permanent) joints.
3. Match the pictures a … e with the corresponding pipe joints.

5.4 Fixing devices

As a plumber you will have to fix **sanitary appliances, pipework** and **radiators**, for example, to various surfaces. It is always essential to choose the right fixing devices that are suitable for the load and provide sufficient support so that the **appliances**, the **pipework** and the **radiators** are kept in their proper position. They should also prevent them from accidental damages from people pulling at it, for example.

Fixing devices include:

5.4.1 Screws

such as:

- screws with metric thread
- wood screws
- chipboard screws
- universal spacing screws (all picture 1)

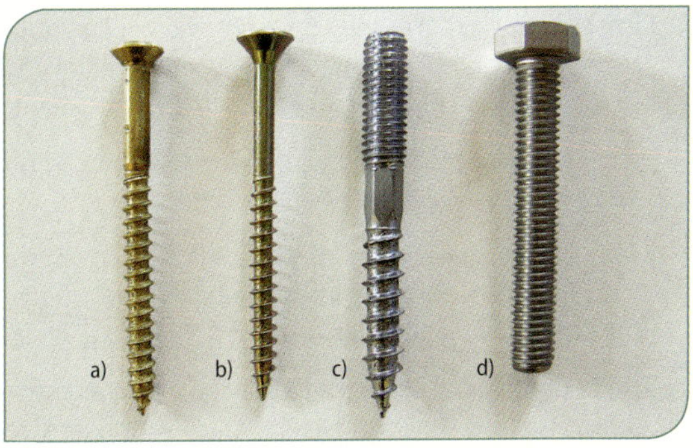

1 Screws

Screws are specified by their length and gauge (picture 1, p. 188)). Traditionally, screws had slotted heads and they were driven with a flat-tip screwdriver. Today, many screws are driven with a power screwdriver and their heads are specially shaped to grip the screwdriver tip more securely than a slotted head (picture 2, p. 188).

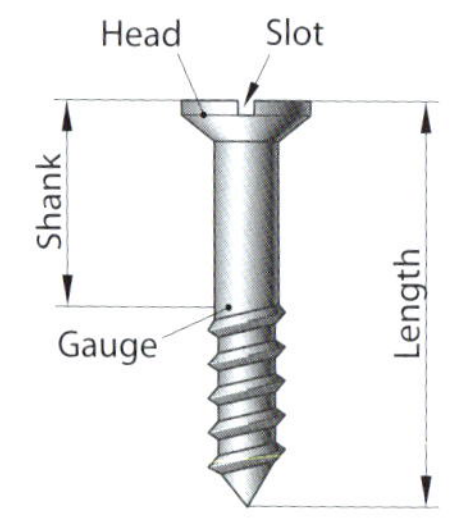

1 Screw specification

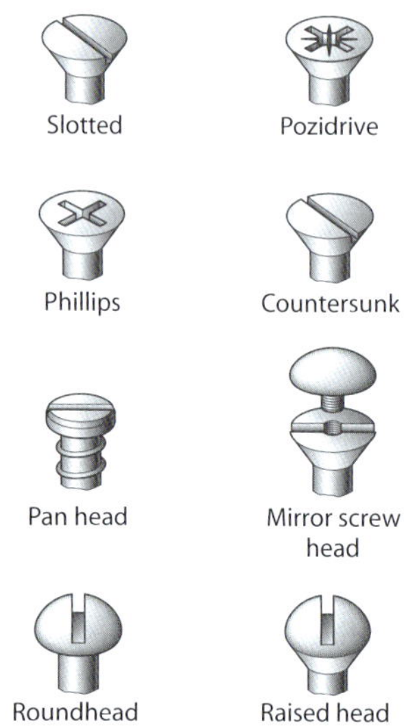

2 Commonly used screws

5.4.2 Fixings

such as:

- plastic plugs
- anchors
- bolts
- cavity metal fixings
- spring toggles (all picture 3)

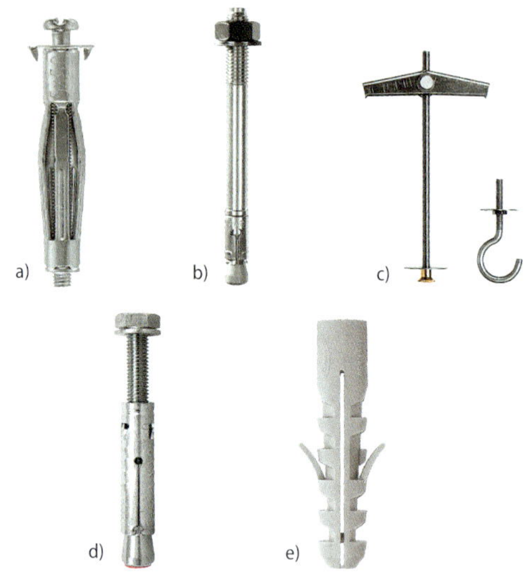

3 Fixings

Exercises

1) Translate the text of chapter 5.4 Fixing devices. Use your reference book, the internet or a dictionary. Before you look up a word try to guess the word first, then check it.

2) Have a look at picture 1, page 187. Match the English terms of the screws with the appropriate letters.

3) Translate the names of the screw specification in picture 1 into German. Use your reference book, a catalogue, the internet or a visual dictionary.

4) Find out the German expressions for at least 6 different screws that are shown in picture 2. Use your reference book, a catalogue, the internet or a visual dictionary.

5) With which of the above mentioned screws have you ever worked and what have you used them for?

Start with: I have worked with .... and used them, **for example**, for fixing pipes.

5.4.2.1 How to use fixings properly

- The building material must be suitable for the intended load-bearing capacity (the material can be recognized by its drilling dust (picture 1, p. 189))
- drill always right-angled to the surface
- use **rotary drilling** without impact for building materials such as perforated brick, gypsum plasterboard or chipboard (picture 2, p. 189)
- use **impact drilling** for denser building materials, e.g. clay brick (picture 2, p. 189)
- use **hammer drilling** for harder solid building materials , e.g. concrete (picture 2, p. 189)
- the plug diameter should be the same as the hole diameter
- the hole diameter in softer materials such as gypsum plasterboard should be 1 mm smaller than the plug diameter

Lernfeld 3

Brick can be recognised by its red drilling dust.

Drilling in concrete produces a fine light grey to white dust that can still trickle.

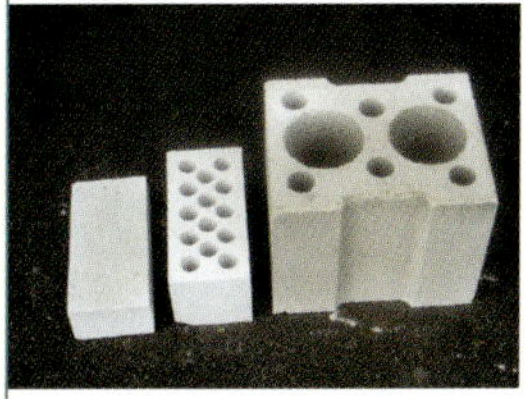

Lime-Sand brick produces white drilling dust with a sandy feel to it.

Gypsum fibre-board produces a white fibrous drilling dust and plaster-board a fine white drilling dust that stick to the drill bit.

1 Building materials

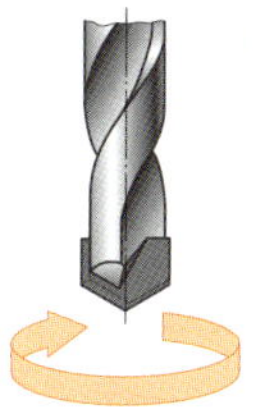

Rotary drilling
- Fast rotation
- Acts by scraping

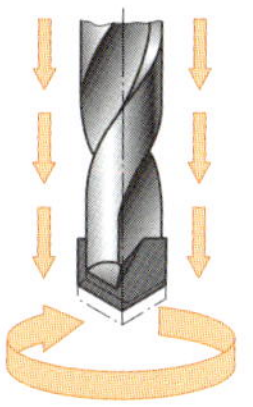

Impact drilling
- Fast rotation and high impact rate
- Low energy per individual impact
- Acts by shattering

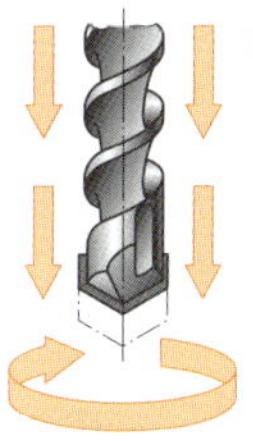

Hammer drilling
- Slow rotation
- High energy per individual impact
- Acts by shattering

2 Drilling

Exercises

1) Have a look at picture 3, page 188. Match the letters a–e with the appropriate English terms of the fixings.

2) Find the appropriate German translation of the building materials in picture 1. Use your reference book, a catalogue, the internet or a visual dictionary.

3) Translate the text in „How to use fixings properly" into German. Use your reference book, the internet or a dictionary. Before you look up a word try to guess the word first, then check it.

4) With which of the above mentioned fixings have you ever worked and what have you used them for?

Start with: I have worked with …
and used them, *for example* for fixing a bidet.

5) Say whether the following statements are true or false. Correct the false statements.

1) The substrate can be recognized by its drilling dust.
2) Drill evenly and always change the drill angle.
3) Use rotary drilling for harder solid building materials.
4) The hole diameter should always be bigger than the plug diameter.
5) You should drill the hole 1mm smaller than the plug diameter in soft building materials.
6) Hammer drilling acts by scraping.

6 Lernsituationen – Projektaufgaben

6.1 Herstellen von einfachen Baugruppen

■ Kundenauftrag

Im Hausanschlussraum eines Einfamilienhauses soll ein Trinkwasserverteiler mit drei Abgängen installiert werden. Er soll nach rechts erweiterbar sein und dort mit einer Kappe verschlossen werden. Zur Anbindung an die Hausanschlussleitung ist im senkrechten Rohr eine Übergangsmuffe anzubringen. Die Stränge sollen im Abstand von jeweils 200 mm angeordnet und jeweils durch ein Schrägsitzventil mit Entleerung absperrbar sein. Aus optischen Gründen sollen die Spindeln der Absperrarmaturen auf gleicher Höhe liegen. An den linken Strang soll die Gartenwasserleitung angeschlossen werden; der Übergangswinkel ist zunächst mit einem Stopfen zu verschließen. Der mittlere Strang versorgt die Entnahmestellen im Erdgeschoss (Küche, Gäste-WC, Bad), der rechte Strang den Speicher -Trinkwassererwärmer. Der Verteiler soll aus halbhartem Kupferrohr gefertigt und an der Ziegelwand (Hohlziegel) mithilfe von Rohrschellen befestigt werden. Als Fügetechnik wird Löten gewählt.

Der Meister beauftragt Sie mit der Fertigung und Befestigung des Verteilers. Dazu sollen Sie vorab von der handgezeichneten Montageskizze eine isometrische Zeichnung mit symbolhaften Darstellungen im Maßstab 1:5 mit allen für die Fertigung erforderlichen Maßen und den Positionsnummern der Bauteile erstellen. Das gebogene Kupferrohr soll im Maßstab 1:1 in Ansicht A (Vorderansicht) gezeichnet werden, um es nach der Fertigung kontrollieren zu können. Ferner beauftragt Sie der Meister, eine Stückliste zu erstellen.

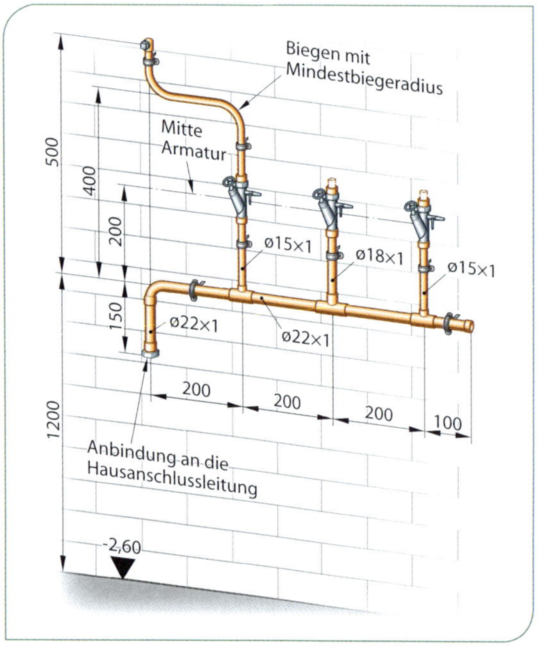

Informieren

1. Beschreiben Sie die wesentlichen Merkmale der isometrischen Darstellung.
2. Welche besonderen Zeichenblätter erleichtern das Anfertigen von isometrischen Zeichnungen?
3. Wozu dient die Verfahrensrose auf den Rasterblättern?
4. Beschreiben Sie den Aufbau einer Stückliste.
5. DIN EN 1057 schreibt für Kupferrohre den Werkstoff CU-DHP vor. Erklären Sie diese Werkstoffbezeichnung.
6. a) Welches Prüfzeichen müssen Kupferrohre für Gas- und Wasserinstallationen aufweisen?
   b) Was bedeutet die Abkürzung DVGW?
7. Nennen Sie mögliche Auswirkungen, wenn am Rohrende a) der Innengrat b) der Außengrat nicht entfernt werden.
8. Beim Trennen des Kupferrohres EN 1057 – 18 × 1,0 ist ein Schneidgrat von 1,2 mm entstanden.
   a) Berechnen Sie die Querschnittsverminderung in mm^2, wenn der Schneidgrat nicht entfernt wird
   b) Um wie viel Prozent wird die freie Querschnittsfläche vermindert?
9. Beschreiben Sie die Beanspruchung des Rohrwerkstoffes an der Biegestelle.
10. Nennen Sie mögliche Folgen eines zu kleinen Biegeradius?
11. Erläutern Sie die Bedeutung des Stichmaßes beim Biegen von Rohren.
12. Welche Kupferrohre können kalt gebogen werden?
13. Je nach Art des Wirkprinzips der Fügetechnik lassen sich die Fügeverfahren in drei Gruppen einteilen.
    a) Erstellen Sie eine Tabelle nach folgendem Muster.
    b) Beschreiben Sie die drei unterschiedlichen Wirkprinzipien.
    c) Ordnen Sie die bei der Fertigung des Verteilers zur Anwendung kommenden Fügetechniken den entsprechenden Wirkprinzipien zu.
    d) Nennen Sie Fügeverfahren, die bei der Verteilerfertigung mit anderen Werkstoffen verwendet werden können und ordnen sie diese den Wirkprinzipien zu.
    e) Unterscheiden Sie die Verbindungstechniken nach lösbaren und unlösbaren Verbindungen.

	Wirkprinzip			Lösbarkeit	
	formschlüssig	stoffschlüssig	kraftschlüssig	lösbar	unlösbar
Beschreibung					
Fügetechniken zur Fertigung des Verteilers					
Weitere Fügetechniken					

14. Was versteht man unter der Kapillarwirkung beim Löten?
15. Für welche Kupferrohr-Installationen ist a) das Hartlöten b) das Weichlöten vorgeschrieben?
16. Welche besonderen Anforderungen müssen Weichlötflussmittel für die Trinkwasserinstallation erfüllen?
17. Aus welchen Hauptbestandteilen bestehen Weichlote für Trinkwasserleitungen?
18. Welche Folgen hat eine a) zu hohe b) zu niedrige Arbeitstemperatur?
19. Nennen Sie grundlegende Anforderungen an die Befestigungselemente von Rohrleitungen.
20. Wovon hängt der Befestigungsabstand ab?
21. Welche Arten von Rohrschellen werden im Handel angeboten?
22. Wovon hängt die Auswahl eines geeigneten Dübels ab?
23. a) Erstellen Sie eine Tabelle nach folgendem Muster.
    b) Ordnen Sie die genannten Dübel und Anker den entsprechenden Wirkprinzipien zu:
    Hohlraumdübel, Spreizdübel, Reaktionsanker, Spreizanker

Stoffschluss	Formschluss	Kraftschluss (Reibschluss)

24. Für welche Baustoffe eignen sich
    a) Spreizdübel
    b) Hohlraumdübel
    c) Universaldübel?
25. Wie kann Rissbildung im Mauerwerk durch die Dübelmontage verhindert werden?
26. Worauf ist beim Bohren der Dübellöcher grundsätzlich zu achten?

Planen und Entscheiden

1. Bestimmen Sie die Zuschnittlängen der geraden Rohrstücke:
   a) für das Kupferrohr EN 1057 – 22 × 1,0
   b) für das Kupferrohr EN 1057 – 18 × 1,0
   c) für das Kupferrohr EN 1057 – 15 × 1,0
2. Ermitteln Sie den Mindestbiegeradius für das halbharte Kupferrohr EN 1057, 15 × 1,0 in mm.
3. Berechnen Sie die notwendige Ausgangslänge (gestreckte Länge) des zu biegenden Kupferrohres, EN 1057, 15 × 1,0 in mm.
4. Welchen Wandabstand wählen Sie für den Verteiler?
5. Wählen Sie geeignete Rohrschellen aus und begründen Sie Ihre Entscheidung.
6. Wählen Sie geeignete Stockschrauben aus und begründen Sie Ihre Entscheidung.
7. Wählen Sie geeignete Dübel aus und begründen Sie Ihre Entscheidung.
8. Geben Sie für die ausgewählten Dübel
   a) den Bohrungsdurchmesser
   b) die ausreichende Bohrungstiefe an.
9. Wählen Sie für den Arbeitsauftrag eine geeignete Bohrmaschine und einen geeigneten Bohrer aus und begründen Sie Ihre Wahl.
10. Welche Nachbearbeitung ist nach dem Bohren der Dübellöcher noch erforderlich?
11. Welche Unfallverhütungsvorschriften sind beim Bohren (Umgang mit einer Handbohrmaschine) zu beachten?

Ausführen

1. Erstellen Sie vom abgebildeten Verteiler eine isometrische Montageskizze im Maßstab M 1:5 Tragen Sie die für die Fertigung erforderlichen Maße ein und ordnen Sie den einzelnen Bauteilen die entsprechenden Positionsnummern zu.
2. Zeichnen Sie das gebogene Kupferrohr im Maßstab 1:1 in Ansicht A.
3. Erstellen Sie eine Stückliste für den Arbeitsauftrag.
4. Bestimmen Sie mittels Herstellerunterlagen oder Internet die Materialkosten für den Arbeitsauftrag.
5. Beschreiben Sie alle Arbeitsschritte zur Herstellung des Trinkwasserverteilers in fachlich und wirtschaftlich sinnvoller Reihenfolge und geben Sie die hierfür notwendigen Werkzeuge, Prüf- und Hilfsmittel an.

Lernfeld 4:
Warten technischer Systeme

1 Instandhaltung

1.1 Allgemeines zum Begriff „Wartung"

Der üblicherweise benutzte Begriff „Wartung" bzw. „Wartungsarbeiten" (maintenance, maintenance works) umfasst alle Tätigkeiten, die dazu dienen, die Betriebsbereitschaft (service readiness) einer Anlage sicherzustellen oder wiederherzustellen. Im Folgenden soll jedoch dargestellt werden, dass die Normung und die damit einhergehende Fachsprache eine so weit gefasste Gültigkeit nicht zulassen.
Während Wartungsarbeiten an Kraftfahrzeugen heute zu den selbstverständlichen Pflichten eines Fahrzeughalters gehören, trifft das für den Betreiber von versorgungstechnischen Anlagen noch lange nicht zu. Häufig reagiert der Kunde erstaunt bis fassungslos, wenn er durch den Ausfall (failure) von Anlagenteilen oder der Gesamtanlage von dem herbeigerufenen Kundendienstunternehmen (service company) erfährt, dass diese Anlage einer kontinuierlichen Wartung bedarf. Ursache dieser Unwissenheit sind oft mangelnde Kenntnis über die Anlagenbelastung oder unzureichende Unterweisung bzw. Beratung durch das installierende Unternehmen. Umfragen von Fachverbänden in den1990er Jahren haben z. B. ergeben, dass der weitaus größte Teil der Anlagenbetreiber keine Wartungsverträge (maintenance contracts) abgeschlossen hat (siehe nachfolgende Grafik).

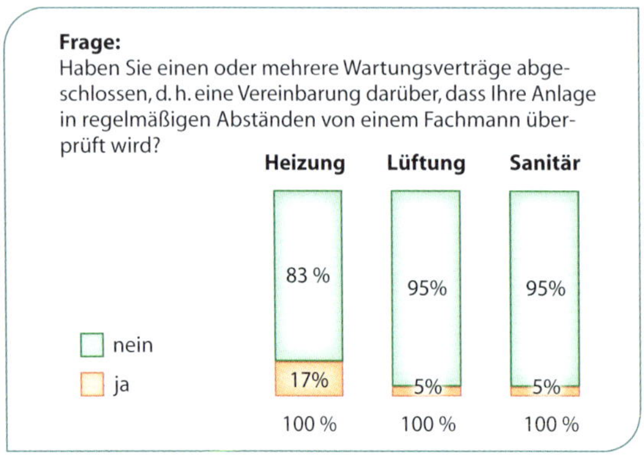

Es ist zu befürchten, dass sich diese Situation nicht nennenswert verbessert hat. Neben dem beachtlichen Imageschaden, den besonders Klimaanlagen wegen unzureichender oder gar keiner Wartung z. B. an ihren Filter- und Befeuchtungssystemen (filtering and moistening systems) genommen haben, werden durch diese Unterlassungen an versorgungstechnischen Anlagen enorme gesundheitliche, ökologische und ökonomische Schäden an Personen, Volkswirtschaft und Umwelt angerichtet. Um diese Problematik ins Bewusstsein des Kunden zu rücken, muss mit Hilfe der unterschiedlichsten Medien gezielt Aufklärung durch die Versorgungsunternehmen und deren Verbände betrieben werden.

Unterlassene oder zu selten durchgeführte Wartungsarbeiten an haustechnischen Anlagen sind die häufigste Ursache für auftretende Schäden an diesen Anlagen, wobei es dann auch noch zu gravierenden Folgeschäden (consequential damages) am Baukörper (construction body) kommen kann. In Bauschadensberichten der Bundesregierung wird u. a. darauf hingewiesen, dass haustechnische Anlagen nur dann über längere Zeit funktionstüchtig bleiben, wenn sie regelmäßig gewartet werden. Dabei sind auch Verschleißteile (wearing parts) auszuwechseln, bevor Störungen (disturbances) auftreten können, die zudem hohe Kosten verursachen würden.

MERKE

Konsequenterweise sind in den einschlägigen DIN-Normen diese Erkenntnisse umgesetzt worden, indem generell die Forderung nach einer regelmäßigen Wartung mit z. T. sehr präzisen Angaben über Wartungsintervalle für die unterschiedlichen Anlagenteile erhoben wird (siehe z. B. DIN 1986-30 oder DIN 4755).

Da Normen und Richtlinien (standards and directives) im Gegensatz zu Verordnungen (statutory regulations) jedoch keine Gesetze sind, können sie gegenüber dem Betreiber im Allgemeinen nicht eingeklagt werden. Eine Besonderheit bilden dabei z. B. gasbetriebene Anlagen (gas operated facilities), bei denen das Gasversorgungsunternehmen (gas supply company) mit weiteren überwachenden Instanzen wie dem Bezirks-Schornsteinfegermeister (district chimney sweep) per Vertrag und Gesetz über die regelmäßige Pflege und Aufsicht (regular attendance and supervision) wachen. Das Installationsunternehmen muss dem Betreiber der installierten Anlage deutlich machen, dass im Falle einer nicht regelmäßig oder gar nicht gewarteten Anlage Gewährleistungsansprüche (guarantee claims) und Schadensregulierungen, z. B. auch durch Versicherungen, entfallen können.

1.2 Grundbegriffe

Der Oberbegriff der zu unterscheidenden Einzelmaßnahmen ist die **Instandhaltung** (DIN EN 13306:2001-09 und DIN 31051:2003-06). Sie gliedert sich in die folgenden vier „Grundmaßnahmen" auf:

- Wartung (maintenance)
- Inspektion (inspection)
- Instandsetzung (repair)
- Verbesserung (improvement)

MERKE

Definition Instandhaltung: Die Instandhaltung umfasst alle Maßnahmen (measures), die dazu dienen, die Funktionsfähigkeit (operability) z. B. einer Anlage oder eines Gerätes zu erhalten oder wiederherzustellen oder in Ausnahmefällen ihre Funktionssicherheit (operational safety) sogar zu verbessern.

Instandhaltung

Wartung	Inspektion	Instandsetzung	Verbesserung
Maßnahmen, die die Abnutzung (wear) eines Gerätes verzögern.	Maßnahmen, die den Istzustand (actual condition) einer Maschine und die Ursachen der Abnutzung feststellen lassen. Außerdem sollen daraus die nötigen Konsequenzen für eine spätere Nutzung abgeleitet werden.	Maßnahmen, die die Maschine in einen funktionsfähigen Zustand zurückführt. Verbesserungen sind nicht inbegriffen.	Alle Maßnahmen, die die Funktionssicherheit einer Maschine steigern, ohne die von ihr geforderte Funktion zu ändern.

1.2.1 Wartung am Beispiel eines Rückstausicherungsautomaten

Wartungsarbeiten sind von der Art und dem Umfang der Anlagen bzw. Anlagenteile abhängig. **Wartungspläne** (maintenance shedules) müssen daher je nach Art und Einsatzdauer des belasteten Anlagenteils speziell auf die Gegebenheiten zugeschnitten werden. Die einzuleitenden Maßnahmen können beinhalten:

- die Analyse des Auftragsinhaltes und die Dokumentation des Auftrags
- das Erstellen eines detaillierten Wartungsplanes mit Angabe sämtlicher Tätigkeiten und der Wartungsintervalle (maintenance intervals) sowie der Ortsangaben
- die Vorbereitung der Durchführung unter Angabe der Arbeitsplatzausrüstung sowie der Schutz- und Sicherheitseinrichtungen
- die Durchführung und die Funktionsprüfung
- die Fertigmeldung und Übergabe an den Betreiber bzw. die Abnahme durch den Betreiber

Am Beispiel eines elektrisch betriebenen Rückstauverschlusses (antifloading valves, Bild 2, Seite 194) sollen mögliche Wartungsarbeiten deutlich gemacht werden.

MERKE

Rückstauverschlüsse sind überall dort vorzufinden, wo Ablaufstellen tiefer liegen als die Rückstauebene (RSTE / back pressure level) und ein natürliches Gefälle (self-cleansing gradient) zum öffentlichen Abwasserkanal (main drain) vorhanden ist, sodass es bei einem Kanalrückstau zu Überschwemmungen kommen kann.

Ablaufstellen, die oberhalb der Rückstauebene liegen sind nicht rückstaugefährdet.
Dies liegt daran, dass sich der Kanalrückstau nach dem Prinzip der kommunizierenden Röhren maximal bis zu den Ventilationslöchern der Einsteigschächte bzw. zu den Straßenabläufen aufbauen kann (Bild 1). Hier tritt dann das rückgestaute Abwasser zuerst aus. Verläuft der Kanal im Gelände, wäre ersatzweise die Geländeoberkante an der Anschlussstelle heranzuziehen.

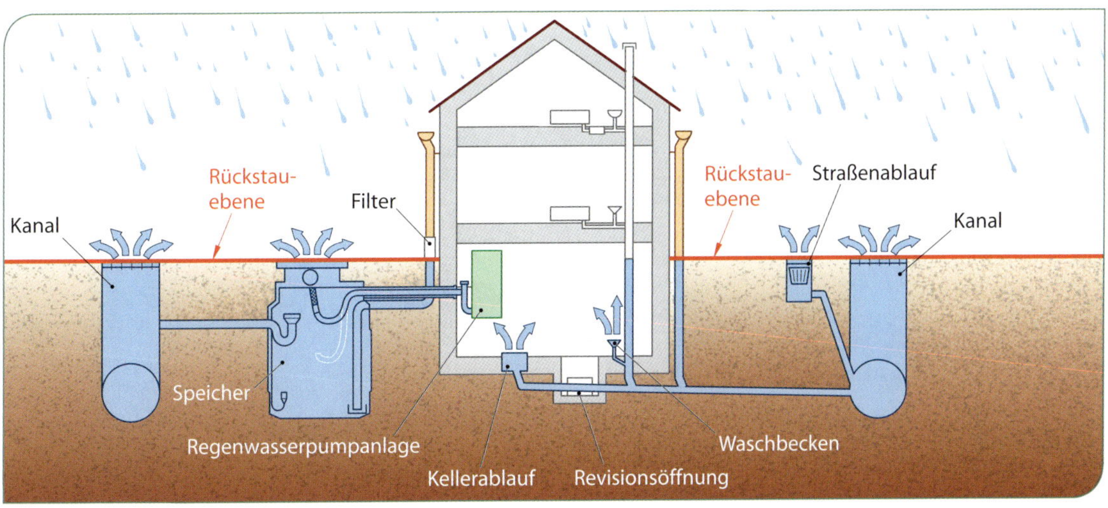

1 Darstellung der Rückstauebene

Lernfeld 4

Damit der Betreiber vor Überschwemmungen (Bild 1) geschützt ist, müssen solche Geräte regelmäßig gewartet werden.

1 Kellerüberschwemmung

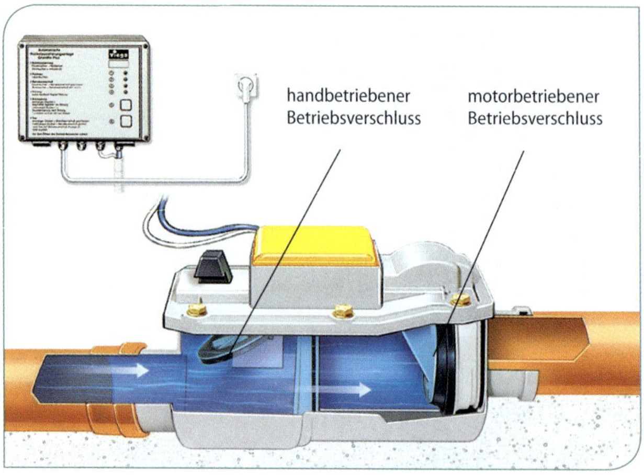

3 Rückstausicherung mit einem motorbetriebenen und einem manuellen Betriebsverschluss sowie akustischem und optischem Signal bei Rückstau

Das nachfolgende Bild 2 zeigt die Einbausituation eines elektrisch betriebenen Rückstauverschlusses (Bild 3):

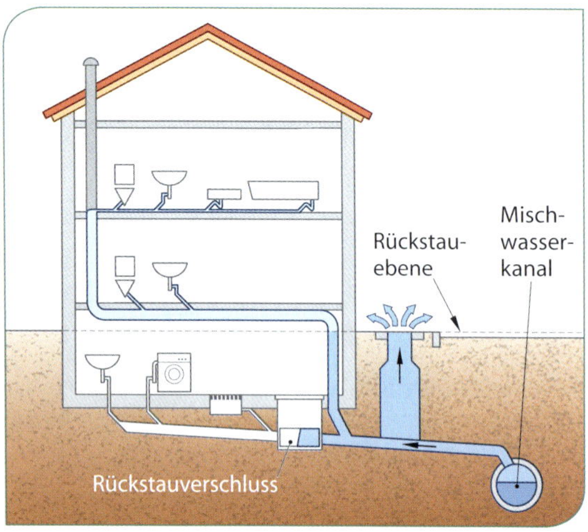

2 Einbausituation Rückstauverschluss

1.2.1.1 Bedienungsanleitung

In seiner Bedienungsanleitung (operating manual) gibt der Hersteller u.a. die Leuchtdiodenanzeige (light emitting diode = LED-display) über den jeweiligen Betriebszustand und mögliche Störungen (faults) in tabellarischer Form an (Bild 4). Aus diesen Angaben können sowohl der Betreiber (runner) als auch der Wartungsmonteur (serviceman) Rückschlüsse hinsichtlich der einwandfreien Funktion oder einer notwendigen Störungsbehebung (fault remedy) ziehen.

Weitere Angaben in der Bedienungsanleitung beziehen sich auf elektrische Einbaukomponenten **(A)**, auf die Reinigung der Rückstausicherung **(B)** sowie auf die sich anschließende Funktionskontrolle **(C)** (siehe S. 195 f.):

Diode (1) grün	Diode (2) gelb	Diode (3) rot	Diode (4) rot	akust. Signal	Steuerungszustand	Maßnahmen
–	–	–	–	–	Steuerung aus; keine Rückstauüberwachung	Steuerung mit Netz verbinden
an	–	–	–	–	Automatikbetrieb (Netzbetrieb)	–
blinkt	–	–	–	–	Automatikbetrieb (Akkubetrieb)	Steuerung mit Netz verbinden
an	an	an	–	an	Netzbetrieb; Rückstau; Betriebsverschluss geschlossen	Rückstauende abwarten
an	an	blinkt	an	an	Netzbetrieb; Rückstau; gleichzeitig liegt eine Motorstörung vor	Handverschluss bis Rückstauende schließen
an	–	an	–	an	Betriebstest im Netzbetrieb; Betriebsverschluss geschlossen	Betriebstest durch Druck des Tasters (6) beenden
blinkt	–	–	blinkt	an	Akkustörung	siehe unten (Punkt 1)
an	–	blinkt	blinkt	an	Motorstörung im Netz-/Akkubetrieb	siehe unten (Punkt 2)

4 Anzeigenmatrix (-tabelle) der Steuerung

A) Angaben zu elektrischen Einbaukomponenten der Rückstausicherung

Akku (accumulator)
Die Steuerung verfügt über einen Akku, der bei Stromausfall den Weiterbetrieb für wenigstens 24 Stunden sicherstellt. Nach 24 Stunden hat ein leerer Akku 90 % seiner Kapazität wieder erreicht.

Achtung: Akkus unterliegen einer natürlichen Alterung. In diesem Fall ist der Akku (Originaltyp vom Hersteller) auszuwechseln. Der Hersteller empfiehlt, den Akku nach 5 Jahren vorbeugend auszuwechseln.

MERKE

Ein Akkutausch darf nur von einem Elektrofachmann durchgeführt werden. Vor dem Öffnen des Gehäuses muss der Netzstecker gezogen werden.

Sicherungen (safety fuses)
Damit die Mikroelektronik der Steuerung wirksam gegen Anschlussfehler und auftretende Störungen geschützt ist, sind zwei Feinsicherungen auf der Platine eingebaut
Akkusicherung:
Sicherung 1 schützt die Steuerung vor Verpolung des Akkus. Spricht die Sicherung an, ist die Verkabelung zu überprüfen und eine neue Sicherung einzusetzen.
Motorsicherung:
Sicherung 2 schützt die Steuerung vor Kurzschluss, der durch Motordefekt oder fehlerhaftes Verkabeln entstehen kann. Vor Einsetzen einer neuen Sicherung müssen Verkabelung und Motor überprüft werden.

MERKE

Vor Öffnen des Gehäuses muss der Netzstecker gezogen werden. Die Sicherungen dürfen nur von einem Elektrofachmann ausgewechselt werden!

Sicherungswerte (fuse values)
Der Rückstauverschluss besitzt keine Netzsicherung in Form einer Schmelzsicherung. Eine Sicherung ist in Form eines thermischen Schalters im Primärkreis des Netztransformators integriert. Bei einem Defekt der Elektronik öffnet dieser Schalter bei Erreichen einer Temperatur von 120 °C nach kurzer Zeit. Tritt dieser Zustand auf, liegt ein schwerwiegender Defekt der Steuerung vor. Sie muss an die Einbaufirma/Fachfirma zur Reparatur gegeben werden.

Sicherung	Wert	Verhalten
Akkusicherung	4 A	träge
Motorsicherung	4 A	träge

Verhalten bei einer Akkustörung
Netzverbindung herstellen und abwarten. Akkustörungen treten immer bei unzureichendem Ladezustand des Akkus bzw. bei einer beschädigten Akkusicherung auf.

Motorstörung im Netz / Akkubetrieb
Motorsicherung und Zuleitung bzw. Anschlusskabel auf Beschädigung prüfen. Gegebenenfalls Initialisierung durch Doppeldruck Taster einleiten. Motorspindel durch Demontage des Gehäusedeckels kontrollieren (Spindelbruch). In diesem Fall Kontakt zur Einbaufirma / Fachfirma aufnehmen.

B) Angaben zur Reinigung der Rückstausicherung

Die Rückstausicherung für durchgehende Leitungen, einem automatisch motorbetriebenen Betriebsverschluss und einem Notverschluss durch Handbetätigung muss nach Vorschriften der DIN 1986-3 regelmäßig 2 x jährlich gewartet werden.
Vor der Funktionskontrolle muss die Rückstausicherung gründlich gereinigt werden. Hierzu müssen die Rückstauklappen in Schließrichtung gebracht werden (Bild 1 und Bild 2).

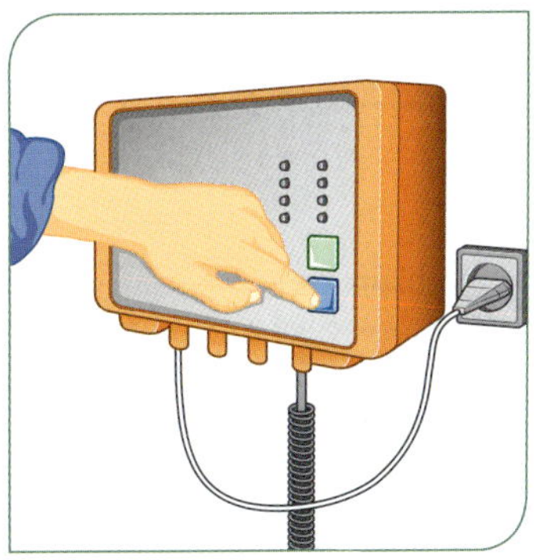

1 Motorbetriebenen Betriebsverschluss durch einmaliges Betätigen der Test-Taste schließen.

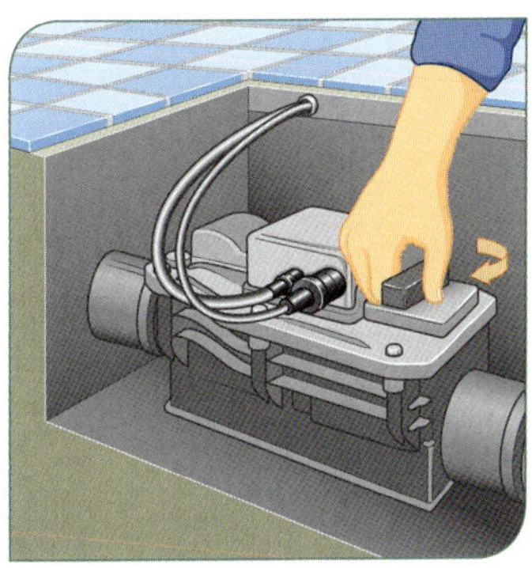

2 Handbetriebenen Betriebsverschluss durch Handbetätigung schließen.

Die **Reinigung** erfolgt danach in der Bilderfolge 3 bis 8 auf Seite 196.

Lernfeld 4

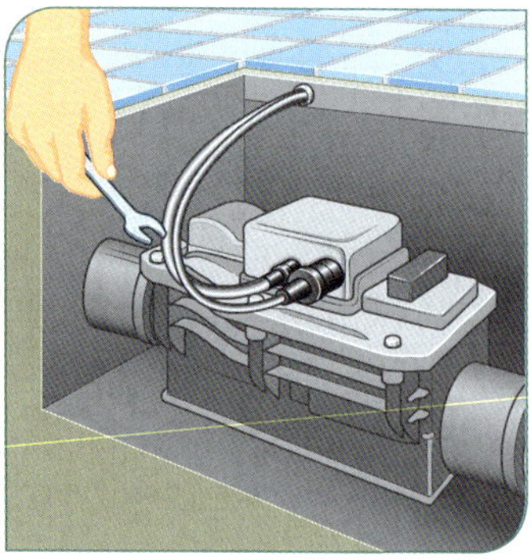

3 *Sechs Schrauben lösen*

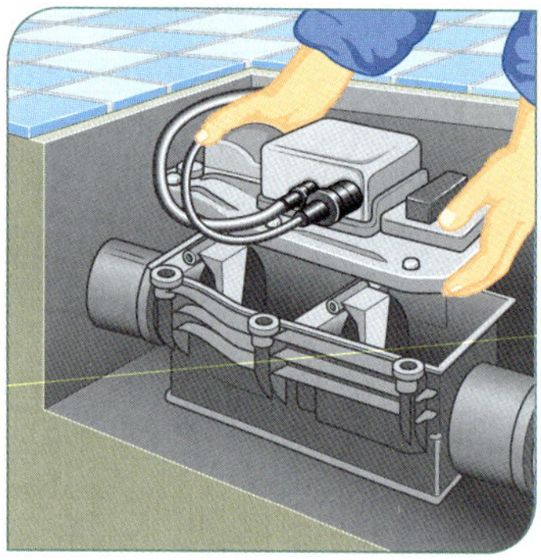

4 *Deckel vorsichtig abnehmen*

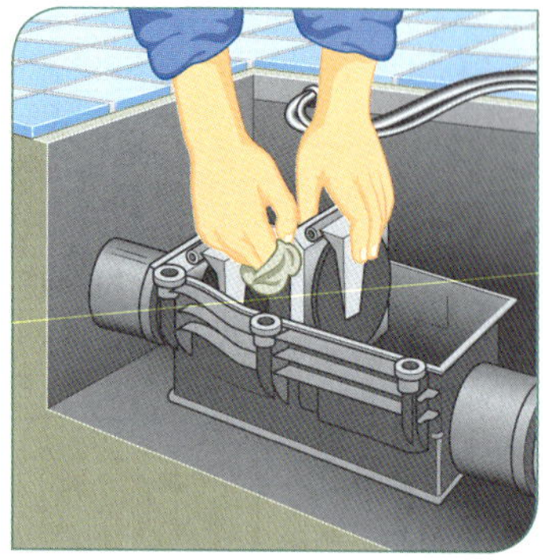

5 *Rückstauklappen herausnehmen und gut säubern (evtl. Dichtungen säubern)*

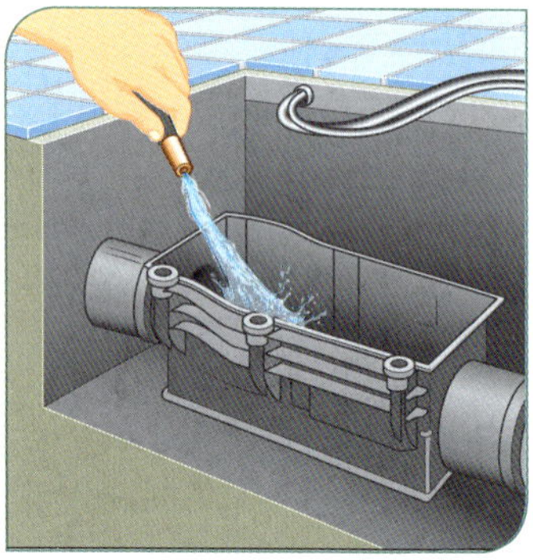

6 *Kasten reinigen*

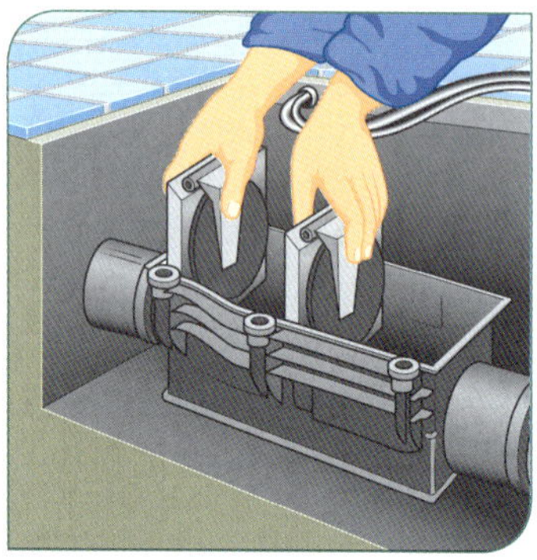

7 *Rückstauklappen wieder funktionsgerecht einbauen*

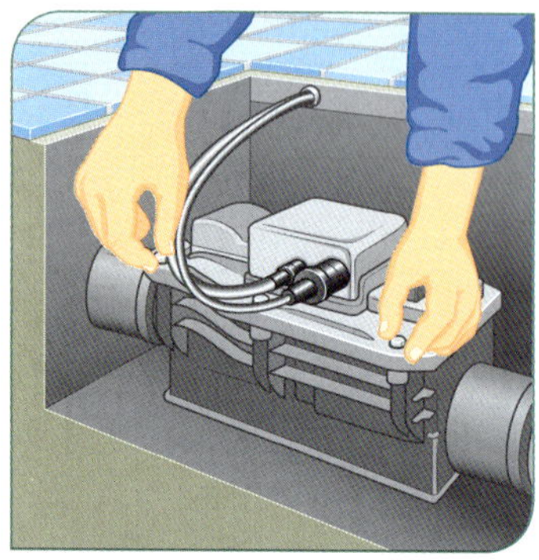

8 *Deckel aufsetzen und fest montieren*

C) Angaben zur Funktionskontrolle der Rückstausicherung

Die Funktionskontrolle beginnt mit dem Einschaltvorgang (Akkusicherung einlegen und Netzanschluss herstellen). Leuchtet nach der abgeschlossenen Initialisierung die grüne Diode auf, ist der Einschaltvorgang abgeschlossen.

Danach ist eine **Funktions- bzw. Dichtheitsprüfung** durchzuführen. Die Einzelvorgänge sind in der Bilderfolge 1 bis 7 dargestellt.

Die angegebenen Diodennummern beziehen sich auf Tabelle Bild 4, Seite 194.

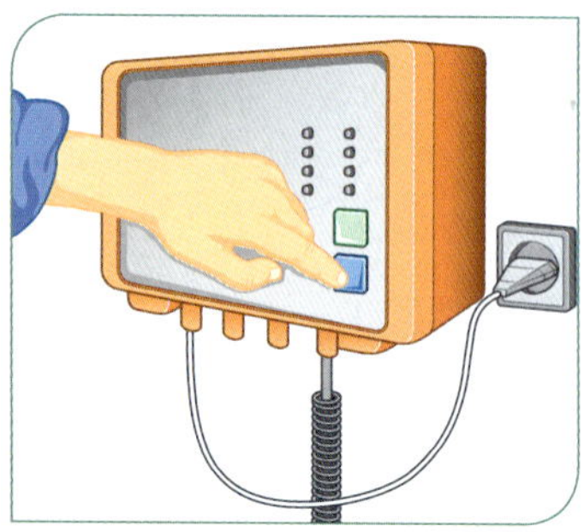

1 *Kontrolle der Mechanik: Durch Betätigen der Test-Taste Betriebsverschluss auf- und wieder zufahren lassen.*

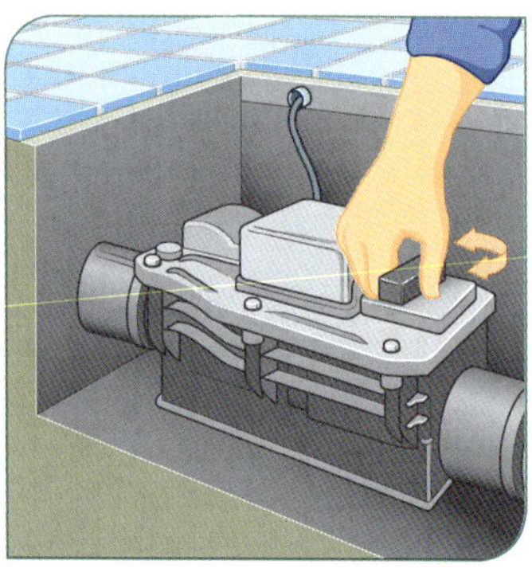

2 *Kontrolle der Mechanik: Durch Öffnen und Schließen des Notverschlusses.*

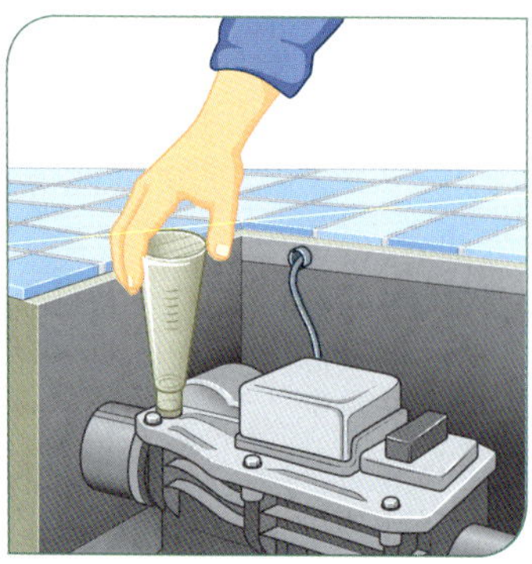

3 *Not- und Betriebsverschluss sind geschlossen (grüne (1) und rote (3) Kontroll-Lampen leuchten, ein akustisches Signal ertönt). Prüfvorrichtung an Stelle des Stopfens einschrauben und solange füllen, bis sie voll Wasser steht.*

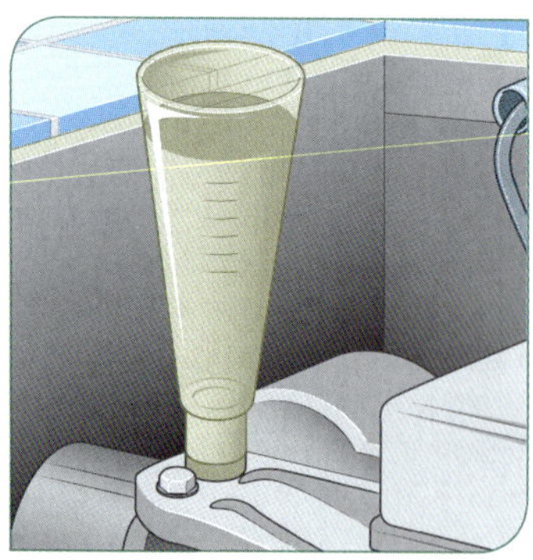

4 *Bei gefülltem Trichter muss die Rückstaumeldung (2) gelb aufleuchten. Den Wasserstand beobachten und nachsehen, ob nicht mehr als 500 ml/10 min nachzufüllen sind.*

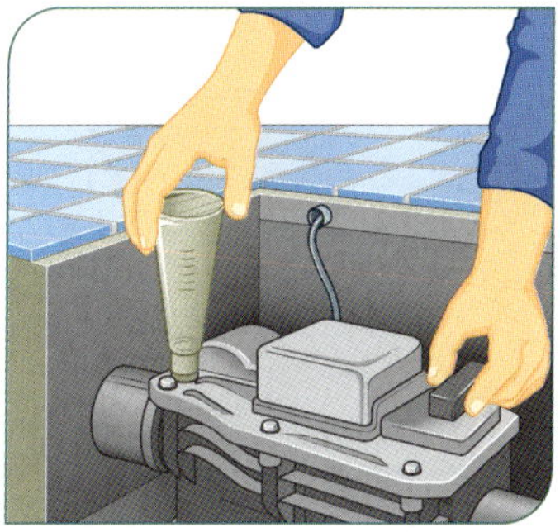

5 *Notverschluss durch Handbetätigung öffnen. Wasser fließt weg. Rückstaumeldung (2) gelb erlischt.*

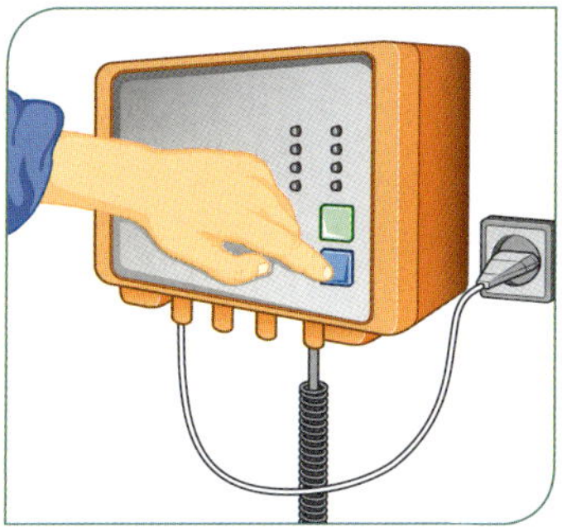

6 *Betriebsverschluss durch einmaliges Betätigen der Test-Taste öffnen. Die grüne Kontroll-Lampe (1) leuchtet auf. Rot (3) erlischt und Signalton verstummt.*

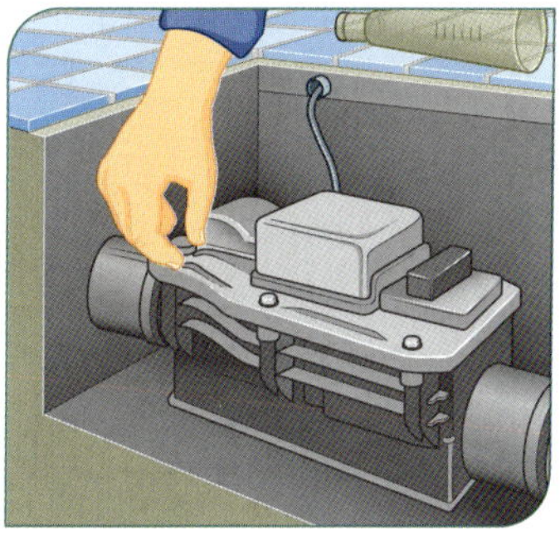

7 *Prüfvorrichtung herausschrauben und Stopfen eindrehen.*

1.2.1.2 Allgemeine Wartungsmaßnahmen

Wartungsarbeiten können generell in die Maßnahmen Reinigen, Schmieren, Konservieren, Nachstellen, Ergänzen und Auswechseln unterteilt werden. Die in A, B und C dargestellten speziellen Wartungsarbeiten können diesen Maßnahmen zugeordnet werden (siehe folgende Tabelle).

Reinigen (clean)	Schmieren (lubricate)	Konservieren (preserve)	Nachstellen (adjust)	Ergänzen (complete)	Auswechseln (change, replace)
Gehäuseschrauben lösen, Rückstauklappen und Kasten reinigen, Deckel montieren	Dichtungen und Schrauben evtl. fetten	Hier nicht notwendig	Hier nur Betätigen der Rückstauklappen zwecks Funktionskontrolle	Wasser in Fülltrichter zwecks Dichtheitskontrolle	Dichtungen, Sicherungen, Akku (vom Hersteller empfohlen): ca. alle 5 Jahre

1.2.2 Inspektion

Die Inspektion besteht
- sowohl aus der eher subjektiven, direkten Wahrnehmung des Istzustandes des Anlagenteils (des Geräts) mit den Sinnesorganen
- als auch aus der eher objektiven Bestimmung des Istzustandes mit Hilfe der verwendeten Mess- und Prüfzeuge

Die Inspektion gilt dem frühzeitigen Erkennen möglicher Fehler oder Abnutzungen und beugt so größeren Schäden vor. Inspektionsmaßnahmen (inspection measures) können beinhalten:
- die Analyse des Auftragsinhaltes und die Dokumentation des Auftrags
- das Erstellen eines Planes zur Feststellung des Istzustandes mit folgenden Angaben: Sämtliche Tätigkeiten, auch die gewählten Methoden, die verwendeten Geräte, sowie die Angabe der Prüfintervalle und -orte
- die Vorbereitung der Durchführung unter Angabe der Arbeitsplatzausrüstung sowie der Schutz- und Sicherheitseinrichtungen
- die Durchführung, Auswertung und Beurteilung der Ergebnisse
- ggf. die Fehleranalyse (fault analysis)
- ggf. das Aufzeigen und Bewerten von alternativen Lösungen (alternative solutions)
- Die Entscheidung für eine Lösung
- die Rückmeldung

Die aufgelisteten Inspektionsmaßnahmen sollen wieder am Beispiel des elektrisch betriebenen Rückstauverschlusses erläutert werden:
Die erste und sicherlich einfachste Stufe (first step) der Inspektion kann vom Betreiber selbst vorgenommen werden. Sie besteht aus der Beobachtung der Anzeigen des Steuergerätes. Die zweite und aufwändigere Stufe der Inspektion kann im Allgemeinen nur von Fachpersonal (experts) durchgeführt werden, weil sie eine Funktionskontrolle mit der Prüfung auf Dichtheit (leak test) einschließt (siehe 1.2.1.1 C).
Es ist zweckmäßig, für diese Arbeiten einen Inspektionsplan zu erstellen (Bild 1, Seite 198). und das Abarbeiten der Positionen schriftlich zu vermerken.
Die Notizen beziehen sich auch auf die gewählte Prüfmethode (testing method) und die dabei verwendeten Mess- und Prüfmittel (measuring and testing tools). Die Ergebnisse der Überprüfung werden ausgewertet und beurteilt. Eine Fehleranalyse kann z. B. zu dem Ergebnis führen, dass der Rückstauverschluss durch unzulässiges Ableiten von Hygieneartikeln zu hoch belastet wurde und damit im Laufe der Zeit undicht geworden ist.
Eine Rückmeldung an die Nutzer (user) und der Hinweis auf ein verändertes Bedienerverhalten (change of behaviour) wären die Folgen dieser Inspektion.

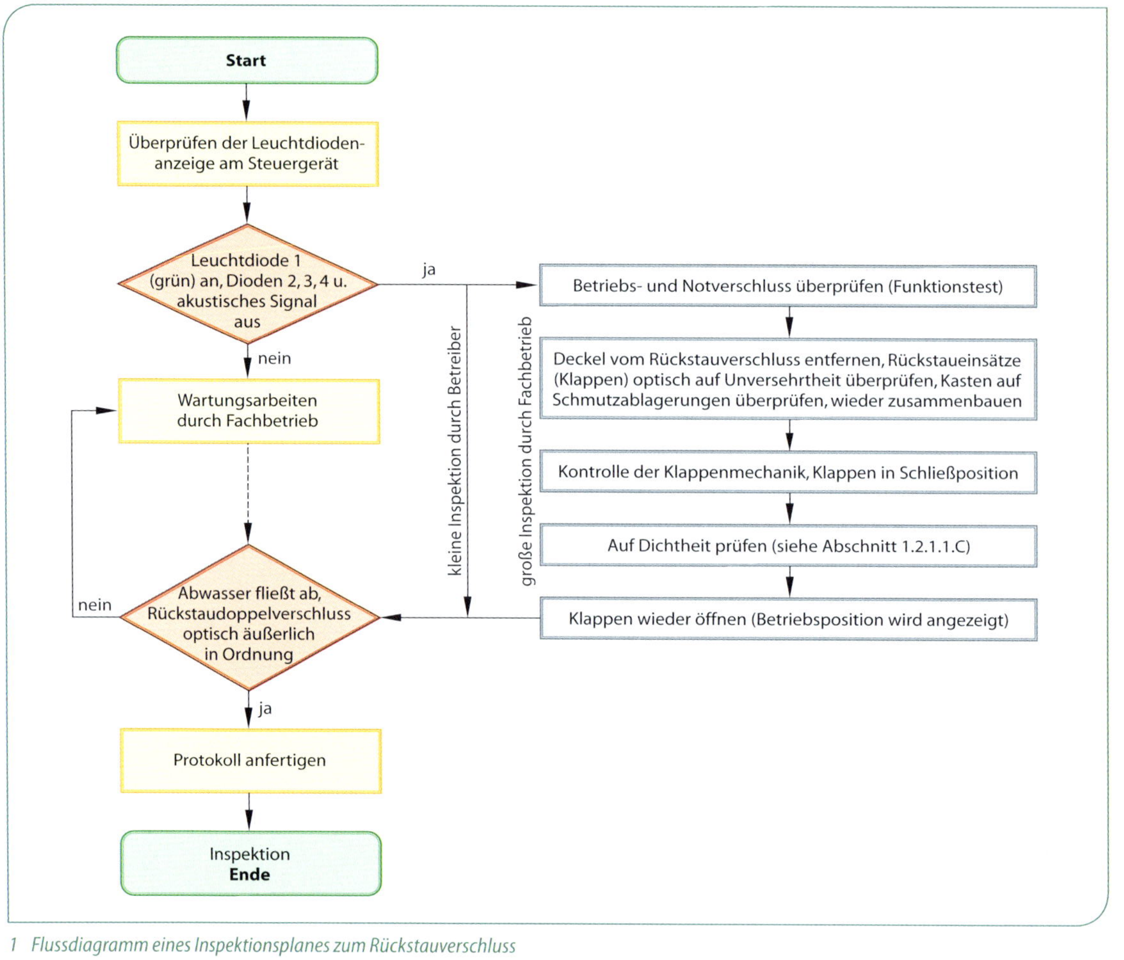

1 Flussdiagramm eines Inspektionsplanes zum Rückstauverschluss

1.2.3 Instandsetzung

Instandsetzungsarbeiten (repair works) werden

- bei vorzeitigem Verschleiß (keine oder unzureichende Wartung) meist **schadensbedingt** (damage caused), d.h. nach einem Ausfall von Anlagen (-teilen), **sofort** fällig, damit die Anlage weiterlaufen kann.
- **vorbeugend** (preventive), d.h. in bestimmten Zeitintervallen oder nach festgelegten Abnutzungserscheinungen durchgeführt; diese Art der Instandsetzung wird z.B. **innerhalb einer Wartung** vorgenommen.

Instandsetzungsmaßnahmen können bei größeren Objekten beinhalten:

- die Analyse des Auftragsinhaltes und die Dokumentation des Auftrags
- vorbereitende Arbeiten hinsichtlich der Kalkulation, der Termine und deren Abstimmung, der Bereitstellung von Personal, des Materialaufwandes, das Erstellen von Arbeitsplänen
- die Vorbereitung zur Durchführung unter Angabe der Arbeitsplatzausrüstung sowie der Schutz- und Sicherheitseinrichtungen
- die Durchführung
- die Funktionsprüfung sowie die Abnahme
- die Fertigmeldung und die Auswertung der Arbeiten unter Angabe möglicher Verbesserungen
- die Rückmeldung

Am Beispiel des Rückstauverschlusses betreffen Instandsetzungsarbeiten elektrische Bauteile wie Kabel, Stecker, Motor, Steuerung, Sicherungen, Druckschalter, Akku, mechanische Bauteile wie Motorspindel, Rückstauklappen, Verschraubungen usw.

Da schadensbedingte Ausfälle von Rückstausicherungen sofort schwerwiegende Folgen haben, sollten im Rahmen einer turnusmäßigen Wartung „vorbeugende Instandsetzungsmaßnahmen" getroffen werden. Hierbei werden Verschleißteile vorbeugend ausgetauscht.

1.2.4 Verbesserung

Sollten an bestimmten Schwachstellen (weak points), die gerade bei neu entwickelten Produkten auftreten können, Verbesserungen die Lebensdauer (service life) erhöhen, so sollten diese dem Hersteller mitgeteilt werden. In bestimmten Fällen können solche Verbesserungen auch von

dem Wartungsunternehmen selbst vorgenommen werden. Zu beachten ist, dass dabei die vorgesehene Funktion des Geräteteils oder des Gerätes nicht verändert wird.
Im Falle des Rückstauverschlusses könnten dieses häufig vorkommende und wiederkehrende Fehler wie z. B. defekte Dichtungen (gaskets, washers), Steuerungsplatinen (printed circuit boards), zu schwache Motoren und Spindeln (spindles) usw. sein. Auch ein verändertes Bedienerverhalten gehört zu den möglichen Verbesserungen, z. B. keine Entsorgung von Essensresten, Babywindeln u. ä. über die Toilette.

1.3 Instandhaltungs- und Ausfallkosten, Störungsfolgen

Anders als in Produktionsbetrieben haben schadensbedingte Ausfälle von versorgungstechnischen Anlagen in Wohnhäusern keine unmittelbaren Ausfallkosten (outage losses) zur Folge. Der Kunde muss einen Anlagenausfall oder die vorübergehende Anlagenstörung, die sich in Form einer Qualitätseinschränkung (reduction of quality) seines „Wohngefühls" bemerkbar macht, zunächst hinnehmen. Hier kommt es auf den Grad der Einschränkung an, den der Kunde gerade noch akzeptiert. Ein angeforderter Nachteinsatz des Wartungsdienstes könnte teurer werden als die Schadensbehebung am nachfolgenden Tag. Diese Frage stellt sich bei Mietshäusern oder bei über einen Haus- und Grundstücksservice versorgten Gebäuden aber häufig gar nicht erst, da dort viele Menschen von Anlagenausfällen betroffen sein können und eine sofortige Wiederherstellung der Anlagenfunktion unerlässlich ist.
Es ist daher schwierig, eine Kostengegenüberstellung vorzunehmen, die evtl. eine Kostenersparnis (cost savings) im Vergleich von nicht oder wenig gewarteten zu vorschriftsmäßig gewarteten Anlagen aufzeigen könnte. Dieses gilt umso mehr, als Folgeschäden (secondary damages) mit z. T. sehr hohen Kosten vorab nicht kalkulierbar sind. Gesondert berechnet werden Teile, die einem normalen Verschleiß bzw. einer Abnutzung unterliegen wie Dichtungen, bewegliche Teile von z. B. Pumpen sowie Öl- und Gasbrennern, Laufräder, Kugellager, Filter, Schalter usw.
Bild 1 verdeutlicht, dass es ein Optimum (optimum) zwischen dem Instandhaltungsaufwand und den daraus bedingten Ausfallkosten gibt. Das Diagramm gibt Aufschluss darüber, dass weder eine zu häufig noch eine zu selten durchgeführte Instandhaltung die Gesamtkosten minimiert.

MERKE

Anzustreben ist daher ein Instandhaltungsintervall, das auf den Erfahrungen des Herstellers oder des Betreibers der Anlage oder des Gerätes basiert.

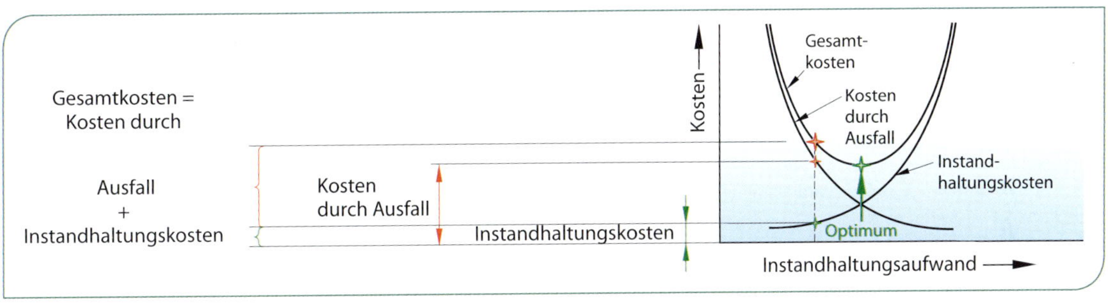

1 Instandhaltungskosten in Abhängigkeit vom Instandhaltungsaufwand

1.4 Aufbau eines Wartungsvertrages

Ein mit einem Kunden abgeschlossener Wartungsvertrag (Bild 1, S. 200) (maintenance contract) sollte sehr sorgfältig ausformuliert sein, um spätere Unstimmigkeiten (disagreements) zu vermeiden. Hierbei kann häufig auf Musterverträge zurückgegriffen werden, die z. B. von den Berufsverbänden ausgearbeitet worden sind. Dabei kann der Vertrag in drei Blöcke gegliedert werden:
Es sind festzulegen,

- der Vertragstext (wording of a contract) mit der Angabe der Vertragsparteien und dem Gegenstand der Wartung, die Häufigkeit der Wartungsarbeiten, die Kosten der Personaleinsätze, der Materialien, und der Ersatzteile und Hilfsstoffe, sowie die Regelung der Nebenkosten, z. B. Fahrtkosten, Überstunden-, Sonn- und Feiertagszuschläge, Schmutz- und Erschwerniszulagen.
- Werden Verträge langfristig abgeschlossen, ist eine Lohn- und Materialpreisgleitklausel zu vereinbaren. Außerdem ist die Dauer für die Gewährleistung der Wartungsarbeiten festzulegen.
- der Leistungsumfang (range of activities), der für jede Anlage individuell abgefasst werden muss: z. B. kann in Form einer Checkliste ein detaillierter Arbeitsplan aufgestellt werden, der dem Kunden das Gefühl vermittelt, für die z. T. beträchtlichen Wartungskosten einen reellen Gegenwert zu bekommen.
- eine Bestandsliste (inventory list) über die zu wartende Anlage, die über Art, Baujahr und Zustand, Standort, Zutrittsmöglichkeiten und technische Daten Auskunft gibt.

Wartungsvertrag für Heizungsanlagen

zwischen

____
Name

____
Straße

____
Ort

____
Telefon

(nachstehend als Auftraggeber bezeichnet)

Waldomack

(nachstehend als Auftragnehmer bezeichnet)

Muensterstr. 9
D-79111 Freiburg im Brsg.

wird nachstehender Wartungsvertrag für

- [x] Heizkessel/Therme
- [ ] Brenner
- [ ] Regelung/Steuerung
- [ ] ______________
- [ ] ______________
- [ ] ______________

abgeschlossen.

Zu wartende Anlage: Heizkessel/Therme

Fabrikat:
Typ:
Leistungsbereich:
Herstellnummer:
Herstelljahr:

Zu wartende Anlage: Regelung/Steuerung

Fabrikat:
Typ:
Herstellnummer:
Herstelljahr

Zu wartende Anlage: Brenner

Fabrikat:
Typ:
Leistungsbereich:
Herstellnummer:
Herstelljahr:
Standort:

____
Name

____
Straße

____
Ort

____
Telefon

1.0. Die Überprüfung, Wartung und Reinigung der vertraglich festgelegten Anlagenteile der vorbezeichneten Anlage wird einmal jährlich durchgeführt, sofern keine häufigere Wartung vereinbart wird.

2.0. Die Wartungsarbeiten umfassen den in den beigefügten Wartungs-Checklisten festgelegten Umfang und beziehen sich nur auf die oben aufgeführten Anlagenteile. Um Anlagenausfällen vorzubeugen, erfolgt teilweise eine progressive Wartung unter Austausch von verschleißabhängigen Anlagenteilen gegen Ersatzteile in einem nach Erfahrung festgelegten Rhythmus.

3.0. Der Pauschalpreis für die im einzelnen vereinbarten und nach den Wartungs-Checklisten durchzuführenden Wartungsarbeiten beträgt für:

Heizkessel:	Euro ______________	zuzügl. MwSt.
Brenner:	Euro ________ incl.	zuzügl. MwSt.

1 Wartungsvertrag für Heizungsanlagen, Seite 1

1.5 Verschleiß- und Störungsursachen

Wenn Bauteile verfrüht verschleißen oder unverhofft Störungen (interferences) auftreten, die zunächst nicht plausibel erscheinen, können die Ursachen vielfältiger Art sein, z. B. werden

- Wartungsintervalle nicht eingehalten
- Wartungsarbeiten mangelhaft oder nicht durchgeführt
- Bedienungsfehler (handling error) begangen
- Teile bewusst zweckentfremdet
- Konstruktionsfehler (constructional fault) begangen

Alle genannten Leistungen und die damit zusammenhängenden Löhne, Fahrt- und Nebenkosten sind mit der Bezahlung des Pauschalpreises abgegolten, im Pauschalpreis sind nicht enthalten:

3.1 Die Kosten für Ersatzteile.

3.2 Die Kosten für die Arbeiten, die nicht in der Wartungsliste genannt sind oder die über die Geräteanschlüsse Öl, Gas, Rauch, Abgas, Wasser, Elektro- und die genannten Anlagenteile hinausgehen.

3.3 Die Kosten für Aufwendungen zur Beseitigung von Schäden und Störungen sowie sonstiger zusätzlicher Leistungen, wenn der Auftragnehmer die Ursache nicht zu vertreten hat und die entstehen können, z.B. durch fehlerhafte Bedienung der Anlage infolge Nichtbeachtung der Betriebsanleitung, Beschädigung durch Fahrlässigkeit, Verschleiß, Veränderung der Rauchgas-/Abgasführung und der Be- und Entlüftungseinrichtung, Eingriffe des Auftraggebers oder Dritter in die sicherheitstechnische Ausrüstung der Anlage. Für daraus resultierende Schäden an Gebäuden, Elnrichtungen, Schornsteinen, Heizungs- und Feuerungsanlagen, Lüftern, durch Wasser, Feuer, Bruch, Explosion oder durch Einfrieren von Anlagenteilen und Leitungen sowie Folgeschäden an Personen, haftet der Auftragnehmer nicht.

4.0 Die vorgenannten Preise entsprechen dem bei Vertragsabschluss gültigen Lohnverrechnungssatz und gelten für die Dauer von 12 Monaten nach Vertragsabschluss. Der Auftragnehmer ist berechtigt, eine Neufestsetzung der Vergütung gemäß Pkt. 3 zu verlangen, falls sich nach Abschluss dieses Vertrages die allgemeine Kostenentwicklung für das Wartungspersonal ändert.

5.0 Der Vertrag wird für die Dauer von 1 Jahr(en) abgeschlossen, und zwar erstmalig für die Zeit vom ____ . ____ . ________ bis ____ . ____ . ________ . Der Vertrag verlängert sich jeweils um ein Jahr, wenn er nicht vier Wochen vor Ablauf der Frist schriftlich gekündigt wird. Der Gerichtsstand für beide Teile ist (Sitz des Auftragnehmers):

____

Im Falle eines Wohnungs- oder Ortswechsels kann der Vertrag vorzeitig gelöst werden. Der Wechsel ist dem Auftragnehmer anzuzeigen. Der unterzeichnende Auftragnehmer verpflichtet sich, die Arbeiten gewissenhaft auszuführen und die Anlagen nach erfolgter Überprüfung und Wartung im funktionsfähigen Zustand zu übergeben und dieses auf dem Wartungsnachweis zu bestätigen. Der vereinbarte Pauschalpreis für Überprüfung, Wartung und Reinigung ist jeweils spätestens 10 Tage nach Rechnungsdatum zahlbar, Nichtbezahlung der vereinbarten Summe entbindet den Auftragnehmer von seinen Pflichten.

6.0 Eine außerordentliche Kündigung bleibt beiden Parteien vorbehalten, soweit ein wichtiger Grund vorliegt. Ein solcher ist für den Auftragnehmer insbesondere dann gegeben, wenn die Parteien nach einer eingetretenen Tariflohnerhöhung keine Einigung über einen neuen Preis erzielen. Die Kündigung bedarf der Schriftform.

Freiburg, den	
Ort, Datum	Ort, Datum
(Unterschrift des Auftragnehmers)	(Unterschrift des Auftraggebers)

1 Wartungsvertrag für Heizungsanlagen, Seite 2

MERKE

Es muss das Ziel des Betreibers einer Anlage oder eines Gerätes sein, diese strikt nach den Richtlinien (codes) des Herstellers instand zu halten und sie gemäß ihren Aufgaben einzusetzen. Nur dann sind eine größtmögliche Betriebssicherheit (foolproofness) und Lebensdauer (durability) gegeben.

1.6 Fehlersuche – Schadensanalyse

Fehlersuche (debugging) und Schadensanalyse (damage analysis) sollen am Beispiel eines Lüftungsgerätes für kontrollierte Wohnungslüftung (Bild 1) dargestellt werden. Lüftungssysteme für kontrollierte Wohnungslüftung werden zunehmend in Wohnhäusern eingesetzt, um den Wohnkomfort zu erhöhen (z.B. für Pollenallergiker). Die Handwerksunternehmen der Installationsbranche werden aus Gründen der Energieeinsparung (conservation of energy) und der daraus resultierenden Gesetze (siehe EnEV) zunehmend mit dem Einbau solcher Geräte und Anlagen konfrontiert. Eine sich anschließende konsequente Wartung ist dabei unerlässlich (siehe Kap. 1.1).

Mittels einer Tabelle können die wichtigsten durch Verschleiß oder mangelhafte Wartung gefährdeten Bauteile aufgelistet und den Verschleißursachen und -folgen gegenübergestellt werden:

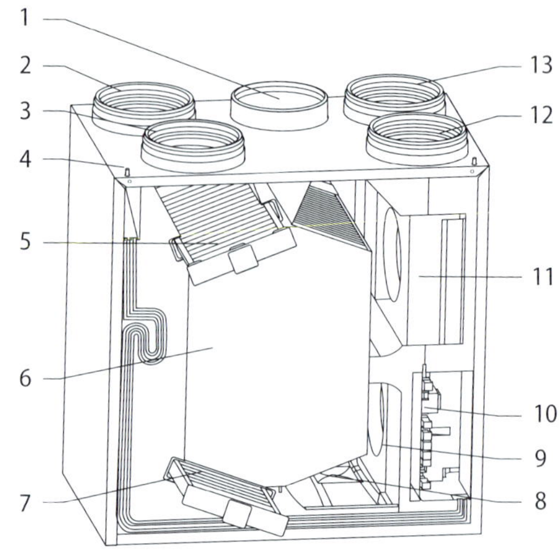

1. Anschluss Bypass
2. Anschluss Außenluft
3. Anschluss Abluft
4. Befestigung Frontabdeckung
5. Abluftfilter
6. Wärmetauscher
7. Außenluftfilter
8. Kondensatablauf
9. Fortluftventilator
10. Elektronik
11. Zuluftventilator
12. Anschluss Zuluft
13. Anschluss Fortluft

1 Wohnungslüftungsgerät

Bauteile	Verschleißursachen und -folgen
Filter (filter)	kein Austausch erfolgt, zu lange Wartungsintervalle, Luftleistung sinkt, evtl. erhöhte Anlagengeräusche
Ventilatoren (fans)	keine Reinigung der Laufräder (Schaufeln) erfolgt oder unsachgemäße mechanische Reinigung, dadurch Unwucht und evtl. Lagerschaden
Wärmeaustauscher (heat exchanger)	keine oder falsche Reinigung der Tauschflächen (z.B. mit Chemikalien oder mechanisch mit Bürste etc.), dadurch Wandungen verschmutzt oder durchlässig, der Wirkungsgrad sinkt
Bypassklappe/Stellmotor (bypass flap actuator)	keine oder unzureichende Pflege der Mechanik, dadurch mangelhafte oder keine Funktion der Klappe; wirtschaftliche Arbeitsweise ist nicht gewährleistet
Steuerung/Regelung (control/regulation)	starke Verschmutzung der Fühler (Sensoren), dadurch falsche Messwerte
Kondenswasserablauf (condensation drainage)	Bei verstopftem Ablauf Schäden am Gerät durch nicht abfließendes Wasser
Kanäle, Luftein- und -auslässe (ducts, air inlet/outlet vents)	Keine turnusmäßige Reinigung der Kanäle, dadurch Bildung von Keim- und Schimmelpilz-„Nestern"

Konstruktionsbedingte Schwachpunkte unter dem Gesichtspunkt der Wartung und Montage können z.B. fehlende Gleitschienen bzw. Anschlusselemente für häufig zu wartende Filtereinschübe sein.

1.7 Schadensdokumentation

Kommt es zu einem größeren Schadensfall, so muss dieser häufig sofort behoben werden. Dabei ist Umsicht geboten, weil die Gewährleistungsfrage meist noch nicht eindeutig geklärt ist. Hilfreich kann z.B. eine Checkliste sein, die eine voreilige Behebung der Mängel mit gleichzeitiger Spurenbeseitigung möglicher Ursachen verhindern hilft. Schadhafte Bauteile, die hohe Folgekosten verursacht haben (wie z.B. Wasserschäden mit gleichzeitiger Zerstörung von Dämmschichten und dem Baukörper) sollten erst ausgebaut und Instand gesetzt werden, wenn vorher Lage, Aussehen und Abmessungen dokumentiert worden sind. Angefertigte Skizzen und Fotos von der Schadensstelle sind dabei sinnvolle Beweismittel (evidences). Das schadhafte Stück ist möglichst unversehrt, als ganzes Bauteil und möglichst mit erkennbarer Bauteil- und Herstellerkennzeichnung zu sichern.

PRAXISHINWEIS

Vor einer Schadensbehebung ist der Schaden zu dokumentieren.

Lernfeld 4

1.8 Sachgemäße Lagerung und Entsorgung von Abfällen aus der Instandhaltung

In vielen Fällen werden verschmutzte Anlagen oder Anlagenteile mit Wasser gereinigt. Hartnäckige Schmutzschichten können mit chemischen Reinigungsmitteln (chemical detergents), Bild 1) entfernt werden.
Sicherheitshinweise auf den Reinigungsmittelbehältern geben Aufschluss über Zusammensetzung (composite), Gefährdung (danger) und Entsorgung (disposal).
Gesammelt und entsorgt werden Abfallstoffe und Reinigungsmittel getrennt nach dem Grad des Gefahrenpotentials und der Entsorgungsmöglichkeit (siehe S. 49).

1 Chemische Reinigungsmittel

Eine Auswahl der in einem Installationsbetrieb anfallenden Abfall- und Entsorgungsstoffe zeigt die Tabelle oben rechts:

Abfall	Entsorgungsstelle
Verpackungsmaterial: Pappe, Papier Kunststoffe	Papierkontainer Wertstoffbehälter, evtl. Rücknahme durch Hersteller
Öle aus Heizungs- und Lüftungsanlagen	Spezialbetrieb
Kühlschmierstoffhaltige Schneidspäne Schneidspäne weitestgehend von Öl befreit	Spezialbetrieb „Schrotthändler"
Filter aus RLT- Anlagen (normal-)staubbehaftet kontaminiert, z.B. AKW, Krankenhaus, chem. Betriebe	Hausmüll Spezialbetrieb
Metallische Rohr- und Blechabschnitte sortenrein gelagert Kunststoffrohre, -formteile und -folien	Spezialbetrieb, „Schrotthändler" Spezialbetrieb

Wenn Abfälle (clippings) gesammelt werden, von denen eine Gefährdung für den Menschen ausgehen kann, ist das Tragen von Schutzkleidung unerlässlich. Diese Schutzkleidung kann z.B. aus einem speziellen Schutzanzug (protective clothing), einer Atemschutzmaske (respirator), einer Schutzbrille (protective goggles) und Schutzhandschuhen (protective gloves) bestehen. (siehe Seite 11 folgende)
Wie gefährlich der Gesetzgeber inzwischen den Umgang mit z.B. asbesthaltigen Materialien einstuft, zeigt das folgende Bild 2.

2 Schutzausrüstung bei der Asbestsanierung

Lernfeld 4

ÜBUNGEN

1) Erläutern Sie den Begriff der „Instandhaltung"
2) In welche Einzelmaßnahmen gliedert sich die Instandhaltung auf?
3) Erläutern Sie die Begriffe „Wartung", „Inspektion", „Instandsetzung", „Verbesserung".
4) Listen Sie einzuleitende Maßnahmen auf, die zum Ablauf eines Wartungsauftrages gehören können.
5) Erklären Sie, zu welchem Zweck Rückstauverschlüsse in häusliche Abwasseranlagen eingebaut werden.
6) Was ist unter dem Begriff „Rückstauebene" zu verstehen?
7) Beschreiben Sie die zwei Hauptmaßnahmen, in die sich eine Inspektion unterteilen lässt.
8) Erläutern Sie, warum der ausführliche Weg der Inspektion (siehe auch Ablaufschema Bild 1, S. 198) dem Fachbetrieb vorbehalten sein muss.
9) In welche zwei Fälle werden Instandsetzungsmaßnahmen grundsätzlich eingeteilt?
10) Listen Sie jeweils drei Instandsetzungsarbeiten auf, die Sie möglicherweise schon in Ihrem Betrieb in den drei Bereichen SHK ausgeführt haben, und legen Sie fest, ob Sie diese schadensbedingt oder vorbeugend erledigt haben.
11) Unterscheiden Sie zwei grundsätzliche Arten von Verbesserungen.
12) Erläutern Sie, aus welchen Teilen sinnvoller Weise ein Wartungsvertrag bestehen sollte.
13) a) Listen Sie Ursachen für Verschleiß und Störungen von Anlagen(-teilen) auf.
    b) Leiten Sie daraus eine generelle Forderung an den Betreiber ab.
14) Zeigen Sie anhand eines von Ihnen gewählten Bauteils bzw. Anlagenteils Verschleißursachen und die daraus resultierenden Folgen auf.
15) Beschreiben Sie anhand einiger ausgewählter Beispiele aus den Gewerken SHK die sachgemäße Lagerung von Problemabfallstoffen und deren sachgemäße Entsorgung. Machen Sie sich dazu auch in Ihrem Ausbildungsbetrieb sachkundig.

2 Korrosion, Korrosionsformen und Korrosionsschutzmaßnahmen

2.1 Korrosion

2.1.1 Definition der Korrosion nach DIN EN ISO 8044

Der in dieser Norm definierte Begriff der Korrosion (corrosion) umfasst lediglich den Korrosionsvorgang, die „Reaktion" (reaction), nicht aber das Ergebnis (result) oder den Schaden (damage). Aus dieser Sicht bedeutet Korrosion die physikochemische Wechselwirkung (interaction) zwischen einem Metall und seiner Umgebung, die zu einer Veränderung des Metalls führt. Dieses kann zu wesentlichen Beeinträchtigungen

- der Funktion des Metalls,
- seiner Umgebung oder
- des technischen Systems führen.

In den meisten Fällen ist dieser Vorgang elektrochemischer Natur (electrochemical). Da auch Kunststoffe durch Fremdeinwirkungen zerstört werden können, wird auch bei ihnen zunehmend der Begriff der „Kunststoffkorrosion" verwendet, obwohl sich die **Korrosion in der Normung** bisher **auf** die **Metalle beschränkt**.

2.1.2 Ursachen und Einflussgrößen der Korrosion bei metallischen Werkstoffen

Viele in der Natur vorkommenden Metalle (metals) sind nicht rein, sondern sie werden als chemische Verbindungen (chemical compounds) mit anderen Elementen wie Schwefel (z. B. Kupfersulfide) und Sauerstoff (z. B. Eisenoxide) vorgefunden und abgebaut.

Aus diesen Verbindungen werden die Metalle durch Zufuhr von Energie (supply of energy) gewonnen; hierbei entsteht ein energiereicherer, aber auch chemisch instabilerer Zustand der Metalle. Bei bestimmten äußeren Bedingungen sind diese Metalle – jetzt als Werkstoffe vorliegend – bestrebt, wieder zu ihrer chemisch stabileren und damit energieärmeren Form zurückzukehren (Bild 1).

MERKE

Bei der Korrosion reagiert der metallische Werkstoff mit chemischen Stoffen aus seiner Umgebung. Dabei treten messbare Veränderungen (measurable changes) des Metalls auf, die zu seiner Zerstörung führen können.

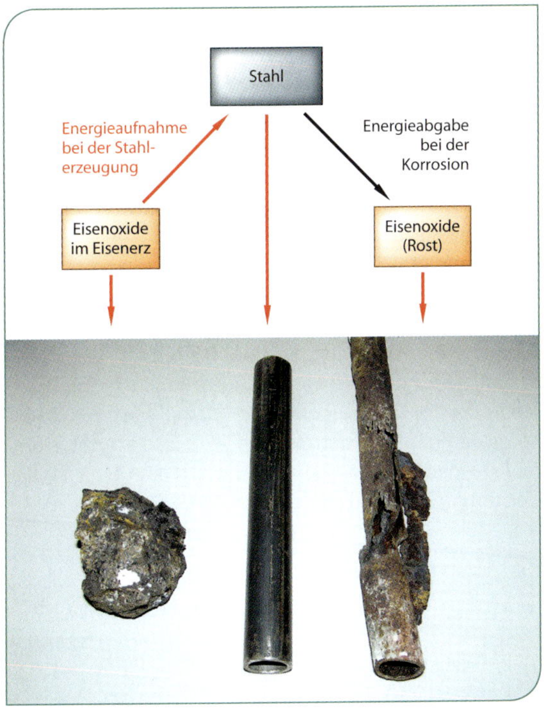

1 Energiebilanz der Korrosion

Den Volkswirtschaften entstehen durch Korrosionsschäden (corrosion damages) jährlich Verluste in Milliardenhöhe. Die aufgewendeten Kosten für erforderliche Korrosionsschutzmaßnahmen (corrosion protection) verhindern dabei weitaus größere Schäden. Weiterhin ist zu beachten, dass durch korrosionsbedingte Schäden, z. B. an Öl- oder Gasanlagen, Menschen und Umwelt gefährdet werden können. Geeignete Maßnahmen zum Korrosionsschutz sind daher unerlässlich.

2.1.3 Korrosionsarten

2.1.3.1 Elektrochemische Korrosion

Elektrochemische Korrosion (electrochemical corrosion) ist die am häufigsten anzutreffende Korrosionsform. Ursache ist die elektrochemische Reaktion **zweier unterschiedlicher Metalle** bzw. Metallverbindungen mit einer elektrisch leitenden Flüssigkeit, dem **Elektrolyten** (electrolyte) (z. B. Kupfer und Zink mit Trinkwasser). Durch eine solche Anordnung entsteht eine elektrochemische Spannungsquelle (supply point), auch **„galvanisches Element"** (voltaic cell) genannt. Bei einer elektrisch leitenden Verbindung zwischen den beiden Metallen entsteht ein geschlossener elektrischer Stromkreis (closed electric circuit). Die Atome des unedleren Metalls, z. B. Zink, geben Elektronen ab und gehen als positiv geladene Ionen in Lösung. Das unedlere Metall wird dabei zersetzt. Der entstandene Elektronenüberschuss (surplus of electrons) fließt über den Leiter zum edleren Metall, z. B. Kupfer (Bild 2).

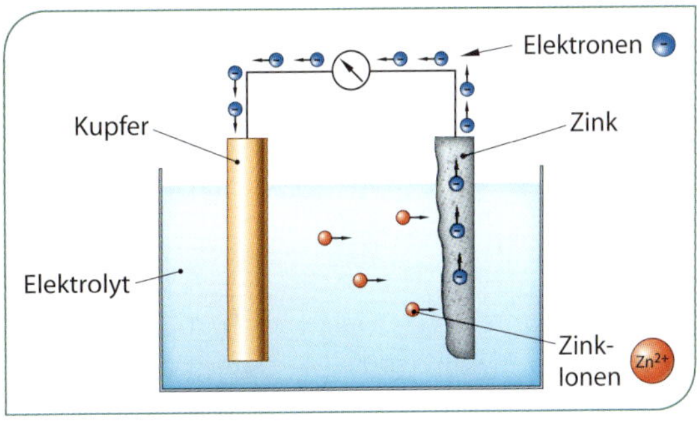

2 Galvanisches Element

Der Potentialunterschied (potential difference) zwischen den einzelnen Metallen kann in der **elektrochemischen Spannungsreihe** (electromotive (electrochemical) series) (Bild 1, S. 206) abgelesen werden. In dieser sind die Metalle nach ihrem elektrischen Potential (Ladungsunterschied gegenüber Wasserstoff) geordnet. Wasserstoff (hydrogen) hat dabei den Wert „Null". Je negativer das Potential eines Metalls gegenüber Wasserstoff ist, desto unedler ist es und je positiver sein Potential ist, desto edler ist es.

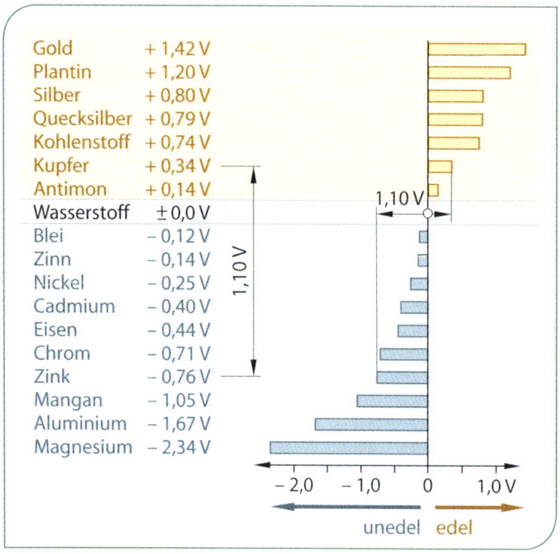

1 Elektrochemische Spannungsreihe der Metalle

Elektrochemische Korrosion tritt z. B. auf, wenn Kupferrohre mit verzinkten Stahlschellen ohne isolierende Gummieinlagen verlegt werden (Bild 2) und z. B. Kondenswasser (condensation water) als Elektrolyt wirkt. In diesem Fall werden im Laufe der Zeit die verzinkten Stahlschellen zerstört.

2 Korrosionsgefahr

Beispiel für einen Unterrichtsversuch:
Löcher in einer Aluminiumfolie, die bei einem Kontakt mit z. B. einer Fünf-Cent-Münze und der Benetzung mit Zitronensaft innerhalb von 30 Minuten durch Kontaktkorrosion (contact corrosion) entstanden sind (Bild 3).

3 Korrosion

2.1.3.2 Chemische Korrosion

Bei der chemischen Korrosion (chemical corrosion) reagiert ein Werkstoff mit einem gasförmigen (gaseous) Korrosionsmedium ohne Beteiligung eines Elektrolyten zu einem Metalloxid (metallic oxide). Dieser Vorgang läuft bereits bei Raumtemperatur ab und wird durch hohe Temperaturen beschleunigt.

4 Oxidschichtbildung bei Erwärmung eines Kupferrohres

So entsteht bei Umgebungstemperatur z. B. auf der Oberfläche (surface) eines Kupferrohres eine Oxidschicht, die vor dem Löten (soldering) entfernt werden muss. Auch die Anlauffarben (temper colours), die beim Warmbiegen (hot bending) von Stahlrohren oder bei Erwärmung von Cu-Rohren (Bild 4) entstehen, sind auf Oxidationsvorgänge zurückzuführen. Da auch PVC-Rohre in ähnlicher Weise chemisch oxidieren, muss vor dem Kleben dieser Rohre ebenfalls die Oxidschicht durch Abschälen oder durch Auftragen von Lösemitteln entfernt werden (vergl. S. 147).

Bei **Aluminium** und **Kupfer** führt die Oxidation der Metalloberfläche zur Ausbildung einer dichten und festen **Schutzschicht** (protective layer), die eine Form der **erwünschten** (desired) **Korrosion** darstellt. (vergl. 2.2.1.3)

Wird diese Schutzschicht jedoch durch äußere Einflüsse zerstört oder tritt sie offenporig (open-pored) wie bei Stahl auf, so wiederholt sich in den darunter liegenden Schichten fortlaufend der Korrosionsprozess und es kommt zur totalen Zerstörung (destruction) des Werkstückes (Bild 5).

5 Oberflächenkorrosion durch Zerstörung der Zinkschutzschicht

2.1.3.3 Korrosionswirkung des Wassers und seiner Verunreinigungen

Anlagenteile, z. B. Heizkessel, Warmwasserbereiter und Armaturen, werden durch die im Wasser enthaltenen Stoffe chemisch angegriffen und korrodieren (corrode). Diese Korrosion schädigt z. B. Kessel- und Rohrwandungen und kann zusätzlich die Qualität des Trinkwassers beeinträchtigen.

Der Korrosionsvorgang wird besonders beeinflusst durch

- den Sauerstoffgehalt
- den Säuregehalt (freie Kohlensäure)
- den Salzgehalt (Erhöhung der elektrischen Leitfähigkeit; Bild 1)
- Fremdstoffe (**Belüftungselemente** (aeration cells) in Form von Gasblasen, Hanfresten, Sandablagerungen und ausgefälltem Kalk) des Wassers

Um eine Korrosion in metallischen Leitungsanlagen zu vermeiden, muss der pH-Wert[1)] (pH-value) des Wassers möglichst neutral sein. PH-Werte im Bereich von ca. 6,5…8 können toleriert werden.

Eine Schutzschichtbildung ist bei pH-Werten unter 5,5 nicht mehr möglich und so werden ständig, z. B. während der Stillstandszeiten, Metallionen (metal ions) aus den Rohren herausgelöst, die in starker Konzentration besonders bei Kindern gesundheitsgefährdend (unhealthy) wirken können.

MERKE

In Trinkwasseranlagen dürfen bei pH-Werten des Wassers unter 5,5 keine Kupferrohre ohne Innenbeschichtung (z. B. mit Zinn) oder verzinkte Stahlrohre verlegt werden.

2.1.3.4 Korrosionswirkung durch äußere Einflüsse

Überall dort, wo in der Umgebungsluft zusätzlich aggressive Bestandteile enthalten sind, werden die Werkstoffe stärker durch Korrosion geschädigt (Bild 1).

Aggressive Bestandteile der Luft können sein:

- Lösemittel (solvents) z. B. in Lackierereien
- Bleichmittel (bleaching agents), z. B. in Frisörläden und Reinigungsbetrieben
- Ammoniakdämpfe (ammonia vapours) z. B. in Stallungen und Kälteanlagen.

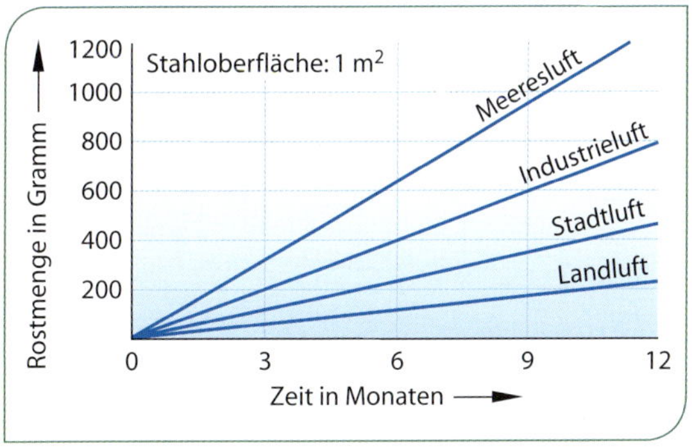

1 Einfluss der Luftverschmutzung und des Salzgehaltes auf die Korrosion von Stahl

2.2 Korrosionsformen

Korrosionsformen (types of corrosion) kommen in vielfältiger Weise vor. Die in der Installationstechnik am häufigsten auftretenden Formen können wie folgt gegliedert und anhand ihres charakteristischen Aussehens beschrieben werden:

Korrosionsformen

- 2.2.1 flächige Korrosion
  - **2.2.1.1 gleichmäßiger Abtrag**
  - **2.2.1.2 ungleichmäßiger Abtrag**
  - **2.2.1.3 gleichmäßige Schutzschichtbildung**
- 2.2.2 lokal begrenzte Korrosion
  - **2.2.2.1 Kontaktkorrosion**
  - **2.2.2.2 Spaltkorrosion**
  - **2.2.2.3 Lochkorrosion**
- 2.2.3 Korrosion mit mechan. Belastung
  - **2.2.3.1 Spannungsrisskorrosion**
  - **2.2.3.2 Erosionskorrosion**

1) pH-Wert 0…< 7: sauer
pH-Wert 7: neutral
pH-Wert > 7…14: basisch

2.2.1 Flächige Korrosion

2.2.1.1 Gleichmäßiger Abtrag

Der gleichmäßige Flächenabtrag (even corrosion) (Bild 1) ist die am häufigsten auftretende Korrosionsform, die speziell bei der Lagerung und der Verwendung von korrosionsanfälligen Bauteilen im Freien anzutreffen ist, z. B. Rosten von Stahlblechen und Rohren. Bei der flächigen Korrosion findet eine gleichmäßige Veränderung der Metalloberflächen statt (Bild 1).

1 Entstehung von Flächenkorrosion bei Stahlblech

2.2.1.2 Ungleichmäßiger Abtrag

Beim ungleichmäßigen Abtrag (uneven corrosion) läuft der Korrosionsprozess prinzipiell ab wie beim gleichmäßigen Abtrag. Es werden jedoch örtlich unterschiedliche Werkstoffmengen abgetragen, so dass sich Mulden (hollows) bilden. In der Praxis wird dieser Abtrag daher auch als **Muldenkorrosion** bezeichnet (Bild 2). Diese Mulden haben im Vergleich zu ihrer Tiefe einen größeren Durchmesser.
Findet die Korrosion dabei nur an bestimmten Stellen statt, spricht man von **Lokalelementen** (local cells). Diese entstehen z. B. durch das Einschwemmen von Kupferspänen in ein verzinktes Stahlrohr. An der Stelle, an der sich der Kupferspan im Rohr festsetzt, entsteht ein kleines galvanisches Element mit z. B. Wasser oder Heizöl als Elektrolyten. Der Kupferspan wird zur Kathode (cathode), das Zink des Stahlrohres zur Anode (anode) und damit beginnt der Zersetzungsprozess an der Zinkschicht (Bild 3 und S. 205, Bild 2).

2 Muldenkorrosion beim Stahlrohr

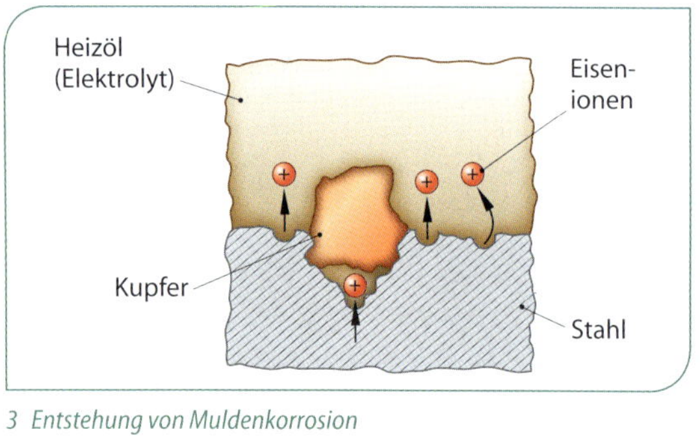

3 Entstehung von Muldenkorrosion

2.2.1.3 Gleichmäßige Schutzschichtbildung

Einige Metalle wie z. B. Kupfer, Aluminium und Zink bilden durch Oxidation dichte und zusammenhängende Schutzschichten (protective layers), die weitere Korrosionsangriffe erschweren (Bild 4).

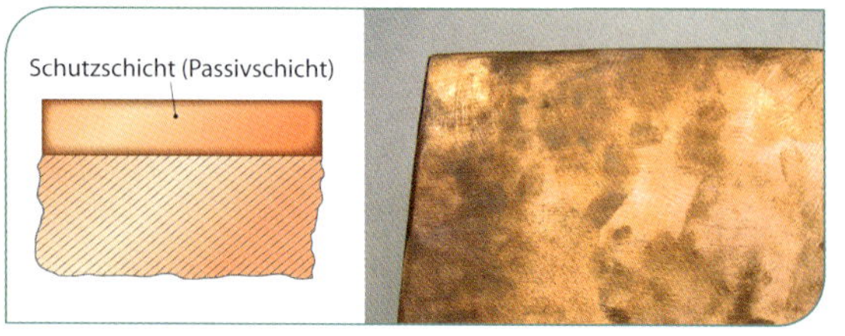

4 Entstehung einer Schutzschicht bei Kupfer

2.2.2 Lokal begrenzte Korrosion

2.2.2.1 Kontaktkorrosion

Wenn sich zwei unterschiedliche Metalle berühren und ein Elektrolyt, z. B. Wasser, vorhanden ist, entsteht ein **galvanisches Element** und dies führt zur Bildung von Kontaktkorrosion (contact corrosion). Man bezeichnet sie auch als **Berührungskorrosion** (Bild 5).
Kontaktkorrosion kann z. B. auch entstehen, wenn zur Befestigung einer blanken Kupferleitung für Kaltwasser Stahlschellen ohne Kunststoffeinlage verwendet werden und sich durch Schwitzwasser (perspiration water) ein Elektrolyt bildet.

5 Kontaktkorrosion zwischen Messing und Stahl

2.2.2.2 Spaltkorrosion

Wird z. B. bei einer Gewindeverbindung zwischen dem konischen Außengewinde und dem zylindrischen Innengewinde der konstruktionsbedingt vorliegende Spalt unzurei-

chend mit Dichtmittel aufgefüllt, so entsteht ein Hohlraum. Das sich dort ansammelnde Wasser hat deshalb im Vergleich zum vorbeiströmenden Trinkwasser eine geringere Sauerstoffkonzentration.
Dies führt im Bereich des Spaltes zur Bildung eines **Belüftungselementes**, auch **Konzentrationselement** genannt (Bild 1). Spaltkorrosion (crevice corrosion) tritt z. B. auch auf, wenn sich Schlammablagerungen in Spalten von Rohren und Behältern sammeln, da der Sauerstoffgehalt des Wassers unter diesen Ablagerungen geringer ist als die des umgebenden Wassers. Ebenso besteht im Bereich von Dichtungsflächen bei Rohrverschraubungen oder Flanschverbindungen und von Schweißnähten die Gefahr von Spaltkorrosion.

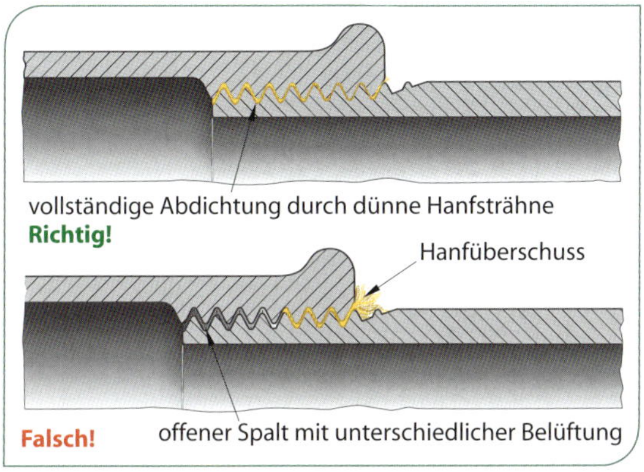

1 Spaltkorrosion in engen Spalten durch zu dickes Einhanfen

2.2.2.3 Lochkorrosion

Bei der Lochkorrosion (pitting corrosion) (Bild 2) entstehen kraterförmige, nadelstichartige, örtlich begrenzte Vertiefungen. Im Gegensatz zur Muldenkorrosion ist die Tiefe dieser Lochfraßstellen größer als ihr Durchmesser. Eine genaue Abgrenzung (exact delimitation) zwischen Loch- und Muldenkorrosion ist oft auch wegen ihrer ähnlichen Ursachen nicht möglich. Lochkorrosion entsteht durch örtliche Zerstörung des Werkstoffes bzw. der Schutzschicht durch Lokal- oder Belüftungselement.

2 Lochkorrosion und Muldenkorrosion

2.2.3 Korrosion mit mechanischer Belastung

2.2.3.1 Spannungsrisskorrosion

Treten in einem Werkstoff Zugspannungen auf und ist ein Elektrolyt vorhanden, kann Spannungsrisskorrosion (stress corrosion cracking) entstehen (Bild 3).
Zugspannungen können z. B. auftreten

- beim Kaltbiegen von Rohren
- durch Schrumpfspannungen beim Schweißen
- durch zu starkes Festziehen von Verschraubungen
- durch fehlerhafte Befestigung von Rohren (z. B. keine Gleitbefestigung)
- durch Werkstoffausdehnung bei Heizkesseln oder Warmwasserbereitern infolge Temperaturänderungen.

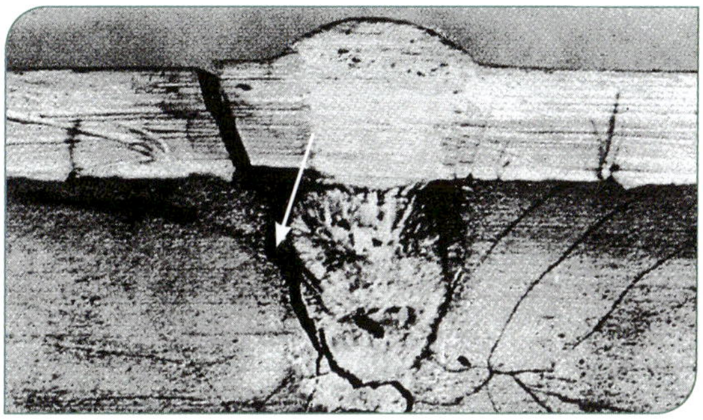

3 Spannungsrisskorrosion an einer Rohrschweißnaht

2.2.3.2 Erosionskorrosion

Erosionskorrosion (corrosion-erosion) (Bild 4) entsteht durch zu hohe Fließgeschwindigkeiten und Turbulenzen in der Leitungsanlage. Hierbei kommt es zu mechanischen Abtragungen (abrasions) an der Rohr- oder Armatureninnenwand. Schwebstoffe können dabei eine verstärkende Wirkung haben.
Diese Abtragungen sind meist ungleichmäßig. In Trinkwarmwasserleitungen mit Dauerzirkulation ist diese Korrosionsart oft anzutreffen.
Begünstigt wird sie durch

- konstruktive Gegebenheiten (z. B. Richtungsänderungen und Abzweige)
- Installationsmängel (z. B. Querschnittseinschnürungen durch nicht kalibrierte oder nicht entgratete Rohrenden), die die Fließgeschwindigkeit zusätzlich erhöhen.

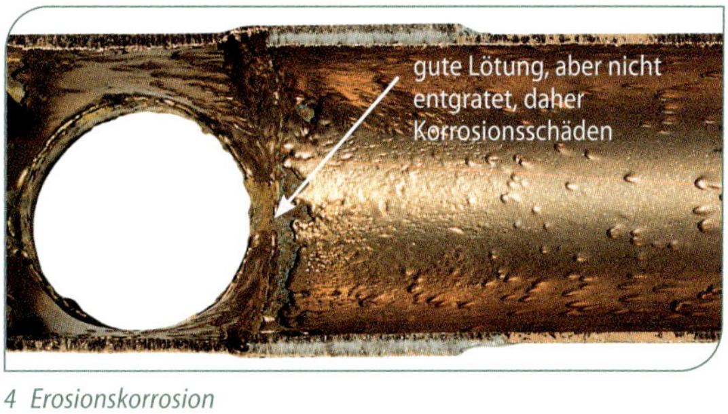

4 Erosionskorrosion

Lernfeld 4

2.3 Korrosionsschutz

Aus den Kapiteln 2.1.3.1 und 2.1.3.2 (elektrochemische und chemische Korrosion) ist bekannt, dass sowohl metallische als auch nichtmetallische Oberflächen und Gefüge durch Gase und Flüssigkeiten einem elektrochemischen oder chemischen Einfluss ausgesetzt sein können. Dieser Einfluss hat sehr häufig eine zerstörende Wirkung auf den Werkstoff und ist daher zu unterbinden bzw. zu vermindern. Korrosionsschutz (corrosion protection) kann auf unterschiedlichen Wegen betrieben werden:

- Rohre und deren Befestigungen müssen, sofern sie aus unterschiedlichen Metallen bestehen, durch chemisch neutrale und elektrisch nicht leitende (non-conductive) Einlagen (inserts) voneinander getrennt sein. Die häufig verwendeten verzinkten Stahlschellen bei der Befestigung von Kupferrohren müssen stets eine Kunststoff- oder Gummieinlage aufweisen (Bild 2).

Korrosionsschutzmaßnahmen

Konstruktiver Korrosionsschutz: Korrosionsschutz durch geeignete Konstruktionsmaßnahmen (constructive protection against corrosion)	**Passiver Korrosionsschutz** (passive protection against corrosion):	**Aktiver Korrosionsschutz** (active protection against corrosion):
• geneigte Flächen, auf denen sich kein Wasser ansammeln kann • fachgerechte Verlegung, z. B. Gasleitungen über Wasserleitungen wegen möglicher Schwitzwasseransammlung usw. • geeignete Werkstoffauswahl, z. B. Edelstahlrohre, Kupferrohre, Kunststoffrohre • bei der Verwendung unterschiedlicher Werkstoffe in einer Anlage die Beachtung der Fließregel: in Fließrichtung des Wassers immer erst das unedlere Metall, dann das edlere einsetzen.	• Schützen durch vorübergehende (temporäre) Beschichtungen wie z. B. Fette, Öle • Schützen durch dauerhafte (permanente) Beschichtungen wie z.B. Lacke, Emaillierungen, Plattierungen, Galvanisierungen, Feuerverzinkungen usw.	• Physik./chemische Wasserbehandlung • Einsatz von Filtern • Einbau von Opferanoden • Fremdstromeinspeisung z. B. in ein metallisches Rohrnetz (im Erdreich verlegt)

Aus **Sicht der Anlageninstandhaltung** werden Korrosionsschäden vermieden, vermindert oder beseitigt durch:

- regelmäßige **Inspektion** (inspection) von Anlagenteilen bzw. der Gesamtanlage.
- im Rahmen der jährlich durchzuführenden **Wartung**sarbeiten (maintenance work) festgestellte Mängel und deren Behebung (**Instandsetzung** (repair)) an Anlagenbauteilen wie tropfende Stopfbuchsen an Armaturen, verschmutzte Verbrennungsräume und Verbrennungsluft-/Abgasleitungen von Kesseln (z. B. Schwefelablagerungen).
- Eingriffe in Anlagenteile, die zu einer **Verbesserung** (improvement) der Haltbarkeitsdauer führen, wie z. B. Verwendung stopfbuchsenloser Armaturen oder Aufbringen einer höherwertigeren Beschichtung bei einer Rohrleitung.

Einige Beispiele aus der Rohrinstallation sollen die Korrosionsprobleme und deren Behebung bzw. Vermeidung aufzeigen:

- Metallische Oberflächen von Rohren und Verbindungselementen sind z. B. gegen direkten Kontakt mit Zement (cement), Gips (gypsum), Kalkmörtel (lime mortar) und weiteren aggressiven Umgebungsstoffen wie z. B. Ammoniakgas im Viehstall zu schützen. Anderenfalls kann es in Verbindung mit Feuchtigkeit zu irreparablen Schäden kommen (Bild 1).

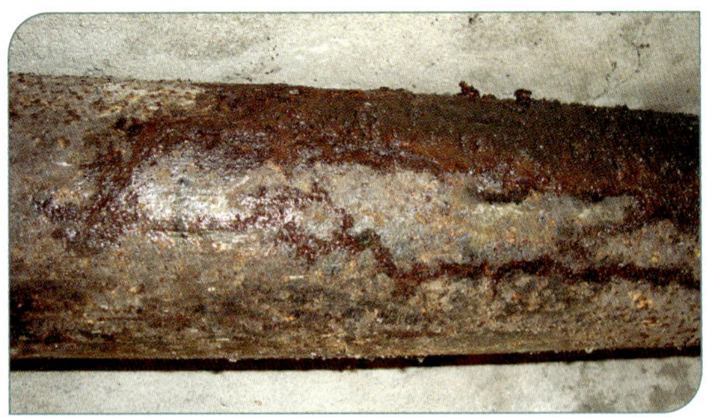

1 Äußere Flächenkorrosion an einem Stahlrohr

a) falsch: Korrosionsgefahr! b) richtig: Korrosionsvermeidung

2 Unsachgemäße und sachgemäße Befestigung eines Kupferrohres mit einer verz. Stahlschelle

- Eine direkte Verbindung (direct connection) von Bauteilen unterschiedlicher Metalle (different metals) ist dann zu vermeiden (avoid), wenn diese in der Spannungsreihe (vergl. 2.1.3.1 Bild 1 S. 206) weit auseinander liegen und mit sauerstoffhaltigem Wasser (z. B. Trink- oder Regenwasser) in Berührung (contact) kommen (Bild 1). Sauerstoffarmes Wasser in Heizungsanlagen stellt in dieser Hinsicht keine Gefahr dar; in solchen Anlagen sind Verbindungen von unbeschichtetem („schwarzem") Stahlrohr und Kupferrohr durchaus üblich.
- Die Gasversorgungsunternehmen (GVU) fordern u. a. hinsichtlich von frei verlegten Gasleitungen (gas pipes) in Gebäuden, dass diese über (above) den Leitungen (pipes) der anderen Gewerke wie z. B. Trinkwasserleitungen angeordnet werden müssen (Bild 2). Der Grund liegt darin, dass sich an den Außenflächen dieser Trinkwasserrohre u. U. Schwitzwasser bilden kann, welches die Gasleitungen auf Dauer beschädigen (damage) könnte.

1 Korrodierte Verbindung von Formteilen verschiedener Materialien

2 Fachgerechte Verlegung einer Gasleitung oberhalb einer Wasserleitung

ÜBUNGEN?

1. Erläutern Sie den Begriff der Korrosion.
2. Nennen Sie Gefahren, die mit der Korrosion von Bauteilen verbunden sind.
3. Nennen Sie die zwei grundsätzlich zu unterscheidenden Korrosionsarten und beschreiben Sie stichwortartig deren Zustandekommen (nennen Sie Beispiele).
4. Was verbirgt sich hinter dem Begriff „elektrochemische Spannungsreihe"?
5. Nennen Sie Problembereiche im Tätigkeitsfeld des Anlagenmechanikers SHK, die bei der Korrosion in Verbindung mit Wasser und anderen äußeren Einflüssen eine bedeutende Rolle spielen können.
6. Listen Sie die unterschiedlichen Korrosionsformen tabellarisch auf und ordnen Sie ihnen sowohl die möglichen Entstehungsursachen als auch die Erscheinungsbilder zu.
7. Unterscheiden Sie drei generelle Verfahrensweisen des Korrosionsschutzes und ordnen Sie die möglichen technischen Maßnahmen zur Verhinderung der Korrosion zu.

3 Elektrotechnik

3.1 Einleitung

Die Energieform „Elektrizität" (electricity) ist heute in vielen Bereichen unseres täglichen Lebens anzutreffen und nimmt auch im Berufsbild und damit in der Ausbildung des Anlagenmechanikers SHK einen immer größeren Raum ein. Dieser Entwicklung wird Rechnung getragen mit zusätzlichen Ausbildungsinhalten innerhalb der beruflichen Erstausbildung und der darin enthaltenen überbetrieblichen Ausbildung, die von den Handwerkskammern bzw. den Innungen durchgeführt wird. Diese auf der Grundlage der geänderten Handwerksordnung überarbeiteten Durchführungsanweisungen (DA) zu § 2 der UVV – VBG[1] 4 ermöglichen es dem Anlagenmechaniker SHK, Elektroarbeiten in festgelegtem Umfang zu erledigen. Mit dem Erwerb der zusätzlichen Qualifikation ist er autorisiert, als **„Elektrofachkraft für festgelegte Tätigkeiten im SHK-Bereich"** an elektrischen Betriebsmitteln der Versorgungsanlagen z. B. entsprechende elektrische Anschlüsse herzustellen und den Austausch von Bauteilen vorzunehmen. **Die Benennung erfolgt durch den Betrieb.**

Das folgende Bild 1 zeigt den Weg des elektrischen Stromes von der Erzeugung (generation) im Kraftwerk (power station) bis zum Endverbraucher (final consumer) (z. B. Wohnhaus/Haushalt) über die verschiedenen Umspannstationen (transformer stations). In diesen wird die für den Transport benötigte hohe Spannung (voltage) (Erläuterung des Begriffes siehe Abschn. 3.2.1) kontinuierlich auf die für die elektrischen Verbraucher benötigte Spannung reduziert.

[1] UVV – VBG: Unfallverhütungsvorschrift

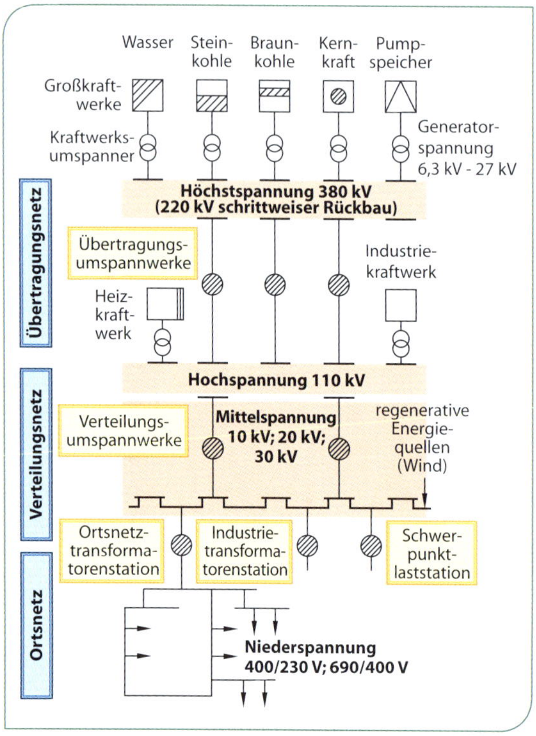

1 Umspannanlagen im Elektro-Energiesystem

Die Zuständigkeit des Anlagenmechanikers SHK kann – je nach Unterweisungsgrad und Ausbildungsstand – z. B. am Sicherungsautomaten (automatic circuit breaker) des Stromkreisverteilerfeldes in der Hausabnehmeranlage, dem Zählerschrank (meter cubicle), beginnen (Bild 2). Über eine einzelne Sicherung (fuse) wird nach dem heutigen Stand der Technik z. B. ein einzelner Raum bzw. Wohnungsbereich oder aber ein einzelnes Gerät abgesichert.

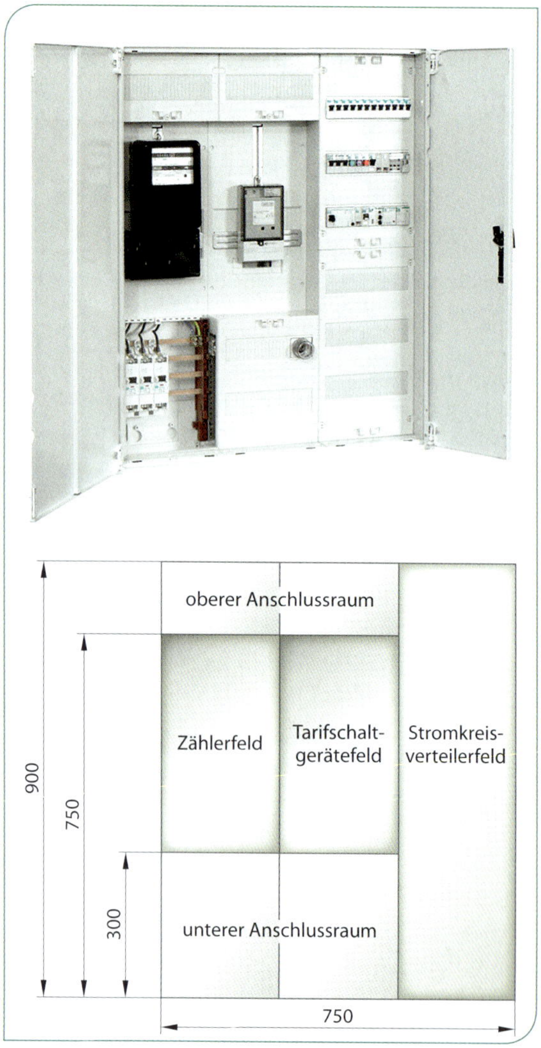

2 Hausabnehmeranlage

Das folgende Bild 1 zeigt eine typische Sicherungsbelegung eines Privathaushaltes.

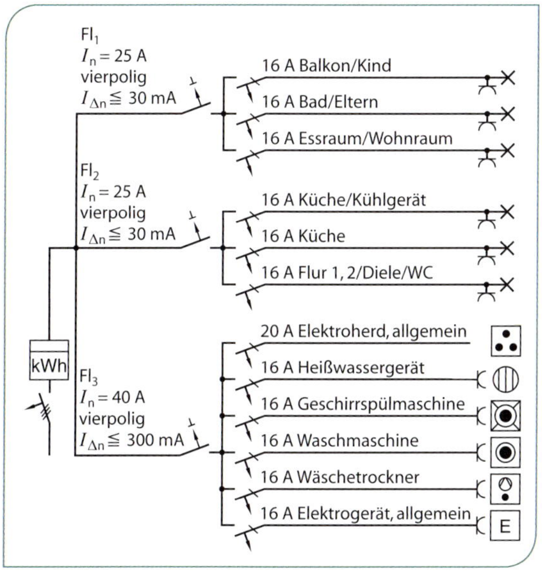

1 Stromkreisverteilung

An einem praktischen Fallbeispiel werden zunächst die physikalischen Größen des elektrischen Stromes und im Anschluss daran die in der Praxis bedeutsamen technischen Begriffe / Bauteile erklärt.

In einer Einliegerwohnung eines bestehenden Wohngebäudes soll in einer Küchenzeile ein Kochendwassergerät (water heater for boiling water) installiert werden (Bild 2). Der elektrische Anschluss soll auf Wunsch des Betreibers über ein separates Kabel (cable) von der Hausabnehmeranlage erfolgen, das beim Bau des Hauses schon vorsorglich bis in die Küche verlegt wurde. Das Kabel endet in einer Verteilerdose (distribution, junction box).

Die technischen Daten des Kochendwassergerätes sind Bild 4 zu entnehmen.

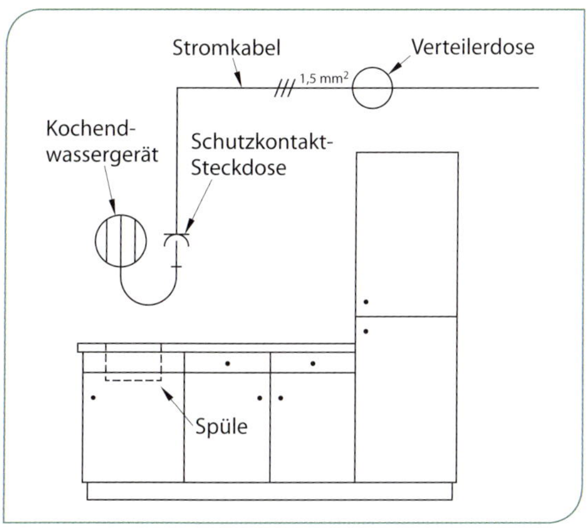

2 Montagesituation des Kochendwassergerätes

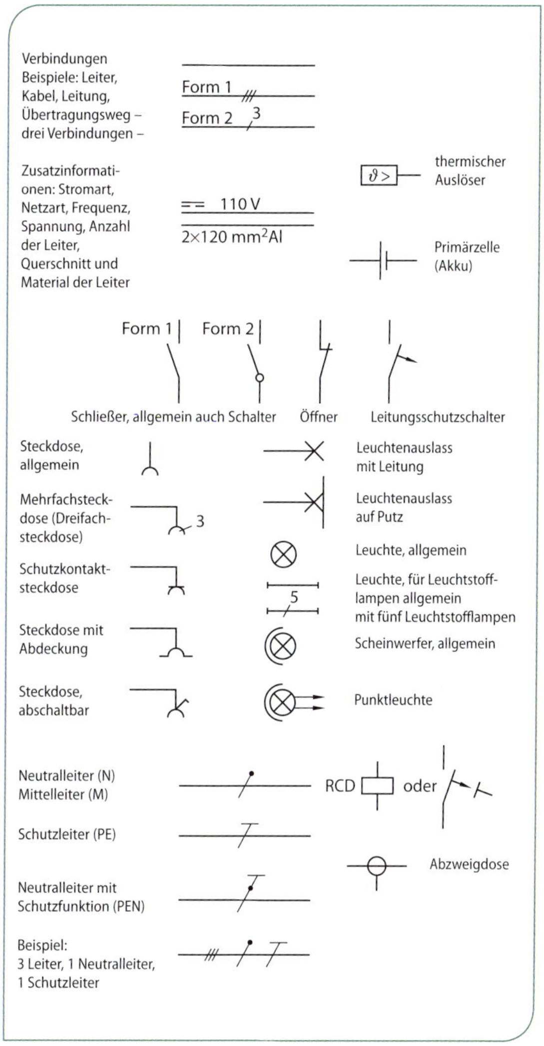

3 Tabelle Symbole

Typ	EBK 5 G automatic
Best.-Nr.	07 42 86
Farbe	weiß
Behälter (Werkstoff)	Glas
Inhalt	max. 5 l
Bauart	offen
Wasseranschluss	G ½
Armaturenkörper (Werkstoff)	Messing
Armaturengehäuse (Werkstoff)	Kunststoff
Farbe Armaturengehäuse	weiß
Schwenkarm (Länge)	150 mm
Gewicht	3,5 kg
Schutzart	IP 24 D (spritzwassergeschützt)
Elektrischer Anschluss	2,0 kW, 1/N/PE ~ 230 V

4 Technische Daten Kochendwassergerät

3.2 Grundgrößen und abgeleitete Größen

3.2.1 Spannung

Die Fachkraft prüft zunächst an der geöffneten Verteilerdose, ob Spannung an den Klemmen (binding posts, binders) anliegt oder, wie es im Baujargon häufig heißt, ob „Saft" vorliegt. Das macht der Geselle meist entweder mit dem einpoligen (single-pole) Spannungsprüfer (voltmeter) oder aus Sicherheitsgründen besser mit dem zweipoligen (two-pole) Spannungsprüfer (siehe Kap. 3.9.2).

Für den Transport von Ladungen (electric charges) sind im elektrischen Leiter (conductor) vorhandene freie Elektronen (free electrons) zuständig, die zum Fließen gebracht werden müssen. Dieses geschieht dadurch, dass man die positiven und negativen Ladungsträger künstlich voneinander trennt und so einen „Ladungsunterschied" oder eine „Potentialdifferenz" (potential difference) produziert. Diese auch „elektrische Spannung U" genannte Größe kann auf verschiedenen Wegen erzeugt werden (Bild 1).

Ein einfacher Stromkreislauf (electric circuit) kann folgendermaßen dargestellt werden:

Ein Stromkreis (Bild 2) besteht mindestens aus einer Spannungsquelle (power supply unit, power source), dem Hin- und Rückleiter sowie aus dem Betriebsmittel (electrical equipment) und zweckmäßigerweise aus einem Schalter (switch). Die technische Stromrichtung (technical sense of current) wurde vom Plus- zum Minuspol festgelegt.

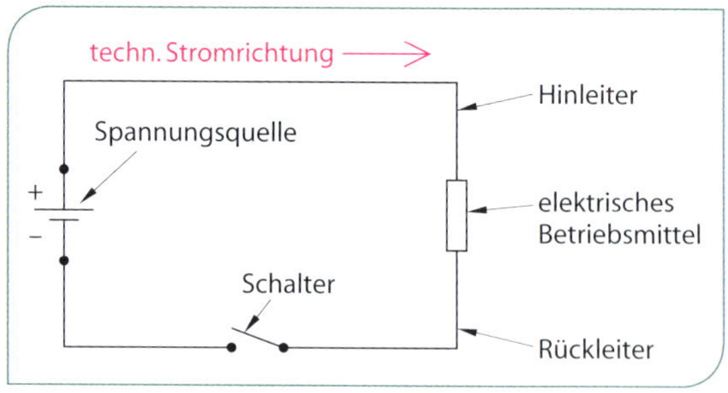

2 Der elektrische Stromkreis

Ladungstrennung	Aktive Zweipole	
durch chemische Reaktion	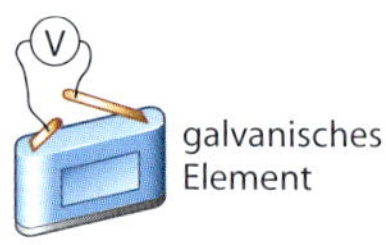	
durch Wärmewirkung	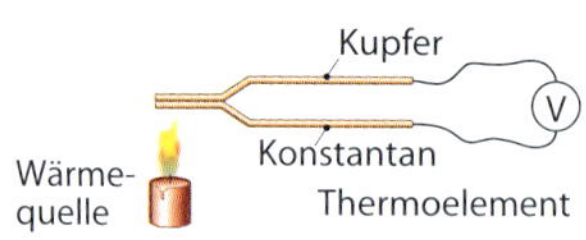	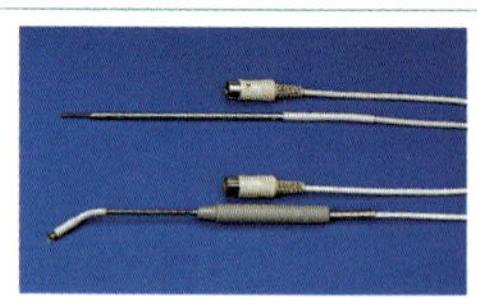
durch Lichteinwirkung	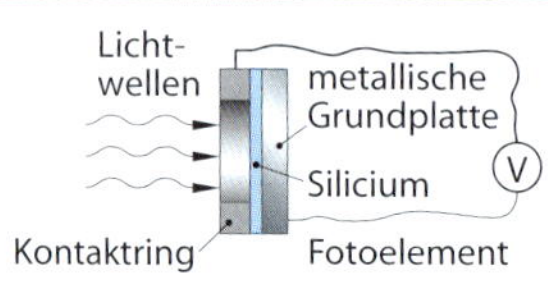	
durch Kristallverformung	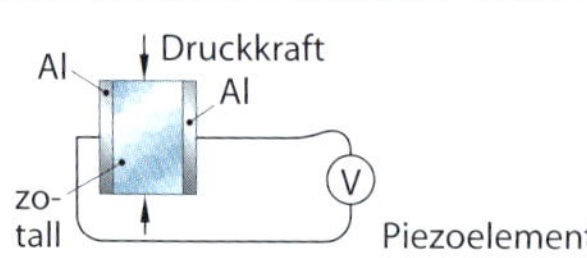	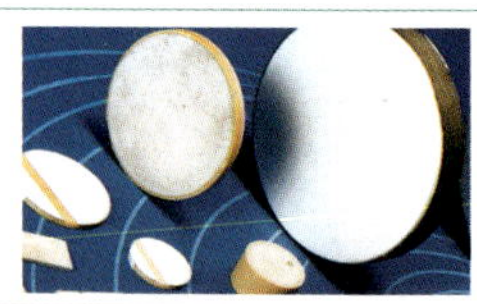
durch Induktion	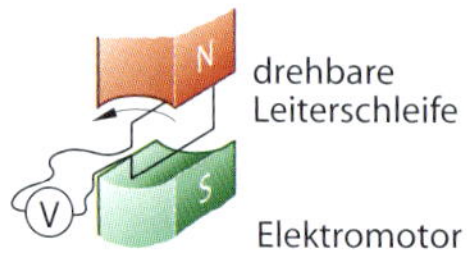	
durch Reibung	Elektrostatische Aufladung durch Reiben: z. B. Gewitter, Stromschläge an der Kfz-Karosserie	

1 Spannungserzeugung

Die elektrische Spannung U tritt immer zwischen zwei Punkten eines elektrischen Systems mit einem Ladungsunterschied (Potentialdifferenz) auf. Für die Messung (measurement) der Spannung muss das Messgerät (measuring instrument) parallel (parallel) zum Netz geschaltet werden (Bild 1).

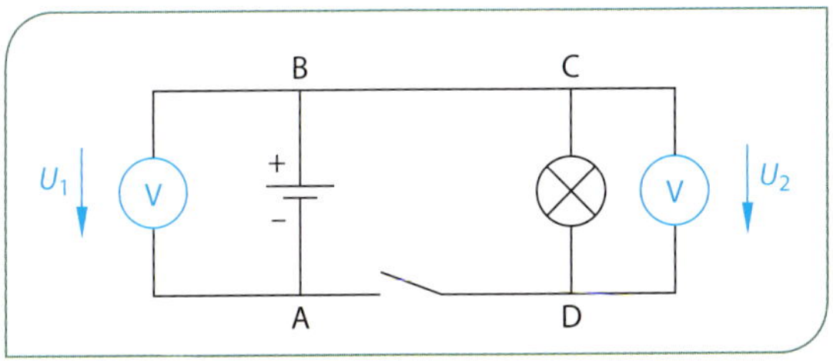

1 Messen von Spannungen

U_1 ist die Quellenspannung
U_2 ist die Spannung am Verbraucher

Ursache von Spannungsabfällen (voltage drops) sind Widerstände (resistance) in den Leitungen und anderen „Verbrauchern".

MERKE

Die elektrische Spannung hat das Formelzeichen *U* und wird in der Einheit Volt[1] (V) gemessen.

PRAXISHINWEIS

Die Spannungsmessung erfolgt immer **parallel** (parallel) zu den elektrischen Betriebsmitteln! Eine Trennung (disconnection) des Stromkreises ist daher nicht erforderlich.

Man spricht von einer Gleichspannung (direct voltage), wenn ein Pol stets negative Ladung, der andere stets positive Ladung hat. Wechselt die Polarität ständig innerhalb einer bestimmten zeitlichen Abfolge, so liefert der Erzeuger eine Wechselspannung.

Kurzzeichen für Gleichstrom:	**DC** (direct current), Symbol: ⎓
Kurzzeichen für Wechselstrom:	**AC** (alternating current), Symbol: ~

Einige Beispiele von Spannungen bei technischen Anwendungen:

Höchstspannungsnetz:	z. B. 400000 V
Hochspannungsnetz:	z. B. 30000 V
Piezoelement:	z. B. 20000 V
Hochspannungszündung an einem Gas- oder Ölbrenner:	z. B. 10000 V
Drehstromnetze (3-Phasen-Wechselstrom:	400 V / 230 V
Einphasen-Wechselstromnetz:	230 V
Auto-Akku (Batterie):	12 V oder 24 V
Monozelle:	z. B. 1,5 V
Thermoelementspannung (Kupfer-Konstantan bei $\Delta\vartheta = 100$ K):	0,005 V

3.2.2 Stromstärke

Werden die Pole eines Spannungserzeugers leitend miteinander verbunden, indem man einen Stromkreis herstellt, so kommt es zu einem Elektronenfluss (electron flow). Ursache dafür ist der Überschuss an freien Elektronen am negativen Pol. Die Ladungsmenge der Elektronen, die innerhalb einer bestimmten Zeiteinheit durch einen Leiter fließt, nennt man die Stromstärke *I* (amperage). Sie wird in Ampere[2] (A) gemessen. Messbar wird diese Größe, wenn man den Stromkreislauf auftrennt und ein entsprechendes Messgerät in Reihe zwischenschaltet, damit die Teilchen dort „hindurchwandern" und gemessen werden können (Bild 2).

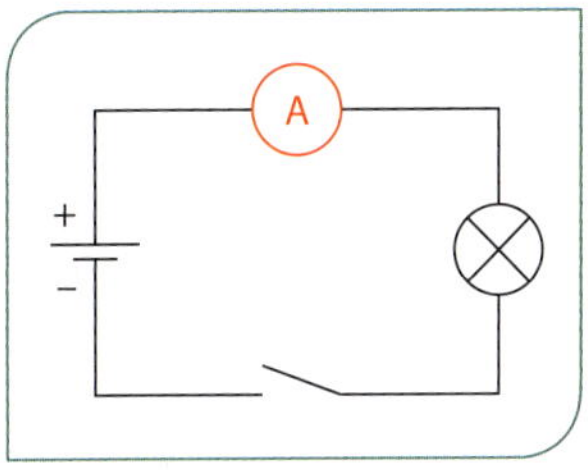

2 Messen des elektrischen Stromes

MERKE

Die Stromstärke hat das Formelzeichen *I* und wird in der Einheit Ampere (A) gemessen.

Einige Beispiele von Strömen in technischen Anwendungen (Ca.-Werte):

Schmelzöfen für die Stahlerzeugung	100.000 A
Aluminium-Erzeugung	10.000 A
E-Schweißen	≤ 500 A
E-Durchlauferhitzer	≤ 30 A
Thermoelement	≤ 1 A
Leuchtmittel (Mittelw.)	0,3 A
Ionisationsflammenüberwachung	≤ 40 µA

PRAXISHINWEIS

Die Messung der Stromstärke erfolgt immer **in Reihe** (in series) zu den Betriebsmitteln! Dafür ist eine Auftrennung des Stromkreises erforderlich (Ausnahme: bei Verwendung von Messzangen, mit denen man berührungslos (non-contacting, contactless) messen kann (vergl. S. 227, B. 2).

[1] Volta, Alessandro, ital. Physiker 1745–1827
[2] Ampére, André-Marie, franz. Physiker 1775–1836

Lernfeld 4

Die Strommessung am Kochendwassergerät ist sehr einfach durchführbar, weil das Gerät mit einem Steckeranschlusskabel ausgestattet ist. Ein handelsübliches Energieverbrauchsmessgerät, das man u. a. bei den zuständigen Stromversorgungsunternehmen ausleihen kann, wird zwischen Steckdose (socket) und Stecker (plug) in den Stromkreis „zwischengeschaltet" und zeigt nach Wahl außer Spannung, Leistung (power) / Verbrauch und el. Arbeit (electric work) auch die Stromstärke an (Bild 1).

1 Strommessung mit einem Energieverbrauchsmessgerät

Diese Messung kann auch etwas umständlicher mit einem Vielfachmessgerät (multitester, multimeter), z. B. an der Klemmenleiste (terminal block, strip) des zu messenden Gerätes, durchgeführt werden (weitere Erläuterungen siehe Kap. 3.9).

3.2.3 Widerstand und Ohmsches Gesetz

Die Eigenschaft der Stoffe, dem Elektronenfluss ein Hindernis (obstruction) entgegenzusetzen, bezeichnet man als **elektrischen Widerstand** (electric resistance). Das Zustandekommen dieses Widerstandes kann man sich modellhaft folgendermaßen vorstellen: Atome und Moleküle eines Stoffes schwingen (oscillate, vibrate) je nach ihrer Temperatur mehr oder weniger stark um ihre Ruhelage. Eine höhere Temperatur veranlasst die Teilchen zu stärkeren Schwingungen; ihr Energiezustand hat sich erhöht. Bewegen sich nun freie Elektronen infolge eines Spannungsunterschiedes (difference of potential) in einem Leiterwerkstoff, so stoßen sie auf die sich an ihrem Platz hin und her bewegenden Atome des Leiters (Bild 2). Ein Teil der Bewegungsenergie der Elektronen geht dabei auf die Atome über, deren thermische Energie wird dadurch angehoben und die Temperatur des Leiters steigt.

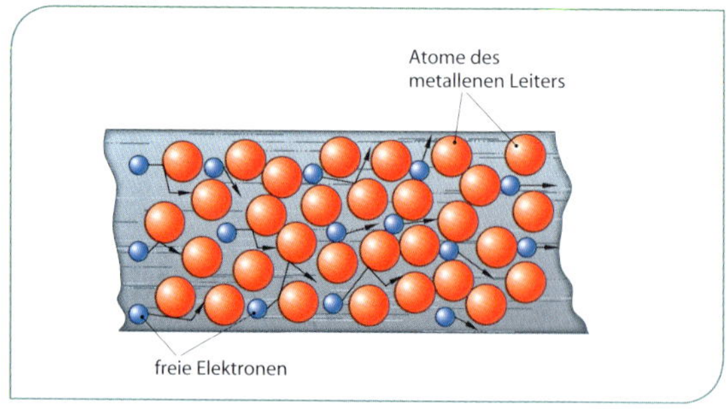

2 Widerstand im Leiter

Dabei zeigen Versuche an festen Widerständen ohne den Einfluss der Temperatur folgende Gesetzmäßigkeit (regularity):

$$R = \frac{U}{I} \qquad \text{Einheit von } R \text{ in } \frac{\text{V}}{\text{A}} = \Omega \text{ (Ohm[1])}$$

Diese Gesetzmäßigkeit wird auch als **Ohmsches Gesetz** bezeichnet!

MERKE

Das Verhältnis von Spannung und Stromstärke bleibt stets konstant oder anders formuliert:
Die physikalische Größe Widerstand wird durch den Quotienten aus Spannung *U* und Stromstärke *I* bestimmt und mit dem Formelzeichen ***R*** bezeichnet

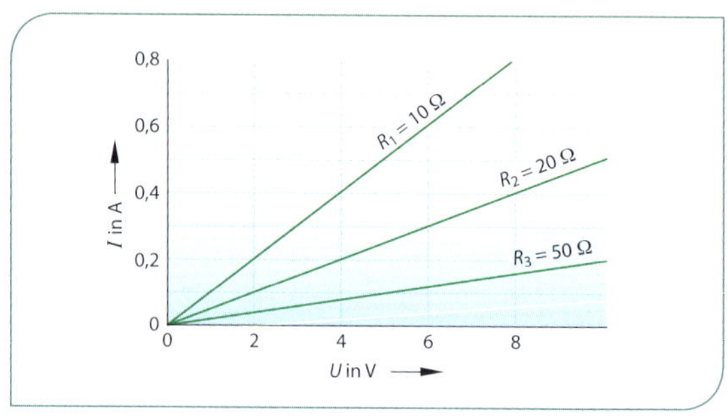

3 Kennlinien von verschiedenen Festwiderständen

Wird ein Widerstand **als Bauelement** (unit) bemessen, so gelten folgende Zusammenhänge (connections, correlations):

- Der Widerstand sinkt proportional mit zunehmendem Querschnitt
- Der Widerstand nimmt proportional mit der Leiterlänge zu

[1] Ohm, Georg Simon, deutscher Physiker 1787–1854

Daraus leitet sich der **spezifische Widerstand** (specific resistivity, resistance) eines Leiters ab, der mit dem griechischen Buchstaben ρ (Rho) bezeichnet wird:

$$\rho = \frac{R \cdot A}{l} \qquad \text{Einheit von } \rho \text{ in } \frac{\Omega \cdot \text{mm}^2}{\text{m}}$$

mit
dem el. Widerstand R in Ω
der Querschnittsfläche A des Leiters in mm²
der Leiterlänge l in m

Der Kehrwert des spezifischen Widerstandes (reciprocal resistivity) wird als **elektrische Leitfähigkeit** κ (Kappa) (electric conductivity) bezeichnet:

$$\kappa = \frac{1}{\rho} \qquad \text{Einheit von } \kappa \text{ in } \frac{\text{m}}{\Omega \cdot \text{mm}^2}$$

Daraus ergibt sich der **ohmsche Widerstand** R mit

$$R = \frac{\rho \cdot l}{A} = \frac{l}{\kappa \cdot A}$$

$$\text{Einheit von } R \text{ in } \frac{\Omega \cdot \text{mm}^2 \cdot \text{m}}{\text{m} \cdot \text{mm}^2} = \Omega$$

Da auch Festwiderstände temperaturabhängig sind, werden ihre Werte meist auf eine Basistemperatur von 20 °C bezogen.

BEISPIELRECHNUNG

Zu berechnen ist der Gesamtwiderstand einer zweiadrigen Leitung aus Kupfer mit dem Querschnitt 1,5 mm² und einer Länge $l = 20$ m.

Geg.: $A = 1{,}5\ \text{mm}^2$; $l = 2 \cdot 20\ \text{m}$; spez. Widerstand
$\rho_{Cu} = 0{,}0179\ \Omega \cdot \text{mm}^2 \cdot \text{m}^{-1}$ (aus Tabellenbuch)

Lösung:

$$R = \frac{\rho \cdot l}{A} = \frac{0{,}0179\ \Omega \cdot \text{mm}^2 \cdot 40\ \text{m}}{\text{m} \cdot 1{,}5\ \text{mm}^2} = 0{,}477\ \Omega$$

Am Beispiel des Kochendwassergerätes (Bild 1) soll ein möglicher Defekt mittels einer Widerstandsmessung lokalisiert werden:

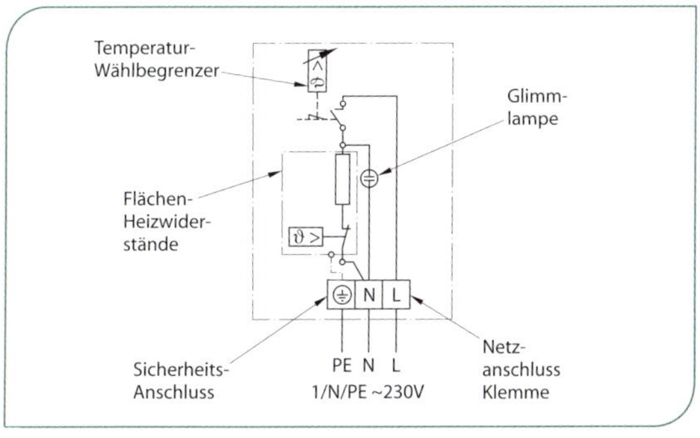

1 Schaltplan Kochendwassergerät

Bei geöffnetem Gerät werden die internen Anschlüsse an der Netzanschlussklemme gelöst, sodass folgende Zugriffsmöglichkeit für den Anschluss eines Vielfachmessgerätes gegeben ist (Bild 2):

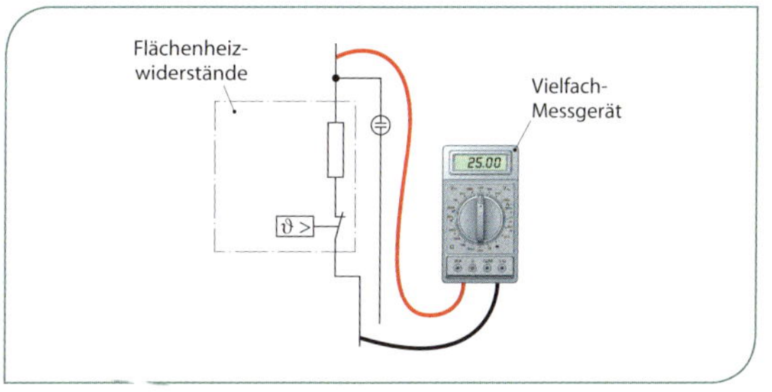

2 Widerstandsmessung am Kochendwassergerät (Einzelheit aus Bild 1)

Als Ergebnis der Messung und Überprüfung wird bei einem intakten Gerät ein „endlicher" (finite) Widerstandswert von z. B. **25 Ω** abgelesen.
Liegt ein Defekt z. B. in Form eines Leitungsbruches vor (der Heizwiderstand ist z. B. durchgebrannt), ergibt eine Widerstandsmessung den Wert ∞ (unendlich (infinite)).
Die folgende, von der ersten Messung leicht abgewandelte Anschlussform (Bild 3) macht eine Aussage über einen möglichen Körperschluss (body contact) zwischen dem Heizwiderstand und der Gehäusemasse:

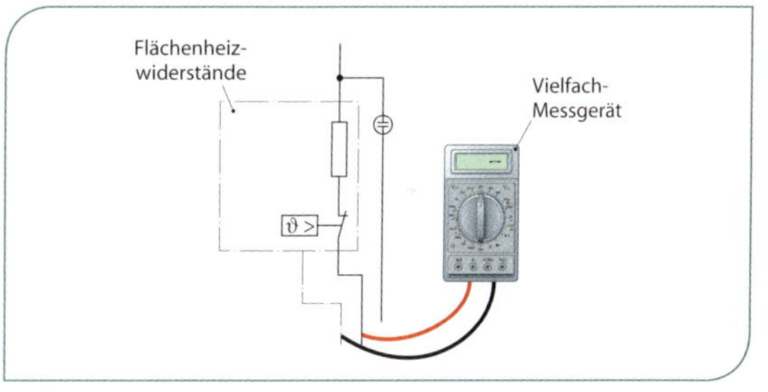

3 Überprüfung des Gerätes auf Kurzschluss (Einzelheit aus Bild 1)

Das Ergebnis der Messung bei einem defekten Gerät wäre ein unendlich großer Widerstand (infinite resistance), bei einem intakten Gerät aber möglicherweise auch. In diesem Fall ließe eine derartige Messung bei einem Defekt wegen der konstruktionsbedingten Isolationsschichten zwischen den Heizelementen und dem Gehäuse keine eindeutige Aussage zu. Nur wenn ein endlicher Wert angezeigt wird, kann von einem internen (internal) Leitungsschluss (line contact) ausgegangen werden.
Bei den Messungen muss darauf geachtet werden, dass der Schalter des Schutz-Temperaturreglers geschlossen ist.

3.3 Elektrische Arbeit

Aus der Mechanik ist bekannt, dass Energie die Fähigkeit ist, Arbeit zu verrichten. Diese Formulierung trifft auch für die elektrische Energie und elektrische Arbeit zu.
Daraus folgt, dass elektrische Arbeit aus der Energieänderung elektrischer Ladungen resultiert.
Da der Unterschied beider Größen lediglich darin liegt, dass „Energie" den **Zustand** eines Körpers und „Arbeit" den **Prozess** oder Vorgang des Körpers beschreiben, sind Maßzahl und Einheit gleich. Für die elektrische Arbeit und die elektrische Energie werden die gleiche Formel- (equation) und Kurzbezeichnung (code designation) gewählt:

$W = U \cdot I \cdot t$ mit
W = elektrische Arbeit, elektrische Energie in **Ws**
U = elektrische Spannung in **V**,
I = elektrische Stromstärke in **A**,
t = Zeit in **s**

Anmerkung:
Das Produkt der Einheiten V und A wird Watt[1] genannt:
1 **V** · 1 **A** = 1 **W** (siehe 3.4)
Dann ist: 1 **V** · 1 **A** · 1 **s** = 1 **Ws**

Wie in der Mechanik kann die Einheit auch umgewandelt werden: 1 **Nm** = 1 **J** = 1 **Ws**

3.4 Elektrische Leistung

Unabhängig von der Energieart ist auch die elektrische Leistung P der Quotient (ratio, quotient) aus der elektrischen Arbeit W und der Zeit (time) t, die für die Verrichtung der Arbeit benötigt wird:

$$P = \frac{W}{t} = \frac{U \cdot I \cdot t}{t} = U \cdot I$$

Einheit von P: V · A = W (vergl. 3.3)

BEISPIELRECHNUNG 1

Gesucht wird die Stromstärke, mit der die stromführende Leitung zum Kochendwassergerät belastet wird (siehe Beispiel S. 213).

Geg.: U = 230 V AC, P = 2,0 kW (S. 213, Bild 4)
Ges.: I

Lösung:

$$I = \frac{P}{U} = \frac{2000\,\text{W}}{230\,\text{V}} = \underline{\underline{8{,}7\,\text{A}}}$$

1 *Ausschnitt aus einem Leistungsschild einer dreistufigen Heizungsumwälzpumpe*

BEISPIELRECHNUNG 2

Die auf dem Leistungsschild (name plate, rating plate) einer dreistufigen Heizungsumwälzpumpe (circulation pump) (Bild 1) u. a. abgebildeten elektrischen Größen P_1 = 30 W, 45 W und 60 W sind zu überprüfen.

Geg.: U = 230 V AC;
für die Drehzahl 1: $I_1 = 0{,}13$ A; $P_1 = 30$ W;
für die Drehzahl 2: $I_2 = 0{,}20$ A, $P_2 = 45$ W;
für die Drehzahl 3: $I_3 = 0{,}26$ A, $P_3 = 60$ W.

Ges.: Überprüfung der Leistung P_1

Lösung für die Stufe 1:
P_1: $U \cdot I_1 = 230\,\text{V} \cdot 0{,}13\,\text{A} = \underline{\underline{29{,}9\,\text{W}}}$

Lösung für die Stufe 2:
P_2: $U \cdot I_2 = 230\,\text{V} \cdot 0{,}20\,\text{A} = \underline{\underline{46{,}0\,\text{W}}}$

Lösung für die Stufe 3:
P_3: $U \cdot I_3 = 230\,\text{V} \cdot 0{,}26\,\text{A} = \underline{\underline{59{,}8\,\text{W}}}$

Ein Vergleich der Ergebnisse mit den Angaben des Leistungsschildes zeigt eine ausreichende Übereinstimmung.

3.5 Das Leistungsschild

Leistungsschilder von Geräten bzw. Maschinen (Bild 1, S. 219) können folgende Angaben enthalten:
- Hersteller (maker, producer)
- Produktionscode (z. B. alphanumerisch)
- Herstellungsdatum
- Herstellungsartikel (namentlich) oder Typbezeichnung
- Verwendungszweck (intended use) / Einsatzbereich (bzw. Einsatzbeschränkung)
- Prüfzeichen (mark of conformity), EU-Konformitätszeichen
- Schutzklasse (system of protection) (IP)
- Leistungsgröße, Wirkungsgrad (efficiency)

[1] Watt, James: engl. Erfinder 1736–1819

Beispiel:

1 Leistungsschild eines Kochendwassergerätes

Erklärung:

Hersteller:	Stiebel Eltron
Typ:	EBK 5G automatik
Drucklos:	(0 MPa)
Zapfleistung max.:	10 l/min
Inhalt:	5 Liter
Best. Nr:	07 42 87-7875-331788
El. Anschlussleistung:	2,0 kW, einphasig, 8,7 A
Spannungsversorgung:	230 V AC
Netzfrequenz:	50 Hz
Schutzart:	IP 24 D (siehe Seite 221)
Prüfzeichen:	VDE, GS, CE etc.

3.6 Ausgewählte Leitungstypen

In elektrischen Anlagen werden als Strom führende Leiter Kabel (cables) und Leitungen (wires) verwendet. Während Kabel wegen ihres robusten Aufbaues auch im Erdreich (ground) verlegt werden dürfen, trifft das für Leitungen nicht zu. In der Hausinstallation überwiegt die Verwendung der kostengünstiger herzustellenden Leitungen.

Die in elektrischen Anlagen verlegten isolierten (insulated) Leitungen und Kabel müssen den **VDE- Richtlinien**[1] entsprechen. Leitungen sind wichtige Betriebsmittel in haustechnischen elektrischen Anlagen und müssen mechanischen Belastungen standhalten. Auch sollen sie sich im Betriebszustand nicht über ein bestimmtes Maß erwärmen (z. B. 70 °C).

Die richtige Auswahl und Bemessung der Leitungen (und Kabel) ist daher für die Sicherheit und Zuverlässigkeit einer elektrischen Anlage sehr wichtig.

Folgende Tabelle Bild 2 zeigt die nach mechanischen Beanspruchungen festgelegten Mindestquerschnitte von Leitungen. Sie stellen Erfahrungswerte dar:

Einsatzzweck	Mindestquerschnitt in mm²	
	bei Cu	bei Al
Feste, geschützte Verlegung	1,5	2,5
Leitungen in Schaltanlagen und Verteilern bei Stromstärken bis 2,5 A – über 2,5 A bis 16 A – über 16 A	0,5 0,75 1,0	–
Offene Verlegung (auf Isolatoren) – Abstand der Befestigungspunkte bis 20 m – über 20 m bis 45 m	 4 6	 16 16 (mehrdrähtig)
Bewegliche Leitungen für den Anschluss von – leichten Handgeräten bis 1 A Stromaufnahme und einer größten Länge der Anschlussleitung von 2 m, wenn dies in den entsprechenden Gerätebestimmungen festgelegt ist – Geräten bis 2,5 A Stromaufnahme und einer größten Länge der Anschlussleitung von 2 m, wenn dies in den entsprechenden Gerätebestimmungen festgelegt ist – Geräten bis 10 A Stromaufnahme, für Gerätesteck- und Kupplungsdosen bis 10 A Nennstrom – Geräten über 10 A Stromaufnahme, Mehrfach-, Gerätesteckdosen und Kupplungsdosen mit mehr als 10 A bis 16 A Nennstrom	 0,1 0,5 0,75 1,0	–

2 Mindestleiterquerschnitte für Strom führende Leitungen

Bild 3 zeigt typische Leitungen für die Hausinstallation:

[1] VDE: Verband deutscher Elektrotechniker e.V. (eingetragener Verein)

Kurzzeichen	Bezeichnung/Nennspannung U_0 / U	Muster	Aufbau	Verwendung
NYIF	Stegleitung 300 / 500	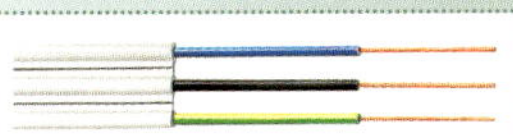	eindrähtiger Kupferleiter, Isolierhülle aus PVC, 2, 3, 4 oder 5 Adern mit Abstand in einer Ebene angeordnet, mit einer Hülle aus hellem, vulkanisiertem Gummi umgeben	in trockenen Räumen für feste Verlegung im und unter Putz; ohne Putzabdeckung in Hohlräumen von Decken und Wänden aus Beton, Stein oder ähnlichen nicht brennbaren Baustoffen

3 Elektrische Leitungen für die Hausinstallation (Forts. S. 220)

Kurzzeichen	Bezeichnung/Nennspannung U_0 / U	Muster	Aufbau	Verwendung
NYM	Mantelleitung 300/500		ein- oder mehrdrähtiger Kupferleiter, Isolierhülle aus PVC	in trockenen, feuchten oder nassen Räumen, feuer- und explosionsgefährdeten Betriebsstätten und Lagerräumen, landwirtschaftlichen Betriebsstätten sowie im Freien (jedoch nicht im Erdboden) für feste Verlegung über und auf Putz sowie im und unter Putz
			bei mehradrigen Leitungen Adern verseilt und mit plastischer Füllmischung umpresst, darüber Mantel aus PVC	
NYMT	PVC-Mantelleitung mit Tragseil 300/500		Installationsleitung mit selbsttragender Aufhängung	für den Anschluss von Straßenbeleuchtung; Hausanschlussleitung über Dachständer (Zugbeanspruchung bei Mindestdurchhang je nach Spannweite, auf Herstellerangaben achten)

Fortsetzung Bild 3 aus Seite 219

N: genormte Leitung, I: Stegleitung (Imputzleitung, T: Tragseil, Y: Kunststoffisolierung (Kunststoffmantel),
F: Flachleitung (Stegleitung), M: Mantelleitung, J: mit Schutzleiter

Die folgenden Tabellen Bilder 1 und 2 zeigen die genormten Farben der Adern:

Anzahl der Adern	Farben der Adern: Schutzleiter	Neutralleiter	weitere Leiter		
3	Grün Gelb	Blau	Braun		
4	Grün Gelb		Braun	Schwarz	Grau
4[1]	Grün Gelb	Blau	Braun	Schwarz	
5	Grün Gelb	Blau	Braun	Schwarz	Grau

1 Farben der Adern bei Kabeln und Leitungen mit grün-gelber Ader

Anzahl der Adern	Farben der Adern: Neutralleiter	weitere Leiter			
2	Blau	Braun			
3		Braun	Schwarz	Grau	
3[1]	Blau	Braun	Schwarz		
4	Blau	Braun	Schwarz	Grau	
5	Blau	Braun	Schwarz	Grau	Schwarz

2 Farben der Adern bei Kabeln und Leitungen ohne grün-gelbe Ader

Je nach Unterbringung der Leitungen in oder an den Baukörper unterscheidet man unterschiedliche Verlegearten:

Verlegeart	A1	A2		B1	B2	C		
Darstellung	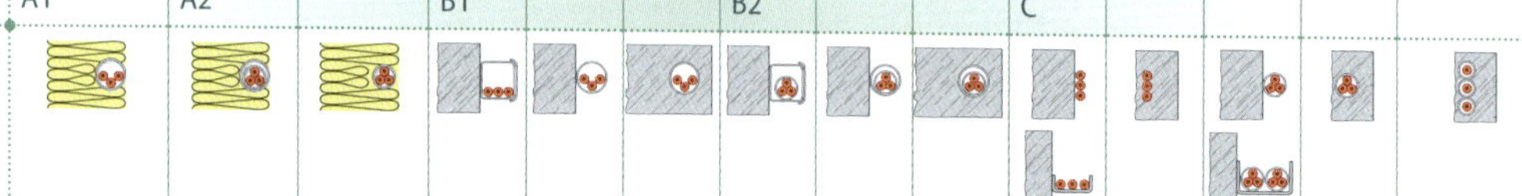							
Verlegebedingung	Verlegung in wärmegedämmten Wänden			Verlegung in Elektro-Installationsrohren oder geschlossenen Elektro-Installationskanälen auf oder in Wänden oder in Kanälen für Unterflurverlegung		direkte Verlegung auf oder in Wänden/Decken oder in Kabelwannen		Stegleitungen in Wänden/Decken oder Hohlräumen
	Aderleitungen oder einadrige Kabel/Mantelleitungen im Elektroinstallationsrohr oder -kanal	mehradrige Kabel oder Mantelleitungen im Elektroinstallationsrohr oder -kanal	mehradrige Kabel oder Mantelleitungen direkt verlegt	Aderleitungen oder einadrige Kabel/Mantelleitungen	mehradrige Kabel oder Mantelleitungen	einadrige Kabel oder Mantelleitungen	mehradrige Kabel oder Mantelleitungen	

3 Verlegearten von Strom führenden Leitungen

[1] Nur für bestimmte Anwendungen

Schutzart/IP-Codes

Der Umgang mit elektrischen Betriebsmitteln muss für den Anwender so gefahrlos wie möglich sein. Daher wird je nach Einsatz und Anwendung für das Gehäuse des jeweiligen Betriebsmittels ein Mindestschutz gefordert, der durch den IP-Code und dieSchutzklasse festgelegt ist.

1. Anordnung des IP-Codes

Der IP-Code zeigt die Schutzart des Gehäuses eines Elektrogerätes in folgender Weise an: **IP 2 3 C H**

- Code Buchstaben (International Protection) → IP
- Erste Kennziffer (Ziffern von 0 bis 6 oder der Buchstabe X) → 2
- Zweite Kennziffer (Ziffern von 0 bis 8 oder der Buchstabe X) → 3
- Zusätzlicher Buchstabe (wahlweise) (Buchstaben A, B, C, D) → C
- Ergänzender Buchstabe (wahlweise) (Buchstaben H, M, S, W) → H

Wo eine Kennziffer nicht angegeben werden muss oder soll, muss sie durch den Buchstaben „X" als Platzhalter ersetzt werden. Werden beide Ziffern weggelassen, muss „XX" angegeben werden.

2. Bestandteile des IP-Codes und deren Bedeutungen

Eine kurze Beschreibung der IP-Code-Bestandteile enthält nachfolgende Tabelle.

Bestandteil	Ziffern oder Buchstaben	Bedeutung für den Schutz des Betriebsmittels	Bedeutung für den Schutz von Personen
Codebuchstabe	IP	–	–
Erste Kennziffer	 0 1 2 3 4 5 6	Gegen Eindringen fester Fremdkörper nicht festgelegt ≥ Ø 50,0 ≥ Ø 12,5 ≥ Ø 2,5 ≥ Ø 1,0 staubgeschützt staubdicht	Gegen Berühren gefährlicher Teile mit nicht festgelegt Handrücken Finger Werkzeug Draht Draht Draht
Zweite Kennziffer	 0 1 2 3 4 5 6 7 8	Gegen Eindringen von Wasser mit schädlichen Wirkungen nicht festgelegt senkrechtes Tropfen Tropfen (15° Neigung) Sprühwasser Spritzwasser Strahlwasser starkes Strahlwasser zeitweiliges Eintauchen dauerndes Untertauchen	–
Zusätzlicher Buchstabe	wahlweise A B C D	–	Gegen Berühren gefährlicher Teile mit Handrücken Finger Werkzeug Draht
Codebuchstabe	IP	–	–
Ergänzender Buchstabe	wahlweise H M S W	Ergänzende Information speziell für Hochspannungsgeräte Wasserprüfung bei Bewegung Wasserprüfung bei Stillstand Wetterbedingungen	–

Schutzklassen elektrischer Betriebsmittel

Schutzklasse I		Schutzklasse II		Schutzklasse III	
Schutzmaßnahme mit Schutzleiter Kennzeichen:	⏚	Schutzisolierung Kennzeichen:	⧈	Schutzkleinspannung Kennzeichen:	◇III

Prüfzeichen an elektrischen Betriebsmitteln und Geräten

VDE	VDE-Zeichen Verband Deutscher Elektrotechniker		Funkschutzzeichen Im freien Ausschnitt Funkstörgrad G, N, K oder Zahl
GS	Geprüfte Sicherheit Sicherheitszeichen zum Maschinenschutzgesetz	◁VDE▷	VDE-Kabelkennzeichen
E 1	ECE: Kommission der Vereinten Nationen (UN) für Europa mit Kennzahl (im Kreis) des Landes, das die Genehmigung erteilt hat, z. B. 1 Bundesrepublik Deutschland	CE	CE: Pflichtkennzeichnung des Herstellers bzw. Importeurs, dass die wesentlichen Schutzanforderungen der EG-Richtlinien erfüllt sind

3.7 Sicherungen, LS- Schalter, RCD

Werden elektrische Leiter von Strom durchflossen, so erwärmen sie sich (vergl. Seite 216, Kap. 3.2.3). Kommt es infolge einer zu hohen Belastung zu einer unzulässigen (unacceptable) Erwärmung (heating of conductor), können die Leiter oder Betriebsmittel zerstört werden oder es kommt sogar zu Bränden (fires) und damit zu Folgeschäden (consequential damages). Ursache zu hoher Ströme sind **Überlastungen** (overloads, overstressings) **des Netzes** durch zu hohe Stromabnahme (es sind zu viele elektrische Betriebsmittel angeschlossen) oder **durch Kurzschlüsse** (short circuits) zwischen Strom führenden Leitungen.
Zur Vermeidung größerer Schäden werden gezielt „Schwachstellen" wie Schmelzsicherungen (fuse) und Sicherungsautomaten (LS-Schalter, RCD) in die Strompfade integriert.

3.7.1 Schmelzsicherungen

3.7.1.1 Schmelzsicherungen für den Leitungsschutz

Schmelzsicherungen bestehen aus einem Porzellankörper (porcelain), der von einem dünnen Draht oder Metallstreifen durchzogen ist. Damit beim Schmelzen kein Lichtbogen (arc) entstehen kann, ist der Draht von Quarzsand (silica sand) umgeben. Wird die Nennstromstärke – z. B. 16 A – um einen bestimmten Betrag überschritten, dann schmilzt der Sicherungsdraht in einer gewissen Zeit und der Stromfluss ist unterbrochen.
Verwendung finden Sicherungssysteme des D- Systems, die DIAZED[1]-Sicherungen, und des DO-Systems, die NEOZED[2]-Sicherungen (Bild 1a/b).

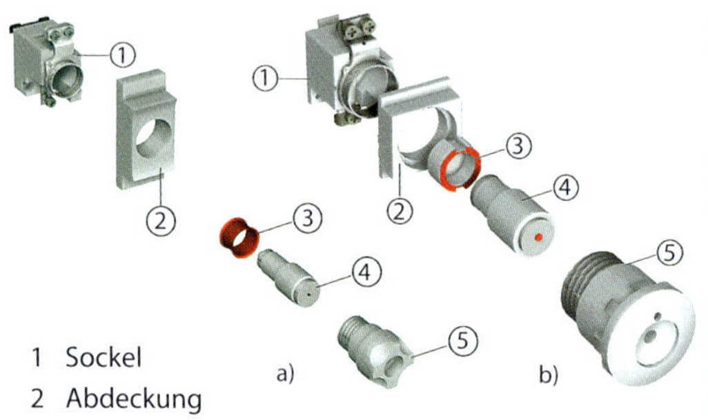

1 Sockel
2 Abdeckung
3 Sicherungseinsatz
4 Sicherung
5 Schraubkappe

1 Sicherungen a) NEOZED-Sicherung b) DIAZED-Sicherung

[1] DI: diametral
A: abgestufter
Z: zweiteiliger
ED: Edison-Schraubstöpsel

[2] NEO (lat): neu
Z: zweiteiliger
ED: Edison-Schraubstöpsel

3.7.1.2 Schmelzsicherungen für Geräte

Geräte- und Feinsicherungen des Typs G (Bild 2) bestehen aus einem Glas-, Kunststoff- oder Porzellan- Röhrchen mit einem innen liegenden Schmelzdraht (fusible wire). Sie werden nach ihrem Zeit- Strom- Verhalten mit bestimmten Attributen versehen, z. B. FF (Tabelle Bild 3)

Kappendurchmesser 5,2–0,2 mm.
Ganze Länge 20 ± 0,5 mm.
Mit zylindrischen Kontaktplatten aus Messing, vernickelt.
Isolierrohr: Glas bzw. Keramik.

a) G-Schmelzeinsätze, 250 V, verwechselbar (G, Geräteschutz)

0,035 bis 0,06 A – 5 × 30 mm
0,08 bis 0,6 A – 5 × 25 mm
0,8 bis 4 A – 5 × 20 mm

b) G-Schmelzeinsätze, 250 V, unverwechselbar

c) Halter

d) Schraubkappen

2 Gerätesicherungen (Typ G)

Bezeichnung nach VDE 0820	Charakteristische Arbeitsweise
FF	superflink
F	flink
M	mittelträge
T	träge
TT	superträge

3 Bezeichnungen der G-Sicherungen nach dem Zeit-Strom-Verhalten

MERKE

Aus Sicherheitsgründen dürfen Sicherungen niemals überbrückt oder „geflickt" werden!

3.7.2 Leitungsschutzschalter

Leitungsschutzschalter (= LS-Schalter, Bild 1, S. 223, (automatic cutout, line safety switch)) lösen sowohl thermisch (thermally) als auch magnetisch (magnetically) aus. Die magnetische Auslösung (disengaging) erfolgt schnell, z. B. wenn bei dem in der Hausinstallation gebräuchlichen Typ B das Fünffache des Nennstromes überschritten wird. Bei geringfügiger Überschreitung (Faktor 1,45) unterbricht die thermische Auslösung spätestens nach 60 Minuten den Stromfluss.

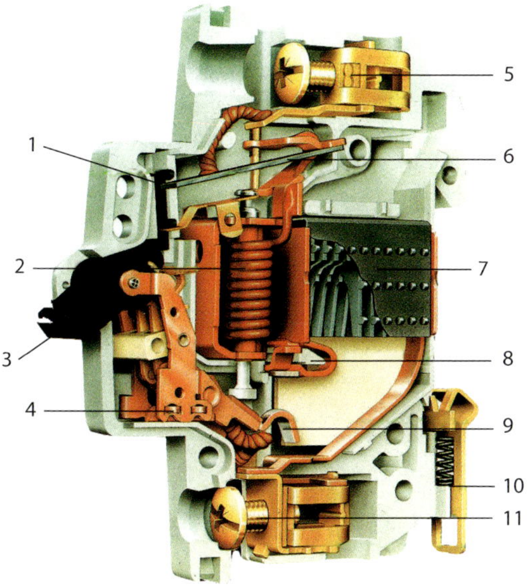

1 Entklinkungsschieber
2 Elektromagnetauslöser
3 Schaltgriff
4 Schaltwerk mit Federkraftspeicher zum Ausschalten
5 Obere Anschlussklemme
6 Verzögerter Thermobimetallauslöser
7 Lichtbogenlöschkammer
8 Festes Schaltstück
9 Bewegliches Schaltstück
10 Schnellbefestigungseinrichtung
11 Untere Anschlussklemme

1 Aufbau eines Leitungsschutzschalters

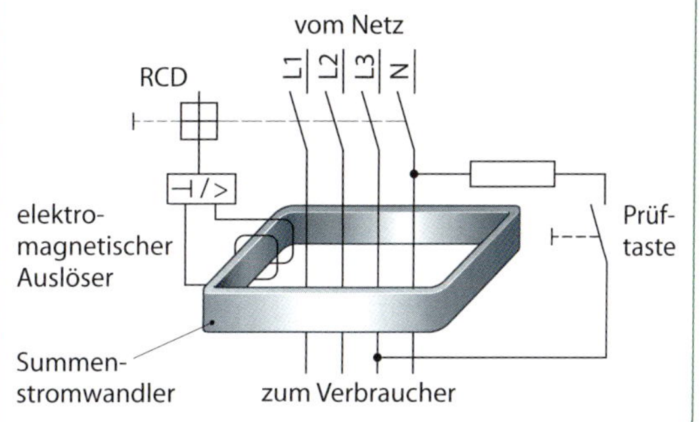

2 Prinzip einer RCD (FI-Schutzschalter)

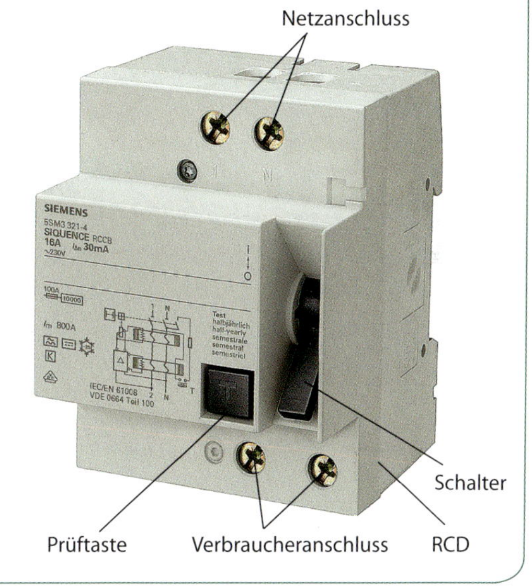

3 RCD mit zweipoligem LS-Schalter

3.7.3 RCD

RCDs (**R**esidual **C**urrent Protective **D**evice = Fehlerstrom-Schutzeinrichtung, bisher FI-Schutzschalter) haben die Aufgabe, bei gefährlichen Berührungsspannungen (contact voltages) den Stromkreis innerhalb von Sekundenbruchteilen allpolig zu unterbrechen (Bilder 2 u. 3). Sämtliche Strom führende Leiter, die vom Versorgungsnetz zu den Betriebsmitteln führen, durchlaufen im RCD einen Summenstromwandler (current transformer). Im fehlerfreien Betrieb ist die Summe der zufließenden Ströme gleich der Summe der abfließenden. Kommt es durch Erd- oder Körperschluss eines Betriebsmittels zu einem Fehlerstrom (residual current), so fließt dieser über den Erdleiter (earth wire) zum Spannungserzeuger zurück und es tritt eine Stromdifferenz im Summenstromwandler auf. Dadurch wird ein elektromagnetischer Auslöser im RCD betätigt, der die Hausanlage allpolig vom Netz trennt (Bild 2). Eine Gefährdung des Menschen durch Berührungsspannungen auch geringer Größe ist bei der Verwendung eines RCD praktisch nicht möglich.

3.8 Schaltung mehrerer Betriebsmittel im Stromkreis

Auf Baustellen ist es üblich, mehrere Betriebsmittel in einem Stromkreis gleichzeitig zu betreiben. Dieses geschieht z. B. durch Aneinanderreihen von Kabeln oder durch Abnahme des Stromes für mehrere Geräte von einer Kabeltrommel (cable drum).

In technischen Geräten, wie z. B. Durchlauferhitzer (flow heater) oder Speicher (storage tank), die Wasser mithilfe des elektrischen Stromes beheizen, wird durch paralleles Schalten oder Schalten in Reihe von Heizwiderständen die elektrische Leistung dieser Geräte beeinflusst.

3.8.1 Parallelschaltung

Beispiel einer Parallelschaltung (parallel connection):
Die Kabeltrommel.

Wie aus Bild 1 ersichtlich, stellen die Widerstände R_1, R_2 und R_3 die an der Kabeltrommel angeschlossenen, parallel zueinander liegenden Betriebsmittel dar. Annahme: Der Widerstand R_1 symbolisiert eine Mauerfräse, der Widerstand R_2 zeigt einen Bohrhammer und der Widerstand R_3 steht für einen Baustrahler.

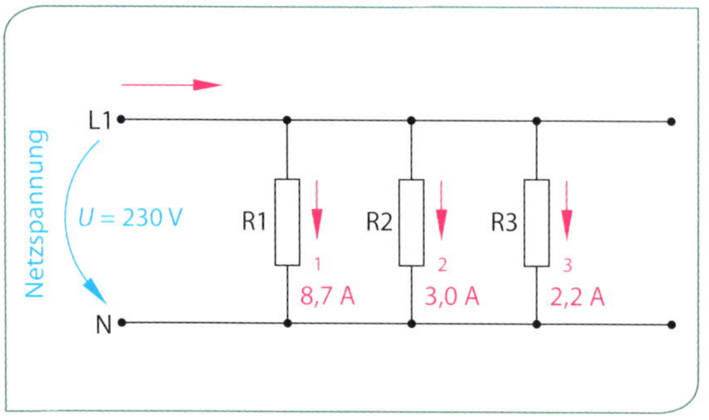

1 Parallelschaltung von Widerständen

Für die Spannungen in dieser Schaltung gilt:

MERKE

Die Spannung ist an allen Widerständen (Betriebsmitteln) gleich!

$U = U_1 = U_2 = U_3$

Wegen der aus Bild 1 ersichtlichen Verzweigung des Gesamtstromes I in die Teilströme I_1, I_2 und I_3 der Betriebsmittel gilt:

MERKE

Die Summe der Teilströme in den Einzelwiderständen ist gleich dem Gesamtstrom in der Hin- bzw. Rückleitung (oder auch L1 und N im Wechselstromnetz).

$I = I_1 + I_2 + I_3$

Im Beispiel sind das 8,7A + 3,0A + 2,2 A = 13,9 A.
Mit jedem weiteren Anschluss eines Betriebsmittels nimmt der Gesamtstrom in einer Parallelschaltung zu.
Ein weiterer Anschluss von z. B. einem Industriestaubsauger von 1400 W Leistung würde dann eine Stromstärke von

$$I = \frac{P}{U} = \frac{1400\ \text{W}}{230\ \text{V}} = \underline{6{,}1\ \text{A}}\ \text{ergeben}$$

Die Summe der Teilströme wäre damit:
$I_1 + I_2 + I_3 + I_4 = 8{,}7\ \text{A} + 3{,}0\ \text{A} + 2{,}2\ \text{A} + 6{,}1\ \text{A} = \underline{\underline{20{,}0\ \text{A}}}$

Das Typenschild (nameplate) der Kabeltrommel weist im abgewickelten Zustand bei einer Spannung von 230 V eine maximale Belastung von $P = 3600$ Watt aus (siehe folgendes Bild 2):

$$I = \frac{P}{U} = \frac{3600\ \text{W}}{230\ \text{V}} = \underline{15{,}6\ \text{A}}\ \textbf{(maximale Belastung)}$$

2 Typenschild einer Kabeltrommel

Der Anschluss des Staubsaugers als vierter parallel betriebener „Verbraucher" würde die Anschlussleitung der Kabeltrommel damit überlasten und der thermische Überlastungsschutz der Trommel würde auslösen.
Mit der Anschlussspannung $U = 230$ V und der Stromstärke in der Zuleitung der ersten drei Betriebsmittel von $I = 13{,}9$ A ergibt sich nach dem Ohmschen Gesetz der **Ersatzwiderstand** für die drei Widerstände dieser Schaltung:

$$R = \frac{U}{I} = \frac{230\ \text{W}}{13{,}9\ \text{A}} = \underline{\underline{16{,}5\ \Omega}}$$

Die Einzelwiderstände ergeben sich aus:

$$R_1 = \frac{U}{I_1} = \frac{230\ \text{W}}{8{,}7\ \text{A}} = \underline{26{,}4\ \Omega}\ \text{für die Mauerfräse}$$

$$R_2 = \frac{U}{I_2} = \frac{230\ \text{W}}{3{,}0\ \text{A}} = \underline{76{,}7\ \Omega}\ \text{für den Bohrhammer}$$

$$R_3 = \frac{U}{I_3} = \frac{230\ \text{W}}{2{,}2\ \text{A}} = \underline{104{,}5\ \Omega}\ \text{für den Baustrahler}$$

Aus den Ergebnissen wird deutlich, dass bei einer Parallelschaltung der Ersatzwiderstand kleiner ist als jeder Einzelwiderstand.
Für die Berechnung eines Ersatzwiderstandes bei der Parallelschaltung gilt:

$$\frac{1}{R} = \frac{1}{R_1} + \frac{1}{R_2} + \frac{1}{R_3} + \ldots \frac{1}{R_n}$$

MERKE

Bei einer Parallelschaltung ist der Kehrwert des Gesamtwiderstandes gleich der Summe der Kehrwerte der Einzelwiderstände!

Mit den oben errechneten Werten für die Einzelwiderstände wird:

$$\frac{1}{R} = \frac{1}{26{,}4\ \Omega} + \frac{1}{76{,}7\ \Omega} + \frac{1}{104{,}5\ \Omega} = 0{,}06\ \frac{1}{\Omega}$$

Damit wird $R = \underline{\underline{16{,}5\ \Omega}}$

Dieses Ergebnis stimmt mit dem zuvor ermittelten überein.

3.8.2 Reihenschaltung

Die Reihenschaltung (series connection) von Widerständen soll ebenfalls am Beispiel einer Kabeltrommel erklärt werden:

Zur Überbrückung von häufig größeren Entfernungen von der Steckdose bis zum Arbeitsplatz werden Verlängerungskabel (extension leads, cords) eingesetzt. Bei einem z. B. 100 m langen Kabel (2 Kabeltrommeln à 50 m) liegt pro Ader ein ohmscher Widerstand von ca. 1,2 Ω vor (im vorliegenden Beispiel). Ein angeschlossener Bohrhammer mit seinem Zuleitungskabel hat einen Innenwiderstand von 76,7 Ω (s. Beispiel Seite 224). Die Anordnung der Widerstände ist im nachfolgenden Bild 1 gezeigt.

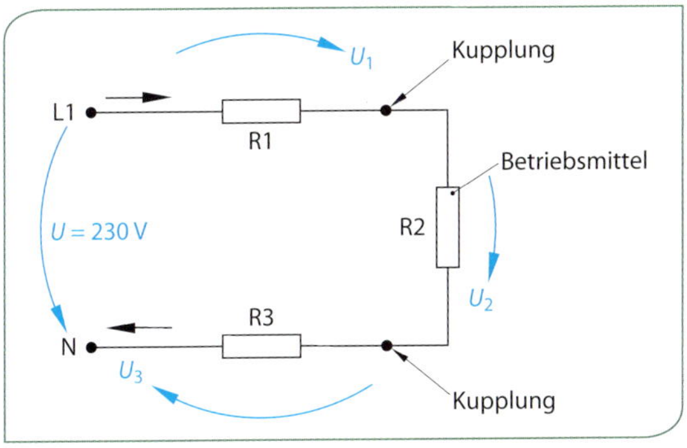

1 Reihenschaltung von Widerständen

Da die Stromstärke im Leiter L1 und im Neutralleiter N (neutral conductor) gleich ist, gilt:

Alle Widerstände der Reihenschaltung werden vom gleichen Strom I durchflossen.

$I = I_1 = I_2 = I_3 = \ldots I_n$

Da die Widerstände bei der Reihenschaltung hintereinander geschaltet sind, addieren sich die Einzelwiderstände zum Gesamtwiderstand (Ersatzwiderstand):

$R = R_1 + R_2 + R_3$

MERKE

Bei einer Reihenschaltung ist der Gesamtwiderstand gleich der Summe der Einzelwiderstände!

Im vorliegenden Beispiel beträgt der Gesamtwiderstand (Ersatzwiderstand) der Betriebsmittel Kabeltrommel und Bohrhammer: $R = 1{,}2\ \Omega + 76{,}7\ \Omega + 1{,}2\ \Omega = 79{,}1\ \Omega$.

Messungen bzw. Berechnungen zeigen, dass an jedem der drei Teilwiderstände eine entsprechende Teilspannung auftritt. Für $R = R_1 + R_2 + R_3$ gilt:

$$\frac{U}{I} = \frac{U_1}{I} = \frac{U_2}{I} = \frac{U_3}{I}$$

$$\text{mit } I = \frac{U}{R} = \frac{230\ \text{V}}{79{,}1\ \Omega} = \underline{2{,}908\ \text{A}} \text{ wird}$$

Da $R_1 = R_3$ beträgt, wird $U_3 = U_1 = 3{,}49\ \text{V}$

Der Spannungsverlust (loss of potential) in den beiden Adern L und N führt im Kabel also zu einem Spannungsabfall (fall of potential) von 6,98 V. Damit steht am Bohrhammer nur noch eine Spannung von 223 V zur Verfügung.

Dieses beweist auch die Rechnung:

$U_2 = I \cdot R_2 = 2{,}908\ \text{A} \cdot 76{,}7\ \Omega = \underline{\underline{223\ \text{V}}}$

Dieser Spannungsverlust hat in der Praxis jedoch meist keine Auswirkungen auf die Funktion des verwendeten Betriebsmittels.

3.9 Messen elektrischer Größen

Durch den beständig steigenden Einsatz elektrischer Betriebsmittel auch im Bereich des SHK-Handwerks und der von diesem installierten Ver- und Entsorgungsanlagen hat das Messen elektrischer Größen (measuring of electrical quantities) eine stetig wachsende Bedeutung. Das trifft vor allem für die **Funktionskontrolle** (function control) und **Fehleranalyse** (failure analysis) der elektrischen Bauteile zu. Messgeräte zeigen die Messwerte analog und/oder digital an. Analog anzeigende Messgeräte geben Ihre Werte mittels Zeiger (hand, pointer) und Skala (scale) oder über eine Balkenanzeige an (Bild 2). Digital anzeigende Messgeräte haben eine Ziffernanzeige (numerical display) (z. B. Rollenzählwerk oder LCD-Display).

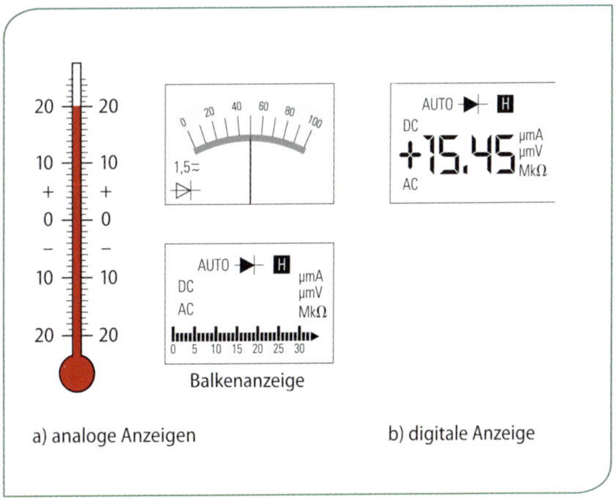

2 Anzeigearten von Messzeugen

3.9.1 Messfehler

Messfehler (errors of measurement) werden in zufällige (accidental, casual) und systematische (systematic) Fehler eingeteilt.

Zufällige Fehler kommen unregelmäßig vor. So können z. B. durch verschmutzte oder korrodierte Kontakte falsche elektrische Messwerte entstehen. Sie sind manchmal schwer auszuschließen. Systematische Fehler treten häufiger auf und resultieren z. B. aus einer falschen Ablesung (wrong reading) durch Parallaxe (parallax) bei Zeigerinstrumenten oder einer typischen falschen Messanordnung (vergl. S. 75 f.).

Für Messgeräte gibt es Genauigkeitsklassen, auf die hier nicht näher eingegangen wird. Beispielhaft wird ab Seite 226 der Gebrauch einiger wichtiger im SHK- Handwerk verwendeter elektrischer Messzeuge erklärt.

3.9.2 Messen der elektrischen Spannung

Das Messen der elektrischen Spannung kann im einfachsten Fall mit dem **einpoligen Spannungsprüfer** (Phasenprüfer, Bild 1) erfolgen. Diese Art der Messung ist bei „Heimwerkern" sehr verbreitet, stellt jedoch aus Sicht des Unfallschutzes ein Sicherheitsrisiko (security risk) dar. Die Anzeige der Glimmlampe durch Berühren des Spannungsprüfers mit dem Finger hängt wesentlich von der Leitfähigkeit der Schuhe mit dem Untergrund (meist Fußboden) ab und ist daher für ein eindeutiges Messergebnis nicht geeignet. So könnte es sein, dass der Spannungsprüfer (main tester) keine Spannung anzeigt, obwohl sie tatsächlich anliegt.

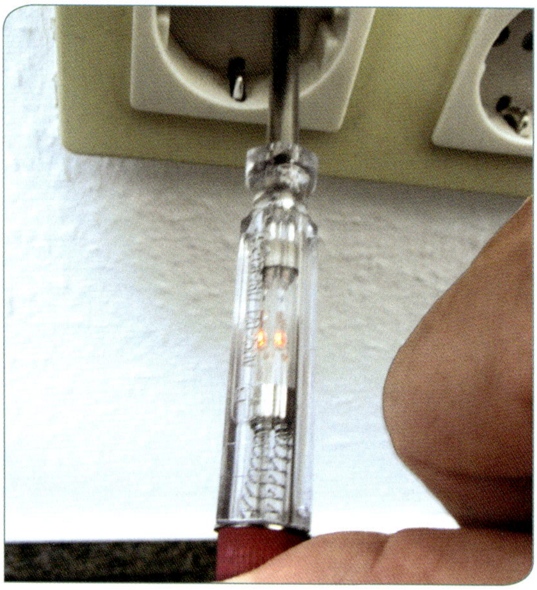

1 Messen mit dem einpoligen Spannungsprüfer

Besser geeignet für die Spannungsprüfung ist das Messen mit dem **zweipoligen Spannungsprüfer** (siehe Bild 2).

2 Messen mit dem zweipoligen Spannungsprüfer

Eine Spannungsmessung kann auch mit dem als **Multimeter** bekannten **Vielfachmessgerät** (multimeter) vorgenommen werden. Mit diesem Messgerät können Stromstärke, Spannung und Widerstand entweder digital (Bild 3a) oder analog (Bild 3b) angezeigt werden.

3a Digital anzeigendes Vielfachmessgerät

3b Analog anzeigendes Vielfachmessgerät

PRAXISHINWEIS

Beim Messen eines unbekannten Messwertes muss aus Sicherheitsgründen zunächst der größte Messbereich (measuring range) der zu messenden Größe eingestellt werden (gilt für alle elektrischen Größen)!
Anschließend ist stufenweise auf den Messbereich zu schalten, bei dem die Anzeige etwa im letzten Skalendrittel liegt.
Vor einer Messung ist zu prüfen:
- Ist das Messgerät für die Art und Größe des zu messenden Wertes geeignet?
- Ist die Funktionssicherheit des Messgerätes und der Hilfsmittel (Kabel etc.) gewährleistet?
- Liegt Spannungsfreiheit (wenn notwendig) beim Anschließen der Messmittel an das zu messende Objekt vor?
- Sind Gefährdungen durch Berühren ausgeschlossen?

3.9.3 Messen des elektrischen Stromes

Der elektrische Strom kann ebenfalls mit dem Vielfachmessgerät gemessen werden (Bild 1, S. 227). Auch hier gelten die schon im Abschnitt 3.9.2 erwähnten Sicherheitsanweisungen.

Eine weitere Messung ohne das (häufig zeitaufwändige) Auftrennen des Strompfades lässt sich mit dem **Zangenstrommessgerät** (clamp-on ammeter) realisieren. Bei dieser berührungslosen Messung wird der Messkopf (Zange) um die Leitung gelegt und über Induktivität (inductivity) (Fremderregung), d. h. durch das Magnetfeld (magnetic field) des Leiters, der Messwert produziert (Bild 2, Seite 227).

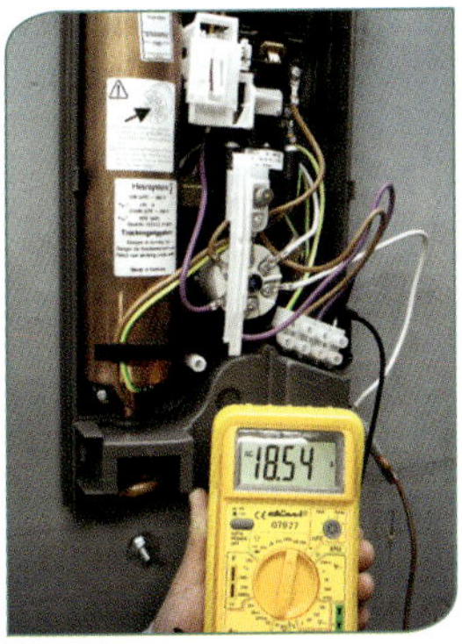

1 *Messen des Stromes an einem Elektro-Durchflusserwärmer*

2 *Messen des Stromes mit dem Zangenstrommessgerät*

3.9.4 Messen der el. Leistung

Eine Leistungsmessung kann bei der entsprechend eingestellten Messgröße auch mit dem auf S. 216 beschriebenen Energieverbrauchsmessgerät vorgenommen werden. Wenn sichergestellt ist, dass während der Messung nur ein elektrisches Betriebsmittel aktiv ist, kann die dem Gerät zugeführte Leistung auch über den in einem bestimmten Zeitraum abgelesenen Stromdurchsatz am Zähler (Bild 3 u. 4) ermittelt werden. Bei kurzen Zeiträumen (Kleinverbrauch) wird über das Ablesen der Zählscheibendrehzahl) eine Leistungsermittlung ermöglicht.

Beispiel: Die rote Markierung an der Zählscheibe erscheint im Fenster innerhalb einer Minute 20 mal. Auf dem Leistungsschild des Zählers kann die sog. „Zählerkonstante" CZ mit z. B. 75 U/kWh abgelesen werden.

Rechnung:

$$P = \frac{n}{CZ}$$

$n = 20$ U/min

$CZ = 75$ U/kWh

$$P = \frac{20\,\text{U} \cdot \text{kWh} \cdot 60\,\text{min}}{\text{min} \cdot 75\,\text{U} \cdot 1\,\text{h}} = 1{,}6\,\text{kW} = \underline{\underline{1600\,\text{W}}}$$

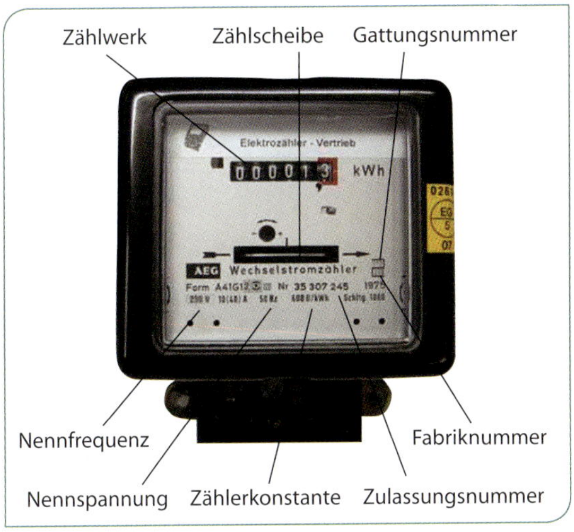

3 *Wechselstromzähler*

4 *Drehstromzähler*

3.9.5 Messen von Ohmschen Widerständen

Das Messen von Widerständen wird ebenfalls mit Vielfachmessgeräten durchgeführt. Hierbei gilt es zu unterscheiden:

- Qualitative Aussage: Die Messung soll Aufschluss darüber geben, ob eine Leitfähigkeit (conductivity) vorhanden ist, d. h. der Strompfad ist leitend (z. B. $R = 3\,\Omega$ oder der Strompfad ist unterbrochen ($R \rightarrow \infty$).
- Quantitative Aussage: Die Messung soll einen bestimmten Wert reproduzieren; in diesem Fall werden Widerstände auf Herstellerangaben überprüft (vergl. auch S. 217, Kochendwassergerät).

3.10 Unfallgefahren und Schutzmaßnahmen

Bei Arbeiten an elektrischen Anlagen ist wegen der Unfallgefahren (risks of accident) durch Berührungsspannung äußerste Vorsicht geboten!
Um den Arbeitsplatz möglichst sicher und gefahrlos zu machen, müssen bei Arbeiten an Strom führenden Anlagenteilen folgende **fünf Schutzmaßnahmen** (protective, safety measures) in der genannten Reihenfolge unbedingt durchgeführt werden:

- **Freischalten** (disconnecting, cutting off), d. h. es müssen alle Leitungen z. B. durch Betätigen von Schaltern, durch Ziehen von Steckverbindungen, durch Herausnehmen von Sicherungen usw. abgeschaltet werden.
- **Gegen Wiedereinschalten** (restoring power) **sichern;** für die Dauer der Arbeiten muss das sichere Abschalten z. B.

durch Mitnahme der Sicherungen, durch Abschließen des Schalters und die Bekanntgabe der Maßnahme z. B. mittels eines Warnschildes gewährleistet sein (Bild 1).

- **Spannungsfreiheit** (dead, idle) feststellen; diese ist mit geeigneten Messmitteln allpolig nachzuweisen.
- **Erden** (earth, connect to ground) und kurzschließen (short circuit); d. h. die Teile, an denen gearbeitet werden soll, müssen zunächst geerdet und dann kurzgeschlossen werden. Diese Maßnahmen müssen von der Arbeitsstelle aus beobachtbar sein.
  Ausnahmeregelung (exemption):
  Handelt es sich nicht um Freileitungen, kann bei Nennspannungen bis 1000 V auf das Erden und Kurzschließen verzichtet werden.

1 Warnschild zur Verhinderung von Unfällen durch elektrischen Strom

- **Benachbarte, unter Spannung stehende Teile abdecken** (cover) **oder anderweitig absichern**
- z. B. mit gelbschwarzem Trassenband kennzeichnen,
- das Berühren mit metallischem Werkzeug zuverlässig vermeiden,
- bei Benutzung von Leitern, wenn möglich, Holzleitern verwenden.

Vom elektrischen Strom ausgehende Wirkungen und seine Gefahren:

- **Wärmewirkung** (thermal effect); Brandgefahr bei überlasteten Leitungen, Kurzschlüsse, überhitzte Geräte
- **Chemische Wirkung** (chemical effect); Zersetzung von Flüssigkeiten, Korrosion, Bildung von giftigen Gasen etc.
- **Lichtwirkung** (action of light); zu grelles Licht z. B. durch Halogenstrahler, Sonnenbank, Augen „verblitzen" beim E- Schweißen
- **Magnetische Wirkung** (magnetic effect); wenn Ströme fließen, werden Magnetfelder aufgebaut; Schlafstörungen durch Hochspannungsleitungen (Elektrosmog)
- **Physiologische Wirkungen (Wirkungen auf den Körper)** (physiological effects); Muskelverkrampfungen, Herzrhythmusstörungen, Verbrennungen (Brandmale durch Stromschlag)

Der Gesamtkörperwiderstand:

Da der menschliche (und tierische) Körper zum größten Teil aus Flüssigkeit besteht, ist er sehr leitfähig. Seine Widerstände werden wie folgt beschrieben:

- Die Größe des **Körperwiderstandes** ist unterschiedlich und liegt zwischen 200 Ω und 3000 Ω.
- Sie hängt ab von Körperbau und Konstitution, d. h. also auch vom momentanen körperlichen und seelischen Zustand.
- Dieser Widerstand erhöht sich durch **Übergangswiderstände**, z. B. zwischen elektrischem Leiter und Hand sowie zwischen Füßen und Boden (Erde).
- Weitere Einflussgrößen dieser Übergangswiderstände sind z. B. die Feuchte der Haut oder deren Beschaffenheit (z. B. Schwielen).
- Beim Übergangswiderstand von den Füßen zum Boden (Erde) spielt besonders die Art des Schuhwerkes eine Rolle.

Für den Gesamtkörperwiderstand (Körperwiderstand und Übergangswiderstände) wird ein Mindestwert von 1000 Ω angenommen (Bild 2 und 3)):

$R_{Kg} = R_{ü1} + R_K + R_{ü2} = 1000\ \Omega$

R_{Kg} = Gesamtkörperwiderstand (cumulative body resistance)

$R_{ü1}, R_{ü2}$ = Übergangswiderstände

R_K = Körperwiderstand

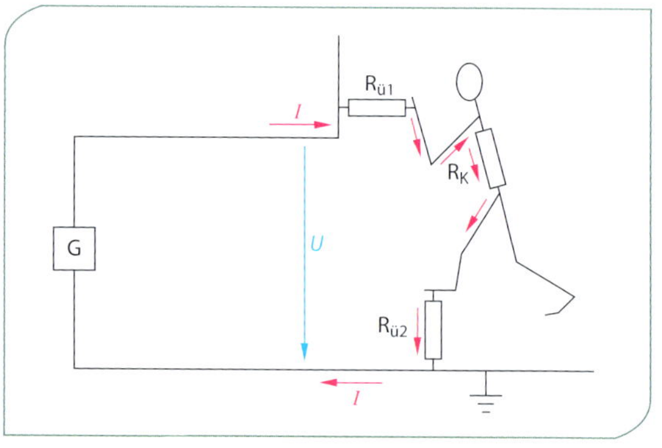

2 Der menschliche Körper im Stromkreis

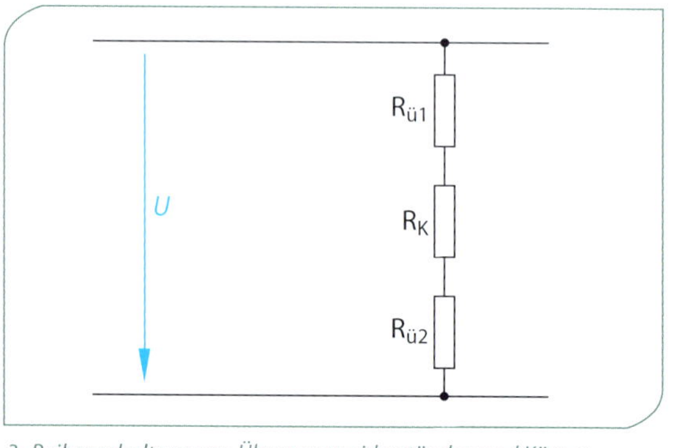

3 Reihenschaltung von Übergangswiderständen und Körperwiderstand

Die vom menschlichen Körper **kurzzeitig zu ertragende Stromstärke** beträgt ca. **50 mA**.
Bei einem angenommenen Gesamtwiderstand von 1000 Ω ergibt sich eine maximale Spannung von

$$U = I \cdot R = 0{,}050\ \text{A} \cdot 1000\ \Omega = \underline{\underline{50\ \text{V}}}$$

Besteht das Gehäuse eines elektrischen Betriebsmittels aus Metall, so ist daran ein Schutzleiter angeschlossen (Bild 1a, S. 229). Kommt es bei unterbrochenem Schutzleiter im Innern des Gerätes zu einem Körperschluss, so entsteht bei

Schutzklasse I
Kennzeichnen am Gerät

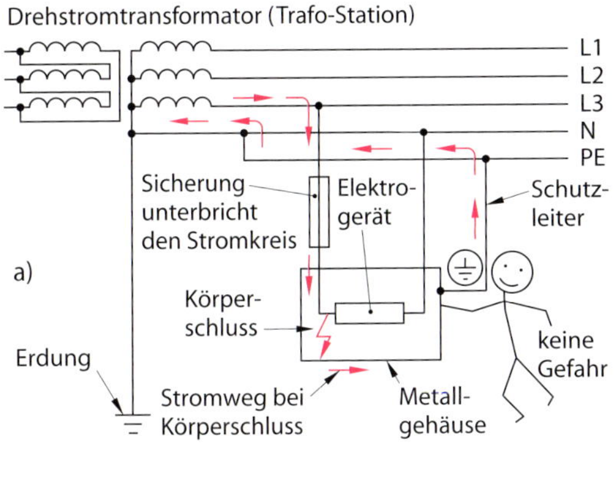

Bei **intaktem** Schutzleiter besteht im Fehlerfall (Körperschluss) keine Gefahr für den Benutzer des Elektrogerätes. Durch ihn kann kein Strom durch leitenden Boden zur Erdungsleitung der Stromquelle (Drehstromtransformator) fließen. Der Fehlerstrom fließt über den Schutzleiter zurück.

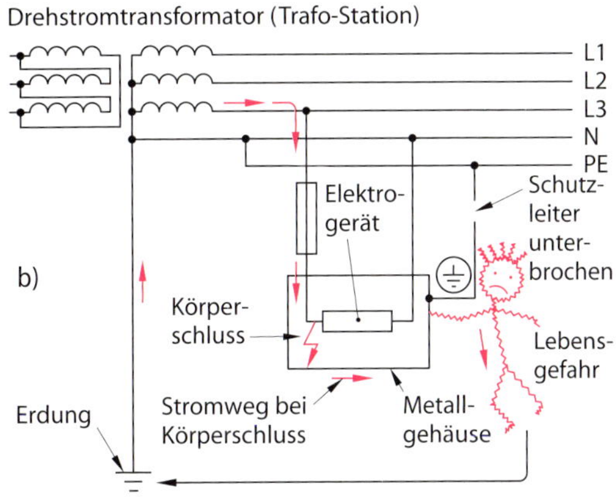

Bei **unterbrochenem** Schutzleiter besteht im Fehlerfall (Körperschluss) **Lebensgefahr** für den Benutzer des Elektrogerätes. Durch ihn hindurch fließt ein Fehlerstrom durch leitenden Boden zur Erdungsleitung der Stromquelle (Drehstromtransformator). Die Sicherung unterbricht den fehlerhaften Stromkreis **nicht**.

1 Schutzmaßnahmen mit Schutzleiter

Berühren des Gerätes über den Körper ein Fehlerstromkreis zum Stromerzeuger (Bild 1b). Damit es zu einer schnellen Abschaltung kommt, werden automatische Abschaltungseinrichtungen installiert. Diese Schutzmassnahmen werden in den Kap. 3.7.2 und 3.7.3 beschrieben.

MERKE

Wechselspannungen, die größer sind als 50 V (120 V Gleichspannung) gelten als gefährlich.

Genaue Untersuchungen haben ergeben, dass auch Spannungen unter 50 V gefährlich sein können, wenn der von ihnen hervorgerufene Strom längere Zeit durch den menschlichen Körper fließt.

Erst Spannungen von 25 V Wechselspannung (60 V Gleichspannung) und darunter gelten als ungefährlich.

Weitere Schutzmaßnahmen:

Schutzisolierung (protective insulation)	Schutzkleinspannung (protective low voltage)	Schutztrennung (protective disconnection)
Schutzklasse II; Kennzeichen am Gerät:	**Schutzklasse III; Kennzeichen am Gerät:**	**Kennzeichen am Gerät:**
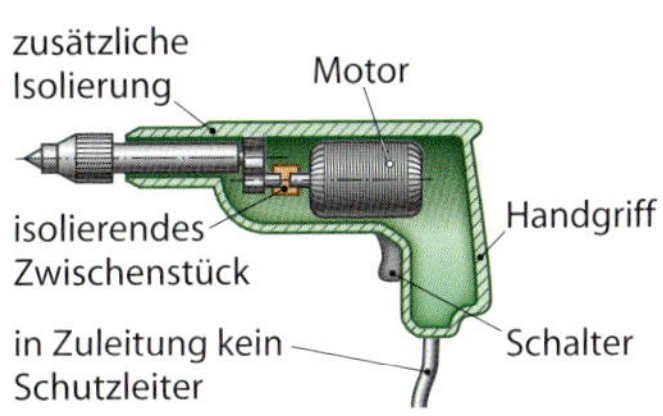	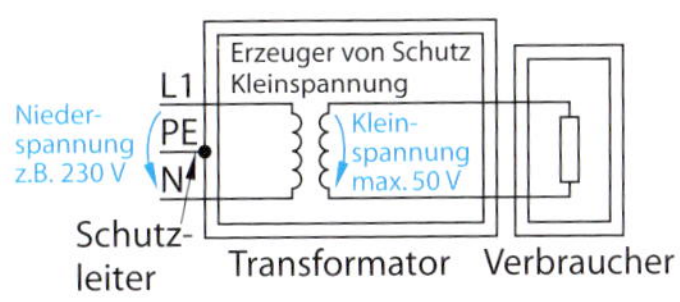	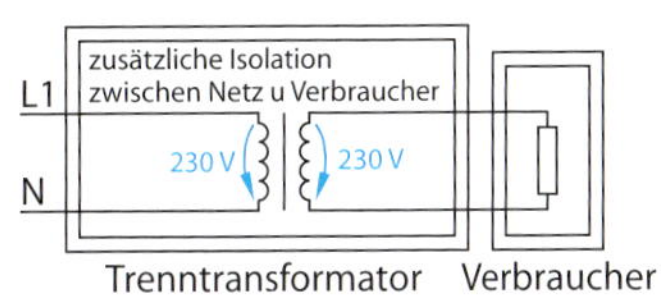
a) Beispiel der Realisierung bei einer Handbohrmaschine	a) Beispiel für die Erzeugung (PELV)	a) Funktionsprinzip

Schutzisolierung (protective insulation)	Schutzkleinspannung (protective low voltage)	Schutztrennung (protective disconnection)
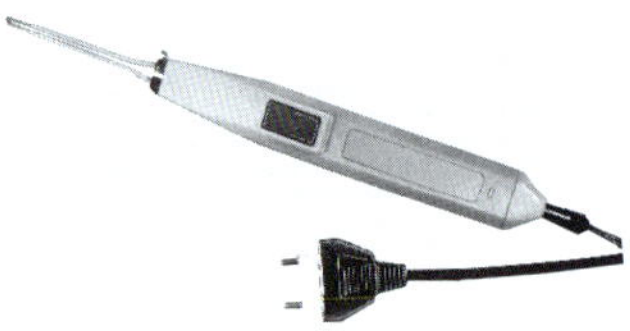 b) Kleinlötkolben mit Stecker **ohne** Schutzkontakt (hier Flachstecker)	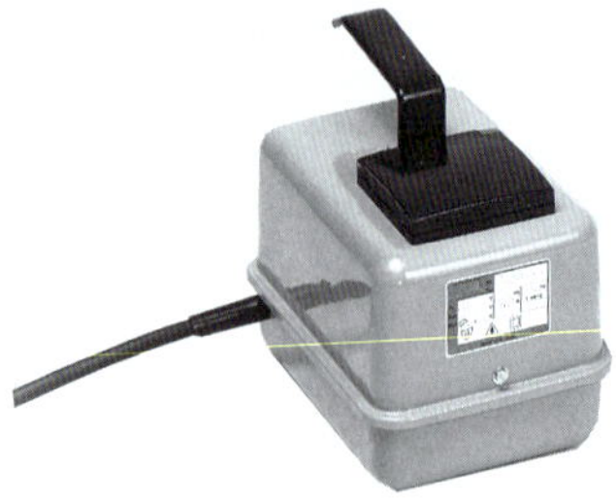 b) Trenntransformator für Schutzkleinspannung	 b) Anwendungsbeispiel
Alle Geräteteile, die im Fehlerfall Spannung gegen Erde führen können, sind zusätzlich mit Isolierstoff abgedeckt. Die Zuleitung darf **keinen Schutzleiter** enthalten und muss bei ortsveränderlichen Geräten mit einem **Profilstecker** (Form eines Schukosteckers, aber ohne Schutzkontakt) oder mit einem **Flachstecker** versehen sein.	Die Betriebsspannung für solche Geräte darf höchstens 50 V Wechselspannung bzw. 120 V Gleichspannung betragen. (Diese Spannungen gelten als Schutzkleinspannung aber nur, wenn sie von vorschriftsmäßigen speziellen Erzeugern bereitgestellt werden.) Bei Geräten für Schutzkleinspannung sind nur Steckvorrichtungen zugelassen, die mit solchen für Niederspannung (50 V bis 1000 V) nicht zusammenpassen. **Anwendungsbeispiele:** Arbeiten mit Elektrowerkzeugen in Behältern, Elektrospielzeug	Ein **Trenntransformator** bewirkt, dass zwischen dem Niederspannungsnetz und dem Elektrogerät keine elektrisch leitende Verbindung besteht. (Die Energie überträgt der Transformator mit Hilfe magnetischer Wirkung.) Deshalb kann im Fehlerfall am Gehäuse des Verbrauchers keine Spannung gegen Erde auftreten. Mobile Trenntransformatoren müssen schutzisoliert sein. Im Allgemeinen darf nur ein einziges Gerät mit maximal 16 A Nennstrom betrieben werden; gegebenenfalls mit Steckdose ohne Schutzkontakt. **Anwendungsbeispiel:** Arbeiten in beengter, elektrisch leitender Umgebung (z. B. in Metallbehältern), vor allem wenn Verbraucher (z. B. eine Trennschleifmaschine) wegen ihres großen Nennstromes nicht mit Kleinspannung betrieben werden können.

1 Unterschiedliche Schutzklassen

Abhängig von Verwendung und Einsatzort müssen elektrische Geräte und Maschinen unterschiedlich geschützt und gekennzeichnet sein (Bild 2).

kein Zeichen	**Abgedeckt:** Nur für trockene Räume, z. B. Wohnräume, Büros, Flure, Dachböden usw.
	**Tropfwassergeschützt:** Für feuchte Räume und im Freien unter Dach, z. B. Großküchen, Backstuben, Kühlräume, Gewächshäuser.
	**Regengeschützt:** Für Leuchten und Geräte in feuchten Räumen und im Freien ohne Dach. Z. B. wie bei Tropfwassergeschützt.
	**Schwallwassergeschützt:** Schutz gegen Wassertropfen aus allen Richtungen. Für Motoren und Geräte in feuchten Räumen und im Freien. Z. B. Landwirtschaft und Baustellen.
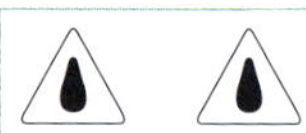	**Strahlwassergeschützt:** Schutz gegen Wasserstrahlen aus allen Richtungen. Für Leuchten in Wasch- und Badeanstalten, Färbereien, Käsereien, Molkereien, Brauereien usw.
 3 bar	**Druckwassergeschützt:** Mit Angabe des Druckes. Für nasse Räume wie Schwimmbäder.
	**Staubgeschützt:** Leuchten in Räumen mit Staub aber ohne Explosionsgefahr. Z. B. Landwirtschaft, Holzbearbeitungswerkstätten.
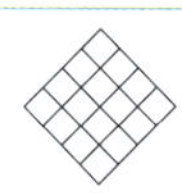	**Staubdicht:** Schutz gegen Eindringen von Staub unter Druck. Für Leuchten in Räumen mit brennbaren Stäuben.

2 Kennzeichnung der Schutzart elektrischer Betriebsmittel

3.11 Erste Hilfe bei elektrischen Unfällen

Wichtigste Maßnahme: Das Unfallopfer ist so schnell wie möglich aus dem Gefahrenbereich zu bringen!

Übersicht über durchzuführende Maßnahmen

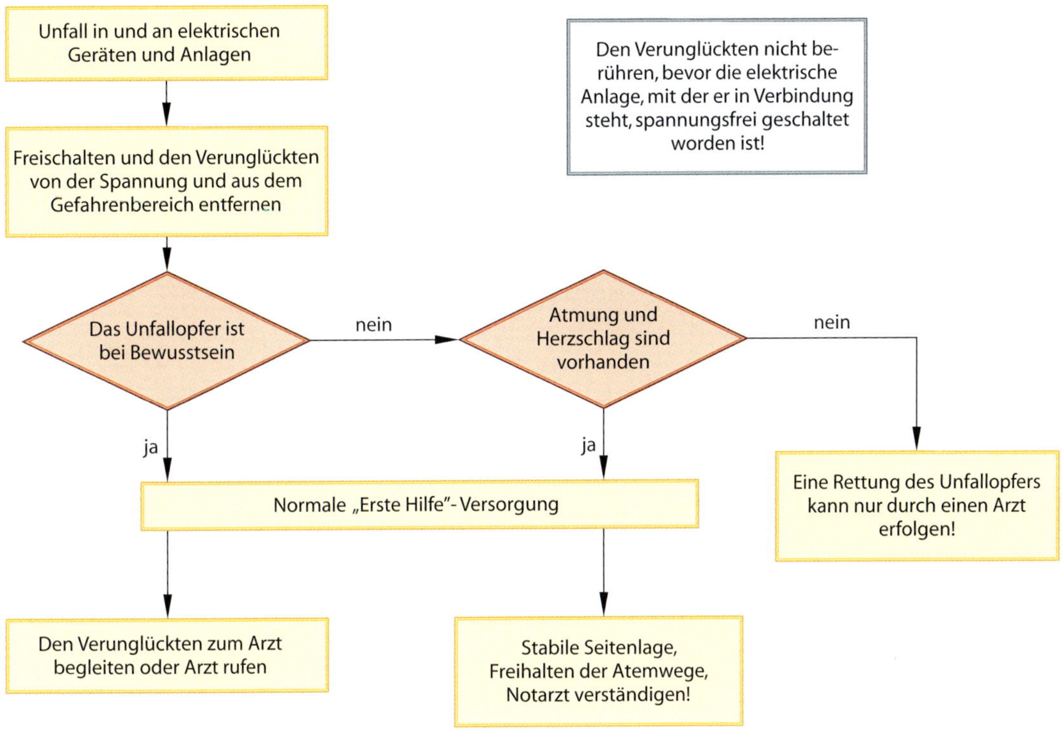

ÜBUNGEN

1. Nennen Sie die Voraussetzungen, die für die Erlangung des Titels „Elektrofachkraft für festgelegte Tätigkeiten im „SHK-Bereich" notwendig sind:
2. Erläutern Sie die fachgerechte Prüfung der in einem Stromkreis anliegenden Spannung:
3. Zeichnen und erläutern Sie einen einfachen Stromkreis.
4. Erläutern Sie die Begriffe „elektrische Stromstärke" und „elektrische Spannung".
5. Nennen Sie die Kurzzeichen und die Einheiten der el. Spannung und der Stromstärke.
6. Wie wird das Messgerät für das Messen
   a) der Spannung und
   b) der Stromstärke in den Stromkreis eingebunden?
7. Erläutern Sie den Begriff „elektrischer Widerstand".
8. Nennen Sie drei physikalische Größen, die den elektrischen Widerstand eines Leitungsabschnittes beeinflussen.
9. Was bedeutet „el. Leitfähigkeit"?
10. Nennen Sie das Kurzzeichen und die Einheit des spezif. Widerstandes und der el. Leitfähigkeit.
11. Berechnen Sie den Gesamtwiderstand einer zweiadrigen Leitung aus Kupfer mit dem Querschnitt 2,5 mm^2 und einer Länge $l = 50$ m.
12. Nennen Sie das Ohmsche Gesetz, bezeichnen Sie die beteiligten Größen und ordnen Sie deren Kurzzeichen sowie die Einheiten zu.
13. Berechnen Sie die elektr. Leistungsaufnahme einer Zirkulationspumpe, die eine Stromaufnahme von 0,24 A hat und mit einphasigem Wechselstrom betrieben wird.

ÜBUNGEN

14) Nennen Sie mögliche Angaben, die auf dem Leistungsschild von elektrisch betriebenen Geräten abgebildet sind.

15) Nennen Sie gebräuchliche Leitungstypen und ihre Verlegeart in Gebäuden:

16) Was bedeutet die Schutzart IP 24 D (siehe S. 221 Leistungsschild Bild 1)?

17) Was bedeuten die Begriffe „VDE" und „GS"?

18) Nennen Sie drei unterschiedliche Arten von el. Sicherungen.

19) Beschreiben Sie die Funktionsweise von RCDs.

20) Zeichnen Sie symbolhaft einen Stromkreis mit einer Spannungsquelle, in dem zwei Verbraucher als Widerstände
a) in Reihe geschaltet sind:
b) parallel geschaltet sind:
c) Tragen Sie in die beiden unter a) und b) gezeichneten Stromkreise **sämtliche** Ströme und Bezeichnungen für die Widerstände ein **und ordnen Sie** neben die Zeichnungen die richtigen hier genannten **Gesetze** für die rechnerische Ermittlung der Ersatzwiderstände **zu**:

$R_{Ges} = R_1 + R_2 + \ldots R_n$ $\qquad$ $\frac{1}{R_{Ges}} = \frac{1}{R_1} + \frac{1}{R_2} + \ldots \frac{1}{R_n}$

21) a) Bei welcher Schaltung ist der Gesamtstrom gleich der Summe der Teilströme und die Spannung bleibt dabei konstant (bitte ankreuzen)?
Parallelschaltung ○
Reihenschaltung ○

b) Bei welcher Schaltung ist die Gesamtspannung gleich der Summe der Einzelspannungen und der Strom bleibt gleich (bitte ankreuzen)?
Parallelschaltung ○
Reihenschaltung ○

22) Nennen Sie das Ohmsche Gesetz und erläutern Sie die einzelnen Größen (Begriff und Einheit zuordnen!)

23) Ein Schweißumformer liefert Gleichstrom mit einer Spannung von 40 V. Wie groß ist bei einer Stromstärke von 90 A der Widerstand im Stromkreis?

24) Der elektrische Widerstand beim Lichtbogenschweißen eines Rohrverteilers beträgt 0,5 Ω. Welche Stromstärke stellt sich bei einer Spannung von 30 V ein?

25) In einem Stromkreis mit einer Spannung von 50 V sind die Widerstände $R_1 = 50\,\Omega$ und $R_2 = 30\,\Omega$ in Reihe geschaltet. Wie groß sind der Ersatzwiderstand R_{Ges}, die im Stromkreis fließende Stromstärke I und die Teilspannungen U_1 und U_2? (Eine Skizze ist sinnvoll!)

26) In einem Stromkreis sind bei einer Spannung von 50 V die Widerstände $R_1 = 5\,\Omega$ und $R_2 = 20\,\Omega$ parallel geschaltet. Berechnen Sie
a) die Teilstromstärken I_1 und I_2
b) die gesamte Stromstärke I
c) den Ersatzwiderstand R_{Ges}

27) Nennen Sie die Ziele des Messens elektrischer Größen.

28) Nennen und erklären Sie zwei grundsätzlich zu unterscheidende Messfehler.

29) Nennen Sie ein Messgerät, mit dem Wechselströme berührungslos gemessen werden können, ohne den Stromkreis vorher trennen zu müssen.

30) Geben Sie fünf Maßnahmen in der richtigen Reihenfolge an, die ergriffen werden müssen, um den Arbeitsplatz im Zusammenhang mit Arbeiten an elektrischen Betriebsmitteln sicher zu machen.

31) Nennen Sie von elektrischem Strom ausgehende Wirkungen und ordnen Sie jeweils eine reale Gefahr zu.

32) Wodurch ist bei schutzisolierten Elektrogeräten das Zuleitungskabel gekennzeichnet?

33) Erklären sie den Begriff „Schutzkleinspannung" und nennen Sie einen Anwendungsfall.

34) Wodurch ist die Schutztrennung gekennzeichnet?

35) Nennen Sie die erste anzuwendende Regel, die Sie bei einem mit elektrischem Strom in Berührung gekommenen Unfallopfer beachten müssen.

4 Servicing sanitary and heating systems

4.1 Maintenance

As maintenance ensures that, e.g. machine tools operate as they were designed to, maintenance is very important. It also guarantees long life and exact work. The following text of an original operating manual contains information about maintenance.

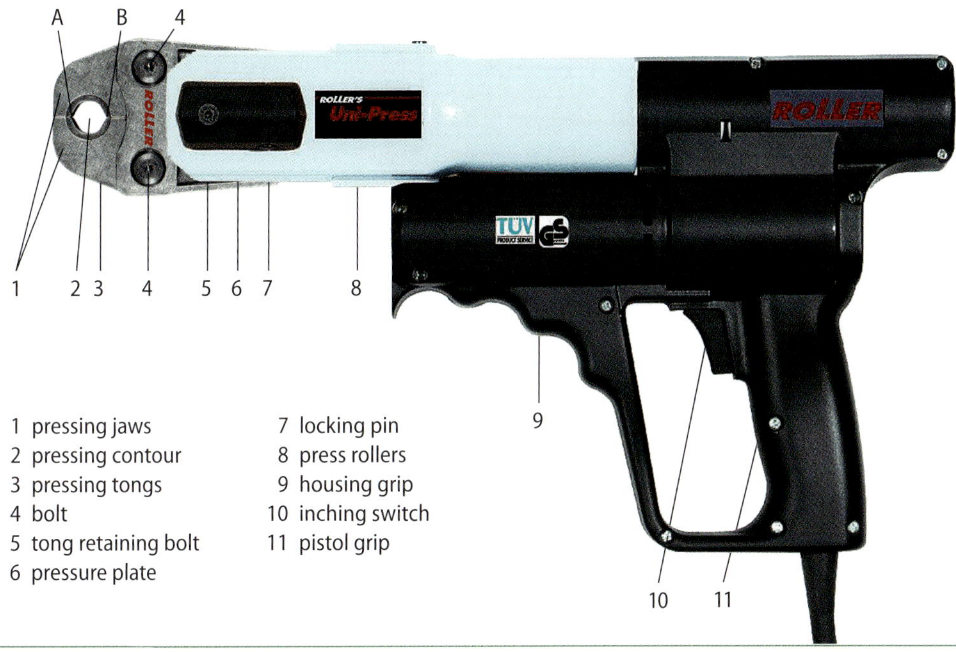

1 pressing jaws
2 pressing contour
3 pressing tongs
4 bolt
5 tong retaining bolt
6 pressure plate
7 locking pin
8 press rollers
9 housing grip
10 inching switch
11 pistol grip

1 Pressing machine tool

Important! Irrespective of the maintenance work, the ROLLER'S drive units should be returned together with all tools (pressing tongs, pressing heads, expanding heads) at least once a year to an authorized ROLLER after-sales service facility for inspection.

Maintenance
Before maintenance work, pull the mains plug or remove the battery. Keep the pressing tongs, pressing heads and expanding heads, and particularly their receptacles, clean. Clean heavily soiled metal parts with turpentine oil, for example, and then rustproof them. Clean plastic parts (housing, batteries) only with a mild soap and a damp cloth. Do not use domestic cleaning agents. These frequently contain chemicals that can attack plastic parts. On no account use petrol, turpentine oil, thinners or similar products to clean plastic parts. Ensure that liquids never get inside the electrical equipment. Never immerse the electrical equipment in liquid.

Pressing tongs
Check the pressing tongs for easy action at regular intervals. If necessary clean the pressing tongs and lubricate the bolts (4) of the pressing jaws with machine oil, however do not dismantle the pressing jaw! Remove any deposits in the pressing contour (2). Check that all pressing tongs are functional at regular intervals by a trial pressing operation with the press fitting inserted. The pressing jaws (1) must close both at their tips (Fig. 1, at "A") and at the level of the connecting link (Fig. 1, at "B"') after completion of pressing. Do not use damaged or worn pressing tongs again. If in doubt, return the drive unit together with all pressing tongs to an authorized ROLLER after-sales service facility for inspection.

2 Original operating instructions

Exercises

1) Translate chapter 4.1 Maintenance into German. Use your reference book, the internet or a dictionary. Before you look up a word try to guess the word first, then check it.

2) Match the descriptions of the part numbers in picture 1 with the German terms and write the results into your exercise book.

1 pressing jaws 2 pressing contour 3 pressing tongs 4 bolts 5 tong retaining bolt 6 pressure plate 7 locking pin 8 press rollers 9 housing grip 10 inching switch 11 pistol grip

Presszange, Zangenhaltebolzen, Druckleiste, Verriegelungsstift, Gehäusegriff, Pressrollen, Tippschalter, Schaltergriff, Pressbacken, Presskontur, Bolzen

3) Answer the following questions on the original operating manual:

a) How many times should the drive units be returned?
b) What is to do before maintenance work?
c) Explain the expression rust proof.
d) Which parts should only be cleaned with a mild soap?
e) What are domestic cleaning agents?
f) Never put the electrical equipment into liquid. Why not?
g) What are regular intervals? Give an example.
h) Why is it necessary to remove deposits in the pressing contour?
i) What part number does the pressing contour have?
j) Damaged or worn pressing tongs shouldn't be used again. Why not?

4.2 Corrosion

Corrosion is the electrochemical, chemical or metal physical reaction of metal surfaces with substances in its environment. This reaction can cause total destruction of metallic materials (picture 1). The main corrosive substances are:

- moist air
- water
- earth (soil)
- industrial pollutants such as carbon dioxide, sulphur dioxide and sulphurous acid
- aggressive fluids

1 Total loss by destruction of the protective zinc layer

4.2.1 Electrochemical corrosion

Many corrosion damages are due to **electrochemical** reaction. It is caused by **electrolytic** action (electrolysis). Electrolysis describes the flow of electrically charged ions from an anode to a cathode through an electrolyte (often water) (picture 2). If electrolysis leads to the destruction of the anode, electrolytic corrosion takes place. The more inert (noble, passive) a metal is, the more resistant it is to corrosion. The following **electromotive series** (picture 3, p. 235) shows common elements used in the plumbing industry. Elements higher up in the list will dissolve elements lower down the list through electrolytic corrosion. The speed of corrosion is the faster, the further apart the elements appear in the list. Silver, e. g. will dissolve zinc faster than copper will dissolve iron.

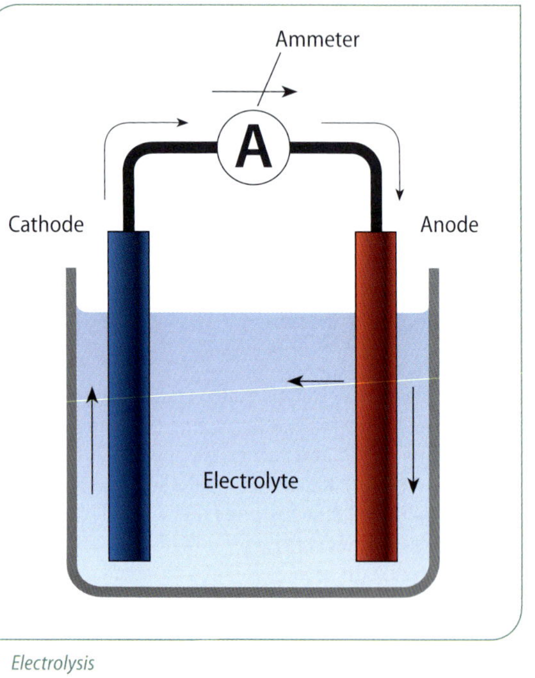

2 Electrolysis

Exercises

1) Translate chapter 4.2 Corrosion into German. Use your reference book, the internet or a dictionary. Before you look up a word try to guess the word first, then check it.

2) What are the potential differences between:
a) silver – copper (e. g. copper-zinc = 0,91 V)
b) lead – iron
c) zinc – magnesium?

3) What does electrolysis describe?

4) Name six common elements used in the plumbing industry.

5) What does the speed of corrosion depend on?

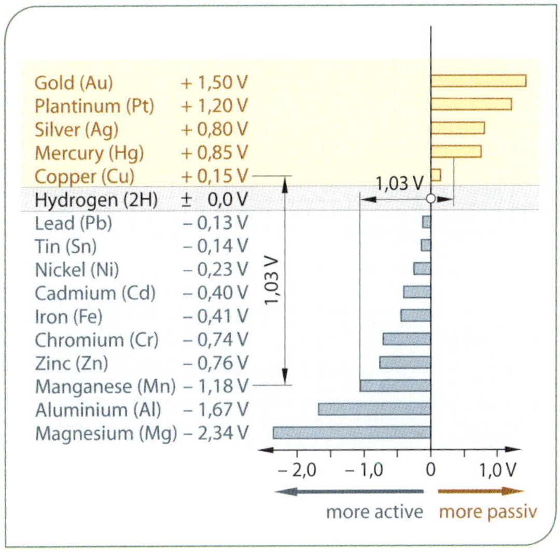

3 *Electromotive series with hydrogen representing zero potential*

4.3 Electricity

As a plumber you will have to carry out work on electrical systems that are supplied with mains electricity, e. g. boilers, burners, pumps. For some appliances the voltage is reduced to low voltage, e. g. clocks, valves and thermostats.

Electricity can kill.

The higher the current and the longer the contact the greater the risk. A current of 50 mA for one second can be fatal. Even non-fatal shocks can cause severe and permanent injury. Accidents can be avoided by careful planning and straightforward precautions. So make sure when working on any electrical device or supply that it is dead and that it cannot be switched on without your knowledge. Test the circuit by using a **multimeter** (picture 1).

1 *Voltage testing*

4.3.1 Multimeter

Multimeters carry out different functions, e. g. measuring AC/DC voltage, AC/DC current, resistance, capacitance and continuity. There are traditional analogue types which display the readings by a needle across a scale (picture 2) and digital types which display the readings as numbers (picture 1). Always select the right scale so that the multimeter will not be damaged.

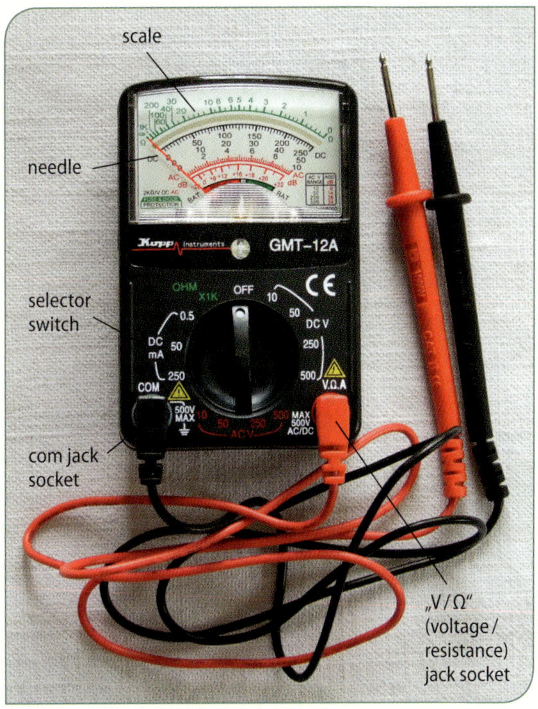

2 *Analogue multimeter*

Lernfeld 4

1. Display
LCD display unit.

2. Function and Range Selector Switch
This switch is used to select the function and desired range.

3. „COM" Jack Socket
Plug in the black (negative) test lead.

4. „V/Ω/mA" (voltage/resistance/amperage) Jack Socket (max 200 mA)
Plug in the red (positive) test lead for all voltage, resistance and amperage (max 200 mA) measurements.

5. 10 A Jack socket (max 10 A)
Plug in the red (positive) test lead for measuring amperage from a minimum of 200 mA to a maximum of 10A.

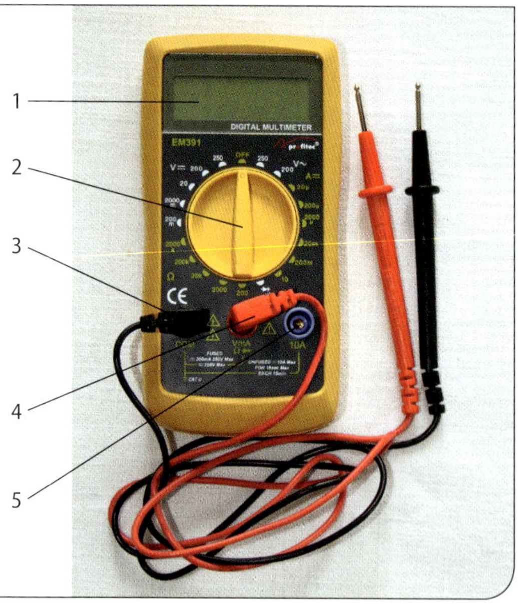

1 Digital multimeter

WARNINGS:
Before you use a multimeter, inspect the test leads, connectors and sensors for damage, e.g. breaks in the insulation. Replace any defective parts before use. If the voltage to be measured is not known, set the selector switch to the highest range and reduce the voltage until a satisfactory reading is possible.

Exercises

1) Find as many words as possible in the following word puzzle.

2) Match the English words in the word puzzle with the following German terms and write the results into your exercise book.

Installateur, Vorsichtsmaßnahmen, Unfälle, Wissen, geschaltet, immer, nicht tödlich, elektrisch, Geräte, Thermostate, Vielfachmessgerät, ohne, arbeiten, Planen, versorgt sein, direkt, Elektrizität

3) Translate the warnings paragraph into German. Use your reference book, the internet or a dictionary. Before you look up a word try to guess the word first, then check it.

4) Find the appropriate German translations for the English terms of the numbers 1–5 in picture 1.

	A	B	C	D	E	F	G	H	I	J	K	L	M	N	O
1	w	o	r	k	i	n	g	p	s	s	t	p	k	e	z
2	b	r	e	e	p	o	n	l	t	u	h	l	n	a	p
3	v	q	q	l	r	n	p	a	r	p	e	u	o	c	e
4	e	l	e	e	e	-	n	n	a	p	r	m	w	c	r
5	l	j	l	c	c	f	s	n	i	l	m	b	l	i	m
6	e	m	e	t	a	a	w	i	g	i	o	e	e	d	a
7	c	u	c	r	u	t	i	n	h	e	s	r	d	e	n
8	t	l	t	i	t	a	t	g	t	d	t	s	g	n	e
9	r	t	r	c	i	l	c	c	f	j	a	o	e	t	n
10	i	i	i	a	o	c	h	m	o	m	t	q	f	s	t
11	c	m	c	l	n	p	e	j	r	t	s	r	f	i	v
12	i	e	a	q	s	m	d	d	w	i	t	h	o	u	t
13	t	t	l	a	p	p	l	i	a	n	c	e	s	y	p
14	y	e	x	e	l	e	c	t	r	i	c	i	t	y	s
15	z	r	a	v	o	i	d	e	d	b	h	c	d	l	f

5 Lernsituationen – Projektaufgaben

■ **Kundenauftrag 1**

Warten eines Membran-Sicherheitsventils

Die Firma Waldomack hat 1995 bei Herrn Fritz Becker eine Zentralheizungsanlage installiert und dafür auch einen Wartungsvertrag abgeschlossen. Im Rahmen dieses Wartungsvertrages muss die Firma Waldomack mindestens einmal jährlich eine **Instandhaltungsmaßnahme** an der Heizungsanlage durchführen.

Gerade hat Herr Becker im Büro der Firma Waldomack angerufen, weil das am Heizkessel installierte Sicherheitsventil (Bild 1) tropft und daher ständig neues Wasser in die Heizungsanlage nachgefüllt werden muss. Herr Becker bittet darum, den Schaden möglichst umgehend zu beheben.

■ Ihr Meister schildert Ihnen den Fall und erteilt Ihnen den Auftrag, sich Gedanken darüber zu machen, wie Sie diesen Schaden beheben würden und zwar so, dass der Kunde keinerlei Grund für eine Beanstandung hat.

Um Ihnen das Vorgehen zu erleichtern, sollen Sie zunächst einen Plan erstellen, der die verschiedenen Stationen des Arbeitsauftrags zeigt (Bild 2).

Ordnen Sie hierzu die nachfolgend in beliebiger Reihenfolge genannten Begriffe im Uhrzeigersinn – beginnend mit Feld 1 – so an, dass der Prozess einen logischen Ablauf ergibt: **Verhalten beim Kunden – Durchführen der Arbeit – Ersatzteile, Werkzeuge und Fahrzeug organisieren – technische Unterlagen heraussuchen – Analyse der Fehler vor Ort – Abstimmung mit dem/Übergabe an den Kunden – Kontrolle der Arbeit**

1 Sicherheitsventil

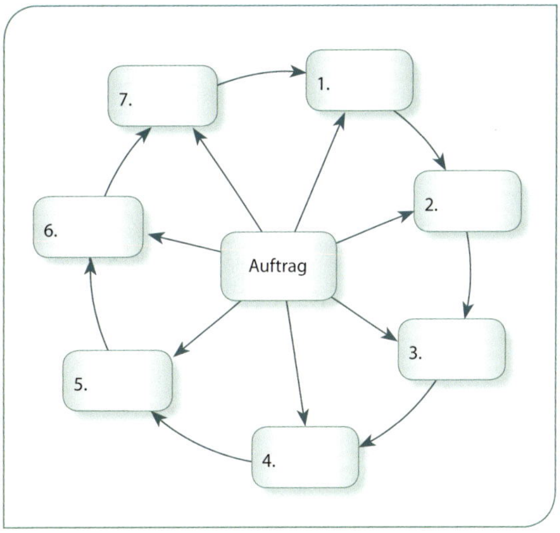

2 Handlungsplan

Informieren

Sie gehen ins Büro, um sich über die bei Herrn Becker installierte Heizungsanlage zu informieren und finden in der entsprechenden Datenbank u. a. folgende Daten:

Bodenstehender Kessel in einem separaten Aufstellraum im Erdgeschoss mit einem Ölgebläsebrenner und nebenstehendem indirekt beheizten Warmwasser-Speicher, Nennwärmeleistung $\Phi_{NL} = 24$ kW. Das Rohrnetz ist aus Kupfer gefertigt.

Damit Sie sich einen Überblick über die defekte Armatur und deren fachgerechten Einbau verschaffen können, entnehmen Sie z. B. Fach-oder Tabellenbüchern oder Firmenunterlagen (bzw. den entsprechenden Internetseiten der Hersteller) die entsprechenden Informationen.

1. a) Welche Maßnahmen unterscheidet die Instandhaltung nach DIN 31051?
   b) Erläutern Sie die wesentlichen Merkmale dieser Maßnahmen.
2. Erklären Sie die Aufgabe eines Sicherheitsventils.
3. Wovon hängt die Größe des Sicherheitsventils ab?
4. Worin unterscheiden sich die Dimensionen von Eingang und Ausgang des Ventils?
5. Wie lang darf die Sicherheitsleitung (Zuleitung) zum Sicherheitsventil maximal sein?
6. Wie viele Bögen darf die Sicherheitsleitung maximal haben?

Planen

Damit die Schadensbehebung erfolgreich und vor Ort reibungslos ablaufen kann, müssen Sie Überlegungen anstellen.

1. Welche organisatorischen Aufgaben müssen vorab im Betrieb erledigt werden? Nennen Sie fünf Beispiele.
2. Was müssen Sie hinsichtlich Ihres Verhaltens beim Kunden beachten, bevor Sie mit der eigentlichen Arbeit beginnen?

Entscheiden
Sie müssen sich entscheiden, wie Sie auf die unterschiedlichen Situationen, die Sie beim Kunden antreffen können, reagieren wollen. Sie gelangen zu dem Schluss, dass der größte anzunehmende Schaden das Auswechseln des alten Sicherheitsventils gegen ein neues zur Folge hat.

Ausführen
1. Beschreiben Sie stichwortartig und **folgerichtig**, wie Ihr möglicher Arbeitsablauf beginnend bei der Vorbereitung in der Werkstatt bis zum Gang in den Aufstellraum beim Kunden aussehen könnte.
2. Zunächst **inspizieren** Sie das Sicherheitsventil. Nennen Sie zwei mögliche Ursachen für das Tropfen des Sicherheitsventils.
3. Nennen Sie zwei Maßnahmen, die zur **Wiederherstellung des Sollzustandes** bei diesem Kundenauftrag erforderlich sind.
4. Nennen Sie den Fachbegriff für die beiden Maßnahmen von Frage 3.
5. Listen Sie in Form einer Tabelle nach folgendem Muster auf, welche Arbeitsschritte Sie bei der Schadensbehebung (Auswechseln des Sicherheitsventils) mit welchen Werkzeugen, Hilfsstoffen und Ersatzteilen erledigen.

Arbeitsschritt	Werkzeug, Hilfsstoff	Ersatzteile

6. Wie heißt die Maßnahme, wenn Sie jährlich **vorbeugend** (also nicht erst beim Schadensfall) das Sicherheitsventil auseinander schrauben und z. B. die Ventildichtung säubern und mit Wasserfett behandeln oder das Ventiloberteil auswechseln, **ohne** dass das Ventil **undicht** ist.

Kontrollieren
1. Welche Kontrollarbeiten müssen Sie durchführen, um die Funktionsfähigkeit des Sicherheitsventils zu überprüfen?
2. Worüber müssen Sie den Kunden bei der Abnahme informieren?

Bewerten
Nach der erfolgreich abgeschlossenen Reparatur und Rückkehr in den Betrieb bittet Sie Ihr Meister, nachdem ihm der Arbeitsablauf geschildert wurde, das ausgewechselte Ventil auseinander zu schrauben. Sie sehen sich gemeinsam das Ventiloberteil an. Zu welcher Bewertung kommen Sie in den folgenden möglichen Fällen:
a) Die Ventildichtung zeigt Alterungsrisse.
b) An der Ventildichtung sind leichte Schmutzablagerungen zu erkennen.

Präsentieren
1. Fertigen Sie entsprechendes Präsentationsmaterial wie z. B. Folien oder Plakate an, um Ihren Mitschülern Ihre Arbeitsergebnisse zu präsentieren. Zeigen Sie, wenn möglich, Ihren Mitschülern die Situation an einem Heizkessel im Fachraum.
2. Vergleichen Sie Ihre Arbeitsergebnisse mit denen Ihrer Mitschüler.

■ Kundenauftrag 2

Prüfen eines Vorlauftemperaturfühlers auf Funktion

Bei einem Kunden sind bei der Vorlauftemperatur-Regelung der Heizungsanlage Probleme aufgetreten. Ein Geselle der Firma Waldomack war beim Kunden, um den Schaden zu beheben. Vor Ort kam er zu der Vermutung, dass ein Defekt des Vorlauftemperaturfühlers (Bild 1) die Ursache sein könnte. Um Ihn in der Werkstatt auf seine Funktionsfähigkeit prüfen zu können, hatte er den Messfühler ausgebaut.
■ Sie erhalten nun den Auftrag, diesen Messfühler auf seine Funktionsfähigkeit zu prüfen.

Informieren
Sie erhalten von dem Gesellen den Vorlauftemperaturfühler mit einem Datenblatt, das seine Kennlinie (Bild 1, S. 239) enthält.

1. Erläutern Sie den Unterschied zwischen einem Temperaturfühler und einem Thermometer.
2. Welche physikalischen Größen sind im Diagramm dargestellt?
3. Welche physikalische Größe hängt von der anderen ab?
4. Beschreiben Sie das Arbeitsverhalten des Temperaturfühlers anhand der Kennlinie.

1 Vorlauftemperaturfühler

Lernfeld 4

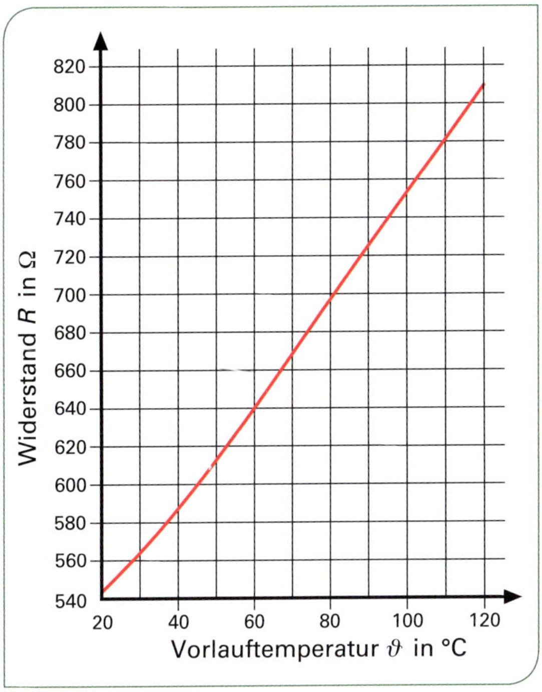

1 Kennlinie eines Vorlauftemperautrfühlers

Planen und Entscheiden

1. Nennen Sie zwei Möglichkeiten, mit denen man mit Hilfe einfacher Mittel Temperaturen im Bereich zwischen 20°C und 100°C erzeugen kann.
2. Planen Sie für die unter Punkt 1 genannten Möglichkeiten die Versuchsanordnungen, mit denen Sie
   a) Temperaturen innerhalb des Arbeitstemperaturbereichs erzeugen und
   b) die dabei auftretenden elektrischen Widerstände messen können

   Fertigen Sie dazu eine Handskizze an und listen Sie die nötigen Hilfsmittel und Messzeuge auf. Beachten Sie dabei auch die nötigen Sicherheitsvorkehrungen im Umgang mit elektrischem Strom.

   Entscheiden Sie sich für eine der von Ihnen vorgeschlagenen Möglichkeiten. Legen Sie dazu drei innerhalb des Arbeitstemperaturbereichs zweckmäßige Temperaturen fest, die sich versuchstechnisch leicht realisieren lassen.

Ausführen

1. Nennen Sie die zur Durchführung des Versuchs nötigen Arbeitsschritte.
2. In der Praxis werden Widerstände üblicherweise mit Vielfach-Messinstrumenten gemessen.
   a) Geben Sie die richtige Buchsenbelegung für die Messkabel an.
   b) Nennen Sie den Messbereich, auf den Sie das Messgerät einstellen müssen.
3. Erstellen Sie eine Wertetabelle nach folgendem Muster und übertragen Sie die zugehörigen Wertepaare in das Diagramm des Fühlerherstellers.

Messung Nr.	Temperatur in °C	Elektrischer Widerstand in Ω

4. Welchen Schluss ziehen Sie, wenn Sie bei der Durchführung des Versuchs keine Widerstandsmesswerte erhalten?
5. Beschreiben Sie die fachgerechte Entsorgung defekter Elektronik-Bauteile.

Kontrollieren und Bewerten

1. Erstellen Sie aus den eingetragenen Wertepaaren eine Messkurve.
2. Vergleichen Sie Ihre erstellte Messkurve mit der Kennlinie des Herstellers.
3. Welche Folgerungen ziehen Sie aus einer unzulässig großen Kurvenabweichung?
4. Überlegen Sie, ob hinsichtlich des großen Aufwandes der angewendeten Fehlersuche eine andere Vorgehensweise kostengünstiger gewesen wäre.

Präsentieren

1. Fassen Sie die Untersuchungsergebnisse zusammen und werten Sie diese aus.
2. Fertigen Sie entsprechendes Präsentationsmaterial wie z. B. Folien, Plakate, Herstellerunterlagen usw. dazu an.
3. Stellen Sie Ihren Mitschülern die Ergebnisse vor und vergleichen Sie diese mit deren Lösungen.

1 Werkstofftechnik und Halbzeuge

1.1 Einteilung der Werk- und Hilfsstoffe

Bei der Bearbeitung, Installation, Einrichtung und Instandhaltung von Bauelementen, Komponenten und Anlagen der Sanitär-, Heizungs- und Klimatechnik wird der Anlagenmechaniker in der Werkstatt, auf der Baustelle und beim Kunden mit einer Vielzahl von Werk- und Hilfsstoffen konfrontiert.
Aus **Werkstoffen** (working materials) werden z. B. Halbzeuge (semi-finished products) wie Bleche, Rohre und Profile, Montageelemente wie Schrauben, Muttern, Dübel und Rohrschellen sowie Hand- und Elektrowerkzeuge, Armaturen und Pumpen, Heizkessel und Trinkwassererwärmer, Sanitärobjekte und Abgasanlagen hergestellt.
Hilfsstoffe (auxilary/process materials) werden z. B. bei der Fertigung, Installation, Wartung oder Kontrolle benötigt und sind oft nicht Teil des fertigen Bauteils oder der Baugruppe.

Die folgenden Beispiele sollen das breite Spektrum der verwendeten Werk- und Hilfsstoffe in der Sanitär-, Heizungs- und Klimatechnik aufzeigen:

- Trinkwasser- und Gasleitungen aus Kupfer
- Heizungsleitungen aus unlegiertem Stahl
- Lüftungsleitungen aus verzinktem Stahlblech oder flexiblem Aluminiumrohr
- Schornsteinrohre aus nichtrostendem Stahl
- Abwasserleitungen aus Gusseisen
- Wärmedämmstoffmatten aus Mineralwolle oder Wärmedämmschläuche aus weichem oder hartem Kunststoffschaum
- Heizkörperventile oder Sicherheitsventile aus Kupfer-Zinn-Zink-Guss (Rotguss)
- Waschtische, Klosett- und Urinalbecken aus Sanitärkeramik
- Heizöltanks aus Glasfaser verstärktem Kunststoff (GFK)
- Flussmittel zum Hart- und Weichlöten
- Reinigungsmittel zur Vorbereitung einer PVC-Klebeverbindung
- Kühlschmierstoffe zum Bohren in Metall

Werkstoffe werden nach ihrer Zusammensetzung, Entstehung und ihren Eigenschaften in Haupt- und Untergruppen (main groups and subgroups) eingeteilt (Bild 1).
Die Hilfsstoffe werden nach ihrer Verwendung voneinander abgegrenzt (Bild 2).

Werkstoffe (working materials)				
Metalle (metals)		**Verbundstoffe** (composite materials)	**Nichtmetalle** (non-metals)	
Eisenmetalle (ferrous metals) ↓ **Gusseisen** (cast iron) z. B. Gusseisen mit Lamellengraphit, Gusseisen mit Kugelgraphit, Temperguss ↓ **Stahlwerkstoffe** (steel materials) z. B. unlegierte Qualitätsstähle, legierte Qualitätsstähle, Nichtrostende Stähle, Stahlguss	**Nichteisenmetalle** (non-ferrous metals) ↓ **Leichtmetalle** (light metals) z. B. Aluminium, Magnesium, Titan ↓ **Schwermetalle** (heavy metals) z. B. Kupfer, Zinn, Zink, Blei	z. B. Sintermetalle, Bimetalle, Glasfaserverstärker Kunststoff, Kohlenstofffaserverstärker Kunststoff	**natürliche Werkstoffe** (natural materials) z. B. Holz, Leder, Naturkautschuk, Granit, Marmor, Gips	**künstlich hergestellte Werkstoffe** (artificial materials) z. B. Thermoplaste, Duroplaste, Elaste, Borosilikatglas, Keramik, Emaille, Steinzeug

1 Werkstoffgruppen

Hilfsstoffe (auxilary/process materials)				
Kühlschmierstoffe (cooling lubricants)	**Schmierstoffe** (lubricants)	**Schleifmittel** (grinding agents)	**Reinigungsmittel** (cleaning agents)	**Brennstoffe** (fuels)
z. B. nicht mit Wasser gemischter Kühlschmierstoff, Kühlemulsion aus Wasser und Schmieröl	z. B. Schmieröl, Schmierfett, Graphit	z. B. Schmirgel, Diamant	z. B. Seifenemulsion, Reinigungsbenzin	z. B. Propan, Acetylen

2 Verschiedene Hilfsstoffe

Lernfeld übergreifende Inhalte

Gusseisen- und Stahlwerkstoffe (cast iron and steel materials) sind Werkstoffe, bei denen der Massenanteil des Eisens immer größer ist als jedes der anderen Elemente.
Eisen mit geringen Anteilen an Kohlenstoff wird als **Eisen-Kohlenstoff-Legierung** (iron-carbon alloy) bezeichnet.
Eisen-Kohlenstoff-Legierungen mit bis zu **2 %** Kohlenstoff und sehr geringen Massenanteilen anderer Elemente bezeichnet man als **Stahl** (steel).
Wird bei der Herstellung eines Bauteils ein solcher Stahl in flüssiger Form zur Herstellung eines Gusskörpers verwendet, so wird der Werkstoff als **Stahlguss** (cast steel) bezeichnet.
Gusseisenwerkstoffe haben einen Kohlenstoffgehalt von **2,4 ... 4 %** und werden nach der Art, wie sich der Kohlenstoff im Eisengefüge anordnet (Graphitstruktur) unterschieden. Gusseisenwerkstoffe sind gut gießbar (castable) und werden besonders für die Herstellung von Bauteilen mit komplizierten Formen verwendet.
Werden den Gusseisen- und Stahlwerkstoffen weitere Elemente (elements) wie z. B. Chrom, Vanadium oder Nickel beigefügt und hierbei bestimmte Grenzwerte erreicht, dann entstehen **Gusseisen-** bzw. **Stahllegierungen** (cast iron/steel alloys) mit besonderen Eigenschaften wie z. B. einer hohen Zugfestigkeit oder Korrosionsbeständigkeit (siehe S. 251).

Alle anderen Metalle und Metalllegierungen (metal alloys), die kein oder nur geringe Mengen Eisen enthalten, werden als **Nichteisenmetalle** (**NE-Metalle** – nonferrous metals) bezeichnet.
Die NE-Metalle werden nach ihrer Dichte (density) in Schwermetalle und Leichtmetalle unterteilt. Die Dichte der **Schwermetalle** (heavy metals) ist größer als **5 kg/dm³**, die Dichte der **Leichtmetalle** (light metals) liegt unter **5 kg/dm³**.

Verbundwerkstoffe (composite materials) setzen sich aus zwei oder mehreren Werkstoffen zusammen und vereinen die Eigenschaften der Einzelwerkstoffe in dem neuen Werkstoff. Dadurch können die vorteilhaften Eigenschaften (advantageous properties) der metallischen und nichtmetallischen Einzelwerkstoffe gezielt genutzt und die unvorteilhaften Eigenschaften gemindert oder aufgehoben werden wie z. B. bei den Verbundrohren (siehe S. 278).

Natürliche Werkstoffe (natural materials) werden aus nachwachsenden Naturstoffen wie Holz ,Hanf, Naturkautschuk (Latex) und Leder oder aus Naturmineralien wie Marmor und Granit hergestellt.
Hierbei werden diese Rohstoffe (raw materials) in ihrer Zusammensetzung und in ihrem Stoffaufbau (ihrer Struktur) nicht verändert, sondern nur formgebend bearbeitet und teilweise auch veredelt (z. B. durch Imprägnieren).

Künstlich hergestellte Werkstoffe (artificial materials) werden aus verschiedenen Rohstoffen durch chemische und thermische Prozesse gewonnen.
Die **Kunststoffe** (Plaste = plastics) mit den Hauptgruppen Duroplaste, Thermoplaste und Elaste werden hauptsächlich aus den Rohstoffen Erdöl, Erdgas oder Kohle hergestellt.

Künstliche Mineralien (artificial minerals) wie Keramik, Steingut und Steinzeug bestehen im Wesentlichen aus Ton. Glas besteht hauptsächlich aus Quarzsand. Emaille (enamel) ist eine besondere Glasart.

Schmierstoffe (lubricants) sollen die Reibung und den Verschleiß aufeinander gleitender Flächen mindern. Es gibt mineralische und synthetische Schmieröle und Schmierfette (mineral and synthetic lubricating oils and greases) (Bild 1). Die mineralischen Schmierstoffe werden aus Rohöl gewonnen, die synthetischen Schmierstoffe werden chemisch hergestellt.

1 Schmieröl und Schmierfett

Kühlschmierstoffe (cooling lubricants) sollen die Reibung (friction) zwischen Spanwerkzeug und Werkstück mindern und gleichzeitig die beim Zerspanungsvorgang auftretende Wärme abführen.
Dadurch wird der Verschleiß der Spanwerkzeuge verringert und die Standzeit (siehe S. 34) erhöht. **Kühlschmieremulsionen** (oil-in-water emulsions) sind Mischungen (mixtures) aus Wasser und einer geringen Menge Mineralöl.
Schneidöle (cutting oils), z. B. zum Gewindeschneiden, sind Mineralöle mit speziellen Zusätzen zur Erhöhung der Schmierfähigkeit (lubricity).

Schleifmittel (grinding agents) sind kleine, sehr harte, scharfkantige Quarz-, Korund- und Siliziumkarbidkörner oder winzige Diamantsplitter. Sie bilden den Grundstoff für Schleifkörper wie Schleifpapier, Schleifscheiben und Trennscheiben (emery paper, grinding wheels and cutting-off wheels).

Mit **Reinigungsmitteln** (cleaning agents) wie z. B. Seifenlösungen und Reinigungsbenzin oder Kaltreiniger können Schmutz, Fette, Öle, z. T. auch Farben und Klebstoffe aufgelöst und entfernt werden. Seifen werden aus Fettsäuren und Laugen, Reinigungsbenzin aus Rohöl hergestellt.

Feste, flüssige oder gasförmige **Brennstoffe** (solid,liquid and gaseous fuels) bestehen hauptsächlich aus Kohlen-Wasserstoff-Verbindungen und werden zur Energiegewinnung verbrannt, z. B. Propan (propane) beim Weichlöten oder Heizöl (fuel oil) zum Beheizen von Gebäuden. Beide werden aus Erdgas bzw. Erdöl (crude oil) gewonnen.

Lernfeld übergreifende Inhalte

1.2 Eigenschaften der Werkstoffe

Bauteile werden durch Kräfte, hohe oder niedrige Temperaturen und chemische Substanzen beansprucht. Folgende und weitere Fragen lassen sich nur beantworten, wenn die Eigenschaften des Werkstoffes (material properties) bekannt sind.

- Welcher Werkstoff ist in der Lage, den unterschiedlichen Beanspruchungen möglichst gut und lange zu widerstehen?
- Lässt sich der Werkstoff, aus dem das Bauteil gefertigt werden soll, gut bearbeiten?
- Entstehen bei der Verarbeitung oder später bei der Entsorgung des Werkstoffes Schadstoffe?
- Lässt sich der Werkstoff des Bauteils wiederverwerten (recycle)?

Die Vielzahl möglicher Eigenschaften lassen sich in Gruppen zusammenfassen (Bild 1).

1.2.1 Physikalische Eigenschaften

1.2.1.1 Dichte

Die Dichte (density) ist ein stoffspezifischer Wert. Sie gibt die Masse (mass) eines Stoffes pro Volumeneinheit (volume unit) an. Die Masse wird in Gramm (g), in Kilogramm (kg) oder in Tonne (t), das Volumen in Kubikzentimeter (cm^3), Kubikdezimeter (dm^3) oder Kubikmeter (m^3) angegeben.

$$\rho = \frac{m}{V}$$

Dichte = ρ (Rho)
Masse = m
Volumen = V

Bei **Gasen** (gases) wird die Dichte in **kg/m^3**, bei Flüssigkeiten (liquids) in **kg/dm^3** oder **kg/l** und bei **festen Stoffen** (solids) in **g/cm^3, kg/dm^3** oder **t/m^3** angegeben. Die Dichten von Gasen, Flüssigkeiten und festen Stoffen sind in Tabellenbüchern zu finden.
Bei gegebener Dichte lässt sich mit Hilfe der Formel $m = V \cdot \rho$ die Masse eines Werkstücks oder Bauteils ermitteln (Bild 2).

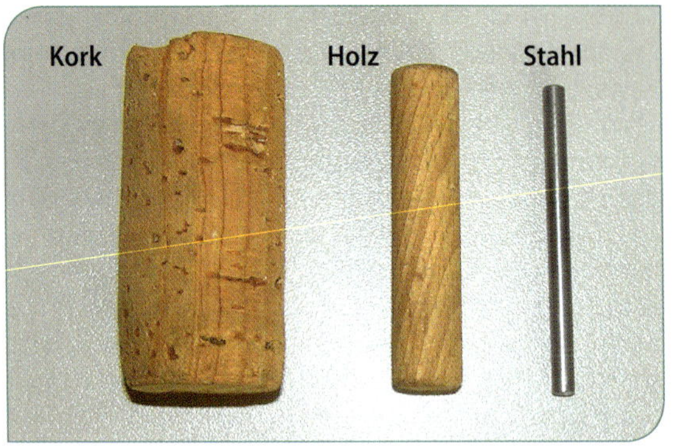

2 Körper mit gleicher Masse aber unterschiedlicher Dichte

Die Masse ist eine der 7 genormten **SI-Basisgrößen** (siehe S. 320). In der Umgangssprache wird jedoch oft statt Masse der Begriff „Gewicht" verwendet.
Die Einteilung der Nichteisenmetalle in Leichtmetalle und Schwermetalle erfolgt in Abhängigkeit ihrer Dichte (siehe S. 241).

1.2.1.2 Schmelzpunkt

Der Schmelzpunkt (melting point) ist die Temperatur, bei dem ein fester Stoff schmilzt. Der feste Stoff verändert beim Schmelzen seinen Aggregatzustand (state of aggregation) und wird flüssig. Verändert ein flüssiger Stoff seinen Aggregatzustand und wird fest, so wird dieser Vorgang „erstarren" genannt. Die Temperatur, bei der die Erstarrung einsetzt, ist der **Erstarrungspunkt** (freezing point).
Bei reinen Stoffen sind Schmelzpunkt und Erstarrungspunkt identisch. Schmelzpunkte werden üblicherweise in Grad Celsius (°C) angegeben.
Stoffgemische wie z. B. eine Legierung aus Kupfer und Zink (Messing) haben einen Schmelz- bzw. Erstarrungsbereich (melting/solidification range), d. h., der Schmelz- oder Erstarrungsvorgang findet nicht bei einer definierten Temperatur, sondern innerhalb eines Temperaturbereiches (temperature range) statt. Schmelztemperaturen sind beim Schweißen und Löten von Werkstoffen ein nützlicher Anhaltspunkt.

Physikalische Eigenschaften (physical properties)	Chemische Eigenschaften (chemical properties)	Technologische Eigenschaften (technological properties)
Dichte	Korrosionsbeständigkeit	Gießbarkeit
Schmelzpunkt	Wärmebeständigkeit	Umformbarkeit
Wärmeleitfähigkeit	Brennbarkeit	Zerspanbarkeit
Wärmeausdehnung	Giftigkeit	Schweißbarkeit
Wärmekapazität	Legierbarkeit	Lötbarkeit
Elektrische Leitfähigkeit		Klebbarkeit
Festigkeit		
Härte		
Elastizität/Plastizität		
Zähigkeit/Sprödigkeit		

1 Einteilung der Eigenschaften

1.2.1.3 Wärmeleitfähigkeit

Die Wärmeleitfähigkeit (thermal conductivity) ist die Fähigkeit eines festen, flüssigen oder gasförmigen Stoffes, Wärme in sich, d. h. von Atom zu Atom oder Molekül zu Molekül weiterzuleiten. Diesen Vorgang bezeichnet man als **Wärmeleitung** (thermal conduction). Stoffe, bei denen sich die Wärme durch Wärmeleitung schnell ausbreitet, sind gute Wärmeleiter (heat conductor) (z. B. Metalle wie Aluminium, Kupfer, Stahl).

Erfolgt die Ausbreitung der Wärme jedoch sehr langsam, dann ist der Stoff ein schlechter Wärmeleiter (z. B. Luft, Holz, Kunststoffe). Wärmedämmstoffe (heat insulators) sind ausgesprochen schlechte Wärmeleiter. Die Wärmeleitfähigkeit fester, flüssiger und gasförmiger Stoffe sind in Tabellenbüchern zu finden. Das Formelzeichen für die Wärmeleitfähigkeit ist λ (Lambda).

1.2.1.4 Volumenänderung durch Temperaturwechsel

Feste, flüssige und gasförmige Stoffe dehnen sich bei Erwärmung in alle Richtungen gleichmäßig aus (thermal expansion) und vergrößern somit ihr Volumen. Bei festen Stoffen ist jedoch in vielen Fällen nur die **Längenänderung** (change of length) technisch bedeutsam (z. B. die Längendehnung oder Schrumpfung bei Rohrleitungen).

1.2.1.5 Wärmekapazität

Durch Wärmeaufnahme (heat absorption) oder Wärmeabgabe (heat emission) verändert sich der Wärmezustand (thermal condition) eines Stoffes. Die Fähigkeit eines festen, flüssigen oder gasförmigen Stoffes Wärme aufzunehmen, hängt von seiner **spezifischen Wärmekapazität** c (specific heat capacity) ab. Sie gibt an, wie viel Wärme 1 kg des Stoffes aufnimmt, wenn die Temperatur sich um 1 K bzw. 1 °C erhöht. Dieser Wert ist jedoch nicht konstant, sondern verändert sich je nach Temperatur und Umgebungsdruck mehr oder weniger stark.

1.2.1.6 Elektrische Leitfähigkeit

Die Fähigkeit eines Stoffes den elektrischen Strom zu leiten hängt von seinem **spezifischen elektrischen Widerstand** ρ_{20} (Rho) (specific electriccal resistivity) ab.

Da dieser Widerstand temperaturabhängig ist (vergl. Kap. 3.2.3, S. 216), bezieht sich dieser Stoffwert auf eine Temperatur von 20 °C. Zur Beurteilung dieser Stoffeigenschaft kann auch der Kehrwert des spezifischen elektrischen Widerstandes, die **spezifische elektrische Leitfähigkeit** κ (Kappa) (specific electrical conductivity), herangezogen werden.

Im Allgemeinen sind Metalle gute **elektrische Leiter** (electrical conductors), vor allem Silber, Kupfer und Aluminium. Andere Werkstoffe wie z. B. Kunststoffe, Glas und Keramik leiten den Strom nicht und werden **Isolierstoffe** (insulating materials) genannt.

Werkstoffe mit diesen beiden gegensätzlichen Eigenschaften werden z. B. für Leitungen und Kabel in der Elektroinstallation verwendet wie die Kupferdrähte zur Leitung des elektrischen Stroms und isolierende Kunststoffummantelungen zum Schutz vor Stromschlägen oder Kurzschlüssen (Bild 1).

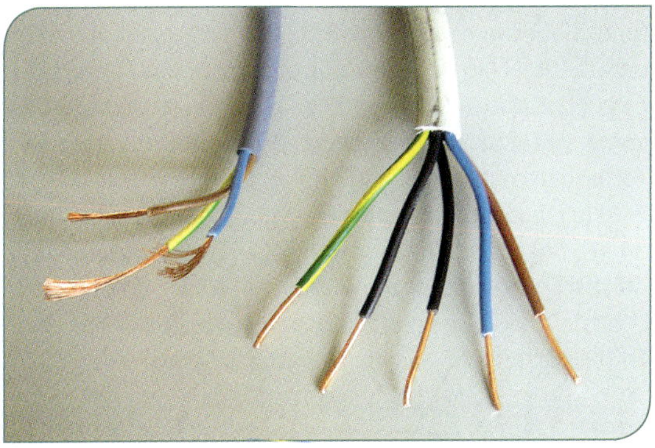

1 Isolierte Stromkabel

1.2.1.7 Festigkeit

Wenn ein Werkstück oder ein Bauteil bei **mechanischer Belastung** (mechanical load) durch äußere Kräfte (external forces) sich nicht unzulässig verformen oder nicht getrennt werden soll, muss der Werkstoff hierfür eine ausreichende Festigkeit (strength) besitzen.

Die Festigkeit kann allgemein als **Widerstand** (resistance) eines Werkstoffes gegen jede Form der unerwünschten Veränderung durch mechanische Belastungen bezeichnet werden (siehe S. 244). Im allgemeinen Sprachgebrauch sind Umschreibungen wie „fester", „starker" oder „stabiler" Werkstoff üblich.

1.2.1.8 Härte

Die Härte (hardness) ist der Widerstand, den der Werkstoff eines Bauteils dem Eindringen eines anderen Bauteils oder Werkzeugs entgegensetzt (resistance to penetration). Zum Beispiel dringt beim Ankörnen des Mittelpunkts für eine Bohrung die gehärtete Körnerspitze in den weicheren Werkstoff des Werkstückes ein (Bild 2).

2 Eindruck einer gehärteten Körnerspitze

1.2.1.9 Elastizität – Plastizität

Verformt sich ein Werkstück oder ein Bauteil durch mechanische Belastung und nimmt es beim Wegfall dieser Belastung wieder seine ursprüngliche Form an, dann verhält es sich elastisch. Ein Dichtungsring aus z. B. Gummi besitzt eine gute Elastizität (elasticity). Eine elastische Verformung ist immer nur eine **vorübergehende Verformung** (temporary elastic deformation) (Bild 1).

Wird bei der Verformung die **Elastizitätsgrenze** bzw. Streckgrenze überschritten, dann kommt es zu einer **bleibenden plastischen Verformung** (lasting plastic deformation). Werkstoffe mit einer großen Dehnung wie z. B. weiches Kupfer (Bild 2) besitzen eine hohe Plastizität (plasticity).

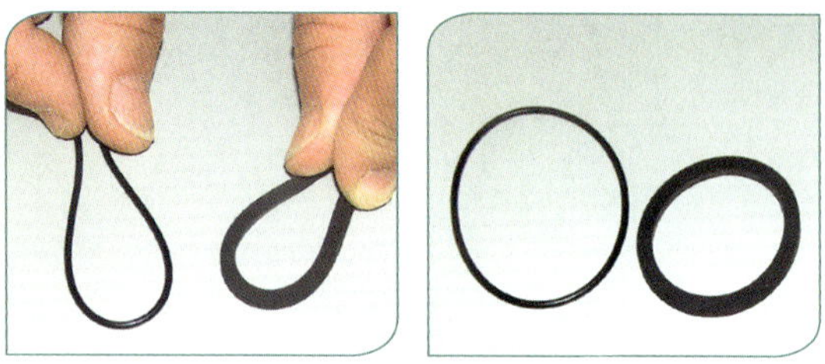

1 Elastische Dichtungsringe

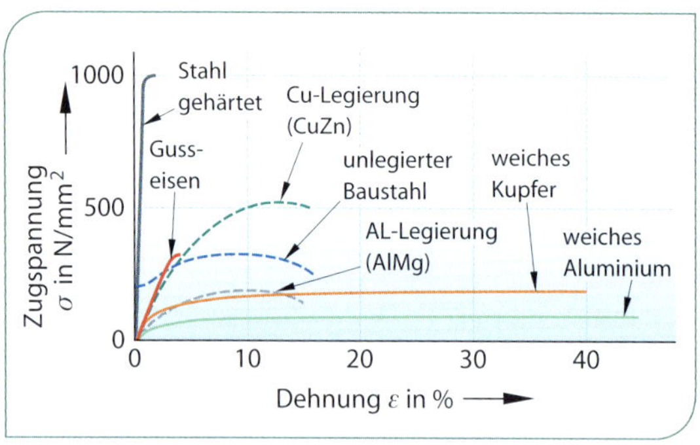

2 Werkstoffe im Vergleich

1.2.1.10 Zähigkeit – Sprödigkeit

Mit den Begriffen „Zähigkeit" und „Sprödigkeit" (toughness and brittleness) werden zwei gegensätzliche Verhaltensweisen bei mechanisch belasteten Werkstoffen gekennzeichnet.

Zähe Werkstoffe (tough materials) lassen sich z. B. durch Zugkräfte oder Biegemomente plastisch verformen, allerdings sind die hierfür erforderlichen Kräfte je nach Werkstoff unterschiedlich groß. Ein zäher Werkstoff mit einer großen Dehnbarkeit (stretching ability) wie z. B. weiches Kupfer setzt der plastischen Verformung einen kleineren Widerstand entgegen als ein Werkstoff mit geringerer Dehnbarkeit wie z. B. unlegierter Baustahl (Bild 2).

Spröde Werkstoffe (brittle materials) wie z. B. gehärteter Stahl, Glas oder Steinzeug lassen sich kaum oder gar nicht plastisch verformen und brechen bei entsprechender Beanspruchung. Sie sind empfindlich gegenüber schlag- und stoßartigen Belastungen (susceptible to impact or shock loads).

Mechanische Eigenschaften der Metalle

Alle Werkstücke und Bauteile werden im Einsatz mechanischen Belastungen ausgesetzt. Die mechanischen Belastungen unterscheiden sich nach der Art, wie die Kräfte auf den Werkstoff wirken und nach ihrem zeitlichen Verlauf.

Bei den **axialen Belastungen** (axial load) wird der Werkstoff durch Zug- oder Druckkräfte, bei der **Biegebelastung** (bending load) durch Biegemomente, bei der **Torsionsbelastung bzw. Verdrehbelastung** (torsional load) durch Torsionsmomente und bei der **Scherbelastung** (shearing load) durch Scherkräfte beansprucht.

Bei einer Rohraufhängung treten solche Belastungen an verschiedenen Stellen auf (Bild 3). Der Werkstoff der einzelnen Teile wird entsprechend beansprucht:

a) Die Gewindestange wird durch die Rohrleitung auf **Zug** beansprucht (tensile strain/stress)

b) Die Rohrschelleneinlage wird beim festziehen der Rohrschelle zwischen Rohrschelle und Rohr auf **Druck** beansprucht (compressing strain/stress)

c) Der Montagewinkel wird durch die Rohrleitung auf **Biegung** beansprucht (bending strain/stress)

d) Der Schraubenkopf der Sechskantschraube wird beim festdrehen durch das Werkzeug auf **Torsion** (Verdrehung) beansprucht (torsional strain/stress)

e) Der Schraubenschaft der Sechskantschraube wird durch die Rohrleitung auf **Scherung** beansprucht (shearing strain/stress)

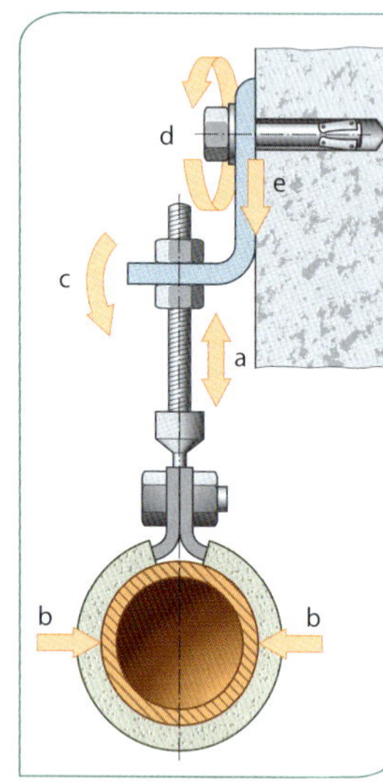

3 Beanspruchungsarten bei einer Rohrbefestigung

Die am Beispiel der Rohraufhängung dargestellten Beanspruchungen können auch bei anderen Bauteilen auftreten und sind die Ursache für entsprechende Werkstoffveränderungen (Bild 1, nächste Seite).

Der zeitliche Verlauf einer Werkstoffbelastung kann:

- bis zu einem Höchstwert gleichmäßig ansteigen und anschließend ruhend (statisch) wirken, z. B. beim Festdrehen einer Schraube
- schlag- oder stoßartig auftreten, z. B. durch Druckstöße bei schnellschließenden Absperrarmaturen in Trinkwasserleitungen

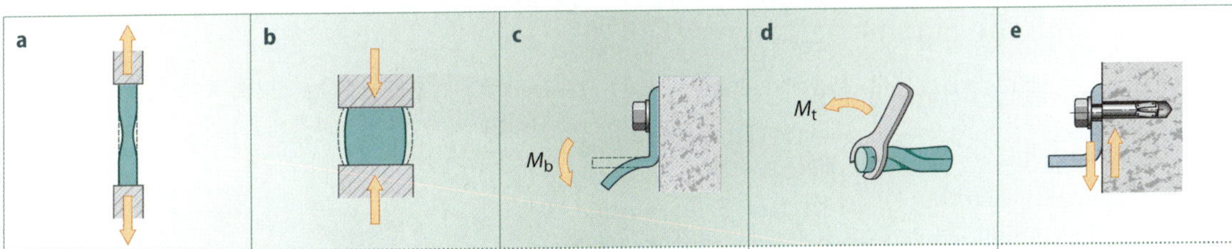

Durch **Zugkräfte** wird der Werkstoff gestreckt.	Durch **Druckkräfte** wird der Werkstoff gestaucht.	Durch Biegemomente wird der Werkstoff gebogen	Durch Torsionsmomente wird der Werkstoff verdreht	Durch Scherkräfte wird der Werkstoff abgeschert.

1 Werkstoffveränderungen durch Kräfte und Momente

- mit schwingender Intensität zwischen unterschiedlichen Belastungswerten auftreten, z. B. durch Druckschwankungen im Speicher einer Trinkwassererwärmungsanlage
- mit wechselnden Richtungen auftreten, z. B. bei Schwenkhebeln von Drei- oder Vierwegemischern in Heizungsanlagen.

Wenn der Werkstoff keine ausreichende Festigkeit besitzt, wird er je nach Beanspruchung „nachgeben" und sich verformen, bis er zu Bruch geht. Um die Widerstandsfähigkeit eines Werkstoffes zu beurteilen, werden **Festigkeitskennwerte** (mechanical strength values) wie die Zugfestigkeit, Druckfestigkeit, Biegefestigkeit, Torsionsfestigkeit, Scherfestigkeit und die Härte herangezogen. Diese Kennwerte werden mit Hilfe genormter Prüfverfahren ermittelt.

Der **Zugversuch** (tensile strength test) liefert wichtige Werkstoffkennwerte wie z. B. Streckgrenze und Zugfestigkeit. Bei diesem Versuch wird eine Werkstoffprobe in Form eines Stabes mit festgelegten Abmessungen in eine Zugprüfmaschine eingespannt und gleichmäßig bis zum Bruch in die Länge gezogen (Bild 1a). Während des Vorgangs werden die Zugkraft und die Verlängerung (Dehnung) des Probestabes mit Hilfe einer Messeinrichtung erfasst. Aus diesen Messwerten werden die allgemein gültigen Festigkeitswerte für den geprüften Werkstoff ermittelt. Der Prüfverlauf lässt sich graphisch durch ein **Spannungs-Dehnungs-Diagramm** (tension-extension diagram) mit den wichtigsten Werkstoffkennwerten veranschaulichen (Bild 1b).

Der erste Kennwert im Spannungs-Dehnungs-Verlauf ist die **Elastizitätsgrenze**[1] (elastic limit). Bis dahin verhält sich der Werkstoff **elastisch**, danach geht die Dehnung nicht mehr vollständig zurück und der Probestab verformt sich **plastisch**[1] (siehe 1.2.1.9).

Beim unlegierten Baustahl ist dieser Übergang im Spannungs-Dehnungs-Diagramm deutlich zu erkennen und wird als Streckgrenze bezeichnet.

Die **Steckgrenze (R_e)** (upper elastic limit) beschreibt zahlenmäßig den Widerstand eines Werkstoffes gegen plastische Verformung durch Zugbelastung. Sie darf nicht überschritten werden, wenn sich ein Werkstück oder Bauteil **nicht plastisch** verformen soll.

Die **Zugfestigkeit (R_m)** (tensile strength) beschreibt zahlenmäßig den höchsten Widerstand eines Werkstoffes gegen Trennung. Wird bei einem unter Belastung stehenden Werkstück oder Bauteil dieser Festigkeitswert erreicht oder überschritten, setzt der Werkstoff der Dehnung einen immer geringeren Widerstand entgegen und es kommt schließlich zu einem **Werkstoffbruch** (material fracture).

Die **Bruchdehnung (A)** (breaking elongation) ist die auf die Anfangslänge (L_0) bezogene bleibende Längenänderung (**ΔL**= elongation) des Prüfstabes bis zum Bruch. Sie wird in % angegeben. Festigkeitskennwerte wie Streckgrenze, Zugfestigkeit und Bruchdehnung für gängige Metalle und Kunststoffe sind in Tabellenbüchern zu finden.

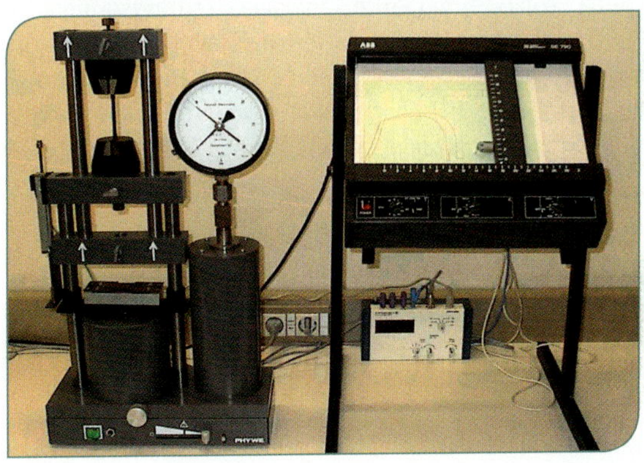

1a Zugprüfeinrichtung

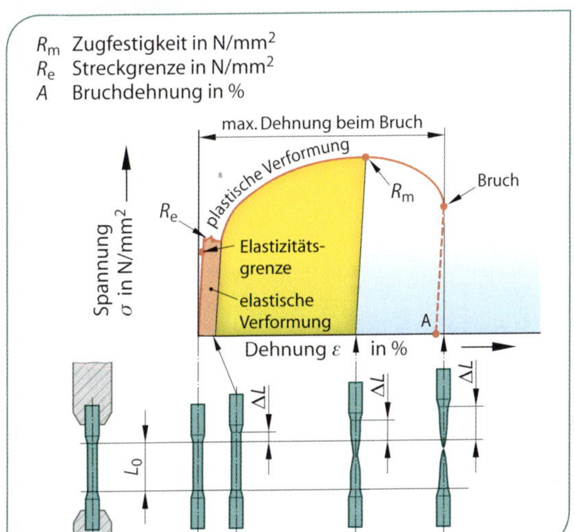

1b Spannungs-Dehnungs-Diagramm

[1] Bei mehreren Metallen lässt sich diese Grenze messtechnisch kaum feststellen. Hier wird der Anfang der nichtproportionalen Dehnung als Grenze festgelegt und als Dehngrenze (R_p) (yield strength) bezeichnet.

1.2.2 Chemische Eigenschaften

1.2.2.1 Korrosionsbeständigkeit

Alle Werkstücke oder Bauteile stehen ständig in Verbindung mit ihrer festen, flüssigen oder gasförmigen Umgebung. Eine Trinkwarmwasserleitung aus Kupfer steht z. B. mit der Umgebungsluft, dem Trinkwasser, dem Wärmedämmstoff, den Absperrarmaturen aus Messing oder Rotguss und mit der Rohrschelleneinlage aus Kunststoff in Kontakt. Chemische Reaktionen mit den Umgebungsstoffen (chemical reactions with environmental substances) sind deshalb nicht zu verhindern und führen oft zu einer Zersetzung (decomposition) des Werkstoffes und damit zu einer Beschädigung oder Zerstörung (damage or destruction) des Werkstückes oder Bauteils.

Die Korrosionsbeständigkeit(corrosion resistance) ist der Widerstand eines Werkstoffes gegen Veränderungen durch chemische oder elektrochemische Vorgänge (chemical or electrochemical processes), die von der Oberfläche ausgehen.

Viele Werkstoffe, die oft als korrosionsbeständig bezeichnet werden (z. B. Kupfer oder Kunststoffe), sind nicht vollkommen unempfindlich gegenüber chemischen Stoffen und werden von bestimmten Säuren oder Gasen angegriffen.

Durch gezielte Korrosionsschutzmaßnahmen (corrosion proofing measures) wie z. B. einen Schutzanstrich, können chemische Reaktionen des Werkstoffes mit den Umgebungsstoffen verhindert werden (siehe S. 210)

1.2.2.2 Wärmebeständigkeit

Viele chemische Reaktionen werden durch Wärme beschleunigt. Wird ein Kupferrohr z. B. mit der Flamme eines Schweißbrenners erwärmt, reagiert es an der Oberfläche heftig mit dem Sauerstoff (oxygen) aus der Luft und oxidiert (Bild1).

Diese **Oxidation** (oxidation) findet auch bei Raumtemperatur statt, allerdings wesentlich langsamer. Bei Stählen wird die Oxidation des Eisens bei hoher Temperatur als **Verzundern** (scaling) bezeichnet. Durch Zunderbildung werden Stahloberflächen zerstört.

Wärmebeständigkeit (heat resistance) ist der Widerstand des Werkstoffes gegen Veränderungen der Oberfläche durch chemische Reaktionen bei hohen Temperaturen.

Fast alle Kunststoffe haben keine nennenswerte Wärmebeständigkeit, da sie schon bei Temperaturen ab 100 °C zersetzt werden (Bild 2).

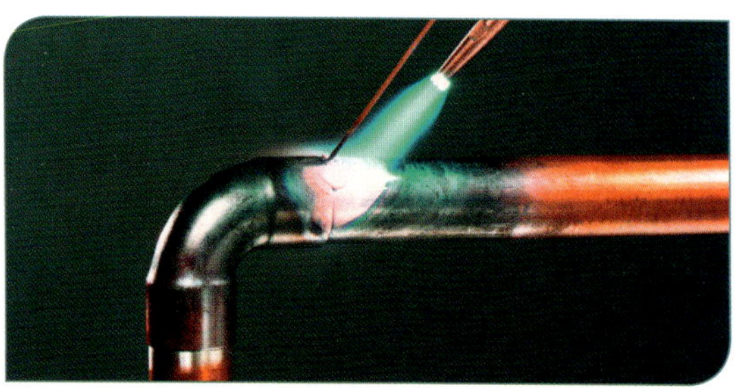

1 Oxidation des Kupferrohres beim Hartlöten

2 Zersetzte Kunststoffrohre

1.2.2.3 Brennbarkeit

Bei jeder Verbrennung (combustion) wird der brennbare Stoff (combustible substance) durch die einwirkende Wärme so zersetzt, dass die Elemente beim Erreichen der Entzündungstemperatur (inflammation temperature) mit dem Sauerstoff aus der Umgebungsluft heftig reagieren und Wärme freigesetzt wird.

Viele Kunststoffe sind brennbar, da ihre Molekülketten aus den brennbaren Elementen Kohlenstoff und Wasserstoff bestehen. Das Metall Magnesium ist in Streifen-, Span- oder Pulverform in der Umgebungsluft brennbar.

Auch Stahl ist unter bestimmten Bedingungen brennbar, da die Elemente Eisen und Kohlenstoff mit Sauerstoff chemisch reagieren. Beim Brennschneiden (flame cutting) wird die Brennbarkeit (inflammability) des Stahls fertigungstechnisch zum Trennen genutzt.

1.2.2.4 Giftigkeit

Gesundheitliche Gefährdungen (health endangerings) durch einen Werkstoff können entweder

- bei der Bearbeitung des Werkstoffes
- oder durch den Kontakt des Werkstoffes mit Lebensmitteln entstehen.

Werden verzinkte Stahlrohre, Stahlbleche oder Stahlprofile geschweißt oder durch Brennschneiden getrennt, entstehen giftige Zinkdämpfe (poisonous/toxic zinc fumes). Auch beim Schweißen von Kunststoffrohren können bei deutlicher Überschreitung der vorgesehenen Arbeitstemperaturen schädliche Dämpfe (noxious fumes) durch Werkstoffzersetzung entstehen.

Blei und Bleilegierungen (z. B. Bleilote) (lead and lead alloys) sind giftig und dürfen deshalb bei Trinkwasserleitungen nicht verwendet werden. Bei bestimmten Arbeiten, wie z. B. der Einfassung von Schornsteinen oder Lüftungsrohren im Dach, wird Walzblei (milled lead) verwendet. Bei der Bearbeitung des Walzbleis werden die Hände erkennbar durch Bleiabrieb (rubbed-off lead) verschmutzt. Eine gründliche Reinigung der Hände, besonders vor den Frühstücks- oder Mittagspausen, ist dringend zu empfehlen. Asbesthaltige (containing asbestos) Dichtungen, Dämmstoffe oder Baustoffe dürfen wegen der krebserregenden Gefahr der Asbestfasern (carcinogenic danger of asbestos fibres) nicht mehr verwendet werden (siehe S. 203). Die Giftigkeit eines Werkstoffes ist ein wichtiges Kriterium für seine Umweltverträglichkeit (environmental compatibility).

1.2.2.5 Legierbarkeit

Legierungen (alloys) bestehen aus einem Grundmetall (base metal) und mindestens einem metallischen oder nichtmetallischen Legierungselement (alloying element). Die Fähigkeit eines Grundmetalls mit anderen Legierungselementen in unterschiedlicher Zusammensetzung (different composition) eine Legierung zu bilden, bezeichnet man als Legierbarkeit (alloyability). Sie ist Voraussetzung für die Herstellung vieler „neuer" Werkstoffe mit besonderen Eigenschaften wie z. B. nichtrostende Stähle oder Kupferlegierungen wie Messing und Rotguss (siehe S. 251 und 253).

1.2.3 Technologische Eigenschaften

Bei der Verarbeitung von Werkstoffen zu technischen Produkten werden verschiedene Fertigungsverfahren und -methoden eingesetzt. Ob ein Werkstoff für ein bestimmtes Fertigungsverfahren geeignet ist, hängt von seinen technologischen bzw. **fertigungstechnischen Eigenschaften** (technological/processing properties) ab, die im Folgenden beschrieben werden.

1.2.3.1 Gießbarkeit

Die Eignung eines Werkstoffes, im geschmolzenen Zustand (molten state) eine Form ausfüllen zu können, ist unterschiedlich ausgeprägt.
Werkstoffe mit guter Gießbarkeit (castability) lassen sich im geschmolzenen Zustand leicht in eine Gussform (casting mould) gießen, füllen diese vollständig aus und bilden beim Erstarren (during solidification) ein gleichmäßiges Gefüge ohne Poren (pores) oder sonstige Hohlräume (z. B. Lunker = shrinkholes).

1.2.3.2 Umformbarkeit

Die Umformbarkeit (formability) gibt an, ob und unter welchen Bedingungen ein Werkstoff sich ein- oder mehrmalig verformen lässt.
Werkstoffe, die sich aufgrund ihrer Dehnbarkeit (malleability) gut plastisch verformen lassen sind für verschiedene Umformverfahren geeignet (siehe S. 59).
Findet die Verformung bei Raumtemperatur statt, dann sind sie kaltumformbar (cold reformable). Viele nicht kaltumformbare Werkstoffe lassen sich im vorgewärmten Zustand (preheated state) gut verformen (siehe S. 62).

1.2.3.3 Zerspanbarkeit

Sehr viele Werkstücke werden bei ihrer Fertigung durch ein spanendes Trennverfahren (chipping process) wie z. B. Sägen, Bohren oder Gewindeschneiden bearbeitet.
Grundsätzlich sind weiche Werkstoffe wie Gummi oder Blei und sehr harte und spröde Werkstoffe wie gehärteter Stahl, Glas oder Granit sehr schlecht zerspanbar. Die Hauptkriterien für die Zerspanbarkeit (machinability) eines Werkstoffes sind eine gute Spanbildung (chip formation) beim Trennvorgang (cutting action) und eine dem Verwendungszweck angemessene Oberflächengüte (adequate surface quality/finish).

1.2.3.4 Schweißbarkeit

Die Schweißbarkeit (weldability) beschreibt die Eignung eines Werkstoffs, für ein stoffschlüssiges Fügeverfahren (material bonding process) (siehe Lernfeld 3, Kap. 2.1.2).
Beim Schweißen werden die Einzelteile eines Werkstückes oder Bauteils mit oder ohne Schweißzusatz (weld filler) zu einer Einheit zusammengefügt. Hierbei werden an der Fügestelle (joint) die gleichen Werkstoffeigenschaften (z. B. Festigkeitswerte oder Korrosionsbeständigkeit) wie beim Grundwerkstoff angestrebt.

1.2.3.5 Lötbarkeit

Bei der Lötbarkeit (solderability) geht es um die Eignung (suitability) eines Werkstoffes im festen Zustand eine stoffschlüssige Verbindung mit dem erstarrenden Lot (solder) zu bilden.
Da sich bei diesem Vorgang an der Verbindungsfläche zwischen Grundwerkstoff und Lot eine Grenzschichtlegierung (interface alloy) bildet (siehe Lernfeld 3, Kap. 2.2.2.1), spielt die Legierbarkeit des Grundwerkstoffes mit dem Lötwerkstoff eine entscheidende Rolle.

1.2.3.6 Klebbarkeit

Maßgebend für die Klebewirkung an der Verbindungsfläche zwischen dem festen Werkstoff und dem zunehmend aushärtenden Klebstoff (adhesive) sind physikalische und chemische Bindungskräfte (bonding forces) sowie von der Oberflächenrauheit (surface roughness) abhängige Formschlusskräfte (siehe Lernfeld 3, Kap. 2.2.2.3).
Dementsprechend ist die Klebbarkeit (adhesive ability) eines Werkstoffs sowohl von einer geeigneten Vorbehandlung der Fügeflächen (joining surfaces) als auch von den chemischen Reaktionsmechanismen mit dem Klebstoff abhängig. Begünstigt wird die Klebbarkeit durch eine Erhöhung der chemischen Bindung, da diese größere Haftkräfte erzeugt.

1.3 Metallische Werkstoffe

Die Einteilung (classification) der Gusseisen, der Stähle und der Nichteisenmetalle erfolgt auf der Grundlage der EN-Normung (EN-standardization) für Metalle und ihrer Legierungen. In diesen Normen werden z. B. die chemischen Zusammensetzungen, die mechanischen Eigenschaften, die unterschiedlichen Anforderungen und die Bezeichnungen festgelegt.

Die Bezeichnung der metallischen Werkstoffe (designation of metallic materials) kann auf zwei Arten erfolgen: mit Kurznamen bzw. Kurzzeichen (code names/abbreviated terms) aus Buchstaben und Zahlen oder nach Werkstoffnummern (material numbers).

Für die in den einzelnen Kapiteln aufgeführten Werkstoffbezeichnungen werden nur die Kurznamen verwendet und erklärt. Sie enthalten Hinweise für die Verwendung und die mechanischen Eigenschaften oder die chemische Zusammensetzung dieser Werkstoffe. Die Zuordnung der mit Kurznamen bezeichneten Werkstoffe zu den entsprechenden Bezeichnungen nach den Nummernsystemen für Gusseisen, Stähle und Nichteisenmetalle kann mit Hilfe von Tabellenbüchern erfolgen.

1.3.1 Gusseisen

Gusseisen (cast iron) wird schon seit über 2500 Jahren als Werkstoff zur Herstellung von Bauteilen eingesetzt. Die heutzutage verwendeten und genormten Gusseisenwerkstoffe sind Eisen-Kohlenstoff-Legierungen mit ca. 2,4 bis 4 % Kohlenstoff. Sie eignen sich aufgrund ihrer guten Gießbarkeit, Formfüllung[1] und ihres geringen Schwindmaßes[2] (measure of shrinkage) besonders zur Herstellung komplizierter Werkstücke und größerer Bauteile aus einem „Guss". So können z. B. bei einem Gussheizkessel die Räume für das Heizungswasser, die Brennkammer und die Abgaskanäle in einem Gusskörper (casting) vereinigt werden (Bild 1).

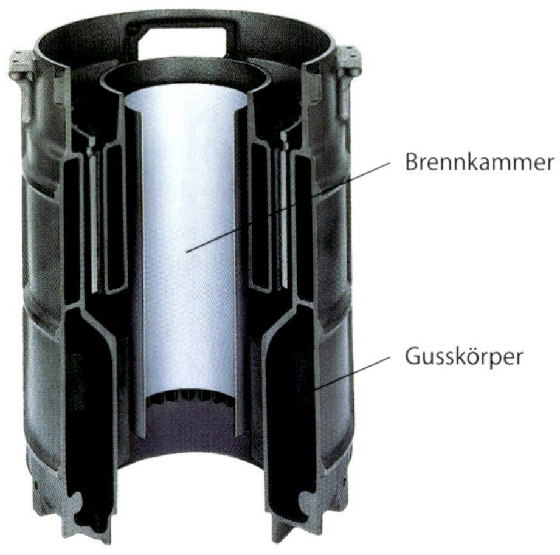

1 Gusskörper für einen Heizkessel

Die Eigenschaften der Gusseisenwerkstoffe werden vom Kohlenstoffgehalt und von der Form, wie der Kohlenstoff im Gefüge eingebunden ist bestimmt.

[1] Fähigkeit des flüssigen Werkstoffes Hohlräume in einer Gießform vollständig auszufüllen.

[2] Das Schwindmaß ist die prozentuale Schrumpfung des Gießwerkstoffes bei der Abkühlung (z. B. Gusseisen mit Lamellengraphit = 1%, Stahlguss = 2%).

[3] Duktil (Lateinisch): verformbar, dehn- und streckbar.

Die wichtigsten Gusseisenwerkstoffe sind
- **Gusseisen mit Lamellengraphit** (cast iron with lamellar graphite)
- **Gusseisen mit Kugelgraphit** (cast iron with nodular graphite)
- **Temperguss** (malleable cast iron).

Gusseisenwerkstoffe werden auch nach ihrer Zähigkeit unterschieden (Bild 2).

Die verformbaren Tempergusssorten werden auch als duktile[3] Gusseisen (ductile cast iron) bezeichnet.

duktil		**nicht duktil**
◄	———	►
Temperguss	Gusseisen mit Kugelgraphit	Gusseisen mit Lamellengraphit

2 Zuordnung der Gusseisenwerkstoffe nach ihrer Duktilität

1.3.1.1 Gusseisen mit Lamellengraphit

Dieser Gusswerkstoff wird in der Praxis und in Unterlagen oft noch als **Grauguss** (grey cast iron) bezeichnet. Auch die alte, einprägsame aber heute nicht mehr gültige Normbezeichnung **GG** wurde durch die neue Kurzbezeichnung **GJL** ersetzt.

Neben der sehr guten Gießbarkeit (castability) und hohen Formgenauigkeit sind :
- die gute Bearbeitbarkeit,
- die Druckfestigkeit (compressive strength),
- die Unempfindlichkeit gegen höhere und tiefe Temperaturen
- und das Vermögen Schwingungen zu dämpfen, weitere Gründe für seine vielseitige Verwendung (Bild 3)

3 Gussrohr und Pumpengehäuse aus Gusseisen

Betrachtet man das Schliffbild einer Werkstoffprobe unter einem Mikroskop,erkennt man im Gefüge (grain structure) viele schwarze, unregelmäßig gekrümmte Streifen (Bild 1, S. 249).

Diese **„Lamellen"** sind aus Kohlenstoff, der in dieser Form als **Graphit** bezeichnet wird. Die Graphitlamellen haben eine sehr geringe Festigkeit und bewirken, dass der Werkstoff **spröde** (brittle) sowie stoßempfindlich ist.

Dennoch wird er aufgrund der günstigen Herstellungskosten und der obengenannten vorteilhaften Eigenschaften sehr häufig eingesetzt.
Die Jahresproduktion von Gusseisen mit Lamellengraphit ist größer als alle anderen Gusseisenwerkstoffe zusammen.

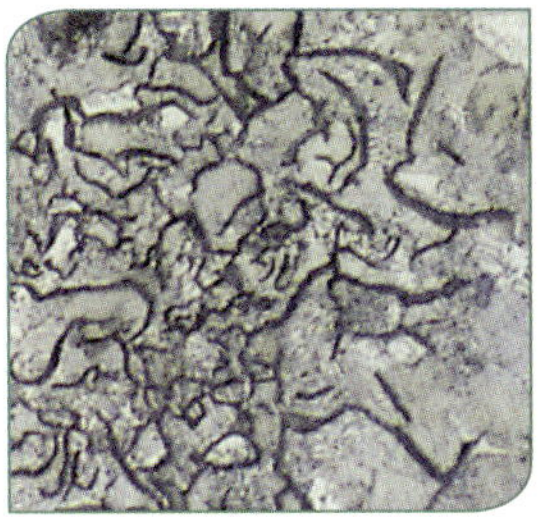
1 Gusseisen mit Lamellengraphit

Bezeichnungsbeispiel nach DIN EN 1560: **EN – GJL – 250**
EN = Europäische Norm
GJ = Gusseisen
L = Lamellengraphit
250 = Zugfestigkeit Rm = 250 N/mm²

1.3.1.2 Gusseisen mit Kugelgraphit

Gusseisen mit Kugelgraphit wird auch Kugelgraphitguss oder Sphäroguss (spheroidal graphite iron) genannt. Der Kohlenstoff ist hier kugelförmig im Gefüge verteilt (Bild 2).

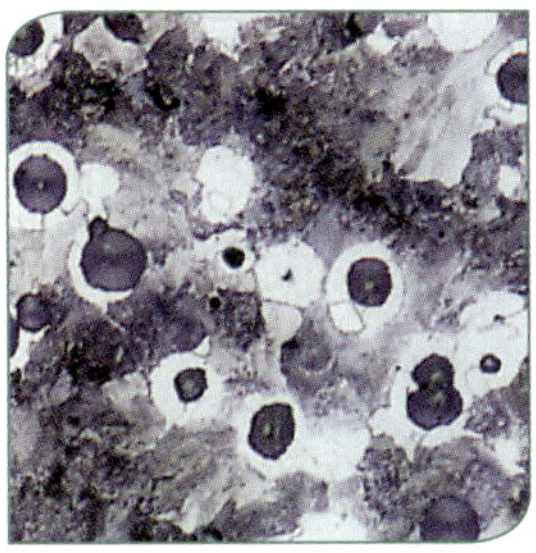
2 Gusseisen mit Kugelgraphit

Diese Graphitform erzeugt die geringste Schwächung im Gefüge und ist der Grund für die höheren Festigkeits- und besseren Zähigkeitswerte. Gusseisen mit Kugelgraphit lässt sich genauso gut gießen wie lamellares Gusseisen, ist jedoch belastbarer, verschleißfester sowie schlag- und stoßfest.

3 Gussgehäuse einer Ölpumpe

Verwendet wird der Werkstoff für Bauteile mit höheren mechanischen Belastungen wie z.B. das Gehäuse einer Ölpumpe (Bild 3) oder duktile Gussrohre und Formstücke mit DVGW-Prüfzeichen für die Gas- und Wasserversorgung.

Bezeichnungsbeispiel nach DIN EN 1560: **EN – GJS – 500 – 7**
EN = Europäische Norm
GJ = Gusseisen
S = Kugelgraphit (S = sphere)
500 = Zugfestigkeit Rm = 500 N/mm²
7 = Bruchdehnung A =7 %

1.3.1.3 Temperguss

Der Ausgangswerkstoff für Temperguss ist das spröde weiße Gusseisen (unannealed malleable iron) mit 2,4...3,4 % Kohlenstoff. Durch das langzeitige Glühen in einem Glühofen bei Temperaturen zwischen 950 °C und 1050 °C, „Tempern" genannt, wird dieses Gusseisen weicher, zäher und verformbar (Bild 4).
Je nach Glühverfahren unterscheidet man:

- Temperguss, nicht entkohlend geglüht, bisherige Bezeichnung: schwarzer Temperguss (non-carburising annealed malleable cast iron) und
- Temperguss, entkohlend geglüht, bisherige Bezeichnung: weißer Temperguss (decarburising annealed malleable cast iron).

Beide Tempergussarten lassen sich leicht vergießen und ergeben schlag- und stoßunempfindliche Gussteile mit glatten Oberflächen. Beide haben stahlähnliche (steel-like) Zugfestigkeiten, lassen sich gut zerspanen und sind schweißbar.
Aus Temperguss werden z.B. Rohrzangen, Armaturengehäuse, Brenner- und Heizkesselbauteile sowie DVGW geprüfte Rohre, Rohrformteile, Gewindefittings und Verbindungselemente hergestellt (Bilder 3 und 5).

3 Gewindefittings

4 Plastisch verformte Tempergussfittings

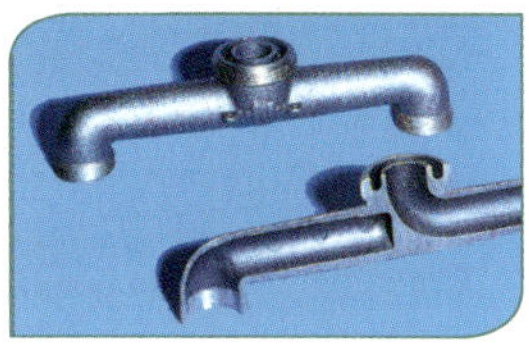
5 Tempergussformteil für einen Gaszähleranschluss

Bezeichnungsbeispiel für DVGW/TRGI zugelassene Tempergussfittings nach DIN EN 1562:
EN – GJMW – 400 – 5 oder **EN – GJMB – 350 – 10**

EN = Europäische Norm
GJ = Gusseisen
MW = Temperkohle, entkohlend geglüht (W = white, alte DIN-Bezeichnung: GTW)
MB = Temperkohle, nicht entkohlend geglüht (B = black, alte DIN-Bezeichnung: GTS)
400/350 = Zugfestigkeit R_m = 400 N/mm² bzw. 350 N/mm²
5/10 = Bruchdehnung A =7 % bzw. 10 %

1.3.2 Stahlwerkstoffe

Stahlwerkstoffe sind die technisch und wirtschaftlich bedeutendsten metallischen Werkstoffe, da ihre Eigenschaften den Anforderungen (requirements) der vielen verschiedenen Verwendungen entsprechen oder angepasst werden können.
Der im Stahl enthaltene Kohlenstoff, dessen Anteil in der Regel bis zu 2 % betragen kann, beeinflusst mehrere wichtige Grundeigenschaften, wie z. B. die Festigkeit oder Verformbarkeit (Bild1).
Durch Legierungsbildung (alloying) mit anderen Metallen und nichtmetallischen Elementen lassen sich die Stahleigenschaften gezielt verändern.

abnehmend ← **Kohlenstoffanteil** → zunehmend

Veränderungen

abnehmend	zunehmend
Verbesserung der Schweißbarkeit Verbesserung der Verformbarkeit Verbesserung der Wärmeleitfähigkeit Verbesserung der Zerspanbarkeit	Erhöhung der Härtbarkeit Erhöhung der Festigkeit und Streckgrenze Verringerung der Schmelztemperatur Erhöhung des Verschleißwiderstandes

1 Einfluss des Kohlenstoffs auf einige Stahleigenschaften

Die Einteilung der Stähle nach DIN EN 100020 erfolgt in 3 Klassen:
Unlegierte Stähle (unalloyed steels): Stähle, bei denen der Anteil an anderen Metallen wie z. B. Al, Cu, Cr, Ni oder Ti festgelegte niedrige Grenzwerte nicht überschreiten darf.
Nichtrostende Stähle (stainless/non-rusting steels): Stähle mit einem Kohlenstoffanteil < **1,2 %** und einen Chromanteil > **10,5 %**.
Legierte Stähle (alloyed steels): Stähle, bei denen der Anteil an mindestens einem Legierungsmetall den vorgeschriebenen Grenzwert erreicht oder überschreitet und die **nicht** zu der Klasse der nichtrostenden Stähle gehören.
Diese drei Klassen werden weiter in **Hauptgüteklassen** (main quality classes) unterteilt (Bild 2).

Unlegierte Stähle	Nichtrostende Stähle	Legierte Stähle
Unlegierte Qualitätsstähle (unalloyed quality steels)	**mit bestimmten Nickelgehalt** (with fixed nickel content)	**Legierte Qualitätsstähle** (alloyed quality steels)
Unlegierte Edelstähle (unalloyed quality steels)	**Mit bestimmten Haupteigenschaften** (with fixed main properties)	**Legierte Edelstähle** (alloyed special steels)

2 Einteilung der Stahlwerkstoffe

Bei der Bezeichnung der Stähle innerhalb dieser Hauptgüteklassen mit Kurznamen nach DIN EN 10027-1 werden als Hauptsymbole verschiedene Kennbuchstaben (letter codes) für die Verwendung oder für die chemische Zusammensetzung der Stahlwerkstoffe eingesetzt. Als Kennzeichen für **Stahlguss** (cast steel, siehe S. 241) wird der Buchstabe **G** vorangesetzt (Bild 3).

Hauptsymbol-Kennbuchstaben für die Verwendung (Auswahl)

- **S (GS):** Stahl (Stahlguss) für den Stahlbau
- **P (GP):** Stahl (Stahlguss) für Druckbehälter
- **L (GL):** Stahl (Stahlguss) für den Rohrleitungsbau
- **E (GE):** Stahl (Stahlguss) für den Maschinenbau

Hauptsymbol-Kennbuchstaben für die chemische Zusammensetzung (Auswahl)

- **C (GC):** unlegierter Stahl (Stahlguss) mit Mn-Gehalt < 1%
- **X (GX):** hochlegierter Stahl (Stahlguss)
- **HS:** Schnellarbeitsstahl

3 Hauptsymbol-Kennbuchstaben für Stahlbezeichnungen mit Kurznamen

1.3.2.1 Unlegierte Qualitätsstähle

Für unlegierte Qualitätsstähle (unalloyed quality steels) gelten im Allgemeinen festgelegte Anforderungen z. B. hinsichtlich des Kohlenstoffgehalts, der Zugfestigkeit, der Zähigkeit oder der Umformbarkeit. Sie sind nicht für das Härten (hardening) bestimmt.
Aus diesen Stählen (allgemeine Baustähle: ordinary structural steels, oder sonstige Baustähle) werden Stahlprofile wie Winkel, Fach- und Vierkantstäbe, quadratische Hohlprofile oder nahtlose und geschweißte Rohre hergestellt, die bei normalen Umgebungstemperaturen verwendet werden (Bild 4).

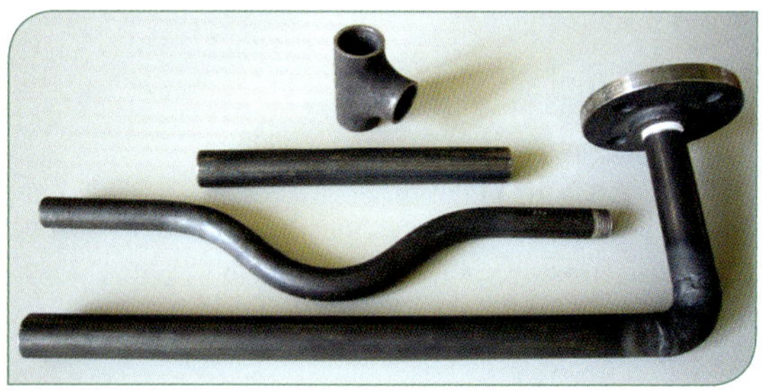

4 Rohre und Rohrformteile aus unlegiertem Baustahl

Bezeichnungsbeispiele nach DIN EN 10027-1:

S235JR	für L-Profile nach DIN EN 10056-1
L290GA	für nahtlose und geschweißte Stahlrohre nach DIN EN 10220.
DX52D+Z	für feuerverzinktes Stahlblech nach DIN EN 10142

S = Stahl für den allgemeinen Stahlbau
235 = Streckgrenze R_e = 235 N/mm²
JR = Kerbschlagarbeit von 27 J bei 20 °C

L = Stahl für den Rohrleitungsbau
290 = Streckgrenze R_e = 290 N/mm^2
G = andere Merkmale
A = Anforderungsklasse: Grundqualität, ohne besondere Eigenschaften

D = Flacherzeugnisse zum Kaltumformen
X = Art des Walzens (warm oder kalt)
52 = Ziehgüte
D = Für Schmelztauchüberzüge
+Z = Feuerverzinkt

1.3.2.2 Unlegierte Edelstähle

Für unlegierte Edelstähle (unalloyed special steels) werden höhere Ansprüche an den Reinheitsgrad[1] (percentage purity) gestellt. Dadurch werden die erhöhten Anforderungen an z. B. die Streckgrenze, Zähigkeit, Härtbarkeit (hardenability) oder Schweißeignung (weldability) der Stähle sichergestellt. Aus diesen Stählen werden z. B. einfache Werkzeuge (Hämmer, Körner, Zangen, Sägen) oder Maschinenteile (Schrauben, Wellen, Zahnräder) hergestellt.

Bezeichnungsbeispiel nach DIN EN 10027-1: **C 35 E**
C = Kohlenstoff
35 = Kohlenstoffkennzahl (35:100 = 0,35 % Kohlenstoffgehalt)
E = Vorgeschriebener maximaler Schwefelgehalt

1.3.2.3 Legierte Qualitätsstähle

Die legierten Qualitätsstähle (alloyed quality steels) sind Stahlsorten, für die festgelegte Anforderungen z. B. hinsichtlich der Legierungsgehalte, der Mindeststreckgrenze, der Zähigkeit oder der Umformbarkeit bestehen. Sie sind im Allgemeinen nicht zum Vergüten oder Oberflächenhärten (refinement or surface hardening) vorgesehen. Verwendet werden diese Stähle z. B. für schweißgeeignete Baustähle, Rohre, warm- oder kaltgewalzte Bleche für Druckbehälter (warm or cold rolled sheets for pressure tanks) oder für schwierige Kaltumformarbeiten.

Bezeichnungsbeispiel nach DIN EN 10027-1:
DC06+ZE für ein kaltgewalztes verzinktes Feinblech nach DIN EN 10152
D = Flacherzeugnisse zum Kaltumformen
C = Kaltgewalzt
06 = Kennzahl zur Unterscheidung der Stahlsorte
+ZE = Elektrolytisch verzinkt

1.3.2.4 Legierte Edelstähle

Hier sind alle legierten Stahlsorten erfasst, die nicht der Hauptgüteklasse der nichtrostenden Stähle oder der legierten Qualitätsstähle zugeordnet sind.
Durch die genaue Einhaltung der chemischen Zusammensetzung und durch besondere Herstell- und Prüfbedingungen (producing and testing conditions) erlangen diese Stähle verbesserte Eigenschaften. Zu dieser Stahlsorte gehören z. B. die legierten Werkzeugstähle (alloyed tool steels), Schnellarbeitsstähle (high speed steels) (Bild 1), Druckbehälterstähle oder Maschinenbaustähle (engineering steels).

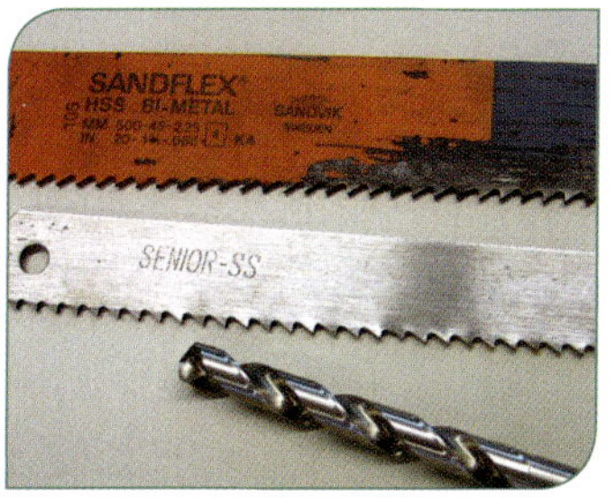

1 Metallsägeblätter und Metallbohrer aus Schnellarbeitsstahl

Bezeichnungsbeispiele nach DIN EN 10027-1:
90MnCrV8 für Gewindescheidringe aus Werkzeugstahl nach DIN EN ISO 4957
HS3-3-2 für Metallsägen oder Spiralbohrer aus Schnellarbeitsstahl nach DIN EN ISO 4957
90 = Kohlenstoffkennzahl (90 : 100 = 0,9 % Kohlenstoffgehalt)
Mn = 1. Legierungselement Mangan
Cr = 2. Legierungselement Chrom
V = 3. Legierungselement Vanadium
8 = Kennzahl für1. Legierungselement (8 : 4^2 = 2 % Mangangehalt)

HS = Schnellarbeitsstahl
3 = Gehalt in % für 2.[3] Legierungselement (Wolfram)
3 = Gehalt in % für 3. Legierungselement (Molybdän)
2 = Gehalt in % für 2. Legierungselement (Vanadium)

1.3.2.5 Nichtrostende Stähle

Die nichtrostenden Stähle sind **hochlegierte Stähle** (high alloyed steels) mit einem Chromgehalt von mindestens 12 % und einem Kohlenstoffgehalt von höchstens 1,2 %. Sie werden weiterhin nach ihrem Nickelgehalt und nach Haupteigenschaften unterteilt (Bild1).

Unterscheidung nach dem Nickelgehalt
- nichtrostende Stähle mit < 2,5 % Nickel
- nichtrostende Stähle mit > 2,5 % Nickel

Unterscheidung nach Haupteigenschaften
- Korrosionsbeständigkeit (corrosion resistance)
- Hitzebeständigkeit (heat resistance)
- Warmfestigkeit (thermal stability)

2 Einteilung der nichtrostenden Stähle

[1] Durch die genaue Einhaltung der erwünschten chemischen Zusammensetzung bei der Stahlherstellung werden verbesserte Eigenschaften gewährleistet.
[2] Für die Legierungsmetalle gibt es verschiedene Teiler, z. B. für Chrom, Mangan, Nickel, Wolfram u. a. = 4; für Kupfer, Molybdän, Titan u. a. = 10. Weitere Elemente und ihre Teiler sind in Metalltabellenbüchern zu finden.
[3] Das 1. Legierungselement ist immer Chrom mit 4 %. Der Kohlenstoffgehalt beträgt bei HS – Stählen ca. 0,9 %.

Durch den höheren Nickelgehalt werden die Korrosionsbeständigkeit und die Zähigkeit verbessert. Die korrosionsbeständigen nichtrostenden Stähle sind nicht nur gegen Rost (rust) sondern je nach Legierung auch gegen eine Vielzahl von chemischen und elektrochemischen Angriffen durch feste, flüssige oder gasformige Stoffe beständig. Die **hitzebeständigen Stähle** sind gegen Korrosionsangriffe durch heiße Gase (z. B. Abgase) beständig und auch bei hohen Temperaturen (> 1000 °C) mechanisch belastbar. Die **warmfesten Stähle** sind auch korrosionsbeständig, aber nur bis max. 800 °C mechanisch belastbar.

Im SHK-Bereich werden nichtrostende Stähle (oft als **Edelstahl** bezeichnet) verwendet für Trinkwasserrohre und Pressfittings (Bild 1), Regenfallrohre, Rohrkupplungen und Rohrmanschetten, Wellrohrkompensatoren, Kunststoffschläuche mit Stahlumflechtung, Stahlschläuche, Speicher-Trinkwassererwärmer, Plattenwärmetauscher, Brennwertkessel, Abgasrohre, Stahlschornsteine, Brennrohre, Brennerstauscheiben u.s.w.

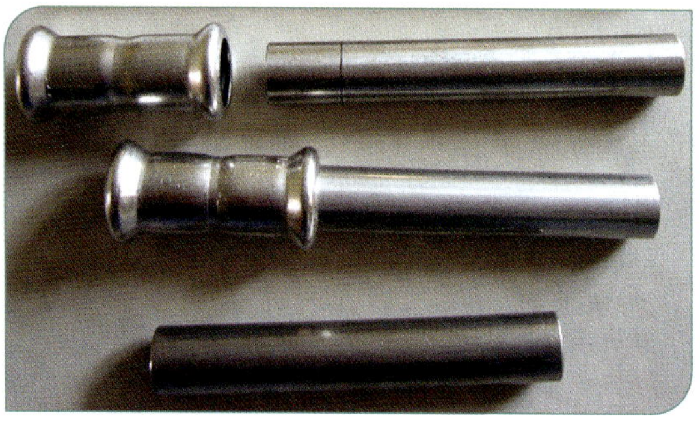

1 Nichtrostende Stahlrohre und Pressfittings

Bezeichnungsbeispiel nach DIN EN 10027-1:
X5CrNiMo17-12-2 für Präzisionsstahlrohe nach DIN EN 1127 für die Trinkwasserinstallation.

X = Der Gehalt mindestens eines Legierungselementes muss > **5** % sein.
5 = Kohlenstoffkennzahl (5 : 100 = 0,05 % Kohlenstoffgehalt)
Cr = 1. Legierungselement Chrom
Ni = 2. Legierungselement Nickel
Mo = 3. Legierungselement Molybdän
17 = Kennzahl für 1. Legierungselement (17:4[1]) = 4,25 % Chromgehalt)
12 = Kennzahl für 2. Legierungselement (12:4[1]) = 3 % Nickelgehalt)
2 = Kennzahl für 3. Legierungselement (2:10[1]) = 0,2 % Molybdängehalt

1.3.3 Nichteisenmetalle

In vielen Bereichen der Sanitär-, Heizungs- und Klimatechnik werden einige Nichteisenmetalle (**NE**-Metalle, non ferrous metals):

a) alternativ zu Stahl und Gusseisen verwendet (z. B. Kupfer für Rohre und Bleche oder Messing für Fittings und Armaturen) oder
b) ausschließlich für besondere Verwendungen (z. B. Zinn als Lot, Zink als Beschichtungsmetall) sowie als Legierungsmetalle eingesetzt.

Entscheidend für den Einsatz der NE-Metalle sind die Vorteile in der Herstellung, Verarbeitung und Anwendung (producing, working and application advantages), die sich aus ihren besonderen Eigenschaften, wie z. B. der Korrosionsbeständigkeit oder der Wärmeleitfähigkeit, ergeben.

1.3.3.1 Kupfer

Kupfer (copper) wird schon seit ca. 6000 Jahren hergestellt und verarbeitet. Damit ist dieser Werkstoff das älteste Gebrauchsmetall (utility metall). Während früher hauptsächlich Schmuck, Haushaltsgeräte und Waffen aus Kupfer hergestellt wurden, hat sich in der modernen industrialisierten Welt der Schwerpunkt auf die Bereiche Elektrotechnik, Kommunikationstechnik, Behälter- und Apparatetechnik und Gebäudetechnik verlagert.

In der SHK-Technik ist Kupfer nach wie vor mit einem hohen Marktanteil ein bevorzugter Werkstoff. In diesem Bereich wird ausschließlich die **sauerstofffreie** Kupfersorte **CU-DHP**[1]) verwendet, die sich durch folgende wichtigen Eigenschaften auszeichnet:

- gute Kalt- und Warmumformbarkeit und Trennbarkeit
- sehr gute Lötbarkeit und gute Schweißbarkeit
- sehr hohe Wärmeleitfähigkeit
- Gasdichtheit (gas-proof)
- lange Haltbarkeit aufgrund guter Korrosionsbeständigkeit gegenüber vielen Stoffen
- gesundheitliche Unbedenklichkeit (healthiness) bei Trinkwasser.

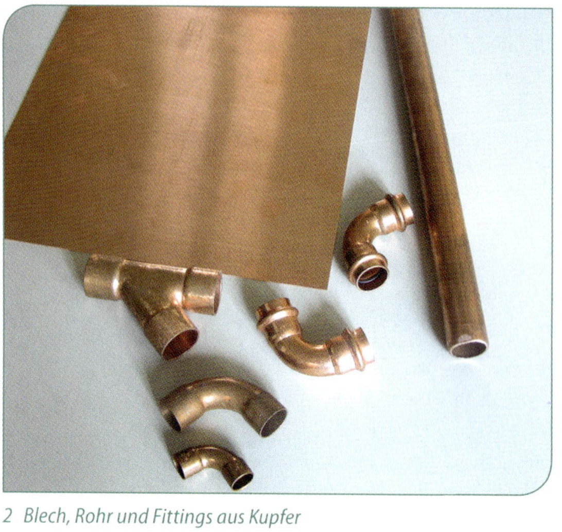

2 Blech, Rohr und Fittings aus Kupfer

[1]) Siehe Fußnote 2, S. 251

[2]) **DHP** bedeutet desoxidiertes Kupfer mit begrenzt hohem Restphosphorgehalt (**d**eoxidized **h**igh residual **p**hosphor). Der Kupferanteil beträgt mindestens 99.9 %.

Für Halbzeuge wie Rohre und Bleche sind außerdem glatte Oberflächen und gute Festigkeitseigenschaften bei geringen Wanddicken wichtig (Bild 2, S. 252).
Durch Kaltumformen – z. B. das Ziehen (drawing) von nahtlosen Rohren – können Festigkeitssteigerungen und hohe Oberflächengüten (surface quality/finish) erzielt werden.
In der normalen Umgebungsluft bildet sich auf der Kupferoberfläche zunächst eine braune und nach längerer Zeit eine grünliche Schutzschicht (protective coating), die **„Patina"** (patina).

Auch bei neutralem Wasser (pH 7) entsteht im Laufe der Zeit auf der Oberfläche eine dichte, korrosionsbeständige Deckschicht (layer).
Bei einem Kontakt mit fruchtsäurehaltigen Substanzen (fruit acidic substances) bildet sich das giftige Kupferacetat, das in der Umgangssprache „Grünspan" genannt wird und nicht mit der grünen Patina verwechselt werden darf.
Der Kurzname für sauerstofffreies Kupfer mit der Zugfestigkeitsangabe (tensile strength data) in N/mm^2 lautet:
Cu-DHP – R220 (oder R250 bzw. R290).

1.3.3.2 Kupferlegierungen

Kupferlegierungen (copper alloys) lassen sich:

- nach der Art ihrer Herstellung und Verarbeitung in Guss- und Knetlegierungen
- und nach den Legierungselementen unterscheiden.

Kupfer-Gusslegierungen

Bei der Herstellung einer Kupfer-Gusslegierung (cast alloy) stehen das Schmelzen, Legieren und Gießen (smelting, alloying and casting) am Beginn des kurzen Fertigungsweges des Rohwerkstoffes zum Formteil.
Das gefertigte Gussteil (z. B. ein Armaturengehäuse oder ein Fitting) kann aufgrund des Gießverfahrens schon endformnahe Konturen, Abmessungen und Oberflächen haben, sodass nur noch wenige Fertigungsschritte erforderlich sind. Alle Kupferlegierungen sind besser gießbar als reines Kupfer und haben höhere Festigkeiten.

Kupfer-Knetlegierungen

Bei Produkten aus Kupfer-Knetlegierungen (wrought alloy) stehen das Schmelzen der Legierung und das Stranggießen (continuous casting) am Anfang der Fertigung. Anschließend werden aus dem Stranggussrohling durch verschiedene Warm- und Kaltumformverfahren (Walzen, Pressen, Ziehen) Halbfabrikate (z. B. Drähte, Stangen oder Profile) hergestellt, aus denen dann Fertigteile wie z. B. Schrauben, Bleche, Rohre, Fittings und Armaturenteile gefertigt werden (Bild1). Kaltverformte Kupfer-Knetlegierungen erhalten durch die Kaltverfestigung eine wesentlich höhere Festigkeit. Durch eine nachträgliche Glühbehandlung (annealing) lassen sich fertigungsbedingte Werkstoffverspannungen und Kaltverfestigungen (material distortions and cold strengthenings) gezielt abbauen und somit spezifische Werkstoffanforderungen erfüllen.

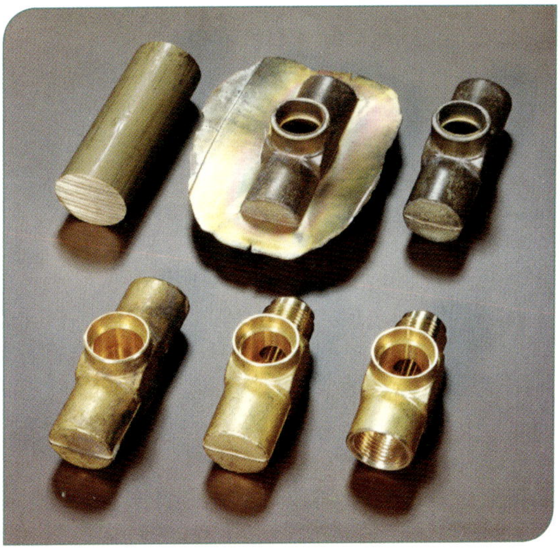

1 Vom Stranggussrohling zum Armaturengehäuse

Kupfer-Zink-Legierungen

Legierungen aus Kupfer und Zink werden auch als **Messing** (brass) bezeichnet. Diese Bezeichnung ist jedoch nicht normgerecht. Der Zinkanteil variiert zwischen 5 % und 45 %. Mit einem Zinkgehalt bis 35 % erhöht sich die Verformbarkeit, Festigkeit und Korrosionsbeständigkeit. Ein höherer Zinkgehalt führt zu einer Verhärtung und Versprödung (hardening and embrittlement) des Werkstoffes, die Zerspanbarkeit verbessert sich, aber die Kaltverformbarkeit und Korrosionsbeständigkeit nehmen ab.

Je nach Herstellungsart werden diese Legierungen als **Pressmessing** (Bild 1) oder **Gussmessing** bezeichnet.

Teile aus Kupfer-Zink-Legierungen (copper-zinc alloys) lassen sich sehr gut hart- und weichlöten, die bleifreien Legierungen auch gut gasschmelzschweißen oder mit Schutzgas schweißen (shielded arc welding).
Im SHK-Bereich werden Kupfer-Zink-Legierungen überwiegend für Armaturen (Bild 2), Fittings, Rohrverbinder und als Hartlote verwendet.

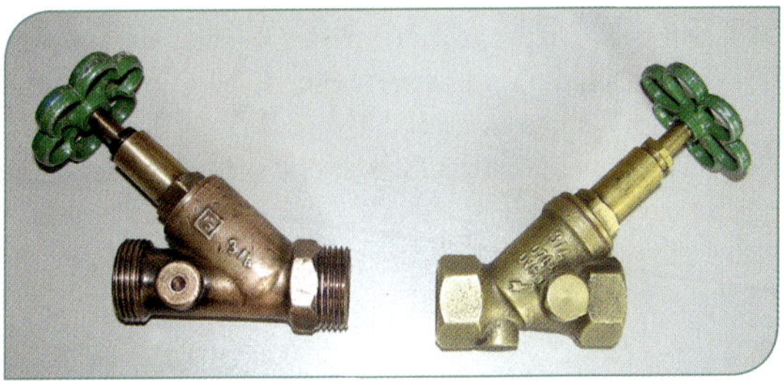

2 Schrägsitzventile aus Rotguss und Messing

Für den Einsatz in der Trinkwasserinstallation erfüllen die marktrelevanten Legierungen CuZn40Pb2 und CuZ36Pb2As (Bild 1) die hohen Anforderungen der Trinkwasserverordnung (TrinkwV 2001).

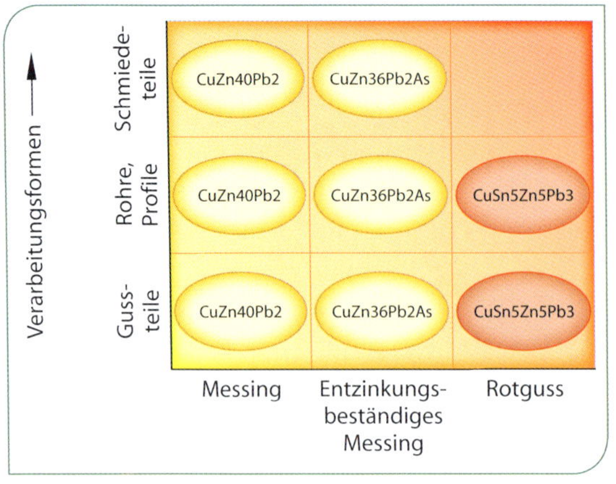

1 *Kupfer-Zink und Kupfer-Zinn-Zink Legierungen*

Die zweite Legierung ist **„entzinkungsbeständig"** (resistant to dezincification), d. h., ein Herauslösen von Zink aus dem Legierungsgefüge aufgrund des Zusammenwirkens von aggressivem[1] Wasser und hohen mechanischen Beanspruchungen beim Bauteil wird verhindert. Dadurch bleibt die hohe Korrosionsbeständigkeit der Legierung erhalten und die Qualität des Trinkwassers wird nicht beeinträchtigt.

Bezeichnungsbeispiel: **CuZn36Pb2As**
Cu = Basismetall Kupfer
Zn36 = Zink, Massenanteil 36 %
Pb2 = Blei, Massenanteil 2 %
As = Arsen in sehr geringer Menge als Hemmstoff (Inhibitor) gegen Entzinkung

Kupfer-Zinn-Legierungen

Kupfer-Zinn-Legierungen (copper-tin alloys) bezeichnet man auch als (Zinn-)**Bronzen** (bronze). Der Zinnanteil bei Gusslegierungen liegt zwischen 9 % und 12 %, bei Knetlegierungen bis 8,5 %.

Während reines, nicht kaltverfestigtes Kupfer relativ weich ist, erhalten Kupfer-Zinn-Legierungen durch den Zinnanteil eine höhere Festigkeit und Härte.

Sie sind außerdem verschleißfester und korrosionsbeständiger (more resistant to wear and corrosion) und besitzen bessere Gleiteigenschaften (sliding properties) als Kupfer-Zink-Legierungen.

[1] „Aggressives" bzw. „weiches" Wasser hat einen pH-Wert < 7, d. h. das Kalk-Kohlensäure-Gleichgewicht ist gestört. Der Gehalt an freier Kohlensäure (H2CO3) ist zu hoch und greift den Rohr- oder Armaturenwerkstoff an. Ist das Wasser auch chlorhaltig, wird die Korrosionswirkung verstärkt.

Wenige Bronzen sind reine Zweistofflegierungen (two-component alloys). Oft werden neben Zinn noch weitere Legierungsmetalle wie Zink und Blei hinzugefügt, um die Werkstoffeigenschaften gezielt zu beeinflussen. Solche Legierungen bezeichnet man als **Mehrstoffbronzen** (multi-alloy bronzes). Eine dieser Mehrstofflegierungen ist **Rotguss** (red bronze/gunmetal) (Bild 1). Es handelt sich hierbei um eine Kupfer-Zinn-Zink-Gusslegierung mit einem Zinkanteil zwischen 2 % und 9 %. Zur Verbesserung der Gieß- und Gleiteigenschaften wird Blei (lead) zulegiert.

Kupfer-Zinn-Legierungen und Kupfer-Zinn-Zink-Legierungen werden im SHK-Bereich für hochwertige Armaturengehäuse (Bild 2, S. 253), Spindeln, Gleitlager, Löt- und Pressfittings sowie andere Rohrverbinder verwendet.

In der Trinkwasserinstallation kommen die Legierungen CuSn5Zn5Pb3 und CuSn5Zn5Pb5 zum Einsatz.

Bezeichnungsbeispiel: **CuSn5Zn5Pb3**:
Cu = Kupfer (Basismetall)
Sn5 = Zinn, Massenanteil 5 %
Zn5 = Zink, Massenanteil 5 %
Pb3 = Blei, Massenanteil 3 %

1.3.3.3 Zinn

Zinn (tin) gehört genauso wie Blei und Zink zu den niedrigschmelzenden (low melting) Schwermetallen. Es ist sehr weich, sehr dehnbar, hat eine sehr geringe Festigkeit und wird deshalb als reines Metall nicht zur Herstellung von mechanisch belastbaren Halbzeugen oder Werkstücken eingesetzt.

Zinn ist witterungsbeständig, ungiftig sowie gut gießbar und wird hauptsächlich als:

- Beschichtungsmetall (coating metal) für dünnes Stahlblech (Weißblech)
- Beschichtungsmetall für innenverzinnte Kupferrohre (siehe S. 274)
- Basis- oder Legierungsmetall für Weich- bzw. Hartlote (Bild 2 und Bild 1, S. 135)
- Legierungselement (alloying element) für Kupferlegierungen verwendet.

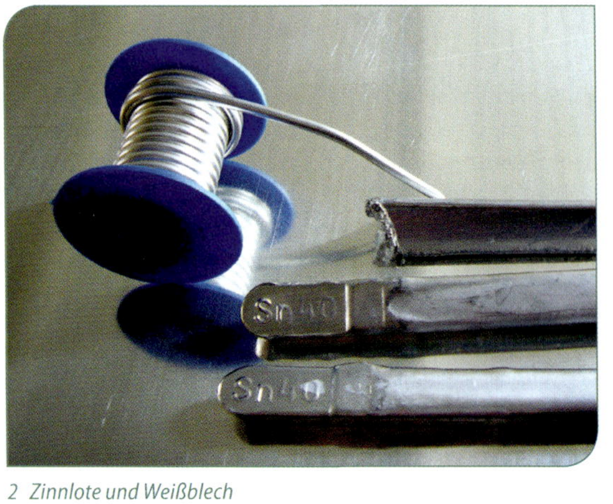

2 *Zinnlote und Weißblech*

Die für das Weichlöten in der Trinkwasserinstallation zugelassenen Weichlote sich nach DIN EN 29453 genormt (siehe Bild 1, S. 135).

Bezeichnungsbeispiel: **S-Sn97Cu3**
S = Kurzzeichen für Lot (solder)
Sn 97 = Zinn, Massenanteil 97 %
Cu 3 = Kupfer, Massenanteil 3 %

1.3.3.4 Zink

Zink (zinc) hat eine geringe Festigkeit und ist bei Raumtemperatur schlecht verformbar und spröde. Es ist jedoch sehr witterungsbeständig und gut gießbar und wird deshalb hauptsächlich als Beschichtungsmetall für den Oberflächenschutz von Stahlbauteilen, als Basismetall für Zinklegierungen und als Legierungsmetall bei Kupfer- und Aluminiumlegierungen eingesetzt.
Bei der Verzinkung[1] (galvanizing) von Stahlbauteilen (z. B. Rohre, Profile, Bleche) entsteht eine festhaftende Deckschicht, die im Laufe der Zeit durch chemische Reaktionen mit dem Sauerstoff aus der Umgebungsluft eine dichte und gegen normale Umwelteinwirkungen korrosionsbeständige Oxidschicht (impervious oxide layer) bildet (siehe Kap. 2.2.1.3, S. 208).
Beim Schweißen und Brennschneiden von verzinkten Stahlbauteilen entstehen durch das Verdampfen des Zinks (ab 900 °C) giftige Dämpfe.
Titanzink ist eine Zinklegierung mit 0,06 %…0,2 % Titan (titanium), 0,08...0,1 % Kupfer und bis zu 0,015 % Aluminium. Durch diese Legierungsmetalle wird die Festigkeit, Verformbarkeit und Lötbarkeit des Basiswerkstoffes Zink verbessert. Verwendet wird diese Legierung hauptsächlich zur Herstellung von 0,6 mm…1,0 mm dicken Blechen (Bild 1) für Dachverkleidungen, Fassadenverkleidungen, Einfassungen, Regenrinnen und Regenfallrohren.

1 Verzinktes Stahlblech und Titanzink-Blech

1.3.3.5 Aluminium

Aluminium ist das am meisten verwendete Leichtmetall (light metal). Es ist gegen normale atmosphärische Einflüsse korrosionsbeständig, ungiftig und ein guter Wärme- und Stromleiter. Im Vergleich zu Stahl und Kupfer hat es eine geringere Festigkeit, die jedoch durch Zulegieren von Silizium, Magnesium, Zink und Kupfer gesteigert werden kann. Man kann Aluminium gut umformen und spanend bearbeiten.
Aluminiumlegierungen (aluminium alloys) werden auch in Guss- und Knetlegierungen aufgeteilt (siehe 1.3.3.2, S. 253).
Aluminiumprofile (Bild 2) werden z. B. für den Bau von Rahmen bei Duschkabinen oder Solarkollektoren verwendet. Im Lüftungsbau werden gerade oder flexible Luftleitungen aus Aluminium hergestellt.

Aluminium-Silizium Gusslegierungen (aluminium-silicon casting alloys) lassen sich gut vergießen und sind besonders korrosionsbeständig. Sie werden z. B. für Abgaswärmetauscher (combustion gas heat exchanger) bei wandhängenden Gas-Brennwertkesseln (Bild 3) eingesetzt, wegen
- der komplizierten/verwinkelten Gussform
- der geringen Masse
- der guten Wärmeübertragung und
- der guten Korrosionsbeständigkeit gegenüber dem mit schwacher Kohlensäure (weak carbonic acid) versetzten Kondensat (condensate).

Bezeichnungsbeispiel: **EN AC-AlSi7Mg**
EN = Europäische Norm
AC[2] = Aluminium-Guss
Al = Aluminium
Si 7 = Silizium, Massenanteil 7 %
Mg = Magnesium

2 Profile und Mantelrohr aus Aluminium

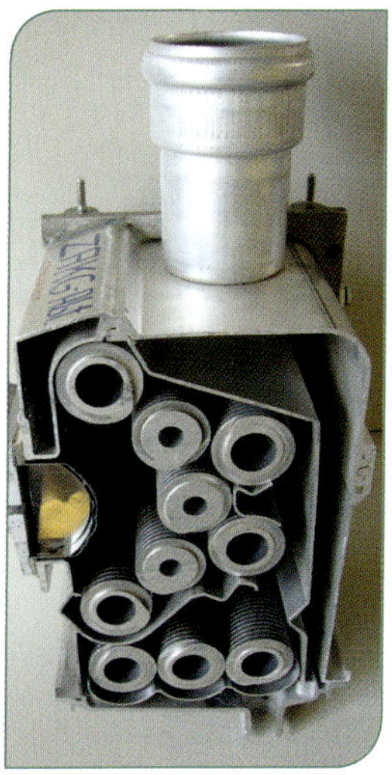

3 Abgaswärmetauscher eines Brennwertkessels

---

[1] Galvanische Verzinkung: Beschichtung durch elektrochemische Vorgänge im galvanischen Bad.
Feuerverzinkung: Beschichtung durch Eintauchen in ein Zinkbad (Schmelztauchbad)
Verzinkung durch Metallspritzen: Beschichtung durch Aufspritzen von flüssigem Zink

[2] C = cast

1.3.3.6 Magnesium

Magnesium (magnesium) ist das leichteste Gebrauchsmetall. Es ist sehr weich, hat eine geringe Festigkeit und Korrosionsbeständigkeit und ist im pulver- oder spanförmigen Zustand brennbar. In reiner Form wird Magnesium in Stabform als **Opferanode** (sacrificial anode) für den Korrosionsschutz von z.B. Warmwasserspeichern verwendet (Bild 1 und siehe S. 210). Magnesiumlegierungen enthalten hauptsächlich Aluminium und Zink um die Festigkeit zu erhöhen. Diese Legierungen lassen sich gut gießen und spanend bearbeiten. Verwendet werden sie z.B. für Armaturengehäuse (Bild 2), Elektro-Motorengehäuse oder für Gebläsegehäuse bei Brennern.

1 Opferanode

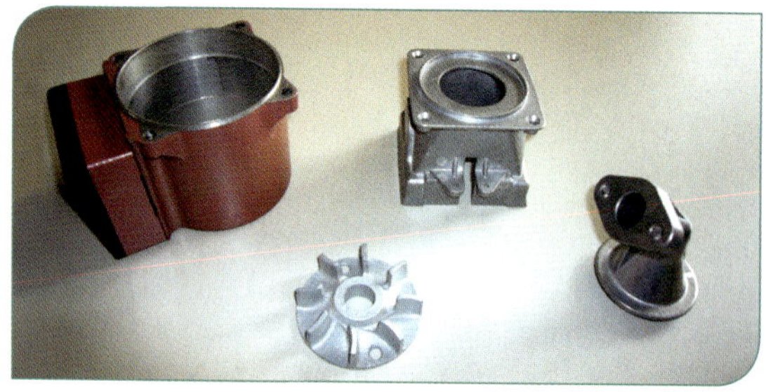

2 Druckgussteile aus Magnesiumslegierungen

Bezeichnungsbeispiel: **EN-MCMgAl9Zn1**

EN = Europäische Norm
MC = Magnesium-Guss
Mg = Magnesium
Al 9 = Aluminium, Massenanteil 9 %
Zn 1 = Zink, Massenanteil 1 %

1.4 Künstlich hergestellte Werkstoffe

1.4.1 Kunststoffe

Kunststoffe (plastics) sind Werkstoffe, die entweder synthetisch aus Erdöl, Kohle und Erdgas oder durch Veränderung und Abwandlung (modification) von Naturstoffen (natural materials) wie Cellulose und Latex (cellulose and latex) hergestellt werden. Aufgrund ihrer geringen Dichte haben sie eine geringe Masse. Kunststoffe finden auch im SHK-Bereich wegen ihrer besonderen Eigenschaften, (particular properties) sowie der Möglichkeit, sie bei der Herstellung gezielt den Erfordernissen anzupassen, eine immer breitere Verwendung (Bild 3 und Bild 1, nächste Seite). Außerdem sind Bauteile aus diesem Werkstoff häufig preisgünstiger (cheaper) als solche aus Stahl und Nichteisenmetallen. Daneben weisen Kunststoffe auch Eigenschaften auf, die ihre Verwendbarkeit (usability) einschränken.

Beispiele hierfür sind ihre im Vergleich zu Metallen wesentlich größere thermische Längenausdehnung, zunehmende Versprödung bei Temperaturen unter 0 °C, geringere Festigkeit und Temperaturbeständigkeit.

Kunststoffe werden nach ihrem inneren Aufbau und ihrem Verhalten bei Erwärmung eingeteilt in
Thermoplaste (thermosetting plastics)
Duroplaste (duroplastics)
Elastomere (elastomers)

3 Verwendung der Kunststoffe und wichtige Eigenschaften

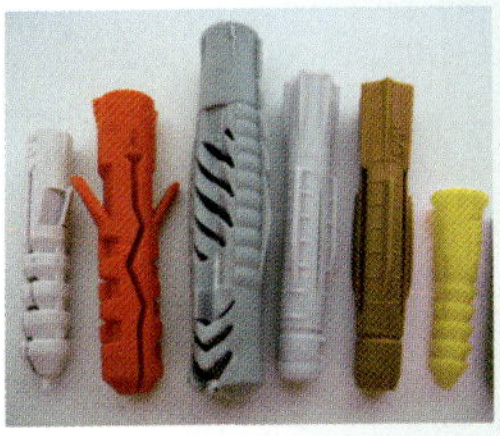

Dübel einfärbbar

Rohrschelleneinlage schalldämmend

Dichtungen weich, elastisch

Laufrad Umwälzpumpe zähhart

1 Verwendung der Kunststoffe und wichtige Eigenschaften

1.4.1.1 Thermoplaste

Thermoplaste bestehen aus unvernetzten (not interlaced) fadenförmigen Molekülketten (filamentary molecular chains), die aufgrund der fehlenden Vernetzung nicht durch chemische Bindungen (chemical bondings) sondern durch molekulare Kräfte (intermolecular forces) zusammengehalten werden (Bild 2). Thermoplaste sind bei Raumtemperatur fest. Bei Zufuhr von Wärme können sich die Molekülfäden leicht gegeneinander verschieben, sodass diese Kunststoffe leichter verformbar (deformable) werden.

Bei weiterer Wärmezufuhr werden sie teigig (pasty) und schweißbar (weldable). Nach Abkühlung erreichen sie wieder ihre ursprüngliche Festigkeit. Bei Temperaturen oberhalb des Schmelzpunktes zersetzen (decompose) sich thermoplastische Werkstoffe.

Thermoplaste sind sowohl warm umformbar als auch schweißbar.

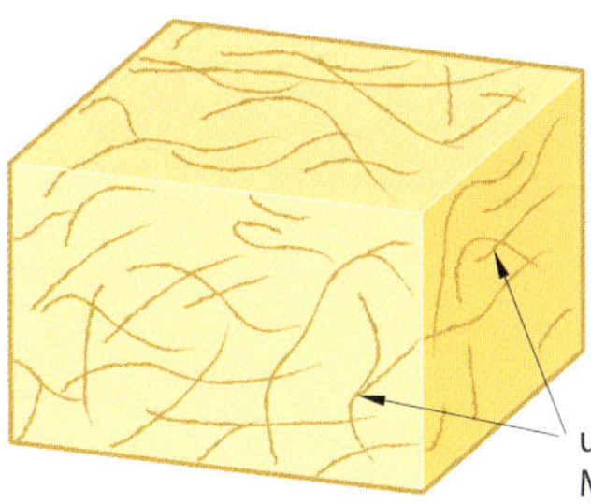

2 Schematische Struktur der Thermoplaste

Polyvinylchlorid

Polyvinylchlorid (Kurzzeichen **PVC**) wurde vermutlich erstmals 1838 vom französischen Chemiker Henry Victor Regnault hergestellt. Die technische Nutzung dieses thermoplastischen Kunststoffes erfolgte aber erst ab 1935. Heute ist PVC einer der am meisten verwendeten Kunststoffe. PVC ist farblos (colourless), durchsichtig, wie alle anderen Kunststoffe ein guter elektrischer Isolator (insulator), lässt sich schweißen, kleben (glue) und gut einfärben (colour). PVC ist zwar schwer entflammbar, brennt aber unter Freisetzung von giftigen Chlorwasserstoffdämpfen. Ein schwerwiegender Nachteil (disadvantage) ist seine geringe Wärmebeständigkeit (low heat-proofness). Das an sich spröde und harte PVC wird durch Zugabe von Additiven wie z. B. Stabilisatoren (stabilizers) und Weichmachern (softeners) den Anforderungen angepasst. Stabilisatoren verbessern z. B. die Temperatur-, Licht oder Witterungsbeständigkeit. Durch Zusatz von Weichmachern lässt sich die Härte und Zähigkeit variieren. Man unterscheidet grundsätzlich zwischen weichmacherfreiem Polyvinylchlorid (**PVC-U**[1]) und weichmacherhaltigem Polyvinylchlorid (**PVC-P**[2]). PVC-U ist hart, fest (firm) und zäh (tenacious), gut warm formbar sowie gut spanabhebend bearbeitbar. Außerdem zeichnet sich dieser Kunststoff durch eine hohe Witterungsbeständigkeit (weathering resistance) und eine sehr gute Beständigkeit gegen Säuren, Laugen, Alkohol, Benzin und Öle aus. PVC-U wird deshalb vor allem z. B. für Abwasserrohre (Bild 3), Kondensatleitungen, Armaturen, Rohrformteile und Dachrinnen verwendet. PVC-P ist gummielastisch (gummy) und abriebfest (abrasionproof), allerdings gegen Chemikalien nicht so beständig wie PVC-U. Dieser Kunststoff wird z. B. zur Isolierung und Ummantelung von Drähten und Kabeln sowie zur Herstellung von Dichtungen, Schläuchen, Schutzhandschuhen verwendet. Nachchloriertes PVC (**PVC-C**) ist temperaturbeständiger und wird zur Herstellung von Rohren für Trink- und Trinkwarmwasser sowie HT-Abwasserrohren verwendet (vgl. Kap. 1.6.4.7.2, S. 275).

3 PVC-U-Rohr

[1] U = unplasticized,
[2] P = plasticized

Lernfeld übergreifende Inhalte

Bezeichnungsbeispiele:

- Rohre aus weichmacherfreiem Polyvinylchlorid nach DIN EN 1452-2: **Rohr – PVC-U – EN 1452–2 – S10 – 40 x 1,9**
  PVC – U: Weichmacherfreies Polyvinylchlorid
  S10: Rohrserie[1)] (Rohrreihe)
  40: Außendurchmesser d_a in mm
  1,9 : Wandstärke s in mm
- Rohrverschraubung aus PVC nach DIN 8063-3:
  Rohrverschraubung – DIN 8063-3 – V1 – 50 – PVC
  V1: Rohrverschraubung für Klebung mit Flachdichtung
  50: Außendurchmesser d_a in mm
  PVC: Polyvinylchlorid

Polyethylen

Polyethylen (Kurzzeichen **PE**) wurde1898 von dem Chemiker Hans von Pechmann entdeckt und 1933 erstmals in England industriell gefertigt. Heute ist Polyethylen mit einem Marktanteil von ca. 30 % der weltweit am häufigsten hergestellte Kunststoff.

Polyethylen hat eine niedrigere Dichte als Wasser, kann einfach recycelt (recycable) werden, sieht in reinem Zustand milchigweiß aus und fühlt sich wachsartig an. Bei einer Dichte unterhalb 0,9 g/cm³ ist Polyethylen durchsichtig. Es ist sehr gut spanabhebend zu bearbeiten (machinable) und wie alle Thermoplaste im erwärmten Zustand formbar. Außerdem ist es schweißbar sowie gegen Säuren, Laugen, Alkohole, Öle, Benzin und gegen die meisten Lösungsmittel beständig. Polyethylen hat eine geringere Wasserdampfdurchlässigkeit als die meisten Kunststoffe, ist aber nicht sauerstoffdicht (oxygen tight). Die obere Grenze der Temperaturbeständigkeit (temperature stability) beträgt 95 °C, viele PE-Typen erweichen aber bereits deutlich unter diesem Wert. Die UV-Empfindlichkeit kann durch Zugabe von Ruß (Einschwärzung = inking) reduziert werden.
Je nach Herstellungs- bzw. Verarbeitungsverfahren unterscheidet man:

PE-LD (Polyethylen niederer Dichte, LD = low density) und PE-LLD (lineares Polyethylen niederer Dichte, LLD = linear low density) sind weich, elastisch und werden z. B. zur Herstellung von Folien und Kabelisolierungen verwendet.
PE-HD (Polyethylen hoher Dichte, HD = high density) (Bild 1) ist hart, steif und wird z. B. für Haushaltsartikel, Fettabscheider, Behälter (Öltanks, Regenwasserspeicher) und Rohre (Erdverlegte Gasleitungen, Trinkwasser-, Abwasserleitungen) verwendet.
PE-UHMW (ultrahochmolekulares Polyethylen, UHMW = ultra high molecular weight) zeichnet sich durch gutes Gleitverhalten sowie geringem Verschleiß (low wear/attrition) aus und wird deshalb z. B. für Pumpenteile, Zahnräder und Gleitbuchsen eingesetzt.

PE-X ist ein vernetztes Polyethylen. Durch die Vernetzung (cross linkage) werden Querverbindungen zwischen den einzelnen Molekülfäden geschaffen und dadurch zu einem weitmaschigen, dreidimensionalen Netzwerk (tridimensional network) untereinander verbunden. Da durch diese Vernetzung die Molekülfäden quasi miteinander „verknotet" sind, wird ihnen die „Bewegungsfreiheit" genommen und so die Temperaturbeständigkeit, Schlagzähigkeit (impact strenght) und die Spannungsrissbeständigkeit (stress cracking resistance) verbessert.
Je nach Vernetzungsverfahren unterscheidet man PE-Xa (Bild 2), PE-Xb, PE-Xc und PE-Xd.
In der Versorgungstechnik werden PE-X-Rohre z. B. für Trinkwarmwasser- und Fußbodenheizungsrohre eingesetzt.

1 Hausabflussrohr aus PE-HD

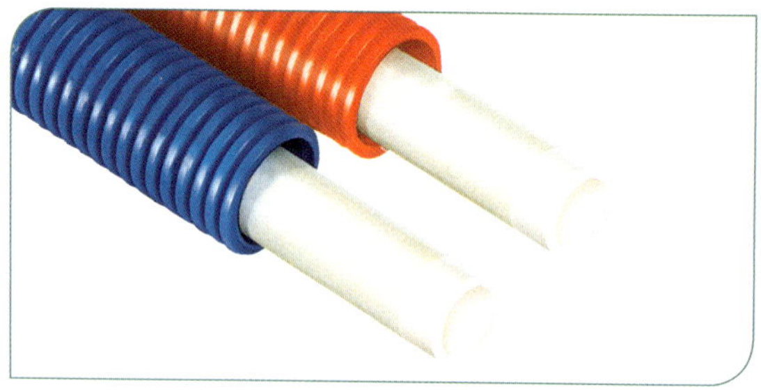

2 PE-Xa-Rohr im Schutzrohr, z. B. für Heizkörperanbindungen

Bezeichnungsbeispiele:

- Rohr aus peroxidvernetztem Polyethylen nach DIN EN ISO 15875:
  Rohr – Pe-Xa – EN ISO 15875 – 16 x 1,5 – S5 (SDR 11)
  Pe-Xa: Peroxidvernetztes Polyethylen
  16: Außendurchmesser d_a in mm
  1,5: Wandstärke s in mm
  S5: Rohrserie (Rohrreihe)
  SDR 11: Außendurchmesser/Wandstärkenverhältnis
- 90° Bogen aus Polyethylen nach DIN 16963-6:
  Bogen – DIN 16963-6 – 90 A – 50 – S5 – PE 80
  90 A: 90° Bogen Typ A
  50: Außendurchmesser d_a in mm
  S5: Bogen für Rohrreihe S5
  PE: Polyethylen
  80: Klassifizierungszahl, gibt das 10-Fache der erforderlichen Mindestfestigkeit MRS in MPa an (MRS=8 MPa = 8 N/mm²).

1) $S = \frac{d_a - s}{2s}$

Polypropylen

Polypropylen (Kurzzeichen **PP**) wurde erstmals 1954 von Giulio Natta in Italien industriell hergestellt. Es hat eine höhere Festigkeit, Härte und Temperaturbeständigkeit (bis 110 °C) als Polyethylen. Polypropylen ist geruchs- und geschmacksfrei (odourless and tasteless) sowie gesundheitlich unbedenklich und damit für den Einsatz im Lebensmittelbereich (foodstuff field) geeignet. Außerdem ist es beständig gegenüber fast allen Lösungsmitteln (solvents) sowie den meisten Säuren und Laugen (acids and alkaline solutions). Teile aus Polypropylen können gut durch Schweißen wie z. B. Heizelementschweißen (heated tool welding) (vgl. S. 144), verbunden werden. Polypropylen wird z. B. für Verpackungsmaterialien, Gehäuse und Bauteile von elektrischen Haushaltgeräten und im SHK-Bereich für Rohre (Bild 1), Rohrformteile und Armaturen verwendet.

1 PP-Abwasserrohr

Bezeichnungsbeispiele:

- Rohr aus Polypropylen nach DIN EN ISO 15874
  Rohr – PP-B 80 – EN ISO 15874 – 32 x 2,9 – S5 (SDR 11)
  PP: Polypropylen
  B: Blockpolymer (für Trinkwasser und Fußbodenheizung)
  80: Klassifizierungszahl siehe PE Mindestfestigkeit
  MSR = 8 MPa = 8 N/mm²
  32: Außendurchmesser d_a in mm
  2,9: Wandstärke s in mm
  S5: Rohrserie (Rohrreihe)
  SDR 11: Außendurchmesser/Wandstärkenverhältnis

- Reduzierstück aus Polypropylen nach DIN 16962
  Reduzierstück – DIN 16962 – 50 x 40 – S5 – PP-H 100
  50: Außendurchmesser d_{a1} in mm
  40: Außendurchmesser d_{a2} in mm
  PP: Polypropylen
  H: Homopolymer (reines Polypropylen)
  100: Klassifizierungszahl siehe PE Mindestfestigkeit
  MSR = 10 MPa = 10 N/mm²

Polybutylen

Polybutylen (Kurzzeichen **PB**) ist gegen UV-Strahlen beständig (radiation resistant), flexibel (flexible), schweißbar, besitzt eine hohe chemische Beständigkeit und weist im Vergleich zu Polyethylen eine höhere Temperaturbeständigkeit und eine geringere Längenänderung (change of length) bei Temperaturwechsel auf. Polybutylen wird deshalb im SHK-Bereich sowohl für Kaltwasser führende Rohre wie z. B. Trink- und Regenwasserrohre als auch für Warmwasser führende Rohre wie z. B. Trinkwarmwasser- und Heizungsrohre (Bild 2), verwendet.

2 PB-Rohr im Schutzrohr, z. B. für Heizkörperanbindungen

Bezeichnungsbeispiel:

- **Rohr – PB 125 –EN ISO 15876 – S4 (SDR9) – 25 x 2,8 – 250408**
  PB: Rohrwerkstoff – Polybutylen
  125: Klassifizierungszahl siehe PE Mindestfestigkeit
  MSR = 12,5 MPa = 12,5 N/mm²
  S4: Rohrserie (Rohrreihe)
  SDR 9: Außendurchmesser/Wandstärkenverhältnis
  12: Außendurchmesser d_a in mm
  2,8: Wandstärke s in mm
  250408: Herstellungsdatum

Acrylnitril-Butadien-Styrol

Acrylnitril-Butadien-Styrol (Kurzzeichen **ABS**) ist hart, bis ca. 100 °C temperaturbeständig und zeichnet sich durch eine hohe Kratzfestigkeit (scratch resistance) und Schlagzähigkeit auch bei tiefen Temperaturen, eine gute Schalldämpfung (sound dissipation) sowie eine hohe Spannungsrissbeständigkeit aus. Allerdings ist dieser Kunststoff nicht UV-Strahlen beständig und vergilbt (turns yellow) bei längerer Lichteinwirkung (light effect). Des weiteren ist er nicht beständig gegen organische Lösungsmittel und Öle (organic solvents and oils). Teile aus ABS können durch Kleben gefügt werden. Im SHK-Bereich wird ABS z. B. für Abwasserrohre und Rohrformstücke (Bild 1), Armaturen, Anschlussschellen, Rückstauverschlüsse verwendet.

1 ABS-Abwasserrohr und Rohrformteile

Bezeichnungsbeispiel:

- **Rohr – ABS – EN 1455-1 – 40 x 2,4 – 250408**

  ABS: Rohrwerkstoff – Acrylnitril-Butadien-Styrol
  40: Außendurchmesser d_a in mm
  2,4: Wandstärke s in mm
  250408: Herstellungsdatum

1.4.1.2 Duroplaste

Die Fadenmoleküle der Duroplaste (thermosetting plastic) bilden ein engmaschiges räumliches Netz (close meshed spatial lattice) und sind an den vielen Vernetzungsstellen (cross linkages) durch chemische Bindung verknüpft (Bild 2).

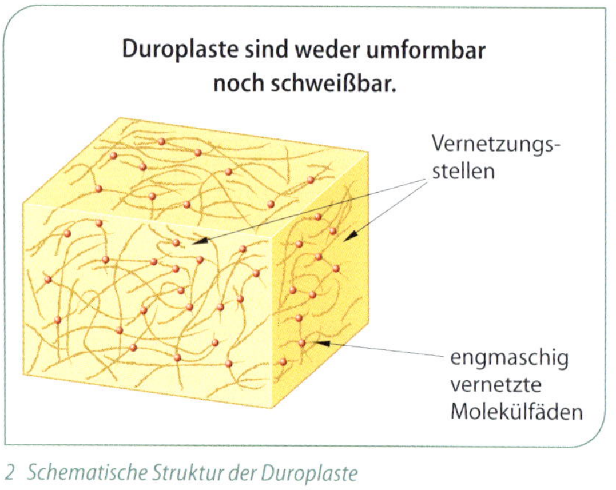

2 Schematische Struktur der Duroplaste

Duroplaste sind deutlich härter und spröder als Thermoplaste und nur mechanisch bearbeitbar (workable). Sie bleiben auch bei Erwärmung fest und formstabil, da die Vernetzungsstellen eine Verschiebung (dislocation) der Molekülfäden verhindern. Eine Erwärmung auf höhere Temperaturen führt nicht zum Schmelzen, sondern zu chemischer Veränderung und Zersetzung des duroplastischen Werkstoffes.

Phenolharz

Der erste duroplastische Kunststoff auf der Basis von Phenolharz wurde 1907 von Leo Hendrik Baekeland hergestellt und unter dem Handelsnamen **Bakelit** bekannt.

Phenolharz (phenolic resin) – die genaue Bezeichnung ist **Phenol-Formaldehydharz (PF)** – ist hart, hitzebeständig, wasserfest (water resistant) und ein guter elektrischer Isolator. Seine gelbbraune Farbe dunkelt unter Lichteinwirkung nach. Verwendung findet der Kunststoff bei der Herstellung von Schichtstoffen (laminated plastics). Diese Schichtstoffe bestehen aus mehreren mit Phenolharz getränkten und miteinander verbundenen Holz-, Papier- oder Gewebelagen (paper, wood or textural layers), die z. B. in der Elektroindustrie als Leiterplatten (printed circuits) (Bild 3) dienen. Mit Füllstoffen (filling materials) wie z. B. Holzmehl, Gesteinsmehl, oder Quarzsand vermischt wird Phenolharz als Pressmasse (moulding compound) für z. B. Gehäuse, Lagerschalen, Zahnräder, Griffe und Elektroteile eingesetzt. Des Weiteren wird Phenolharz zur Herstellung von Hartschaum-Wärmedämmplatten, als Bindemittel (bonding agent) z. B. für Schleifscheiben, Hartfaser- und Spanplatten sowie für wasserfeste Lacke verwendet.

3 Leiterplatte Brennerregelung

Harnstoff- und Melaminharz

Harnstoff- und Melaminharz, die genauen Bezeichnungen sind **Harnstoff-Formaldehydharz** (**UF** = urea formaldehyde resin) und **Melamin-Formaldehydharz** (**MF** = melamine formaldehyde resin) gehören zu den duroplastischen Kunststoffen, da sie chemisch bzw. thermisch ausgehärtet werden. Sie sind farblos, können aber mit geeigneten Farbstoffen in unterschiedlichen, in Gegensatz zu Phenolharzen auch hellen, sonnenlichtbeständigen Farbtönen (sunlight resistant colours) hergestellt werden. Sie besitzen eine glänzende, harte, abriebfeste Oberfläche sowie gute elektrische Isoliereigenschaften, sind geruch- und geschmacklos sowie schwer brennbar (hardly flammable). Des Weiteren sind sie beständig gegen, Öle, Fette, Lösungsmittel, schwache Säuren und Laugen. Melamin-Formaldehydharz ist allerdings feuchte- bzw. wasserfester und hitzebeständiger als Harnstoff-Formaldehydharz. Verwendet werden die beiden Duroplaste u. a. zur Herstellung von Formteilen der Sanitär- und Elektrotechnik wie z. B. Toilettensitze, Schalter, Stecker und Steckdosen (Bild 1, S. 261). Außerdem werden sie zur Herstellung von Lacken, Klebstoffen und Schaumstoffen (lacquers, adhesives and foamed materials) für die Wärme- und Schalldämmung, sowie als Bindemittel für Holzwerkstoffe (Spanplatten, Sperrholz) eingesetzt. Da Melamin-Formaldehydharz als lebensmitteltauglich (suitable for foodstuffs) eingestuft wird, findet es auch für Ess- und Trinkgeschirr vielfach Anwendung.

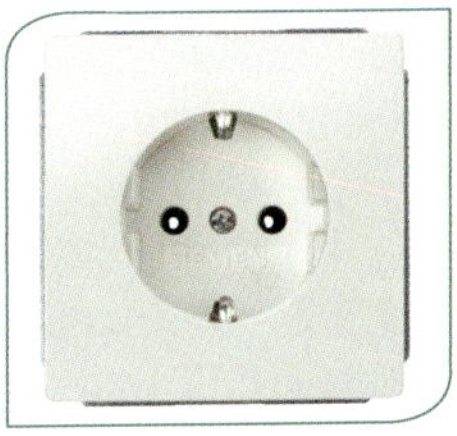
1 Steckdose

Polyurethan

Polyurethan (Kurzzeichen **PUR**, polyurethane) kann je nach Wahl und Mischungsverhältnis der Ausgangsstoffe und Zugabe von Additiven unterschiedliche Eigenschaften aufweisen. Polyurethan kann hart und zäh, aber auch weich und elastisch sein. Wegen der guten Haftfähigkeit (adhesive property) und Witterungsbeständigkeit sowie der hohen Beständigkeit gegen Lösungsmittel und Chemikalien ist Polyurethan vielfach in Lacken und Klebstoffen enthalten. Aufgrund ihrer guten elektrisch isolierenden Eigenschaft findet Polyurethan auch als Ummantelung (cable covering) elektrischer Leitungen Anwendung. PUR-Mischungen mit hoher Abriebs- bzw. Verschleißfestigkeit werden z. B. für Schutzschläuche, Förderschläuche zum Transport abriebverursachender Feststoffe (Pulver, Granulate, Pellets) und als Schutzschicht in Rohren und Rohrformstücken eingesetzt. Durch Zusatz von Treibgasen (propellants) – vorwiegend Pentan, aber auch CO_2 – entstehen Schaumstoffe mit sehr niedriger Wärmeleitfähigkeit, die z. B. als Montageschaum zum Ausschäumen von Hohlräumen, als Hartschaumdämmplatten für Dach-, Wand- und Fußbodendämmungen, sowie zur Wärmedämmung von Rohren (Bild 2), Rohrformteilen und Armaturen verwendet werden. Dämmstoffe aus Polyurethan-Hartschaum zeichnen sich durch Alterungsbeständigkeit (ageing stability), gute Formstabilität (dimensional stability) und thermische Beständigkeit aus. Sie können dauerhaft (permanent) in den Temperaturbereichen zwischen –30 °C bis 90 °C eingesetzt und kurzzeitig Temperaturbelastungen von bis zu 250 °C ausgesetzt werden. Polyurethan-Hartschaum ist wasserfest, verrottet nicht (does not rot), ist resistent gegen Schimmel- und Schädlingsbefall, ist geruchsneutral und physiologisch unbedenklich.

2 PUR-Wärmedämmstoff

1.4.1.3 Elastomere

Elastomere (Elaste) bestehen aus weitmaschig (wide-meshed) vernetzten Molekülfäden, die im unbelasteten Zustand verknäuelt (coiled) sind (Bild 3).

Sie verfügen über eine hohe Elastizität (great elasticity). Elastomere lassen sich durch äußere Kräfte stark verformen und nehmen nach Entlastung (load alleviation) die ursprüngliche Form wieder ein. Dieses gummielastische Verhalten der Elastomere ändert sich bei Erwärmung kaum.

Elastomere sind (gummi)elastisch, aber nicht warm umformbar und nicht schweißbar.

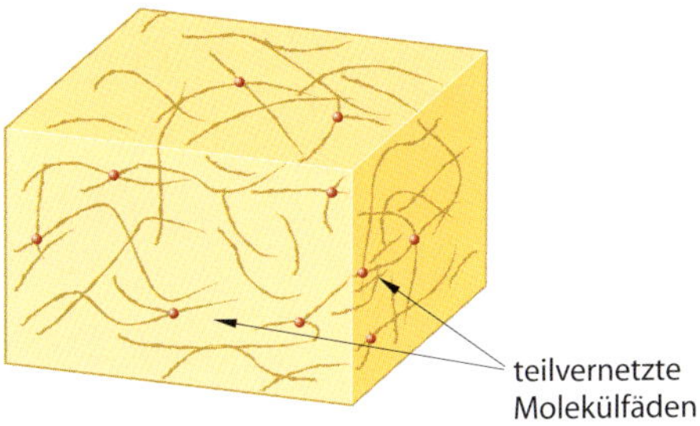

3 Schematische Struktur der Elastomere

Acrylnitril-Butadien-Kautschuk

Acrynitril-Butadien-Kautschuk (Kurzzeichen **NBR** = nitrile butadiene rubber) ist ein abriebfester und alterungsbeständiger (non-ageing) Kunststoff, der bei einem entsprechend hohen Acrylnitrilanteil (maximal 50 %) eine außergewöhnlich hohe Beständigkeit gegen Mineralöle (= aus Erdöl hergestellte Energieträger wie z. B. Heizöl, Dieselkraftstoff, Benzin), Schmierstoffe auf Mineralölbasis, tierische und pflanzliche Öle und Fette sowie eine geringe Gasdurchlässigkeit aufweist. Sein thermischer Einsatzbereich liegt je nach Zusammensetzung zwischen –30 °C und 120 °C. Acrylitril-Butadien-Kautschuk wird z. B. zur Herstellung von Dichtungen (Bild 4), Membranen und Schläuchen (gaskets, washers, membranes and hoses) verwendet. **Hydrierter Acrylnitril-Butadien-Kautschuk** (Kurzzeichen **HNBR**) besitzt eine wesentlich höhere Temperaturbeständigkeit und wird z. B. für die O-Ringdichtungen der Pressfittings bei Gasinstallationen eingesetzt (Bild 5). Diese müssen 30 Minuten lang Temperaturen von 650 °C aushalten können.

4 NBR-Dichtungen

5 HNBR-O-Ringdichtung für Gaspressfitting

Ethylen-Propylen-Dien-Kautschuk

Ethylen-Propylen-Dien-Kautschuk (Kurzzeichen **EPDM**) besitzt eine hohe Elastizität, ist sehr alterungsbeständig, abriebfest, elektrisch isolierend sowie kälte- und hitzebeständig (cold-and heat-resistant). Sein thermischer Einsatzbereich liegt je nach Zusammensetzung zwischen – 30 °C und 120 °C. Spezielle EPDM- Kunststoffe können bei Heißwasser bis ca. 150 °C und bei Heißdampf bis ca. 180 °C eingesetzt werden. Außerdem verfügt Ethylen-Propylen-Dien-Kautschuk über eine hohe Witterungs-, UV-Strahlen- und Ozonbeständigkeit (ozone resistance) sowie eine gute Beständigkeit gegen eine Vielzahl von Chemikalien. Seine Beständigkeit gegen Mineralöle und Schmierstoffe auf Mineralölbasis ist allerdings gering. Aus Ethylen-Propylen-Dien-Kautschuk werden z. B. Kabelisolierungen (cable insulations), Schalldämmeinlagen (sound insulation inserts) von Rohrschellen (Bild 1) und Dichtungsbahnen zur Abdichtung von Flachdächern hergestellt. Darüber hinaus wird dieser Kunststoff z. B. zur Herstellung von heißwasserbeständigen O-Ringdichtungen, Flachdichtungen und Schläuchen verwendet.

1 *Schalldämmeinlage einer Rohrschelle aus EPDM*

1.4.2 Keramische Werkstoffe

Die Bezeichnung Keramik (ceramic) stammt aus dem Altgriechischen. „Keramos" war die Bezeichnung für Ton und die aus ihm durch Brennen (burning) hergestellten formbeständigen Erzeugnisse.

Seit den Anfängen der keramischen Werkstoffe hat sich nur eines nicht geändert: der Hauptbestandteil ist das Naturprodukt Ton (clay).

1.4.2.1 Sanitärkeramik

Sanitärobjekte wie Waschtische, Bidets (Bild 2) und Toilettenspülbecken werden aus Sanitärkeramik (vitroeous china) hergestellt. Hierfür werden neben dem Hauptbestandteil Ton, Zusätze wie Kaolin, Feldspat, Quarz und Zuschlagstoffe verwendet. Diese Bestandteile werden gemahlen und zu „Gießschlicker" vermischt. Der „Gießschlicker" wird in Gipsformen gegossen. Durch Wasserentzug entsteht nun ein Rohling (moulded blank), der entgratet und geglättet und nach einer weiteren Trocknung im Tunnelofen bei etwa 1250°C gebrannt (burned) wird. Statt Gipsformen (plaster moulds) werden auch poröse Kunststoffformen verwendet, wobei dann der „Gießschlicker" in Druckgussmaschinen zu Rohlingen „gedrückt" wird. Solche Maschinen stellen stündlich bis zu 30 Rohlinge her.

2 *Bidet aus Sanitärkeramik*

1.4.2.2 Steinzeug

Steinzeug (**STZ**) wird aus Ton und Schamotte (chamotte) hergestellt. Schamotte ist vorgebrannter (preburned) Ton, der gemahlen und beigemischt wird. Dadurch wird für den Brand die erforderliche Standfestigkeit und Formstabilität erreicht. Die äußere Glasurmasse (glaze) wird vor dem Brand aufgebracht und verschmilzt während des Brennens unlösbar mit dem keramischen Rohkörper (Scherben (body)) und kann deshalb auch nicht durch Wasser oder Dampfdruck „absprengen". Nach einer Brenndauer von 3 Tagen bei einer Temperatur von bis zu 1250 °C entsteht der neue Werkstoff Steinzeug (glazed fireclay), bestehend aus Glas, Quarz und Mullit[1)].

Die Eigenschaften, wie:
- chemische Beständigkeit
- hohe mechanische Festigkeit
- Formstabilität
- Temperaturbeständigkeit
- glatte Oberfläche
- Härte

machen ihn in der Abwassertechnik zu einem unverzichtbaren Werkstoff für Abwasserrohre und Formteile (Bild 3), vor allem zur Ableitung chemisch belasteter Abwässer (chemical contaminated sewage water) (geeignet für pH-Werte 2 – 12). Die Temperaturbeständigkeit reicht von −10 °C bis +70 °C. Steinzeugrohre sind der Baustoffklasse A1 zugeordnet und somit nicht brennbar.

3 *Steinzeugmuffe mit Rohrspitzende (Schnitt)*

1) Mineral aus der Mineralklasse der Silikate. Erstmals gefunden 1924 auf der schottischen Insel Mull. Entsteht bei ca. 1200 °C.

1.4.3 Borosilikatglas

Das heute als Baumaterial verwendete Glas ist ein Kalk-Natron-Glas. Durch den Zusatz von 7–15 % Boroxid verändern sich die Eigenschaften folgendermaßen:
- der Ausdehnungskoeffizient wird kleiner
- die Bruchfestigkeit wird größer
- die Beständigkeit gegenüber Säuren und Laugen sowie plötzlichen großen Temperaturwechseln, z. B. bei chemischen Reaktionen, wird größer.

Anwendung findet Borosilikatglas (borosilicate glass) durch diese verbesserten Eigenschaften (advanced properties) als z. B.:
- Abwasserrohr in chemischen Laboren
- Abgasrohr von Brennwertgeräten
- Glaseinsatz in Kamin- und Backofentüren

Bei Entwässerungsanlagen mit hohem Sicherheitsstandard (z. B. bei Flughäfen) wird Borosilikatglas (Bild 1) aufgrund seiner Transparenz (transparency) eingesetzt, um Störungen (disturbances) schnell und sicher lokalisieren zu können.
Aus optischen Gründen ist gerade diese Durchsichtigkeit auch häufig ein Grund für die Verwendung bei z. B. Abgasanlagen von Feuerstätten.

1 Abwasserformteil und -rohr aus Borosilikatglas

1.5 Verbundwerkstoffe

Verbundwerkstoffe (composite materials) bestehen aus mindestens zwei verschiedenen Werkstoffen, die durch Stoff- oder/und Formschluss (adhesive bond or/and positive locking) fest miteinander verbunden sind. Durch geeignete Auswahl und Kombination von einzelnen Werkstoffen ist es möglich, Werkstoffeigenschaften zu erzielen, welche die vielfältigen technischen Anforderungen erfüllen. Verbundwerkstoffe finden Anwendung, wenn die Eigenschaften eines einzelnen Werkstoffes nicht ausreichen, um die an ein Bauteil gestellten Anforderungen zu erfüllen.

Man unterscheidet dabei grundsätzlich
- Faserverbundwerkstoffe (fibre composites), bei denen Verstärkungsfasern in den Grundwerkstoff, z. B. Kunststoff, eingelagert werden. Ein Beispiel hierfür ist Glasfaser verstärkter Kunststoff **(GFK)**.
- Sinterverbundwerkstoffe (sintered or powdered composites), bei denen Pulverkörner unterschiedlicher Härte miteinander vermischt und zu einem einheitlichen Gefüge verbunden werden.
- Schichtverbundwerkstoffe (stratified composites), die aus aufeinander liegenden Schichten unterschiedlicher Materialien bestehen, z. B. beschichtete Holz- und Spanplatten, Bimetall-Spiralen, Mehrschichtverbundrohre.
- Durchdringungsverbundwerkstoffe (infiltration composites), bei denen der offenporigen Grundwerkstoff mit einem flüssigen Stoff getränkt wird, z. B. selbstschmierende, ölgetränkte Gleitlager aus Sintermetall.

1.5.1 Sinterwerkstoffe

Sinterwerkstoffe (sintered materials) werden aus pulverisierten (powdered) Werkstoffen hergestellt.
Die Pulverteilchen werden unter hohem Druck verdichtet (compressed), und anschließend unterhalb der Schmelztemperaturen der Pulverwerkstoffe geglüht (gesintert). Dabei entsteht an den Berührungsstellen der beim Pressen kaltverfestigten Pulverteilchen ein zusammenhängendes

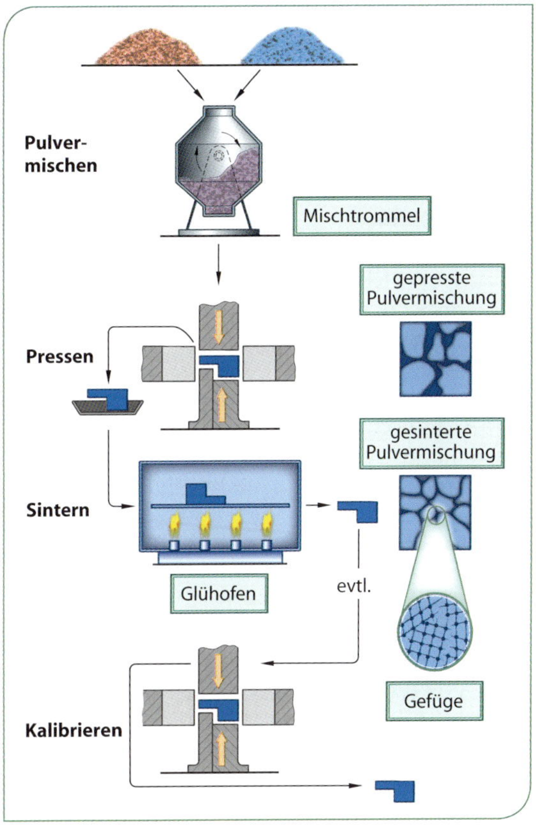

2 Schematische Darstellung der Sinterteilherstellung

Gefüge (Bild 2, S. 263). Die Eigenschaften eines Sinterwerkstoffes werden maßgeblich von der Materialzusammensetzung (Mischungsanteile der einzelnen Pulverwerkstoffe), der Korngröße und der Porengröße bestimmt (determined by material composition, grain and pore size) und können durch den Pressdruck und die Sintertemperatur bei der Herstellung beeinflusst werden. So wird z. B. bei kleiner Korngröße der Pulverwerkstoffe und großem Pressdruck ein feinporiger (fine pored) Sinterwerkstoff entstehen (Bild 1).
Durch Sintern lassen sich auch zähe metallische Werkstoffe mit harten keramischen Werkstoffen (ceramic materials) verbinden und daraus ein Verbundwerkstoff mit besonderen Eigenschaften herstellen. Sinterwerkstoffe eignen sich sowohl für komplizierte Formteile, welche mit spanabhebenden Verfahren nicht oder nur mit großem Aufwand gefertigt werden könnten als auch für einfache Massenteile. Poröse (porous) Sinterwerkstoffe werden z. B. für die Filtereinsätze bei Öldüsen (Bild 2) und selbstschmierende Gleitlager (self-greasing slide bearings) verwendet. Dicht gepresste, harte und temperaturbeständige Sinterwerkstoffe werden z. B. bei Steinbohrerschneiden eingesetzt.

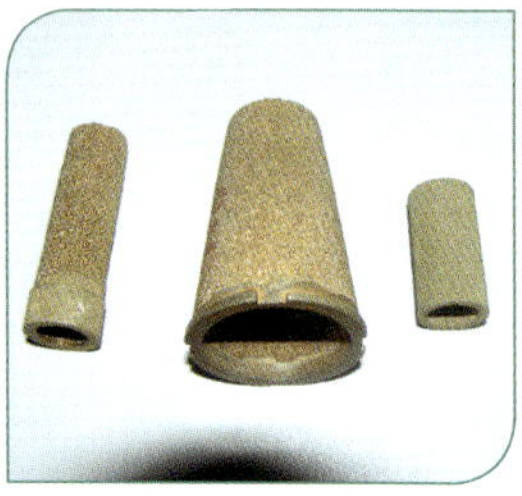

1 Filterformteile mit unterschiedlicher Körnung und Porengröße

2 Filtereinsatz für Öldüsen

Bezeichnungsbeispiel:
Rostfreier Sinterstahl, Cr- und Ni-haltig, Filterfeinheit 10 µm
Sint – AF 40 – 10

Sint: Sinterwerkstoff
AF: Raumerfüllung $< 73\,\%$, Porosität $> 27\,\%$, bevorzugtes Einsatzgebiet Filter
4: Sinterstahl mit oder ohne Kupfer und/oder Kohlenstoff und mit mehr als 6 Masse-% anderen Legierungsmetallen, z. B. 18 % Chrom und 8 % Nickel
0: Fortlaufende Nummerierung
10 µm: Filterfeinheit, Verwendung für gas- und flüssigkeitsdurchlässige Teile

Hartmetalle

Hartmetalle (hard alloys or metals) bestehen zu etwa 90 – 94 % aus Hartstoffen wie z. B. Wolfram-, Titan-, Tantalkarbid, und zu etwa 6–10 % aus einem metallischen Bindemittel (metallic bonding material) meist Kobalt oder Nickel und werden auf pulvermetallurgischem Wege hergestellt. Beim Sintern wird das Bindemittel flüssig, füllt die Zwischenräume der zusammengepressten Hartstoff-Pulverkörner und verbindet sich mit ihnen. Hartmetalle besitzen eine sehr hohe Härte, sind äußerst druck- und verschleißfest aber spröde, d. h., stoß- und schlagempfindlich (impact sensitive). Man verwendet sie meist in Form von Schneidplättchen (cutting bits) für z. B. Stein- und Betonbohrer (Bild 3), oder in Form von Schneidzähnen für z. B. Kreissägeblättern (Bild 4). Da die Hartmetalle sehr spröde sind, lötet man Hartmetallschneiden auf einen elastischen Trägerwerkstoff. Wegen ihrer Härte können Hartmetalle nur mit Diamantwerkzeugen (diamond tools) geschliffen werden. Hartmetallschneiden haben eine wesentlich längere Standzeit (endurance) als solche aus Stahl.

Bezeichnungsbeispiel:
HF-P10

HF: Unbeschichtetes Hartmetall, Hauptbestandteil Wolframkarbid, Korngröße < 1 µm
P10: Zerspanungsanwendungsbereich: Alle Stahlarten und Stahlguss, ausgenommen nichtrostender Stahl.

3 Bohrer Hartmetallschneiden

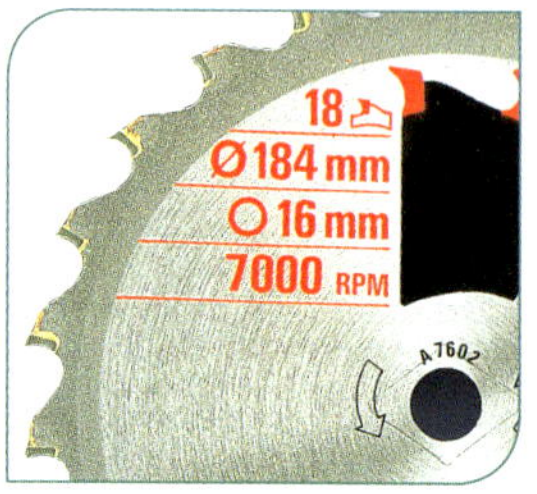

4 Kreissägeblatt mit Hartmetallschneiden

1.5.2 Glasfaserverstärkter Kunststoff

Glasfaserverstärkter Kunststoff (Kurzzeichen **GFK**) (fibreglass reinforced plastic) ist ein Faserverbundwerkstoff, bei dem Glasfasern (glass fibres) in den Kunststoff, (z. B. Polyesterharz oder Epoxidharz) eingelagert sind. GFK ist klebbar und spanend mit Hartmetallwerkzeugen bearbeitbar. Die Eigenschaften werden durch den verwendeten Kunststoff, die Glasfaserart und -menge sowie ihrer Anordnung bestimmt. Je größer der Anteil der Glasfasern am Gesamtvolumen ist und je einheitlicher ihre Ausrichtung ist, desto höher ist seine Festigkeit. Glasfaserverstärkter Kunststoff zeigt eine hohe Bruchdehnung (breaking elongation) sowie ein hervorragendes Korrosionsverhalten auch in aggressiver Umgebung (aggressive environment) und wird deshalb z. B. zur Herstellung von Öllagerbehältern (oil storage tanks) (Bild 5), Rohren und Wellplatten (Bild 6) verwendet. Wegen der guten elektrischen Isolationswirkung wird GFK auch in der Elektrotechnik z. B. für die Fertigung von Isolatoren und Schaltschränken eingesetzt.

5 GFK-Batterie-Tanks

6 Rohr und Wellplatte aus GFK

ÜBUNGEN

1) Geben Sie für drei Eisenmetalle, drei Nichteisenmetalle und drei Kunststoffe je ein Verwendungsbeispiel aus dem SHK-Bereich an

2) Nennen Sie fünf unterschiedliche Hilfsstoffe und geben Sie jeweils an, wofür sie verwendet werden.

3) Nach welchem Kriterium werden Nichteisenmetalle unterteilt?

4) Welche Vorteile haben Verbundwerkstoffe gegenüber Einzelwerkstoffen?

5) Nennen Sie vier nachwachsende natürliche Werkstoffe und geben Sie jeweils ein Verwendungsbeispiel an.

6) Erläutern Sie die Aufgabe von Kühlschmierstoffen.

7) Erläutern Sie die Bedeutung von je zwei physikalischen, chemischen und technologischen Werkstoffeigenschaften für den SHK-Bereich.

8) Für welche Berechnung ist die Dichte eines Werkstoffes erforderlich?

9) Welche Vorgänge werden mit den Begriffen Schmelzpunkt und Erstarrungspunkt gekennzeichnet?

10) Nennen Sie je einen Werkstoff mit guter bzw. schlechter Wärmeleitfähigkeit und geben Sie hierfür jeweils zwei Praxisbeispiele aus dem SHK-Bereich an.

11) Beschreiben Sie das elastisch-plastische Verformungsverhalten am Beispiel eines im Schraubstock eingespannten und durch Handkraft auf Biegung beanspruchten Stahlblechstreifens.

12) Erklären Sie die Werkstoffeigenschaften Festigkeit und Härte.

13) Beschreiben Sie das Verformungsverhalten eines zähen und eines spröden Werkstoffes bei einem Biegevorgang.

14) Welche Werkstoffveränderungen treten bei Zug-, Druck-, Biege-, Torsions- und Scherbeanspruchung auf, wenn jeweils die Streckgrenze des Werkstoffes überschritten wird?

15) Welcher Vorgang wird mit dem Begriff „Verzundern" gekennzeichnet?

16) Erläutern Sie drei gesundheitliche Gefährdungen beim Umgang mit Werkstoffen.

17) Welche technologischen Werkstoffeigenschaften sind für die Herstellung von unlösbaren Rohrverbindungen erforderlich?

18) Worauf beruht die Unterscheidung der Werkstoffe Gusseisen und Stahl?

19) Welchen Vorteil hat Temperguss gegenüber Gusseisen mit Lamellengraphit?

20) Nennen Sie 6 Bauteile aus dem SHK-Bereich, die aus Gusseisenwerkstoffe hergestellt werden.

21) Nennen Sie 6 Beispiele, wie sich durch einen höheren bzw. niedrigeren Kohlenstoffgehalt die Eigenschaften des Stahls verändern.

22) Aus welchem Stahl werden
a) einfache Handwerkzeuge wie Hämmer, Zangen u.s.w.
b) Schnellarbeitsstähle hergestellt?

23) Welche Legierungselemente sind für nichtrostende Stähle wichtig?

24) Nennen Sie vier wichtige Eigenschaften von Kupfer.

25) Erklären Sie die Begriffe Patina und Grünspan.

26) Worauf beruht die Unterscheidung zwischen Gusslegierungen und Knetlegierungen?

27) Welche Werkstofflegierungen werden als a) Messing, b) Rotguss und c)Titanzink bezeichnet?

28) Nennen Sie je zwei Verwendungsbeispiele für Zinn, Zink, Aluminium und Magnesium aus dem SHK-Bereich.

29) Kunststoffe finden im SHK-Bereich wegen ihrer besonderen Eigenschaften vielfach Verwendung. Nennen Sie sechs für den SHK-Bereich wichtige Kunststoffeigenschaften und geben Sie jeweils ein Anwendungsbeispiel dazu an.

30) Beschreiben Sie die unterschiedliche Struktur der Molekülfäden bei den Thermoplasten, Duroplasten und Elastomeren.

31) Beschreiben Sie das Verhalten der Thermoplaste, Duroplaste und Elaste bei Erwärmung.

32) Welchen schwerwiegenden Nachteil hat PVC?

33) Erklären Sie folgende Rohrbezeichnung:
Rohr – PVC-C –EN 1452–2 – S 6,3 – 50 x 4,7

34) Erklären Sie die Abkürzungen PE-LD und PE-HD.

35) Geben Sie jeweils zwei Anwendungsbeispiele im SHK-Bereich für folgende Werkstoffe: PE-HD, PE-UHMW, PE-X

36) Erklären Sie folgende Formstück-Bezeichnung:
Winkel – DIN 16963-6 – 45 – 40 – S5 – PE 80

37) a) Nennen Sie mindestens fünf Eigenschaften von PP.
b) Geben Sie für diesen Kunststoff drei Verwendungsbeispiele im SHK-Bereich an.

38) Erklären Sie folgende Rohrbezeichnung:
Rohr – PP-R 80 – EN ISO 15874 – 20 x 3,4 – S2,5 (SDR 6)

39) Nennen Sie zwei Vorteile des Kunststoffs PB gegenüber PE.

→ *weitere Übungen auf der nächsten Seite*

Lernfeld übergreifende Inhalte

ÜBUNGEN

40) Nennen Sie drei Vor- und zwei Nachteile von ABS.
41) Nennen Sie mindestens drei Anwendungsbeispiele von ABS im SHK-Bereich.
42) Geben Sie vier vorteilhafte Eigenschaften von Phenolharz an.
43) Erläutern Sie drei Beispiele für die Verwendung von Phenolharz.
44) Erläutern Sie drei Beispiele für die Verwendung von PUR.
45) Erläutern Sie drei Beispiele für die Verwendung von NBR.
46) Zählen Sie mindestens fünf Vorteile von EPDM auf.
47) Nennen Sie vier Anwendungsbeispiele von EPDM.
48) Nennen Sie den Hauptbestandteil keramischer Werkstoffe.
49) Nennen Sie drei Beispiele für Sanitärkeramiken.
50) Nennen Sie vier positive Eigenschaften von Steinzeug (STZ).
51) Durch den Zusatz von 7 % – 15 % Boroxid verbessern sich bestimmte Eigenschaften des normalen Bauglases (Kalk-Natron-Glas). Nennen Sie drei dieser verbesserten Eigenschaften.
52) Nennen Sie drei Beispiele für den Einsatz von Borosilikatglas.
53) Was versteht man unter einem Verbundwerkstoff?
54) Beschreiben Sie vier verschiedene Arten von Verbundwerkstoffen.
55) Erläutern Sie kurz die Herstellung eines Sinterwerkstoffes.
56) Wovon werden die Eigenschaften eines Sinterwerkstoffes hauptsächlich bestimmt?
57) Wofür eignen sich Sinterwerkstoffe besonders?
58) Nennen Sie Anwendungsbeispiele von Sinterwerkstoffen.
59) Nennen Sie Vor- und Nachteile der Hartmetalle und geben Sie zwei Anwendungsbeispiele an.
60) Was versteht man unter einem glasfaserverstärkten Kunststoff?
61) Wovon werden die Eigenschaften von glasfaserverstärktem Kunststoff (GFK) bestimmt?
62) Nennen Sie zwei Anwendungsbeispiele von glasfaserverstärktem Kunststoff.

1.6 Halbzeuge

1.6.1 Allgemein

Halbzeug (semi-finished product) ist der Oberbegriff für vorgefertigte Ausgangsmaterialformen (meist Walzerzeugnisse) wie beispielsweise Bleche (metal sheets), Flachstähle (flat steel), Rohre (tubes), Winkel (angles) und Drähte (wires) (Bilder 1 bis 3).

1 Werkstofflager mit Feinblechen

2 und 3 Werkstofflager mit Profilen und Rohren

In der Metallverarbeitung stellen Halbzeuge die mit Abstand verbreitetste Lieferform für Ausgangsmaterialien aus Metall und Kunststoff dar. Man unterscheidet über 1000 Halbzeugarten, die jeweils in Werkstoff- und Oberflächenqualität, Form und Abmessungen genormt sind.
Sie stellen als „halb fertig gestelltes Produkt" ein wichtiges Element für eine rationelle und kostengünstige Fertigung dar. Halbzeuge werden in der Regel so ausgewählt, dass sie in Art und Abmessung dem herzustellenden Produkt bestmöglich entsprechen. Oftmals werden sie nur abgelängt und zusammen gefügt.

Die Beschaffenheit (condition) von Halbzeugen (insbesondere deren Material- und Oberflächenqualität) ist für bestimmte Fertigungsverfahren (production process) und Einsatzzwecke optimiert. Stahlhalbzeuge beispielsweise eignen sich besonders für die Herstellung von Vorwandelementen, die allerdings meist von Herstellern sanitärer Montageteile verarbeitet werden (Bild 1).

1 Vorwandinstallation aus verarbeiteten Stahlhalbzeugen

Die Arbeit des Anlagenmechanikers SHK beschränkt sich hierbei auf das Zusammenfügen der einzelnen Bauteile mit oftmals vom Hersteller speziell für diesen Vorwandtyp entwickelten Verbindungselementen. Auch die Befestigung am Baukörper erfolgt in der Regel mit vom Hersteller vorgefertigten Laschen oder Winkeln (Bild 2).

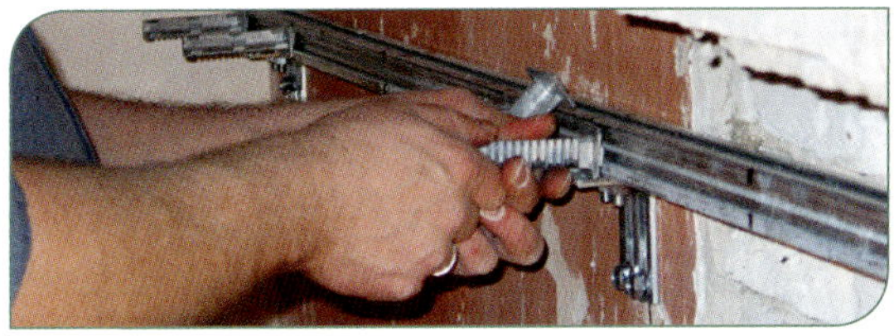

2 Montage der Vorwandbauteile

Die notwendigen Rohrformstücke wie Abzweige (branches) oder Bögen (bends) werden positioniert und mittels entsprechender Verbindungselemente wie z. B. Steckmuffe, Spannverbinder oder Pressfittings mit den abgelängten Rohrstücken verbunden und an der Wand befestigt (Bild 3). Die nötigen Angaben für diese Bauteile oder ein bestimmtes Halbzeug lassen sich aus Normblättern (standard sheets), Tabellenbüchern oder Herstellerkatalogen entnehmen.

3 Vorwandrahmen mit Leitungsinstallation

1.6.2 Bleche

Bleche bis 3 mm Dicke sind **Feinbleche** (thin sheets), darüber werden sie als **Grobbleche** (thick sheets/plates) bezeichnet.

Angabe in der Stückliste	Erläuterung	Beispiel	Verwendung
Stahlblech (verzinkt) EN 10142 1 x 1000 x 2000	Feuerverzinkter Stahl zum Kaltumformen. Tafeln in der Liefergröße 1000 mm x 2000 mm; 1 mm dick. Korrosionsbeständig durch Bildung einer nicht sichtbaren Oxidschicht (Oberfläche wird matt).		Behälter (case/box) Abdeckung (cover sheet) Lüftungskanal (air duct)
Titanzinkblech EN 988 EN 501 0,7 x 1000 x 2000	Der geringe Legierungsbestandteil von 0,2 % Titan bewirkt eine bessere Umformbarkeit, vor allem bei niedrigen Temperaturen. Korrosionsbeständig durch Bildung einer nicht sichtbaren Oxidschicht (Oberfläche wird matt).		Dachrinne (gutter) Regenfallrohr (rain water pipe) Metalldach (roof covering) Fassadenverkleidung (wall cladding) Einfassung (abutment flashing)
Kupferblech EN 1172 (allgemein) EN 504 (Bauklempner) 1,0 x 1000 x 2000	Kupferbleche kalt gewalzt, z. B. 1000 mm x 2000 mm; 1 mm dick, gut formbar, korrosionsbeständig. Die Oxidationsschutzschicht (Patina) verändert im Laufe der Jahre ihr Aussehen (erst mattbraun, dann grün).		
Aluminiumblech EN 485-1 1,0 x 1000 x 2000	Bleche aus Aluminium oder Aluminiumlegierungen, gut formbar. Korrosionsbeständig durch Bildung einer nicht sichtbaren Oxidschicht (Oberfläche wird matt)		Behälter (tank) Fassade; Verkleidung (casing); Abdeckung Lüftungsgitter (ventilation grid)/-kanal

1.6.3 Profile

Angabe in der Stückliste	Erläuterung	Beispiel	Verwendung
Winkel EN 10056-1 100 x 50 x 8-3400	Winkelstahl rundkantig, ungleichschenklig, z. B. mit Schenkelbreiten von 100 mm und 50 mm, 8 mm dick, 3400 mm lang		Rahmen (frame) Gestell (rack) Halterung (holder) Konsole (console)
Flach EN 10058 40 x 10-1000	Flachstahl, z. B. mit 40 mm Breite, 10 mm dick, 1000 mm lang		Lasche (butt strap) Halterung Konsole

1.6.4 Rohre

1.6.4.1. Allgemeine Kenngrößen

In Rohren werden sowohl gasförmige als auch flüssige Medien weitergeleitet. Hierbei kann es sich z. B. um

- Wärmeträger (heat transfer medium) (Wasser oder Dampf)
- Energieträger (energy transfer medium) (Erdgas oder Heizöl)
- Trinkwasser kalt (PWC[1)]) und warm (PWH[1)])
- Nichttrinkwasser (Brauchwasser)
- Abwasser
- Luft handeln.

Rohre werden nach **Herstellungsverfahren** (manufacturing method) und **Werkstoff** unterschieden.
Als Werkstoffe verwendet man im SHK-Bereich hauptsächlich:

- Eisenwerkstoffe
- Kupfer
- Kunststoffe
- Verbundwerkstoffe
- mineralische Werkstoffe, wie z. B. Steinzeug

Rohrleitungen und Rohrleitungsteile werden nach Ausführung und Anschlussgröße durch die Kenngrößen (parameter) DN[2)] und PN[3)] geordnet.
Die Kenngröße DN (Nennweite) gibt an, welche Rohre, Fittings und Armaturen innerhalb eines Rohrleitungssystems zueinander passen (Bild 1).
Als Kenngröße hat **DN** keine Einheit. Sie ist ein nicht messbarer Zahlenwert und darf in Berechnungen nicht verwendet werden. Die bevorzugten DN-Stufen sind in DIN EN ISO 6708 festgelegt (Bild 2).
Mit Hilfe der genormten **Außendurchmesser** (external diameter) und der unterschiedlichen **Wanddicken** lassen sich die genauen Innendurchmesser (inner diameter) der meisten Rohre bestimmen (siehe S. 281).

1 Beispiel für die gemeinsame Kenngröße DN

DN	DN	DN	DN	DN	DN	DN	DN
10	18	20	25	32	40	50	60
65	80	90	100	125	150	200	250

2 DN-Stufen nach DIN EN ISO 6708 (Auswahl)

PN	PN	PN	PN	PN	PN	PN	PN
2,5	6	10	16	25	40	63	100

3 PN-Stufen nach DIN EN 1333

Die Kenngröße **PN** wird ebenfalls mit einer dimensionslosen Zahl angegeben, die in Berechnungen nicht verwendet werden sollte.
Nach DIN EN 1333 besteht kein Bezug zu einem bestimmten Druck[4)]. Die PN-Stufen müssen nach den in Bild 3 angegebenen Größen ausgewählt werden.
Der zulässige Druck von Rohrleitungen bzw. Rohrleitungsteilen hängt neben der PN-Stufe vom Werkstoff, von der Bauteilauslegung und vor allem von der zulässigen Temperatur ab. Bei steigender Betriebstemperatur (operating temperatur) darf der Rohrwerkstoff nicht mehr so stark belastet werden und der zulässige Betriebsdruck (operating pressure) nimmt ab. Es müssen dann z. B. Teile aus der nächst höheren PN-Stufe ausgewählt werden.
Näheres zu der Druck-Temperatur-Abhängigkeit von Rohrleitungen ist sowohl aus den jeweiligen Rohrnormen und/oder aus den Herstellerangaben zu entnehmen.

[1)] PWC = potable water cold (früher TW)
PWH = potable water hot (früher TWW)
[2)] DN – franz.: Diamètres nominaux (Nenn-Durchmesser/nominal diameter)
[3)] PN – franz.: Pressions nominales (Nenndruck/nominal pressure)
[4)] Auch die Bezeichnung „Nenndruck" wurde aus der Definition entfernt, da sie nur ungefähr mit den zulässigen Drücken in Verbindung steht.

1.6.4.2 Rohrarten

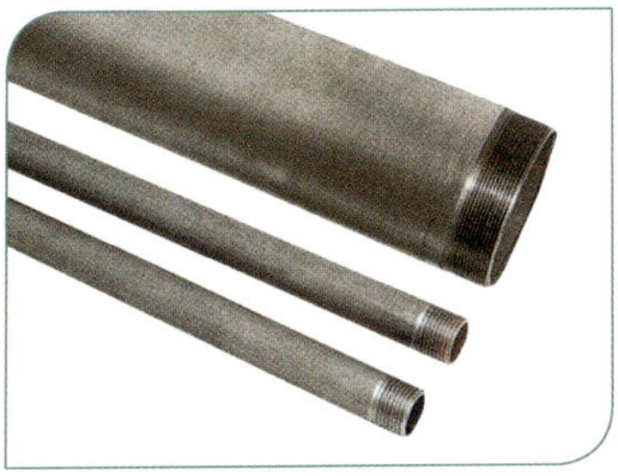

Gewinderohre *siehe Kap. 1.6.4.3.1*

Stahlrohre *siehe Kap. 1.6.4.3.2*

Präzisionsstahlrohre *siehe Kap. 1.6.4.3.3*

Nichtrostende Stahlrohre *siehe Kap. 1.6.4.3.4*

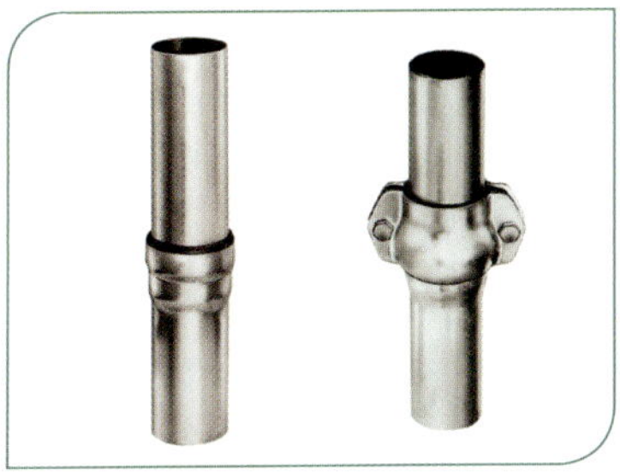

LORO-X-Rohre *siehe Kap. 1.6.4.3.5*

Gussrohre *siehe Kap. 1.6.4.4*

Blechrohre *siehe Kap. 1.6.4.5*

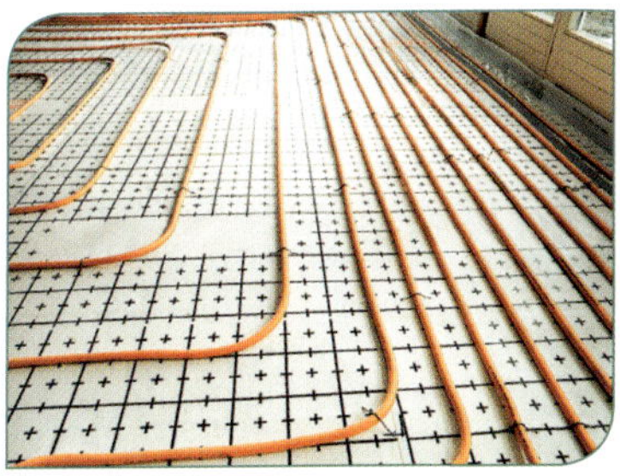

Kupferrohre *siehe Kap. 1.6.4.6*

PVC-Rohre *siehe Kap. 1.6.4.7.2*

PE-Rohre *siehe Kap. 1.6.4.7.3*

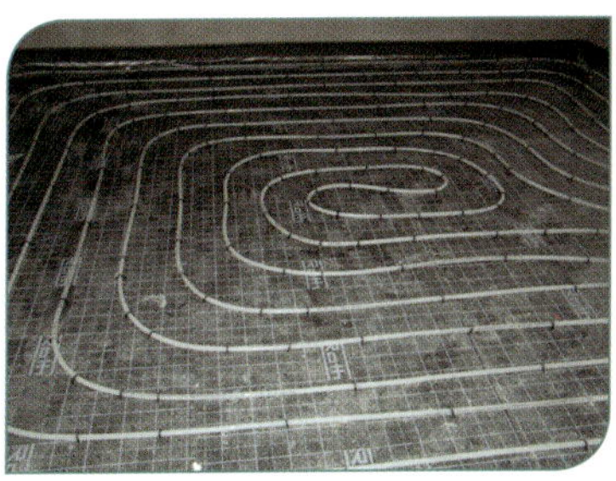

PE-X-Rohre *siehe Kap. 1.6.4.7.3*

PB-Rohre *siehe Kap. 1.6.4.7.4*

PP-Rohre *siehe Kap. 1.6.4.7.5*

Verbundrohre *siehe Kap. 1.6.4.8*

Steinzeugrohre *siehe Kap. 1.6.4.9*

1.6.4.3 Stahlrohre

1.6.4.3.1 Rohre aus unlegiertem Stahl mit Eignung zum Schweißen und Gewindeschneiden

Die nahtlosen (seamless) **S-Rohre** und geschweißten (welded) **W-Rohre** werden nach DIN EN 10255[1] mit einem Nennaußendurchmesser von 10,2 mm ... 165,1 mm hergestellt. Ihr Außendurchmesser ist festgelegt, sodass ein Whitworth-Rohrgewinde nach DIN EN 10226-1 von R¹/₈...R6 aufgeschnitten werden kann. Diese Rohre werden in der Praxis weiterhin als **„Gewinderohr"** (threaded pipe) bezeichnet (Bild 1).

Nennweite DN	Außen-durch messer *d* in mm	Anschluss-größe der Fittings	Wand-dicke mittlere (M) Reihe s in mm	Wand-dicke schwere (H) Reihe s in mm
6	10,2	1/8	2,0	2,6
8	13,5	1/4	2,3	2,9
10	17,2	3/8	2,3	2,9
15	21,3	1/2	2,6	3,2
20	26,9	3/4	2,6	3,2
25	33,7	1	3,2	4,0
32	42,4	1 1/4	3,2	4,0
40	48,3	1 1/2	3,2	4,0
50	60,3	2	3,6	4,5
65	76,1	2 1/2	3,6	4,5
80	88,9	3	4,0	5,0
100	114,3	4	4,5	5,4
125	139	5	5,0	5,4
150	165,1	6	5,0	5,4

1 Normung von Gewinderohren

Nach den unterschiedlichen Wanddicken (wall thickness) unterscheidet man eine **mittlere (M)** und eine **schwere (H)** Reihe (Bild 2). Die Rohre sind aus dem Werkstoff **S195T** (ein unlegierter Qualitätsstahl) hergestellt, der auch zum Gasschmelzschweißen gut geeignet ist. Die Oberfläche dieser Rohre kann z. B. **rohschwarz** oder **verzinkt** sein.

Darüber hinaus können diese Rohre mit einem Außengewinde an beiden Enden oder mit einer aufgeschraubten Gewindemuffe (threaded socket) bestellt werden. Die übliche Herstellungslänge beträgt 6 m oder 6,4 m. Bezeichnet werden diese Rohre mit Außendurchmesser und Wanddicke oder mit Gewindegröße (thread size) und Reihe.

Beispiele:
S-Rohr – 33,7 × 3,2 – EN 10255
W-Rohr – 1 – M – EN 10255

[1] Früher DIN 2440 und DIN 2441 (Mittelschwere und schwere Gewinderohre)

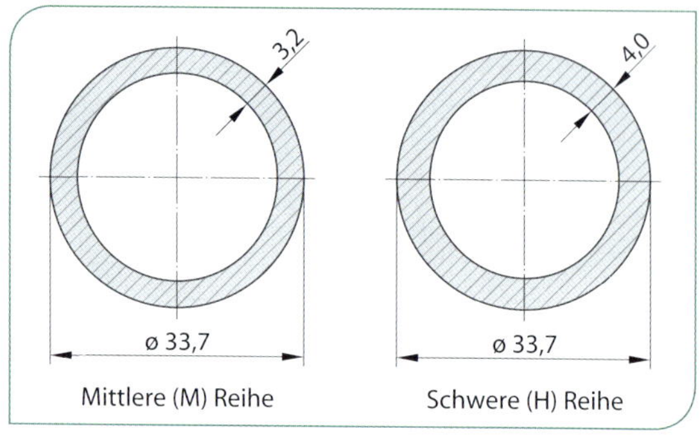

2 Gewinderohre mit gleicher Nennweite und unterschiedlicher Wanddicke

1.6.4.3.2 Nahtlose und geschweißte Stahlrohre

Nach DIN EN 10220 werden die Außendurchmesser dieser Rohre in drei Reihen eingeteilt und die verschiedenen Vorzugswanddicken angegeben.

Nur für die Rohre der Reihe 1 ist das gesamte Zubehör genormt. Die Norm empfiehlt deshalb, diese Reihe zu verwenden.

MERKE

Wegen der geringen Wanddicken darf auf diesen nahtlosen und geschweißten Stahlrohren kein Gewinde aufgeschnitten werden.

Verbunden werden diese Rohre vor allem durch Schweißen oder durch geeignete Verschraubungen oder Kupplungen. Richtungsänderungen werden entweder durch Umformen (forming) oder ab DN 32 aufwärts mit Hilfe von Schweißbögen nach DIN EN 10253 bzw. anderen Stahlfittings zum Einschweißen hergestellt.

Nahtlose Stahlrohre werden in Heizungs- und Lüftungsanlagen vor allem ab DN 32 sowohl für Steig- und Verteilleitungen als auch mit kleineren Nennweiten zum Heizkörperanschluss verwendet.

1.6.4.3.3 Präzisionsstahlrohre

Alle Präzisionsstahlrohre (precision steel pipes) nach DIN EN 10305-1 bis 6 (Tabelle Bild 3) zeichnen sich durch eine besondere Form- und Maßgenauigkeit sowie gute Oberflächenbeschaffenheit aus.

Die Rohre müssen eine glatte äußere und innere Oberfläche mit einer geringen Rauheit aufweisen. Die glatte Oberfläche (smooth surface) im Inneren des Rohres sorgt für eine geringe Reibung (friction) des durchströmenden Mediums und somit für niedrige Druckverluste.

Norm	Außen-Ø d in mm	Wanddicke s in mm
DIN EN 10305-1	4...260	0,5...25
DIN EN 10305-2	4...150	0,5...10
DIN EN 10305-3	6...193,7	0,6...6

3 Normung von Präzisionsstahlrohren

Lernfeld übergreifende Inhalte

Die maßgewalzten Rohre können in vier unterschiedlichen Güten der Oberflächenbeschaffenheit (surface finish/quality) geliefert werden, z. B. rohschwarz oder mit PVC-Mantel (Bild 1).

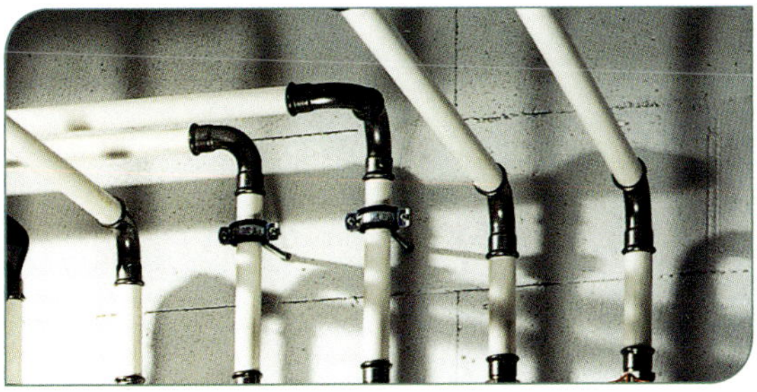
1 Kunststoffummanteltes Präzisionsstahlrohr

2 Nichtrostende Stahlrohre

Für die Gas-, Heizöl-, Flüssiggas- und Heizungsinstallation dürfen nur Präzisionsstahlrohre in den Lieferzuständen geglüht (+A) oder normalgeglüht (+N) verwendet werden (siehe S. 62).
Wegen ihrer leichten Handhabung werden sie häufig bei Heizungsanlagen-Sanierungen oder zur Schnellmontage (fast assemblage) in Neubauten eingesetzt.
Präzisionsstahlrohre können durch Schweißen (vornehmlich bei größeren Wanddicken), Hartlöten, Pressfittings, Schneidringverschraubungen und Klemmringverschraubungen verbunden werden.

1.6.4.3.4 Nichtrostende Stahlrohre

Nichtrostende Stahlrohre (stainless steel pipes) nach DIN EN ISO 1127 werden aus legierten Stählen sowohl nahtlos als auch geschweißt hergestellt. Diese Rohre sind für sehr unterschiedliche Bereiche (different fields) einsetzbar, so z. B. für Leitungen mit Trinkwasser kalt – TW (PWC[1]) – und Trinkwasser warm – TWW (PWH[1]), Zirkulationsleitungen (PWH-C[1]) und für Nichttrinkwasser (NPW[1]) zugelassen. Weiterhin werden sie für Leitungen verwendet, in denen korrodierende Medien transportiert werden, z. B. zur Kondensatableitung (condensate drainage). Da diese Rohre keinerlei Nachbehandlung benötigen und trotzdem ein gefälliges Aussehen (pleasant look) besitzen, werden sie manchmal auch als Heizkörperanschlussleitung eingesetzt. Nichtrostende Stahlrohre werden in Herstellungslängen von 2...7 m geliefert und hauptsächlich mit Hilfe von Pressfittings verbunden (Bild 2).

PRAXISHINWEIS

Zur Vermeidung von Kontaktkorrosion sollten Edelstahlrohre so verlegt werden, dass sie nicht unmittelbar mit anderen metallischen Werkstoffen in Kontakt kommen.

1.6.4.3.5 LORO-X-Rohre

LORO-X-Rohre sind Stahlrohre mit einer geringen Wandstärke. Sie sind entweder aus nichtrostendem Stahl (Bild 3) oder aus unlegiertem Stahl, innen und außen feuerverzinkt, sowie mit einer zusätzlichen Innenbeschichtung (inside coating) versehen.

3 Nichtrostendes LORO-X-Rohr

4 Verzinktes LORO-X-Rohr

Im Sanitärbereich dienen sie als Stahlabflussrohre, insbesondere zur Ableitung von Regenwasser (rainwater), in den Nennweiten DN 40...DN 300 und Lieferlängen von 250 mm bis 6000 mm (Bild 4).
Bekannt sind sie aber vor allem als Standrohre (standpipe) bei der Dachentwässerung am Ende einer Regenfallleitung, da sie stoßfest (shock-proof) und formstabil (dimensionally stable) sind und somit anstelle von Blechrohren besser vor äußerer Beschädigung (damage) schützen (Bild 1, S. 272). Hier kommen sie auch in Kupferausführung zum Einsatz (Bild 2, S. 272).

[1] Bezeichnung nach DIN EN 806-1

1 Standrohr – verzinkt

2 Standrohr – Kupfer

1.6.4.4 Gussrohre

Muffenlose Abwasserrohre (sewage pipes) aus Gusseisen sind unter der Kurzbezeichnung SML (Super Metallit Lieferprogramm) zum Klassiker in der deutschen Sanitärbranche geworden (Bild 3).

Da die Gusseisenrohre zu 95 % aus Alteisen (Schrott) hergestellt sind und Restabschnitte weiter verwendet werden können, sind sie sehr ressourcenschonend.

Äußerlich sind sie durch ihre typische rote Beschichtung erkennbar und werden hauptsächlich für die Ableitung von Schmutzwasser (foul and waste water) aus Wohngebäuden und Regenwasser verwendet.

3 Muffenloses Gusseisenrohr mit Beschichtung

In der Haustechnik (building service) werden üblicherweise Nennweiten von DN 50 ... DN 150 verwendet. Die Lieferlängen betragen wegen der großen Masse maximal 3 m.

Aufgrund ihrer großen längenbezogenen Masse und der dämpfenden Materialeigenschaften absorbieren diese Gussrohre Luftschallwellen (airborne sound waves) weitgehend. Verbunden werden solche Rohre mit Spannverbindern, deren Dichtungseinlage die Ausbreitung von Körperschallwellen vermindern (siehe S. 157).

1.6.4.5 Blechrohre

Für die außen liegende Dachentwässerung (Bild 4) werden in der Praxis hauptsächlich Blechrohre (sheet metal pipes) verwendet.

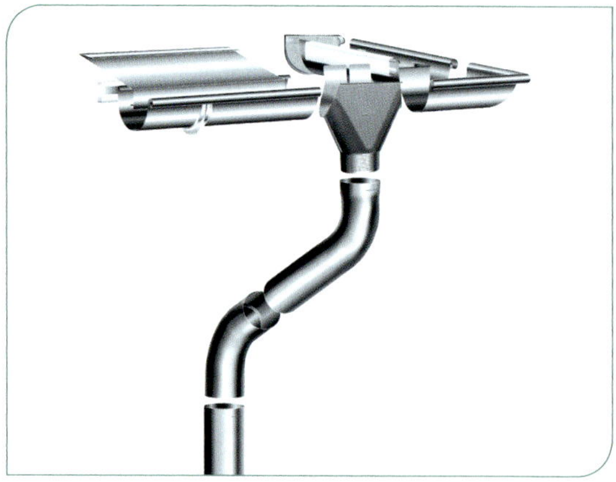

4 Regenfallleitung (Titanzink, Kupfer) DIN EN 612

Regenfallrohre werden meist aus Titanzink oder Kupfer gefertigt. Durch die Zugabe des Legierungsbestandteils Titan werden die Werkstoffeigenschaften verbessert (siehe Bleche, S. 267). Weniger verwendet werden Blechrohre aus nichtrostendem Stahl.

Die Rohre werden durch Steckmuffen (plug-in sockets) verbunden (Bild 5), die Blechdicke beträgt 0,7 mm oder 0,8 mm. Geliefert werden sie in Längen von 3 m mit Nennweiten von DN 40 ... DN 150.

Neben der runden Form kann aus optischen Gründen auch eine kastenförmige Fallleitung verwendet werden (Bild 6), wenn z. B. in der Gebäudefassade eine entsprechende Nische (niche) vorgesehen ist.

5 Rundes Regenfallrohr aus Titanzink mit Muffe

6 Regenfallrohre – runde und kastenförmige Form

1.6.4.6 Kupferrohre

1.6.4.6.1 Verwendung von Kupferrohren

Im Verlauf der letzten 50 Jahre haben Kupferrohre (copper pipes) einen bedeutenden Anteil an den Rohrinstallationen in der Haustechnik errungen.

So werden Kupferrohrleitungen z. B. für die Trinkwasserinstallation, für Trinkwassererwärmungs- und Heizungsanlagen, für Solaranlagen, in der Heizöl-, Gas- und Flüssiggasinstallation, in Kühlsystemen und dergleichen mehr verwendet.

1.6.4.6.2 Eigenschaften der Kupferrohre

- Kupferrohre haben eine gute Kalt- und Warmverformbarkeit
- Kupferrohre lassen sich gut weich- und hartlöten oder schweißen
- Kupferrohre haben eine hohe Korrosionsbeständigkeit gegenüber Öl, Wasser, schwachen Säuren, Flüssiggas, Erdgas und Luft
- Kupferrohre haben eine gute Wärmeleitfähigkeit
- Kupferrohre haben eine geringe Rohrrauigkeit und Inkrustationsneigung, sind daher strömungsgünstig
- Kupferrohre haben ein gefälliges, dekoratives Aussehen
- Kupferrohre sind hygienisch unbedenklich und besitzen antibakterielle Eigenschaften

1.6.4.6.3 Lieferformen von Kupferrohren

Herstellungsformen sind:

- Rohre in gestreckten Festlängen (Stangenrohr) von 3 m oder 5 m Länge und
- Rohre in Ringen (coils) von 25 m oder 50 m Länge (Bild 1)

In den verschiedensten Anwendungen der Hausinstallation wird als Rohrwerkstoff sauerstofffreies (oxygen-free) Kupfer mit einem Kupfergehalt von mindestens 99,9 % vorgeschrieben (CU-DHP, siehe S. 252).

1 Kupferrohre im Ring und in gestreckter Länge

1.6.4.6.4 Kupferrohre nach DIN EN 1057

Die weitaus meisten Kupferrohre werden nach der Produktnorm DIN EN 1057 „Nahtlose Rundrohre aus Kupfer für Wasser- und Gasleitungen für Sanitärinstallationen und Heizungsanlagen" hergestellt. Dort sind u. a. Außendurchmesser, Wanddicken, empfohlene Lieferlängen, der Werkstoff, die Festigkeitszustände und die Kennzeichnungspflicht festgelegt (Bild 2).

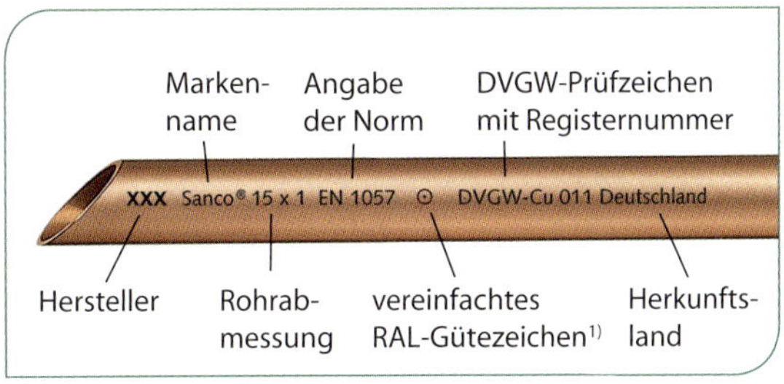

2 Beispiel zur Bezeichnung eines blanken Kupferrohres

Diese Rohre werden in den Zuständen **weich, halbhart** und **hart** geliefert (Bild 3). Als Anwendungsbereich werden ausdrücklich

- Kalt- und Warmwasserinstallation
- Warmwasser-Heizungssysteme (einschließlich Fußbodenheizungen)
- Rohrsysteme für gasförmige und flüssige Hausbrennstoffe

angegeben.

Seit dem 1. April 2000 werden in Deutschland allerdings im Abmessungsbereich 12×1 bis 28×1,5 keine Kupferrohre „hart" mehr produziert. Grund ist das seit 1996 geltende Hartlöt- und Warmbiegeverbot für diese Rohre in der Trinkwasserinstallation.

Auch aus diesem Grund hat sich als Verbindungstechnik das „Pressen" durchgesetzt. Die „halbharten" Kupferrohre weisen außerdem Verarbeitungsvorteile (machining advantages) wie das Kaltbiegen mit geringerem Kraftaufwand oder das Aufmuffen und Aushalsen ohne Wärmebehandlung auf und sind wegen der geringeren Starrheit (rigidness) problemloser auszurichten. Sie müssen jedoch beim Transport und auf der Baustelle wegen möglicher Oberflächen- oder Verformungsschäden mit mehr Vorsicht (carefulness) behandelt werden.

Zustandsbezeichnung	Übliche Benennung	Nennaußendurchmesser d in mm		Zugfestigkeit Rm in N/mm² min.
		von	bis	
R220	weich	6	54	220
R250	halbhart	6	159	250
R290	hart	6	267	290

3 Mechanische Eigenschaften von Kupferrohren nach DIN EN 1057

[1] RAL- Gütezeichen, vergeben vom Deutschen Institut für Gütesicherung und Kennzeichnung e. V.

In einigen Versorgungsgebieten (service areas) und bei Regenwassernutzungsanlagen sind Kupferrohre aufgrund der aggressiven Trinkwasserbeschaffenheit nicht empfehlenswert. Für diese Fälle gibt es DVGW-geprüfte **innen verzinnte** (inside tin coated) Kupferrohre und Pressfittings, bei denen eine unzulässige Beeinträchtigung (impairment) der Trinkwasserqualität und eine Korrosionsanfälligkeit vermieden wird (Bild 1).

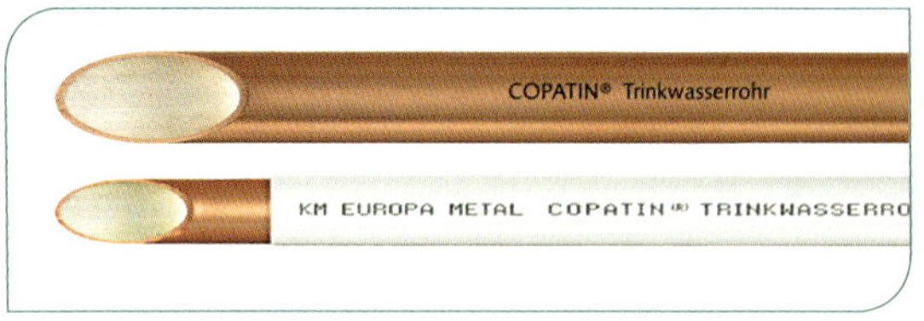

1 Innen verzinntes Kupferrohr

Kupferrohre werden nach DIN EN 1057 auch mit einem **PVC-Stegmantel** geliefert (Bild 2). Dieser Kunststoffmantel (plastic coat) ist entweder lichtgrau oder weiß und dient nicht der Wärmedämmung, (heat insulation) sondern dem Schutz vor Korrosion und mechanischer Beschädigung (mechanic damage) (z. B. Verlegung im Erdreich oder Aufputz-Installation) und der Vermeidung von Schwitzwasserbildung (condensate formation) (z. B. bei Kaltwasserleitungen).

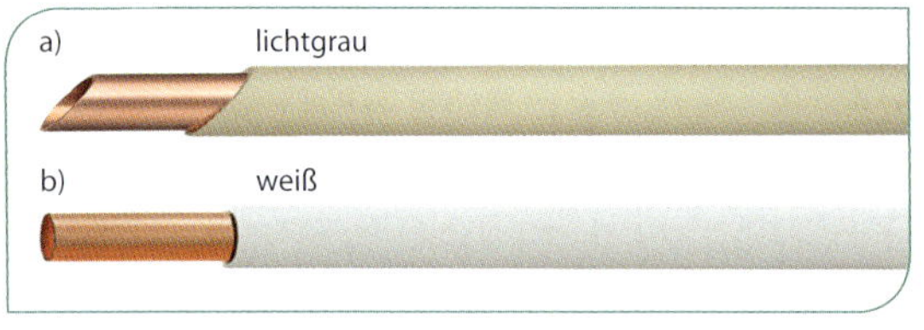

2 Cu-Rohre mit PVC-Stegmantel

Die **gewichtsreduzierten Kupferrohre** mit Ummantelung haben aufgrund der geringeren Wanddicken eine um fast 50 % geringere Masse als die oben erwähnten Kupferrohre. Diese dünnwandigen nahtlosen Rohre in Ringform lassen sich mit einer Schere einfach trennen, leichter verlegen und mit geeigneten Pressverbindern unlösbar miteinander verbinden (Bild 3).
Mit DVGW-Zulassung können sie z. B. in der Trinkwasserinstallation, bei Heizkörperanbindungen, Flächenheizungen, Kühldecken oder Regenwassernutzungsanlagen eingesetzt werden.

3 Gewichtsreduziertes Kupferrohr

Kupferrohre mit **werkseitiger Wärmedämmung** (Bilder 4 und 5) gibt es in verschiedenen Ausführungen, die unter Beachtung der einschlägigen Vorschriften (regulations) für Heizungs- bzw. Trinkwasserinstallationen verwendet werden können:

- **WICU-extra Stangen**, 5 m Länge, mit PUR[1] Schaum-Dämmmantel (100 % Wärmedämmung)
- **WICU-extra Ringe**, 25 m Länge, mit PUR[1] Schaum-Dämmmantel (50 % Wärmedämmung)
- **WICU-flex Ringe**, 25 m Länge, mit 9 mm PE[2] Weichschaum-Dämmmantel
- **Cuprotherm-Heizungsrohr**, wärmegedämmt mit PUR-Schaum in Ringen von 25 m Länge, nur für Heizungsinstallationen (50 % Wärmedämmung)

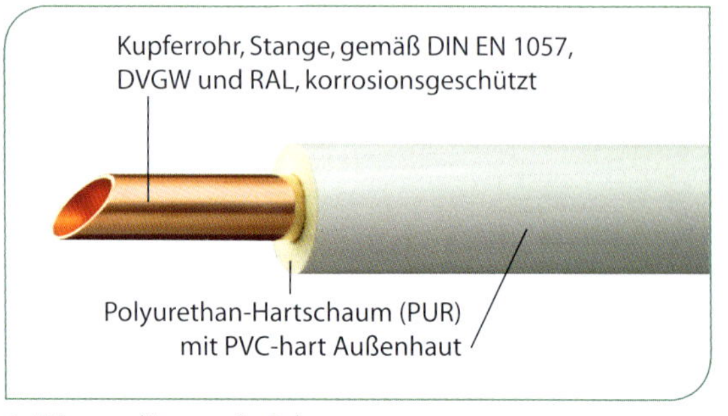

4 Wärmegedämmtes Cu-Rohr

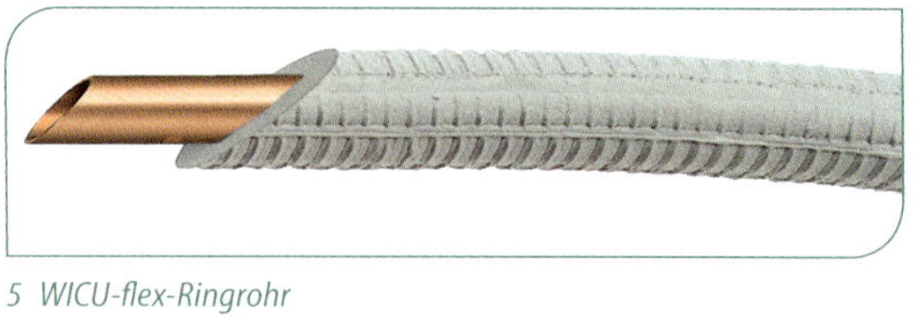

5 WICU-flex-Ringrohr

[1] PUR: Polyurethan
[2] PE: Polyethylen

1.6.4.7 Kunststoffrohre

1.6.4.7.1 Allgemeine Eigenschaften und Anwendungsbereiche

In der Haus- und Gebäudetechnik haben Kunststoffrohre (plastic pipes) gegenüber Stahl- und Kupferrohren in den letzten Jahrzehnten an Bedeutung (acceptance) gewonnen.

1 Kunststoffrohre

Da bei den verschiedenen Kunststoffarten bestimmte Temperaturen nicht überschritten werden dürfen, ist der Anwendungsbereich unter anderem von den jeweils vorhandenen Temperaturen der Medien abhängig. So werden Kunststoffrohre häufig für Fußbodenheizungen, Trinkwasser- und Abwasserinstallationen eingesetzt. Auch in Heizungsanlagen mit Heizkörpern wird ihr Einsatzbereich ständig vergrößert, da man aus Gründen der Energieeinsparung (energy saving) auf die hohen Vor- und Rücklauftemperaturen immer häufiger verzichtet (Bild 1).

Verwendet werden vor allem

- Polyvinylchloridrohre (PVC-Rohre)
- Polyethylenrohre (PE-Rohre)
- Polybutenrohre (PB-Rohre)
- Polypropylenrohre (PP-Rohre).

Im Vergleich mit den konventionellen Werkstoffen wie Stahl und Kupfer besitzen Kunststoffrohre neben der schnellen und einfachen Verlegung folgende **allgemeine Vorteile**:

- chemische Widerstandsfähigkeit (chemical resistance) aufgrund der nahezu absoluten Korrosionsbeständigkeit
- kleine Wärmeverluste (heat losses) aufgrund der geringen Wärmeleitfähigkeit (heat conductivity)
- geringe Masse (small mass) aufgrund der niedrigen Dichte (low density)
- sehr geringe Druckverluste und Inkrustationsneigung aufgrund der glatten Rohrwandungen
- gute Schalldämmung (acoustic insulation) aufgrund der Molekularstruktur
- Lebensmitteltauglichkeit (KTW[1]-Empfehlung)

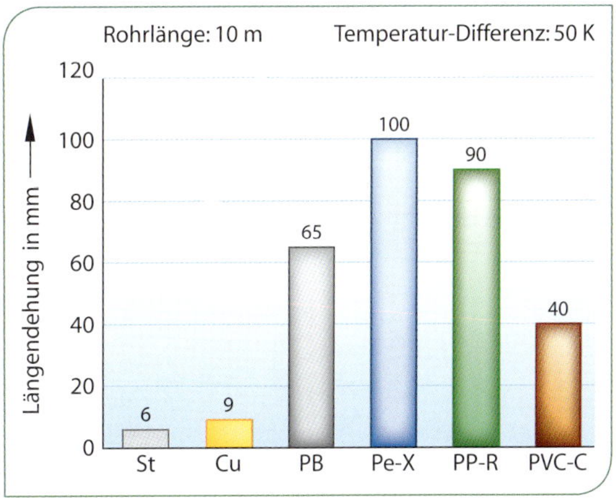

2 Längenausdehnung verschiedener Rohrwerkstoffe

Die Nachteile von Kunststoffrohren sind:

- große Längenausdehnung bei Temperaturwechsel (10–20-mal größer als die von Stahl) (Bild 2)
- Gefahr der Sauerstoffdiffusion (oxygen diffusion)
- für höhere Betriebstemperaturen nur bedingt geeignet
- temperaturabhängige Festigkeit,
- empfindlich gegenüber UV-Strahlen (UV-rays)
- höhere Brennbarkeit (flammability)

1.6.4.7.2 PVC-Rohre

Schon seit dem Ende der 1930er Jahre gibt es PVC-Rohre. PVC entspricht der Baustoffklasse B1[2] und ist unter 0 °C meist spröde (brittle) und bruchempfindlich (breakable). Unterschieden wird PVC-U (weichmacherfrei) und PVC-C (nachchloriert). Letzteres ist unter anderem temperaturbeständiger und deshalb auch für den Einsatz über 60 °C, z. B. bei Trinkwarmwasserleitungen oder temperaturbeständigen Hausabflussrohren (HT = hot tube) geeignet (Bild 3).

3 PVC-Rohre

Das PVC-U Rohr eignet sich auch gut in der Abwasserinstallation als Grundleitung (Bild 1, S. 276), sowie wegen seiner Säurebeständigkeit zur Kondensatableitung bei Brennwertgeräten oder der Leitungsinstallation bei Regenwassernutzungsanlagen (Regenwasser ist saurer als Trinkwasser).

---

[1] Gesundheitliche Beurteilung von Kunststoffen im Rahmen des Lebensmittelgesetzes für Trinkwasser.

[2] Entsprechend DIN 4102 sind Kunststoffrohre entweder der Baustoffklasse B1 „schwer entflammbar" oder B2 „normal entflammbar" zugeordnet.

1 Kanalgrundrohr (KG) aus PVC

Trotz vieler Vorteile wird im SHK-Bereich immer häufiger PVC durch andere Kunststoffe ersetzt, da PVC-Altrohre und Abfälle als Sondermüll gelten und für den Handwerksbetrieb bei der Entsorgung höhere Kosten verursachen.

1.6.4.7.3 PE-Rohre

Seit ca. 1960 werden PE-Rohre hergestellt und im Installationsbereich eingesetzt. PE-Rohre entsprechen der Baustoffklasse B2. Sie sind empfindlich gegen Fette, Öle und Benzole. Überwiegend werden PE-Rohre z. B. für erdverlegte Kaltwasserleitungen, Erdgas oder Abwasserleitungen und als Luftleitungen (air ducts) verwendet. Diese Rohre können in Ringen bis zu 300 m Länge geliefert werden und erfordern somit bei der Verlegung wenige Verbindungsstellen. Die Rohrverbindungen bei kleinen Nennweiten sind hauptsächlich Schiebehülsenverbindungen und Klemmringverschraubungen.

In der Wasser- und Abwasserinstallation werden bei größeren Nennweiten auch Kunststoffschweißverbindungen, Steckmuffen, Spannverbinder und Flanschverbindungen angewendet.

Mit der Entwicklung der vernetzten Polyethylenrohre **(PE-X-Rohre)** gelang ein wesentlicher Durchbruch der Kunststoffrohre nicht nur, wie bisher, für kalt-, sondern nun vor allem auch für warm gehende Leitungen im Heizungsbau.

Wie alle Polyethylenrohre wird auch dieser Rohrtyp mit steigender Temperatur immer weicher und instabiler. Diese, mit einer Art „Schmelzvorgang" vergleichbare ungünstige Eigenschaft der PE-Rohre, wird durch die **Vernetzung** (cross linking) weitgehend beseitigt. Die Vernetzung verstärkt die schon guten Eigenschaften des Basisrohres wesentlich und bewirkt die geforderte **Zeitstandsfestigkeit**[1] (Bild 2).

Die Anforderung der Sauerstoffdichtheit wird häufig durch eine zusätzliche spezielle Sperrschicht erfüllt. Diese Sperrschicht (blocking layer) ist wasserunlöslich, d. h., die Sperrwirkung wird auch durch Wasserdampf (water vapour) nicht beeinträchtigt. (Bild 3)

Einsetzbar sind diese Rohre für Flächenheizungen, wie z. B. Boden-, Wand- und Deckenheizungen und für alle Heizungsanlagen mit maximalen Vorlauftemperaturen (flow temperature) von 95 °C.

Kunststoffrohre werden öfter zusätzlich mit einem gewellten Schutzrohr (protective conduit) versehen. Bei diesem **Rohr-im-Rohr-System** (Bild 4) ist das Wasser führende Innenrohr werkseitig in ein Schutzrohr aus PE eingeschoben. Dieses Schutzrohr hat nicht nur die wichtige Aufgabe, im rauen Baustellenbetrieb das Innenrohr vor mechanischer Beschädigung zu schützen, sondern der Luftspalt (air gap) zwischen den beiden Rohren verhindert, dass auch bei einer Vorlauftemperatur bis maximal 70 °C die zulässigen Temperaturen im Estrichboden nicht (sofort) überschritten werden. Zusätzlich wird der Schallschutz verbessert, da das Innenrohr vom Bauwerkskörper entkoppelt ist. Darüber hinaus können bei diesem Rohr-im-Rohr-System etwaige spätere Reparaturen (repairs) ohne teure Stemmarbeiten vorgenommen werden, weil das Innenrohr leicht herausgezogen und durch ein neues ersetzt werden kann.

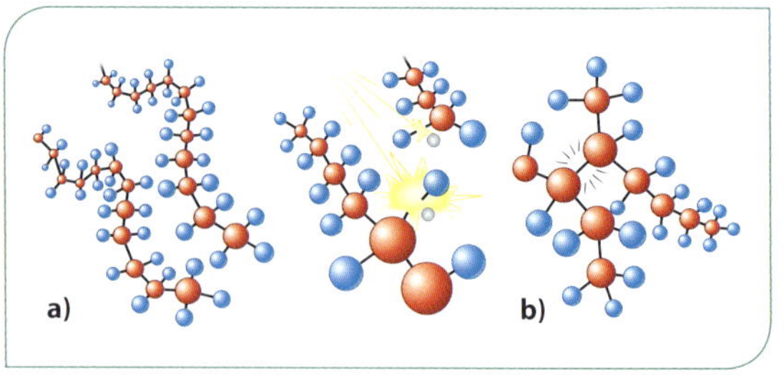

2 Molekularer Aufbau von a) unvernetztem und b) vernetztem PE

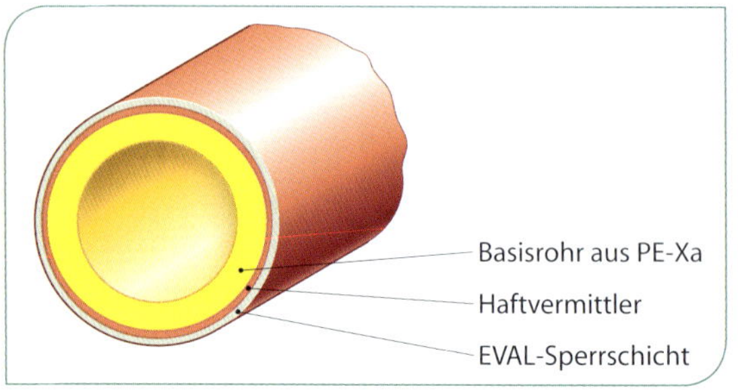

3 Aufbau eines PE- Rohres mit EVAL[2]-Sperrschicht

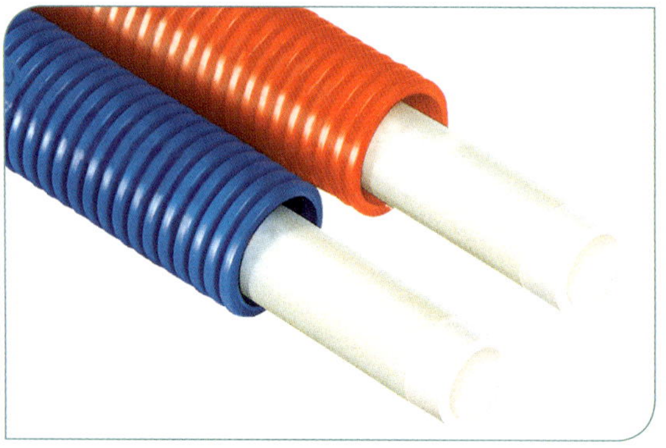

4 Rohr-im Rohr-System

1) Langzeitfestigkeit bei höheren Temperaturen und Drücken. Betriebszeiten > 50 Jahre bei 70 °C Dauertemperatur

2) EVAL = Ethylenvinylalkohol

Eine besondere Variante des Rohr-im-Rohr-Systems ist das sogenannte **DUO-Rohr** (Bild 1). Die Stege bzw. Abstandshalter gewährleisten einen exakt gleich bleibenden Luftspalt - auch beim Biegen. Hierdurch kann bei Vorlauftemperaturen von 70 °C die Temperatur auf der Rohroberfläche, die Temperaturverteilung (temperature distribution) im Fußbodenaufbau (floor foundation) und vor allem auf der Fußbodenoberfläche innerhalb der vorgegebenen Grenzen (limits) eingehalten werden.

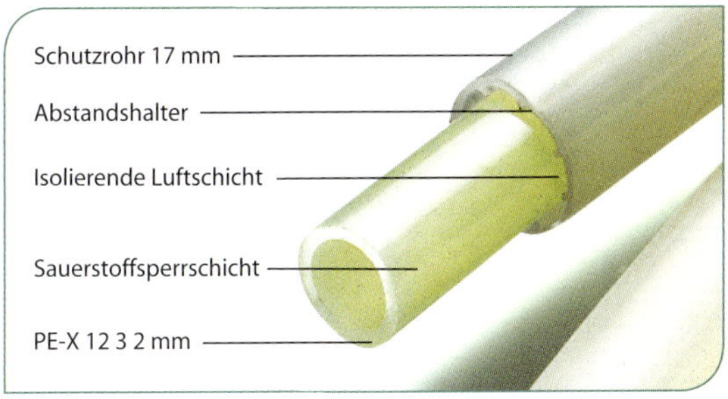

1 PE- Rohr mit Sauerstoffsperrschicht und isolierender Luftschicht (DUO-Rohr: Herstellerbezeichnung)

PE-X-Rohre werden mit Außendurchmessern von 10 mm – 160 mm als Stangenware oder in Ringen mit Längen von 120 m, 240 m und 320 m geliefert. Sie sind mit einer fortlaufenden Meterzahl bedruckt, damit bei der Montage die geplanten Rohrlängen pro Heizkreis (heating circuit) leichter eingehalten werden können.

Da diese Rohre aufgrund der Vernetzung untereinander nicht direkt geschweißt werden können, werden PE-X-Rohre unlösbar (non-detachable), meist durch Schiebehülsenverbindungen, oder lösbar (detachable) mit Hilfe von Klemmverschraubungen verbunden.

Mit der neuen **DVGW-TRGI 2008** sind nun auch **PE-X Rohre bis DN 50 für die Gasinstallation** innerhalb von Gebäuden bei Betriebsdrücken bis 100 mbar zugelassen.

Sie müssen UV-beständig sein und mit einer für Odoriermittel (Duftmittel) undurchlässigen Sperrschicht versehen sein. Für diese Rohre und die dafür vorgesehenen Rohrverbinder muss eine DVGW-Zertifizierung vorliegen. Gekennzeichnet werden die PE-X und Rohrverbinder

- mit **G 100**, wenn sie ausschließlich für Gas und
- mit **GW/G 100** bzw. **W/G 100**, wenn sie in der Trinkwasser- und Gasinstallation zugelassen sind.

Der Vorteil gegenüber den bislang zugelassenen Kupfer- und Stahlrohren liegt in der einfachen Verlegung von der Rolle und dem geringen Gewicht.

1.6.4.7.4 PB-Rohre

Polybutenrohre sind für besonders hohe Beanspruchungen (high loading) geeignet und haben deshalb, ähnlich wie PE-X-Rohre, einen sehr großen Anwendungsbereich. So sind sie unter anderem für Kalt- und Warmwasserinstallationen, Fußbodenheizungen, Heizungsverteilungen und Radiatorenanbindungen (Bild 2) geeignet. Polybutenrohre nach DIN EN ISO 15876 sind grau eingefärbt, relativ flexibel und haben im Vergleich zu PE-Rohren ein besseres **Kriechverhalten**[1] und eine geringere Längenänderung (low elongation) bei Temperaturwechsel (temperature change).

Die vom DVGW festgelegten Zulassungsbestimmungen für Rohre in der Trinkwasserinstallation werden von Polybutenrohren eingehalten bzw. übertroffen. So sind sie z. B. bis zu einer Dauerbetriebstemperatur von 95 °C und bei einer kurzzeitigen Belastung (short strain) sogar bis 110 °C einsetzbar. Sie haben die Baustoffklasse B2.

2 Polybutenrohr als Heizkörperanbindung in einer Sockelleiste

3 PB-Rohr mit Schutzrohr

Auch diese Rohre werden mit Schutzrohr geliefert (Bild 3). Als Lieferformen erhält man Ringe oder Stangen in unterschiedlichen Längen. Generell sind PB-Rohre nicht sauerstoffdicht, doch werden verschiedene Rohre mit einer zusätzlichen Sauerstoffdiffusionssperre für den Einsatz in Heizungsanlagen angeboten (Bild 2). Sie werden überwiegend durch Klemmverbindungen, Heizelementmuffen- und Heizwendelschweißen verbunden.

1.6.4.7.5 PP-Rohre

Rohre aus Polypropylen sind für Trink-, Entwässerungs- und Heizungsanlagen (Bild 1, S. 278) besonders gut geeignet.

---

[1] Dehnung des Werkstoffes in Abhängigkeit von der Zeit bei konstanter Belastung und Temperatur

Geliefert werden diese Rohre nach DIN EN ISO 15874 mit Außendurchmessern von 10 mm...1600 mm bei unterschiedlichen PN-Stufen von PN 2,5...PN 32 sowohl in Ringen als auch in Stangen bis zu 12 m Länge. Polypropylenrohre sind bis zu einer Betriebstemperatur von 95 °C einsetzbar.

1 PP-Rohr im Heizungsbau

Wegen ihrer hervorragenden Schweißeigenschaften werden sie überwiegend durch Heizelement- oder Elektromuffenschweißen verbunden (Bild 2).

2 Schweißverbindung an einem PP-Rohr

Darüber hinaus sind auch Klemmringverschraubungen (compression joints) möglich.

In der Entwässerungstechnik werden PP-Rohre vorzugsweise als „Hausabflussrohr" (HT-Rohr[1]), Farbe grau) eingesetzt (Bild 3). In der Praxis werden diese Buchstaben als Abkürzung für „**H**och **T**emperaturbeständig" (bis 95 °C) verstanden, da die Rohre in der Hausinstallation verwendet werden, wo warme Abwässer auftreten.

Die Lieferlängen betragen 150 mm...5000 mm und ihre Nennweiten DN 40...DN 150. Zur Verbindung dieser PP-Rohre sind Steckmuffen üblich.

Seit geraumer Zeit wird mineralverstärktes PP auch für Abwassergrundleitungen eingesetzt (Bild 4). Es hat sehr gute mechanische, physikalische und chemische Eigenschaften, ist 100 % recycelbar und vollkommen PVC-frei, was für die spätere Entsorgung (disposal) von großem Vorteil ist. Die Nennweiten betragen DN 100...DN 300.

3 PP-Abflussrohr (HT)

4 PP-Abflussrohr (KG-2000)

1.6.4.8 Mehrschichtverbundrohre

Seit etwa 1982/83 werden Rohre aus einem Verbund **unterschiedlicher Werkstoffe** wie Metall und Kunststoff verstärkt eingesetzt. Sie bestehen aus fünf Schichten (five-ply) (Bild 1, S. 279).

Ein Wasser führendes Innenrohr aus unterschiedlichen Kunststoffarten wird von einem Aluminiumrohr oder von einer Aluminiumfolie umgeben. Das äußere Rohr besteht entweder aus dem gleichen Kunststoff wie das innere Rohr oder aus einem unvernetzten Polyethylenrohr (Bild 2, S. 279). Zwei spezielle Verbundschichten dienen als Haftvermittler zwischen dem Innenrohr bzw. Außenrohr und dem Aluminiumrohr oder der Aluminiumfolie.

[1] Die Bezeichnung „HT" kommt ursprünglich aus dem Englischen (Hot Tube), was so viel bedeutet wie: „heißes Rohr"

Dieser Haftvermittler (bonding agent) hat die wichtige Aufgabe, die unterschiedliche Längenausdehnung von Kunststoff und Aluminium auszugleichen. Gleichzeitig soll er das Innen- und Außenrohr fest mit dem Aluminiumrohr verbinden und ein gegenseitiges Verschieben (displacing) der einzelnen Rohrschichten verhindern.

Bei den Mehrschichtverbundrohren (multilayer composite tubes) werden die Vorteile von Metallrohren wie z. B.

- absolute Sauerstoffdichtheit
- kleine Längenänderung
- hohe Eigenstabilität (inherent stability) mit den Vorzügen der Kunststoffrohre
- geringe Masse
- Korrosionsbeständigkeit (corrosion resistance)
- leichte Umformbarkeit (deformability)
- schnelle Montierbarkeit (installability) kombiniert.

Bei einem zulässigen Betriebsdruck von 10 bar sind sie bei Trinkwasserleitungen und Heizungsanlagen bis 95 °C zugelassen. Mehrschichtverbundrohre werden in den Größen von DN 12 bis DN 40 in Stangen von 5 m Länge oder je nach Fabrikat (fabrication) bis DN 20 in 50-m-Ringen geliefert. Die Verbindung erfolgt überwiegend durch Pressfittings, Klemmringverschraubungen oder durch Heizelementmuffenschweißen (z. B. bei PP- oder PB-Trägerrohren).

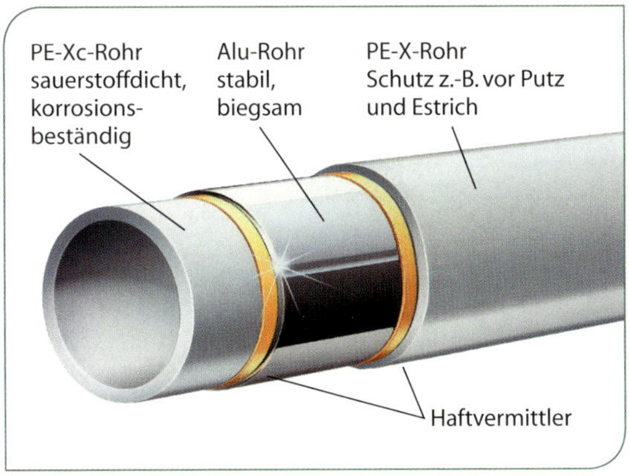

1 *Aufbau eines Mehrschichtverbundrohres*

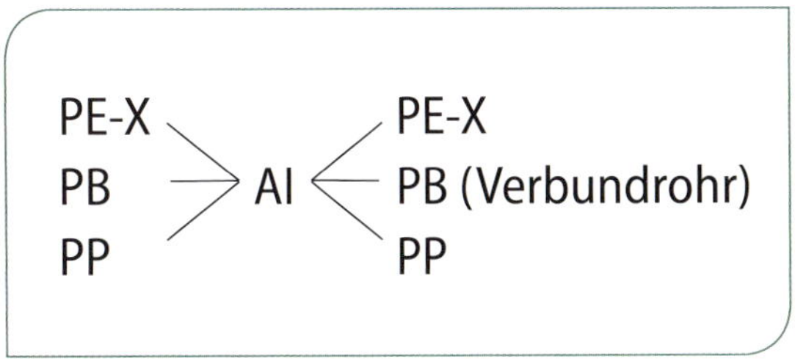

2 *Kombinationsmöglichkeiten bei Mehrschichtverbundrohren*

Nach **DVGW-TRGI** 2008 sind Mehrschichtverbundrohre aus Kunststoff/Aluminium/Kunststoff bis zu einem Außendurchmesser von 63 mm und die dazugehörigen Rohrverbinder (Bild 3) auch für die **Gasinstallation** innerhalb von Gebäuden bei Betriebsdrücken bis 100 mbar zugelassen. Die Mindestwanddicke des Metallrohres muss ≥ 0,2 mm betragen. Hierfür gibt es ebenfalls Zertifizierungs- und Kennzeichnungsvorschriften wie bei den PE-X Rohren für Gas (siehe S. 277).

3 *Mehrschichtverbundrohr und Rohrverbinder für Gas*

1.6.4.9 Steinzeugrohre

Steinzeugrohre (STZ-Rohre) werden in der Abwassertechnik als Grundleitung im Erdreich verlegt und dienen hauptsächlich der Ableitung von Abwasser im gewerblichen und öffentlichen Bereich sowie als Verbindung (Anschlusskanal) der Entwässerungsanlage von Wohngrundstücken mit dem öffentlichen Abwasserstraßenkanal.

Steinzeugrohre werden durch Steckmuffen verbunden. Es sind Nennweiten von DN 100...DN 300 üblich. Die Lieferlängen betragen 150 mm...2000 mm. Im Gegensatz zu Kunststoffrohren zeichnen sich Steinzeugrohre bei der Verlegung aufgrund ihrer Masse durch hohe Lagesicherheit aus (Bild 4).

4 *Steinzeugrohr mit Abzweig*

ÜBUNGEN

1) Erklären Sie den Begriff „Halbzeug".

2) a) Nennen Sie vier gebräuchliche Halbzeuge.
b) Nach welchen Kriterien werden Halbzeuge zur Herstellung eines Produkts ausgesucht?

3) Welches Halbzeug verwendet der Anlagenmechaniker SHK am häufigsten?

4) Wodurch unterscheiden sich Feinbleche von Grobblechen?

5) Nennen Sie fünf verschiedene Medien, die mit Hilfe von Rohren weitergeleitet werden können.

6) Erläutern Sie den Begriff „DN".

7) Warum sollte der Zahlenwert hinter „DN" für Berechnungen nicht verwendet werden?

8) a) Nennen Sie die PN-Stufen nach DIN EN 1333.
b) Welche Abhängigkeit besteht zwischen der Temperatur und dem zulässigen Druck in einer Rohrleitung?

9) Warum müssen die Außendurchmesser von Gewinderohren der mittleren (M) und schweren (H) Reihe unbedingt gleich sein?

10) Bezeichnen Sie anhand der folgenden Angaben das Rohr normgerecht: nahtloses Gewinderohr, mittlere Reihe, DN 20

11) Weshalb sollten nahtlose und geschweißte Stahlrohre nach DIN EN 10220 nur aus der Reihe 1 verwendet werden?

12) Warum darf auf Rohre nach DIN EN 10220 kein Gewinde aufgeschnitten werden?

13) Nennen Sie drei Anwendungsbereiche von nichtrostenden Stahlrohren.

14) Nennen Sie fünf Vorzüge von Kupferrohren.

15) Warum werden in Deutschland seit 1.April 2000 im Anwendungsbereich 12 × 1 bis 28 × 1,5 keine Kupferrohre hart mehr produziert?

16) Nennen Sie die Vorteile der gewichtsreduzierten Kupferrohre.

17) In welchen beiden Lieferformen werden Kupferrohre angeboten?

18) In welchen Fällen sollten innen verzinnte Kupferrohre verwendet werden?

19) Nennen Sie die vier Kunststoffrohre, die in der Haustechnik hauptsächlich verwendet werden.

20) Nennen Sie drei Anwendungsbereiche für PVC-Rohre.

21) Nennen Sie fünf Vor- und Nachteile von Kunststoffrohren.

22) Warum werden im SHK-Bereich die PVC-Rohre häufig durch andere Kunststoffrohre ersetzt?

23) Welchen wesentlichen Vorteil hat ein PE-X-Rohr gegenüber den anderen PE-Rohren?

24) Wodurch wird die Sauerstoffdichtheit bei PE-X-Rohren erreicht?

25) Was ist ein Rohr-im-Rohr-System?

26) Nennen Sie vier Vorteile des Rohr-im-Rohr-Systems.

27) Nach Berechnung benötigt ein Raum 75 m PE-X-Rohr. Woran erkennen Sie die bereits verlegte Rohrlänge?

28) Nennen Sie zwei Vorteile von PB- Rohre gegenüber PE-X-Rohre.

29) Wie werden PP-Rohre innerhalb der Entwässerungstechnik bezeichnet?

30) Beschreiben Sie den Aufbau eines Mehrschichtverbundrohrs.

31) Welche nichtmetallischen Rohre sind nach DVGW-TRGI 2008 für die Gasinstallation innerhalb von Gebäuden mit welchen Maßgaben zugelassen?

1.7 Berechnungen an Rohren

Um die unterschiedlichen Berechnungen an Rohrleitungen durchführen zu können, müssen verschiedene Kenngrößen bzw. Rohrabmessungen und meist auch der Rohrwerkstoff bekannt sein.

1.7.1 Kenngrößen und Rohrabmessungen

Die drei wichtigsten Kenngrößen sowohl bei der Bezeichnung als auch bei den Berechnungen an Rohren sind:

- die Nennweite DN
- der Außendurchmesser d_a und
- die Wanddicke s.

Die Nennweite DN ist zwar im Rohrleitungsbau eine wichtige Vergleichsgröße, mit der die verschiedenen Rohrarten hinsichtlich ihrer Abmessungen (Dimensionen) verglichen werden können, doch sollte diese Kenngröße in Berechnungen nicht verwendet werden (Bild 1, vergl. hierzu auch Kap. 1.6.4.1, S. 268).

1.7.2 Innendurchmesser

Die genauen Innendurchmesser (lichte Weiten) für die verschiedenen Rohrarten werden entweder mit dem Außendurchmesser und der Wanddicke berechnet oder meist aus Tabellen bzw. Tabellenbüchern entnommen (Bild 2).
Der Innendurchmesser von Rohren wird wie folgt berechnet:

$$d_i = d_a - 2 \cdot s$$

d_i: Innendurchmesser in mm
d_a: Außendurchmesser in mm
s: Wanddicke in mm

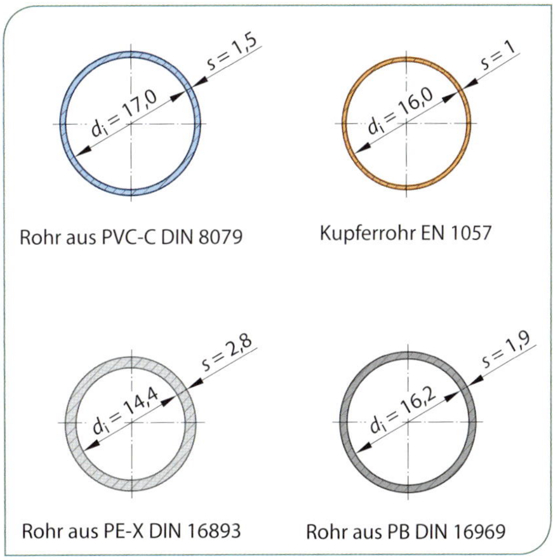

1 Rohre mit gleicher Nennweite DN 15 aber unterschiedlicher Wanddicke und damit unterschiedlichem Innendurchmesser

Beispiel 1:
Berechnen Sie den Innendurchmesser eines geschweißten Stahlrohres EN 10220 – 88,9 × 2,9.

Geg.: d_a = 88,9 mm; s = 2,9 mm

Ges.: d_i in mm

Lösung:
$d_i = d_a - 2 \cdot s$
$d_i = 88{,}9\,\text{mm} - 2 \cdot 2{,}9\,\text{mm}$
$d_i = 88{,}9\,\text{mm} - 5{,}8\,\text{mm}$
$\underline{\underline{d_i = 83{,}1\,\text{mm}}}$

	Gewinderohr M EN 10255					Nahtl. Stahlrohr EN 10220			Kupferrohre EN 1057						Rohre aus vernetztem Polyethylen				Mehrschichtverbundrohr PE-HD/Al/PE-Xb DVGW-W534				
DN	15	20	25	32	40	32	40	50	10	12	15	20	25	32	15	20	25	32	12	15	20	25	32
Außen-ø d_a in mm	21,3	26,9	33,7	42,4	48,3	42,4	48,3	60,3	12	15	18	22	28	35	20	25	32	40	16	20	26	32	40
Wanddicke s in mm	2,6	2,6	3,2	3,2	3,2	2,6	2,6	2,9	1,0	1,0	1,0	1,0	1,5	1,5	2,8	3,5	4,4	5,5	2,25	2,50	3,0	3,0	3,5
Freier (lichter) Querschn. A in cm^2	2,03	3,7	5,85	10,18	13,79	10,87	14,59	23,33	0,79	1,33	2,01	3,14	4,91	8,04	1,63	2,54	4,23	6,61	1,04	1,77	3,14	5,31	8,55
Längenbez. Masse m' in kg/m	1,21	1,56	2,41	3,10	3,56	2,55	2,93	4,11	0,31	0,39	0,48	0,59	1,11	1,41	0,15	0,24	0,38	0,59	0,13	0,19	0,30	0,42	0,60
Längenbez. Inhalt V' in l/m	0,20	0,37	0,58	1,02	1,37	1,09	1,46	2,33	0,08	0,13	0,20	0,31	0,49	0,80	0,16	0,25	0,42	0,66	0,10	0,18	0,31	0,53	0,86

2 Kenngrößen und Abmessungen ausgewählter Rohre (Werte sind auf zwei Stellen nach dem Komma auf- oder abgerundet)

Beispiel 2:
Der Außendurchmesser eines wärmegedämmten Rohres beträgt 120 mm.
Die Dämmdicke beträgt 33 mm bei einer Wärmeleitfähigkeit $\lambda = 0{,}035\,\frac{\text{W}}{\text{m}\cdot\text{K}}$.

Wurde das in unbeheizten Kellerräumen verlegte Heizungsrohr aus Kupfer EN 1057 gemäß EnEV 2002 richtig gedämmt?
(Hinweis: Der Innendurchmesser der Dämmung soll mit dem Außendurchmesser des Rohres gleich sein.)

Geg.: $d_a = 120$ mm; Dämmdicke $s = 33$ mm

Ges.: d_i in mm

Lösung:
$d_i = d_a - 2 \cdot s$
$d_i = 120\,\text{mm} - 2 \cdot 33\,\text{mm}$
$\underline{\underline{d_i = 54\,\text{mm}}}$

Daraus folgt, dass der Außendurchmesser des Kupferrohres 54 mm beträgt. Laut Tabellenbuch handelt es sich dabei um ein Kupferrohr 54 × 2 mit einem Innendurchmesser von 50 mm.
Laut EnEV 2002 muss bei diesem Rohr die Mindestdämmschichtdicke jedoch 50 mm betragen (Bild 1).

Ergebnis:
Das Heizungsrohr wurde **nicht** nach der geltenden Verordnung gedämmt.

Art der Leitungen/Armaturen		Mindestdämmschichtdicke bei $\lambda = 0{,}035\,\frac{\text{W}}{\text{m}\cdot\text{K}}$
1	Innendurchmesser ≤ 22 mm	20 mm
2	Innendurchmesser > 22 mm … 35 mm	30 mm
3	Innendurchmesser > 35 mm … 100 mm	gleich Innendurchmesser
4	Innendurchmesser > 100 mm	100 mm
5	Leitungen und Armaturen nach Zeilen 1…4 in Wand- und Deckendurchbrüchen, im Kreuzungsbereich von Leitungen, an Verbindungsstellen, bei zentralen Leistungsnetzverteilern	½ der Anforderungen der Zeilen 1…4
6	Leitungen von Zentralheizungen nach Zeilen 1…4, die nach Inkrafttreten der EnEV 2002 in Bauteilen zwischen beheizten Räumen verschiedener Nutzer verlegt werden.	½ der Anforderungen der Zeilen 1…4
7	Leitungen nach Zeile 6 im Fußbodenaufbau	6 mm

1 Mindestdämmschichtdicken nach EnEV Anhang 5

1.7.3 Rohrquerschnitte

Der freie (lichte) Querschnitt

Die Kreisfläche, die von der Innenwandung umschlossen wird, bezeichnet man als freien (lichten) Querschnitt. Der Durchmesser dieser Fläche ist der Innendurchmesser des Rohres.
Für weitere Berechnungen an Rohrleitungen wird die freie Rohrquerschnittsfläche vor allem für die Berechnung des Rohrinhaltes, des Volumenstromes sowie der Rohrnetzberechnung bzw. Rohrdimensionierung benötigt. Der freie Querschnitt wird berechnet:

$$\boxed{A = \frac{d_i^2 \cdot \pi}{4}}$$

A: freier (lichter) Querschnitt
d_i: Innendurchmesser in mm

Beispiel:
Wie groß ist der freie Querschnitt des in Bild 1 abgebildeten Rohres?

geg.: $d_a = 33{,}7$ mm; $s = 4{,}0$ mm

ges.: A in mm

Lösung:

$d_i = d_a - 2 \cdot s$
$d_i = 33{,}7\,\text{mm} - 2 \cdot 4{,}0\,\text{mm}$
$\underline{d_i = 25{,}7\,\text{mm}}$

$A = \frac{d_i^2 \cdot \pi}{4}$
$A = \frac{(25{,}7\,\text{mm})^2 \cdot \pi}{4}$
$\underline{\underline{A = 518{,}7\,\text{mm}^2 = 5{,}19\,\text{cm}^2}}$

Der Rohrquerschnitt

Wird eine Rohrleitung rechtwinklig, z. B. durch Sägen, getrennt, so ergibt sich die **kreisringförmige** Querschnittsfläche A_Q des Rohres, die u. a. zur Massenberechnung benötigt wird (Bild 2, Schraffurfläche). Zur Berechnung dieser kreisringförmigen Querschnittsfläche muss die mit d_i berechnete freie (innere) Querschnittsfläche A von der mit d_a berechneten äußeren Querschnittsfläche A_a subtrahiert werden.

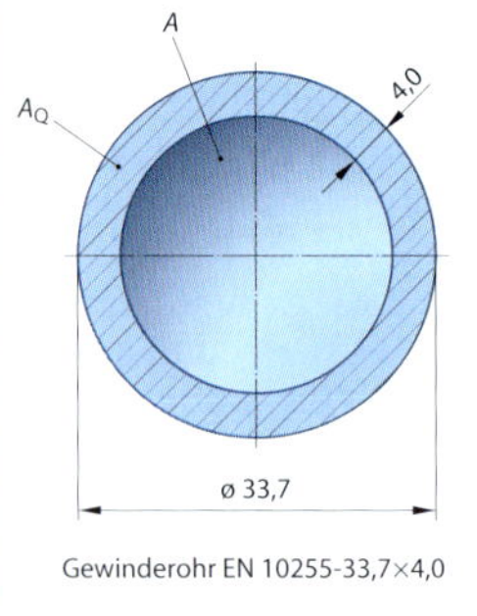

A_Q: Rohrquerschnittsfläche in mm²
A_a: äußere Querschnittsfläche in mm²
A: freie (innere) Querschnittsfläche in mm²
d_a: Außendurchmesser in mm
d_i: Innendurchmesser in mm

2 Querschnittsflächen einer z. B. durch Sägen getrennten Rohrleitung

$$\boxed{A_Q = A_a - A}$$

$$A_a = \frac{d_a^2 \cdot \pi}{4} \qquad A = \frac{d_i^2 \cdot \pi}{4}$$

$$A_Q = \frac{d_a^2 \cdot \pi}{4} - \frac{d_i^2 \cdot \pi}{4}$$

Daraus ergibt sich, dass die Rohrquerschnittsfläche mit Hilfe der **Kreisringformel** wie folgt berechnet werden kann:

$$\boxed{A_Q = (d_a^2 - d_i^2) \cdot \frac{\pi}{4}}$$

Beispiel:
Wie groß ist die Rohrquerschnittsfläche des Gewinderohres EN 10255 – 33,7 × 4,0?

geg.: $d_a = 33{,}7\text{ mm} \qquad s = 4{,}0\text{ m}$

ges.: A_Q in mm²

Lösung:

$A_Q = (d_a^2 - d_i^2) \cdot \frac{\pi}{4}$

$A_Q = (33{,}7^2\text{ mm}^2 - 25{,}7^2\text{ mm}^2) \cdot \frac{\pi}{4}$

$\underline{\underline{A_Q = 373{,}2\text{ mm}^2}}$

Die Querschnittsverminderung

Wird nach dem Trennen eines Rohres z. B. mit einem Rohrabschneider der entstehende Schneidgrat nicht entfernt, so ergibt sich eine Querschnittsverminderung (Bild 1). Darüber hinaus können sich Querschnittsverminderungen durch Inkrustationen (z. B. Kalkablagerungen), beim Biegen der Rohre usw. ergeben. Die folgende Beispielrechnung soll zeigen, dass schon bei einer kleinen Durchmesserverringerung die Durchflussfläche erheblich vermindert wird. Berechnet wird die Querschnittsverminderung, indem man vom freien (lichten) Querschnitt A den verminderten Querschnitt A_{verm} subtrahiert:

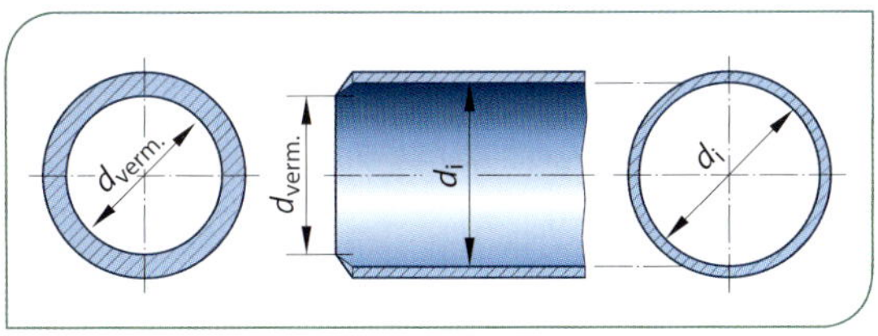

1 Querschnittsverminderung durch Schneidgrat

$A_V = A - A_{verm}$
$A_V = d_i^2 \cdot \frac{\pi}{4} - d_{verm}^2 \cdot \frac{\pi}{4}$

$$\boxed{A_V = (d_i^2 - d_{verm}^2) \cdot \frac{\pi}{4}}$$

A_v: Querschnittsverminderung in mm²
A: freie (innere) Querschnittsfläche in mm²
A_{verm}: verminderte Querschnittsfläche in mm²
d_i: Innendurchmesser in mm
d_{verm}: verminderter Durchmesser in mm

Beispiel:
Beim Trennen eines halbharten Kupferrohres EN 1057 – 22 × 1 ist ein Schneidgrat von 1,5 mm entstanden.
a) Berechnen Sie die Querschnittsverminderung, wenn der Schneidgrat nicht entfernt wird.
b) Um wie viel Prozent wird die freie Querschnittsfläche vermindert?

geg.: $d_a = 22\text{ mm}; \quad s = 1\text{ mm}; \quad s_1 = 1{,}5\text{ mm}$

ges.: a) A_{verm} in mm
b) Querschnittsverminderung in %

Lösung:
a) $A_V = d_i^2 \cdot \frac{\pi}{4} - d_{verm}^2 \cdot \frac{\pi}{4}$

$d_i = d_a - 2 \cdot s$

$d_i = 22\text{ mm} - 2 \cdot 1\text{ mm}$

$d_{verm} = d_i - 2 \cdot s_1$

$d_{verm} = 20\text{ mm} - 2 \cdot 1{,}5\text{ mm}$

$d_{verm} = 17\text{ mm}$

$A_{verm} = 20^2\text{ mm}^2 \cdot \frac{\pi}{4} - 17^2\text{ mm}^2 \cdot \frac{\pi}{4}$

$A_{verm} = 314\text{ mm}^2 - 227\text{ mm}^2$

$\underline{\underline{A_{verm} = 87\text{ mm}^2}}$

b) $314\text{ mm}^2 \mathrel{\hat{=}} 100\,\%$

$1\text{ mm}^2 \mathrel{\hat{=}} \frac{100\,\%}{314}$

$87\text{ mm}^2 \mathrel{\hat{=}} \frac{100\,\% \cdot 87}{314}$

$\underline{\underline{87\text{ mm}^2 \mathrel{\hat{=}} 27{,}7\,\%}}$

Die Querschnittsverminderung beträgt 27,7 %, also mehr als ¼ der ursprünglichen freien Querschnittsfläche.

1.7.4 Rohroberflächen

Wird die Oberfläche eines Rohres abgewickelt, so entsteht ein Rechteck mit der Rohlänge l und einer Breite b, die dem äußeren Umfang U entspricht (Bild 2). Im Heizungsbau wird diese Fläche, die manchmal auch als Mantelfläche bezeichnet wird, vor allem zur Berechnung der Heizfläche von Rohren benötigt. Des weiteren kann mit der Rohroberfläche das benötigte Dämmmaterial in m² bestimmt werden und ggf. die Menge der für einen Anstrich der Rohre benötigten Farbe in l/m². Die Rohroberfläche wird wie folgt berechnet:

$$\boxed{\text{Rohroberfläche} = \text{äußerer Umfang} \times \text{Rohrlänge}}$$

$A_O = U \cdot l$
$A_O = d_a \cdot \pi \cdot l$

A_o: Rohroberfläche (Mantelfäche) in mm²
U: äußerer Rohrumfang in mm
l: Länge in mm
d_a: Rohraußendurchmesser in mm

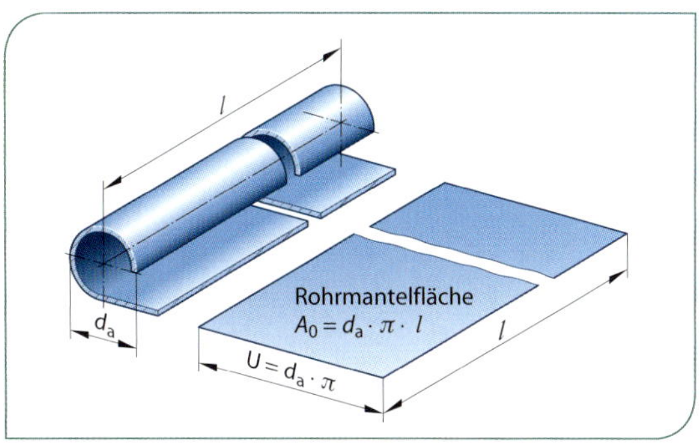

2 Rohroberfläche als Rohrabwicklung

Beispiel:
Ermitteln Sie die Rohroberfläche (Heizfläche) in m² eines 6 m langen Gewinderohres EN 10255 – 48,3 × 3,2.

geg.: $l = 6$ m; $d_a = 48{,}3$ mm

ges.: A_O in m²

Lösung:

$A_O = d_a \cdot \pi \cdot l$

$A_O = \frac{48{,}3\text{ mm} \cdot 1\text{ m} \cdot \pi \cdot 6\text{ m}}{1000\text{ mm}}$

$A_O = 0{,}0483\text{ m} \cdot \pi \cdot 6\text{ m}$

$\underline{\underline{A_O = 0{,}91\text{ m}^2}}$

1.7.5 Volumen des Rohrinhalts

Der Rohrinhalt wird z. B. benötigt zur Berechnung
- des Volumenstroms
- der Füll- und Entleerzeit
- der Massenberechnung eines gefüllten Rohres

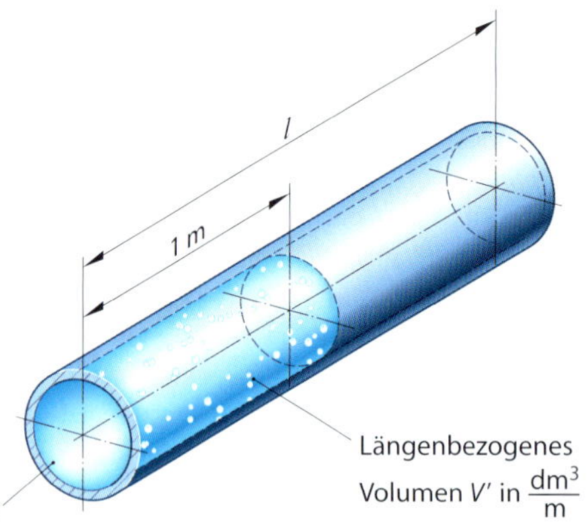

1 Längenbezogener Rohrinhalt

Der Rohrinhalt kann auf zwei Arten berechnet werden:

Die freie Querschnittsfläche A wird mit der Länge l des Rohres multipliziert: $V' = A \cdot l$ V: Rohrinhalt in dm³ bzw. l A: freie Querschnittsfläche in dm² l: Rohrlänge in dm	Der Rohrinhalt wird mit Hilfe des **längenbezogenen Inhalts** $\boldsymbol{V'}$ berechnet (Bild 1), der aus Tabellen entnommen wird (Bild 2, Seite 281). V: Rohrinhalt in dm³ bzw. l V': längenbezogener Inhalt in l/m l: Rohrlänge in m

Beispiel:
Wie viele Liter Heizungswasser befinden sich in einem 75 m langen Heizkreis einer Fußbodenheizung, wenn ein PE-X-Rohr DIN 16893 – 16 × 2,2 verlegt wurde?

Geg.: $d_a = 16$ mm; $s = 2{,}2$ mm; $l = 75$ m

Ges.: $V' = 0{,}11\ \frac{l}{\text{m}}$

Lösung:

$V = A \cdot l$ $\qquad d_i = d_a - 2 \cdot s$

$V = \frac{d_i^2 \cdot \pi}{4} \cdot l$ $\qquad \underline{d_i = 11{,}6\text{ mm} = 0{,}116\text{ dm}}$

a) $V = \frac{0{,}116^2\text{ dm}^2 \cdot \pi}{4} \cdot 750\text{ dm}$

$\underline{\underline{V = 7{,}93\text{ dm}^3 = 7{,}93\text{ l}}}$

b) $V = V' \cdot l$

$V = 0{,}11\ \frac{l}{\text{m}} \cdot 75\text{ m}$

$\underline{\underline{V = 8{,}25\ l}}$[1)]

1.7.6 Rohrmasse

Um die auftretende Belastung bei der Rohrbefestigung bzw. bei der Rohrverlegung (vgl. S. 85 ff.) berechnen zu können, muss die Masse der Rohre, evtl. einschließlich Inhalt und Dämmung, bekannt sein. Auch für den Transport der Rohre (zulässiges Ladegewicht des Fahrzeuges) ist die Ermittlung ihrer Masse von Belang.
Wie der Rohrinhalt lässt sich auch die Masse von Rohren auf zwei Arten berechnen:

Masse = Volumen × Dichte $m = V \cdot \rho$ m: Masse in kg V: Volumen in dm³ ρ: Dichte in kg/dm³	Masse = längenbezogene Masse × Länge (Bild 2) $m = m' \cdot l$ m: Masse in kg m': längenbezogene Masse in kg/m l: Rohrlänge in m

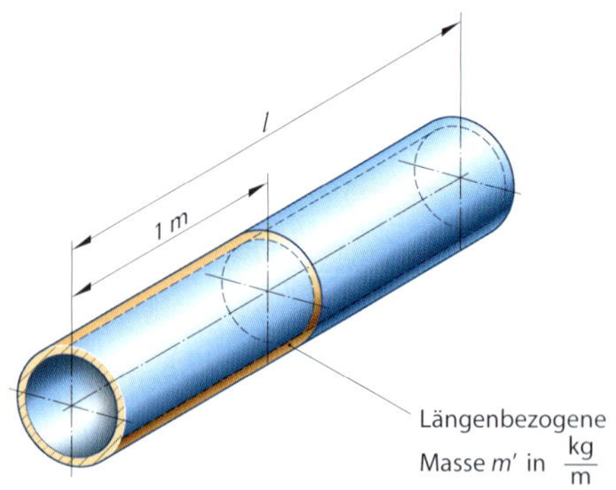

2 Längenbezogene Masse

1) Der Unterschied zwischen Lösung a) und b) ergibt sich durch Aufrunden von V′

Im Folgenden sollen die Massenberechnungen nur mit Hilfe der längenbezogenen Massen erfolgen, die dem Tabellenbuch zu entnehmen sind.

Stoff	ρ in $\frac{kg}{dm^3}$
Stahl, unleg.	7,85
Nichtrostender Stahl	7,9
Grauguss	7,2
Kupfer	8,96

Stoff	ρ in $\frac{kg}{dm^3}$
Zink	7,13
PB	0,92
PE-X	0,93
PP	0,91
PVC-U	1,4

1 Dichte fester Stoffe

Beispiel 1:
Berechnen Sie die Masse von 10 Stangen aus nahtlosem Stahlrohr EN 10220 – 48,3 × 2,6 mit einer Länge von je 6 m.

Geg.: $l = 10 \cdot 6\ \text{m} = 60\ \text{m};\ m' = 2{,}93\ \frac{\text{kg}}{\text{m}}$ (Bild 2, S.281)

Ges.: m in kg

Lösung:

$m = m' \cdot l$

$m = 2{,}93\ \frac{\text{kg}}{\text{m}} \cdot 60\ \text{m}$

$\underline{\underline{m = 175{,}8\ \text{kg}}}$

Hinweis für mit Wasser gefüllte Rohre:
Da Wasser bei 4 °C eine Dichte von 1 kg/l bzw. 1 kg/dm³ hat, entspricht der Rohrinhalt in dm³ bzw. l der Masse des Wassers in kg. Für das Beispiel in Kap. 1.7.5 gilt:

$m = V \cdot \text{p}$

$m = 8{,}25\ \text{l} \cdot 1\ \frac{\text{kg}}{\text{l}}$

$\underline{\underline{m = 8{,}25\ \text{kg}}}$

Beispiel 2:
Berechnen Sie die Masse einer 12 m langen wärmegedämmten und mit Wasser gefüllten Kupferrohrleitung EN 1057 – 28 × 1,5. Das Kupferrohr ist mit einer werkseitig aufgebrachten Wärmedämmung aus FCKW-freiem Polyurethan-Schaum (PUR) und einer Kunststoffaußenhaut versehen. Laut Hersteller hat die Dämmung eine längenbezogene Masse von 0,24 kg/m.

Geg.: $d_a = 28\ \text{mm};\ s = 1{,}5\ \text{mm};\ l = 12\ \text{m};$

$m'_{\text{Cu-Rohr}} = 1{,}11\ \frac{\text{kg}}{\text{m}}$

$m'_{\text{Dämmung}} = 0{,}24\ \frac{\text{kg}}{\text{m}}$

$V' = 0{,}49\ \text{l} \qquad m \mathrel{\hat{=}} 0{,}49\ \text{kg} \qquad m = m'_{\text{Wasser}}$

Ges.: m in kg

Lösung:

$m = (m'_{\text{Cu-Rohr}} + m'_{\text{Wasser}} + m'_{\text{Dämmung}}) \cdot l$

$m = \left(1{,}11\ \frac{\text{kg}}{\text{m}} + 0{,}49\ \frac{\text{kg}}{\text{m}} + 0{,}24\ \frac{\text{kg}}{\text{m}}\right) \cdot 12\ \text{m}$

$\underline{\underline{m = 22{,}08\ \text{kg}}}$

ÜBUNGEN

1. Berechnen Sie den Innendurchmesser d_i eines nahtlosen Stahlrohres nach EN 10220 mit einem Außendurchmesser $d_a = 108$ mm und einer Wanddicke $s = 3{,}6$ mm.
2. Vergleichen Sie den Innendurchmesser d_{i1} eines Gewinderohres M mit dem Innendurchmesser d_{i2} eines Gewinderohres H. Beide Außendurchmesser betragen jeweils $d_a = 88{,}9$ mm. Die Wanddicke beträgt beim Gewinderohr (M) 4,0 mm und beim Gewinderohr (H) 4,85 mm.
3. Berechnen Sie die Wanddicke eines Polybutenrohrs nach DIN 16969, dessen Außendurchmesser $d_a = 63$ mm und dessen Innendurchmesser $d_i = 51{,}4$ mm beträgt.
4. Ermitteln Sie mit Hilfe Tab. Bild 2, S. 281 oder des Tabellenbuches jeweils den Innendurchmesser d_i und die zugehörige Dämmschichtdicke (100 %) nach Tab. Bild 1, S. 282 eines Gewinderohrs (M) EN 10255 – DN 32 und eines Gewinderohrs (H) EN 10255 – DN 32.
5. Ein Gewinderohr (M) EN 10255 – DN 32 nahtlos A soll in einem unbeheizten Kellerraum nach EnEV gedämmt werden. Ermitteln bzw. berechnen Sie:

   a) den Innendurchmesser d_i und die Wanddicke s.
   b) die erforderliche Mindestdämmschichtdicke s_1.
   c) den Außendurchmesser des gedämmten Rohres.
6. Ein wärmegedämmtes Heizungsrohr soll in einem unbeheizten Keller in einem Schutzrohr aus PVC von einem Raum zum anderen verlegt werden. Berechnen Sie den Innendurchmesser des Schutzrohres, wenn das Heizungsrohr ein Kupferrohr 20 × 1 ist und nach EnEV gedämmt werden muss.

ÜBUNGEN

(7) Der Außendurchmesser eines wärmegedämmten Rohres beträgt 249 mm. Bei der Warmwasser führenden Leitung handelt es sich um ein Stahlrohr EN 10220 – 88,9 × 3,2. Überprüfen Sie, ob die Rohrleitung nach EnEV richtig gedämmt wurde.

(8) Wie groß sind die freien Querschnitte zweier Gewinderohre (M) EN 10255, wenn das eine Rohr die Nennweite DN 25 und das andere DN 50 hat?

(9) Berechnen Sie den freien Querschnitt folgender Rohre mit der gleichen Nennweite DN 20:

a) nahtloses Stahlrohr EN 10220
b) halbhartes Kupferrohr EN 1057
c) Mehrschichtverbundrohr PE-HD/Al/PE-Xb (DVGW-W534)

(10) Die Gewinderohre (M) EN 10255 eines Heizungsverteilers für eine Anlage mit drei Heizkreisen haben die Nennweiten DN 50, DN 32 und DN 25.

a) Wie groß ist die Summe der freien Querschnitte?
b) Ermitteln Sie die Nennweite eines Gewinderohres M mit mindestens dem gleichen freien Querschnitt.

(11) Für ein raumluftabhängiges Gasgerät der Art B soll eine Zuluftöffnung ins Freie mit Hilfe eines PVC-Rohres hergestellt werden. Der freie Querschnitt muss dabei mindestens 150 cm^2 betragen. Überprüfen Sie, ob der freie Querschnitt eines PVCU-Rohrs DIN 8062 – 140 × 6,7 ausreichend ist.

(12) Wie groß ist die Rohrquerschnittsfläche eines Gewinderohres (H) EN 10255 – 33,7 × 4,0?

(13) Ein Polypropylenrohr DIN 8078, Reihe 7 hat einen Außendurchmesser d_a = 32 mm und eine Wanddicke s = 64 mm. Berechnen Sie die Rohrquerschnittsfläche.

(14) Vergleichen Sie die Rohrquerschnittsfläche eines Gewinderohres (M) EN 10255 – DN 50 mit der eines geschweißten Stahlrohres EN 10220 – 57 × 2,3.

(15) Beim Ablängen eines nahtlosen Stahlrohres EN 10220 – 42,4 × 2,6 entsteht ein Schneidgrat von 0,5 mm, der allseitig nach innen ragt.

a) Wie groß ist die Verringerung des freien Querschnitts in cm^2?
b) Berechnen Sie die prozentuale Verringerung des freien Rohrquerschnitts.

(16) Ein weiches Kupferrohr EN 1057 – R220 – 12 × 1,0 wird mit einem Rohrabschneider abgelängt. Hierbei entsteht ein Innengrat von 1,5 mm.

a) Wie groß ist die Verringerung des freien Querschnitts in cm^2?
b) Berechnen Sie die prozentuale Verringerung des freien Rohrquerschnitts.

(17) In einem verzinkten Gewinderohr (M) EN 10255 – 26,9 × 2,6 hat sich eine 2,5 mm dicke Kalkschicht abgelagert.

a) Wie groß ist die Verringerung des freien Querschnitts in cm^2?
b) Berechnen Sie die prozentuale Verringerung des freien Rohrquerschnittes.

(18) Berechnen Sie die gesamte Rohroberfläche von 8 Stahlrohren EN 10220 – DN40 mit einer Länge von je 6 m.

(19) Für ein Rohrregister, das als Heizkörper für einen Lagerraum dienen soll, werden 5 m^2 Heizfläche benötigt.

Wie viele Meter eines Gewinderohres (M) EN 10255 – 42,4 × 3,2 werden hierfür benötigt?

(20) In einem Badezimmer werden 110 m PE-X-Rohr DIN 16893 – 12 × 1,8 als Fußbodenheizung verlegt. Berechnen sie die Heizfläche.

(21) Eine Gasleitung aus Gewinderohr (H) EN 10255 – 60,3 × 4,5 soll mit einem gelben Farbanstrich versehen werden. Für wie viele m^2 muss die Farbe reichen, wenn die Leitung 126 m lang ist?

(22) Eine 6 m lange wärmegedämmte Rohrleitung soll mit einem 0,7 mm dicken verzinkten Stahlblech verkleidet werden. Wie viel m^2 Blech werden benötigt, wenn der Außendurchmesser der Dämmung 94 mm beträgt?

(23) Beim Entleeren eines Rohrleitungsabschnittes laufen 15 l Heizungswasser aus dem Kupferrohr EN 1057 – 22 × 1. Berechnen Sie die Länge der Kupferrohrleitung.

(24) In einem Mehrfamilienhaus sollen vom Keller zu den Sonnenkollektoren auf dem Dach Kupferrohre EN 1057 – 28 × 1,5 verlegt werden. Die Gesamtlänge der Rohrleitung beträgt 32 m. Wie viele Liter Wärmeträgerflüssigkeit muss der Auffangbehälter mindestens aufnehmen können, wenn in den fünf Kollektoren jeweils 1,6 l, im Wärmetauscher 19 l und als „Wasservorlage" im MAG 1,7 l enthalten sind?

2 Technische Kommunikation

Unter Technischer Kommunikation (technical communication) ist alles zu verstehen, was z. B. Mitarbeitern, Großhandel und Kunden eines SHK-Betriebes hilft, die Installation und die komplexe Funktion einer haustechnischen Anlage besser zu verstehen. Dazu gehört wesentlich mehr als nur eine Bedienungsanweisung (operating instructions), z. B. auch:

- Produktbeschreibungen
- Terminpläne
- Montageanweisungen
- Wartungsanweisungen und
- Technische Zeichnungen

2.1 Produktbeschreibungen

Produktbeschreibungen (product descriptions) (Bild 1 und Text) sind notwendig, um sich zu informieren. Sie enthalten Informationen wie z. B. Aussehen, Gestaltung, Aufbau, Funktion und Eignung, die einem Kunden die Kaufentscheidung (buying decision) und dem Monteur die Beratung (advisory service) erleichtern.

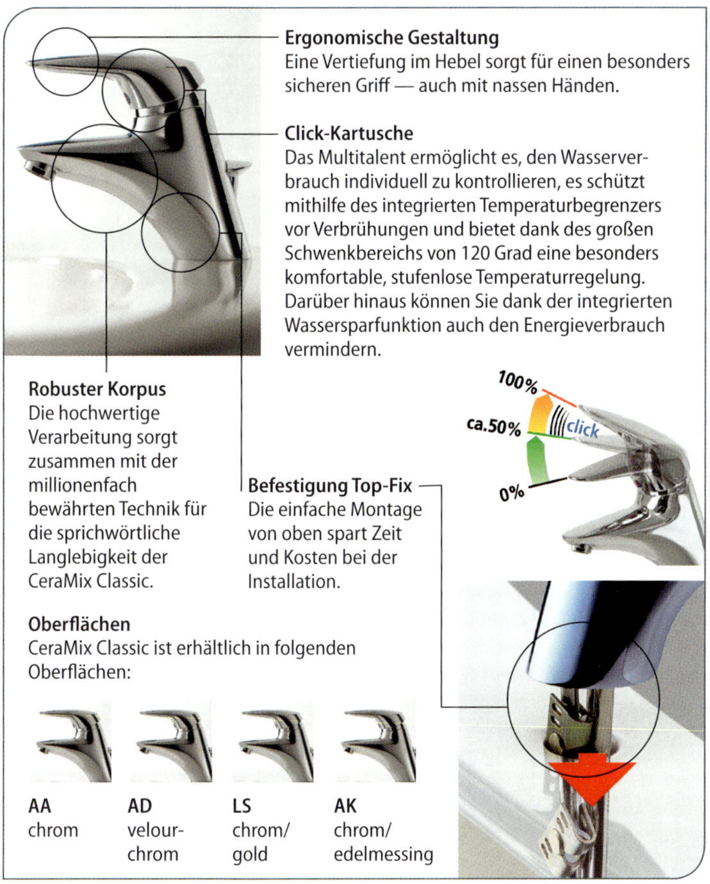

1 Produktbeschreibung Waschtischarmatur

2.2 Terminpläne

Damit sich die einzelnen Gewerke (crafts), die z. B. an einem Neubau beteiligt sind (Maurer, Estrichleger, Zimmerer, Tischler, Anlagenelektriker, Analgenmechaniker-SHK usw.) nicht in die Quere kommen, sind eine bestimmte Abfolge und Terminabsprachen (agreeing on a date) unerlässlich. In einem Terminplan (time schedule) (Bild 1, S. 288) wird genau festgelegt, wann, wo und von wem die anstehenden Montagearbeiten durchzuführen sind. Der Handwerksmeister (Unternehmer) kann aus dem Terminplan entnehmen, bis zu welchem Zeitpunkt benötigte Materialien und auch das entsprechende Personal zur Verfügung stehen müssen, um rechtzeitig mit den Montagearbeiten beginnen zu können. Da die Ausführung der Arbeiten oft vertraglich an bestimmte Termine (Endzeiten) gebunden sind, kann es bei Verzug (default) der Arbeiten zu empfindlichen Geldstrafen (fines) kommen.

2.3 Montage- und Wartungsanweisungen

Mit Hilfe von **Montage- und Wartungsanweisungen** (assembly and servicing instructions) liefern die Hersteller von z. B. Sanitärgeräten oder Lüftungsanlagen detaillierte Anweisungen, wie die **Fachkraft** (skilled personnel) das Gerät, die Anlage bzw. Anlagenteile fachgerecht installiert und in Betrieb nimmt und welche regelmäßigen Wartungsarbeiten wann und wie durchzuführen sind.

Die **Montage- und Wartungsanweisungen** bestehen meist aus einer Zeichnung (drawing) mit zielgerichteten Anweisungstexten für z. B. Einbau, Verwendung, Wartung und Sicherheit (Bild 2, Seite 288 und Kap. 2.3.1 bis 2.3.5). Durch diese enge Verbindung (connection) von Bild und Text wird der Monteur dabei unterstützt, vor Ort beim Kunden oder auf der Baustelle (building site) planmäßig, schnell und fehlerfrei zu montieren und zu warten.

2.3.1 Einbau

Beim Einbau sind die örtlichen Vorschriften sowie allgemeine Richtlinien und die Einbau-Anleitung zu beachten.

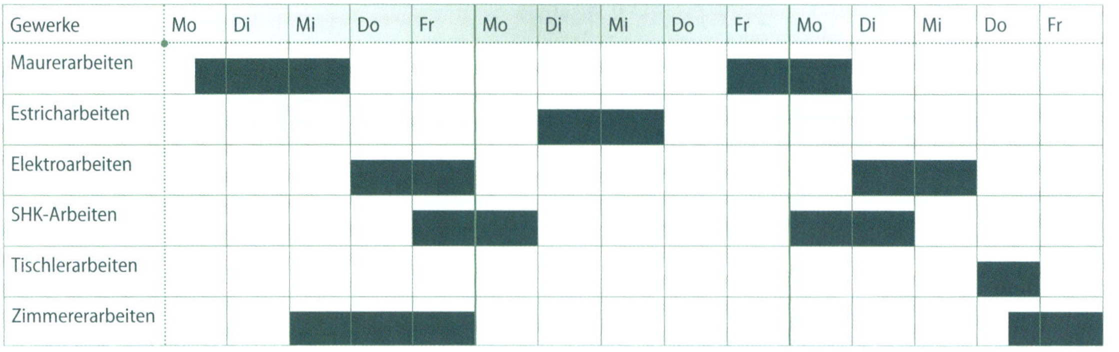

1 Terminplan

Der Einbauort muss frostsicher und gut zugänglich sein. Vor und hinter dem Hauswasser-Feinfilter sind Absperrventile vorzusehen.

2.3.1.1 Montage

1. Rohrleitung gut durchspülen.
2. Hauswasser-Feinfilter anbauen
   - Durchfluss in Pfeilrichtung
   - Einbaulage in waagerechter Rohrleitung mit Filtertasse nach unten.
   - spannungs- und biegemomentfrei einbauen.
3. Manometer eindichten.
4. Hauswasser-Feinfilter ist betriebsbereit.

2.3.1.2 Rückspülwasserabführung

Das Rückspülwasser muss so zum Ablaufkanal geführt werden, dass kein Rückstau entstehen kann.
Dazu gibt es drei Möglichkeiten:
1. Direkter Anschluss:
Übergangsstück DN 50/70 sowie erforderliche Rohre und Siphon (3 Bögen 90°) in DN 70
2. Ablauf frei in vorhandenen Bodenablauf.
3. Ablauf in offenen Behälter.

Filter-Größe	Rückspülmenge*
R ½ und R ¾	12 Liter
R 1 und R 1 ¼	15 Liter
R 1 ½ und R 2	18 Liter

* bei 4 bar Eingangsdruck und 15 s Rückspüldauer

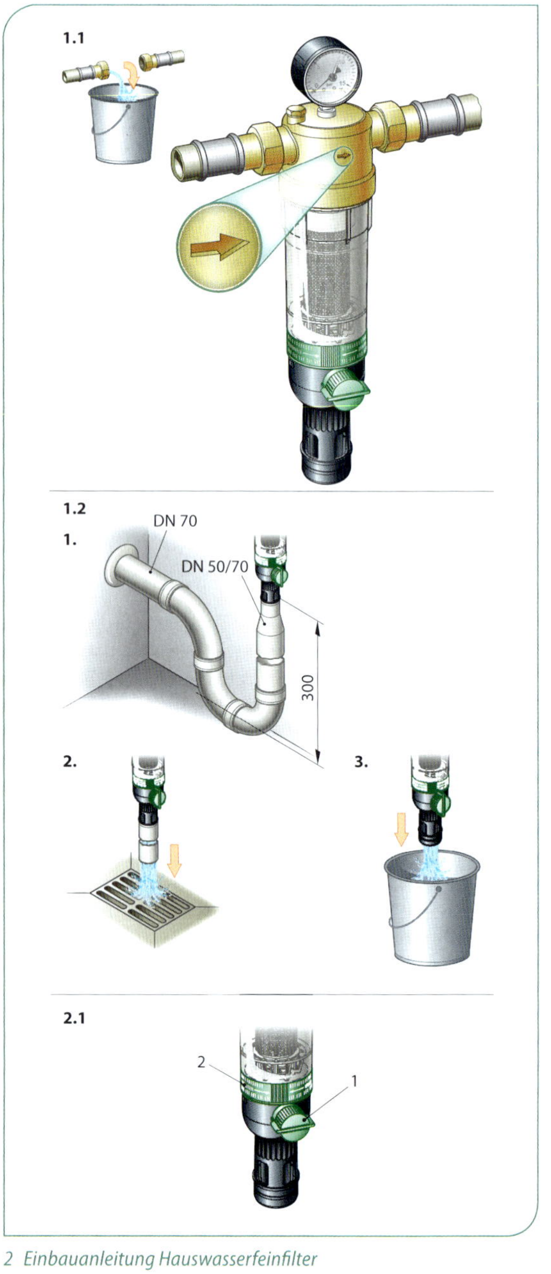

2 Einbauanleitung Hauswasserfeinfilter

2.3.2 Rückspülen

Zum Rückspülen ist ein Eingangsdruck von mindestens 1,5 bar erforderlich. Das Rückspülintervall ist abhängig vom Verschmutzungsgrad des Wassers. Spätestens alle 2 Monate

MERKE

Auch während des Rückspülens kann gefiltertes Wasser entnommen werden.

muss entsprechend DIN 1988-8 eine Rückspülung durchgeführt werden. Zur bequemen und regelmäßigen Einhaltung des Rückspülintervalls empfehlen wir den Einbau einer Rückspülautomatik.

2.3.2.1 Manuelles Rückspülen

Erfolgt die Rückspülwasserabführung nicht durch einen direkten Anschluss, so muss vor dem Rückspülen ein Auffanggefäß untergestellt werden.

1. Ventil durch Drehen des Rückspülknopfs 1 (Bild 2, S. 288) bis Anschlag öffnen
   - Markierungsbalken muss senkrecht stehen
   - das patentierte Rückspülsystem wird in Gang gesetzt
2. Kugelventil nach ca. 15 s wieder schließen
   - bei stark verschmutztem Filter kann eine längere Rückspüldauer erforderlich sein.

Mit Hilfe des Memory-Ringes **2** (Bild 2, S. 288) kann der nächste Termin für die manuelle Rückspülung vorgemerkt werden.

2.3.2.2 Automatisches Rückspülen

Die Rückspülautomatik ist als Zubehör erhältlich. Die Automatik übernimmt zuverlässig das Rückspülen des Filters in einstellbaren Zeiträumen zwischen 4 Minuten und 3 Monaten.

2.3.3 Instandhaltung

Wir empfehlen dem Betreiber, einen Wartungsvertrag mit einem Installationsunternehmen abzuschließen.
Entsprechend der DIN 1988-8 sind folgende Maßnahmen regelmäßig durchzuführen:

- Der Filter muss regelmäßig, spätestens alle 2 Monate, durch Rückspülen gereinigt werden.
- Dieser Vorgang darf vom Betreiber vorgenommen werden.
- Eine Nichtbeachtung kann zu Filterverstopfung führen. Druckabfall und sinkende Wasserdurchlässigkeit sind die Folge.
- Die Siebe des Filters sind aus nichtrostendem Stahl. Roter Belag infolge von Rost aus den Rohrleitungen hat keinen Einfluss auf Funktion und Filterwirkung.

2.3.4 Verwendungsbereich

Anschlussgrößen R ½ – R 2

Mit Klarsicht-Filtertasse
Medium Wasser bis max. 40 °C
Betriebsdruck max. 16 bar
Zum Reinigen der Kunststoffteile keine lösungsmittelhaltigen Pflegemittel benutzen.
In Bereichen mit UV-Bestrahlung oder Lösungsmitteldämpfen eine Rotguss- Filtertasse verwenden.

Mit Rotguss-Filtertasse
Medium Wasser bis max. 70°C
Betriebsdruck max. 25 bar[1]

2.3.5 Sicherheitshinweise

1. Benutzen Sie das Gerät
   - in einwandfreiem Zustand
   - bestimmungsgemäß
   - sicherheits- und gefahrenbewusst.
2. Beachten Sie die Einbau-Anleitung.
3. Lassen Sie Störungen, welche die Sicherheit beeinträchtigen können, umgehend beseitigen.
4. Der Hauswasser-Feinfilter ist ausschließlich für die in dieser Einbau- Anleitung genannten Einsatzgebiete bestimmt. Eine andere oder darüber hinausgehende Benutzung gilt als nicht bestimmungsgemäß.

2.4 Bedienungsanweisungen

Die Bedienungsanweisung (operation instructions) ist vorrangig für das **Bedienungspersonal** (service personnel) und/oder für den **Betreiber** bzw. **Besitzer** (owner) einer Anlage bestimmt. Wie bei der Wartungsanweisung werden auch in der Bedienungsanweisung mit Hilfe von Bildern und Anweisungstexten z. B. die Änderungen bestimmter Einstellwerte wie z. B. die Raumtemperatur, Warmwassertemperatur (Bild 1, S. 290) usw. erklärt.

MERKE

Bei der Übergabe einer Anlage ist es die Aufgabe der Fachkraft, dem Kunden oder Betreiber die Bedienungsanweisung auszuhändigen und die wesentlichen Einstellungen angemessen zu erläutern.

Fehlbedienungen (operating errors) durch den Betreiber der Anlage, die nachweislich durch falsche oder mangelhafte Einweisung zu Schäden (damages) führen, können aufgrund des **Produkthaftungsgesetzes** zu **Schadenersatzansprüchen** (claims for compensation) führen.

ÜBUNGEN

1. Nennen Sie min. 4 Teilbereiche, die zur Technischen Kommunikation gehören.
2. Wofür sind Produktbeschreibungen notwendig?
3. Warum sollten alle an einem Neubau beteiligten Gewerke Termine absprechen?
4. Nennen Sie 3 Anweisungen, die eine Fachkraft aus einer Montage- und Wartungsanweisung entnehmen kann.
5. Wodurch unterscheidet sich eine Bedienungsanweisung von einer Montage- und Wartungsanweisung?

[1] Ist der Wasserdruck höher als 16 bar, muss ein Manometer mit höherem Anzeigebereich verwendet werden

Einstellung der Unterputz-Thermostatbatterie

Führen Sie diese Einstellung nur dann durch, wenn die Wassertemperatur im Auslauf nicht der an der Thermostat-Batterie eingestellten Temperatur entspricht.

1. Den Griff (1) mit einem Inbusschlüssel ausbauen. Die Schraube (2) abdrehen und die Blende (3) abziehen.

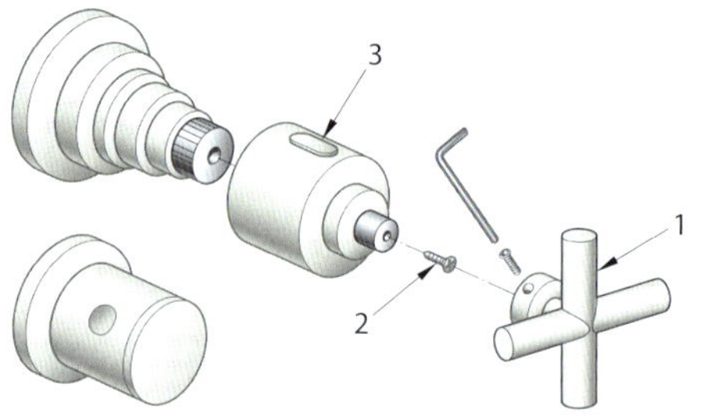

2. Öffnen Sie den Absperrhahn (4) und messen Sie die Wassertemperatur mit einem Thermometer. Drehen Sie die Rändelmutter (B) nach rechts bzw. links, bis die Wassertemperatur 38 °C beträgt.

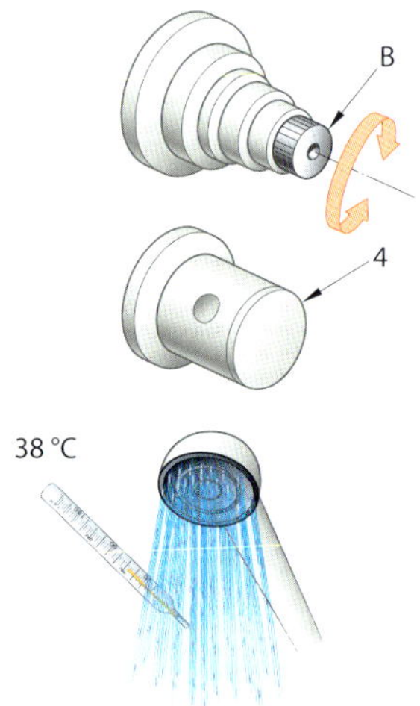

3. Die Blende (3) mit der Sicherheitssperre nach oben anbringen.

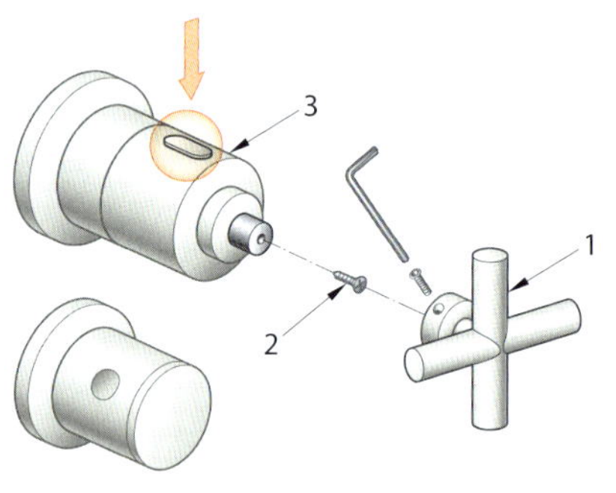

1 Bedienungsanweisung Unterputz-Thermostatbatterie

2.5 Technische Zeichnungen

2.5.1 Blattgröße

Die Blattgröße (size of sheet) wird in Abhängigkeit vom Maßstab (scale) (vgl. 2.5.5) und von der erforderlichen Genauigkeit der Darstellung gewählt. Ausgangsformat aller Zeichenblätter der A-Reihe ist das Format (format) A0 (Bild 1, S. 291)[1]. Der Flächeninhalt dieses Formates beträgt genau **1 m²** (841 mm · 1189 mm). Durch Halbierung (bisectioning) entlang der längeren Seite eines Formates ergibt sich jeweils die nächst kleinere Blattgröße (z. B. A3/2 = A4).

[1] DIN EN ISO 5457 : 1999-07 – Formate und Gestaltung von Zeichnungsvordrucken

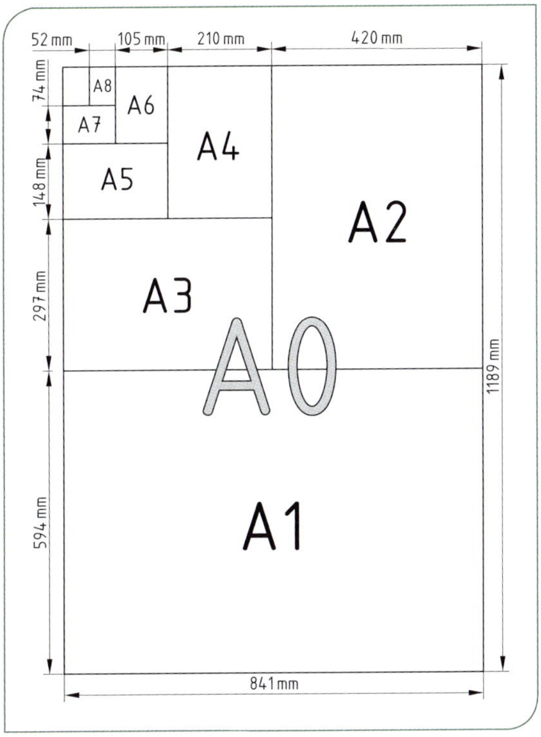

1 Aufteilung eines A0-Zeichenblattes

2.5.2 Schriftfeld

Jede Zeichnung erhält ein **Schriftfeld**[1] (title block) (Bild 1, S. 292). Darin sind allgemeine Angaben enthalten, die für die gesamte Zeichnung gelten wie z. B. der gesetzliche Eigentümer, Benennung (Titel) des Einzelteils (description, title), Name des Zeichners, Herstellungsdatum, Zeichnungsnummer (drawing number), Dokumentenart, Dokumentenstatus, usw. Weitere Angaben, wie z. B. der Maßstab (scale) werden, wenn erforderlich, außerhalb des Schriftfelds eingetragen (Bild 2, S. 292). Die Lage des Schriftfelds bestimmt die Leserichtung auf der Zeichnung. Es wird immer in der rechten unteren Ecke angeordnet. Das Format A4 darf nur im Hochformat und die Formate A3 bis A0 dürfen nur im Querformat ausgeführt werden.

2.5.3 Linienarten und Linienbreiten

Linien (lines) in technischen Zeichnungen[2] und in Bauzeichnungen[3] haben eine bestimmte Bedeutung. Die folgenden Übersichten (tables) (Bilder 2 und 3) zeigt in einer Auswahl, welchen Anwendungen sie zugeordnet sind. Die Breite (line width) aller Linienarten auf einer Zeichnung wird durch die Breite der Körperkanten (visible outlines) festgelegt.

[1] DIN EN ISO 7200 : 2004-05 – Technische Produktdokumentation – Datenfelder in Schriftfeldern und Dokumentenstammdaten

[2] Linienarten und Linienbreiten in technischen Zeichnungen sind in DIN EN ISO 128-20 : 2002-12 und DIN ISO 128-24 : 1999-12 genormt.

[3] Linienarten und Linienbreiten in Bauzeichnungen sind in DIN 1356-1:1995-02 genormt.

Linienart (type of lines)	Linienbreite der Körperkanten			Benennung (description)	Anwendung
———	0,35	0,5	0,7	Volllinie, breit	Sichtbare Kanten und Umrisse, Gewindeabschlusslinien
———	0,18	0,25	0,35	Volllinie, schmal	Maßlinien, Maßhilfslinien, Schraffuren, Lichtkanten, Bezugslinien, Umrisse von in die geeignete Ansicht gedrehten Schnitten, Gewindegrund, kurze Mittellinien, Biegelinien, Diagonalkreuze
—·—·—	0,18	0,25	0,35	Strich-Punktlinie, schmal	Mittellinien, Symmetrielinien
—·—·—	0,35	0,5	0,7	Strich-Punktlinie, breit	Kennzeichnung von Schnitten und Behandlungszuständen
— — — —	0,18	0,25	0,35	Strichlinie	Verdeckte Kanten und Umrisse
∼∼∼	0,18	0,25	0,35	Freihandlinie	Bruchlinien an Werkstücken und Ausbrüchen

2 Linienarten und Linienbreiten in technischen Zeichnungen

Linienart (type of lines)	Linienbreite in mm			Benennung (description)	Anwendung
———	0,5	1	1	Volllinie, breit	Begrenzung von Schnittflächen
———	0,35	0,5	0,7	Volllinie, schmal	Sichtbare Kanten und Umrisse von Bauteilen, Begrenzung von Schnittflächen kleinerer Bauteile
———	0,25	0,35	0,5	Volllinie, fein	Maßlinien, Maßhilfslinien, Hinweislinien, vereinfachte Darstellungen
- - - - - - -	0,35	0,5	0,7	Strichlinie	Verdeckte Kanten und Umrisse von Bauteilen
—·—·—	0,5	1,0	1,0	Strichpunktlinie	Kennzeichnung von Schnittflächen
··················	0,35	0,5	0,7	Punktlinie	Bauteile vor bzw. über der Schnittebene

3 Linienarten und Linienbreiten in Bauzeichnungen

Lernfeld übergreifende Inhalte

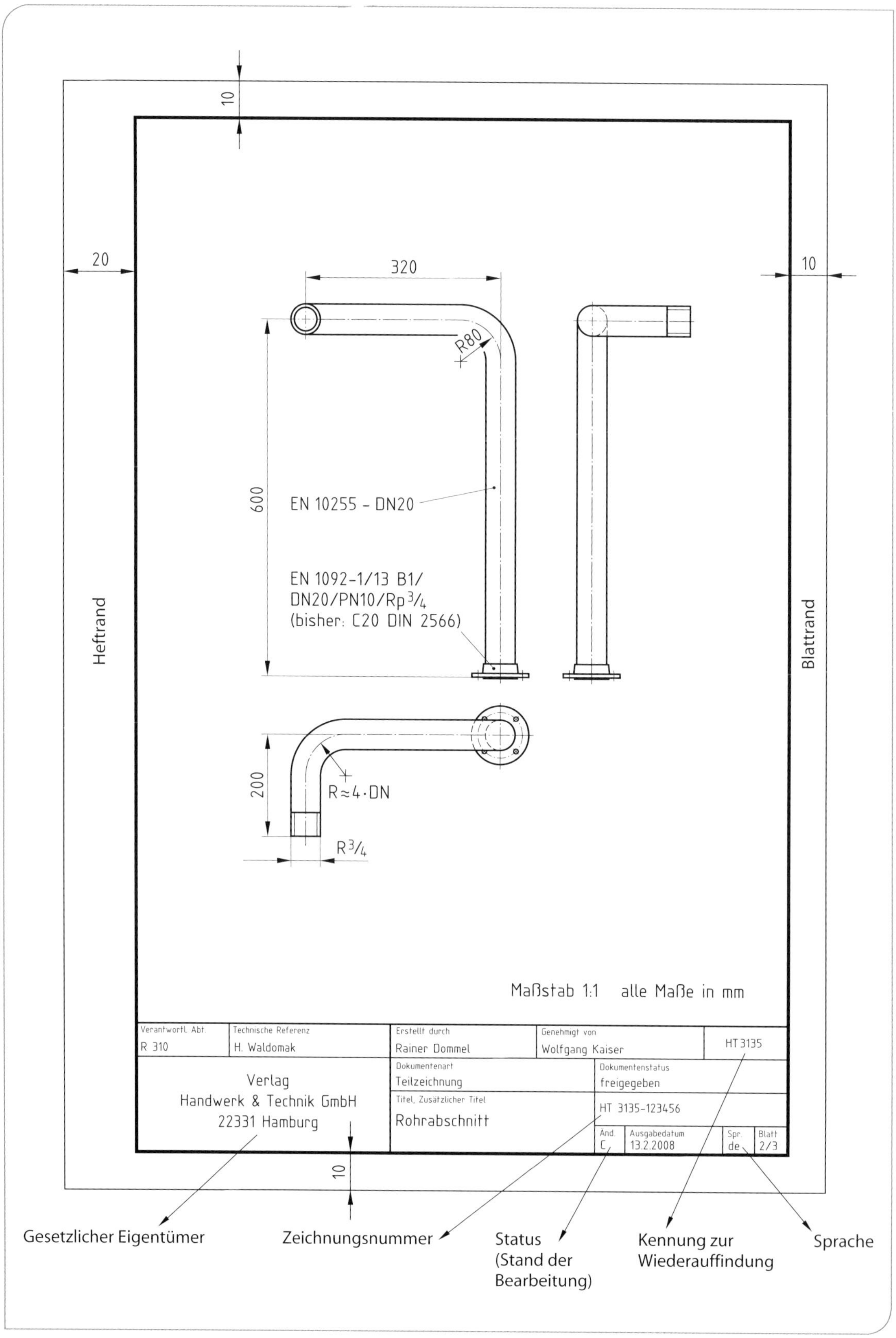

1 Beispiel Blattaufteilung DIN A4

2.5.4 Normschrift

Die Beschriftung auf einer Zeichnung muss in Normschrift[1] (standard lettering) (Bild 1) so ausgeführt werden, dass sie einwandfrei zu lesen ist. Dies gilt für Zahlen und Buchstaben. Fehler oder Verzögerungen in der Fertigung aufgrund unleserlicher (illegible) Angaben dürfen nicht vorkommen. Auch müssen alle Schriftzeichen (letters) bei einer Vervielfältigung einwandfrei abgebildet werden. Von Hand wird mit einer Mine des Härtegrads (degree of hardness) F oder HB beschriftet. Zahlen und Wortangaben werden z. B. bei der Linienbreite 0,5 mm in einer Höhe von 3,5 mm geschrieben.

2.5.5 Maßstäbe

Werkstücke in Zeichnungen sollten immer so dargestellt werden, dass alle Einzelheiten gut zu erkennen sind. Jede Zeichnung ist in einem bestimmten Maßstab[2] (scale) erstellt. Wenn möglich, sind Darstellungen in Zeichnungen im Maßstab 1:1 (die Darstellung entspricht der natürlichen Größe) anzufertigen. Die Maßstabsangabe wird entweder über das Schriftfeld (Bild 1, S.292) oder unter die Positionsnummer (piece number) geschrieben. Folgende Maßstäbe sind anzuwenden, wenn eine Zeichnung zeichnerisch vergrößert oder verkleinert werden muss (Bild 5):

Verkleinerungsmaßstäbe	Natürlicher Maßstab	Vergrößerungsmaßstäbe
1:2	1:1	2:1
1:5		5:1
1:10		10:1
1:20		20:1
1:50		50:1 usw.
1:100		
1:200 usw.		

5 Maßstäbe

MERKE

Die Maße 225 mm und 155 mm werden in der Zeichnung (Bild 2) auf 225 mm : 5 = 45 mm und 155 mm : 5 = 31 mm **gekürzt** dargestellt (M 1:5). In der Zeichnung (Bild 4) wird das Maß 0,5 mm auf 0,5 mm · 5 = 2,5 mm **verlängert** dargestellt (M 5:1). Die Maße der Zeichnung (Bild 3) entsprechen dem natürlichen Maßstab (M 1:1).

[1] Die Form und Größe der Schriftzeichen sind in DIN EN ISO 3098 genormt.

[2] Zeichnungsmaßstäbe sind in DIN ISO 5455 genormt.

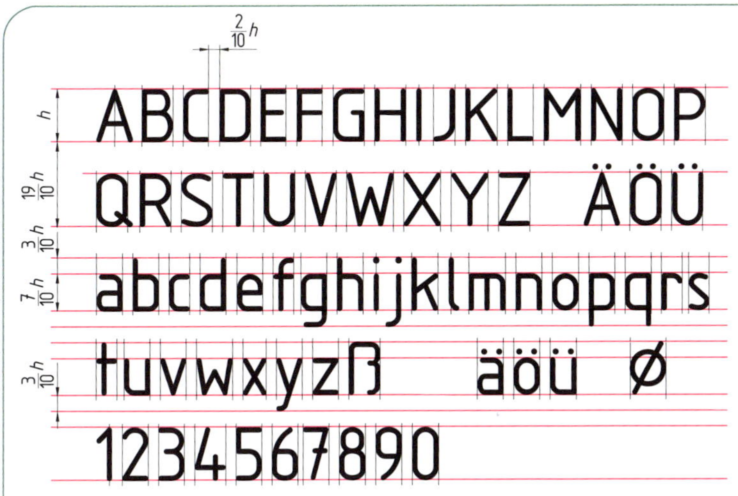

Größenverhältnisse Schriftform B

Große Buchstaben	$\frac{10}{10}h$
Kleine Buchstaben	$\frac{7}{10}h$
Buchstabenabstand	$\frac{2}{10}h$
Linienbreite	$\frac{1}{10}h$
Wortabstand	$\frac{6}{10}h$
Grundlinienabstand	$\frac{13}{10}h \ldots \frac{19}{10}h$

Schrifthöhen und Strichbreiten

Schrifthöhe h	2,5	3,5	5	7
Strichbreite	0,25	0,35	0,5	0,7
Breite Volllinie	0,35	0,5	0,7	1

Indizes und Hochzahlen werden eine Liniengruppe kleiner geschrieben

1 Normschrift

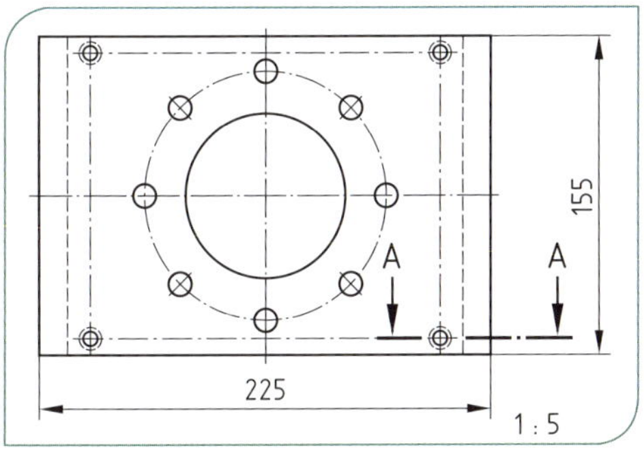

2 Zeichnung im Maßstab 1:5

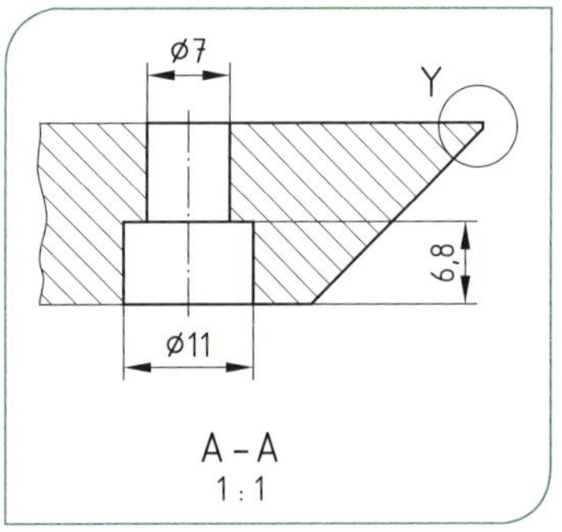

3 Zeichnung im Maßstab 1:1

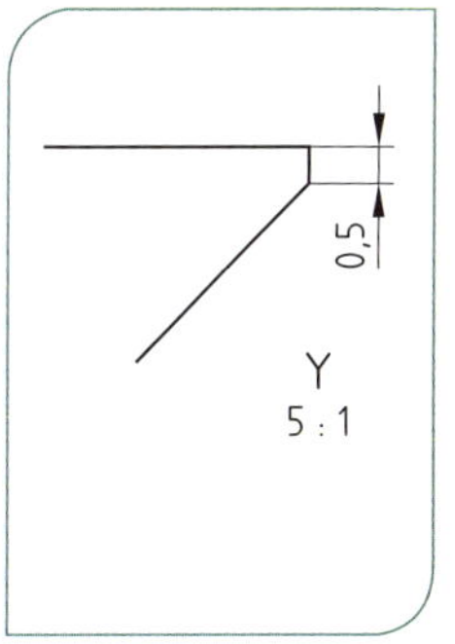

4 Zeichnung im Maßstab 5:1

2.5.6 Bemaßungsregeln

Maße in technischen Zeichnungen werden nach DIN 406-11[1)] eingetragen. Die Regeln gelten im Allgemeinen sowohl für manuelle als auch für rechnergestützte Zeichnungen. Sichtbare Kanten werden als breite Volllinien gezeichnet. Maßlinien und Maßhilfslinien als schmale Volllinien.

Maßlinien (dimension lines) a (Bild 1)
- werden parallel zur zu bemaßenden Länge gezeichnet
- sollen etwa 10 mm von der Körperkante entfernt sein
- und untereinander gleiche Abstände von (z. B. 7 mm) haben
- sollten sich nicht mit anderen Maßlinien und auch nicht untereinander schneiden
- wenn das nicht vermeidbar ist, werden die Maßlinien **nicht** unterbrochen
- Mittellinien dürfen nicht als Maßlinien verwendet werden

Maßhilfslinien (extension lines, projection lines) b
- beginnen (Bild 1) direkt an der Körperkante (außen)
- werden rechtwinklig zur bemaßenden Länge herausgezogen
- können bei Unübersichtlichkeit schräg und parallel zueinander herausgezogen werden
- ragen 1 bis 2 mm über die Maßlinie hinaus

Maßlinienbegrenzungen (dimension line determination) c
- sind im Regelfall (Bild 1) schwarze Pfeile und bei Platzmangel auch Punkte
- bei Computerzeichnungen vorzugsweise offene Pfeile
- sind in Skizzen häufig Schrägstriche

Maßzahlen (dimensions) d
- werden in Normschrift (vgl. Kap 2.5.4) immer über der Maßlinie geschrieben (Bild 1)
- dürfen nicht durch Linien getrennt werden

Maßeinheiten (units of measurement) e (Bilder 1 und 2)
- In technischen Zeichnungen werden alle Maße in mm angegeben. Es dürfen deshalb keine Einheiten (z. B. mm) eingetragen werden.

2.5.6.1 Anordnung der Maße

Die Maße sind bevorzugt so einzutragen, dass sie von **unten** und von **rechts** zu lesen sind. Ist wenig Platz vorhanden, werden die Maßzahlen über der Verlängerung der Maßlinie a oder über einer Hinweislinie g eingetragen (Bild 2).

MERKE

Jedes Maß wird nur einmal eingetragen. Bei mehreren Ansichten in der Ansicht, die die Zuordnung des Maßes zur Zeichnung am deutlichsten wiedergibt.

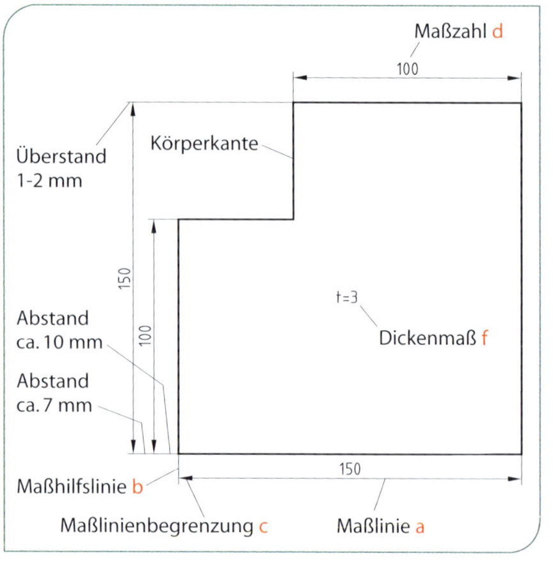

1 Bemaßungsregeln in technischen Zeichnungen

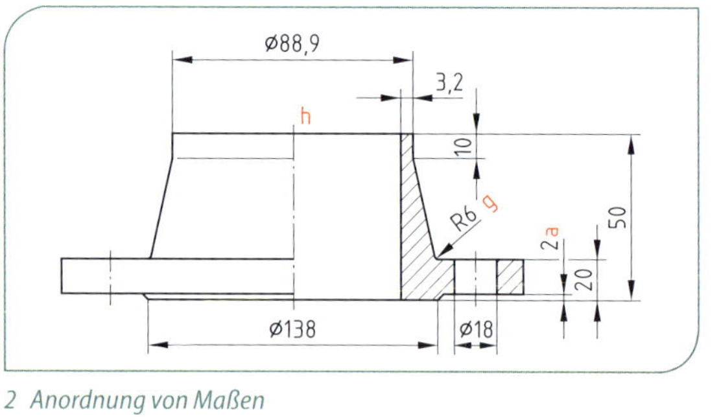

2 Anordnung von Maßen

Zusammengehörende Maße gehören in **eine Ansicht** (view), z. B. die Dicke und die Außenmaße eines Werkstücks (Bild 1).

Mittellinien (centre lines) h können als Symmetrielinien für die Bemaßung eines Werkstücks (Bild 2) oder eines Bereichs innerhalb eines Werkstücks verwendet werden.

Dickenmaße (thickness dimensions) f können im Werkstück (Bild 1) oder auf einer abgeknickten Hilfslinie eingetragen werden.

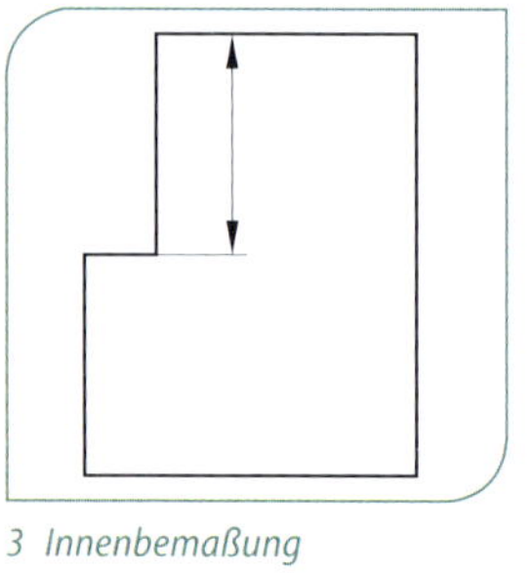

3 Innenbemaßung

Die Bemaßung **verdeckter Kanten** (hidden lines) ist zu vermeiden.
Werkstücke werden **innen** (inside) bemaßt, wenn außen (outside) nicht genügend Platz (space) vorhanden ist (Bild 3).

[1)] DIN 406-11: 1992-12 - Maßeintragung, Grundlagen der Anwendung

2.5.6.2 Maßbezugskanten

Die Bemaßung von unsymmetrischen (nicht spiegelbildlichen) Werkstücken erfolgt von zwei rechtwinklig aufeinander stehenden Maßbezugskanten aus (Bild 1). Bei symmetrischen Werkstücken wird die Mittellinie (centre line) als Maßbezugslinie (dimension reference line) für die **Breitenmaße** (width dimensions) verwendet, für die **Höhenmaße** (height dimensions) dienen Maßbezugskanten (Bild 2).
Wenn eine **Mittellinie** Maßbezugslinie ist, werden symmetrische Konturen nur einmal bemaßt.

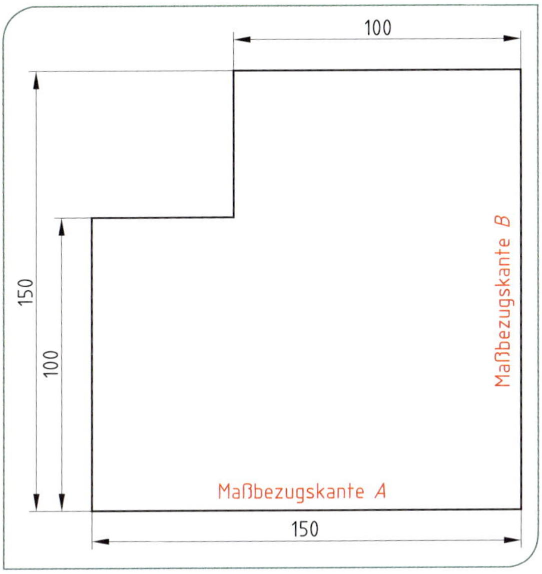

1 Maßbezugskanten unsymmetrisches Werkstück

Lochkreis

Bei im Schnitt dargestellten Flanschen klappt man den Lochkreis um 90 ° in die Zeichenebene (Bild 2). Ein Loch wird vollständig eingezeichnet, die übrigen durch schmale Volllinien gekennzeichnet. Die Anzahl der Löcher und der Durchmesser werden mittels einer Hinweislinie angegeben.

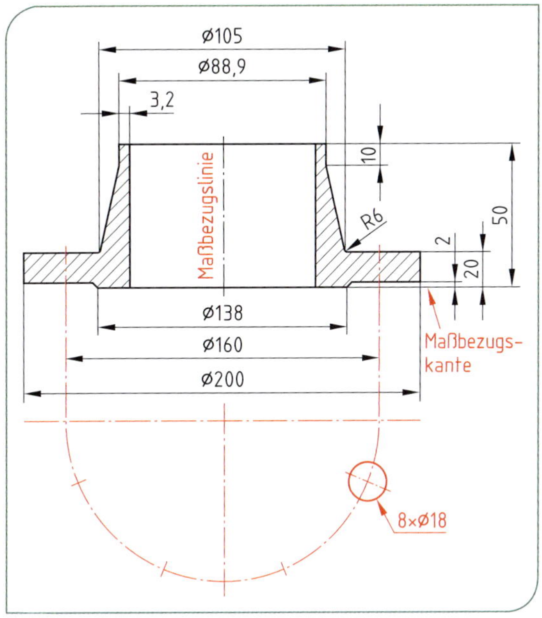

2 Maßbezugslinie und Maßbezugskante eines symmetrischen Werkstücks

2.5.6.3 Kennzeichnung von Werkstückformen

Kennzeichen	Beispiel	Erläuterung
⌀		Das **Durchmesserzeichen** (diameter symbol) kennzeichnet Bohrungen und Zylinder. Es muss in jedem Fall vor die Maßzahl gesetzt werden.
R	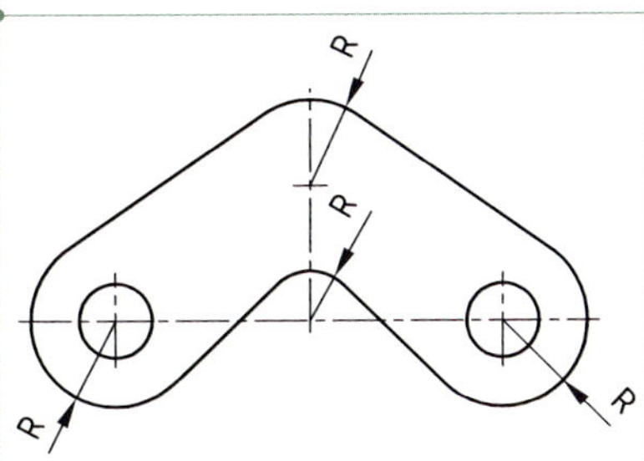	Das R kennzeichnet eine Rundung, einen **Radius** (radius). Das R muss **in jedem Fall** vor die Maßzahl gesetzt werden. Die Maßlinie verläuft durch den Mittelpunkt oder zeigt auf ihn. Maßzahl und R werden gleich groß geschrieben.

3 Kennzeichnung von Werkstückformen

Kennzeichen	Beispiel	Erläuterung
SØ SR	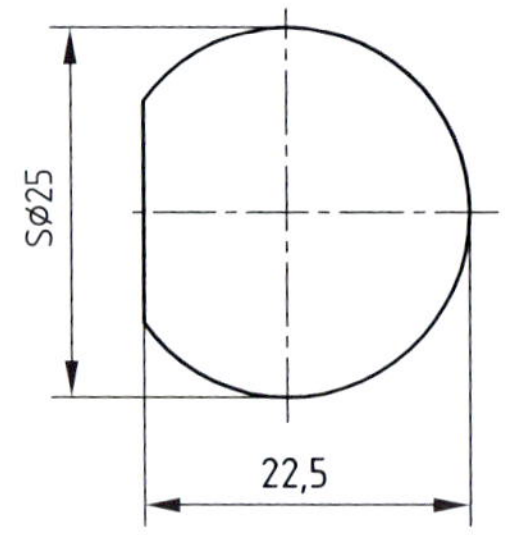	Das S kennzeichnet die **Kugelform** (spherical shape). Das S muss **in jedem Fall** vor die Maßzahl gesetzt werden.
□	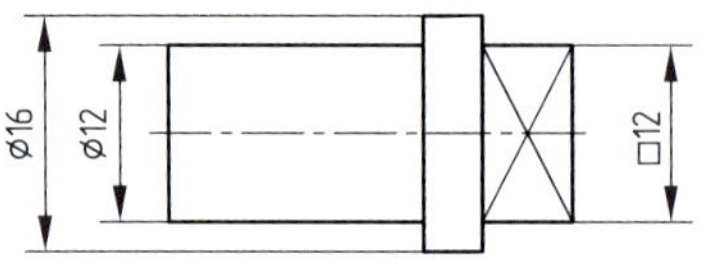	Das **Quadratzeichen** (square symbol) kennzeichnet einen **quadratischenWerkstückquerschnitt**. Kennzeichen und Maßzahl werden nur einmal eingetragen.
SW	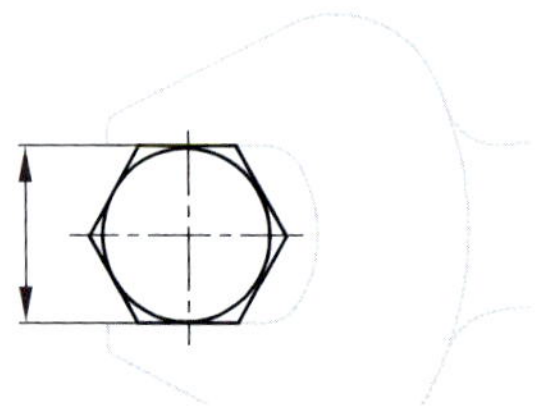	Die Großbuchstaben SW kennzeichnen die **Schlüsselweite** (wrench size).
○→	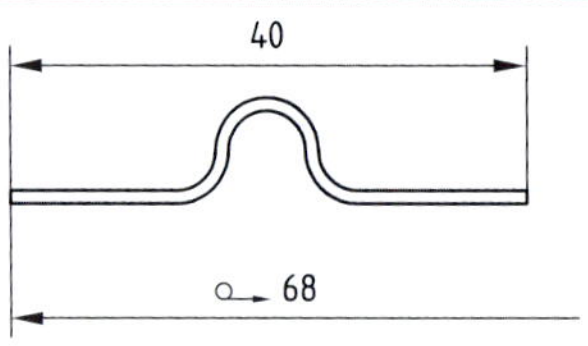	Der Kreis mit einem waagerechten Pfeil kennzeichnet eine **gestreckte Länge**(stretched length, true length).
⌒	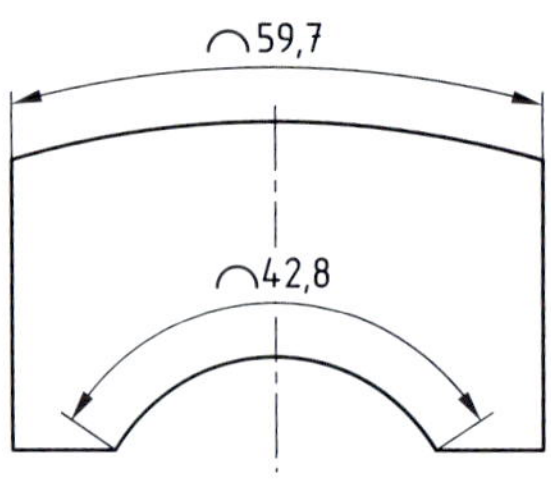	Der Halbkreis vor einer Maßzahl kennzeichnet ein **Bogenmaß** (circular measure). Bei **Handzeichnungen** darf das Bogensymbol auch **über die Maßzahl** geschrieben werden (Beispiel: $\overset{\frown}{130}$).

1 Kennzeichnung von Werkstückformen

2.5.7 Schnittdarstellungen – Vollschnitt, Halbschnitt, Teilschnitt

Bei der Reparatur oder Wartung von Armaturen, Bauteilen oder Geräten ist ein **Vollschnitt** (full section) oft eine wichtige Grundlage, mit deren Hilfe der innere Aufbau erkannt, eine Fehleranalyse bzw. Fehlereingrenzung durchgeführt und Arbeitsschritte zur Demontage und Montage geplant werden können. Im Schnitt wird das Werkstück gedanklich „durchgeschnitten". Nimmt man den abgeschnittenen Teil weg, so werden die inneren Konturen sichtbar (Bild 2 und Bild 2, S. 297). Bei symmetrischen Bauteilen reicht oft schon eine Teilansicht (**Halbschnitt** (semi section)) für das Verständnis des Bauteils (Bild 2, S. 297). **Teilschnitte** (local sections) zeigen nur bestimmte Teilbereiche, die zum Verständnis notwendig sind (Bild 1, S. 297).

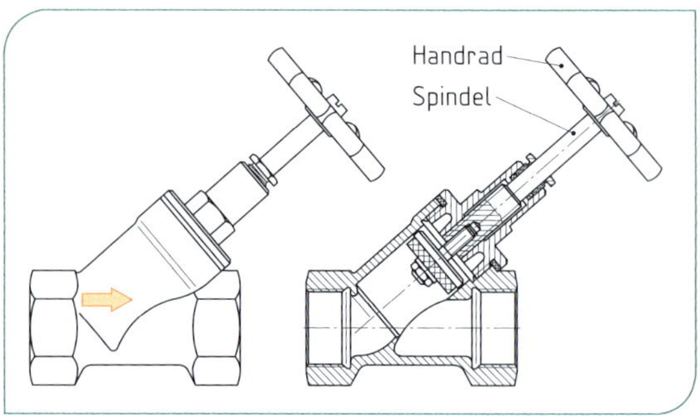

2 Freistromventil im Vollschnitt

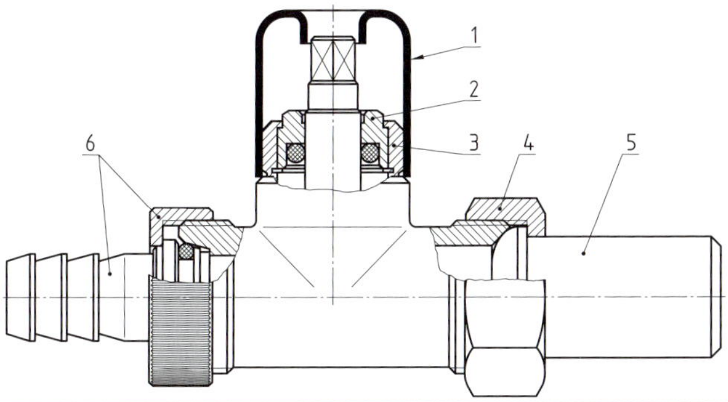

1 Behördenmodellkappe
2 Spindelabdichtung
3 Oberteil für Mod. 5306
4 Tüllenmutter
5 Einschweißtülle
6 Schlauchverschraubung komplett

1 Teilschnitt Füll- und Entleerungshahn

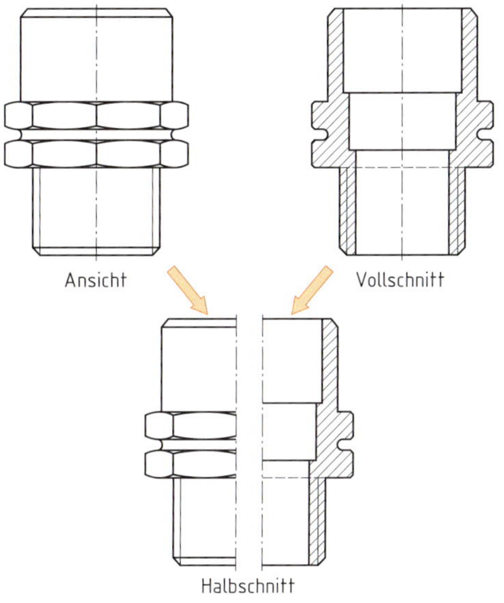

2 Übergangsmuffe im Voll- und Halbschnitt

2.5.7.1 Darstellungsregeln (Bild 3)

- Die durch den Schnitt sichtbar gemachten Kanten (edges) werden als breite Volllinien (full lines) gezeichnet.
- Die Schnittfläche wird durch eine Schraffur (hatching) gekennzeichnet.
- Die Schraffur verläuft unter einem Winkel von 45°.
- Die Schraffur ist nach rechts oder links geneigt.
- Die Schraffurlinien werden als dünne Volllinien gezeichnet.
- Schraffuren enden grundsätzlich an breiten Volllinien
- Die Schraffur wird nur für Maßzahlen unterbrochen und nicht für die Maßlinien.
- Ein Einzelteil muss immer die gleiche Schraffur erhalten, egal, wie oft es in verschiedenen Ansichten in einer Fertigungszeichnung (production drawing) oder einer Gesamtzeichnung (assembly drawing) im Schnitt zu sehen ist.
- Große Schnittflächen erhalten einen breiten Abstand der Schraffurlinien.
- Kleine Schnittflächen erhalten einen schmalen Abstand der Schraffurlinien.

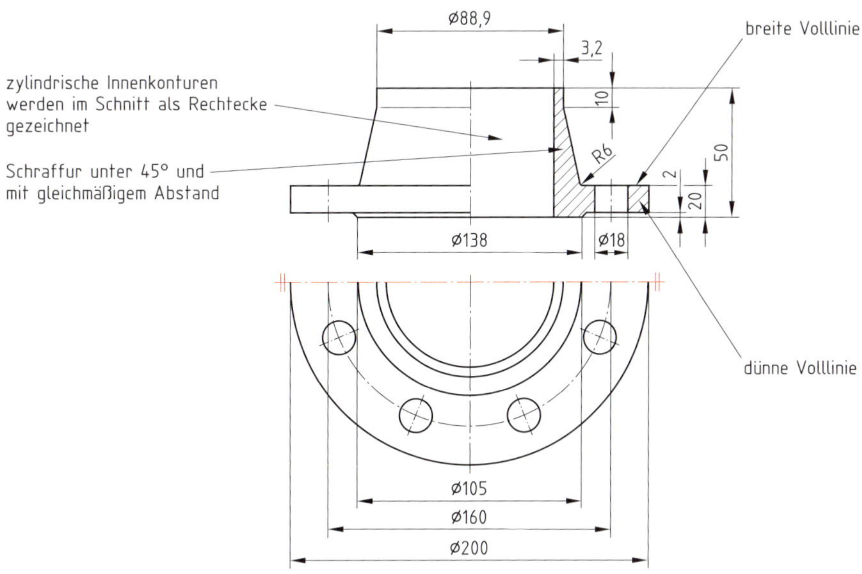

3 Darstellungsregeln

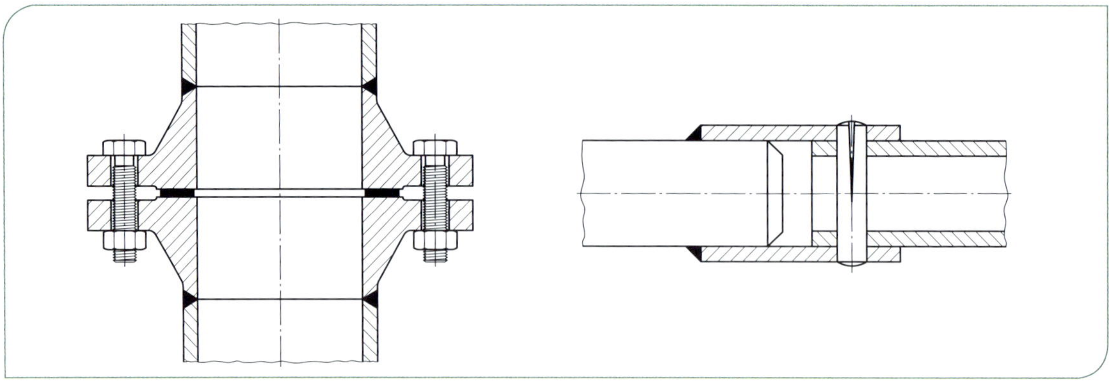

1 Runde Vollkörper

- Sehr schmale Flächen können geschwärzt werden
- Normteile wie z. B. Schrauben (screws), Stifte (pins) und Scheiben (washers) werden in Richtung ihrer Achse (in Längsrichtung) nicht geschnitten. Ihre Form ist in der Ansicht leichter zu erkennen. Ebenso werden Vollkörper, wie Rund- und Flachprofile in Längsrichtung nicht geschnitten, wenn sie keine Bohrungen oder verdeckte Einschnitte enthalten (Bild 1).
- Jedes Einzelteil erhält eine besondere Schraffur. In Baugruppen (subassemblies) können die Teile aufgrund ihrer unterschiedlichen Schraffuren unterschieden werden. Die Schraffuren haben unterschiedliche Richtungen und Abstände (Bild 1, S. 297).
- Rippen (Bild 2) (ribs) werden in Längsrichtung nicht geschnitten, damit sie von der Grundform leichter unterschieden werden können.

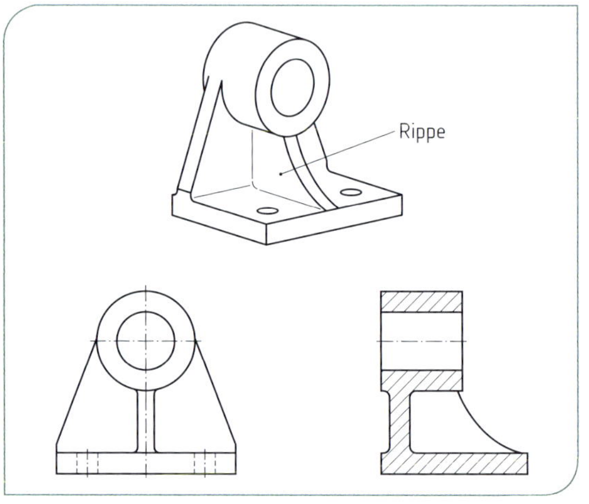

2 Rippe

ÜBUNGEN

1. Wie groß ist der Flächeninhalt des Zeichenblattformates A0?
2. Wie viele Zeichenblätter A4 passen in das Format A0?
3. Nennen Sie fünf allgemeine Angaben, die das Schriftfeld einer Zeichnung enthält.
4. Welche Nachteile haben papierbasierende Systeme (z. B. Tuschezeichnungen) gegenüber computerbasierenden Systemen?
5. Fehleranalyse: Suchen und beschreiben Sie die Fehler in den folgenden Abbildungen.

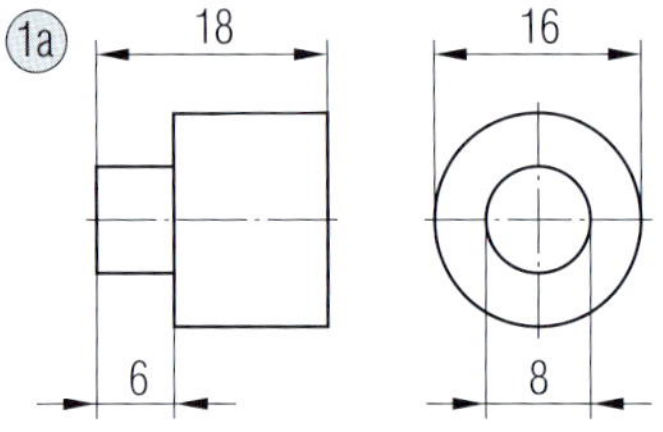

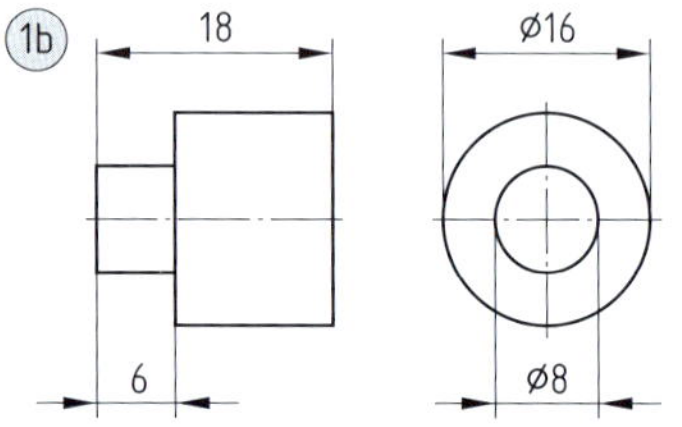

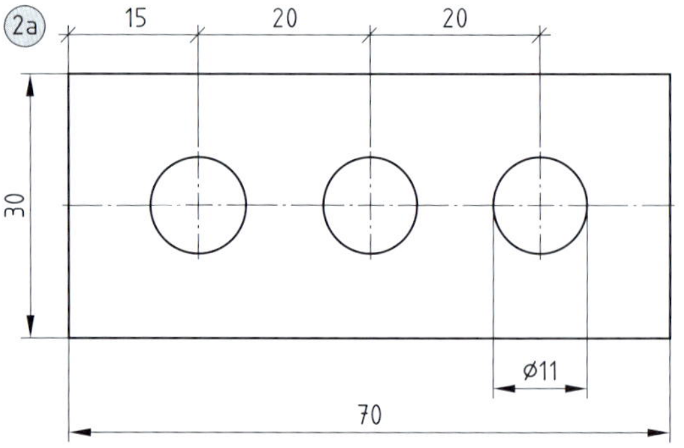

ÜBUNGEN

2b

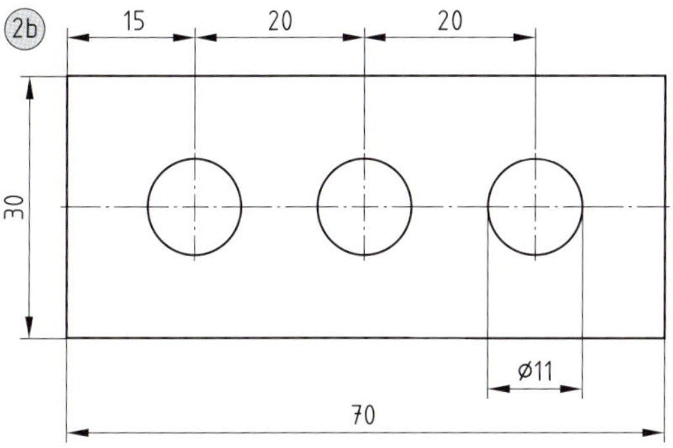

5a

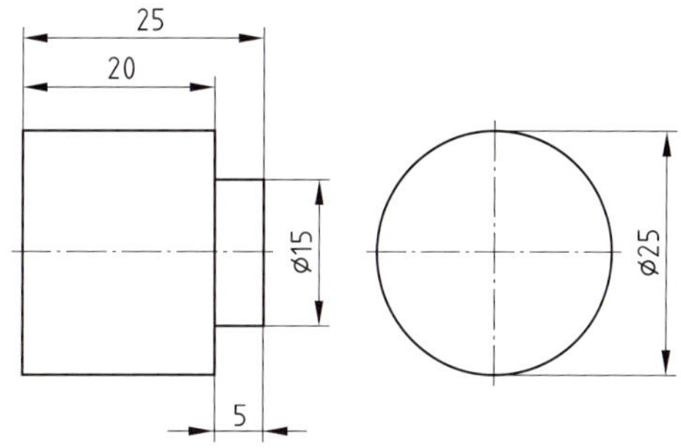

3a

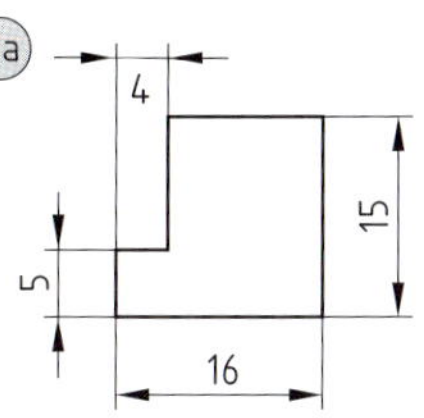

3b

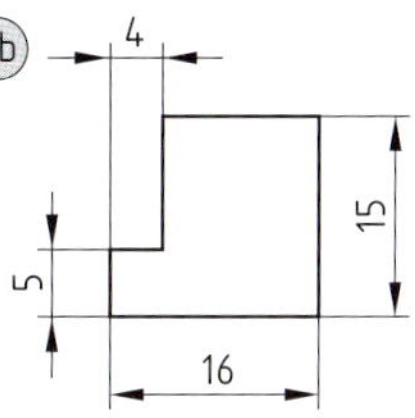

5b

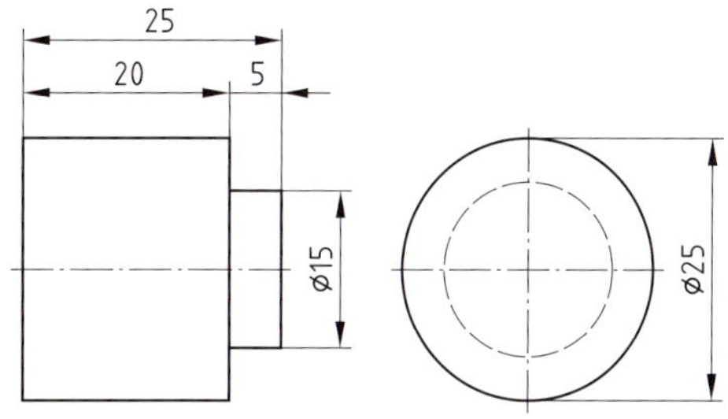

4a

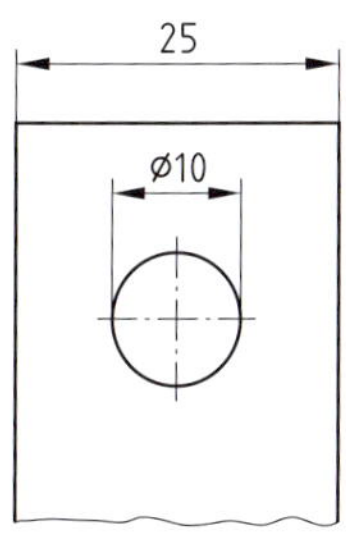

4b

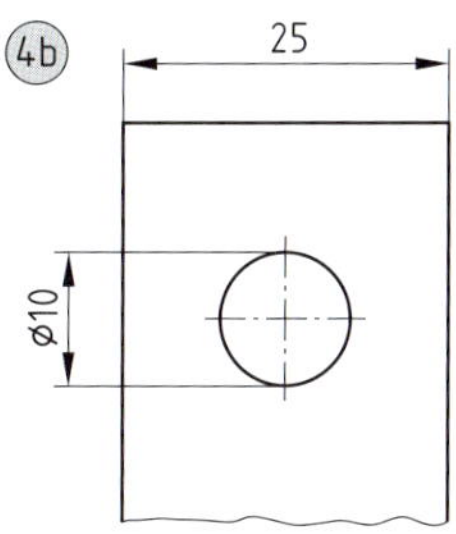

6) Beurteilen Sie die Anordnung der Bemaßungen. Welche ist übersichtlich? Begründen Sie Ihre Aussage.

a)

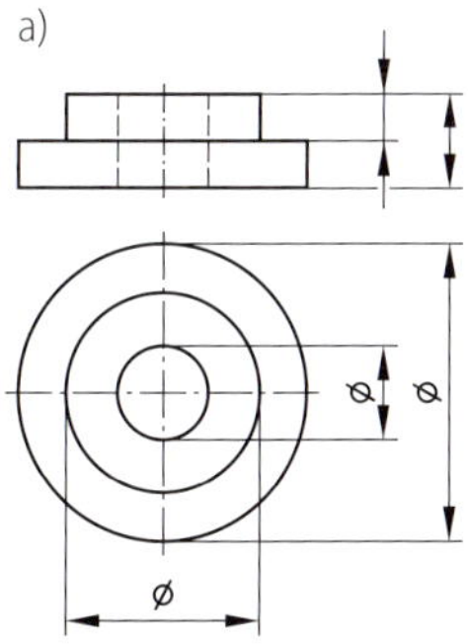

b)

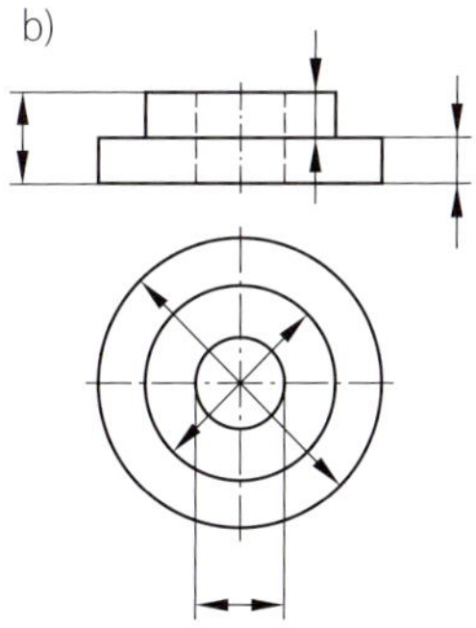

7) Wofür sind Vollschnitte eine wichtige Grundlage?

8) Wie werden durch den Schnitt sichtbar gemachte Kanten gezeichnet?

9) Warum erhalten Schnittflächen eine Schraffur?

10) Warum erhält ein Teil immer die gleiche Kennzeichnung?

11) Fehleranalyse: Suchen und beschreiben Sie die Fehler in den Abbildungen 1 bis 10.

1 A B

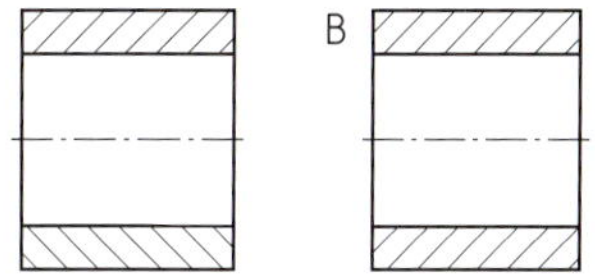

2 A B

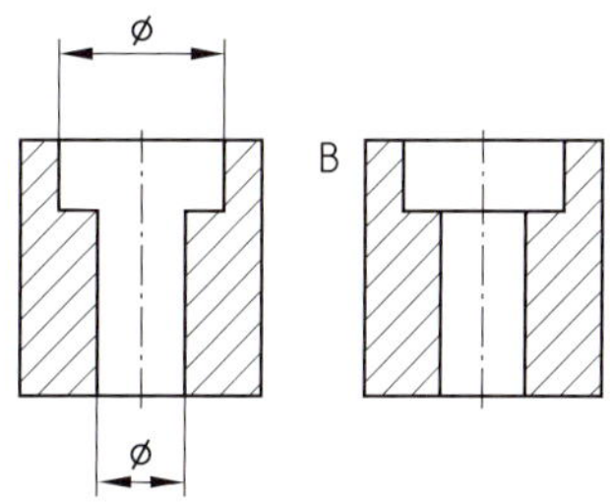

3 A B

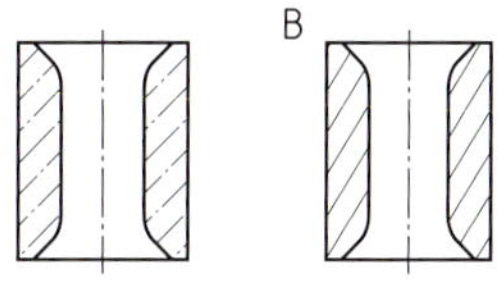

ÜBUNGEN

4 A
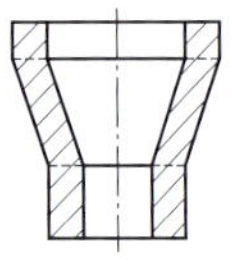
B
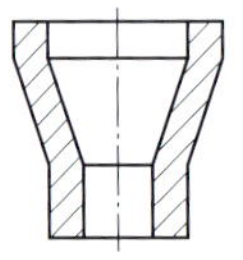

5 A
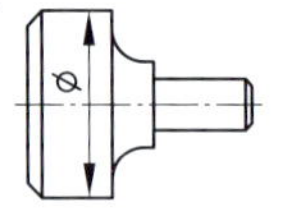

B
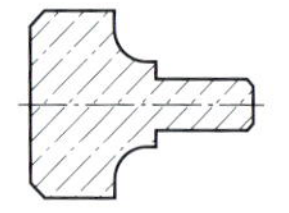

6 A
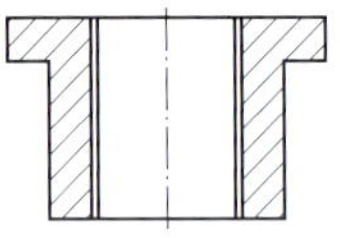
B
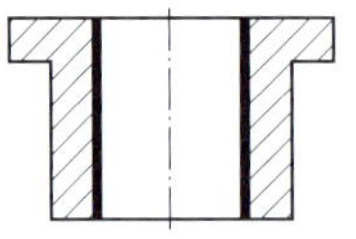

7 A
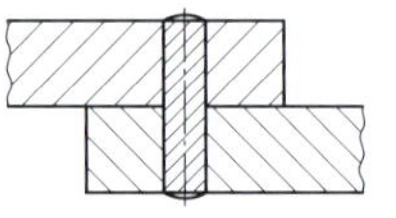
B
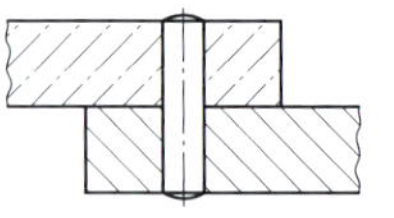

8 A
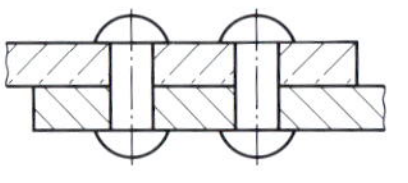
B
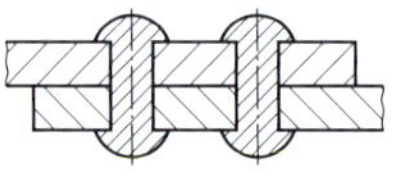

9 A
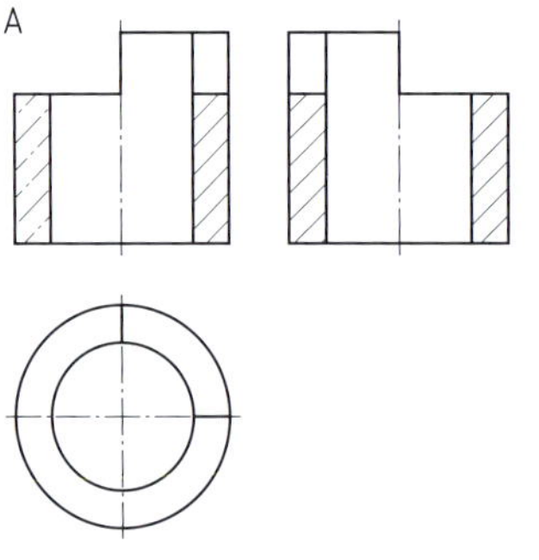
B
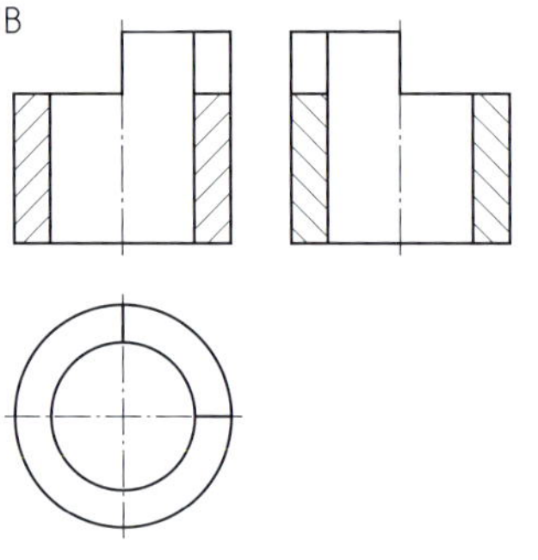

10 A
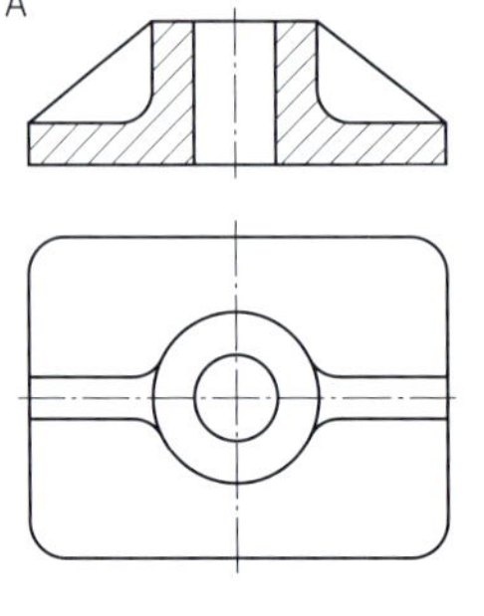
B
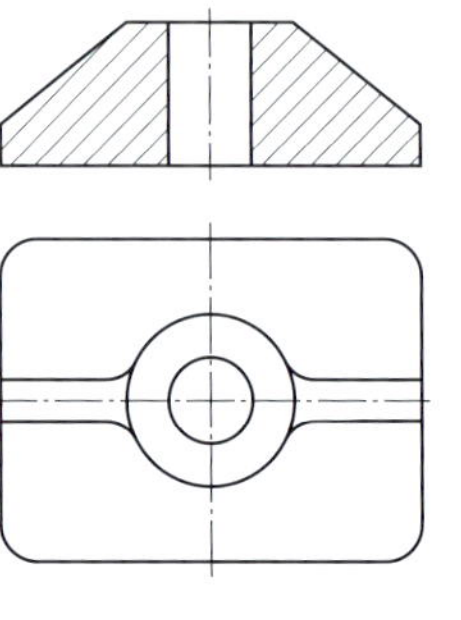

(12) Die Zeichnungen A und B zeigen das gleiche Reduzierstück. Welche Darstellung bietet Vorteile? Nennen Sie die Gründe für Ihre Entscheidung.

A
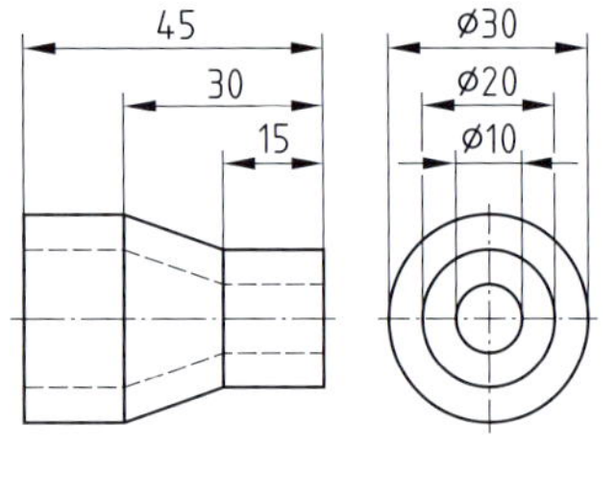

B
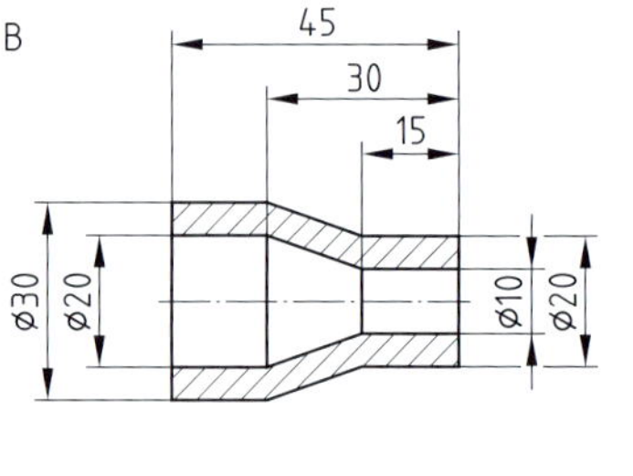

Lernfeld übergreifende Inhalte

2.5.8 Darstellung von Gewinden

Die genaue Darstellung von Gewinden (threads) ist zeichnerisch viel zu aufwendig, deshalb werden sie meist vereinfacht als breite und schmale Volllinien dargestellt (Bild1).

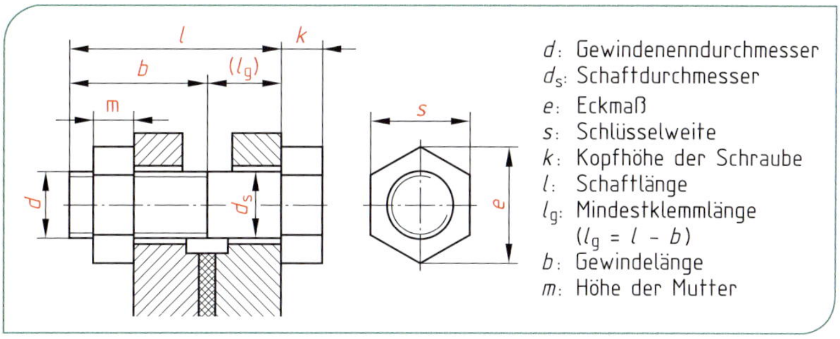

1 Vereinfachte Darstellung einer Schraubenverbindung

ÜBUNGEN

1) Fehleranalyse: Suchen und beschreiben Sie die Fehler in den Abbildungen 1 bis 9.

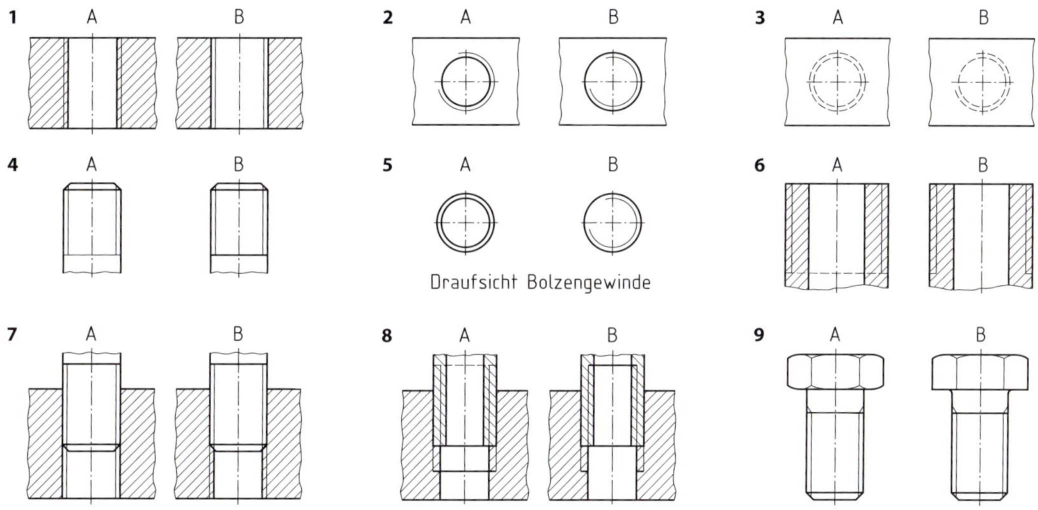

2.5.9 Darstellung von Löt- und Schweißnähten

In technischen Zeichnungen können Schweiß- und Lötverbindungen bildlich oder symbolhaft (symbolic) dargestellt werden (Bild 2a und 2b). Die bildliche Darstellung wählt man, wenn die Naht (seam) mit detaillierten Angaben versehen werden soll wie z. B. bei Nahtsonderformen. Die **symbolische Darstellung** von Schweiß- und Lötverbindungen in Zeichnungen ist nach DIN EN 22553 genormt (Bild 5, S. 302).

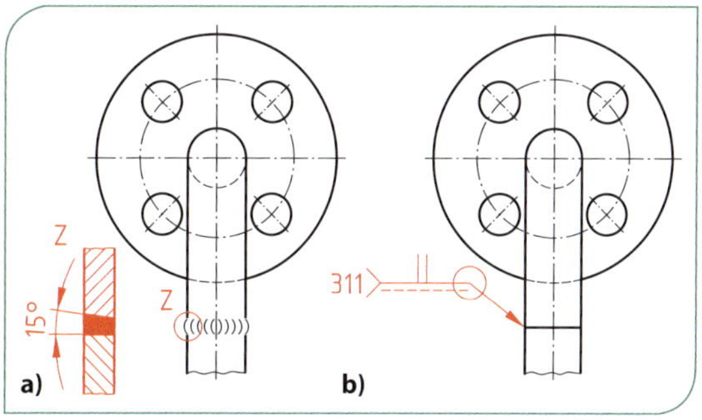

2 Darstellung von Schweißnähten

Die vollständige Kennzeichnung einer Naht umfasst folgende Komponenten:
- Bezugszeichen der Naht
- Nahtsymbol, Zusatzsymbol
- Nahtbemaßung und ergänzende Angaben
- Schweiß- oder Lötverfahren
- Bewertungsgruppe (Nahtqualität)
- Schweiß- oder Lötposition
- Zusatzwerkstoffe

Es müssen jedoch **nicht immer alle Angaben** aufgeführt werden, vor allem, wenn dem Schweißer bzw. Monteur ein Entscheidungsspielraum (scope) zugestanden wird.
Das **Bezugszeichen** besteht aus der Pfeillinie mit einer Pfeilspitze, der Bezugs-Volllinie und der Bezugsstrichlinie. Die Bezugsvolllinie wird an ihrem Ende durch eine Gabel ergänzt, wenn Angaben über das Schweiß- oder Lötverfahren

(welding or soldering process), die Bewertungsgruppe, die Schweißposition usw. gemacht werden (Bild 1).
Die Pfeillinie, die Bezugs-Volllinie, die Gabel und die Symbole werden mit **schmaler Volllinie**, die Bezugs-Strichlinie mit **schmaler Strichlinie** nach DIN ISO 128 ausgeführt. Die Beschriftung erfolgt nach DIN ISO 3098. Um nur die Anordnung der Naht und das Schweiß- oder Lötverfahren anzugeben, genügt eine **vereinfachte Kennzeichnung** (Bilder 2 und 3). Die Kennzahl für das Schweiß- oder Lötverfahren ist nach ISO 4063 auszuwählen (Bild 4).

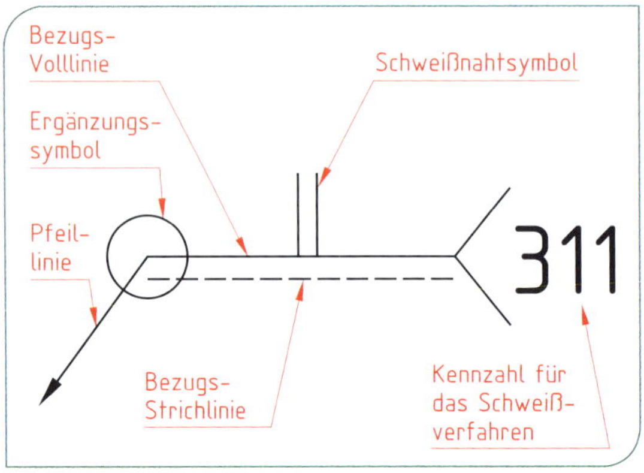

1 Schweißnahtkennzeichnung

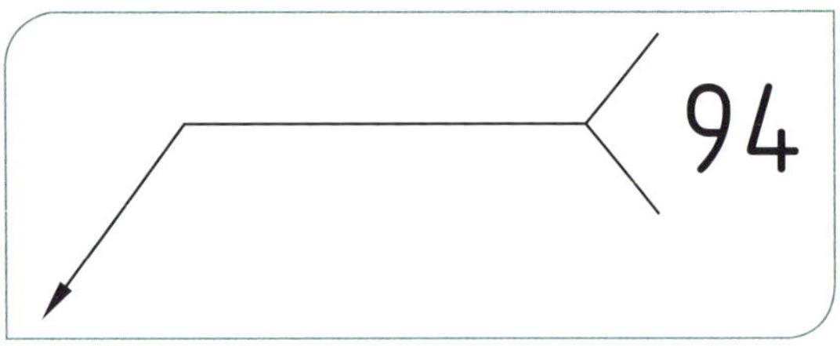

2 Vereinfachte Lötnahtkennzeichnung

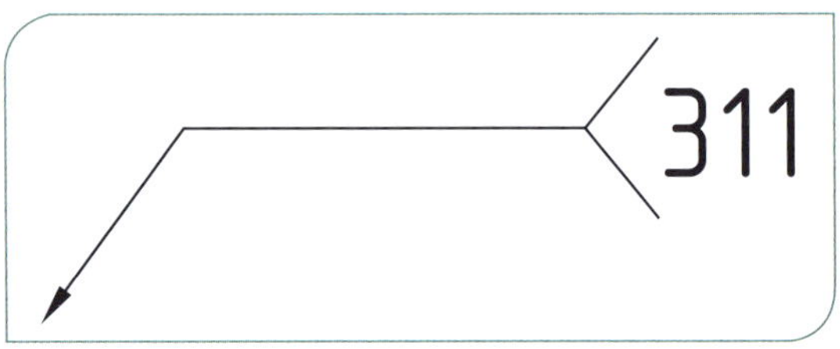

3 Vereinfachte Schweißnahtkennzeichnung

Kennzahl	Benennung
111	Lichtbogenhandschweißen
131	Metall-Inertgasschweißen
135	Metall-Aktivgasschweißen
141	Wolfram-Inertgasschweißen
15	Wolfram-Plasmaschweißen
311	Gasschweißen mit Sauerstoff-Acetylen-Flamme
91	Hartlöten
94	Weichlöten

4 Kennzahlen für Schweiß- und Lötverfahren

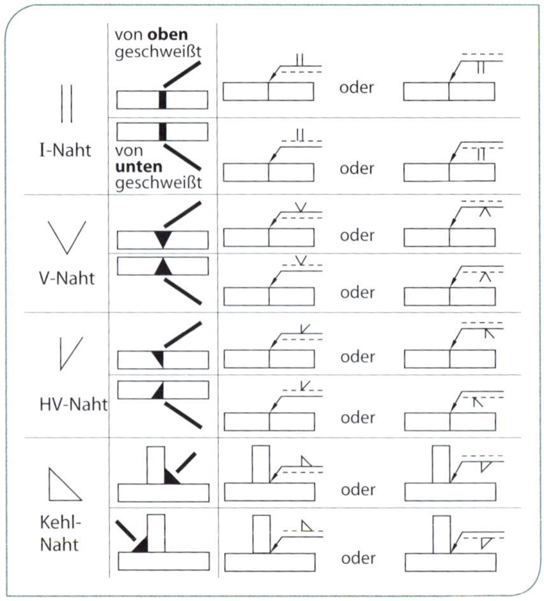

5 Grundsymbole und Nahtdarstellungen nach DIN EN 22553

2.5.10 Darstellung in drei Ansichten

Die Ansichten (views) dreidimensionaler Bauteile werden in technischen Zeichnungen (technical drawings) in rechtwinkliger Parallelprojektion (Bild2, S.303) dargestellt.

Vom Bauteil zur Darstellung in drei Ansichten

Die Perspektive des Heizkesels (Bild 6) ist in einer **Raumecke** (corner) (Bild 1, S. 303) schwebend dargestellt. Die Abbildungen auf den Flächen der Raumecke zeigen die jeweiligen Umrisslinien (contours) und Körperkanten (object lines) der Perspektive. Die Blickrichtungen sind durch Pfeile und die Buchstaben a, b, und c gekennzeichnet.
Die Abbildungen sind mit den entsprechenden Buchstaben A, B und C benannt.

6 Bauteil in perspektivischer Darstellung

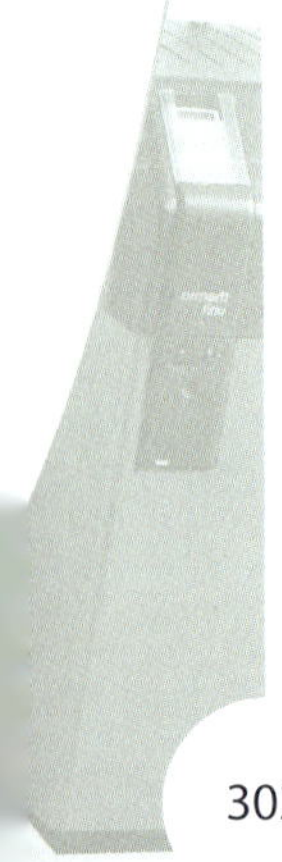

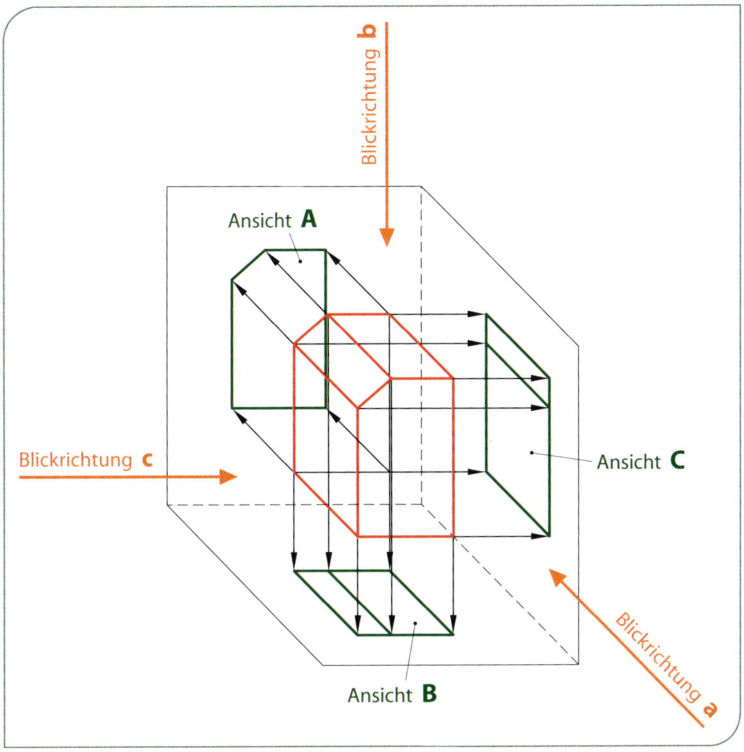

1 Umrisslinien und Blickrichtungen in Raumecke

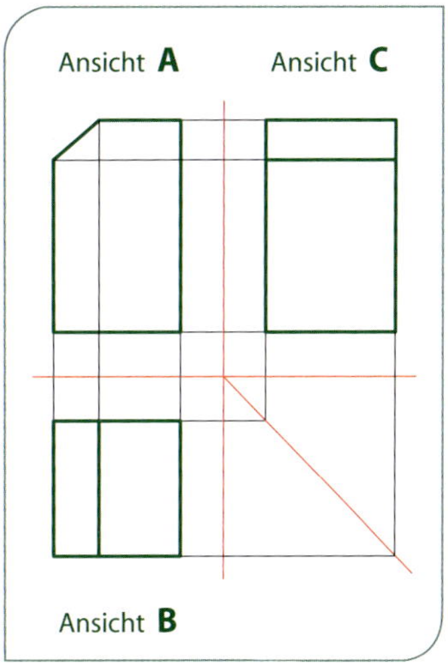

2 aufgeklappte Raumecke in Parallelprojektion

Wird die Raumecke aufgeklappt, so liegen die Abbildungen A, B und C in einer Ebene, der Zeichenebene (plane) (Bild 2).

- Die **Ansicht A** ist die **Hauptebene** (main view), die auch **Vorderansicht** (front view, view from the front) genannt wird.
- Die **Ansicht B**, die **Draufsicht** (top view, view from above), liegt unterhalb der Ansicht A.
- Die **Ansicht C**, die **Seitenansicht von links** (left-side view, view from the left), liegt rechts neben der Ansicht A.

Die Konstruktionslinien (construction lines) zeigen den geometrischen Zusammenhang der Ansichten zueinander.

- Ansicht A und Ansicht C sind gleich hoch
- Ansicht A und Ansicht B sind gleich breit
- Ansicht B und Ansicht C sind gleich tief

Ansicht in Richtung	Ansicht von	Bezeichnung der Ansicht
a	vorn	A Vorderansicht, Hauptansicht
b	oben	B Draufsicht
c	links	C Seitenansicht von links
d	rechts	D Seitenansicht von rechts
e	unten	E Untersicht
f	hinten	F Rückansicht

3 Betrachtungsrichtungen

Insgesamt gibt es sechs Ansichten. Die Hauptansicht (Vorderansicht) bestimmt dabei die Anordnung der weiteren Ansichten. Als Hauptansicht wird diejenige ausgewählt, die die Form eines Einzelteils oder einer Baugruppe am besten erkennen lässt.

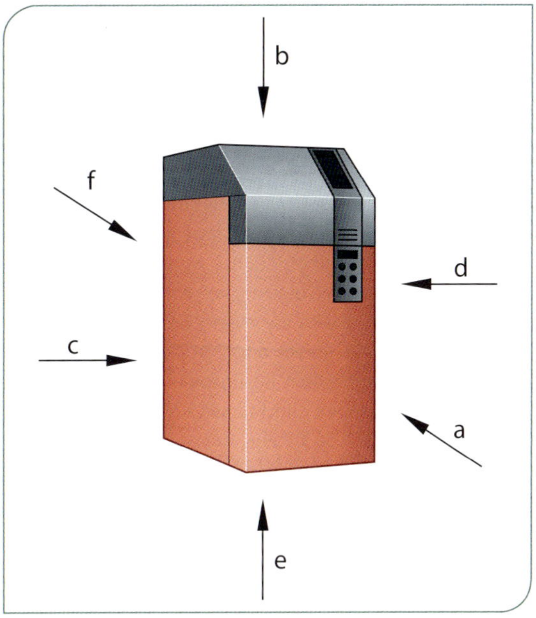

4 Betrachtungsrichtungen Heizkessel

Lernfeld übergreifende Inhalte

Darstellung des Heizkessels in der **Projektionsmethode 1** (first angle projection). Diese Art der Anordnung der Ansichten wird in Deutschland und in den meisten anderen europäischen Ländern angewendet (Bild 1). In der Norm sind Projektionsmethoden (methods of projection) standardisiert worden. Sie heißen Projektionsmethode 1, Projektionsmethode 3 und Pfeilmethode. Eine Projektionsmethode 2 gibt es nicht.

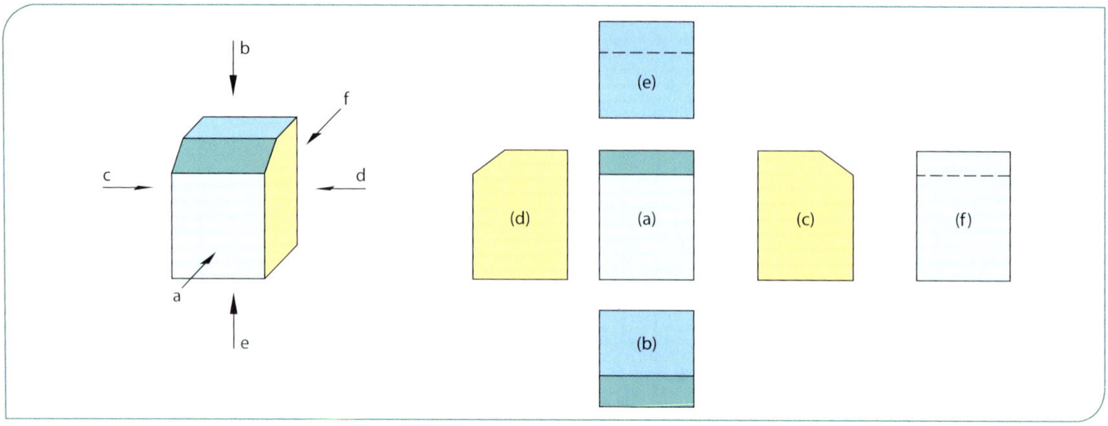

1 Projektionsmethode 1

Darstellung des Heizkessels in der **Projektionsmethode 3** (third angle projection). Diese Form der Anordnung wird in englischsprachigen Ländern bevorzugt (Bild 2).

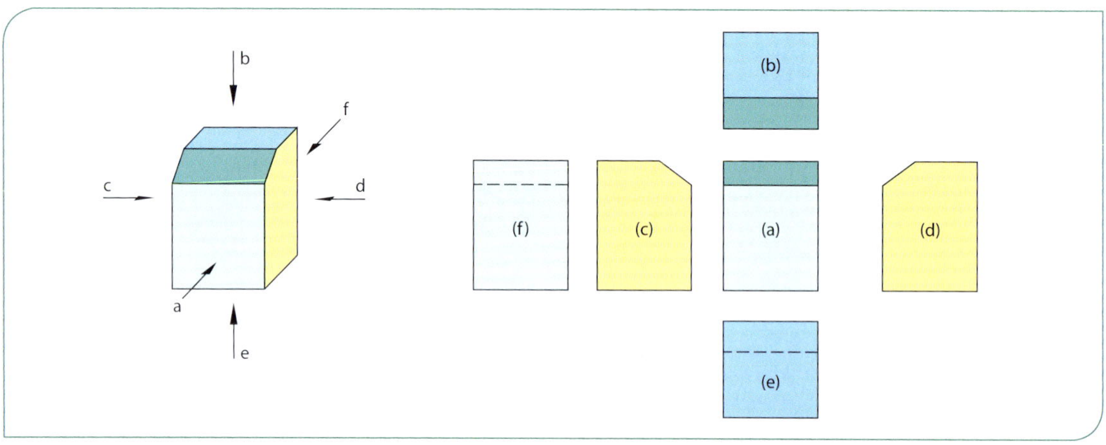

2 Projektionsmethode 3

Darstellung des Heizkessels in der **Pfeilmethode** (view using reference arrows). Diese Form der Darstellung von Ansichten ergänzt die Projektionsmethoden 1 und 3. Die Ansichten können in CAD-Systemen beliebig verschoben und platziert werden. Jede Ansicht wird mit einem Großbuchstaben gekennzeichnet, nur die Vorder- oder Hauptansicht erhält keinen Buchstaben. Mit einem Bezugspfeil wird die Betrachtungsebene angegeben. Rechts neben oder über dem Bezugspfeil steht der Buchstabe, der auch über der jeweiligen Ansicht angegeben ist (Bild3).

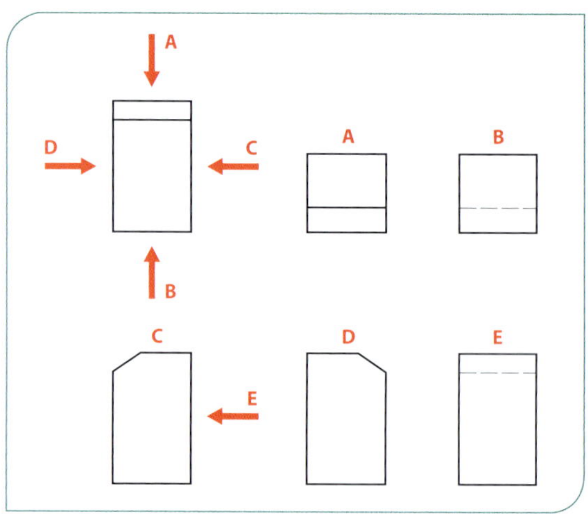

3 Pfeilmethode

ÜBUNGEN

1) Ordnen Sie den Perspektiven 1 bis 8 die jeweiligen Ansichten zu.

Perspektive	1	2	3	4	5	6	7	8
Ansicht A								
Ansicht C								
Ansicht B								

Perspektive

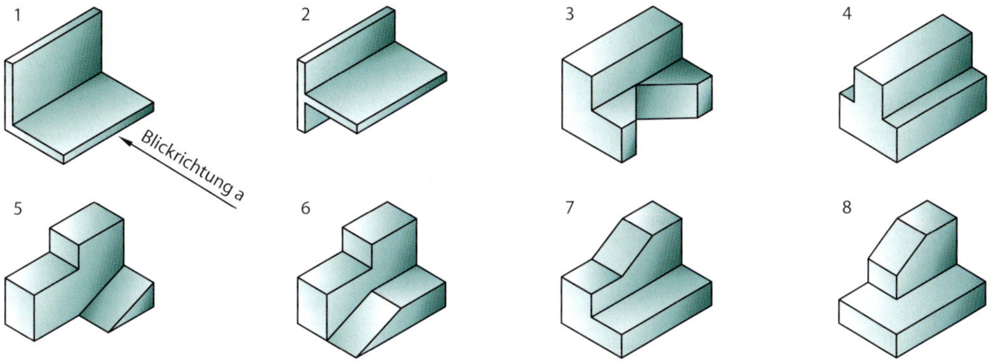

Ansicht A

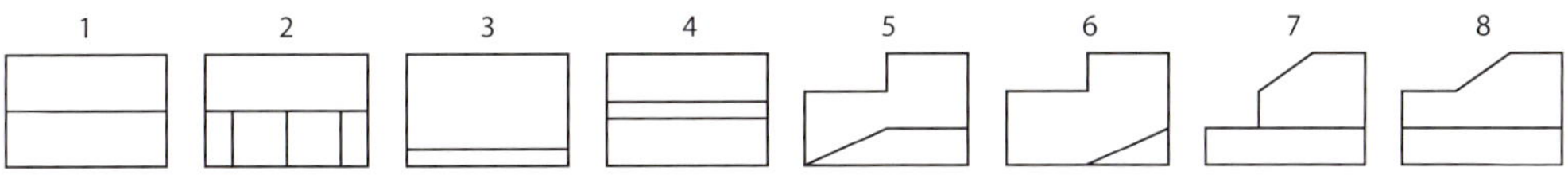

Ansicht C

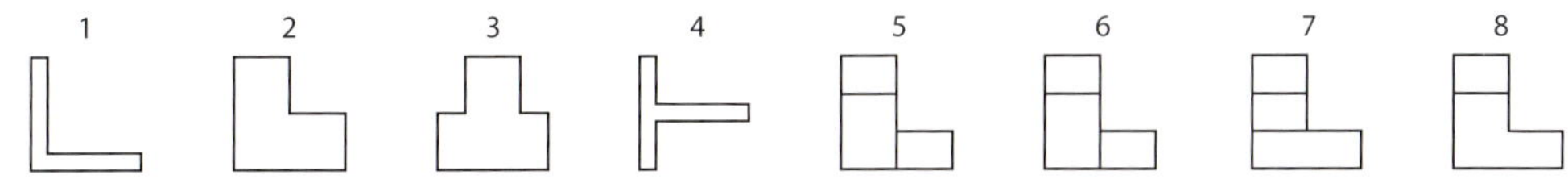

Ansicht B

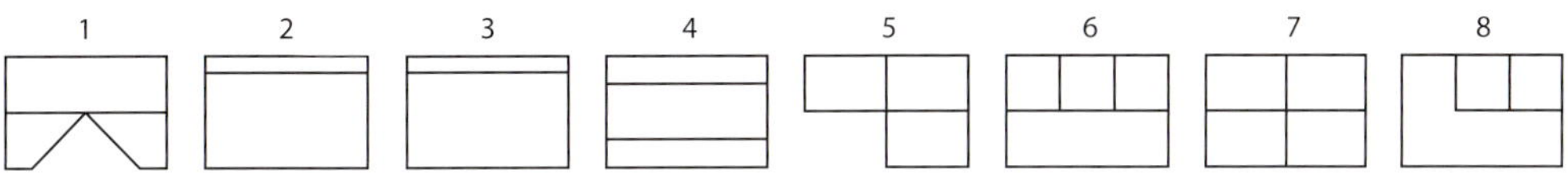

Verdeckte Kanten und Flächen

Beim Zeichnen in Ansichten (Bild 1) können nur die Flächen dargestellt werden, die in Blickrichtung (Bild 2) vorn liegen. Sie werden von sichtbaren Kanten (visible edge lines) begrenzt. Dahinter liegende Flächen werden mit Hilfe von verdeckten Kanten (hidden lines) dargestellt. Diese werden nur dann in eine Zeichnung eingetragen, wenn dies zum Verständnis der Zeichnung erforderlich ist. Verdeckte Kanten werden als **Strichlinie** (dotted line) (vgl. Kap. 2.5.3 „Linienarten und Linienbreiten") halb so breit wie sichtbare Kanten gezeichnet.

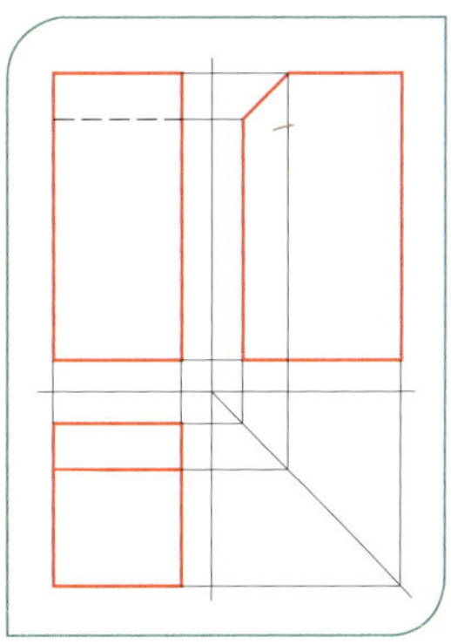

1 Drei Ansichten

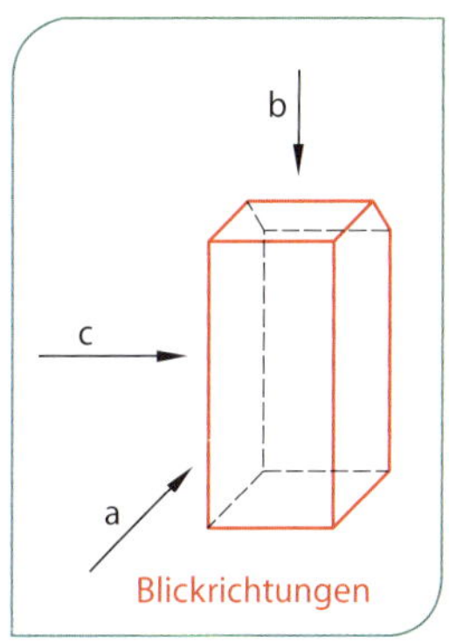

2 Blickrichtungen

2.5.11 Perspektivische Darstellungen

Die unterschiedlichen Perspektiven (perspectives) sind als axonometrische Darstellungen[1)] (axonometric representations) genormt. Sie werden in Montageanweisungen (assembly instructions), in Beschreibungen für Wartungsarbeiten (maintenance) und Reparaturen (repairs) und in Anwenderinformationen wie z. B. Sicherheitsvorschriften (safety instructions) verwendet. Mit ihrer Hilfe werden Aufbau und Funktion von Geräten und Baugruppen anschaulich erläutert (siehe z. B. Kap. 2.5.19 „Explosionszeichnungen). Für das menschliche Auge wie auch auf einem Foto laufen nach hinten führende Linien in einem Fluchtpunkt zusammen. Anders dagegen in technischen Perspektiven. Dort verlaufen nach hinten führende Linien parallel zueinander. Dies erleichtert das Anfertigen der Perspektiven. Zum Anfertigen von Perspektiven gibt es Vordrucke mit entsprechenden Liniennetzen.

Isometrische Projektion

Isometrische Perspektiven sind in der **Installationstechnik** und im **Rohrleitungsbau** weit verbreitet (Bild 1).
Ihre Besonderheit ist, dass alle Maße für Breite, Höhe und Tiefe **ohne Verkürzung** abgebildet werden. Dadurch werden Umrechnungsfehler vermieden und die Darstellung für die Vorfertigung wird erleichtert.

- Die Achsen verlaufen unter den Winkeln 30° bzw. 90° zur Waagerechten.
- Rechtwinklige Ecken kommen nicht vor.
- Breiten : Höhen : Tiefen = 1:1:1
- Alle Kanten werden in ihrer wahren Länge gezeichnet.

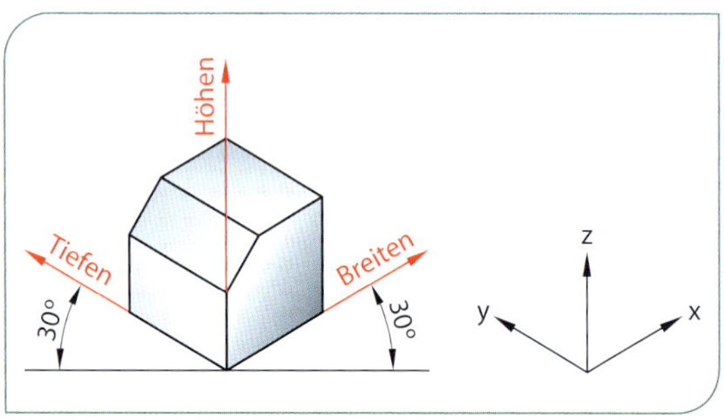

1 Isometrische Projektion

Dimetrische Projektion

Diese Darstellungsart entspricht am ehesten den Abbildungen auf einem Foto. Sie wird in Anordnungsplänen und Montageplänen verwendet (Bild 2).

- Die Achsen verlaufen unter den Winkeln 7°, 42° und 90° zur Waagerechten.
- Breiten : Höhen = 1 : 1
- Die Tiefen werden verkürzt im Verhältnis 1 : 2 dargestellt.

1) Axonometrische Projektionen nach DIN ISO 5456-3

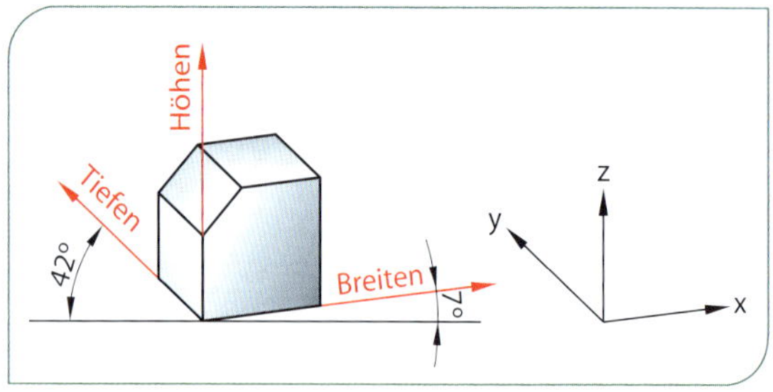

2 Dimetrische Projektion

Kabinett-Projektion

Diese Perspektive eignet sich für Freihandskizzen, da die Achsen waagerecht, senkrecht bzw. unter einem Winkel von 45° verlaufen (Bild 3).

- Breiten : Höhen = 1 : 1
- Die Tiefen werden verkürzt im Verhältnis 1 : 2 dargestellt.

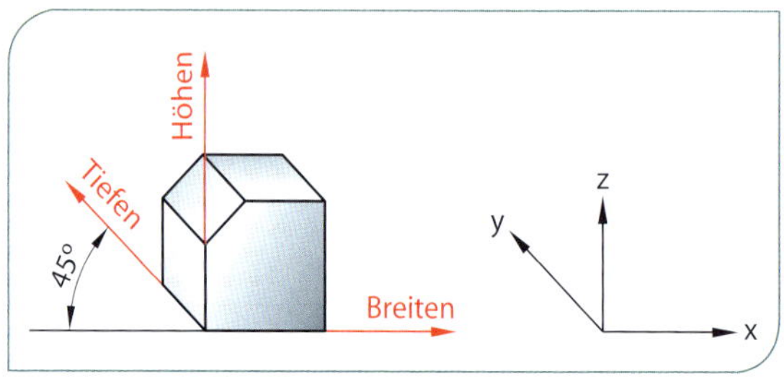

3 Kabinett-Projektion

2.5.12 Isometrische Darstellung

Um den Verlauf von Rohrleitungen besonders anschaulich darzustellen, werden in der Installationstechnik und im Rohrleitungsbau die Rohrleitungen bzw. Rohrleitungsabschnitte häufig in isometrischer Darstellung nach DIN ISO 5456-3 gezeichnet. Hierbei bilden die X- und die Y-Achse mit der Waagerechten einen Winkel von 30° und die Z-Achse steht senkrecht (90°) dazu (Bild 1, S. 307). Eine Besonderheit dieser Projektionsmethode ist, dass alle Maße (Höhe, Breite und Tiefe) ohne Verkürzung (shortening), also im Verhältnis 1:1:1 gezeichnet werden. Hierdurch werden Umrechnungsfehler vermieden und der Leitungsverlauf ist leichter zu verstehen. Rasterblätter (grid sheets) mit aufgedrucktem 30°-Raster und senkrechten Linien erleichtern das Zeichnen der einzelnen Rohrleitungsteile, da der Leitungsverlauf immer parallel zu oder direkt auf diesen Linien gezeichnet wird (Bild 4, S. 307).
Mit diesen Blättern ist es leicht möglich, auf der Baustelle eine Freihandskizze (freehand sketch) mit den notwendigen Maßen für die Vorfertigung in der Werkstatt anzufertigen.
Die auf den Rasterblättern abgebildete oder vom Zeichner anzufertigende **Verfahrensrose** legt die Richtungen der zu zeichnenden Rohrabschnitte fest.
Die Buchstaben an der Verfahrensrose geben dabei folgende Richtungen an:

o – u: Linien für **senkrecht** nach oben oder unten verlaufende Rohre

v – h: Linien für **waagerecht** nach vorne oder hinten verlaufende Rohre

r – l: Linien für **waagerecht** nach rechts oder links verlaufende Rohre

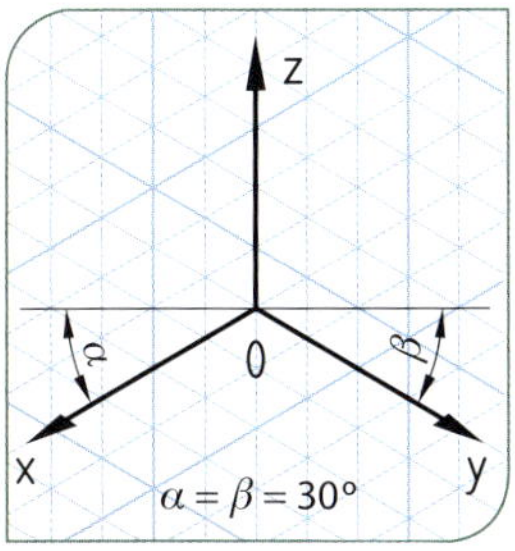

1 Koordinatenverlauf

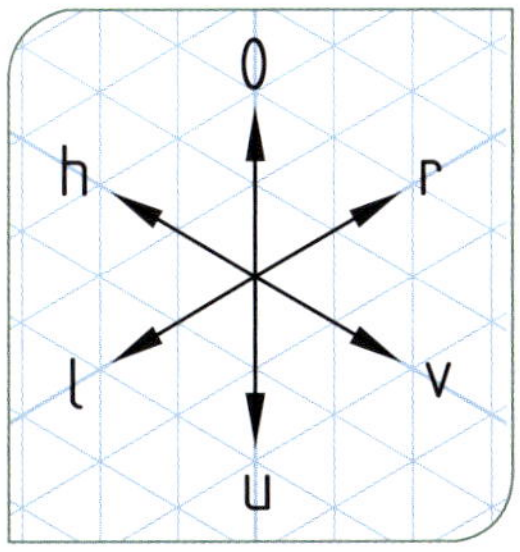

2 Verfahrensrose

MERKE

Damit man den Leitungsverlauf leichter verstehen kann, sollte zum Anfertigen bzw. Lesen einer isometrischen Zeichnung die Verfahrensrose als Orientierungshilfe genutzt werden.

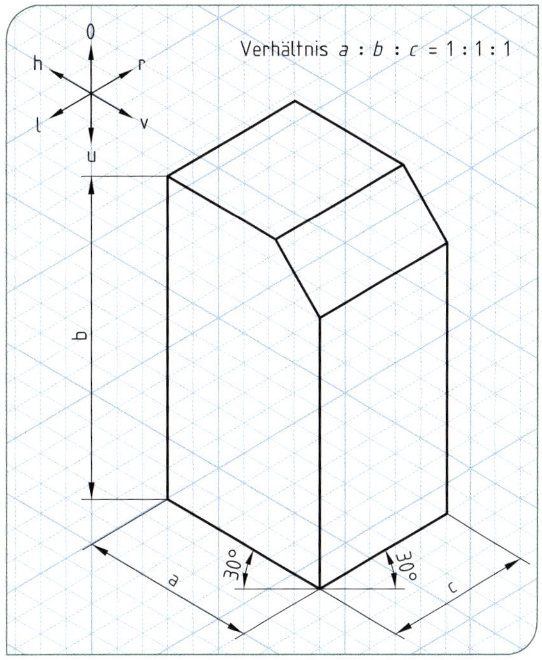

3 Isometrische Projektion nach DIN ISO 5456-3

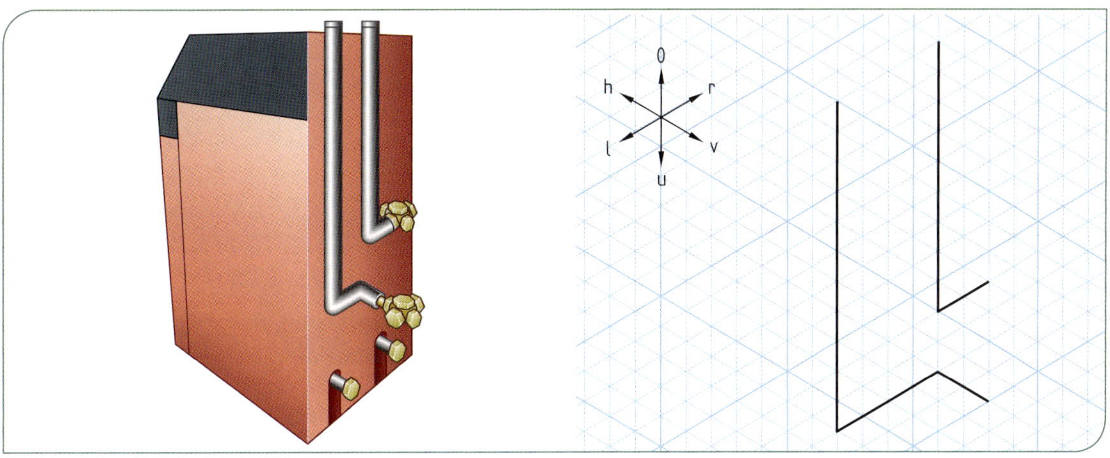

4 Verlauf eines Kesselanschlusses und dessen isometrische Darstellung

2.5.13 Abwicklungen

Abwicklungen (developed views) werden immer dann benötigt, wenn z. B. Bauteile aus Blech (z. B. eckige oder runde Blechkanäle) anzufertigen sind und eine Vorlage für den Blechzuschnitt (sheet metal cutting) konstruiert werden muss. Sie sind die in einer Ebene aufgezeichneten Oberflächen (surfaces) der zu konstruierenden Bauteile.

2.5.13.1 Abwicklungen prismatischer Körper

Die Abwicklung des Vierkantprismas wird mit der Breite, Höhe und Tiefe des Prismas aus Hauptansicht (front view) und Draufsicht (top view) gezeichnet (Bild 1). Die Abwicklung enthält keine Zugaben für eventuell notwendige Zugaben für z. B. Lötnähte.

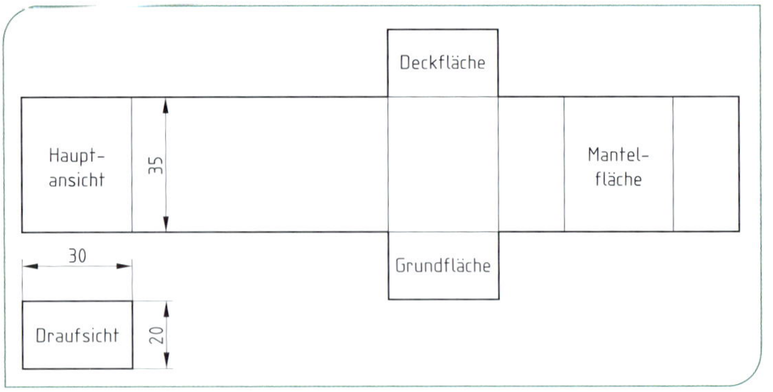

1 Vierkantprisma

2.5.13.2 Abwicklungen schräg geschnittener prismatischer Körper

Die Abwicklung des schräg geschnittenen Vierkantprismas wird mit der Breite, Höhe und Tiefe des Prismas aus Hauptansicht, Draufsicht und Seitenansicht gezeichnet (Bild 2). Die Abwicklung enthält keine Zugaben für eventuell notwendige Überlappungen für z. B. Lötnähte.

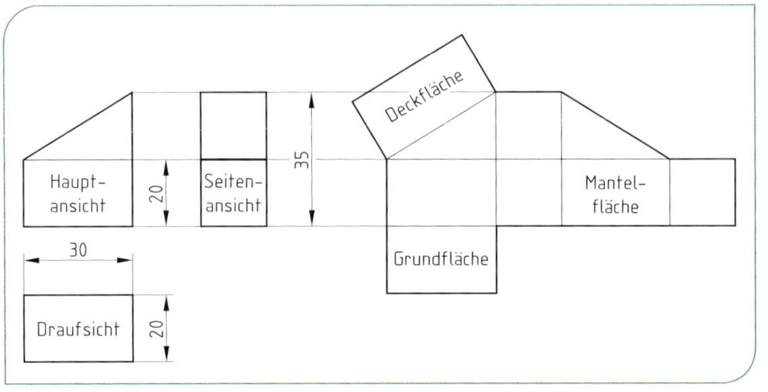

2 Schräg geschnittenes Vierkantprisma

Beispiel:

Ein Rechteckkanal aus Schwarzblech (Bild 3) mit den Abmessungen $a \cdot b \cdot l = 250\,\text{mm} \cdot 200\,\text{mm} \cdot 1000\,\text{mm}$ ist abzuwickeln.

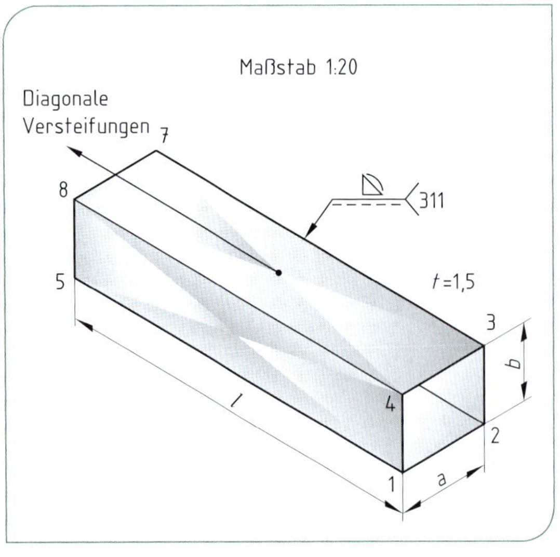

3 Rechteckkanal

Lösung:

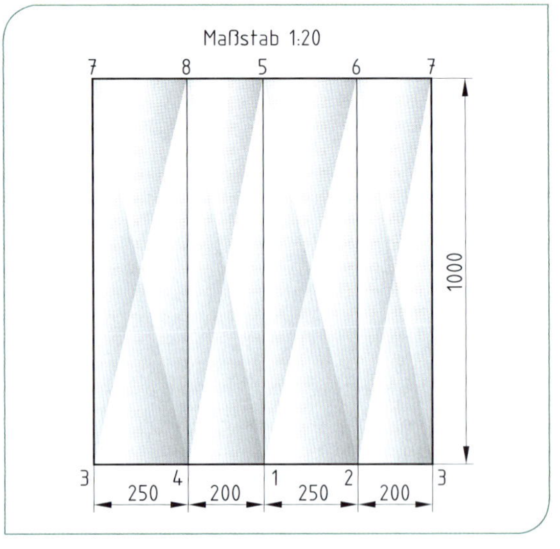

ÜBUNGEN

1) Zeichnen Sie die Abwicklung des schräg geschnittenen Vierkantprismas ohne Deck- und Grundfläche im Maßstab 1:10.

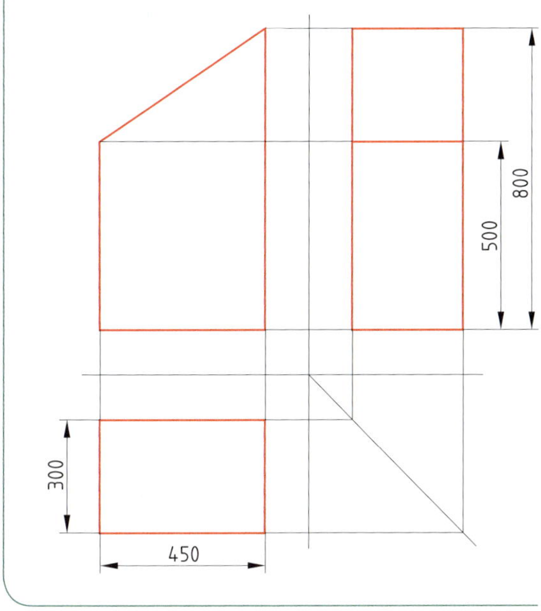

2.5.13.3 Abwicklungen gerade geschnittener zylindrischer Körper

Die Abwicklung eines senkrecht zur Rohrachse geschnittenen Zylinders ist ein Rechteck (Bild 1). Bedingung: Die Naht verläuft senkrecht auf der Mantellinie.

Ohne Nahtzugabe und ohne Berücksichtigung der Wanddicke (gilt für Feinbleche) ergibt sich folgende **Länge der Mantelfläche**:

$$l = d \cdot \pi$$

l: Länge der Mantelfläche in mm
d: Durchmesser des Zylinders in mm

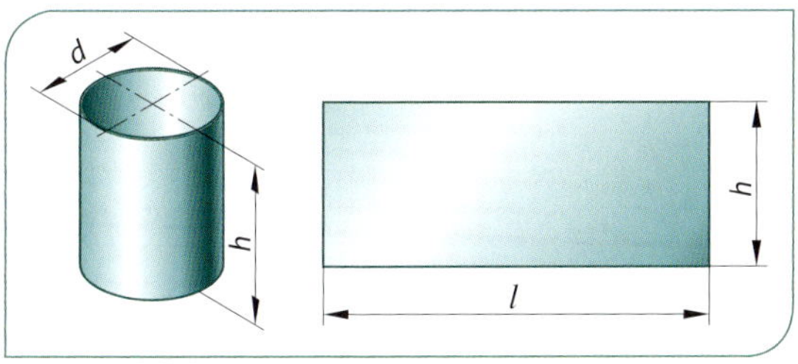

1 Zylnidrischer Körper mit Abwicklung

2.5.14 Skizzen

Auf der Baustelle werden keine fertigen Zeichnungen erstellt, sondern Skizzen (sketches). Sie werden meist **unmaßstäblich** (not to scale) und **freihändig** (freehanded) gezeichnet. Sie dienen z. B. zur schnellen Momentaufnahme einer bestimmten Gegebenheit oder erklären als Prinzipskizze Wirkzusammenhänge und Funktionen. Häufig werden Skizzen auch direkt für die Montage verwendet (Bild 2), dabei ist darauf zu achten, dass die tatsächlichen Proportionen in etwa eingehalten werden.

Auf Detailskizzen werden einzelne Änderungen festgehalten und gegebenenfalls vom Monteur an die Werkstatt weitergegeben. Skizzen enthalten Informationen, die in Worten nur umständlich beschrieben werden können.

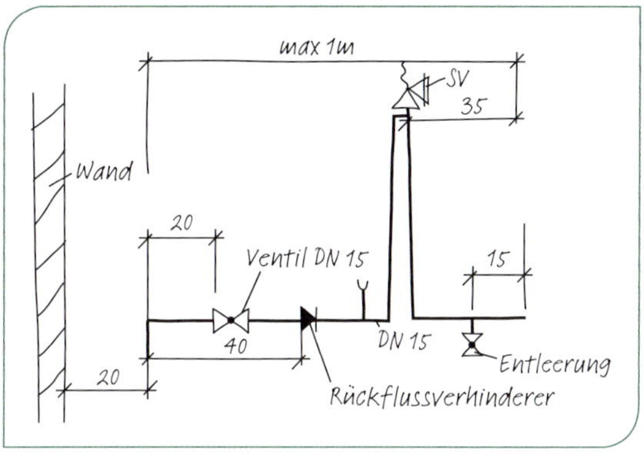

2 Freihandskizze

2.5.15 Einzelteilzeichnungen

Eine Einzelteilzeichnung (component drawing) enthält ein einzelnes Teil, das keine räumliche Zuordnung zu anderen Teilen hat. Zur Herstellung sollte sie alle Angaben enthalten, die notwendig sind (z. B. Flansch Bild 3, S. 297).

2.5.16 Baugruppen

Eine Baugruppe (subassembly) ist ein Teil einer Einrichtung und besteht aus mehreren Bauelementen. Gelegentlich bildet ein Bauelement (element) aus einer Baugruppe für sich betrachtet eine eigene Baugruppe. So ist z. B. die Hauptabsperreinrichtung HAE aus der Baugruppe „Gaszähleranschluss" ihrerseits aus mehreren Bauelementen zusammengesetzt (Bild 1, S. 310).

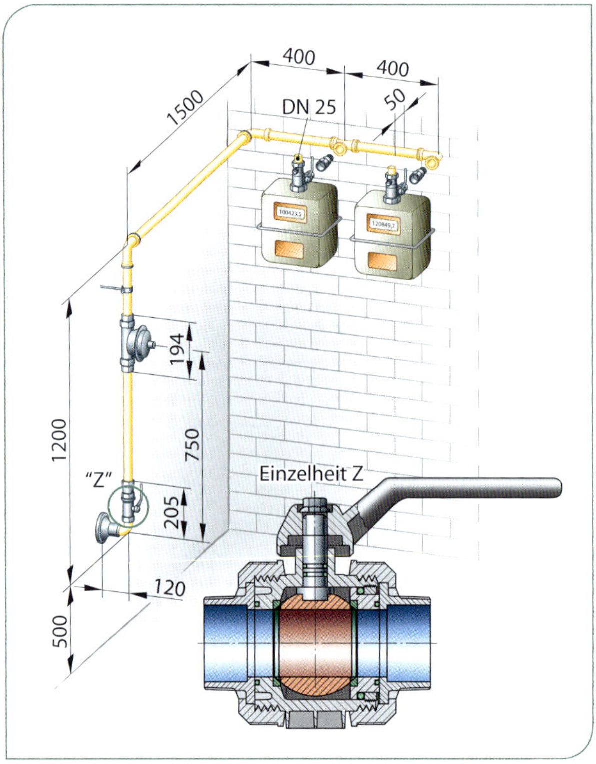

1 Gaszähleranschluss und Kugelhahn

2.5.17 Gesamtzeichnungen und Stückliste

Gesamtzeichnungen (assembly drawings) zeigen Bauwerke, Anlagen, Maschinen, Baugruppen, Geräte oder Armaturen (Bild 2) vollständig dargestellt. Sie dienen, wie auch Explosionszeichnungen (vgl. Kap. 2.5.19) als zeichnerische Grundlage für die Montage, Wartungsarbeiten und Reparaturen.

Die Stückliste (parts, piece list) ist ein Teil der Gesamtzeichnung. Aus Stückliste und Zeichnung können alle Angaben entnommen werden, die für die Anfertigung notwendig sind. In der Stückliste werden alle Teile fortlaufend nummeriert (numbered) und der Größe nach mit den Positionsnummern 1...n versehen eingetragen. Bei den einzelnen Teilen werden Normteile (standard parts), Fertigungsteile (production parts) und nicht genormte Zukaufteile (additional bought-in parts) unterschieden. Die Fertigungsteile werden meist in eigenen Werkstätten oder auf der Baustelle hergestellt, die Normteile gekauft. Bei den Angaben zu den Rohren sollten neben der DIN-Nummer auch die Rohrabmessungen (z. B. 22 × 1) eingetragen werden.

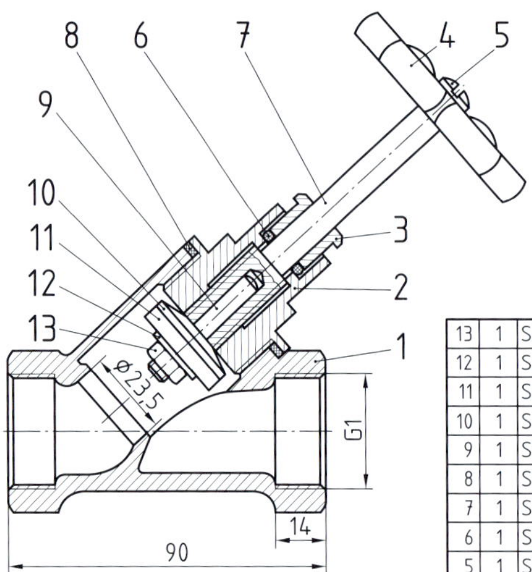

Pos.	Men.	Einh.	Benennung	Sachnummer/Norm-Kurzbezeichnung	Werkstoff
13	1	Stck.	Sechskantmutter	ISO 4032-M6	CuZn40Pb2
12	1	Stck.	Unterlegscheibe		CuZn40Pb2
11	1	Stck.	Dichtung		Gummi
10	1	Stck.	Kegelteller		CuZn40Pb2
9	1	Stck.	Kegelbolzen		CuZn40Pb2
8	1	Stck.	Dichtung		Fiber
7	1	Stck.	Spindel		CuZn40Pb2
6	1	Stck.	Packung		Baumwolle
5	1	Stck.	Linsen-Senkschr.	ISO 2010-M4×5	CuZn40Pb2
4	1	Stck.	Handrad		CuZn40Pb2
3	1	Stck.	Stopfbuchse		CuZn40Pb2
2	1	Stck.	Kopfstück		CuZn40Pb2
1	1	Stck.	Gehäuse		CuZn40Pb2

Verantwortl. Abt.	Technische Referenz	Erstellt durch	Genehmigt von
		Dokumentenart	Dokumentenstatus
		Titel, Zusätzlicher Titel Schrägsitzventil DN25	Änd. Ausgabedatum Spr. Blatt

2 Beispiel einer Zeichnung mit Stückliste

2.5.18 Montagezeichnungen

Montagezeichnungen (assembly drawings) (Bild 1) zeigen dem Monteur auf der Baustelle, wie z. B. ein Trinkwasserverteiler zu installieren ist. Aus der Zeichnung können alle erforderlichen Informationen (z. B. Anbindung, Maße und Biegeradien) entnommen werden.

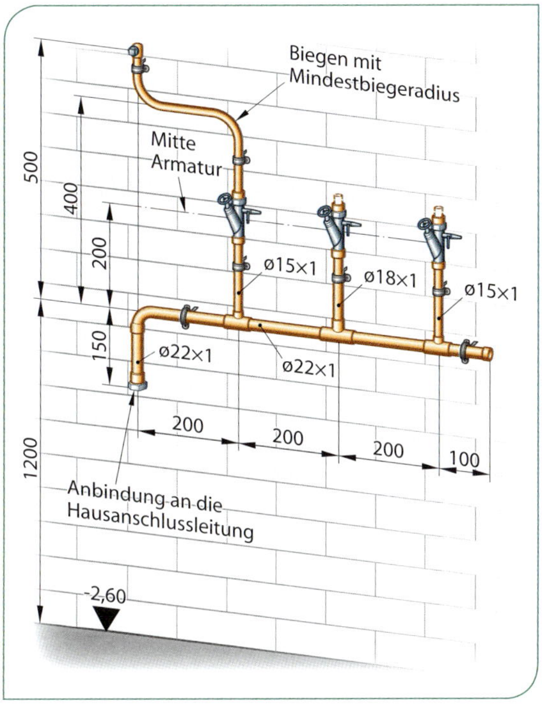

1 Trinkwasserverteiler

2.5.19 Explosionszeichnungen

In **Explosionsdarstellungen** (exploded view) werden alle Einzelteile z. B. einer Baugruppe, senkrecht oder waagerecht angeordnet, in der Reihenfolge ihres Zusammenbaus dargestellt (Bild 2). Die Einzelteile werden meist perspektivisch im selben Maßstab gezeichnet, sodass ihre Form gut zu erkennen und mit Originalteilen verglichen werden kann. Häufig wird die Explosionsdarstellung durch eine **Gesamtzeichnung (Zusammenbauzeichnung)** im Voll- oder Halbschnitt und eine **Stückliste** (piece list) ergänzt. Gerade das Zusammenwirken dieser Darstellungsformen erleichtert es bei der gegebenen Produktvielfalt, auch unbekannte Bauteile in kurzer Zeit in der richtigen Abfolge zu montieren (assemble) oder zu demontieren (disassemble), die Ursachen von Funktionsstörungen zu ermitteln und zu beheben.

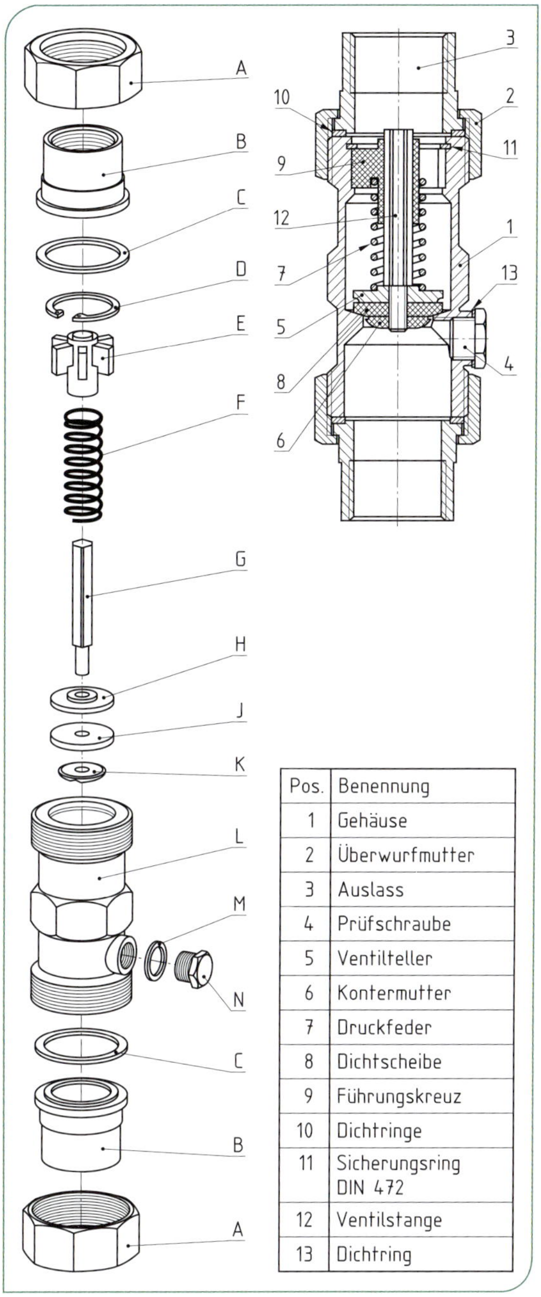

Pos.	Benennung
1	Gehäuse
2	Überwurfmutter
3	Auslass
4	Prüfschraube
5	Ventilteller
6	Kontermutter
7	Druckfeder
8	Dichtscheibe
9	Führungskreuz
10	Dichtringe
11	Sicherungsring DIN 472
12	Ventilstange
13	Dichtring

2 Explosions- und Zusammenbauzeichnung mit Stückliste eines Rückflussverhinderers

ÜBUNGEN

1 a) Ordnen Sie auf einem Extrablatt den Buchstaben in der Explosionszeichnung Bild 2, Seite 311 je eine Positionsnummer aus der Schnittdarstellung des Rückflussverhinderers zu.

b) Geben Sie in fachgerechter Reihenfolge die Teile aus der Explosionszeichnung an, die beim Auswechseln der Dichtung demontiert werden müssen.

2 Erläutern Sie die unterschiedlichen Aufgaben der Teile Pos. 7 und Pos. 10 aus der Explosionszeichnung Bild 1.

3 Nennen Sie die Pos.-Nummern der Teile, die sich beim Öffnen bzw. Schließen des Kugelhahns (Bild 1) bewegen.

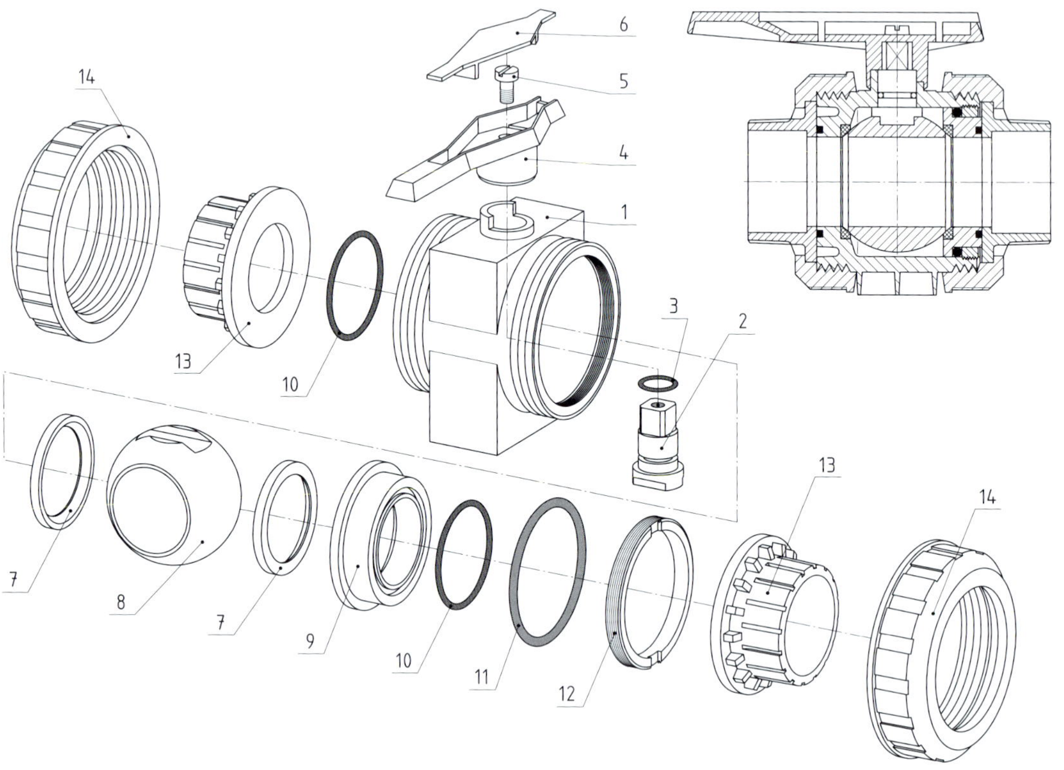

1 Kugelhahn (zu Übungen 2 und 3)

2.5.20 Sinnbilder

In technischen Zeichnungen werden z. B. Armaturen, Leitungen, Geräte und Schalter meist symbolisch durch entsprechende Sinnbilder dargestellt (Bild 1). Die Sinnbilder sind den entsprechenden Normen und Technischen Regeln zu entnehmen.

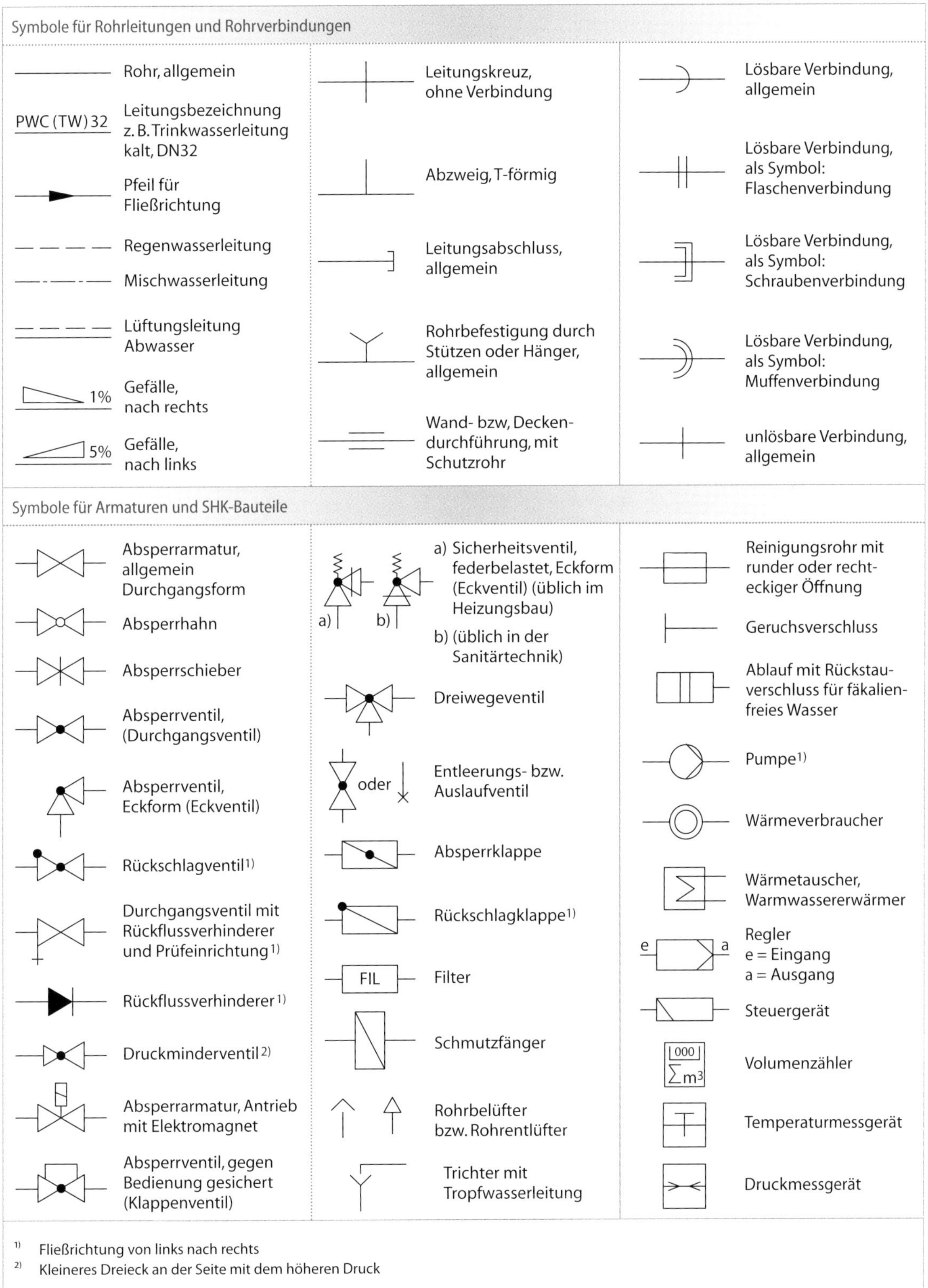

1 Sinnbilder

Lernfeld übergreifende Inhalte

2.5.21 Schaltschemata

Schaltschemata (diagrams of connections) (Bild 1) zeigen z. B. die Funktion einer Anlage, eines Anlagenteils oder eines Stromkreises (Bild 2) mit allen notwendigen Bauteilen. Sie werden immer ohne Maßstab (scale) dargestellt.

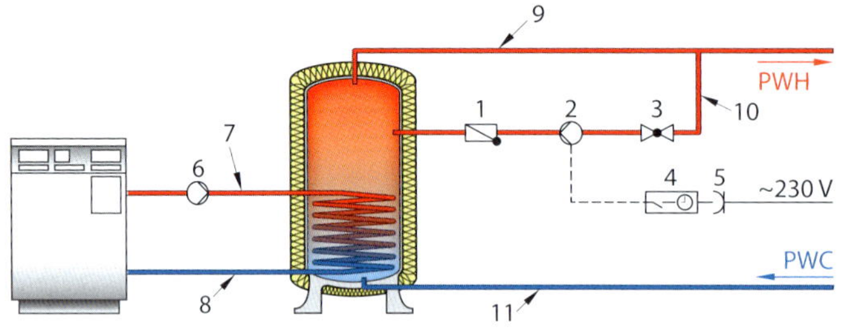

1 Rückflussverhinderer
2 Zirkulationspumpe
3 Absperrventil
4 Zeitschaltuhr
5 Netzsteckdose 230 V
6 Speicherladepumpe
7 Heizungsvorlauf zum Speicher
8 Heizungsrücklauf zum Speicher
9 PWH-Leitung (TWW)
10 PWH-Zirkulationsleitung (TWW)
11 PWC-Leitung (TW)

1 Schematische Darstellung

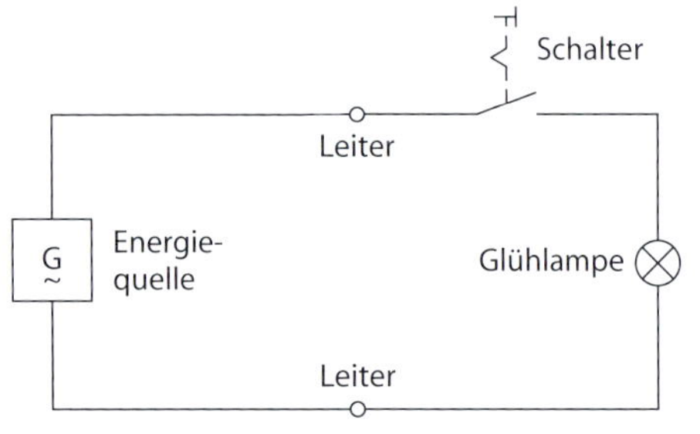

2 Schaltplan des einfachen Stromkreises

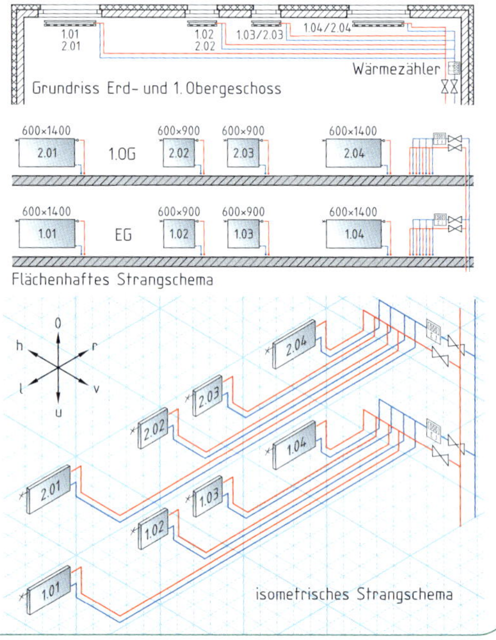

3 Rohrverteilung über dem Fußboden – Strangschema und Grundriss

2.5.22 Rohrschemata

Bei der Darstellung von einfachen Rohrleitungssystemen werden die **waagerecht** (horizontal) verlegten Rohrleitungen maßstäblich in die **Gebäudegrundrisse** eingezeichnet (Bild 3). Die **senkrecht** (vertical) verlegten Rohrleitungen (die Stränge (lines)) werden zur Veranschaulichung in flächenhaften **Strangschemas** (Bild 3) dargestellt, wobei nur die Höhen der Geschosse, Heizkörper und Kessel maßstäblich sein müssen. Die waagerechte Ausdehnung ist frei wählbar und sollte der Blattgröße angepasst werden. Für besonders komplizierte Details (z. B. Heizkörperanbindungen oder beim Aufeinandertreffen von Rohrleitungen verschiedener Gewerke) werden **isometrische Strangschemas** gezeichnet (Bild 3). Bei der isometrischen Darstellung müssen alle Details, also auch die waagerechte Ausdehnung, maßstäblich gezeichnet werden.

2.5.23 Bauzeichnen

Zu den Aufgaben eines Anlagenmechanikers SHK gehört das Lesen von Bauzeichnungen (construction drawings) und die Erstellung von Montageskizzen (assembly sketches) und kleineren Bauzeichnungen. Bauzeichnungen sind technische Zeichnungen von Gebäuden und Gebäudeteilen. Sie enthalten wichtige Angaben, die für die Erstellung des Gebäudes notwendig sind. Damit alle an der Erstellung eines schlüsselfertigen Gebäudes (building) beteiligten Gewerke von gleichen Voraussetzungen und Bedingungen ausgehen können, sind Bauzeichnungen nach DIN 1356-1 genormt.

2.5.23.1 Darstellung von Bauzeichnungen

In Bauzeichnungen werden vor allem Ansichten (views), Grundrisse (ground plans) und Schnitte (sections, profiles) verwendet.

2.5.23.1.1 Ansichten

Ansichten geben Auskunft über die **äußere** Form (einschließlich Schornstein, Fenster und Türöffnungen) und die Einbindung eines Gebäudes in das Gelände (Bild 1). Die Darstellung der Außenansichten (exterior views) schließt alle Seiten (Himmelsrichtungen) ein und vermittelt dem Betrachter einen guten **Gesamteindruck** (general impression) des Gebäudes.

1 Ansicht des Gebäudes

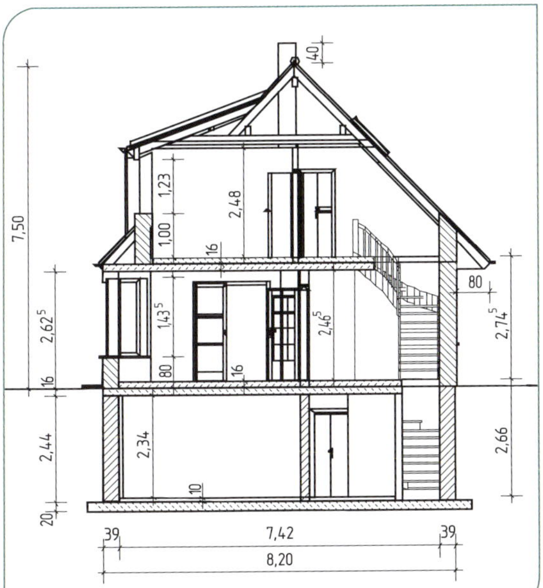

2 Hausquerschnitt

Die flächenhafte Darstellung von Bauwerken ist jedoch nicht ausreichend, da alle wichtigen Angaben über das Innere des Gebäudes wie Größe und Anordnung der Räume, Lage und Abmessungen von Wandöffnungen, Schächten und Schornsteinen hieraus **nicht** hervorgehen. Hierzu sind **weitere** Darstellungen wie Grundrisse und Gebäudeschnitte als Gesamt- und Teilzeichnungen erforderlich.

2.5.23.1.2 Schnitte

Schnitte sind Bauzeichnungen, die sich aus **senkrechten** (vertical) Gebäudeschnitten ergeben (Bild 2). Sie sind notwendig, da aus den Grundrissen nur unzureichende **Höhenangaben** (heights) zu entnehmen sind. Schnittebenen sind möglichst so anzuordnen, dass wesentliche Teile wie z.B. Fenster und Türöffnungen, Treppen und der Deckenaufbau gut zu erkennen sind.

2.5.23.1.3 Grundrisse

Grundrisse sind **horizontal** durch ein Gebäude verlaufende Schnitte. Sie sollten so ausgeführt werden, dass möglichst viele Türen, Fenster und andere Öffnungen im Mauerwerk

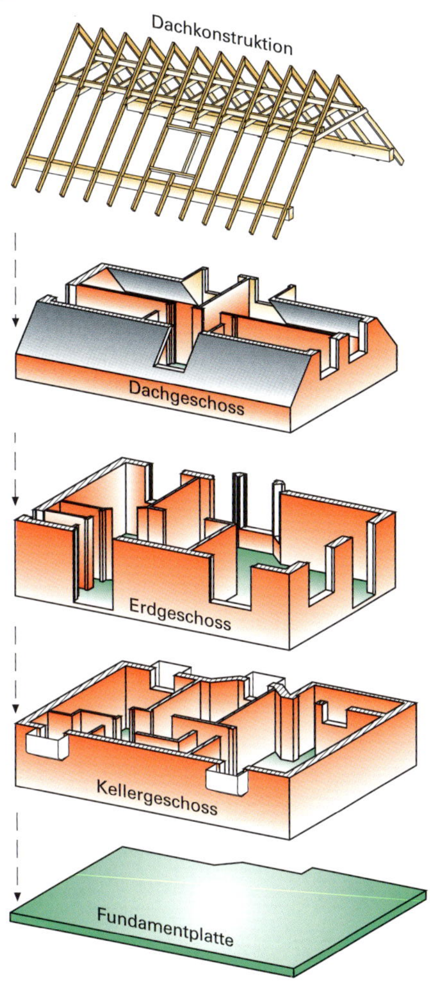

3 Grundrisse

geschnitten werden (ca. 1,25 m oberhalb des Fußbodens). Ein Grundriss entspricht der **Draufsicht** (top view) des unterhalb des Schnittes liegenden Bauteils (Bild 3, S. 315). Grundrisse werden von jedem Geschoss eines Gebäudes gezeichnet.

Es werden unterschieden:

- Kellergeschoss (underground floor, basement (US))
- Erdgeschoss (ground-floor, first floor (US))
- Obergeschoss(e) (upper floor)
- Dachgeschoss (attic, garret storey)

Die 3D-Darstellung (Bild 1) dient zur besseren Vorstellung der räumlichen Gegebenheiten.

1 3D-Darstellung Erdgeschoss

2.5.23.2 Ausführungszeichnung (Werkplan)

Ausführungszeichnungen (working drawings) werden im Maßstab 1:50 gezeichnet. Sie enthalten alle Angaben der Entwurfszeichnungen (preliminary assembly drawings). Wegen des größeren Maßstabes können z. B. Materialangaben, Fußbodenaufbauten und Maße detaillierter angegeben werden (Bild 2). Damit die Zeichnungen nicht zu unübersichtlich werden, ist es ratsam, für Durchbrüche (openings), Schlitze (slots, chases) und besondere Gewerke (z. B. Zentralheizungs- und Lüftungsbau, Sanitärinstallation) eigene Zeichnungen anzufertigen.

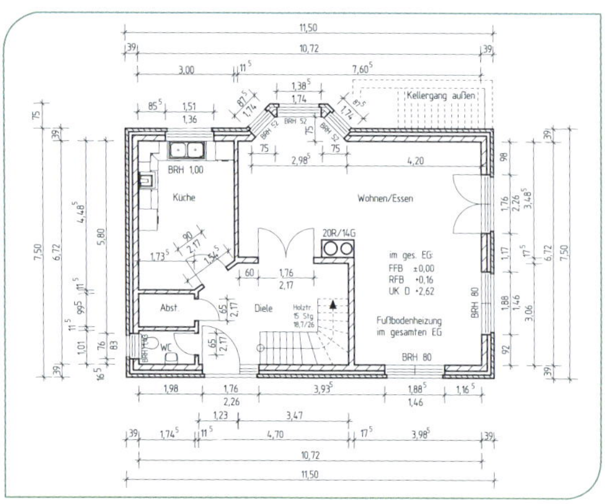

2 Ausführungszeichnung Erdgeschoss

2.5.23.3 Bemaßungen von Bauzeichnungen

Bauzeichnungen werden nach DIN 1356-1 bemaßt. In der Regel werden die **Rohbaumaße** (dimensions in unfinished state) (unverputztes Mauerwerk) verwendet. Es sind immer alle für den ausführenden Handwerker notwendigen Maße einzutragen. Bauzeichnungen werden ähnlich bemaßt wie Maschinenbauteile. Es gibt jedoch einige Unterschiede, die zu beachten sind (Bild 3):

- Maße < **1,0 m** werden in cm angegeben, Maße ≥ **1,0 m** in **m**
- **Bruchteile** von cm (mm) werden als Hochzahl geschrieben
- Kettenmaße (incremental dimensions) sind üblich
- Maßhilfslinien (projection lines) beginnen nicht direkt am Bauwerk
- Maßlinien (dimension lines) ragen über die Maßhilfslinien hinaus
- Zur Maßlinienbegrenzung (dimension line determination) werden keine Pfeile (nur bei Winkelangaben oder Bogenlängen) sondern Schrägstriche und Kreise (Bild 4) verwendet
- Bei Fenstern und Türen wird die Breite **über**, die Höhe **unter** der Maßlinie eingetragen (Bild 1, S. 317)
- Rechteckige Querschnitte werden als **Verhältnis** Breite/Höhe (z. B. Deckendurchbruch DD 25/15) angegeben
- **Höhen** in Grundrissen und Schnitten können auch ohne Maßlinie durch gleichseitige Dreiecke (triangles) dargestellt werden, wobei schwarze Dreiecke Rohbauhöhen und leere **Dreiecke** fertige Höhen (z. B. Oberkante Fertigfußboden, FFB) bezeichnen (Bild 2, S. 317)

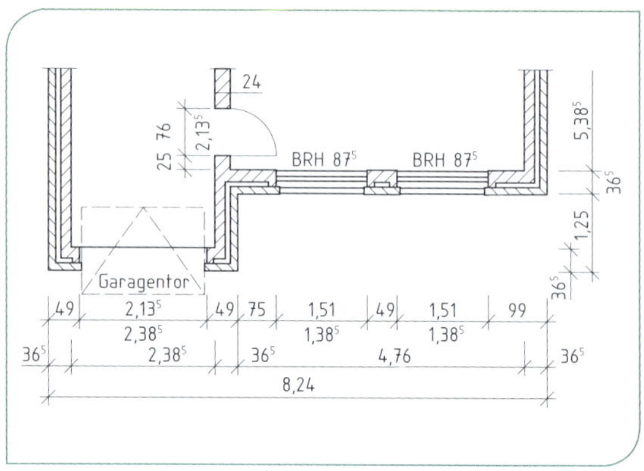

3 Bemaßung von Grundrissen

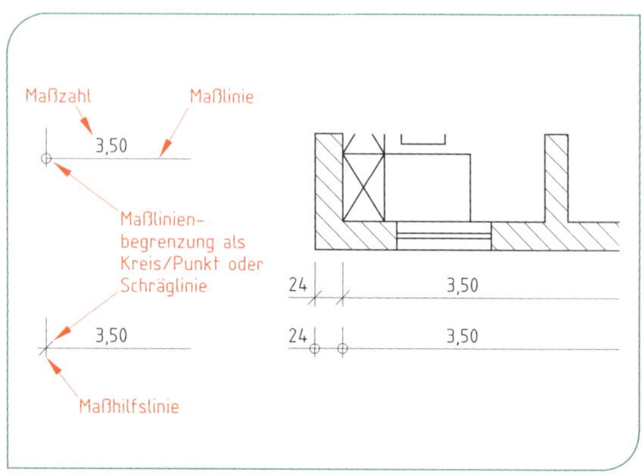

4 Bemaßungsregeln

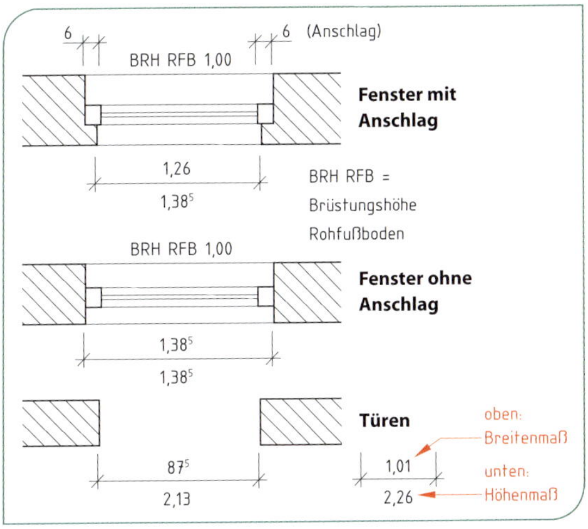

1 Bemaßung von Fenstern und Türen

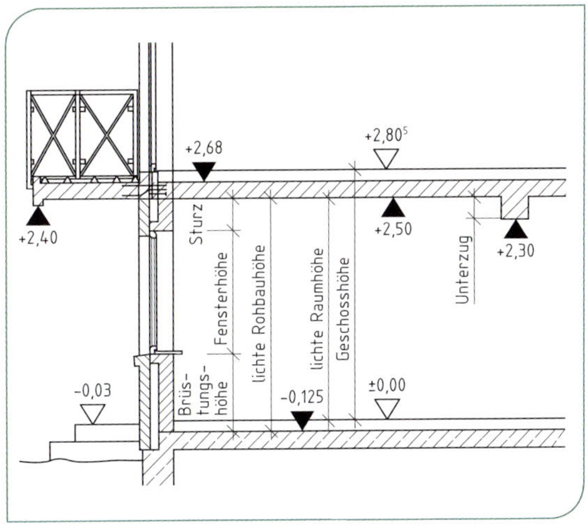

2 Höhenangaben in Schnittdarstellungen

ÜBUNGEN

1) Welche Darstellungsarten werden in Bauzeichnungen hauptsächlich verwendet?
2) Erläutern Sie den Begriff „Grundriss".
3) Warum sind Gebäudeschnitte notwendig?
4) Wie wird die Öffnungsrichtung einer Tür gekennzeichnet?
5) Wozu dienen Durchbrüche in Wänden und Decken?
6) Welche Maße werden in der Regel in Bauzeichnungen verwendet?
7) Wie werden Maße > 1,0 m in Bauzeichnungen angegeben?
8) Was wird anstelle von Pfeilen zur Maßlinienbegrenzung in Bauzeichnungen verwendet?
9) Wie wird die Breite und Höhe bei Türen und Fenstern angegeben?
10) Was wird durch gleichseitige Dreiecke gekennzeichnet?
11) Beantworten Sie die folgenden Fragen zu Bild 1:
    a) Welche Innenmaße hat die Garage?
    b) Welche Innenmaße hat der Abstellraum?
    c) Welche Rohbauhöhe hat die Toröffnung?
    d) Welche Dicke hat das Mauerwerk?
    e) Wie breit ist das Fenster?
    f) Wie breit ist die Türöffnung zum Abstellraum?
    g) Wie groß ist die Nutzfläche der Garage?
    h) Was bedeutet die Abkürzung „FH" an der Garage?
    i) Welche Außenlänge hat der Abstellraum?
    j) Welche Abmessungen hat der Stützpfeiler?
    k) Ist die Tür zum Abstellraum eine Links- oder eine Rechtstür?
    l) Wie breit ist die Garagentoröffnung?

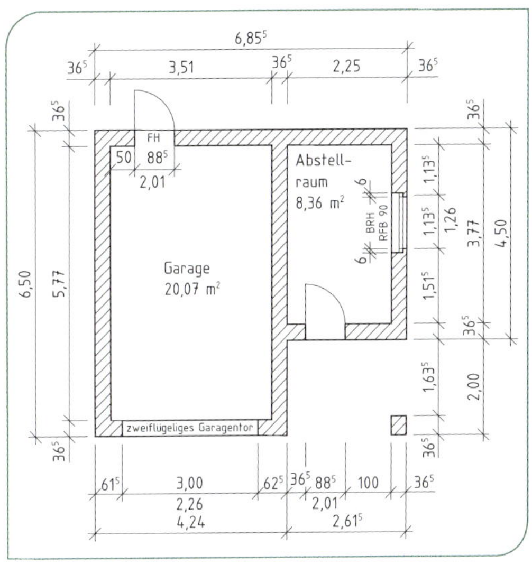

3 Garage mit Abstellraum

2.6 Technical drawings

Technical drawings are used to convey all the necessary information you need to manufacture a certain object. For most objects it is not possible to convey the information in a single view. Instead of using several sheets of paper with different views of the part, you can combine several views on a single drawing using first angle (picture 3) or third angle projection (picture 1, p. 319).

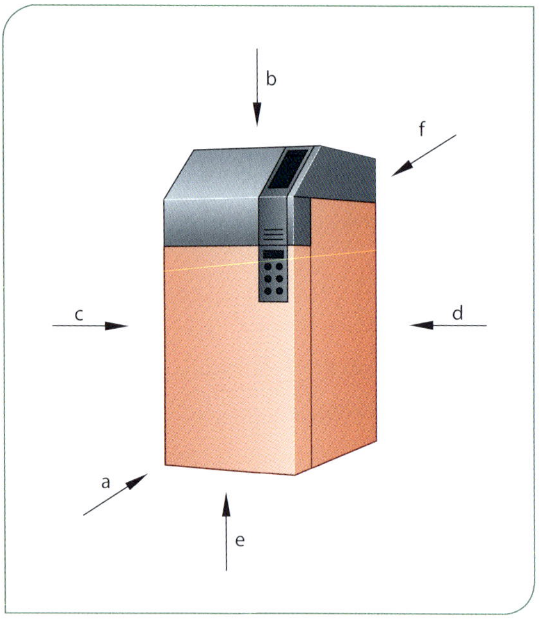

1 Views of a heating boiler

2.6.1 Principles of first and third angle orthographic projection

Orthographic projection is a common method of representing three-dimensional objects by three sometimes by four two-dimensional drawings. An orthographic projection ,for example of a boiler usually consists of a top view, and a front view and one or two side views (picture 1,2). First angle projection is often called European projection as it is widely used throughout Europe including Germany. Third angle projection is used in North America and other English-speaking countries. Both projections should never be mixed on the same drawing. To indicate which system has been used the appropriate projection symbol (picture 5) must be added to the completed drawing.

view in direction	view from	names of projections
a	front	**A** front view
b	above	**B** top view
c	left	**C** side view from the left
d	right	**D** side view from the right
e	below	**E** bottom view from underneath
f	behind	**F** back view

2 Directions of view

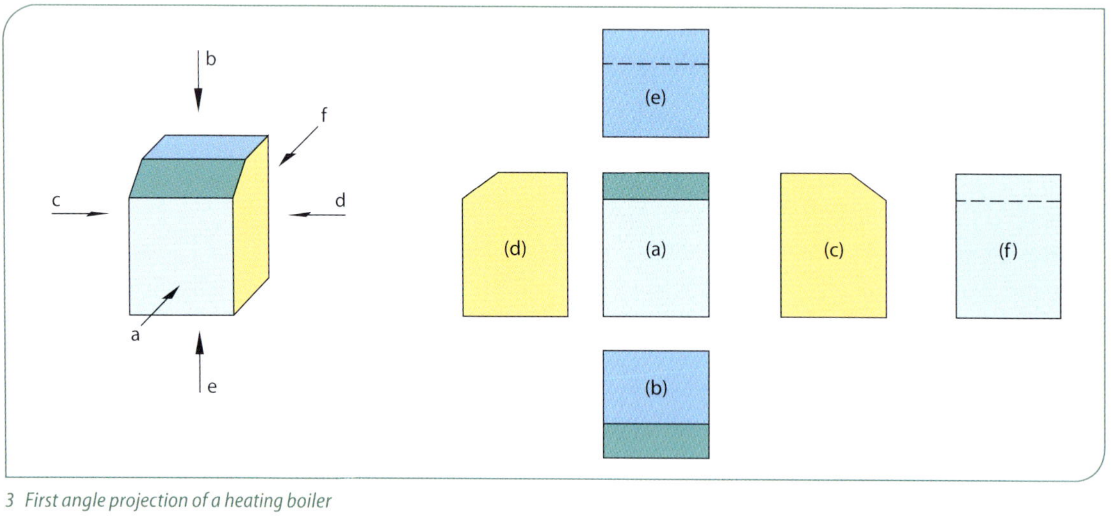

3 First angle projection of a heating boiler

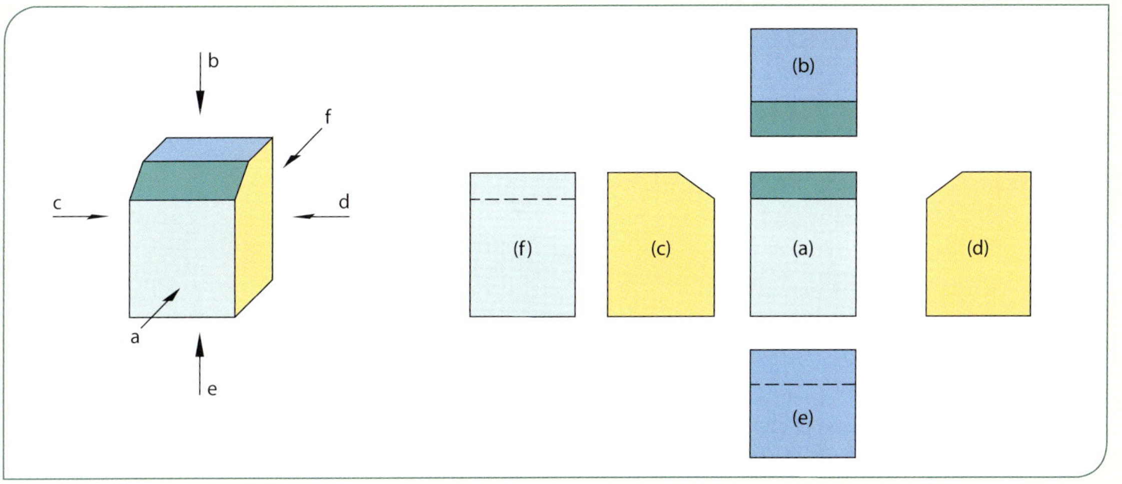

1 Third angle projection of a heating boiler

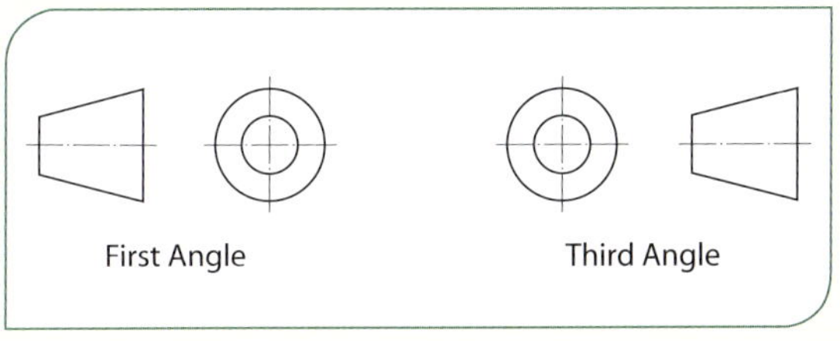

5 Projection symbols

Exercises

1. Translate chapter 2.6 Technical drawings into German. Use your reference book, the internet or a dictionary. Before you look up a word try to guess the word first, then check it.
2. What are the differences between first and third angle projections?
3. Find the appropriate German translations for the English terms (names of projections)in picture 2, p. 318.
4. Draw six views (a–f) in first angle projection for the object in the following picture.

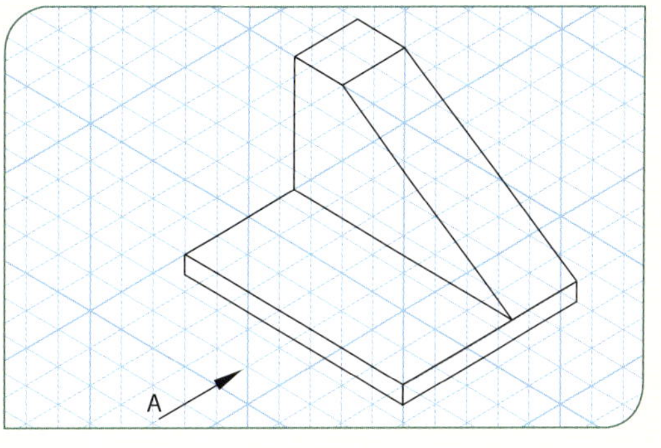

Lernfeld übergreifende Inhalte

3 Technische Berechnungen

3.1 Größenwert, Zahlenwert, Einheit

In der Technischen Mathematik wird überwiegend mit physikalischen Größenwerten gerechnet. Diese bestehen aus Zahlenwert und Einheit wie z. B.

Größenwert = Zahlenwert · Einheit
A = 10 m² **(Bestimmungsgleichung)**

Eine Bestimmungsgleichung besteht mindestens aus drei Gliedern, wobei eines dieser Glieder unbekannt ist. Um diese Unbekannte unter Anwendung der Rechenregeln z. B. für das Addieren, Subtrahieren, Multiplizieren, Dividieren, Potenzieren oder Wurzelziehen zu bestimmen, muss sie immer allein auf einer Seite der Gleichung stehen. Auf welcher Seite, ist im Prinzip gleichgültig, da diese gewechselt werden kann, ohne dass sich die Zahlenwerte ändern.
Anhand einer Wippe lässt sich der Zusammenhang gut darstellen. Das Gleichheitszeichen ist dabei das Auflager, die Größenwerte sind die Massen (Beispiel 1).

Beispiel 1:

Geg.: l (Länge)
b (Breite)

Ges.: A (Fläche)

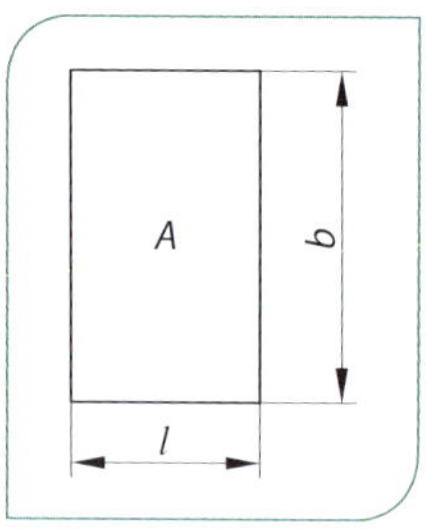

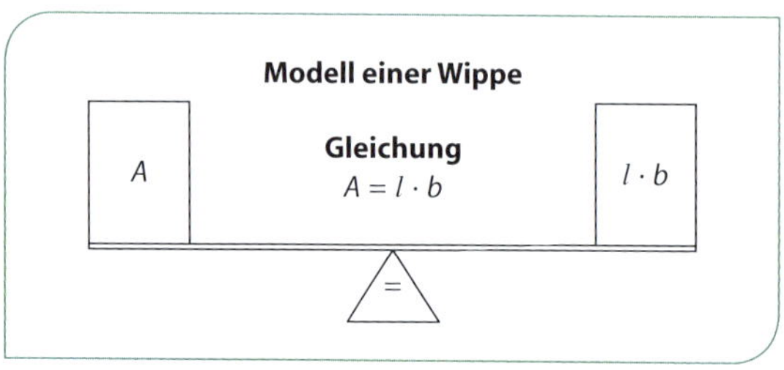

Beispiel 2:

Geg.: A (Fläche)
b (Breite)

Ges.: l (Länge)

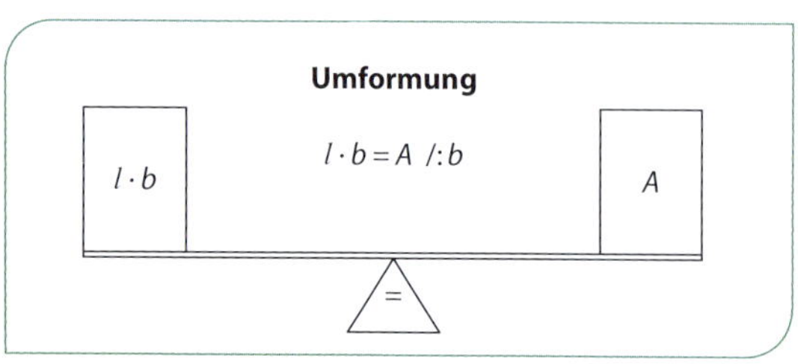

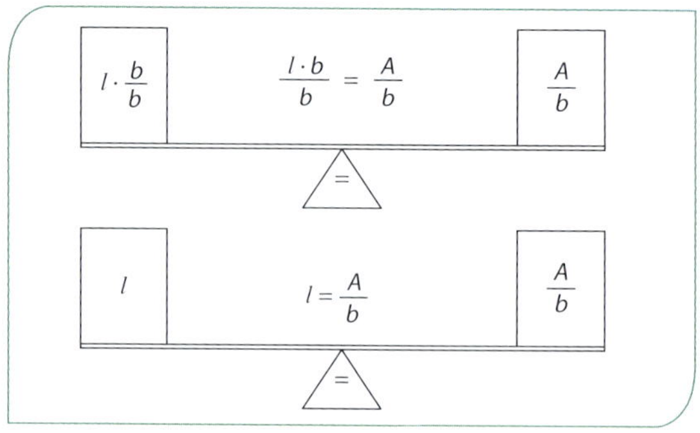

MERKE

Bei einer Gleichung müssen die Größenwerte und Einheiten vor und hinter dem Gleichheitszeichen – ähnlich wie bei einer Wippe – immer gleich sein.
Somit muss bei einer Umformung **immer auf beiden Seiten** die gleiche Rechenoperation durchgeführt werden, damit das Gleichgewicht erhalten bleibt.

Um einfache Gleichungen schnell und sicher umzuformen, gibt es ein bewährtes Hilfsmittel. Die Grundform der Gleichung wird in ein Dreieck geschrieben.
Der gesuchte Größenwert und der Bruchstrich bzw. das Multiplikationszeichen werden abgedeckt (linke Gleichungsseite), die sichtbaren Größenwerte ergeben die rechte Gleichungsseite (Bilder 1...3).

Bild 1 ($A = l \cdot b$)

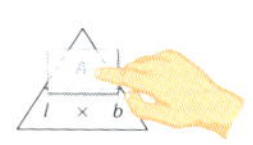

Bild 2 ($l = \frac{a}{b}$)

Bild 3 ($b = \frac{A}{l}$)

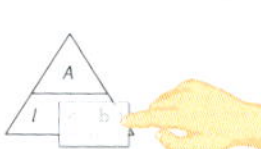

Das 1970 eingeführte, international verbindliche Einheitensystem (SI-System) nennt 7 Basiseinheiten. Fast alle übrigen Einheiten lassen sich daraus ableiten. Darüber hinaus gibt es weitere in der Technik zugelassene Einheiten die nicht Bestandteil des SI-Systems sind wie z. B. bar oder mWS.

Basisgrößen	Formelzeichen	Einheitenname	Einheitenzeichen
Länge	l	Meter	m
Masse	m	Kilogramm	kg
Zeit	t	Sekunde	s
Stromstärke	I	Ampere	A
Thermodynamische Temperatur	T, θ	Kelvin	K
Stoffmenge	n	Mol	mol
Lichtstärke	J	Candela	cd

Für die Technik wichtige Größen und Einheiten

Größen	Formelzeichen	Einheitenzeichen	Einheitenname	Umrechnungen
Fläche	A	mm^2; cm^2; dm^2; m^2	z. B. Quadratmeter	z. B. $1\ m^2 = 100\ dm^2$
Volumen	V	mm^3; cm^3; dm^3; m^3	z. B. Kubikmeter	z. B. $1\ m^3 = 1.000\ dm^3$ $1\ dm^3 = 1\ l$
Winkel	z. B. α	1° 1' 1''	Winkelgrad Winkelminute Winkelsekunde	1 Vollkreis = 360° 1° = 60' 1' = 60''
Kraft	F	N	Newton	$1\ N = 1\ \frac{kg \cdot m}{s^2}$
Druck	p	bar, Pa	Bar, Pascal	$1\ bar = 10\ \frac{N}{cm^2}$; $1\ Pa = 1\ \frac{N}{m^2}$
Arbeit	W	J	Joule	1 Ws = 1 J = 1 Nm
Leistung	P	W	Watt	$1\ \frac{J}{s} = 1\ N\ \frac{m}{s} = 1\ W$
Drehmoment	M	Nm	Newtonmeter	1 Nm = 1 J = 1 Ws
Geschwindigkeit	θ	m/s	Meter/Sekunde	$1\ \frac{m}{s} = 60\ \frac{m}{min} = 3{,}6\ \frac{km}{h}$
Drehzahl	n	$\frac{1}{min}$*	1/Minute	$\frac{1}{min} = \frac{1}{60\ s}$
Elektrische Spannung	U	V	Volt	$1\ V = 1\ \frac{W}{A}$
Elektrischer Widerstand	R	Ω	Ohm	$1\ \Omega = 1\ \frac{V}{A}$
Celsius-Temperatur	ϑ (θ)	°C	Grad Celsius	0 °C = 273 K 0 K = –273 °C
Temperaturdifferenz	$\Delta T = \Delta \theta = \Delta \vartheta$	K, °C	Kelvin, Grad Celsius	1 °C = 1 K

Um die Schreibweise zu vereinfachen, werden Teile oder Vielfache von Einheiten durch Vorsätze abgekürzt. Die Zahlenwerte erhalten einen entsprechenden Faktor.

Teile und Vielfache der Einheiten	Vorsatz	Vorsatzzeichen	Faktor	Beispiel
Millionstel	Mikro-	µ	$0{,}000001 = 10^{-6}$	1 µm = 0,000001 m
Tausendstel	Milli-	m	$0{,}001 = 10^{-3}$	1 mm = 0,001 m
Hunderstel	Zenti-	c	$0{,}01 = 10^{-2}$	1 cm = 0,01 m
Zehntel	Dezi-	d	$0{,}1 = 10^{-1}$	1 dm = 0,1 m
Einfache	Eins	1	1	1 m = 1 m
Zehnfache	Deka-	da	$10 = 10^1$	1 dag = 10 g
Hundertfache	Hekto-	h	$100 = 10^2$	1 hl = 100 l
Tausendfache	Kilo-	k	$1.000 = 10^3$	1 km = 1.000 m
Millionenfache	Mega-	M	$1.000.000 = 10^6$	1 MW = 1.000.000 W

3.1.1 Umrechnen von Einheiten

Der Anlagenmechaniker SHK wird im Rahmen seiner beruflichen Tätigkeiten hauptsächlich mit der Umrechnung von Längen-, Flächen- und Volumeneinheiten zu tun haben. Gelegentlich ist auch die Umrechnung von Zeit- und Winkeleinheiten erforderlich, die jedoch nicht im Dezimalsystem erfolgt.
Die Umrechnungstabellen helfen ihm dabei, nachfolgende Beispielaufgaben zu lösen.

Umrechnung von Längeneinheiten

gegeben	gesucht m	gesucht dm	gesucht cm	gesucht mm
1 m	1	10	100	1.000
1 dm	0,1	1	10	100
1 cm	0,01	0,1	1	10
1 mm	0,001	0,01	0,1	1

* $\frac{1}{min} = min^{-1}$ Um eine Einheit im Nenner zu vermeiden, wird diese mit negativem Exponenten (Hochzahl) im Zähler geschrieben.

Umrechnung von Flächeneinheiten

gegeben	gesucht m^2	gesucht dm^2	gesucht cm^2	gesucht mm^2
1 m^2	1	100	10.000	1.000.000
1 dm^2	0,01	1	100	10.000
1 cm^2	0,0001	0,01	1	100
1 mm^2	0,000001	0,0001	0,01	1

Umrechnung von Volumeneinheiten

gegeben	gesucht m^3	gesucht dm^3	gesucht cm^3	gesucht mm^3
1 m^3	1	1.000	1.000.000	1.000.000.000
1 dm^3	0,001	1	1.000	1.000.000
1 cm^3	0,000001	0,001	1	1.000
1 mm^3	0,000000001	0,000001	0,001	1

Umrechnung von Zeiteinheiten

gegeben	gesucht s	gesucht min	gesucht h
1 s	1	0,01666667	0,00027778
1 min	60	1	0,01666667
1 h	3.600	60	1

Zeit- und Winkeleinheiten werden bis auf Jahr und Tag in einem Zahlensystem angegeben, das auf der Grundzahl 60 aufgebaut ist.

1 Jahr = 1 a = 365 d
1 Tag = 1 d = 24 h
1 Stunde = 1 h = 60 min
1 Minute = 1 min = 60 s

1 Vollkreis = 360°
1 Grad = 1° = 60' (min)
1 Minute = 1' = 60'' (s)

a = anno
d = day
h = hour
min = minute
s = second

3.1.2 Rechnen mit Größen und deren Einheiten

Zum Umrechnen von Größen in ihren Einheiten sollten die Umrechnungstabellen benutzt werden.

Beispielaufgaben:

Berechne in cm:

$$215\ \text{dm} = \frac{215\ \text{dm} \cdot 10\ \text{cm}}{1\ \text{dm}}$$

$$\underline{\underline{215\ \text{dm} = 2.150\ \text{cm}}}$$

Berechne in m:

$$4.326\ \text{mm} = \frac{4.326\ \text{mm} \cdot 1\ \text{m}}{1.000\ \text{mm}}$$

$$\underline{\underline{4.326\ \text{mm} = 4{,}326\ \text{m}}}$$

Berechne in dm:

$$256\ \text{cm} = \frac{256\ \text{cm} \cdot 1\ \text{dm}}{10\ \text{cm}}$$

$$\underline{\underline{256\ \text{cm} = 25{,}6\ \text{dm}}}$$

ÜBUNGEN

Berechnen Sie unter lückenloser Darstellung der einzelnen Arbeitsschritte.

1. a) 3.452 mm = ? m
   b) 0,653 km = ? m
   c) 32 cm = ? m
2. a) 345,2 cm = ? mm
   b) 6.530 dm = ? mm
   c) 0,320 km = ? mm

Beispielaufgaben:

Berechne in cm^2:

$$0{,}03\ \text{dm}^2 = \frac{0{,}03\ \text{m}^2 \cdot 10.000\ \text{cm}^2}{1\ \text{m}^2}$$

$$\underline{\underline{0{,}03\ \text{dm}^2 = 300\ \text{cm}^2}}$$

Berechne in m^2:

$$458\ \text{dm}^2 = \frac{458\ \text{dm}^2 \cdot 1\ \text{m}^2}{100\ \text{dm}^2}$$

$$\underline{\underline{458\ \text{dm}^2 = 4{,}58\ \text{m}^2}}$$

Berechne in dm^2:

$$2.300\ \text{mm}^2 = \frac{2.300\ \text{mm}^2 \cdot 1\ \text{dm}^2}{10.000\ \text{mm}^2}$$

$$\underline{\underline{2.300\ \text{mm}^2 = 0{,}23\ \text{dm}^2}}$$

ÜBUNGEN

Berechnen Sie unter lückenloser Darstellung der einzelnen Arbeitsschritte.

4. a) 234 mm^2 = ? cm^2
   b) 0,0039 m^2 = ? cm^2
   c) 0,03 dm^2 = ? cm^2
5. a) 9,42 m^2 = ? dm^2
   b) 45,3 cm^2 = ? dm^2
   c) 148.569 mm^2 = ? dm^2

Beispielaufgaben:

Berechne in cm^3:

$$1.234\ \text{mm}^3 = \frac{1.234\ \text{mm}^3 \cdot 1\ \text{cm}^3}{1.000\ \text{mm}^3}$$

$$\underline{\underline{1.234\ \text{mm}^3 = 1{,}234\ \text{cm}^3}}$$

Berechne in m^3:

$$456.000\ \text{cm}^3 = \frac{456.000\ \text{cm}^3 \cdot 1\ \text{m}^3}{1.000.000\ \text{cm}^3}$$

$$\underline{\underline{456.000\ \text{cm}^3 = 0{,}456\ \text{m}^3}}$$

ÜBUNGEN

Berechnen Sie unter lückenloser Darstellung der einzelnen Arbeitsschritte.

6. a) $340.000\ mm^3 = ?\ dm^3$ c) $0{,}0002\ m^3 = ?\ dm^3$
   b) $58\ cm^3 = ?\ dm^3$ d) $0{,}1\ cm^3 = ?\ dm^3$

Beispielaufgaben:

Berechne in s:

$5\ min = \frac{5\ min \cdot 60\ s}{1\ min}$

$\underline{\underline{5\ min = 300\ s}}$

Berechne in min:

$240\ s = \frac{240\ s \cdot 1\ min}{60\ s}$

$\underline{\underline{240\ s = 3{,}99984\ min \approx 4\ min}}$

Berechne in h:

$7.260\ s = 7.260\ s \cdot \frac{1\ h}{3.600\ s}$

$\underline{\underline{7.260\ s = 1{,}99944\ h \approx 2\ h}}$

ÜBUNGEN

Berechnen Sie unter lückenloser Darstellung der einzelnen Arbeitsschritte.

7. a) 2,75 h = ? min
   b) 0,8 h = ? min
   c) 7.260 s = ? min
   d) 4 h 54 s = ? min

8. a) 4,5 min = ? s
   b) 3,4 h = ? s
   c) 0,1 h 48 min = ? s
   d) 0,01 h 30 min = ? s

9. a) 30 min 7.320 s = ? h
   b) 0,3 h 48 min 60 s = ? h
   c) 4 h 0,7 min 42 s = ? h
   d) 300 min = ? h

3.2 Teilungen

Bei der Installation von z. B. Rohrleitungsbefestigungen, Leitungsverteilern und Reihenwaschtischanlagen (Bilder 1 bis 4, S. 324) werden gleiche Abstände gewählt, um z. B. die Belastungen gleichmäßig zu verteilen. Oft werden gleiche Abstände auch aus optischen Gründen gewünscht. Mit Hilfe der folgenden Berechnungsformeln lassen sich diese Abstände ermitteln.

Je nach Anforderungen stehen zwei Varianten der Aufteilung zur Auswahl:

- Teilung und Randabstand gleich (Bild 1)
- Teilung und Randabstand ungleich, wobei es bei dieser Variante 2 unterschiedliche Möglichkeiten gibt (Bild 2a und 2b)

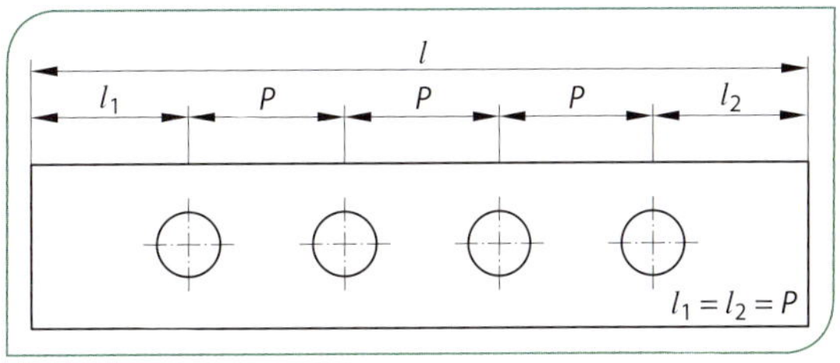

1 Gleiche Abstände $l_1 = l_2 = P$

$$\boxed{l = P \cdot (n+1)}$$

$$P = \frac{l}{n+1}$$

$$n = \frac{l}{P} - 1$$

$$z = n + 1$$

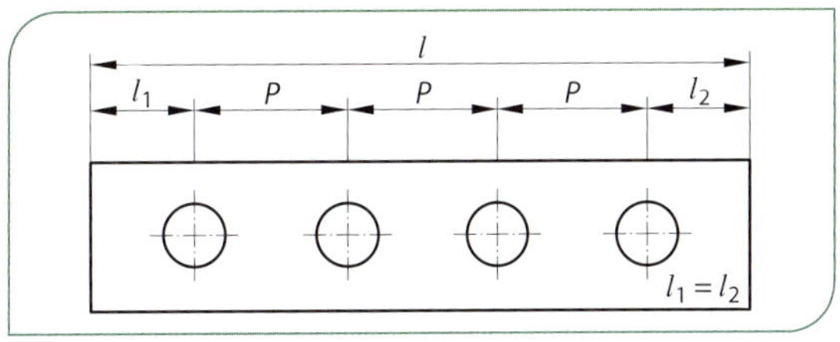

2a Ungleiche Abstände $l_1 = l_2 \neq P$

$$\boxed{l = P \cdot (n-1) + 2 \cdot l_1}$$

$$P = \frac{l - 2 \cdot l_1}{n-1}$$

$$n = \frac{l - 2 \cdot l_1}{P} + 1$$

$$l_1 = \frac{(l - p) \cdot (n-1)}{2}$$

$$z = n - 1$$

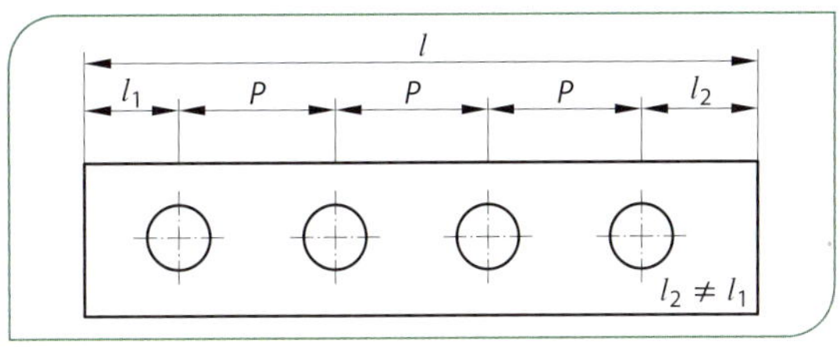

2b Ungleiche Abstände $l_1 \neq l_2 \neq P$

$$\boxed{l = P \cdot (n-1) + l_1 + l_2}$$

$$P = \frac{l - l_1 - l_2}{n-1}$$

$$n = \frac{l - l_1 - l_2}{P} + 1$$

$$l_1 = l - P \cdot (n-1) - l_2$$

$$l_2 = l - P \cdot (n-1) - l_1$$

$$z = n - 1$$

Bezeichnungen:

l = Gesamtlänge in m, dm, cm, mm
l_1 = Randabstand in m, dm, cm, mm
l_2 = Randabstand in m, dm, cm, mm
P = Teilungsmaß in m, dm, cm, mm
z = Teilungen
n = Anzahl z. B. der Bohrungen, Sägeschnitte, Anreißlinien

Beispielaufgabe 1

(Teilungs- und Randabstand ungleich: $l_1 \neq l_2 \neq P$):

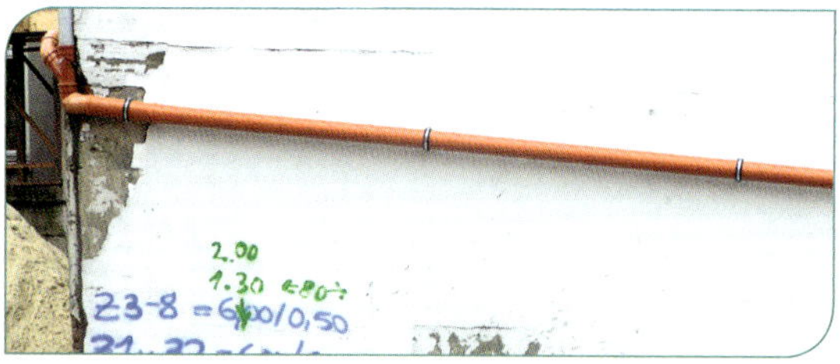

1 Regenwasserumgehungsleitung

Im Zuge einer Baumaßnahme muss das Wasser einer Regenwasserfallleitung umgeleitet werden. Diese Umgehungsleitung (Bild 1) soll auf einer Länge von 8,70 m mit 5 Rohrschellen befestigt werden. Die Randabstände betragen 0,40 m und 0,60 m.

Berechnen Sie die Teilungsabstände *P* in m.

Geg.: $l = 8{,}70\ \text{m}$

$l_1 = 0{,}40\ \text{m}$

$l_2 = 0{,}60\ \text{m}$

$n = 5$

Ges.: *P* in m

Lösung:

$$P = \frac{l - l_1 - l_2}{n - 1}$$

$$P = \frac{8{,}70\ \text{m} - 0{,}40\ \text{m} - 0{,}60\ \text{m}}{5 - 1}$$

$$\underline{\underline{P = 1{,}925\ \text{m}}}$$

Beispielaufgabe 2

(Teilungs- und Randabstand gleich: $l_1 = l_2 = P$):

2 Trinkwasserverteilung

Es soll ein Trinkwasserverteiler mit 6 Anschlüssen hergestellt werden (Bild 2). Die Länge des Verteilers beträgt 1,85 m. Wie groß sind die Teilungsabstände *P* zwischen den Anschlussstutzen in cm?

Geg.: $l = 1{,}85\ \text{m}$

$n = 6$

Ges.: *P* in cm

Lösung:

$$P = \frac{l}{n + 1}$$

$$P = \frac{1{,}85\ \text{m} \cdot 100\ \text{cm}}{1\ \text{m} \cdot (4 + 1)}$$

$$\underline{\underline{P = 37\ \text{cm}}}$$

ÜBUNGEN

1) a) In einem Waschraum sollen die in Bild 3 und Bild 4 dargestellten 55 cm breiten Waschtische installiert werden. Berechnen Sie die Abstände zwischen den Waschtischen in cm.

b) Wie groß wäre der Abstand der beiden äußeren Waschtische zur Wand, bei gleichem Teilungs- und Randabstand?

2) Für die Befestigung von 6 Rohrschellen (Bild 1, Seite 325) sind Löcher mit d = 9 mm in eine Profilstange zu bohren. Die Randabstände l_1 und l_2 betragen jeweils das 1,5-fache der Breite der Rohrschelle (Bild 2, Seite 325). Berechnen Sie die Länge *l* der Profilstange, wenn der Abstand zwischen den Rohrschellen 50 mm betragen soll.

3) Ein Rücklaufsammler soll nach Zeichnung (Bild 3, Seite 325) hergestellt werden. Berechnen Sie die Randabstände l_1 und l_2, bei vorgegebener Länge *l* und Teilungsabstand *P*.

3 Reihenwaschtischanlage

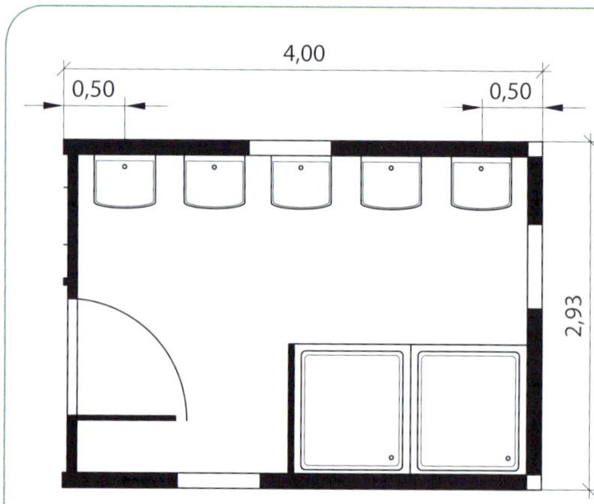

4 Zeichnung der Waschtischanlage

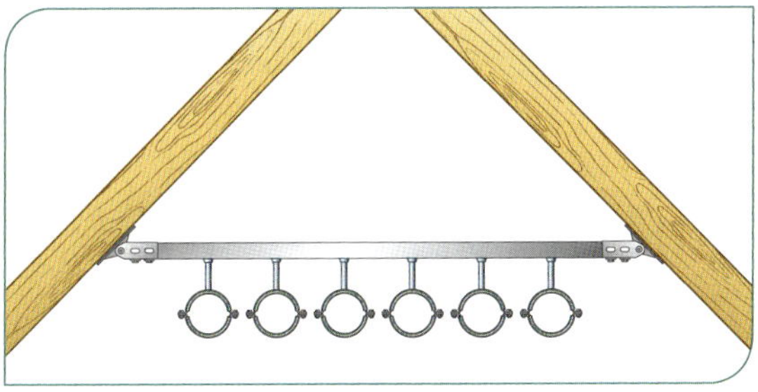

1 Rohrtrasse an einem geneigten Dachbinder

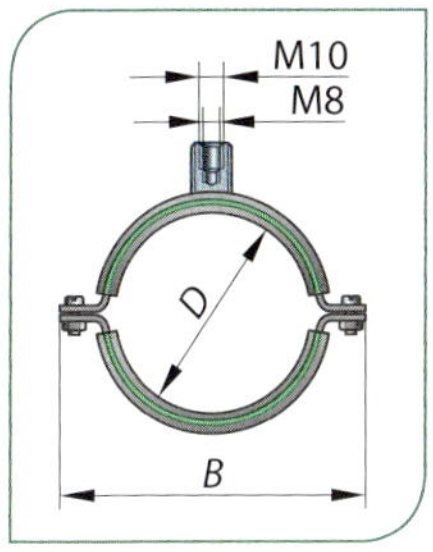

2 Detailzeichnung der Schelle

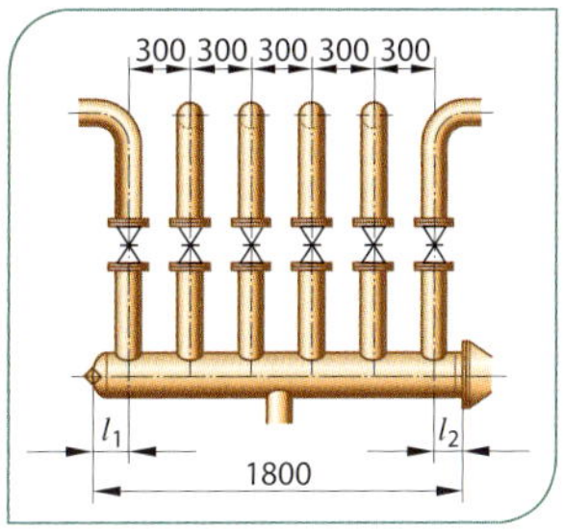

3 Rücklaufsammler

3.3 Längen- und Umfangsberechnungen

Die Länge des Umfanges für ein Quadrat, Rechteck oder Vieleck errechnet sich aus der Summe aller Teillängen, z.B. beim Rechteck (Bild 4):

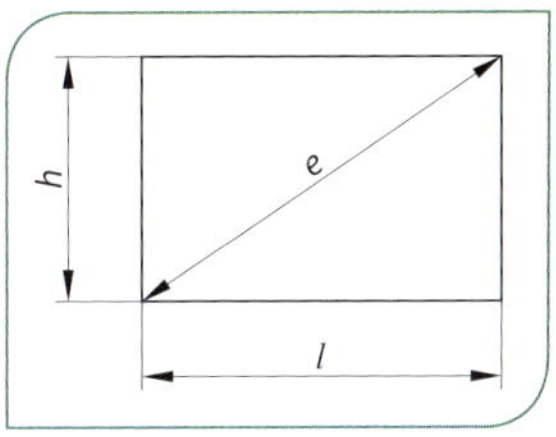

4 Rechteck

$U = l + h + l + h$

oder

$U = 2 \cdot l + 2 \cdot h$ oder $U = 2 \cdot (h + l)$

Für den Kreis (Bild 5) gilt die Formel:

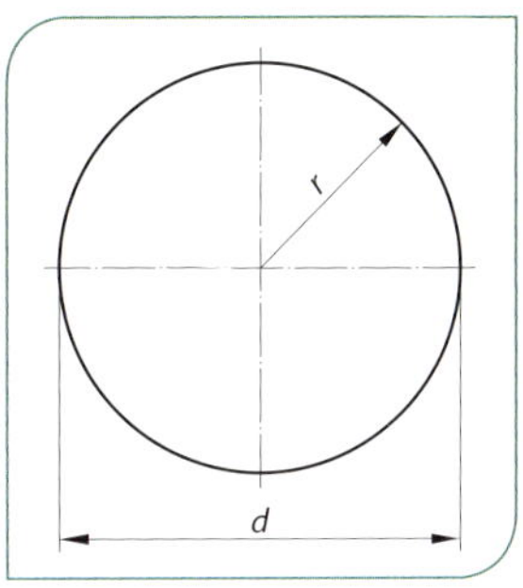

5 Kreis

$U = d \cdot \pi$

oder

$U = 2 \cdot r \cdot \pi$

Ist die Umfangslänge bekannt, kann der Kreisdurchmesser mit der Formel $d = \frac{U}{\pi}$ oder $r = \frac{U}{2 \cdot \pi}$ ermittelt werden.

Beispielaufgabe:
Die äußere Dämmung um zwei Rohre soll überall $t = 30$ mm dick sein. Berechnen Sie die Umfangslänge des benötigten Blechmantels.

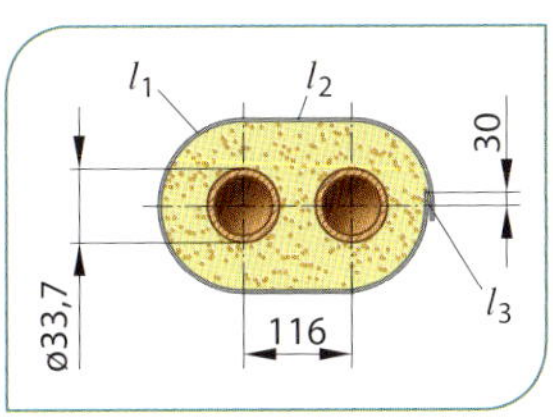

Geg.: $l_2 = 70$ mm
$l_3 = 20$ mm
$d_a = 33,7$ mm
$t = 30$ mm

Ges.: Blechlänge

Lösung:

$U = 2 \cdot l_1 + 2 \cdot l_2 + l_3$

$U = D \cdot \pi + 2 \cdot l_2 + l_3$

$U = 93,7\ \text{mm} \cdot \pi + 2 \cdot 70\ \text{mm} + 20\ \text{mm}$

$\underline{\underline{U = 454,22\ \text{mm}}}$

$l_1 = \frac{D \cdot \pi}{2}$

$D = 2 \cdot t + d_a$

$D = 2 \cdot 30\ \text{mm} + 33,7\ \text{mm}$

$\underline{D = 93,7\ \text{mm}}$

ÜBUNGEN

1 Eine Vorwandkonstruktion (Bild 6) von 2,40 m Breite, 1,15 m Höhe und 20 cm Tiefe für Waschtisch, Bidet und Klosett soll installiert werden. Für die Bestellung der erforderlichen Profilstangen muss die Gesamtlänge aller **waagerechten** und **senkrechten** Profile ermittelt werden. Die Lieferlänge der Profilstangen beträgt 5 m.
a) Berechnen Sie die Gesamtlänge l der benötigten Profilstangen.
b) Wie viele Stangen müssen bestellt werden?

Um die Rechnung zu vereinfachen werden die Profilmaße vernachlässigt.

2 a) Für 15 Wohneinheiten soll in den Badezimmern nach Zeichnungsangaben (Bild 1, S. 326) eine Fußbodenheizung mäanderförmig verlegt werden. Stellen Sie fest, ob zwei Rohrbündel von 50 m Länge ausreichen.
b) Berechnen Sie die benötigte Länge der Rohrleitung, wenn für kleine Abweichungen eine Zugabe von 5 % (s. S. 343 Kap. 3.8 Prozentrechnung) berücksichtigt werden muss.

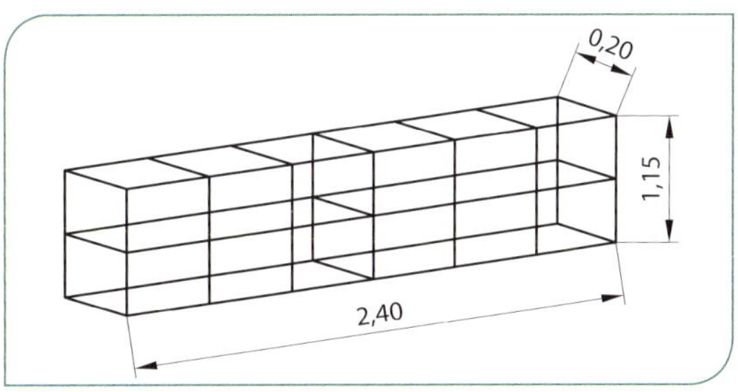

6 Vorwandkonstruktion

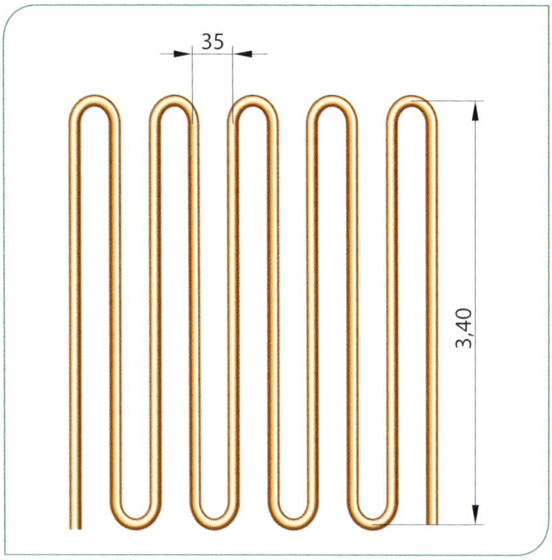

1 Fußbodenheizung (mäanderförmig)

3.4 Flächenberechnungen

Die Berechnung von Flächen hat im SHK-Handwerk eine große Bedeutung z. B. für:

- die Berechnung der Dach- und Hofflächen zur Ermittlung der erforderlichen Rohrnennweiten von Fall- und Grundleitungen für Regenwasser,
- die Berechnung der Querschnittsflächen von Lüftungsleitungen für die kontrollierte Wohnungslüftung,
- die Berechnung der zulässigen Rohrquerschnitte von Heizungsleitungen,
- die Berechnung von Stand- und Freiflächen in Sanitärräumen.

3.4.1 Geradlinig begrenzte Flächen

3.4.1.1 Quadrat, Rhombus

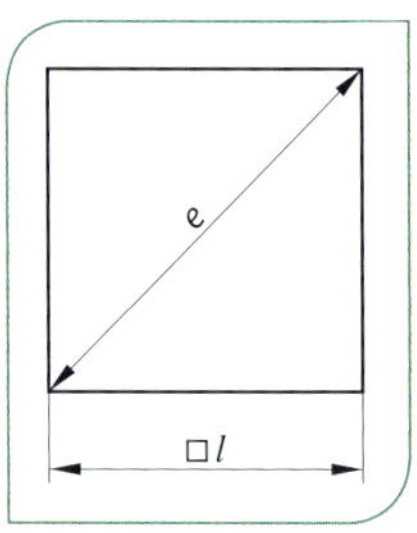

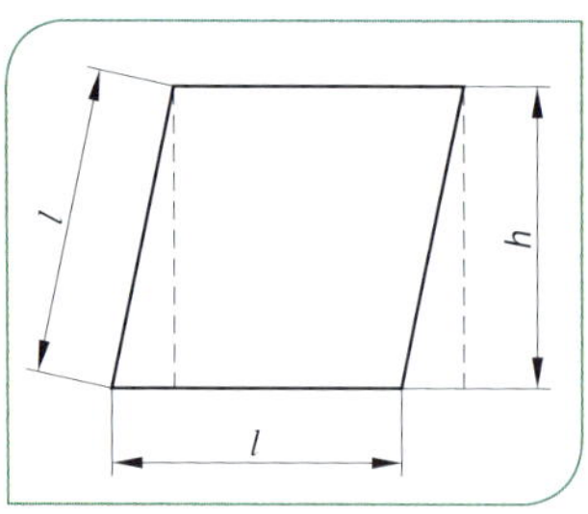

$A = l \cdot l = l^2$

$l = \sqrt{A}$

$e = l \cdot \sqrt{2}$

$A = l \cdot h$

$l = \frac{A}{h}$

$h = \frac{A}{l}$

A = Fläche
l = Länge
h = Höhe
e = Diagonale

Beispielaufgaben:

1. Berechnen Sie die Fläche A des Quadrats in cm^2 und die Diagonale e in mm.

Geg.: $l = 42$ mm

Ges.: A in cm^2 und e in mm

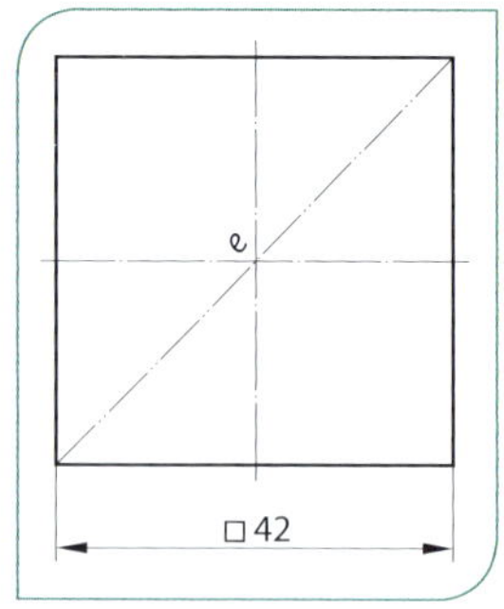

Lösung:

$A = l^2$
$A = (4{,}2\ \text{cm})^2$
$\underline{\underline{A = 17{,}64\ \text{cm}^2}}$

$e = \sqrt{l^2 + l^2}$
$e = \sqrt{2 \cdot l^2}$
$e = l \cdot \sqrt{2}$
$e = 42\ \text{mm} \cdot \sqrt{2}$
$\underline{\underline{e = 59{,}4\ \text{mm}}}$

2. Berechnen Sie die Fläche A in m^2.

Geg.: $l = 420$ cm
$h = 380$ cm

Ges.: A in m^2

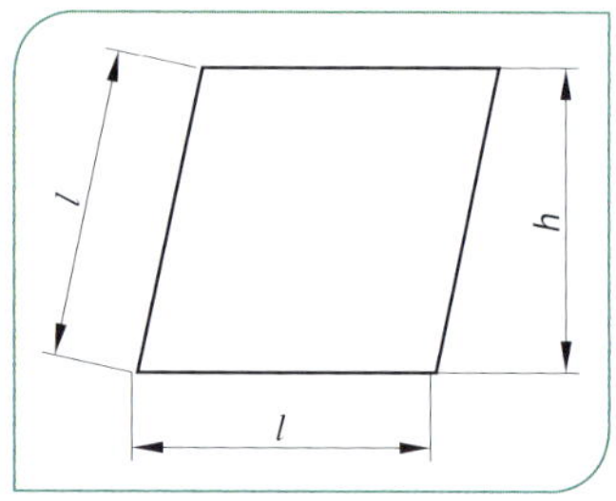

Lösung:

$A = l \cdot h$
$A = 420\ \text{cm} \cdot 380\ \text{cm}$
$A = 159.600\ \text{cm}^2$
$A = \frac{159.600\ \text{cm}^2 \cdot 1\ \text{m}^2}{10.000\ \text{cm}^2}$
$\underline{\underline{A = 15{,}96\ \text{m}^2}}$

ÜBUNGEN

(1) a) Eine Autobahntankstelle soll eine quadratische Freifläche mit Servicestationen erhalten.

Um auftretendes Regenwasser sicher abzuleiten, soll eine Ablaufrinne diagonal installiert und die beidseitigen Flächen mit leichtem Gefälle versehen werden.

Berechnen Sie die Entwässerungsfläche A und die Länge e der Diagonalen für die Dimensionierung der Ablaufrinne. Die Seitenlänge der Fläche beträgt $l = 15{,}85$ m.

b) Eine zweite Freifläche zum Abstellen von PKWs hat die geometrische Form eines Rhombus mit einer Seitenlänge $l = 23{,}70$ m und der Höhe $h = 20{,}17$ m.

Berechnen Sie die Entwässerungsfläche A zur Dimensionierung der Ablaufrinne.

3.4.1.2 Rechteck, Rhomboid (Parallelogramm)

$A = l \cdot h$

$l = \frac{A}{h}$

$h = \frac{A}{l}$

$e = \sqrt{l^2 + h^2}$

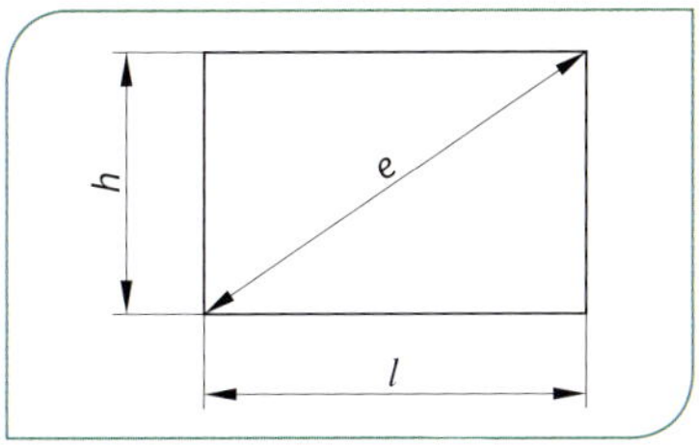

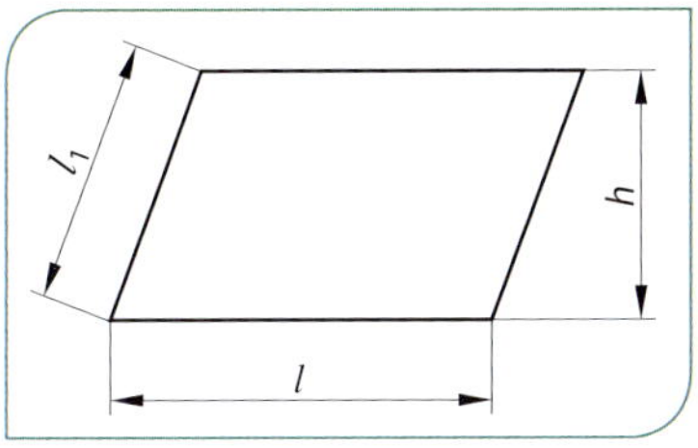

Beispielaufgaben:

1. Berechnen Sie die Fläche A in cm^2 und die Diagonale e in cm.

Geg.: $l = 580$ mm
$h = 410$ mm

Ges.: A in cm^2
e in cm

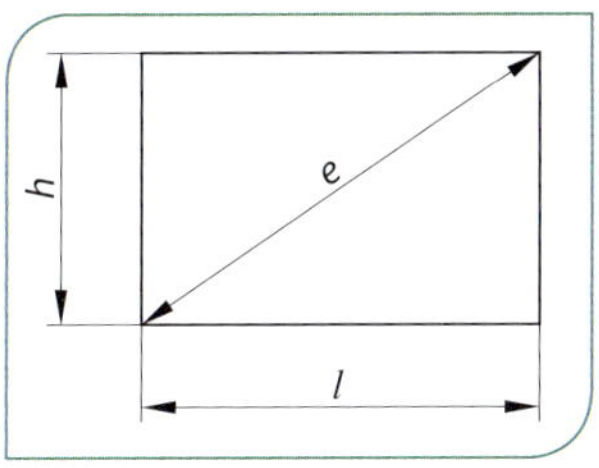

Lösung:

$A = l \cdot h$

$A = 580\text{ mm} \cdot 410\text{ mm}$

$A = 237.800\text{ mm}^2$

$A = \frac{237.800\text{ mm}^2 - 1\text{ cm}^2}{100\text{ mm}^2}$

$\underline{\underline{A = 2.378\text{ cm}^2}}$

$e = \sqrt{l^2 + h^2}$

$e = \sqrt{580\text{ mm}^2 + 410\text{ mm}^2}$

$e = \sqrt{336.440\text{ mm}^2 + 168.100\text{ mm}^2}$

$e = \sqrt{504.500\text{ mm}^2}$

$e = 710{,}28$ mm

$e = \frac{710{,}28\text{ mm} \cdot 1\text{ cm}}{10\text{ mm}}$

$\underline{\underline{e = 71{,}028\text{ cm}}}$

2. Berechnen Sie die Fläche A in m^2.

Geg.: $h = 350$ mm
$l = 450$ mm

Ges.: A in m^2

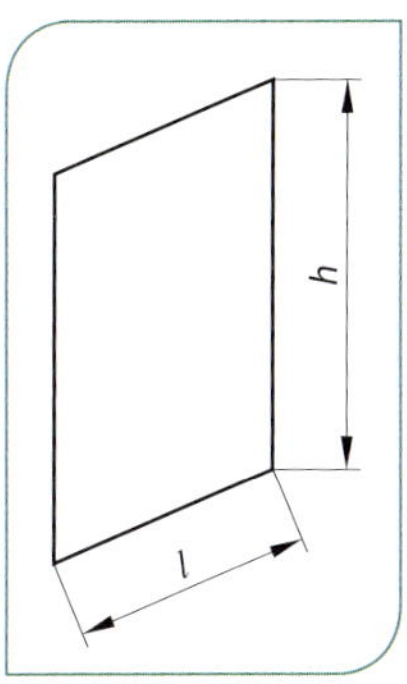

Lösung:

$A = l \cdot h$

$A = 450\text{ mm} \cdot 350\text{ mm}$

$A = 157.500\text{ mm}^2$

$A = \frac{157.500\text{ mm}^2 \cdot 1\text{ m}^2}{1.000.000\text{ mm}^2}$

$\underline{\underline{A = 0{,}1575\text{ m}^2}}$

ÜBUNGEN

1. Die vordere und die obere Fläche der Vorwandkonstruktion aus Übung 1, Seite 325 sollen mit Gipsplatten verkleidet werden.

   Wie viele Platten werden benötigt, wenn die Plattenmaße 1,50 m × 1,00 m betragen und die Plattendicke unberücksichtigt bleibt?

2. Eine Abdeckplatte aus verzinktem Stahlblech für eine Montageöffnung mit der Form eines Rhomboids hat die Fläche $A = 646\text{ cm}^2$ und die Länge $l = 170$ mm.

   Berechnen Sie ihre Höhe h in mm.

3.4.1.3 Trapez

$A = \frac{l_1 + l_2}{2} \cdot h$

$l_1 = \frac{2 \cdot A}{h} - l_2$

$l_2 = \frac{2 \cdot A}{h} - l_1$

$h = \frac{2 \cdot A}{l_1 + l_2}$

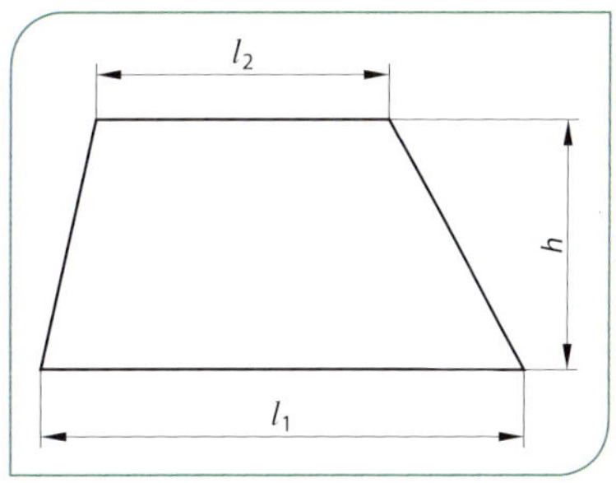

Beispielaufgaben:

Berechnen Sie die Fläche A der Zeichnung in dm^2.

Geg.: $l_1 = 480$ mm
$l_2 = 100$ mm
$h = 150$ mm

Ges.: A in dm^2

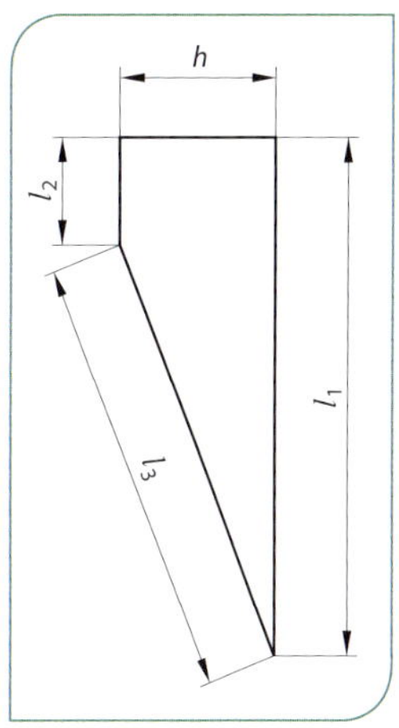

Lösung:

$A = \frac{l_1 + l_2}{2} \cdot h$

$A = \frac{480\text{ mm} + 100\text{ mm}}{2} \cdot 150\text{ mm}$

$A = 43.500\text{ mm}^2$

$A = \frac{43.500\text{ mm}^2 \cdot 1\text{ dm}^2}{10.000\text{ mm}^2}$

$\underline{\underline{A = 4{,}35\text{ dm}^2}}$

ÜBUNGEN

1) a) Die unbebaute Hinterhoffläche eines Wohngrundstückes soll neu gepflastert werden.
Berechnen Sie die Fläche A des Hofes mit Hilfe der Zeichnungsmaße.

b) Ermitteln Sie die Stückzahl n der benötigten Pflastersteine (20 cm × 20 cm).
Die Fugen bleiben unberücksichtigt.

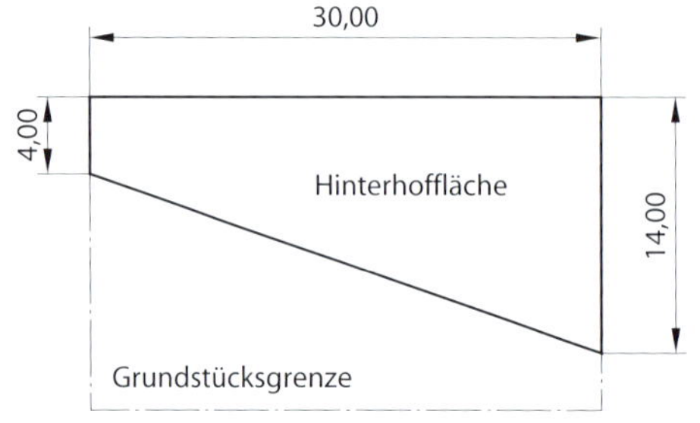

2) Eine trapezförmige Verbrennungsluftöffnung in der Außenwand hat folgende Abmessungen:

$l_1 = 220$ mm; $l_2 = 180$ mm; $h = 150$ mm

Berechnen Sie den freien Querschnitt A in cm².

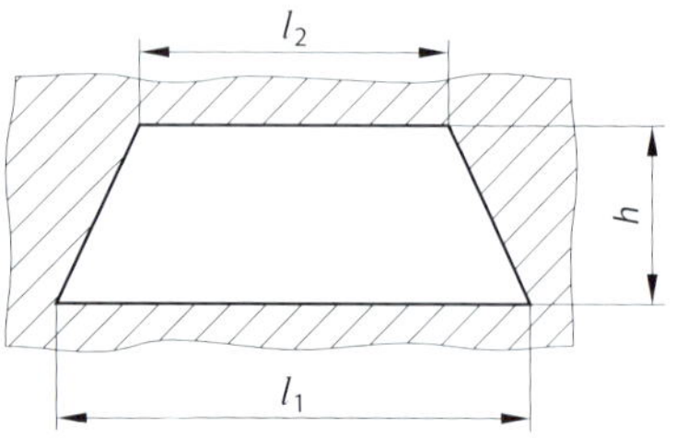

3.4.1.4 Beliebiges und gleichseitiges Dreieck

Beliebiges Dreieck

$$A = \frac{l \cdot h}{2}$$

$$h = \frac{2 \cdot A}{l}$$

$$l = \frac{2 \cdot A}{h}$$

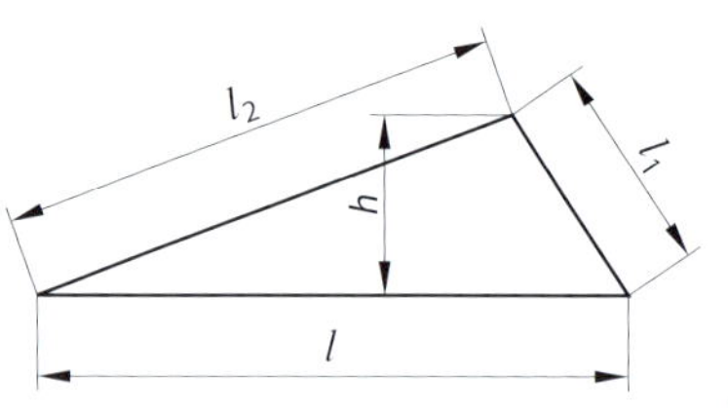

Gleichseitiges Dreieck

$$A = \frac{l \cdot h}{2} \quad \text{oder}$$

$$A = \frac{l^2}{4} \cdot \sqrt{3}$$

da $h = \frac{l}{2} \cdot \sqrt{3}$

$$l = \sqrt{\frac{4 \cdot A}{\sqrt{3}}}$$

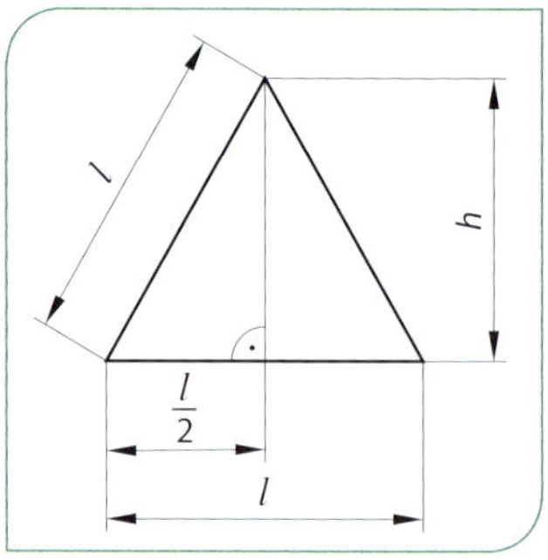

Beispielaufgabe:

1. a) Berechnen Sie die Fläche A des abgebildeten Dreiecks in cm².

Geg.: $l = 46$ cm
$h = 12$ cm

Ges.: A in cm²

Lösung:

$$A = \frac{l}{2} \cdot h$$

$$A = \frac{12\ \text{cm} \cdot 46\ \text{cm}}{2}$$

$$\underline{\underline{A = 276\ \text{cm}^2}}$$

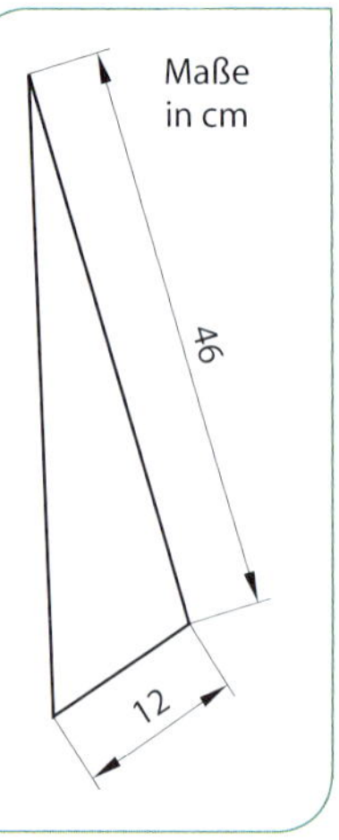

Beispielaufgabe:

b) Berechnen Sie die Fläche A des gleichseitigen Dreiecks in dm².

Geg.: $l = 38$ cm

Ges.: A in dm²

Lösung:

$$A = \frac{l^2}{4} \cdot \sqrt{3}$$

$$A = \frac{(38\ \text{cm})^2}{4} \cdot \sqrt{3}$$

$$A = 625{,}27\ \text{cm}^2$$

$$A = \frac{625{,}27\ \text{cm}^2 \cdot 1\ \text{dm}^2}{100\ \text{cm}^2}$$

$$\underline{\underline{A = 6{,}2527\ \text{dm}^2}}$$

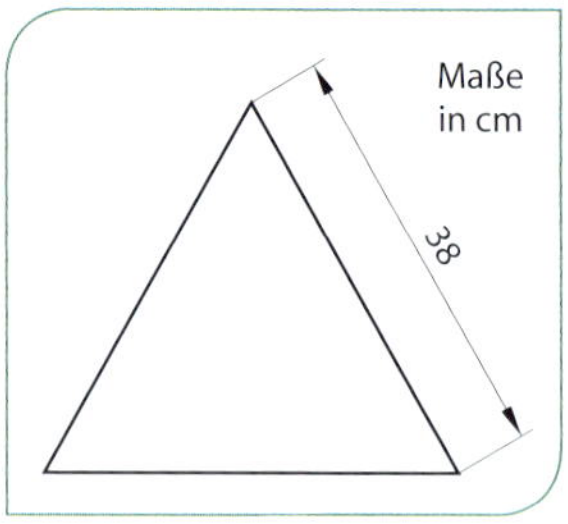

ÜBUNGEN

1 a) Berechnen Sie den Materialbedarf für das abgebildete Abdeckblech in cm^2.

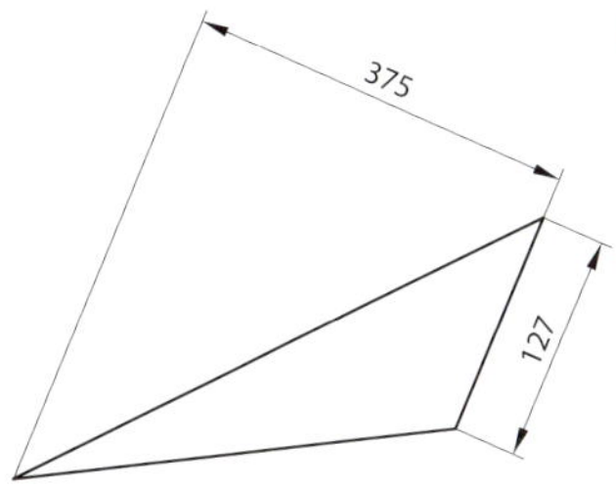

b) Die gleichseitige Giebelfläche eines Hauses soll mit Zinkblech verkleidet werden. Berücksichtigen Sie einen Zuschlag von 7 % (s. S. 343, Kap. 3.8 Prozentrechnung) für Falze und Umkantungen. Wie groß ist der Blechbedarf in m^2?

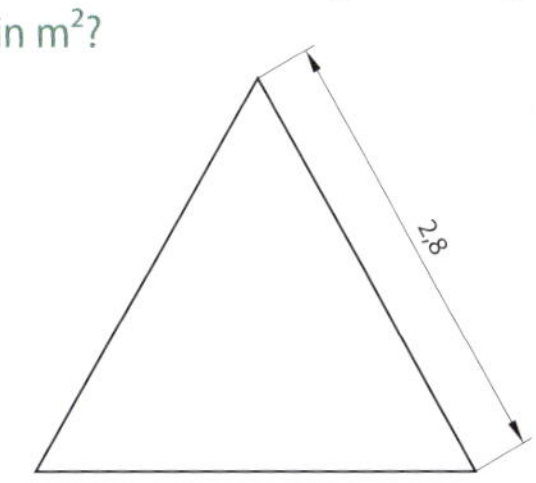

3.4.1.5 Rechtwinkliges Dreieck / Lehrsatz des Pythagoras

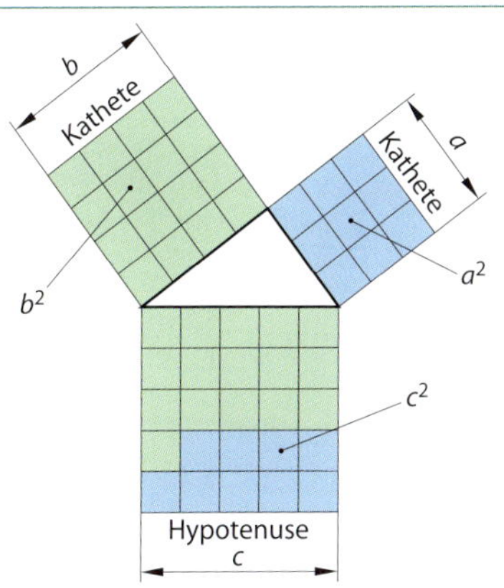

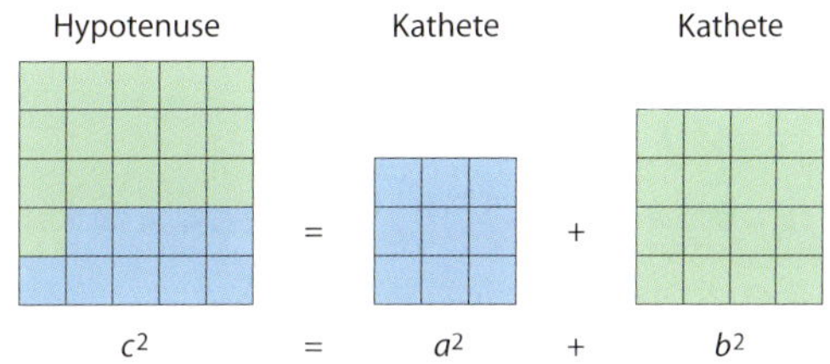

MERKE

Das Quadrat über der Hypotenuse ist gleich der Summe der Quadrate über den Katheten.
Der Lehrsatz des Pythagoras gilt nur für rechtwinklige Dreiecke.

$c^2 = a^2 + b^2$ $a^2 = c^2 - b^2$ $b^2 = c^2 - a^2$

$\mathbf{c} = \sqrt{a^2 + b^2}$ $\mathbf{a} = \sqrt{c^2 - b^2}$ $\mathbf{b} = \sqrt{c^2 - a^2}$

Beispielaufgabe:

1. Die Dreiecksflächen A_1, A_2 und die Gesamtfläche $A_{ges.}$ des Turmdaches sind zu berechnen.

Geg.: $l_1 = 5$ m, $l_2 = 4$ m, $h = 2{,}5$ m

Ges.: A_1, A_2 und $A_{ges.}$ in m^2

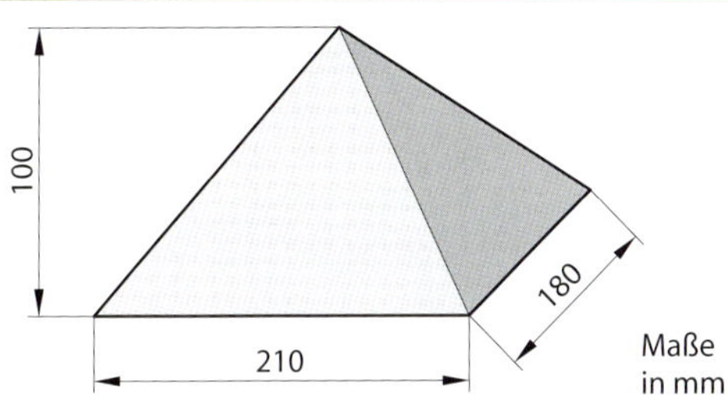

Erläuterungen:

Die Dreiecksflächen A_1 und A_2 sind jeweils zweimal gegenüberliegend vorhanden.

Lösung:

$$A_1 = \frac{l_1 \cdot h_1}{2}$$

$$h_1 = \sqrt{\left(\frac{l_2}{2}\right)^2 + h^2} \qquad h_2 = \sqrt{\left(\frac{l_1}{2}\right)^2 + h^1}$$

$$h_1 = \sqrt{\left(\frac{4\,m}{2}\right)^2 + (3{,}5\,m)^2} \qquad h_2 = \sqrt{\left(\frac{5\,m}{2}\right)^2 + (3{,}5\,m)^2}$$

$$h_1 = \sqrt{4\,m + 12{,}25\,m} \qquad h_2 = \sqrt{6{,}25\,m + 12{,}25\,m}$$

$$h_1 = \sqrt{16{,}25\,m} \qquad h_2 = \sqrt{18{,}5\,m}$$

$$\underline{\underline{h_1 = 4{,}03\,m}} \qquad \underline{\underline{h_2 = 4{,}30\,m}}$$

$$A_1 = \frac{6\,m \cdot 4{,}30\,m}{2} \qquad A_2 = \frac{5\,m \cdot 4{,}61\,m}{2}$$

$$\underline{\underline{A_1 = 12{,}90\,m^2}} \qquad \underline{\underline{A_2 = 11{,}53\,m^2}}$$

$$A_{ges.} = 2\,(A_1 + A_2) \qquad A_{ges.} = 2 \cdot 24{,}43\,m^2$$

$$A_{ges.} = 2\,(12{,}9\,m^2 + 11{,}53\,m^2) \qquad \underline{\underline{A_{ges.} = 48{,}86\,m^2}}$$

ÜBUNGEN

1) Für eine Entlüftungsleitung muss eine Haube aus Titanzinkblech gefertigt werden.

Berechnen Sie die Gesamtfläche $A_{ges.}$ in m^2, wenn für Umkantungen und Falze ein Zuschlag von 12 % berücksichtigt werden muss?

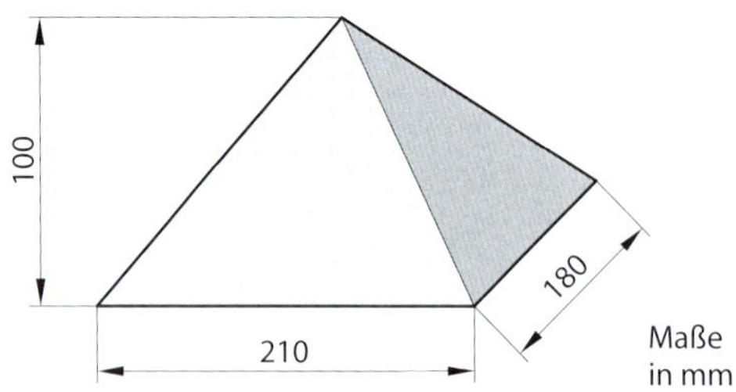

2) Berechnen Sie die Gesamtfläche A des Turmdaches in m^2.

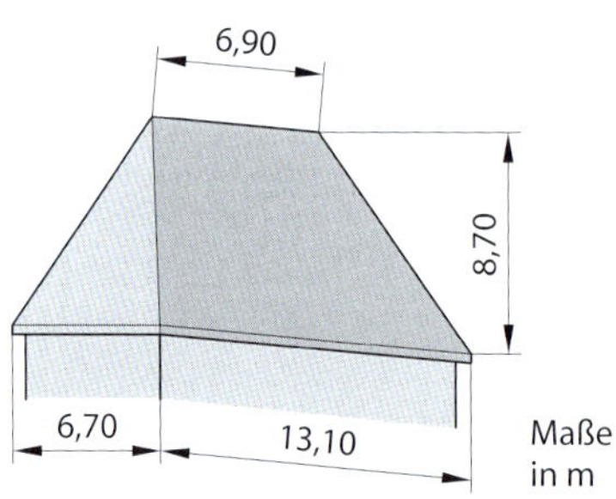

3) Das abgebildete Dach soll eine Metalldeckung erhalten. Wie groß ist die Gesamtfläche A des Dachs in m^2?

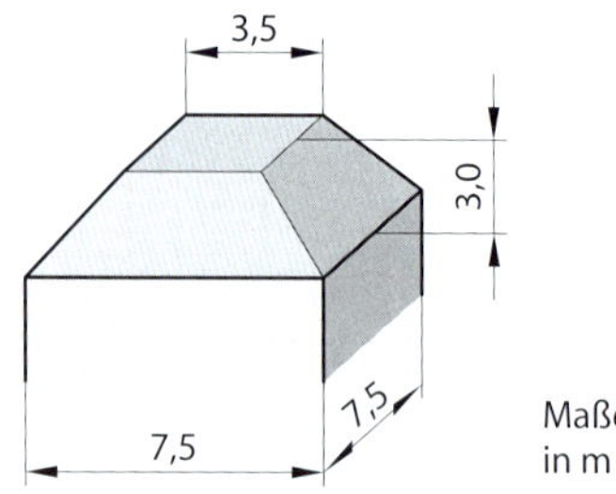

4) Berechnen Sie die Gesamtfläche A des abgebildeten Abluftformteils in dm^2 wenn für Umkantungen und Falze ein Zuschlag von 10 % berücksichtigt werden muss.

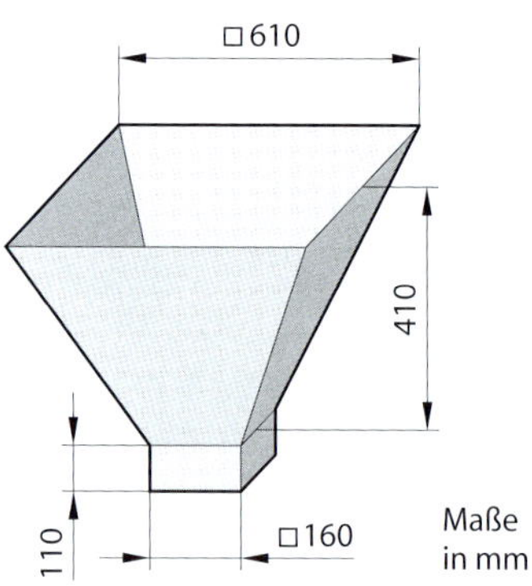

3.4.1.5 Sechseck

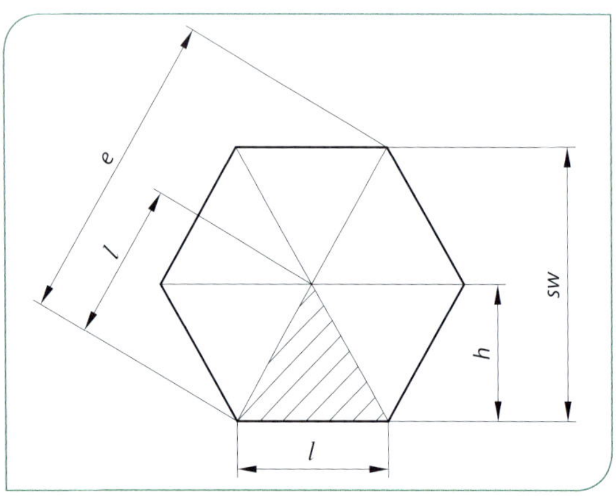

SW = Schlüsselweite
e = Eckmaß
l = Seitenlänge
h = Höhe

$$A = 6 \cdot \frac{1}{2} \cdot h$$

$A = 3 \cdot l \cdot h$ oder $A = 0{,}649 \cdot e^2$

$A = 0{,}866 \cdot SW^2$ oder $A = 0{,}433 \cdot l^2$

$e = 1{,}155 \cdot SW$ oder $SW = 0{,}866 \cdot e$

Beispielaufgabe:
Berechnen Sie die Fläche A in cm^2 und die Schlüsselweite SW in mm.

Geg.: $e = 44$ mm

Ges.: A in cm^2
SW in mm

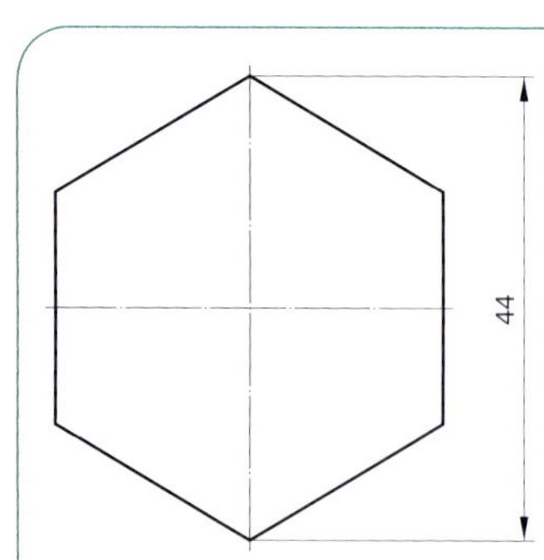

Lösung:

$A = 0{,}649 \cdot e^2$
$A = 0{,}649 \cdot (4{,}4\ cm)^2$
$A = 12{,}56\ cm^2$

$SW = 0{,}866 \cdot e$
$SW = 0{,}866 \cdot 44$ mm
$\underline{\underline{SW = 38{,}1\ mm}}$

ÜBUNGEN

1) Berechnen Sie die Sechseckfläche A in cm^2 und das Eckmaß e in mm.

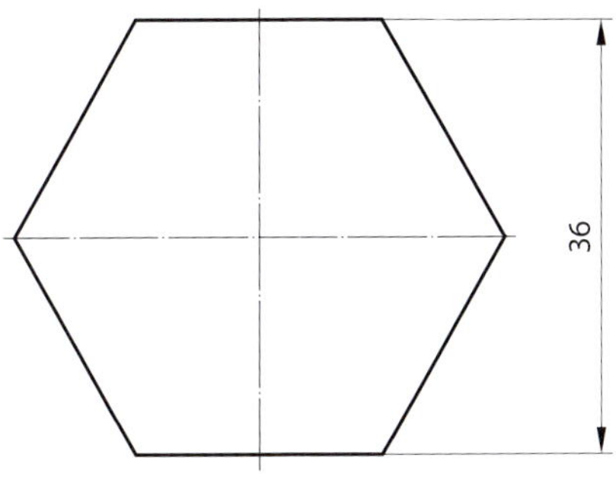

3.4.2 Kreisflächen

3.4.2.1 Kreis

$$A = \frac{d^2 \cdot \pi}{4} \text{ oder } A = r^2 \cdot \pi$$

$$d = \sqrt{\frac{4 \cdot A}{\pi}} \text{ oder } r = \sqrt{\frac{A}{\pi}}$$

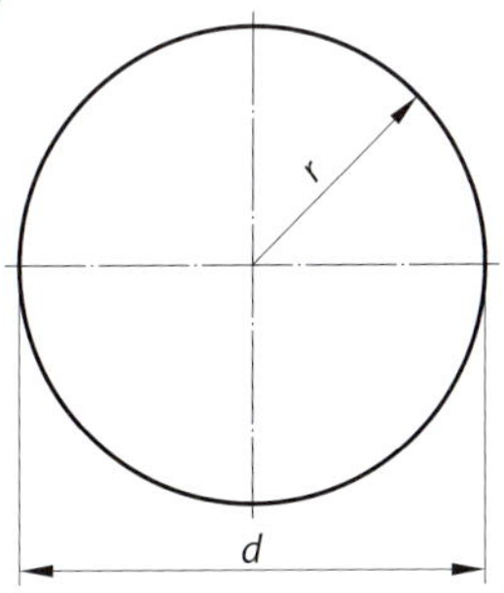

Beispielaufgabe:
Wie groß ist die Fläche A des abgebildeten Bauteils in cm^2?

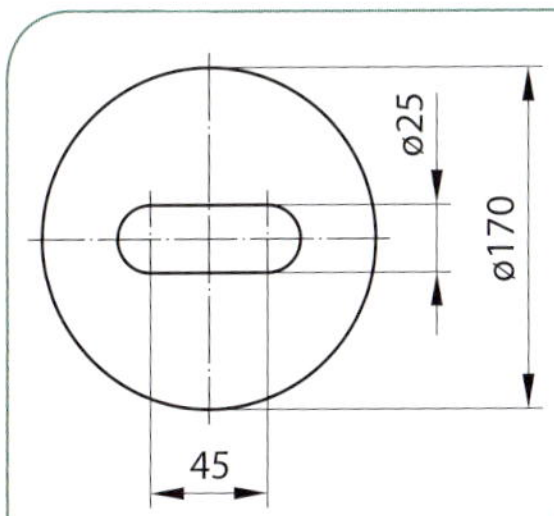

Geg.: $d_1 = 170$ mm
$d_2 = 25$ mm
$l = 45$ mm
$h = 25$ mm

Ges.: A in cm^2

Lösung:

$$A = A_{\text{Kreis1}} - A_{\text{Kreis2}} - A_{\text{Rechteck}}$$

$$A = \frac{d_1 \cdot \pi}{4} - \frac{d_2 \cdot \pi}{4} - l \cdot h$$

$$A = \frac{(17\text{ cm})^2 \cdot \pi}{4} - \frac{(2{,}5\text{ cm})^2 \cdot \pi}{4} - 4{,}5\text{ cm} \cdot 2{,}5\text{ cm}$$

$$A = 226{,}98\text{ cm}^2 - 4{,}91\text{ cm}^2 - 11{,}25\text{ cm}^2$$

$$\underline{\underline{A = 210{,}82\text{ cm}^2}}$$

ÜBUNGEN

1) Berechnen Sie die Fläche A der Anreißschablone in mm^2.

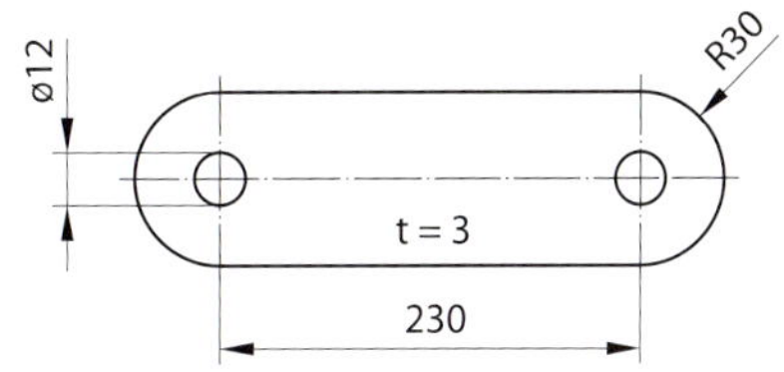

2) Bestimmen Sie den Flächeninhalt A des Lagerblechs in dm^2.

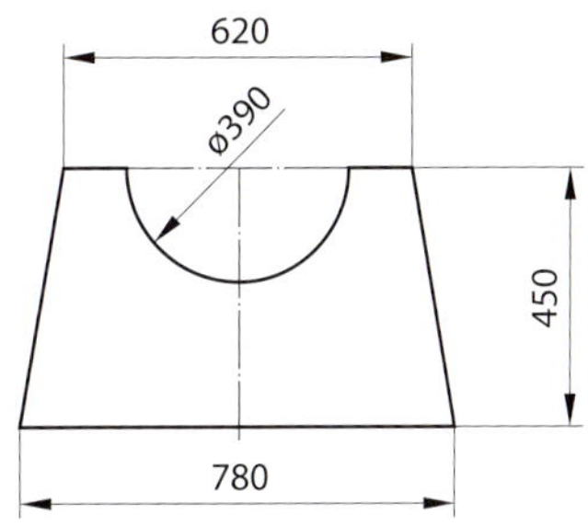

3.4.2.2 Kreisring

$$A = \frac{(d_a^2 - d_i^2) \cdot \pi}{4}$$

oder

$$A = (r_a^2 - r_i^2) \cdot \pi$$

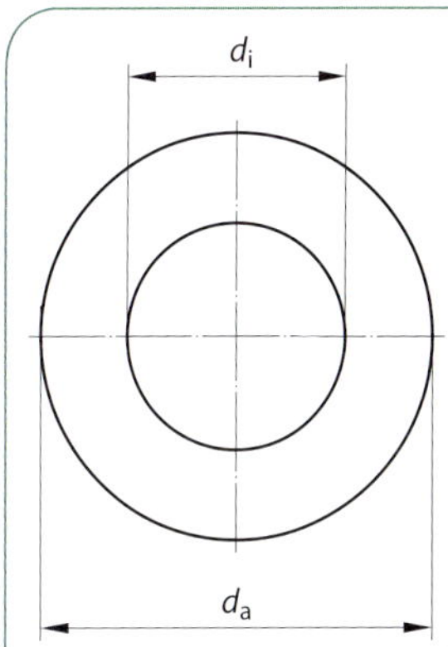

$$d_a = \sqrt{d_i^2 + \frac{A}{\pi}}$$

oder

$$r_a = \sqrt{r_i^2 + \frac{A}{\pi}}$$

$$d_i = \sqrt{d_a^2 - \frac{4 \cdot A}{\pi}}$$

oder

$$r_i = \sqrt{r_a^2 - \frac{A}{\pi}}$$

Beispielaufgabe:
Für den abgebildeten Flansch soll eine Dichtung hergestellt werden.
Berechnen Sie die Dichtungsfläche A in cm^2.

Geg.: dm = 120 mm
s = 25 mm
d = 11 mm

Ges.: A in cm^2

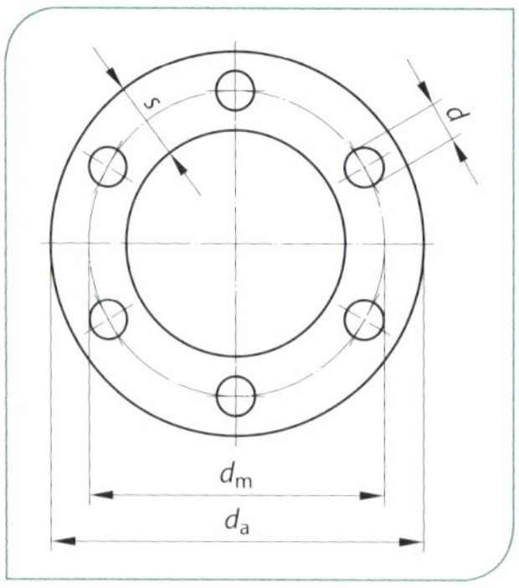

Lösung:

$A = A_{Kreisring} - 6 \cdot A_{Kreis}$

$$A = \frac{(d_a^2 - d_i^2) \cdot \pi}{4} - 6 \cdot \frac{d^2 \cdot \pi}{4}$$

$$A = \frac{[(14{,}5\ cm)^2 - (9{,}5\ cm)^2 \cdot \pi]}{4} - \frac{6 \cdot (1{,}1\ cm)^2 \cdot \pi}{4}$$

$$A = 94{,}25\ cm^2 - 5{,}70\ cm^2$$

$$\underline{\underline{A = 88{,}55\ cm^2}}$$

$$d_a = d_m + \frac{s}{2} + \frac{s}{2}$$

$$d_a = 120\ mm + \frac{25\ mm}{2} + \frac{25\ mm}{2}$$

$$\underline{\underline{d_a = 145\ mm}}$$

$$d_i = d_m - \frac{s}{2} - \frac{s}{2}$$

$$d_a = 120\ mm - \frac{25\ mm}{2} - \frac{25\ mm}{2}$$

$$\underline{\underline{d_a = 95\ mm}}$$

ÜBUNGEN

1) Der abgebildete Lötflansch ist für ein Cu-Rohr DN 25 vorgesehen. Der äußere Durchmesser da des Flansches beträgt 80 mm. Für den Flansch soll eine 20 mm breite Dichtung hergestellt werden. Berechnen Sie die Dichtungsfläche A in cm^2, wenn der Durchmesser der 4 Schraubenlöcher 10,5 mm beträgt.

ÜBUNGEN

2) Für die Werkstoffoberfläche des abgebildeten Hohlzylinders muss ein Abdeckblech aus Titanzink angefertigt werden. Berechnen sie diese Fläche A in cm^2.

Geg.: d_a = 380 mm
d_i = 250 m
h = 680 mm

Ges.: Kreisringfläche A in dm^2

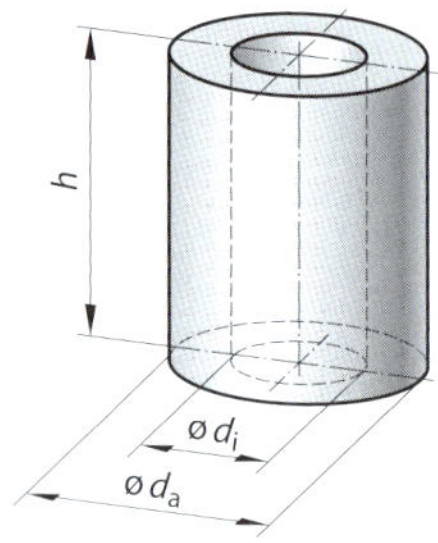

3.4.2.3 Kreisausschnitt

$$A = \frac{d^2 \cdot \pi}{4} \cdot \frac{\alpha}{360°} \qquad d = \sqrt{\frac{4 \cdot A \cdot 360°}{\pi \cdot \alpha}}$$

$$l_b = \frac{d \cdot \pi \cdot \alpha}{360°} \qquad d = \frac{l_b \cdot 360°}{\pi \cdot \alpha}$$

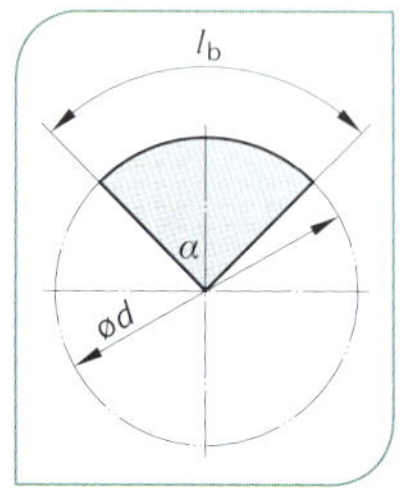

Beispielaufgabe:
1. Berechnen Sie die ausgeschnittene Sektorfläche A in m^2 und die dazu gehörige Bogenlänge l_b in m.

Geg.: d = 1,80 m
α = 160°

Ges.: A in m^2
l_b in m

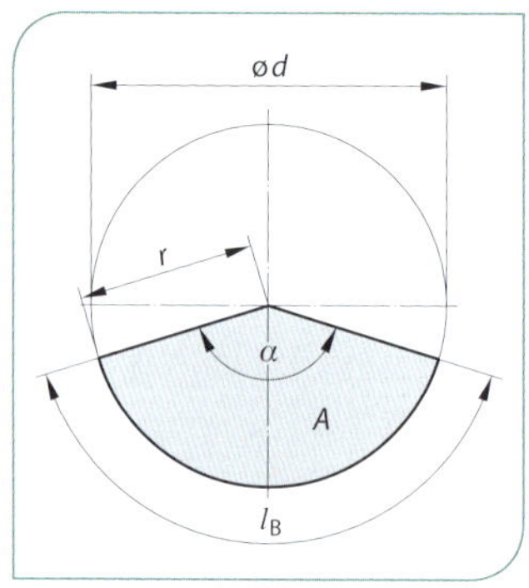

Lösung:

$$A = \frac{d^2 \cdot \pi}{4} \cdot \frac{\alpha}{360°}$$

$$A = \frac{1{,}80\ m \cdot 1{,}80\ m \cdot \pi \cdot 160°}{4 \cdot 360°}$$

$$\underline{\underline{A = 1{,}13\ m^2}}$$

$$l_b = \frac{d \cdot \pi \cdot \alpha}{360°}$$

$$l_b = \frac{1{,}80\ m \cdot \pi \cdot 160°}{360°}$$

$$\underline{\underline{l_b = 2{,}512\ m}}$$

ÜBUNGEN

1) Für die Abdeckung eines Behälters muss ein Deckel angefertigt werden. Am Umfang soll der Deckel 2 cm umgekantet werden. Berechnen Sie den notwendigen Materialbedarf in dm^2.

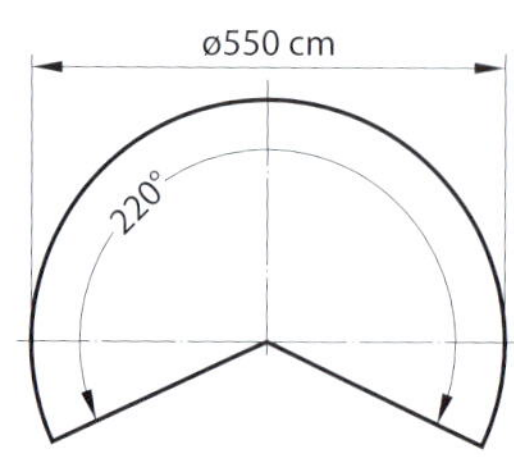

Lernfeld übergreifende Inhalte

ÜBUNGEN

(2) Aus einem Rundblech wird ein Keil mit der Bogenlänge l_b = 94,0 mm und α = 18° ausgeschnitten. Berechnen Sie vom Kreisausschnitt den Durchmesser d in mm und die Fläche A in cm².

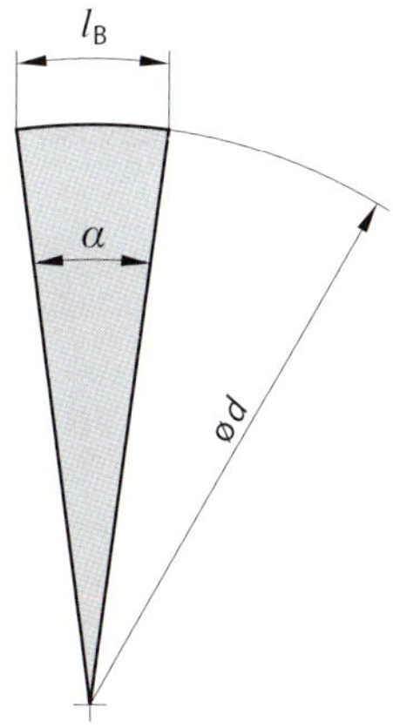

3.4.3 Zusammengesetzte Flächen

Um die Größe zusammengesetzter Flächen (Berechnungsflächen) zu bestimmen, bieten sich zwei Lösungswege an:

a) die geometrisch bestimmbaren Teilflächen der Endfläche werden einzeln berechnet. Durch Addition dieser Teilflächen ergibt sich die Zuschnittsfläche.

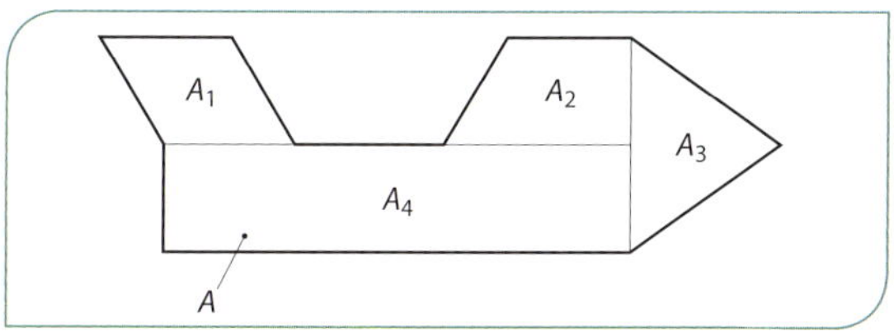

$$A = A_1 + A_2 + A_3 + A_4$$

A = Zuschnittsfläche (Endfläche)
$A_{1...}$ = Teilflächen

b) die Ausgangsfläche (Rohfläche – rot) und die nicht benötigten Teilflächen (schraffiert) werden berechnet. Durch Subtraktion dieser Teilflächen von der Ausgangsfläche ergibt sich die gesuchte Zuschnittsfläche.

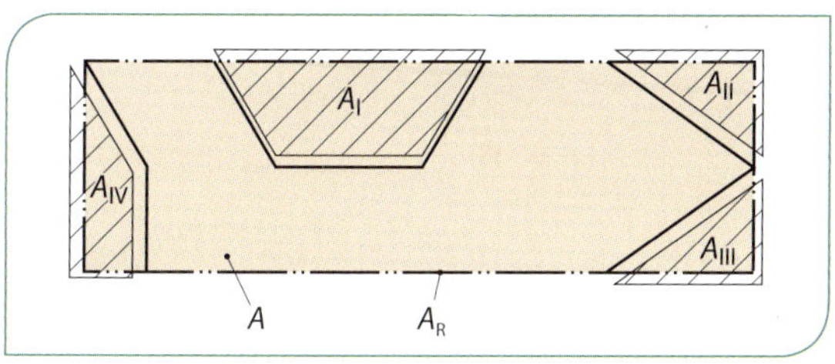

$$A = A_R - (A_I + A_{II} + A_{III} + A_{IV})$$

A = Zuschnittsfläche (Endfläche)
A_R = Ausgangsfläche (Rohfläche – rosa)
$A_{I...}$ = Teilflächen

Beispielaufgabe nach Lösungsweg a):

1. Berechnen Sie die Fläche A des symmetrischen Bleches in dm².

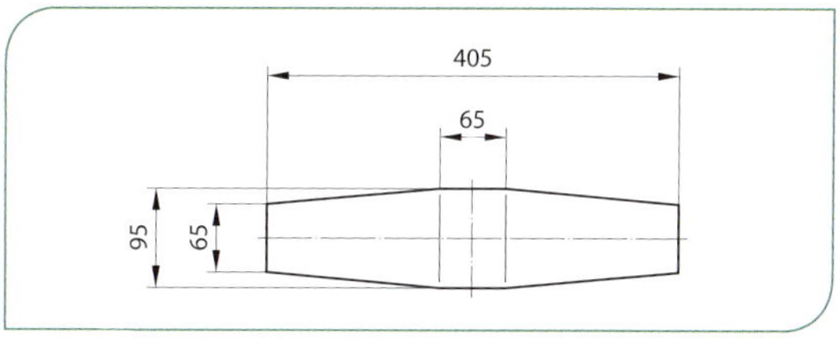

Geg.: $l_1 = 405$ mm
$l_2 = 65$ mm
$l_3 = 95$ mm
$l_4 = 65$ mm

Ges.: A in dm²

Lösung:

$$A = 2 \cdot A_{Trapez} + A_{Rechteck}$$

$$A = 2 \cdot \frac{l_3 + l_2}{2} \cdot h + (l_3 \cdot l_4)$$

$$A = 2 \cdot \frac{0{,}95\ \text{dm} + 0{,}65\ \text{dm}}{2} \cdot 1{,}7\ \text{dm} + (0{,}95\ \text{dm} \cdot 0{,}65\ \text{dm})$$

$$A = 2{,}72\ \text{dm}^2 + 0{,}6175\ \text{dm}^2$$

$$\underline{\underline{A = 3{,}3375\ \text{dm}^2}}$$

Beispielaufgabe nach Lösungsweg b):

2. Berechnen Sie die Fläche A des Bleches in cm².

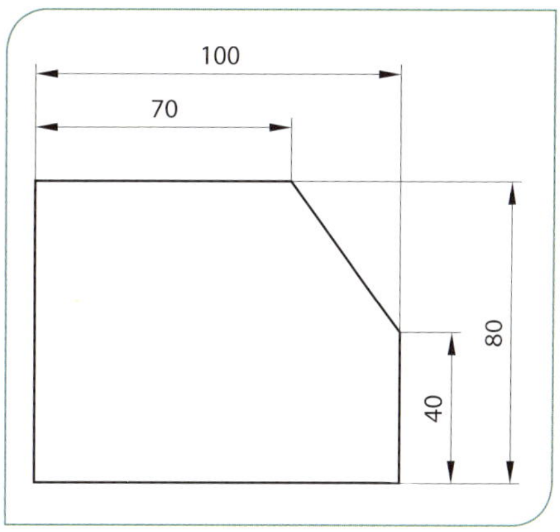

Geg.: $l_R = 100$ mm
$l_1 = 70$ mm
$h_R = 80$ mm
$l_2 = 40$ mm

Ges.: A in cm²

Lösung:

$$A = A_{Rechteck} - A_{Dreieck}$$

$$A = l_R \cdot h_R - \frac{l_\Delta \cdot h_\Delta}{2}$$

$$A = 10\ \text{cm} \cdot 8\ \text{cm} - \frac{4\ \text{cm} \cdot 3\ \text{cm}}{2}$$

$$A = 80\ \text{cm}^2 - 6\ \text{cm}^2$$

$$\underline{\underline{A = 74\ \text{cm}^2}}$$

ÜBUNGEN

(3) Berechnen Sie für die folgenden drei Bleche die Fläche A_1, A_2 und A_3 in cm^2.

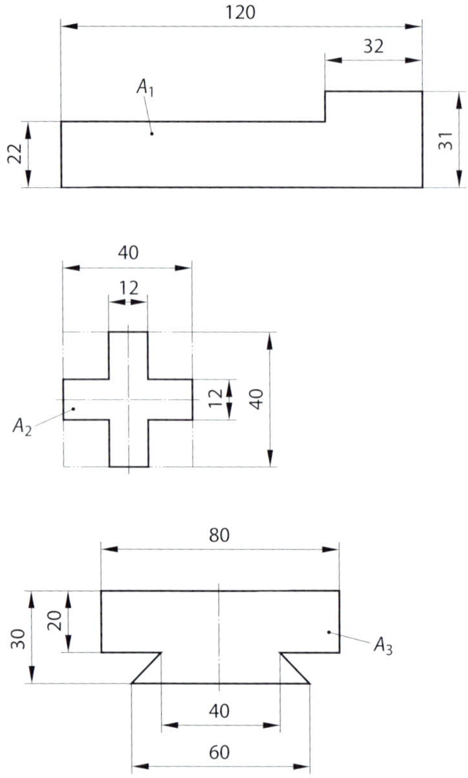

Alle Zeichnungsmaße in mm.

(4) Ermitteln Sie nach den Maßen der Zeichnung die Berechnungsfläche A der Anreißschablone in cm^2.

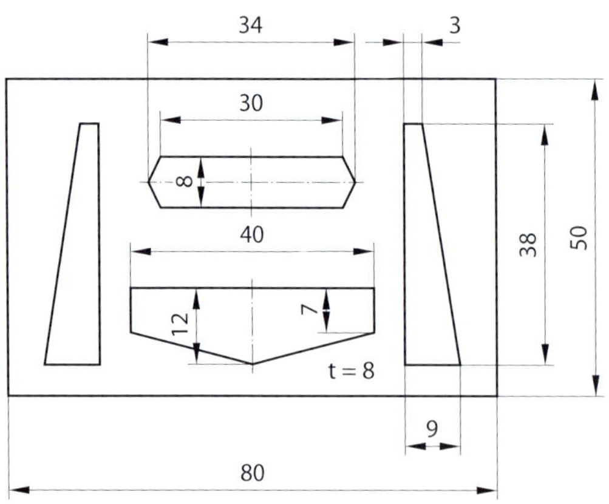

Die Zeichnungsbemaßung ist nicht vollständig, aber für die Lösung der Aufgabe ausreichend.

3.4.4 Verschnittberechnung

Größe	Fz	Einheit
Verschnitt in %	$A_{V\%}$	%
Verschnitt als Fläche	A_V	z. B. m^2
Endfläche oder Zuschnitt (die Fläche des zugeschnittenen Werkstückes)	A_Z	z. B. m^2
Ausgangsfläche (Rohfläche)	A_R	z. B. m^2

MERKE

Je nach Festlegung der Bezugsfläche (= 100 %) kann die prozentuale Verschnittmenge unterschiedlich sein.

a) **Die Bezugsfläche ist das zugeschnittene Werkstück (Endfläche oder Zuschnitt).**
In diesem Berechnungsfall **kann** die prozentuale Verschnittfläche auch > 100 % sein.

$$A_Z \mathrel{\hat{=}} 100\,\% \qquad \boxed{A_{V\%} = \frac{100\,\% \cdot A_V}{A_Z}} \qquad A_V = \frac{A_{V\%} \cdot A_Z}{100\,\%} \qquad A_Z = \frac{100\,\% \cdot A_V}{A_{V\%}}$$

b) **Die Bezugsfläche ist die Ausgangsfläche (Rohfläche).**
In diesem Berechnungsfall **muss** die prozentuale Verschnittmenge immer < 100 % sein.

$$A_R \mathrel{\hat{=}} 100\,\% \qquad \boxed{A_{V\%} = \frac{100\,\% \cdot A_V}{A_R}} \qquad A_V = \frac{A_{V\%} \cdot A_R}{100\,\%} \qquad A_R = \frac{100\,\% \cdot A_V}{A_{V\%}}$$

Beispielaufgabe:

1. a) Berechnen Sie die Fläche A des Bleches in dm^2.

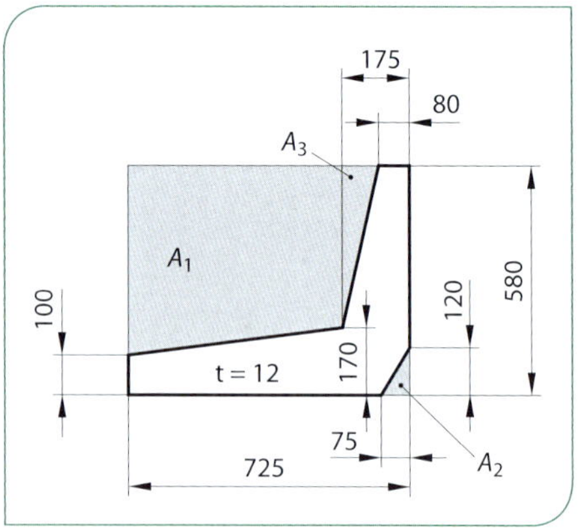

b) Berechnen Sie den Verschnitt in dm^2. Die Verschnittmenge $A_{V\%}$ muss nach den beiden Berechnungsfällen a) und b) berechnet werden.
Das Blech wird aus einem rechteckigen Rohblech mit den Abmessungen 725 mm × 580 mm herausgeschnitten.

Blechzuschnitt:

$A_{Z(ges.)} = A_R - A_1 - A_2 - A_3$

$A_R = 725\ mm \cdot 580\ mm = 420.500\ mm^2 = 42{,}05\ dm^2$

$A_1 = \frac{480\ mm + 410\ mm}{2} \cdot 550 = 244.750\ mm^2 = 24{,}475\ dm^2$

$A_2 = \frac{75\ mm \cdot 120\ mm}{2} = 9.000\ mm^2 = 0{,}9\ dm^2$

$A_3 = \frac{95\ mm \cdot 410\ mm}{2} = 19.475\ mm^2 = 1{,}9475\ dm^2$

$A_{Z(ges.)} = 42{,}05\ dm^2 - 24{,}475\ dm^2 - 0{,}9\ dm^2 - 1{,}9475\ dm^2$

$A_Z = (42{,}05\ dm^2 - 27{,}3225\ dm^2)$

$\underline{\underline{A_{Z(ges.)} = 14{,}7275\ dm^2}}$

Verschnitt als Fläche in dm²:

$A_V = A_R - A_{Z(ges.)}$

$A_V = 42{,}05\ dm^2 - 14{,}7275\ dm^2$

$\underline{\underline{A_V = 27{,}3225\ dm^2}}$

Verschnitt in % (Berechnungsfall a):

$A_{V\%} = \frac{100\,\% \cdot A_V}{A_Z}$

$A_{V\%} = \frac{100\,\% \cdot 27{,}3225\ dm^2}{14{,}7275\ dm^2}$

$\underline{\underline{A_{V\%} = 185{,}52\,\%}}$

Verschnitt in % (Berechnungsfall b):

$A_{V\%} = \frac{100\,\% \cdot A_V}{A_R}$

$A_{V\%} = \frac{100\,\% \cdot 27{,}3225\ dm^2}{42{,}05\ dm^2}$

$\underline{\underline{A_{V\%} = 64{,}98\,\%}}$

ÜBUNGEN

1 a) Berechnen Sie die Fläche *A* des abgebildeten Bleches in dm².

b) Wie groß ist der Verschnitt in dm² und Prozent, wenn das Rohblech von 630 mm × 310 mm groß ist?

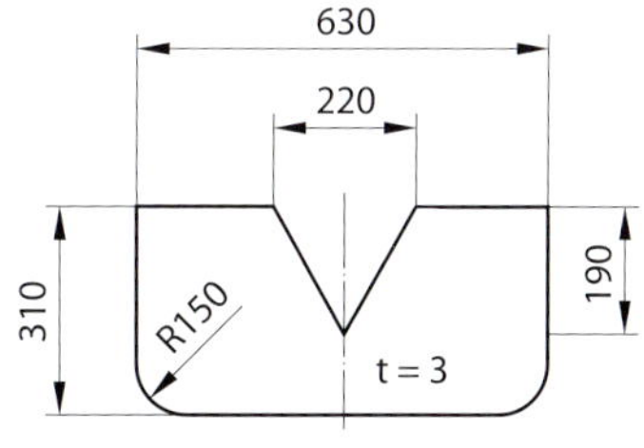

2 a) Berechnen Sie die Fläche *A* in cm².

b) Wie groß ist der Verschnitt in cm² und Prozent, wenn die Fläche aus einem Rohblech von 550 mm × 800 mm herausgeschnitten wurde?

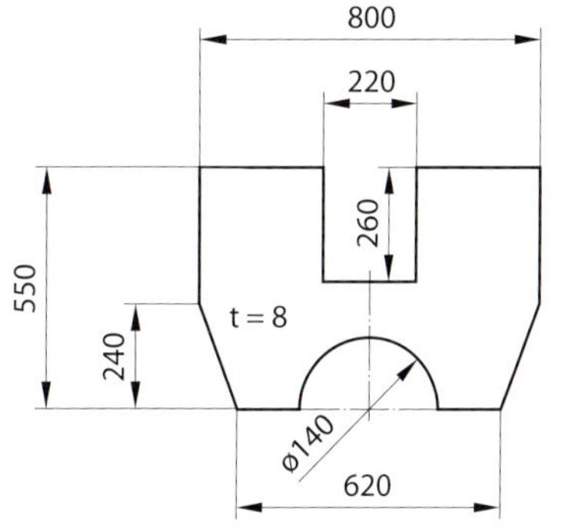

3 Es sind fünf Scheiben mit einem Durchmesser von 240 mm aus Stahlblech 1.220 mm × 250 mm zu schneiden. Berechnen Sie den Verschnitt in cm².

4 Aus einem rechteckigen Blech wird ein Trapez herausgeschnitten.

a) Berechnen Sie die Fläche *A* des Verschnittes in cm².

b) Berechnen Sie den Verschnitt in Prozent.

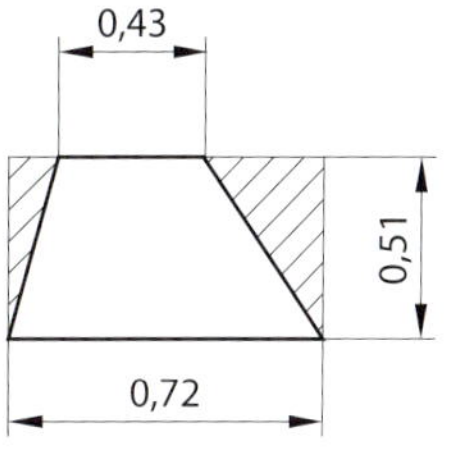

Zeichnungsmaße in dm.

Lernfeld übergreifende Inhalte

3.5 Volumenberechnung

Der Anlagenmechaniker-SHK muss in vielen Teilbereichen seiner Ausbildung Volumen berechnen können.

- In der Abwassertechnik z. B. zur Berechnung der zulässigen Wassernachfüllmenge bei der Dichtheitsprüfung von Grundleitungen.
- In der Heizungstechnik z. B. zur Bestimmung des Fassungsvermögens eines Heizöltanks.

3.5.1 Würfel, Quader

Größe	Fz	Einheit
Volumen (Rauminhalt)	V	z. B. dm^3
Seiten	l_1, l_2, h	z. B. mm
Oberfläche	A_0	z. B. m^2

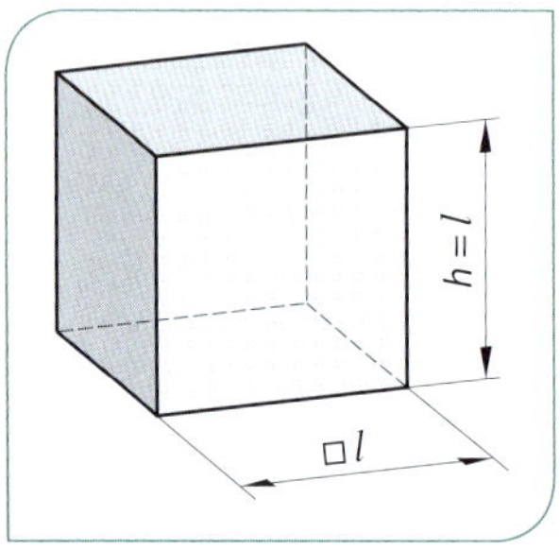

$V = l \cdot l \cdot l$

$V = l^3$

$l = \sqrt[3]{V}$ oder $l = \sqrt{\frac{A_0}{6}}$

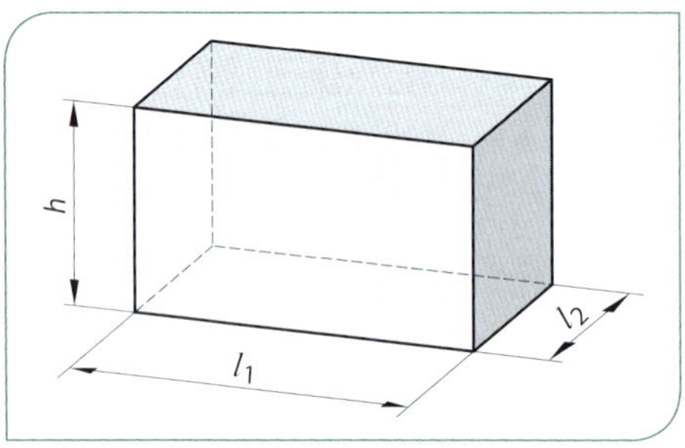

$V = l_1 \cdot l_2 \cdot h$ $\quad l_1 = \frac{V}{h_l \cdot h}$ $\quad l_2 = \frac{V}{l_1 \cdot h}$ $\quad h = \frac{V}{l_1 \cdot l_2}$

Beispielaufgaben:

1. Berechnen Sie das Volumen V beider Körper in dm^3.

Geg.: $l = 793{,}7$ mm

Ges.: V in dm^3

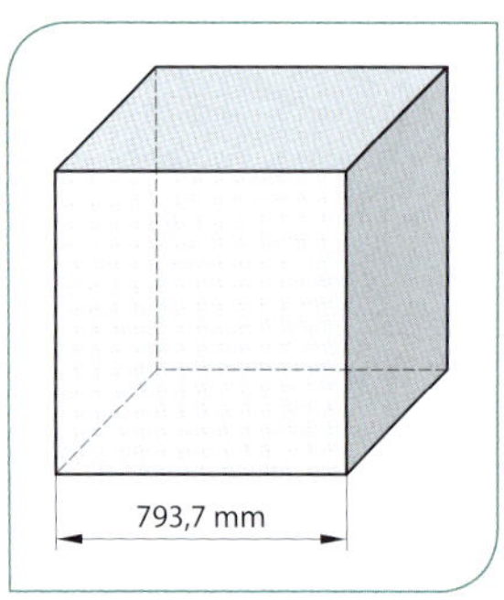

Lösung:

$V = l \cdot l \cdot l$

$V = l^3$

$V = (7{,}937\ dm)^3$

$\underline{\underline{V = 500\ dm^3}}$

2. **Geg.:** $l_1 = 100$ mm
$l_2 = 40$ mm
$h = 50$ mm

Ges.: V in dm^3

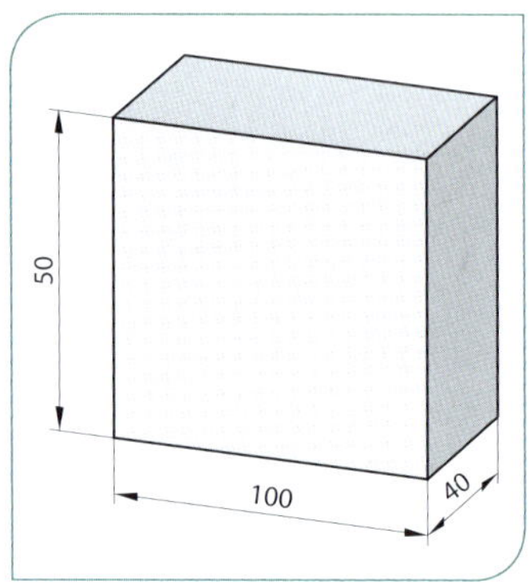

Lösung:

$V = l_1 \cdot l_2 \cdot h$

$V = 1\ dm \cdot 0{,}4\ dm \cdot 0{,}5\ dm$

$\underline{\underline{V = 0{,}2\ dm^3}}$

ÜBUNGEN

1) Bestimmen Sie die Volumen V der abgebildeten Körper:

a) in dm^3

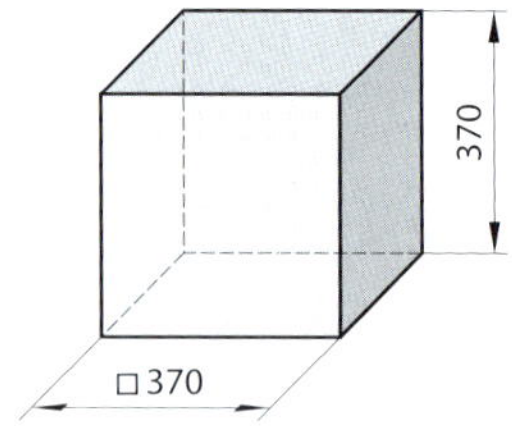

b) in m^3

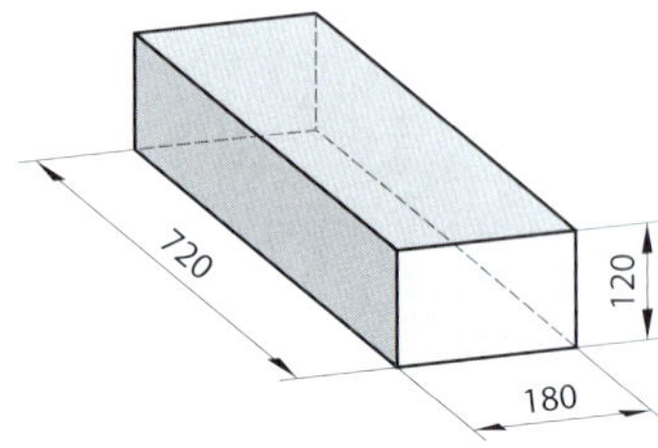

c) in Liter

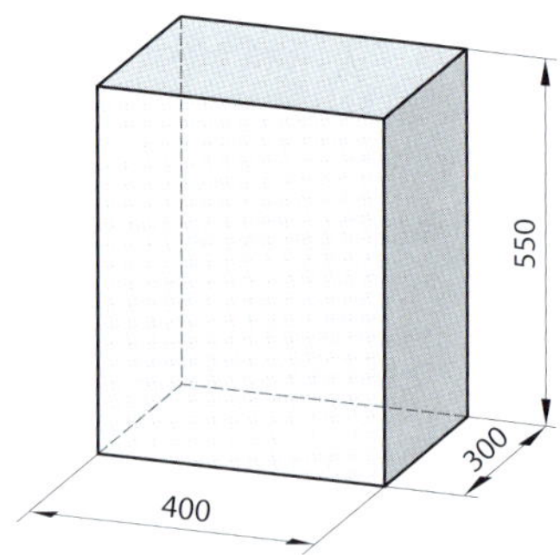

3.5.2 Pyramidenstumpf

Größe	Fz	Einheit
Volumen	V	z. B. dm³
Grundfläche	A_G	z. B. m²
Deckfläche	A_D	z. B. m²
Körperhöhe	h	z. B. mm
Grundflächenlänge	l_{G1}; l_{G2}	z. B. mm
Deckflächenlänge	l_{D1}; l_{D2}	z. B. mm

Genaue Formel: $V = \frac{h}{3} \cdot (A_G + A_D + \sqrt{A_G \cdot A_D})$

Näherungsformel:

$$V = \frac{A_G + A_D}{2} \cdot h$$

$$h = \frac{2 \cdot V}{A_G + A_D}$$

$$A_G = \frac{2 \cdot V}{h} - A_D$$

$$A_D = \frac{2 \cdot V}{h} - A_G$$

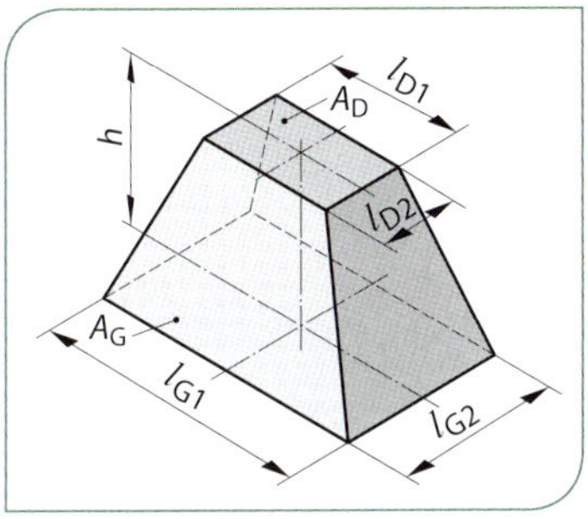

Beispielaufgaben:

1. a) Berechnen Sie das Volumen V des abgebildeten Pyramidenstumpfes in dm³.

Geg.: $l_G = 1.700$ mm
$l_D = 800$ mm
$h = 2.000$ mm

Ges.: V in dm³

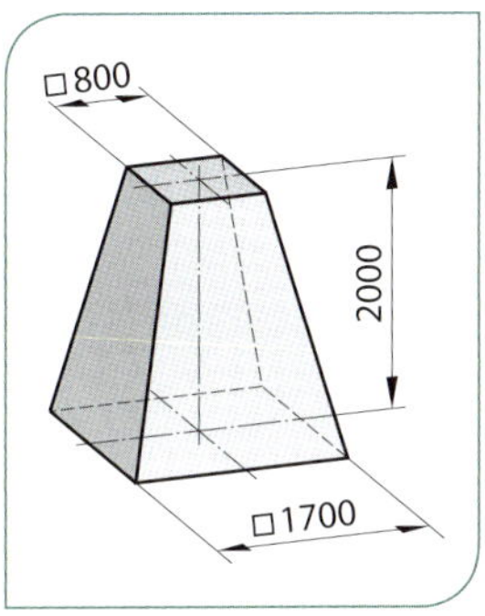

Lösung:

$$V = \frac{A_G + A_D}{2} \cdot h$$

$$V = \frac{l_G^2 + l_D^2}{2} \cdot h$$

$$V = \frac{(17\ \text{dm})^2 + (8\ \text{dm})^2}{2} \cdot 2\ \text{dm}$$

$$\underline{\underline{V = 353\ \text{dm}^3}}$$

b) Berechnen Sie das Volumen V des abgebildeten Pyramidenstumpfes in dm³.

Geg.:
$l_{G1} = 1.000$ mm
$l_{G2} = 500$ mm
$h = 500$ mm
$l_{D1} = 400$ mm
$l_{D2} = 200$ mm

Ges.: V in dm³

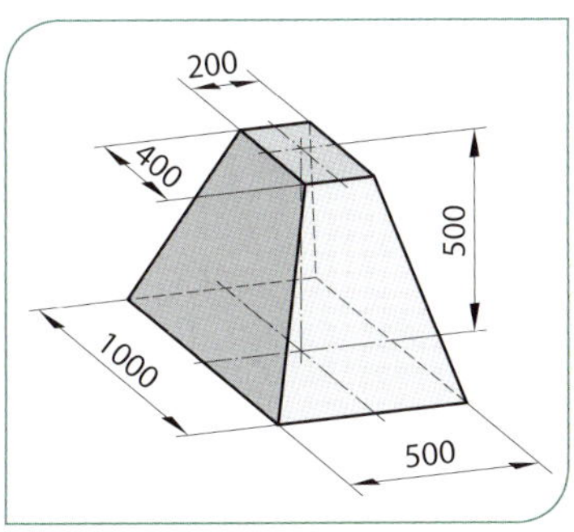

Lösung:

$$V = \frac{A_G + A_D}{2} \cdot h$$

$$V = \frac{l_{g1} \cdot l_{g2} + l_{d1} \cdot l_{d2}}{2} \cdot h$$

$$V = \frac{10\ \text{dm} \cdot 5\ \text{dm} + 4\ \text{dm} \cdot 2\ \text{dm}}{2} \cdot 5\ \text{dm} \qquad \underline{\underline{V = 145\ \text{dm}^3}}$$

ÜBUNGEN

1) Ein pyramidenstumpfförmiger Spänekasten hat eine Höhe h = 285 mm, eine Grundflächenkantenlänge l_1 = 425 mm und eine Öffnungskantenlänge l_2 = 625 mm.

Berechnen Sie das Fassungsvolumen V in dm³.

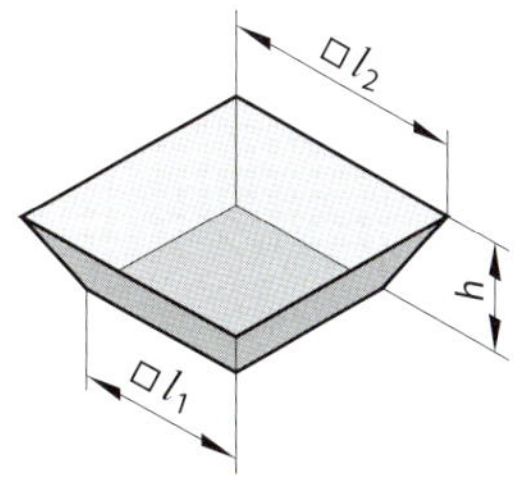

2) Ein Fundamentsockel in Form eines Pyramidenstumpfes hat ein Volumen von V = 143 dm³. Die quadratische Grundflächenkantenlänge l_1 beträgt 650 mm, die quadratische Deckfläche hat einen Gesamtumfang von U_D = 450 mm.

Berechnen Sie die Fundamenthöhe h in mm.

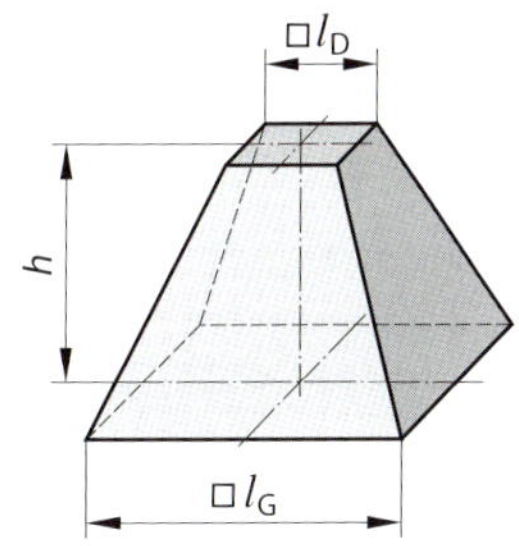

3) Ein Fundamentsockel hat ein Volumen von V = 0,153 m³, eine Höhe h = 1250 mm und eine Deckflächenkantenlänge l_D = 585 mm.

Berechnen Sie die Kantenlänge l_G in dm.

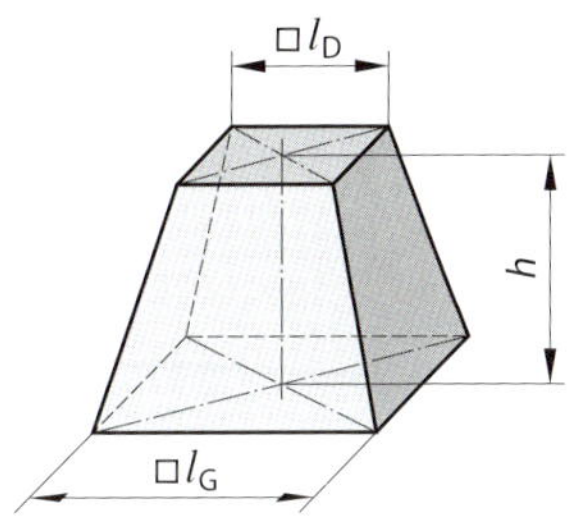

3.5.3 Zylinder und Hohlzylinder

Zylinder

Größe	Fz	Einheit
Volumen	V	z. B. dm^3
Grundfläche	A_G	z. B. m^2
Körperhöhe	h	z. B. mm
Durchmesser	d	z. B. mm
Mantelfläche	A_M	z. B. m^2
Oberfläche	A_O	z. B. m^2

$$V = A_G \cdot h$$

$$A_G = \frac{d^2 \cdot \pi}{4}$$

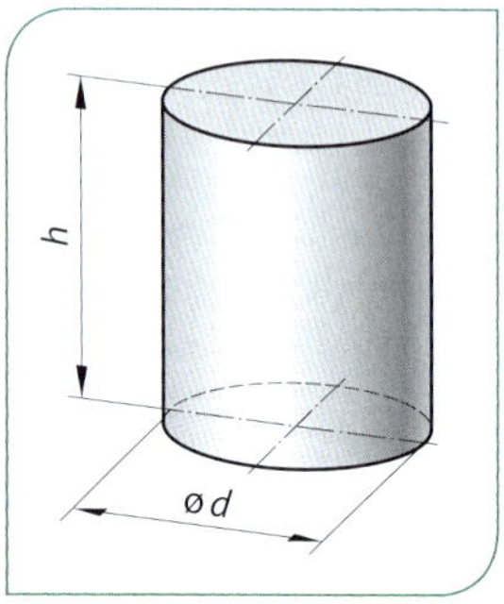

Daraus folgt:

$$V = \frac{d^2 \cdot \pi}{4} \cdot h$$

$$d = \sqrt{\frac{4 \cdot V}{\pi \cdot h}} \qquad h = \sqrt{\frac{4 \cdot V}{d \cdot d \cdot \pi}}$$

Beispielaufgabe:
Berechnen Sie das Volumen des Zylinders in dm^3.

Geg.: $d = 22$ mm
$h = 1.250$ mm

Ges.: V in dm^3

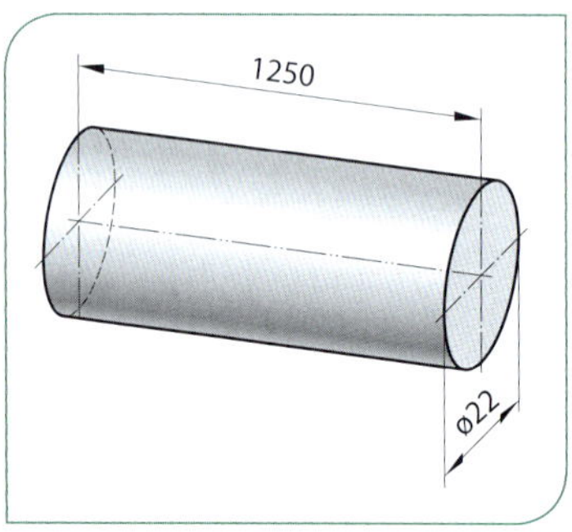

Lösung:

$$V = \frac{d^2 \cdot \pi}{4} \cdot h$$

$$V = \frac{(0{,}22\ dm)^2 \cdot \pi}{4} \cdot 12{,}5\ dm$$

$V = 0{,}038\ dm^2 \cdot 12{,}5\ dm$ $\qquad$ $\underline{\underline{V = 0{,}475\ dm^3}}$

ÜBUNGEN

1) Berechnen Sie das Volumen V der beiden Zylinder in dm^3.

Geg.:
$d = 280$ mm / 450 mm
$h = 900$ mm / 720 mm

Ges.: V in dm^3

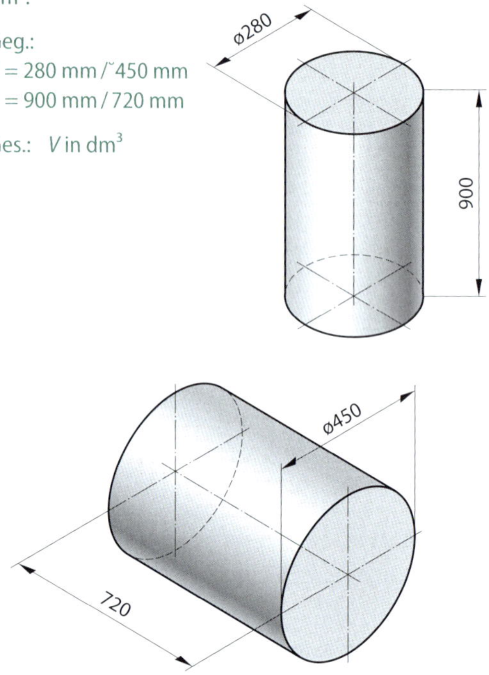

Hohlzylinder

Größe	Fz	Einheit
Werkstoffvolumen	V	z. B. dm^3
Werkstoffgrundfläche	A_G	z. B. m^2
Körperhöhe	h	z. B. m
Außendurchmesser	d_a	z. B. mm
Innendurchmesser	d_i	z. B. mm

$$V = A_G \cdot h$$

$$A_G = \frac{(d_a^2 - d_i^2) \cdot \pi}{4}$$

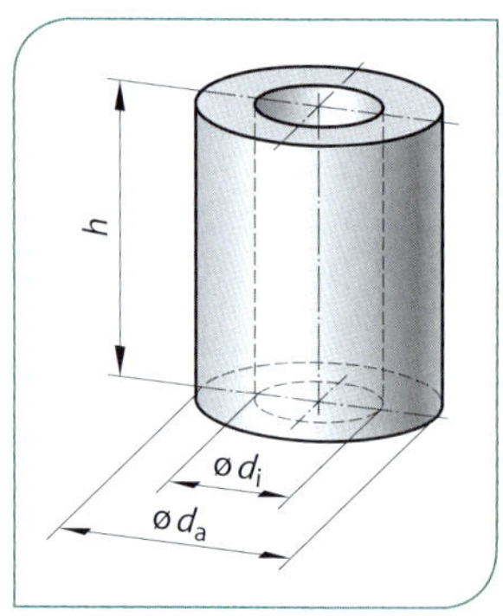

Daraus folgt:

$$V = \frac{(d_a^2 - d_i^2) \cdot \pi}{4} \cdot h$$

$$d_a = \sqrt{\frac{4 \cdot V}{\pi \cdot h} + d_i^2}$$

$$d_i = \sqrt{d_a^2 - \frac{4 \cdot V}{\pi \cdot h}}$$

$$h = \frac{4 \cdot V}{(d_a^2 - d_i^2) \cdot \pi}$$

Beispielaufgaben:

1. Berechnen Sie das Werkstoffvolumen des Hohlzylinders in cm^3.

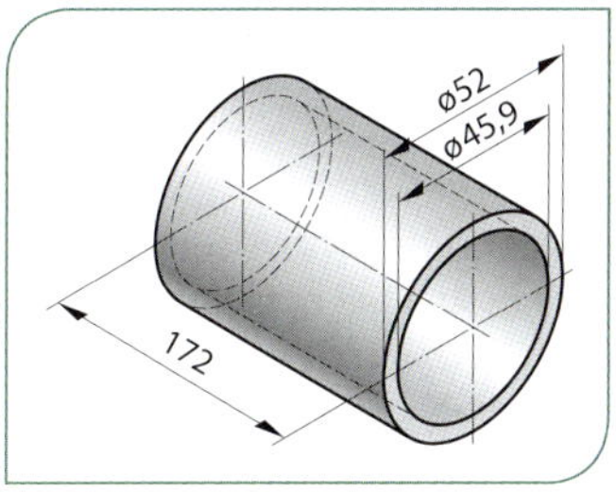

$V = A_G \cdot h$

$V = \frac{(d_a^2 - d_i^2) \cdot \pi}{4} \cdot h$

$V = \frac{(5{,}2\ cm)^2 - (4{,}56\ cm)^2 \cdot \pi}{4} \cdot 17{,}2\ cm$

$V = \frac{6{,}2464\ cm^2}{4} \cdot 17{,}2\ cm$

$\underline{\underline{V = 84{,}3816\ cm^3}}$

2. Berechnen Sie das Werkstoffvolumen des Hohlzylinders in dm^3.

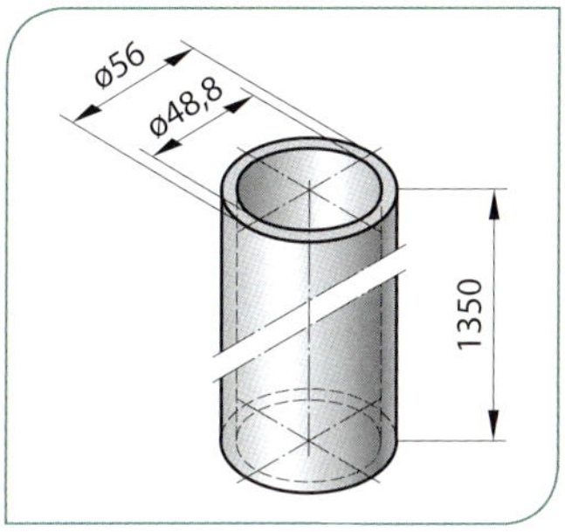

$V = \frac{d_a - d_i \cdot \pi}{4} \cdot h$

$V = \frac{(0{,}56\ dm)^2 - (0{,}488\ dm)^2 \cdot \pi}{4} \cdot 13{,}50\ dm$

$\underline{\underline{V = 0{,}8\ dm^3}}$

ÜBUNGEN

1) Die Druckleitung einer Abwasserhebeanlage hat eine Länge $l = 1{,}85$ m, einen Außendurchmesser $d_a = 28$ mm und eine Wanddicke $s = 1{,}5$ mm.

Berechnen Sie das Füllvolumen V der Druckleitung in Litern.

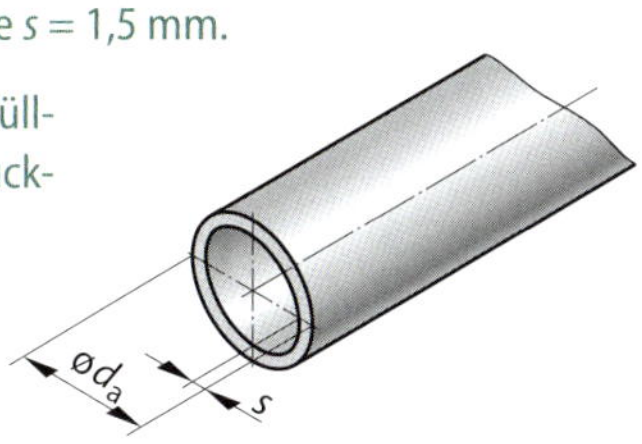

3.5.4 Kegelstumpf

Größe	Fz	Einheit
Volumen	V	z. B. dm^3
Grundfläche	A_G	z. B. m^2
Deckfläche	A_D	z. B. m^2
Körperhöhe	H	z. B. mm
Durchmesser der Grundfläche	d_G	z. B. mm
Durchmesser der Deckfläche	d_D	z. B. mm

Genaue Formel: $V = \frac{h \cdot \pi}{12} \cdot (d_G^2 + d_D^2 + d_G \cdot d_D)$

Meistens wird jedoch mit der Näherungsformel gerechnet:

$V = \frac{A_G + A_D}{2} \cdot h$

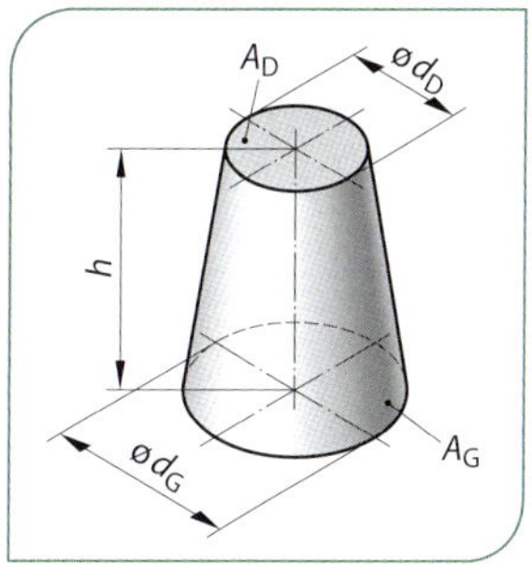

$A_G = \frac{2 \cdot V}{h} - A_D$

$A_D = \frac{2 \cdot V}{h} - A_G$

$h = \frac{2 \cdot V}{A_G + A_D}$

Beispielaufgabe:
Wie groß ist das Volumen V des abgebildeten Kegelstumpfes in dm^3?

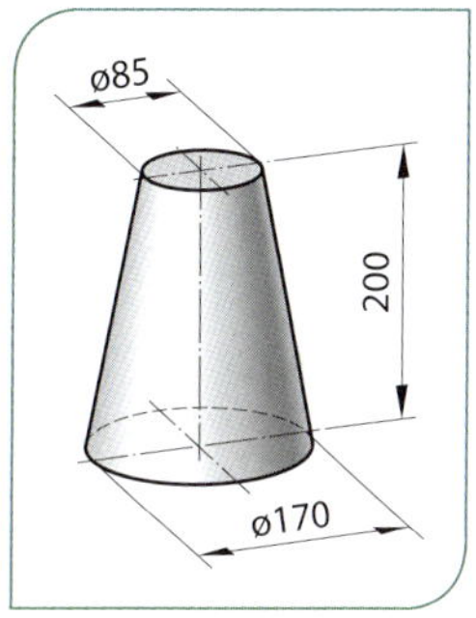

Geg.: $d_G = 170$ mm
$d_D = 85$ mm
$h = 200$ mm

Ges.: V in dm^3

Lösung:

$V = \frac{A_G + A_D}{2} \cdot h$

$V = \frac{\frac{d_G^2 \cdot \pi}{4} + \frac{d_D^2 \cdot \pi}{4}}{2} \cdot h$

$V = \frac{\frac{(1{,}7\ dm)^2 \cdot \pi}{4} + \frac{(0{,}85\ dm)^2 \cdot \pi}{4}}{2} \cdot 2\ dm$

$\underline{\underline{V = 2{,}837\ dm^3}}$

ÜBUNGEN

1) Berechnen Sie das Volumen V des abgebildeten Kegelstumpfes in dm^3 a) näherungsweise und b) genau.

Geg.: $d_G = 390$ mm
$d_D = 200$ mm
$h = 430$ mm

Ges.: V in dm^3

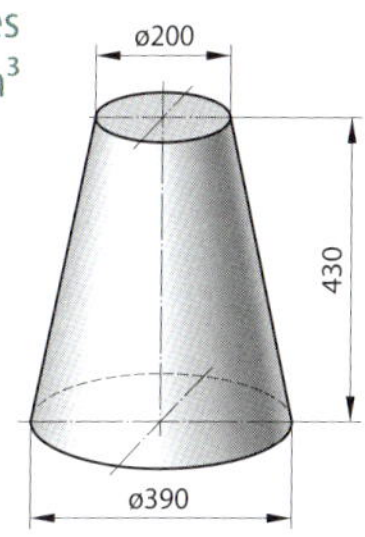

2) Wie groß ist das Fassungsvermögen des abgebildeten Wassereimers in Liter?

Geg.: $d_G = 220$ mm
$d_D = 330$ mm
$h = 340$ mm

Ges.: V in l

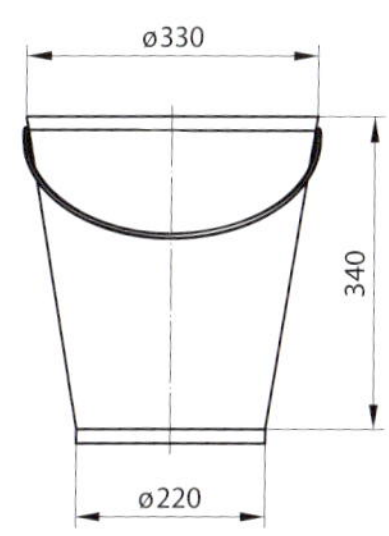

3.5.5 Zusammengesetzte Volumen

Im SHK-Bereich müssen auch Volumen von zusammengesetzten Körpern berechnet werden, z. B. Heizöltanks oder Auffangwannen.

1. Berechnen Sie das Volumen des abgebildeten Heizöltanks in m^3.

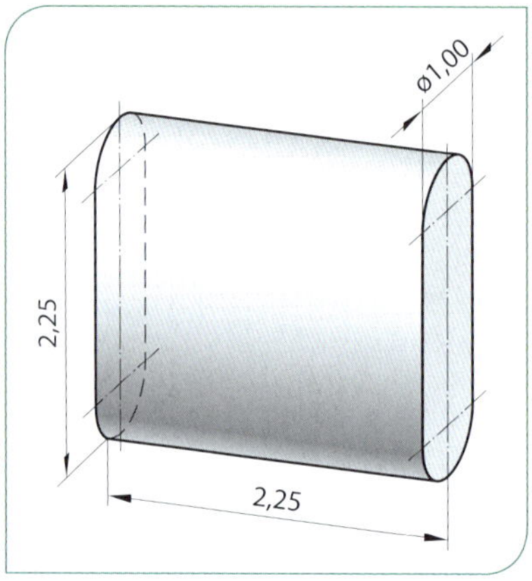

Alle Zeichnungsmaße in m.

2. Berechnen Sie das Volumen V des Altölbehälters in Litern.

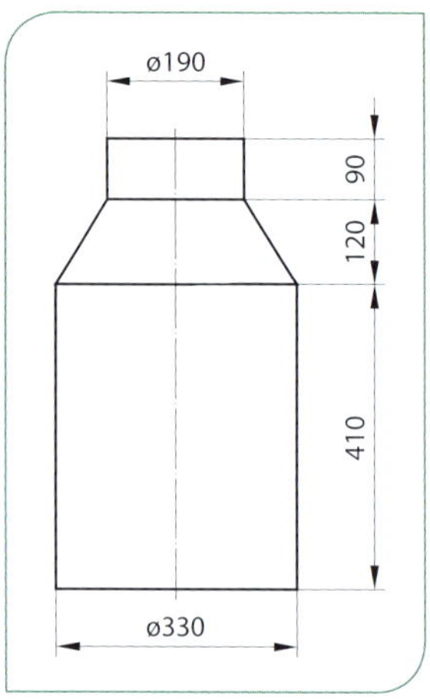

3. Das Volumen V der Auffangwanne ist in m^3 zu berechnen.

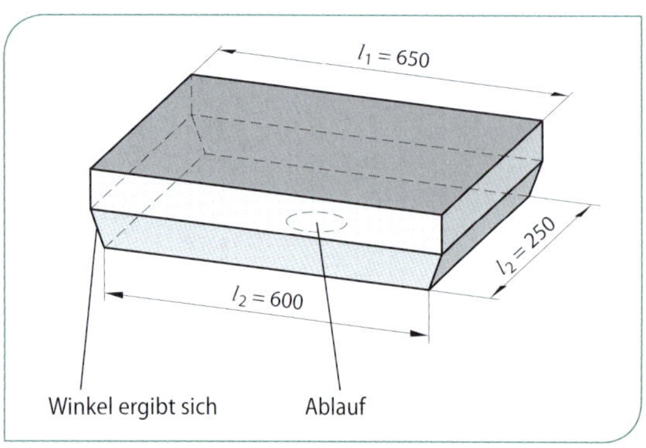

Alle Zeichnungsmaße in cm.

3.6 Masseberechnung

Alle Körper haben eine Masse. Sie ist ortsunabhängig und deshalb überall gleich groß.
Die Masse ist eine Basisgröße, ihre SI-Einheit ist das Kilogramm (kg). Der besondere Name für 1.000 kg ist Tonne (t).
Die Dichte ρ (sprich: rho) ist eine volumenbezogene Masse, mit der abgeleiteten SI-Einheit Kilogramm pro Kubikmeter (kg/m^3).
Üblicherweise wird die Dichte für feste und flüssige Stoffe in kg/dm^3, bzw. in kg/l und für gasförmige Stoffe in kg/m^3 angegeben, um anschauliche Zahlenwerte zu erhalten.
Um die Masse eines bestimmten Körpers zu ermitteln, müssen das Volumen und die Dichte des Stoffs bekannt sein.
Die Dichte ausgewählter Stoffe kann der unten stehenden Tabelle entnommen werden.

Größe	Fz	Einheit
Masse	m	kg
Volumen	V	m^3 oder dm^3
Dichte	ρ	$\frac{kg}{m^3}$ oder $\frac{kg}{dm^3} = \frac{kg}{l}$

$m = V \cdot \rho$ $\quad$ $V = \frac{m}{\rho}$ $\quad$ $\rho = \frac{m}{V}$

Die Dichte ausgewählter Stoffe:

Feste Stoffe	$\frac{kg}{dm^3}$
Aluminium	2,7
Blei	11,34
Kupfer	8,9
Stahl	7,85
Zink	7,2
Zinn	7,28
PVC	1,4
PE	0,92 bis 0,95

Flüssige Stoffe	$\frac{kg}{l}$
Wasser (bei 4 °C)	1,0
Benzin	0,72
Heizöl EL	0,84

Gasförmige Stoffe	$\frac{kg}{l}$
Luft (bei 0 °C; 1013 mbar)	1,293
Sauerstoff	1,429
Erdgas L – H	0,7 – 0,84
Kohlendioxid	1,977
Kohlenmonoxid	1,250

Beispielaufgabe:
Berechnen Sie für den zylindrischen Warmwasserspeicher aus Stahl die Masse m in kg.

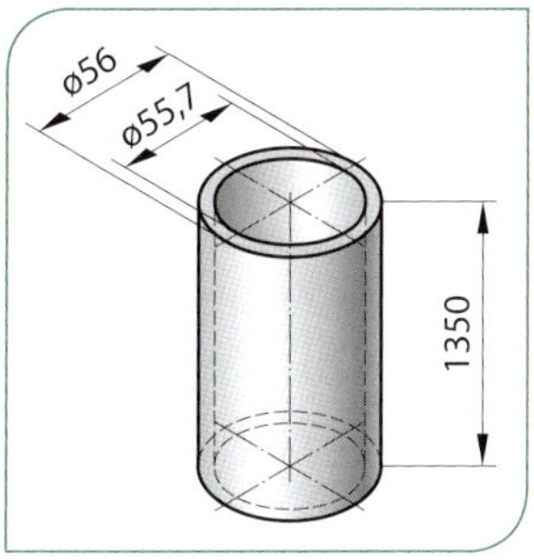

Zeichnungsmaße in cm.

$m = V \cdot \rho$

$m = \frac{d_a - d_i \cdot \pi}{4} \cdot h \cdot \rho$

$m = \frac{(5{,}6\ \text{dm})^2 - (5{,}57\ \text{dm})^2 \cdot \pi}{4} \cdot 13{,}50\ \text{dm} \cdot 7{,}85\ \frac{\text{kg}}{\text{dm}^3}$

$m = 27{,}877\ \text{kg}$

ÜBUNGEN

1) Ein Fass mit $d_i = 660$ mm soll 200 l Regenwasser aufnehmen können.

Berechnen Sie die erforderliche Höhe h in mm.

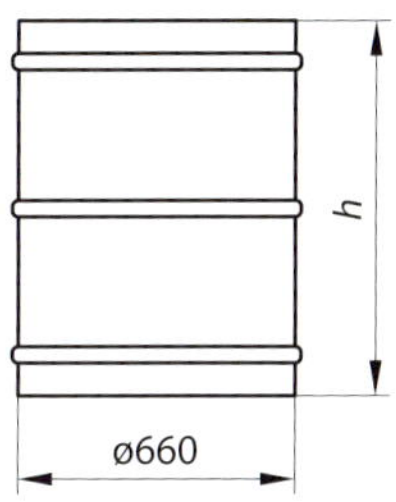

2) Ein quaderförmiger Heizöltank misst innen $l = 2{,}25$ m und $l_1 = 2{,}5$ m. Er ist 1 m hoch und zu 93 % (s. S. 343, Kap. 3.8, Prozentrechnung) mit Heizöl EL gefüllt.

Berechnen Sie die Masse m in kg.

3) Berechnen Sie die Masse m in kg für eine Länge Kupferrohr 22 × 1,5 ($l = 5$ m).

4) Berechnen Sie die Masse m in kg für eine Tafel Zinkblech (2.000 mm × 1.500 mm × 0,63 mm).

3.6.1 Längenbezogene Massenberechnung

In einschlägigen Tabellenbüchern wird für z. B. Rohre und Profile die längenbezogene Masse m', d. h. die Masse m pro Einheitslänge l angegeben (Bild 1), z. B. in g/cm; g/m; kg/m. Dadurch entfällt die aufwändige Berechnung über das Volumen und die Dichte.

$m = m' \cdot l$ $\quad l = \frac{m}{m'}$ $\quad m' = \frac{m}{l}$

Masse = längenbezogene Masse · Länge

DN	$m'\ \left(\frac{\text{kg}}{\text{m}}\right)$
10	0,85
15	1,22
20	1,58

DN	$m'\ \left(\frac{\text{kg}}{\text{m}}\right)$
25	2,44
32	3,14
40	3,61

1 Längenbezogene Massen für Gewinderohr-M DIN EN 10255 (Auszug)

Beispielaufgabe:
Ein Gewinderohr-M EN 10255 DN 20 hat eine Länge l von 2,38 m.
Berechnen Sie die Masse m in kg.
Fehlende Angaben sind der Tabelle Bild 1 zu entnehmen.

Geg.: $l = 2{,}38$ m

$m' = 1{,}58\ \frac{\text{kg}}{\text{m}}$

Ges.: die Masse m in kg

Lösung:

$m = m' \cdot l$

$m = 1{,}58\ \frac{\text{kg}}{\text{m}} \cdot 2{,}38\ \text{m}$

$m = 3{,}76\ \text{kg}$

ÜBUNGEN

1) Ein 50 × 50 × 5 warm gewalzter gleichschenkliger rundkantiger Winkelstahl EN 10056 hat eine längenbezogene Masse $m' = 3{,}77$ kg/m.

Berechnen Sie seine Masse m in kg.

2) Eine gusseiserne Abwasserfallleitung (SML) DN 100, DIN 19522, hat eine Länge $l = 15{,}87$ m und eine längenbezogene Masse $m' = 8{,}4$ kg/m.

Berechnen Sie Masse m in kg.

3.6.2 Flächenbezogene Massenberechnung

Die flächenbezogene Masse m'' (Bild 1) gibt die Masse m eines Bleches oder einer Platte für eine Einheitsfläche A an, z. B. in g/cm²; g/m²; kg/m². Auch diese Angaben können Tabellenbüchern entnommen werden.

$m = m'' \cdot A$ $\quad A = \frac{m}{m''}$ $\quad m'' = \frac{m}{A}$

Masse = flächenbezogene Masse · Fläche

Dicke s	$m'' \left(\frac{kg}{m^2}\right)$
0,5	4,5
0,6	5,3
0,65	5,8
0,7	6,2
0,8	7,1
1,0	8,9

1 Flächenbezogene Massen für Kupfer EN 1172 (Auszug)

Beispielaufgabe:
Eine gelieferte Kupferblechtafel EN 1172 hat die Abmessungen 2.000 mm × 1.000 mm × 1,0 mm. Berechnen Sie die Masse m in kg.
Fehlende Angaben sind der Tabelle Bild 1 zu entnehmen.

Geg.: $l_1 = 2{,}0$ m
$l_2 = 1{,}0$ m
$s = 1{,}0$ mm
$m'' = 8{,}9$ kg

Ges.: die Masse m in kg

Lösung:

$m = m'' \cdot A$
$m = m'' \cdot l_1 \cdot l_2$
$\underline{\underline{m = 17{,}8 \text{ kg}}}$

ÜBUNGEN

1) Eine Blechtafel aus Titanzink EN 988 hat die Abmessungen 2.000 mm × 1.000 mm × 0,7 mm.
Sie hat eine flächenbezogene Masse $m'' = 5{,}0$ kg/m².

Berechnen Sie die Masse m der Titanzinkblechtafel in kg.

2) Der Dachgepäckträger eines Firmenwagens ist für eine Masse $m = 200$ kg zugelassen. Es sollen von der Werkstatt zum Arbeitsplatz 4 Kupferblechtafeln EN 1172 mit den Maßen 2.000 mm × 1.000 mm × 1,0 mm und einer flächenbezogenen Masse $m'' = 8{,}9$ kg/m² sowie 6 gusseiserne Abwasserrohre (SML-Rohre) DIN 19522 der Nennweite DN 100 und $l = 3$ m Länge und einer längenbezogenen Masse $m' = 8{,}4$ kg/m transportiert werden.

Berechnen Sie die Gesamtmasse der Materialien und entscheiden Sie, ob Sie alle Materialien mit einer Fahrt transportieren dürfen.

3.7 Dreisatzrechnung

Der einfache Dreisatz ist ein mathematisches Verfahren, um aus drei gegebenen Werten den unbekannten vierten Wert zu berechnen. Diese Werte stehen in einem bestimmten Verhältnis (Proportion) zueinander.
Die Verhältnisse (Proportionen) können **direkt** wie z. B. „je weniger Rohre, desto kleiner die Masse" (Beispiel a)) oder **indirekt** wie z. B. „je weniger LKW, desto mehr Tage" (Beispiel b)) vorliegen.

Beispielaufgabe a), **direktes** Verhältnis:
19 Rohre haben eine Masse m von 170 kg.
Berechnen Sie die Masse m von 8 Rohren in kg.

Behauptungssatz:
19 Rohre haben eine Masse von 170 kg

Zwischensatz (Mittelsatz):
1 Rohr hat eine Masse von $\frac{170 \text{ kg}}{19}$

Schlusssatz:
8 Rohre haben eine Masse von $\underline{\underline{\frac{170 \text{ kg} \cdot 8}{19} = 71{,}58 \text{ kg}}}$

Beispielaufgabe b), **indirektes** Verhältnis:
18 LKW benötigen 30 Tage für den Transport einer bestimmten Menge Abraum.
Wie viel Zeit benötigen 11 LKW?

Behauptungssatz:
18 LKW benötigen 30 Tage

Zwischensatz (Mittelsatz):
1 LKW benötigt $18 \cdot 30$ Tage

Schlusssatz:
11 LKW benötigen $\underline{\underline{\frac{18 \cdot 30 \text{ Tage}}{11} = 49{,}1 \text{ Tage}}}$

ÜBUNGEN

1) 4 Waschtische haben eine Masse m von 62 kg.
Berechnen Sie die Masse m von 14 Waschtischen in kg.

2) Zwei Anlagenmechaniker SHK würden für die Montage dieser 14 Waschtische einschließlich der Installation der Wasser- und Abwasseranschlüsse 21 Arbeitsstunden benötigen.
Auf Wunsch des Kunden soll die Montage früher fertig gestellt werden. Deshalb kommt ein Kollege zu Hilfe.
Berechnen Sie den Zeitbedarf für die Installation aller Waschtische in Stunden (Stunden auf eine Kommastelle runden).

Der **zusammengesetzte** Dreisatz ist ein mathematisches Verfahren, um aus mehr als drei gegebenen Werten einen unbekannten Wert zu berechnen. Die Werte stehen in einem Verhältnis (Proportion) zueinander. Zur Lösung braucht man wenigstens zwei Schlusssätze.

Beispielaufgabe:
Vier Anlagenmechaniker-SHK benötigen 19 Tage für 276 m Grundleitungsverlegung. Anschließend sollen auf einem Nachbargrundstück unter gleichen Bedingungen 192 m verlegt werden.
Wie viele Arbeitstage werden dort benötigt, wenn krankheitsbedingt die Arbeit von drei Anlagenmechanikern ausgeführt werden muss?

Lösung:

Behauptungssatz:
4 Arbeiter benötigen für 276 m 19 Tage

1. Zwischensatz (Mittelsatz):
4 Arbeiter benötigen für 1 m $\frac{19\text{ Tage}}{276}$

2. Zwischensatz (Mittelsatz):
1 Arbeiter benötigt für 1 m $\frac{19\text{ Tage} \cdot 4}{276}$

1. Schlusssatz:
3 Arbeiter benötigen für 1 m $\frac{19\text{ Tage} \cdot 4}{276 \cdot 3}$

2. Schlusssatz:
3 Arbeiter benötigen für 192 m $\frac{19\text{ Tage} \cdot 4 \cdot 192}{276 \cdot 3} = \underline{\underline{17{,}6\text{ Tage}}}$

ÜBUNGEN

1) Für einen erneuten Auftrag für die Installation von 20 Waschtischen benötigen 2 Anlagenmechaniker-SHK 27 Arbeitsstunden. Nach 8 Arbeitsstunden des ersten Tages meldet sich ein Kollege krank und es kommt auch kein weiterer zur Hilfe. Ein Anlagenmechaniker muss nun die restlichen Waschtische allein installieren.
Berechnen Sie den Gesamtzeitbedarf für die Installation aller Waschtische in Stunden und Minuten (Minuten auf eine Kommastelle runden).

3.8 Prozentrechnung

Im SHK-Handwerk werden in vielen Bereichen Prozentangaben zur Darstellung fachlicher Zusammenhänge verwendet, wie z. B.:

- Wirkungsgrad des Heizkessels 87%
- Gefälle der Abwasserleitung 2%
- relative Luftfeuchtigkeit 65%
- Verschnitt eines Blechzuschnittes 27%

Prozentangaben können Formulierungen wie z. B. „drei Viertel", „ein Halb" oder „ein Viertel" zahlenmäßig ausdrücken (75%; 50%; 25%). Die Grundlage hierfür ist, dass das **Ganze – 100 %** – immer aus 100 gleichen Teilen besteht.

Was bedeuten die Begriffe Grundwert, Prozentwert und Prozentsatz?

Der **Grundwert** (*g*) ist das Ganze bzw. die Ausgangsgröße.

Der **Prozentsatz** (*p*) ist die Prozentzahl, wie viel von dem Grundwert (*g*) ermittelt wurde.

Der **Prozentwert** (*w*) ist das Ergebnis dieser Rechnung (gleiche Einheit wie der Grundwert).

Daraus ergibt sich:

$$\text{Grundwert } (g) = \frac{\text{Prozentwert } (w) \cdot 100\,\%}{\text{Prozentsatz } (p)}$$

$$\text{Prozentsatz } (p) = \frac{\text{Prozentwert } (w) \cdot 100\,\%}{\text{Grundwert } (g)}$$

$$\text{Prozentwert } (w) = \text{Prozentsatz } (p) \cdot \text{Grundwert } (g)$$

Beispielaufgabe mit reinem Grundwert (*g* entspricht 100 %):
Sollen 10 % von 300 *l* ermittelt werden, so ist der Grundwert (*g*) 300 *l*, der Prozentsatz (*p*) 10 % und der Prozentwert (*w*) 30 *l*:

$$\text{Prozentwert } (w) = \frac{\text{Grundwert } (g) \cdot \text{Prozentsatz } (p)}{100\,\%}$$

$$\text{Prozentwert } (w) = \frac{300\,l \cdot 10\,\%}{100\,\%} = \underline{\underline{30\,l}}$$

Zwar werden die meisten Prozentrechnungen mit dem reinen Grundwert (*g*) – entspricht 100 % – durchgeführt (s. Beispiel oben), daneben können aber auch Rechnungen mit dem verminderten bzw. vermehrten Grundwert notwendig sein (s. Beispiele unten):

Beispiel mit vermindertem Grundwert:

$$\text{Grundwert } (g) = \frac{g_{\text{vermindert}} \cdot 100\,\%}{(100\,\% - \text{Prozentsatz } (p))}$$

Ein Anlagenmechaniker SHK erhält nach Abzug von 24 % ein Nettogehalt von 1.208,00 €.
Berechnen Sie seinen Bruttoverdienst *g* in €.

Geg.: $p = 25\,\%$
$g_{\text{verm.}} = 750{,}00\text{ €}$

Ges.: *g* in €

Lösung:

$$\text{Grundwert } (g) = \frac{g_{\text{vermindert}} \cdot 100\,\%}{(100\,\% - \text{Prozentsatz } (p))}$$

$$\text{Grundwert } (g) = \frac{750{,}00\text{ €} \cdot 100\,\%}{100\,\% - 25\,\%}$$

$$\text{Grundwert } (g) = \frac{750{,}00\text{ €} \cdot 100\,\%}{75\,\%}$$

$$\underline{\underline{\text{Grundwert } (g) = 1.000{,}00\text{ €}}}$$

Beispiel mit vermehrtem Grundwert:

$$\text{Grundwert } (g) = \frac{g_{\text{vermehrt}} \cdot 100\,\%}{(100\,\% + \text{Prozentsatz } (p))}$$

Ein Anlagenmechaniker SHK wechselt von Deutschland nach Dänemark und verdient dort 20 % brutto mehr pro Stunde, und zwar 24 €.
Berechnen Sie den alten Stundenlohn *g* in €.

Geg.: $p = 20\,\%$

$g_{\text{vermehrt}} = 24\,€$

Ges.: g in €

Lösung:

$$\text{Grundwert } (g) = \frac{g_{\text{vermehrt}} \cdot 100\,\%}{(100\,\% + \text{Prozentsatz } (p))}$$

$$\text{Grundwert } (g) = \frac{24{,}00\,€ \cdot 100\,\%}{100\,\% + 20\,\%}$$

$$\text{Grundwert } (g) = \frac{2.400\,€}{120{,}0\,\%}$$

$$\underline{\underline{\text{Grundwert } (g) = 20{,}00\,€}}$$

Übungsaufgaben mit reinem Grundwert:

ÜBUNGEN

1) Auf eine Rechnung von 1.857,00 € wird bei Sofortzahlung 3% Skonto (Nachlass) gewährt.
Welcher Betrag muss bezahlt werden?

2) Durch die Umstellung auf das Fügeverfahren Pressen verkürzt sich die Verrohrung eines Heizkessels von bisher 118 Minuten auf jetzt 82 Minuten.
Berechnen Sie die Zeitersparnis in Prozent.

3) Ein Firmenwagen hatte einen Wert von 26.316,00 €. Nach 4 Jahren bietet ein Händler bei Kauf eines neuen Fahrzeugs 16.780,00 € für den gebrauchten Wagen.
Berechnen Sie den Wertverlust pro Jahr in Prozent.

Übungsaufgaben mit vermindertem und vermehrtem Grundwert:

ÜBUNGEN

1) Ein Anlagenmechaniker SHK verdient in seiner neuen Firma 16,87 € brutto in der Stunde. Das ist 7,8 % mehr als vorher.
Berechnen Sie den Mehrverdienst in €.

2) Die Masse m eines fertigen Werkstückes beträgt 8 kg. Vom Ausgangswerkstück (Rohmaterial) wurde eine Masse von 32 % verschnitten.
Berechnen Sie die Masse m des Ausgangswerkstückes in kg.

3) Für die Nettomiete (ohne Nebenkosten) einer Wohnung muss 21 % des Monatseinkommens von 1.847,00 € aufgewendet werden.
Berechnen Sie die Miete für diese Wohnung in €.

Englisch-deutsche Vokabelliste

A

abbreviated term – Kurzzeichen
above – über
abrasion – Abtragung
abrasion-proof – abriebfest
abrasive cutting – Trennschleifen
abrasive cutting-off machine – Trennschleifmaschine
abrasive grains – Schleifkörner
abutment flashing – Einfassung
acceptance – Bedeutung
accident – Unfall
accident prevention measures – Unfallverhütungsmaßnahmen
accident prevention regulations – Unfallverhütungsvorschriften
accidental – zufällig
account – Konto
accounting – Buchhaltung
accumulator – Akku
accuracy – Genauigkeit
accuracy level – Genauigkeitsgrad
acetone – Aceton
acetylene – Acetylen
acetylene excess – Acetylenüberschuss
acetylene valve – Acetylenventil
acid – Säure
A. C. meter – Wechselstromzähler
acoustic insulation – Schalldämmung
active protection against corrosion – aktiver Korrosionsschutz
activities – Tätigkeiten
actual condition – Istzustand
actual costs – Istkosten
actual value – Istwert
actuator – Stellmotor
additional bought-in part – Zukaufteil
additional labour costs – Lohnnebenkosten
additive – Zusatzwerkstoff
adequate surface finish – angemessene Oberflächengüte
adequate surface quality – angemessene Oberflächengüte
adhesive – Klebstoff
adhesive ability – Klebbarkeit
adhesive bond – Stoffschluss
adhesive property – Haftfähigkeit
adjust – Nachstellen
adjustable spanner – Rollgabelschlüssel
adjustable stop – einstellbarer Niederhalter
adjusting screw – Stellschraube
adjusting screw – Einstellschraube
adjustment – Einstellung
administrative overhead expenses – Verwaltungsgemeinkosten
advanced properties – verbesserte Eigenschaft
advantage – Vorteil
advantageous properties – vorteilhafte Eigenschaft
advisory service – Beratung
aerated concrete dowel – Porenbetondübel
aerated concrete stone – Porenbetonstein
aeration cell – Belüftungselement
ageing stability – Alterungsbeständigkeit
aggressive environment – aggressive Umgebung
agreeing on a date – Terminabsprache
agreement – Vereinbarung
air conditioners – Klimaanlage
air conditioning system – Klimaanlage
air duct – Lüftungskanal
air duct – Luftleitung
air gap – Luftspalt
air inlet vent – Lufteinlass
air outlet vent – Luftauslass
air pressure – Luftdruck
airborne sound wave – Luftschallwelle
alarm system – Alarmanlage
alkaline solution – Lauge
alloy – Legierung
alloy junction – Legierungsschicht
alloyability – Legierbarkeit
alloyed quality steel – legierter Qualitätsstahl
alloyed special steel – legierter Edelstahl
alloyed steel – legierter Stahl
alloyed steel pipe – legiertes Stahlrohr
alloyed tool steel – legierter Werkzeugstahl
alloying – Legierungsbildung
alloying – Legieren
alloying element – Legierungselement
alternating current – Wechselstrom
alternative solution – alternative Lösung
aluminium alloy – Aluminiumlegierung
aluminium-silicon casting alloy – Aluminium-Silizium Gusslegierung
ammonia vapour – Ammoniakdampf
ammunition – Schubladung
amperage – Stromstärke
anchor – Dübel
anchor – Anker
anchor element – Verankerungselement
anchorage depth – Verankerungstiefe
angle – Winkel
angle gauge – Winkelmessgerät
angle valve – Eckventil
angular console – Winkelkonsole
angularity – Winkligkeit
annealing – Glühbehandlung
anode – Anode
answers – Antworten
anti-clockwise – Uhrzeigersinn
antiflooding valve – Rückstauverschluss
aperture angle – Öffnungswinkel
appearance – Erscheinungsbild
appliance – Einrichtung
application advantage – Anwendungsvorteil
apprentice – Auszubildender
apprentice – Lehrling
apprenticeship – Ausbildung
arc – Lichtbogen
articles – Artikel
artificial material – künstlich hergestellter Werkstoff
artificial mineral – künstliche Mineralien
artificial stone – künstlicher Stein
as stipulated in the agreement – vertragsgerecht
asbestos fibre – Asbestfaser
assemble – montieren
assembling fault – Montagefehler
assembling time – Montagezeit
assembly – Montage
assembly drawing – Gesamtzeichnung
assembly drawing – Montagezeichnung
assembly instruction – Montageanweisung
assembly sketch – Montageskizze
assortment – Sortiment
assured – Versicherte
attic – Dachgeschoss
audits – Audits
automatic circuit breaker – Sicherungsautomat
automatic cutout – Leitungsschutzschalter
auxiliary – Hilfsstoff
avoid – vermeiden
axial load – axiale Belastung
axonometric representation – axonometrische Darstellung

B

back guide – Gleitschuh
back pressure level – Rückstauebene
back pressure valve – Gasrücktrittsventil
back square – Anschlagwinkel
backing washer – Druckring
bad heat conductor – schlechter Wärmeliter
bar charts – Säulendiagramme
base metal – Grundmetall
basement – Kellergeschoss
basic knowledge – Grundkenntnisse
basis – Grundlage
be aligned – fluchten
behaviour – Verhalten
bend – Bogen
bend for welding – Einschweißbogen
bending angle – Biegewinkel
bending load – Biegebelastung
bending machine – Biegemaschine
bending press – Gesenkbiegepresse
bending radius – Biegeradius
bending roller – Biegewalze
bending strain – Biegebeanspruchung
bending stress – Biegebeanspruchung
bending tool – Biegewerkzeug
bending work – Biegearbeit
beverages – Getränke
bill of quantities – Leistungsverzeichnis
binder – Klemme
binding post – Klemme
bisection – Halbierung
bisectioning – Halbierung
bit stop – Tiefenanschlag
blackboard – Wandtafel
blade – Schenkel
blade carrying rail – Messerbalken
blank – Zuschnitt
blank sheet metal – Blechzuschnitte
blast relief valve – Explosionsdruck-Entlastungsventil
bleaching agent – Bleichmittel
blind – Jalousie
blind hole – Sackloch
block diagram – Blockschaltbild
blocking layer – Sperrschicht
blow torch – Propangas-Luft-Brenner
blowing out – Ausblasen
blowpipe – Schweißbrenner
body – Scherbe
body contact – Körperschluss
bolt – Bolzen
bolt set tool – Bolzensetzwerkzeug
bond – Bindung
bonding agent – Bindemittel
bonding agent – Haftvermittler
bonding force – Bindungskraft
bonding force – Bindekraft
bonding material – Bindemittel
bore – Aufbohren
bore crown – Bohrkrone
bore dust – Bohrmehl
bore holes – Bohrung
borosilicate glass – Borosilikatglas
bow – Bogen
box – Behälter
branch – Abzweig
branch – Ast
branch pipe – Rohrabzweig
brand – Markenzeichen
brass – Messing
brass expansion anchor – Messing-Spreizdübel
brass expansion plug – Messing-Spreizdübel
brass wire brush – Messingdrahtbürste
breakable – bruchempfindlich
breaking elongation – Bruchdehnung
brick – Stein
brickwork – Mauerwerk
briefing – Einweisung
brittle – spröde
brittle material – spröder Werkstoff
brittleness – Sprödigkeit
bronze – Bronze
bubble level – Libelle (Richtwaage)
bucket – Eimer
building – Gebäude
building brick – Mauerziegel
building component dimension – Bauteilabmessung
building service – Haustechnik
building site – Baustelle
burned – gebrannt
burning – Brennen
burr – Grat
burred – Entgratet
burring – Entgraten
burring tool – Werkzeug zum Entgraten
butt strap – Lasche
buying decision – Kaufentscheidung
bypass flap – Bypassklappe

C

cable – Kabel
cable covering – Ummantelung
cable drum – Kabeltrommel
cable insulation – Kabelisolierung
calculation – Preiskalkulation
calculation – Berechnung
calculation extra charge – Kalkulationszuschlagssatz
calibrating – Kalibrieren
calibration mandrel – Kalibrierdorn
calibration ring – Kalibrierring
calliper – Messschieber
cant – Verkanten
capillary joints – Kapillarlötung
capillary sleeve – Muffe
capillary solder fitting – Kapillarlötfitting
carburating flame – Flamme mit Acetylenüberschuss
carcinogenic danger of asbestos fibre – krebserregende Gefahr der Asbestfaser
cards – Karten
careful burring – sorgfältiges Entgraten
carefulness – Vorsicht
cartridge – Kartusche
case – Behälter
casing – Verkleidung
cast – Putz
cast alloy – Kupfer-Gusslegierung
cast iron – Gusseisen
cast iron alloy – Gusseisenlegierung
cast iron material – Gusseisenwerkstoff
cast iron with lamellar graphite – Gusseisen mit Lamellengraphit
cast iron with nodular graphite – Gusseisen mit Kugelgraphit
cast steel – Stahlguss
castability – Gießbarkeit
castable – gießbar
casting – Gießen
casting – Gusskörper
casting mould – Gussform
castle nut with splint pin – Kronenmutter mit Splint
casual – zufällig
catalogues – Kataloge
cathode – Kathode
cavity anchor – Hohlraumdübel
cavity plug – Hohlraumdübel
ceiling nail – Deckennagel
cellulose – Cellulose
cement – Zement
centre distance – Achsabstand
centre drill – Zentrierbohrer
centre line – Mittellinie
centre stop – mittiger Anschlag
centring – Zentrierung
ceramic – Keramik
ceramic material – keramischer Werkstoff
certification – Zertifizierung
chain link – Kettenglied
chamfer – Fase

chamotte – Schamotte
change – Auswechseln
change of behaviour – verändertes Bedienerverhalten
change of length – Längenänderung
chapter – Kapitel
charge – Ladung
charging valve – Füllventil
chart – Diagramm
chase – Schlitz
cheaper – preisgünstig
check – Kontrolltätigkeit
checking – Prüfung
chemical bonding – chemische Bindung
chemical compound – chemische Verbindung
chemical contaminated sewage water – chemisch belastetes Abwasser
chemical corrosion – chemische Korrosion
chemical detergent – chemische Reinigungsmittel
chemical effect – chemische Wirkung
chemical process – chemischer Vorgang
chemical properties – chemische Eigenschaft
chemical reaction with environmental substance – chemische Reaktion mit dem Umgebungsstoff
chemical resistance – chemische Widerstandsfähigkeit
chip board – Spanplatte
chip board screw – Spanplattenschraube
chip formation – Spanbildung
chipping process – spanendes Trennverfahren
chips – Späne
chisel – Stemmwerkzeug
chisel – Meißel
chisel edge – Querschneide
chuck key – Bohrfutterschlüssel
circlip pliers – Montagezange
circular band saw – Lochsäge
circular measure – Bogenmaß
circular motion – kreisende Bewegung
circular sawing machine – Kreissägemaschine
circular shearing-blade – kreisförmige Schermesser
circulation pump – Umwälzpumpe
circulation pump – Heizungsumwälzpumpe
cistern – Spülkasten
claim – Schadensfall
claims for compensation – Schadensersatzanspruch
clamp – Schelle
clamping device – Spannvorrichtung
clamping joint – Spannverbindung
clamping sleeve – Rohrmanschette
clamping socket joints – Druckhülsenverbindung
clamping wedge – Spannkeil
clamp-on ammeter – Zangenstrommessgerät
class – Klasse
classification – Zuordnung
classification – Einteilung
clay – Ton
clean – Reinigen
cleaning agents – Reinigungsmittel
clear picture – deutliche Vorstellung
clearance angle – Freiwinkel
clearance hole – Durchgangsloch
clientele – Kundschaft
clinker – Klinker
clipping – Abfall
close meshed spatial lattice – engmaschiges räumliches Netz
closed electric circuit – geschlossener elektrischer Stromkreis
closed loop control – Regeln
closed sequence of action – geschlossener Wirkungsablauf
club hammer – Fäustel
coated abrasive – Schmirgelleinen
coating – Beschichtung
coating – Schutzschicht
coating metal – Beschichtungsmetall
code – Richtlinie
code designation – Kurzbezeichnung
code name – Kurzname
codes of practice – Regelwerke
coil – Ring
coiled – verknäuelt
coiled cupper tube – Kupferrohr in Ringen
cold draw forming – Kaltziehen
cold drawn – kalt gezogen
cold forming – Kaltumformen
cold forming – Kaltverformung
cold roll forming – Kaltwalzen
cold rolled – kalt gewalzt
cold rolled sheet for pressure tanks – kalt gewalztes Blech für Druckbehälter
cold strengthening – Kaltverfestigung
cold-resistant – kältebeständig
collapses – Einknickung
collar – Aushalsung
collar – Bund
collar forming – ausgehalst
collection – Sammlung
colour – einfärben
colourless – farblos
combination spanner – Ringmaulschlüssel
combined tension and shear load – Schrägzug
combined thread – Kombigewinde
combustible gas – Brenngas
combustible substance – brennbarer Stoff
combustion – Verbrennung
combustion chamber – Brennkammer
combustion gas heat exchanger – Abgaswärmetauscher
commissioning certificate – Inbetriebnahmeprotokoll
communication – Kommunikation
company logo – Firmenlogo
competitiveness – Wettbewerbsfähigkeit
complaint – Reklamation
complete – Ergänzen
complete combustion – vollständige Verbrennung
completion – Fertigstellung
component – Bauteil
component – Bauelement
component drawing – Einzelteilzeichnung
composite material – Verbundstoff
composite material – Verbundwerkstoff
composite pipe – Mehrschichtverbundrohr
compressed – verdichtet
compressing strain – Druckbeanspruchung
compressing stress – Druckbeanspruchung
compression joints – Keilringverschraubung
compression joints – Klemmringverschraubung
compression olive – Klemmring
compression ring – Klemmring
compressive strength – Druckfestigkeit
concentric – konzentrisch
conclusion of an agreement – Vertragsabschluss
concrete – Beton
condensate – Kondensat
condensate drainage – Kondensatableitung
condensate formation – Schwitzwasserbildung

condensation drainage – Kondenswasserablauf
condensation water – Kondenswasser
condition – Beschaffenheit
conductivity – Leitfähigkeit
conductor – elektrischer Leiter
cone drill – Konusbohrer
conical sealing surface – konische Dichtfläche
connect to ground – Erden
connecting element – Verbindungselement
connection – Zusammenhang
connection – Verbindung
connection nut – Anschlussmutter
consequential damage – Folgeschaden
conservation of energy – Energieeinsparung
consideration level – Betrachtungsebene
consignee – Auftragnehmer
console – Konsole
constancy – Gleichmäßigkeit
construction body – Baukörper
construction drawing – Bauzeichnung
construction line – Konstruktionslinie
construction material – Baustoff
constructional fault – Konstruktionsfehler
constructive protection against corrosion – konstruktiver Korrosionsschutz
consultation – Beratungsgespräch
consumption – Verbrauch
contact – Berührung
contact corrosion – Kontaktkorrosion
contact voltage – Berührungsspannung
container – Behälter
container – Behältnis
containing asbestos – asbesthaltig
contents – Inhalte
continuous casting – Stranggießen
continuous shearing process – kontinuierlicher Schervorgang
contour – Umrisslinie
contract – Auftrag
contract – Vertrag
contractor – Auftraggeber
control – Beherrschung
control – Überwachungsorgan
control – Steuerung
control loop – Regelkreis
control system – Regeleinrichtung
control valve – Regelventil
controlled system – Regelstrecke
controlled variable – Regelgröße
cool down time – Abkühlzeit
coolant – Gewindeschneidmittel
coolant – Kühlschmierstoff
cooled-down – abgekühlt
cooling – Kühlen
cooling lubricant – Kühlschmierstoff
copper – Kupfer
copper alloy – Kupferlegierung
copper pipe – Kupferrohr
copper-tin-alloy – Kupfer-Zinn-Legierung
copper-zinc-alloy – Kupfer-Zink-Legierung
cordless drill – Akkubohrmaschine
cordless drill-driver – Akkuschrauber
cordless drills – akkubetriebener Bohrschrauber
cordless pressing power tool – akkubetriebene Geräte
cordless screwdriver – akkubetriebener Schrauber
core – Kern
core drilling – Kernbohren
core drilling machine – Kernbohrmaschine
core hole – Kernlochbohrung
corner – Raumecke
correctness – Richtigkeit
correlation – Zusammenhang
corrode – korrodiert
corrosion – Korrosion
corrosion damage – Korrosionsschaden
corrosion proofing measure – Korrosionsschutzmaßnahme
corrosion protection – Korrosionsschutzmaßnahme
corrosion protection – Korrosionsschutz
corrosion resistance – Korrosionsbeständigkeit
corrosion-erosion – Erosionskorrosion
cost accounting – Kostenrechnung
cost accounting – Zuschlagskalkulation
cost savings – Kostenersparnis
counter bores – Senker
counter shape – Matrize
counter sinking – Senken
counter sinks – Senker
countersunk screw – Senkschraube
counterweight – Gegengewicht
cover – abdecken
cover cap – Abdeckkappe
cover sheet – Abdeckung
crack – Riss
craft – Gewerke
craftsman – Handwerker
crank – Kurbel
creativity – Kreativität
crepe tape – Kreppband
crevice corrosion – Spaltkorrosion
criteria of cleanness – Sauberkeitskriterien
criticism – Kritik
cross linkage – Vernetzungsstelle
cross linkage – Vernetzung
cross recess – Kreuzschlitz
cross section – Querschnitt
cross section changing – Querschnittsveränderung
crosswise – überkreuz
crude oil – Erdöl
cumulative body resistance – Gesamtkörperwiderstand
cup nut – Hutmutter
cure time – Aushärtungszeit
curing time – Aushärtezeit
current transformer – Summenstromwandler
curriculum – Lehrpläne
curved cut – Kurvenschnitt
curved lock washer – Spannscheibe
customer – Kunde
customer file – Kundenkartei
customer order – Kundenauftrag
customer wish – Kundenwunsch
cut square – rechtwinkelig abgelängt
cutting – Schneiden
cutting action – Trennvorgang
cutting bit – Schneidplättchen
cutting chain – Schneidkette
cutting edge – Schneide
cutting edge – Schneidkante
cutting edge clearance – Schneidenspiel
cutting methods – spanendes Trennverfahren
cutting motion – Schnittbewegung
cutting off – Freischalten
cutting oil – Schneidöl
cutting ring – Schneidring
cutting speed – Schnittgeschwindigkeit
cutting wheel – Schneidrad
cutting-off wheel – Trennschleifscheibe
cutting-off wheel – Trennscheibe
cylinder contents gauge – Inhaltsmanometer
cylinder pressure – Flaschendruck
cylindrical steel sheet work – zylindrische Blechkonstruktion

D

damage – Beschädigung
damage – Schaden
damage – beschädigen
damage analysis – Schadensanalyse
damage caused – schadensbedingt

damages to one's health – gesundheitliche Schäden
danger – Gefahr
debugging – Fehlersuche
decarburising annealed malleable cast iron – entkohlend geglühter Temperguss
decompose – zersetzen
decomposition – Zersetzung
decrees – Verordnungen
default – Verzug
deformability – Umformbarkeit
deformable – verformbar
deformation resistance – Verformungswiderstand
degree of hardness – Härtegrad
delivery – Lieferung
density – Dichte
department – Betriebsteil
depot – Lager
description – Benennung
designation of metallic material – Bezeichnung des metallischen Werkstoffs
desired – erwünscht
desired value – Sollwert
destruction – Zerstörung
detachable – lösbar
detachable joining – lösbare Verbindung
detachable pipe joint – lösbare Rohrverbindung
determined – bestimmen
determined – festlegen
developed view – Abwicklung
devices – Vorrichtungen
diagram of connection – Schaltschemata
dialect – Dialekt
diameter – Durchmesser
diameter symbol – Durchmesserzeichen
diamond tool – Diamantwerkzeug
die – Schneideisen
die holder – Schneideisenhalter
difference of potential – Spannungsunterschied
different – verschiedene
different composition – unterschiedliche Zusammensetzung
different field – unterschiedliche Bereiche
different metal – unterschiedliches Metall
different pipe size – verschiedene Rohrnennweite
difficulties – Schwierigkeiten
dimension – Abmessung
dimension – Maßzahl
dimension in unfinished state – Rohbaumaß
dimension line – Maßlinie
dimension line determination – Maßlinienbegrenzung
dimension reference line – Maßbezugslinie
dimensional stability – Formstabilität
dimensionally stable – formstabil
direct connection – direkte Verbindung
direct current – Gleichstrom
direct voltage – Gleichspannung
direction – Richtung
directive – Richtlinie
dirt filter – Schmutzfilter
disadvantage – Nachteil
disagreement – Unstimmigkeit
disassemble – demontieren
disassembly – Demontage
disconnecting – Freischalten
disconnection – Lösung
disconnection – Trennung
disengaging – Auslösung
dislocation – Verschiebung
dismantling – Demontage
disposal – Entsorgung
distance – Distanz
distance – Entfernung
distance – Abstand
distance bush – Distanzhülse
distribution – Verteilerdose
district chimney sweep – Bezirks-Schornsteinfeger
disturbance – Störung
disturbance variable – Störgröße
dividing methods – zerteilendes Trennverfahren
document – dokumentieren
does not rot – verrottet nicht
dotted line – Strichlinie
double ended ring spanner – Doppelringschlüssel
double thread – Kombigewinde
dowel – Dübel
dowel hole – Dübelloch
dowel screw – Stockschraube
draining plant – Entwässerungsanlage
draw bending – Ziehbiegen
drawing – Zeichnung
drawing – Ziehen
drawing number – Zeichnungsnummer
drill – Bohrer
drill flutes – Spannuten
drill hole depth – Bohrlochtiefe
drilling – bohren
drilling depth – Bohrtiefe
drilling screw – Bohrschraube
drilling without impact – Bohren ohne Schlag
drinking water installation – Trinkwasserinstallation
drop die head – Gewindeschneidkopf
dual education – Duale Ausbildung
duct – Kanal
ductile cast iron – duktiles Gusseisen
ductility – Verformbarkeit
ducts – Kanäle
durability – Lebensdauer
duration – Dauer
during solidification – Erstarren
dust – Staub
duties – Pflichten

E

ear protection – Gehörschutz
earth – Erden
earth wire – Erdleiter
ecological balance sheet – Ökobilanz
economic point of view – wirtschaftlicher Gesichtspunkt
edge – Kante
edge distance – Randabstand
edge life – Standzeit
edge spacing – Randabstand
edging – Kanten
effect – Auswirkung
effect to the outside – Außenwirkung
effective temperature range – Wirktemperaturbereich
efficiency – Leistungsgröße
efficiency – Wirkungsgrad
Elaste – Elastomere
elastic extension – elastische Dehnung
elastic limit – Elastizitätsgrenze
elastic sealant – elastischer Flüssigkunststoff
elasticity – Elastizität
elastomer – Elastomere
electric charges – Transport von Ladung
electric circuit – Stromkreislauf
electric conductivity – elektrische Leitfähigkeit
electric current – Strom
electric die – Elektro-Gewindeschneidkluppe
electric die – Elektroschneidkluppe
electric drill-driver – Elektroschrauber
electric drills – netzbetriebener Bohrschrauber
electric driven – Elektroantrieb

electric driven saws – elektrisch betriebene Handsägen
electric meter – Hauszähler
electric resistance – elektrischer Widerstand
electric saw – elektrische Säge
electric screwdriver – netzbetriebener Schrauber
electric shock – Stromschlag
electric tube saw – Elektro-Rohrsäge
electric work – elektrische Arbeit
electrical conductor – elektrischer Leiter
electrical equipment – Betriebsmittel
electricity – Elektrizität
electricity mains – Stromnetz
electrochemical – elektrochemisch
electrochemical corrosion – elektrochemische Korrosion
electrochemical process – elektrochemischer Vorgang
electrochemical series – elektrochemische Spannungsreihe
electrofusion coupler – Heizwendelfitting
electrofusion welding – Heizwendelschweißen
electrohydraulic – elektrohydraulisch
electrolyte – Elektrolyte
electromechanic – elektromechanisch
electromotive series – elektrochemische Spannungsreihe
electron flow – Elektronenfluss
element – Element
element – Bauelement
elongation – Längenänderung
embrittlement – Versprödung
emergency exit – Notausgang
emery paper – Schleifpapier
emission – Emission
employee – Mitarbeiter
employee – Beschäftigter
employee – Firmenmitarbeiter
employer's liability insurance association – Berufsgenossenschaft
enamel – Emaille
endurance – Standzeit
energy saving – Energieeinsparung
energy transfer medium – Energieträger
engineering steel – Maschinenbaustahl
engineers pliers – Kombizange
EN-standardization – EN-Normung
environment – Umwelt
environmental compatibility – Umweltverträglichkeit
environmental protection – Umweltschutz
environmentally beneficial – umweltgerechte
equation – gleiche Formel
error – Fehler
error of measurement – Messfehler
escape route – Fluchtwege
European Union – EU
even corrosion – gleichmäßiger Flächenabtrag
evenness – Ebenheit
evidence – Beweismittel
exact delimitation – Abgrenzung
exchangeable bending rail – auswechselbare Biegeschiene
exemption – Ausnahmeregelung
exhibitions – Ausstellungen
expanding con – Spreizkonus
expansion anchor – Spreizdübel
expansion anchor – Spreizanker
expansion force – Spreizkraft
expansion plug – Spreizdübel
expectation – Erwartung
expenditure of force – Kraftaufwand
experience – Erfahrung
experimental value – Erfahrungswert
experts – Expertengruppe
experts – Fachpersonal
exploded assembly drawing – Explosionszeichnung
exploded view – Explosionsdarstellung
explosive mixture – explosionsfähiges Gemisch
explosive properties – sprengstoffartige Eigenschaften
extension – Verlängerung
extension cord – Verlängerungskabel
extension lead – Verlängerungskabel
extension line – Maßhilfslinie
exterior view – Außenansicht
external bending spring – Außenbiegefeder
external contours – Außenkontur
external diameter – Außendurchmesser
external force – äußere Kraft
external influence – äußerer Einfluss
external thread – Außengewinde
extraneous rust formation – Fremdrostbildung
eyelet – Öse

F

fabrication – Fabrikat
face mask – Mundschutz
failure – Ausfall
failure analysis – Fehleranalyse
fall of potential – Spannungsabfall
falls – Abstürzen
fan – Ventilator
fast assemblage – Schnellmontage
fastening – Befestigung
fastening background – Befestigungsuntergrund
fastening thread – Befestigungsgewinde
fat free – fettfrei
fatal – tödlich
fault – Störung
fault analysis – Fehleranalyse
fault remedy – Störungsbehebung
faultless – einwandfrei
faultless – mängelfrei
faulty – fehlerhaft
feed force – Vorschubkraft
feed motion – Vorschubbewegung
felt-tip pen – Filzschreiber
female thread – Innengewinde
ferrous metal – Eisen Metall
fibre composite – Faserverbundwerkstoff
fibreglass reinforced plastic – glasfaserverstärkter Kunststoff
field of activity – Aufgabengebiet
figure based on experience – Erfahrungswert
filamentary molecular chain – fadenförmige Molekülkette
filler rod – Schweißstab
filling material – Füllstoff
filter – Filter
filtering system – Filtersystem
final account – Abschlussrechnung
final consumer – Endverbraucher
final examination – Abschlussprüfung
final inspection – Abnahme
fine – Geldstrafe
fine pored – feinporig
finite – endlich
fire – Brand
fire brigade – Feuerwehr
fire extinguisher – Feuerlöscher
fire hazard – Brandgefahr
fire prevention measures – Brandschutzmaßnahmen
fire protection rules – Vorschriften des Brandschutzes
fire protection signs – Brandschutzzeichen
firm – fest
firmly bonded locking – Stoffschluss
first aid – Erste-Hilfe-Maßnahmen
first aid box – Verbandskasten

first angle projection – Projektionsmethode 1
first floor – Erdgeschoss
first step – einfachste Stufe
fissure – Riss
fitting – Formteil
fitting – Armatur
fitting nipple – Fittingstutzen
five-ply – fünf Schichten
fixed roller – Biegesegment
fixing – Befestigung
fixing devices – Halte-Vorrichtung
flame – Flamme
flame cone – Flammenkegel
flame cutting – Brennschneiden
flame resistant – schwer entflammbar
flame trap – Flammensperre
flammability – Brennbarkeit
flange joints – Flanschverbindung
flange sleeve – Bund
flanks – Freiflächen
flashback arrestor – Sicherungsautomat
flat chisel – Flachmeißel
flat steel – Flachstahl
flexible – flexibel
flexible seal – elastische Dichtung
flexible tube – Schlauch
flexural load – Biegebeanspruchung
float – Schwimmer
floater position – Schwimmerposition
floor – Fußboden
floor foundation – Fußbodenaufbau
flow chart – Flussdiagramm
flow chart – Fließdiagramm
flow heater – Durchlauferhitzer
flow noise – Fließgeräusch
flow temperature – Vorlauftemperatur
flux – Flussmittel
foamed material – Schaumstoff
folded up – zusammengeklappt
folding rule – Gliedermaßstab
food – Lebensmittel
foodstuff field – Lebensmittelbereich
foolproofness – Betriebssicherheit
force locking – kraftschlüssige Verbindung
forging – Schmieden
formability – Umformbarkeit
format – Format
forming – Umformen
forming forces – Umformkräfte
forming methods – Umformverfahren
forward feed – Vorschub
foul water – Schmutzwasser
four way wrench – Sanitärkreuzschlüssel
frame – Rahmen
free electrons – freie Elektronen
freehand sketch – Freihandskizze
freehanded – freihändig
freezing point – Erstarrungspunkt
friction – Reibung
friction function – Klemmfunktion
frictional connection – kraftschlüssige Verbindung
frictional force – Reibungskraft
front view – Vorderansicht
front view – Hauptansicht
fruit acidic substance – fruchtsäurehaltige Substanz
fuel – Brennstoff
fuel oil – Heizöl
fulcrum – Drehpunkt
full line – Vollkante
full section – Vollschnitt
function control – Funktionskontrolle
functional test – Funktionsprüfung
functionality – Funktionstauglichkeit
functionality – Funktion
functioning – Funktion
funds – Mittel
fuse – Sicherung
fuse – Schmelzsicherung
fuse value – Sicherungswert
fusion heat – Schmelzwärme
fusion welded joints – Heizelementschweißen

G

galvanized steel tube – verzinktes Stahlrohr
galvanizing – Verzinkung
gap joints – Fugenlötung
garret storey – Dachgeschoss
gas – Gas
gas condensing boiler – Brennwertkessel
gas cylinder – Gasflaschen
gas hose – Gasschlauch
gas operated facilities – gasbetriebene Anlage
gas pipe – Gasleitung
gas supply company – Gasversorgungsunternehmen
gas welding – Gasschmelzschweißen
gas wrench – Rohrzange
gaseous – gasförmig
gaseous fuel – gasförmiger Brennstoff
gasket – Dichtung
gasket – Flanschdichtung
gas-proof – Gasdichtheit
gas-proof joints – gasdichte Verbindung
gate shears – Tafelschere
gauntlets – Schutzhandschuhe
general drawing – Gesamtzeichnung
general impression – Gesamteindruck
general purpose dowel – Allzweckdübel
general purpose dowel – Universaldübel
general purpose plug – Allzweckdübel
general purpose plug – Universaldübel
generation – Erzeugung
generic names – Oberbegriffe
geocentre – Erdmittelpunkt
geodetic point – Höhepunkt
geometrical form – geometrische Form
girths – Gurte
glass fibre – Glasfaser
glaze – Glasurmasse
glazed fireclay – Steinzeug
glueing – Verkleben
grab ring – Sprengring
gradient – Steigung
graduated steel ruler – Stahlmaßstab
grain size – Korngröße
grain structure – Gefüge
graph – Diagramm
great elasticity – hohe Elastizität
grey cast iron – Grauguss
grid sheet – Rasterblatt
grinding agents – Schleifmittel
grinding disc – Schleifscheibe
grinding wheel – Schleifscheibe
grindstone – Schleifstein
grip ring – Gripring
grip ring – Verankerungsring
gripping device – Spannvorrichtung
gripping effect – Verankerungseffekt
groove – Hohlkehle
ground – Erdreich
ground plan – Grundriss
ground-floor – Erdgeschoss
group – Gruppe
group work – Gruppenarbeit
grout anchor – Injektionsanker
guarantee – Bürgschaft
guarantee – Gewährleistung
guarantee claim – Gewährleistungsanspruch
guiding wheel – Führungsrad
guillotine shear – Schlagschere
gummy – elastisch
gunmetal – Rotguss
gutter – Regenrinne
gutter – Dachrinne
gypsum – Gips
gypsum fibre-board – faserverstärkte Gipsplatte
gypsum plaster-board – Gipsplatte
gypsum plaster-board dowel – Metalldübel für Gipsplatten

H

hacksaw – Bügelsäge
hammer – Hammer
hammer drill – Bohrhammer
hammer drilling – Hammerbohren
hammer head bolt – Hammerkopfschraube
hammer set anchor – Einschlaganker
hammer stroke – Hammerschlag
hand – Zeiger
hand bending – Freihandbiegen
hand dies – Hand-Gewindeschneidkluppen
hand drill – Handbohrmaschine
hand driven – Handantrieb
hand held bender – handgeführte Biegegeräte
hand held die – Handgewindeschneidkluppe
hand held electric tube bender – Elektrischer Handrohrbieger
hand held saw – handgeführte Säge
hand held tube bender – Rohrbiegezange
hand lever shears – Handhebelschere
hand power – Handkraft
hand rounding – Runden von Hand
handicraft – Handwerksbetrieb
handing over – Übergabe
handling – Umgang
handling – Abwicklung
handling error – Bedienungsfehler
Handout – Handreichung
hard – hart
hard alloy – Hartmetall
hard metal – Hartmetall
hard solder – Hartlot
hard soldering – Hartlöten
hard-burnt brick – Klinker
hardenability – Härtbarkeit
hardened – gehärtete
hardening – Härten
hardening – Verhärtung
hardening time – Trocknungszeit
hardly flammable – schwer brennbar
hardness – Härte
hatching – Schraffur
hazardous material – Gefahrstoffe
health and safety regulations – Arbeitsschutzvorschriften
health endangering – gesundheitliche Gefährdung
health hazards – Gesundheitsgefahren
health protection – Gesundheitsschutz
healthiness – Unbedenklichkeit
heat absorption – Wärmeaufnahme
heat conductivity – Wärmeleitfähigkeit
heat conductor – Wärmeleiter
heat emission – Wärmeabgabe
heat exchanger – Wärmeaustauscher
heat guidance – Wärmeführung
heat insulation – Wärmedämmung
heat insulator – Wärmedämmstoff
heat losses – Wärmeverlust
heat resistance – Wärmebeständigkeit
heat resistance – Hitzebeständigkeit
heat resistant – hitzebeständig
heat transfer medium – Wärmeträger
heated tool welding – Heizelement-Stumpfschweißen
heated tool welding – Heizelementschweißen
heating – Erwärmung
heating circuit – Heizkreis
heating of conductor – Erwärmung
heating system – Heizungsanlage
heating wire – Heizdraht
heavy metal – Schwermetall
height – Höhenangabe
height dimension – Höhenmaß
hemp – Hanf
hexagon head bolt – Sechskantschraube
hexagonal nut – Sechskantmutter
hexagonal socket head bolt – Zylinderschraube mit Innensechskant
hidden line – verdeckte Kante
high alloyed steel – hochlegierter Stahl
high density – hohe Dichte
high loading – hohe Beanspruchung
High Speed Steel – Hochleistungs-Schnellarbeitsstahl
high speed steel – Schnellarbeitsstahl
high stress – hohe Belastung
high temperature stability – hochtemperaturbeständig
holder – Halterung
hollow – Mulde
hollow space – Hohlraum
horizontal – waagerecht
hose check valve – Einzelflaschensicherung
hose joint – Schlauchverbindung
hospitals – Krankenhäuser
hot air fan – Heißluftgerät
hot forming – Warmverformung
hourly wages – Stundenlohn
hourly wages – Stundenverrechnungssatz
humidity – Feuchtigkeit
hydraulic tube bender – Hydraulische Rohrbiegemaschine
hydrogen – Wasserstoff
hydro-mechanical – mechanisch-hydraulisch

I

idle – Spannungsfreiheit
illegible – unleserlich
impact drilling – Schlagbohren
impact drilling machine – Schlagbohrmaschine
impact frequency – Schlagfrequenz
impact sensitive – stoßempfindlich
impact sensitive – schlagempfindlich
impact strength – Schlagzähigkeit
impairment – Beeinträchtigung
impervious oxide layer – undurchlässige Oxidschicht
impression – Eindruck
imprint – Aufdruck
improvement – Verbesserung
in written form – schriftlich
incline – Gefälle
incline – Steigung
inclining – Abwicklung
incremental dimension – Kettenmaß
indicating measuring devices – anzeigende Messmittel
indirect factory production costs – Fertigungsgemeinkosten
indirect material costs – Materialgemeinkosten
inductivity – Induktivität
industrial accidents – Arbeitsunfälle
infiltration composite – Durchdringungsverbundwerkstoff
infinite – unendlich
infinite resistance – unendlicher Widerstand
inflammable – brennbare
inflammation temperature – Entzündungstemperatur
information – Informationen
information flow – Signalfluss
inherent stability – Eigenstabilität
injector action – Injektorwirkung
inking – Einschwärzung
inner diameter – Innendurchmesser
input – Eingabe
input variable – Eingangsgröße
insert – Einlage
insert depth – Einstecktiefe
inside – innen
inside coating – Innenbeschichtung
inside tin coated – innen verzinnte
inspection – Kontrolle
inspection – Inspektion
inspection measure – Inspektionsmaßnahme

installability – Montierbarkeit
installation – Montage
installation instruction – Montageanleitung
insulated – isoliert
insulating – isolierend
insulating material – Dämmeinlage
insulating material – Isolierstoff
insulator – Isolator
intended use – Verwendungszweck
interaction – Wechselwirkung
interface alloy – Grenzschichtlegierung
interference – Störung
intermediate examination – Zwischenprüfung
intermolecular force – molekulare Kraft
internal – intern
internal bending spring – Innenbiegefeder
internal thread – Innengewinde
intersection of axes – Achsenkreuz
introduction – Einführen
intrusion mortar – Injektionsmörtel
inventory list – Bestandsliste
iron-carbon alloy – Kohlenstoff-Legierung
itemized costs – Einzelkosten

J

joining – Fügen
joining – Dichtpaste
joining surface – Fügefläche
joint – Fügestelle
journey man – Geselle
junction box – Verteilerdose
junior hacksaw – Puksäge

K

key type drill chuck – Zahnkranzbohrfutter
keyhole saw – Stichsäge
keyword – Schlüsselwort
knowledge – Wissen
knurled nut – Rändelmutter

L

lacquer – Lack
ladder – Leiter
laminated plastics – Schichtstoff
large diameter – großer Durchmesser
lasting plastic deformation – bleibende plastische Verformung
latex – Latex
law – Gesetz
layer – Deckschicht
L-blade – Anschlagwinkel
lead – Blei
lead alloy – Bleilegierung
leak – Leckstelle
leak – Undichtigkeit
leak test – Dichtheitsprüfung
leak tightness – Dichtheit
LED-display – Leuchtdiodenanzeige
left hand thread – Linksgewinde
left handed rotation – Linkslauf
left handed tread – Linksgewinde
left-side view – Seitenansicht von links
leftward welding – Nachlinksschweißen
legal security – Rechtssicherheit
length – Länge
length of thread – Gewindelänge
letter – Schriftzeichen
letter code – Kennbuchstabe
level – Ebene
lever action – Hebelwirkung
lever arm – Hebelarm
lever mechanism – Hebelmechanik
lever transmission – Hebelübersetzung
licence – Zulassung
lifting – Hochheben
light effect – Lichteinwirkung
light emitting diode – Leuchtdiode
light metal – Leichtmetall
lighting – Beleuchtung
lime mortar – Kalkmörtel
limit – Grenze
limit stop – Anschlag
limit value at the workplace – Arbeitsplatzgrenzwerte
limitation – Verjährung
line – Linie
line – Strang
line contact – Leitungsschluss
line graphs – Kurvendiagramme
line safety switch – Leitungsschutzschalter
line width – Breite
lined copper tube – Kupferrohr in Stangen
liners – Stützhülse
linking joints – Anschlussverschraubung
liquid – Flüssigkeit
liquid fuel – flüssiger Brennstoff
liquid-proof joints – flüssigkeitsdichte Verbindung
listener – Zuhörer
load – Last
load alleviation – Entlastung
load-carrying capacity – Tragfähigkeit
local cell – Lokalelemente
local section – Teilschnitt
lock washer – Setzsicherung
locking bolt – Verschlussschraube
locking disc – Rastscheibe
locking screw – Stiftschraube
locksmith's hammer – Schlosserhammer
longitudinal cut – Längsschnitt
longitudinal force-locked – längskraftschlüssig
longitudinal slot-drill chuck – Längsnutbohrfutter
look – Erscheinungsbild
loss of potential – Spannungsverlust
low attrition – geringer Verschleiß
low density – niedere Dichte
low density – niedrige Dichte
low elongation – geringere Längenänderung
low heat-proofness – geringe Wärmebeständigkeit
low melting – niedrigschmelzende
low wear – geringer Verschleiß
lower blade – Untermesser
low-temperature boiler – Niedertemperaturkessel
L. P. G. blowpipe – Propangas-Luft-Brenner
L. P. G. torch – Propangas-Luft-Brenner
lubricant – Gewindeschneidmittel
lubricant – Schmierstoff
lubricate – Schmieren
lubricity – Schmierfähigkeit

M

machinability – Zerspanbarkeit
machinable – bearbeiten
machining advantage – Verarbeitungsvorteil
magnesium – Magnesium
magnetic – magnetisch
magnetic effect – magnetische Wirkung
magnetic field – Magnetfeld
magnetically – magnetisch
main drain – Abwasserkanal
main group – Hauptgruppe
main quality class – Hauptgüteklasse
main scale – Hauptskale
main view – Hauptebene
maintenance – Wartung
maintenance – Wartungsarbeit
maintenance access – Wartungsöffnung
maintenance and repair work – Instandsetzungsarbeit
maintenance and repair work – Wartungsarbeit
maintenance contract – Wartungsvertrag
maintenance interval – Wartungsintervalle

maintenance schedule – Wartungsplan
maintenance work – Wartungsarbeit
major cutting edges – Hauptschneiden
maker – Hersteller
male thread – Außengewinde
malleability – Dehnbarkeit
malleable cast iron – Temperguss
mallet hammer – Holzhammer
mandatory signs – Gebotszeichen
manipulated variable – Stellgröße
manual force – Handkraft
manual thread cutting – Gewindebohren von Hand
manufacturing method – Herstellungsverfahren
mark of conformity – Prüfzeichen
marking – Ankörnen
mass – Masse
master – Meister
master craftsman – Handwerksmeister
material – Material
material bonding process – stoffschlüssiges Fügeverfahren
material changing – Werkstoffveränderung
material composition – Materialzusammensetzung
material costs – Materialkosten
material distortion – Werkstoffverspannung
material fracture – Werkstoffbruch
material joint – stoffschlüssige Verbindung
material measure – Maßverkörperung
material number – Werkstoffnummer
material properties – Eigenschaften des Werkstoffs
material property – Werkstoffeigenschaft
material structure – Werkstoffaufbau
maximum – maximale
mean value – Mittelwert
means – Mittel
measurable change – messbare Veränderung
measure – Maßnahme
measure of shrinkage – Schwindmaß
measurement – Messung
measuring instrument – Messgerät
measuring of electrical quantities – Messen elektrischer Größen
measuring range – Messbereich
measuring tape – Bandmaß
measuring tool – Messmittel
mechanic damage – mechanische Beschädigung
mechanical load – mechanische Belastung
mechanical strength value – Festigkeitskennwert
melamine formaldehyde resin – Melamin-Formaldehydharz
melting point – Schmelzpunkt
melting range – Schmelzbereich
melting temperature – Schmelztemperatur
member – Mitglied
metal – Metall
metal aerated concrete anchor – Metall-Porenbetondübel
metal aerated concrete plug – Metall-Porenbetondübel
metal alloy – Metalllegierung
metal cavity anchor – Hohlraum-Metalldübel
metal cavity plug – Hohlraum-Metalldübel
metal expansion anchor – Metallspreizdübel
metal expansion plug – Metallspreizdübel
metal gravity toggle fixing – Metallkippdübel
metal gypsum board anchor – Metalldübel für Gipsplatten
metal gypsum board plug – Metalldübel für Gipsplatten
metal ion – Metallion
metal sheet – Blechtafel
metal sheet – Blech
metal spring toggle fixing – Metallfederklappdübel
metallic bonding material – metallisches Bindemittel
metallic bright – metallisch blank
metallic oxide – Metalloxid
metallic pressing – metallische Pressung
metallic sealing compression joints – metallisch dichtende Klemmringverschraubung
meter cubicle – Zählerschrank
meter disk – Zählerscheibe
metering precision – Messgenauigkeit
method – Methode
method of projection – Projektionsmethode
metric ISO thread – Metrisches ISO-Gewinde
metric thread – metrisches Gewinde
milled lead – Walzblei
milled nut – Rändelmutter
mineral grease – mineralisches Schmierfett
mineral lubricating oil – mineralisches Schmieröl
minimum bend radii – Mindestbiegeradien
minimum bend radius – Mindestbiegeradius
minimum dimension – Mindestabmessung
minor cutting edge – Nebenschneide
misalignment – Seitenversatz
misdemeanour – Fehlverhalten
mitre – Gehrung
mitre cuts – Gehrungsschnitte
mitre-box saw – Gehrungssäge
mixed water – Mischwasser
mixer – Mischer
mixture – Mischung
modification – Abwandlung
moistening system – Befeuchtungssystem
moisture – Feuchtigkeit
molten state – geschmolzener Zustand
more resistant to corrosion – korrosionsbeständiger
more resistant to wear – verschleißfester
motion thread – Bewegungsgewinde
moulded blank – Rohling
moulding compound – Pressmasse
moulding tool – Formwerkzeug
mounted – montiert
mounting – Armatur
mounting bar – Montageschiene
mounting plate – Grundplatte
mounting site – Montageort
movable tube bending machine – Mobile Rohrbiegemaschine
moving – bewegte
multi-alloy bronze – Mehrstoffbronze
multilayer composite tube – Mehrschichtverbundrohr
multimeter – Vielfachmessgerät

N

name plate – Typenschild
name plate – Leistungsschild
narrow – eng
narrow shaft – enger Schaft
natural gas – Erdgas
natural material – natürlicher Werkstoff
natural material – Naturstoff
natural stone – Naturstein
need – Bedürfnis
net case – Netzhülse

net case – Siebhülse
net sleeve – Netzhülse
network – Netzwerk
neutral conductor – Neutralleiter
neutral flame – neutrale Flamme
newly built installation – Neuanlage
niche – Nische
nitrile butadiene rubber – Acrylnitril-Butadien-Kautschuk
noise – Lärm
nominal condition – Sollzustand
nominal width – Nennweite
non detachable joining – unlösbare Verbindung
non ferrous metal – Nichteisenmetall
non-ageing – alterungsbeständiger
non-ageing resistant – alterungsbeständig
non-binding offer – Angebotspreis
non-carburising annealed malleable cast iron – nicht entkohlend geglühter Temperguss
non-conductive – nicht leitende
non-corrosive – nicht korrodierend
non-detachable – unlösbar
non-detachable pipe joint – unlösbare Rohrverbindung
non-ferrous metal – Nichteisen Metall
non-hardening sealing agents – nicht aushärtende Dichtmittel
non-metal – Nichtmetall
non-positive locking – Kraftschluss
non-rusting steel – nichtrostender Stahl
non-skid – rutschfest
non-toxic – ungiftig
not interlaced – unvernetzt
not to scale – unmaßstäblich
notch to – ausklinken
notepaper – Briefpapier
noxious – gesundheitsschädigende
noxious fume – schädlicher Dampf
number of pieces – Stückzahl
number of revolution – Drehzahl
numbered – nummeriert
numerical display – Ziffernanzeige
nut – Mutter
nut locking device – Schraubensicherung

O

object line – Körperkante
objective testing – objektives Prüfen
obstruction – Hindernis
occupational diseases – Berufskrankheiten
odourless – geruchsfrei
offer – Angebot
offer price – Angebotspreis
oil – Öl
oil free – ölfrei
oil storage tank – Öllagerbehälter
oil-in-water emulsion – Kühlschmieremulsion
oily cleaning rags – ölhaltige Putzlappen
one-piece articulated pipe clamp – einteilige Gelenkrohrschelle
open flame soldering – Flammlöten
open jawed spanner – Maulschlüssel
open loop control – Steuern
open sequence of action – offener Wirkungsablauf
opening – Durchbruch
opening of the spanner – unterschiedliche Schlüsselweite
open-pored – offenporig
operability – Funktionsfähigkeit
operating error – Fehlbedienung
operating handles – Handgriffe
operating instructions – Bedienungsanweisung
operating lever – Bedienungshebel
operating lever – Betätigungshebel
operating manual – Bedienungsanleitung
operating pressure – Betriebsdruck
operating speed – Bearbeitungsgeschwindigkeit
operating speed – Zerspanungsgeschwindigkeit
operating statement – Betriebsbilanz
operating temperature – Betriebstemperatur
operation manual – Betriebsanleitung
operational requirement – betriebliche Anforderung
operational safety – Funktionssicherheit
operations – Betrieb
optimum – Optimum
oral examination – mündliche Prüfung
order – Auftrag
order – Kundenauftrag
ordinary structural steel – allgemeiner Baustahl
organic solvent – organische Lösungsmittel
organization chart – Organigramm
oscillate – schwingen
outage losses – Ausfallkosten
outdoor area – Außenbereich
outlet contents gauge – Arbeitsmanometer
output – Ausgabe
output variable – Ausgangsgröße
outside – außen
overhead projector – Tageslichtprojektor
overhead transparencies – transparente Folien
overheads – Gemeinkosten
overheating – Überhitzung
overlap – Überlappung
overload – Überlastung
overstressing – Überlastung
overstretching – Überdehnung
owner – Betriebsinhaber
owner – Besitzer
oxidation – Oxidation
oxide film – Oxidschicht
oxidising flame – Flamme mit Sauerstoffüberschuss
oxy-acetylene torch – Acetylen-Sauerstoff-Brenner
oxy-acetylene welding – Autogenschweißen
oxygen – Sauerstoff
oxygen diffusion – Sauerstoffdiffusion
oxygen excess – Sauerstoffüberschuss
oxygen tight – sauerstoffdicht
oxygen valve – Sauerstoffventil
oxygen-free – sauerstofffrei
ozone resistance – Ozonbeständigkeit

P

pan head countersunk screw – Linsensenkschraube
panel material – Plattenbaustoff
paper layer – Papierlage
parallax – Parallaxe
parallel – parallel
parallel connection – Parallelschaltung
parallel female thread – zylindrisches Innengewinde
parameter – Kenngröße
part – Bauteil
part – Stückliste
participants – Teilnehmer
particular property – besondere Eigenschaft
passive protection against corrosion – passiver Korrosionsschutz
pasty – teigig
patina – Patina
payment – Vergütung
percentage purity – Reinheitsgrad
percussion drill – Bohrhammer
percussion drill – Schlagbohrmaschine
perforated brick – Lochziegel
perforated metal stripe – Lochband
period of training – Ausbildungszeit

permanent extension – bleibende Dehnung
permanent leak-proof – dauerhaft dicht
perpendicularity – Rechtwinkligkeit
personal – persönliche
personnel expenses – Personalkosten
perspective – Perspektive
perspiration water – Schwitzwasser
phenolic resin – Phenolharz
pH-value – pH-Wert
physical properties – physikalische Eigenschaft
physiological effect – physiologische Wirkung
pie charts – Kreisdiagramme
piece list – Stückliste
piece number – Positionsnummer
pieces of autotext – Textbausteine
pilot-drilling – Vorbohren
pin – Stift
pipe – Rohrleitung
pipe – Rohr
pipe – Leitung
pipe bell – Rohrmuffe
pipe bending – Rohrbiegen
pipe clip – Rohrschelle
pipe coupling – Rohrkupplung
pipe cutter – Rohrabschneider
pipe cutting and chamfering gear – Rohrtrenn- und Rohranfasgerät
pipe cutting and chamfering tool – Rohrtrenn- und Rohranfaswerkzeug
pipe double nipple – Rohrdoppelnippel
pipe fitting – Fitting
pipe material – Rohrwerkstoff
pipe shear – Rohrschere
pipe threading machine – Gewindeschneidmaschine
pipe wrench – Rohrzange
piping – Lunker
piping condition – Velegesituation
pitting corrosion – Lochkorrosion
plane – Zeichenebene
plane-parallel – planparallel
plank – Bohle
planning – Planung
plant mechanic for sanitation, heating and air conditioning systems – Anlagenmechaniker SHK
plaster mould – Gipsform
plastic – Kunststoff
plastic aerated concrete dowel – Kunststoff-Gasbetondübel
plastic aerated concrete plug – Kunststoff-Gasbetondübel
plastic cavity plug – Kunststoffhohlraumdübel
plastic clamp – Kunststoffschelle
plastic coat – Kunststoffmantel
plastic coated tube – kunststoffummanteltes Rohr
plastic dowel – Kunststoffdübel
plastic gypsum board dowel – Kunststoffdübel für Gipsplatten
plastic gypsum board plug – Kunststoffdübel für Gipsplatten
plastic hammer – Kunststoffhammer
plastic long-shaft dowel – Kunststoff-Nageldübel
plastic long-shaft plug – Kunststoff-Nageldübel
plastic pipe – Kunststoffrohr
plastic plug – Kunststoffdübel
plasticity – Plastizität
plate – Tafeln
pleasant look – gefälliges Aussehen
pliers – Zange
plug – Stecker
plug-in socket – Steckmuffe
plumb bob – Lot
plumber, gas and water fitter – Anlagenmechaniker SHK
plunger – Presskolben
pneumatic hammers – Presslufthämmern
pocket holes – Sacklöcher
pointer – Zeiger
points of views – Gesichtspunkte
poisonous zinc fume – giftiger Zinkdampf
polluting substances – Umweltbelastende Stoffe
polyurethane – Polyurethan
porcelain – Porzellankörper
pore size – Porengröße
porous – porös
portable drilling machine – Standbohrmaschine
position – Lage
positive locking – Formschluss
positive locking – formschlüssige Verbindung
post calculation – Nachkalkulation
potential difference – Potentialunterschied
potential difference – Potenzialdifferenz
powdered – pulverisiert
powdered composite – Sinterverbundwerkstoff
power – Leistung
power actuated fastener – Setzbolzen
power source – Spannungsquelle
power station – Kraftwerk
power supply unit – Spannungsquelle
powered off – ausgeschaltet
preburned – vorgebrannt
precision steel pipe – Präzisionsstahlrohr
prefabrication – Vorfertigung
preheated state – vorgewärmter Zustand
preliminary assembly drawing – Entwurfszeichnung
preliminary costing – Vorkalkulation
preparation – Vorbereitung
pre-positioned fixing – Vorsteckmontage
presentation – Präsentation
presentation – Referat
preserve – Konservieren
press bending – Pressbiegen
pressfitting joints – Pressfitting-Verbindung
pressing chain – Presskette
pressing devices – Anpress-Vorrichtung
pressing jaw – Pressbacke
pressing pliers – Presszange
pressing tool – Presswerkzeug
pressure – Druck
pressure controlled flow catch – druckgesteuerte Nachströmsperre
pressure regulator – Druckminderer
prevention – Verhinderung
preventive – vorbeugend
price list – Preisliste
primary costs – Selbstkosten
printed circuit – Leiterplatte
printed circuit board – Steuerungsplatine
problem – Problem
procedure – Verfahren
process material – Hilfsstoff
processing – Abwicklung
processing – Verarbeitung
processing property – fertigungstechnische Eigenschaft
proctor – Aufsichtsführende
producer – Hersteller
producing advantage – Herstellungsvorteil
producing condition – Herstellbedingung
product – Produkt
product description – Produktbeschreibung
product liability – Produkthaftung
product specification – Herstellerunterlagen
production costs – Herstellkosten
production drawing – Fertigungszeichnung

production part – Fertigungsteil
production process – Fertigungsverfahren
profile – Schnitt
profiled package – profilierte Dichtmanschette
profit – Gewinn
prohibition signs – Verbotszeichen
projection line – Maßhilfslinie
promotion – Förderung
propane – Propan
propellant – Treibgas
proper – sachgerecht
property class – Festigkeitsklasse
proposals – Vorschläge
protection cap – Schutzkappe
protective – Schutzmaßnahme
protective clothing – Schutzanzug
protective coated – schutzisoliert
protective coating – Schutzschicht
protective conduit – Schutzrohr
protective disconnection – Schutztrennung
protective extra low voltage – Schutzkleinspannung
protective glove – Schutzhandschuh
protective goggles – Schutzbrille
protective insulation – Schutzisolierung
protective layer – Schutzschicht
protective low voltage – Schutzkleinspannung
protective measures – Schutzmaßnahmen
pupils – Schüler
push fit joints – Steckfitting-Verbindung
push fit joints – Steckmuffenverbindung

Q

quality – Qualität
quality management system – Qualitätsmanagementsystem
quality reduction – Qualitätsminderung
quick catch chuck – Schnellspannbohrfutter
quick change die head – Schnellwechselschneidkopf
quick seal coupling – Schnellverschluss
quotient – Quotient

R

rack – Gestell
radiation resistant – UV-Strahlen beständig
radiator spud wrench – Stufenschlüssel
radius – Radius
rain water pipe – Regenfallrohr
rainwater – Regenwasser
rainwater downpipe – Regenwasserfallleitung
rake angle – Spanwinkel
range of activities – Leistungsumfang
ratchet – Ratsche
ratchet die stock – Ratschenhebel
ratchet mechanism – Ratschenmechanik
rating plate – Leistungsschild
ratio – Quotient
raw material – Rohstoff
reaction – Reaktion
readiness – Bereitschaft
realization – Durchführung
reasons – Gründen
recessed head screw – Schraubenkopf mit Kreuzschlitz
rechargeable drills – akkubetriebener Bohrschrauber
rechargeable screwdriver – akkubetriebener Schrauber
reciprocal resistivity – Kehrwert spezifischer Widerstand
reciprocating nozzle – pendelnde Brennerspitze
recrystallization annealing – Rekristallisationsglühen
rectangular – rechtwinklig
recyclable – recycelt
recycle – wiederverwerten
red bronze – Rotguss
reducing effect – reduzierende Wirkung
reduction in cost – Kostenreduzierung
reduction of area – Querschnittsverengung
reduction of quality – Qualitätseinschränkung
reeding – Rändelung
reference value – Richtwert
reference variable – Führungsgröße
refrigerant – Kältemittel
refrigerating plant – Kälteanlage
registration – Zulassung
regular attendance – regelmäßige Pflege
regular customer – Stammkunde
regularity – Gesetzmäßigkeit
regulation – Regel
regulation – Regelung
regulation – Vorschrift
reliability – Zuverlässigkeit
repair – Instandsetzung
repair – Reparatur
repair clamp – Reparaturschelle
repair work – Instandsetzung
repair work – Instandsetzungsarbeit
replace – Auswechseln
representation – Darstellung
requirement – Anforderung
rescue signs – Rettungszeichen
residual current – Fehlerstrom
resin anchor – Reaktionsanker
resin anchoring – Stoffschluss
resin capsule – Glaspatrone
resistance – Widerstand
resistance to penetration – Eindringwiderstand
resistant to dezincification – entzinkungsbeständig
resources – Hilfsmittel
respirator – Atemschutzmaske
responsibilities – Verantwortlichkeit
responsibility – Verantwortung
responsibility – Verantwortlichkeit
result – Ergebnis
return stroke – Leerhub
revolutions per minute – Drehzahl pro Minute
revolving blade – Rundmesser
rib – Rippe
right – Recht
right angle grinders – Winkelschleifmaschinen
right hand thread – Rechtsgewinde
right handed rotation – Rechtslauf
right handed tread – Rechtsgewinde
right order – Reihenfolge
rightward welding – Nachrechtsschweißen
rigidness – Starrheit
ring spanner – Ringschlüssel
rinse flow – Spülstrom
rippling – Faltenbildung
risk of accident – Unfallgefahren
rod – Stab
roller – Walze
roof – Dach
roof covering – Metalldach
room temperature – Raumtemperatur
root gap – Wurzelspalt
rotary shears – Rollenblechschere
rotating – rotierende
rotating instruments – rotierende Werkzeuge
rotation – Drehbewegung
rotational frequency – Drehfrequenz
rough spacing – grobe Zahnteilung
rough-turning tool – Schälwerkzeug
rounding machine – Rundungsmaschine
r. p. m. – Drehzahl pro Minute
rubbed-off lead – Bleiabrieb
rubbish – Abfall

rule – Regel
rule – Gesetz
runner – Betreiber
rupture – Bruch
rust – Rost

S
sabre saw – Universalstichsäge
sacrificial anode – Opferanode
safe – gesundheitlich unbedenklich
safe keeping – Auffangwanne
safety – Sicherheit
safety boots – Sicherheitsschuhe
safety catch – Sicherungshebel
safety connection – SC-Kontur
safety device – Sicherheitseinrichtung
safety equipment – Schutzausrüstungen
safety fuse – Sicherung
safety goggles – Schutzbrille
safety instruction – Sicherheitsvorschrift
safety measure – Schutzmaßnahme
safety measure – Sicherheitsmaßnahme
safety regulation – Sicherheitsvorschrift
safety rule – Sicherheitsvorschrift
safety sing – Sicherheitskennzeichen
safety wedge – Sicherheitskeil
salary – Gehälter
sales overhead expenses – Vertriebsgemeinkosten
sand-lime brick – Kalksandstein
sanitary equipment part – Sanitärausstattungsgegenstand
saw – Säge
saw blade – Sägeblatt
scaffolding – Gerüst
scale – Skale
scale – Skala
scale – Maßstab
scaling – Verzundern
schemes – Schlüssel
scope – Geltungsbereich
scope – Entscheidungsspielraum
scraping tool – Schälwerkzeug
scratch resistance – Kratzfestigkeit
screw – Schraube
screw diameter – Schraubendurchmesser
screw driver – Schraubendreher
screw driver bit – Schraubendrehereinsatz
screw locking device – Schraubensicherung
screw plug – Verschlussschraube
screw taps – Gewindebohrer
screw with head – Schraube mit Kopf
screw with metric thread – Schraube mit metrischem Gewinde
screw without head – Schraube ohne Kopf
sealing – Abdichten
sealing fleece – Kunststoffvlies
sealing lip – Dichtungslippe
sealing paste – Dichtpaste
sealing ring – Dichtring
seam – Naht
seamless – nahtlos
search engines – Suchmaschinen
secondary damage – Folgeschaden
secondary obligation – Nebenleistung
section – Schnitt
security – Sicherheitsleistung
security risk – Sicherheitsrisiko
selection – Auswahl
self-cleansing gradient – natürliches Gefälle
self-greasing slide bearing – selbstschmierendes Gleitlager
selling – Verkauf
semi section – Halbschnitt
semi-finished product – Halbzeug
semi-hard – halbhart
sense organs – Sinnesorgane
sensor – Sensor
separating – Trennen
separating forces – Trennkräfte
separating tools – Trennwerkzeuge
separation point – Trennstelle
series – Baureihe
series connection – Reihenschaltung
serrated lock washer – Fächerscheibe
service – Dienstleistung
service – Leistung
service area – Versorgungsgebiet
service company – Kundendienstunternehmen
service life – Lebensdauer
service personnel – Bedienungspersonal
service readiness – Betriebsbereitschaft
serviceman – Wartungsmonteur
services – Betrieb
servicing instruction – Wartungsanweisung
session – Sitzung
setback process – Rückbildungsvorgang
setting – Festlegen
setting tool – Setzwerkzeug
setting tool – Setzeisen
settlement – Verrechnung
settlement of accounts – Abrechnung
sewage pipe – Abwasserrohr
sewer pipe – Abwasserleitung
shear – Schere
shear load – Querzug
shear plane – Scherfläche
shearing blade – Schermesser
shearing force – Scherkraft
shearing load – Scherbelastung
shearing process – Schervorgang
shearing strain – Scherbeanspruchung
shearing stress – Scherbeanspruchung
sheet – Blatt
sheet metal cutting – Blechzuschnitt
sheet metal mounting – Blechmontage
sheet metal pipe – Blechrohr
sheet metal screw – Blechschraube
shielded arc welding – Schutzgas schweißen
shifting square – Anschlagwinkel
shock-proof – stoßfest
short circuit – Kurzschluss
short circuit – kurzschließen
short strain – kurzzeitige Belastung
shortening – Ablängen
shortening – Verkürzung
shrinkhole – Lunker
side cutting pliers – Seitenschneider
side slipping – Abrutschen
sieve sleeve – Siebhülse
silica sand – Quarzsand
single lever mixer – Einhebelmischer
single part drawing – Einzelteilzeichnung
single stage reducing joint – einstufige Reduzierung
single-phase – einphasig
sintered carbide drill – Bohrer mit Hartmetallschneide
sintered carbide drill – HM-Bohrer
sintered composite – Sinterverbundwerkstoff
sintered material – Sinterwerkstoff
size of sheet – Blattgröße
sketch – Skizze
skilled personnel – Fachkraft
skin care – Hautpflegemittel
skin diseases – Hauterkrankung
slab material – Plattenbaustoff
sleeve – Überwurfmutter
sleeve branch – Aushalsung
sleeve forming – Aufmuffen
sleeve joint – Muffenverbindung
sliding function – Gleitfunktion
sliding property – Gleiteigenschaft
sliding socket joints – Schiebehülsenverbindung
sliding tee bar – Griff mit Gleitstück
sliding unguent – Gleitmittel

slight contraction – leichte Einschnürung
slip-joint pliers – Wasserpumpenzange
slip-on flanges – Losflanschen
slipping off – abrutschen
sloped branches – Schrägabgänge
slot – Schlitz
small mass – geringe Masse
smelting – Schmelzen
smooth surface – glatte Oberfläche
snips – Handblechschere
socket – Steckdose
socket wrench – Steckschlüssel
soft annealing – Weichglühen
soft sealing compression joints – weich dichtende Klemmringsverschraubung
soft solder – Weichlot
soft soldering – Weichlöten
softener – Weichmacher
solar cell – Solarzelle
solder – Lot
solder paste – Lötpaste
solderability – Lötbarkeit
soldered joint – Lötverbindung
soldering – Löten
soldering process – Lötverfahren
soldering tweezers – elektrisches Widerstandslötgerät
solid – fester Stoff
solid brick – Vollziegel
solid fuel – fester Brennstoff
solidification range – Erstarrungsbereich
solvent – Lösemittel
solvent – Lösungsmittel
solvent cement – Klebstoff
solvent welded joints – Klebeverbindung
sound dissipation – Schalldämpfung
sound insulation insert – Schalldämmeinlage
space – Abstand
space – Platz
spacebar – Leertaste
spacer sleeve – Distanzhülse
spacer tube – Distanzhülse
spacing – Zahnteilung
spanner – Schraubenschlüssel
special forms – Sonderform
special waste – Sonderabfall
specific electrical conductivity – spezifische elektrische Leitfähigkeit
specific electrical resistivity – spezifischer elektrischer Widerstand
specific heat capacity – spezifische Wärmekapazität
specific resistance – spezifischer Widerstand
specific resistivity – spezifischer Widerstand
speed – Drehzahl
spherical sealing surface – kugelförmige Dichtfläche
spherical shape – Kugelform
spheroidal graphite iron – Sphäroguss
spigot nut – Überwurfmutter
spindle – Spindel
spirit level – Wasserwaage
split grip ring – geschlitzter Klemmring
sponge – Schwamm
spring lock washer – Federring
spring-back – Rückfederung
square edge – Bördel
square symbol – Quadratzeichen
squaring shears – Tafelschere
stabilizer – Stabilisator
staff – Firmenmitarbeiter
stage – Arbeitsschritt
stainless steel – nichtrostender Stahl
stainless steel pipe – nichtrostendes Stahlrohr
stand – Untergestell
stand – Gestell
standard – Richtwert
standard – Norm
standard hand drill – Standbohrmaschine
standard lettering – Normschrift
standard part – Normteil
standard sheet – Normblatt
standard thread length – Normgewindelänge
stand-off fixing – Abstandsmontage
standpipe – Standrohr
standstill – Stillstand
starting up – Inbetriebnahme
state of aggregation – Aggregatzustand
statement of the environment – Umwelterklärung
stationary drilling machine – Stationäre Bohrmaschine
stationary saw – stationäre Sägemaschine
statutory instrument – Rechtsverordnung
statutory regulation – Verordnung
staves – Sprossen
steel – Stahl
steel alloy – Stahllegierung
steel blade – Stahlklinge
steel cylinders – Stahlflaschen
steel material – Stahlwerkstoff
steel tubes for precision applications – Präzisionsstahlrohre
steel wool – Stahlwolle
steel-like – stahlähnlich
step – Stufe
stockist – Fachbetrieb
stoneware pipe – Steinzeugrohr
storage tank – Speicher
storage-battery – Akku
straight cuts – gerade Schnitte
strain-hardening – Kaltverfestigung
straining screw – Spannschraube
stratified composite – Schichtverbundwerkstoff
strength – Festigkeit
stress corrosion cracking – Spannungsrisskorrosion
stress cracking resistance – Spannungsrissbeständigkeit
stress-free – spannungsfrei
stretched – gestreckt
stretched length – gestreckte Länge
stretching ability – Dehnbarkeit
strip – Klemmenleiste
stroke sawing machine – Hubsägemaschine
structural transformation – Gefügeveränderung
structure – Struktur
stud bolt – Stiftschraube
subassemblies – Baugruppe
subassembly – Baugruppe
subgroup – Untergruppe
subjective testing – subjektives Prüfen
subjects – Fächern
submission date – Submissionstermin
successful bidder – Auftragnehmer
sucking out – Aussaugen
suitability – Eignung
suitable for foodstuff – lebensmitteltauglich
sunlight resistant colour – sonnenlichtbeständiger Farbton
supervision – Aufsicht
supply of energy – Zufuhr von Energie
supply plants – Anlagen
supply point – Spannungsquelle
support – Unterstützung
support insert – Stützhülse
support liner – Stützhülse
surety – Bürgschaft
surface – Fläche
surface – Oberfläche
surface asperity – Oberflächenunebenheiten
surface finish – Oberflächengüte

surface finish – Oberflächenbeschaffenheit
surface quality – Oberflächengüte
surface quality – Oberflächenbeschaffenheit
surface roughness – Oberflächenrauheit
surface temperature – Oberflächentemperatur
surplus of electron – Elektronenüberschuss
surrounding – Umgebung
susceptible to impact load – empfindlich gegenüber Stoßbelastung
susceptible to shock load – empfindlich gegenüber Schlagbelastung
suspension console – Auslegerkonsole
switch – Schalter
swivel bending machine – Schwenkbiegemaschine
symbolic – symbolhaft
synthetic grease – synthetisches Schmierfett
synthetic lubricating oil – synthetisches Schmieröl
system – System
system of protection – Schutzklasse
systematic – systematisch

T

tab washer – Lappen
table – Übersicht
table book – Tabellenbuch
tack – Heften
tack welding – Heftschweißung
tactfulness – Feingefühl
tap – Auslaufventil
tap drills – Gewindebohrer
tap wrench – Windeisen
tapered male thread – kegeliges Außengewinde
tapping point – Zapfstelle
targets – Ziele
task – Auftrag
tasteless – geschmacksfrei
teacher – Lehrer
technical communication – Technische Kommunikation
technical drawing – technische Zeichnung
technical sense of current – technische Stromrichtung
technical terms – Fachausdrücke
technological property – technologische Eigenschaft
Tee branches – T-Abgänge
temper colour – Anlauffarbe
temperature – Temperatur
temperature change – Temperaturwechsel
temperature distribution – Temperaturverteilung
temperature range – Temperaturbereich
temperature resistant – temperaturbeständig
temperature stability – Temperaturbeständigkeit
temporary elastic deformation – vorübergehende Verformung
temporary packing – vorübergehende Abdichtung
tenacious – zäh
tenacity – Festigkeit
tender – Ausschreibung
tensile strain – Zugbeanspruchung
tensile strength – Zugfestigkeit
tensile strength data – Zugfestigkeitsangabe
tensile strength test – Zugversuch
tensile stress – Zugbeanspruchung
tension load – Zug
tension-extension diagram – Spannungs-Dehnungs-Diagramm
terminal block – Klemmenleiste
termination – Kündigung
terms – Begriffe
terms of a contract – Vertragsbedingungen
test object – Prüfgegenstand
testing – prüfen
testing condition – Prüfbedingung
testing instrument – Prüfmittel
testing method – Prüfmethode
testing tool – Prüfmittel
textural layer – Gewebelage
thermal condition – Wärmezustand
thermal conduction – Wärmeleitung
thermal conductivity – Wärmeleitfähigkeit
thermal effect – Wärmewirkung
thermal expansion – Wärmeausdehnung
thermal stability – Warmfestigkeit
thermally – thermisch
thermoplastics – Thermoplaste
thermosetting plastic – Duroplaste
thermostatic mixer – Thermostatbatterie
thick plate – Grobblech
thick sheet – Grobblech
thicker walled steel tube – dickerwandiges Stahlrohr
thickness dimension – Dickenmaß
thin sheet – Feinblech
third angle projection – Projektionsmethode 3
thoughts – Gedanken
thread – Gewinde
thread flanks – Gewindeflanken
thread pitch – Gewindesteigung
thread runout – Gewindeauslauf
thread shape – Gewindeform
thread size – Gewindegröße
threaded pipe – Gewinderohr
threaded rod – Gewindestange
threaded socket – Gewindemuffe
threaded stud – Gewindestift
threading – Gewindeschneiden
threading agent – Gewindeschneidmittel
threading machine – Gewindeschneidmaschine
threads – Gewinde
threat – Gefährdung
threephase meter – Drehstromzähler
through fixing – Durchsteckmontage
through hole – Durchgangsbohrung
tightness – Dichtheit
tiles – Fliese
tilting effect – Kippwirkung
time – Zeitpunkt
time – Zeit
time frame – Zeitrahmen
time limit – Ausführungsfrist
time schedule – Zeitplan
time schedule – Terminplan
timetable – Zeitplan
tin – Zinn
titanium – Titan
title – Titel
title block – Schriftfeld
to centrepunched – angekörnt
toilet – WC
toilet flush – Toilettenspülung
too law stability – zu geringe Festigkeit
tool – Werkzeug
tool steel – Werkzeugstahl
tooth lock washer – Zahnscheibe
top view – Draufsicht
topic – Thema
torque – Drehmoment
torque wrench – Drehmomentschlüssel
torsional load – Torsionsbelastung
torsional load – Verdrehbelastung
torsional strain – Torsionsbeanspruchung
torsional strain – Verdrehbeanspruchung
torsional stress – Torsionsbeanspruchung
torsional stress – Verdrehbeanspruchung
tough material – zäher Werkstoff

toughness – Zähigkeit
toxic zinc fume – giftiger Zinkdampf
trade – Gewerke
trademark – Markenzeichen
trainee – Auszubildende
training centre – Ausbildungsbetrieb
training goals – Ausbildungsziele
transcription error – Übertragungsfehler
transfer – Übertragung
transition joints – Übergangsverschraubung
transparency – Transparenz
triangle – Dreieck
tridimensional network – dreidimensionales Netzwerk
true length – gestreckte Länge
tube bending – Rohrbiegen
tube bending kit – Rohrbiegegerät
tube burr – Rohrfräser
tube wall – Rohrwand
tubular axle – Rohrachse
turnable without torsional stress – drehen ohne Torsionsspannung
turning moment – Drehmoment
turns in the pipe run – Richtungsänderung im Rohrleitungsverlauf
turns yellow – vergilbt
twist drill – Spiralbohrer
twist drill heel – Führungsfase
twisting effect – Drehwirkung
two-component alloy – Zweistofflegierung
two-phase – zweiphasig
two-piece pipe clamp – zweiteilige Rohrschelle
type of corrosion – Korrosionsform
type of installation – Montageart
type of lines – Linienart
types of twist drill – Spiralbohrertyp
types of wall dowel – Dübelart
types of wall plug – Dübelart
ultra high molecular weight – ultrahochmolekular

U

unacceptable – unzulässig
unalloyed quality steel – unlegierter Qualitätsstahl
unalloyed quality steel – unlegierter Edelstahl
unalloyed steel – unlegierter Stahl
unalloyed steel pipe – unlegiertes Stahlrohr
undamaged – unbeschädigt
undercut anchor – Hinterschnittanker
undercut hole – hinterschnittenes Bohrloch
underground floor – Kellergeschoss
uneven corrosion – ungleichmäßiger Abtrag
unhardened – ungehärtete
unhealthy – gesundheitsgefährdend
unintentional disassembly – ungewollte Demontage
union connector – Rohrverschraubung
union nut – Überwurfmutter
unit – Bauelement
unit of measurement – Maßeinheit
universal deburrer – Universal-Entgrater
universal joint – Kardangelenk
universal pliers – Kombizange
universal spacing screw – Stockschraube
upper blade – Obermesser
upper elastic limit – Steckgrenze
upper floor – Obergeschoss
upset – gestaucht
upsetting – Stauchen
urea formaldehyde resin – Harnstoff-Formaldehydharz
usability – Verwendbarkeit
user – Nutzer
utility metal – Gebrauchsmetall
UV-ray – UV-Strahl

V

value – Wert
vehicle – Fahrzeug
ventilation grid – Lüftungsgitter
vernier – Nonius
vertical – senkrecht
vertical joint – Stoßfuge
vibrate – schwingen
vice – Schraubstock
view – Ansicht
view from above – Draufsicht
view from the front – Vorderansicht
view from the left – Seitenansicht von links
view using reference arrows – Pfeilmethode
visible – sichtbar
visible edge line – sichtbare Kante
visible outline – Körperkante
visual check – Sichtkontrolle
vitreous china – Sanitärkeramik
vocational school – Berufsschule
voltage – Spannung
voltage drop – Spannungsabfall
voltaic cell – galvanisches Element
voltmeter – Spannungsprüfer
volume unit – Volumeneinheit
voluntary – freiwillige

W

wages – Lohn
walkways – Laufstege
wall – Wand
wall cladding – Fassadenverkleidung
wall plug – Dübel
wall thickness – Wanddicke
warm rolled sheet for pressure tanks – warm gewalztes Blech für Druckbehälter
warm up time – Anwärmzeit
warning sign – Warnzeichen
warranties – Gewährleistung
washer – Dichtung
washer – Scheibe
waste – Ablaufarmatur
waste disposal law – Abfallbeseitigungsgesetz (AbfG)
waste oil – überaltertes Öl (Altöl)
waste water – Schmutzwasser
water closet – WC
water heater for boiling water – Kochendwassergerät
water pump pliers – Wasserpumpenzange
water resistant – wasserfest
water soluble – wasserlöslich
water soluble flux – wasserlösliches Flussmittel
water vapour – Wasserdampf
waterproof – wasserfest
wave lock washer – Federscheibe
weak carbonic acid – schwache Kohlensäure
weak point – Schwachstelle
wear – Abnutzung
wear down – Abnutzung
wear out – Verschleiß
wearing part – Verschleißteil
weathering resistance – Witterungsbeständigkeit
wedge – Keil
wedge angle – Keilwinkel
wedges – Schneidkeile
weld – Schweißnaht
weld filler – Schweißzusatz
weldability – Schweißbarkeit
weldability – Schweißeignung
weldable – schweißbar
welded – geschweißt
welder – Schweißer
welding – Schweißen
welding groove – Schweißfuge
welding nozzle – Brennereinsatz
welding parameter – Schweißparameter
welding process – Schweißverfahren

welding rod – Schweißstab
welding torch – Schweißbrenner
welds – Schweißnaht
whiteboard – Whiteboard
whithworth pipe thread – Whitworth-Rohrgewinde
whithworth thread – Whitworth-Gewinde
wide-meshed – weitmaschig
width dimension – Breitenmaß
willingness – Bereitschaft
wing nut – Flügelmutter
wire – Draht
wire – Leitung
with fixed main property – mit bestimmter Haupteigenschaft
with fixed nickel content – mit bestimmtem Nickelgehalt
wood layer – Holzlage
wood screw – Holzschraube
wooden hammer – Holzhammer
wooden handle – Holzstiel
wording of a contract – Vertragstext
work document – Herstellerunterlagen
work flow – Geschäftsprozess
work item – Arbeitsaufgabe
work schedule – Arbeitsplan
work tolerance – Fertigungstoleranz
workable – bearbeitbar
workbench – Werkbank
working advantage – Verarbeitungsvorteil
working drawing – Ausführungszeichnung
working hours – Arbeitsdauer
working material – Werkstoff
working pressure – Arbeitsdruck
working stroke – Arbeitshub
workplace – Arbeitsplatz
workshop – Werkstatt
worm drive – Schneckenantrieb
wraparound bead – umlaufende Sicke
wrench size – Schlüsselweite
wrong reading – falsche Ablesung
wrought alloy – Kupfer-Knetlegierung

Y

yield strength – Dehngrenze

Z

zinc – Zink

Sachwortverzeichnis